“十三五”国家重点出版物出版规划项目

现代机械工程系列精品教材

机器人机构学

刘辛军　于靖军　[英]孔宪文　编著

机械工业出版社

本书以经典串、并、混联机器人为主要对象，以“设计”为主线，沿袭传统机构学研究的三个主题——结构学、运动学、动力学，展开相关“型”“性”“度”分析及设计方面的系统讨论。

全书共 14 章。第 1 章为绪论。第 2 章介绍与本书内容密切相关的数学知识，包括回顾线性代数的主要知识点，以及阐述线几何与旋量理论基础等新内容，为后续各章提供数学基础。第 3 章介绍位形空间与刚体运动，为后续各章提供物理基础。第 4 章介绍常用机器人机构，为后续各章提供研究对象。第 5、6 章主要讲述机器人机构的自由度与运动模式分析以及构型综合，属于机器人结构学的研究范畴。第 7 ~ 10 章的内容属于机器人运动学的研究范畴。第 7 章是机器人运动学基础，主要介绍常用串、并联机器人位移的正、反解求解方法。第 8、9 章分别从速度雅可比和运动/力交互特性两个角度对机器人的运动性能进行评价。第 10 章简单介绍了一些有关机器人运动学尺度综合及优化设计的内容。第 11、12 章分别简单介绍了机器人静力学（含静刚度）和动力学的基础知识。第 13 章主要涉及柔性机器人机构学的基本内容，是对刚体机器人机构学研究内容的补充。第 14 章给出了两个综合设计实例，反映对前述理论方法的应用。

本书可作为机器人相关专业的本科高年级学生及研究生的教材，也可作为相关科研人员与工程技术人员的参考用书。本书配有教学课件，欢迎选用本书的教师登录机械工业出版社教育服务网（www. cmpedu. com）下载。本书属于新形态教材，以二维码的形式链接了部分原理动画、彩色图片、实物视频，以助于学生的理解和学习。

图书在版编目（CIP）数据

机器人机构学/刘辛军，于靖军，（英）孔宪文编著．—北京：机械工业出版社，2021. 4（2024. 7 重印）
“十三五”国家重点出版物出版规划项目　现代机械工程系列精品教材
ISBN 978-7-111-67991-2

Ⅰ. ①机…　Ⅱ. ①刘…　②于…　③孔…　Ⅲ. ①机器人机构—高等学校—教材　Ⅳ. ①TP24

中国版本图书馆 CIP 数据核字（2021）第 065649 号

机械工业出版社（北京市百万庄大街 22 号　邮政编码 100037）
策划编辑：舒　恬　责任编辑：舒　恬　徐鲁融　王海霞
责任校对：樊钟英　封面设计：张　静
责任印制：张　博
北京建宏印刷有限公司印刷
2024 年 7 月第 1 版第 3 次印刷
184mm×260mm · 31. 75 印张 · 783 千字
标准书号：ISBN 978-7-111-67991-2
定价：98. 00 元

电话服务
客服电话：010-88361066
010-88379833
010-68326294

网络服务
机　工　官　网：www. cmpbook. com
机　工　官　博：weibo. com/cmp1952
金　书　网：www. golden-book. com
机工教育服务网：www. cmpedu. com

前　言

21世纪以来，机器人学的迅猛发展给传统机构学带来了新的动力，机器人机构学已成为机构学及机器人领域的重要分支。特别是今天，为了我国的科技进步，为了大力发展自主创新，机器人机构学正面临着一个空前的机遇。国内外对机器人机构学的研究进展日新月异，涉及范围已不再局限于科研院所，更逐渐向制造业、服务业等技术及应用领域拓展，从业人员日益增加。

2013年，在国家自然科学基金委工材学部主办的“首届中国机构学中青年学者论坛”期间，我们决定编写一本机器人机构学方面的研究生教材，以支撑相关学科的研究生教育教学。当时注意到市面上尚缺少一本符合下面特征的教材：①站在学科的角度规划这一主题，不但要保留经典还需反映研究前沿；②从教材而非专著的视角构建知识体系，要求可读性较强，便于研究生甚至高年级本科生自学，因此涉及的先修知识不宜过深、过泛。

经过7年间的多次交流、研讨，最终形成了这本书的整体框架：以经典串、并、混联机器人为主要对象，以“设计”为主线，沿袭传统机构学研究的三大主题——结构学、运动学、动力学，展开机构学“型”“性”“度”三大主题的系统阐述。从课程层次上，既注重与机械原理等课程的衔接，也注意区分与机器人学知识体系的差异。就内容而言，既涵盖了机器人机构学领域的经典理论，也融入了有关自由度与运动模式分析、构型综合、性能评价与优化设计、柔性及连续体机器人运动学等最新的学科成果。

若作为研究生教学使用，将本书所有章节讲完可能需要两个学期，不过，本书第2~5章、第7~8章、第11~12章的内容是最小限度的必学知识。此外，读者可根据所在学校的研究方向及个人兴趣，选择性地从剩下的章节中遴选所学内容。如需强化创新设计的重要性，可学习第6章的内容；如偏重并联机器人机构学的深入探索，建议学习第9~10章有关基于运动/力交互特性指标及优化设计方面的内容；若倾向柔性机构及机器人方面的研究，建议学习第13章的内容。本书第14章给出了机器人机构设计的一般流程及两个综合设计实例，也是对全书理论方法的应用。如果课时允许，建议作为必学内容。

为了帮助读者梳理学到的知识，在每章最后的“本章小结”对各章中出现的重要概念和公式进行了总结。同时，每章末尾还提供了一些扩展阅读文献和书目供读者查阅和参考。每章最后配有相关习题，以便巩固对本章所涵盖基本内容的学习，其中的研究性题目主要供学有余力的学生自主学习或作为科研拓展方向。

本书以二维码的形式引入“科普之窗”“我们的征途”模块，将党的二十大精神融入其中，树立学生的科技自立自强意识，助力培养德才兼备的高素质人才。

本书编写分工如下：第1~4章、第6~8章、第14章由刘辛军和于靖军共同编写，第5章由于靖军和孔宪文共同编写，第9、10章由刘辛军负责编写，第11~13章由于靖军负责编写。

虽然本书在介绍有关机器人机构的自由度与运动模式分析、构型综合、并联机器人机构性能评价与优化设计、柔性及连续体机器人运动学等方面充分表达了作者们的观点，但这里仍要对那些已出版多年的国内外优秀教材的作者致以最诚挚的敬意！特别是已具有广泛影响力的克雷格的著作《机器人导论》，Murray、Li 和 Sastry 的著作《机器人操作的数学基础》，熊有伦等的著作《机器人学》，黄真等的著作《并联机器人机构学理论及控制》等。

本书所涉及的研究工作得到了国家自然科学基金（u1813221，91748205）的资助，在此表示特别的感谢。

也要感谢机械工业出版社参与本书编辑、校对等工作的编辑们，向他们在本书出版过程中的勤勉和敬业精神致敬！

由于作者水平有限，书中难免有疏虞之处，敬请读者批评指正。

作　者

目　录

符 号 表

数学符号

坐标系

$\{.\}$	坐标系
$\{0\}$ 或 $\{A\}$ 或 $\{S\}$	基座坐标系、惯性坐标系
$\{n\}$ 或 $\{T\}$	末端坐标系、工具坐标系
$\{B\}$	物体坐标系
$\{U\}$	世界坐标系
$\{L\}$	连杆坐标系
x, y, z	笛卡儿坐标系中的三个坐标轴
x_A, y_A, z_A	坐标系 $\{A\}$ 的三个坐标轴
$\boldsymbol{i}, \boldsymbol{j}, \boldsymbol{k}$	单位正交轴

标量、向量、张量及矩阵

P	点
$\boldsymbol{p}$ 或 $\overrightarrow{OP}$	向量
$\boldsymbol{A}$	矩阵
$\boldsymbol{\Lambda}$	对角矩阵
$\boldsymbol{O}$	零矩阵或零向量
$\boldsymbol{I}$	张量
$\tilde{\boldsymbol{a}}$	四元数
$\tilde{\boldsymbol{\varepsilon}}$	单位四元数
$\mathbb{R}^n$	n 维欧几里得空间
$\mathbb{S}^n$	n 维球面空间
$\mathbb{P}^n$	n 维射影空间
$\mathbb{T}^2$	二维圆圈空间
$\boldsymbol{V}$	向量空间

运算符号

$\boldsymbol{A}^{\mathrm{T}}$	矩阵 $\boldsymbol{A}$ 的转置
$\boldsymbol{A}^{*}$	矩阵 $\boldsymbol{A}$ 的伴随矩阵
$\boldsymbol{A}^{-1}$	矩阵 $\boldsymbol{A}$ 的逆
$\boldsymbol{A}^{-\mathrm{T}}$	矩阵 $\boldsymbol{A}$ 的逆的转置
$\|\boldsymbol{A}\|$或 $\det(\boldsymbol{A})$	矩阵 $\boldsymbol{A}$ 对应的行列式
$\mathrm{tr}(\boldsymbol{A})$	矩阵 $\boldsymbol{A}$ 的迹
$\mathrm{rank}(\boldsymbol{A})$	矩阵 $\boldsymbol{A}$ 的秩
$\dot{A}$	矩阵 $\boldsymbol{A}$ 的一阶导数
$\ddot{A}$	矩阵 $\boldsymbol{A}$ 的二阶导数
$\mathrm{e}^{\boldsymbol{A}}$	矩阵 $\boldsymbol{A}$ 的指数
$\boldsymbol{a}^{\mathrm{T}}$	向量 $\boldsymbol{a}$ 的转置
$[\boldsymbol{a}]$	向量 $\boldsymbol{a}$ 对应的反对称矩阵
$\dot{a}$	向量 $\boldsymbol{a}$ 的一阶导数
$\ddot{a}$	向量 $\boldsymbol{a}$ 的二阶导数
δa	向量 $\boldsymbol{a}$ 的变分
$\boldsymbol{a}\cdot\boldsymbol{b}$	向量的内积运算
$\boldsymbol{a}\times\boldsymbol{b}$	三维向量的叉积运算
$\\|\boldsymbol{a}\\|$	向量 a 的范数
$\tilde{\boldsymbol{a}}^{*}$	四元数 $\tilde{\boldsymbol{a}}$ 的共轭
$\frac{\mathrm{d}}{\mathrm{d}}$	全微分
$\frac{\partial}{\partial}$	偏微分
θ_{ij}	$\theta_i+\theta_j$
c_{12}	$\cos(\theta_1+\theta_2)$
s_{12}	$\sin(\theta_1+\theta_2)$
$\mathrm{Atan2}(x,\ y)$	四象限反正切函数

物理量

$\boldsymbol{p}$ 或 $\overrightarrow{OP}$	点 P 对应的位置向量
$\boldsymbol{p}_0$ 或 $\boldsymbol{p}$（0）	初始位置向量
${}^B\boldsymbol{p}=({}^Bp_x,\ {}^Bp_y,\ {}^Bp_z)^{\mathrm{T}}$	点 P 在坐标系｛B｝中的表示
${}^Ap_{BORG}$	坐标系｛B｝原点相对坐标系｛A｝的位置向量
θ，φ	角度
（ϕ，θ，ψ）	欧拉角
$\boldsymbol{v}$ 或 $\boldsymbol{V}$	线速度
$\boldsymbol{v}_C$	坐标系｛C｝原点的线速度
${}^B\boldsymbol{V}_P$	P 点的线速度在坐标系｛B｝中的表示
v	线速度的幅值
$\boldsymbol{\omega}$ 或 $\boldsymbol{\Omega}$	角速度
${}^A\boldsymbol{\Omega}_B$	与刚体固连的坐标系｛B｝相对坐标系｛A｝的角速度
ω	角速度的幅值
${}^B\omega_C$	坐标系｛C｝相对于惯性坐标系｛U｝的角速度在坐标系｛B｝中的描述
$\hat{\omega}$ 或 $\hat{s}$	表示转轴的单位方向矢量（或单位角速度）
$\hat{\boldsymbol{\xi}}=(\hat{\boldsymbol{\omega}},\ \boldsymbol{v})^{\mathrm{T}}$	单位速度旋量的矢量表示
$[\hat{\boldsymbol{\xi}}]=\begin{pmatrix}[\hat{\boldsymbol{\omega}}] & \boldsymbol{v}\\ \boldsymbol{0} & 0\end{pmatrix}$	单位速度旋量的矩阵表示
$\boldsymbol{\$}$	单位旋量
$\$$	旋量
$\$^r$	反旋量
$\boldsymbol{S}$	集合或旋量系
$\boldsymbol{S}^r$	反旋量系
dim（$\boldsymbol{S}$）	集合或旋量系的维数
$\boldsymbol{f}$	力矢量
f	力的幅值
$\boldsymbol{m}$	力矩矢量

m	力矩的幅值
$\boldsymbol{F}=(\boldsymbol{f},\ \boldsymbol{m})^{\mathrm{T}}$ 或 $\boldsymbol{W}=(\boldsymbol{m},\ \boldsymbol{f})^{\mathrm{T}}$	力旋量的矢量表示
$\boldsymbol{\tau}$	关节力/力矩向量
τ_i	第 i 个关节力/力矩的幅值
$\boldsymbol{C}$	柔度矩阵
$\boldsymbol{K}$	刚度矩阵
I_{xx}（或 I_x）	刚体相对 x 轴的惯性矩
I_{xy}	刚体相对 x、y 轴的惯性积
m	质量
W	功
T	动能
U	势能
$\boldsymbol{I}$	刚体惯性矩阵（或惯性张量）
${}^{C}\boldsymbol{I}$	刚体相对质心的惯性矩阵（或惯性张量）
$\boldsymbol{M}$	刚体广义质量矩阵
$\boldsymbol{q}$ 或 $q=(q_1,\ \cdots,\ q_n)^{\mathrm{T}}$	关节位置（角度）变量
$\dot{\boldsymbol{q}}=(\dot{q}_1,\ \cdots,\ \dot{q}_n)^{\mathrm{T}}$	关节速度变量
$\boldsymbol{X}$	末端位姿矢量
$\dot{\boldsymbol{X}}=(\omega_n,\ v_n)^{\mathrm{T}}$	末端广义速度矢量
$\boldsymbol{R}$	姿态矩阵或旋转矩阵
${}^{A}_{B}\boldsymbol{R}$	坐标系 $\{B\}$ 相对坐标系 $\{A\}$ 的姿态矩阵或旋转矩阵
$\boldsymbol{R}_{\hat{\omega}}(\theta)$	用转轴 $\hat{\omega}$ 和转角 θ 描述的姿态矩阵或旋转矩阵
$R_{\tilde{\varepsilon}}(\theta)$	用单位四元数 $\tilde{\varepsilon}$ 和转角 θ 描述的姿态矩阵或旋转矩阵
$\boldsymbol{R}_{zyz}(\varphi,\ \theta,\ \psi)$	用 Z-Y-Z 欧拉角描述的姿态矩阵或旋转矩阵
$\boldsymbol{R}_{XYZ}(\varphi,\ \theta,\ \psi)$	用 R-P-Y 角描述的姿态矩阵或旋转矩阵
$\mathrm{Rot}(z,\ \theta)$	4×4 阶旋转算子
$\mathrm{Trans}(\boldsymbol{x},\ d)$ 或 $\mathrm{Trans}(d_x,\ d_y,\ d_z)$	4×4 阶平移算子
$SO(3)$	三维旋转群

$SO(2)$	二维旋转群
$SE(3)$	特殊欧氏群（一般刚体运动群）
$T(3)$	三维移动群
$\boldsymbol{T}$	位姿矩阵或齐次变换矩阵
${}_{B}^{A}\boldsymbol{T}$	坐标系 $\{B\}$ 相对坐标系 $\{A\}$ 的位姿矩阵或齐次变换矩阵
$\boldsymbol{T}_0$或 $\boldsymbol{T}$（0）	初始位姿
$\boldsymbol{J}$	速度雅可比矩阵
${}^{0}\boldsymbol{J}$	速度雅可比矩阵在基坐标系 $\{0\}$ 中的表示
$\boldsymbol{J}_{\mathrm{F}}$	静力雅可比矩阵
${}_{B}^{A}\boldsymbol{A}_{T}$	坐标系 $\{B\}$ 相对坐标系 $\{A\}$ 的伴随变换矩阵

一般情况下，小写的希腊字母表示纯数；小写的黑斜体表示矢量，大写的黑斜体表示矩阵或集合。

第 1 章 绪　论

本章导读

人类赖以生存的大千世界如此多姿多彩，不仅是因为大自然创造了千姿百态的生灵，而且是由于这些生灵中最有智慧的人类创造了丰富多彩的机器，机器人便是这些机器的典型代表。那么，机器人是以什么原理构造而成的？它们具有什么样的形态和功能？人们应如何根据需求来设计机器人？这些都属于机器人机构学的研究范畴。

机器人机构学的研究任务是揭示自然界生命体和机器的机构组成原理，发明新机构，研究基于特定功能及性能的机构分析与设计理论，为机器人的设计、创新和应用提供系统的基础理论和有效、实用的方法。

本章为全书的总论，主要介绍机器人以及机器人机构学的起源与发展，以及对各章的概述。

1.1 机器人的起源与发展

机器人（robot）的概念在人类的想象中已存在了三千多年。早在我国西周时代，就流传着有关巧匠偃师献给周穆王一个歌舞机器人的故事。作为第一批仿制动物之一的能够飞翔的木鸟是在公元前 400—公元前 350 年间制成的。公元前 3 世纪，古希腊发明家戴达罗斯用青铜为克里特岛国王迈诺斯塑造了一个守卫宝岛的卫士塔罗斯。在公元前 2 世纪的书籍中，描写过一个具有类似机器人角色的机械化剧院，这些角色能够在宫廷仪式上进行舞蹈和列队表演。我国东汉时期发明的指南车（图 1-1a）和记里鼓车（图 1-1b）是世界上最早的移动机器人雏形。

a) 指南车　　b) 记里鼓车

图 1-1

指南车与记里鼓车模型

“机器人”一词是 1920 年由捷克斯洛伐克作家卡佩克（Capek）在他的剧作《罗萨姆的万能机器人》中首先提出来的。在剧中，卡佩克构思了一个名叫 Robot 的机器人，它能够不知疲劳地进行工作。后来，由该书派生出大量的科幻小说、话剧和电影，如阿西莫夫（Asimov）的科幻小说《我，机器人》、好莱坞电影《摩登时代》等，从而形成了对机器人的一种共识：像人，富有知识，甚至还有个性；同时也体现了人类长期以来的一个愿望，即创造出一种机器，能够代替人完成各种工作。

机器人作为学科名词始于20世纪中期，其技术背景是计算机和自动化技术的出现与快速发展，以及原子能的开发利用。自1946年第一台数字电子计算机问世以来，计算机技术取得了惊人的进步，并不断向高速度、大容量、低价格的方向发展。大批量生产的迫切需求推动了自动化技术的发展，其结果之一便是1952年数控机床的诞生。与数控机床相关的控制、机械零件的研究又为机器人的开发奠定了基础。另一方面，原子能实验室的恶劣环境要求某些操作机械代替人处理放射性物质。在这一需求背景下，美国原子能委员会的阿尔贡研究所于1947年开发了**遥控式机械手**（tele-manipulator），1948年又开发了机械式**主从机械手**（master-slave manipulator）。1954年，美国的戴沃尔（Devol）最早提出了**工业机器人**（industrial robot）的概念，并申请了专利。该专利的要点是借助伺服技术控制机器人的关节，利用人手对机器人进行动作示教，使其实现动作的记录和再现。这就是所谓的**示教再现型机器人**（teaching and playback robot），也是第一代机器人的雏形。20世纪70年代末，美国Unimation公司研制成功通用示教再现型（Programmable Universal Machine for Assembly，PUMA）机器人，并将其应用到通用电气公司的工业生产装配线上，标志着第一代机器人走向成熟。与此同时，从20世纪70—80年代初期，世界其他各地也相继成立了一些专业的机器人公司，如瑞士的ABB、德国的库卡（KUKA）以及日本的发那科（FUNAC）、安川莫托曼等，这些公司都在工业机器人方面大有作为，加速了示教再现型机器人的工业化进程。今天，数以百万计的工业机器人应用到了生产线中，大大提高了生产率和产品质量。

从20世纪60年代中期开始，一些知名大学或研究机构相继成立了机器人实验室或研究所，如美国麻省理工学院（MIT）的人工智能实验室、斯坦福研究所的人工智能中心等。它们开始研究开发**第二代机器人**——具有一定感知能力的机器人，使其具有类似人的某种感觉，如力觉、触觉、滑觉、视觉、听觉等。第二代机器人的应用领域也在不断拓展，已经从工业扩展到服务业。20世纪70年代，一些特殊场合中应用的机器人，如步行机器人、太空机械臂、灵巧手、无人驾驶汽车、多传感器融合机器人和恶劣环境作业机器人等也得到迅猛发展。第二代机器人虽然具备了不同程度的感知能力，但依然具有局限性，例如，生产线上的机器人无法理解周边环境的变化，伤害操作人员或者损坏设备的事件偶有发生。另一方面，机器人结构本体的操作能力也相当有限。提升机器人的智能水平、机动性和操作能力，特别是使其具备识别、推理、规划和学习等智能机制，以及感知和做出相应行动的能力，便成为第三代机器人研究者的使命。

第三代机器人又称**智能机器人**（intelligent robot）。它不仅具有力觉、触觉、滑觉、视觉、听觉等感觉机能，还具有逻辑思维、学习、判断及决策等功能，甚至可以根据要求自主完成复杂任务。过去的近50年间，在众多相关从业人员的不断探索中，通过机构学、仿生学、智能材料、信息技术、传感技术、人工智能等多学科交叉融合，智能机器人得到了迅猛发展。目前，典型代表有美国Boston Dynamics公司推出的仿生机器人系列——大狗、猎豹等，以及单臂协作机器人（图1-2a）和双臂协作机器人（图1-2b）等。

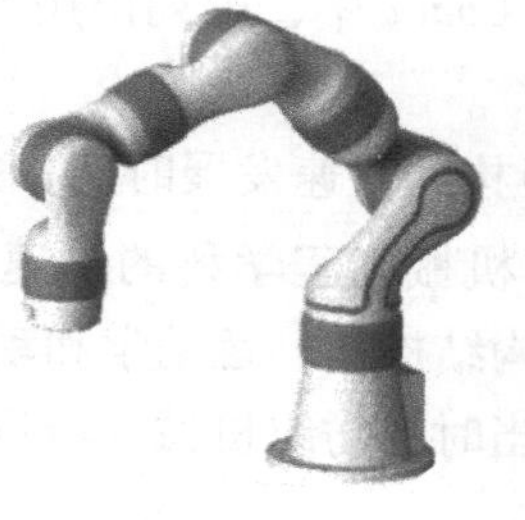

a) 单臂协作机器人

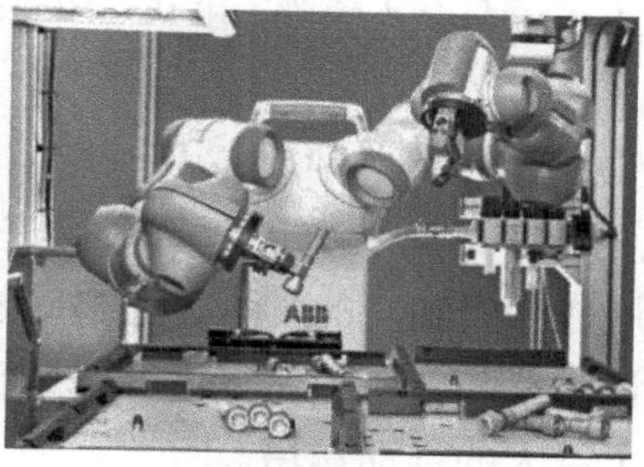

b) 双臂协作机器人

图 1-2

机器人样机

现在，**机器人学**（robotics）已成为一门独立的学科，同时也是多学科交叉的产物，带动了多个学科的发展，主要包括力学、机械学、计算科学、电子学、控制论、信息学等。机器人学有着极其广泛的研究和应用领域。这些领域体现出广泛的学科交叉，涉及众多领域，如机器人体系架构、机构、控制、智能、传感、机器人装配、恶劣环境下的特种机器人以及机器人语言等。机器人已在工业、农业、商业、旅游业、空间、海洋和国防等领域得到越来越普遍的应用。不仅如此，还衍生出**机器人化机器**（robotized machines，最早由蒋新松院士提出，又称**智能机器或智能机械**）、**机器人技术**（robot technology）、**共融机器人**（Tri-Co robots）等专有名称，给机器人赋予了更加广阔的定义。尤其是机器人的应用越来越注重与作业环境、人和其他机器人之间的自然交互、自主适应动态环境和协同作业，共融机器人成为学术和工业界追求的未来机器人。

1.2 机器人机构学的诞生

机器人机构学（robotic mechanisms）既是机器人学的重要组成部分，同时也是**机构学**（mechanisms）的一个重要分支。机构学在广义上被称为**机构与机器科学**（mechanism and machine science），是机械工程学科中的重要基础研究分支。机构学也是一门古老的学科，距今已有数千年的历史。机构从一出现就一直伴随甚至推动着人类社会和人类文明的发展，对它的研究和应用更是有着悠久的历史。机构与机器的发明书写了人类科技发展史上灿烂辉煌的篇章。从远古的简单机械、我国宋元时期的浑天仪到欧洲文艺复兴时期的计时装置和天文观测器；从文艺复兴时期达·芬奇的军事机械到工业革命时期瓦特的蒸汽机；从百年前莱特兄弟的飞机、奔驰汽车到半个世纪前的模拟计算机和数控机床；从 20 世纪 60 年代的登月飞船到现代的航天飞机和星际探测器，再到信息时代的数据储存设备、消费电子设备和智能机器人，无一不说明新机器的发明是社会发展的源动力、人类文明延续的主导者。即使在当今的信息时代，它仍是推动社会发展不可或缺的力量。

从纵向发展来看，机构学主要经历了三个阶段：

第一阶段（古世纪—18 世纪中叶）：机构的启蒙与发展时期。古埃及的赫伦（Heron）提出了组成机械的五个基本元件：轮与轮轴、杠杆、绞盘、楔子和螺杆。意大利著名绘画大师达·芬奇在其作品 *the Madrid Codex* 和 *the Atlantic Codex* 中，曾列出用于机器制造的 22 种基本部件。

第二阶段（18 世纪下半叶—20 世纪中叶）：机构的快速发展时期，机构学成为一门独立的学科。18 世纪下半叶的第一次工业革命促进了机械工程学科的迅速发展，机构学在原来力学的基础上发展成一门独立的学科，通过对机构结构学、运动学和动力学的研究，形成了机构学独立的知识体系和独特的研究内容，对于当时的纺织机械、蒸汽机及内燃机等结构和性能的完善起到了巨大的推动作用。

第三阶段（从 20 世纪下半叶至今）：控制与信息技术的发展使机构学发展成为现代机构学。现代机构具有如下特点：①机构是现代机械系统的子系统，机构学与驱动、控制、信息等学科交叉融合，在研究内容上与传统机构学相比有明显的扩展（图 1-3）；②机构的结构学、运动学与动力学实现了统一建模，创建了三者融为一体且考虑到驱动与控制技术的系统理论，为创新设计提供了新的方法；③机构创新设计理论与计算机技术的结合，为机构创新设计实用软件的开发提供了技术基础。

a) 传统机构

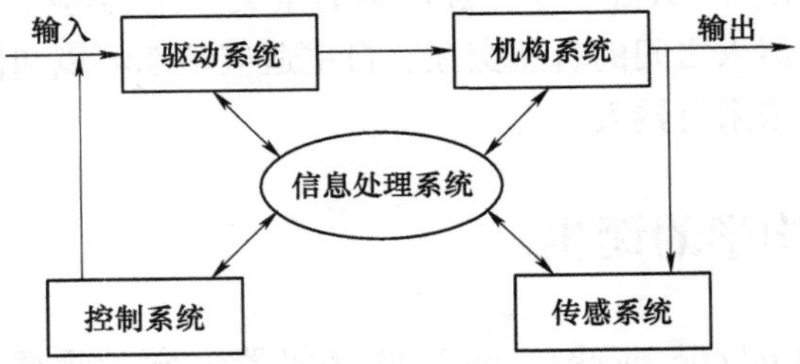

b) 现代机构

图 1-3

传统机构与现代机构的比较

现代机构学发展的重要标志之一便是机器人机构学的诞生。

机器人机构学的研究对象主要是机器人机械系统，以及机械与其他学科的交叉点。机器人机械系统主要包括构成机器人结构本体的机器人机构，它是机器人重要和基本的组成部分，是机器人实现各类运动、完成各种指定任务的主体。

机器人机构的发展是现代机构学发展的一个重要标志和重要组成部分。例如，由传统的串联关节型操作臂（工业机器人的典型机型）发展成多支链的并联机器人或混联机器人，由纯刚性机器人发展成关节柔性机器人再到软体机器人（图 1-4），由全自由度机器人发展到少自由度机器人、欠驱动机器人、冗余度机器人，由宏尺度机器人发展到微型机器人、纳米机器人等。机器人机构学的发展给现代机构学带来了生机和活力，也形成了一些新的研究方向。

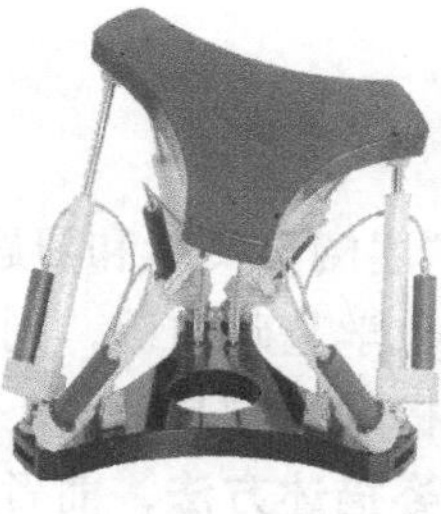
a) 纯刚性机器人

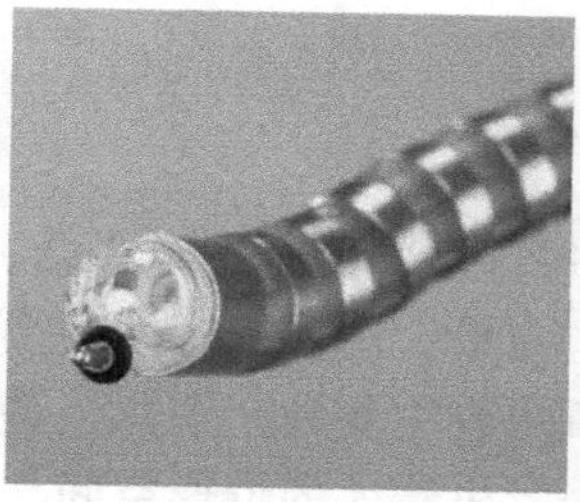
b) 关节柔性机器人

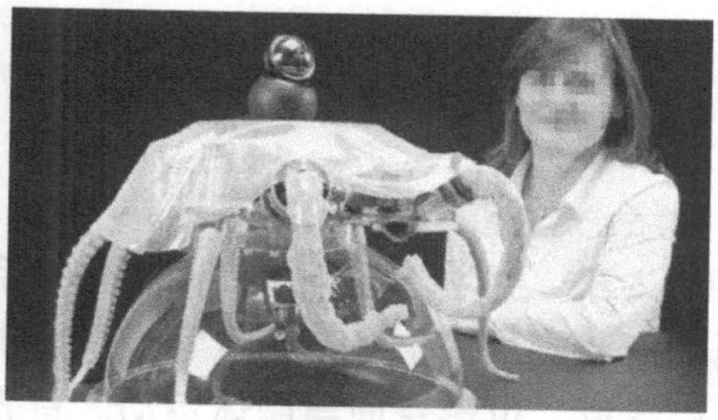
c) 软体机器人

图 1-4
纯刚性、关节柔性和软体机器人

1.3 机器人机构学的主要研究内容

机器人机构学主要针对三个核心问题开展研究，即结构组成原理与新机构的发明创造方法（简称“型”），与运动学及动力学相关的性能分析（简称“性”），根据运动学与动力学性能指标进行的机器人机构设计（简称“度”）。

1. 结构组成原理与新机构的发明创造方法

机构的创新是机械设计中永恒的主题，想要设计出新颖、合理、有用的机构，不仅要有丰富的实践经验，还要熟悉机构组成原理（如平面机构的阿苏尔杆组理论）。构型综合主要研究机构在“任务空间”下的基本功能特性与类型的数学描述、自由度分析与计算方法、构型综合原理与数学描述方法等。

2. 与运动学及动力学相关的性能分析

机器人机构的分析与设计是基于性能评价指标来实现的。性能评价指标应具有明确的物理意义，可用数学方程来描述和度量，具有可计算性，如**工作空间**（workspace）、**奇异性**（singularity）、**解耦性**（decouple）、**各向同性**（isotropy）、**速度**（velocity）、**承载能力**、**刚度**（stiffness）、**精度**（accuracy）等。以上概念将在后续章节中详细介绍。

虽然国内外已有许多有关机器人运动学、动力学性能评价指标的研究，但是，由于工程实际应用中对机器人结构设计的要求较为复杂且多种多样，目前对机构性能评价指标的研究还不能完全满足工程实际的需要，尤其是对复杂机器人机构设计指标的研究还不够丰富、成熟。

3. 机器人机构设计

高性能机器人机构的设计是机构学领域最具挑战性的问题，人类至今乃至在未来相当长的时间里仍难以完全解决该问题，原因在于机构的设计，尤其是复杂机构的设计本质上是**非线性**（non-linearity）、**强耦合**（high-coupling）问题。例如，在并联机器人研究领域，机器人的尺寸设计是一项很重要的研究内容，因为机器人机构的尺度决定了机器人的操作特性。机器人机构的设计不是为了执行特定的任务，而是为了满足普遍的性能指标。由于性能指标和设计参数具有多元性、耦合性和非线性，导致并联机器人的设计是一个昂贵、费时、复杂和困难的过程。

1.4 章节安排与内容导读

除绪论之外，本书正文部分共13章，每章后面均有本章小结、扩展阅读文献和习题。

第2章 数学基础。主要回顾坐标系、向量、矩阵、线性变换等数学基础知识，同时介绍线几何、旋量理论等新的数学工具。本章内容主要为全书其他各章提供**数学基础**。

第3章 位形空间与刚体运动。首先介绍机器人的**位形空间与位姿描述方法**，前者是描述机器人位置和姿态的重要指标，而后者主要讨论如何通过数学方法来描述三维物理空间中的刚体运动，这也是本章乃至全书的重点。本章重点讨论了姿态（或刚体转动）描述中常用的旋转矩阵、欧拉角、R-P-Y角、等效轴-角、单位四元数，以及它们之间的相互映射关系。一般刚体运动则通过齐次坐标变换来实现。为了更加清晰地阐述刚体运动的几何意义，引入了集线速度与角速度于一体的运动旋量（也称为刚体速度）、同时表示三维力和三维力矩的力旋量（也称为广义力）以及它们之间的互易关系。本章内容主要为全书其他各章提供**物理基础**。

第4章 常用机器人机构。机器人种类多样、形态各异，但就组成原理而言，都遵循一些共同的规律。本章主要介绍：①机器人与机器人机构的组成；②串联机器人机构、并/混联机器人机构、移动机器人机构等机构的类型及特点；③机器人中常用的驱动与传动机构。本章内容主要为全书其他各章提供**研究对象**。

第5章 自由度与运动模式分析。自由度是机器人机构学中最重要的概念之一。自由度与运动副、构件之间的定量关系一直是机构与机器人构型综合及运动分析中重要的理论依据。自由度问题同时也是机构学领域令人们困惑已久的难题之一，经典的G-K公式被不断修正。运动模式则是自由度问题的拓展，它的出现源于近年来对有关构型综合以及多模式机构等机器人机构学的热点研究。本章将结合目前的最新研究成果，从大家所熟悉的平面机构自由度公式出发，重点讨论适用于各类机器人的自由度计算及分析方法，简单涉及少许有关运动模式分析的内容。

第6章 构型综合。构型综合是自由度分析的反问题，是指在给定机构期望自由度数和形式的条件下，寻求机构的具体结构，包括运动副和连杆的数目以及运动副和连杆在空间中的布置等。作为机构原始创新的重要途径之一，构型综合离不开现代数学方法与数学工具的支持。关于机器人机构的构型综合理论及方法，当前常用的有基于机构自由度计算公式的枚举法、构型演化法，基于图论等数学工具的拓扑综合或模块组合法，基于位移群或位移流形的运动综合方法，以及基于旋量系及线几何的约束综合法等。近年来，学者们利用这些方法综合得到了许多新的机器人机构。本章重点介绍机器人机构常用的构型综合法。

第7章 机器人运动学基础。对于一个串联机器人而言，末端执行器的位置和姿态可通过关节位置唯一确定出来。其正运动学问题就是给定各关节位置，求出末端执行器的位姿；逆运动学问题则是达到理想末端位姿时，如何确定一组对应的关节位置。本章将重点介绍基于D-H参数和指数积（PoE）公式的运动学求解方法。通过对这两种方法的对比，可以找到各自的优缺点。并联机器人机构是一类与传统串联机器人机构形成优势互补的机构。并联机器人机构具有多闭环的结构特征，通过多个支链协同作用来实现终端的运动输出，具有结构紧凑、刚度高、动态响应快等优点。本章简单介绍了并联机器人机构的运动学正、反解求解方法。

第8章 基于速度雅可比的性能评价。速度雅可比矩阵是机器人性能评价的基础。通过分析雅可比矩阵的秩，可以探究机器人的奇异性；另外，许多有关设计的运动性能指标都是基于雅可比矩阵来构造的，如工作空间、灵巧度、运动解耦性、各向同性、刚度等。在机器人机构设计中，性能指标是重要的研究内容之一，它是设计的依据和实现目标。本章将重点介绍速度雅可比的概念与求解方法，并基于雅可比矩阵对串联机器人进行奇异性、灵巧性等性能评价。

第9章 基于运动/力交互特性的性能评价。并联机器人机构是一类与传统串联机器人机构互为补充的机构。若采用速度雅可比矩阵对其性能进行评价，并不具有普适性。本章重点从运动/力交互特性的角度对这类机器人机构的性能进行评价。由于在机构中，运动与力之间的交互集中反映在运动/力传递与约束特性两个方面。因此，受传动角思想的启发，利用旋量理论来描述存在于并联机器人机构中的各种运动和力，在自由度空间与约束空间内分别定义运动/力传递特性指标和运动/力约束特性指标，以此来定性和定量地评价运动/力传递和约束特性。此外，也基于运动/力传递和约束特性，对机器人的奇异性进行分类与辨识。

第10章 运动学优化设计。运动学设计是机器人开发中最主要的环节之一，直接影响整机性能。由于机器人特别是并联机器人的多环结构和多参数特点，运动学设计是一个具有挑战性的难题。针对这一主题，通常需要探讨两方面的问题：性能评价和尺度综合。尺度综合的目的是通过一定的方法来确定所设计机构的几何参数，而性能评价则是尺度综合的前提和先决条件。本章将以并联机器人为载体，基于相关性能指标，重点考虑机器人的尺度综合与运动学优化设计。

第11章 机器人静力学与静刚度分析。机器人静力学分析的目的在于通过确定驱动力（力矩）经过机器人关节后的传动效果，进而达到合理选择驱动器或者有效进行机器人刚度控制等目的。机器人的静刚度与多种因素有关，如各组成构件的材料及几何特性、传动机构的类型、驱动器、控制器等。无论是刚性机器人还是柔性机器人，对其静刚度的研究都非常重要。本章重点介绍机器人运动学与静力学之间的对偶关系，以及如何通过映射建立刚性、柔性机器人机构的静刚度矩阵。

第12章 机器人动力学基础。机器人动力学是指当考虑有力和力矩作用时，对机器人运动的研究，它是机器人控制、结构设计与驱动器选型的基础。与机器人正运动学与逆运动学的概念类似，正动力学问题是指给定一组关节力和力矩，确定最终关节的加速度；逆动力学问题则是在给定所需关节加速度的条件下，确定输入关节力/力矩。目前，分析机器人动力学的常用方法主要有拉格朗日法、牛顿-欧拉法、虚功原理法及凯恩方程法等，其中最为经典的是前两种。本章主要以串联机器人为例，重点介绍两种经典的机器人动力学建模方法：拉格朗日法和牛顿-欧拉法。

第13章 柔性机器人机构学基础。随着对柔性及柔性机构的认识不断深入，柔性机构在微纳、仿生机器人等领域的应用越来越广泛。本章从基本概念和经典方法出发，按照机器人机构学的一般理论体系，对与柔性机器人机构相关的自由度分析与构型综合、运动学及动力学建模方法等进行介绍，重点介绍复杂柔性机器人机构的自由度分析与构型综合的几何方法，以及如何通过经典的伪刚体模型法来实现运动学与动力学建模；此外，还特别补充了一类特别的柔性机器人——连续体机器人的运动学建模问题。

第 14 章　综合设计实例。一个完整的机器人系统包括机器人结构本体（含驱动与传动系统）、末端执行器、内外部感测装置、控制器等，其中，机器人结构本体设计是机器人系统设计的关键。本章在给出机器人结构本体设计一般流程的基础上，列举了两个综合设计实例：可实现 SCARA 运动的并联操作机器人设计和大行程 *XY* 柔性纳米定位平台设计。

习题

1-1　制作一个年表，记录工业机器人发展史中的主要事件。

1-2　制作一个年表，记录并联机器人发展史中的主要事件。

1-3　查阅文献，试回答连续体机器人与软体机器人有何区别。

1-4　查阅文献，试给出在机器人机构创新方面做出重要贡献的 10 个人物。

1-5　查阅文献，试给出在机器人机构学理论方面做出重要贡献的 10 个人物。

1-6　查阅文献，试列举能代表目前机器人发展水平的 10 种机器人产品。

1-7　查阅文献，试列举能代表目前机器人机构学研究水平的 10 个实验室名称。

1-8　“机器人三原则”由谁提出？具体内容如何表述？

第2章 数学基础

本章导读

无论哪一种几何，点、直线、平面都是其中最基本的元素。如何表征它们，进而描述其运动，是不同几何理论研究的基础。目前比较典型的几何有欧几里得几何（Euclidean geometry）、射影几何（projective geometry）等。鉴于欧几里得几何和射影几何的共同数学工具都是线性代数，这里首先回顾一下其中的一些基本知识。

本章内容主要为全书其他各章提供数学基础。

2.1 坐标系与三维向量的运算

2.1.1 坐标系与点的坐标表示

在机构学的研究过程中，总是离不开坐标系。通过坐标系可以更好地描述机构及其中各构件的运动，并且可使描述过程变得更加简单。最简单也最重要的坐标系是直角坐标系，又称笛卡儿坐标系，它是以其发明者——17世纪法国数学家笛卡儿（Descartes）来命名的。

建立图2-1所示的平面直角坐标系，点 P 的位置可以用坐标原点到该点的向量 $\boldsymbol{p}$ 来表示，即

$$\boldsymbol{p} = p_x\boldsymbol{i} + p_y\boldsymbol{j} \tag{2.1-1}$$

式中，$\boldsymbol{i}$、$\boldsymbol{j}$ 分别为平行于 x、y 轴的单位向量；p_x 和 p_y 分别为向量 $\boldsymbol{p}$ 在 x、y 轴方向的投影。

进一步将坐标系从平面扩展到空间可以得到类似的结果。建立图2-2所示的空间直角坐标系，点 P 的位置可以直接用向量 $\boldsymbol{p}$ 来表示，即

$$\boldsymbol{p} = p_x\boldsymbol{i} + p_y\boldsymbol{j} + p_z\boldsymbol{k} \tag{2.1-2}$$

式中，$\boldsymbol{i}$、$\boldsymbol{j}$、$\boldsymbol{k}$ 分别为平行于 x、y、z 轴的单位向量；p_x、p_y 和 p_z 分别为向量 $\boldsymbol{p}$ 在 x、y、z 轴方向的投影。

或者直接写成列向量的形式：

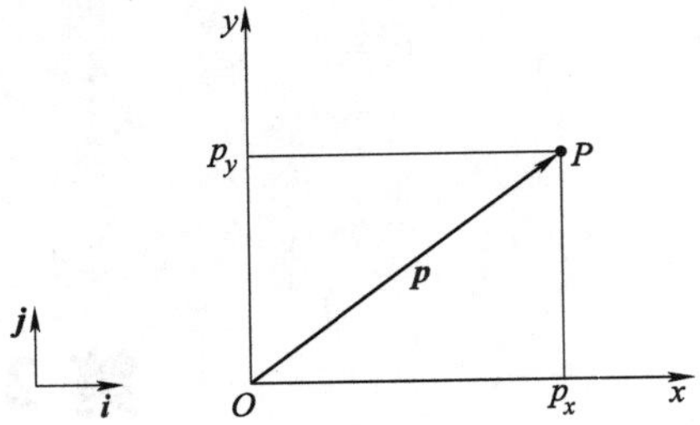

图 2-1

平面直角坐标系

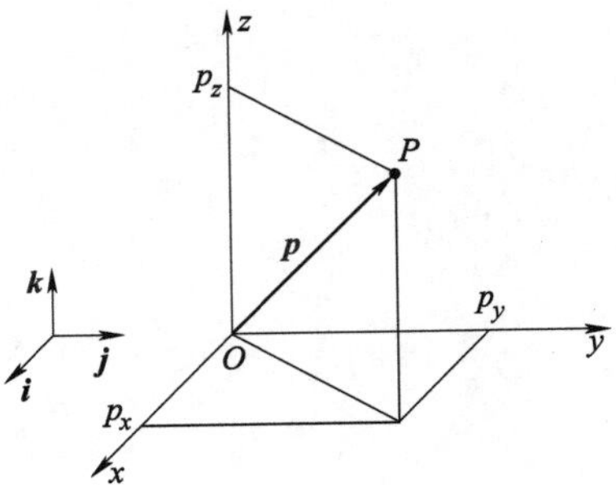

图 2-2

空间直角坐标系

$$\boldsymbol{p}=\begin{pmatrix}p_x\\p_y\\p_z\end{pmatrix} \tag{2.1-3}$$

2.1.2 三维向量及其运算

上小节中，无论 $\boldsymbol{p}$ 还是 $\boldsymbol{i}$、$\boldsymbol{j}$ 都是**向量**（vector），它们有别于一般的**标量**（scalar）。

根据定义，由 n 个有序的数 a_1，a_2，…，a_n 组成的数组称为 n 维向量。n 维向量写成一行，称为**行向量**，通常记作 $\boldsymbol{a}^{\mathrm{T}}=(a_1, a_2, \cdots, a_n)$；$n$ 维向量写成一列，称为**列向量**，通常记作 $\boldsymbol{a}=(a_1, a_2, \cdots, a_n)^{\mathrm{T}}$。

向量是一个既有大小又有方向的量，其加法满足交换律和结合律，同时满足数乘的运算法则。向量之间还可以进行加减法。

若有两个**三维向量**（常称其为**矢量**）$\boldsymbol{u}=u_x\boldsymbol{i}+u_y\boldsymbol{j}+u_z\boldsymbol{k}$ 和 $\boldsymbol{v}=v_x\boldsymbol{i}+v_y\boldsymbol{j}+v_z\boldsymbol{k}$，则满足

$$\boldsymbol{u}\pm\boldsymbol{v}=(u_x\pm v_x)\boldsymbol{i}+(u_y\pm v_y)\boldsymbol{j}+(u_z\pm v_z)\boldsymbol{k} \tag{2.1-4}$$

向量的加减法满足封闭性，即遵循所谓的平行四边形或三角形法则，形成**封闭向量多边形**（closed vector polygon），如图 2-3 所示。

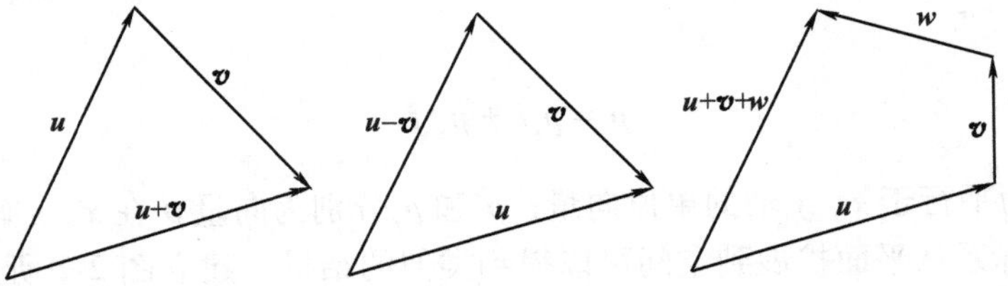

图 2-3

向量的加减法运算

向量之间可以进行**点积**（·）运算（也称为向量的内积），满足

$$\boldsymbol{u}\cdot\boldsymbol{v}=\boldsymbol{v}\cdot\boldsymbol{u}=\boldsymbol{u}^{\mathrm{T}}\boldsymbol{v}=u_xv_x+u_yv_y+u_zv_z \tag{2.1-5}$$

可以看出，两向量的点积满足**交换律**。

两向量点积的几何意义如图 2-4a 所示，即满足

$$\boldsymbol{u}\cdot\boldsymbol{v}=\|\boldsymbol{u}\|\ \|\boldsymbol{v}\|\cos\theta \tag{2.1-6}$$

式中，$\|\boldsymbol{u}\|$ 为向量 $\boldsymbol{u}$ 的**范数**（norm），且 $\|\boldsymbol{u}\|=\sqrt{u_x^2+u_y^2+u_z^2}$；$\theta$ 为两向量之间的夹角。当 $\boldsymbol{u}\cdot\boldsymbol{v}=0$ 时，称向量 $\boldsymbol{u}$ 与 $\boldsymbol{v}$ **正交**。

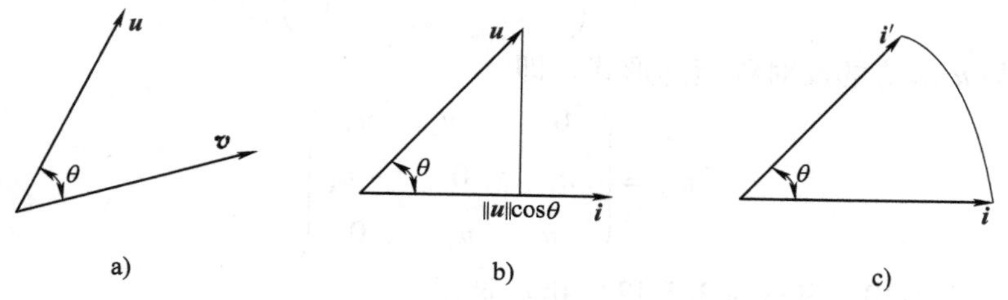

图 2-4
向量的点积

考虑式（2.1-6）的一种特例情况，即其中一个向量为单位向量（如表示 x 轴的单位向量 $\boldsymbol{i}$），式（2.1-6）变为

$$\boldsymbol{u}\cdot\boldsymbol{i}=\|\boldsymbol{u}\|\cos\theta \tag{2.1-7}$$

式（2.1-7）所表示的几何意义是向量 $\boldsymbol{u}$ 在 x 轴上的投影（图 2-4b）。如果 $\boldsymbol{u}$ 也是一个单位向量，则式（2.1-7）进一步简化为

$$\boldsymbol{i}'\cdot\boldsymbol{i}=\cos\theta \tag{2.1-8}$$

式（2.1-8）表明，两个单位向量的点积为两者夹角的余弦（图 2-4c）。由于均为单位向量，因此又称为方向余弦。

如果 $\boldsymbol{i}'$ 换成与 $\boldsymbol{i}$ 正交的 $\boldsymbol{j}$ 或者 $\boldsymbol{k}$，则式（2.1-8）变成

$$\boldsymbol{j}\cdot\boldsymbol{i}=\cos 90^\circ=0,\quad \boldsymbol{k}\cdot\boldsymbol{i}=\cos 90^\circ=0 \tag{2.1-9}$$

式（2.1-7）和式（2.1-9）可以起到相互验证的作用。

矢量还可以进行**叉积**（×）运算。根据定义式，可得

$$\boldsymbol{u}\times\boldsymbol{v}=\begin{vmatrix}\boldsymbol{i} & \boldsymbol{j} & \boldsymbol{k}\\ u_x & u_y & u_z\\ v_x & v_y & v_z\end{vmatrix}=(u_yv_z-u_zv_y)\boldsymbol{i}+(u_zv_x-u_xv_z)\boldsymbol{j}+(u_xv_y-u_yv_x)\boldsymbol{k} \tag{2.1-10}$$

由式（2.1-10）可以看出，两个矢量可以生成一个新的矢量，如图 2-5 所示。新的矢量垂直于 $\boldsymbol{u}$ 与 $\boldsymbol{v}$ 张成的平面，方向符合右手定则。

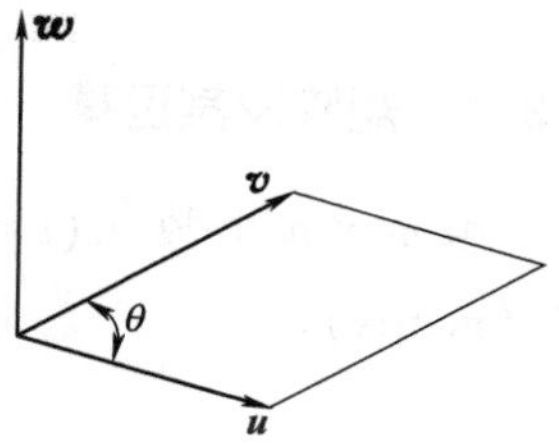

图 2-5
矢量的叉积

运动学中经常用到的一个关系式就是：角速度矢量与位置矢量叉积生成一个速度矢量。具体而言，构件上某一点 r 绕固定转轴转动时的角速度 $\boldsymbol{\omega}$ 与线速度 $\boldsymbol{v}$ 之间满足关系式

$$\boldsymbol{v}=\boldsymbol{\omega}\times\boldsymbol{r}=\begin{vmatrix}\boldsymbol{i} & \boldsymbol{j} & \boldsymbol{k}\\ \omega_x & \omega_y & \omega_z\\ r_x & r_y & r_z\end{vmatrix} \tag{2.1-11}$$

式中，$\boldsymbol{\omega}=\omega_x\boldsymbol{i}+\omega_y\boldsymbol{j}+\omega_z\boldsymbol{k}$，$\boldsymbol{r}=r_x\boldsymbol{i}+r_y\boldsymbol{j}+r_z\boldsymbol{k}$。

类似地，位置矢量与力矢量叉积可生成一个力偶矩矢量。

从数学上，式（2.1-10）还可以写成

$$\boldsymbol{u}\times\boldsymbol{v}=[\boldsymbol{u}]\boldsymbol{v}=\begin{pmatrix}0 & -u_z & u_y\\ u_z & 0 & -u_x\\ -u_y & u_x & 0\end{pmatrix}\begin{pmatrix}v_x\\ v_y\\ v_z\end{pmatrix} \tag{2.1-12}$$

式中，$[\boldsymbol{u}]$ 为与 $\boldsymbol{u}$ 对应的反对称矩阵形式，即

$$[\boldsymbol{u}]=\begin{pmatrix}0 & -u_z & u_y\\ u_z & 0 & -u_x\\ -u_y & u_x & 0\end{pmatrix} \tag{2.1-13}$$

读者可通过式（2.1-10）和式（2.1-12）相互验证。

此外，还可以得到两矢量叉积的几何意义满足

$$\|\boldsymbol{u}\times\boldsymbol{v}\|=\|\boldsymbol{u}\|\,\|\boldsymbol{v}\|\sin\theta \tag{2.1-14}$$

即新矢量的范数（或模）等于 $\boldsymbol{u}$ 与 $\boldsymbol{v}$ 围成的平行四边形的面积。

当三个矢量进行叉积运算时，可将其转变成点积的形式，即

$$\begin{aligned}\boldsymbol{u}\times(\boldsymbol{v}\times\boldsymbol{w})&=(\boldsymbol{u}\cdot\boldsymbol{w})\boldsymbol{v}-(\boldsymbol{u}\cdot\boldsymbol{v})\boldsymbol{w}\\ (\boldsymbol{u}\times\boldsymbol{v})\times\boldsymbol{w}&=(\boldsymbol{u}\cdot\boldsymbol{w})\boldsymbol{v}-(\boldsymbol{v}\cdot\boldsymbol{w})\boldsymbol{u}\end{aligned} \tag{2.1-15}$$

注意：矢量的点积运算满足交换律和分配律；而矢量的叉积运算不满足交换律和结合律，但满足分配律。例如

$$\begin{aligned}\boldsymbol{u}\cdot\boldsymbol{v}&=\boldsymbol{v}\cdot\boldsymbol{u}\\ \boldsymbol{u}\times\boldsymbol{v}&=-\boldsymbol{v}\times\boldsymbol{u}\end{aligned} \tag{2.1-16}$$

$$\begin{aligned}\boldsymbol{u}\cdot(\boldsymbol{v}+\boldsymbol{w})&=\boldsymbol{u}\cdot\boldsymbol{v}+\boldsymbol{u}\cdot\boldsymbol{w}\\ \boldsymbol{u}\times(\boldsymbol{v}+\boldsymbol{w})&=\boldsymbol{u}\times\boldsymbol{v}+\boldsymbol{u}\times\boldsymbol{w}\end{aligned} \tag{2.1-17}$$

因此，矢量点积与叉积的混合运算满足

$$\boldsymbol{u}\cdot(\boldsymbol{v}\times\boldsymbol{w})=\boldsymbol{v}\cdot(\boldsymbol{w}\times\boldsymbol{u})=\boldsymbol{w}\cdot(\boldsymbol{u}\times\boldsymbol{v})=\det(\boldsymbol{u}\ \ \boldsymbol{v}\ \ \boldsymbol{w}) \tag{2.1-18}$$

$\det(\boldsymbol{u}\ \ \boldsymbol{v}\ \ \boldsymbol{w})$ 表示三个列向量 $\boldsymbol{u}$、$\boldsymbol{v}$、$\boldsymbol{w}$ 组成的行列式的值。特殊情况下满足

$$\boldsymbol{u}\cdot(\boldsymbol{u}\times\boldsymbol{v})=\boldsymbol{v}\cdot(\boldsymbol{u}\times\boldsymbol{v})=0 \tag{2.1-19}$$

2.2 矩阵与线性空间

2.2.1 矩阵及其运算

由 $m\times n$ 个数 $a_{ij}(i=1,2,\cdots,m;\ j=1,2,\cdots,n)$ 排成的 m 行 n 列的数表称为**矩阵**（matrix）。

$$\boldsymbol{A}=\begin{pmatrix}a_{11} & a_{12} & & a_{1n}\\ a_{21} & a_{22} & \cdots & a_{2n}\\ \vdots & \vdots & & \vdots\\ a_{m1} & a_{m2} & \cdots & a_{mn}\end{pmatrix}_{m\times n} \tag{2.2-1}$$

矩阵 $\boldsymbol{A}$ 可看作由 m 个 n 维行向量所组成，记作 $\boldsymbol{A}=\begin{pmatrix}\boldsymbol{a}_1^{\mathrm{T}}\\ \boldsymbol{a}_2^{\mathrm{T}}\\ \vdots\\ \boldsymbol{a}_m^{\mathrm{T}}\end{pmatrix}$；或者由 n 个 m 维列向量所组成，记作 $\boldsymbol{A}=(\boldsymbol{a}_1,\ \boldsymbol{a}_2,\ \cdots,\ \boldsymbol{a}_n)$。

1. 矩阵的类型

矩阵有很多种特殊类型，常见的矩阵包括：

（1）**方阵** 行数与列数相等的矩阵，如 $\boldsymbol{A}_{n\times n}$。

（2）**对角矩阵** 只在主对角线上存在非零元素的方阵，记作 $\boldsymbol{A}=\mathrm{diag}(a_{11},\ a_{22},\ \cdots,\ a_{nn})$。

（3）**零矩阵** 元素全为零的矩阵，记作 **O**。

（4）**单位矩阵** 元素均为 1 的对角矩阵，记作 $\boldsymbol{I}$。

（5）**对称矩阵与反对称矩阵** 满足 $\boldsymbol{A}=\boldsymbol{A}^{\mathrm{T}}$ 的矩阵为对称矩阵，满足 $\boldsymbol{A}=-\boldsymbol{A}^{\mathrm{T}}$ 的矩阵为反对称矩阵。

（6）**奇异矩阵与非奇异矩阵** $\det(\boldsymbol{A})=0$ 时，方阵 $\boldsymbol{A}$ 为奇异矩阵；反之，为非奇异矩阵。

2. 典型的矩阵运算

（1）**加法** 加法满足交换率与结合率：① $\boldsymbol{A}+\boldsymbol{B}=\boldsymbol{B}+\boldsymbol{A}$；② $(\boldsymbol{A}+\boldsymbol{B})+\boldsymbol{C}=\boldsymbol{A}+(\boldsymbol{B}+\boldsymbol{C})$。

（2）**数乘** ① $(\lambda\mu)\boldsymbol{A}=\lambda(\mu\boldsymbol{A})$；② $(\lambda+\mu)\boldsymbol{A}=\lambda\boldsymbol{A}+\mu\boldsymbol{A}$；③ $\lambda(\boldsymbol{A}+\boldsymbol{B})=\lambda\boldsymbol{A}+\lambda\boldsymbol{B}$。

（3）**乘法** 乘法满足结合率与分配率，但一般不满足交换率：① $(\boldsymbol{AB})\boldsymbol{C}=\boldsymbol{A}(\boldsymbol{BC})$；② $\boldsymbol{A}(\boldsymbol{B}+\boldsymbol{C})=\boldsymbol{AB}+\boldsymbol{AC}$；③ $\boldsymbol{AB}\neq\boldsymbol{BA}$。

（4）**转置** $(\boldsymbol{AB})^{\mathrm{T}}=\boldsymbol{B}^{\mathrm{T}}\boldsymbol{A}^{\mathrm{T}}$。

（5）**行列式** ① $|\boldsymbol{A}^{\mathrm{T}}|=|\boldsymbol{A}|$；② $|\lambda\boldsymbol{A}|=\lambda^n|\boldsymbol{A}|$；③ $|\boldsymbol{AB}|=|\boldsymbol{A}||\boldsymbol{B}|$。

（6）**逆运算** ① $(\boldsymbol{AB})^{-1}=\boldsymbol{B}^{-1}\boldsymbol{A}^{-1}$；② $(\boldsymbol{A}^{\mathrm{T}})^{-1}=(\boldsymbol{A}^{-1})^{\mathrm{T}}$；③ $|\boldsymbol{A}^{-1}|=|\boldsymbol{A}|^{-1}$。

（7）**矩阵的秩** 记作 $\mathrm{rank}(\boldsymbol{A})$。

（8）**矩阵的特征值与特征向量** 设 $\boldsymbol{A}$ 为 n 阶方阵，如果存在纯数 λ 和非零列向量 $\boldsymbol{u}$，满足关系式

$$\boldsymbol{Au}=\lambda\boldsymbol{u} \tag{2.2-2}$$

则称数 λ 为矩阵 $\boldsymbol{A}$ 的特征值，非零列向量 $\boldsymbol{u}$ 为矩阵 $\boldsymbol{A}$ 中对应特征值 λ 的特征向量。$|\boldsymbol{A}-\lambda\boldsymbol{I}|=0$ 称为 $\boldsymbol{A}$ 的特征方程，$f(\lambda)=|\boldsymbol{A}-\lambda\boldsymbol{I}|$ 称为 $\boldsymbol{A}$ 的特征多项式。

设 n 阶方阵 $\boldsymbol{A}$ 的特征值为 $\lambda_1,\ \lambda_2,\ \cdots,\ \lambda_n$，则 $\lambda_1+\lambda_2+\cdots+\lambda_n=\mathrm{tr}(\boldsymbol{A})$；$\lambda_1\lambda_2\cdots\lambda_n=\det(\boldsymbol{A})$。其中，$\mathrm{tr}(\boldsymbol{A})$ 表示矩阵 $\boldsymbol{A}$ 的迹。

（9）**正交矩阵与正定矩阵** 若 n 阶方阵 $\boldsymbol{A}$ 满足 $\boldsymbol{AA}^{\mathrm{T}}=\boldsymbol{A}^{\mathrm{T}}\boldsymbol{A}=\boldsymbol{I}$，则称 $\boldsymbol{A}$ 为正交矩阵。$\boldsymbol{A}$ 为正交矩阵的充要条件是 $\boldsymbol{A}$ 的列向量都是单位向量且两两正交。若实对称矩阵 $\boldsymbol{A}$ 的特征值全为正数，则该矩阵为对称正定矩阵。

（10）**相似矩阵与相似变换** 设 $\boldsymbol{A}$ 和 $\boldsymbol{B}$ 都为 n 阶方阵，若存在可逆矩阵 $\boldsymbol{P}$，使得

$$\boldsymbol{B}=\boldsymbol{PAP}^{-1} \tag{2.2-3}$$

则称 $\boldsymbol{B}$ 是 $\boldsymbol{A}$ 的相似矩阵，相应的运算称为**相似变换**。

若 $\boldsymbol{A}$ 与 $\boldsymbol{B}$ 是相似矩阵，则 $\boldsymbol{A}$ 与 $\boldsymbol{B}$ 的特征多项式相同，特征值也相同。若 $\boldsymbol{A}$ 为对称矩阵，其特征值为实数，则必存在正交矩阵 $\boldsymbol{P}$，满足 $\boldsymbol{\Lambda}=\boldsymbol{PAP}^{-1}$，其中 $\boldsymbol{\Lambda}$ 是以 $\boldsymbol{A}$ 的 n 个特征值为主对角元素的对角矩阵。

（11）**矩阵指数**　矩阵 $\boldsymbol{A}$ 的指数用级数表示，即

$$\mathrm{e}^{A}=\sum_{n=0}^{\infty}\frac{\boldsymbol{A}^{n}}{n!}=\boldsymbol{I}+\boldsymbol{A}+\frac{1}{2!}\boldsymbol{A}^{2}+\cdots+\frac{1}{n!}\boldsymbol{A}^{n}+\cdots \tag{2.2-4}$$

矩阵指数具有以下特性：①只有当 $\boldsymbol{AB}=\boldsymbol{BA}$ 时，才有 $\mathrm{e}^{\boldsymbol{A}+\boldsymbol{B}}=\mathrm{e}^{\boldsymbol{A}}\mathrm{e}^{\boldsymbol{B}}$；②若 $\boldsymbol{A}$ 可逆，则 $\mathrm{e}^{\boldsymbol{PAP}^{-1}}=\boldsymbol{P}\mathrm{e}^{A}\boldsymbol{P}^{-1}$。

2.2.2　线性空间与线性变换

设 $\boldsymbol{V}$ 是一个非空集合，$\mathbb{R}$ 为实数域。令向量 $\boldsymbol{a}$，$\boldsymbol{b}$，$\boldsymbol{c}\in\boldsymbol{V}$，纯数 λ，$\mu\in\mathbb{R}$。若加法 $\boldsymbol{a}+\boldsymbol{b}$ 与数乘 $\lambda\boldsymbol{a}$ 两种运算封闭（即 $\boldsymbol{a}$，$\boldsymbol{b}$，$\boldsymbol{c}\in\boldsymbol{V}$；$\lambda\boldsymbol{a}\in\boldsymbol{V}$），则 $\boldsymbol{V}$ 称为在数域 $\mathbb{R}$ 上的**向量空间**（vector space）。如果还满足以下八种线性运算，则 $\boldsymbol{V}$ 就是**线性空间**（linear space）。

1）交换率：$\boldsymbol{a}+\boldsymbol{b}=\boldsymbol{b}+\boldsymbol{a}$。

2）结合率：$(\boldsymbol{a}+\boldsymbol{b})+\boldsymbol{c}=\boldsymbol{a}+(\boldsymbol{b}+\boldsymbol{c})$。

3）存在唯一的零元素，满足 $\boldsymbol{a}+\boldsymbol{0}=\boldsymbol{a}$。

4）存在唯一的负元素 $\boldsymbol{b}$，满足 $\boldsymbol{a}+\boldsymbol{b}=\boldsymbol{0}$。

5）存在唯一的单位元素 1，满足 $1\boldsymbol{a}=\boldsymbol{a}$。

6）$\lambda(\mu\boldsymbol{a})=(\lambda\mu)\boldsymbol{a}$。

7）$(\lambda+\mu)\boldsymbol{a}=\lambda\boldsymbol{a}+\mu\boldsymbol{a}$。

8）$\lambda(\boldsymbol{a}+\boldsymbol{b})=\lambda\boldsymbol{a}+\lambda\boldsymbol{b}$。

线性空间 $\boldsymbol{V}$ 中，如果存在 n 个元素 $\boldsymbol{a}_1$，$\boldsymbol{a}_2$，…，$\boldsymbol{a}_n$，满足

①$\boldsymbol{a}_1$，$\boldsymbol{a}_2$，…，$\boldsymbol{a}_n$ 线性无关；②$\boldsymbol{V}$ 中任一元素 $\boldsymbol{a}$ 可由 $\boldsymbol{a}_1$，$\boldsymbol{a}_2$，…，$\boldsymbol{a}_n$ 线性表示，即

$$\boldsymbol{V}=\{\boldsymbol{a}=x_1\boldsymbol{a}_1+x_2\boldsymbol{a}_2+\cdots+x_n\boldsymbol{a}_n \mid x_1,x_2,\cdots,x_n\in\mathbb{R}\} \tag{2.2-5}$$

$$\boldsymbol{\Pi}=\{x=(x_1,x_2,\cdots,x_n)^{\mathrm{T}} \mid \boldsymbol{a}_1x_1+\boldsymbol{a}_2x_2+\cdots+\boldsymbol{a}_nx_n=\boldsymbol{b}\} \tag{2.2-6}$$

则 $\boldsymbol{a}_1$，$\boldsymbol{a}_2$，…，$\boldsymbol{a}_n$ 称为线性空间 $\boldsymbol{V}$ 中的一组**基**（basis）；n 为线性空间 $\boldsymbol{V}$ 的维数；x_1，x_2，…，x_n 称为元素 $\boldsymbol{a}$ 在基 $\boldsymbol{a}_1$，$\boldsymbol{a}_2$，…，$\boldsymbol{a}_n$ 下的坐标，记作 $(x_1, x_2, \cdots, x_n)^{\mathrm{T}}$。当 $n>3$ 时，n 维向量没有直观的几何表示。

线性空间中向量之间的联系，是通过线性空间到线性空间的**映射**（mapping）来实现的。设 $\boldsymbol{U}$ 和 $\boldsymbol{V}$ 是两个线性空间，T 是一个从 $\boldsymbol{V}$ 到 $\boldsymbol{U}$ 的映射，且满足：

①对于任意给定的 $\boldsymbol{a}_1$，$\boldsymbol{a}_2\in\boldsymbol{V}$，都有 $\mathrm{T}(\boldsymbol{a}_1+\boldsymbol{a}_2)=\mathrm{T}(\boldsymbol{a}_1)+\mathrm{T}(\boldsymbol{a}_2)$。

②对于任意给定的 $\boldsymbol{a}\in\boldsymbol{V}$ 和 $\mu\in\mathbb{R}$，都有 $\mathrm{T}(\mu\boldsymbol{a})=\mu\mathrm{T}(\boldsymbol{a})$。

则称 T 为从 $\boldsymbol{V}$ 到 $\boldsymbol{U}$ 的**线性变换**（Linear Transformation）。如果 T 为从 $\boldsymbol{V}$ 到其自身的映射，则称 T 为在线性空间 $\boldsymbol{V}$ 中的线性变换。简单地说，线性变换就是保持线性组合的一种变换。

若 $\boldsymbol{P}$ 为正交矩阵，则线性变换 $y=\boldsymbol{Px}$ 称为正交变换。正交变换可保持向量的长度不变。

2.2.3　雅可比的概念

线性变换的一个重要应用就是**雅可比**（Jacobi）。

假设存在 $x_i(i=1, 2, \cdots, n)$，且它们都是参数 $q_i(i=1, 2, \cdots, n)$ 的函数，即

$$x_i = f_i(q_1, q_2, \cdots, q_n) \quad (i=1,2,\cdots,n) \tag{2.2-7}$$

写成列向量的形式

$$\begin{pmatrix} x_1 \\ \vdots \\ x_n \end{pmatrix} = \begin{pmatrix} f_1(q_1, q_2, \cdots, q_n) \\ \vdots \\ f_n(q_1, q_2, \cdots, q_n) \end{pmatrix} \tag{2.2-8}$$

利用多元函数求导法则，可得到上述函数关于 $q_i(i=1, 2, \cdots, n)$ 的微分，即

$$\delta x_i = \sum_{i=1}^{n} \frac{\partial f_i(q_1, q_2, \cdots, q_n)}{\partial q_i} \delta q_i = \sum_{i=1}^{n} \frac{\partial f_i}{\partial q_i} \delta q_i \tag{2.2-9}$$

若用矩阵表达，则式（2.2-9）可以写成

$$\begin{pmatrix} \delta x_1 \\ \vdots \\ \delta x_n \end{pmatrix} = \begin{pmatrix} \dfrac{\partial f_1}{\partial q_1} & \cdots & \dfrac{\partial f_1}{\partial q_n} \\ \vdots & & \vdots \\ \dfrac{\partial f_n}{\partial q_1} & \cdots & \dfrac{\partial f_n}{\partial q_n} \end{pmatrix} \begin{pmatrix} \delta q_1 \\ \vdots \\ \delta q_n \end{pmatrix} \tag{2.2-10}$$

令

$$\delta \boldsymbol{X} = \begin{pmatrix} \delta x_1 \\ \vdots \\ \delta x_n \end{pmatrix}, \boldsymbol{J} = \begin{pmatrix} \dfrac{\partial f_1}{\partial q_1} & \cdots & \dfrac{\partial f_1}{\partial q_n} \\ \vdots & & \vdots \\ \dfrac{\partial f_n}{\partial q_1} & \cdots & \dfrac{\partial f_n}{\partial q_n} \end{pmatrix} = \frac{\partial \boldsymbol{X}}{\partial \boldsymbol{q}}, \delta \boldsymbol{q} = \begin{pmatrix} \delta q_1 \\ \vdots \\ \delta q_n \end{pmatrix} \tag{2.2-11}$$

则式（2.2-11）可以简写成矩阵表达的通式

$$\delta \boldsymbol{X} = \boldsymbol{J}(\boldsymbol{q}) \delta \boldsymbol{q} \tag{2.2-12}$$

式中，$\boldsymbol{J}$ 为雅可比矩阵，以普鲁士数学家卡尔·雅可比（Carl Jacobi）命名。

进一步将式（2.2-12）两端同时除以 δt，可演化为

$$\dot{\boldsymbol{X}} = \boldsymbol{J}(\boldsymbol{q}) \dot{\boldsymbol{q}} \tag{2.2-13}$$

若 $\boldsymbol{X}$ 表示的是位置矢量，则式（2.2-13）反映了速度之间的映射。这种映射现在已广泛用于机器人学领域。

2.3　线几何

2.3.1　欧几里得几何、射影几何与齐次坐标

在**欧几里得几何**中，通常用向量和标量来描述三维空间中的点、直线、平面等几何元素。其中的运算法则保证在三维欧几里得空间 $\mathbb{R}^3$ 内来研究各种几何特性，如距离、长度、角度、面积、体积等。但为了描述方便，通常需要引入一个坐标系，最典型的是直角坐标系，此外还有圆柱坐标系和球面坐标系等。在欧几里得几何中，点在欧几里得空间中的位置通常用相对于参考坐标系的位置矢量 $\boldsymbol{p}$ 来描述。

有关三维几何的研究，除了欧几里得几何外，还有一个十分重要的分支——**射影几何**。在射影几何学中，将无穷远点看作“理想点”。如果两条直线平行，则在射影几何中，这两条直线可看作是相交于它们共有的无穷远点。同样，将无穷远直线看作“理想直线”。若两平面平行，则可将其看作相交于这两个平面共有的无穷远直线。添加了无穷远直线后的平面就成为一个射影平面，扩展到三维，就变成了三维射影空间$\mathbb{P}^3$。

在射影空间$\mathbb{P}^3$中，点与平面都可以写成**齐次坐标**（homogeneous coordinate）的形式。其中，点的齐次坐标一般表示为（$\boldsymbol{p}$；p_0）或（p_x，p_y，p_z，1）；平面的齐次坐标一般表示为（$\boldsymbol{u}$；u_0）或（u_x，u_y，u_z，1）。两者在形式上完全一样，但意义不同：后者的$\boldsymbol{u}$表示平面的法向量。

相应地，在射影空间$\mathbb{P}^3$中，直线的表示方法有两种：一种是两点的连线（对两点进行“并”运算）；另一种是两个平面的交线（对两平面进行“交”运算）。

$$\bar{\boldsymbol{p}} \cup \bar{\boldsymbol{q}} = (p_0\boldsymbol{q} - q_0\boldsymbol{p};\boldsymbol{p} \times \boldsymbol{q}) = (\boldsymbol{l};\boldsymbol{l}_0) \in \mathbb{R}^6 \tag{2.3-1}$$

$$\bar{\boldsymbol{u}} \cap \bar{\boldsymbol{v}} = (\boldsymbol{u} \times \boldsymbol{v};u_0\boldsymbol{v} - v_0\boldsymbol{u}) = (\boldsymbol{l}_0;\boldsymbol{l}) \in \mathbb{R}^6 \tag{2.3-2}$$

为此，德国数学家普吕克（Plücker）定义了直线的两种坐标：**射线坐标**（ray coordinate）和**轴线坐标**（axis coordinate）。

（1）射线坐标　通过两点连接而形成的直线，其Plücker坐标为（$\mathcal{L}$，$\mathcal{M}$，$\mathcal{N}$；$\mathcal{P}$，$\mathcal{Q}$，$\mathcal{R}$）。

（2）轴线坐标　通过两个平面相交而形成的直线，其Plücker坐标为（$\mathcal{P}$，$\mathcal{Q}$，$\mathcal{R}$；$\mathcal{L}$，$\mathcal{M}$，$\mathcal{N}$）。

很容易验证，$\boldsymbol{l} \cdot \boldsymbol{l}_0 = 0$。特别地，当$\boldsymbol{l} = 0$时，对应的是无穷远直线；这时，$\boldsymbol{u}$、$\boldsymbol{v}$两平面平行，法线为$\boldsymbol{l}_0$。

2.3.2 线矢量

如图2-6所示，直线$\boldsymbol{L}$经过两个不同的点$\boldsymbol{p}(p_x, p_y, p_z)$和$\boldsymbol{q}(q_x, q_y, q_z)$。用矢量$\boldsymbol{s}(\mathcal{L}, \mathcal{M}, \mathcal{N})$表示该有向直线的方向，可得到

$$\mathcal{L} = q_x - p_x = \begin{vmatrix} 1 & p_x \\ 1 & q_x \end{vmatrix} \qquad \mathcal{M} = q_y - p_y = \begin{vmatrix} 1 & p_y \\ 1 & q_y \end{vmatrix} \qquad \mathcal{N} = q_z - p_z = \begin{vmatrix} 1 & p_z \\ 1 & q_z \end{vmatrix} \tag{2.3-3}$$

而直线在空间中的位置可通过该直线上任一点的位置矢量（不妨取点$\boldsymbol{r}$）间接给定。可以看出：用直线上的其他点$\boldsymbol{r}'(\boldsymbol{r}' = \boldsymbol{r} + \lambda\boldsymbol{s})$代替$\boldsymbol{r}$时，式（2.3-4）的结果不变，即$\boldsymbol{r}$在直线上可以任意选定。如果点$\boldsymbol{p}$在$\boldsymbol{L}$上，则它一定与$\boldsymbol{r}$、$\boldsymbol{q}$共线，从而有表达式

$$(\boldsymbol{p} - \boldsymbol{r}) \times \boldsymbol{s} = \boldsymbol{0} \tag{2.3-4}$$

写成标准形式为

$$\boldsymbol{p} \times \boldsymbol{s} = \boldsymbol{r} \times \boldsymbol{s} \tag{2.3-5}$$

令矢量$\boldsymbol{s}_0(\mathcal{P}, \mathcal{Q}, \mathcal{R}) = \boldsymbol{r} \times \boldsymbol{s} = \boldsymbol{p} \times \boldsymbol{s}$，则

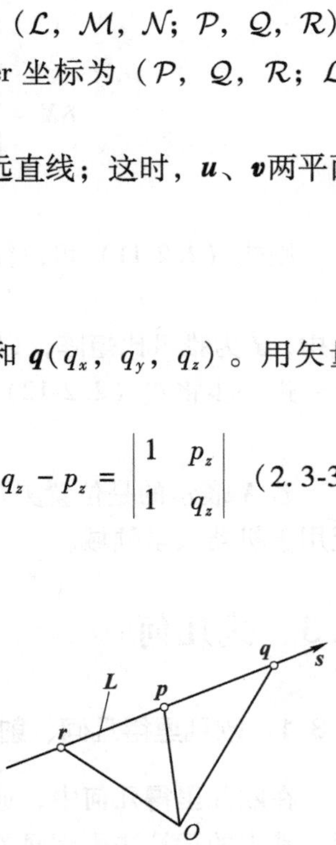

图 2-6 线矢量

$$\mathcal{P}=\begin{vmatrix} p_y & p_z \\ \mathcal{M} & \mathcal{N} \end{vmatrix}=\begin{vmatrix} p_y & p_z \\ q_y-p_y & q_z-p_z \end{vmatrix}=\begin{vmatrix} p_y & p_z \\ q_y & q_z \end{vmatrix}=p_yq_z-q_yp_z$$

$$\mathcal{Q}=\begin{vmatrix} p_z & p_x \\ \mathcal{N} & \mathcal{L} \end{vmatrix}=\begin{vmatrix} p_z & p_x \\ q_z-p_z & q_x-p_x \end{vmatrix}=\begin{vmatrix} p_z & p_x \\ q_z & q_x \end{vmatrix}=p_zq_x-q_zp_x$$

$$\mathcal{R}=\begin{vmatrix} p_x & p_y \\ \mathcal{L} & \mathcal{M} \end{vmatrix}=\begin{vmatrix} p_x & p_y \\ q_x-p_x & q_y-p_y \end{vmatrix}=\begin{vmatrix} p_x & p_y \\ q_x & q_y \end{vmatrix}=p_xq_y-q_xp_y$$

写成矩阵的形式为

$$\begin{pmatrix} \mathcal{P} \\ \mathcal{Q} \\ \mathcal{R} \end{pmatrix}=\begin{pmatrix} 0 & -p_z & p_y \\ p_z & 0 & -p_x \\ -p_y & p_x & 0 \end{pmatrix}\begin{pmatrix} \mathcal{L} \\ \mathcal{M} \\ \mathcal{N} \end{pmatrix} \tag{2.3-6}$$

令 $[\boldsymbol{p}]=\begin{pmatrix} 0 & -p_z & p_y \\ p_z & 0 & -p_x \\ -p_y & p_x & 0 \end{pmatrix}$，很显然它是一个反对称矩阵。根据反对称矩阵的特性很容易得到，$[\boldsymbol{p}]\boldsymbol{s}=\boldsymbol{p}\times\boldsymbol{s}$。这正好验证了前面的推导。

另外，考虑到 $\boldsymbol{s}\cdot\boldsymbol{s}_0=\boldsymbol{s}\cdot(\boldsymbol{r}\times\boldsymbol{s})=0$，则

$$\mathcal{L}\mathcal{P}+\mathcal{M}\mathcal{Q}+\mathcal{N}\mathcal{R}=0 \tag{2.3-7}$$

由此可知，空间中的一条直线完全可由两个矢量来确定。为此，定义一个包含上述两个矢量的 6 维线矢量$，即

$$\$=\begin{pmatrix} \boldsymbol{s} \\ \boldsymbol{s}_0 \end{pmatrix}=\begin{pmatrix} \boldsymbol{s} \\ \boldsymbol{r}\times\boldsymbol{s} \end{pmatrix} \tag{2.3-8}$$

令 $\hat{\boldsymbol{s}}=\boldsymbol{s}/\|\boldsymbol{s}\|$，$\hat{\boldsymbol{s}}_0=\boldsymbol{r}\times\hat{\boldsymbol{s}}$，经过正则变换后，得到

$$\$=\|\boldsymbol{s}\|\begin{pmatrix} \hat{\boldsymbol{s}} \\ \hat{\boldsymbol{s}}_0 \end{pmatrix} \tag{2.3-9}$$

再令 $\rho=\|\boldsymbol{s}\|$，则

$$\$=\rho\boldsymbol{\$} \tag{2.3-10}$$

其中，$\boldsymbol{\$}$ 为单位线矢量，ρ 表示该线矢量的幅值。因此，线矢量可以写成单位线矢量与幅值数乘的形式，用 Plücker 坐标表示为

$$\$=(\mathcal{L},\mathcal{M},\mathcal{N};\mathcal{P},\mathcal{Q},\mathcal{R}) \tag{2.3-11}$$

由此可知，$\mathcal{L}^2+\mathcal{M}^2+\mathcal{N}^2=\rho^2$。进一步定义

$$\boldsymbol{\$}=(\hat{\boldsymbol{s}};\hat{\boldsymbol{s}}_0)=(\hat{\boldsymbol{s}};\boldsymbol{r}\times\hat{\boldsymbol{s}})=(\mathcal{L},\mathcal{M},\mathcal{N};\mathcal{P},\mathcal{Q},\mathcal{R}) \tag{2.3-12a}$$

$$\text{或者 }\boldsymbol{\$}=\begin{pmatrix} \hat{\boldsymbol{s}} \\ \hat{\boldsymbol{s}}_0 \end{pmatrix}=\begin{pmatrix} \hat{\boldsymbol{s}} \\ \boldsymbol{r}\times\hat{\boldsymbol{s}} \end{pmatrix} \tag{2.3-12b}$$

式中，$\hat{\boldsymbol{s}}$ 为线矢量轴线方向的单位矢量，即 $\hat{\boldsymbol{s}}=(\mathcal{L},\ \mathcal{M},\ \mathcal{N})^{\mathrm{T}}$，$\mathcal{L}^2+\mathcal{M}^2+\mathcal{N}^2=1$；$\hat{\boldsymbol{s}}_0$ 为线矩，记为 $\hat{\boldsymbol{s}}_0=(\mathcal{P},\ \mathcal{Q},\ \mathcal{R})^{\mathrm{T}}$。

其中，式（2.3-12a）是线矢量的 Plücker 坐标表示形式，$\mathcal{L}$，$\mathcal{M}$，$\mathcal{N}$，$\mathcal{P}$，$\mathcal{Q}$，$\mathcal{R}$ 称为单位线矢量 $\boldsymbol{\$}$ 的 Plücker 坐标；式（2.3-12b）是线矢量的列向量表示形式。

很显然，由于单位线矢量满足归一化条件 $\hat{s}\cdot\hat{s}=1$ 和正交条件 $\hat{s}\cdot\hat{s}_0=0$，因此，它的 6 个 Plücker 坐标中只有 4 个独立的参数。

2.3.3 格拉斯曼线几何

法国数学家格拉斯曼（Grassmann）在 19 世纪就开始研究由线矢量组成的集合（统称为**线簇**，line variety）的几何特性了，后人称其为**格拉斯曼线几何**。法国学者 Merlet 所给的格拉斯曼线几何包括以下内容[18, 19]（见表 2-1）：

1）由一条直线所组成的线簇，其维数为 1（1a）。

2）线簇的维数为 2 时包括两种情况：①在平面上汇交于一点的任意多条直线（共面平行可以看作相交于平面无穷远点）组成**平面线列**（line pencil），但其中只有两条直线线性无关（2a）；②异面（空间交错）的两条直线（2b）。

3）线簇的维数为 3 时包括四种情况：①空间汇交于一点的任意多条直线（空间平行可以看作相交于空间无穷远点）组成空间共点**线束**（line bundle），但其中只有三条直线线性无关（3a）；②共面的任意多条直线组成共面**线域**（line field），其中也只有三条直线线性无关（3b）；③汇交点在两平面交线上的两个平面线束，其中也只有三条直线线性无关（3c）；④空间既不平行也不相交的三条直线组成**二次线列**（regulus），它们线性无关，而它们的线性组合可构成一个单叶双曲面（3d）。

4）线簇的维数为 4 时称为**线汇**（line congruence），它包括四种情况：①由空间既不平行也不相交的四条直线组成，它们线性无关（4a）；②由空间共点及共面的两组线束组成，且汇交点在平面上，这时只有四条直线线性无关（4b）；③由有一条公共交线的三个平面线列组成，且只有四条直线线性无关（4c）；④由能同时与另两条直线相交的四条直线组成，它们线性无关（4d）。

5）线簇的维数为 5 时称为**线丛**（linear complex），它包括两种情况：①由空间既不平行也不相交的五条直线组成**一般线性丛**，也称**非奇异线丛**，这五条直线线性无关（5a）；②当所有直线同时与一条直线相交时，构成**特殊线性丛**或称**奇异线丛**，这时只有五条直线线性无关（5b）。

表 2-1 格拉斯曼线几何

维数	种类
1	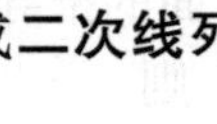 1a
2	 2a 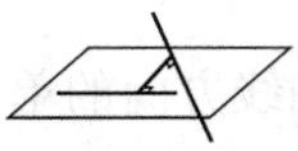 2b 平面线列(平面汇交或共面平行)　异面(空间交错)的两条直线

（续）

维数	种类			
3	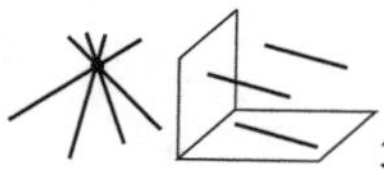 3a 空间共点线束(包括平行)	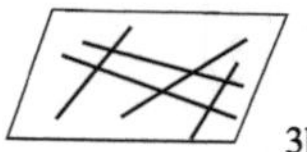 3b 共面线域	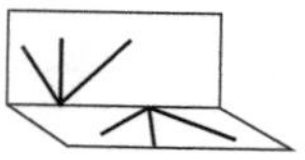 3c 两平面汇交线束	 3d 二次线列
4	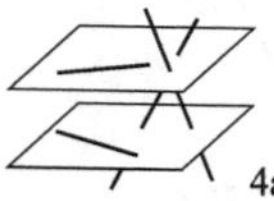 4a 空间不平行、不相交的四条直线	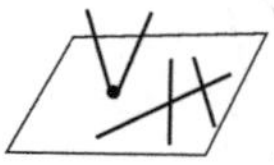 4b 共点及共面的两组线束	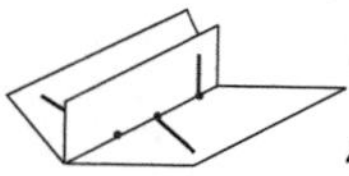 4c 有一条公共交线，且交角一定	 4d 有两条公共交线
5	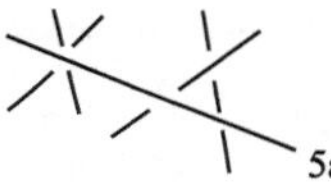 5a 非奇异线丛	 5b 奇异线丛		

2.4 旋量与旋量系

2.4.1 旋量、线矢量与偶量

点、直线和平面是描述欧几里得几何空间的三种基本元素，而**旋量**（有些书也称为**螺旋**，如图 2-7a 所示）可以从直线引申而来。根据 Ball 的定义，“**旋量是一条具有节距的直线**”。旋量同样可用**双矢量**（bi-vector）来表示，**单位旋量**（unitary screw）记作

$$\boldsymbol{\$}=(\hat{\boldsymbol{s}};\widehat{\boldsymbol{s}}^0)=(\hat{\boldsymbol{s}};\boldsymbol{r}\times\hat{\boldsymbol{s}}+h\hat{\boldsymbol{s}})=(\mathcal{L},\mathcal{M},\mathcal{N};\mathcal{P}^*,\mathcal{Q}^*,\mathcal{R}^*) \tag{2.4-1a}$$

或者 $$\boldsymbol{\$}=\begin{pmatrix}\hat{\boldsymbol{s}}\\ \widehat{\boldsymbol{s}}^0\end{pmatrix}=\begin{pmatrix}\hat{\boldsymbol{s}}\\ \boldsymbol{r}\times\hat{\boldsymbol{s}}+h\hat{\boldsymbol{s}}\end{pmatrix} \tag{2.4-1b}$$

或者 $$\boldsymbol{\$}=\hat{\boldsymbol{s}}+\epsilon\,\widehat{\boldsymbol{s}}^0 \tag{2.4-1c}$$

式中，$\hat{\boldsymbol{s}}$ 为旋量轴线方向的单位向量，$\hat{\boldsymbol{s}}=(\mathcal{L},\mathcal{M},\mathcal{N})^{\mathrm{T}}$，$\mathcal{L}^2+\mathcal{M}^2+\mathcal{N}^2=1$；$\widehat{\boldsymbol{s}}^0$ 为旋量轴线位置的向量，$\widehat{\boldsymbol{s}}^0=(\mathcal{P}^*,\mathcal{Q}^*,\mathcal{R}^*)^{\mathrm{T}}$；$\boldsymbol{r}$ 为旋量轴线上的任意一点；h 为**节距**（pitch），$h=\hat{\boldsymbol{s}}\cdot\widehat{\boldsymbol{s}}^0/\hat{\boldsymbol{s}}\cdot\hat{\boldsymbol{s}}$。

式（2.4-1a）是旋量的 Plücker 坐标表示形式；式（2.4-1b）为旋量的矢量表示形式；式（2.4-1c）是旋量的对偶数表示形式，其中 $\hat{\boldsymbol{s}}$ 称为原部矢量，$\widehat{\boldsymbol{s}}^0$ 称为对偶部矢量。

当节距 h 为零（即 $\hat{\boldsymbol{s}}\cdot\widehat{\boldsymbol{s}}^0=0$）时，单位旋量就退化为**单位线矢量**（unitary line vector，图 2-7b），记作

$$\boldsymbol{\$}=\begin{pmatrix}\hat{\boldsymbol{s}}\\ \boldsymbol{r}\times\hat{\boldsymbol{s}}\end{pmatrix} \tag{2.4-2}$$

当节距 h 为∞时，单位旋量就退化为**单位偶量**（unitary couple，图 2-7c），记作

$$\boldsymbol{\$}=\begin{pmatrix}\boldsymbol{0}\\ \hat{\boldsymbol{s}}\end{pmatrix} \tag{2.4-3}$$

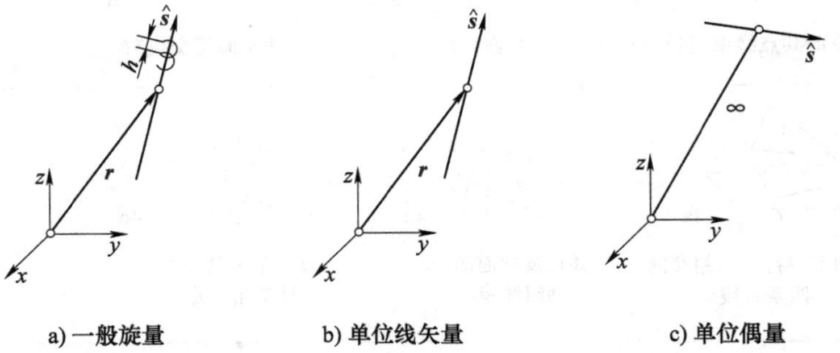

图 2-7

单位旋量的图解示意

定义

$$\$=\rho\boldsymbol{\$}=(\boldsymbol{s};\boldsymbol{s}^0)=(\mathcal{L},\mathcal{M},\mathcal{N};\mathcal{P}^*,\mathcal{Q}^*,\mathcal{R}^*) \tag{2.4-4}$$

式中，ρ 为旋量的大小。

由于单位旋量在空间对应有一条确定的轴线，因此，可将 $\hat{\boldsymbol{s}}^0$ 分解成平行和垂直于 $\hat{\boldsymbol{s}}$ 的两个分量 $h\hat{\boldsymbol{s}}$ 和 $\hat{\boldsymbol{s}}^0-h\hat{\boldsymbol{s}}$（图 2-8），即

$$\boldsymbol{\$}=(\hat{\boldsymbol{s}};\hat{\boldsymbol{s}}^0)=(\hat{\boldsymbol{s}};\hat{\boldsymbol{s}}^0-h\hat{\boldsymbol{s}})+(\boldsymbol{0};h\hat{\boldsymbol{s}})=(\hat{\boldsymbol{s}};\hat{\boldsymbol{s}}_0)+(\boldsymbol{0};h\hat{\boldsymbol{s}}) \tag{2.4-5}$$

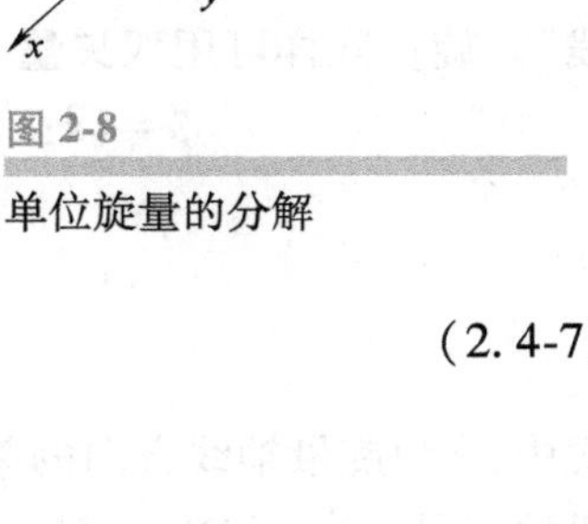

图 2-8

单位旋量的分解

式（2.4-5）表明，一个线矢量和一个偶量可以组合成一个旋量，而一个旋量可以看作是一个线矢量与一个偶量的同轴叠加。

另外，根据式（2.4-1）和式（2.4-4），可以导出任一（单位）旋量的节距和轴线位置。

$$h=\hat{\boldsymbol{s}}\cdot\hat{\boldsymbol{s}}^0,\ \boldsymbol{r}=\hat{\boldsymbol{s}}\times\hat{\boldsymbol{s}}^0 \tag{2.4-6}$$

$$h=\frac{\boldsymbol{s}\cdot\boldsymbol{s}^0}{\boldsymbol{s}\cdot\boldsymbol{s}},\ \boldsymbol{r}=\frac{\boldsymbol{s}\times\boldsymbol{s}^0}{\boldsymbol{s}\cdot\boldsymbol{s}} \tag{2.4-7}$$

2.4.2 旋量的基本运算

1. 旋量的加法

两个旋量 $\$_1$ 与 $\$_2$ 的代数和可表示为

$$\$_\Sigma=\$_1+\$_2=(\boldsymbol{s}_1+\boldsymbol{s}_2)+\epsilon(\boldsymbol{s}^{01}+\boldsymbol{s}^{02}) \tag{2.4-8}$$

旋量的加法满足交换律和结合律。

2. 旋量的互易积（图 2-9）

两个旋量的**互易积**（reciprocal product）是指将两旋量$\$_1$与$\$_2$的原部矢量与对偶部矢量交换后作点积之和，记作

$$\$_1 \circ \$_2 = \$_1^{\mathrm{T}} \boldsymbol{\Delta} \$_2 = \boldsymbol{s}_1 \cdot \boldsymbol{s}^{02} + \boldsymbol{s}_2 \cdot \boldsymbol{s}^{01} \quad (2.4\text{-}9)$$

式中，$\circ$和$\boldsymbol{\Delta}$为算子，且满足

$$\boldsymbol{\Delta} = \begin{pmatrix} \boldsymbol{0} & \boldsymbol{I}_{3\times3} \\ \boldsymbol{I}_{3\times3} & \boldsymbol{0} \end{pmatrix} \quad (2.4\text{-}10)$$

$\boldsymbol{\Delta}$实质上是一个反对称单位矩阵，它具有以下特性：

$$\boldsymbol{\Delta}\boldsymbol{\Delta} = \boldsymbol{I}\ ;\ \boldsymbol{\Delta}^{-1} = \boldsymbol{\Delta}\ ;\ \boldsymbol{\Delta}^{\mathrm{T}} = \boldsymbol{\Delta} \quad (2.4\text{-}11)$$

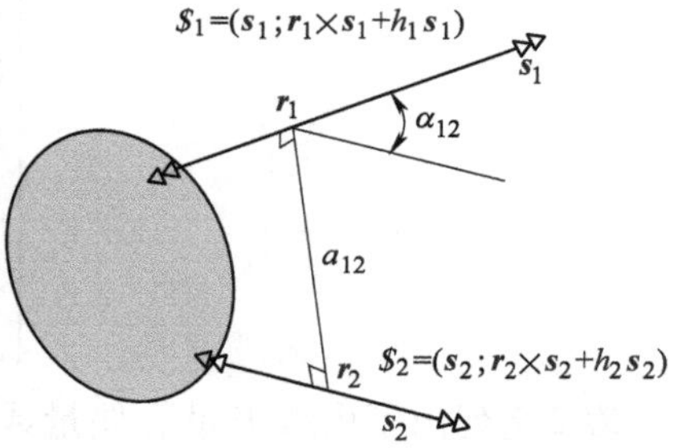

图 2-9
两个旋量的互易积

考虑到 $\$_1 = \rho_1 \boldsymbol{\$}_1 = (\boldsymbol{s}_1;\ \boldsymbol{s}^{01}) = \rho_1(\hat{\boldsymbol{s}}_1;\ \hat{\boldsymbol{s}}^{01})$，$\$_2 = \rho_2 \boldsymbol{\$}_2 = (\boldsymbol{s}_2;\ \boldsymbol{s}^{02}) = \rho_2(\hat{\boldsymbol{s}}_2;\ \hat{\boldsymbol{s}}^{02})$，于是可得

$$\begin{aligned} \$_1^{\mathrm{T}}\boldsymbol{\Delta}\$_2 &= \rho_1\rho_2[\hat{\boldsymbol{s}}_1 \cdot (\boldsymbol{r}_2 \times \hat{\boldsymbol{s}}_2 + h_2 \hat{\boldsymbol{s}}_2) + \hat{\boldsymbol{s}}_2 \cdot (\boldsymbol{r}_1 \times \hat{\boldsymbol{s}}_1 + h_1 \hat{\boldsymbol{s}}_1)] \\ &= \rho_1\rho_2[(h_1 + h_2)(\hat{\boldsymbol{s}}_1 \cdot \hat{\boldsymbol{s}}_2) + (\boldsymbol{r}_2 - \boldsymbol{r}_1) \cdot (\hat{\boldsymbol{s}}_2 \times \hat{\boldsymbol{s}}_1)] \\ &= \rho_1\rho_2[(h_1 + h_2)\cos\alpha_{12} - a_{12}\sin\alpha_{12}] \end{aligned} \quad (2.4\text{-}12)$$

或者

$$\$_1^{\mathrm{T}}\boldsymbol{\Delta}\$_2 = \rho_1\rho_2(\mathcal{L}_1\mathcal{P}_2^* + \mathcal{M}_1\mathcal{Q}_2^* + \mathcal{N}_1\mathcal{R}_2^* + \mathcal{L}_2\mathcal{P}_1^* + \mathcal{M}_2\mathcal{Q}_1^* + \mathcal{N}_2\mathcal{R}_1^*) \quad (2.4\text{-}13)$$

若两旋量$\$_1$与$\$_2$的互易积为零，则称旋量$\$_1$与$\$_2$互为反旋量（也称**互易旋量**，reciprocal screw）。一般情况下，旋量 $\$$ 的反旋量用 $\$^r$ 表示。

根据式（2.4-12）可知，$\$_1$与$\$_2$的互易积与坐标系的选取无关。

2.4.3　旋量系

m 个单位旋量 $\boldsymbol{\$}_1$，$\boldsymbol{\$}_2$，…，$\boldsymbol{\$}_m$ 可以组成一个集合，记为 $\boldsymbol{S} = \{\boldsymbol{\$}_1,\ \boldsymbol{\$}_2,\ \cdots,\ \boldsymbol{\$}_m\}$。如果 $\boldsymbol{S}$ 中存在一组线性无关的单位旋量 $\boldsymbol{\$}_1$，$\boldsymbol{\$}_2$，…，$\boldsymbol{\$}_n(n \leqslant m)$，且 $\boldsymbol{S}$ 中的其他所有旋量都是这 n 个旋量的线性组合，则称这 n 个旋量为旋量集 $\boldsymbol{S}$ 的一组基，即组成一个**旋量系**（screw system）。n 为该旋量系的阶数或维数，记作 $n = \mathrm{rank}(\boldsymbol{S})$。

如前所述，旋量是两个三维向量的对偶组合，可写为 Plücker 坐标形式，含有六个分量。于是，旋量集 $\boldsymbol{S}$ 的线性相关性可由 Plücker 坐标表示的矩阵的秩来判断，该矩阵可表示为

$$\boldsymbol{S} = \begin{pmatrix} \mathcal{L}_1 & \mathcal{M}_1 & \mathcal{N}_1 & \mathcal{P}_1 & \mathcal{Q}_1 & \mathcal{R}_1 \\ \mathcal{L}_2 & \mathcal{M}_2 & \mathcal{N}_2 & \mathcal{P}_2 & \mathcal{Q}_2 & \mathcal{R}_2 \\ \vdots & \vdots & \vdots & \vdots & \vdots & \vdots \\ \mathcal{L}_m & \mathcal{M}_m & \mathcal{N}_m & \mathcal{P}_m & \mathcal{Q}_m & \mathcal{R}_m \end{pmatrix} \quad (2.4\text{-}14)$$

若此矩阵的秩为 n，则称该旋量集为 n 阶旋量系。显然，该矩阵的秩最大为 6。因此，三维空间中线性无关的旋量数最多为 6，从旋量所表示的物理意义来看，由于旋量系的概念源于刚体运动，而刚体运动最多有 6 个自由度，因此，旋量系的最高维数也是 6。根据旋量系的阶数，可将旋量系分为 1～6 阶旋量系，简称旋量一系、旋量二系、旋量三系、旋量四系、旋量五系和旋量六系。任何一种旋量系都可以表示成一组基的形式。例如，下面的 6 阶

旋量系就可以看作是由 6 个线性无关的单位线向量组成的一组基。

$$\begin{cases}\boldsymbol{\$}_1=(1,0,0;0,0,0)\\ \boldsymbol{\$}_2=(0,1,0;0,0,0)\\ \boldsymbol{\$}_3=(0,0,1;0,0,0)\\ \boldsymbol{\$}_4=(0,0,0;1,0,0)\\ \boldsymbol{\$}_5=(0,0,0;0,1,0)\\ \boldsymbol{\$}_6=(0,0,0;0,0,1)\end{cases} \tag{2.4-15}$$

表 2-2 列出了由线矢量、偶量或旋量组成的旋量系在不同几何条件下的阶数。可以看出，格拉斯曼线几何中的各类线簇（表 2-1）实质上都是由线性无关的线矢量所组成的特殊旋量系。

表 2-2　旋量系在不同几何条件下的阶数

旋量系阶数	不同的几何条件		
	线矢量	偶量	旋量
一阶	 共轴	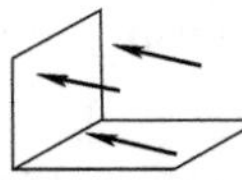 空间平行	
二阶	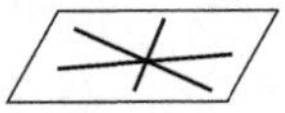 平面汇交 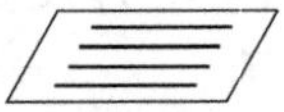 共面平行	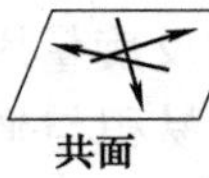 共面 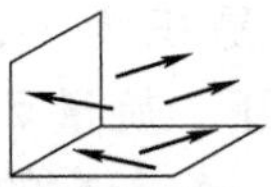 两组空间平行	 共轴
三阶	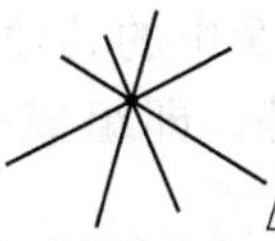 空间共点 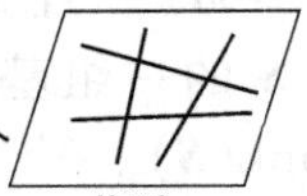 共面 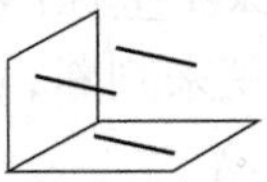 空间平行  交三条公共直线 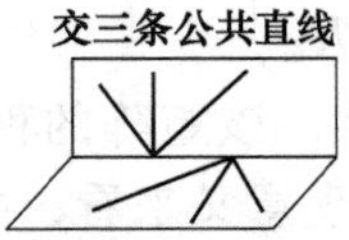 两平面汇交线束	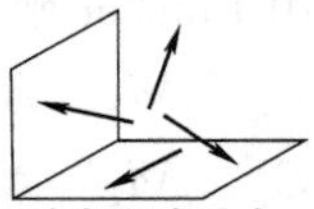 空间任意分布	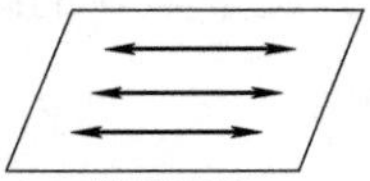 共面平行

（续）

旋量系阶数	不同的几何条件		
	线矢量	偶量	旋量
四阶	 共面共点 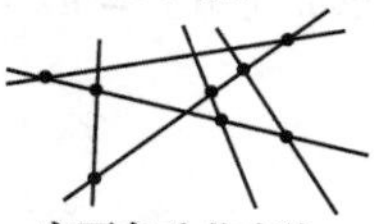 交两条公共直线 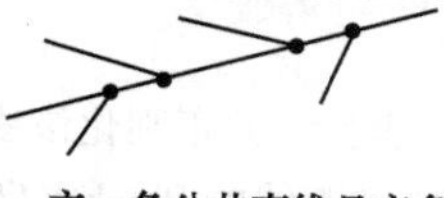 交一条公共直线且交角一定		 平面汇交 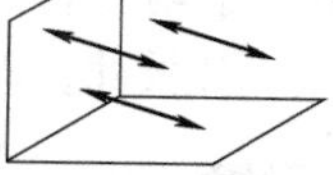 空间平行  正交一条直线
五阶	 交一条公共直线 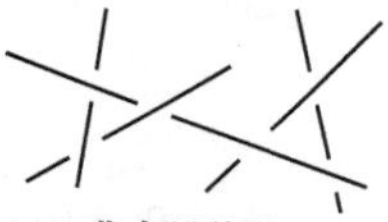 非奇异线丛 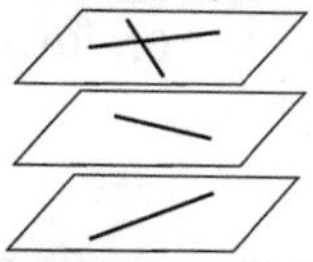 平行平面且无公垂线		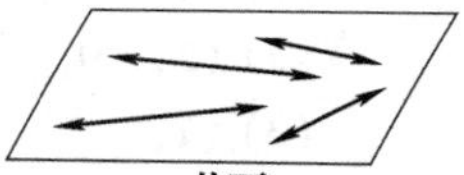 共面 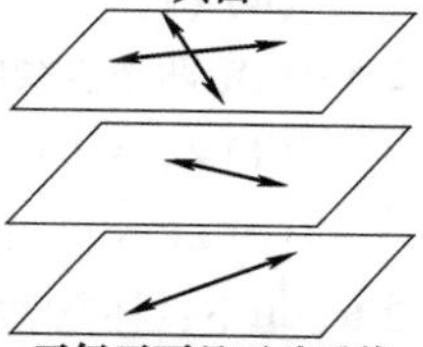 平行平面且无公垂线

对矩阵表示形式的任一 n 阶旋量系 $\boldsymbol{S}=[\$_1,\ \$_2,\ \cdots,\ \$_n]$，必然存在一个（$6-n$）阶的互易旋量系 $\boldsymbol{S}^r=[\$_1^r,\$_2^r,\cdots,\$_{6-n}^r]$，且满足

$$\boldsymbol{S}^{\mathrm{T}}\boldsymbol{\Delta}\boldsymbol{S}^r=\boldsymbol{0} \tag{2.4-16}$$

令 $\boldsymbol{\Delta}\boldsymbol{S}^r=\boldsymbol{X}$，则

$$\boldsymbol{S}^{\mathrm{T}}\boldsymbol{X}=\boldsymbol{0} \tag{2.4-17}$$

对式（2.4-17）的求解可归结为线性代数中的求解一齐次线性方程的**零空间**（null space）问题。

扩展阅读文献

本章主要为全书提供数学基础。除此之外，读者还可通过阅读其他文献（见下述列表）来补充有关线几何与旋量理论的知识。有关线矢量与线几何更详细的介绍请参考文献［4，5，6］；而有关旋量理论的系统介绍可参考相关专著［1-5］。

［1］ Ball R S. The Theory of Screws［M］. Cambridge：Cambridge University Press，1998.

［2］ Davidson J K，Hunt K H. Robots and Screw theory：Applications of Kinematics and

Statics to Robotics [M]. Oxford: Oxford University Press, 2004.
[3] Selig J M. 机器人学的几何基础 [M]. 2 版. 杨向东，译. 北京：清华大学出版社，2008.
[4] 戴建生. 机构学与机器人学的几何基础与旋量代数 [M]. 北京：高等教育出版社，2014.
[5] 黄真，赵永生，赵铁石. 高等空间机构学 [M]. 北京：高等教育出版社，2006.
[6] 于靖军，刘辛军，丁希仑. 机器人机构学的数学基础 [M]. 2 版. 北京：机械工业出版社，2018.

习题

2-1 证明所有经过坐标原点 O 的线矢量必然满足 $\mathcal{P}=\mathcal{Q}=\mathcal{R}=0$。

2-2 计算经过点 $\boldsymbol{r}_1(1,1,0)$ 和点 $\boldsymbol{r}_2(-1,1,2)$ 的直线的 Plücker 坐标，并正则化该线矢量。

2-3 计算经过点 $\boldsymbol{r}_1(1,1,0)$ 且直线轴线的方向余弦为 $(-1,1,2)$ 的直线的 Plücker 坐标，并正则化该线矢量。

2-4 填空：补充空格处的数值，使其表示一条直线（或线矢量）。

(1) $(1,\ 2,\ \_\_;\ 0,\ -1,\ -2)$；

(2) $(2,\ 0,\ 2;\ 0,\ \_\_,\ 0)$；

(3) $(1,\ \_\_,\ 0;\ 0,\ 0,\ 0)$；

(4) $(1,\ \_\_,\ 0;\ 0,\ 0,\ 1)$。

2-5 确定两条直线的公法线长度与交角。

(1) $\boldsymbol{L}_1=(1,\ 0,\ -1;\ 0,\ 1/\sqrt{2},\ 0)$，$\boldsymbol{L}_2=(0,\ 0,\ 1;\ b,\ 0,\ 0)$；

(2) $\boldsymbol{L}_1=(-1,\ 0,\ 1;\ 0,\ -1/\sqrt{2},\ 0)$，$\boldsymbol{L}_2=(0,\ 0,\ 1;\ b,\ 0,\ 0)$。

2-6 填空：补充空格处的数值，使其表示一个满足特定节距的旋量。

(1) $(1,0,\ 0;\ \_\_,\ 0,\ 0)$，$h=1$；

(2) $(1,0,\ 0;\ 1,\ \_\_,\ 0)$，$h=1$；

(3) $(1,0,\ 0;\ 1,\ \_\_,\ 0)$，$h=10$；

(4) $(1,\ \_\_,\ 0;\ 1,\ 0,\ 0)$，$h=1$。

2-7 证明旋量的节距是原点不变量。

2-8 当旋量与其自身互为反旋量时，称为**自互易旋量**（self-reciprocal screw）。试证明自互易旋量有且只有线矢量和偶量两种类型。

2-9 从射影几何的角度来看，偶量可看作处于无穷远处的线矢量。试从极限的角度证明之。

2-10 填空：补充空格处的数值，使其表示一个单位旋量，并确定该旋量的节距和轴线坐标。

(1) $(1/\sqrt{2},\ 0,\ \_\_;\ 1,\ 0,\ 1)$；

(2) $(3/5\sqrt{2},\ 4/5\sqrt{2},\ \_\_;\ 0,\ -5/4,\ 1)$；

2-11 试给出图 2-10 所示单位正方体中 12 条边所对应单位**线矢量**的旋量坐标表达，参考坐标系如图中所示。

2-12 试给出单位正方体中 12 条边所对应单位**偶量**的旋量坐标表达，参考坐标系如图 2-10 所示。

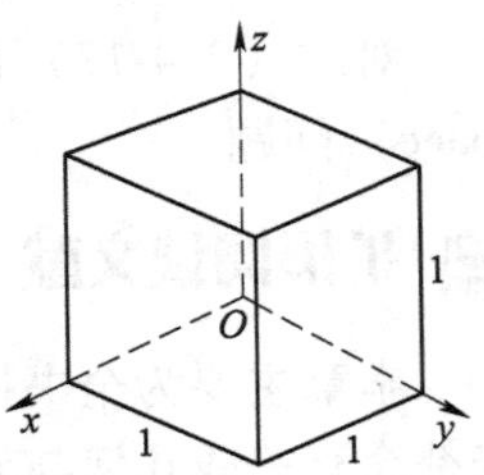

图 2-10 单位正方体

2-13 试证明：旋量的互易积与坐标系的选择无关。

第 3 章 位形空间与刚体运动

本章导读

刚体运动学是研究机器人结构学与运动学的基础，其核心在于描述刚体的位姿（位置和姿态的统称）、杆件之间或杆与操作对象之间的相对运动等。

首先介绍如何表示一个机器人的位形，它是描述机器人各点位置的重要指标。其次讨论如何通过数学方法来描述三维物理空间中的刚体运动，这也是本章乃至全书的重点。一种方便的做法是将参考坐标系附着在刚体上，并建立起一种当刚体运动时，可以定量地描述参考坐标系的位置和姿态的方法。如在姿态（或刚体转动）描述中常用的旋转矩阵、欧拉角、R-P-Y 角、等效轴-角、单位四元数，以及它们之间的相互映射关系。一般刚体运动则通过齐次坐标变换来实现。为了更加清晰地阐述刚体运动的几何意义，引入了旋量理论：包括集线速度与角速度于一体的物理量，即六维运动旋量（也称为空间速度）；与之类似的一个物理量，即同时表示三维力和三维力矩的六维力旋量（也称为空间广义力），以及它们之间的对偶关系。

本章内容主要为全书其他各章提供物理及力学基础。

3.1 位形空间

机器人最基本的问题是其**位形**（configuration）。下面首先给出机器人位形的定义。

【定义】：机器人的**位形**是指机器人上每个点位的全体集合。包含所有可能的机器人位形的 n 维空间称为**位形空间**（简称 **C 空间**，C-space）。机器人的位形通常用 C 空间中的一个特征点来表示。

例如，球面上某一点的 C 空间是二维空间，因此，其位形可用两个坐标来描述，如纬度和经度。再如，平面上某一个动点的 C 空间也是二维空间，可用坐标（x, y）来描述。虽然球面和平面都是二维的，但它们的几何形状不同：平面可以无限延展，而球面可以蜷缩成一团。这里无论是平面还是球面，都反映出 C 空间具有不同的**拓扑空间**（topology space）结构。图 3-1 所示为四种典型的拓扑空间结构形式。

具体而言，一维的拓扑空间结构包括圆、直线和线段。圆可以写成 $\mathbb{S}^1$，直线或线段写成 $\mathbb{R}^1$。在更高维度下，$\mathbb{R}^n$ 表示 n 维欧几里得空间，$\mathbb{S}^n$ 表示 $n+1$ 维空间内的 n 维球面。此外，部分 C 空间还可以表示成两个及以上低维空间的乘积形式。例如：

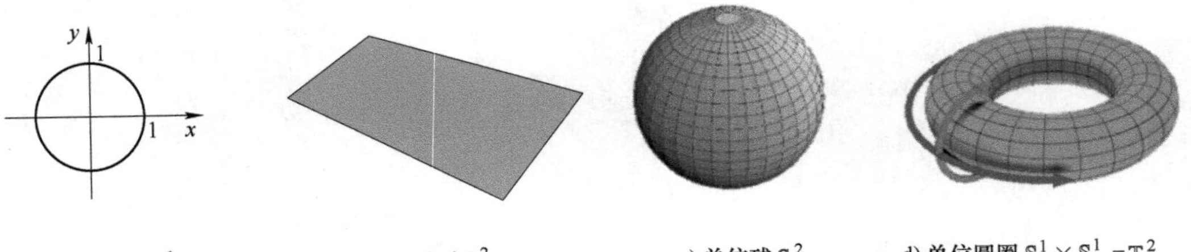

a) 单元圆 $\mathbb{S}^1$　　b) 平面 $\mathbb{R}^2$　　c) 单位球 $\mathbb{S}^2$　　d) 单位圆圈 $\mathbb{S}^1 \times \mathbb{S}^1 = \mathbb{T}^2$

图 3-1

典型的拓扑空间结构形式

1）平面刚体的 C 空间可以写成 $\mathbb{R}^2 \times \mathbb{S}^1$，即 $\mathbb{R}^2$ 空间内的（x，y）和$\mathbb{S}^1$空间内的 θ 的乘积。

2）2R 机器人的 C 空间可以写成 $\mathbb{S}^1 \times \mathbb{S}^1 = \mathbb{T}^2$，而不是球面$\mathbb{S}^2$，两者并不等效。

注意：拓扑空间是空间本身的基本几何属性，与所选的参考坐标系无关。例如，要表示圆上的一点，可以采用极坐标的形式，即用圆心到该点的位置向量及其与极轴之间的夹角 θ 来描述；或者采用直角坐标的形式，即以圆心为原点，点的坐标写成（x，y）的形式，并满足 $x^2 + y^2 = 1$。但是，无论选取何种类型的坐标系，拓扑空间本身并未做任何改变。但为了方便量化，有必要给出位形空间的**解析表示**（analytical form）。例如，用一个向量来表示欧几里得空间上的一点，该点可以选择不同的参考坐标系：直角坐标系、圆柱坐标系或者球面坐标系等。

位形空间的解析表示通常有两种形式：一种是用 n 个独立参数表示 n 维空间的**显式参数化表达**（explicit parametrization）；另一种是将 n 维空间看作是嵌入在大于 n 维的欧几里得空间中的**隐式参数化表达**（implicit parametrization）。例如，单位球面上的一点既可以用经度、纬度坐标来表示，也可以看作是嵌入在三维欧氏空间中的表面，此时可写成“三维空间中的坐标（x，y，z）+约束方程（$x^2 + y^2 + z^2 = 1$）”的形式。

相对于显式参数化表达而言，隐式参数化表达的缺点在于使用的参数多，优点是容易建模。例如，对于大多数闭链机构，很难建立起显式参数化方程，但找到其隐式参数化表达（即建立约束方程）则相对比较容易。此外，隐式参数化表达还有一个优点，即容易实现无**奇异**（singularity），而显式参数化表达很难做到这一点。因此，隐式参数化表达有时也被称作**全局坐标**表达，而显式参数化表达称作**局部坐标**表达。

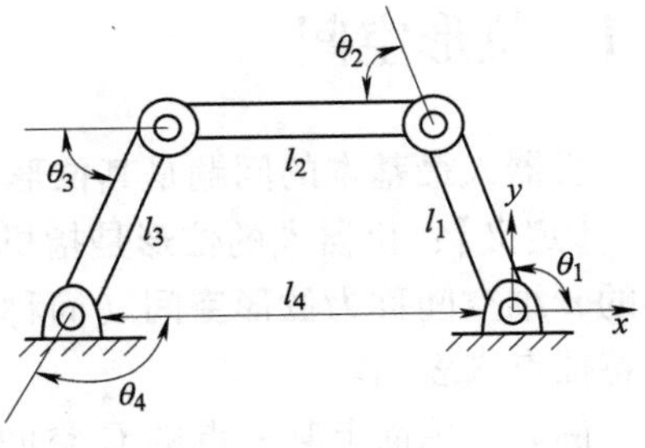

图 3-2

铰链四杆机构

例如，图 3-2 所示铰链四杆机构（该机构有 1 个自由度）的位移方程为

$$
\begin{cases}
l_1\cos\theta_1 + l_2\cos(\theta_1 + \theta_2) + \cdots + l_4\cos(\theta_1 + \cdots + \theta_4) = 0 \\
l_1\sin\theta_1 + l_2\sin(\theta_1 + \theta_2) + \cdots + l_4\sin(\theta_1 + \cdots + \theta_4) = 0 \\
\theta_1 + \theta_2 + \theta_3 + \theta_4 - 2\pi = 0
\end{cases}
\tag{3.1-1}
$$

上述方程有时又称作**闭环方程**（loop-closure equations）。对于该铰链四杆机构，含有 4

个未知数、3 个独立约束方程，对应的所有解的集合就构成了该机构的 C 空间。

将此特例扩展到一般情况。对于 n 自由度的单环或者多环机器人而言，其位形空间可以隐式地表示为列向量的形式，对应的闭环方程可以写成以下形式

$$f(\boldsymbol{q})=\begin{pmatrix}f_1(q_1,\cdots,q_n)\\ \vdots\\ f_k(q_1,\cdots,q_n)\end{pmatrix}=0 \tag{3.1-2}$$

式（3.1-2）中含有 k 个独立的位移约束方程，且 $k\leqslant n$。这类约束称为**完整约束**（holonomic constraints）。

继续对式（3.1-2）的两边相对关节参数作微分，可得

$$\begin{pmatrix}\dfrac{\partial f_1}{\partial q_1}(\boldsymbol{q})\dot{q}_1\cdots\dfrac{\partial f_1}{\partial q_n}(\boldsymbol{q})\dot{q}_n\\ \vdots\\ \dfrac{\partial f_k}{\partial q_1}(\boldsymbol{q})\dot{q}_1\cdots\dfrac{\partial f_k}{\partial q_n}(\boldsymbol{q})\dot{q}_n\end{pmatrix}=0 \tag{3.1-3}$$

将式（3.1-3）表示成矩阵与列向量 $\dot{\boldsymbol{q}}=(\dot{q}_1\cdots\dot{q}_n)^{\mathrm{T}}$ 相乘的形式，即

$$\begin{pmatrix}\dfrac{\partial f_1}{\partial q_1}\cdots\dfrac{\partial f_1}{\partial q_n}\\ \vdots\\ \dfrac{\partial f_k}{\partial q_1}\cdots\dfrac{\partial f_k}{\partial q_n}\end{pmatrix}\begin{pmatrix}\dot{q}_1\\ \vdots\\ \dot{q}_n\end{pmatrix}=\mathbf{0} \tag{3.1-4}$$

进一步简写成

$$\boldsymbol{A}(\boldsymbol{q})\dot{\boldsymbol{q}}=\mathbf{0} \tag{3.1-5}$$

式中，$\boldsymbol{A}(\boldsymbol{q})\in\mathbb{R}^{k\times n}$。

满足式（3.1-5）形式的速度约束方程又称为 **Pfaffian 约束**。对于情况 $\boldsymbol{A}(\boldsymbol{q})=\partial f(\boldsymbol{q})/\partial\boldsymbol{q}$，可以认为 $f(\boldsymbol{q})$ 是 $\boldsymbol{A}(\boldsymbol{q})$ 的积分。基于上述原因，形如 $f(\boldsymbol{q})=0$ 的完整约束有时也称为**可积约束**（integrable constraints）。

现在考虑另一类 Pfaffian 约束，它与完整约束有着本质上的不同。

考虑一个半径为 r 的硬币在平面上连续滚动，如图 3-3所示。硬币的位形可以通过 4 个参数来描述：平面接触点的坐标 (x, y)、行进角 ϕ 和旋转角 θ。因此，该硬币的 C 空间可以写成 $\mathbb{R}^2\times\mathbb{T}^2$，是一个四维空间。

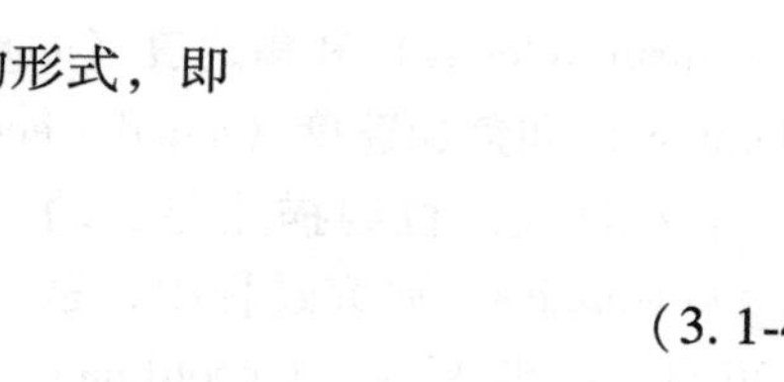

图 3-3
硬币在平面上做无滑动的纯滚动

由于硬币无滑动，因此硬币总是沿着（$\cos\phi$，$\sin\phi$）方向滚动，行进速率为 $r\dot{\theta}$，即

$$\begin{pmatrix}\dot{x}\\ \dot{y}\end{pmatrix}=r\dot{\theta}\begin{pmatrix}\cos\phi\\ \sin\phi\end{pmatrix} \tag{3.1-6}$$

将四维 C 空间的关节坐标写成列向量形式 $\boldsymbol{q}=(q_1\ q_2\ q_3\ q_4)^{\mathrm{T}}=(x\ y\ \phi\ \theta)^{\mathrm{T}}$，上述滚动约束

可以写成

$$\begin{pmatrix} 1 & 0 & 0 & -r\cos q_3 \\ 0 & 1 & 0 & -r\sin q_3 \end{pmatrix} \dot{\boldsymbol{q}} = \boldsymbol{0} \tag{3.1-7}$$

符合 Pfaffian 约束形式 $\boldsymbol{A}(\boldsymbol{q})\dot{\boldsymbol{q}} = \boldsymbol{0}$，$\boldsymbol{A}(\boldsymbol{q}) \in \mathbb{R}^{2\times4}$。

利用高等数学的知识很容易证明，该约束方程是不可积的。将这类不可积的 Pfaffian 约束称作**非完整约束**（nonholonomic constraints）。就其物理意义而言，非完整约束虽然可以减少速度的维数，但不会减少 C 空间的维数。轮式移动机器人运动学就是典型的非完整约束问题。

3.2 刚体位姿的描述

在经典机器人运动学研究中，首先遇到的一个问题就是如何对机器人末端（可视为刚体）的运动进行描述。具体分为三个层次：**位移**（displacement），包括刚体的**位置**（position）和**姿态**（orientation），简称刚体**位姿**（pose）；**速度**（velocity），包括刚体的**线速度**（linear velocity）和**角速度**（angular velocity）；**加速度**，包括刚体的**线加速度**（linear acceleration）和**角加速度**（angular acceleration）。其中刚体位姿的描述是基础。

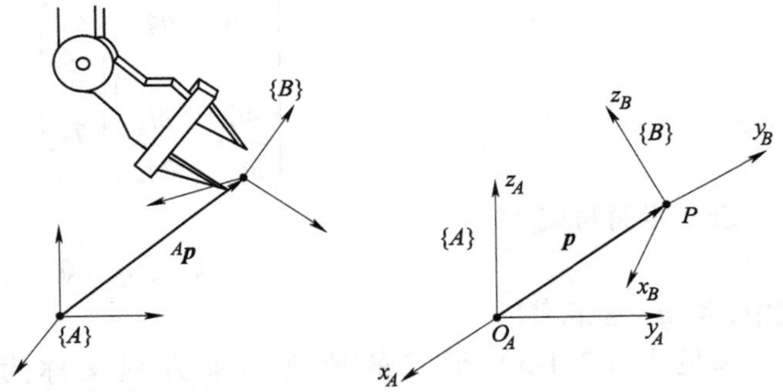

a) 用于描述机器人位姿的坐标系　　b) 两类坐标系

图 3-4 描述刚体运动的两类坐标系

在机器人的**位姿描述**与**运动学**（kinematics）研究过程中，总是离不开**坐标系**（coordinate frame）。为了描述机器人的位姿（图 3-4a），至少有两类坐标系不可或缺：一类坐标系是与地（或机架）相固连的坐标系，即**世界坐标系**（world coordinate frame），也称**固定坐标系**（fixed coordinate frame）、**全局坐标系**（global coordinate frame）或**惯性坐标系**（inertial coordinate frame），一般用 $\{A\}$ 或者 $O_A - x_A y_A z_A$ 表示。其中，用 $\boldsymbol{x}_A$、$\boldsymbol{y}_A$、$\boldsymbol{z}_A$ 表示参考坐标系三个坐标轴方向的单位向量。通常情况下，将世界坐标系选在机器人的基座处。另一类是与机器人末端固连且随之一起运动的坐标系[⊖]，这里称为**物体坐标系**（body coordinate frame）或**局部坐标系**（local coordinate frame），一般用 $\{B\}$ 或者 $O_B - x_B y_B z_B$ 表示。其中，用 $\boldsymbol{x}_B$、$\boldsymbol{y}_B$、$\boldsymbol{z}_B$ 表示物体坐标系三个坐标轴方向的单位向量，如图 3-4b 所示。通常情况下，$\{B\}$ 的原点选在末端执行器的某些重要标志点处，如质心等。无论是世界坐标系还是物体坐标系，均满足右手定则。

⊖ 物体坐标系本身并不是动坐标系，而是与运动刚体随动，每一瞬时相对固定坐标系都是静止的，不要与理论力学中所学的非惯性运动坐标系相混淆。

1. 位置描述

如图 3-5 所示，用 $^{A}\boldsymbol{p}$ 表示空间一点 P 在世界坐标系 $\{A\}$ 中的位置，其坐标可以描述成三维向量的形式，即

$$^{A}\boldsymbol{p}=\begin{pmatrix}^{A}p_x\\ ^{A}p_y\\ ^{A}p_z\end{pmatrix} \tag{3.2-1}$$

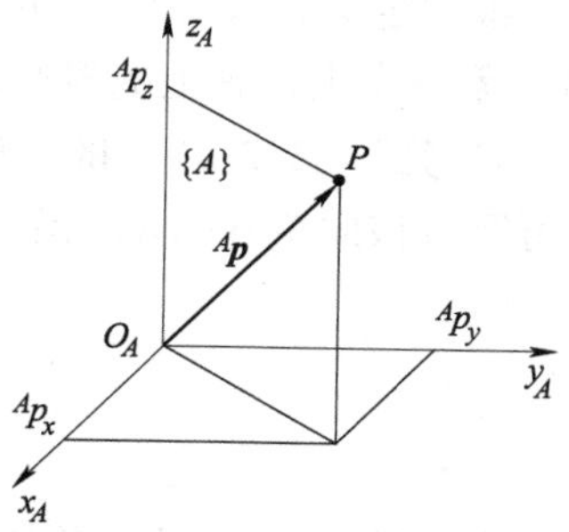

图 3-5
点的位置表示

根据向量（与坐标轴）点积的几何投影意义，$^{A}\boldsymbol{p}$ 三个分量的几何意义为该点在三个单位坐标轴上的投影，即

$$\begin{cases}^{A}p_x={}^{A}\boldsymbol{p}\cdot\boldsymbol{x}_A\\ ^{A}p_y={}^{A}\boldsymbol{p}\cdot\boldsymbol{y}_A\\ ^{A}p_z={}^{A}\boldsymbol{p}\cdot\boldsymbol{z}_A\end{cases} \tag{3.2-2}$$

式中

$$\boldsymbol{x}_A=\begin{pmatrix}1\\0\\0\end{pmatrix},\boldsymbol{y}_A=\begin{pmatrix}0\\1\\0\end{pmatrix},\boldsymbol{z}_A=\begin{pmatrix}0\\0\\1\end{pmatrix} \tag{3.2-3}$$

由此可知，向量与某坐标系各坐标轴单位向量的点积，就是向量在该坐标系中的表达。类似地，若点 P 在物体坐标系 $\{B\}$ 中的位置用 $^{B}\boldsymbol{p}$ 表示，即

$$^{B}\boldsymbol{p}=\begin{pmatrix}^{B}p_x\\ ^{B}p_y\\ ^{B}p_z\end{pmatrix} \tag{3.2-4}$$

则 $^{B}\boldsymbol{p}$ 三个分量的几何意义为该点在物体坐标系 $\{B\}$ 的三个单位坐标轴上的投影，即

$$\begin{cases}^{B}p_x={}^{B}\boldsymbol{p}\cdot\boldsymbol{x}_B\\ ^{B}p_y={}^{B}\boldsymbol{p}\cdot\boldsymbol{y}_B\\ ^{B}p_z={}^{B}\boldsymbol{p}\cdot\boldsymbol{z}_B\end{cases} \tag{3.2-5}$$

2. 姿态描述

机器人末端的姿态可用物体坐标系 $\{B\}$（相对于世界坐标系 $\{A\}$ 的姿态）来描述。其中一种简单描述物体坐标系 $\{B\}$ 的方法，是给出 $\{B\}$ 的三个单位坐标轴相对于世界坐标系 $\{A\}$ 的三个单位坐标轴的方位。

首先考虑两坐标系的原点共点的情况。如图 3-6 所示，$\{B\}$ 中的三个单位坐标轴方向向量相对 $\{A\}$ 的坐标分别用 $^{A}\boldsymbol{x}_B$、$^{A}\boldsymbol{y}_B$、$^{A}\boldsymbol{z}_B$ 表示，写成矩阵的形式：

$$^{A}_{B}\boldsymbol{R}=(^{A}\boldsymbol{x}_B\quad ^{A}\boldsymbol{y}_B\quad ^{A}\boldsymbol{z}_B)_{3\times3}=\begin{pmatrix}r_{11}&r_{12}&r_{13}\\ r_{21}&r_{22}&r_{23}\\ r_{31}&r_{32}&r_{33}\end{pmatrix} \tag{3.2-6}$$

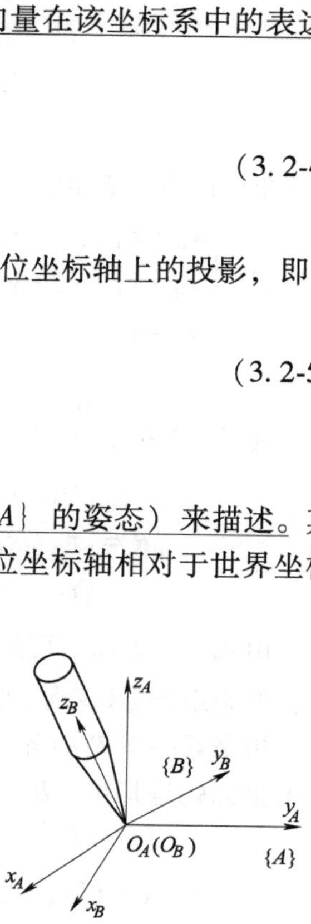

图 3-6
姿态矩阵

式中，$^{A}_{B}\boldsymbol{R}$ 为**姿态矩阵**，表示物体坐标系 $\{B\}$ 相对世界坐标系 $\{A\}$ 的姿态。

根据定义式（2.1-7）可知，$\{B\}$ 系的三个单位坐标轴相对 $\{A\}$ 系的坐标就是其在 $\{A\}$ 系三个坐标轴上的投影。下面给出详细推导过程：

参考式（3.2-2），将 $\{B\}$ 系的单位坐标轴 $\boldsymbol{x}_B$ 看作一个特殊向量，其在 $\{A\}$ 系中的表示可写成该向量在 $\{A\}$ 系三个单位坐标轴上的投影，即

$$ {}^{A}\boldsymbol{x}_B = \begin{pmatrix} \boldsymbol{x}_B \cdot \boldsymbol{x}_A \\ \boldsymbol{x}_B \cdot \boldsymbol{y}_A \\ \boldsymbol{x}_B \cdot \boldsymbol{z}_A \end{pmatrix} \tag{3.2-7} $$

类似地，$\{B\}$ 系的其他两个单位坐标轴 $\boldsymbol{y}_B$、$\boldsymbol{z}_B$ 在 $\{A\}$ 系中的表示可写成

$$ {}^{A}\boldsymbol{y}_B = \begin{pmatrix} \boldsymbol{y}_B \cdot \boldsymbol{x}_A \\ \boldsymbol{y}_B \cdot \boldsymbol{y}_A \\ \boldsymbol{y}_B \cdot \boldsymbol{z}_A \end{pmatrix} \tag{3.2-8} $$

$$ {}^{A}\boldsymbol{z}_B = \begin{pmatrix} \boldsymbol{z}_B \cdot \boldsymbol{x}_A \\ \boldsymbol{z}_B \cdot \boldsymbol{y}_A \\ \boldsymbol{z}_B \cdot \boldsymbol{z}_A \end{pmatrix} \tag{3.2-9} $$

合并式（3.2-7）~式（3.2-9），可得

$$ \left({}^{A}\boldsymbol{x}_B \quad {}^{A}\boldsymbol{y}_B \quad {}^{A}\boldsymbol{z}_B\right) = \begin{pmatrix} \boldsymbol{x}_B \cdot \boldsymbol{x}_A & \boldsymbol{y}_B \cdot \boldsymbol{x}_A & \boldsymbol{z}_B \cdot \boldsymbol{x}_A \\ \boldsymbol{x}_B \cdot \boldsymbol{y}_A & \boldsymbol{y}_B \cdot \boldsymbol{y}_A & \boldsymbol{z}_B \cdot \boldsymbol{y}_A \\ \boldsymbol{x}_B \cdot \boldsymbol{z}_A & \boldsymbol{y}_B \cdot \boldsymbol{z}_A & \boldsymbol{z}_B \cdot \boldsymbol{z}_A \end{pmatrix} \tag{3.2-10} $$

对于单位向量，满足式（2.1-8），即 $\boldsymbol{i} \cdot \boldsymbol{j} = \cos(\boldsymbol{i}, \boldsymbol{j})$，因此有

$$ \begin{pmatrix} \boldsymbol{x}_B \cdot \boldsymbol{x}_A & \boldsymbol{y}_B \cdot x_A & \boldsymbol{z}_B \cdot \boldsymbol{x}_A \\ \boldsymbol{x}_B \cdot \boldsymbol{y}_A & \boldsymbol{y}_B \cdot \boldsymbol{y}_A & \boldsymbol{z}_B \cdot \boldsymbol{y}_A \\ \boldsymbol{x}_B \cdot \boldsymbol{z}_A & \boldsymbol{y}_B \cdot \boldsymbol{z}_A & \boldsymbol{z}_B \cdot \boldsymbol{z}_A \end{pmatrix} = \begin{pmatrix} \cos(\boldsymbol{x}_B \cdot \boldsymbol{x}_A) & \cos(\boldsymbol{y}_B \cdot \boldsymbol{x}_A) & \cos(\boldsymbol{z}_B \cdot \boldsymbol{x}_A) \\ \cos(\boldsymbol{x}_B \cdot \boldsymbol{y}_A) & \cos(\boldsymbol{y}_B \cdot \boldsymbol{y}_A) & \cos(\boldsymbol{z}_B \cdot \boldsymbol{y}_A) \\ \cos(\boldsymbol{x}_B \cdot \boldsymbol{z}_A) & \cos(\boldsymbol{y}_B \cdot \boldsymbol{z}_A) & \cos(\boldsymbol{z}_B \cdot z_A) \end{pmatrix} \tag{3.2-11} $$

结合式（3.2-6），可得

$$ {}_{B}^{A}\boldsymbol{R} = \begin{pmatrix} r_{11} & r_{12} & r_{13} \\ r_{21} & r_{22} & r_{23} \\ r_{31} & r_{32} & r_{33} \end{pmatrix} = \begin{pmatrix} \cos(\boldsymbol{x}_B \cdot \boldsymbol{x}_A) & \cos(\boldsymbol{y}_B \cdot \boldsymbol{x}_A) & \cos(\boldsymbol{z}_B \cdot \boldsymbol{x}_A) \\ \cos(\boldsymbol{x}_B \cdot \boldsymbol{y}_A) & \cos(\boldsymbol{y}_B \cdot \boldsymbol{y}_A) & \cos(\boldsymbol{z}_B \cdot \boldsymbol{y}_A) \\ \cos(\boldsymbol{x}_B \cdot \boldsymbol{z}_A) & \cos(\boldsymbol{y}_B \cdot \boldsymbol{z}_A) & \cos(\boldsymbol{z}_B \cdot \boldsymbol{z}_A) \end{pmatrix} \tag{3.2-12} $$

由式（3.2-12）可知，${}_{B}^{A}\boldsymbol{R}$ 中的各元素均是 $\{A\}$、$\{B\}$ 两系各坐标轴夹角的余弦，因此，姿态矩阵 ${}_{B}^{A}\boldsymbol{R}$ 又称为**方向余弦矩阵**（direction cosine matrix）。

再来看一下 $\boldsymbol{R}$ 中各元素在 $\{B\}$ 系中的表示。类似地，$\{A\}$ 系的三个坐标轴相对 $\{B\}$ 系的坐标就是其在 $\{B\}$ 系三个坐标轴上的投影。由此可以得到

$$ {}_{A}^{B}\boldsymbol{R} = \left({}^{B}\boldsymbol{x}_A \quad {}^{B}\boldsymbol{y}_A \quad {}^{B}\boldsymbol{z}_A\right) = \begin{pmatrix} \cos(\boldsymbol{x}_A \cdot \boldsymbol{x}_B) & \cos(\boldsymbol{y}_A \cdot \boldsymbol{x}_B) & \cos(\boldsymbol{z}_A \cdot \boldsymbol{x}_B) \\ \cos(\boldsymbol{x}_A \cdot \boldsymbol{y}_B) & \cos(\boldsymbol{y}_A \cdot \boldsymbol{y}_B) & \cos(\boldsymbol{z}_A \cdot \boldsymbol{y}_B) \\ \cos(\boldsymbol{x}_A \cdot \boldsymbol{z}_B) & \cos(\boldsymbol{y}_A \cdot \boldsymbol{z}_B) & \cos(\boldsymbol{z}_A \cdot \boldsymbol{z}_B) \end{pmatrix} \tag{3.2-13} $$

而 ${}_{B}^{A}\boldsymbol{R}$ 的转置可以写成

$$
{}_B^A\boldsymbol{R}^{\mathrm{T}} = \begin{pmatrix} \cos(\boldsymbol{x}_A\cdot\boldsymbol{x}_B) & \cos(\boldsymbol{x}_A\cdot\boldsymbol{y}_B) & \cos(\boldsymbol{x}_A\cdot\boldsymbol{z}_B) \\ \cos(\boldsymbol{y}_A\cdot\boldsymbol{x}_B) & \cos(\boldsymbol{y}_A\cdot\boldsymbol{y}_B) & \cos(\boldsymbol{y}_A\cdot\boldsymbol{z}_B) \\ \cos(\boldsymbol{z}_A\cdot\boldsymbol{x}_B) & \cos(\boldsymbol{z}_A\cdot\boldsymbol{y}_B) & \cos(\boldsymbol{z}_A\cdot\boldsymbol{z}_B) \end{pmatrix}^{\mathrm{T}}
= \begin{pmatrix} \cos(\boldsymbol{x}_A\cdot\boldsymbol{x}_B) & \cos(\boldsymbol{y}_A\cdot\boldsymbol{x}_B) & \cos(\boldsymbol{z}_A\cdot\boldsymbol{x}_B) \\ \cos(\boldsymbol{x}_A\cdot\boldsymbol{y}_B) & \cos(\boldsymbol{y}_A\cdot\boldsymbol{y}_B) & \cos(\boldsymbol{z}_A\cdot\boldsymbol{y}_B) \\ \cos(\boldsymbol{x}_A\cdot\boldsymbol{z}_B) & \cos(\boldsymbol{y}_A\cdot\boldsymbol{z}_B) & \cos(\boldsymbol{z}_A\cdot\boldsymbol{z}_B) \end{pmatrix} \tag{3.2-14}
$$

对比式（3.2-13）与式（3.2-14），可以得出

$$
{}_A^B\boldsymbol{R} = {}_B^A\boldsymbol{R}^{\mathrm{T}} \tag{3.2-15}
$$

此外，通过联立式（3.2-12）和式（3.2-13），可以导出关系式

$$
{}_A^B\boldsymbol{R}\,{}_B^A\boldsymbol{R} = {}_B^A\boldsymbol{R}^{\mathrm{T}}\,{}_B^A\boldsymbol{R} = \begin{pmatrix} {}^A\boldsymbol{x}_B^{\mathrm{T}} \\ {}^A\boldsymbol{y}_B^{\mathrm{T}} \\ {}^A\boldsymbol{z}_B^{\mathrm{T}} \end{pmatrix} \begin{pmatrix} {}^A\boldsymbol{x}_B & {}^A\boldsymbol{y}_B & {}^A\boldsymbol{z}_B \end{pmatrix} = \boldsymbol{I}_{3\times 3} \tag{3.2-16}
$$

式（3.2-16）表明，${}_B^A\boldsymbol{R}$ 是一个**单位正定矩阵**。根据线性代数的相关知识（详见 2.2 节），单位正定矩阵具有以下特性：

$$
{}_B^A\boldsymbol{R}^{-1} = {}_B^A\boldsymbol{R}^{\mathrm{T}} \tag{3.2-17}
$$

$$
\det({}_B^A\boldsymbol{R}) = 1 \tag{3.2-18}
$$

它满足以下 6 个约束方程：

$$
\| {}^A\boldsymbol{x}_B \| = \| {}^A\boldsymbol{y}_B \| = \| {}^A\boldsymbol{z}_B \| = 1,\ {}^A\boldsymbol{x}_B\cdot{}^A\boldsymbol{y}_B = {}^A\boldsymbol{y}_B\cdot{}^A\boldsymbol{z}_B = {}^A\boldsymbol{z}_B\cdot{}^A\boldsymbol{x}_B = 0 \tag{3.2-19}
$$

因此，${}_B^A\boldsymbol{R}$ 中的 9 个元素中只有 3 个参数是独立的。

【小知识】机械手的姿态描述

在工业机器人领域，为了形象地描述机器人（俗称机械手、操作臂等，manipulator）的姿态，姿态矩阵一般写成以下形式

$$
{}_B^A\boldsymbol{R} = (\hat{\boldsymbol{n}}\quad \hat{\boldsymbol{o}}\quad \hat{\boldsymbol{a}})_{3\times 3} = \begin{pmatrix} n_1 & o_1 & a_1 \\ n_2 & o_2 & a_2 \\ n_3 & o_3 & a_3 \end{pmatrix} \tag{3.2-20}
$$

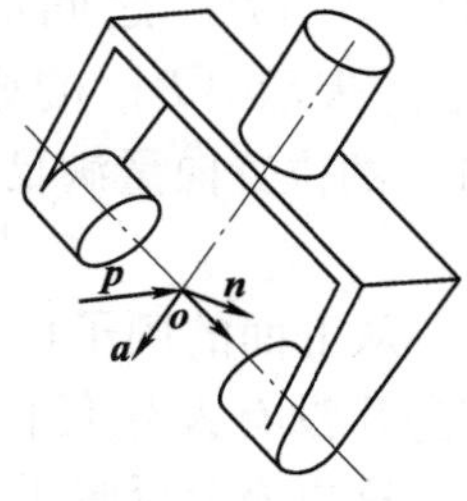

图 3-7
机械手的姿态描述

式中，$\hat{\boldsymbol{a}}$ 为**接近矢量**（approach vector），表示机械手接近物体的方向；$\hat{\boldsymbol{o}}$ 为**方位矢量**（orientation vector），表示机械手中的一个手指指向另一个手指的方向；$\hat{\boldsymbol{n}}$ 为**法向矢量**（normal vector），通过右手定则来确定其方向（图 3-7）。

3. 位姿描述

有了前面介绍的位置与姿态描述，便可以描述机器人的位姿了。具体而言，利用物体坐标系 $\{B\}$ 相对世界坐标系 $\{A\}$ 的位置和姿态来描述机器人位姿（图 3-8）。写成集合的形式：

$$
\{{}_B^A\boldsymbol{R},\ {}^A\boldsymbol{p}_{BORG}\} \tag{3.2-21}
$$

式中，${}^{A}\boldsymbol{p}_{BORG}$ 为｛B｝系原点相对世界坐标系｛A｝的坐标。

或者写成矩阵的形式：

$$ {}_{B}^{A}\boldsymbol{T}=\begin{pmatrix} {}_{B}^{A}\boldsymbol{R} & {}^{A}\boldsymbol{p}_{BORG} \\ \boldsymbol{0} & 1 \end{pmatrix} \tag{3.2-22}$$

式中，${}_{B}^{A}\boldsymbol{T}$ 为刚体相对世界坐标系的位姿矩阵。

例如，传统工业机器人的位姿描述一般可以写成以下矩阵形式：

$$ {}_{B}^{A}\boldsymbol{T}=\begin{pmatrix} {}_{B}^{A}\boldsymbol{R} & {}^{A}\boldsymbol{p}_{BORG} \\ \boldsymbol{0} & 1 \end{pmatrix}=\begin{pmatrix} \hat{\boldsymbol{n}} & \hat{\boldsymbol{o}} & \hat{\boldsymbol{a}} & \boldsymbol{p} \\ 0 & 0 & 0 & 1 \end{pmatrix}_{4\times4}=\begin{pmatrix} n_1 & o_1 & a_1 & p_x \\ n_2 & o_2 & a_2 & p_y \\ n_3 & o_3 & a_3 & p_z \\ 0 & 0 & 0 & 1 \end{pmatrix} \tag{3.2-23}$$

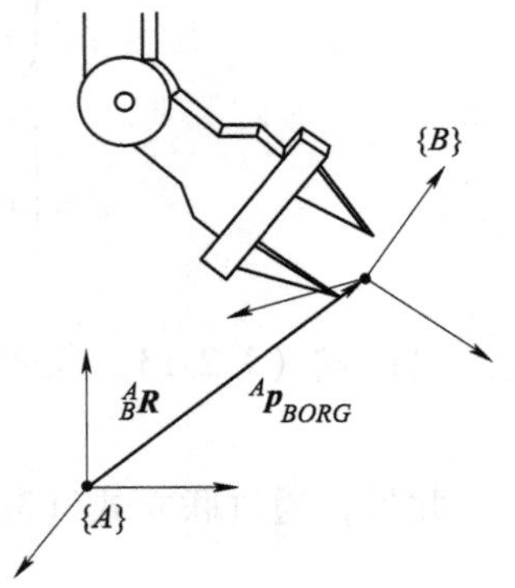

图 3-8 点在两类坐标系中的坐标表示

在机器人学中，机器人末端的位姿（矩阵）通常也用来表示机器人的**位形**（configuration）。

3.3 刚体运动与刚体变换

3.3.1 坐标（系）映射

在机器人学研究中，经常需要在不同的坐标系中表示同一个量，而要实现上述过程，都需要进行坐标（系）之间的变换，即坐标映射。

1. 平移映射

如图 3-9 所示，用${}^{B}\boldsymbol{p}$ 表示 P 点相对物体坐标系｛B｝的位置向量，世界坐标系｛A｝与物体坐标系｛B｝姿态相同，希望在｛A｝中描述 P 点。在这种情况下，｛A｝与｛B｝之间的差异只是平移，由此可用向量 ${}^{A}\boldsymbol{p}_{BORG}$ 表示｛B｝的原点在｛A｝中的位置，P 点相对｛A｝的位置向量满足向量运算法则，即

$$ {}^{A}\boldsymbol{p}={}^{B}\boldsymbol{p}+{}^{A}\boldsymbol{p}_{BORG} \tag{3.3-1}$$

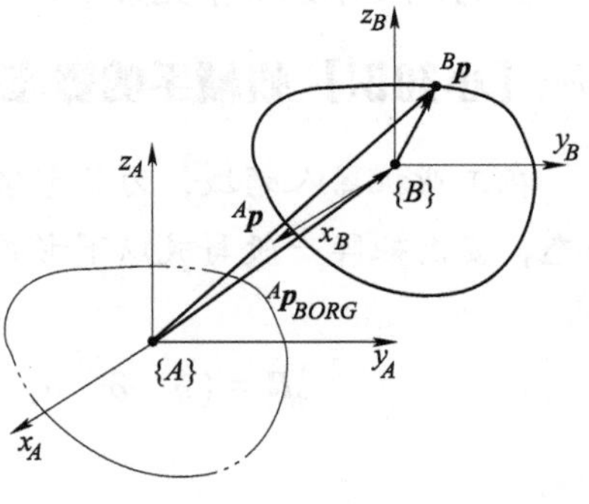

图 3-9 平移映射

从上面的例子可以看出，在平移映射过程中，P 点本身并没有发生任何改变，只是对它的描述发生了变化。这也充分反映了坐标映射的本质所在，即描述的是坐标系之间的变换而不是对象本身。

2. 旋转映射

如图 3-10 所示，用${}^{B}\boldsymbol{p}$ 表示 P 点相对物体坐标系｛B｝的位置矢量，世界坐标系｛A｝与物体坐标系｛B｝具有相同的坐标原点，希望在｛A｝中描述 P 点。在这种情况下，｛A｝与｛B｝之间的差异在于各坐标轴之间的方位，由此可采用前面介绍的**姿态矩阵**来描述两个坐标系之间的变换，推导过程如下：

$$
{}^{A}\boldsymbol{p} = \begin{pmatrix} {}^{A}p_x \\ {}^{A}p_y \\ {}^{A}p_z \end{pmatrix} \tag{3.3-2}
$$

根据向量（与坐标轴）点积的几何投影意义，${}^{A}\boldsymbol{p}$ 三个分量的几何意义为该点在三个单位坐标轴上的投影（由于点积的结果是标量，与该向量在哪个坐标系表达无关。因此，既可以在 $\{A\}$ 中投射，也可以在 $\{B\}$ 中投射），即

$$
\begin{cases} {}^{A}p_x = {}^{B}\boldsymbol{p} \cdot {}^{B}\boldsymbol{x}_A = {}^{B}\boldsymbol{x}_A^{\mathrm{T}}\,{}^{B}\boldsymbol{p} \\ {}^{A}p_y = {}^{B}\boldsymbol{p} \cdot {}^{B}\boldsymbol{y}_A = {}^{B}\boldsymbol{y}_A^{\mathrm{T}}\,{}^{B}\boldsymbol{p} \\ {}^{A}p_z = {}^{B}\boldsymbol{p} \cdot {}^{B}\boldsymbol{z}_A = {}^{B}\boldsymbol{z}_A^{\mathrm{T}}\,{}^{B}\boldsymbol{p} \end{cases} \tag{3.3-3}
$$

由于 $\{B\}$ 相对于 $\{A\}$ 的旋转矩阵（即姿态矩阵）满足

$$
{}_{B}^{A}\boldsymbol{R} = \begin{pmatrix} {}^{A}\boldsymbol{x}_B & {}^{A}\boldsymbol{y}_B & {}^{A}\boldsymbol{z}_B \end{pmatrix} = {}_{A}^{B}\boldsymbol{R}^{-1} = {}_{A}^{B}\boldsymbol{R}^{\mathrm{T}} = \begin{pmatrix} {}^{B}\boldsymbol{x}_A^{\mathrm{T}} \\ {}^{B}\boldsymbol{y}_A^{\mathrm{T}} \\ {}^{B}\boldsymbol{z}_A^{\mathrm{T}} \end{pmatrix} \tag{3.3-4}
$$

将式（3.3-2）、式（3.3-4）代入式（3.3-3）中，可得

$$
{}^{A}\boldsymbol{p} = {}_{B}^{A}\boldsymbol{R}\,{}^{B}\boldsymbol{p} \tag{3.3-5}
$$

通过式（3.3-5），即可实现空间一点相对不同坐标系的旋转变换。

【例 3-1】 如图 3-11 所示，物体坐标系 $\{B\}$ 绕世界坐标系 $\{A\}$ 的 z 轴沿逆时针方向旋转 90°。（1）求 ${}_{B}^{A}\boldsymbol{R}$；（2）已知 P 点在 $\{B\}$ 中的坐标为 $(0,\ 1,\ 0)^{\mathrm{T}}$，求 P 点在 $\{A\}$ 中的坐标。

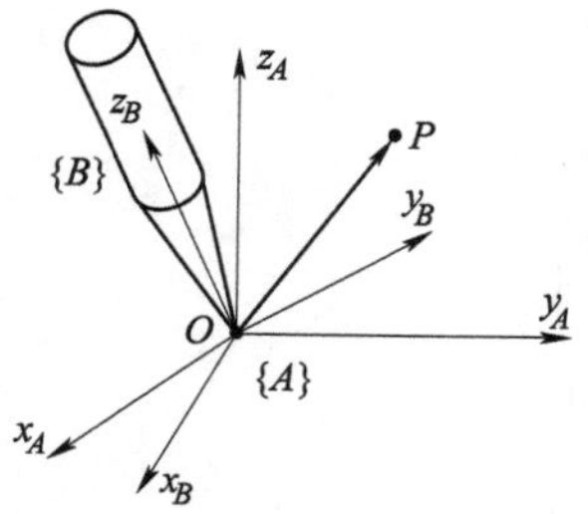

图 3-10

共原点的旋转映射

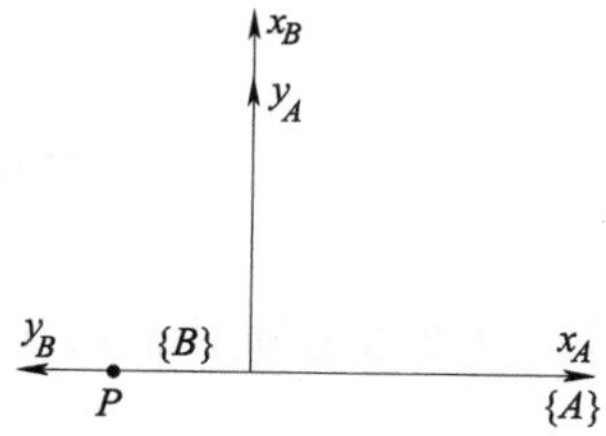

图 3-11

例 3-1 图

解： 该问题的实质是用旋转变换来描述同一点在两个不同坐标系（原点重合）下的坐标变换。

旋转矩阵为

$$
{}_{B}^{A}\boldsymbol{R} = \begin{pmatrix} 0 & -1 & 0 \\ 1 & 0 & 0 \\ 0 & 0 & 1 \end{pmatrix}
$$

根据式（3.3-5），可得新向量为

$$^{A}\boldsymbol{p} = {}^{A}_{B}\boldsymbol{R}\,{}^{B}\boldsymbol{p} = \begin{pmatrix} 0 & -1 & 0 \\ 1 & 0 & 0 \\ 0 & 0 & 1 \end{pmatrix}\begin{pmatrix} 0 \\ 1 \\ 0 \end{pmatrix} = \begin{pmatrix} -1 \\ 0 \\ 0 \end{pmatrix}$$

不妨验证一下，旋转变换前后，P 点位置矢量的长度没有变化（由于姿态矩阵为正交矩阵，相应的变换为正交变换）。

例 3-1 中实际上给出了旋转映射的一种特例：绕固定坐标轴的旋转。这类情形包含三种情况：分别绕 x、y、z 轴的旋转，如图 3-12 所示。

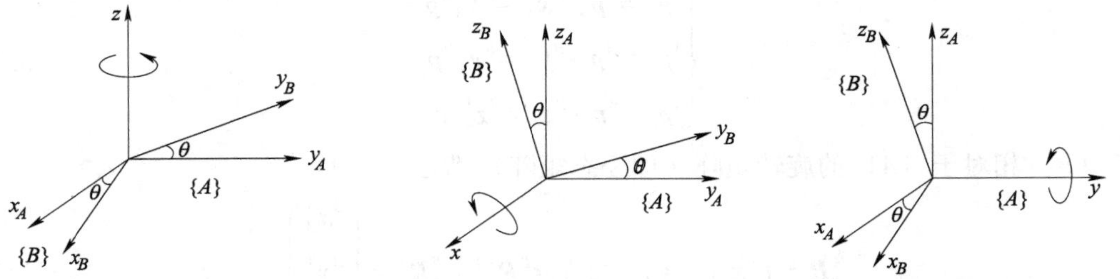

a) 绕 z 轴旋转 θ 角　b) 绕 x 轴旋转 θ 角　c) 绕 y 轴旋转 θ 角

图 3-12

绕固定坐标系 x、y、z 坐标轴的旋转

以绕 z 轴旋转为例。如图 3-12a 所示，将相应的角度值代入定义式（3.2-12），得到

$$^{A}_{B}\boldsymbol{R} = \boldsymbol{R}_z(\theta) = \begin{pmatrix} \cos\theta & -\sin\theta & 0 \\ \sin\theta & \cos\theta & 0 \\ 0 & 0 & 1 \end{pmatrix} \tag{3.3-6}$$

式中，$\boldsymbol{R}_z(\theta)$ 为绕固定坐标轴 z 轴旋转的变换矩阵。
或简写成

$$\boldsymbol{R}_z(\theta) = \begin{pmatrix} \cos\theta & -\sin\theta & 0 \\ \sin\theta & \cos\theta & 0 \\ 0 & 0 & 1 \end{pmatrix} \tag{3.3-7}$$

类似地，可以写出分别绕 x、y 轴旋转的变换矩阵，即

$$\boldsymbol{R}_x(\theta) = \begin{pmatrix} 1 & 0 & 0 \\ 0 & \cos\theta & -\sin\theta \\ 0 & \sin\theta & \cos\theta \end{pmatrix} \tag{3.3-8}$$

$$\boldsymbol{R}_y(\theta) = \begin{pmatrix} \cos\theta & 0 & \sin\theta \\ 0 & 1 & 0 \\ -\sin\theta & 0 & \cos\theta \end{pmatrix} \tag{3.3-9}$$

3. 一般映射

再考虑更一般的情况：世界坐标系 {A} 与物体坐标系 {B} 的姿态并不相同；两者的原点也不重合，而是有一个偏移量，如图 3-13a 所示。此时，在已知 $^{B}\boldsymbol{p}$ 的情况下，求 $^{A}\boldsymbol{p}$ 的过程如下。

如图 3-13b 所示，不妨建立一个中间坐标系 {C}，它与 {A} 系的姿态相同，同时与

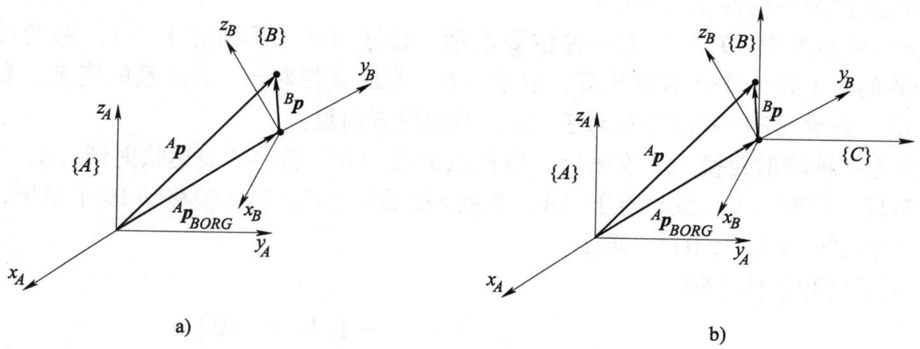

图 3-13
一般映射

{B} 的原点重合。首先将$^B\boldsymbol{p}$ 通过旋转变换，映射到 {C} 系中，即

$$^C\boldsymbol{p} = {}^C_B\boldsymbol{R}\,{}^B\boldsymbol{p} \tag{3.3-10}$$

由于 {C} 系与 {A} 系的姿态相同，因此有

$$^A_B\boldsymbol{R} = {}^C_B\boldsymbol{R} \tag{3.3-11}$$

将式（3.3-11）代入式（3.3-10）中，有

$$^C\boldsymbol{p} = {}^A_B\boldsymbol{R}\,{}^B\boldsymbol{p} \tag{3.3-12}$$

由于 {C} 系与 {A} 系之间仅存在着平移关系，因此满足平移映射条件［式（3.3-1)］，即

$$^A\boldsymbol{p} = {}^C\boldsymbol{p} + {}^A\boldsymbol{p}_{BORG} \tag{3.3-13}$$

将式（3.3-12）代入式（3.3-13）中，有

$$^A\boldsymbol{p} = {}^A_B\boldsymbol{R}\,{}^B\boldsymbol{p} + {}^A\boldsymbol{p}_{BORG} \tag{3.3-14}$$

式（3.3-14）给出的就是将某一向量从一个坐标系变换到另一坐标系下的一般映射公式。

将式（3.3-14）写成等价的齐次坐标形式，有

$$\begin{pmatrix} ^A\boldsymbol{p} \\ 1 \end{pmatrix} = \begin{pmatrix} ^A_B\boldsymbol{R} & ^A\boldsymbol{p}_{BORG} \\ \boldsymbol{0} & 1 \end{pmatrix} \begin{pmatrix} ^B\boldsymbol{p} \\ 1 \end{pmatrix} \tag{3.3-15}$$

或者

$$^A\bar{\boldsymbol{p}} = {}^A_B\boldsymbol{T}\,{}^B\bar{\boldsymbol{p}} \tag{3.3-16}$$

式中，$^A\bar{\boldsymbol{p}}$ 为 P 点在 {A} 系中的齐次坐标表示；$^B\bar{\boldsymbol{p}}$ 为 P 点在 {B} 系中的齐次坐标表示；$^A_B\boldsymbol{T}$ 为**齐次变换矩阵**（homogeneous transformation matrix），且

$$^A_B\boldsymbol{T} = \begin{pmatrix} ^A_B\boldsymbol{R} & ^A\boldsymbol{p}_{BORG} \\ \boldsymbol{0} & 1 \end{pmatrix}_{4\times4} \tag{3.3-17}$$

但是，为了后面章节表示方便，将不再区分点的齐次表达与其普通形式表达的区别，将 $\bar{\boldsymbol{p}}$ 写成 $\boldsymbol{p}$，即

$$^A\boldsymbol{p} = {}^A_B\boldsymbol{T}\,{}^B\boldsymbol{p} \tag{3.3-18}$$

对比式（3.2-22)，齐次变换矩阵 $^A_B\boldsymbol{T}$ 同时也可以作为机器人的位姿矩阵。为此，不妨再来总

结一下齐次变换矩阵的性质及用途：

1）齐次变换矩阵 ${}^{A}_{B}\boldsymbol{T}$ 可作为一种位姿表示，描述｛B｝系相对于｛A｝系的位姿。其中，该矩阵的左上角为3×3旋转矩阵，表示｛B｝系原点相对于｛A｝系的姿态；右上角为3×1列向量，表示｛B｝系原点相对于｛A｝系的位置向量。

2）作为一种映射变换，${}^{A}_{B}\boldsymbol{T}$ 左乘 ${}^{B}\boldsymbol{p}$，可把点 P 在｛B｝系中的表达映射到｛A｝系中。

【例3-2】 已知｛B｝系相对于｛A｝系的 z 轴旋转30°，沿 x 轴移动10个单位，沿 y 轴移动5个单位，${}^{B}\boldsymbol{p}=(3, 7, 0)^{\mathrm{T}}$，求 ${}^{A}\boldsymbol{p}$。

解：根据已知条件可知

$$
{}^{A}_{B}\boldsymbol{T}=\begin{pmatrix} {}^{A}_{B}\boldsymbol{R} & {}^{A}\boldsymbol{p}_{BORG} \\ \boldsymbol{0} & 1 \end{pmatrix}=\begin{pmatrix} \sqrt{3}/2 & -1/2 & 0 & 10 \\ 1/2 & \sqrt{3}/2 & 0 & 5 \\ 0 & 0 & 1 & 0 \\ 0 & 0 & 0 & 1 \end{pmatrix}
$$

将上式代入式（3.3-18），可得

$$
{}^{A}\boldsymbol{p}={}^{A}_{B}\boldsymbol{T}\,{}^{B}\boldsymbol{p}=\begin{pmatrix} \sqrt{3}/2 & -1/2 & 0 & 10 \\ 1/2 & \sqrt{3}/2 & 0 & 5 \\ 0 & 0 & 1 & 0 \\ 0 & 0 & 0 & 1 \end{pmatrix}\begin{pmatrix} 3 \\ 7 \\ 0 \\ 1 \end{pmatrix}=\begin{pmatrix} 9.098 \\ 12.562 \\ 0 \\ 1 \end{pmatrix}
$$

【例3-3】 如图3-14所示，已知刚体绕 z 轴方向的轴线转动角度 θ，且轴线经过点（0，l，0），求物体坐标系｛B｝相对于固定坐标系｛A｝的齐次变换矩阵。

解：由式（3.3-17）直接得到物体坐标系｛B｝相对于固定坐标系｛A｝的齐次变换矩阵。

$$
{}^{A}_{B}\boldsymbol{T}=\begin{pmatrix} {}^{A}_{B}\boldsymbol{R} & {}^{A}\boldsymbol{p}_{BORG} \\ \boldsymbol{0} & 1 \end{pmatrix}=\begin{pmatrix} \cos\theta & -\sin\theta & 0 & 0 \\ \sin\theta & \cos\theta & 0 & l \\ 0 & 0 & 1 & 0 \\ 0 & 0 & 0 & 1 \end{pmatrix}
$$

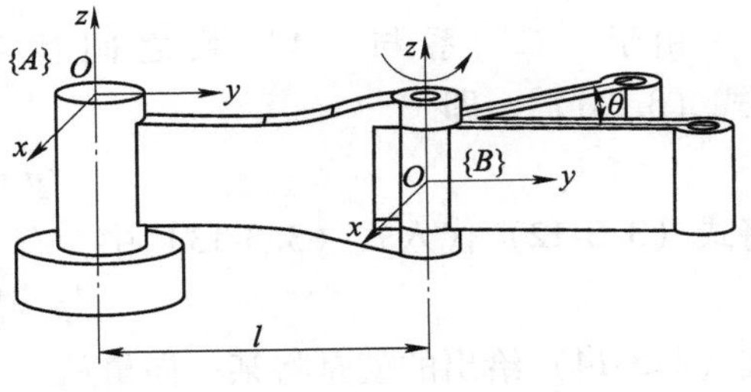

图3-14
例3-3图

3.3.2 典型的刚体运动与刚体变换

刚体运动（rigid motion）是指刚体上任意两点之间的距离始终保持不变的连续运动。对于刚体而言，从一个位形到达另一个位形的刚体运动称为**刚体位移**（rigid displacement）。最简单的刚体位移类型主要有两种：**平动**（translation）和**转动**（rotation）。

刚体位移可以用一系列连续运动来描述，即将刚体上的特征点相对于参考坐标系的运动描述为时间的函数。这时，就可以用反映刚体从**初始位形**（initial configuration）到**终止位形**（final configuration）的单一映射来表示这一运动变换，记作 $\boldsymbol{T}$。

【定义】 满足下列条件的变换称为**刚体变换**（rigid body transformation）：

1）保持刚体上任意两点间的距离不变（**等距特性**），即对于任意两点 $\boldsymbol{p}$、$\boldsymbol{q}$，均有

$$
\|\boldsymbol{T}(\boldsymbol{q})-\boldsymbol{T}(\boldsymbol{p})\|=\|\boldsymbol{q}-\boldsymbol{p}\| \tag{3.3-19}
$$

2）保持刚体上任意两向量间的夹角保持不变（**保角特性**），即对于任意向量$\boldsymbol{v}$、$\boldsymbol{w}$，均有

$$\boldsymbol{T}_{*}(\boldsymbol{v}\times \boldsymbol{w})=\boldsymbol{T}_{*}(\boldsymbol{v})\times \boldsymbol{T}_{*}(\boldsymbol{w}) \tag{3.3-20}$$

典型的刚体运动包括平动、定轴转动、平面运动、空间一般刚体运动等，相应的刚体变换有平移变换、旋转变换、平面变换、一般刚体变换（齐次变换）等，具体的变换则是通过**算子**（operator）来实现的。简单来说，算子就是在同一坐标系内对点（或向量）进行的某种运算操作。典型的算子包括平移算子、旋转算子、齐次变换算子和复合算子等。例如，机器人各关节运动引起的末端位姿变化就可以认为是一种复合算子。

1. 平动与平移变换

平动是刚体运动过程中，其上的所有点沿平行线方向移动相同距离的一种刚体运动形式。刚体平动过程中，姿态始终不发生变化（图3-15）。

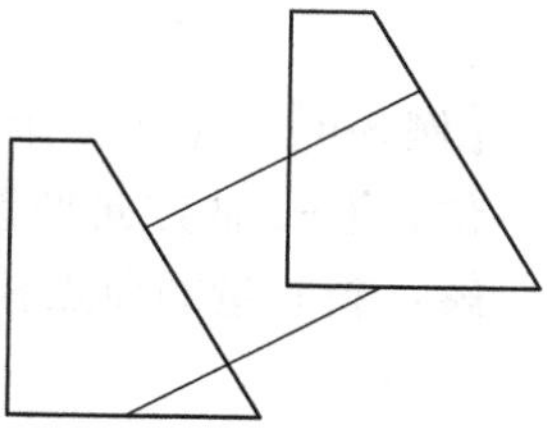

图3-15

平动

对于机器人而言，**直角坐标机器人**是实现空间平移运动的最简单、最有效的一种机器人类型。

平移变换（translation transformation）是一种非常典型而特殊的刚体变换形式（读者不妨根据刚体变换的定义证明之），对应的算子为**平移算子**。

如图3-16a所示，坐标系$\{A\}$为固定坐标系，此时P点的平动可以用向量的偏移来表示，即

$$^{A}\boldsymbol{p}={}^{A}\boldsymbol{p}_{0}+{}^{A}\boldsymbol{p}_{BORG} \tag{3.3-21}$$

用齐次变换矩阵的形式表示上述运算，可以写成

$$^{A}\boldsymbol{p}=\mathrm{Trans}({}^{A}\boldsymbol{p}_{BORG})\,{}^{A}\boldsymbol{p}_{0} \tag{3.3-22}$$

式中，平移算子

$$\mathrm{Trans}({}^{A}\boldsymbol{p}_{BORG})=\begin{pmatrix}\boldsymbol{I}_{3\times 3} & {}^{A}\boldsymbol{p}_{BORG}\\ \boldsymbol{0} & 1\end{pmatrix} \tag{3.3-23}$$

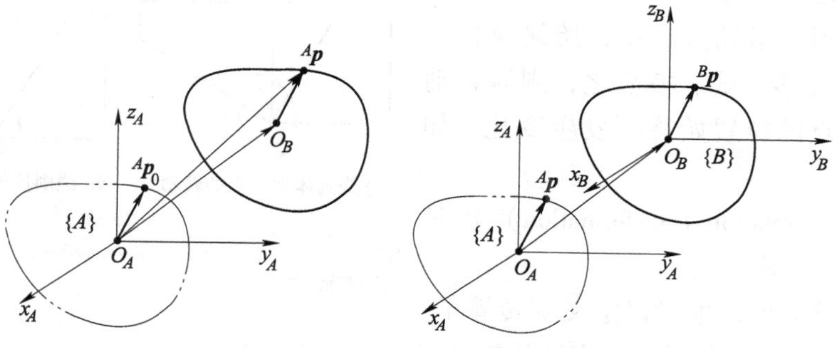

a) 用向量的偏移表示　　b) 用两个坐标系之间的偏移表示

图3-16

平移变换

从形式上看，平移算子是一个旋转矩阵为单位矩阵的特殊齐次变换矩阵。

更为特殊的情况：沿 x 轴的平动可记为

$$\mathrm{Trans}(x,d)=\begin{pmatrix} & & & d\\ & \boldsymbol{I}_{3\times3} & & 0\\ & & & 0\\ & \boldsymbol{0} & & 1\end{pmatrix} \tag{3.3-24}$$

假设在图 3-16b 中的 O_B处定义一个与 $\{A\}$ 系姿态相同的 $\{B\}$ 系，则根据前面介绍的平移映射知识可得，$\{B\}$ 系相对于 $\{A\}$ 系的齐次变换矩阵为

$$ {}_B^A\boldsymbol{T}=\begin{pmatrix}\boldsymbol{I}_{3\times3} & {}^A\boldsymbol{p}_{BORG}\\ \boldsymbol{0} & 1\end{pmatrix} \tag{3.3-25}$$

【例 3-4】 给出一个向量 ${}^A\boldsymbol{p}_0=[5,\ 10,\ 2]^{\mathrm{T}}$，将其沿 x 轴平移 10 个单位，沿 y 轴平移 5 个单位，沿 $-z$ 轴方向平移 2 个单位，求得到的新向量。

解：新向量的原点相对于世界坐标系 $\{A\}$ 的位置矢量可以写成

$$ {}^A\boldsymbol{p}_{BORG}=\begin{pmatrix}10\\5\\-2\end{pmatrix}$$

因此，根据式（3.3-21），可得新向量为

$$ {}^A\boldsymbol{p}={}^A\boldsymbol{p}_0+{}^A\boldsymbol{p}_{BORG}=\begin{pmatrix}5\\10\\2\end{pmatrix}+\begin{pmatrix}10\\5\\-2\end{pmatrix}=\begin{pmatrix}15\\15\\0\end{pmatrix}$$

很容易导出平移变换（矩阵）具有如下性质：

【性质 1】 两个平移矩阵的乘积仍然是平移矩阵（即满足封闭性）。

【性质 2】 平移矩阵的乘积既满足结合律，也满足交换律。

平移矩阵的第二个性质反映出平移与顺序无关。因此，有以下定理：

【定理】 平移变换与顺序无关。

2. 转动与旋转变换

转动是指刚体运动过程中，始终保持一点固定的刚体位移形式。换言之，刚体转动过程中，某一点的位置始终不发生变化，如图 3-17 所示。

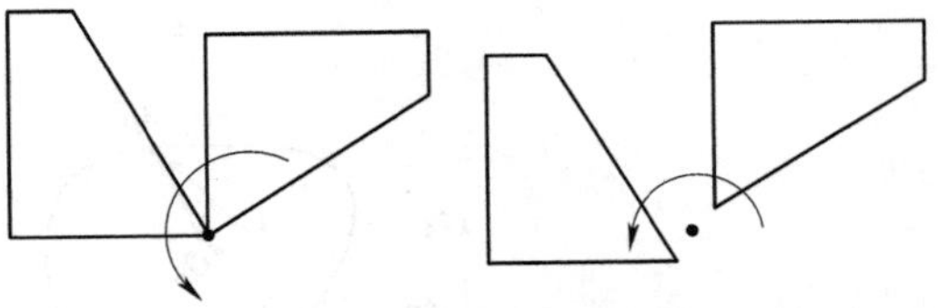

a) 绕刚体上一点的转动　　b) 绕刚体外一点的转动

图 3-17

刚体转动

旋转变换（rotation transformation）也是一种特殊的刚体变换形式。

与平移算子类似，也可以定义旋转算子，利用它可实现空间一点绕某一固定轴的旋转变换。

如图 3-18a 所示，坐标系 $\{A\}$ 为固定坐标系，P 点的旋转可以用向量的偏转（过旋转中心）来表示，即

$$ {}^A\boldsymbol{p}=\boldsymbol{R}\,{}^A\boldsymbol{p}_0 \tag{3.3-26}$$

式中，$\boldsymbol{R}$ 为旋转矩阵。由于不涉及坐标系变换，因此省略掉角标。

本章后面将介绍一个重要的定理——**欧拉定理：任一旋转矩阵 $\boldsymbol{R}$ 总是可以等效为绕某一固定轴 $\hat{\boldsymbol{\omega}}$ 的旋转运动**（图 3-18b）。因此，式（3.3-26）还可以写成

$$^{A}\boldsymbol{p} = \boldsymbol{R}_{\hat{\omega}}(\theta)\,^{A}\boldsymbol{p}_0 \tag{3.3-27}$$

式中，$\boldsymbol{R}_{\hat{\omega}}(\theta)$ 为旋转算子，表示绕 $\hat{\boldsymbol{\omega}}$ 轴旋转 θ 角。本章后面还会介绍如何计算 $\boldsymbol{R}_{\hat{\omega}}(\theta)$。

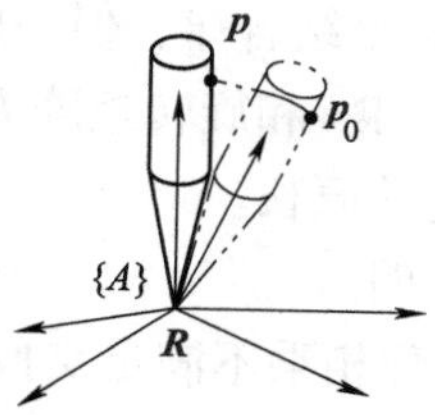

a) 利用旋转矩阵描述一点的位置变化

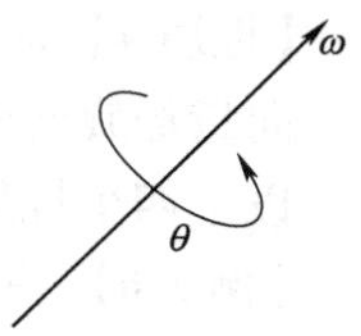

b) 等效转轴与等效转角

图 3-18

旋转算子

用齐次变换矩阵的形式表示上述运算，可以写成

$$^{A}\boldsymbol{p} = \mathrm{Rot}(\hat{\boldsymbol{\omega}},\theta)\,^{A}\boldsymbol{p}_0 \tag{3.3-28}$$

式中

$$\mathrm{Rot}(\hat{\boldsymbol{\omega}},\theta) = \begin{pmatrix} \boldsymbol{R}_{\hat{\omega}}(\theta) & 0 \\ \boldsymbol{0} & 1 \end{pmatrix} \tag{3.3-29}$$

从形式上看，旋转算子是一种零偏移的特殊齐次变换矩阵。更为特殊的旋转算子是绕固定坐标轴的旋转算子，如绕 z 轴的旋转算子为

$$\mathrm{Rot}(z,\theta) = \begin{pmatrix} \cos\theta & -\sin\theta & 0 & 0 \\ \sin\theta & \cos\theta & 0 & 0 \\ 0 & 0 & 1 & 0 \\ 0 & 0 & 0 & 1 \end{pmatrix} \tag{3.3-30}$$

【例 3-5】 用旋转变换来描述一个向量的定轴转动（即某一刚体相对于参考坐标系旋转后的位形）。给定一个向量 $\boldsymbol{p} = (5,\ 10,\ 2)^{\mathrm{T}}$，将其沿 z 轴旋转 30°，求得到的新向量。

解： 旋转矩阵为

$$\boldsymbol{R}_z(30°) = \begin{pmatrix} \cos30° & -\sin30° & 0 \\ \sin30° & \cos30° & 0 \\ 0 & 0 & 1 \end{pmatrix} = \begin{pmatrix} \frac{\sqrt{3}}{2} & -\frac{1}{2} & 0 \\ \frac{1}{2} & \frac{\sqrt{3}}{2} & 0 \\ 0 & 0 & 1 \end{pmatrix}$$

根据式（3.3-27），可得新向量为

$$\boldsymbol{p} = \boldsymbol{R}_z(\theta)\,\boldsymbol{p}_0 = \begin{pmatrix} \frac{\sqrt{3}}{2} & -\frac{1}{2} & 0 \\ \frac{1}{2} & \frac{\sqrt{3}}{2} & 0 \\ 0 & 0 & 1 \end{pmatrix}\begin{pmatrix} 5 \\ 10 \\ 2 \end{pmatrix} = \begin{pmatrix} \frac{5\sqrt{3}-10}{2} \\ \frac{5+10\sqrt{3}}{2} \\ 2 \end{pmatrix}$$

旋转算子实质上反映的是旋转变换。因此，旋转变换也可以用矩阵表达［即旋转矩阵表达式（3.2-12）或旋转算子的齐次矩阵表达式（3.3-29）］。很容易导出旋转变换（矩阵）具有以下性质：

【性质 1】 旋转矩阵 $\boldsymbol{R}$ 的逆也是旋转矩阵，且等于它的转置，即 $\boldsymbol{R}^{-1} = \boldsymbol{R}^{\mathrm{T}}$。

【性质 2】 两个旋转矩阵的乘积仍然是旋转矩阵。

【性质 3】旋转矩阵的乘积满足结合律，但一般情况下不满足交换律。

【性质 4】对于任一向量 $\boldsymbol{x}\in\mathbb{R}^3$ 和旋转矩阵 $\boldsymbol{R}$，向量 $\boldsymbol{y}=\boldsymbol{Rx}$ 与 $\boldsymbol{x}$ 有相等的长度。换句话说，向量经旋转变换后不会改变其原长。

以上四个性质请读者自行证明。

【例 3-6】 验证两个旋转矩阵相乘不满足交换律，如

$$\boldsymbol{R}_x(\theta)\,\boldsymbol{R}_z(\varphi)\neq\boldsymbol{R}_z(\varphi)\,\boldsymbol{R}_x(\theta) \tag{3.3-31}$$

解：

$$\boldsymbol{R}_x(\theta)\,\boldsymbol{R}_z(\varphi)=\begin{pmatrix}1 & 0 & 0\\ 0 & \cos\theta & -\sin\theta\\ 0 & \sin\theta & \cos\theta\end{pmatrix}\begin{pmatrix}\cos\varphi & -\sin\varphi & 0\\ \sin\varphi & \cos\varphi & 0\\ 0 & 0 & 1\end{pmatrix}=\begin{pmatrix}\cos\varphi & -\sin\varphi & 0\\ \cos\theta\sin\varphi & \cos\theta\cos\varphi & -\sin\theta\\ \sin\theta\sin\varphi & \sin\theta\cos\varphi & \cos\theta\end{pmatrix}$$

$$\boldsymbol{R}_z(\varphi)\,\boldsymbol{R}_x(\theta)=\begin{pmatrix}\cos\varphi & -\sin\varphi & 0\\ \sin\varphi & \cos\varphi & 0\\ 0 & 0 & 1\end{pmatrix}\begin{pmatrix}1 & 0 & 0\\ 0 & \cos\theta & -\sin\theta\\ 0 & \sin\theta & \cos\theta\end{pmatrix}=\begin{pmatrix}\cos\varphi & -\cos\theta\sin\varphi & \sin\varphi\sin\theta\\ \sin\varphi & \cos\theta\cos\varphi & -\cos\varphi\sin\theta\\ 0 & \sin\theta & \cos\theta\end{pmatrix}$$

用参数化的旋转矩阵 $\boldsymbol{R}$ 表示相应的运动轨迹（图 3-19），可以写成

$$\boldsymbol{p}(t)=\boldsymbol{Rp}(0)\ ,\ t\in[0,T] \tag{3.3-32}$$

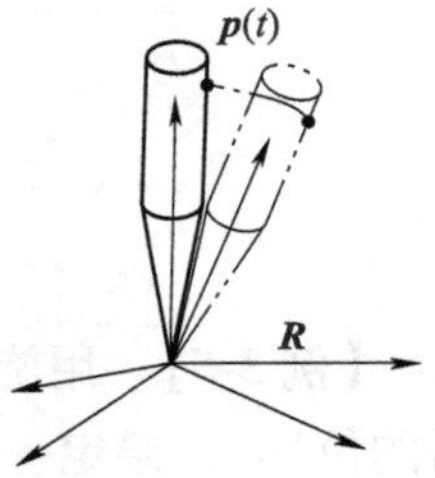

图 3-19 点的旋转变换

结合前面的知识可知，旋转矩阵 $\boldsymbol{R}$ 的主要用途主要包括以下三点：

1）描述姿态。

2）同一点在原点重合的两个不同坐标系之间进行旋转映射。

3）某一向量（在同一坐标系下）作旋转变换。

3. 一般刚体运动与齐次变换

相对平动和转动而言，描述一般刚体运动要复杂些。相应的刚体变换通过齐次变换矩阵来实现，即满足

$$^A\boldsymbol{p}=\boldsymbol{T}\,^A\boldsymbol{p}_0 \tag{3.3-33}$$

其中

$$\boldsymbol{T}=\begin{pmatrix}\boldsymbol{R} & \boldsymbol{p}\\ \boldsymbol{0} & 1\end{pmatrix} \tag{3.3-34}$$

式中，$\boldsymbol{T}$ 为齐次变换矩阵。由于不涉及坐标系变换，因此省略掉角标。与平移算子与旋转算子类似，式（3.3-34）与式（3.3-17）的数学表示形式相同，但物理意义不同。

本章后面将介绍一个重要的定理——**沙勒定理：任一齐次变换矩阵 $\boldsymbol{T}$ 总可以等效为螺旋运动**。因此，式（3.3-33）还可以写成

$$^A\boldsymbol{p}=\mathrm{e}^{\theta[\hat{\xi}]}\,^A\boldsymbol{p}_0 \tag{3.3-35}$$

本章后面会介绍如何计算 $\mathrm{e}^{\theta[\hat{\xi}]}$。

【例 3-7】 给出一个向量 $\boldsymbol{p}=(5,\ 10,\ 2)^{\mathrm{T}}$，先将其沿 z 轴旋转 30°，再将其沿 x 轴平移 10 个单位、沿 y 轴平移 5 个单位、沿 $-z$ 轴方向平移 2 个单位，求得到的新向量。

解：直接写出齐次变换矩阵，再利用齐次变换公式求得新向量。具体而言，

$$\boldsymbol{T}=\begin{pmatrix}\boldsymbol{R} & \boldsymbol{p}\\ 0 & 1\end{pmatrix}=\begin{pmatrix}\boldsymbol{R}_z(30^\circ) & \boldsymbol{p}\\ 0 & 1\end{pmatrix}=\begin{pmatrix}\frac{\sqrt{3}}{2} & -\frac{1}{2} & 0 & 10\\ \frac{1}{2} & \frac{\sqrt{3}}{2} & 0 & 5\\ 0 & 0 & 1 & -2\\ 0 & 0 & 0 & 1\end{pmatrix}$$

根据式（3.3-33），可得

$$\boldsymbol{p}=\boldsymbol{T}\boldsymbol{p}_0=\begin{pmatrix}\frac{\sqrt{3}}{2} & -\frac{1}{2} & 0 & 10\\ \frac{1}{2} & \frac{\sqrt{3}}{2} & 0 & 5\\ 0 & 0 & 1 & -2\\ 0 & 0 & 0 & 1\end{pmatrix}\begin{pmatrix}5\\ 10\\ 2\\ 1\end{pmatrix}=\begin{pmatrix}\frac{5\sqrt{3}+10}{2}\\ \frac{15+10\sqrt{3}}{2}\\ 0\\ 1\end{pmatrix}$$

一般算子实质上反映的是**齐次变换**（homogeneous transformation）。因此，齐次变换也可以用矩阵表达（即齐次变换矩阵 $\boldsymbol{T}$）。很容易导出齐次变换（矩阵）具有以下性质：

【性质1】 齐次变换矩阵 $\boldsymbol{T}$ 的逆也是齐次变换矩阵。

$$\boldsymbol{T}^{-1}=\begin{pmatrix}\boldsymbol{R}^{\mathrm{T}} & -\boldsymbol{R}^{\mathrm{T}}\boldsymbol{p}\\ \boldsymbol{0} & 1\end{pmatrix}_{4\times 4} \tag{3.3-36}$$

或者

$$ {}_{B}^{A}\boldsymbol{T}^{-1}={}_{A}^{B}\boldsymbol{T}=\begin{pmatrix}{}_{B}^{A}\boldsymbol{R}^{\mathrm{T}} & -{}_{B}^{A}\boldsymbol{R}^{\mathrm{T}\,A}\boldsymbol{p}_{BORG}\\ \boldsymbol{0} & 1\end{pmatrix} \tag{3.3-37}$$

【性质2】 两个齐次变换矩阵的乘积也是齐次变换矩阵。

【性质3】 齐次变换矩阵的乘积满足结合律，但一般情况下不满足交换律。

以上三个性质请读者自行证明。

与旋转矩阵类似，齐次变换矩阵也可以表示机器人从初始位形到终了或当前位形的变换，即

$$ {}^{A}\boldsymbol{p}=\boldsymbol{T}\,{}^{A}\boldsymbol{p}_0 \tag{3.3-38}$$

结合前面的知识可知，齐次变换矩阵 $\boldsymbol{T}$ 的用途主要包括以下三点：

1）描述机器人末端的位形（或位姿）。

2）同一点在两个不同坐标系之间的映射。

3）某一点或向量在同一坐标系内移动（齐次变换）。

【小知识】刚体变换群

以上介绍的平移算子、旋转算子、平面变换和齐次变换都可以作为描述机器人特殊运动的算子，每个算子都有共性特征。正是由于这些共性特征的存在，可以将其与数学中的**李群**（Lie group）有机地联系起来。

例如，将所有旋转矩阵 $\boldsymbol{R}$ 的集合统称为**三维旋转群**（3D rotation group），记作 $SO(3)$，且满足

$$SO(3)=\{\boldsymbol{R}\in\mathbb{R}^{3}:\boldsymbol{R}\boldsymbol{R}^{\mathrm{T}}=\boldsymbol{I},\det(\boldsymbol{R})=1\} \tag{3.3-39}$$

将所有三维向量 $\boldsymbol{p}$（或对应的反对称矩阵 $[\boldsymbol{p}]$）的集合统称为**三维移动群**，记作 $T(3)$。而将所有齐次变换矩阵 $\boldsymbol{T}$ 的集合统称为**特殊欧氏群**（special Euclid group），又称作一般刚体运动群，记作 $SE(3)$，满足

$$SE(3)=\{(\boldsymbol{R},\boldsymbol{p}):\boldsymbol{R}\in SO(3),\boldsymbol{p}\in\mathbb{R}^{3}\}=\mathrm{SO}(3)\times\mathbb{R}^{3} \tag{3.3-40}$$

显然，无论旋转变换还是平移变换，都是齐次变换的特例。数学上，将它们都称作 $SE(3)$ 的子群。

3.3.3 复合变换

1. 纯转动的情况

假设用 ${}_{B}^{A}\boldsymbol{R}$ 表示坐标系 $\{B\}$ 相对于坐标系 $\{A\}$ 的姿态，用 ${}_{C}^{B}\boldsymbol{R}$ 表示坐标系 $\{C\}$ 相对于坐标系 $\{B\}$ 的姿态，则 $\{C\}$ 系相对于 $\{A\}$ 系的姿态的求解过程如下。

${}_{C}^{B}\boldsymbol{R}$ 可看作 $\{C\}$ 系（相对于 $\{B\}$ 系）的姿态，而 ${}_{B}^{A}\boldsymbol{R}$ 则作为将 $\{B\}$ 系映射到 $\{A\}$ 系中的旋转矩阵，这样，可将参考坐标系从 $\{B\}$ 系变到 $\{A\}$ 系，结果可变成 $\{C\}$ 系（相对于 $\{A\}$ 系）的姿态。因此，上述过程可写成

$${}_{C}^{A}\boldsymbol{R}={}_{B}^{A}\boldsymbol{R}\,{}_{C}^{B}\boldsymbol{R} \tag{3.3-41}$$

式（3.3-41）表明，连续旋转可通过矩阵相乘得到，即满足旋转矩阵的合成法则。注意：熟练使用上下角标可使运算简化。

2. 齐次变换的情况

任一齐次变换都可通过旋转算子与平移算子复合而成（固定坐标系，左乘），即

$$\boldsymbol{T}=\begin{pmatrix}\boldsymbol{I} & \boldsymbol{p}\\ \boldsymbol{0} & 1\end{pmatrix}\begin{pmatrix}\boldsymbol{R} & \boldsymbol{0}\\ \boldsymbol{0} & 1\end{pmatrix}=\begin{pmatrix}\boldsymbol{R} & \boldsymbol{p}\\ \boldsymbol{0} & 1\end{pmatrix} \tag{3.3-42}$$

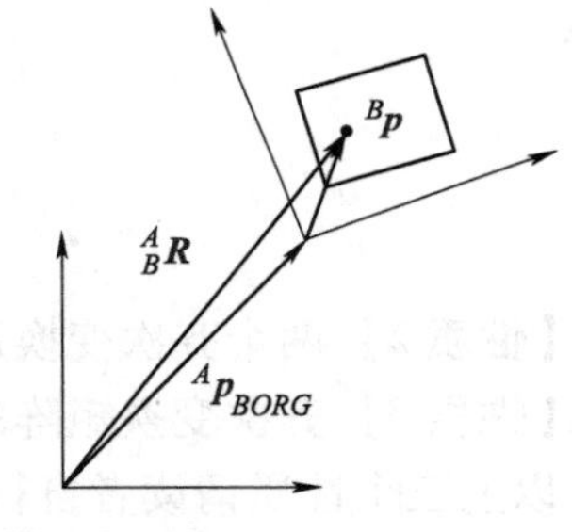

图 3-20 平面变换

再简单介绍一下齐次变换的另一个特例：**平面变换**（图 3-20）。

这种情况下，很容易导出对应的齐次变换矩阵为

$$\boldsymbol{T}=\mathrm{Trans}(d_x,\ d_y,\ 0)\mathrm{Rot}(z,\ \theta)=\begin{pmatrix}\boldsymbol{I}_3 & \begin{matrix}d_x\\ d_y\\ 0\end{matrix}\\ \boldsymbol{0} & 1\end{pmatrix}\begin{pmatrix}\boldsymbol{R}_z(\theta) & \boldsymbol{0}\\ \boldsymbol{0} & 1\end{pmatrix}=\begin{pmatrix}\boldsymbol{R}_z(\theta) & \begin{pmatrix}d_x\\ d_y\\ 0\end{pmatrix}\\ \boldsymbol{0} & 1\end{pmatrix}_{4\times 4} \tag{3.3-43}$$

【例 3-8】 给出一个向量 $\boldsymbol{p}=(5,\ 10,\ 2)^{\mathrm{T}}$，先将其沿 z 轴旋转 30°，再将其沿 x 轴平移 10 个单位、沿 y 轴平移 5 个单位、沿 $-z$ 轴方向平移 2 个单位，求得到的新向量。

解：可以看出，整个变换可以看作是旋转与平移的复合运动（相对固定坐标系，因此

应遵照左乘顺序。）具体而言

$$\boldsymbol{p}=[\mathrm{Trans}(10,5,-2)\mathrm{Rot}(z,30°)]\boldsymbol{p}_0=\begin{pmatrix}1&0&0&10\\0&1&0&5\\0&0&1&-2\\0&0&0&1\end{pmatrix}\begin{pmatrix}\frac{\sqrt{3}}{2}&-\frac{1}{2}&0&0\\\frac{1}{2}&\frac{\sqrt{3}}{2}&0&0\\0&0&1&0\\0&0&0&1\end{pmatrix}\begin{pmatrix}5\\10\\2\\1\end{pmatrix}$$

$$=\begin{pmatrix}\frac{5\sqrt{3}+10}{2}\\\frac{15+10\sqrt{3}}{2}\\0\\1\end{pmatrix}$$

3. 一般情况

如图 3-21 所示，已知 ${}^{C}\boldsymbol{p}$，求 ${}^{A}\boldsymbol{p}$。

假设用 ${}^{A}_{B}\boldsymbol{T}$ 表示坐标系｛B｝相对于｛A｝系的位形，${}^{B}_{C}\boldsymbol{T}$ 表示坐标系｛C｝相对于｛B｝系的位形，${}^{A}_{C}\boldsymbol{T}$ 表示坐标系｛C｝相对于｛A｝系的位形。首先将 ${}^{C}\boldsymbol{p}$ 映射到｛B｝系中的表示，由式（3.3-18）得

$$ {}^{B}\boldsymbol{p}={}^{B}_{C}\boldsymbol{T}\,{}^{C}\boldsymbol{p} \tag{3.3-44}$$

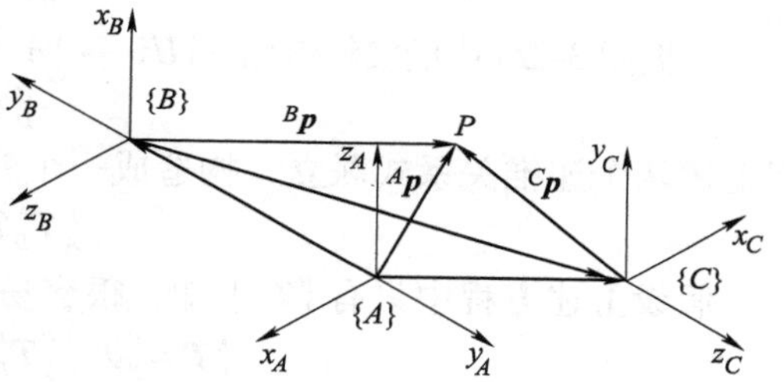

图 3-21

空间中的三个参考坐标系

再将 ${}^{B}\boldsymbol{p}$ 映射到｛A｝系中的表示，由式（3.3-18）得

$$ {}^{A}\boldsymbol{p}={}^{A}_{B}\boldsymbol{T}\,{}^{B}\boldsymbol{p} \tag{3.3-45}$$

将式（3.3-44）代入式（3.3-45）中，可得

$$ {}^{A}\boldsymbol{p}={}^{A}_{B}\boldsymbol{T}\,{}^{B}_{C}\boldsymbol{T}\,{}^{C}\boldsymbol{p} \tag{3.3-46}$$

由于

$$ {}^{A}\boldsymbol{p}={}^{A}_{C}\boldsymbol{T}\,{}^{C}\boldsymbol{p} \tag{3.3-47}$$

对比式（3.3-46）和式（3.3-47）可得

$$ {}^{A}_{C}\boldsymbol{T}={}^{A}_{B}\boldsymbol{T}\,{}^{B}_{C}\boldsymbol{T} \tag{3.3-48}$$

式（3.3-48）展开得

$$ {}^{A}_{C}\boldsymbol{T}=\begin{pmatrix}{}^{A}_{B}\boldsymbol{R}\,{}^{B}_{C}\boldsymbol{R} & {}^{A}_{B}\boldsymbol{R}\,{}^{B}\boldsymbol{p}_{CORG}+{}^{A}\boldsymbol{p}_{BORG}\\\boldsymbol{0}&1\end{pmatrix}=\begin{pmatrix}{}^{A}_{C}\boldsymbol{R} & {}^{A}_{B}\boldsymbol{R}\,{}^{B}\boldsymbol{p}_{CORG}+{}^{A}\boldsymbol{p}_{BORG}\\\boldsymbol{0}&1\end{pmatrix} \tag{3.3-49}$$

由式（3.3-41）和式（3.3-49）可以看出，无论旋转变换还是齐次变换，都具有**递推**（recursive）特性。因此，可利用这种递推特性来建立含多个坐标系的连续**变换方程**，如图 3-22a 所示。

根据图 3-22a 中的虚线链路（｛U｝→｛B｝→｛C｝→｛D｝）可得｛U｝系→｛D｝系的第一个递推方程：

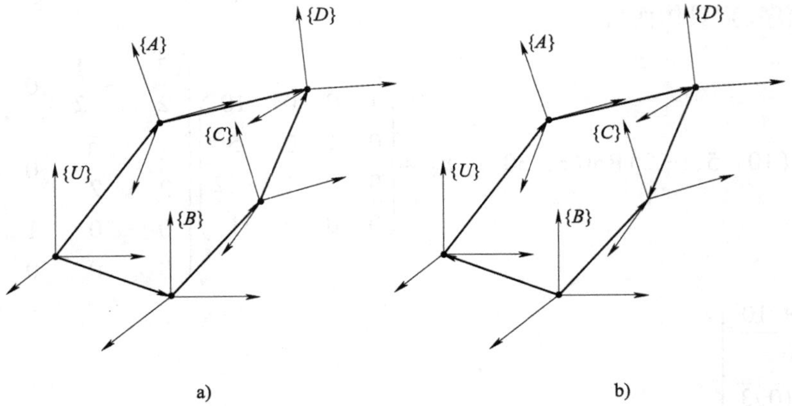

图 3-22

利用闭环建立齐次变换方程

$$ {}^{U}_{D}\boldsymbol{T}={}^{U}_{B}\boldsymbol{T}{}^{B}_{C}\boldsymbol{T}{}^{C}_{D}\boldsymbol{T} \tag{3.3-50} $$

根据图 3-22a 中的实线链路（$\{U\}\rightarrow\{A\}\rightarrow\{D\}$）可得 $\{U\}$ 系→$\{D\}$ 系的第二个递推方程：

$$ {}^{U}_{D}\boldsymbol{T}={}^{U}_{A}\boldsymbol{T}{}^{A}_{D}\boldsymbol{T} \tag{3.3-51} $$

将上述两个递推关系式联立，构造成一个变换方程：

$$ {}^{U}_{A}\boldsymbol{T}{}^{A}_{D}\boldsymbol{T}={}^{U}_{B}\boldsymbol{T}{}^{B}_{C}\boldsymbol{T}{}^{C}_{D}\boldsymbol{T} \tag{3.3-52} $$

假设上述方程中只有 ${}^{B}_{C}\boldsymbol{T}$ 未知，很容易导出

$$ {}^{B}_{C}\boldsymbol{T}={}^{U}_{B}\boldsymbol{T}^{-1}{}^{U}_{A}\boldsymbol{T}{}^{A}_{D}\boldsymbol{T}{}^{C}_{D}\boldsymbol{T}^{-1}={}^{B}_{U}\boldsymbol{T}{}^{U}_{A}\boldsymbol{T}{}^{A}_{D}\boldsymbol{T}{}^{D}_{C}\boldsymbol{T} \tag{3.3-53} $$

式（3.3-53）的图形示意如图 3-22b 所示。

【例 3-9】 在图 3-23a 所示的工业机器人系统中，假设已知机器人末端手爪坐标系 $\{T\}$ 到基座坐标系 $\{B\}$ 的变换 ${}^{B}_{T}\boldsymbol{T}$、工作台 $\{S\}$ 相对于基座的坐标变换 ${}^{B}_{S}\boldsymbol{T}$，以及螺栓 $\{G\}$ 相对于工作台的坐标变换 ${}^{S}_{G}\boldsymbol{T}$，求螺栓相对于手爪的坐标变换 ${}^{T}_{G}\boldsymbol{T}$。

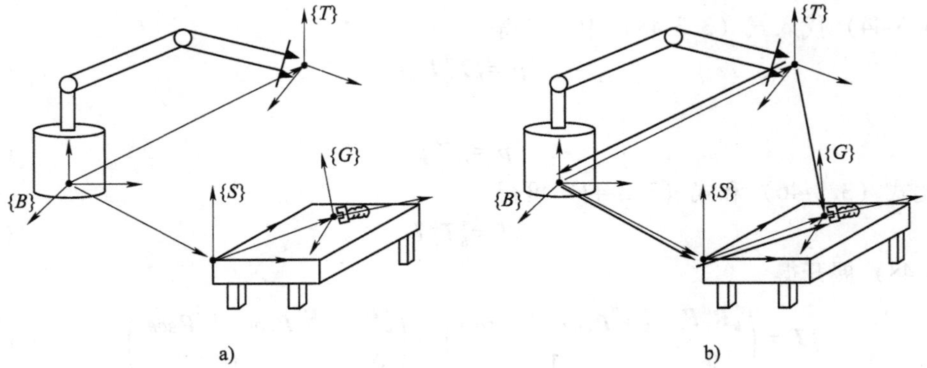

图 3-23

拧螺栓的机械手爪

解：根据图 3-23b 中的变换路径，可得螺栓相对于手爪的坐标变换 ${}^{T}_{G}\boldsymbol{T}$ 的计算公式为

$$ {}^{T}_{G}\boldsymbol{T}={}^{T}_{B}\boldsymbol{T}{}^{B}_{S}\boldsymbol{T}{}^{S}_{G}\boldsymbol{T}={}^{B}_{T}\boldsymbol{T}^{-1}{}^{B}_{S}\boldsymbol{T}{}^{S}_{G}\boldsymbol{T} $$

【例 3-10】 图 3-24 所示为一轮式移动机器人上搭载机械手在房间内进行拾取木块的作业，顶棚上安装一摄像头用作机器人的视觉反馈系统。各坐标系如图 3-24 中所示，其中，$\{a\}$ 为参考坐标系，$\{b\}$ 和 $\{c\}$ 分别为附着在轮式移动机器人和机械手末端上的物体坐标系，$\{d\}$ 为摄像头坐标系，$\{e\}$ 为附着在木块上的物体坐标系。假设 ${}_b^d\boldsymbol{T}$ 和 ${}_e^d\boldsymbol{T}$ 能通过视觉传感器测量得到，${}_c^b\boldsymbol{T}$ 能通过关节角度测量装置标定得到，而 ${}_d^a\boldsymbol{T}$ 也预先已知。具体矩阵参数值如下：

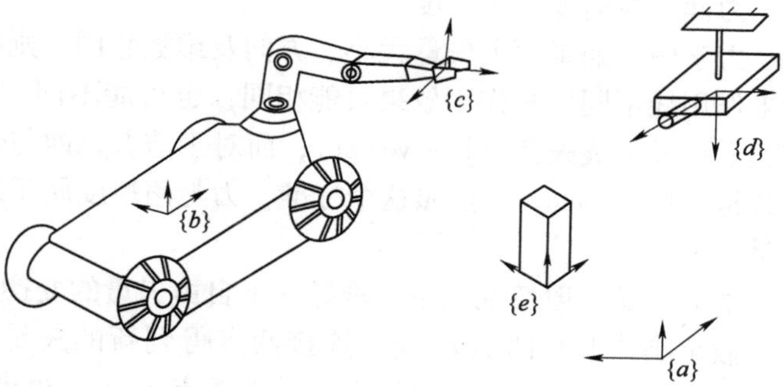

图 3-24

轮式移动机器人中的坐标变换

$$
{}_d^a\boldsymbol{T}=\begin{pmatrix}0&0&-1&400\\0&-1&0&50\\-1&0&0&300\\0&0&0&1\end{pmatrix},\quad {}_b^d\boldsymbol{T}=\begin{pmatrix}0&0&-1&250\\0&-1&0&-150\\-1&0&0&200\\0&0&0&1\end{pmatrix},
$$

$$
{}_e^d\boldsymbol{T}=\begin{pmatrix}0&0&-1&300\\0&-1&0&100\\-1&0&0&120\\0&0&0&1\end{pmatrix},\quad {}_c^b\boldsymbol{T}=\begin{pmatrix}0&-\frac{1}{\sqrt{2}}&-\frac{1}{\sqrt{2}}&30\\0&\frac{1}{\sqrt{2}}&-\frac{1}{\sqrt{2}}&-40\\1&0&0&25\\0&0&0&1\end{pmatrix}
$$

试求木块相对于机械手的位形 ${}_e^c\boldsymbol{T}$。

解：由于

$$
{}_b^a\boldsymbol{T}{}_c^b\boldsymbol{T}{}_e^c\boldsymbol{T}={}_d^a\boldsymbol{T}{}_e^d\boldsymbol{T} \tag{3.3-54}
$$

除了待求量 ${}_e^c\boldsymbol{T}$ 未知外，${}_b^a\boldsymbol{T}$ 可通过下式求得：

$$
{}_b^a\boldsymbol{T}={}_d^a\boldsymbol{T}{}_b^d\boldsymbol{T} \tag{3.3-55}
$$

将式（3.3-55）代入式（3.3-54）中，可得

$$
{}_e^c\boldsymbol{T}=({}_b^d\boldsymbol{T}{}_c^b\boldsymbol{T})^{-1}{}_e^d\boldsymbol{T} \tag{3.3-56}
$$

代入相关矩阵参数可得

$$
{}_e^c\boldsymbol{T}=\begin{pmatrix}0&0&1&-75\\-\frac{1}{\sqrt{2}}&\frac{1}{\sqrt{2}}&0&-260\sqrt{2}\\-\frac{1}{\sqrt{2}}&-\frac{1}{\sqrt{2}}&0&130\sqrt{2}\\0&0&0&1\end{pmatrix}
$$

3.3.4 自由矢量的变换

在机器人研究中，除了前面提到的位置矢量之外，还经常涉及四个很重要的物理量：

力、力偶、线速度、角速度。

力学中，如果两个矢量大小、方向及维数相同，则称这两个矢量相等。两个相等的矢量如果作用线不同，则作用效果可能相同，也可能不同。对于后者，即与作用线有关的矢量，物理上定义为**线矢量**（line vector）；而对于前者，即与作用线无关的矢量，物理上定义为**自由矢量**（free vector）。按照这个标准，力与角速度属于线矢量；而力偶和线速度则属于自由矢量。

下面就从一般情况入手，推导一下自由矢量的变换。

假定刚体上有两点 $\boldsymbol{p}$、$\boldsymbol{q}$，连接两点得到新的矢量 $\boldsymbol{v}=\boldsymbol{q}-\boldsymbol{p}$。注意到，在同一刚体上还可以存在其他两点 $\boldsymbol{r}$、$\boldsymbol{s}$，也满足 $\boldsymbol{v}=\boldsymbol{s}-\boldsymbol{r}$（图 3-25）。这个矢量的特点是只具有长度和方向，无须附着在任何固定位置。因此，这里的 $\boldsymbol{v}$ 就是**自由矢量**。

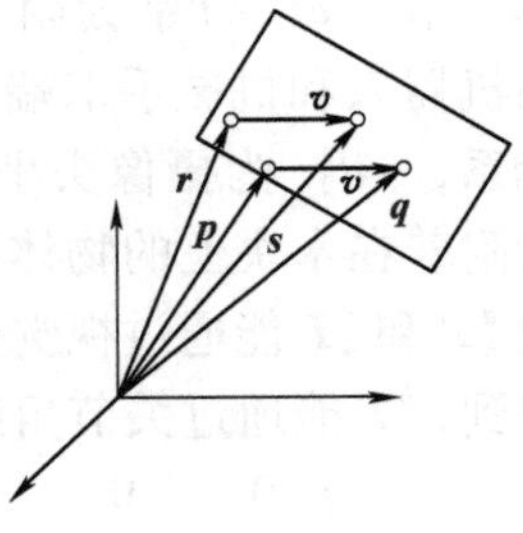

图 3-25 自由矢量及其变换

定义物体坐标系 {B} 上的两点 ${}^{B}\boldsymbol{p}$、${}^{B}\boldsymbol{q}$，连接两点的矢量为 ${}^{B}\boldsymbol{v}={}^{B}\boldsymbol{q}-{}^{B}\boldsymbol{p}$。则满足

$$ {}_{B}^{A}\boldsymbol{R}\,{}^{B}\boldsymbol{v}={}_{B}^{A}\boldsymbol{R}({}^{B}\boldsymbol{q}-{}^{B}\boldsymbol{p})={}^{A}\boldsymbol{q}-{}^{A}\boldsymbol{p}={}^{A}\boldsymbol{v} \tag{3.3-57}$$

因此，对于任意的自由矢量，都满足

$$ {}^{A}\boldsymbol{v}={}_{B}^{A}\boldsymbol{R}\,{}^{B}\boldsymbol{v} \tag{3.3-58}$$

如果为式（3.3-58）赋予物理意义，对于线速度矢量可沿用式（3.3-58）；而对于力矩矢量，则满足

$$ {}^{A}\boldsymbol{m}={}_{B}^{A}\boldsymbol{R}\,{}^{B}\boldsymbol{m} \tag{3.3-59}$$

3.4 刚体姿态的其他描述方法

用方向余弦矩阵描述刚体的姿态有不足之处：需要用 9 个参数来描述姿态，存在 6 个约束方程限制了这 9 个参数的独立性，即只有 3 个参数是独立的，所给的信息具有冗余性。虽然便于矩阵运算，但每次都需要输入含 9 个元素的矩阵。另外，几何上也不够直观。

此时，可以采用更为简单直接的姿态描述方法，如直接采用 3 个独立的姿态角来描述。根据**凯莱（Cayley）公式**可知，对于任何一个姿态矩阵 $\boldsymbol{R}$，总存在一个反对称矩阵 $[\boldsymbol{s}]$，满足

$$\boldsymbol{R}=(\boldsymbol{I}_3-[\boldsymbol{s}])^{-1}(\boldsymbol{I}_3+[\boldsymbol{s}]) \tag{3.4-1}$$

由式（3.4-1）可知，总可以找到由 3 个独立参数组成的反对称矩阵 $[\boldsymbol{s}]$，与 $\boldsymbol{R}$ 对应。

要描述物体坐标系 {B} 相对于世界坐标系 {A} 的姿态，最简单、最直观的方法是直接采用 3 个角度的集合来描述。理论上讲，3 个姿态角的任意组合有 27 种形式，即 27 种姿态角描述方法。但实际上，为了保持 3 个姿态角的独立性，需要保证两个连续旋转轴的轴线不平行，这样，就只有 12 种（3×2×2=12）可行的姿态角描述方法（*X-Y-Z*、*X-Z-Y*、*Y-X-Z*、*Y-Z-X*、*Z-X-Y*、*Z-Y-X*、*Z-Y-Z*、*Z-X-Z*、*Y-Z-Y*、*Y-X-Y*、*X-Y-X*、*X-Z-X*）。

3.4.1 欧拉角（Euler angle）

欧拉角是由瑞士数学家欧拉（Euler）提出的一种通过相对动坐标系的坐标轴连续旋转三次得到的旋转矩阵，来描述刚体姿态的方法。根据上面的分析，欧拉角有 12 种组合方式，

下面重点对其中常用的三种组合方式进行分析。

1. *Z-Y-X* 欧拉角

为描述 {*B*} 系相对于 {*A*} 系的姿态，假设 {*B*} 系在初始状态下与 {*A*} 系重合，将 {*B*} 系绕其 z_B 轴旋转 ϕ 角（图 3-26a），再绕新的 $y_{B'}$ 轴旋转 θ 角（图 3-26b），最后绕新的 $x_{B''}$ 轴旋转 ψ 角，得到 {*B*} 系的最终姿态（图 3-26c）。

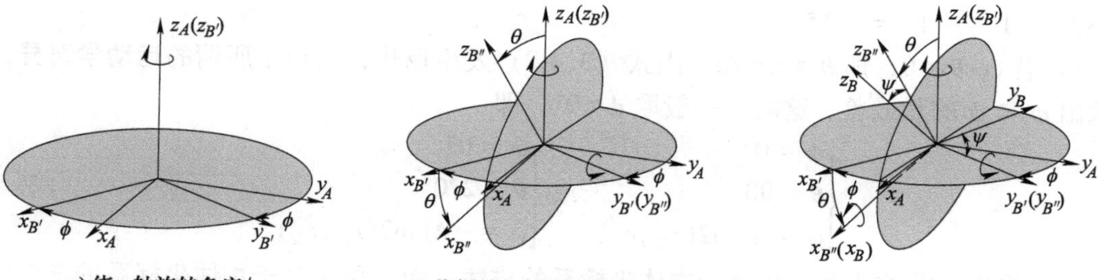

a) 绕 z_B 轴旋转角度 ϕ　　b) 绕新的 $y_{B'}$ 轴旋转角度 θ　　c) 绕新的 $x_{B''}$ 轴旋转角度 ψ

图 3-26

Z-Y-X 欧拉角变换

在上述连续旋转过程中，每次都是绕动坐标系的坐标轴进行旋转，即每次旋转轴的方位均取决于上一次旋转的结果。这时，若用旋转矩阵来描述每次旋转，则新姿态可写成三个旋转矩阵按**从左到右顺序连乘**的形式，即

$$
\begin{aligned}
{}^A_B\boldsymbol{R} &= \boldsymbol{R}_{zyx}(\phi,\theta,\psi) = \boldsymbol{R}_z(\phi)\,\boldsymbol{R}_{y'}(\theta)\,\boldsymbol{R}_{x''}(\psi) \\
&= \begin{pmatrix} \cos\phi & -\sin\phi & 0 \\ \sin\phi & \cos\phi & 0 \\ 0 & 0 & 1 \end{pmatrix}\begin{pmatrix} \cos\theta & 0 & \sin\theta \\ 0 & 1 & 0 \\ -\sin\theta & 0 & \cos\theta \end{pmatrix}\begin{pmatrix} 1 & 0 & 0 \\ 0 & \cos\psi & -\sin\psi \\ 0 & \sin\psi & \cos\psi \end{pmatrix} \\
&= \begin{pmatrix} \cos\theta\cos\phi & \sin\psi\sin\theta\cos\phi - \cos\psi\sin\phi & \cos\psi\sin\theta\cos\phi + \sin\psi\sin\phi \\ \cos\theta\sin\phi & \sin\psi\sin\theta\sin\phi + \cos\psi\cos\phi & \cos\psi\sin\theta\sin\phi - \sin\psi\cos\phi \\ -\sin\theta & \sin\psi\cos\theta & \cos\psi\cos\theta \end{pmatrix}
\end{aligned} \tag{3.4-2}
$$

注意：以上的旋转顺序不能随意调换（旋转矩阵不满足交换律）。

对比式（3.2-6）和式（3.4−2），可得

$$
\begin{pmatrix} r_{11} & r_{12} & r_{13} \\ r_{21} & r_{22} & r_{23} \\ r_{31} & r_{32} & r_{33} \end{pmatrix} = \begin{pmatrix} \cos\theta\cos\phi & \sin\psi\sin\theta\cos\phi - \cos\psi\sin\phi & \cos\psi\sin\theta\cos\phi + \sin\psi\sin\phi \\ \cos\theta\sin\phi & \sin\psi\sin\theta\sin\phi + \cos\psi\cos\phi & \cos\psi\sin\theta\sin\phi - \sin\psi\cos\phi \\ -\sin\theta & \sin\psi\cos\theta & \cos\psi\cos\theta \end{pmatrix} \tag{3.4-3}
$$

事实上，对式（3.4-3）逆问题的求解，即如何在已知旋转矩阵的前提下求出三个姿态角，更有意义。可以解出两种姿态角之间的映射关系如下：

1）若 $\cos\theta \neq 0$，即 $\theta \neq \pm\pi/2$，则存在两组解：

$$
\begin{cases} \theta = \text{Atan2}\left(-r_{31}, \sqrt{r_{11}^2 + r_{21}^2}\right) \\ \phi = \text{Atan2}(r_{21}, r_{11}) \\ \psi = \text{Atan2}(r_{32}, r_{33}) \end{cases}, \quad \theta \in \left(-\frac{\pi}{2}, \frac{\pi}{2}\right) \tag{3.4-4}
$$

$$\begin{cases}\theta = \mathrm{Atan2}(-r_{31}, -\sqrt{r_{11}^2 + r_{21}^2}) \\ \phi = \mathrm{Atan2}(-r_{21}, -r_{11}) \\ \psi = \mathrm{Atan2}(-r_{32}, -r_{33})\end{cases}, \theta \in \left(\frac{\pi}{2}, \frac{3\pi}{2}\right) \tag{3.4-5}$$

式中，Atan2(x, y) 为“四象限反正切函数”形式的表达，内置于大多数编程语言中，其优点在于可根据 x、y 的符号给出不同的角度值。例如，Atan2(1, 1) = 45°，Atan2(−1, −1) = 135°。

2）若 $\cos\theta = 0$，即 $\theta = \pm\pi/2$，则式（3.4-2）发生退化，出现了所谓的**运动学奇异**，仅能求出 ϕ 与 ψ 的**和或差**。这时，一般取 $\phi = 0°$，即

$$\begin{cases}\phi = 0° \\ \theta = 90° \\ \psi = \mathrm{Atan2}(r_{12}, r_{22})\end{cases} \text{或} \begin{cases}\phi = 0° \\ \theta = 270° \\ \psi = -\mathrm{Atan2}(r_{12}, r_{22})\end{cases} \tag{3.4-6}$$

可以看出，欧拉角都是相对于物体坐标系的描述。而这种相对于物体坐标系的三个欧拉角旋转还可以看作是具有公共汇交点的串联三杆开式链的运动（图 3-27a）。当第一次和最后一次旋转的转轴重合（即中间轴的转角 $\theta = \pm 90°$）时，导致绕第一、第三轴的转角无法计算，欧拉角描述的姿态发生奇异，对应的位形或位姿称为**奇异位形**（singular configuration，图 3-27b）。

图 3-28 所示为一个具体的位姿奇异实例[4]。前舱中的驾驶员控制飞机飞行，后舱的机枪手负责射击敌人。为了完成这项任务，后舱的机枪被安装在有两个旋转自由度（方位角和仰角）的机构上。通过操控这两个自由度的运动，机枪手可以射击上半球面中任何方向上的目标。例如，一架敌机出现在方位角 1 点钟和仰角 70°的地方，机枪手瞄准敌机并开始向其开火。敌机快速躲避，飞到相对于机枪手飞机仰角越来越大的位置上。敌机很快就会飞过机枪手飞机的头顶位置，这样机枪手就不能准确地瞄准敌机了。最终，敌机飞行员因为定向机枪的机构出现奇异而获救。该机构在绝大部分操作范围内都能良好地工作，但当接近方位角为 90°的位置时，其工作性能将越来越不理想。为了跟踪飞过飞机头顶的目标，枪手需要操控机枪以非常快的速度绕方位角转动。如果目标直接飞过枪手头顶，则对方位角的跟踪速度将趋向于无穷大。

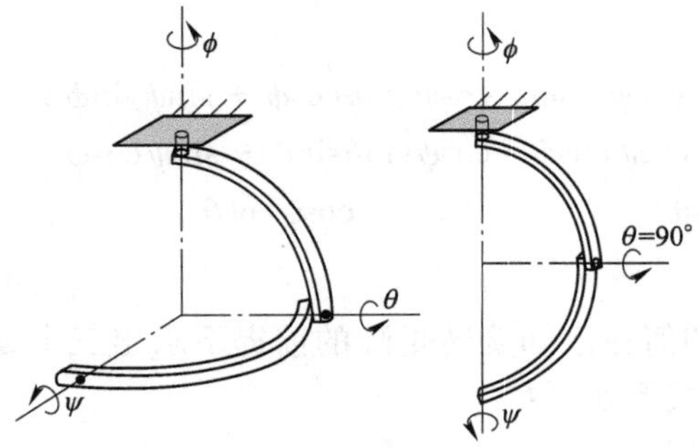

a) 用Z–Y–X欧拉角描述的一般位形运动　b) 奇异位形

图 3-27

具有公共汇交点的串联三杆开式链

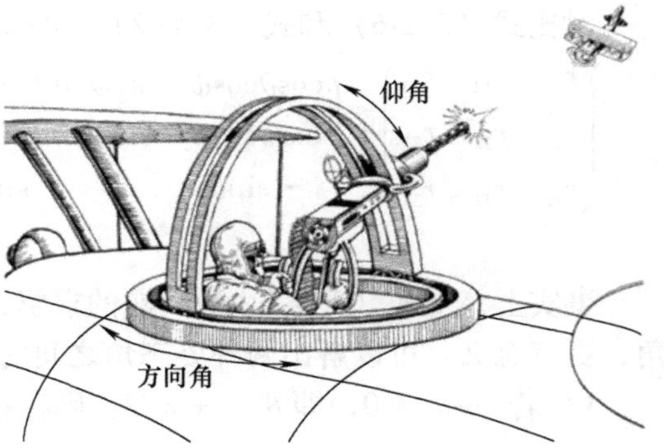

图 3-28

位姿奇异实例：机枪转塔跟踪过顶飞机

事实上，这就是机构奇异带来的结果。当机构处于奇异位形时，方位角的转动改变不了机枪的方向，因为这时控制方位角的关节失效了。

2. *Z-Y-Z* 欧拉角

如图 3-29 所示，假设 $\{B\}$ 系在初始状态下与 $\{A\}$ 系重合，将 $\{B\}$ 系绕其 z_B 轴旋转 ϕ 角（俗称**进动角**，precession angle，图 3-29a），再绕新的 $y_{B'}$ 轴旋转 θ 角（俗称**章动角**，nutation angle，图 3-29b），最后绕新的 $z_{B''}$ 轴旋转 ψ 角（俗称**自旋角**，spin angle），得到 $\{B\}$ 系的最终姿态（图 3-29c）。

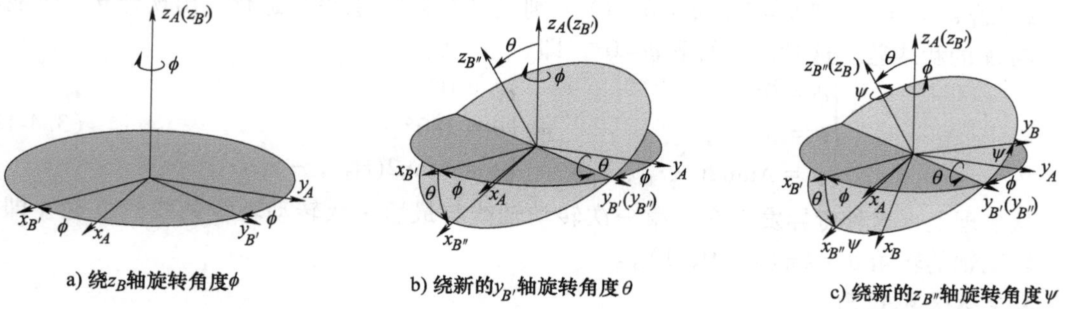

图 3-29

Z-Y-Z 变换

与 *Z-Y-X* 欧拉角一样，在上述连续旋转过程中，每次始终都是绕新的动坐标系的坐标轴进行旋转，即每次旋转轴的方位取决于上一次旋转的结果。这时，若用旋转矩阵来描述每次旋转，则最终姿态可写成三个旋转矩阵按**从左到右顺序连乘**的形式：

$$
\begin{aligned}
{}_B^A\boldsymbol{R} &= \boldsymbol{R}_{zyz}(\phi,\ \theta,\ \psi) = \boldsymbol{R}_z(\phi)\boldsymbol{R}_{y'}(\theta)\boldsymbol{R}_{z''}(\psi)\\
&= \begin{pmatrix} \cos\phi & -\sin\phi & 0 \\ \sin\phi & \cos\phi & 0 \\ 0 & 0 & 1 \end{pmatrix}\begin{pmatrix} \cos\theta & 0 & \sin\theta \\ 0 & 1 & 0 \\ -\sin\theta & 0 & \cos\theta \end{pmatrix}\begin{pmatrix} \cos\psi & -\sin\psi & 0 \\ \sin\psi & \cos\psi & 0 \\ 0 & 0 & 1 \end{pmatrix}\\
&= \begin{pmatrix} \cos\phi\cos\theta\cos\psi - \sin\phi\sin\psi & -\cos\phi\cos\theta\sin\psi - \sin\phi\cos\psi & \cos\phi\sin\theta \\ \sin\phi\cos\theta\cos\psi + \cos\phi\sin\psi & -\sin\phi\cos\theta\sin\psi + \cos\phi\cos\psi & \sin\phi\sin\theta \\ -\sin\theta\cos\psi & \sin\theta\sin\psi & \cos\theta \end{pmatrix}
\end{aligned}
\tag{3.4-7}
$$

注意：以上的旋转顺序不能随意调换（旋转矩阵不满足交换律）。

对比式（3.2-6）和式（3.4-7），可得

$$
\begin{pmatrix} r_{11} & r_{12} & r_{13} \\ r_{21} & r_{22} & r_{23} \\ r_{31} & r_{32} & r_{33} \end{pmatrix} = \begin{pmatrix} \cos\phi\cos\theta\cos\psi - \sin\phi\sin\psi & -\cos\phi\cos\theta\sin\psi - \sin\phi\cos\psi & \cos\phi\sin\theta \\ \sin\phi\cos\theta\cos\psi + \cos\phi\sin\psi & -\sin\phi\cos\theta\sin\psi + \cos\phi\cos\psi & \sin\phi\sin\theta \\ -\sin\theta\cos\psi & \sin\theta\sin\psi & \cos\theta \end{pmatrix}
\tag{3.4-8}
$$

对式（3.4-8）求逆解，即在已知旋转矩阵的前提下求三个姿态角。可以解出两种姿态角之间的映射关系如下：

1）若 $\sin\theta \neq 0$，即 $\theta \neq k\pi(k = 0,\ 1)$，则有

$$\begin{cases}\phi = \mathrm{Atan2}(r_{23},\ r_{13}) \\ \theta = \mathrm{Atan2}\left(\sqrt{r_{31}^2 + r_{32}^2},\ r_{33}\right),\ \theta \in (0,\ \pi) \\ \psi = \mathrm{Atan2}(r_{32},\ -r_{31})\end{cases} \tag{3.4-9}$$

$$\begin{cases}\phi = \mathrm{Atan2}(-r_{23},\ -r_{13}) \\ \theta = \mathrm{Atan2}\left(-\sqrt{r_{31}^2 + r_{32}^2},\ r_{33}\right),\ \theta \in (\pi,\ 2\pi) \\ \psi = \mathrm{Atan2}(-r_{32},\ r_{31})\end{cases} \tag{3.4-10}$$

2）若 $\sin\theta = 0$，即 $\theta = k\pi(k = 0,\ 1)$，则式（3.4-7）会发生退化，出现奇异，仅能求出 ϕ 与 ψ 的和或差。这时，一般取 $\phi = 0°$，即

$$\begin{cases}\phi = 0° \\ \theta = 0° \\ \psi = \mathrm{Atan2}(-r_{12},\ r_{11})\end{cases} \text{或} \begin{cases}\phi = 0° \\ \theta = 180° \\ \psi = \mathrm{Atan2}(r_{12},\ -r_{11})\end{cases} \tag{3.4-11}$$

从物理上，这种奇异发生在了第一次转动轴线与最后一次转动轴线共线的位置［即第二次转动轴的转角 $\theta = k\pi(k = 0,\ 1)$］。

3. *Z-X-Z* 欧拉角

采用类似的方法还可以推导出 *Z-X-Z* 欧拉角表示的姿态矩阵（读者自行推导，本书从略），这里直接给出姿态矩阵的一般表示形式。

$$\begin{aligned}{}_B^A\boldsymbol{R} &= \boldsymbol{R}_{zxz}(\phi,\ \theta,\ \psi) = \boldsymbol{R}_z(\phi)\boldsymbol{R}_{x'}(\theta)\boldsymbol{R}_{z''}(\psi) \\ &= \begin{pmatrix}\cos\phi\cos\psi - \sin\phi\cos\theta\sin\psi & -\cos\phi\sin\psi - \sin\phi\cos\theta\cos\psi & \sin\phi\sin\theta \\ \sin\phi\cos\psi + \cos\phi\cos\theta\sin\psi & -\sin\phi\sin\psi + \cos\phi\cos\theta\cos\psi & -\cos\phi\sin\theta \\ \sin\phi\sin\psi & \sin\phi\cos\psi & \cos\theta\end{pmatrix}\end{aligned} \tag{3.4-12}$$

在欧拉角的 12 种组合中，*Z-Y-Z* 和 *Z-X-Z* 组合相对更常用些。例如，工业机器人末端姿态就经常采用 *Z-Y-Z* 欧拉角来描述，这样可与腕部三个垂直正交旋转关节的转角直接对应。

3.4.2 *R-P-Y* 角

工程实践中还广泛采用 *R-P-Y*［Roll-Pitch-Yaw，即翻滚（横滚）、俯仰、偏航（偏转）］角来描述空间姿态或三维旋转。事实上，*R-P-Y* 角源于对船舶在海中航行时的姿态描述方式（图 3-30）：以船行进的方向为 z 轴（做翻滚运动），以垂直于甲板的法线方向为 x 轴（做偏航运动），y 轴依据右手定则确定。

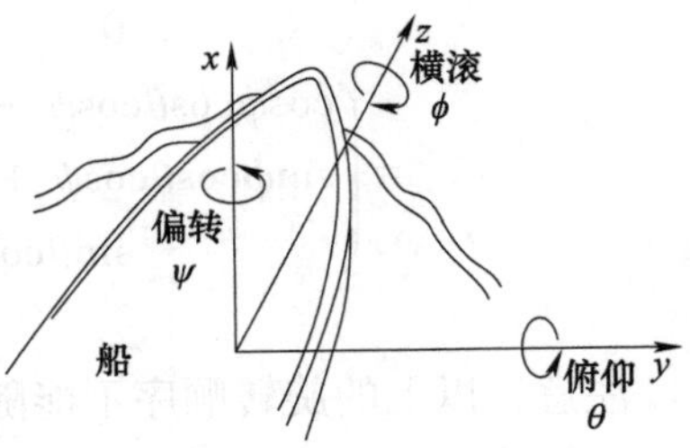

图 3-30 两种实际物理模型的 *R-P-Y* 角描述

与欧拉角采用动轴旋转不同，*R-P-Y* 角采用的是基于固定坐标轴的旋转。为描述 {*B*} 系相对于 {*A*} 系的姿态，假设 {*B*} 系在初始状态下与 {*A*} 系重合，然后在三个旋转算子的作用下，使 {*B*} 系依次绕 {*A*} 系的三个坐标轴 $\boldsymbol{x}_A$、$\boldsymbol{y}_A$、$\boldsymbol{z}_A$ 旋转 ψ、θ、ϕ 角，得到 {*B*} 系的最终姿态（图 3-31）。将通过绕固定坐标系三个轴的三次转动得到的三个转角（ψ，θ，ϕ）称为 *X-Y-Z* 固定角。

由于以上所有旋转变换都是相对于固定坐标系进行的，因此应遵循矩阵左乘原则，即

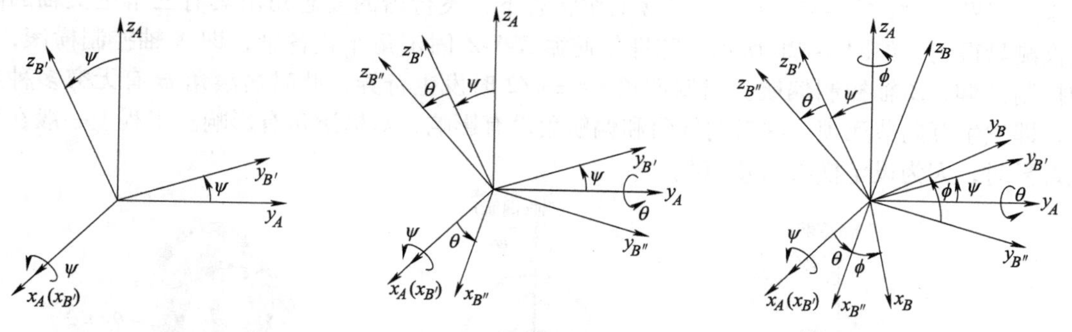
a) 绕x_A轴旋转角度ϕ
b) 绕y_A 轴旋转角度θ
c) 绕z_A轴旋转角度ψ

图 3-31

R-P-Y 变换（*X-Y-Z* 固定角变换）

$$
{}_B^A\boldsymbol{R}=\boldsymbol{R}_{xyz}(\psi,\ \theta,\ \phi)=\boldsymbol{R}_{z_A}(\phi)\boldsymbol{R}_{y_A}(\theta)\boldsymbol{R}_{x_A}(\psi)
$$

$$
=\begin{pmatrix}\cos\theta\cos\phi & \sin\psi\sin\theta\cos\phi-\cos\psi\sin\phi & \cos\psi\sin\theta\cos\phi+\sin\psi\sin\phi\\ \cos\theta\sin\phi & \sin\psi\sin\theta\sin\phi+\cos\psi\cos\phi & \cos\psi\sin\theta\sin\phi-\sin\psi\cos\phi\\ -\sin\theta & \sin\psi\cos\theta & \cos\psi\cos\theta\end{pmatrix}\quad(3.4\text{-}13)
$$

对比式（3.4-2）和式（3.4-13）可以看出，两者完全相同。即三次绕固定轴旋转的姿态与以相反顺序三次绕动轴旋转的姿态**等价**。（请思考原因）

【例 3-11】 证明 *R-P-Y* 角的旋转顺序不能颠倒。

R-P-Y 角右乘结果如下：

$$
\boldsymbol{R}_{zyx}(\phi,\ \theta,\ \psi)=\boldsymbol{R}_{x_A}(\psi)\boldsymbol{R}_{y_A}(\theta)\boldsymbol{R}_{z_A}(\phi)
$$

$$
=\begin{pmatrix}\cos\phi\cos\theta & -\sin\phi\cos\theta & \sin\theta\\ \sin\phi\cos\psi+\cos\theta\cos\phi\cos\psi & \cos\phi\cos\psi-\sin\theta\sin\phi\sin\psi & -\cos\theta\sin\psi\\ \sin\phi\sin\psi-\sin\theta\cos\phi\cos\psi & \cos\phi\sin\psi+\sin\theta\sin\phi\cos\psi & \cos\theta\cos\psi\end{pmatrix}
$$

（3.4-14）

对比式（3.4-13）和式（3.4-14），很显然两者不同。

不过，无论是欧拉角还是 *R-P-Y* 角，当三个姿态角变化很小（即旋转角度足够小）时，结果与转动顺序无关。下面给出简要证明过程。

证明：不妨以 *R-P-Y* 角为例。当三个姿态角变化很小时，$\cos\theta\approx1$，$\sin\theta\approx\theta$，因此，式（3.4-13）和式（3.4-14）可以简化成

$$
\boldsymbol{R}_{xyz}(\psi,\ \theta,\ \phi)=\boldsymbol{R}_{zyx}(\phi,\ \theta,\ \psi)=\begin{pmatrix}1 & -\phi & \theta\\ \phi & 1 & -\psi\\ -\theta & \psi & 1\end{pmatrix}\quad(3.4\text{-}15)
$$

与欧拉角类似，*R-P-Y* 角也有 12 种组合形式，只是这些角通常被称为**固定角**。同样，所有方式的固定角姿态描述也像欧拉角一样，存在奇异问题。

再举一个奇异的例子，即飞机、无人机、航天器等飞行器中的**万向节死锁**（Gimbal

Lock）问题⊖。如图 3-32a 所示，正常工作状态下，飞行器的姿态角由具有三个正交轴的陀螺仪测量得到，如图 3-32b 所示，陀螺仪遵循 *X-Y-Z* 固定角布置各轴，即 *X* 轴控制横滚，*Y* 轴控制俯仰，*Z* 轴控制偏航。当俯仰角 $\theta=\pm\pi/2$ 时发生奇异，此时横滚角 ϕ 有无穷多种组合，即发生万向节死锁，这对俯仰角和偏航角没有影响，对横滚角有影响。工程上一般在发生奇异时，人为设定横滚角 $\phi=0°$。

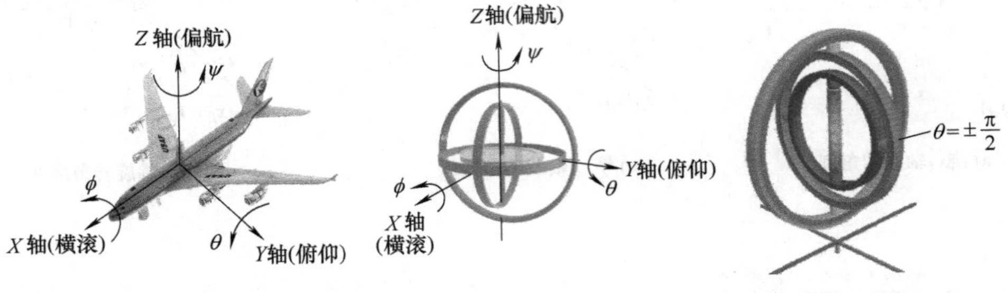

a)飞行器及陀螺仪的姿态角(测量)　b)陀螺仪中的奇异

图 3-32

无人机中的万向节死锁问题

3.4.3 等效轴-角

如图 3-33a 所示，假设存在一个通过原点的单位矢量 $\hat{\boldsymbol{\omega}}=(\hat{\omega}_x, \hat{\omega}_y, \hat{\omega}_z)^{\mathrm{T}}$，能使坐标系 {*B*} 从坐标系 {*A*} 的姿态绕该向量旋转 θ 角之后，与图中所示坐标系 {*B*} 的姿态重合。换言之，若定义该旋转变换矩阵为 $\boldsymbol{R}_{\hat{\omega}}(\theta)$，则核心问题就是找到可满足关系式 $\boldsymbol{R}_{\hat{\omega}}(\theta)={}_B^A\boldsymbol{R}$ 的矩阵 $\boldsymbol{R}_{\hat{\omega}}(\theta)$。

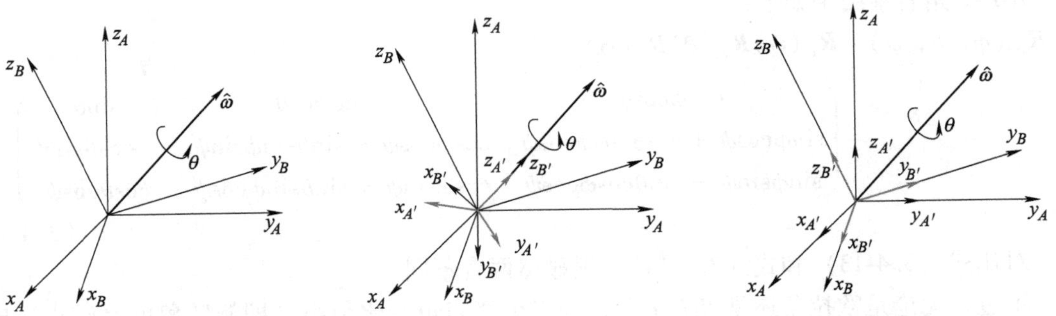

a)　b)　c)

图 3-33

绕等效轴-角的旋转变换

首先定义两个中间坐标系 {*A*′} 和 {*B*′}，令 {*A*′} 系与 {*A*} 系固连、{*B*′} 系与 {*B*} 系固连；且 {*A*′} 系和 {*B*′} 系的 *z* 轴和旋转轴 $\hat{\boldsymbol{\omega}}$ 重合（图 3-33b）。

⊖ https://blog.csdn.net/hanjuefu5827/article/details/80659343?depth_1-utm_source=distribute.pc_relevant.none-task&utm_source=distribute.pc_relevant.none-task.

旋转之前，令 $\{A\}$ 系与 $\{B\}$ 系重合、$\{A'\}$ 系与 $\{B'\}$ 系重合（图 3-33c）。因此，若坐标系 $\{B\}$ 绕旋转轴 $\hat{\boldsymbol{\omega}}$ 相对于坐标系 $\{A\}$ 旋转 θ 角，即意味着 $\{B'\}$ 系绕旋转轴 $\hat{\boldsymbol{\omega}}$ 相对于 $\{A'\}$ 系旋转 θ 角。根据上述假设可知，旋转后 $\{A'\}$ 系相对于 $\{A\}$ 系、$\{B'\}$ 系相对于 $\{B\}$ 系的旋转矩阵为

$$ {}_{A'}^{A}\boldsymbol{R} = {}_{B'}^{B}\boldsymbol{R} = \begin{pmatrix} n_x & o_x & \omega_x \\ n_y & o_y & \omega_y \\ n_z & o_z & \omega_z \end{pmatrix} \tag{3.4-16} $$

对于共原点的 $\{A\}$、$\{B\}$、$\{A'\}$、$\{B'\}$ 四个坐标系，可以建立如图 3-34 所示的旋转变换关系图。由此，可进一步建立变换方程

$$ {}_{B}^{A}\boldsymbol{R} = {}_{A'}^{A}\boldsymbol{R}\,{}_{B'}^{A'}\boldsymbol{R}\,{}_{B}^{B'}\boldsymbol{R} \tag{3.4-17} $$

由于 ${}_{B'}^{A'}\boldsymbol{R}$ 是绕 $z_{A'}$ 轴旋转，因此有

$$ {}_{B'}^{A'}\boldsymbol{R} = \boldsymbol{R}_z(\theta) \tag{3.4-18} $$

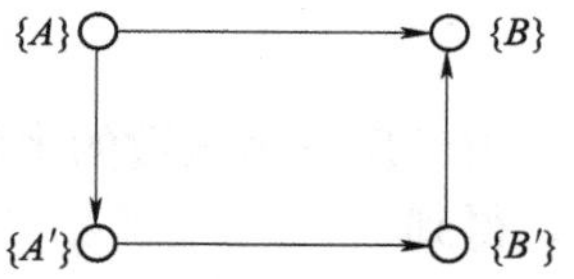

图 3-34
旋转变换关系图

而根据旋转矩阵的正交特性，可得

$$ {}_{B}^{B'}\boldsymbol{R} = {}_{B'}^{B}\boldsymbol{R}^{-1} = {}_{B'}^{B}\boldsymbol{R}^{\mathrm{T}} \tag{3.4-19} $$

将式（3.4-18）和式（3.4-19）代入式（3.4-17）中，可得

$$ {}_{B}^{A}\boldsymbol{R} = {}_{A'}^{A}\boldsymbol{R}\boldsymbol{R}_z(\theta)\,{}_{B'}^{B}\boldsymbol{R}^{\mathrm{T}} \tag{3.4-20} $$

式（3.4-20）展开得

$$ {}_{B}^{A}\boldsymbol{R} = {}_{A'}^{A}\boldsymbol{R}\boldsymbol{R}_z(\theta)\,{}_{B'}^{B}\boldsymbol{R}^{\mathrm{T}} = \begin{pmatrix} n_x & o_x & \omega_x \\ n_y & o_y & \omega_y \\ n_z & o_z & \omega_z \end{pmatrix} \begin{pmatrix} \cos\theta & -\sin\theta & 0 \\ \sin\theta & \cos\theta & 0 \\ 0 & 0 & 1 \end{pmatrix} \begin{pmatrix} n_x & n_y & n_z \\ o_x & o_y & o_z \\ \omega_x & \omega_y & \omega_z \end{pmatrix} \tag{3.4-21} $$

再根据 $\hat{\boldsymbol{n}}$、$\hat{\boldsymbol{o}}$、$\hat{\boldsymbol{\omega}}$ 相互正交的特性，式（3.4-21）整理简化得到

$$ {}_{B}^{A}\boldsymbol{R} = \begin{pmatrix} \omega_x^2(1-\cos\theta)+\cos\theta & \omega_x\omega_y(1-\cos\theta)-\omega_z\sin\theta & \omega_x\omega_z(1-\cos\theta)+\omega_y\sin\theta \\ \omega_x\omega_y(1-\cos\theta)+\omega_z\sin\theta & \omega_y^2(1-\cos\theta)+\cos\theta & \omega_y\omega_z(1-\cos\theta)-\omega_x\sin\theta \\ \omega_x\omega_z(1-\cos\theta)-\omega_y\sin\theta & \omega_y\omega_z(1-\cos\theta)+\omega_x\sin\theta & \omega_z^2(1-\cos\theta)+\cos\theta \end{pmatrix} \tag{3.4-22} $$

即

$$ \boldsymbol{R}_{\hat{\omega}}(\theta) = \begin{pmatrix} \omega_x^2(1-\cos\theta)+\cos\theta & \omega_x\omega_y(1-\cos\theta)-\omega_z\sin\theta & \omega_x\omega_z(1-\cos\theta)+\omega_y\sin\theta \\ \omega_x\omega_y(1-\cos\theta)+\omega_z\sin\theta & \omega_y^2(1-\cos\theta)+\cos\theta & \omega_y\omega_z(1-\cos\theta)-\omega_x\sin\theta \\ \omega_x\omega_z(1-\cos\theta)-\omega_y\sin\theta & \omega_y\omega_z(1-\cos\theta)+\omega_x\sin\theta & \omega_z^2(1-\cos\theta)+\cos\theta \end{pmatrix} \tag{3.4-23} $$

当 $\hat{\boldsymbol{\omega}}$ 轴取特殊值时，如三个单位坐标轴，式（3.4-23）就退化为式（3.3-7）~式（3.3-9）。读者可以自行验证。

由式（3.4-23）可知，若已知单位转轴和转角，则也可以确定所对应的旋转矩阵或刚体的当前姿态。换句话说，刚体姿态也可用单位转轴和转角组成的三个参数来描述，这就是**等效轴-角**（angle-axis）的姿态描述方法。

若将该问题反过来，即已知某一姿态矩阵，则求解对应等效转轴和转角的方法如下。

若给定姿态矩阵 $\boldsymbol{R}$，根据定义，$\boldsymbol{R}$ 具有以下结构：

$$\boldsymbol{R}=\begin{pmatrix} r_{11} & r_{12} & r_{13} \\ r_{21} & r_{22} & r_{23} \\ r_{31} & r_{32} & r_{33} \end{pmatrix} \tag{3.4-24}$$

下面来构造相应的等效转轴和转角。对比式（3.4-23）和式（3.4-24），可以得到

$$\operatorname{tr}(\boldsymbol{R})=r_{11}+r_{22}+r_{33}=1+2\cos\theta \tag{3.4-25}$$

$$\theta=\arccos\left(\frac{r_{11}+r_{22}+r_{33}-1}{2}\right) \tag{3.4-26}$$

由于反三角函数的多值性，其值可选择 $2k\pi\pm\theta$ 中的任何一个。再对 $\boldsymbol{R}$ 的非对角元素相减，得到

$$\begin{cases} r_{32}-r_{23}=2\omega_x\sin\theta \\ r_{13}-r_{31}=2\omega_y\sin\theta \\ r_{21}-r_{12}=2\omega_z\sin\theta \end{cases} \tag{3.4-27}$$

当 $\theta\neq 0°$ 时，转轴

$$\hat{\boldsymbol{\omega}}=\frac{1}{2\sin\theta}\begin{pmatrix} r_{32}-r_{23} \\ r_{13}-r_{31} \\ r_{21}-r_{12} \end{pmatrix} \tag{3.4-28}$$

由此可以得出结论：任一旋转矩阵 $\boldsymbol{R}$ 总可以等效为绕某一固定轴 $\hat{\boldsymbol{\omega}}$ 的旋转运动（图 3-35），这也是**欧拉定理**（Euler theorem）所阐述的内容。

等效轴-角特别适用于**指向机构**（pointing mechanism）的姿态描述和轨迹规划。

但是，从式（3.4-28）可以看出，等效轴-角法描述刚体运动姿态也存在奇异问题。

事实上，基于等效轴-角的姿态矩阵公式有多种推导方法，除了上面介绍的**旋转变换法**之外，还可以利用**罗德里格斯（Rodrigues）公式**得到。

图 3-36 所示刚体绕某一固定轴做旋转运动，设 $\hat{\boldsymbol{\omega}}$ 是表示旋转轴方向的单位向量，θ 为转角。

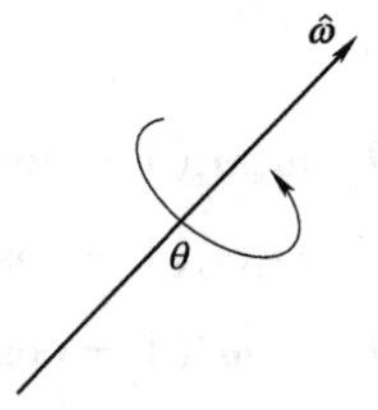

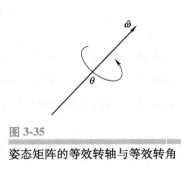

图 3-35

姿态矩阵的等效转轴与等效转角

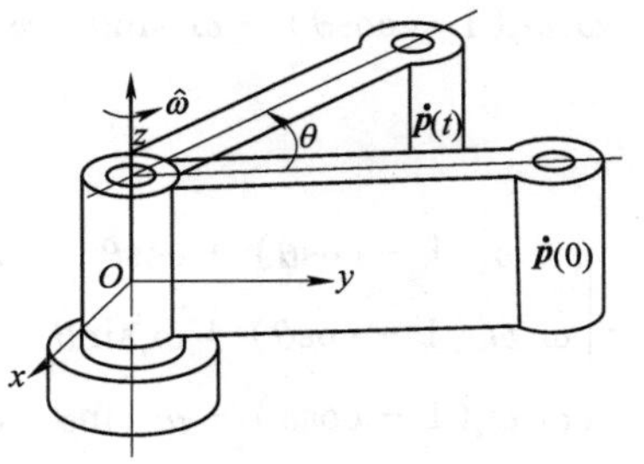

图 3-36

刚体绕固定轴旋转

在转动刚体上取任意一点 P，如果刚体以单位角速度绕轴 $\hat{\boldsymbol{\omega}}$ 做匀速转动，根据理论力学的知识，P 点的速度可以表示为

$$\dot{\boldsymbol{p}}(t)=\hat{\boldsymbol{\omega}}\times\boldsymbol{p}(t) \tag{3.4-29}$$

由于对于任意两个向量，都满足以下运算式

$$\hat{\boldsymbol{\omega}} \times \boldsymbol{r} = [\hat{\boldsymbol{\omega}}]\boldsymbol{r} \tag{3.4-30}$$

因此，有

$$\dot{\boldsymbol{p}}(t) = [\hat{\boldsymbol{\omega}}]\boldsymbol{p}(t) \tag{3.4-31}$$

式（3.4-31）是一个以时间为变量的一阶线性微分方程，其解为

$$\boldsymbol{p}(t) = \mathrm{e}^{[\hat{\boldsymbol{\omega}}]t}\boldsymbol{p}(\boldsymbol{0}) \tag{3.4-32}$$

式中，$\boldsymbol{p}(0)$ 为该点的初始位置；$\mathrm{e}^{t[\hat{\boldsymbol{\omega}}]}$ 为矩阵指数。进行 Taylor 级数展开，得

$$\mathrm{e}^{[\hat{\boldsymbol{\omega}}]t} = \boldsymbol{I} + [\hat{\boldsymbol{\omega}}]t + \frac{([\hat{\boldsymbol{\omega}}]t)^2}{2!} + \frac{([\hat{\boldsymbol{\omega}}]t)^3}{3!} + \cdots \tag{3.4-33}$$

如果刚体绕 $\hat{\boldsymbol{\omega}}$ 轴在 t 时间内旋转了角度 θ，则可将变量由 t 变成 θ，式（3.4-32）和式（3.4-33）分别写成

$$\boldsymbol{p}(\theta) = \mathrm{e}^{[\hat{\boldsymbol{\omega}}]\theta}\boldsymbol{p}(\boldsymbol{0}) \tag{3.4-34}$$

$$\mathrm{e}^{[\hat{\boldsymbol{\omega}}]\theta} = \boldsymbol{I} + [\hat{\boldsymbol{\omega}}]\theta + [\hat{\boldsymbol{\omega}}]^2\frac{\theta^2}{2!} + [\hat{\boldsymbol{\omega}}]^3\frac{\theta^3}{3!} + \cdots \tag{3.4-35}$$

注意到反对称矩阵 $[\hat{\boldsymbol{\omega}}]$ 满足以下关系（读者可自行证明）：

$$[\hat{\boldsymbol{\omega}}]^{\mathrm{T}} = [\hat{\boldsymbol{\omega}}]^{-1} = -[\hat{\boldsymbol{\omega}}];\ [\hat{\boldsymbol{\omega}}]^2 = \hat{\boldsymbol{\omega}}\hat{\boldsymbol{\omega}}^{\mathrm{T}} - \boldsymbol{I};\ [\hat{\boldsymbol{\omega}}]^3 = -[\boldsymbol{\omega}] \tag{3.4-36}$$

这样，式（3.4-35）可以写成

$$\mathrm{e}^{[\hat{\boldsymbol{\omega}}]\theta} = \boldsymbol{I} + [\hat{\boldsymbol{\omega}}]\left(\theta - \frac{\theta^3}{3!} + \frac{\theta^5}{5!} - \cdots\right) + [\hat{\boldsymbol{\omega}}]^2\left(\frac{\theta^2}{2!} - \frac{\theta^4}{4!} + \frac{\theta^6}{6!} - \cdots\right) \tag{3.4-37}$$

由此得到

$$\mathrm{e}^{[\boldsymbol{\omega}]\theta} = \boldsymbol{I} + [\boldsymbol{\omega}]\sin\theta + [\boldsymbol{\omega}]^2(1 - \cos\theta) \tag{3.4-38}$$

式（3.4-38）通常称为**罗德里格斯公式**，记作

$$\boldsymbol{R}_{\hat{\omega}}(\theta) = \mathrm{e}^{[\hat{\boldsymbol{\omega}}]\theta} = \boldsymbol{I} + [\hat{\boldsymbol{\omega}}]\sin\theta + [\hat{\boldsymbol{\omega}}]^2(1 - \cos\theta) \tag{3.4-39}$$

对式（3.4-39）进一步展开，可得

$$\boldsymbol{R}_{\hat{\omega}}(\theta) = \begin{pmatrix} \omega_x^2(1-\cos\theta)+\cos\theta & \omega_x\omega_y(1-\cos\theta)-\omega_z\sin\theta & \omega_x\omega_z(1-\cos\theta)+\omega_y\sin\theta \\ \omega_x\omega_y(1-\cos\theta)+\omega_z\sin\theta & \omega_y^2(1-\cos\theta)+\cos\theta & \omega_y\omega_z(1-\cos\theta)-\omega_x\sin\theta \\ \omega_x\omega_z(1-\cos\theta)-\omega_y\sin\theta & \omega_y\omega_z(1-\cos\theta)+\omega_x\sin\theta & \omega_z^2(1-\cos\theta)+\cos\theta \end{pmatrix} \tag{3.4-40}$$

可以看出，式（3.4-40）与式（3.4-23）完全一致。

【例 3-12】 已知姿态矩阵 $\boldsymbol{R} = \begin{pmatrix} 0 & 0 & 1 \\ 1 & 0 & 0 \\ 0 & 1 & 0 \end{pmatrix}$，求对应的等效转轴和转角。

解： 将姿态矩阵中的各参数代入式（3.4-25）、式（3.4-26）和式（3.4-28），可得

$$1 + 2\cos\theta = 0$$

$$\theta = 120^\circ$$

$$\hat{\boldsymbol{\omega}} = \frac{1}{2\sin\theta}\begin{pmatrix} r_{32} - r_{23} \\ r_{13} - r_{31} \\ r_{21} - r_{12} \end{pmatrix} = \frac{1}{\sqrt{3}}\begin{pmatrix} 1 \\ 1 \\ 1 \end{pmatrix}$$

【例 3-13】 物体坐标系 {B} 最初与固定坐标系 {A} 重合。令 {B} 系绕过坐标原点的单位向量 $\hat{\boldsymbol{\omega}}=(1/\sqrt{3} \quad 1/\sqrt{3} \quad 1/\sqrt{3})^{\mathrm{T}}$ 转动 120°，求当前坐标系 {B} 相对于固定坐标系的姿态矩阵。

解： 将单位转轴和转角值直接代入式（3.4-40），即可得到与坐标系 {B} 对应的姿态矩阵。

$$\boldsymbol{R}_{\hat{\omega}}(\theta)=\boldsymbol{I}+[\hat{\boldsymbol{\omega}}]\sin\theta+[\hat{\boldsymbol{\omega}}]^2(1-\cos\theta)=\begin{pmatrix}0&0&1\\1&0&0\\0&1&0\end{pmatrix}$$

3.4.4 单位四元数

需要指出的是，等效轴-角法和欧拉角描述刚体姿态都存在奇异问题。虽然采用方向余弦矩阵描述刚体姿态没有奇异，但参数过多。为了避免这种奇异性，同时使描述相对简单，引入了**单位四元数**（unit quaternion）的姿态描述方法。四元数最早的提出者是爱尔兰数学家哈密尔顿（Hamilton），后经吉布斯（Gibbs）和格拉斯曼改进为更简单的表示形式。

1843 年，哈密尔顿在研究将复数从二维空间扩展到高维空间时，提出了一种超复数，即**四元数**（quaternion）。具体可表示成一个实数与一个三维向量组合的形式，即

$$\tilde{\boldsymbol{q}}=q_0+\boldsymbol{q}=q_0+q_1\boldsymbol{i}+q_2\boldsymbol{j}+q_3\boldsymbol{k} \tag{3.4-41}$$

式中，$\boldsymbol{i}$、$\boldsymbol{j}$、$\boldsymbol{k}$ 为算子，且满足以下运算规则

$$\begin{aligned}&\boldsymbol{i}^2=\boldsymbol{j}^2=\boldsymbol{k}^2=\boldsymbol{ijk}=-1\\&\boldsymbol{ij}=\boldsymbol{k}=-\boldsymbol{ji}\\&\boldsymbol{jk}=\boldsymbol{i}=-\boldsymbol{kj}\\&\boldsymbol{ki}=\boldsymbol{j}=-\boldsymbol{ik}\end{aligned} \tag{3.4-42}$$

为表达简单，四元数可写成 $\tilde{\boldsymbol{q}}=(q_0,\boldsymbol{q})=(q_0,q_1,q_2,q_3)^{\mathrm{T}}$ 的形式。

哈密尔顿同时给出了四元数的加法、乘法、逆、模以及共轭等运算法则。令 $\tilde{\boldsymbol{p}}=(p_0,\boldsymbol{p})$，$\tilde{\boldsymbol{q}}=(q_0,\boldsymbol{q})$，则四元数的运算法则如下。

1）四元数的加法：

$$\tilde{\boldsymbol{p}}+\tilde{\boldsymbol{q}}=(p_0+q_0,\boldsymbol{p}+\boldsymbol{q}) \tag{3.4-43}$$

2）四元数的乘法：

$$\tilde{\boldsymbol{p}}\tilde{\boldsymbol{q}}=(p_0q_0-\boldsymbol{p}\cdot\boldsymbol{q},q_0\boldsymbol{p}+p_0\boldsymbol{q}+\boldsymbol{p}\times\boldsymbol{q}) \tag{3.4-44}$$

3）共轭四元数：

$$\tilde{\boldsymbol{q}}^*=(q_0,-\boldsymbol{q}) \tag{3.4-45}$$

4）四元数的逆：

$$\tilde{\boldsymbol{q}}^{-1}=\frac{\tilde{\boldsymbol{q}}^*}{\tilde{\boldsymbol{q}}\cdot\tilde{\boldsymbol{q}}} \tag{3.4-46}$$

5）四元数的模：

$$|\tilde{\boldsymbol{q}}|=\sqrt{\tilde{\boldsymbol{q}}\cdot\tilde{\boldsymbol{q}}}=\sqrt{\tilde{\boldsymbol{q}}\tilde{\boldsymbol{q}}^*}=\sqrt{q_0^2+q_1^2+q_2^2+q_3^2} \tag{3.4-47}$$

模为 1 的四元数称为单位四元数。将 $|\tilde{\boldsymbol{q}}|=1$ 代入式（3.4-47）可得

$$\tilde{\boldsymbol{q}}^{-1}=\tilde{\boldsymbol{q}}^* \tag{3.4-48}$$

本节主要讨论的就是单位四元数在姿态描述中的应用。为描述方便，定义单位四元数

$$\tilde{\boldsymbol{\varepsilon}} = \varepsilon_0 + \varepsilon_1 \boldsymbol{i} + \varepsilon_2 \boldsymbol{j} + \varepsilon_3 \boldsymbol{k} \tag{3.4-49}$$

式（3.4-49）中的四个参数ε_0、ε_1、ε_2、ε_3称为**欧拉参数**（Euler parameters），以纪念欧拉最早将其用于姿态描述。这些参数满足以下关系式

$$\varepsilon_0^2 + \varepsilon_1^2 + \varepsilon_2^2 + \varepsilon_3^2 = 1 \tag{3.4-50}$$

$\tilde{\boldsymbol{\varepsilon}}$的**共轭**（conjugate）形式为

$$\tilde{\boldsymbol{\varepsilon}}^* = \varepsilon_0 - \varepsilon_1 \boldsymbol{i} - \varepsilon_2 \boldsymbol{j} - \varepsilon_3 \boldsymbol{k} \tag{3.4-51}$$

且满足

$$\tilde{\boldsymbol{\varepsilon}} \tilde{\boldsymbol{\varepsilon}}^* = 1 \tag{3.4-52}$$

现在考虑用单位四元数来描述刚体的姿态。假设刚体的姿态通过等效轴-角来描述，即绕某一固定单位轴$\hat{\boldsymbol{\omega}} = (\omega_x, \omega_y, \omega_z)^{\mathrm{T}}$转动角$\theta$得到的姿态，用单位四元数可以表示为

$$\tilde{\boldsymbol{\varepsilon}} = \varepsilon_0 + \varepsilon_1 \boldsymbol{i} + \varepsilon_2 \boldsymbol{j} + \varepsilon_3 \boldsymbol{k} = \cos(\theta/2) + \hat{\boldsymbol{\omega}}\sin(\theta/2) \tag{3.4-53}$$

式中

$$\begin{cases} \varepsilon_0 = \cos(\theta/2) \\ \varepsilon_1 = \omega_x \sin(\theta/2) \\ \varepsilon_2 = \omega_y \sin(\theta/2) \\ \varepsilon_3 = \omega_z \sin(\theta/2) \end{cases} \tag{3.4-54}$$

由式（3.4-54），可将单位四元数$(\varepsilon_0\ \varepsilon_1\ \varepsilon_2\ \varepsilon_3)^{\mathrm{T}}$转换到等效轴-角表示

$$\begin{cases} \theta = 2\arccos\varepsilon_0 \\ \omega_x = \dfrac{\varepsilon_1}{\sin(\theta/2)} \\ \omega_y = \dfrac{\varepsilon_2}{\sin(\theta/2)} \\ \omega_z = \dfrac{\varepsilon_3}{\sin(\theta/2)} \end{cases} \tag{3.4-55}$$

另外，共轭单位四元数为

$$\tilde{\boldsymbol{\varepsilon}}^* = \varepsilon_0 - \varepsilon_1 \boldsymbol{i} - \varepsilon_2 \boldsymbol{j} - \varepsilon_3 \boldsymbol{k} = \cos(\theta/2) - \hat{\boldsymbol{\omega}}\sin(\theta/2) \tag{3.4-56}$$

根据哈密尔顿的单位四元数理论，将向量$\boldsymbol{p} = (p_x, p_y, p_z)^{\mathrm{T}}$绕轴线$\hat{\boldsymbol{\omega}} = (\hat{\omega}_x, \hat{\omega}_y, \hat{\omega}_z)^{\mathrm{T}}$旋转$\theta$角后，其坐标可以写成

$$\boldsymbol{p}' = \tilde{\boldsymbol{\varepsilon}} \boldsymbol{p} \tilde{\boldsymbol{\varepsilon}}^* \tag{3.4-57}$$

式中，$\boldsymbol{p}'$为绕轴线$\hat{\boldsymbol{\omega}}$旋转后相对于固定坐标系的新坐标。

将式（3.4-53）和式（3.4-56）代入式（3.4-57）中，得

$$\begin{aligned} \boldsymbol{p}' &= \boldsymbol{p} + [\hat{\boldsymbol{\omega}}]\boldsymbol{p}\sin\theta + [\hat{\boldsymbol{\omega}}]^2\boldsymbol{p}(1-\cos\theta) \\ &= (\boldsymbol{I} + [\hat{\boldsymbol{\omega}}]\sin\theta + [\hat{\boldsymbol{\omega}}]^2(1-\cos\theta))\,\boldsymbol{p} \\ &= \boldsymbol{R}_{\tilde{\varepsilon}}\boldsymbol{p} \end{aligned} \tag{3.4-58}$$

可以看出，式（3.4-58）与式（3.4-39）完全一致。

再将式（3.4-55）代入式（3.4-39），可导出用单位四元数表示的姿态表达式，具体推导过程从略，直接给出结果。

$$\boldsymbol{R}_{\tilde{\varepsilon}}=\begin{pmatrix}1-2(\varepsilon_2^2+\varepsilon_3^2) & 2(\varepsilon_1\varepsilon_2-\varepsilon_0\varepsilon_3) & 2(\varepsilon_1\varepsilon_3+\varepsilon_0\varepsilon_2)\\ 2(\varepsilon_1\varepsilon_2+\varepsilon_0\varepsilon_3) & 1-2(\varepsilon_1^2+\varepsilon_3^2) & 2(\varepsilon_2\varepsilon_3-\varepsilon_0\varepsilon_1)\\ 2(\varepsilon_1\varepsilon_3+\varepsilon_0\varepsilon_2) & 2(\varepsilon_2\varepsilon_3+\varepsilon_0\varepsilon_1) & 1-2(\varepsilon_1^2+\varepsilon_2^2)\end{pmatrix} \tag{3.4-59}$$

可采用类似于求解等效轴-角与一般姿态矩阵之间映射关系的方法，得到单位四元数与一般姿态矩阵之间的映射关系，具体推导过程从略，直接给出结果。

$$\boldsymbol{R}=\begin{pmatrix}r_{11} & r_{12} & r_{13}\\ r_{21} & r_{22} & r_{23}\\ r_{31} & r_{32} & r_{33}\end{pmatrix}=\begin{pmatrix}1-2(\varepsilon_2^2+\varepsilon_3^2) & 2(\varepsilon_1\varepsilon_2-\varepsilon_0\varepsilon_3) & 2(\varepsilon_1\varepsilon_3+\varepsilon_0\varepsilon_2)\\ 2(\varepsilon_1\varepsilon_2+\varepsilon_0\varepsilon_3) & 1-2(\varepsilon_1^2+\varepsilon_3^2) & 2(\varepsilon_2\varepsilon_3-\varepsilon_0\varepsilon_1)\\ 2(\varepsilon_1\varepsilon_3+\varepsilon_0\varepsilon_2) & 2(\varepsilon_2\varepsilon_3+\varepsilon_0\varepsilon_1) & 1-2(\varepsilon_1^2+\varepsilon_2^2)\end{pmatrix} \tag{3.4-60}$$

已知一旋转矩阵所对应的欧拉参数是

$$\begin{cases}\varepsilon_0=\dfrac{1}{2}\sqrt{1+r_{11}+r_{22}+r_{33}}\\ \varepsilon_1=\dfrac{r_{32}-r_{23}}{4\varepsilon_0}\\ \varepsilon_2=\dfrac{r_{13}-r_{31}}{4\varepsilon_0}\\ \varepsilon_3=\dfrac{r_{21}-r_{12}}{4\varepsilon_0}\end{cases} \tag{3.4-61}$$

由式（3.4-61）可以看出，不存在奇异现象（分母永不为零）。因此，又称单位四元数表示的旋转矩阵具有全局特性，故称欧拉参数为全局参数。

【例 3-14】 给定一个点，用向量 $\boldsymbol{p}=(0,\ 1,\ 1)^{\mathrm{T}}$ 来表示，求该点绕轴线 $\hat{\boldsymbol{\omega}}=(0,\ 0,\ 1)^{\mathrm{T}}$ 旋转 90 °后的坐标。

解： 直接将单位转轴和转角以及点的坐标 $\boldsymbol{p}$ 代入式（3.4-58），可得

$$\begin{aligned}\boldsymbol{p}'&=[\boldsymbol{I}+[\hat{\boldsymbol{\omega}}]\sin\theta+[\hat{\boldsymbol{\omega}}]^2(1-\cos\theta)]\boldsymbol{p}=(\boldsymbol{I}+[\hat{\boldsymbol{\omega}}]+[\hat{\boldsymbol{\omega}}]^2)\boldsymbol{p}\\ &=\left[\begin{pmatrix}1&0&0\\0&1&0\\0&0&1\end{pmatrix}+\begin{pmatrix}0&-1&0\\1&0&0\\0&0&0\end{pmatrix}+\begin{pmatrix}-1&0&0\\0&-1&0\\0&0&0\end{pmatrix}\right]\begin{pmatrix}0\\1\\1\end{pmatrix}=\begin{pmatrix}-1\\0\\1\end{pmatrix}\end{aligned}$$

【例 3-15】 已知姿态矩阵 $\boldsymbol{R}=\begin{pmatrix}0&0&1\\1&0&0\\0&1&0\end{pmatrix}$，求对应的等效欧拉参数。

解： 将姿态矩阵中的参数值直接代入式（3.4-61），即可得到对应的等效欧拉参数。

$$\varepsilon_0=\frac{1}{2},\ \varepsilon_1=\frac{1}{2},\ \varepsilon_2=\frac{1}{2},\ \varepsilon_3=\frac{1}{2}$$

因此，该姿态矩阵对应的单位四元数为

$$\tilde{\boldsymbol{\varepsilon}}=\frac{1}{2}+\frac{1}{2}\boldsymbol{i}+\frac{1}{2}\boldsymbol{j}+\frac{1}{2}\boldsymbol{k}$$

【例 3-16】 已知单位四元数为 $\tilde{\boldsymbol{\varepsilon}}=\boldsymbol{i}$，求对应的旋转矩阵和等效转轴。

解：由于单位四元数 $\tilde{\boldsymbol{\varepsilon}}=\boldsymbol{i}$，因此有

$$\varepsilon_0=0,\ \varepsilon_1=1,\ \varepsilon_2=0,\ \varepsilon_3=0$$

将该单位四元数代入式（3.4-60），可得

$$\boldsymbol{R}=\begin{pmatrix}1 & 0 & 0\\ 0 & -1 & 0\\ 0 & 0 & -1\end{pmatrix}$$

再将上式值代入式（3.4-26）和式（3.4-28）中，可得

$$\theta=\arccos\left(\frac{r_{11}+r_{22}+r_{33}-1}{2}\right)=\arccos(-1)=180°$$

$$\hat{\boldsymbol{\omega}}=\boldsymbol{i}$$

该四元数的物理意义是绕 x 轴旋转半周，因此其等效轴为 x 轴。

【例 3-17】 已知单位四元数为 $\tilde{\boldsymbol{\varepsilon}}=\frac{1}{2}+\frac{\sqrt{3}}{2}\boldsymbol{k}$，求对应的旋转矩阵和等效转轴。

解：由于单位四元数 $\tilde{\boldsymbol{\varepsilon}}=\frac{1}{2}+\frac{\sqrt{3}}{2}\boldsymbol{k}$，因此有

$$\varepsilon_0=\frac{1}{2},\ \varepsilon_1=0,\ \varepsilon_2=0,\ \varepsilon_3=\frac{\sqrt{3}}{2}$$

将该单位四元数代入式（3.4-60），可得

$$\boldsymbol{R}=\begin{pmatrix}-\frac{1}{2} & -\frac{\sqrt{3}}{2} & 0\\ \frac{\sqrt{3}}{2} & -\frac{1}{2} & 0\\ 0 & 0 & 1\end{pmatrix}$$

再将上式的值代入式（3.4-26）和式（3.4-28）中，可得

$$\theta=\arccos\left(\frac{r_{11}+r_{22}+r_{33}-1}{2}\right)=\arccos\left(-\frac{1}{2}\right)=120°$$

$$\hat{\boldsymbol{\omega}}=\frac{1}{2\sin\theta}\begin{pmatrix}r_{32}-r_{23}\\ r_{13}-r_{31}\\ r_{21}-r_{12}\end{pmatrix}=\begin{pmatrix}0\\0\\1\end{pmatrix}$$

表示其等效轴为 z 轴，该四元数的物理意义是绕 z 轴旋转 120°。

【例 3-18】 已知单位四元数为 $\tilde{\boldsymbol{\varepsilon}}=\frac{1}{2}\boldsymbol{i}+\frac{\sqrt{3}}{2}\boldsymbol{j}$，求对应的旋转矩阵和等效转轴。

解：由于单位四元数为 $\tilde{\boldsymbol{\varepsilon}}=\frac{1}{2}\boldsymbol{i}+\frac{\sqrt{3}}{2}\boldsymbol{j}$，因此欧拉参数为

$$\varepsilon_0=0,\ \varepsilon_1=\frac{1}{2},\ \varepsilon_2=\frac{\sqrt{3}}{2},\ \varepsilon_3=0$$

将该单位四元数代入式（3.4-60）可得

$$\boldsymbol{R}=\begin{pmatrix}-\frac{1}{2} & \frac{\sqrt{3}}{2} & 0\\ \frac{\sqrt{3}}{2} & \frac{1}{2} & 0\\ 0 & 0 & -1\end{pmatrix}$$

再将上式的值代入式（3.4-26），可得

$$\theta=\arccos\left(\frac{r_{11}+r_{22}+r_{33}-1}{2}\right)=\arccos(-1)=180°$$

$\sin\theta=0$，出现奇异。因此，无法直接给出其等效转轴，但可看作是两个连续转动的复合运动。不妨做下述变换

$$\tilde{\boldsymbol{\varepsilon}}=\frac{1}{2}\boldsymbol{i}+\frac{\sqrt{3}}{2}\boldsymbol{j}=\left(\frac{1}{2}+\frac{\sqrt{3}}{2}\boldsymbol{k}\right)\boldsymbol{i}$$

由前面的两个例子可知，这两个分解的运动分别为 z 轴转动和 x 轴转动。因此，该转动可看作是先绕 x 轴旋转半周，再绕 z 轴旋转 120°。

利用单位四元数也可实现连续旋转。例如，用单位四元数实现连续两次旋转，可以先计算单位四元数的乘积（复合旋转），再与被旋转的向量相乘，即

$$\boldsymbol{p}''=\tilde{\boldsymbol{\varepsilon}}_2\boldsymbol{p}'\tilde{\boldsymbol{\varepsilon}}_2^*=\tilde{\boldsymbol{\varepsilon}}_2(\tilde{\boldsymbol{\varepsilon}}_1\boldsymbol{p}\tilde{\boldsymbol{\varepsilon}}_1^*)\tilde{\boldsymbol{\varepsilon}}_2^*=(\tilde{\boldsymbol{\varepsilon}}_2\tilde{\boldsymbol{\varepsilon}}_1)\boldsymbol{p}(\tilde{\boldsymbol{\varepsilon}}_1^*\tilde{\boldsymbol{\varepsilon}}_2^*)=(\tilde{\boldsymbol{\varepsilon}}_2\tilde{\boldsymbol{\varepsilon}}_1)\boldsymbol{p}(\tilde{\boldsymbol{\varepsilon}}_2\tilde{\boldsymbol{\varepsilon}}_1)^*=\tilde{\boldsymbol{\varepsilon}}\boldsymbol{p}\tilde{\boldsymbol{\varepsilon}}^* \tag{3.4-62}$$

由式（3.4-58）可得

$$\boldsymbol{p}''=\boldsymbol{R}_{\tilde{\varepsilon}_2}(\theta_2)\boldsymbol{p}'=\boldsymbol{R}_{\tilde{\varepsilon}_2}(\theta_2)\boldsymbol{R}_{\tilde{\varepsilon}_1}(\theta_1)\boldsymbol{p} \tag{3.4-63}$$

式中，$\boldsymbol{R}_{\tilde{\varepsilon}_1}(\theta_1)$ 与 $\boldsymbol{R}_{\tilde{\varepsilon}_2}(\theta_2)$ 分别为绕 $\tilde{\boldsymbol{\varepsilon}}_1$ 和 $\tilde{\boldsymbol{\varepsilon}}_2$ 轴旋转 θ_1、θ_2 的旋转矩阵。

式（3.4-62）与式（3.4-63）是等价的。

不妨测算一下：两个旋转矩阵的乘积运算涉及 27 次乘法和 18 次加法；而两个单位四元数的乘积运算仅涉及 16 次乘法和 12 次加法。显然，后者的计算效率更高。这也是单位四元数在姿态描述中得到广泛应用的另一个重要原因。

3.4.5 不同姿态描述之间的对比及映射关系总结

综上所述，前文所述的不同姿态描述之间的转换关系如图 3-37 所示。四种姿态描述方法的对比见表 3-1。

表 3-1 四种姿态描述方法的对比

项目	旋转矩阵	三姿态角（欧拉角或 *R-P-Y* 角）	等效轴-角	单位四元数
姿态描述	√	√	√	√
姿态变换	√	×（需转换为旋转矩阵）	×（需转换为旋转矩阵或单位四元数）	√
奇异性	无	有	有	无

（续）

项目	旋转矩阵	三姿态角（欧拉角或 R-P-Y 角）	等效轴-角	单位四元数
复合变换计算量	27 次乘法、18 次加法	—	—	16 次乘法、12 次加法
能否连续插值	×	√（可能插值到奇异姿态）	√（可能插值到奇异姿态）	√
几何意义	两坐标系各坐标轴之间的相互投影关系	以绕坐标轴依次旋转三次对应的角度表示姿态，三维姿态点	以空间任意轴及绕该轴旋转的角度表示姿态，三维姿态点	四维超球面上的点，以及该点对应的单位向量绕球心的转动

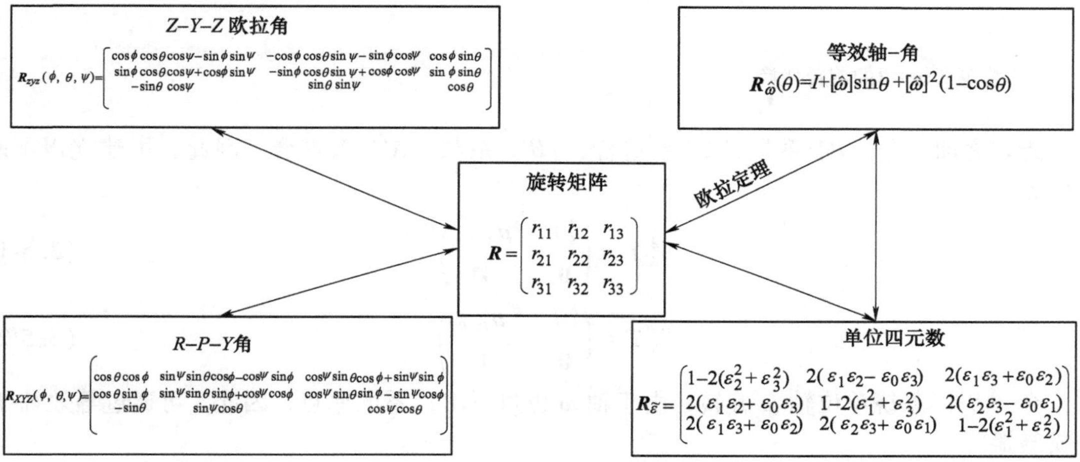

图 3-37

描述刚体姿态的几种数学工具之间的转换关系

3.5　运动旋量与刚体运动

3.5.1　基于等效轴-角表示的齐次变换推导

事实上，对 3.4.3 小节所给的等效轴-角的姿态描述法进行推广，同样适用于对一般空间位姿的描述。下面就采用与 3.4.3 节类似的方法推导一下。

如图 3-38a 所示，假设存在一个通过空间 P 点（非原点）的单位向量 $\hat{\boldsymbol{\omega}}=(\hat{\omega}_x, \hat{\omega}_y, \hat{\omega}_z)^{\mathrm{T}}$，可使坐标系 $\{B\}$ 从坐标系 $\{A\}$ 的姿态绕该向量旋转 θ 角之后，与图中所示坐标系 $\{B\}$ 的姿态重合。这种情况下，单独用旋转矩阵将难以实现，而需要采用齐次变换矩阵 ${}_B^A\boldsymbol{T}$。

首先定义两个中间坐标系 $\{A'\}$ 和 $\{B'\}$，它们的原点都在 P 点；令 $\{A'\}$ 系与 $\{A\}$ 系固连、$\{B'\}$ 系与 $\{B\}$ 系固连，且 $\{A'\}$ 系与 $\{B'\}$ 系的姿态分别与 $\{A\}$ 系和 $\{B\}$ 系相同，如图 3-38b 所示。

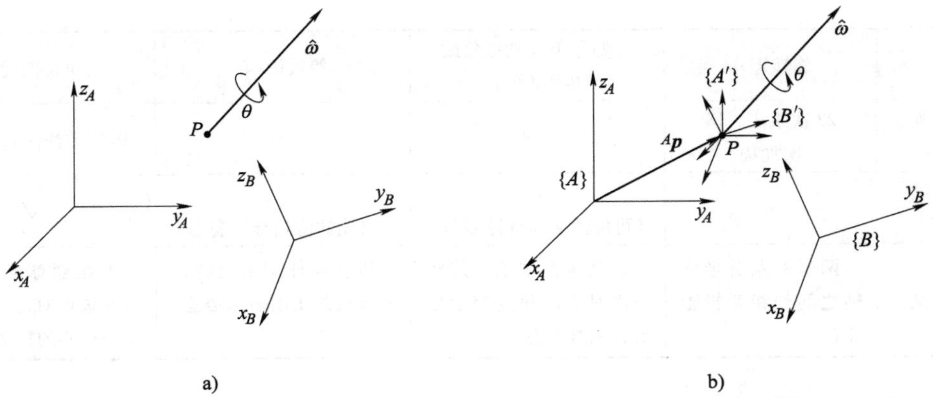

图 3-38

绕等效轴-角的旋转变换

旋转之前，令 $\{B\}$ 系与 $\{A\}$ 系重合、$\{B'\}$ 系与 $\{A'\}$ 系重合。因此，可建立以下映射关系：

$$ {}_{A'}^{A}\boldsymbol{T}=\begin{pmatrix} {}_{A'}^{A}\boldsymbol{I} & {}^{A}\boldsymbol{p}_{A'ORG} \\ \boldsymbol{0} & 1 \end{pmatrix} \tag{3.5-1} $$

$$ {}_{B}^{B'}\boldsymbol{T}=\begin{pmatrix} {}_{B}^{B'}\boldsymbol{I} & {}^{B'}\boldsymbol{p}_{BORG} \\ \boldsymbol{0} & 1 \end{pmatrix} \tag{3.5-2} $$

令 $\{B'\}$ 系绕单位轴 $\hat{\boldsymbol{\omega}}$ 旋转，由于轴 $\hat{\boldsymbol{\omega}}$ 也过 $\{A'\}$ 系的原点，因此，可通过等效轴-角的旋转矩阵

$$ \boldsymbol{R}_{\hat{\omega}}(\theta)=\begin{pmatrix} \omega_x^2(1-\cos\theta)+\cos\theta & \omega_x\omega_y(1-\cos\theta)-\omega_z\sin\theta & \omega_x\omega_z(1-\cos\theta)+\omega_y\sin\theta \\ \omega_x\omega_y(1-\cos\theta)+\omega_z\sin\theta & \omega_y^2(1-\cos\theta)+\cos\theta & \omega_y\omega_z(1-\cos\theta)-\omega_x\sin\theta \\ \omega_x\omega_z(1-\cos\theta)-\omega_y\sin\theta & \omega_y\omega_z(1-\cos\theta)+\omega_x\sin\theta & \omega_z^2(1-\cos\theta)+\cos\theta \end{pmatrix} $$

计算出旋转后 $\{B'\}$ 系相对于 $\{A'\}$ 系的旋转矩阵 ${}_{B'}^{A'}\boldsymbol{R}=\boldsymbol{R}_{\hat{\omega}}(\theta)$。由此，可进一步得到 $\{B'\}$ 系相对于 $\{A'\}$ 系的齐次变换矩阵

$$ {}_{B'}^{A'}\boldsymbol{T}=\begin{pmatrix} {}_{B'}^{A'}\boldsymbol{R} & \boldsymbol{0} \\ \boldsymbol{0} & 1 \end{pmatrix} \tag{3.5-3} $$

同时，由于 $\{B'\}$ 系与 $\{B\}$ 系固连，$\{B\}$ 系随同 $\{B'\}$ 系绕 $\hat{\boldsymbol{\omega}}$ 轴旋转，因此 ${}_{B}^{B'}\boldsymbol{T}$ 保持不变。由此，可根据图 3-39 所示的齐次变换关系图建立变换方程

$$ {}_{B}^{A}\boldsymbol{T}={}_{A'}^{A}\boldsymbol{T}{}_{B'}^{A'}\boldsymbol{T}{}_{B}^{B'}\boldsymbol{T} \tag{3.5-4} $$

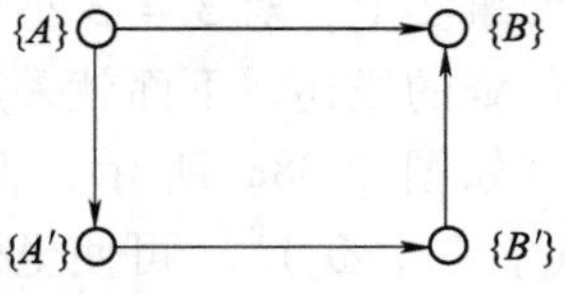

图 3-39

齐次变换关系图

将式（3.5-1）~式（3.5-3）代入式（3.5-4）中，展开可得

$$ {}_{B}^{A}\boldsymbol{T}=\begin{pmatrix} {}_{A'}^{A}\boldsymbol{I} & {}^{A}\boldsymbol{t}_{A'ORG} \\ \boldsymbol{0} & 1 \end{pmatrix}\begin{pmatrix} {}_{B'}^{A'}\boldsymbol{R} & \boldsymbol{0} \\ \boldsymbol{0} & 1 \end{pmatrix}\begin{pmatrix} {}_{B}^{B'}\boldsymbol{I} & {}^{B'}\boldsymbol{t}_{BORG} \\ \boldsymbol{0} & 1 \end{pmatrix}=\begin{pmatrix} {}_{B}^{A}\boldsymbol{R} & {}_{B'}^{A}\boldsymbol{R}{}^{B'}\boldsymbol{p}_{BORG}+{}^{A}\boldsymbol{p}_{A'ORG} \\ 0 & 1 \end{pmatrix} \tag{3.5-5} $$

注意到，${}^{B'}\boldsymbol{p}_{BORG} = {}^{B}\boldsymbol{p}_{B'ORG} = {}^{A}\boldsymbol{p}_{A'ORG} = -{}^{A}\boldsymbol{p}_{BORG}$，${}^{A'}_{B'}\boldsymbol{R} = {}^{A}_{B}\boldsymbol{R} = {}^{A}_{B'}\boldsymbol{R} = \boldsymbol{R}_{\hat{\omega}}(\theta)$，式（3.5-5）可简化成

$$ {}^{A}_{B}\boldsymbol{T} = \begin{pmatrix} {}^{A}_{B}\boldsymbol{R} & (\boldsymbol{I} - {}^{A}_{B}\boldsymbol{R})\,{}^{A}\boldsymbol{p}_{BORG} \\ \boldsymbol{0} & 1 \end{pmatrix} \tag{3.5-6} $$

简写为

$$ \boldsymbol{T} = \begin{pmatrix} \boldsymbol{R}_{\hat{\omega}}(\theta) & (\boldsymbol{I} - \boldsymbol{R}_{\hat{\omega}}(\theta))\boldsymbol{p} \\ \boldsymbol{0} & 1 \end{pmatrix} \tag{3.5-7} $$

式（3.5-6）和式（3.5-7）给出的就是基于等效轴-角形式的齐次变换公式。

【例 3-19】 将坐标系 $\{A\}$ 绕过点 ${}^{A}\boldsymbol{p} = (1, 2, 3)^{\mathrm{T}}$ 的向量 $\hat{\boldsymbol{\omega}} = (\sqrt{2}/2, \sqrt{2}/2, 0)^{\mathrm{T}}$ 旋转 30°角，求齐次变换矩阵 $\boldsymbol{T}$。

解：（1）求 $\boldsymbol{R}_{\hat{\omega}}(\theta)$　将相关参数代入式（3.4-23），得

$$ \boldsymbol{R}_{\hat{\omega}}(\theta) = \boldsymbol{R}_{\hat{\omega}}(30°) = \begin{pmatrix} 0.933 & 0.067 & 0.354 \\ 0.067 & 0.933 & -0.354 \\ -0.354 & 0.354 & 0.866 \end{pmatrix} $$

（2）求 $\boldsymbol{T}$　将相关参数代入式（3.5-7），得

$$ \boldsymbol{T} = \begin{pmatrix} \boldsymbol{R}_{\hat{\omega}}(\theta) & (\boldsymbol{I} - \boldsymbol{R}_{\hat{\omega}}(\theta))\boldsymbol{p} \\ \boldsymbol{0} & 1 \end{pmatrix} = \begin{pmatrix} 0.933 & 0.067 & 0.354 & -1.13 \\ 0.067 & 0.933 & -0.354 & 1.13 \\ -0.354 & 0.354 & 0.866 & 0.05 \\ 0 & 0 & 0 & 1 \end{pmatrix} $$

事实上，采用类似于 3.4.3 小节中罗格里格斯公式的推导方法也能导出式（3.5-7）。下面给出推导过程。

回顾一下 3.4.3 小节中所讨论的旋转算子的指数坐标描述形式：

$$ \boldsymbol{p}(\theta) = \mathrm{e}^{[\hat{\boldsymbol{\omega}}]\theta}\boldsymbol{p}(0) \tag{3.5-8} $$

$$ \boldsymbol{R} = \mathrm{e}^{[\hat{\boldsymbol{\omega}}]\theta} = \boldsymbol{I} + [\hat{\boldsymbol{\omega}}]\sin\theta + [\hat{\boldsymbol{\omega}}]^2(1 - \cos\theta) \tag{3.5-9} $$

事实上，齐次矩阵与旋转矩阵一样，也可以用指数坐标来表示。例如，如图 3-40a 所示表示一个旋转关节，设 $\hat{\boldsymbol{\omega}}(\hat{\boldsymbol{\omega}} \in \mathrm{R}^3)$ 是表示其旋转轴方向的单位向量，$\boldsymbol{r}$ 为轴上一点。如果物体以单位角速度绕轴线 $\hat{\boldsymbol{\omega}}$ 做匀速转动，那么，物体上一点 $\boldsymbol{p}$ 的速度 $\dot{\boldsymbol{p}}$ 可以表示为

$$ \dot{\boldsymbol{p}}(t) = \hat{\boldsymbol{\omega}} \times [\boldsymbol{p}(t) - \boldsymbol{r}] \tag{3.5-10} $$

引入 4×4 矩阵 $[\hat{\boldsymbol{\xi}}]$，即

$$ [\hat{\boldsymbol{\xi}}] = \begin{pmatrix} [\hat{\boldsymbol{\omega}}] & \boldsymbol{v} \\ \boldsymbol{0} & 0 \end{pmatrix} \tag{3.5-11} $$

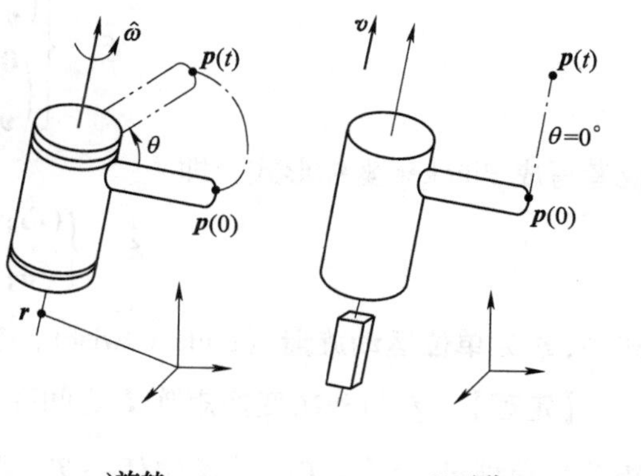

图 3-40
刚体运动

式中，$\boldsymbol{v} = \boldsymbol{r} \times \hat{\boldsymbol{\omega}}$，则式（3.5-10）可写成

$$ \begin{pmatrix} \dot{\boldsymbol{p}} \\ 0 \end{pmatrix} = \begin{pmatrix} [\hat{\boldsymbol{\omega}}] & \boldsymbol{r} \times \hat{\boldsymbol{\omega}} \\ \boldsymbol{0} & 0 \end{pmatrix}\begin{pmatrix} \boldsymbol{p} \\ 1 \end{pmatrix} = \begin{pmatrix} [\hat{\boldsymbol{\omega}}] & \boldsymbol{v} \\ \boldsymbol{0} & 0 \end{pmatrix}\begin{pmatrix} \boldsymbol{p} \\ 1 \end{pmatrix} = [\hat{\boldsymbol{\xi}}]\begin{pmatrix} \boldsymbol{p} \\ 1 \end{pmatrix} \tag{3.5-12} $$

也可以写成

$$\dot{\boldsymbol{p}}=[\hat{\boldsymbol{\xi}}]\boldsymbol{p} \tag{3.5-13}$$

式（3.5-13）是一个以 θ（代替时间参数 t）为自变量的一阶线性微分方程，其解为

$$\boldsymbol{p}(\theta)=\mathrm{e}^{[\hat{\boldsymbol{\xi}}]\theta}\boldsymbol{p}(0) \tag{3.5-14}$$

式中，$\boldsymbol{p}(0)$ 为该点的初始位置；$\mathrm{e}^{[\hat{\boldsymbol{\xi}}]\theta}$为矩阵指数。进行 Taylor 级数展开，得

$$\mathrm{e}^{[\hat{\boldsymbol{\xi}}]\theta}=\boldsymbol{I}+[\hat{\boldsymbol{\xi}}]\theta+\frac{([\hat{\boldsymbol{\xi}}]\theta)^2}{2!}+\frac{([\hat{\boldsymbol{\xi}}]\theta)^3}{3!}+\cdots \tag{3.5-15}$$

同样，当刚体以单位速度 $\hat{\boldsymbol{v}}$平移（图 3-40b）时，点 $\boldsymbol{p}$ 的速度为

$$\dot{\boldsymbol{p}}(\theta)=\hat{\boldsymbol{v}} \tag{3.5-16}$$

求解以上微分方程，得

$$\boldsymbol{p}(\theta)=\mathrm{e}^{[\hat{\boldsymbol{\xi}}]\theta}\boldsymbol{p}(0) \tag{3.5-17}$$

其中，θ 代表移动量（由于是匀速移动），而

$$[\hat{\boldsymbol{\xi}}]=\begin{pmatrix}\boldsymbol{0} & \hat{\boldsymbol{v}}\\ \boldsymbol{0} & 0\end{pmatrix} \tag{3.5-18}$$

以上各式中的 4×4 矩阵 $[\hat{\boldsymbol{\xi}}]$ 可以认为是对反对称矩阵 $[\hat{\boldsymbol{\omega}}]$ 的推广。首先给出一个类似于 $[\hat{\boldsymbol{\omega}}]$ 的表达，即

$$[\hat{\boldsymbol{\xi}}]=\begin{cases}\begin{pmatrix}[\hat{\boldsymbol{\omega}}] & \boldsymbol{v}\\ \boldsymbol{0} & 0\end{pmatrix} & (\hat{\omega}\neq 0)\\[2ex] \begin{pmatrix}\boldsymbol{0} & \hat{\boldsymbol{v}}\\ \boldsymbol{0} & 0\end{pmatrix} & (\hat{\boldsymbol{\omega}}=0)\end{cases} \tag{3.5-19}$$

或者写成 6 维列向量的形式，即

$$\hat{\boldsymbol{\xi}}=\begin{cases}\begin{pmatrix}\hat{\boldsymbol{\omega}}\\ \boldsymbol{v}\end{pmatrix} & (\hat{\boldsymbol{\omega}}\neq 0)\\[2ex] \begin{pmatrix}\boldsymbol{0}\\ \hat{\boldsymbol{v}}\end{pmatrix} & (\hat{\boldsymbol{\omega}}=0)\end{cases} \tag{3.5-20}$$

或者写成 Plücker 坐标形式，即

$$\hat{\boldsymbol{\xi}}=\begin{cases}(\hat{\boldsymbol{\omega}};\ \boldsymbol{v}) & (\hat{\boldsymbol{\omega}}\neq 0)\\ (\boldsymbol{0};\ \hat{\boldsymbol{v}}) & (\hat{\boldsymbol{\omega}}=0)\end{cases} \tag{3.5-21}$$

式中，$\hat{\boldsymbol{\xi}}$ 为**单位运动旋量**（unitary twist），在不引起混淆的情况下，简称**运动旋量**（twist）。

【定理】 $\hat{\boldsymbol{\xi}}$ 与齐次变换矩阵 $\boldsymbol{T}$ 之间存在一一映射的关系：①给定任一 $\hat{\boldsymbol{\xi}}$ 和 θ，$[\hat{\boldsymbol{\xi}}]\theta$ 的矩阵指数满足 $\mathrm{e}^{[\hat{\boldsymbol{\xi}}]\theta}=\boldsymbol{T}$；②给定任一 $\boldsymbol{T}$，则必存在 $\hat{\boldsymbol{\xi}}$ 和 θ，使得 $\boldsymbol{T}=\mathrm{e}^{[\hat{\boldsymbol{\xi}}]\theta}$。

证明：1）分两种情况直接计算 $\mathrm{e}^{[\hat{\boldsymbol{\xi}}]\theta}$，以证明 $\mathrm{e}^{[\hat{\boldsymbol{\xi}}]\theta}=\boldsymbol{T}$。

① 当 $\hat{\boldsymbol{\omega}}=\boldsymbol{0}$ 时，有

$$[\hat{\boldsymbol{\xi}}]^2=[\hat{\boldsymbol{\xi}}]^3=\cdots=[\hat{\boldsymbol{\xi}}]^n=\boldsymbol{0} \tag{3.5-22}$$

因此，由式（3.5-15）得，$\mathrm{e}^{[\hat{\boldsymbol{\xi}}]\theta}=\boldsymbol{I}+[\hat{\boldsymbol{\xi}}]\theta$，则

$$\mathrm{e}^{[\hat{\boldsymbol{\xi}}]\theta}=\begin{pmatrix}\boldsymbol{I} & \boldsymbol{v}\theta\\ \boldsymbol{0} & 1\end{pmatrix}\tag{3.5-23}$$

显然，$\mathrm{e}^{[\hat{\boldsymbol{\xi}}]\theta}=\boldsymbol{T}$。

② 当 $\hat{\boldsymbol{\omega}}\neq\boldsymbol{0}$ 时，假设 $\|\hat{\boldsymbol{\omega}}\|=1$（可通过改变 θ 值使其归一化）。引入一平移算子

$$\boldsymbol{T}=\begin{pmatrix}\boldsymbol{I} & \hat{\boldsymbol{\omega}}\times\boldsymbol{v}\\ \boldsymbol{0} & 1\end{pmatrix}\tag{3.5-24}$$

计算与 $[\hat{\boldsymbol{\xi}}]$ 对应的相似变换（$[\hat{\boldsymbol{\xi}}]=\boldsymbol{T}[\hat{\boldsymbol{\xi}}']\boldsymbol{T}^{-1}$），即

$$[\hat{\boldsymbol{\xi}}']=\boldsymbol{T}^{-1}[\hat{\boldsymbol{\xi}}]\boldsymbol{T}=\begin{pmatrix}\boldsymbol{I} & -\hat{\boldsymbol{\omega}}\times\boldsymbol{v}\\ \boldsymbol{0} & 1\end{pmatrix}\begin{pmatrix}[\hat{\boldsymbol{\omega}}] & \boldsymbol{v}\\ \boldsymbol{0} & 0\end{pmatrix}\begin{pmatrix}\boldsymbol{I} & \hat{\boldsymbol{\omega}}\times\boldsymbol{v}\\ \boldsymbol{0} & 1\end{pmatrix}=\begin{pmatrix}[\hat{\boldsymbol{\omega}}] & \hat{\boldsymbol{\omega}}\hat{\boldsymbol{\omega}}^{\mathrm{T}}\boldsymbol{v}\\ \boldsymbol{0} & 0\end{pmatrix}\tag{3.5-25}$$

利用 $[\hat{\boldsymbol{\omega}}]\hat{\boldsymbol{\omega}}=\hat{\boldsymbol{\omega}}\times\hat{\boldsymbol{\omega}}=\boldsymbol{0}$，可以得到

$$[\hat{\boldsymbol{\xi}}']^2=\begin{pmatrix}[\hat{\boldsymbol{\omega}}]^2 & \boldsymbol{0}\\ \boldsymbol{0} & 0\end{pmatrix},\ [\hat{\boldsymbol{\xi}}']^3=\begin{pmatrix}[\hat{\boldsymbol{\omega}}]^3 & \boldsymbol{0}\\ \boldsymbol{0} & 0\end{pmatrix}\tag{3.5-26}$$

因此，根据 Taylor 级数展开可得

$$\mathrm{e}^{[\hat{\boldsymbol{\xi}}']\theta}=\boldsymbol{I}+[\hat{\boldsymbol{\xi}}']\theta+\frac{([\hat{\boldsymbol{\xi}}']\theta)^2}{2!}+\frac{([\hat{\boldsymbol{\xi}}']\theta)^3}{3!}+\cdots=\begin{pmatrix}\mathrm{e}^{[\hat{\boldsymbol{\omega}}]\theta} & \theta\hat{\boldsymbol{\omega}}\hat{\boldsymbol{\omega}}^{\mathrm{T}}\boldsymbol{v}\\ \boldsymbol{0} & 1\end{pmatrix}\tag{3.5-27}$$

再利用矩阵指数的性质 $\mathrm{e}^{\boldsymbol{T}([\hat{\boldsymbol{\xi}}']\theta)\boldsymbol{T}^{-1}}=\boldsymbol{T}\mathrm{e}^{[\hat{\boldsymbol{\xi}}']\theta}\boldsymbol{T}^{-1}$，可得

$$\mathrm{e}^{[\hat{\boldsymbol{\xi}}]\theta}=\mathrm{e}^{\boldsymbol{T}([\hat{\boldsymbol{\xi}}']\theta)\boldsymbol{T}^{-1}}=\boldsymbol{T}\mathrm{e}^{[\hat{\boldsymbol{\xi}}']\theta}\boldsymbol{T}^{-1}\tag{3.5-28}$$

将式（3.5-24）、式（3.5-27）代入式（3.5-28），得

$$\mathrm{e}^{[\hat{\boldsymbol{\xi}}]\theta}=\begin{pmatrix}\mathrm{e}^{[\hat{\boldsymbol{\omega}}]\theta} & (\boldsymbol{I}-\mathrm{e}^{[\hat{\boldsymbol{\omega}}]\theta})(\hat{\boldsymbol{\omega}}\times\boldsymbol{v})+\hat{\boldsymbol{\omega}}\hat{\boldsymbol{\omega}}^{\mathrm{T}}\boldsymbol{v}\,\theta\\ \boldsymbol{0} & 1\end{pmatrix}\doteq\begin{pmatrix}\boldsymbol{R} & \boldsymbol{p}\\ \boldsymbol{0} & 1\end{pmatrix}\tag{3.5-29}$$

2）采用构造方法。

① 当 $\boldsymbol{R}=\boldsymbol{I}$ 时，不存在转动，令

$$[\hat{\boldsymbol{\xi}}]=\begin{pmatrix}\boldsymbol{0} & \boldsymbol{p}/\|\boldsymbol{p}\|\\ \boldsymbol{0} & 0\end{pmatrix}\quad\theta=\|\boldsymbol{p}\|\tag{3.5-30}$$

由式（3.5-27）可以证明

$$\boldsymbol{T}=\mathrm{e}^{[\hat{\boldsymbol{\xi}}]\theta}=\begin{pmatrix}\boldsymbol{I} & \boldsymbol{p}\\ \boldsymbol{0} & 1\end{pmatrix}\tag{3.5-31}$$

② 当 $\boldsymbol{R}\neq\boldsymbol{I}$ 时，令

$$\boldsymbol{T}=\begin{pmatrix}\mathrm{e}^{[\hat{\boldsymbol{\omega}}]\theta} & (\boldsymbol{I}-\mathrm{e}^{[\hat{\boldsymbol{\omega}}]\theta})(\hat{\boldsymbol{\omega}}\times\boldsymbol{v})+\hat{\boldsymbol{\omega}}\hat{\boldsymbol{\omega}}^{\mathrm{T}}\boldsymbol{v}\theta\\ \boldsymbol{0} & 1\end{pmatrix}=\begin{pmatrix}\boldsymbol{R} & \boldsymbol{p}\\ \boldsymbol{0} & 1\end{pmatrix}$$

考虑相对应的元素，可分解成

$$\boldsymbol{R}=\mathrm{e}^{[\hat{\boldsymbol{\omega}}]\theta}\tag{3.5-32}$$

$$\boldsymbol{p}=(\boldsymbol{I}-\mathrm{e}^{[\hat{\boldsymbol{\omega}}]\theta})(\hat{\boldsymbol{\omega}}\times\boldsymbol{v})+\hat{\boldsymbol{\omega}}\hat{\boldsymbol{\omega}}^{\mathrm{T}}\boldsymbol{v}\theta\tag{3.5-33}$$

利用 3.4.3 小节介绍的等效轴-角法可求得转轴 $\hat{\boldsymbol{\omega}}$ 和转角 θ。剩下的问题是如何根据式（3.5-33）求得 $\boldsymbol{v}$。

注意到，式（3.5-33）可以写成

$$\boldsymbol{p}=[(\boldsymbol{I}-\mathrm{e}^{[\hat{\boldsymbol{\omega}}]\theta})[\hat{\boldsymbol{\omega}}]+\hat{\boldsymbol{\omega}}\hat{\boldsymbol{\omega}}^{\mathrm{T}}\theta]\boldsymbol{v}=\boldsymbol{A}\boldsymbol{v}\tag{3.5-34}$$

可以证明，矩阵 $\boldsymbol{A}=[\hat{\boldsymbol{\omega}}](\boldsymbol{I}-\mathrm{e}^{[\hat{\boldsymbol{\omega}}]\theta})+\hat{\boldsymbol{\omega}}\hat{\boldsymbol{\omega}}^{\mathrm{T}}\theta$ 对于所有的 $\theta\in(0,\ 2\pi)$ 都是非奇异的。因此，由 $\boldsymbol{A}\boldsymbol{v}=\boldsymbol{p}$，可以计算出 $\boldsymbol{v}$，即

$$\boldsymbol{v}=\boldsymbol{A}^{-1}\boldsymbol{p} \tag{3.5-35}$$

【例 3-20】 图 3-41 所示为绕某一空间固定轴旋转角度 θ 后所产生的刚体位移。其中，物体坐标系 $\{B\}$ 相对于参考坐标系 $\{A\}$ 的位形已知，即

$$\boldsymbol{T}=\begin{pmatrix}\cos\theta & -\sin\theta & 0 & -l_2\sin\theta\\ \sin\theta & \cos\theta & 0 & l_1+l_2\cos\theta\\ 0 & 0 & 1 & 0\\ 0 & 0 & 0 & 1\end{pmatrix}$$

计算相对应的单位运动旋量坐标。

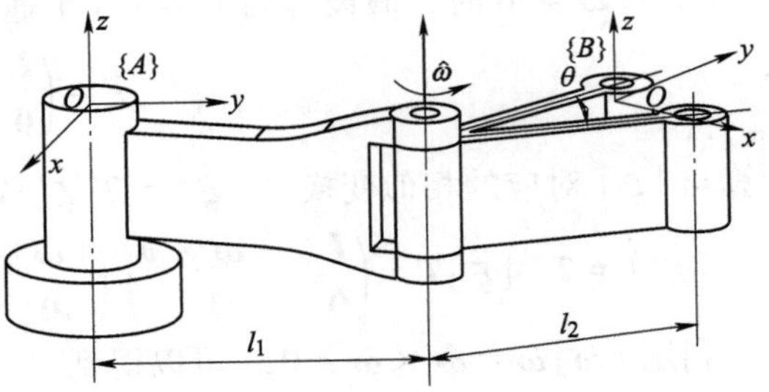

图 3-41

例 3-20 图

解： 满足 $\boldsymbol{R}=\mathrm{e}^{[\hat{\boldsymbol{\omega}}]\theta}$ 的转轴 $\hat{\boldsymbol{\omega}}$ 和转角 θ 可通过观察得到：$\hat{\boldsymbol{\omega}}=(0,\quad 0,\quad 1)^{\mathrm{T}}$，即绕 z 轴转动。下面求 $\boldsymbol{v}$，由式（3.5-33）得

$$\boldsymbol{p}=[[\hat{\boldsymbol{\omega}}](\boldsymbol{I}-\mathrm{e}^{[\hat{\boldsymbol{\omega}}]\theta})+\hat{\boldsymbol{\omega}}\hat{\boldsymbol{\omega}}^{\mathrm{T}}\theta]\boldsymbol{v}$$

将上式展开，得

$$\begin{pmatrix}\sin\theta & \cos\theta-1 & 0\\ \cos\theta-1 & \sin\theta & 0\\ 0 & 0 & \theta\end{pmatrix}\boldsymbol{v}=\begin{pmatrix}-l_2\sin\theta\\ l_1+l_2\cos\theta\\ 0\end{pmatrix}$$

求解得到

$$\boldsymbol{v}=\begin{pmatrix}\dfrac{l_1-l_2}{2}\\ \dfrac{(l_1+l_2)\sin\theta}{2(1-\cos\theta)}\\ 0\end{pmatrix}$$

由此导出与 $\boldsymbol{T}$ 对应的单位运动旋量为

$$\hat{\boldsymbol{\xi}}=\begin{pmatrix}\hat{\boldsymbol{\omega}}\\ \boldsymbol{v}\end{pmatrix}=\begin{pmatrix}0\\ 0\\ 1\\ \dfrac{l_1-l_2}{2}\\ \dfrac{(l_1+l_2)\sin\theta}{2(1-\cos\theta)}\\ 0\end{pmatrix}$$

3.5.2　螺旋运动与螺旋变换

本小节主要讨论一种特殊的刚体运动形式：螺旋运动，以及与其对应的运动算子。

螺旋运动（screw motion）是一种刚体绕空间轴 $\boldsymbol{l}$ 旋转 θ 角的同时沿该轴平移距离 d 的复

合运动，类似于螺母沿螺纹做进给运动的情形。当 $\theta \neq 0$ 时，将移动量与旋转量的比值 $h = d/\theta$ 定义为螺旋的节距（简称螺距），因此，旋转 θ 角后的纯移动量为 $h\theta$。$h=0$ 时为纯转动，$h=\infty$（$\theta=0$）时为纯移动。因此，数学上可记作 $\mathcal{S}(\boldsymbol{l}, h, \rho)$。

用 $\hat{\boldsymbol{\omega}}$ 表示旋转轴方向的单位向量，$\boldsymbol{r}$ 为轴上任意一点。如图 3-42a 所示，刚体上任意一点 P 旋转 θ 角后的坐标为 $\boldsymbol{p} = \boldsymbol{r} + \boldsymbol{R}_{\hat{\omega}}[\boldsymbol{p}(\boldsymbol{0}) - \boldsymbol{r}]$，沿轴线方向移动 $h\theta$ 后，其最终坐标为 $\boldsymbol{p} = \boldsymbol{r} + \boldsymbol{R}_{\hat{\omega}}[\boldsymbol{p}(\boldsymbol{0}) - \boldsymbol{r}] + h\hat{\boldsymbol{\omega}}\theta$。对于纯移动的情况（图 3-42b），可将螺旋运动的轴线重新规定一下：将过原点方向为 $\hat{\boldsymbol{\omega}}$ 的有向直线作为轴线方向，$\hat{\boldsymbol{\omega}}$ 为单位向量。这时，螺距为∞，螺旋大小为沿 $\hat{\boldsymbol{\omega}}$ 方向的移动量 θ，刚体上任意一点 P 沿轴线方向移动 θ 的最终坐标为 $\boldsymbol{p} = \boldsymbol{p}(\boldsymbol{0}) + \hat{\boldsymbol{\omega}}\theta$。

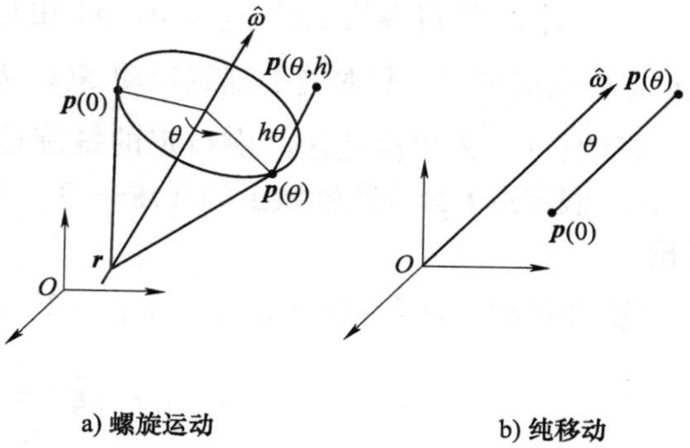

图 3-42　螺旋运动

为计算与螺旋运动相对应的**螺旋变换**（screw transformation），先分析 P 点由起始坐标变换到最终坐标的运动，如图 3-42a 所示。P 点的最终坐标为

$$\boldsymbol{p} = \boldsymbol{r} + \boldsymbol{R}_{\hat{\omega}}[\boldsymbol{p}(\boldsymbol{0}) - \boldsymbol{r}] + h\hat{\boldsymbol{\omega}}\theta,\ \hat{\boldsymbol{\omega}} \neq \boldsymbol{0} \tag{3.5-36}$$

写成齐次坐标的形式为

$$\boldsymbol{p} = \boldsymbol{T}\boldsymbol{p}(\boldsymbol{0}) = \begin{pmatrix} \boldsymbol{R}_{\hat{\omega}} & (\boldsymbol{I} - \boldsymbol{R}_{\hat{\omega}})\boldsymbol{r} + h\hat{\boldsymbol{\omega}}\theta \\ \boldsymbol{0} & 1 \end{pmatrix} \boldsymbol{p}(\boldsymbol{0}) \tag{3.5-37}$$

故

$$\boldsymbol{T} = \begin{pmatrix} \boldsymbol{R}_{\hat{\omega}} & (\boldsymbol{I} - \boldsymbol{R}_{\hat{\omega}})\boldsymbol{r} + h\hat{\boldsymbol{\omega}}\theta \\ \boldsymbol{0} & 1 \end{pmatrix},\ \hat{\boldsymbol{\omega}} \neq \boldsymbol{0} \tag{3.5-38}$$

对于平移的情况，$\hat{\boldsymbol{\omega}} = \boldsymbol{0}$。因此有

$$\boldsymbol{T} = \begin{pmatrix} \boldsymbol{I} & \boldsymbol{v}\theta \\ \boldsymbol{0} & 1 \end{pmatrix},\ \hat{\boldsymbol{\omega}} = \boldsymbol{0} \tag{3.5-39}$$

因此有

$$\boldsymbol{T} = \begin{cases} \begin{pmatrix} \boldsymbol{R}_{\hat{\omega}} & (\boldsymbol{I} - \boldsymbol{R}_{\hat{\omega}})\boldsymbol{r} + h\hat{\boldsymbol{\omega}}\theta \\ \boldsymbol{0} & 1 \end{pmatrix}, & \hat{\boldsymbol{\omega}} \neq \boldsymbol{0} \\ \begin{pmatrix} \boldsymbol{I} & \boldsymbol{v}\theta \\ \boldsymbol{0} & 1 \end{pmatrix}, & \hat{\boldsymbol{\omega}} = \boldsymbol{0} \end{cases} \tag{3.5-40}$$

当 $\hat{\boldsymbol{\omega}} \neq 0$ 时，$\boldsymbol{r} = \hat{\boldsymbol{\omega}} \times \boldsymbol{v}$，$h = \hat{\boldsymbol{\omega}}^{\mathrm{T}}\boldsymbol{v}$（见 2.4 节对节距的定义）。将其代入式（3.5-40），可得

$$\boldsymbol{T} = \begin{pmatrix} \boldsymbol{R}_{\hat{\omega}} & (\boldsymbol{I} - \boldsymbol{R}_{\hat{\omega}})(\hat{\boldsymbol{\omega}} \times \boldsymbol{v}) + \hat{\boldsymbol{\omega}}\hat{\boldsymbol{\omega}}^{\mathrm{T}}\boldsymbol{v}\theta \\ \boldsymbol{0} & 1 \end{pmatrix},\ \hat{\boldsymbol{\omega}} \neq \boldsymbol{0} \tag{3.5-41}$$

对比式（3.5-41）和式（3.5-29），两者具有相同的表达形式。事实上，法国数学家沙勒（Chasles）早就提出了相关定理。

【沙勒定理】一般刚体运动可通过螺旋运动实现。也就是说，一般刚体运动与螺旋运动具有等价性。

该定理包含两层含义：①对于给定的螺旋运动 $\mathcal{S}(\boldsymbol{l}, h, \rho)$，必存在一单位运动旋量 $\hat{\boldsymbol{\xi}}=(\hat{\boldsymbol{\omega}}; \boldsymbol{v})$，使得螺旋运动 $\mathcal{S}(\boldsymbol{l}, h, \rho)$ 由运动旋量 $\rho\hat{\boldsymbol{\xi}}$ 生成；②对于给定的单位运动旋量 $\hat{\boldsymbol{\xi}}$，总可以找到与之相对应的螺旋运动 $\mathcal{S}(\boldsymbol{l}, h, \rho)$。

证明： 1）采用构造法。由给定的螺旋运动 $\mathcal{S}(\boldsymbol{l}, h, \rho)$，构造形如 $\hat{\boldsymbol{\xi}}\theta$ 的旋量，其中 $\theta=\rho$，假定点 $\boldsymbol{r}$ 为旋量轴线上的任意一点。具体分成两种情况（纯移动及移动加转动）来讨论。

① 纯移动。设 $\boldsymbol{l}=\{\boldsymbol{r}+\lambda\hat{\boldsymbol{v}}: \|\hat{\boldsymbol{v}}\|=1, \lambda\in\mathbb{R}\}$，并定义

$$[\hat{\boldsymbol{\xi}}]=\begin{pmatrix}\boldsymbol{0} & \hat{\boldsymbol{v}}\\ \boldsymbol{0} & 0\end{pmatrix} \tag{3.5-42}$$

这时，$\hat{\boldsymbol{\xi}}=(\boldsymbol{0}; \hat{\boldsymbol{v}})$。显然，存在刚体运动 $e^{[\hat{\boldsymbol{\xi}}]\theta}$，它对应于沿旋转轴 $\boldsymbol{l}$ 移动 θ 的纯移动。

② 一般螺旋运动（含纯转动）。设 $\boldsymbol{l}=\{\boldsymbol{r}+\lambda\hat{\boldsymbol{\omega}}: \|\hat{\boldsymbol{\omega}}\|=1, \lambda\in\mathbb{R}\}$，并定义

$$[\hat{\boldsymbol{\xi}}]=\begin{pmatrix}[\hat{\boldsymbol{\omega}}] & \boldsymbol{r}\times\hat{\boldsymbol{\omega}}+h\hat{\boldsymbol{\omega}}\\ \boldsymbol{0} & 0\end{pmatrix} \tag{3.5-43}$$

这时，$\hat{\boldsymbol{\xi}}=(\hat{\boldsymbol{\omega}}; \boldsymbol{r}\times\hat{\boldsymbol{\omega}}+h\hat{\boldsymbol{\omega}})$，则通过直接计算即可证明刚体运动 $e^{[\hat{\boldsymbol{\xi}}]\theta}$ 就是所给定的螺旋运动（前面已给出证明）。

2）对于给定的运动旋量坐标 $\boldsymbol{\xi}=(\boldsymbol{\omega}; \boldsymbol{v})$（这里不假定 $\|\boldsymbol{\omega}\|=1$），相应螺旋运动 $\mathcal{S}(\boldsymbol{l}, h, \rho)$ 中的各参数如下。

① 轴线 $\boldsymbol{l}$：

$$\boldsymbol{l}=\begin{cases}\left\{\dfrac{\boldsymbol{\omega}\times\boldsymbol{v}}{\|\boldsymbol{\omega}\|^2}+\lambda\boldsymbol{\omega}: \lambda\in\mathbb{R}\right\}, & \boldsymbol{\omega}\neq\boldsymbol{0}\\ \{\boldsymbol{0}+\lambda\boldsymbol{v}: \lambda\in\mathbb{R}\}, & \boldsymbol{\omega}=\boldsymbol{0}\end{cases} \tag{3.5-44}$$

② 螺距 h：

$$h=\begin{cases}\dfrac{\boldsymbol{\omega}^{\mathrm{T}}\boldsymbol{v}}{\|\boldsymbol{\omega}\|^2}, & \boldsymbol{\omega}\neq\boldsymbol{0}\\ \infty, & \boldsymbol{\omega}=\boldsymbol{0}\end{cases} \tag{3.5-45}$$

③ 螺旋运动的大小 ρ：

$$\rho=\begin{cases}\|\boldsymbol{\omega}\|, & \boldsymbol{\omega}\neq\boldsymbol{0}\\ \|\boldsymbol{v}\|, & \boldsymbol{\omega}=\boldsymbol{0}\end{cases} \tag{3.5-46}$$

根据沙勒定理，可以给出螺旋变换与齐次变换之间的映射关系。

首先由螺旋变换映射到齐次变换，满足

$$\boldsymbol{R}=\boldsymbol{R}_{\hat{\omega}}(\theta)=\boldsymbol{I}+[\hat{\boldsymbol{\omega}}]\sin\theta+[\hat{\boldsymbol{\omega}}]^2(1-\cos\theta) \tag{3.5-47}$$

$$\boldsymbol{p}=(\boldsymbol{I}-\boldsymbol{R}_{\hat{\omega}}(\theta))\boldsymbol{r}+h\hat{\boldsymbol{\omega}}\theta \tag{3.5-48}$$

再由齐次变换映射到螺旋变换。根据式（3.5-48），可得

$$\theta=\arccos\left(\frac{r_{11}+r_{22}+r_{33}-1}{2}\right) \tag{3.5-49}$$

当 $\theta \neq 0$ 时，转轴

$$\hat{\boldsymbol{\omega}} = \frac{\boldsymbol{l}}{2\sin\theta} \tag{3.5-50}$$

式中

$$\boldsymbol{l} = \begin{pmatrix} r_{32} - r_{23} \\ r_{13} - r_{31} \\ r_{21} - r_{12} \end{pmatrix} \tag{3.5-51}$$

$$h = \frac{\boldsymbol{l}^{\mathrm{T}}\boldsymbol{p}}{2\theta\sin\theta} \tag{3.5-52}$$

$$\rho = \frac{(\boldsymbol{I} - \boldsymbol{R}^{\mathrm{T}})\boldsymbol{p}}{2(1-\cos\theta)} \tag{3.5-53}$$

物体坐标系 $\{B\}$ 经螺旋运动后，相对于参考坐标系 $\{A\}$ 的瞬时位形为

$$_B^A\boldsymbol{T} = \mathrm{e}^{[\hat{\boldsymbol{\xi}}]\theta}\,{}_B^A\boldsymbol{T}_0 \tag{3.5-54}$$

或者简写为

$$\boldsymbol{T} = \mathrm{e}^{[\hat{\boldsymbol{\xi}}]\theta}\boldsymbol{T}_0 \tag{3.5-55}$$

螺旋变换的意义在于：可通过螺旋变换 $\mathrm{e}^{[\hat{\boldsymbol{\xi}}]\theta}$ 将刚体的初始位形变换到最终位形。换句话说，$\mathrm{e}^{[\hat{\boldsymbol{\xi}}]\theta}$ 可以将点由起始坐标 $\boldsymbol{p}(\boldsymbol{0})$ 变换到经刚体运动后的坐标，即

$$\boldsymbol{p}(\boldsymbol{\theta}) = \mathrm{e}^{[\hat{\boldsymbol{\xi}}]\theta}\boldsymbol{p}(\boldsymbol{0}) \tag{3.5-56}$$

式中，$\boldsymbol{p}(\boldsymbol{\theta})$ 和 $\boldsymbol{p}(\boldsymbol{0})$ 都是相对于同一坐标系来表示的。

【例 3-21】 考察一个绕空间固定轴旋转的刚体运动（图 3-43）。已知该运动的旋转轴方向 $\hat{\boldsymbol{\omega}} = (0, 0, 1)^{\mathrm{T}}$，且经过点 $\boldsymbol{r} = (0, l, 0)^{\mathrm{T}}$，节距为 0。

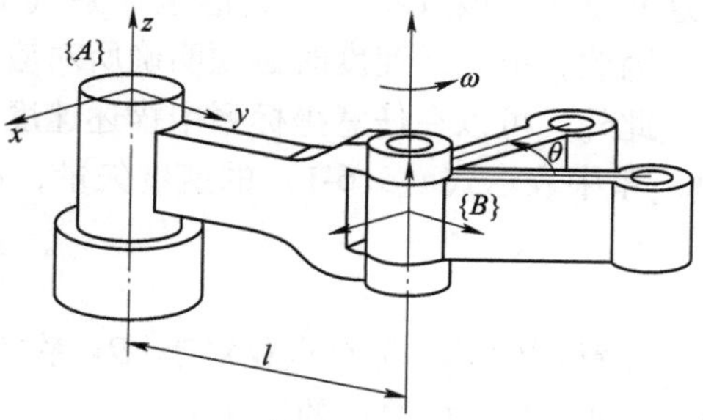

图 3-43

例 3-21 图

解： 该刚体运动对应的单位运动旋量坐标为

$$\hat{\boldsymbol{\xi}} = \begin{pmatrix} \hat{\boldsymbol{\omega}} \\ \boldsymbol{v} \end{pmatrix} = \begin{pmatrix} \hat{\boldsymbol{\omega}} \\ \boldsymbol{r} \times \hat{\boldsymbol{\omega}} \end{pmatrix} = \begin{pmatrix} 0 \\ 0 \\ 1 \\ l \\ 0 \\ 0 \end{pmatrix}$$

由式（3.5-41）可知，对应的齐次变换为

$$\boldsymbol{T} = \mathrm{e}^{[\hat{\boldsymbol{\xi}}]\theta} = \begin{pmatrix} \mathrm{e}^{[\hat{\boldsymbol{\omega}}]\theta} & (\boldsymbol{I} - \mathrm{e}^{[\hat{\boldsymbol{\omega}}]\theta})(\hat{\boldsymbol{\omega}} \times \boldsymbol{v}) + \hat{\boldsymbol{\omega}}\hat{\boldsymbol{\omega}}^{\mathrm{T}}\boldsymbol{v}\,\theta \\ \boldsymbol{0} & 1 \end{pmatrix} = \begin{pmatrix} \cos\theta & -\sin\theta & 0 & l\sin\theta \\ \sin\theta & \cos\theta & 0 & l(1-\cos\theta) \\ 0 & 0 & 1 & 0 \\ 0 & 0 & 0 & 1 \end{pmatrix}$$

由于刚体的初始位形为

$$
{}_B^A\boldsymbol{T}_0=\begin{pmatrix}\boldsymbol{I}_3 & (0\quad l\quad 0)^{\mathrm{T}}\\ \boldsymbol{0} & 1\end{pmatrix}
$$

因此，由式（3.5-54），可得该运动刚体的当前位形为

$$
{}_B^A\boldsymbol{T}=\mathrm{e}^{[\hat{\boldsymbol{\xi}}]\theta}\,{}_B^A\boldsymbol{T}_0=\begin{pmatrix}\cos\theta & -\sin\theta & 0 & 0\\ \sin\theta & \cos\theta & 0 & l\\ 0 & 0 & 1 & 0\\ 0 & 0 & 0 & 1\end{pmatrix}
$$

3.6 刚体速度

3.6.1 线速度、角速度的描述及物理意义

1. 线速度

用位置矢量描述的空间某一点的线速度如图 3-44 所示。假设存在 $\{A\}$ 和 $\{B\}$ 两个坐标系，Q 点相对于 $\{B\}$ 系（严格意义上讲，是相对于 $\{B\}$ 系的原点）的速度可表示成其所对应的位置矢量相对 $\{B\}$ 的导数，即

$$
{}^B\boldsymbol{V}_Q=\frac{\mathrm{d}_B}{\mathrm{d}t}\boldsymbol{q}=\lim_{\Delta t\to 0}\frac{{}^B\boldsymbol{q}(t+\Delta t)-{}^B\boldsymbol{q}(t)}{\Delta t} \tag{3.6-1}
$$

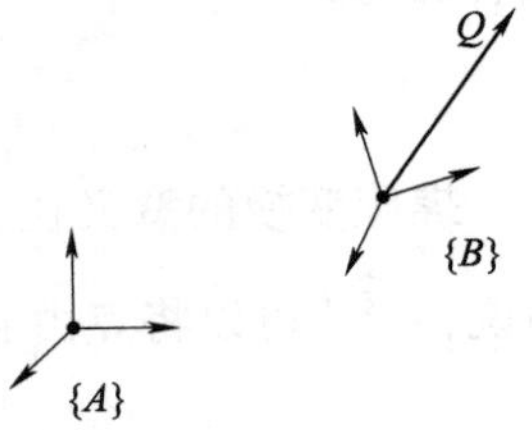

图 3-44
线速度在不同坐标系中的描述

若 Q 点相对于 $\{B\}$ 系不随时间发生变化，那么速度即为零，但这并意味着该点相对于其他坐标系（如 $\{A\}$ 系）也不发生变化。因此，描述线速度时必须明确所对应的参考坐标系。

此外，可以在任意坐标系中描述速度矢量，其参考坐标系符号标注在左上角。例如，在 $\{A\}$ 系中表示式（3.6-1）的速度矢量，可以写成

$$
{}^A({}^B\boldsymbol{V}_Q)=\frac{{}^A\mathrm{d}^B}{\mathrm{d}t}\boldsymbol{q} \tag{3.6-2}
$$

注意：${}^A({}^B\boldsymbol{V}_Q)$ 是 Q 点相对于 $\{B\}$ 系坐标原点的线速度在 $\{A\}$ 系中的表达，而非 Q 点相对于 $\{A\}$ 系坐标原点的线速度。

类似地，${}^B({}^B\boldsymbol{V}_Q)$ 是 Q 点相对于 $\{B\}$ 系坐标原点的线速度在 $\{B\}$ 系中的表达，这种情况下，可简写为 ${}^B\boldsymbol{V}_Q$。

由上述内容可以看出，线速度的表示须明确两个要点：①相对谁运动；②在哪个坐标系中描述。但是，作为自由向量，速度向量总是满足

$$
{}^A({}^B\boldsymbol{V}_Q)={}_B^A\boldsymbol{R}\,{}^B\boldsymbol{V}_Q \tag{3.6-3}
$$

应用式（3.6-3）可以省略掉外层左上角标。

在实际应用中，经常讨论的是一个坐标系原点的速度，这个坐标系往往是相对于世界坐标系（原点），而不是相对于任意坐标系（原点）的速度。对于这种情况，可以定义一种缩略符号

$$
\boldsymbol{v}_C={}^A\boldsymbol{V}_{CORG} \tag{3.6-4}
$$

式中，下角标 C 表示坐标系 $\{C\}$ 的原点，参考坐标系为世界坐标系 $\{A\}$；$\boldsymbol{v}_C$ 为坐标系

{C} 的速度；${}^{B}\boldsymbol{v}_C$ 为坐标系 {C} 的速度在坐标系 {B} 中的描述（尽管求导是相对于坐标系 {A} 进行的）。

2.（刚体）角速度

点的运动只有线速度，而没有角速度；但刚体的运动既有线速度，又有角速度。因此，角速度需要在刚体层面来考量。一种便捷的方法是度量坐标系的旋转运动。

如图 3-45 所示，假设存在两个坐标系 {A} 和 {B}，它们的原点重合，仅有相对转动，它们之间的角速度写成 ${}^{A}\boldsymbol{\Omega}_B$。角速度也可以在不同坐标系中描述，如 ${}^{C}({}^{A}\boldsymbol{\Omega}_B)$ 为{B}系相对于{A}系的角速度在{C}系中的描述。同样，特殊情况下也可以用简化符号表示。当参考坐标系已知时，可简化为

$$\boldsymbol{\omega}_C = {}^{A}\boldsymbol{\Omega}_C \tag{3.6-5}$$

式中，$\boldsymbol{\omega}_C$ 为坐标系 {C}（相对于世界坐标系 {A}）的角速度；${}^{B}\boldsymbol{\Omega}_C$ 为坐标系 {C} 的角速度在坐标系 {B} 中的描述（尽管该角速度是相对于坐标系 {A} 的）。

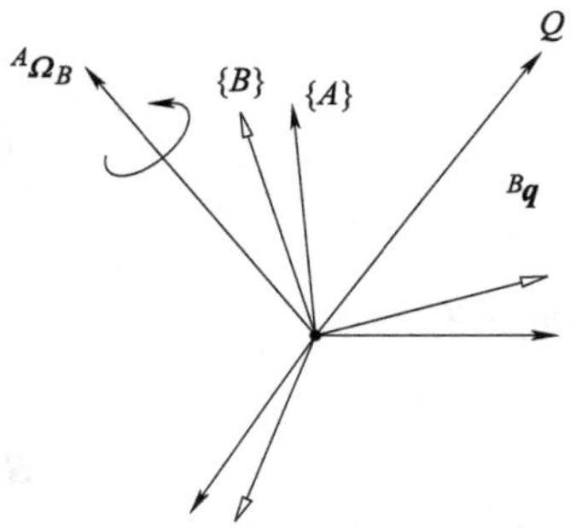

图 3-45

角速度在不同坐标系中的描述

注意：以上公式中的符号要区分大小写。

下面推导一下 ${}^{A}\boldsymbol{\Omega}_B$ 的物理意义。

如图 3-45 所示，假设 {B} 系相对于 {A} 系的旋转矩阵为 ${}^{A}_{B}\boldsymbol{R}$。其对时间的导数为（为简洁，省略上下角标）

$$\dot{\boldsymbol{R}} = \lim_{\Delta t \to 0} \frac{\boldsymbol{R}(t+\Delta t) - \boldsymbol{R}(t)}{\Delta t} \tag{3.6-6}$$

假设在时间间隔 Δt 内，$\boldsymbol{R}(t)$ 绕 $\hat{\boldsymbol{\omega}}$ 轴旋转一个微小角度 $\Delta\theta$ 后变换到 $\boldsymbol{R}(t+\Delta t)$，则

$$\boldsymbol{R}(t+\Delta t) = \boldsymbol{R}_{\hat{\omega}}(\Delta\theta)\boldsymbol{R}(t) \tag{3.6-7}$$

代入式（3.6-6），可得

$$\dot{\boldsymbol{R}} = \lim_{\Delta t \to 0}\left(\frac{\boldsymbol{R}_{\hat{\omega}}(\Delta\theta) - \boldsymbol{I}_3}{\Delta t}\boldsymbol{R}(t)\right) = \lim_{\Delta t \to 0}\left(\frac{\boldsymbol{R}_{\hat{\omega}}(\Delta\theta) - \boldsymbol{I}_3}{\Delta t}\right)\boldsymbol{R}(t) \tag{3.6-8}$$

回顾 3.4.3 小节导出的等效轴-角公式

$$\boldsymbol{R}_{\hat{\omega}}(\theta) = \begin{pmatrix} \omega_x^2(1-\cos\theta)+\cos\theta & \omega_x\omega_y(1-\cos\theta)-\omega_z\sin\theta & \omega_x\omega_z(1-\cos\theta)+\omega_y\sin\theta \\ \omega_x\omega_y(1-\cos\theta)+\omega_z\sin\theta & \omega_y^2(1-\cos\theta)+\cos\theta & \omega_y\omega_z(1-\cos\theta)-\omega_x\sin\theta \\ \omega_x\omega_z(1-\cos\theta)-\omega_y\sin\theta & \omega_y\omega_z(1-\cos\theta)+\omega_x\sin\theta & \omega_z^2(1-\cos\theta)+\cos\theta \end{pmatrix} \tag{3.6-9}$$

在 $\Delta\theta$ 很小的情况下，三角函数可以等效成

$$\sin(\Delta\theta) = \Delta\theta, \quad 1-\cos(\Delta\theta) = 0 \tag{3.6-10}$$

代入式（3.6-9）可得

$$\boldsymbol{R}_{\hat{\omega}}(\Delta\theta) = \begin{pmatrix} 1 & -\omega_z\Delta\theta & \omega_y\Delta\theta \\ \omega_z\Delta\theta & 1 & -\omega_x\Delta\theta \\ -\omega_y\Delta\theta & \omega_x\Delta\theta & 1 \end{pmatrix} \tag{3.6-11}$$

代入式（3.6-8），得

$$\dot{\boldsymbol{R}}=\lim_{\Delta t\to 0}\left(\frac{\boldsymbol{R}_{\hat{\omega}}(\Delta\theta)-\boldsymbol{I}_3}{\Delta t}\right)\boldsymbol{R}(t)=\lim_{\Delta t\to 0}\left(\frac{\begin{pmatrix}0 & -\omega_z\Delta\theta & \omega_y\Delta\theta\\ \omega_z\Delta\theta & 0 & -\omega_x\Delta\theta\\ -\omega_y\Delta\theta & \omega_x\Delta\theta & 0\end{pmatrix}}{\Delta t}\right)\boldsymbol{R}(t) \tag{3.6-12}$$

式（3.6-12）取极限，有

$$\dot{\boldsymbol{R}}=\begin{pmatrix}0 & -\omega_z\dot{\theta} & \omega_y\dot{\theta}\\ \omega_z\dot{\theta} & 0 & -\omega_x\dot{\theta}\\ -\omega_y\dot{\theta} & \omega_x\dot{\theta} & 0\end{pmatrix}\boldsymbol{R}(t) \tag{3.6-13}$$

因此，有

$$\dot{\boldsymbol{R}}\boldsymbol{R}^{-1}=\begin{pmatrix}0 & -\Omega_z & \Omega_y\\ \Omega_z & 0 & -\Omega_x\\ -\Omega_y & \Omega_x & 0\end{pmatrix}=[\boldsymbol{\Omega}] \tag{3.6-14}$$

显然，$\dot{\boldsymbol{R}}\boldsymbol{R}(t)^{-1}$ 为反对称矩阵。其中

$$\boldsymbol{\Omega}=\begin{pmatrix}\omega_x\dot{\theta}\\ \omega_y\dot{\theta}\\ \omega_z\dot{\theta}\end{pmatrix}=\hat{\boldsymbol{\omega}}\dot{\theta} \tag{3.6-15}$$

因此，可定义角速度矢量

$$\boldsymbol{\Omega}=\lim_{\Delta t\to 0}\left(\frac{\Delta\theta}{\Delta t}\right)\hat{\boldsymbol{\omega}}=\hat{\boldsymbol{\omega}}\dot{\theta} \tag{3.6-16}$$

由以上推导可知，角速度 ${}^A\boldsymbol{\Omega}_B$ 为一向量，其方向表示｛B｝系相对于｛A｝系旋转的瞬时旋转轴，其大小为旋转速率。

3.6.2 刚体速度的描述与速度旋量

1. 刚体速度的一般描述

如图 3-46 所示，存在｛A｝和｛B｝两个坐标系，其中，｛B｝系原点相对于｛A｝系的位置向量为 ${}^A\boldsymbol{p}_{BORG}$；｛$B$｝系相对于｛$A$｝系的旋转矩阵为 ${}^A_B\boldsymbol{R}$，且不随时间变化；｛B｝系中有一向量 ${}^B\boldsymbol{q}$，其相对于｛B｝系原点的线速度为 ${}^B\boldsymbol{V}_Q$。下面考察点 Q 相对于｛A｝系的线速度 ${}^A\boldsymbol{V}_Q$。

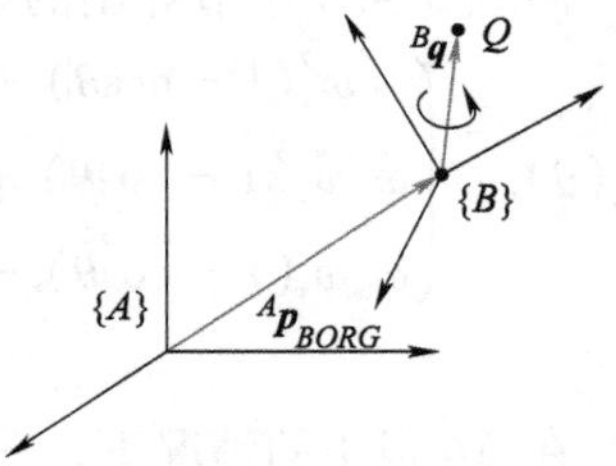

图 3-46 刚体运动在不同坐标系中的描述

若描述点 Q 的位移，由 3.3.1 节的知识可知

$${}^A\boldsymbol{q}={}^A\boldsymbol{p}_{BORG}+{}^A_B\boldsymbol{R}\,{}^B\boldsymbol{q} \tag{3.6-17}$$

对式（3.6-17）求导，由于 ${}^A_B\boldsymbol{R}$ 不随时间变化，因此可得

$${}^A\boldsymbol{V}_Q={}^A\boldsymbol{V}_{BORG}+{}^A_B\boldsymbol{R}\,{}^B\boldsymbol{V}_Q \tag{3.6-18}$$

式中，${}^A\boldsymbol{V}_{BORG}$ 为坐标系之间的相对平动速度；${}^A_B\boldsymbol{R}\,{}^B\boldsymbol{V}_Q$ 为点 Q 相对于参考坐标系｛A｝系的速度。

如图3-45所示，存在{A}和{B}两个坐标系，它们的原点共点，{B}系相对于{A}系的旋转矩阵为${}_B^A\boldsymbol{R}$，由前面的讨论可知，其旋转角速度为$[{}^A\boldsymbol{\Omega}_B]={}_B^A\dot{\boldsymbol{R}}{}_B^A\boldsymbol{R}^{-1}$；{$B$}系中有一向量${}^B\boldsymbol{q}$，其相对于{$B$}系原点的线速度为${}^B\boldsymbol{V}_Q$。下面考察点$Q$相对于{$A$}系的线速度${}^A\boldsymbol{V}_Q$。

若描述点Q的位移，由3.3.1节的知识可知

$$
{}^A\boldsymbol{q}={}_B^A\boldsymbol{R}{}^B\boldsymbol{q} \tag{3.6-19}
$$

对式（3.6-19）求导，由于${}_B^A\boldsymbol{R}$不随时间变化，因此可得

$$
{}^A\boldsymbol{V}_Q={}_B^A\dot{\boldsymbol{R}}{}^B\boldsymbol{q}+{}_B^A\boldsymbol{R}{}^B\boldsymbol{V}_Q \tag{3.6-20}
$$

首先假设点Q在{B}系中固定不动，即${}^B\boldsymbol{V}_Q=0$，式（3.6-20）简化为

$$
{}^A\boldsymbol{V}_Q={}_B^A\dot{\boldsymbol{R}}{}^B\boldsymbol{q} \tag{3.6-21}
$$

由于${}^B\boldsymbol{q}={}_B^A\boldsymbol{R}^{-1A}\boldsymbol{q}$，将其代入式（3.6-21），并考虑$[{}^A\boldsymbol{\Omega}_B]={}_B^A\dot{\boldsymbol{R}}{}_B^A\boldsymbol{R}^{-1}$，可得

$$
{}^A\boldsymbol{V}_Q={}_B^A\dot{\boldsymbol{R}}{}_B^A\boldsymbol{R}^{-1A}\boldsymbol{q}=[{}^A\boldsymbol{\Omega}_B]{}^A\boldsymbol{q}={}^A\boldsymbol{\Omega}_B\times{}^A\boldsymbol{q} \tag{3.6-22}
$$

如果考虑点Q相对于{B}系的变化，即${}^B\boldsymbol{V}_Q\neq0$，则式（3.6-20）可以写成

$$
{}^A\boldsymbol{V}_Q={}^A\boldsymbol{\Omega}_B\times{}^A\boldsymbol{q}+{}_B^A\boldsymbol{R}{}^B\boldsymbol{V}_Q \tag{3.6-23}
$$

利用旋转变换，将已知变量变换到坐标系{A}中，得

$$
{}^A\boldsymbol{V}_Q={}_B^A\boldsymbol{R}{}^B\boldsymbol{V}_Q+{}^A\boldsymbol{\Omega}_B\times({}_B^A\boldsymbol{R}{}^B\boldsymbol{q}) \tag{3.6-24}
$$

式中，右端第一项为点Q相对于参考坐标系{A}原点的速度；第二项为坐标系之间的相对旋转角速度。

一般情况是指两坐标系{A}和{B}之间既有平动，也有转动，且点Q相对于{B}系有相对运动，写成公式的形式为

$$
{}^B\boldsymbol{V}_Q\neq0,\ {}^A\boldsymbol{\Omega}_B\neq0,\ {}^A\boldsymbol{V}_{BORG}\neq0 \tag{3.6-25}
$$

综合以上各式，或直接对式（3.6-17）求导，可得

$$
{}^A\boldsymbol{V}_Q={}^A\boldsymbol{V}_{BORG}+{}_B^A\boldsymbol{R}{}^B\boldsymbol{V}_Q+{}^A\boldsymbol{\Omega}_B\times({}_B^A\boldsymbol{R}{}^B\boldsymbol{q}) \tag{3.6-26}
$$

式（3.6-26）就是做一般刚体运动情况下，刚体速度基于两个参考坐标系的通用表达式。

2. 速度旋量：空间速度与物体速度

注意到式（3.6-22）可以写成

$$
{}^A\boldsymbol{V}_Q=({}_B^A\dot{\boldsymbol{R}}{}_B^A\boldsymbol{R}^{-1})\,{}_B^A\boldsymbol{R}{}^B\boldsymbol{q}={}_B^A\boldsymbol{R}({}_B^A\boldsymbol{R}^{-1}{}_B^A\dot{\boldsymbol{R}})\,{}^B\boldsymbol{q} \tag{3.6-27}
$$

前面已经证明了$\dot{\boldsymbol{R}}\boldsymbol{R}^{-1}$是**反对称矩阵**，同样可以证明$\boldsymbol{R}^{-1}\dot{\boldsymbol{R}}$也是**反对称矩阵**。而反对称矩阵中只含有三个参数，从而可以简化计算。为此给出两个定义：

【空间角速度】：在惯性坐标系中描述的刚体瞬时角速度为空间角速度，记作

$$
[{}_B^A\boldsymbol{\omega}^s]={}_B^A\dot{\boldsymbol{R}}{}_B^A\boldsymbol{R}^{-1}\text{ 或 }[\boldsymbol{\omega}^s]=\dot{\boldsymbol{R}}\boldsymbol{R}^{-1}(\text{简写形式}) \tag{3.6-28}
$$

【物体角速度】：在物体坐标系中描述的刚体瞬时角速度为物体角速度，记作

$$
[{}_B^A\boldsymbol{\omega}^b]={}_B^A\boldsymbol{R}^{-1}{}_B^A\dot{\boldsymbol{R}}\text{ 或 }[\boldsymbol{\omega}^b]=\boldsymbol{R}^{-1}\dot{\boldsymbol{R}}(\text{简写形式}) \tag{3.6-29}
$$

这样，式（3.6-27）就可以变换成

$$
{}^A\boldsymbol{V}_Q=[{}_B^A\boldsymbol{\omega}^s]{}_B^A\boldsymbol{R}{}^B\boldsymbol{q}=[{}_B^A\boldsymbol{\omega}^s]{}^A\boldsymbol{q}={}_B^A\boldsymbol{\omega}^s\times{}^A\boldsymbol{q} \tag{3.6-30}
$$

或者

$$ {}^{B}\boldsymbol{V}_{Q}={}_{B}^{A}\boldsymbol{R}^{-1A}\boldsymbol{V}_{Q}={}_{B}^{A}\boldsymbol{R}^{-1}{}_{B}^{A}\boldsymbol{R}({}_{B}^{A}\boldsymbol{R}^{-1}{}_{B}^{A}\dot{\boldsymbol{R}})\,{}^{B}\boldsymbol{q}=[{}_{B}^{A}\boldsymbol{\omega}^{b}]\,{}^{B}\boldsymbol{q}={}_{B}^{A}\boldsymbol{\omega}^{b}\times{}^{B}\boldsymbol{q} \tag{3.6-31} $$

式（3.6-30）和式（3.6-31）分别给出了空间上某一质点基于空间角速度及物体角速度的运动速度的简洁表达式，它们也适合于空间上某一刚体做旋转运动时的速度表达。

由式（3.6-28）和式（3.6-29）还可以导出空间角速度与物体角速度之间的映射关系，即

$$ [\boldsymbol{\omega}^{s}]=\boldsymbol{R}[\boldsymbol{\omega}^{b}]\boldsymbol{R}^{-1}\text{ 或 }[\boldsymbol{\omega}^{b}]=\boldsymbol{R}^{-1}[\boldsymbol{\omega}^{s}]\boldsymbol{R} \tag{3.6-32} $$

式（3.6-32）表明，空间角速度（矩阵）与物体角速度（矩阵）之间存在着**相似变换**关系。还可以证明，$(\boldsymbol{R}[\boldsymbol{\omega}]\boldsymbol{R}^{-1})^{\vee}=\boldsymbol{R}\boldsymbol{\omega}$[$(\,)^{\vee}$ 表示将反对称矩阵转化为对应的三维列向量形式]。因此，式（3.6-32）还可以写成另外一种形式

$$ \boldsymbol{\omega}^{s}=\boldsymbol{R}\boldsymbol{\omega}^{b}\text{ 或者 }\boldsymbol{\omega}^{b}=\boldsymbol{R}^{-1}\boldsymbol{\omega}^{s} \tag{3.6-33} $$

式（3.6-32）和式（3.6-33）可以推广到任意两个坐标系之间角速度的映射关系。

进一步将上述思想扩展到对刚体广义速度的描述上。由齐次变换矩阵及其逆矩阵的表达式，即

$$ \boldsymbol{T}=\begin{pmatrix}\boldsymbol{R} & \boldsymbol{p}\\ \boldsymbol{0} & 1\end{pmatrix},\quad \boldsymbol{T}^{-1}=\begin{pmatrix}\boldsymbol{R}^{\mathrm{T}} & -\boldsymbol{R}^{\mathrm{T}}\boldsymbol{p}\\ \boldsymbol{0} & 1\end{pmatrix} \tag{3.6-34} $$

得

$$ \dot{\boldsymbol{T}}\boldsymbol{T}^{-1}=\begin{pmatrix}\dot{\boldsymbol{R}} & \dot{\boldsymbol{p}}\\ \boldsymbol{0} & 0\end{pmatrix}\begin{pmatrix}\boldsymbol{R}^{\mathrm{T}} & -\boldsymbol{R}^{\mathrm{T}}\boldsymbol{p}\\ \boldsymbol{0} & 1\end{pmatrix}=\begin{pmatrix}\dot{\boldsymbol{R}}\boldsymbol{R}^{\mathrm{T}} & -\dot{\boldsymbol{R}}\boldsymbol{R}^{\mathrm{T}}\boldsymbol{p}+\dot{\boldsymbol{p}}\\ \boldsymbol{0} & 0\end{pmatrix}=\begin{pmatrix}[\boldsymbol{\omega}^{s}] & \boldsymbol{v}^{s}\\ \boldsymbol{0} & 0\end{pmatrix} \tag{3.6-35} $$

$$ \boldsymbol{T}^{-1}\dot{\boldsymbol{T}}=\begin{pmatrix}\boldsymbol{R}^{\mathrm{T}} & -\boldsymbol{R}^{\mathrm{T}}\boldsymbol{p}\\ \boldsymbol{0} & 1\end{pmatrix}\begin{pmatrix}\dot{\boldsymbol{R}} & \dot{\boldsymbol{p}}\\ \boldsymbol{0} & 0\end{pmatrix}=\begin{pmatrix}\boldsymbol{R}^{\mathrm{T}}\dot{\boldsymbol{R}} & \boldsymbol{R}^{\mathrm{T}}\dot{\boldsymbol{p}}\\ \boldsymbol{0} & 0\end{pmatrix}=\begin{pmatrix}[\boldsymbol{\omega}^{b}] & \boldsymbol{v}^{b}\\ \boldsymbol{0} & 0\end{pmatrix} \tag{3.6-36} $$

注意：$\boldsymbol{v}^{s}=-\dot{\boldsymbol{R}}\boldsymbol{R}^{\mathrm{T}}\boldsymbol{p}+\dot{\boldsymbol{p}}=\boldsymbol{p}\times\boldsymbol{\omega}^{s}+\dot{\boldsymbol{p}}$ 并不是物体坐标系原点的绝对线速度（$\boldsymbol{v}^{s}\neq\dot{\boldsymbol{p}}$）。其物理意义是，假想刚体足够大，可将惯性坐标系的原点包含在其中（图 3-47），$\boldsymbol{v}^{s}$ 是指刚体上与惯性坐标系原点相重合点的瞬时线速度，因此经常写成 $\boldsymbol{v}_0$。

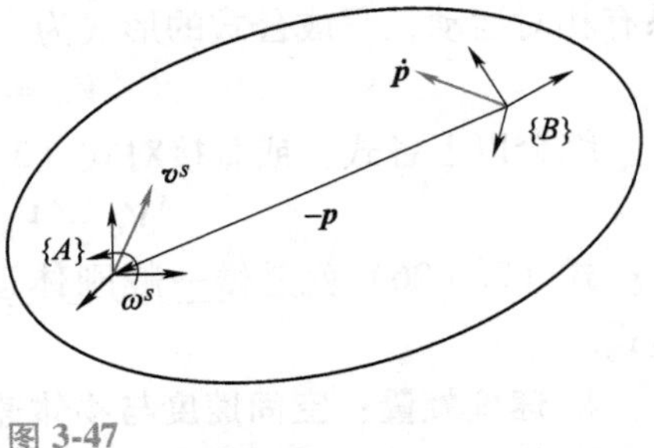

图 3-47

$\boldsymbol{v}^{s}$ 的物理解释

由此，可以给出与物体角速度和空间角速度相类似的定义：

【空间速度】 在惯性坐标系中描述的刚体速度旋量称为**空间速度**（spatial velocity），记作

$$ [\boldsymbol{V}^{s}]=\begin{pmatrix}[\boldsymbol{\omega}^{s}] & \boldsymbol{v}^{s}\\ \boldsymbol{0} & 0\end{pmatrix}=\dot{\boldsymbol{T}}\boldsymbol{T}^{-1}=\begin{pmatrix}\dot{\boldsymbol{R}}\boldsymbol{R}^{\mathrm{T}} & -\dot{\boldsymbol{R}}\boldsymbol{R}^{\mathrm{T}}\boldsymbol{p}+\dot{\boldsymbol{p}}\\ \boldsymbol{0} & 0\end{pmatrix} \tag{3.6-37} $$

写成 6 维列向量的形式为

$$ \boldsymbol{V}^{s}=\begin{pmatrix}\boldsymbol{\omega}^{s}\\ \boldsymbol{v}^{s}\end{pmatrix}=\begin{pmatrix}(\dot{\boldsymbol{R}}\boldsymbol{R}^{\mathrm{T}})^{\vee}\\ -\dot{\boldsymbol{R}}\boldsymbol{R}^{\mathrm{T}}\boldsymbol{p}+\dot{\boldsymbol{p}}\end{pmatrix} \tag{3.6-38} $$

【物体速度】 在物体坐标系中描述的刚体速度旋量称为**物体速度**（body velocity），记作

$$ [\boldsymbol{V}^{b}]=\begin{pmatrix}[\boldsymbol{\omega}^{b}] & \boldsymbol{v}^{b}\\ \boldsymbol{0} & 0\end{pmatrix}=\boldsymbol{T}^{-1}\dot{\boldsymbol{T}}=\begin{pmatrix}\boldsymbol{R}^{\mathrm{T}}\dot{\boldsymbol{R}} & \boldsymbol{R}^{\mathrm{T}}\dot{\boldsymbol{p}}\\ \boldsymbol{0} & 0\end{pmatrix} \tag{3.6-39} $$

写成6维列向量的形式为

$$\boldsymbol{V}^b = \begin{pmatrix} \boldsymbol{\omega}^b \\ \boldsymbol{v}^b \end{pmatrix} = \begin{pmatrix} (\boldsymbol{R}^{\mathrm{T}}\dot{\boldsymbol{R}})^{\vee} \\ \boldsymbol{R}^{\mathrm{T}}\dot{\boldsymbol{p}} \end{pmatrix} \tag{3.6-40}$$

再来总结一下空间速度和物体速度各元素的物理意义。其中，物体速度的物理意义比较直观：$\boldsymbol{v}^b$ 表示的是物体坐标系的原点相对于惯性坐标系的线速度在物体坐标系中的表示；$\boldsymbol{\omega}^b$ 表示的是惯性坐标系相对于物体坐标系的角速度。相对而言，空间速度的物理意义就不是很直观了：$\boldsymbol{\omega}^s$ 表示的是物体坐标系相对于惯性坐标系的角速度；$\boldsymbol{v}^s$ 表示的是刚体上与惯性坐标系原点相重合点的瞬时线速度，而不是物体坐标系原点的绝对线速度。

3. 空间速度与物体速度之间的变换

空间速度（矩阵）与物体速度（矩阵）之间也存在着**相似变换**关系，即

$$[\boldsymbol{V}^s] = \dot{\boldsymbol{T}}\boldsymbol{T}^{-1} = \boldsymbol{T}(\boldsymbol{T}^{-1}\dot{\boldsymbol{T}})\boldsymbol{T}^{-1} = \boldsymbol{T}[\boldsymbol{V}^b]\boldsymbol{T}^{-1} \tag{3.6-41}$$

若将式（3.6-41）写成向量的表达形式，需要用到式（3.6-33）、式（3.6-36）和式（3.6-38），具体为

$$\boldsymbol{\omega}^s = \boldsymbol{R}\boldsymbol{\omega}^b \tag{3.6-42}$$

$$\boldsymbol{v}^s = -\dot{\boldsymbol{R}}\boldsymbol{R}^{\mathrm{T}}\boldsymbol{p} + \dot{\boldsymbol{p}} = \boldsymbol{p}\times\boldsymbol{\omega}^s + \dot{\boldsymbol{p}} = \boldsymbol{p}\times(\boldsymbol{R}\boldsymbol{\omega}^b) + \boldsymbol{R}\boldsymbol{v}^b = [\boldsymbol{p}]\boldsymbol{R}\boldsymbol{\omega}^b + \boldsymbol{R}\boldsymbol{v}^b \tag{3.6-43}$$

合并在一起，得

$$\boldsymbol{V}^s = \begin{pmatrix} \boldsymbol{\omega}^s \\ \boldsymbol{v}^s \end{pmatrix} = \begin{pmatrix} \boldsymbol{R} & \boldsymbol{0} \\ [\boldsymbol{p}]\boldsymbol{R} & \boldsymbol{R} \end{pmatrix}\begin{pmatrix} \boldsymbol{\omega}^b \\ \boldsymbol{v}^b \end{pmatrix} = \begin{pmatrix} \boldsymbol{R} & \boldsymbol{0} \\ [\boldsymbol{p}]\boldsymbol{R} & \boldsymbol{R} \end{pmatrix}\boldsymbol{V}^b \tag{3.6-44}$$

定义**伴随变换**（adjoint map）

$$\boldsymbol{A}_T = \begin{pmatrix} \boldsymbol{R} & \boldsymbol{0} \\ [\boldsymbol{p}]\boldsymbol{R} & \boldsymbol{R} \end{pmatrix} \tag{3.6-45}$$

因此，有

$$\boldsymbol{V}^s = \boldsymbol{A}_T\boldsymbol{V}^b \tag{3.6-46}$$

由式（3.6-46）可以看出，用 $\boldsymbol{A}_T$ 可以表示从物体速度到空间速度的映射，进而实现坐标变换。显然，$\boldsymbol{A}_T$ 是可逆的，其逆矩阵表达式为

$$\boldsymbol{A}_T^{-1} = \begin{pmatrix} \boldsymbol{R}^{\mathrm{T}} & \boldsymbol{0} \\ -\boldsymbol{R}^{\mathrm{T}}[\boldsymbol{p}] & \boldsymbol{R}^{\mathrm{T}} \end{pmatrix} \tag{3.6-47}$$

可以导出

$$\boldsymbol{A}_T^{-1} = \boldsymbol{A}_{T^{-1}} \tag{3.6-48}$$

可将式（3.6-41）和式（3.6-46）推广至同一刚体速度在任意两个坐标系之间的变换，即

$$[{}^A\boldsymbol{V}] = {}^A_B\boldsymbol{T}[{}^B\boldsymbol{V}]{}^A_B\boldsymbol{T}^{-1},\quad {}^A\boldsymbol{V} = {}^A_B\boldsymbol{A}_T{}^B\boldsymbol{V} \tag{3.6-49}$$

3.7 力旋量

3.7.1 力旋量的定义

与表示刚体瞬时运动相似，刚体上的作用力也可以表示成旋量的形式。与运动旋量相对应的物理概念是**力旋量**（wrench），这两个概念都是由 Ball[1] 最先提出来的。

如图 3-48 所示，若用 $\boldsymbol{f}$ 替换旋量中的 $\boldsymbol{s}$，用 $\boldsymbol{m}$ 替换 $\boldsymbol{s}^0$，则变成

$$\boldsymbol{F}=\begin{pmatrix}\boldsymbol{f}\\ \boldsymbol{m}\end{pmatrix}=\begin{pmatrix}\boldsymbol{f}\\ \boldsymbol{r}\times\boldsymbol{f}+h\boldsymbol{f}\end{pmatrix} \tag{3.7-1}$$

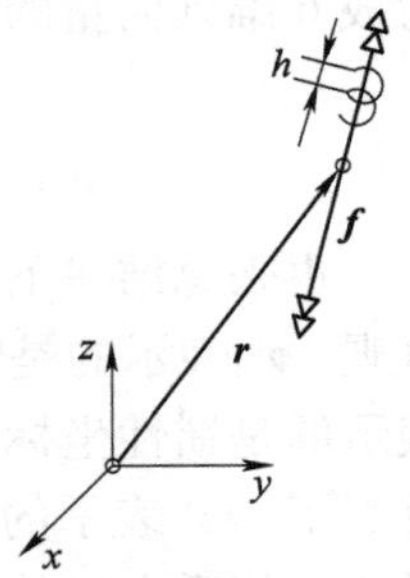

图 3-48 力旋量

式（3.7-1）可以表示作用在刚体上的单位力旋量或广义力。

考虑两种特殊的力旋量：纯力和纯力偶矩。

（1）**纯力**（force，也称力线矢） 作用在刚体上的纯力可以表示成 $f(\hat{\boldsymbol{f}};\ \boldsymbol{r}\times\hat{\boldsymbol{f}})$，其中 f 为作用力的大小；$(\hat{\boldsymbol{f}};\ \boldsymbol{r}\times\hat{\boldsymbol{f}})$ 为单位力线矢。

（2）**纯力偶矩**（couple） 在刚体上作用两个大小相等、方向相反的平行力构成一个力偶，同样也可用一个特殊的旋量——偶量来表示 $\tau(\boldsymbol{0};\ \hat{\boldsymbol{m}})$，其中 τ 为作用力偶的大小，$(\boldsymbol{0};\ \hat{\boldsymbol{m}})$ 为单位力偶。力偶是自由矢量，它可在刚体内自由地平行移动，且不改变对刚体的作用效果。

将式（3.7-1）进一步展开得

$$\boldsymbol{F}=\begin{pmatrix}\boldsymbol{f}\\ \boldsymbol{m}\end{pmatrix}=\begin{pmatrix}\boldsymbol{f}\\ \boldsymbol{r}\times\boldsymbol{f}+h\boldsymbol{f}\end{pmatrix}=(f_x\quad f_y\quad f_z\quad m_x\quad m_y\quad m_z)^{\mathrm{T}} \tag{3.7-2}$$

式中，$\boldsymbol{f}$ 为作用在刚体上的纯力；$\boldsymbol{m}$ 为对**原点的矩**。将力与力矩组合而成的 6 维向量 $\boldsymbol{F}$ 称为力旋量。这样便形成了一对对偶的概念：运动旋量表示刚体速度，力旋量表示广义力。

与运动旋量（刚体速度）类似的是，力旋量 $\boldsymbol{F}$ 的值也与表示力和力矩的坐标系的选取有关。例如，若 $\{B\}$ 为物体坐标系，相应的力旋量记为 $\boldsymbol{F}^b=(\boldsymbol{f}^b;\ \boldsymbol{m}^b)$，其中 $\boldsymbol{f}^b$ 和 $\boldsymbol{m}^b$ 均在坐标系 $\{B\}$ 中描述。因此，作用在刚体上的力旋量通常有两种表示方法：一种是在物体坐标系 $\{B\}$ 中表示的**物体力旋量**（body wrench），记为 $\boldsymbol{F}^b$，它表示力旋量作用在坐标系 $\{B\}$ 的原点；另一种是在惯性坐标系 $\{A\}$ 中表示的**空间力旋量**（spatial wrench），记为 $\boldsymbol{F}^s$。这些表示方法类似于刚体速度的惯性坐标系表示或物体坐标系表示。因此，借助前面的速度表示，可以很方便地给出力旋量在不同坐标系中的相互关系，具体可通过伴随矩阵来表达，即

$$\boldsymbol{F}^s=\boldsymbol{A}_T\boldsymbol{F}^b \tag{3.7-3}$$

上述关系式可以扩展到两个任意坐标系之间的力旋量表达，即

$${}^A\boldsymbol{F}=\boldsymbol{A}_T{}^B\boldsymbol{F} \tag{3.7-4}$$

如果有任意多个力旋量同时作用在同一个刚体上（构成空间力系），那么，都可以等效简化为一个力旋量即合力旋量的作用，而作用在刚体上的合力旋量可通过力旋量的叠加来确定。为使叠加有意义，所有力旋量应在同一坐标系中表示（详细运算法则见 2.4 节）。

沙勒指出，每一运动旋量对应的刚体运动都可以由螺旋运动产生。潘索（Poinsot）得出了一个类似的结论：<u>每一力旋量都等价于沿某轴线的力与绕此轴的力偶矩的复合</u>。

表 3-2 总结了常见物理量的旋量坐标及其图形表示。

表 3-2　常见物理量的旋量坐标及其图形表示

类别	节距特点	运动学		静力学	
		物理量及旋量坐标	图形表示	物理量及旋量坐标	图形表示
线矢量	$h=0$	瞬时角速度或转动副 $(\boldsymbol{\omega};\ \boldsymbol{r}\times\boldsymbol{\omega})$	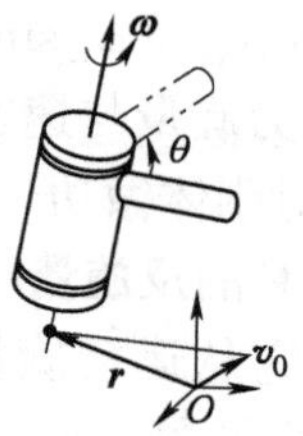	力 $(\boldsymbol{f};\ \boldsymbol{r}\times\boldsymbol{f})$	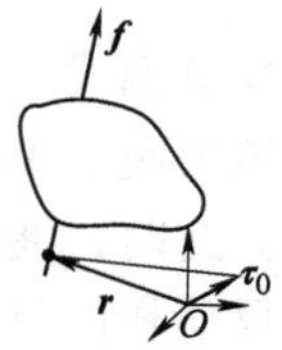
偶量	$h=\infty$	瞬时线速度或移动副 $(\boldsymbol{0};\ \boldsymbol{v})$	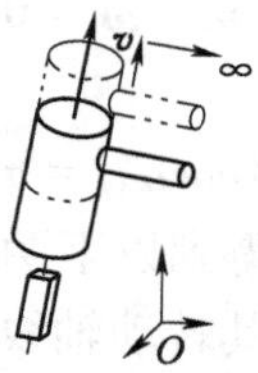	力偶矩 $(\boldsymbol{0};\ \boldsymbol{m})$	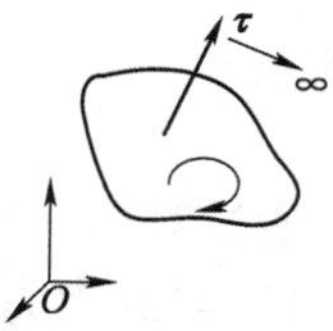
一般旋量	有限值	螺旋速度或螺旋副 $(\boldsymbol{\omega};\ \boldsymbol{r}\times\boldsymbol{\omega}+h\boldsymbol{\omega})$ 或者 $(\boldsymbol{\omega};\ \boldsymbol{v})$	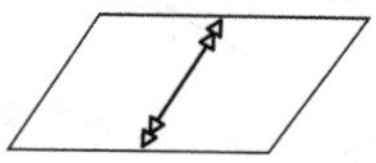	力旋量 $(\boldsymbol{f};\ \boldsymbol{r}\times\boldsymbol{f}+h\boldsymbol{f})$ 或者 $(\boldsymbol{f};\ \boldsymbol{m})$	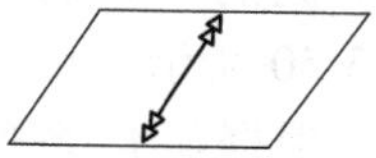

3.7.2　约束力旋量

一个运动刚体上作用一个力旋量 $\boldsymbol{F}=(\boldsymbol{f};\ \boldsymbol{m})=\rho_2(\hat{\boldsymbol{f}};\ \boldsymbol{r}_2\times\hat{\boldsymbol{f}}+h_2\hat{\boldsymbol{f}})$，产生的刚体运动用速度旋量坐标表示成 $\boldsymbol{V}=(\boldsymbol{\omega};\ \boldsymbol{v})=\rho_1(\hat{\boldsymbol{\omega}};\ \boldsymbol{r}_1\times\hat{\boldsymbol{\omega}}+h_1\hat{\boldsymbol{\omega}})$，如图 3-49 所示。

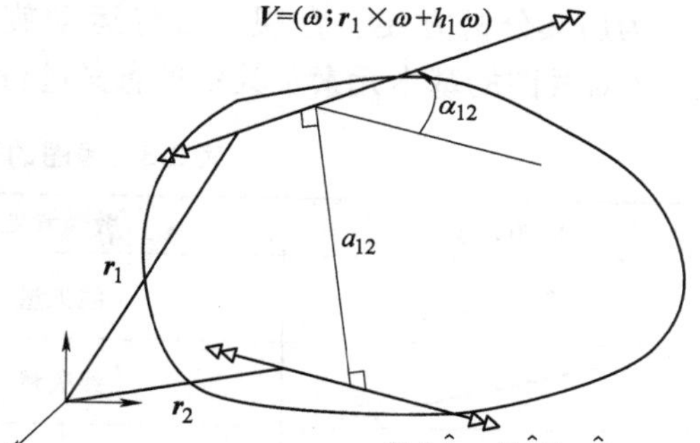

图 3-49
反旋量的概念

不失一般性，假定点 $\boldsymbol{r}_1$、$\boldsymbol{r}_2$ 分别位于距离最近的两轴线上，因此，$\boldsymbol{r}_2$ 可改写成 $\boldsymbol{r}_2=\boldsymbol{r}_1+a_{12}\boldsymbol{n}$，其中 $\boldsymbol{n}$ 是垂直于两轴线的单位向量。这时，$\boldsymbol{F}$ 与 $\boldsymbol{V}$ 的瞬时功率为

$$
\begin{aligned}
P &= \boldsymbol{F}^{\mathrm{T}}\Delta\boldsymbol{V} \\
&= \boldsymbol{f}\cdot\boldsymbol{v}+\boldsymbol{m}\cdot\boldsymbol{\omega} \\
&= \rho_1\rho_2\hat{\boldsymbol{f}}\cdot(\boldsymbol{r}_1\times\hat{\boldsymbol{\omega}}+h_1\hat{\boldsymbol{\omega}})+\hat{\boldsymbol{\omega}}\cdot(\boldsymbol{r}_2\times\hat{\boldsymbol{f}}+h_2\hat{\boldsymbol{f}}) \\
&= \rho_1\rho_2(h_1+h_2)(\hat{\boldsymbol{\omega}}\cdot\hat{\boldsymbol{f}})+(\boldsymbol{r}_2-\boldsymbol{r}_1)\cdot(\hat{\boldsymbol{f}}\times\hat{\boldsymbol{\omega}}) \\
&= \rho_1\rho_2(h_1+h_2)\cos\alpha_{12}-a_{12}\sin\alpha_{12}
\end{aligned}
\tag{3.7-5}
$$

注意到式（3.7-5）有一种特殊情况：力旋量与速度旋量的瞬时功率为零。这种情况下，无论该力旋量中力或力矩有多大，都不会对刚体做功，也不能改变该约束作用下刚体的运动状态。此时，通常称力旋量 $\boldsymbol{F}$ 为速度旋量 $\boldsymbol{V}$ 的**反旋量**（reciprocal screw）。

反旋量的概念最初是由 Ball 提出的，它从运动旋量与力旋量引申而来，习惯上主要表征力旋量，而从物理意义上讲是一种**约束力旋量**（constraint wrench），可表示物体在三维空间内受到的**理想约束**（ideal constraints）。

由式（3.7-5）可知，力旋量 $\boldsymbol{F}$ 与速度旋量 $\boldsymbol{V}$ 的瞬时功率为零，应满足以下关系式

$$\boldsymbol{f}\cdot\boldsymbol{v}+\boldsymbol{m}\cdot\boldsymbol{\omega}=0 \tag{3.7-6}$$

或者

$$\rho_1\rho_2(h_1+h_2)\cos\alpha_{12}=a_{12}\sin\alpha_{12} \tag{3.7-7}$$

通过对式（3.7-7）做进一步讨论，可得到以下两个重要结论：

1）当约束力旋量为纯力时（$h_2=0$），其转动轴线必与之共面，移动方向与之垂直。

2）当约束力旋量为纯力偶时（$f=0$），其转动轴线必与之垂直，移动方向为任意方向。

【Blanding 法则[2]】 机构的转动自由度轴线与所受约束力作用线必然相交。

在射影几何中，可将平面平行看作平面汇交的一种特例（交于无穷远点），如图 3-50 所示。

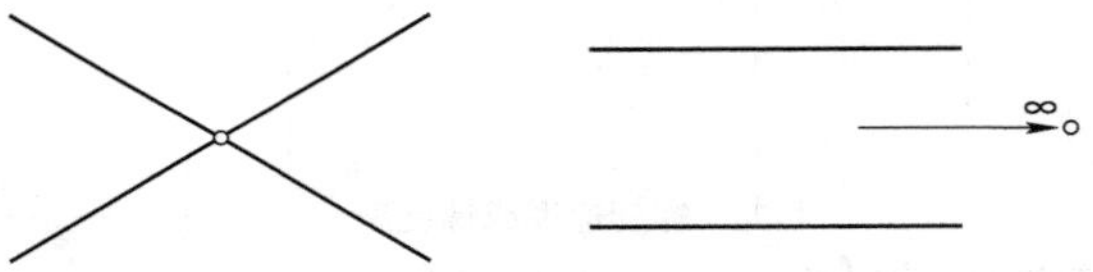

a) 相交　b) 平行

图 3-50 线矢量共面的两种情况（平行可以看作相交的一种特例）

根据旋量系的运动特性及约束特性，可将其分为**运动旋量系**（twist system）和**约束旋量系**（constraint wrench system）。两者之间同样互为反旋量系，详见 2.4 节。

为后续分析方便、直观，可将运动旋量（系）和力旋量（系）表示成线图的形式。表 3-3 对线图的基本元素及其物理意义进行了总结。

表 3-3 线图的基本元素及其物理意义

线图元素	数学意义	物理意义
	线矢量	转动自由度（转动副轴线）
	线矢量	约束力
	偶量	移动自由度（移动副作用线方向）
	偶量	约束力偶

例如，已知图 3-51 所示的运动旋量系 $S(\$_i,\ i=1,\ 2,\ \cdots)$，根据上述法则，很容易找到与之互易的约束力旋量（一个与所有 $\$_i$ 相交的约束力 $\$^r$）。

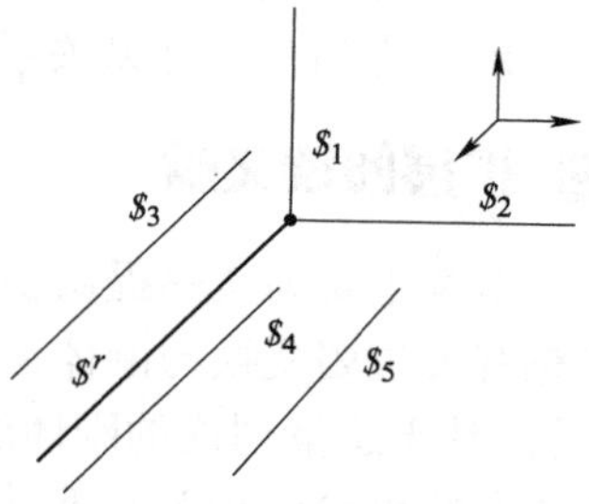

图 3-51

根据几何关系寻找与五维运动旋量系互易的约束旋量

3.8　本章小结

1）机器人的位形是指机器人上每个点位的全体集合，包含所有可能的机器人位形的空间称为位形空间（C 空间）。表示机器人位形所需的最少广义坐标数 n 就是机器人的自由度数。

2）机器人学中，机器人的位姿通常也称作机器人的位形。位形空间的代数表示通常有两种形式：用 n 个独立坐标或参数表示 n 维空间的显式参数化表示；将 n 维空间看作是嵌入在多于 n 维的欧几里得空间中的隐式参数化表示。隐式参数化表示有时也被称作全局坐标表示，而显式参数化表示也称作局部坐标表示。

3）为描述刚体运动，通常需要借助两个坐标系：一个是与地（或机架）相固连的坐标系，即惯性坐标系 $\{A\}$；另一个是物体坐标系 $\{B\}$，即与运动刚体固连且随之一起运动的坐标系。这时，一种方便描述刚体运动的做法是将物体坐标系附着在刚体上，进而定量描述物体坐标系相对于惯性坐标系的位置和姿态。

4）刚体运动是刚体上任意两点之间距离始终保持不变的连续运动，刚体变换是刚体运动的具体表征，反映的是刚体从初始位形到终止位形的映射。常见的刚体变换有刚体旋转、平移、平面变换、螺旋变换（一般刚体运动）等。

5）刚体姿态（或刚体转动）的描述中，常用的方法有旋转矩阵、欧拉角、R-P-Y 角、等效轴-角、单位四元数等，它们之间彼此存在映射关系（图 3-37，表 3-1）。其中，旋转矩阵与单位四元数是全局参数，不存在奇异；其他均为局部参数，存在奇异。

6）一般刚体运动可用齐次变换（矩阵）来实现，即 ${}^{A}\boldsymbol{p}={}^{A}_{B}\boldsymbol{T}\,{}^{B}\boldsymbol{p}$ 或 ${}^{A}\boldsymbol{p}={}^{A}_{B}\boldsymbol{T}\boldsymbol{p}_0$。

7）三个定理：

① **欧拉定理**：任一旋转矩阵 $\boldsymbol{R}$ 总可以等效为绕某一固定轴 $\hat{\boldsymbol{\omega}}$ 的旋转运动。

② **沙勒定理**：任意刚体运动都可以通过螺旋运动实现，即刚体运动与螺旋运动是等价的。

③ **潘索定理**：每一力旋量都等价于沿某轴线的力与绕此轴的力矩的复合。

8）在惯性坐标系中描述的刚体瞬时角速度为空间角速度 $[\boldsymbol{\omega}^s]=\dot{\boldsymbol{R}}\boldsymbol{R}^{-1}$；在物体坐标系中描述的刚体瞬时角速度为物体角速度 $[\boldsymbol{\omega}^b]=\boldsymbol{R}^{-1}\dot{\boldsymbol{R}}$。两者之间可通过旋转变换来实现，即 $[\boldsymbol{\omega}^s]=\boldsymbol{R}[\boldsymbol{\omega}^b]\boldsymbol{R}^{-1}$ 或者 $\boldsymbol{\omega}^s=\boldsymbol{R}\boldsymbol{\omega}^b$。

9）在惯性坐标系中描述的刚体速度旋量为空间速度 $[\boldsymbol{V}^s]=\dot{\boldsymbol{T}}\boldsymbol{T}^{-1}$；在物体坐标系中描述的刚体速度旋量为物体速度 $[\boldsymbol{V}^b]=\boldsymbol{T}^{-1}\dot{\boldsymbol{T}}$。两者之间可通过伴随变换来实现，即 $[\boldsymbol{V}^s]=\boldsymbol{T}[\boldsymbol{V}^b]\boldsymbol{T}^{-1}$ 或者 $\boldsymbol{V}^s=\boldsymbol{A}_T\boldsymbol{V}^b$。

10）运动旋量和力旋量是旋量的两种最重要的表现形式，两者的互易积表示瞬时功率。当互易积为零时，运动旋量与力旋量互为反旋量，力旋量转化为约束。

11）可用旋量系描述各类刚体运动。任一运动旋量（系）和与其对应的约束力旋量（系）之间存在互易关系。

扩展阅读文献

本章主要为全书提供物理基础。除此之外，读者还可阅读其他文献（见下述列表）来补充有关位姿变换与刚体运动方面的知识。有关位姿变换更详细的介绍请参考文献［2，5，11］；基于旋量理论的刚体运动建模内容可参考文献［4，6，7，10，12］；有关旋量理论的系统介绍可参考相关专著［1，3，8，9］。

［1］Ball R S. The Theory of Screws［M］. Cambridge：Cambridge University Press，1998.

［2］Craig J J. 机器人学导论（原书第4版）［M］. 负超，王伟，译. 北京：机械工业出版社，2018.

［3］Davidson J K，Hunt K H. Robots and Screw theory：Applications of Kinematics and Statics to Robotics［M］. Oxford：Oxford University Press，2004.

［4］Duffy J. Statics and Kinematics with Applications to Robotics［M］. Cambridge：Cambridge University Press，1996.

［5］Jazar R N. 应用机器人学：运动学、动力学与控制技术（原书第2版）［M］. 周高峰，等译. 北京：机械工业出版社，2018.

［6］Lynch K M，Park F C. 现代机器人学机构、规划与控制［M］. 于靖军，贾振中，译. 北京：机械工业出版社，2019.

［7］Murray R，Li Z X，Sastry S. 机器人操作的数学导论［M］. 徐卫良，钱瑞明，译. 北京：机械工业出版社，1998.

［8］Selig J M. 机器人学的几何基础［M］. 杨向东，译. 北京：清华大学出版社，2008.

［9］戴建生. 机构学与机器人学的几何基础与旋量代数［M］. 北京：高等教育出版社，2014.

［10］黄真，赵永生，赵铁石. 高等空间机构学［M］. 北京：高等教育出版社，2006.

［11］熊有伦，李文龙，陈文斌，等. 机器人学：建模、控制与视觉［M］. 武汉：华中科技大学出版社，2018.

［12］于靖军，刘辛军，丁希仑. 机器人机构学的数学基础［M］. 2版. 北京：机械工业出版社，2018.

习题

3-1 图3-52所示的平面2R机器人中，其末端点坐标可以写成

$$\begin{cases} x = 2\cos\theta_1 + \cos(\theta_1 + \theta_2) \\ y = 2\sin\theta_1 + \sin(\theta_1 + \theta_2) \end{cases}$$

（1）求该机器人的位形空间。

（2）假设存在两个无限长的边界（$x=1$ 和 $x=-1$），求这种情况下，该机器人的位形空间（即不会导致碰到竖直边界的一部分

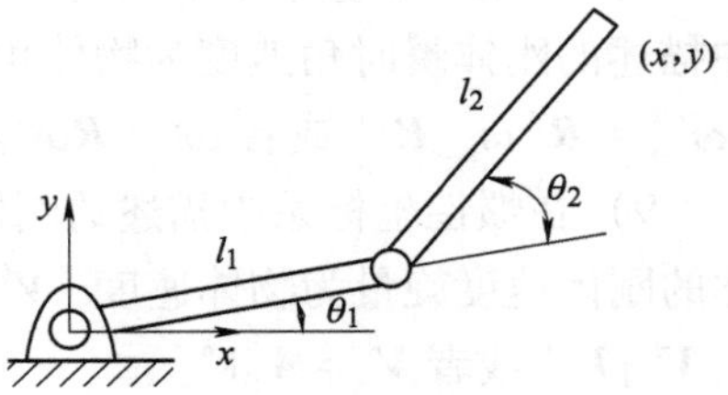

图3-52 平面2R机器人

位形空间）。

3-2　试比较虎克铰与球铰在位形空间上的异同。

3-3　试给出三个完整约束和三个非完整约束的实例，并建立相应的约束方程。

3-4　判断下述微分方程是符合完整约束还是非完整约束：

$$(1+\cos\theta_1)\dot{\theta}_1+(1+\cos\theta_2)\dot{\theta}_2+(\cos\theta_1+\cos\theta_2+4)\dot{\theta}_3=0$$

3-5　一向量 $\boldsymbol{p}$ 绕 z_A 轴旋转 30°，然后绕 x_A 轴旋转 45°，求按上述顺序旋转后得到的旋转矩阵。

3-6　物体坐标系 $\{B\}$ 最初与惯性坐标系 $\{A\}$ 重合，将坐标系 $\{B\}$ 绕 z_B 轴旋转 30°，再绕新坐标系的 x_B 轴旋转 45°，求按上述顺序旋转后得到的旋转矩阵。

3-7　在什么条件下，两个旋转矩阵可以交换顺序？

3-8　如果旋转角度足够小，任意两个旋转矩阵是否可以交换顺序？

3-9　假设一个刚体内嵌有两个单位向量，试证明：无论刚体如何旋转，两个向量的夹角都保持不变。

3-10　证明任何旋转矩阵行列式的值恒等于 1。

3-11　证明 $\dot{\boldsymbol{R}}\boldsymbol{R}^{-1}$ 和 $\boldsymbol{R}^{-1}\dot{\boldsymbol{R}}$ 都是反对称矩阵。

3-12　求解姿态矩阵 $\boldsymbol{R}$ 的特性：

（1）求解姿态矩阵 $\boldsymbol{R}$ 的特征值，并求与特征值 1 对应的特征向量。

（2）令姿态矩阵 $\boldsymbol{R}=(\boldsymbol{r}_1\quad \boldsymbol{r}_2\quad \boldsymbol{r}_3)$，试证明 $\det(\boldsymbol{R})=\boldsymbol{r}_1^{\mathrm{T}}(\boldsymbol{r}_2\times\boldsymbol{r}_3)$。

（3）证明姿态矩阵 $\boldsymbol{R}$ 满足 $\boldsymbol{R}\boldsymbol{u}=(\boldsymbol{R}[\boldsymbol{u}]\boldsymbol{R}^{\mathrm{T}})^{\vee}$。

3-13　已知一刚体的齐次变换矩阵

$$\boldsymbol{T}=\begin{pmatrix}\frac{\sqrt{3}}{2} & -\frac{1}{2} & 0 & 2\\ \frac{1}{2} & \frac{\sqrt{3}}{2} & 0 & 4\\ 0 & 0 & 1 & 0\\ 0 & 0 & 0 & 1\end{pmatrix}$$

试求解该变换的逆变换 $\boldsymbol{T}^{-1}$。

3-14　证明**平面齐次变换矩阵**满足

$$\boldsymbol{D}=\begin{pmatrix}\cos\alpha & -\sin\alpha & x_Q-x_P\cos\alpha+y_P\sin\alpha\\ \sin\alpha & \cos\alpha & y_Q-y_P\sin\alpha-y_P\cos\alpha\\ 0 & 0 & 1\end{pmatrix}$$

3-15　已知刚体绕 z 轴方向的轴线旋转 30°，且轴线经过点 $(1,1,0)^{\mathrm{T}}$，求物体坐标系 $\{B\}$ 相对于固定坐标系 $\{A\}$ 的位形。

3-16　已知刚体绕 x 轴方向的轴线旋转 30°，且轴线经过点 (1，0，1)，求物体坐标系 $\{B\}$ 相对于固定坐标系 $\{A\}$ 的齐次变换矩阵。

3-17　已知一机器人末端工具中心点为 $\boldsymbol{p}_0$，试求经过机器人的一般运动变换（旋转 $\boldsymbol{R}_{3\times3}$ 和平移 $\boldsymbol{p}_{3\times1}$）后点 $\boldsymbol{p}$ 的表达，并写出其逆变换矩阵的表达。

3-18　试证明三次绕固定坐标轴 X-Y-Z 旋转的最终姿态与以相反顺序三次绕运动坐标轴 xyz 旋转的最终姿态相同，即 $\boldsymbol{R}_{ZYX}(\alpha,\beta,\gamma)=\boldsymbol{R}_{zyx}(\gamma,\beta,\alpha)$。

3-19　在描述空间刚体姿态的各种方法中，欧拉角描述被称为局部参数的描述方法。以 Z-X-Z 欧拉角为例，试证明当 $\phi=0$ 时，姿态矩阵奇异。

3-20　在欧拉角的定义中，连续旋转总是基于正交（坐标）轴进行的，这种限制是否是必须的？为什么？

3-21　已知姿态矩阵

$$R=\begin{pmatrix}\sqrt{3}/2 & -1/2 & 0\\ \sqrt{3}/4 & 3/4 & -1/2\\ 1/4 & \sqrt{3}/4 & \sqrt{3}/2\end{pmatrix}$$

求与其等效的 Z-X-Z 欧拉角。

3-22 已知姿态矩阵

$$R=\begin{pmatrix}1 & 0 & 0\\ 0 & \sqrt{3}/2 & -1/2\\ 0 & 1/2 & \sqrt{3}/2\end{pmatrix}$$

求与其等效的 R-P-Y 角。

3-23 已知姿态矩阵

$$R=\begin{pmatrix}0 & 1 & 0\\ 0 & 0 & -1\\ -1 & 0 & 0\end{pmatrix}$$

求与其对应的等效轴-角及相应的欧拉参数。

3-24 T&T(Tilt & Torsion）是加拿大学者 Benev 提出的一种描述刚体姿态的方法，它实质上是一种修正的 Z-Y-Z 欧拉角。如果某类机构在运动过程中始终满足 Torsion 角为零，则该机构称为零扭角机构。查阅文献，列举 3~5 种零扭角机构。

3-25 试证明相似变换

$$R_a(\theta)=R_z(\phi)R_y(\theta)R_z^{-1}(\phi)=R_{zyz}(\phi,\ \theta,\ -\phi)$$

3-26 若姿态矩阵

$$R=\begin{pmatrix}r_{11} & r_{12} & 0\\ r_{21} & r_{22} & r_{23}\\ r_{31} & r_{32} & r_{33}\end{pmatrix}$$

能用只具有两个参数的欧拉角来描述，即

$$R=\begin{pmatrix}\cos\theta & -\sin\theta & 0\\ \sin\theta\cos\phi & \cos\theta\cos\phi & -\sin\phi\\ \sin\theta\sin\phi & \cos\theta\sin\phi & \cos\phi\end{pmatrix}$$

试确定这两个欧拉角的取值范围。

3-27 已知一速度向量 ${}^B\boldsymbol{v}$ 和齐次变换矩阵 ${}^A_BT$

$${}^B\boldsymbol{v}=\begin{pmatrix}1\\2\\3\end{pmatrix},\quad {}^A_BT=\begin{pmatrix}\sqrt{3}/2 & -1/2 & 0 & 5\\ 1/2 & \sqrt{3}/2 & 0 & -2\\ 0 & 0 & 1 & 3\\ 0 & 0 & 0 & 1\end{pmatrix}$$

试计算 ${}^A\boldsymbol{v}$。

3-28 对于由移动点 $\boldsymbol{p}$ 和 2×2 旋转矩阵 $\boldsymbol{R}$ 组成的平面刚体变换（$\boldsymbol{R}$，$\boldsymbol{p}$），可以用齐次坐标将其表示为 3 × 3 矩阵

$$T=\begin{pmatrix}R & \boldsymbol{p}\\ \boldsymbol{0} & 1\end{pmatrix}$$

对应的单位运动旋量 $\hat{\boldsymbol{\xi}}$ 可以表示成

$$\hat{\boldsymbol{\xi}}=\begin{pmatrix}\hat{\boldsymbol{\omega}} & \boldsymbol{v}\\ \boldsymbol{0} & 0\end{pmatrix},\quad \hat{\boldsymbol{\omega}}=\begin{pmatrix}0 & -\omega\\ \omega & 0\end{pmatrix}\ (\boldsymbol{v}\in\mathbb{R}^2,\ \boldsymbol{\omega}\in\mathbb{R})$$

（1）证明任意平面刚体运动可以描述为关于某点的纯移动或纯转动。

（2）证明绕点 $\boldsymbol{q}$ 的纯转动平面运动旋量和沿 $\boldsymbol{v}$ 方向的纯移动平面运动旋量为 $\boldsymbol{\xi} = (1;\ q_y,\ -q_x)$（纯转动）；$\boldsymbol{\xi} = (0;\ v_x,\ v_y)$（纯移动）。

3-29　证明伴随矩阵的特性：$\boldsymbol{A}_T^{-1} = \boldsymbol{A}_{T^{-1}}$。

3-30　证明 ${}_C^A\boldsymbol{V}^s = {}_B^A\boldsymbol{V}^s + {}_B^A\boldsymbol{A}_T{}_C^B\boldsymbol{V}^s$。

3-31　证明平面刚体运动的伴随变换可由下式给出

$$\boldsymbol{A}_T = \begin{pmatrix} \boldsymbol{R}_{2\times 2} & \begin{matrix} p_y \\ -p_x \end{matrix} \\ \boldsymbol{0} & 1 \end{pmatrix}$$

3-32　就旋量的物理意义而言，除了运动旋量和力旋量之外，试列举其他具有物理意义的旋量类型。

3-33　无论是空间速度还是物体速度，都可以用旋量来表达。试问空间加速度或物体加速度也可表示成旋量的形式吗？如何表示？

3-34　已知某运动旋量为 $\boldsymbol{V} = (1,\ 0,\ 0;\ 0,\ 0,\ 1)$，试求：

（1）$\boldsymbol{\omega}$，$\boldsymbol{r}$，$\boldsymbol{h}$。

（2）绘制出该运动旋量的轴线位置。

3-35　运动旋量与约束旋量是一对互易旋量，试说明其中的物理意义。如果刚体受到了纯力约束的作用，该刚体的什么运动受到了约束？如果刚体受到了纯力偶约束的作用，该物体的什么运动受到了约束？

3-36　已知惯性坐标系 $\{A\}$ 原点的速度旋量 ${}^A\boldsymbol{V}$ 和齐次变换矩阵 ${}_B^A\boldsymbol{T}$：

$${}^A\boldsymbol{V} = \begin{pmatrix} \sqrt{2}/2 \\ \sqrt{2}/2 \\ 0 \\ 0 \\ 1 \\ 1 \end{pmatrix},\quad {}_B^A\boldsymbol{T} = \begin{pmatrix} \sqrt{3}/2 & -1/2 & 0 & 10 \\ 1/2 & \sqrt{3}/2 & 0 & 0 \\ 0 & 0 & 1 & 5 \\ 0 & 0 & 0 & 1 \end{pmatrix}$$

试计算 ${}^B\boldsymbol{V}$。

3-37　当前工业机器人领域经常要定义四种坐标系：惯性坐标系 $\{A\}$、末端或工具坐标系 $\{T\}$、图像坐标系 $\{C\}$ 和工件坐标系 $\{W\}$，如图 3-53 所示。

（1）基于图中所给尺寸，试确定 ${}_W^A\boldsymbol{T}$ 和 ${}_W^C\boldsymbol{T}$。

（2）若 ${}_C^T\boldsymbol{T} = \begin{pmatrix} 1 & 0 & 0 & 4 \\ 0 & 1 & 0 & 0 \\ 0 & 0 & 1 & 0 \\ 0 & 0 & 0 & 1 \end{pmatrix}$，试求 ${}_T^A\boldsymbol{T}$。

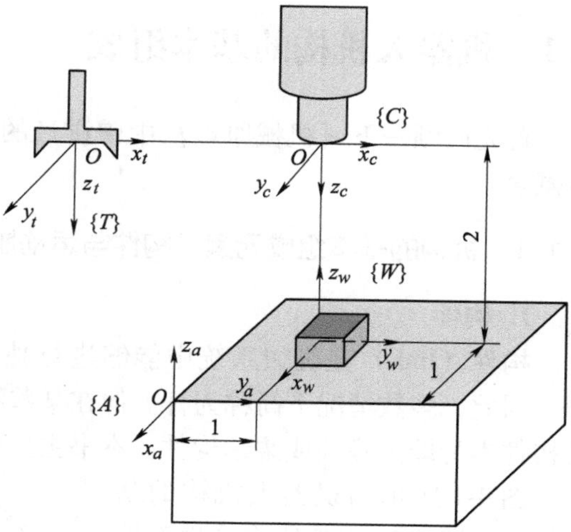

图 3-53　工业机器人

第 4 章 常用机器人机构

本章导读

机构是机器人的骨架。机器人机构既可以作为机器人的结构本体，也可以成为机器人驱动、传动，乃至执行系统的重要组成部分。

本章主要介绍：①机器人机构的基本组成；②串联机构、并/混联机构等常用机器人机构的分类及特点；③机器人中常用的驱动与传动机构；④与机器人机构相关的性能指标。

4.1 机器人机构的基本组成

首先回顾一下《机械原理》中曾讲过的，也是《机器人机构学基础》中沿用的一些基本概念。

4.1.1 机构的基本组成元素：构件与运动副

1. 构件

构件（link）是机械系统中能够进行独立运动的单元体。机器人中的构件多为刚性连杆，因此，多数情况下简称为杆。但在某些特定应用中，不可以忽视构件的弹性或柔性，或者构件本身即为弹性或柔性构件。本书主要研究刚性杆。

图 4-1 所示为机器人机构的基本组成。图 4-1a 中的所有构件都可以看作是由刚性杆组成的，图 4-1b 中连接两平台的四根杆为柔性杆。两个机器人机构中都有一个固定不动的构件，称为**机架**（frame）或**基座**（base）。

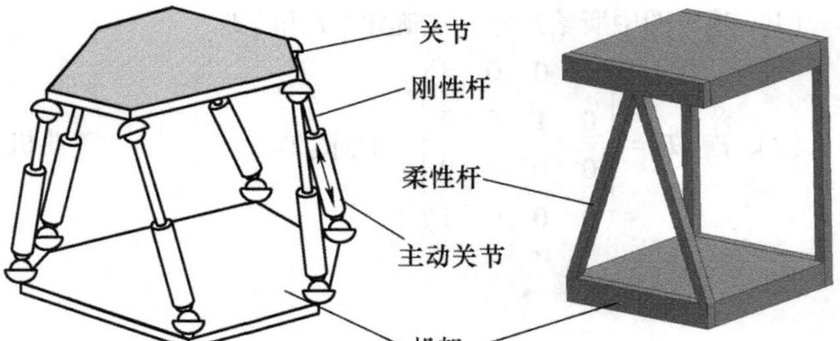

图 4-1

机器人机构的基本组成

2. 运动副

运动副（kinematic pair）是指两构件既保持接触又有相对运动的活动连接。在机器人学领域，通常又称运动副为铰链或者**关节**（joint）。机器人的运动学特性主要由运动副类型和运动副空间布局决定。

机器人中常用的运动副类型如下：

1）转动副（revolute joint）是使两构件间发生相对转动的一种连接形式，它具有一个转动自由度，可使得两个构件绕同一轴线转动。

2）移动副（prismatic joint）是使两构件间发生相对移动的一种连接形式，它具有一个移动自由度，约束了刚体的其他五类运动，并使得两个构件沿同一方向运动。

3）螺旋副（screw joint）是使两构件间发生螺旋运动的一种连接形式，它同样只具有一个自由度，约束了刚体的其他五类运动，并使得两个构件在空间某一范围内运动。

4）圆柱副（cylindrical joint）是使两构件间发生同轴转动和同方向移动的一种连接形式，通常由共轴的转动副和移动副组合而成。它具有两个独立的自由度，约束了刚体的其他四类运动，并使得两个构件在空间内运动。因此，圆柱副是一种空间Ⅳ级低副。

5）虎克铰（universal joint）是使两构件间绕同一点做二维转动的一种连接形式，通常采用轴线正交的连接形式，有时也称作万向铰。它具有两个相对转动的自由度，相当于轴线相交的两个转动副。它约束了刚体的其他四类运动，并使得两个构件在空间内运动。因此，虎克铰是一种空间Ⅳ级低副。

6）平面副（planar joint）是允许两构件间在平面内任意移动和转动的一种连接形式，可以看作由两个独立的移动副和一个转动副组成。它约束了刚体的其他三个运动，只允许两个构件在平面内运动。因此，平面副是一种平面Ⅲ级低副。由于没有物理结构与其相对应，工程中并不常用。

7）球面副（spherical joint）多数情况下简称球副，它是一种能使两个构件间在三维空间内绕同一点做任意相对转动的运动副，可以看作由轴线汇交于一点的三个转动副组成。它约束了刚体的三维移动，因此是一种空间Ⅲ级低副。

表 4-1 对以上七种常用运动副进行了总结，包括其图形示意及常用符号表示。注意：表 4-1乃至全书中的“*R*”表示转动，“*T*”表示移动，字母前面的数字表示自由度数目。

表 4-1　机器人中常见运动副的类型及其代表符号

名称	符号	类型	自由度	图形示意	符号表示
转动副	R	平面Ⅴ级低副	1*R*		
移动副	P	平面Ⅴ级低副	1*T*	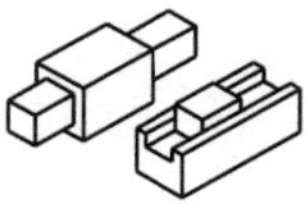	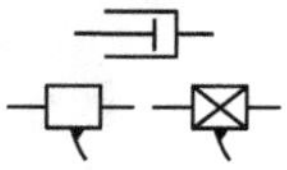
螺旋副	H	空间Ⅴ级低副	1*R* 或 1*T*	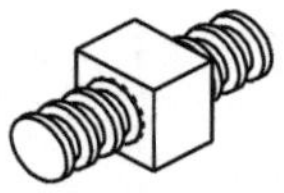	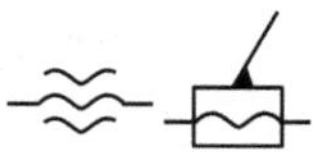

（续）

名称	符号	类型	自由度	图形示意	符号表示
圆柱副	C	空间Ⅳ级低副	1*R*1*P*		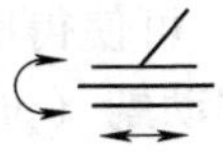
虎克铰	U	空间Ⅳ级低副	2*R*		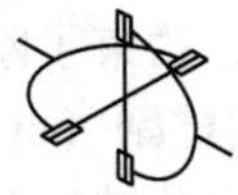
平面副	E	平面Ⅲ级低副	1*R*2*P*		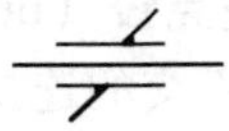
球面副	S	空间Ⅲ级低副	3*R*		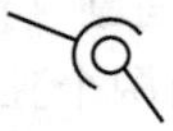

实际应用的机器人可能用到上述任何一类运动副，但最常用的还是转动副和移动副。虽然连杆可以用任何类型的运动副来连接，包括齿轮副、凸轮副等高副（点或线接触），但机器人中通常只选用低副（面接触），如转动副 R、移动副 P、螺旋副 H、圆柱副 C、虎克铰 U、平面副 E 和球面副 S 等。图 4-2 所示为 R、P、C、U、S 五种铰链的真实物理表现形式。

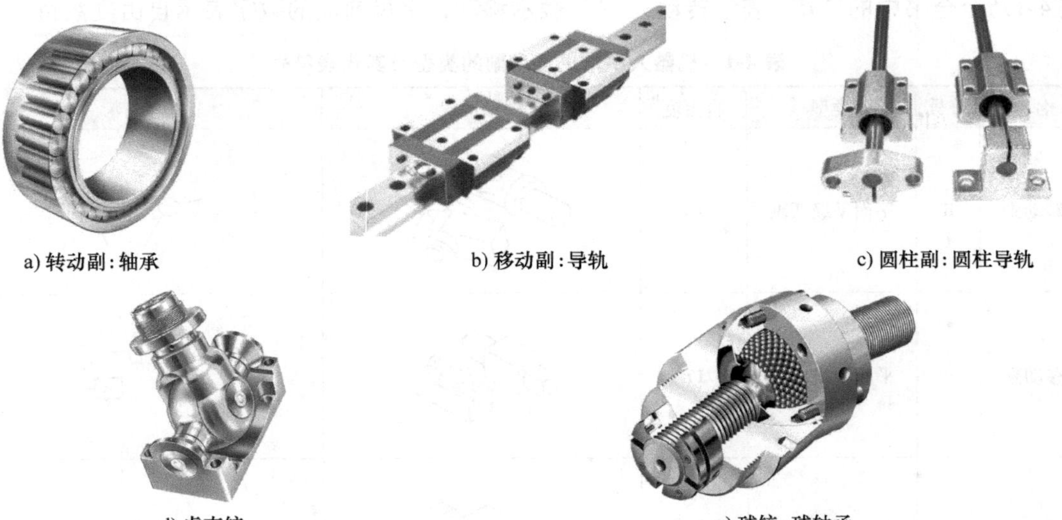

a) 转动副：轴承　b) 移动副：导轨　c) 圆柱副：圆柱导轨

d) 虎克铰　e) 球铰：球轴承

图 4-2

铰链的真实物理表现形式

根据在机器人运动过程中的作用，运动副可分为**主动副**（或驱动副，actuated joint）和**被动副**（或消极副，passive joint）。例如，在并联机器人中就广泛存在着被动副。

4.1.2　运动链、机构与机器人

1. 运动链

两个或两个以上的构件通过运动副连接而成的可动系统称为**运动链**（kinematic chain）。组成运动链的各构件构成首末封闭系统的运动链称为**闭链**（或闭环，closed-loop）；反之，称为**开链**（或开环，open-loop）；既含有闭链又含有开链的运动链称为混链。图 4-3 所示为典型开链、闭链和混链的结构示意图。

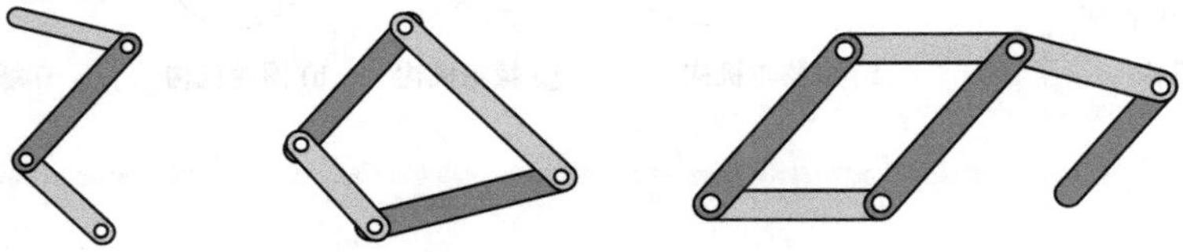

a) 开链　b) 闭链　c) 混链

图 4-3

运动链的类型

完全由开链组成的机器人称为**串联机器人**（serial manipulator），完全由闭链组成的机器人称为**并联机器人**（parallel manipulator），开链中含有闭链的机器人称为**串并联机器人**（serial-parallel manipulator）或**混联机器人**（hybrid manipulator）。图 4-4 所示为串联、并联与混联三类典型机器人的结构示意图。

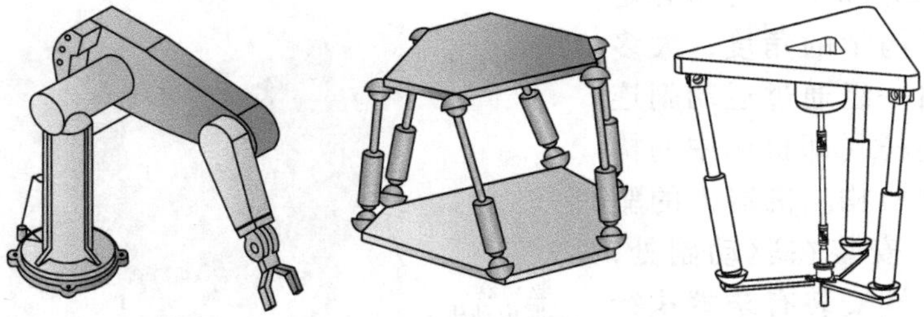

a) 串联机器人　b) 并联机器人　c) 混联机器人

图 4-4

串联、并联与混联机器人

2. 机构

将运动链中的某一个构件加以固定，而让另一个或几个构件按给定运动规律相对固定构件运动，如果运动链中其余各活动构件都具有确定的相对运动，则此运动链称为**机构**（mechanism），其中的固定构件称作**机架**或**基座**（base）。常见的机构类型有连杆机构、凸轮机构、齿轮机构等。图 4-5 所示为常用平面机构。

根据机构中各构件间的相对运动，可将其分为**平面机构**（planar mechanism）、**球面机构**（spherical mechanism）和**空间机构**（spatial mechanism）。此外，根据构件或运动副的变

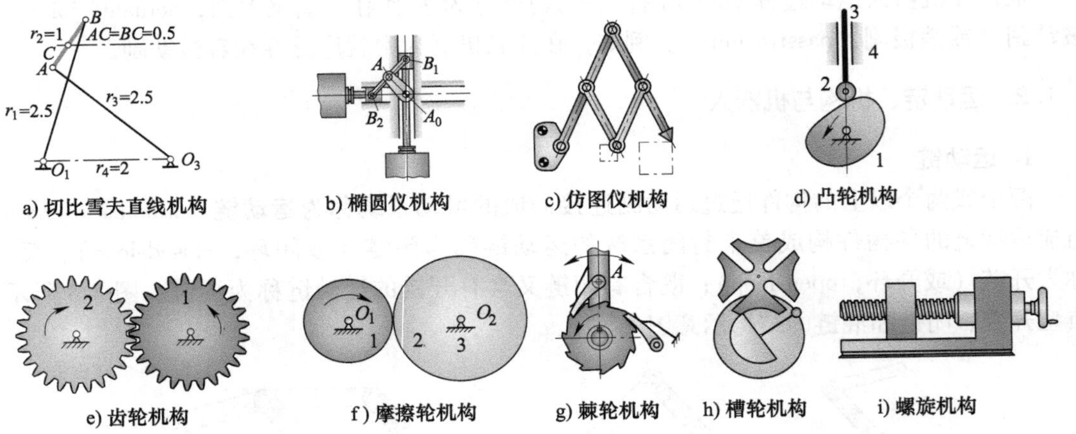

图 4-5

常用平面机构

形程度，还可以将机构分成**刚性机构**（rigid mechanism）、**弹性机构**（flexible mechanism）及**柔性机构**（compliant mechanism）。刚性机构中，假定构件为刚体，但运动副为理想柔度，则往往无法实现真实的机构，从而影响了机构的性能（如刚度、精度等）。弹性机构及柔性机构则考虑了这一点：它们的构件或运动副均为非理想柔度，但弹性机构偏重考虑的是如何消除柔性带来的负面影响，而柔性机构则充分利用了构件或运动副的柔性。

3. 机器人

很难从机构的角度给出机器人（manipulator 或 robot）的明确定义。但是，从机构学的角度，大多数机器人都是由一组通过运动副连接而成的刚性连杆（即机构中的构件）构成的特殊机构。机器人的**驱动器**（actuator）安装在驱动副处，而在机器人的末端安装有**末端执行器**（end-effector）。图 4-6 所示为机器人的一种典型结构组成，包括驱动器、机构本体和末端执行器（手爪）。

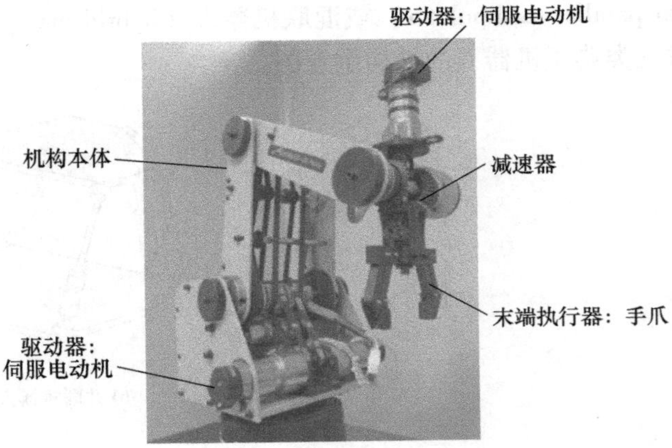

图 4-6

机器人的结构组成

4.1.3 机器人机构的表示

《机械原理》中曾讲到**机构运动简图**的概念，以简化机构的实体表示。机器人机构作为特殊的机构类型，同样可以采用机构运动简图来表示。详细绘制过程可参考相关《机械原理》教材，这里不再赘述。下面举两个例子加以说明。

【例 4-1】 两种串联机器人及其机构运动简图（图 4-7）。

【例 4-2】 两种并联机器人及其机构运动简图（图 4-8）。

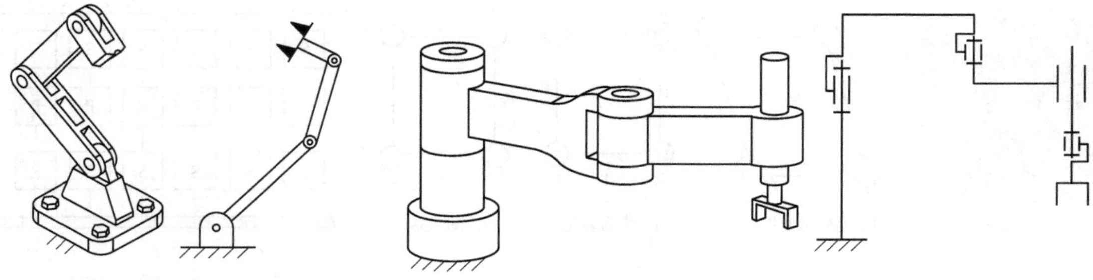

a) 平面3R机械手　　b) 4自由度串联机械手

图 4-7

两种串联机器人及其机构运动简图

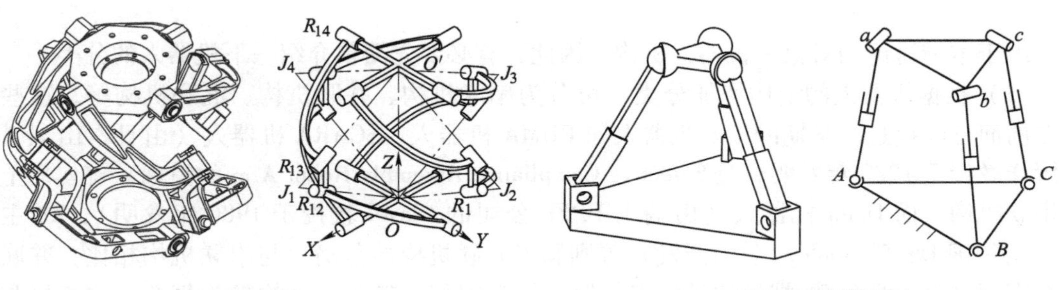

a) Omni Wrist Ⅲ　　b) 3-RPS并联机器人

图 4-8

两种并联机器人及其机构运动简图

除了用运动简图表示机器人机构外，有时只是为了表明机器人的组成和结构特征，而不严格按照比例绘制简图，这样所形成的简图称为机器人机构运动或结构**示意图**（schematic diagram），有时简称为机构示意图或机构简图。这类示意图多用于自由度分析与构型综合中。无论是运动简图还是结构示意图，都属于形象化的图形表达范畴。

除此之外，有时还采用抽象的**符号表示**（symbol representation）形式。比较简单的方法是直接采用运动链（或机构）中所含运动副符号来表征，并作为命名机构的一种方式。例如，图 4-4a 所示的串联机器人可以表示成 RRRRRR（或 6R）机构，图 4-4b 所示的并联机器人可以表示成 6-SPS 机构。（支链）命名方式遵循：从与机架相连的运动副开始，到与机架相连的另一运动副结束。

符号表示还有其他方式，比较典型的有**结构表达**（structure representation）或**图表达**（graph representation）。后者是基于**图论**（graph theory）的方式，具有很强的数学支撑，常用于构型综合。目前，无论是平面机构还是空间机构，连杆机构还是其他类型机构，对图表达形式的应用都非常普遍。图 4-9 所示为平行四边形机构的各种表示形式，如符号表示为 RRRR（或 P_a）。

图 4-10 所示为 Stewart 平台的拓扑结构图表示。

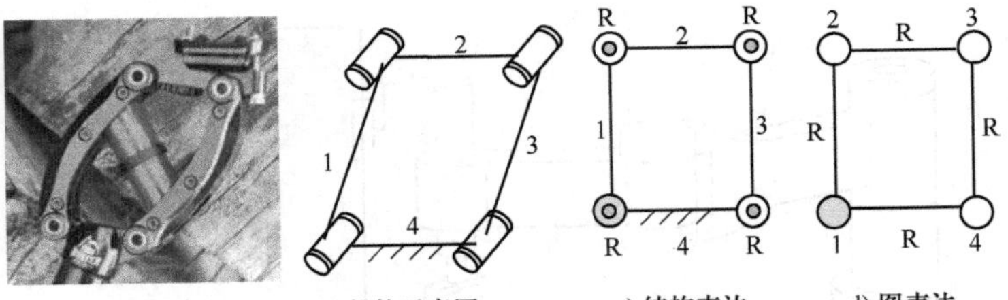

a) 自行车车闸 b) 机构示意图 c) 结构表达 d) 图表达

图 4-9

平行四边形机构的各种表示形式

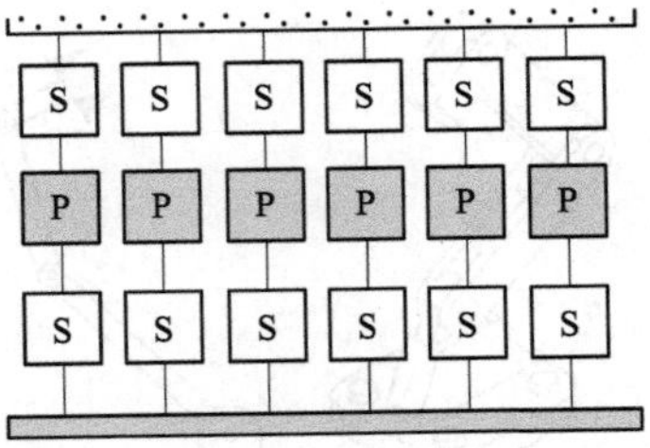

图 4-10

Stewart 平台的拓扑结构图表示

4.2 机器人机构的分类

由于本书讨论的对象是机器人机构，因此，有必要先简单介绍一下机器人的分类。

（1）根据机器人的结构特征分类　可分为串联机构、并联机构、混联机构等，这些概念在前面已经提过。早期的工业机器人如 PUMA 机器人、SCARA 机器人（由日本山梨大学牧野洋教授于 1980 年发明，是 Selective Compliance Assembly Robot Arm 的简称）等实质上都是串联机构，而 Delta 机器人（由瑞士 EPFL 公司的 Clavel 教授于 1986 年发明）、Z3 主轴头（由德国 DS Technology 公司开发）等则属于并联机构的范畴。与串联机构相比，并联机构具有高刚度、高负载/惯性比等优点，但工作空间相对较小、结构较为复杂。这正好与串联机构形成了互补，从而拓展了机器人的选择及应用范围。Tricept 机器人（由 Neumann 博士于 1988 年发明）则是一种典型的混联机构，它综合了串联机构与并联机构的特点。各类机器人如图 4-11 所示。

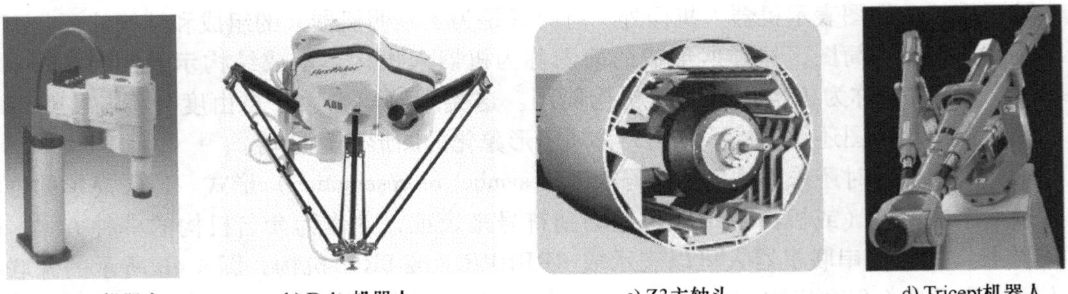

a) SCARA机器人 b) Delta机器人 c) Z3主轴头 d) Tricept机器人

图 4-11

已获得成功应用的商用串、并、混联机器人

（2）根据机器人的运动（或自由度）特性分类　根据所实现的运动可分为平面机器人机构（实现平面运动）、球面机器人机构（实现球面运动）与空间机器人机构（实现空间运动）。平面机器人机构多为**连杆机构**（linkage），运动副多为转动副和移动副；而由球面机构组成球面机器人机构；除此之外的机器人机构，都为空间机器人机构。

更为普遍的情况是按照自由度类型来划分，如 1～3 **自由度**（Degree-of-Freedom，DoF）**平动机构**、1～3DoF **转动机构**和 2～6DoF **混合运动机构**等。

(3) 根据结构组成与运动功能分类 可分为**定位**（positioning）机器人和**指向**（pointing）机器人。传统意义上，前者通常称为**机械臂**（arm），而后者通常称为**手腕**（wrist）。例如，在 PUMA 机器人中，前三个关节用于控制机械手的**位置**，而剩下的三个关节用于控制机械手的**姿态**。为完成某种操作任务，机器人末端还要安装**机器人手爪**（或夹持器，gripper）或更为灵活的**机械手**（hand），学名为**末端执行器**（end-effector）。机器人末端的位置与姿态共同构成了机器人的位形空间。

(4) 根据构件（或关节）有无柔性分类 可分为刚性机器人和柔性机器人（图 4-1）。

此外，还有一类可实现结构重组或形态能够发生变化的**可重构机器人机构**（reconfigurable robotic mechanism），如图 4-12 所示的**折展机构**。这种新型机构除了具有折叠或展开特性外，还可通过改变杆件数或者运动副的类型等方式使自由度发生变化。

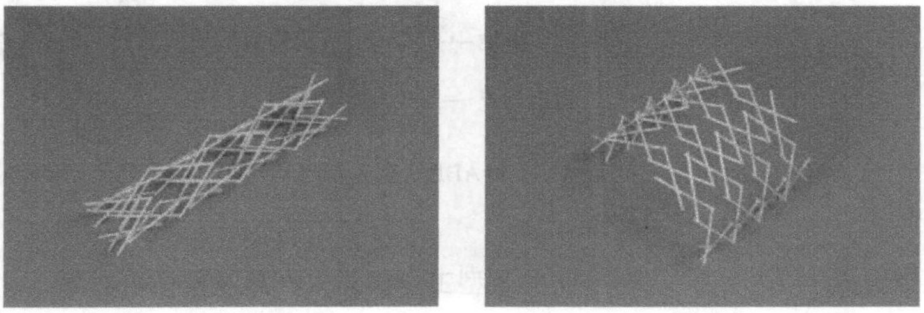

a) b)

图 4-12

基于 Bennett 机构单元的折展机构

下面结合机器人的结构或功能特征，详细介绍几种常用的机器人机构。

4.3 串联机器人机构

在机器人发展史上，串联机器人扮演了先驱者的角色，广泛应用在工业生产线上，因此，又称这类机器人为**工业机器人**（industrial robot），也称**操作手**（manipulator）。工业机器人一般是指在机械制造业中，用于代替人完成具有大批量、重复性要求工作（如汽车制造，摩托车制造，舰船制造，自动化生产线中的点焊、弧焊、喷漆、切割、电子装配及物流系统中的搬运、包装、码垛等作业）的机器人。其中，得到广泛应用的工业机器人有 SCARA 机器人、Stanford 机器人、PUMA 机器人等。

典型的串联机器人通常由手臂机构、手腕机构和末端执行器三部分组成，如图 4-13 所示。

(1) 手臂机构 手臂机构是机器人机构的主要组成部分，其作用是支承手腕机构和末端执行器，并确定腕部中心点 P 在空间中的位置坐标。手臂机构通常具有 3 个自由度，个别为 4 个自由度。

(2) 手腕机构 手腕机构是连接手臂机构和末端执行器的部件，其作用主要是改变和调整末端执行器在空间中的方位，即姿态。手腕机构一般具有 3 个旋转自由度，个别为 2 个旋转自由度。

(3) 末端执行器 它是机器人作业时安装在腕部的工具，根据任务要求选装。

串联机器人本质上是由一系列的连杆和运动副依次连接组成的开链机构，一般从基座开始，到末端执行器结束。图 4-14a 所示为某空间关节型工业机器人的执行部分，它由多个连杆组成，设计者的初衷是用它来模仿人手臂（图 4-14b）的基本运动。

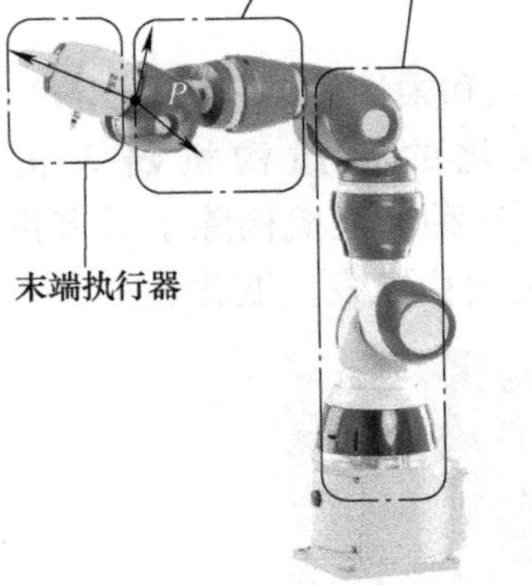

图 4-13
典型串联机器人的组成

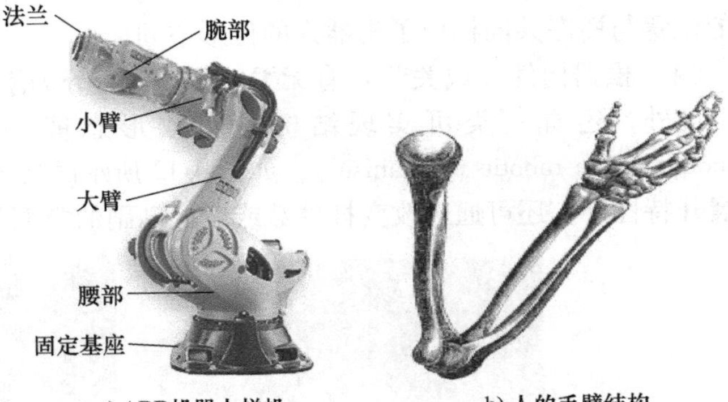

a) ABB机器人样机　b) 人的手臂结构

图 4-14
空间关节型工业机器人产品及其仿生对象

可以看出，它是一个装在固定基座上的开式运动链。各杆之间用运动副连接，在机器人学中，习惯上将这些运动副称为**关节**。在该运动链的末端固连一个手爪，通常称为末端执行器。为使串联机器人实现复杂、灵活的运动，也为了方便调整和控制机器人运动，机器人机构中的运动副大多采用单自由度的运动副——转动副和移动副。这样，只需在每个关节处输入各独立运动即可，如电动机的转动或液压缸、气缸输出的相对移动。

4.3.1 手臂机构

就机器人的结构而言，**手臂机构**（包括小臂和大臂）是其主要组成部分，它的作用是支承腕部和末端执行器，并带动它们使手部中心点 P 按一定的运动轨迹，由某一位置运动到另一指定位置。机器人手臂的主体机构一般为 3 自由度机构，主要有直角坐标式、圆柱坐标式、球面坐标式、关节式四种基本结构形式，如图 4-15 所示。

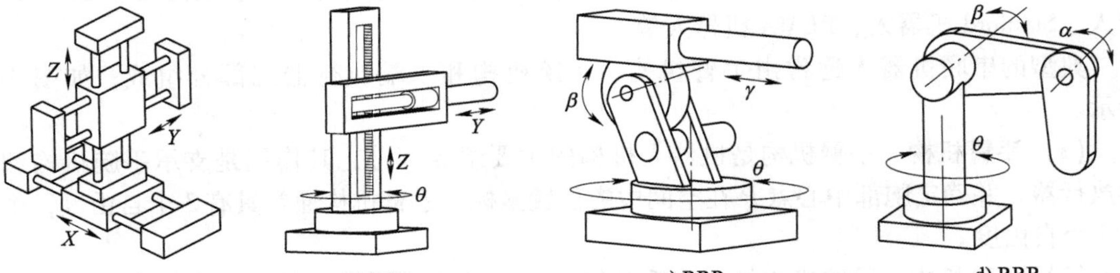

a) PPP　b) RPP　c) RRP　d) RRR

图 4-15
手臂机构的四种基本结构形式

(1) 直角坐标式（Cartesian coordinate type，PPP 链）　由三个相互垂直的移动副构成，每个关节独立分布在直角坐标的三个坐标轴上。其结构简单、控制简单、精度较高。

(2) 圆柱坐标式（cylindrical coordinate type，RPP 或 CP 链）　将直角坐标式机器人中的某个移动副用转动副代替。该结构形式的运动范围较大。

(3) 球面坐标式（polar coordinate type，RRP 或 UP 链）　前两个铰链为相互汇交的转动副，第三个为移动副。该结构形式的运动范围也较大。

(4) 关节式（articulated type，RRR 或 UR 链）　所有三个铰链均为转动副。这种结构形式对作业的适应性较高，而且更接近拟人臂。具体而言，还可分为竖直关节式和水平关节式两种子类型。

【例 4-3】　Gantry 机器人。

有一种应用非常广泛的 Gantry 机器人（图 4-16），又称为**直角坐标机器人**，该机器人一般为龙门结构，由三个直线运动单元组合而成。而世界上最早实用化的工业机器人“Versatran”和“Unimate”分别采用了圆柱坐标式结构和球面坐标式结构。

【例 4-4】　SCARA 机器人。

20 世纪 60 年代，随着半导体技术及轻工业的快速发展，工业界对一类可实现拾取作业的机器人有大量需求，SCARA 机器人便应运而生。如图 4-17 所示，该机器人由三个相互平行的转动轴和一个与转动轴线平行的移动轴组成。由于该机器人可实现水平面内的任意移动，因此，其突出特征是在水平面内刚度低（柔顺性好），而在竖直方向上刚度高，非常适合用于装配作业。

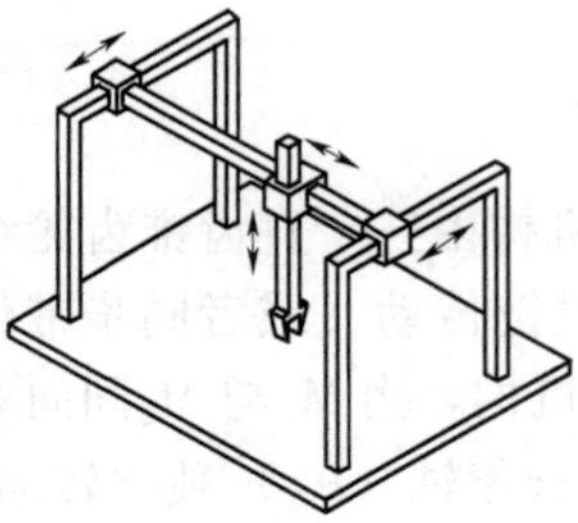
a) 结构示意图

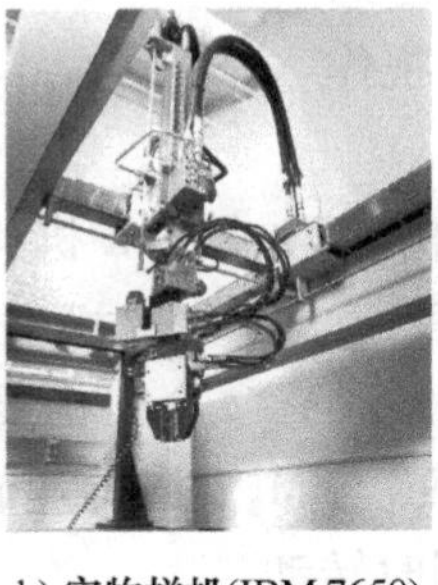
b) 实物样机(IBM 7650)

图 4-16
Gantry 机器人

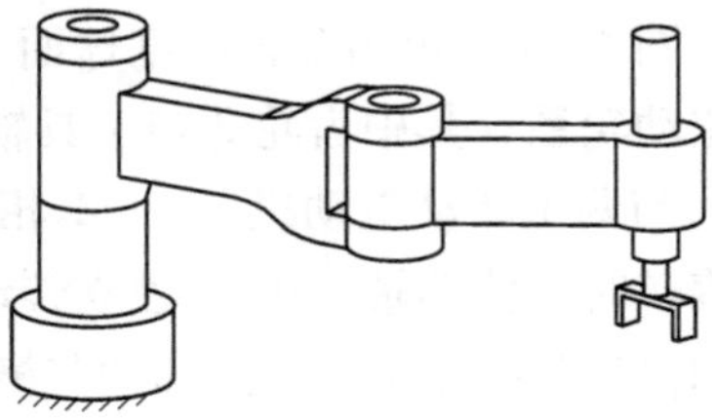

图 4-17
SCARA 机器人的结构示意图

以上介绍的手臂机构通常都是由一系列刚性连杆通过刚性关节连接而成的，机构的运动完全通过这些离散关节的运动来实现。简单地说，关节和自由度具有离散分布特性。还有一类名为“**连续体机器人**（continuum robot）”的柔性手臂机构，它们的运动可通过结构的连续变形来实现，结构中通常不包含刚性连杆和离散的活动关节，其运动自由度呈现连续分布。最初的设计灵感源于自然生物系统，如蛇（图 4-18a）、象鼻（图 4-18b）、章鱼等，因此，有时称连续体机器人为“蛇形臂”。由于在受限空间中具有特殊的灵巧运动功能，其在医疗、康复、检测等领域中有重要的应用。

典型的连续体机器人机构通常由骨架、弹性柱和驱动柔索等组成。根据骨架的刚度特征，现有连续体机器人机构可分为刚性骨架机构和柔性骨架机构两种（图 4-19）。与柔性骨架机构相比，刚性骨架机构一般具有灵活性好、刚度高、运动学模型简单、精度及稳定性高等优点；但是，柔性骨架机构更容易适应复杂环境，安全性也更高。

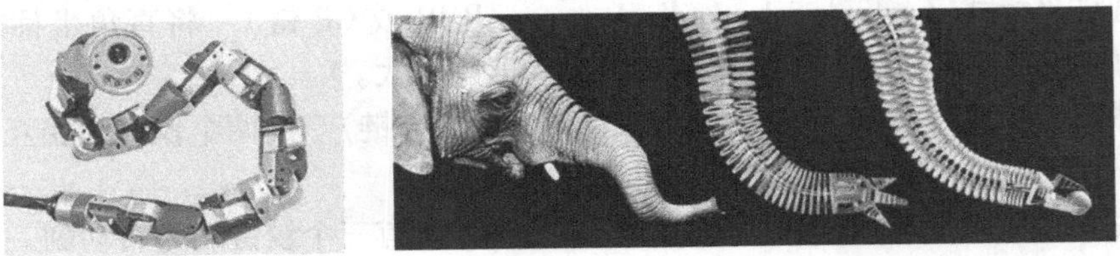

a) b)

图 4-18

仿生连续体机器人

4.3.2 手腕机构

手腕机构也称为**腕部**，是连接手臂机构和末端执行器的部件，其作用主要是改变和调整末端执行器在空间中的方位，从而使末端执行器所握持的工具或工件到达某一指定的姿态。因此，手腕机构通常也称为**定向机构**（orientation mechanism）或**调姿机构**（pointing mechanism）。应用最普遍的手腕机构是 2 自由度球面机构或 3 自由度球铰链机构，其自由度视作业要求而定。

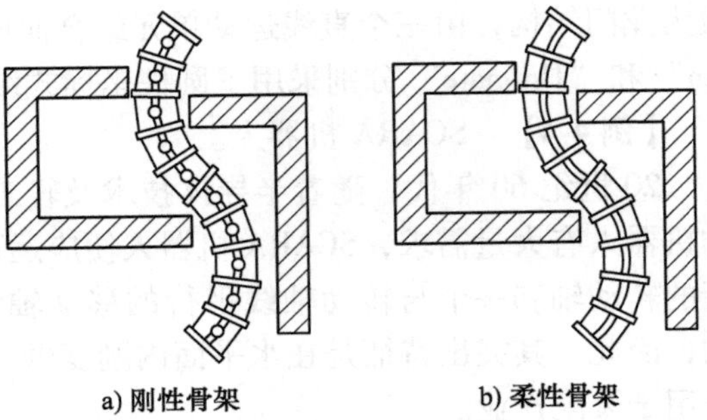

a) 刚性骨架 b) 柔性骨架

图 4-19

两类连续体机器人机构

图 4-20 所示为 2 自由度球面手腕机构（Pitch-Roll 机构）。该机构由三个直齿锥齿轮组成差动轮系，其中齿轮 3 与工具轴 *B* 固接，而齿轮 1 和 2 分别通过链传动（或者同步带传动）与两个驱动电动机 M_1、M_2相连，形成具有 2 个自由度的差动机构。当 M_1与 M_2同向等速旋转时，俯仰轴（θ_{a1}）独立转动；当 M_1与 M_2反向等速旋转时，横滚轴（θ_{a2}）独立转动；当 M_1与 M_2不等速时，俯仰轴与横滚轴同时转动。

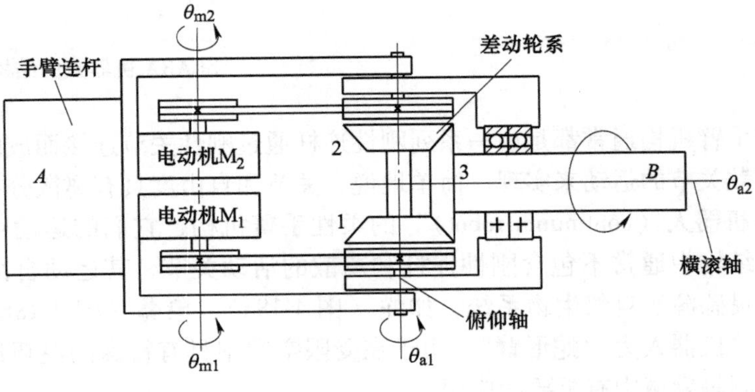

图 4-20

2 自由度球面手腕机构

图 4-21 所示为三个转轴正交于一点的 3 自由度球铰链手腕机构。该机构可由远距离驱动器带动几组锥齿轮旋转，进而实现三个独立的转动。基本原理如图 4-21a 所示，三个远端驱动器分别为输入 φ_1、φ_2、φ_3：由输入 φ_1 直接驱动 θ_1 轴（偏航角）；输入 φ_2 通过一对锥齿轮驱动 θ_2 轴（俯仰角）；输入 φ_2 和 φ_3 通过锥齿轮差动轮系共同驱动 θ_3 轴（横滚角）。在理论上，该手腕可实现任意姿态，但由于受到结构限制，实际上无法实现任意姿态。

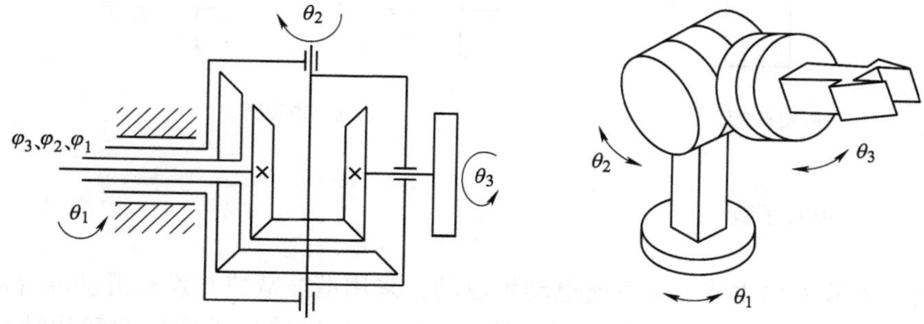

图 4-21
3 自由度球铰链手腕机构

【小知识】RCC 手腕

远程柔顺中心（Remote Center of Compliance，RCC）**装置**是一种辅助机器人装配作业，在接触力作用下，能自动调整装配零件相互位姿误差的多自由度弹性装置，简称 RCC 手腕。它最初是针对轴插孔装配作业而设计的，由美国麻省理工学院的 DRAPER 实验室于 20 世纪 70 年代初研制。

RCC 装置的设计应用了远程柔顺中心的概念。在 RCC 装置的末端存在一个柔顺中心，作用于柔顺中心点处的力只产生与力方向相同的纯平动变形；同理，作用于该点的外力矩只产生绕柔顺中心的转动变形，而不会使柔顺中心点发生平动。因此，RCC 装置具有轴向刚度大、侧向刚度小、轴向刚度与水平刚度及扭转刚度完全解耦等特点。将 RCC 装置安装于工业机器人末端执行自动装配作业时，待装配零件通过夹具与 RCC 装置相连，并使柔顺中心点位于零件装配位置的末端。当由于微小的装配定位误差导致互配的零件相互接触而产生装配阻力或阻力矩时，被装配零件可以自动进行位置和角度的调整，从而对位姿误差进行校正补偿，确保装配作业顺利进行。

图 4-22 所示为一个具有水平和摆动浮动机构的 RCC 手腕。水平浮动机构由平面、钢球和弹簧组成，实现在两个方向上的浮动；摆动浮动机构由上、下球面和弹簧组成，实现两个方向的摆动。其动作过程如图 4-22 所示，在插入装配过程中，当工件局部被卡住时，将受到阻力，促使 RCC 装置发挥作用，使手爪有一个微小的修正量，以保证工件能顺利插入。

通常，将上述机器人手臂机构与手腕机构作为功能模块组合在一起使用，前者用于**定位**，后者用于**定向或调姿**，组成 6 自由度的串联操作手或串联机器人本体。

【例 4-5】 Stanford 机器人。

1970 年，美国通用电气公司与斯坦福大学人工智能实验室合作，成功开发出 Stanford 机器人（图 4-23）。其臂部采用了球面坐标式结构（RRP），而腕部有俯仰、偏转和翻滚三个

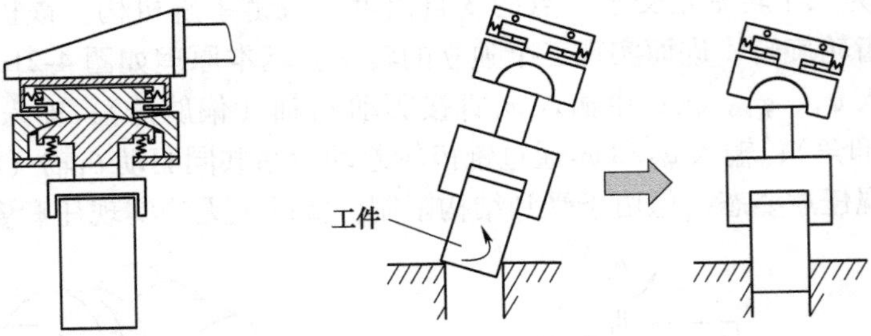

a) 结构简图 b) 工作原理图

图 4-22

RCC 手腕

转动自由度。关节 1 和关节 2 由直流电动机驱动，采用谐波减速并设有滑动离合器和电磁制动器；移动关节 3 采用直流电动机驱动，通过蜗杆副和齿轮齿条副将旋转运动变成直线运动。手腕部分的关节 4、5 和关节 1、2 采用同样的驱动、传动方式；而关节 6 负荷较小，故采用齿轮传动。

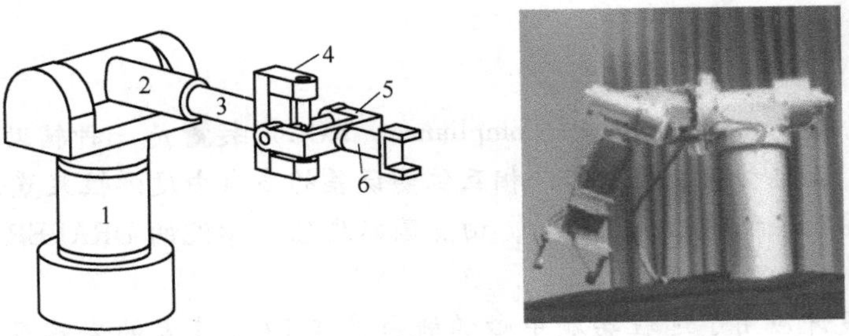

a) 示意图 b) 实物图

图 4-23

Stanford 机器人

【例 4-6】 PUMA 机器人。

1979 年，美国 Unimation 公司推出了一款新型的 PUMA 机器人（图 4-24），并将其应用到通用电气公司的工业自动化装配线上，是工业机器人的旗帜性产品。与 Stanford 机器人在结构上的不同之处是，PUMA 机器人的所有关节均为转动关节。其臂部（前三个关节）采用关节式结构（RRR），而腕部有俯仰、偏转和翻滚三个转动自由度。

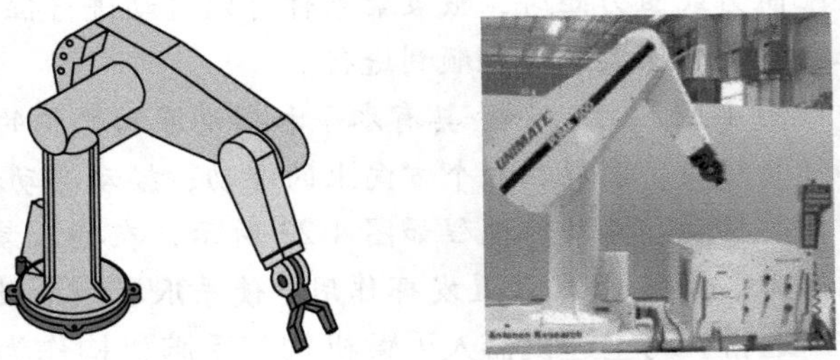

a) 示意图 b) 实物图

图 4-24

PUMA 机器人

4.3.3　机器人手爪

末端执行器又称**机器人手爪**，是指安装在机器人末端的执行装置，它直接与工件接触，用于实现对工件的处理、传输、夹持、放置和释放等作业。

末端执行器可以是一种单纯的机械装置，也可以是包含工具快速转换装置、传感器或柔顺装置等的集成执行装置。大多数末端执行器的功能、构型及结构尺寸都是根据具体的作业任务要求进行设计和集成的，其种类繁多、形式多样。结构紧凑、轻量化及模块化是末端执行器设计的主要目标。

根据作业任务的不同，末端执行器可以是夹持装置或专用工具，其中夹持装置包括**机械手爪**、**吸盘**等，专用工具有**焊枪**、**焊钳**、**研磨头**、**铣刀**、**钻头**等。夹持装置是应用最为广泛的一类末端执行器。图 4-25 所示为一种**夹持器**的工作过程简图。

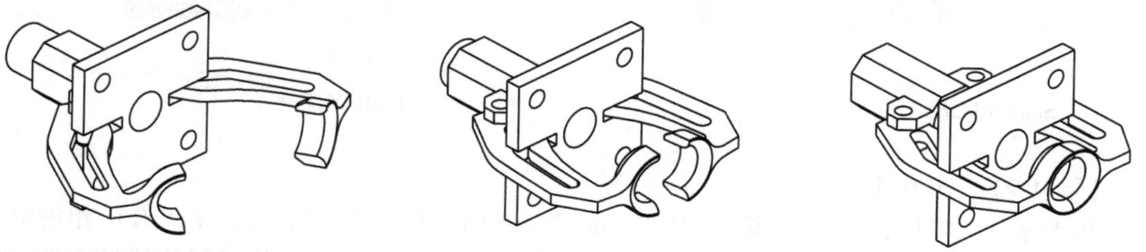
a) 初始姿态：最大张角姿态　b) 第一阶段：工作在动区　c) 第二阶段：工作在静区

图 4-25
夹持器的工作过程简图

根据设计原理不同，夹持装置一般可分为接触式、穿透式、吸取式和粘附式四种类型。接触式夹持装置直接将夹紧力作用于工件表面来实现抓取；穿透式夹持装置一般需要穿透物料进行抓取，如用于纺织品、纤维材料等抓取的末端执行器；吸取式夹持装置主要利用吸力作用于被抓取物体表面来实现抓取，如真空吸盘，电磁装置等；粘附式夹持装置一般利用抓取装置对被抓取对象的粘附力来实现抓取，如利用胶粘原理、表面张力或冰冻原理所产生的粘附力进行抓取。

还有一类机器人手爪，其功能更具通用性，一般由 2~5 根手指组成，这类手爪称为**多指灵巧手**（multi-finger dexterous hand），它是一种典型的多自由度仿人型末端执行器，它通常具有 3~5 个多关节手指，具备人手的运动学结构和灵巧运动特性，具有位置、力和触觉感知能力。从 20 世纪 70 年代开始出现模仿人手结构的多指灵巧手，最具代表性的多指灵巧手包括美国研制的 Stanford/JPL 手、Utah/MIT 手和 Robonaut 手，德国研制的 DLR 系列手，日本研制的 GIFU 手，我国研制的 HIT/DLR 手和 BH 手等；英国的 Shadow 手则是目前世界上最成功的商品化灵巧手之一。

【例 4-7】　Stanford/JPL 手。

20 世纪 80 年代初，美国斯坦福大学的 Salisbury 教授指出，要保证灵巧手能够稳定地抓持物体，并对物体施加任意的力和运动，至少需要 3 个手指，且每个手指需要 3 个自由度。在此基础上，他开发了 Stanford/JPL 手（图 4-26）。

【例 4-8】 Utah/MIT 手。

20 世纪 80 年代中期，美国犹他大学生物医学设计中心与麻省理工学院人工智能实验室联合开发了 Utah/MIT 手（图 4-27）。Utah/MIT 手的设计兼顾了仿人手和简单性的原则，每个手指有 4 个自由度，整手共 16 个自由度，是当时自由度最多的仿人手灵巧手。

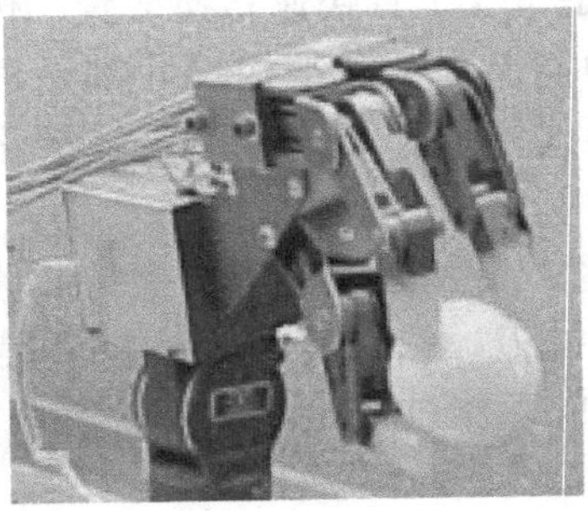

图 4-26

Stanford/JPL 手

图 4-27

Utah/MIT 手

【例 4-9】 DLR 手。

20 世纪 90 年代，美国国家航空宇航局（NASA）和德国宇航中心（DLR）相继开发出功能更强的灵巧手 DLR（图 4-28）。DLR 手在驱动器小型化和多传感器集成两方面超越了前期研究水平，它的驱动电动机分布在手指和掌内，配备了位置、速度、力矩、触觉、视觉等传感器，传感电路也集成在手内。

【例 4-10】 BH 手。

20 世纪 80 年代后期，北京航空航天大学机器人研究所的张启先教授带领团队持续开展了机器人仿生灵巧手的研究，并于 20 世纪 90 年代初研制出 BH-1 三指 9 自由度灵巧手，填补了国内空白。之后，又陆续研制出 BH-2、BH-3（图 4-29）、BH-4 和 BH-985 灵巧手。从 BH-3 手开始，通过钢丝绳与齿轮相结合实现传动，各指端装有六维力传感器。

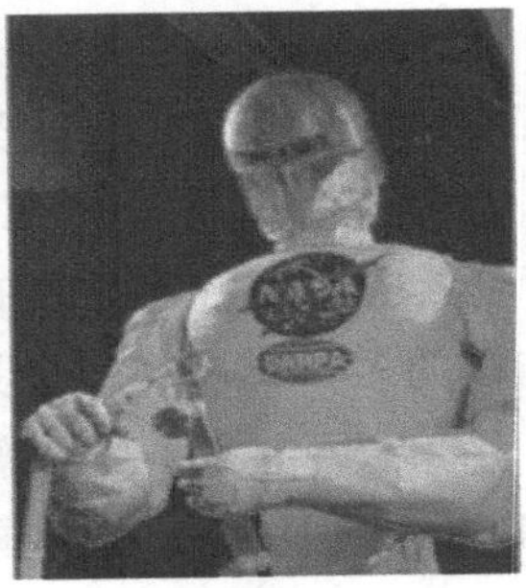

图 4-28

DLR 手

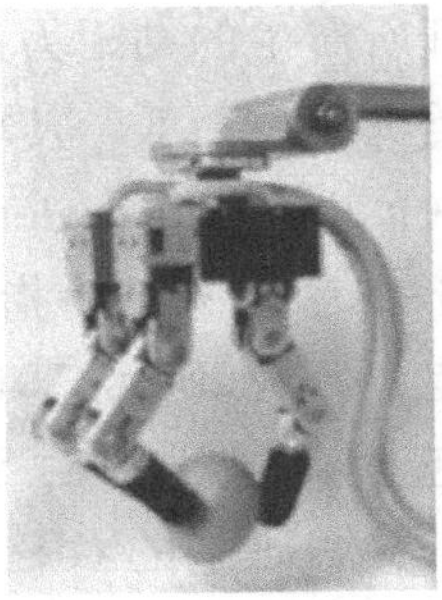

图 4-29

BH-3 手

近年来，欠驱动仿人手也得到了研究。这类手爪的外形与多指灵巧手类似，但各关节不是由电动机独立驱动的，而是由少量的电动机以差动方式来驱动，电动机的数量远远少于关节的数量。欠驱动通常意味着要与被抓持物的形状相适应，为此，还需要引入弹性元件（如弹簧）和机械约束。图 4-30 所示为一种 2 自由度欠驱动手指的工作过程示意图，该手指由底部连杆驱动，弹簧确保了手指处于完全伸展状态。机械约束使弹簧作用下的各手指在没有外力时仍能保持平衡。

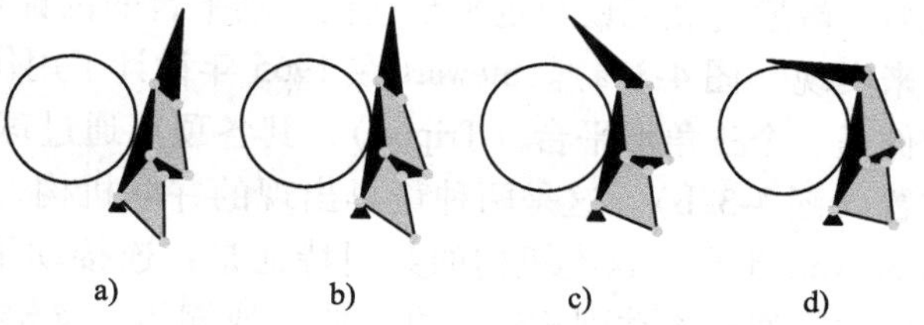

图 4-30

2 自由度欠驱动手指的工作过程示意图

4.4　并/混联机器人机构

并联机构（多称并联机器人机构）是一种**多闭环机构**（multi-closed-loop mechanisms），它由**动平台**（moving platform）、定平台（基座）和连接两平台的多个**支链**（limb，或称分支、腿）组成。如果支链数与动平台的自由度数相同，每个支链由一个驱动器驱动，并且所有驱动器均安放在接近定平台的地方，则这种并联机构称为完全并联机构。根据以上定义，完全并联机构具有以下特点：①动平台至少由两个支链连接；②电动机的数目与动平台自由度数相同；③当所有电动机锁定时，动平台的自由度为零。除了完全并联机构外，还有具有双动平台的并联机构、支链中有闭环支链的并联机构以及其他形式的并联机构。

为简单描述并/混联机器人机构，可采用数字与符号组合的命名方式。不妨以并联机构为例，每个支链用运动副符号组合来表示，并按照从基座到动平台的顺序排列。例如，图 4-31 所示为 3-RPS 机构，3 表示该机构有三个相同的支链，RPS 表示每个支链含有 R、P、S 副，遵循从基座到动平台的顺序。有时为了区分运动副中哪个是驱动副，上面的机构还可表示成 3-RPS 机构，表示 P 为驱动副。对于由不同支链组成的并联机构，如有 3 个支链为 UPS，另一个支链为 UP，所组成的并联机构即可表示成 3-UPS&1-UP。

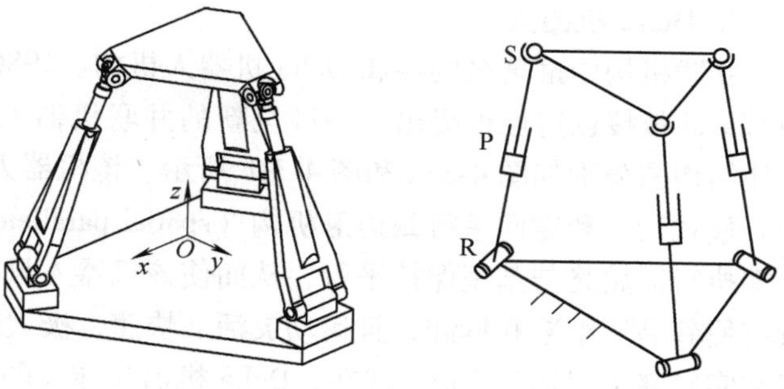

a) 三维图　　b) 机构简图

图 4-31

3-RPS 并联机构的组成与命名

根据并联机构的定义，目前的并联机构多具有 2、3、4、5 和 6 个自由度。据不完全统计，现有公开的并联机构有上千种，其中 3 自由度、6 自由度的并联机构占 70%，其他数量自由度的并联机构只占 30%。但**经典并联机构**（classic parallel robot）数量寥寥。这里介绍其中常用的几种。

1. Gough-Stewart 平台

并联机器人机构的概念设计可以追溯到 1947 年，Gough 建立了具有闭环结构的机构设计基本原理，这种机构可以控制动平台的位置和姿态，从而实现轮胎的检测。在该构型中，运动构件是一个六边形平台（Hexapod），平台的各个顶点通过球铰与可伸缩杆相连，杆件的另一端通过虎克铰与定平台连接，动平台的位置和姿态通过六个直线电动机改变杆件的长度来实现（图 4-32a）。Stewart 在 1965 年设计了用作飞行模拟器的执行机构。该机构的运动构件是一个三角形平台（Tripod），其各顶点通过球铰链与连杆相连接，其机架也呈三角形布置（图 4-32b）。这是两种最早出现的并联机构，后人称其为 Gough-Stewart 平台，有时简称 Stewart 平台。这类机构的共同特征是：连接动平台、定平台的每个支链都由两段组成，两段之间通过移动副相连，可以伸长或缩短；支链的两端通过球副（或者一端是球副，另外一端是虎克铰）分别与动平台、定平台连接，都具有 6 个自由度。基于动平台所展现的六边形和三角形特征，又可细分为 Hexapod 机器人和 Tripod 机器人两类。Stewart 平台应用非常广泛，如可作为飞行模拟器（图 4-32c）及精密定位平台（图 4-32d）等。

a) 六边形平台　b) 三角形平台　c) 飞行模拟器　d) 精密定位平台

图 4-32

Gough-Stewart 平台及其应用

2. Delta 机器人

并联机构中最著名的当属 Delta 机器人机构。1986 年，瑞士洛桑联邦理工学院（EPFL）的 Clavel 教授创造性地提出了一种全新的并联机器人结构——Delta 机器人，其机构简图及拓扑结构图分别如图 4-33a 和图 4-33b 所示。该机器人的基本设计思想在于巧妙地利用了一种开放式铰链和**空间平行四边形机构**（spatial parallelogram linkage）。平行四边形机构保证了末端执行器始终与基座保持平行，从而使该机器人只有 3 个移动自由度的运动输出；开放式铰链使其易于组装和拆卸，且运动灵活、快速，极大地方便了工业应用。据称，其最大加速度在实验室可以达到 50g。现在，Delta 机器人涉及的国际专利多达 36 个，Delta 机器人在工业中也取得了迄今为止其他并联机器人所不可比拟的成功，例如，被 ABB 公司设计成高速拾取机械手推向市场（图 4-33c）。

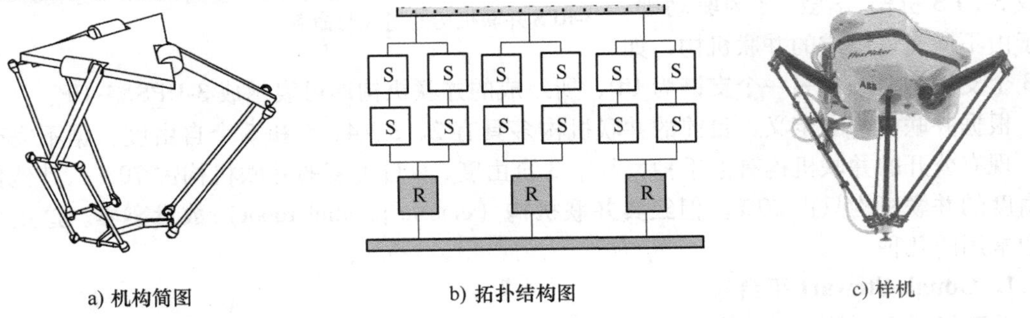

a) 机构简图　b) 拓扑结构图　c) 样机

图 4-33

Delta 机器人机构

3. H4 机械手

H4 机械手由法国的 Pierrot 教授提出，如图 4-34 所示。这是一个 4 自由度（3 个移动自由度和 1 个转动自由度）机械手，由 4 个运动支链组成，机构末端的运动输出与 SCARA 机器人类似。每个支链由固定在基座上的电动机驱动，通过各个支链杆传递给末端的协调运动，从而形成其末端执行器——动平台的运动。与 Delta 机器人的结构类型有些类似，该机器人也巧妙地利用了开放式铰链和空间平行四边形机构。该机器人也可以实现很高的加速度，因此，已被设计成高速拾取机械手推向市场。

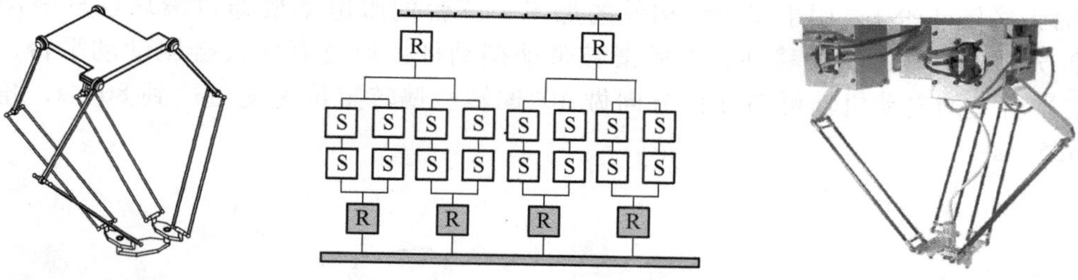

a) 机构简图　b) 拓扑结构图　c) 样机

图 4-34

H4 机械手

4. 平面/球面 3-RRR 机构

平面/球面 3-RRR 并联机构都是由加拿大拉瓦尔大学的 Gosselin 教授提出并开始系统研究的，它们也是并联机构家族中应用较广的类型。

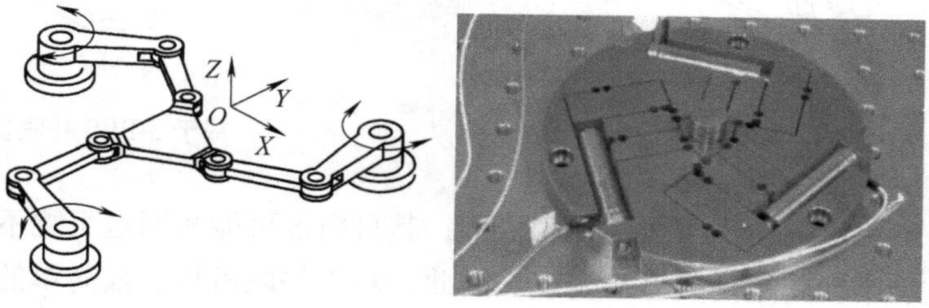

图 4-35

平面 3-RRR 机构

如图 4-35 所示，平面 3-RRR机构的动平台相对定平台具有 3 个平面自由度：2 个平面内的移动和 1 个绕垂直于该平面轴线的转动，其运动类型与串联 3R 机器人完全一致。基于其平面特征，而且便于进行一体化加工，多作为精密动平台的机构本体。

图 4-36 所示为球面 3-RRR 并联机构，该机构所有转动副的轴线交于空间一点，该点称为机构的转动中心，动平台可实现绕转动中心的 3 个转动，因此，该机构也称为调姿机构或指向机构。

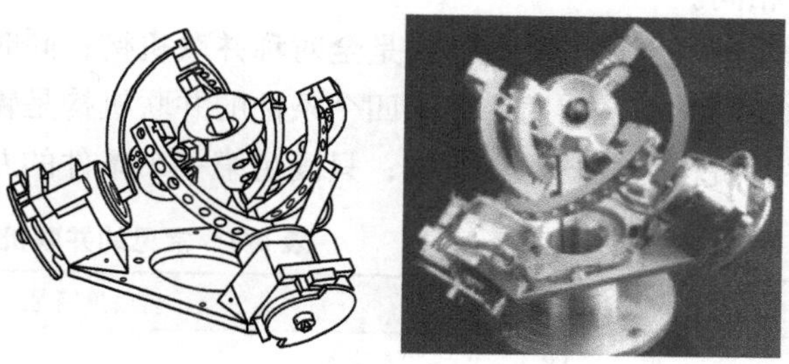

图 4-36

球面 3-RRR 并联机构

5. 欧几里得并联机构

欧几里得并联机构（Euclidian parallel mechanisms）又称［PP］S 类机构，是指在运动过程中，连接三角形动平台的三个球铰链在三个不同平面内做平面运动的并联机构。由于没有绕垂直于动平台轴线的转动运动，这类机构也被称为“零扭转”机构。3-RPS 机构、3-PRS 机构、3-PPS 机构等都属于［PP］S 类并联机构。［PP］S 类并联机构都可以实现空间的 1 个移动和 2 个转动的可控自由度，是少自由度并联机构中具有典型工程应用背景的一类，被用作微操作机械手（图 4-37）、运动模拟器、望远镜聚焦装置、坐标测量机、加工中心的主轴头等。

在这些应用中，最成功的当属德国 DS Technology 公司推出的基于 3-PRS 并联机构的 Z3 主轴头（图 4-38），用于飞机结构件的加工。三台伺服电动机通过滚珠丝杠驱动三个按 120°分布的滑鞍沿直线移动，然后滑鞍带动摆动杆，通过万向铰链驱动动平台，使安装在动平台上的电动机轴可向任何方向做 40°偏转。偏转定位速度可达到 80°/s，角加速度为 685°/s^2。

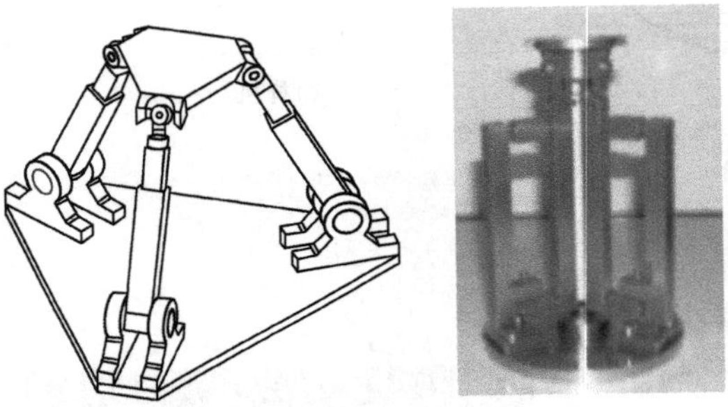

图 4-37
3-RPS 机构

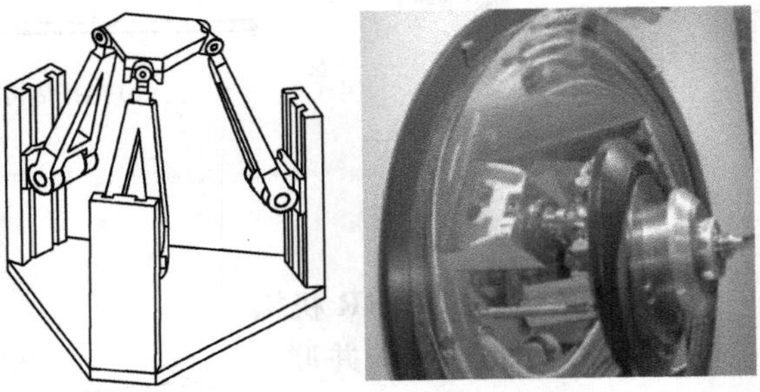

图 4-38
基于 3-PRS 并联机构的 Z3 主轴头

由不同构型组成的并联机构，其自由度可能相同也可能不同，对其自由度的描述往往通过动平台的运动类型来实现。因此，对于并联机构，最简单的分类方法是按照动平台的自由度类型进行划分。例如，3 自由度并联机构可能是三维移动、三维球面转动、3 自由度平面运动，还可能是其他类型。常见的并联机构自由度类型见表 4-2。

常见的并联机构通常满足以下四个条件中的一个或 n 个：①可以实现连续运动；②分支运动链结构相同；③所有分支对称地布置在定平台上；④各分支中驱动器数目相同且安装位置相同。

满足上述四个条件的是**全对称并联机构**；同时满足前三个条件的并联机构是**对称并联机构**；同时满足前两个和第四个条件的并联机构是**输入对称并联机构**；同时满足前两个条件的并联机构为**分支对称机构**；只满足第一个条件的并联机构为**非对称并联机构**。

表 4-2 常见的并联机构自由度类型

自由度数	类型	自由度特征	典型机构实例
1	1*R*	一维转动	Sarrus 机构
	1*T*	一维移动	

（续）

自由度数	类型	自由度特征	典型机构实例
2	2*R*	二维球面转动，且 2 个转动自由度轴线相交	Panto Scope 机构
		二维球面滚动，且 2 个转动自由度轴线相交	Omni Wrist Ⅲ
	2*T*	二维移动	Part2 机构
		二维圆柱运动（转轴与移动方向平行）	—
	1*R*1*T*	一维转动+一维移动，且转轴与移动方向垂直	—
3	3*R*	三维球面转动	球面 3-RRR 机构
	3*T*	空间三维移动	Delta 机构
	2*R*1*T*	二维转动+一维移动，移动方向与转轴所在平面垂直	3-RPS 机构
	2*T*1*R*	平面二维移动+一维转动，且转轴与移动平面垂直	平面 3-RRR 机构
4	3*R*1*T*	三维球面转动+一维移动	4-RRS 机构
	3*T*1*R*	三维移动+一维转动	H4 机器人
5	3*R*2*T*	空间三维球面转动+二维移动	5-RRRRR 机构
	3*T*2*R*	空间三维移动+二维球面转动	5-RPUR 机构
6	3*R*3*T*	三维转动+三维移动	Stewart 平台

注：表中的 *R* 表示转动自由度，*T* 表示移动自由度。

与串联机器人机构相比，并联机器人的优缺点都比较突出，其优点有：①结构紧凑，刚度高，承载能力大；②无累计误差，精度高；③驱动器可安装在基座上，惯量小、速度快、运动性能佳。其突出缺点是工作空间相对较小。

混联机器人机构综合了串联与并联机器人机构的特点，因此，近年来也越来越多地进入了研究者的视线，并得以在工程中应用。这里举一个典型的例子。

6. Tricept 机械手

并/混联机构除了在机器人领域有广泛应用之外，在制造业中也越来越受青睐，比较典型的是并联机床（PKM）。就可重构和多功能而言，目前 PKM 家族中最为成功的范例之一当属 Neumann 博士于 1988 年发明的 Tricept 混联机械手。该机械手（如 Tricept 605）为一种带有从动支链的 3 自由度并联机构与安装在其动平台上的 2 自由度转头串接而成的 5 自由度混联机械手（图 4-39）。由于具有工作空间/占地面积比大，刚度高，静、动态特性好，特

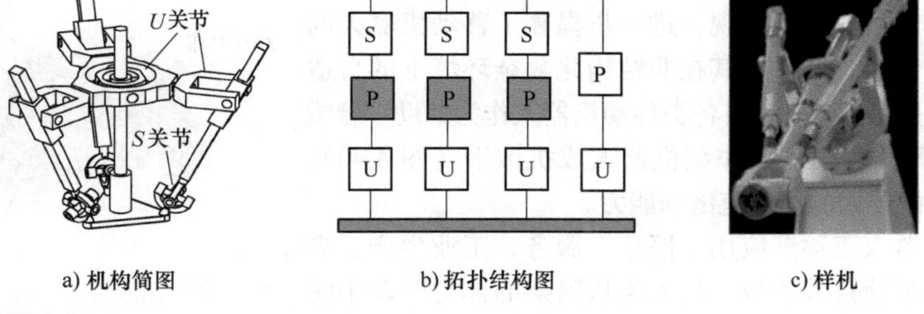

a) 机构简图　b) 拓扑结构图　c) 样机

图 4-39

Tricept 机械手

别是可重构性强等优点，Tricept 机械手已在航空航天和汽车工业中得到广泛应用，成为并联机构在 PKM 工程应用中的典型成功范例。目前，波音、空客、大众、宝马等国际著名飞机和汽车制造商均利用 Tricept 机械手实现了大型铝结构件和大型模具的高速加工、车身激光焊接、发动机和汽车部件装配等。

4.5 移动机器人机构

移动机器人（mobile robot）是指一类能够感知环境和自身状态，在结构、非结构化环境中自主运动，并能实现指定操作和任务的机器人。

移动机器人的运动载体也是机构。与平台型机器人机构类似的是，很多移动机器人的运动机构也来自于对自然、仿生的启示，如行走类、跳跃类、攀爬类、飞行类、泳动类、蠕动类、摆动类、翻滚类等。但也有例外，轮式和履带式机器人是以轮子（或履带）为载体的人类发明的杰作。

移动机器人有多种分类方法。按工作环境不同，分为陆地机器人、水下机器人、飞行机器人、管道机器人等；按功能用途不同，分为医疗机器人、服务机器人、灾难救援机器人、军用机器人等；按运动载体不同，主要分为三类，即轮式、足式和履带式，表 4-3 列出了这三种类型在环境适应性、运动速度、传动效率等方面的比较。

表 4-3 三类运动载体的优缺点分析和比较

类型	环境适应性	运动速度	传动效率	运动稳定性	机构复杂性
轮式	差	快	高	一般	简单
足式	好	慢	低	差	复杂
履带式	一般	一般	一般	好	一般

不同类型的移动机器人有其各自的优势。例如，轮式机器人运动速度快、结构简单、可靠性高；履带式机器人越障性能好、负载能力强，适合松软表面环境；步行机器人运动灵活、越障能力强，适合非结构化环境；蛇形机器人体积小、运动模式多样，适合受约束的狭小空间；滚动机器人运动速度快、效率高。另外，轮-履、轮-腿、履-腿等复合式移动机器人的出现，进一步提高了移动机器人的越障和机动性能，增强了其在非结构化复杂环境下的自适应能力。特别是近年来，将各类移动机器人作为辅助平台或载体，搭载形式多样的操作型机器人或机械手（图 4-40），大大增强了机器人的作业范围和能力。

图 4-40 KUKA 公司的移动操作臂系统

移动机器人正逐渐应用于医疗、服务、工业生产、灾难救援、军事侦察等领域，将人类从繁杂的体力劳动中解放出来，缓解了人口老龄化和劳动力成本增加等社会问题，给人类生活带来了极大便利。尤其是在环境恶劣或极其危险的环境中（如外太空、深海、雷区、狭窄管道、核辐射区等），使用移动机器人完成侦察、探测和操作任务已经成为一种必要手段。

移动机器人种类繁多，下面仅介绍两种基本类型：轮式（含履带式）和足式机器人。

4.5.1　轮式移动机器人机构

轮式移动机器人按照轮子数量可进一步分为两轮、三轮、四轮、六轮等类型。图 4-41 所示为三种常用的轮式移动机器人实物样机。

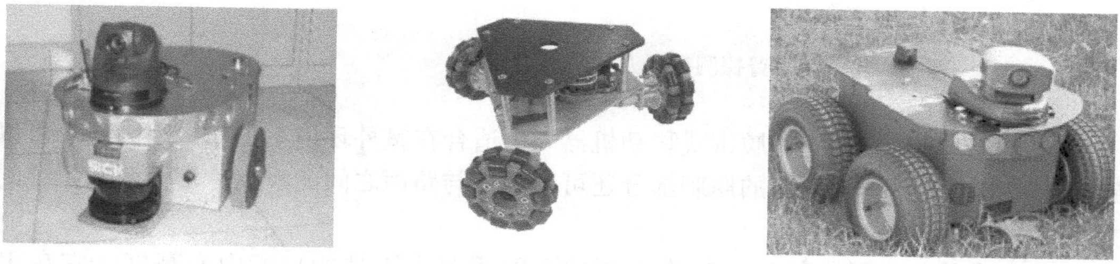

a) 两轮移动机器人　b) 带有三个全向轮的移动机器人　c) 四轮移动机器人

图 4-41

三种常用轮式移动机器人实物样机

六轮移动机器人是行星探测车的首选，玉兔号就是一种六轮移动机器人，扫描右侧二维码观看我国探月工程相关视频。如图 4-42 所示，六轮摇臂探测机器人对地面的自适应和越障主要通过主摇臂相对车体和副摇臂的转动来实现。前轮Ⅰ遇到障碍物时如图 4-42a 所示，水平方向的速度减小为 0，此时中间轮Ⅱ的推进作用起决定性作用，它的推进力和前轮的摩擦力产生的力矩将使副摇臂沿逆时针方向转动，带动前轮完成越障。中轮遇到障碍物时如图 4-42b 所示，后轮的推进作用起决定性作用，将促使副摇臂沿顺时针方向转动，中轮上升完成越障。后轮遇到障碍物时如图 4-42c 所示，前面两组轮子的拉力将促使主摇臂绕着与副摇臂之间的铰接点沿顺时针方向转动，后轮上升完成越障。整个越障过程中，每一部分的越障是通过其他部分机构的作用来实现的。采用这种结构的典型代表是美国设计的火星探测车索杰纳（Sojourner，图 4-43a），该机器人于 1999 年被送往火星执行探测任务，是人类历史上第一辆登上火星的探测机器人。此外，还有瑞士 EPFL 开发的 Shrimp 机器人（图 4-43b）。

我们的征途 中国探月工程1

我们的征途 中国探月工程2

我们的征途 中国探月工程3

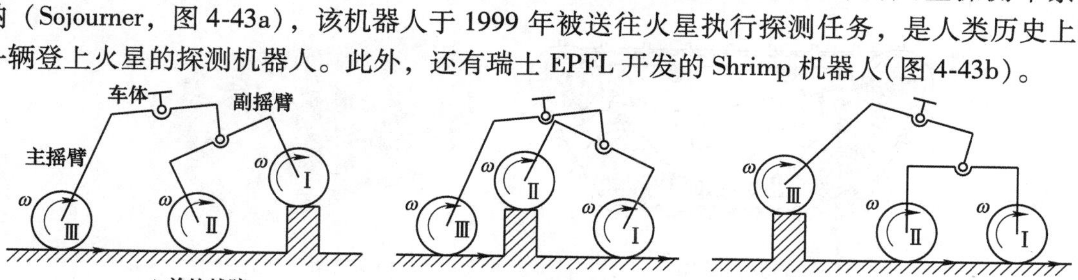

a) 前轮越障　b) 中轮越障　c) 后轮越障

图 4-42

六轮摇臂探测机器人越障原理

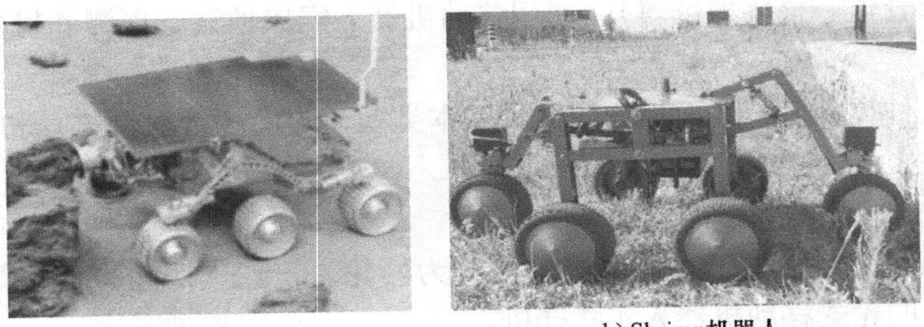

a) 索杰纳　　b) Shrimp机器人

图 4-43

两种六轮移动摇臂探测机器人

同轮式移动机器人相比，履带式移动机器人更适合在室外环境下工作。因为履带可以缓冲路面的冲击，履带外圈突起的履刺部分还可以减少与路面之间的滑动，增大驱动系统的推进力。

履带运动方向上履带轮的旋转中心到地面的距离为履带的越障中心高度，它在很大程度上决定了履带运动载体所能跨越的障碍物高度。两种常用的履带外形如图 4-44 所示。相较于图 4-44a 所示的外形，图 4-44b 所示的履带上端长、下端短，保证了履带单元具有一定的接近角和离去角，可有效地提高越障能力。图 4-45 所示为单个履带运动单元结构图。

对履带运动单元进行模块化，再通过对接（或连接）机构，可构成机动性更强的履带式移动机器人。图 4-46 所示为其中两种典型的履带式移动机器人系统。图 4-47 所示为三模块履带式移动机器人越障过程示意图。

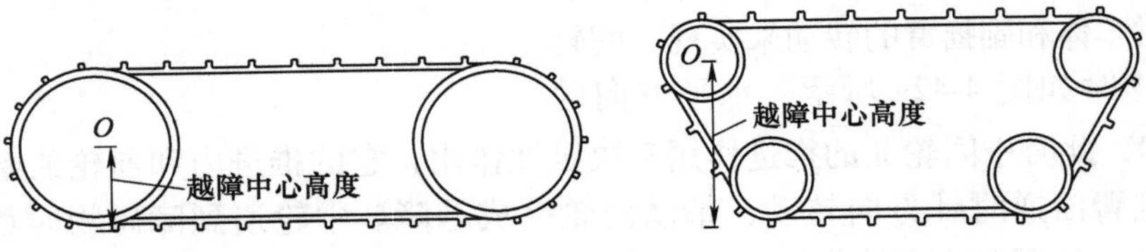

a)　　b)

图 4-44

履带外形图

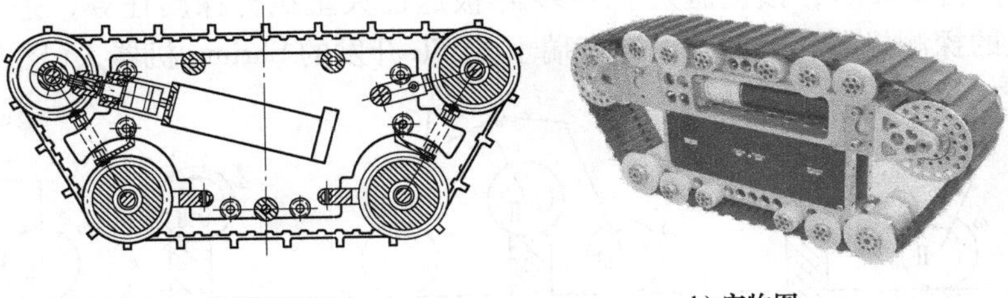

a) 结构示意图　　b) 实物图

图 4-45

单个履带运动单元结构图

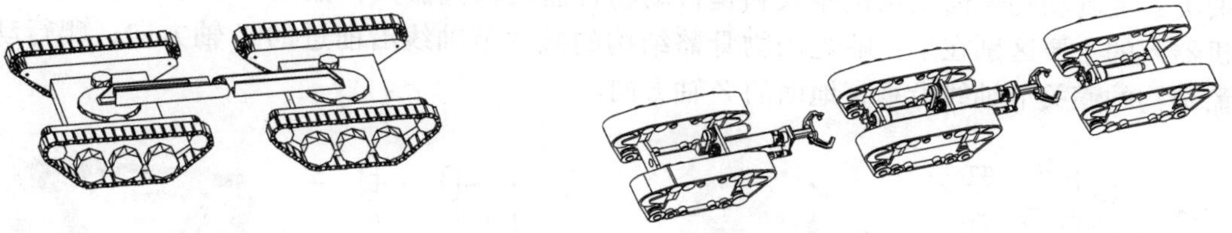

a) 两个模块组成的机器人系统　　b) 三个模块组成的机器人系统

图 4-46

两种典型的履带式移动机器人系统

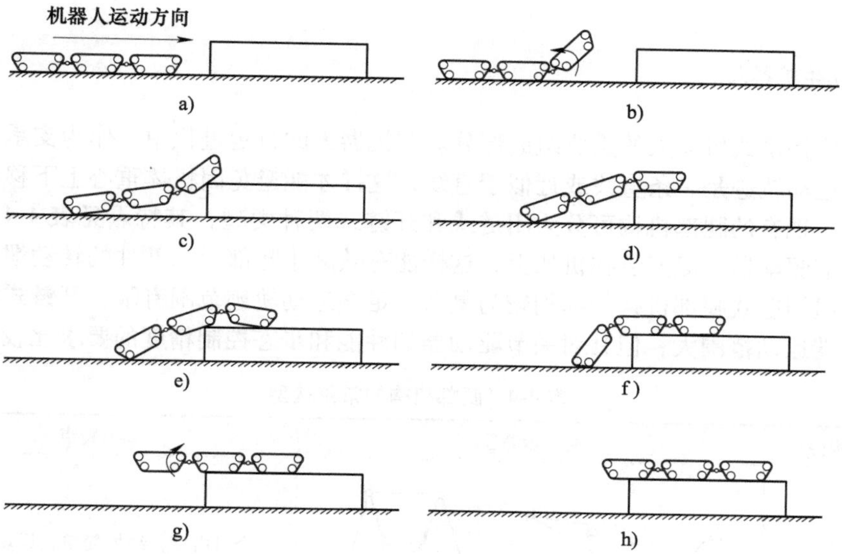

图 4-47

三模块履带式移动机器人越障过程示意图

4.5.2　足式移动机器人机构

自然界中的大型哺乳类动物，如虎、狼、狮等四足动物，都有极快的奔跑速度和步态变换时的身体协调能力，例如，猎豹的奔跑速度可以达到 100km/h。不管地形多么复杂，足式动物的运动特性都能发挥得淋漓尽致，加速、跳跃、急停、漫步等控制自如，这是现代轮式交通工具难以媲美的。履带式和轮式移动机器人在不平整地面上的运动性较差；相比之下，由于足式移动机器人具有结构冗余、自由度大等特性，能够适应各种路面情况，具有良好的环境适应性。

足式移动机器人按足部个数可以分为单足、双足、四足、六足，甚至更多足等类型。其中，双足步行机器人又称仿人机器人，是近 30 年仿生机器人领域研究的热点，但其结构与控制都非常复杂。

相比较而言，四足仿生机器人的应用更为广泛。按照关节结构，四足仿生机器人主要分为两类：哺乳动物骨骼结构机器人和爬行动物骨骼结构机器人，如图 4-48 所示。这两种类型机器人的主要区别在于：哺乳动物骨骼结构的髋关节轴线沿前进的 X 轴方向；爬行动物骨骼结构的髋关节轴线沿垂直地面的 Z 轴方向。

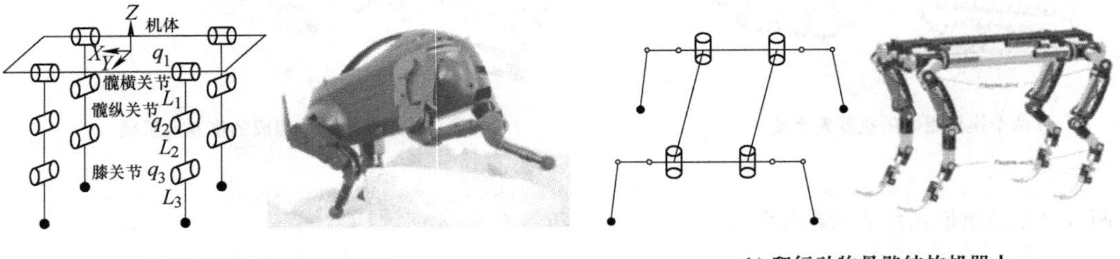

a) 哺乳动物骨骼结构机器人　　b) 爬行动物骨骼结构机器人

图 4-48

两种四足仿生机器人

腿部机构是足式机器人的重要组成部分。在机器人的行走过程中，作为支承点的足端相对于机体的运动轨迹是一条直线或近似于直线，这样才能避免因机体重心上下移动而消耗不必要的能量。现有的腿部机构可分为闭链式和开链式两种类型，其特点见表 4-4。闭链式腿部机构的关节驱动器一般安装在机架上，这样能有效减小腿部运动部件的转动惯量，同时其刚性较好，但闭链式腿部机构的结构较为复杂，足端运动轨迹范围有限；开链式腿部机构结构简单，足端运动范围大，但其对关节驱动器的性能和步态控制精度的要求比较高。

表 4-4　腿部机构的常用构型

类型	构型	构型示意图	特点
闭链式机构	四杆机构	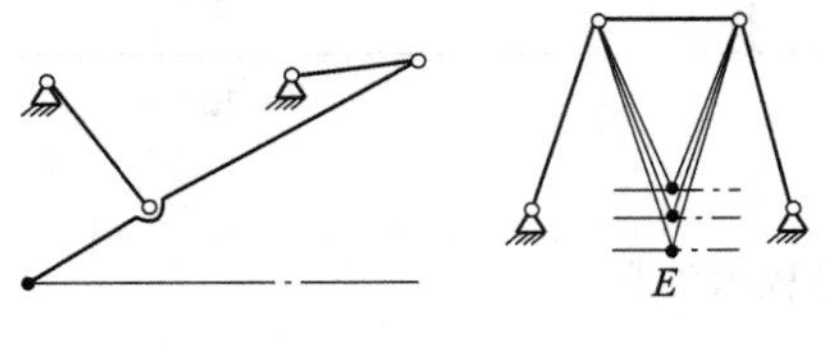	1 个自由度，结构简单，运动范围小，存在死点，可作为复杂腿机构的组成部分
	五杆机构	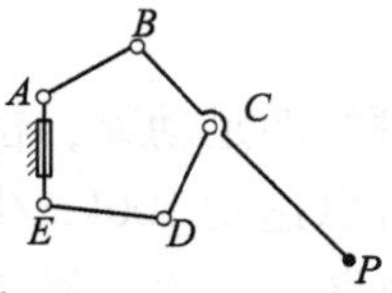	2 个自由度，结构相对简单，足端轨迹可调，可增添串联关节组成混联 3 自由度腿机构
	缩放机构及其衍化组合	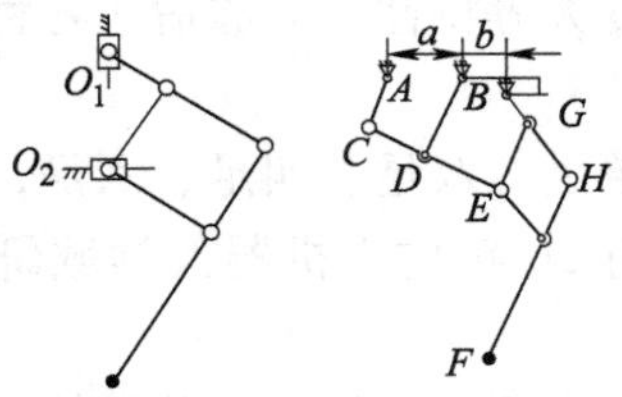	1 个自由度，结构相对复杂，具有比例缩放特性，整体结构及足端轨迹可以较好地满足腿部机构要求，可用于两足或四足步行机器人

（续）

类型	构型	构型示意图	特点
闭链式机构	多杆机构组合	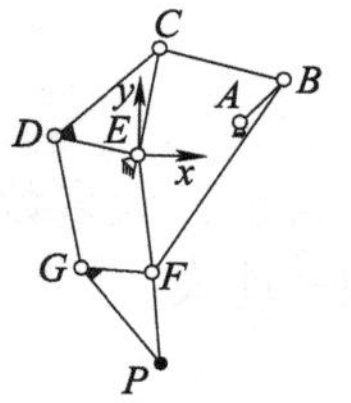	1 个自由度，结构复杂，可通过优化杆长来得到理想足端轨迹，可用于多足步行机
开链式机构	哺乳动物腿机构	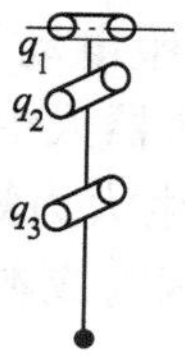	3 个自由度，结构简单，刚度较差，运动速度快，运动范围大，足端轨迹可控，用于仿哺乳动物机器人
	爬行动物腿机构	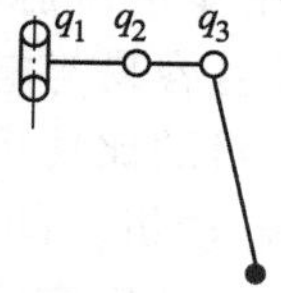	3 个自由度，结构简单，运动稳定，运动速度相对较慢，足端轨迹可控，用于仿爬行动物机器人

六足及以上的足式机器人由于行进过程中可保证至少三足同时支承机体，进而保证有稳定的重心位置，因此也得到了研究者的关注。目前，研究者主要模仿的对象包括各类昆虫、螃蟹等。图 4-49 所示为几种典型多足移动机器人实物样机。可以看出，腿部机构的设计都比较特殊，并且不同于四足机器人的腿部结构。

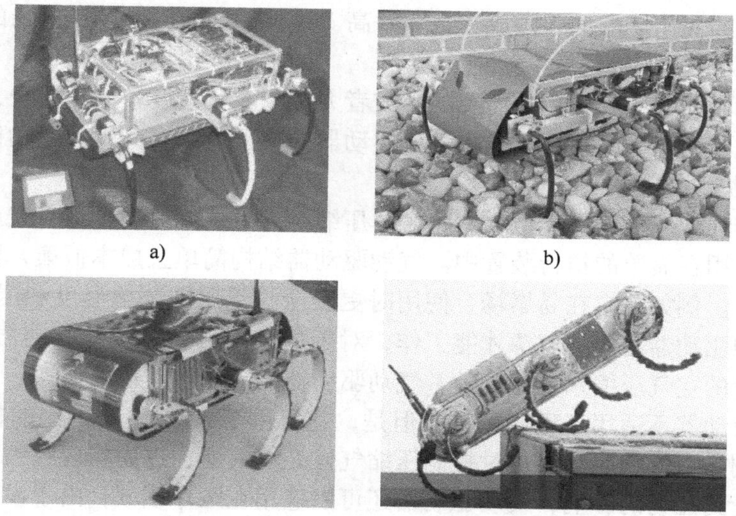

a)　b)　c)　d)

图 4-49

多足移动机器人实物样机

4.6 驱动、传动机构

4.6.1 常用的驱动器

驱动器的主要功能在于为机器人提供动力。目前，大多数机器人的驱动器都已商业化。三种最常用的驱动器类型包括电磁式、液压式和气动式。

1. 电磁驱动器

目前，最常见的驱动器是电磁驱动器。

（1）伺服电动机 目前，大多数机器人使用伺服电动机作为动力源，因为伺服电动机可以实现位置、速度或者力矩等精确的信号输出。机器人中最常用的是永磁式直流电动机和无刷直流电动机。其中，永磁式直流电动机可以产生大力矩，其速度控制范围大、转矩-转速性能好，适用于不同控制类型。无刷直流电动机因为成本相对较低，通常应用在工业机器人领域。

（2）步进电动机 一些小型机器人中通常使用步进或脉冲电动机。这类机器人的位置和速度采用开环控制即可，这样成本相对较低，并且容易与电子驱动电路对接，细分控制可以产生更多的独立机器关节位置。此外，步进电动机的比功率比其他类型的电动机更小。

（3）直驱电动机 近年来已开发出商用直驱电动机，即电动机与载荷直接耦合。其结构特点是转子为一圆环，置于内、外定子之间，由电动机直接驱动机器人关节轴，从而减小了转子的转动惯量，增大了转矩。

2. 液压驱动器

液压驱动器是将液压能转变为机械能的机器。由于采用高压液体，液压驱动器既有其优点，也不可避免地存在一些缺点。液压油能提供非常大的力和力矩，以及非常高的功率-质量比，而且可以在运动部件小惯性条件下实现直线和旋转运动。但液压驱动器需要消耗大量的功率，其所需的快速反应伺服阀成本也非常高。另外，漏液问题以及复杂的维护需求也限制了液压驱动机器人的应用。

目前，液压驱动器主要应用在需要的力或者力矩较大、速度较快的场合，在这些场合中它比现有的电磁驱动器表现得更优异。液压驱动器的典型应用有高承载运动模拟器等。

3. 气动驱动器

气动驱动器和液压驱动器类似，它将气体压缩时产生的能量转化为直线或旋转运动。气动驱动器最初应用在简单的执行装置中。气动驱动器结构简单且成本低廉，而且具有许多电动机没有的优点。例如，它在易爆场合使用时更安全、受周围环境温度和湿度影响更小等。但是，一些小型驱动器需要有气源才能工作，对于那些大量使用气动驱动器的机器人来说，仍需要安装昂贵的空气压缩系统；此外，气动驱动器的能效相对也较低。

尽管气动驱动器不适用于重载条件，但是，它可用于大功率-质量比的机器人手指或者人造肌肉中，例如，气动驱动器通过控制压缩气体充填气囊，进而实现收缩或扩张肌肉。另外，由于不会受到磁场的影响，气动驱动器还可以应用在医疗领域；由于没有电弧，气动驱动器还可以用在易爆场合。

4. 柔性驱动器

弹性材料的柔度在机器人驱动系统中既可以成为优势也可以成为劣势。整体刚度大的机器人具有更快的反应速度，定位精度更高，控制也更为简单。但同时，接触力和相互作用力也会随着工件与工具发生意外错误而增大，而这会损坏机器人及其周围物体，甚至会伤害工作人员。通过为驱动器增加可控可测量的柔性单元，可以有目的地增加机器人的柔度。

串联柔性驱动器（SEA，图 4-50a）是一类刚度较小的驱动器，它由一个弹性输出元件（弹簧）和一个位移传感器（测量弹簧形变）串联上一个刚性驱动器和变速器构成。在合适的控制器作用下，传统刚性位置控制驱动器可以实现力驱动，从而有效地将驱动惯性从负载惯性中分离出来。此外，它还可以减少机器人工作在非结构化环境或人群中时产生的碰撞和被迫屈服。因此，柔性驱动器在协作型机器人、外骨骼康复机器人等对安全性要求较高的应用领域具有广泛的应用前景。例如，图 4-50b 所示的下肢外骨骼康复机器人中就采用了柔性驱动器，扫描右侧二维码观看外骨骼机器人相关视频。

科普之窗
中国创造：外骨骼机器人

5. 其他类型的特殊驱动器

机器人中还有许多其他类型的驱动器，如利用热学、形状记忆元件、化学、压电、超声、磁致伸缩、电聚合物（EAP）、电流、磁流、橡胶、高分子、气囊和微机电系统（MEMS）等原理或材料制成的各类新型驱动器，包括形状记忆合金（SMA）、压电陶瓷、人工肌肉、超声电动机、音圈电动机等。这些驱动器目前大多用于特种机器人的研究，尚未配备在量产的工业机器人上。

有关机器人驱动器详细的分类及性能介绍可参阅参考文献［55］。

4.6.2　传动机构与机器人用减速器

机器人传动机构或传动系统的主要功能是将机械动力从来源处转移到承受载荷处。传动系统的设计和选择需要考虑运动、负载和电源的要求，其中，首先考虑的就是传动机构的刚度、效率和成本。体积过大的传动系统会增加系统的质量、惯性和摩擦损失。刚度较小的传动系统在持续的或高负荷的工作循环下会快速磨损，还可能在偶然过载时失效。

以串联机器人为例，其关节的驱动基本上都要通过传动装置来实现（图 4-51）。其中，传动比决定了驱动器的转矩与速度。传动系统的布置、尺寸以及机构设计决定了机器人的刚度、质量和整体操作性能。目前，大多数现代机器人都应用了高效、抗过载破坏、可反向的传动装置。

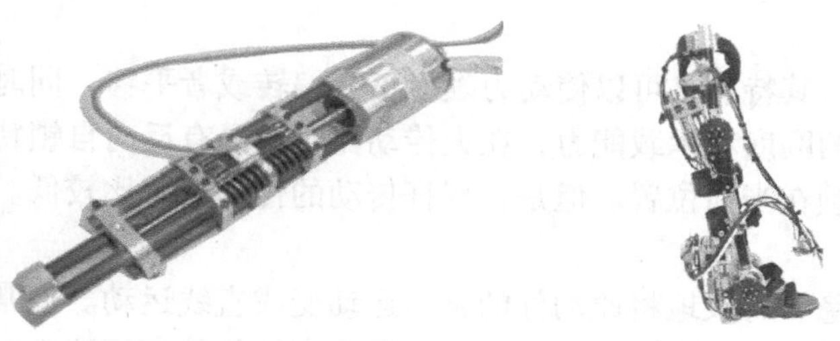

a) 串联柔性驱动器　　b) 下肢外骨骼康复机器人

图 4-50
串联柔性驱动器及其在下肢外骨骼康复机器人中的应用

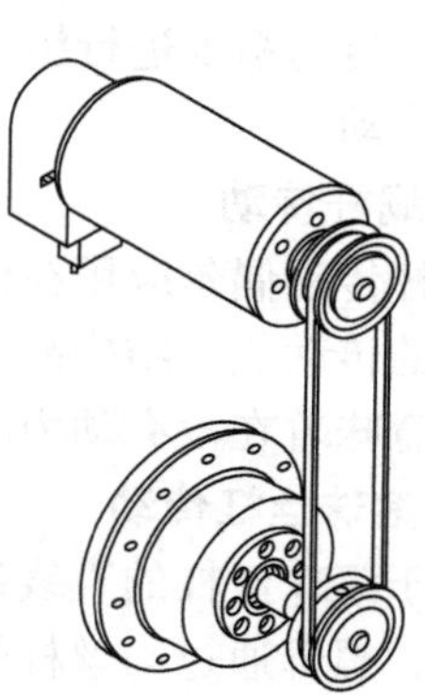

图 4-51
机器人关节处的传动装置（带传动机构+谐波减速器）

1. 带传动

机器人用的带传动通常是将由合金钢或钛材料制成的薄履带固定在驱动轴和被驱动的连杆之间，用来产生有限的旋转或直线运动。传动装置的传动比可以达到 10∶1。这种薄履带形式的带传动相比缆绳或皮带传动而言，是一种更柔顺且刚性更好的传动系统。

同步带往往应用在小型机器人的传动机构和一些大型机器人的轴上，其功能大体和带传动相同，但具有连续驱动能力，多级带传动有时用来产生大的传动比（高达 100∶1）。

2. 丝传动

丝（cable）传动又称钢丝绳传动或柔索传动，它是以高强度的碳素钢或合金钢为主要材料，适用于远距离传动。钢丝绳通常由电动机驱动，通过电动机的正反转来实现丝的“收”和“放”；多根丝协同作业，将作用效果进行合成，最终实现空间运动。

丝传动机器人具有运动速度快、工作空间大、构型易于重新配置、可变刚度控制、制造维护费用较低等优点，目前已广泛应用在大型射电望远镜、医疗康复机器人、人机交互装置、超高速机器人、连续体机器人、娱乐装置等领域（图 4-52）。

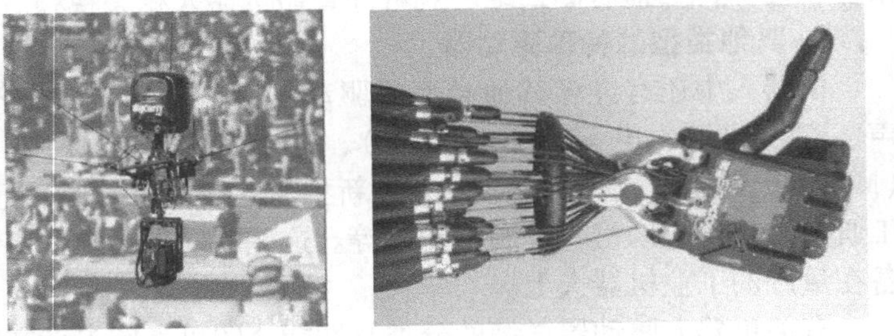

图 4-52
丝传动机器人的应用

3. 齿轮传动

直齿轮或斜齿轮传动为机器人提供了可靠、密封性能好、维护成本低的动力传递方式。它们主要应用在机器人手腕处，在这些手腕结构中，要求多个轴线相交并且驱动器布置要紧凑。大直径的转盘齿轮用于大型机器人的基座关节，借以提供大刚度来传递大转矩。齿轮传动常用于基座，而且往往与长传动轴联合，实现驱动器和驱动关节之间的长距离动力传输。例如，驱动器和第一级减速器可能被安装在肘部附近，通过一个长的空心传动轴来驱动另一级减速器。

行星齿轮传动常应用在紧凑型齿轮电动机中，为了尽量减小节点齿轮驱动时的间隙，需要对齿轮传动系统进行精心的设计，只有这样才能实现不以牺牲刚度、效率和精度为代价的小间隙传动。

4. 蜗杆传动

蜗杆传动偶尔应用在低速机器人上，其特点是可以使动力发生正交偏转或者平移，同时具有高的传动比，结构简单，具有良好的刚度和承载能力，在大传动比时还具有反向自锁特性，这意味着在没有动力时，关节会自锁在当前位置。但是，蜗杆传动的传动效率比较低。

5. 滚珠丝杠传动

基于滚珠丝杠的直线传动装置能平稳、有效地将原动件的旋转运动变成直线运动。通常情况下，螺母通过与丝杠配合将旋转运动转换成直线运动。目前，已有高性能的商用滚珠丝杠传动系统。尽管对于短距或中距的滚珠丝杠，刚度可以达到要求，但在长距离行程中，由于丝杠只能支承在两端，而使得刚度较差。另外，通过采用精密丝杠可以获得很小甚至为零的齿隙。但是，该传动装置的运行速度被丝杠的力学稳定性所制约，因此，一般情况下使用旋转螺母来获得更高的速度。

6. 直线传动

直驱式直线传动装置将直线电动机与轴整合在一起，这种关联往往只是驱动器和机器人连杆之间的一个刚性或柔性连接，或者由一个直线电动机和其导轨组合后直接连接到直线轴上。直线电磁驱动器的特点是零齿隙、高刚度、高速、具有优良的性能；但其质量大、效率低，成本比其他类型的直线驱动器更高。

7. 机器人专用减速器

在机械传动领域，减速器是连接动力源和执行机构的中间装置，它把电动机等高速运转的动力通过输入轴上的小齿轮与输出轴上大齿轮的啮合来达到减速的目的，并传递更大的转矩。与通用减速器相比，机器人专用减速器更加精密。

精密减速器可使伺服电动机在一个合适的速度下运转，并精确地将转速降到工业机器人各部位需要的速度，在提高机械体刚性的同时输出更大的力矩。与通用减速器相比，要求机器人关节减速器具有传动链短、体积小、功率大、质量小和易于控制等特点。目前，大量应用在关节型机器人上的减速器主要有两类：RV 减速器和谐波减速器。其中，谐波减速器常用在中小型机器人上，这些传动装置的齿隙较小，但柔性齿轮在反向运动时会产生弹性翘曲以及低刚度；RV 减速器更适用于大型机器人，特别是超载和受冲击载荷的机器人。

（1）RV 减速器　RV 减速器是一种在摆线针轮机构基础上发展而来的二级行星齿轮减速机构，其原理图如图 4-53 所示。自 1986 年投入市场以来，RV 减速器因其传动比大、传动效率高、运动精度高、回差小、振动小、刚度大和可靠性高等优点而成为机器人的“御用”减速器。扫描右侧二维码观看我国超级镜子发电站相关视频，了解 RV 减速器在其中的重要作用。

科普之窗
中国创造：超级镜子发电站

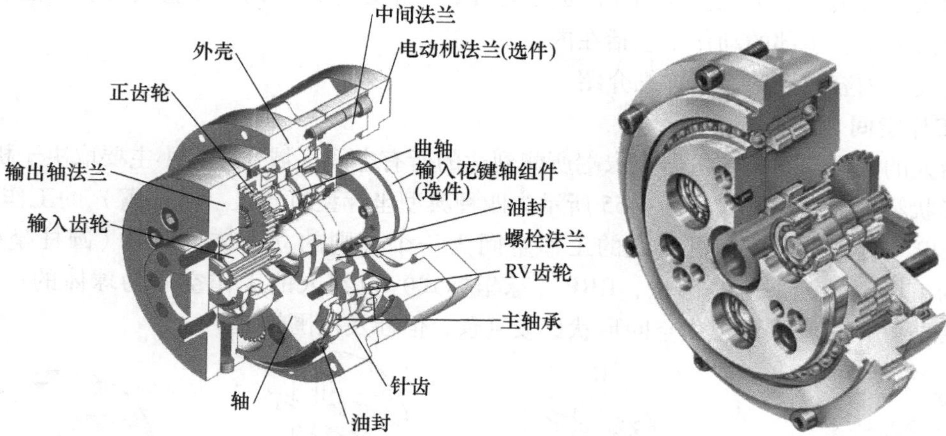

a) 机构简图　　b) 样机

图 4-53
日本 Nabotesco 公司研发的 RV 减速器

动画视频

（2）谐波减速器　谐波减速器（harmonic reducer）由三部分组成：谐波发生器、柔轮和刚轮。其工作原理是由谐波发生器使柔轮产生可控的弹性变形，靠柔轮与刚轮的啮合来传递动力，并达到减速的目的（图 4-54）。按照谐波发生器的不同，谐波减速器有凸轮式、滚轮式和偏心盘式三种类型。谐波减速器的传动比大、外形轮廓小、零件数目少且传动效率高，传动比为 50~4000，而传动效率高达 92%~96%。

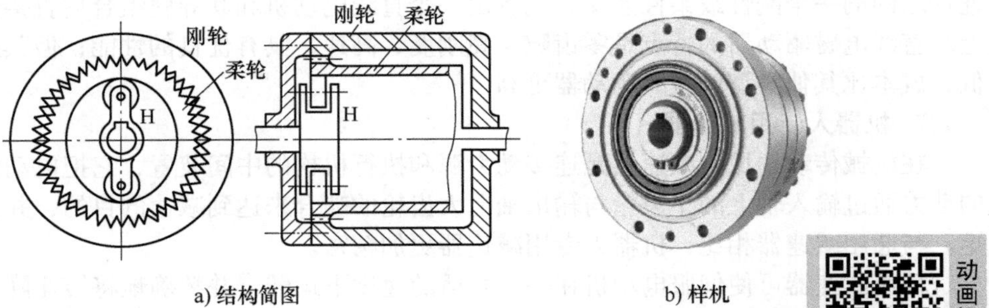

a) 结构简图　b) 样机

图 4-54

谐波减速器

与谐波减速器相比，RV 减速器具有更高的刚度和回转精度。因此，在关节型机器人中，一般将 RV 减速器放置在机座、大臂、肩部等负载较大的位置；而将谐波减速器放置在小臂、腕部或手部。

4.7 与机器人机构相关的性能描述

1. 自由度

机器人的自由度表示机器人动作的灵活程度，一般以输出端的独立直线移动、摆动或转动的数目来表示，手部的动作不包括在内。

自由度的内容将在第 5 章详细介绍。

2. 工作空间

机器人的工作空间是指机器人末端所能到达的所有空间区域，其大小主要取决于机器人的几何形状和关节运动方式。图 4-55 所示为四种典型坐标型机器人（或手臂）的工作空间。其中，PPP（直角坐标式）机器人的工作空间为一个规则的立方体；RPP（圆柱坐标式）机器人的工作空间为一空心圆柱；RRP（球坐标式）机器人的工作空间为球体的一部分；RRR（关节式）机器人的工作空间形状比较复杂，但涉及范围较大。

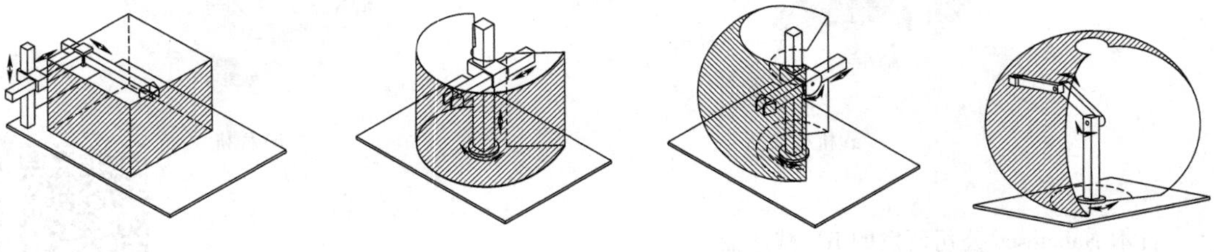

a) PPP　b) RPP　c) RRP　d) RRR

图 4-55

四种典型坐标型机器人的工作空间

3. 工作速度、加速度

机器人的性能往往体现在功能和效率两方面。例如，对于装配机器人，评价标准往往依据每分钟完成的取放循环次数而定。机器人的峰值速度和加速度一般只是理论上计算出来的，实际上，由于机器人在移动过程中结构发生变化而导致惯性和重力耦合，其峰值加速度和速度在工作过程中会有所变化。

最大关节速度（角速度或线速度）并不是一个孤立的值。对于长距离运动，它往往受到伺服电动机的总电压或最大允许转速的限制；对于大加速度机器人，即使是非常近的点对点运动也可能有速度限制，而小加速度机器人只对整体运动有速度限制。例如，在大型或高速机器人中，典型的末端执行器峰值速度最高能达到 20m/s。

目前，大多数机器人的有效载荷质量与其自身质量相比都非常小，因此可以说，更多的动力是用来加速机器人本体而不是负载。另外，加速度越大的机器人往往要求刚性更好。对于高性能机器人，加速度和稳定时间比速度或负载能力更为重要，例如，在小负载情况下，装配和物料装卸机器人的最大加速度可以超过 10g。

4. 负载能力

在规定的性能要求范围内，机器人末端所能承受的最大负载量（包括手部）称为负载能力，通常用质量、力矩或惯性矩来表示。

负载大小同时包括外载荷及自重，以及由于运动速度变化而产生的惯性力和惯性力矩。一般低速运行时，机器人的负载能力大一些；但出于安全考虑，一般将高速运行时所能抓取的零件质量作为负载能力的衡量指标。

一般而言，并联机器人的负载能力要高于同尺度的串联机器人。

5. 精度

通常，用**绝对定位精度**（accuracy）、**重复定位精度**（repeatability）和**位置分辨率**（resolution）来定义机器人末端的定位能力。

绝对定位精度是指机器人在空间中，将其执行装置定位到程序设定位置处的能力。与重复定位精度不同，机器人的绝对定位精度主要用于非重复精度任务。绝对定位精度既体现了机器人运动学、动力学模型的精确程度和末端工具/夹具的精度，还体现了机器人解算路径的完整性和准确性。虽然大多数高级机器人编程语言支持机器人路径算法，但通常只建立在简化的刚性模型基础上。因此，机器人的绝对定位精度便成为机器人几何学特性和控制算法相匹配的问题，而且建立在精确测量和校准连杆长度、关节角度和安装位置的前提下，即所谓的**标定**（calibration）技术。典型工业机器人的绝对定位精度要求可以低至±10mm，也可以高至±0. 01mm，经常采用精确的动力学模型和精密控制器，以及精密的传感器和执行器等来达到精度要求。绝对定位精度往往作为**离线编程**应用中的主要评价指标。

重复定位精度体现了机器人重复回到同一位置的能力，反映了控制精度的高低和结构非线性（间隙、弹性）的大小。目前，多采用球形空间的半径来评价重复定位精度。具体是指使用同样的程序、载荷和安装方式，设置机器人回到相同的初始位置，进而比较包含整个运行路径的球形空间的半径大小。一般情况下，机器人由于存在摩擦、关节回差、传动时的空行程、伺服系统增益，以及结构和机械装配过程中产生的空隙等，会产生一定的误差。对于装配、加工等从事重复动作的机器人而言，重复定位精度指标就变得非常重要。典型的重复定位精度参数可以大到用于大型焊接机器人的 1～2mm，也可以小到用于精微操作机器人的 5μm。重复定位精度往往作为**示教编程**应用中的主要评价指标。

位置分辨率是指机器人能完成的最小位移增量，这对于由传感器控制的机器人的定位和运动控制十分重要。尽管大多数制造商用关节位置编码器的分辨率，或伺服电动机和驱动器的步长来计算系统分辨率，但这种方法本身是有问题的。这是由于机器人结构本体中存在的摩擦、变形、间隙等都会影响系统分辨率，而后者的分辨率要比控制系统的分辨率低 2~3 个数量级。

图 4-56 所示为绝对定位精度、重复定位精度与位置分辨率之间的区别。

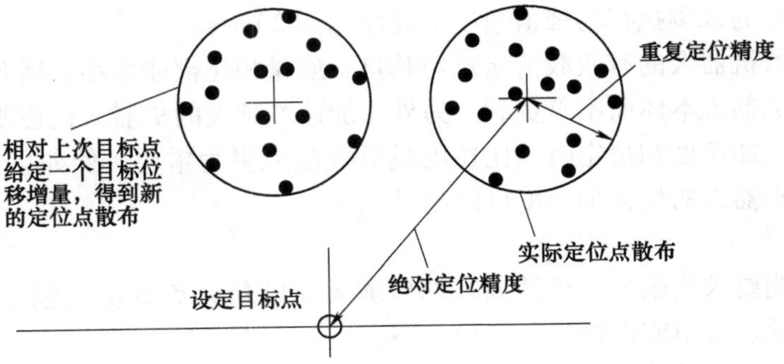

图 4-56

绝对定位精度、重复定位精度与位置分辨率之间的区别

机器人的绝对定位精度、重复定位精度与位置分辨率指标是根据其使用要求确定的。机器人自身所能达到的精度取决于机器人结构及刚度、驱动和传动方式、运动速度控制水平等因素。

【小知识】机器人的技术指标

当机器人作为商品出售时，一般要附带产品性能方面的介绍。其中最重要的内容是对该机器人技术指标的描述。

以工业机器人为例，其技术指标通常包括自由度，驱动方式，工作空间或工作范围，工作速度（有时还包括加速度），工作载荷，绝对定位精度、重复定位精度与位置分辨率（多数情况下只给出重复定位精度），控制方式。

例如，某直角坐标式工业机器人的主要性能指标如下：

1）**自由度**：3~5 个自由度，即三个基本移动关节和两个选用旋转关节（作为腕关节）。

2）**驱动方式**：三个基本关节由交流伺服电动机驱动（采用增量式角位移传感器）。

3）**工作空间**：400mm×400mm×400mm。

4）**关节移动范围及速度**：A1~A3：400mm，800mm/s；A4~A5：300°，2rad/s。

5）**工作载荷**（最大伸长、最高速度下）：20kg。

6）**重复定位精度**：±0. 05mm。

7）**控制方式**：五轴同时可控，点位控制。

4.8 本章小结

1）与一般机构相同，构件与运动副也是机器人机构的组成元素，只是在机器人机构中，运动副的形式更加多样，除了转动副、移动副两种基本的运动副之外，还有球形副、虎克铰等形式，在并联机构中，不仅存在主动副，被动副也十分常见。

2）机器人机构有不同的分类方式：根据运动链的形态，可分为串联式、并联式、混联式和多环耦合式；根据基座是否移动，可分为平台型机器人和移动机器人；根据构件（或关节）有无柔性，可分为刚性机器人和柔性机器人；根据驱动情况，有欠驱动机器人、冗余驱动机器人等。

3）串联机器人具有结构相对简单、运动范围大、灵活性大等优点；并联机器人结构紧凑、刚度与承载能力较大；混联机器人综合了上述两种类型机器人的特点。它们的特点决定了各自的应用场合。

4）在机器人发展史上，串联机器人扮演着先驱者的角色，被广泛应用于工业机器人中。串联机器人通常包括手臂机构、手腕机构、末端执行器三个部分，其类型、形态多样，如近年来发展迅猛的连续体机器人、灵巧手等。

5）并联机器人本质上是一种多闭链机构，它由动平台、定平台和连接两平台的多个支链组成，已成为最近20年机构学领域发展最快的一个分支。

6）移动机器人种类繁多、形态各异。目前，典型的移动机器人包括足式机器人（如类人机器人）、轮式机器人、履带式机器人、飞行机器人、水下机器人等。

7）机器人的驱动方式包括电磁式、液压式、气动式等。传动方式的种类更加多样，广泛应用的是RV减速器和谐波减速器等机器人专用减速器。其中，RV减速器的回转精度高，主要用于大臂等重载关节中；而谐波减速器的传动比更大，主要用于手、腕部等关节中。

8）机器人机构的主要性能参数包括自由度、工作空间、工作速度（有时还包括加速度）、负载能力、绝对定位精度（包括绝对定位精度、重复定位精度、位置分辨率等）。而对其技术指标的描述中，除了包含以上参数之外，还包括驱动方式、控制方式等内容。

扩展阅读文献

本章主要对常用的机器人机构进行了介绍，除此之外，读者还可阅读其他文献（见下述列表）补充有关机构及机器人方面的知识。有关常用平面机构（含功能型机构）的内容请参考文献［4］；有关常见机器人机构的内容参阅文献［3］；有关常见移动机器人的内容请参阅文献［2］；有关机器人传动系统方面的内容可参考文献［5］；有关机器人灵巧手的详细内容可参阅专著［6］；而有关各类机器人更广泛的介绍可参考文献［1，7］。

［1］Siciliano B，Khatib O. Handbook of Robotics［M］. 2nd ed. Berlin：Springer，2016.

［2］Siegwart R，Nourbakhsh I R，Scaramuzza D. 自主移动机器人导论［M］. 李人厚，宋青松，译. 西安：西安交通大学出版社，2018.

［3］熊有伦，李文龙，陈文斌，等. 机器人学：建模、控制与视觉［M］. 武汉：华中科技大学出版社，2020.

［4］于靖军. 机械原理［M］. 北京：机械工业出版社，2013.

［5］张宪民．机器人技术及其应用［M］.2 版．北京：机械工业出版社，2017.
［6］张玉茹，李继婷，李剑峰．机器人灵巧手：建模、规划与仿真［M］．北京：机械工业出版社，2007.
［7］日本机器人学会．新版机器人技术手册［M］．宗光华，程君实，等译．北京：科学出版社，2008.

习题

4-1 在一些机器人机构中会用到复杂铰链，如图 4-57 所示的四种常用类型。试指出与这些复杂铰链等效的运动副类型。

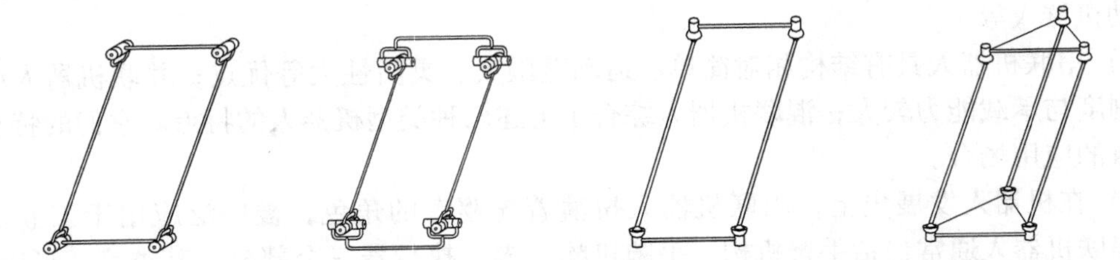

a) 4R 平行四边形子链　b) 4U 平行四边形子链　c) 4S 平行四边形子链　d) 3–2S 平行四边形子链

图 4-57

四种典型的复杂铰链

4-2 根据图 4-58 所示的各机器人机构示意图，给出该机构的符号表示。

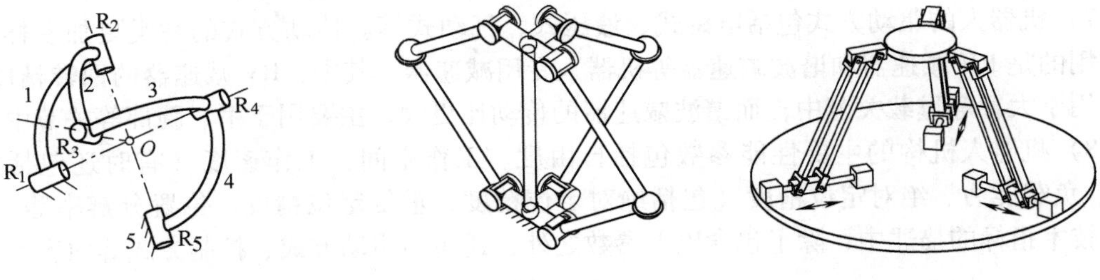

a) 球面五杆机构　b) Dunlop 指向机构　c) Star 机构

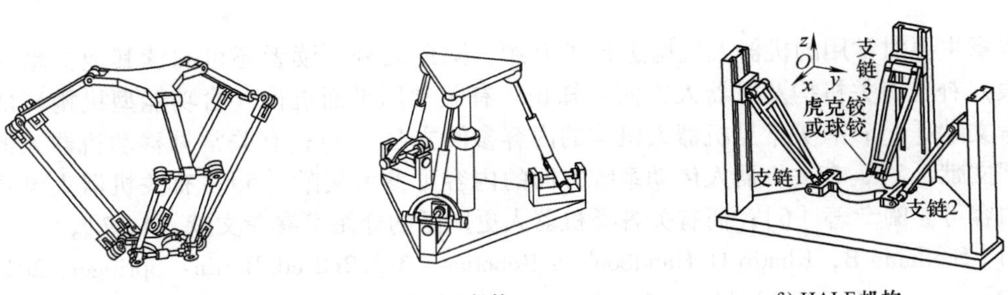

d) Tsai 氏机构　e) 动眼机构　f) HALF 机构

图 4-58

习题 4-2 图

4-3 查阅相关文献资料，试给出图 4-59 所示各机器人的机构示意图及符号表示。

a) 三菱“double-SCARA”机器人

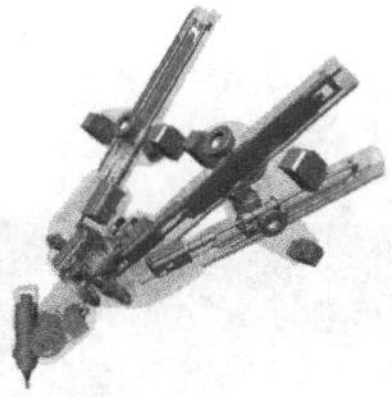
b) Execho混联加工机器人

c) Metrom并联加工机器人

d) Omni Wrist V

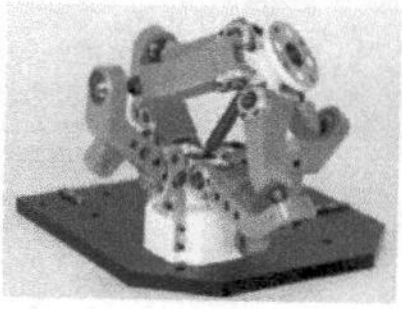
e) Omni Wrist Ⅵ

f) Eclipse机器人

g) TriVariant 机械手

图 4-59

习题 4-3 图

4-4　据报道，ECOSPEED 加工中心以其最高精度完成空客飞机框架的加工需要 95min。查阅相关文献资料，试对该加工中心的组成进行剖析，给出其机构示意图及符号表示。

4-5　SCARA 机器人与 H4 机器人具有相同的自由度类型（3 个移动自由度和 1 个转动自由度），试比较两者的优缺点。

4-6　图 4-60 所示为与 H4 并联机器人具有相同自由度类型（3 个移动自由度和 1 个转动自由度）的并联机构，机构名称为 X4，试比较两者在拓扑结构上的异同。

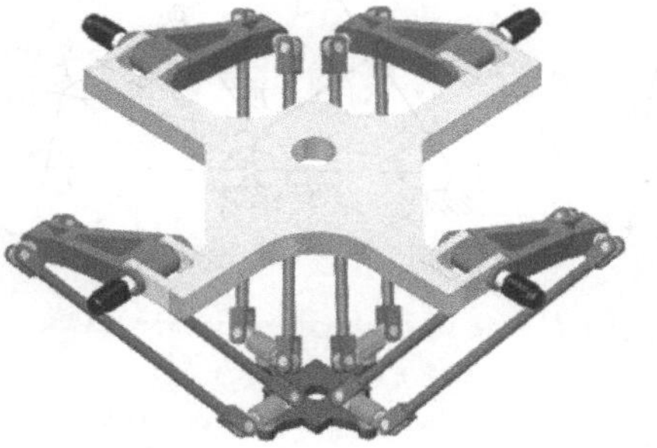
a)

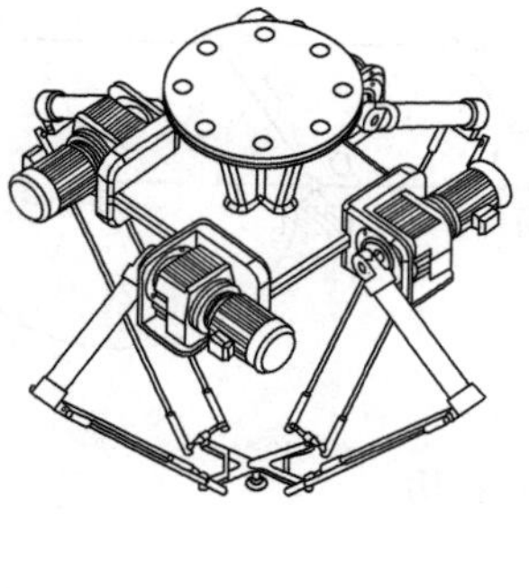
b)

图 4-60

习题 4-6 图

4-7　图 4-61 所示为 Agile Eye 机构。查阅相关资料，分析该机构的组成及工作原理。

4-8　图 4-62 所示为航天领域应用的 Canfield joint 机构。查阅相关资料，分析该机构的组成及工作原理。

4-9　图 4-63 所示为滑槽杠杆式抓取机构，可用作机器人手爪。该机构的工作原理如下：用气动或液压活塞杆驱动，使左右手转动，完成抓取工件的动作。活塞杆 1 沿机架上下移动，固接在活塞杆上的滚子 4 在左右手爪 2、3 的直槽中滑动，手爪绕 A、B 点转动，依靠 V 形槽完成抓取工件的动作。该机构动作灵活、结构简单、手爪开闭角度大，但增力较小。试绘制机构运动简图。

图 4-61

Agile Eye 机构

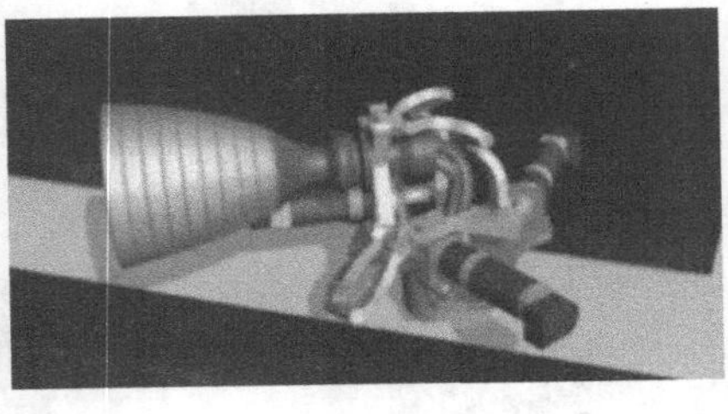

图 4-62

Canfield joint 机构

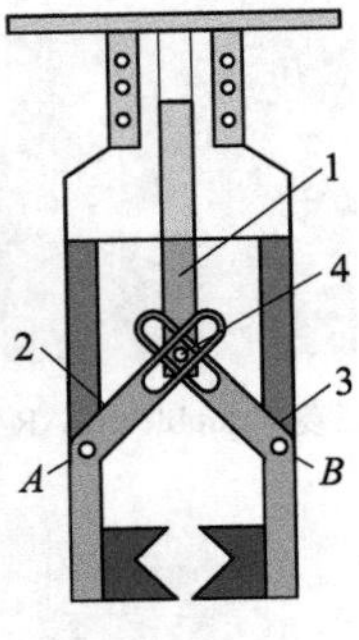

图 4-63

滑槽杠杆式抓取机构

1—活塞杆

2、3—左右手爪

4—滚子

4-10　有一类机构，构件在其转动中心处并没有实际的运动副存在，这种没有实际运动副存在的转动中心被定义为**虚拟运动中心**（VCM）。如果机构的输出构件具有 VCM，则该机构称为虚拟运动中心机构（VCM 机构）。如果虚拟固定点在机构的远端，则该机构称为**远程运动中心机构**（RCM 机构）。图 4-64 所示为两种典型的 RCM 机构。要求：

（1）查阅相关资料，简述 RCM 机构的主要用途。

（2）自定义未知参数，建立该机构的虚拟样机模型，仿真该机构的运动过程。

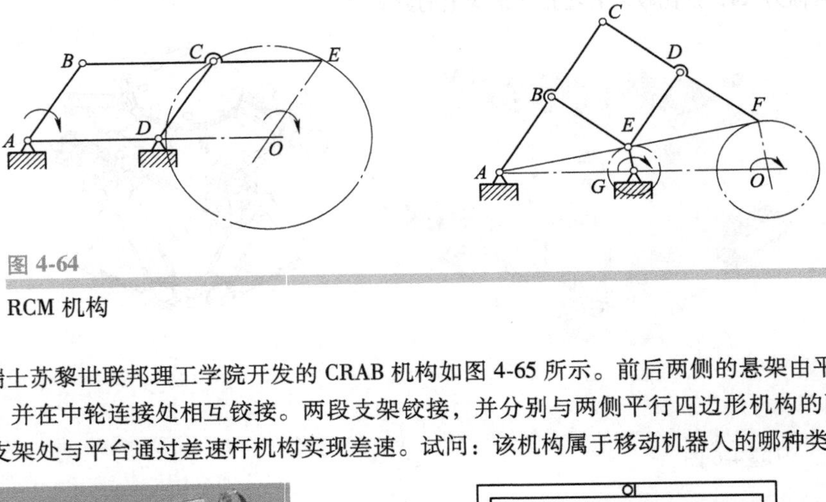

图 4-64

RCM 机构

4-11　瑞士苏黎世联邦理工学院开发的 CRAB 机构如图 4-65 所示。前后两侧的悬架由平行四边形机构和支架组成，并在中轮连接处相互铰接。两段支架铰接，并分别与两侧平行四边形机构的两水平杆铰接。两侧悬架在支架处与平台通过差速杆机构实现差速。试问：该机构属于移动机器人的哪种类型？

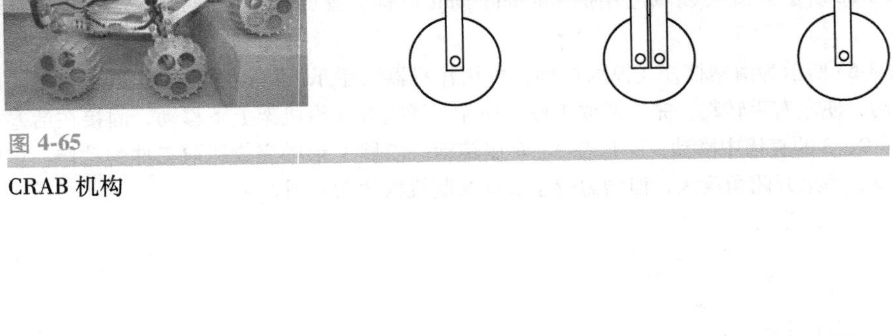

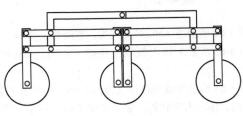

图 4-65

CRAB 机构

4-12　图 4-66 所示为一新型轮式复合越障机器人机构。要求：

（1）试从虚拟转动中心的角度分析该机构的工作原理。

（2）对比该机构与图 4-65 所示机构的优缺点。

（3）利用 ADAMS 软件对该机构进行运动学仿真（模拟越障过程）。

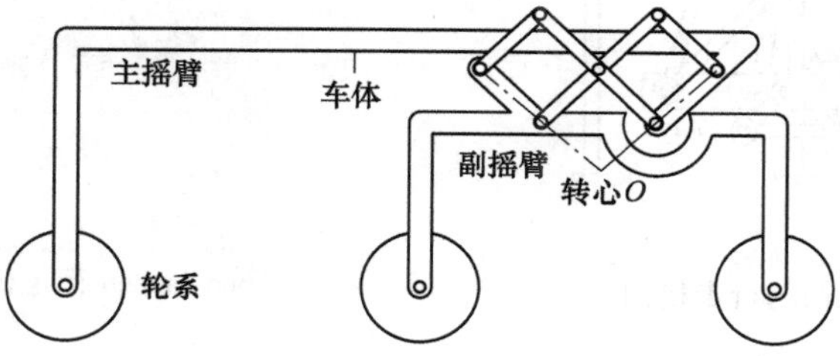

图 4-66

轮式复合越障机器人机构（一）

4-13　图 4-67 所示为一新型轮式复合越障机器人机构。要求：

（1）试从虚拟转动中心的角度分析该机构的工作原理。

（2）利用 ADAMS 软件对该机构进行运动学仿真（模拟越障过程）。

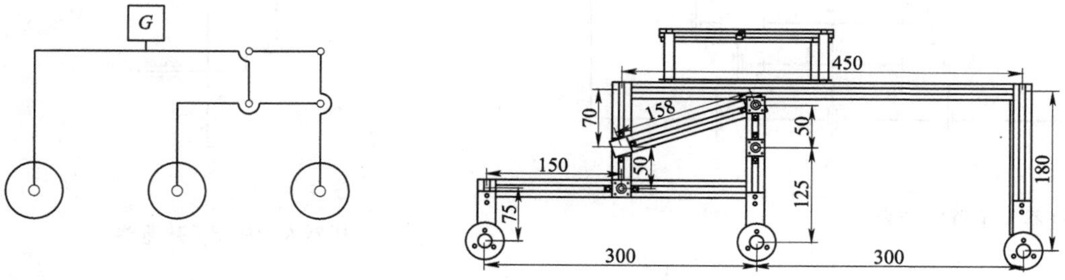

图 4-67

轮式复合越障机器人机构（二）

4-14　图 4-68 所示为一种利用直线运动机构设计的行走机构。要求：

（1）根据工作原理设计该机构的组成。

（2）自定义未知参数，建立该机构的虚拟样机模型，仿真行走机构的运动过程，获取做直线运动的点（P_1 点）的位移曲线。

4-15　图 4-69 所示为荷兰艺术家 Theo Jansen 发明的一种步行机构。要求：

（1）查阅相关资料，分析该机构的组成及工作原理。

（2）自定义未知参数，建立该机构的虚拟样机模型，仿真该机构的运动过程。

4-16　图 4-70 所示为一种用于机器人手臂的减速器，齿轮 1 为输入齿轮，转速为 n_1，双联齿轮 4 为输出齿轮。已知各齿轮齿数为：$z_1=20$，$z_2=40$，$z_3=72$，$z_4=70$。要求：

（1）分析内齿轮 3 的运动（说明是否存在自转角速度）。

（2）计算内齿轮 3 的公转角速度。

（3）计算减速器的转速比 i_{14}。

4-17　图 4-71 所示为一种专用 RV 减速器，齿轮 1 为主动件，两个从动齿轮 2 各固连着一个曲拐，两曲拐的偏心距及偏移方向相同。曲拐偏心端插入内齿轮 3 的孔中，在该传动装置运行时，内齿轮 3 做平动。求该传动装置的自由度及传动比 i_{14}（假设各齿轮齿数已知）。

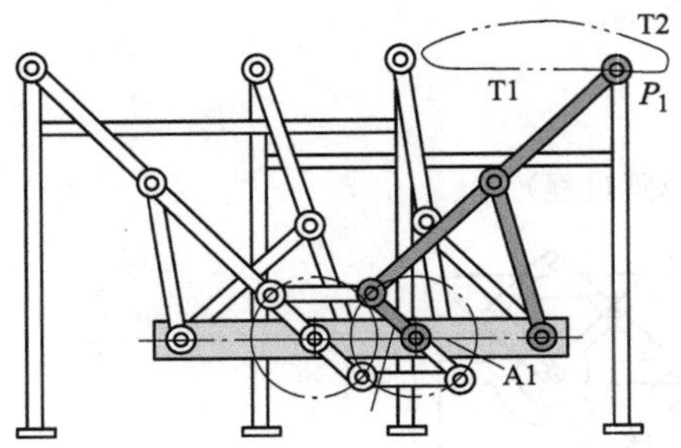

图 4-68

一种利用直线运动机构的行走机构

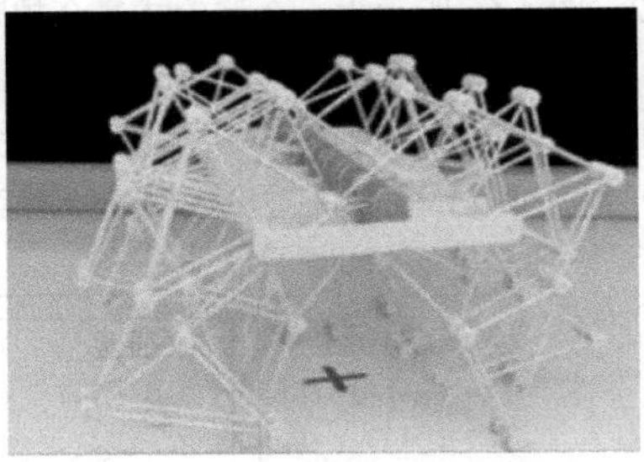

图 4-69

Theo Jansen 行走机构

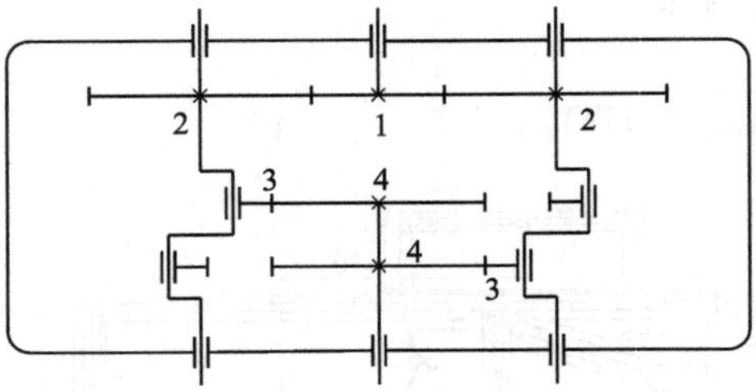

图 4-70

机器人手臂减速器

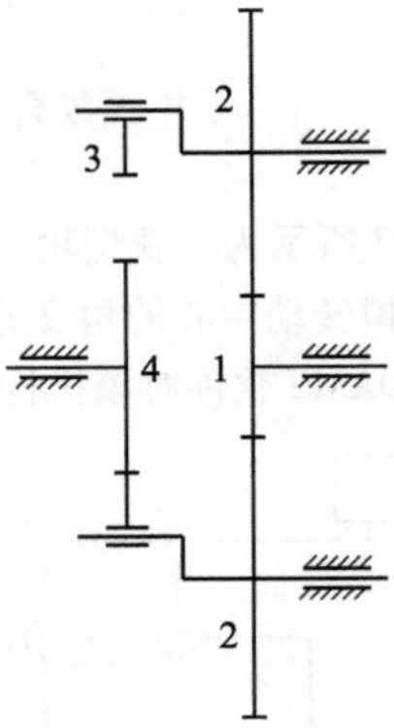

图 4-71

机器人专用 RV 减速器

4-18 查阅文献，说明 FAST 机器人的驱动方式。

4-19 机器人中常见的驱动方式有哪些？试制作表格比较这些驱动方式的优缺点。

4-20 机器人中常见的传动方式有哪些？试制作表格比较这些传动方式的优缺点。

第 5 章 自由度与运动模式分析

本章导读

自由度是机器人机构学中最重要的概念之一。自由度与运动副、构件之间的定量关系一直是机构与机器人构型综合及运动分析中重要的理论依据。

早在 19 世纪，苏联和德国的机构学家就开始对自由度进行了系统的研究。这个时期，由于力的相互作用原理已经广为人知，因此，对运动副在机构中所起的作用有了较为深刻的认识：运动副既可以约束相连接的两构件之间的某些相对运动，同时也允许构件间存在一定的相对运动。著名的 G-K 公式便是在此基础上提出来的。但由于机构种类繁多、形态各异，相应的自由度分析与计算也比较复杂、困难，利用 G-K 公式常常得不到正确的结果。

自由度的分析与计算问题从此成了机构学领域的难题之一。一百多年以来，国内外多名知名学者参与其中，各种形式的自由度计算公式超过了 30 种。但是，最近在黄真教授等学者的不懈努力下，机构自由度问题得到了较为圆满的解决，不仅给出了统一的自由度计算公式，还提供了一种有效的自由度分析方法。

运动模式则是自由度问题的拓展，它的出现源于近年来对有关构型综合以及多模式机构等机器人机构学的热点研究。机构与机器人的运动模式分析相比于自由度分析更为精确、复杂。

本章将结合最新研究成果，从大家所熟悉的平面机构自由度公式出发，重点讨论适用于各类机器人机构的自由度计算及分析方法，简单涉及一些有关运动模式分析的内容。所有分析实例均以典型的机器人机构为对象。

5.1 与自由度相关的基本概念

首先回顾一下《机械原理》中讲过的几个基本概念。

自由度（Degree of Freedom，DoF）：确定机械系统的**位形**或**位姿**所需的独立变量或广义坐标数。空间中的一个刚体最多具有 6 个自由度：沿**笛卡儿坐标系**三个坐标轴的 3 个移动自由度和绕 3 个轴线的转动自由度。因此，空间中任何刚体的运动都可以用这 6 个基本运动的组合来描述。

约束：当两构件通过运动副连接后，各自的运动都会受到一定程度的限制，这种限制就称为约束。

无论是质点还是刚体，如果受到约束的作用，其运动都会受到限制，其自由度相应变少。具体被约束的自由度数称为**约束度**（Degree of Constraint，DoC）。根据麦克斯韦（Maxwell）理论，任何物体（无论是刚性体还是柔性体）如果在空间运动，其自由度f和约束度c都满足以下关系：

$$f+c=6 \tag{5.1-1}$$

如果在平面内运动，则满足

$$f+c=3 \tag{5.1-2}$$

对刚性机构而言，约束在物理上通常表现为运动副的形式。同样，约束对机构的运动也会产生重要的影响，构型设计、运动设计和动力学设计都必须考虑到约束。对刚性机构而言，运动副的本质就是约束。

1. 自由度与活动度的区别

机构的**自由度**是指确定机构位形所需的独立参数的数目；而机构的**活动度**（mobility）是指构件相对于机架所具有的最大独立变量数。机器人的自由度一般是指末端执行器的自由度。

绝大多数情况下，机器人机构的活动度与机器人的自由度是一样的，但有时两者并不相同。例如，一个具有7个运动副的串联冗余机器人机构的活动度是7，但其末端执行器的自由度数却是6；一个由6个移动副串联而成的机器人机构的活动度是6，但其末端执行器的自由度却是3（三维移动）。对串联机器人而言，自由度是指末端执行器相对基座的自由度；而对并联机器人而言，自由度是指动平台的自由度。

2. 局部自由度

某些构件中存在的局部的、不影响其他构件尤其是输出构件运动的自由度，称为**局部自由度**（passive DoF 或 idle DoF）。

平面机构中，典型的局部自由度出现在滚子构件中；空间机构中，如运动副S-S等组成的运动链SPS（图5-1a）中就存在1个局部自由度。局部自由度的出现会导致机构的自由度数增加。以S-S连接形式（图5-1b）为例，理论上它有6个自由度，但实际上通过构件的连接，导致了其中1个自由度（移动自由度）的缺失，实际上只有5个自由度。因此，S-S形式在自由度上与U-S形式（图5-1c）等效。

Stewart平台通常采用6-SPS形式，它在自由度上与6-UPS（图5-1d）等效。

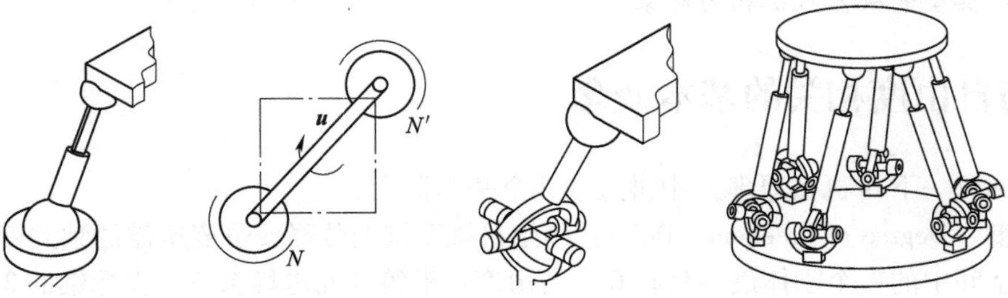

a) SPS　b) S-S　c) U-S　d) 6-UPS

图5-1

局部自由度

3. 冗余约束（虚约束）

由于机构中一部分运动副（不是全部）之间满足某种特殊的几何条件，使其中的一些约束对机构的运动不起作用，不起作用的约束称为**冗余约束**（redundant constraint）。

冗余约束都是在特定的几何条件下出现，如果不满足这些几何条件，则冗余约束就成为有效约束，机构将不能运动。值得指出的是，在机械设计中，冗余约束往往是根据某些实际需要而采用的，如为了增强支承刚度，或为了改善受力情况，或为了传递较大功率等，只是在计算机构自由度时应去除冗余约束。

4. 公共约束

严格意义上，可以用旋量系理论（见第 2、3 章）来解释公共约束：将机构所有的运动副均以运动旋量表示，并组成一个运动旋量系，若存在一个与该旋量系中每一个旋量均互易的反旋量，则这个反旋量就是该机构的一个**公共约束**（common constraint）。通俗地讲，公共约束就是机构中所有构件都受到的共同约束。例如，平面机构的公共约束是三个面外约束，球面机构的公共约束数量也是三个。

公共约束与冗余约束统称**过约束**（overconstraint），相应的机构称为**过约束机构**（overconstraint mechanisms）。

5. 机构的阶数

机构的阶数用来描述机构运动所需要的运动旋量系的阶数（Hunt 定义[12]），即机构运动旋量系的维数。在数值上，机构的阶数=6−机构的公共约束数。例如，一般平面机构和球面机构的阶数都为 3。

6. 冗余自由度机构、全自由度机构和少自由度机构

可实现空间任意给定运动的 6 自由度机构称为全自由度**机构**。而当机构的自由度数大于 6 时，称此机构为**冗余自由度机构**；当机构的自由度数小于 6 时，称此机构为**少自由度机构**。

【例 5-1】　试分析图 5-2 所示 Scott-Russell 机构的虚约束情况。

解：通过判断连杆（构件 2）的受力情况来确定该机构是否存在冗余约束。其受力情况如图 5-2 所示，它受到三个平面汇交力线矢的作用，所组成的约束旋量系的维数为 2。因此，该机构中存在一个冗余约束。

【例 5-2】　试分析图 5-3 所示斜面机构的公共约束情况。

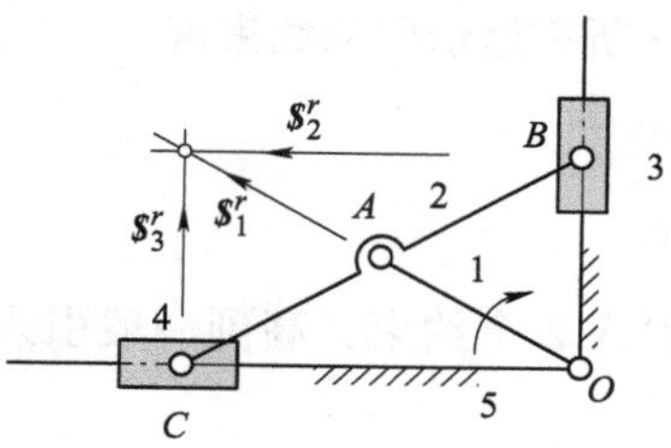

图 5-2

Scott-Russell 机构

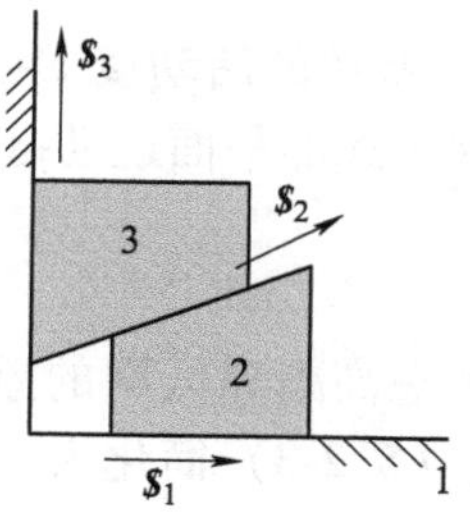

图 5-3

斜面机构

解：该机构中三个移动副对应的单位运动旋量（简称**运动副旋量**）分别为

$$\begin{cases} \boldsymbol{\$}_1 = (0,\ 0,\ 0;\ 1,\ 0,\ 0) \\ \boldsymbol{\$}_2 = (0,\ 0,\ 0;\ p_2,\ q_2,\ 0) \\ \boldsymbol{\$}_3 = (0,\ 0,\ 0;\ 0,\ 1,\ 0) \end{cases}$$

可以看出，上面的集合实际上是一个 2 阶旋量系，因此其反旋量系的阶数为 4，即机构的公共约束数为 4。

5.2 自由度计算公式

首先回顾一下“机械原理”中有关平面机构的自由度计算公式。

我们知道，平面机构中的各构件只能做平面运动。因此，一个构件在尚未与其他构件组成运动副之前为自由构件，它与一个自由运动的平面刚体一样，有 3 个自由度。但是，当这个构件与另一构件之间用运动副连接后，由于彼此接触就变得不“自由”了，即受到了一定程度的约束作用。因此，假设一个构件系统由 N 个自由构件组成，则该系统有 $3N$ 个活动度。选定其中一个构件作为机架后，该构件由于与地相连接将丧失全部自由度；而剩下的运动构件数变成（$N-1$），则系统的活动度相应变为 3（$N-1$）。再用自由度为 f_i 的运动副连接某两个构件，这时，这两个构件之间相对运动的自由度为 3，系统的活动度由于所增加的约束减少了 $3-f_i$。继续增加运动副到 g 个，这时，由于全部运动副的引入而使系统损失的总活动度数变为

$$(3-f_1)+(3-f_2)+\cdots+(3-f_i)+\cdots+(3-f_g)=\sum_{i=1}^{g}(3-f_i)=3g-\sum_{i=1}^{g}f_i \tag{5.2-1}$$

由于

系统的活动度 $\boldsymbol{F}$=所有运动构件的活动度-系统损失的活动度

因此，系统总的活动度变为

$$F=3(N-1)-\left(3g-\sum_{i=1}^{g}f_i\right)=3(N-g-1)+\sum_{i=1}^{g}f_i \tag{5.2-2}$$

式（5.2-2）可以作为计算平面机构自由度的通用公式。

还可以利用

系统的活动度 $\boldsymbol{F}$=所有运动构件的活动度-所有运动副的约束度

得到另外一种形式的平面运动链或机构自由度计算公式，即

$$F=3(N-1)-\sum_{i=1}^{g}c_i \tag{5.2-3}$$

进一步考虑高副和低副的差异（在平面中，低副引入 2 个约束，高副一般引入 1 个约束），可将式（5.2-3）简化为

$$F=3(N-1)-(2P_{\mathrm{L}}+P_{\mathrm{H}})=3n-(2P_{\mathrm{L}}+P_{\mathrm{H}}) \tag{5.2-4}$$

式中，$n=N-1$ 为活动构件数；P_{L}为低副数；P_{H}为高副数。

【例 5-3】 计算平面 3R 开链机器人和平面 3-RRR 并联机器人的自由度（图 5-4）。

解：由式（5.2-2）得

平面 3R 开链机器人：　　$F = 3 \times (4 - 3 - 1) + 3 = 3$

平面 3-RRR 并联机器人：

$F = 3 \times (8 - 9 - 1) + 9 = 3$

下面将平面情况扩展到空间情况。

若在三维空间中有 N 个完全不受约束的物体，并选择其中一个作为固定参照物，则每个物体相对参照物都有 6 个自由度。若将所有的物体之间用运动副连接起来，便构成了一个空间运动链。该运动链含有 $N-1$ 个或 n 个活动构件，连接构件的运动副用来限制构件间的相对运动。采用类似于平面机构自由度的计算方法，得到以下两种形式的公式

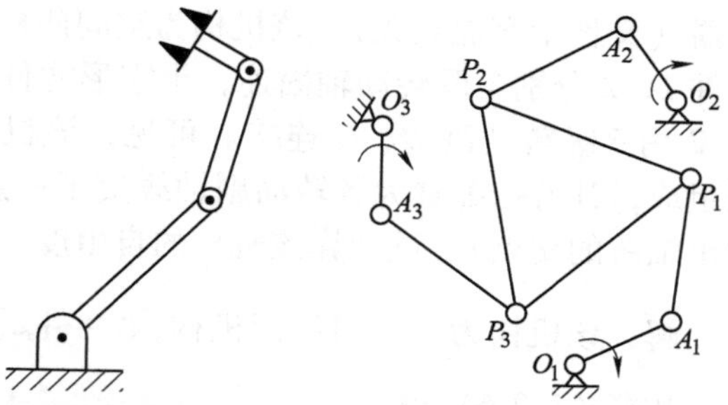

a) 平面3R开链机器人　　b) 平面3-RRR并联机器人

图 5-4

平面 3R 开链机器人和 3-RRR 并联机器人

$$F = 6(N-1) - (5p_5 + 4p_4 + 3p_3 + 2p_2 + p_1) = 6(N-1) - \sum_{i=1}^{5} ip_i = 6n - \sum_{i=1}^{5} ip_i \tag{5.2-5}$$

式中，p_i为各级运动副的数目。但该公式更普遍的表达是 Grübler-Kutzbach（G-K）公式

$$F = d(N-1) - \sum_{i=1}^{g}(d - f_i) = d(N-g-1) + \sum_{i=1}^{g} f_i \tag{5.2-6}$$

式中，F 为机构的自由度；g 为运动副数；f_i为第 i 个运动副的自由度；d 为机构的阶数，一般情况下，空间机构的 $d=6$，平面机构或球面机构的 $d=3$。

【例 5-4】 计算图 5-5 所示工业机器人的自由度。

解：对于 SCARA 机器人，$N=5$，$g=4$，$\sum_{i=1}^{g} f_i = 4$，由式（5.2-6）得

$$F = 6(N-g-1) + \sum_{i=1}^{g} f_i = 4$$

对于 Stanford 机器人，$N=7$，$g=6$，$\sum_{i=1}^{g} f_i = 6$，由式（5.2-6）得

$$F = 6(N-g-1) + \sum_{i=1}^{g} f_i = 6$$

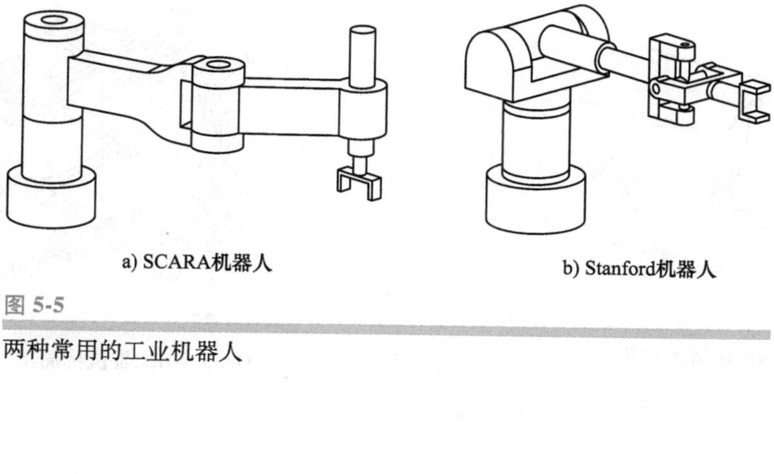

a) SCARA机器人　　b) Stanford机器人

图 5-5

两种常用的工业机器人

【例 5-5】 图 5-6 所示为传递两相交轴转动的**单万向联轴器**（又称十字虎克铰），该机构为空间四杆机构，两叉形构件 1、2 分别与两转动轴固连，十字形构件 3 分别与构件 1、2 用 5 级转动副 B、C 连接。可见，该机构完全由转动副组成，其特殊配置为各转动副轴线交于一点 O（即输入、输出轴线的交点）。试计算该机构的自由度。

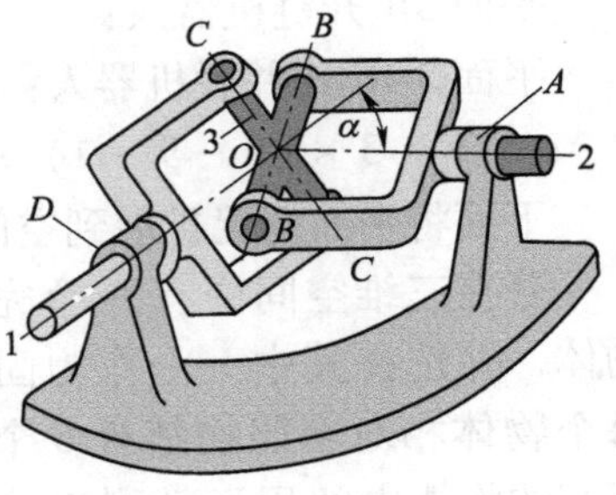

图 5-6

单万向联轴器

解：该机构为一空间球面机构，$N=4$，$g=4$，$\sum_{i=1}^{g} f_i = 4$，由式（5.2-6）得

$$F = 3(N-g-1)+\sum_{i=1}^{g} f_i = 1$$

【例 5-6】 计算 6-SPS 型 Stewart 平台的自由度。

解：$N=14$，$g=18$，$\sum_{i=1}^{g} f_i = 42$，由式（5.2-6）得

$$F = 6(N-g-1)+\sum_{i=1}^{g} f_i = 12$$

计算结果表明，该机构有 12 个自由度，但其末端平台最多只能有 6 个自由度，其余的 6 个自由度如何解释呢？每根支承杆的两端同上下平台分别组成球形副，这样，使得每根支承杆可以绕自身轴线转动，而这个转动（自由度）对整个机构的运动没有影响，与平面凸轮机构中滚子的转动一样，均为**局部自由度**。

【例 5-7】 分析图 5-7 所示 Sarrus 折展机构的自由度。注意：这里取一种特殊的运动副分布形式，即每个支链中 R 副的轴线相互平行，但两个支链的运动副轴线相互垂直。

解：$N=6$，$g=6$，$\sum_{i=1}^{g} f_i = 6$，由式（5.2-6）得

$$F = 6(N-g-1)+\sum_{i=1}^{g} f_i = 0$$

【例 5-8】 试分析 Omni Wrist Ⅲ机构（图 5-8）的自由度。该机构由动平台、基座和四条相同的支链组成。每条支链中，转动副 R_{14}和 R_{13}的轴线相交于动平台中点；转动副 R_{11}和 R_{12}的轴线交于基平台中心点 O；转动副 R_{12}和 R_{13}的轴线相交于点 J_1。四条支链间隔 90°分布。支链 1 和 3 对称分布，支链 2 和 4 对称分布，而支链 1 和 2 在基座及动平台上的 R 副相互垂直。

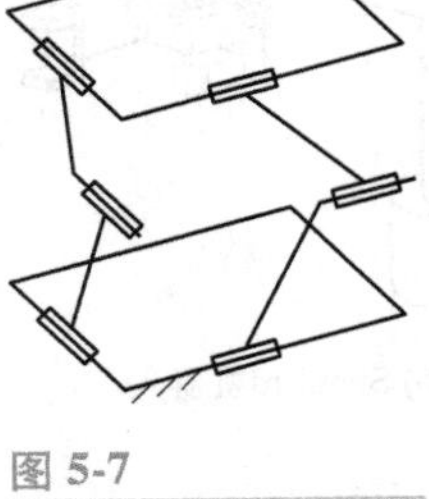

图 5-7

Sarrus 折展机构

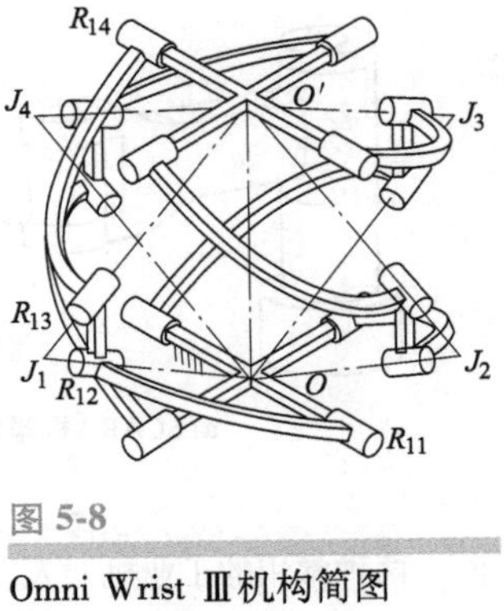

图 5-8

Omni Wrist Ⅲ机构简图

解：$N=14$，$g=16$，$\sum_{i=1}^{g} f_i = 16$，由式（5.2-6）得

$$F = 6(N-g-1) + \sum_{i=1}^{g} f_i = -2$$

事实上，例 5-6~例 5-8 的计算结果都是不正确的。这到底是什么原因造成的呢？按照力的相互作用原理所导出的传统 G-K 公式本质上反映的是机构构件与运动副之间的关系，而违反这一公式的机构必然存在运动副没有完全发挥其约束功能的问题。具体包括以下两个方面：

（1）**存在局部自由度**　尽管连接两构件的运动副具有较多的自由度，但由于特殊的几何设计及装配条件，这个运动副在实际运动中并没有完全实现所有可能的相对运动，即产生了**局部自由度**，其结果会导致机构的自由度数增加。例如，S-S 连接中含有 1 个绕其轴线旋转的自由度，该自由度就是局部自由度。因此，在实际计算机构自由度时应将局部自由度减掉。例如，例 5-6 就属于此类情况。因此，6-SPS 型 Stewart 平台的实际自由度数应该是 6。

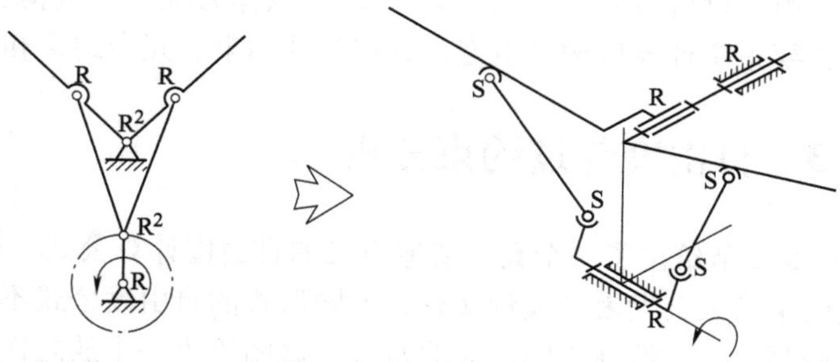

图 5-9
扑翼机构的演化形式——RSSR 机构

对于存在局部自由度的机器人机构自由度的计算，将局部自由度从中减掉即可。图 5-9 所示为**扑翼机器人机构**简图，它实质上就是含有 1 个局部自由度的 RSSR 机构。

（2）**存在过约束**　例如，在某些机器人中，由于运动副或构件几何位置的特殊配置，或者使**所有构件**都失去某些可能的运动，这等于对机构所有构件的运动加上了**公共约束**；或者使某些运动副全部或部分失去约束功能，也就是说，机构中运动副的约束功能并没有完全体现出来。上述结果都会导致机构的自由度数减少。这样的例子较多，例 5-7 和例 5-8 就属于此类情况。

以上两个因素导致了传统 G-K 公式尚需要改善与修正。首先考虑更为普遍的情况，如果机构或机器人具有的公共约束数为 λ，则机构或机器人的阶数 $d=6-\lambda$。这时，机构或机器人自由度的计算公式就变为了修正后的 G-K 公式

$$F = d(N-g-1) + \sum_{i=1}^{g} f_i \tag{5.2-7}$$

式中，d 为机构或机器人的阶数，由公共约束数决定，而不是传统公式中的 3 或 6。平面及球面机构的阶数为 3，即 $d=3$；对于一般没有公共约束的空间机构，$d=6$；而对于存在公共约束的空间机构，d 为 3~6 之间的自然数，如例 5-2 中的斜面机构，其公共约束数为 4。注意：修正公式的形式与未修正的公式相同。

但是，还需要考虑冗余约束和局部自由度对机构的影响。这时，式（5.2-7）进一步修正为参考文献［34］所给的公式

$$F = d(N - g - 1) + \sum_{i=1}^{g} f_i + \nu - \varsigma \quad (5.2\text{-}8)$$

式中，ν 为冗余约束数；ς为局部自由度数。

【例 5-9】 计算 Stewart 平台的正确自由度。

解：$N = 14$，$g = 18$，$\sum_{i=1}^{g} f_i = 42$，$d = 6$，$\nu = 0$，$\varsigma = 6$，由式（5.2-8）得

$$F = d(N - g - 1) + \sum_{i=1}^{g} f_i + \nu - \varsigma = 6$$

由上例可以看出，式（5.2-8）可以作为统一的机构自由度计算公式。另外，还可以看出：要正确计算机构自由度，确定公共约束、冗余约束和局部自由度是关键所在。

5.3 自由度与过约束分析

5.2 节给出了一个具有普遍意义的自由度计算公式。事实上，有关自由度计算问题的讨论由来已久，发表了大量文献，不同形式的自由度公式不下几十种。应该说，鉴于机构构型的纷繁复杂，特性之间差异非常大，试图给出一个放之四海而皆准的公式确实十分困难。即使有这样的公式，也很难具有实用性。例如，对于式（5.2-8），一个棘手的问题是如何确定其中的各参数值，如冗余约束数。

另外，自由度计算公式只是一个量化的结果。对于一个机构而言，仅仅知道它的自由度数是远远不够的，了解其自由度的具体分布则更具实际价值。例如，描述一个 3 自由度的空间机构，必须指出这 3 个自由度的具体类型，如二维转动+一维移动或三维移动等。因为 3 自由度有多种组合情况，必须具体指出属于其中哪一种。这个问题属于自由度分析的范畴，它与自由度计算同样重要。

事实上，参考文献［11，33，34］等已对此类问题进行了系统的研究，有效地解决了这一难题。这里重点介绍机构公共约束、冗余约束和局部自由度的确定方法。对机构公共约束和冗余约束的确定采用的是旋量理论。采用该理论不仅可以计算机构的自由度，还可以对机构的自由度进行定性分析。下面给出一种相对简单的**几何方法**来分析机构和机器人的自由度。

5.3.1 旋量理论的线图描述方法

第 2 章和第 3 章简单介绍了旋量理论中的一些基本概念，以下是对旋量理论的图形化描述。

1. 自由度线

当运动旋量退化为线矢量时，表示绕轴线的转动。转动自由度线可以表示为与转动轴线重合的一条直线，如图 5-10 所示。

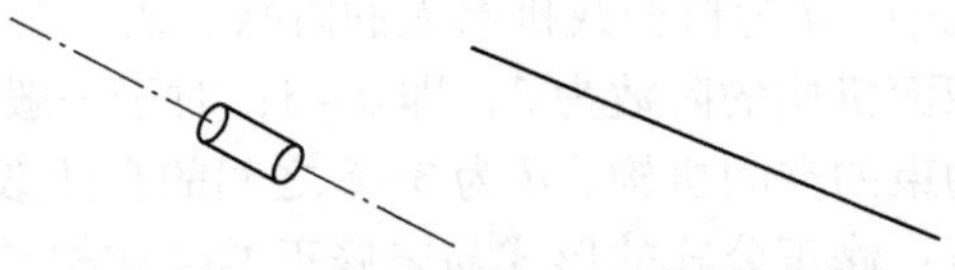

图 5-10 转动自由度线

当运动旋量退化为偶量时，表示沿轴线方向的移动。移动自由度线可以表示为移动方向的带箭头的直线。由于移动只和方向有关，因此，移

动自由度线是一个自由向量。移动可以看作无穷远处的转动，如图 5-11 所示，转动自由度线和移动自由度线相互垂直。

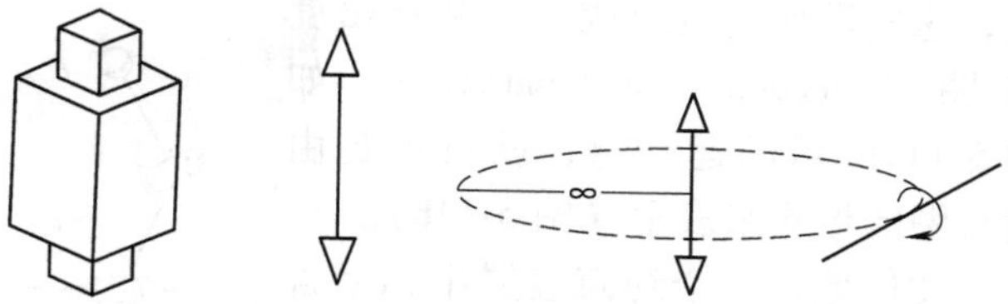

a) 移动副　b) 移动自由度线　c) 等效的转动自由度线

图 5-11

移动自由度线

2. 约束线

类似地，当力旋量退化为线矢量时，表示作用线为轴线的力约束。考虑两端连着球铰的连杆，如图 5-12a 所示。对于这样一根连杆，只有沿着连杆方向的运动被约束了，其他方向的运动都是自由的。

与研究自由度线类似，约束线也有对应于移动自由度线的类型，可称其为力偶约束线。如果一条约束线可以理解为单一方向上移动的限制，则力偶约束线可理解为转动的限制。与移动自由度线相似，可将力偶约束线表示为图 5-13 所示的形式。力偶约束线也是自由向量。

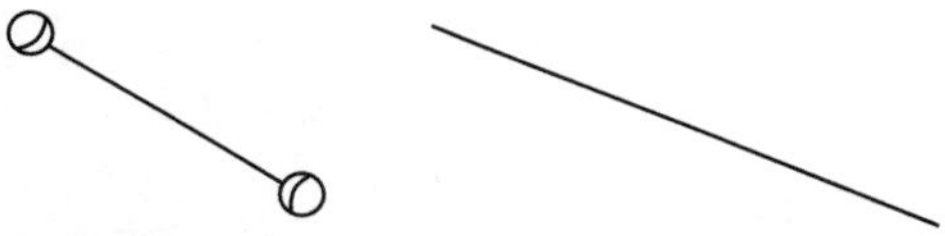

a) 两端为球铰连接的连杆　b) 简化的约束线

图 5-12

约束线

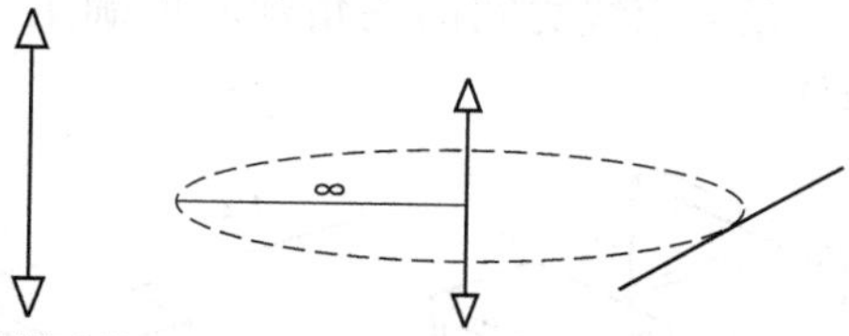

a) 力偶约束线　b) 等效的力偶约束线

图 5-13

力偶约束线的表达

线图的基本元素及其意义见表 5-1。

表 5-1　线图的基本元素及其意义

线图元素	数学意义	物理意义
	线矢量	转动自由度
	线矢量	约束力
	偶量	移动自由度
	偶量	约束力偶

3. 自由度（或约束）空间与自由度（或约束）线图

自由度空间（freedom space）是物体运动旋量所张成的空间，它表征了物体所允许的空间运动。相对地，**约束空间**（constraint space）是物体所受约束力旋量张成的空间，它表征了物体受限的空间运动，即所受约束。

而自由度（或约束）线图则是自由度（或约束）空间的可视化几何表达形式。下文中如无特殊说明，可以用自由度（或约束）空间来替代自由度（或约束）线图。

一个运动链或机构总是含有若干个运动副。如果将每个运动副都表示成自由度线的形式，这些运动副就组成了一个**自由度线图**（freedom line pattern）。如图5-14a所示的运动链，就可用自由度线图的形式来表示（图5-14b）。

类似地，一个约束装置中如果含若干个约束，也可以将每个约束表示成线图的形式，这些约束也组成了一个约束线图。如图5-15a所示的约束装置，可用约束线图的形式来表示（图5-15b）。

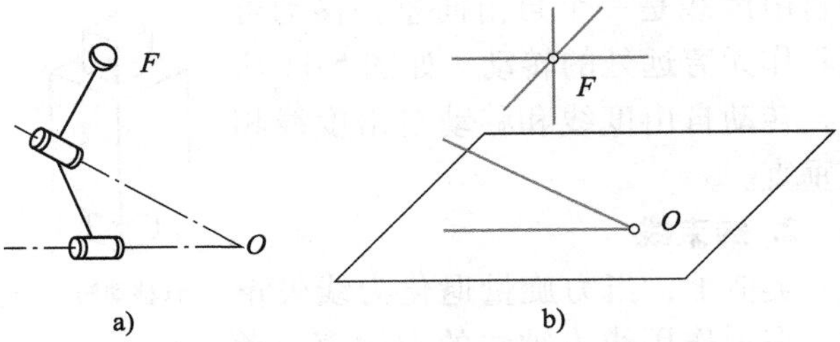

图5-14

5-DoF RRS运动链及其自由度线图

4. 自由度（或约束）的等价线

假设一个二维物体在某种约束下只有一个通过其质心的转动自由度，如图5-16所示。在此情况下，两条过转动轴线与*XY*平面相交且位于*XY*平面内的约束可以满足条件。然而，这两条约束线之间的夹角却不能确定。例如，图5-17所示的两种约束线取法均符合约束条件。

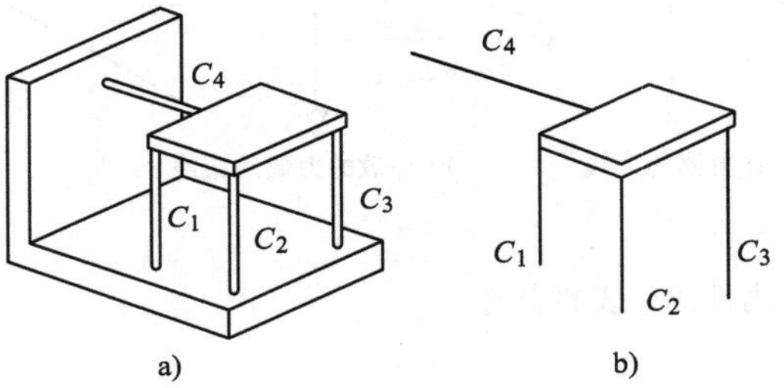

图5-15

约束装置及其对应的约束线图

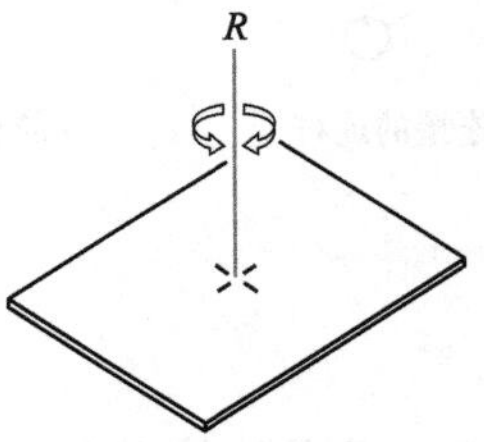

图5-16

一维转动自由度

相交于给定点的任意一对约束，在功能上与其他相交于同一点且位于相同平面内的任意一对约束是等效的。由此可以导出，一对相交约束（自由度）可以确定一簇径向线（径向线圆盘），选择任意两条可以等效代替先前的一对。如图5-18所示，两条线相交可以等价为圆心在交点处的一个圆盘，表示圆盘上通过圆心的任意两条直线与原来的两条直线等价。

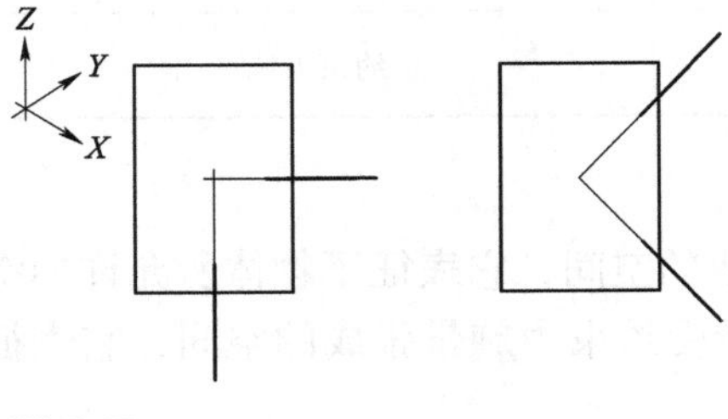

图5-17

约束线的两种取法

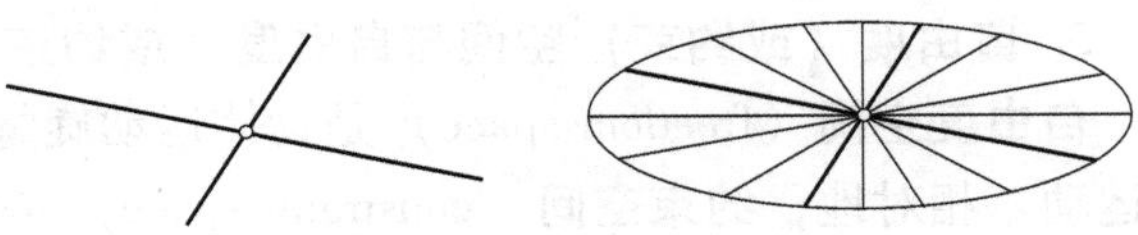

图5-18

两条线相交构成一个圆盘

类似地，可以得出表 5-2 所列的所有等价线图（详细内容请参考文献［43］）。

表 5-2　常见基本型线图及其等价线图

维数	基本型线图	等价线图		
1	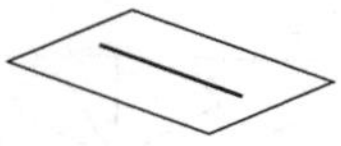	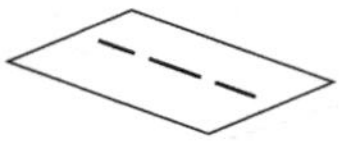		
	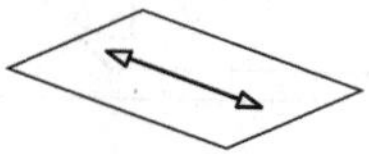	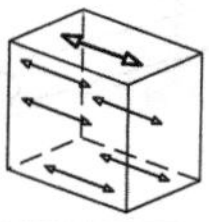		
2	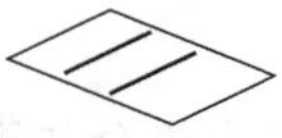	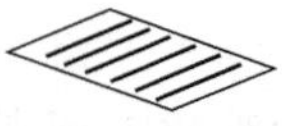	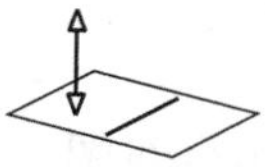	
	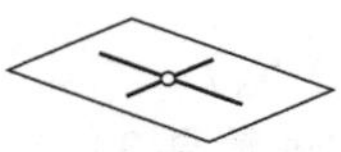	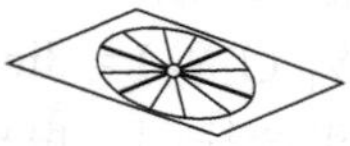		
	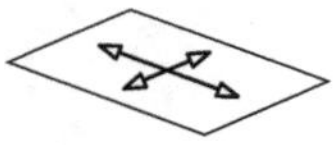	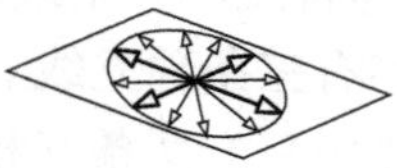		
3		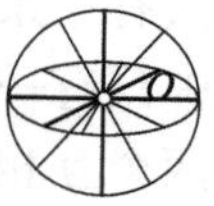		
	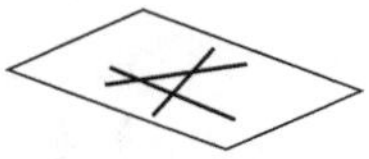	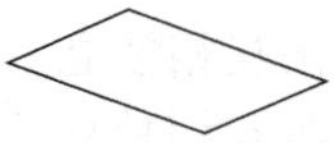	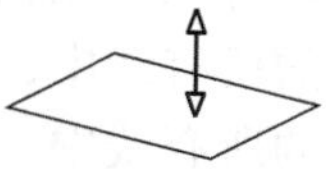	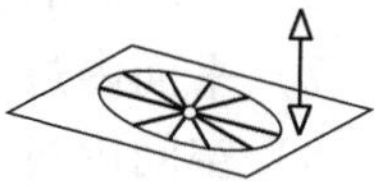
	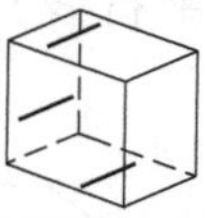	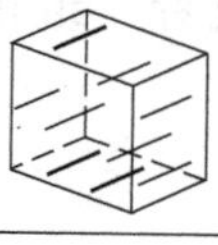	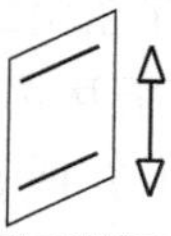	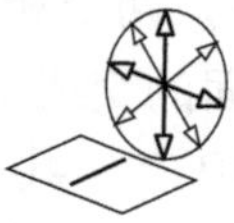
	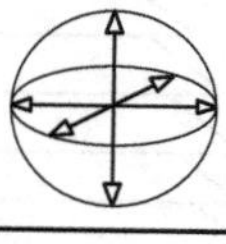	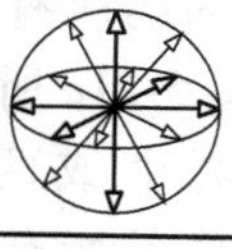		

5. 冗余线

当一个线图中包含冗余线时，能够正确地识别冗余线是很重要的。一簇含有冗余线的约束线图包含**过约束**；一簇含有冗余线的自由度线图包含冗余自由度。

最简单的一种冗余是两条直线共线的情况。假设沿着同一直线同时对物体施加两个约束，如图 5-19 所示，则会产生过约束。

那么，如何辨识线图中的冗余线呢？首先确定一个线图中独立线的数量（为该线图的维数）。例如，一簇平面相交（或平行）线图的维数为 2，一簇空间相交（或平行）线图的维数为 3。当从线图中选取的线数量超过线图维数时，就必然存在冗余线。

除了单个线图中存在独立线和冗余线外，两个或者两个以上的线图也可组成新的线图，称为**组合线图**。例如，图 5-20 所示的线图即由两组平面相交线图（两圆盘表示）组合而成。

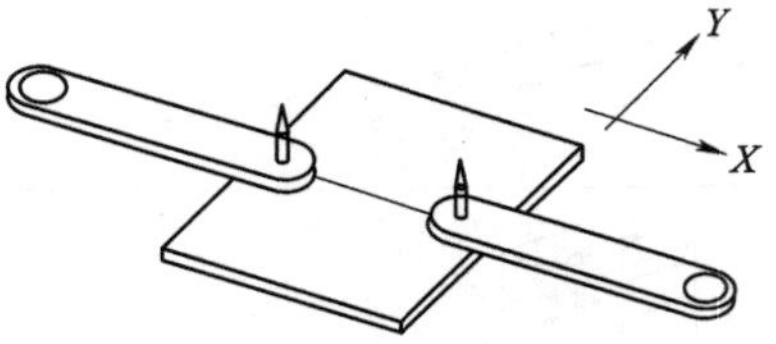

图 5-19

过约束

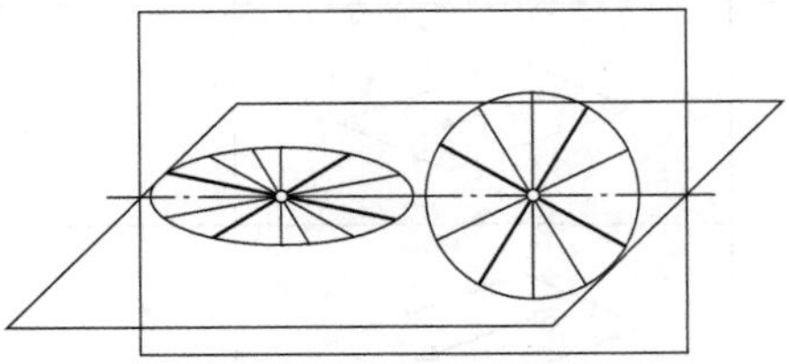

图 5-20

两组平面相交线图

对于组合线图，可以采用集合论中的维数定理来判断其维数：两个集合并集的维数等于各自维数之和减去其交集的维数，即

$$\dim(\boldsymbol{S}_A \cup \boldsymbol{S}_B) = \dim(\boldsymbol{S}_A) + \dim(\boldsymbol{S}_B) - \dim(\boldsymbol{S}_A \cap \boldsymbol{S}_B) \tag{5.3-1}$$

对于图 5-20 所示的组合线图，根据式（5.3-1），可以计算出其维数是 3。

根据上面两节有关等价线和冗余线的描述，可以得到以下规则：

1）一个平面内最多有三条独立线。

2）平面内的平行线中只有两条互相独立。

3）空间内的平行线中只有三条互相独立。

4）空间内的平行偶量中只有一个是独立的。

5）平面内的偶量只有两个互相独立。

6）空间内的偶量最多有三个互相独立。

7）平面内过一个点的所有线中，只有两条互相独立。

8）空间内过一个点的所有线中，只有三条互相独立。

9）两个相交平面内，存在两组相交线（或者一组相交线、一组平行线），如果交点在两平面的交线上，则只有三条互相独立。

10）有共同交线的两个或两个以上（含无穷多）相交平面内的所有线中，最多有五条相互独立，如图 5-21a 所示。

11）有公共法线的两个或两个以上（含无穷多）平行平面内的所有线中，最多有五条相互独立，如图 5-21b 所示。

a) 共线平面簇　　b) 平行平面簇

图 5-21

两组平面簇

6. 广义对偶线图法则

麦克斯韦提出，一个受到约束的物体所具有的自由度与其受到的独立约束之间存在**互易或对偶**（reciprocal）关系。事实上，自由度与其对偶约束之间的关系是唯一确定的：如果给出施加在物体上的约束的特性，便可以确定出其自由度；同样，如果从预期的自由度特性出发，也可以确定出施加在物体上的约束。Blanding 在其专著中给出了一个约束与

自由度之间应遵循的法则：假设某一线图中有 n 条非冗余线，那么，其对偶线图中将包含 $6-n$ 条（非冗余）线，并且线图中的每条线都与其对偶线图中的所有线相交。上述法则称为对偶线图法则，也称 Blanding 法则（第 3 章已提到过该法则）。

应用 Blanding 法则可以方便地确定物体的自由度或约束，然而 Blanding 法则仅给出了线与线之间的关系，即转动自由度与力约束之间的关系。那么，移动、力偶约束，甚至螺旋运动与一般力旋量之间又存在何种关系呢？为此，文献［43］对 Blanding 法则进行了扩展，根据旋量理论导出了**广义对偶线图法则**或**广义 Blanding 法则**。具体内容如下：

1）自由度线图中的每条转动自由度线都与其对偶约束线图中的所有力约束线相交或平行；同样，约束线图中每条力约束线都与其对偶自由度线图中所有的转动自由度线相交或平行。

2）自由度线图中的每条移动方向线都与其对偶约束线图中的所有力约束线正交；反之，约束线图中的每个偶量法线都与其对偶自由度线图中的所有转动自由度线正交。

3）自由度线图中的移动方向线与其对偶约束线图中的偶量法线可以任意配置。

4）自由度线图中的一般螺旋运动轴线与其对偶约束线图中的一般力旋量轴线满足以下关系式

$$p_i + q_j = d_{ij}\tan\alpha_{ij} \quad (i = 1, 2, \cdots, n;\quad j = 1, 2, \cdots, 6-n) \tag{5.3-2}$$

根据广义对偶线图法则，可以进一步绘制出不同自由度类型的自由度与对偶约束空间线图表达，简称 F&C 空间图谱（只含直线和偶量），部分内容见表 5-3。

表 5-3　典型 F&C 空间图谱

自由度数	类型	自由度线图	自由度线图特征	约束线图
0	刚性连接	∅	空集	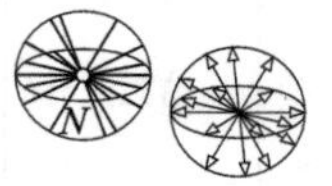
1	$1R$	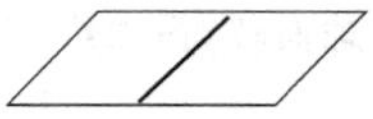	一维转动	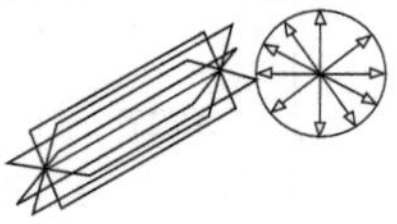
	$1T$	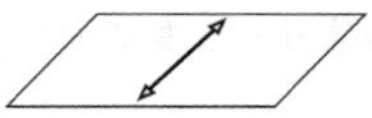	一维移动	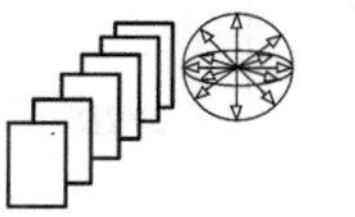
2	$2R$	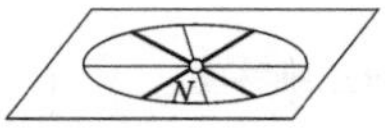	二维球面转动，且 2 个转动自由度轴线相交	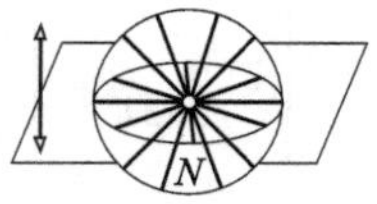
	$2T$	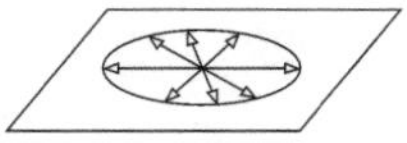	二维移动	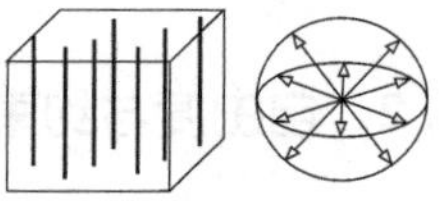
	$1R1T$	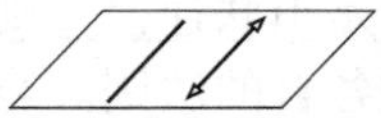	二维圆柱运动（转轴与移动方向平行）	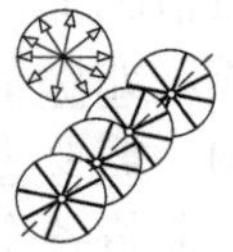

（续）

自由度数	类型	自由度线图	自由度线图特征	约束线图
2	1*R*1*T*	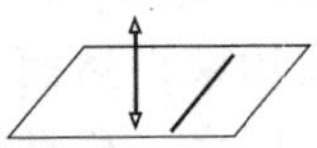	一维转动+一维移动，且转轴与移动方向垂直	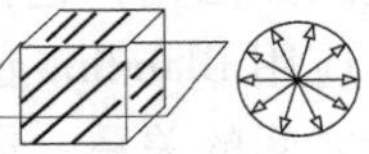
3	3*R*	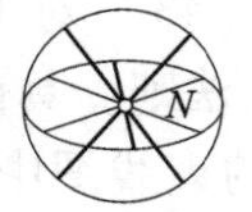	三维球面转动	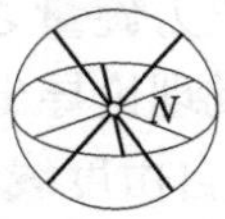
	3*T*	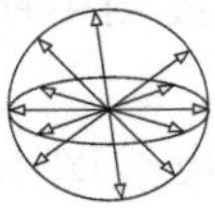	空间三维移动	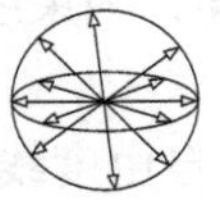
	2*R*1*T*	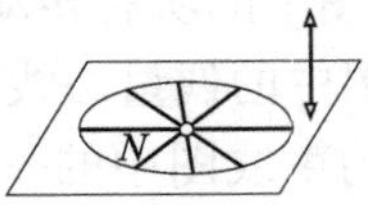	二维球面转动+一维移动，且移动方向与两转轴所在平面垂直	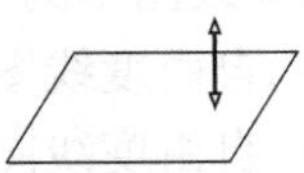
	2*T*1*R*	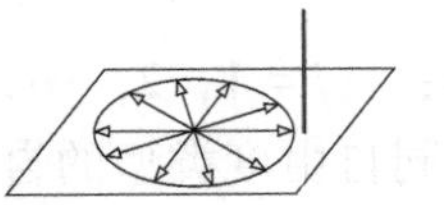	平面二维移动+一维转动，且转轴与移动平面垂直	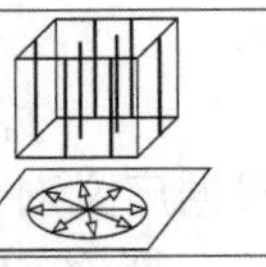
4	3*R*1*T*	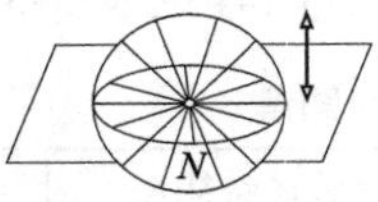	三维球面转动+一维移动	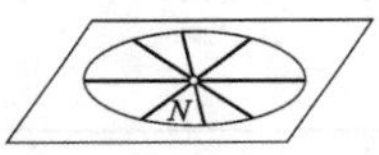
	3*T*1*R*	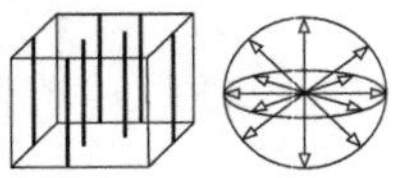	三维移动+一维转动	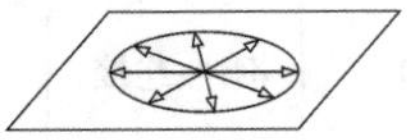
5	3*R*2*T*	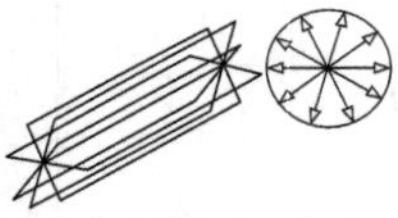	空间三维球面转动+二维移动	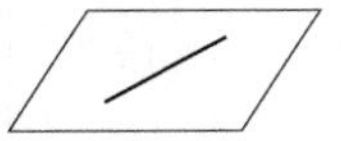
	3*T*2*R*	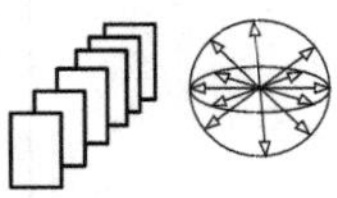	空间三维移动+二维球面转动	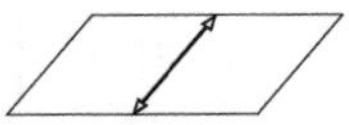
6	3*R*3*T*	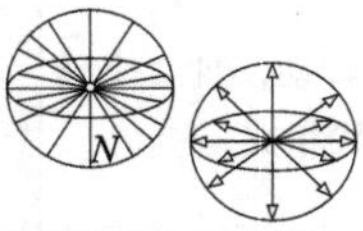	三维转动+三维移动	∅

5.3.2 自由度与约束分析

一般情况下，任何一个机器人机构都可以看作由一个或多个中间体并联、串联或者混联连接而成。如果是并联连接，则将约束相叠加；如果是串联连接，则将自由度相叠加；对于混联机构，需要将其分解成并联和串联机构，并遵循各自的法则。当机器人的构型为串联机构时，只需将各个关节的自由度数相加即可。当机器人的构型中含有闭链，例如为并联机构时，需要先找出各个支链对动平台的约束线，然后将所有约束线组合在一起构成动平台约束线图，确定该线图的维数；再利用广义 Blanding 对偶线图法则确定动平台的自由度线图。以上方法称为图谱法[43]。

图谱法可辅助分析机器人的自由度特性。特别是当机械结构较为复杂时，如并/混联机器人，图谱法往往更能够发挥作用，可以简化分析过程，并具有较强的直观性。

下面以并联机构为例，介绍图谱法在自由度与约束分析中的应用。

【例 5-10】 试用图谱法分析两种平行四边形机构的自由度特性。

解：考虑一个平行四边形机构，例如，图 5-22a 所示为平面上的一个平行四边形，在图

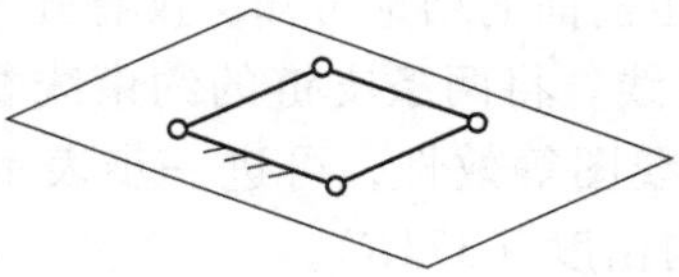

a) 平行四杆机构

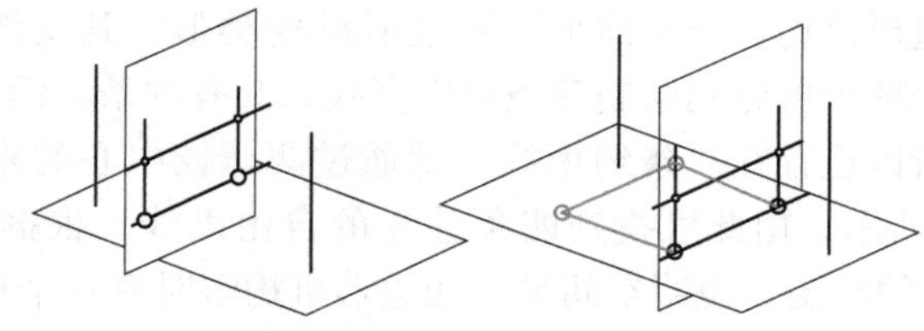

b) 两个支链的自由度与对偶约束线图

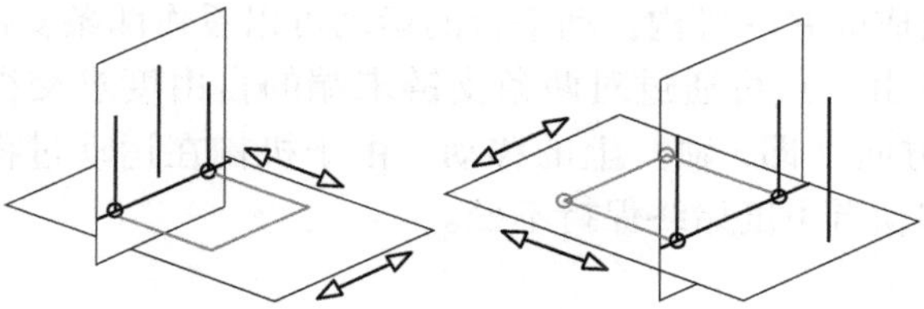

c) 两个支链的等效约束线图

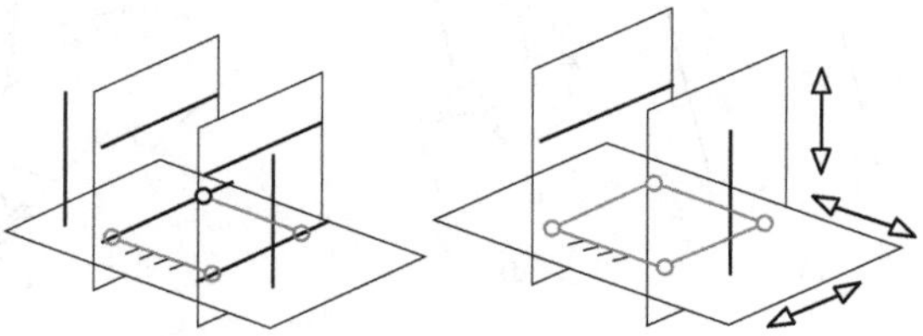

d) 连杆的约束线图及其等效线图

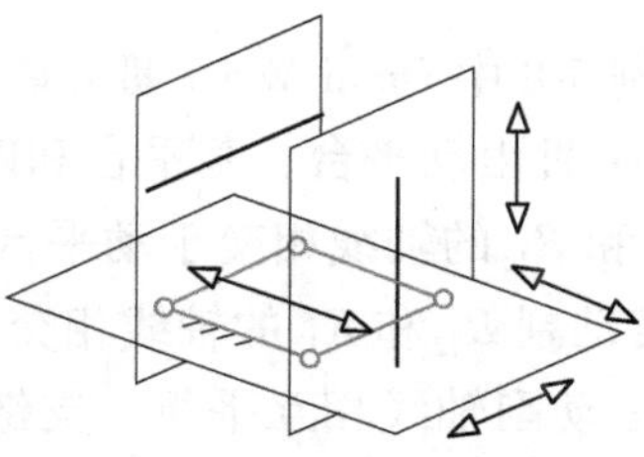

e) 连杆的自由度及其对偶约束线图

图 5-22

平面平行四边形机构的线图分析

示的瞬时位置，四边形的邻边互相垂直。要研究其上端杆件的运动情况，可视其上端杆是由两个支链与机架连接，即为并联情况。如图 5-22b 所示，其支链为两端部为转动副的连杆。因此，对应的自由度线有两条，分别通过转动副，并垂直于平面。这样，可以找到四条约束线。根据等效关系，也可表示为图 5-22c 所示的线图形式。将两个支链的约束线图叠加后得到八条约束线，由于平面机构有三个公共约束，因此，去掉冗余的三条后还有五个独立约束，如图 5-22d 所示。所以该机构具有一个自由度，这条自由度线必须与所有的约束线相交，即有一个移动自由度，如图 5-22e 所示。

如果将上述平行四边形机构的所有转动副都换成球面副，如图 5-23a 所示，可组成空间平行四边形机构。与平面平行四边形机构类似，其支链如图 5-23b 所示，通过两个球铰相连，每个球铰可分别绘制三条自由度线，共有六条。但由前面的结论可知，仅有五条线是独立的，所以还存在一条约束线，即通过两球铰中心的直线。将两条支链的约束线叠加，如图 5-23c所示；由此可找到四条独立的自由度线，根据线图等效性，可进一步表示为图 5-23d 所示的线图。说明空间平行四边形机构瞬时有 4 个自由度（$3T1R$）。

【例 5-11】 试用图谱法分析例 5-7 中 Sarrus 机构的自由度类型。

解：首先采用图谱法分析 Sarrus 机构的自由度分布情况，如图 5-24 所示。可将该机构看作一个由两条支链组成的并联机构，动平台的运动可以看作两条支链共同运动的结果。这样，动平台的运动（自由度）可通过对两条支链末端的自由度求交得到。很显然，该机构只有一个 xy 平面法线方向（即 z 轴）上的移动。由于机构在运动过程中，自由度特征并没有发生变化，因此该移动自由度始终保持不变。

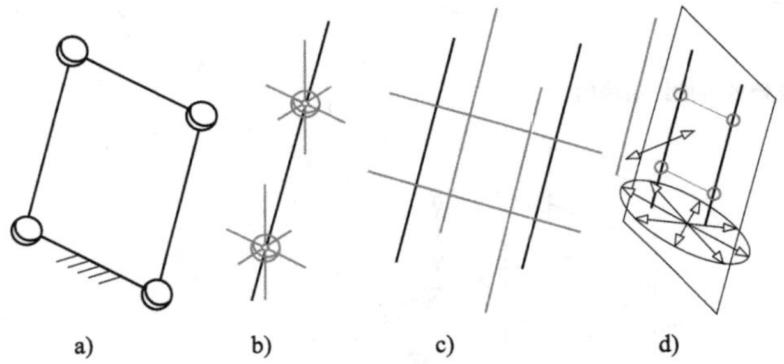

图 5-23

空间平行四边形机构的线图分析

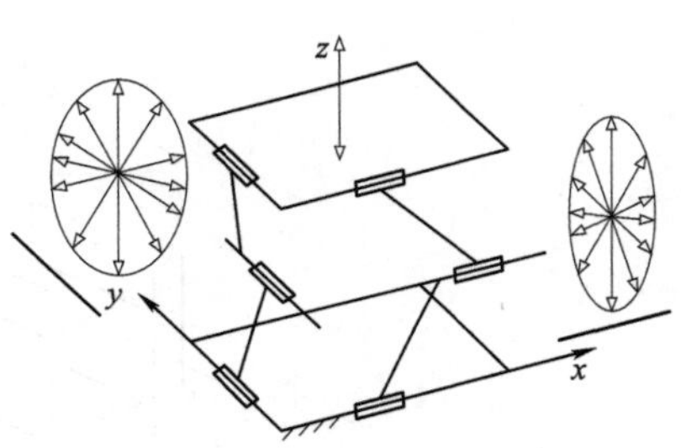

图 5-24

Sarrus 机构的自由度分析

【例 5-12】 试用图谱法分析例 5-8 中 Omni Wrist Ⅲ并联转台的自由度类型。

解：图 5-25 所示的 Omni Wrist Ⅲ由动平台、基平台和四条结构相同的支链组成。以支链 1 为例，该支链中，转动副 R_{14}和 R_{13}的轴线相交于动平台中心 O'点；转动副 R_{11}和 R_{12}的轴线相交于基平台的中心点 O；转动副 R_{12}和 R_{13}的轴线相交于点 J_1。四条支链的结构相同，间隔 90°排布，其中支链 1、3 的运动副轴线相互平行，支链 2、4 的运动副轴线相互平行，而支链 1、2 的运动副轴线相互垂直。

首先证明转动副 R_{14}的轴线与基平台转动副 R_{11}的轴线相交于一点（或平行）。如图5-26a 所示，θ_1与 θ_2相等，$|J_1O'|=|J_1O|$，点 C 是 OO'的中点，则$|CO'|=|CO|$；J_{12}和 J'_{12}在 OO'的镜像对称面 Π 上，CJ_{12}和 CJ'_{12}分别垂直于 OO'，所以$\triangle OCJ_{12}\cong\triangle O'CJ'_{12}$，即可以得到

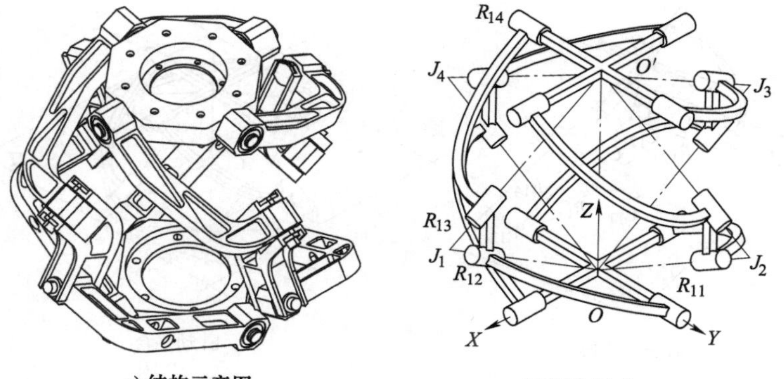

a) 结构示意图　　b) 结构组成

图 5-25

Omni Wrist Ⅲ机构

$|J'_{12}O'|=|J_{12}O|$，$|CJ'_{12}|=|CJ_{12}|$。由机构的对称性得到$|J_1O'|=|J_1O|$，$|J'_{12}O'|=|J_{12}O|$，$\angle J_1O'J'_{12}=\angle J_1OJ_{12}=90°$，则$|J_1J_{12}|=|J_1J'_{12}|$。由于$|J_1J_{12}|=|J_1J'_{12}|$，$|CJ_{12}|=|CJ'_{12}|$，则$\triangle J_1CJ_{12}\cong\triangle J_1CJ'_{12}$。由于上述两个三角形均在 OO'的对称面 Π 内，因此 J_{12}与 J'_{12}重合。

这样，可以得到 Omni Wrist Ⅲ机构一条支链上的自由度线分布，如图 5-26b 所示。转动副 R_{13}的自由度线与转动副 R_{12}的自由度线相交于点 J_1；转动副 R_{11}的自由度线与转动副 R_{14}的自由度线相交于点 J_{12}。

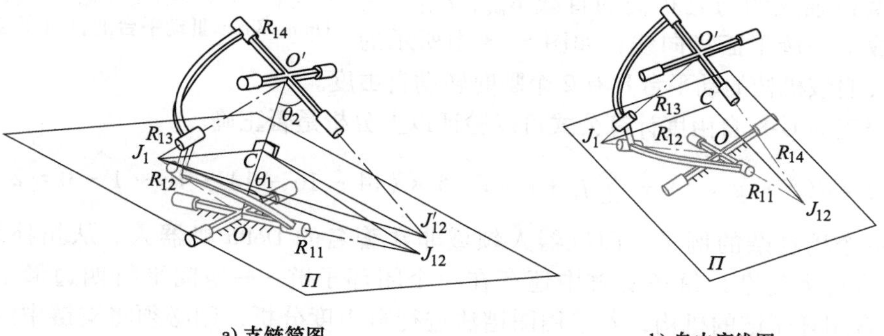

a) 支链简图　　b) 自由度线图

图 5-26

Omni Wrist Ⅲ机构的一条支链

根据 Blanding 法则，所有的自由度线和约束线相交，由此可以得到该支链的约束线分布，如图 5-27a 所示。其中，自由度线 R_{11}、R_{12}、R_{13}和 R_{14}与约束线 C_{11}分别相交于点 J_1、J_{12}；与约束线 C_{12}分别相交于点 O、O'。通过上述分析可以发现，每条支链为动平台提供了两个约束，即每条支链有两条约束线 C_{11}和 C_{12}，一条约束线在机构的对称面 Π 内，一条约束线与对称面 Π 垂直相交于点 C。同理，其他各支链也为动平台提供相同类型的约束。由此，可以得到整个机构的约束线与自由度线线图情况，如图 5-27b 所示，其中四条约束线在机构的对称面 Π 内，另外四条约束线重合并与对称面 Π 正交于点 C。

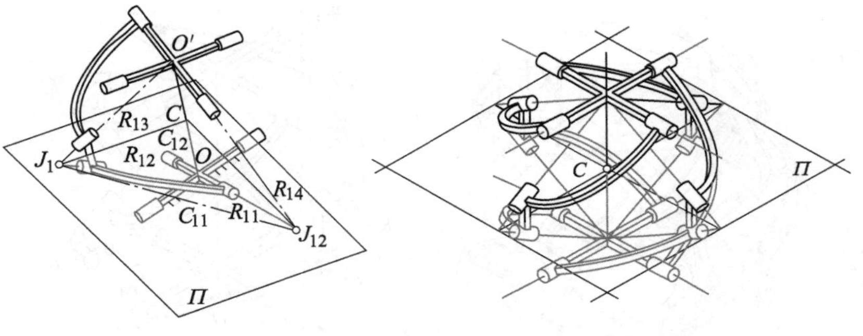

a) 一个支链　　b) 动平台

图 5-27

自由度与对偶约束线图

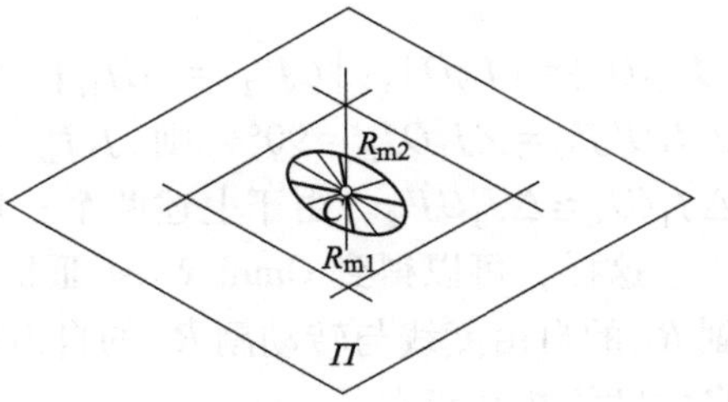

图 5-28

Omni Wrist Ⅲ动平台的自由度与约束线图

由于垂直于对称面 Π 的四条约束线重合，因此，这四条约束线只为动平台提供了一个独立约束，剩下的另外三条约束线为冗余约束；由于平面内的三条独立线确定一个平面，因此，在对称面 Π 内的约束线为动平台提供三个独立约束。而根据上述分析，动平台一共受到四个独立的力约束，动平台的自由度与约束线图如图 5-28 所示。根据 Blanding 法则，可以找到两条独立的与之相交的直线 R_{m1}、R_{m2}，它们共同组成了一簇平面径向线，如图 5-28 中所示的浅色线。表明该机构的动平台具有 2 个瞬时转动自由度。

采用修正的 G-K 自由度计算公式可以验证以上分析是否正确。

$$f = d(N - g - 1) + \sum_{i=1}^{g} f_i + v - \varsigma = 5 \times (14 - 16 - 1) + 16 + 1 - 0 = 2$$

再举一个稍复杂的例子，即机器人领域非常著名的 Delta 机器人。从拓扑结构上看，Delta 机器人较为复杂，每条支链中还存在一个闭环子链——空间平行四边形子链。对于 Delta 这种含闭环子链的机构，若采用图谱法进行自由度分析，则必须将支链中的闭环子链当作一个等效运动副，先查表找到相应的 F&C 线图及对应的等效运动链，再通过图谱法对每个支链及整个机构进行分析，分析过程如下。

Delta 机器人的机构简图如图 5-29a 所示，其上平台连接三个相同的支链，支链结构简图如图 5-29b 所示。每条支链含有一个转动副和一个空间平行四边形闭环子链（4S）。空间平行四边形子链的自由度分析参考例 5-10。这样，在图示共面位形下，每条支链的自由度数为 5，自由度线图如图 5-29c 所示。根据广义 Blanding 法则，可找到唯一的一条约束力偶线，该力偶线垂直于空间平行四边形子链所在的平面，如图 5-29d 所示。将三条约束力偶线进行组合叠加（图 5-29e），由于它们的方向不同，呈空间分布，因此相互独立。再根据广义 Blanding 法则或者表 5-3 所列的 F&C 图谱，得到与其对偶的自由度线图中也包含三条独立的移动自由度线（图 5-29f）。因此可以判断出，Delta 机构在该位形下为**空间三维移动机构**。

但是，一般情况下，4S 闭环子链（图 5-30a）在机构运动过程中是无法保证始终共面

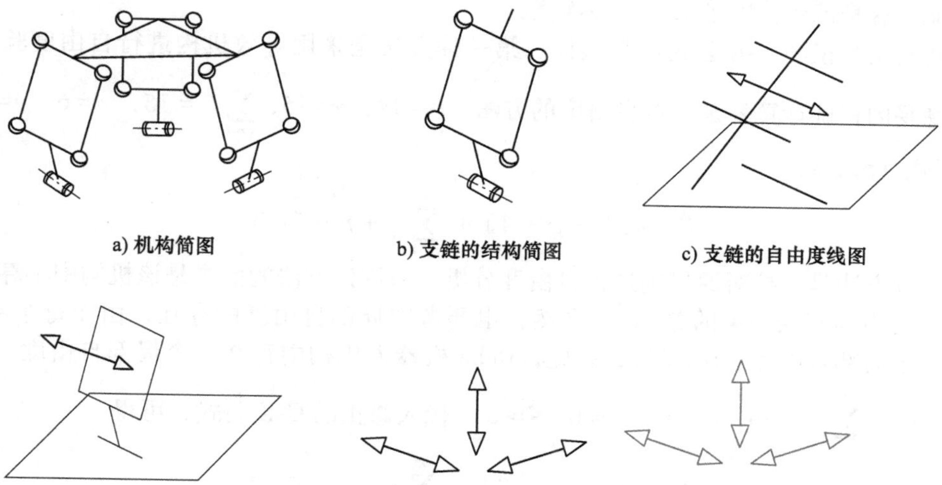

a) 机构简图　b) 支链的结构简图　c) 支链的自由度线图

d) 支链的约束力偶线　e) 机构的约束线图　f) 机构的自由度线图

图 5-29

图谱法分析 Delta 机器人自由度的过程

的，如图 5-30b 所示，可以看出，这时的 4S 子链在非共面位形下可以等效为 RRRP 支链，加上原有的一个转动副，每个支链可等效为 RRRRP 支链，相应的支链自由度线图如图 5-30c所示。事实上，根据 Blanding 法则，无法找到一条与之对偶的约束线（说明既不是约束力也不是约束力偶）；若直接查表 5-3 中的 F&C 图谱，则可发现与之对偶的是一条螺旋线。因此可以判断出，处于该位形下的动平台受到三个一般约束力旋量的作用，根本无法实现三维移动。换句话说，要保证该机构在运动过程中始终保持三维移动，必须在初始装配时严格保证 4S 子链共面的装配条件。

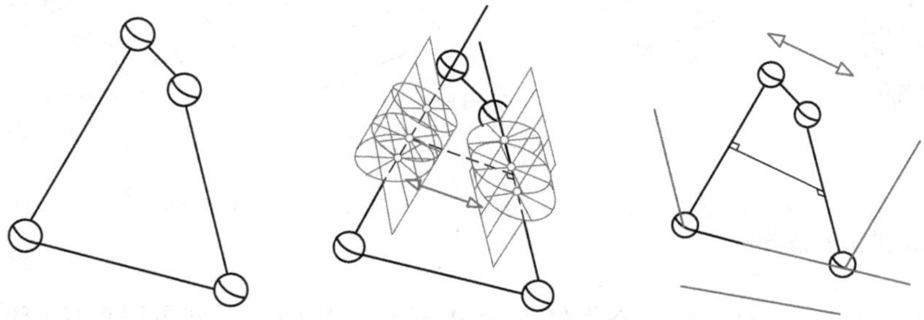

a)　b)　c)

图 5-30

4S 子链在非共面时的自由度和约束线图

由以上分析可知，Delta 机器人机构中既不含有公共约束，也无冗余约束（原机构中存在局部自由度，处于闭环子链中），因此，该机构是非过约束机构，这是其最重要的优点之一。此外，采用闭环子链大大减轻了机构本体的自重，为其在高速、高加速度方面的应用提供了保证，这是该机构的第二个重要优点。

下面利用修正的 G-K 公式进行验证。第一种方法是采用等效机构进行自由度验证，这是最为稳妥的正确计算复杂机构自由度的方法。$N=14$，$g=15$，$\sum_{i=1}^{g} f_i = 15$，$d=6$，$\nu=0$，$\varsigma=0$，根据式（5.2-8）

$$F = d(N - g - 1) + \sum_{i=1}^{g} f_i + \nu - \varsigma = 3$$

第二种方法是直接对原机构进行自由度分析。采用该方法的前提是该机构中不存在过约束（公共约束与冗余约束的总称）。当然，也要考虑局部自由度的存在，由于每个 4S 子链都含有 2 个局部自由度（S-S 副），因此，Delta 机器人机构中存在 6 个局部自由度，则 $N=11$，$g=15$，$\sum_{i=1}^{g} f_i = 39$，$d=6$，$\nu=0$，$\varsigma=6$。代入修正的 G-K 公式，可得

$$F = d(N - g - 1) + \sum_{i=1}^{g} f_i + \nu - \varsigma = 3$$

受球铰加工和运动范围的限制，可将 Delta 机构子链中的球铰全部换成转动副，并在子链的输入输出端增加两个平行的转动副，支链简图如图 5-31a 所示，由三个转动副和一个平面平行四杆机构组成，总自由度数为 4，Delta 机构即演变成含 4R 闭环子链的 3-R(4R)RR 机构，如图 5-31b 所示。该机构由美国著名学者 Tsai 最早提出，因此，有文献又将其称为 **Tsai 氏机构**[15]。由于 4R 可以等效为 P_a 副，相应的支链自由度线图如图 5-31c 所示，对偶的约束线图如图 5-31d 所示，由两条独立的约束力偶线组成。将全部三个支链的约束线图进行叠加，得到六条约束力偶线，而其中只有三条是独立的，因此，存在三条冗余线即三个冗余约束。根据 F&C 图谱，可以确定该机构仍为 3 个移动自由度。由于机构运动过程中线图性质并未发生变化，因此机构可以实现连续移动。

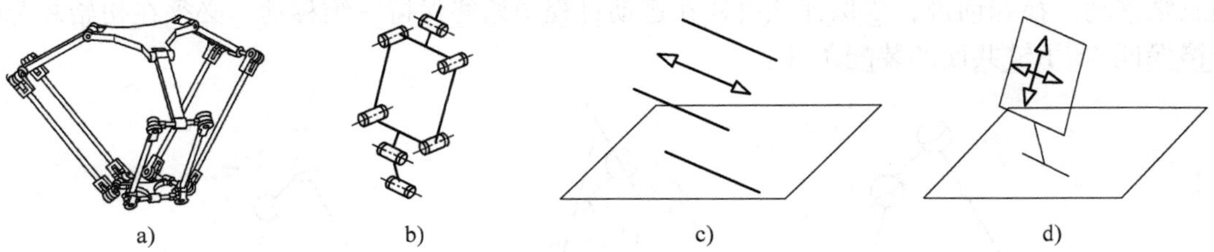

图 5-31

3-R（4R）RR 机构图谱分析

此外，将经典 Delta 机构中每个支链上的 R 副换成 P 副，同样可以产生空间三维移动运动（图 5-32）。另外，也可以将 Delta 机构每个支链中的空间四杆机构的四个球铰用四个虎克铰代替（即 4S 变成 4U），这样可演化成另一种形式的 Delta 机构（图 5-33）。对于图 5-32 和图 5-33 所示的两种演化机构，读者可以自己尝试采用图谱法对它们的自由度进行分析。

在分析了 Delta 机器人自由度的基础上，再来讨论一种结构更加复杂的机构——H4 机械手。由图 5-34 可以看出，H4 机构的动平台是中间 H 形的横杆，因此，可将其看作由两条支链并联而成，每个支链又是由两个支链 R（4S）并联后，再与一个转动副串联组成的混联机构。

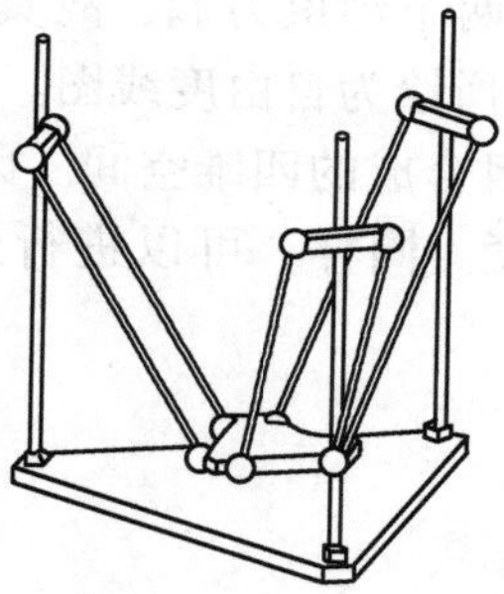

图 5-32

Delta 机器人[3-P(4S)]

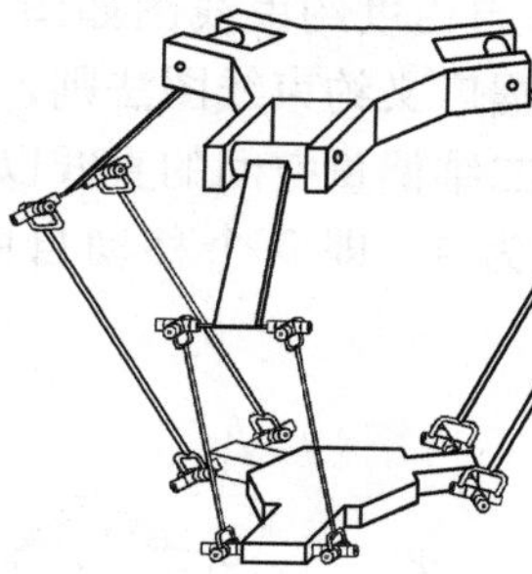

图 5-33

3-R（4U）机构

如图 5-34a 所示，取出 H4 机构中的一个支链。该部分由两个空间平行四边形子链与转动副串联组成。图 5-34b 所示为约束线图，两个约束力偶分别垂直于各自 4S 子链所在的平面 S_1、S_2，其维数为 2。自由度线图如图 5-34c 所示，由三维偶量空间与平面 S_1、S_2的交线 $\$_1$组合而成，自由度数为 4。

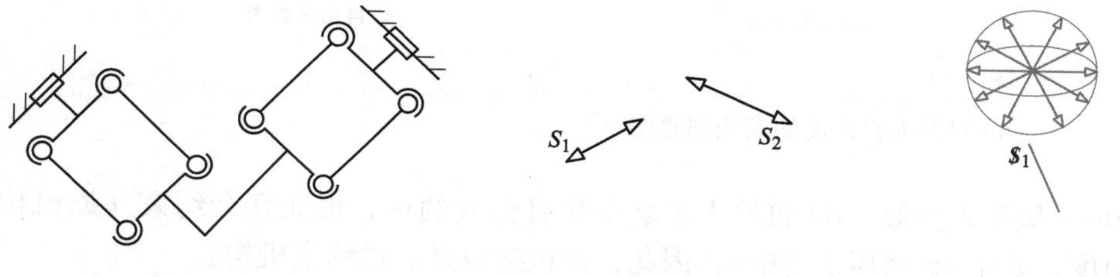

a) 支链简图　b) 约束线图　c) 自由度线图

图 5-34

支链线图（一）

当加上动平台后，又增加了一个垂直于连杆平面的转动自由度线$\$_2$，自由度线图如图 5-35a所示，自由度数为 5。约束线图如图 5-35b 所示，约束线为一个偶量，其方向是沿$\$_1$与$\$_2$所张成平面的法线方向。

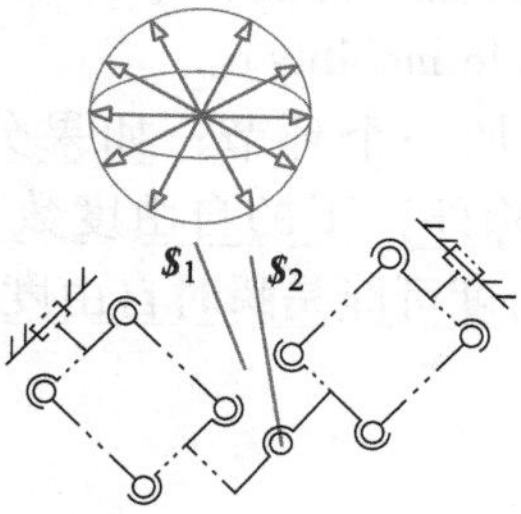

a) 自由度线图

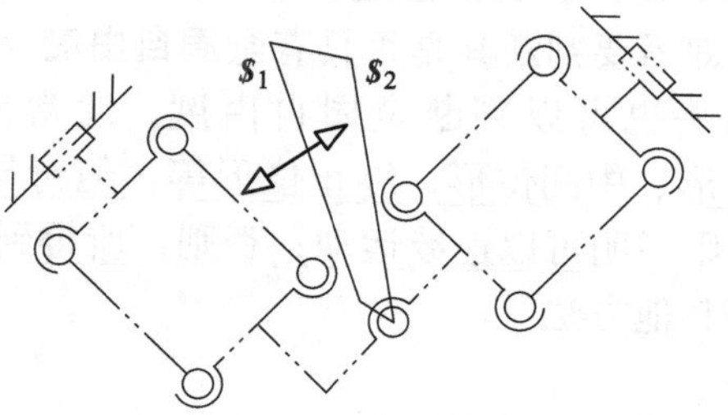

b) 约束线图

图 5-35

支链线图（二）

H4 机器人自由度约束线图如图 5-36a 所示，其中包含两个约束力偶，故其动平台有 4 个自由度。根据广义约束线图法则，图 5-36b 中的灰色实线所绘为自由度线图。自由度线图为一条垂直于二维偶量空间的直线以及由三维偶量子空间组合成的四维空间。因此，H4 机器人的自由度为 4，即 3 个移动自由度和 1 个转动自由度。同样，可以进行运动连续性验证。

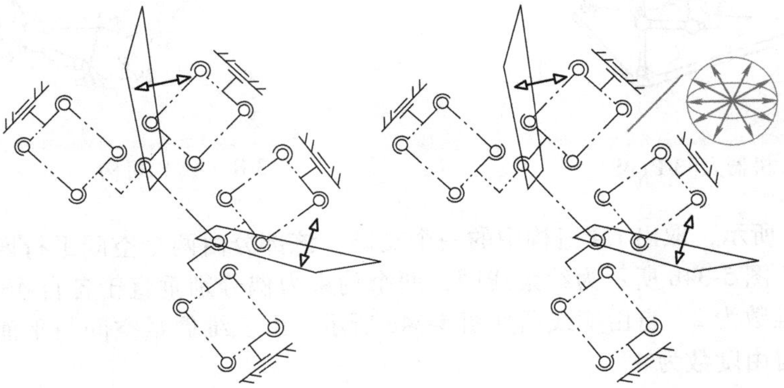

a) 约束线图　　b) 自由度线图

图 5-36

H4 机器人自由度约束线图总图

与 Delta 机器人类似，H4 机器人中既不含有公共约束，也无冗余约束（原机构中存在局部自由度，处于 4S 闭环子链中），因此，该机构也是非过约束机构。

不妨再利用修正的 G-K 公式进行验证。首先采用等效机构进行自由度验证：$N=10$，$g=10$，$\sum_{i=1}^{g} f_i=10$，$d=6$，$\nu=0$，$\varsigma=0$，由式（5.2-8）得

$$F=d(N-g-1)+\sum_{i=1}^{g} f_i+\nu-\varsigma=4$$

以上在机器人自由度的分析过程中均采用了图谱法，而图谱法的理论基础是线几何与旋量理论。事实上，由于旋量的瞬时特性，导致分析结果只能用于判断机构的**瞬时自由度**（instaneous DoF）状况。但通常希望大多数的机构及机器人都能在某种运动状态下长期稳定地工作，即需要判断其是否具有**全周自由度**（full-cycle mobility）。

利用图谱法也可以判断全周自由度，通常需要增加一个环节：如果分析出多个位形（如起始位形、中间位形、终止位形等，但奇异位形除外）下的自由度数目及性质都没有发生变化，则说明可以连续运动；否则，所得到的自由度可能是瞬时自由度。下面将讨论分析自由度的其他方法。

5.4 机器人的运动模式

5.4.1 机器人位形空间的位移流形描述

第 3 章中给出了刚体**位形空间**的定义，即由刚体上参考点的位置（坐标）及固定在该

点处物体坐标系的姿态共同构成的空间。

刚体在空间中的运动包含转动和平动两部分，如图 5-37 所示。在刚体的某一点上附以物体坐标系 $\{B\}$，设固定坐标系为 $\{A\}$，定义 $\boldsymbol{p}\in\mathbb{R}^3$是 $\{A\}$ 坐标系原点到 $\{B\}$ 坐标系原点的位置矢量，$\boldsymbol{R}\in SO(3)$是坐标系 $\{B\}$ 相对于坐标系 $\{A\}$ 的姿态。$SO(3)$为旋转群，是所有姿态矩阵 $\boldsymbol{R}$ 的集合。该刚体在空间中的位形可以定义为 $(\boldsymbol{R},\boldsymbol{p})$，具有 6 个参数，从而其在空间中具有 6 个自由度。因此，自由刚体的位形空间为$\mathbb{R}^3$与 $SO(3)$的乘积空间，记为 $SE(3)$，$SE(3)$称为特殊欧氏群，它同时也是**微分流形**（differential manifold）。

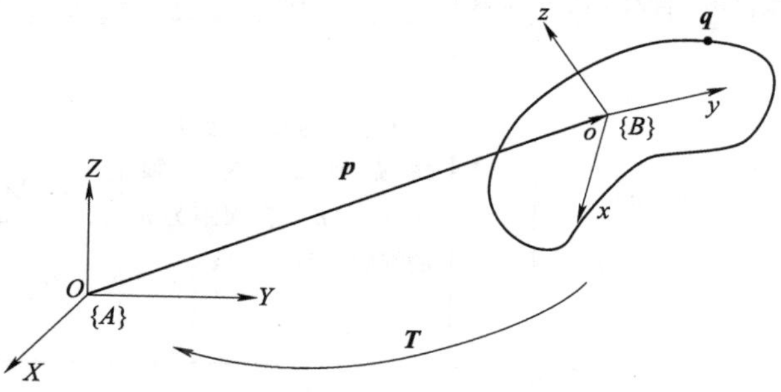

图 5-37
刚体运动的坐标系表示

与定义刚体的位形空间类似，机器人的位形空间是指将机器人末端视为刚体，由机器人末端的位置与姿态（统称位姿）坐标构成的空间。对于 6 自由度机器人，其位形空间是 $SE(3)$；对于自由度数小于 6 的少自由度机器人，其位形空间是 $SE(3)$的低维子集，可能是李子群（Lie subgroup），如三维纯平动位形空间$\mathbb{R}^3$、三维纯转动位形空间 $SO(3)$等，也可能不具有群的特性，但都是微分流形。

以上提到的李群、李子群与微分流形都是建立在连续性描述基础之上的，既可以精确地描述机器人的位形空间，也可以很好地弥补旋量理论的不足。经过多位学者的完善，已初步构建起**位移群与位移流形理论**[15]。因该理论有较深的数学学科背景和难度，故本书不做展开性介绍，只通过图表的形式（表 5-4）给出一些典型的群（或流形）的自由度特性。

表 5-4　典型位移子群（或流形）及其所对应的自由度特性

典型位移子群及子流形	维数	说明	自由度线图	典型机构（或连接）
单位矩阵 $\boldsymbol{I}$	0	刚性连接，无相对运动	空集	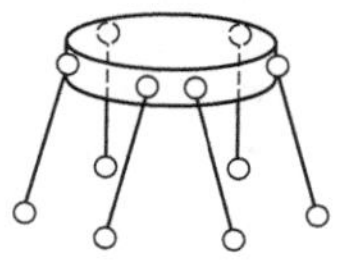 三脚架
$R(N,\hat{\boldsymbol{u}})$	1	表示一维转动或转动副 R，轴线沿单位向量 $\hat{\boldsymbol{u}}$ 且过 N 点	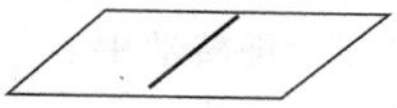	 齿轮机构
$T(\hat{\boldsymbol{w}})$	1	表示一维移动或移动副 P，沿单位向量 $\hat{\boldsymbol{w}}$ 方向移动	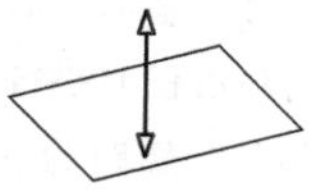	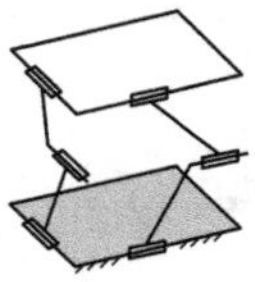 Sarrus 机构

（续）

典型位移子群及子流形	维数	说明	自由度线图	典型机构（或连接）
$H_{pp}(N,\ \hat{\boldsymbol{u}})$	1	表示一维螺旋运动或螺旋副 H，或沿轴线（N，$\hat{\boldsymbol{u}}$）且螺距为 p 的螺旋运动	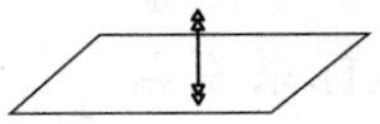	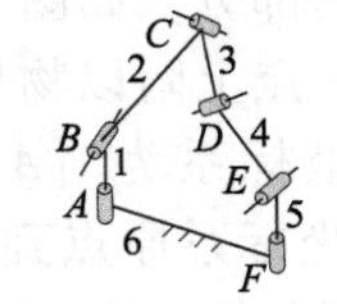 Schatz 机构
T_2（$\hat{\boldsymbol{w}}$）或 $T_2(Pl)$	2	在与平面 Pl 或由法向单位向量 $\hat{\boldsymbol{w}}$ 决定的平面平行的平面内的移动	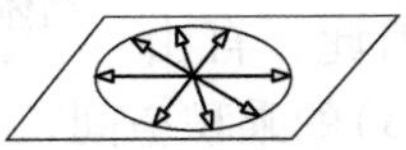	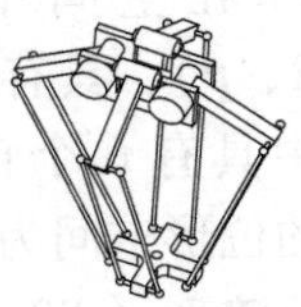 PAR2 机器人
$C(N,\ \hat{\boldsymbol{u}})$	2	表示二维圆柱运动或圆柱副 C，沿轴线（N，$\hat{\boldsymbol{u}}$）的圆柱运动	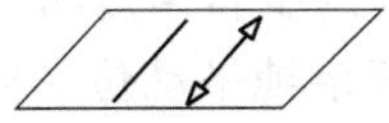	—
$G(\hat{\boldsymbol{w}})$ 或 $SE(2)$	3	表示平面运动或平面副 G，在与由法向单位向量 $\hat{\boldsymbol{w}}$ 决定的平面平行的平面内运动	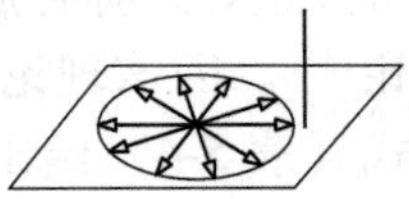	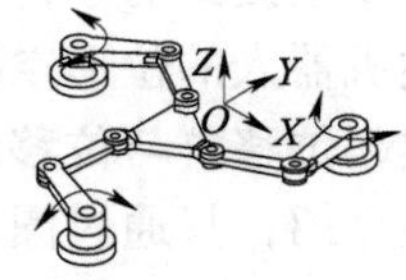 平面 3-RRR 机器人
T	3	表示空间三维移动	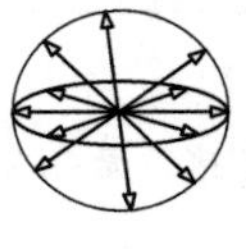	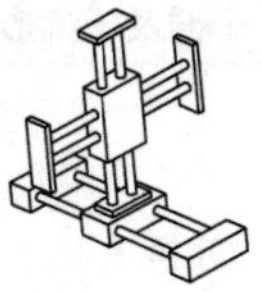 直角坐标型机器人
$S(N)$ 或 $SO(3)$	3	表示三维球面运动或球面副 S，绕转动中心点 N 的球面运动	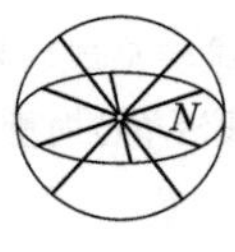	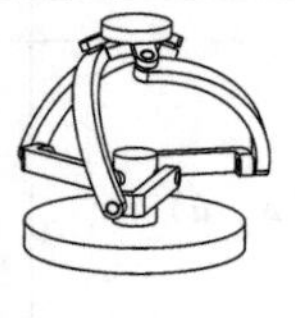 球面 3-RRR 机器人
$Y(\hat{\boldsymbol{w}},\ \mathrm{p})$	3	表示法线为 $\hat{\boldsymbol{w}}$ 的平面二维移动和沿任何平行于 $\hat{\boldsymbol{w}}$ 的轴线、螺距为 p 的螺旋运动		—

（续）

典型位移子群及子流形	维数	说明	自由度线图	典型机构（或连接）
$X(\hat{\boldsymbol{w}})$	4	表示空间三维移动和绕任意平行于 $\hat{\boldsymbol{w}}$ 的轴线的转动	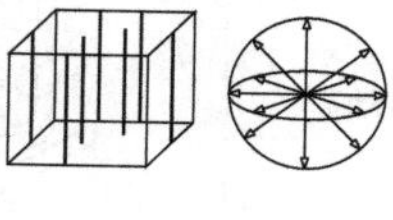	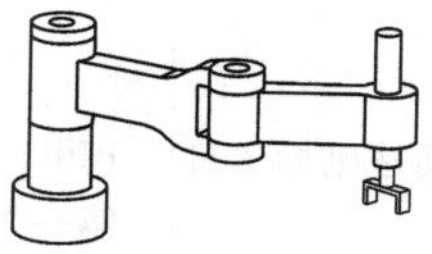 SCARA 机器人
$SE(3)$	6	表示空间中的一般刚体运动，包括三维转动与三维移动	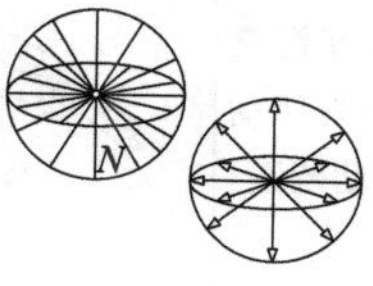	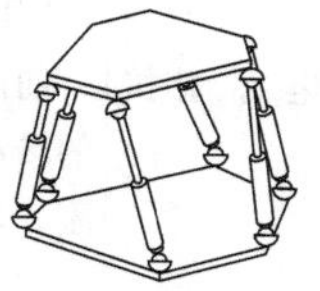 Stewart 平台

5.4.2　运动模式分析

1. 运动模式的概念和类型

机器人的自由度类型多种多样，仅靠单一的自由度数不足以描述清楚这些类型。例如，3-DoF 运动可能是三维移动、三维球面转动、3 自由度平面运动或者其他运动，见表 5-5。即使同为三维转动，也可进一步细分为不同的自由度类型，如球面转动、卡当运动、单叶双曲面运动等。

表 5-5　典型的 3-DoF 机构

名称	结构组成	结构简图	典型应用	F&C 线图
Cartesian 机器人（直角坐标型机器人）	PPP 由三个相互垂直的移动副构成，结构与控制都非常简单，便于模块化	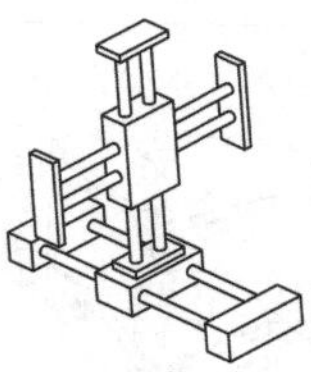	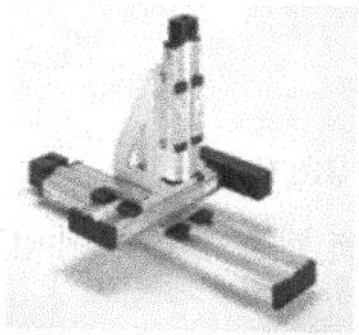	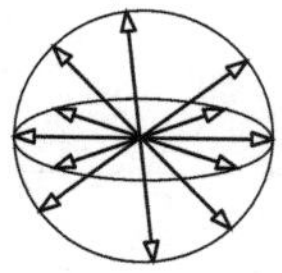
Gantry 机器人（龙门式直角坐标型机器人）	PPP	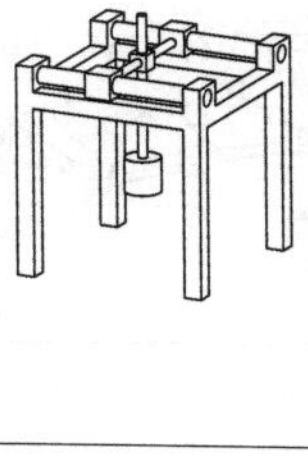		

（续）

名称	结构组成	结构简图	典型应用	F&C 线图
圆柱坐标型机器人	RPP 第一个铰链为转动副	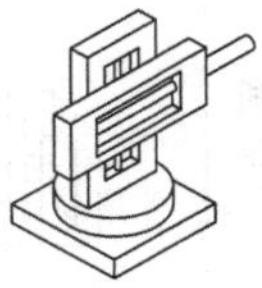	最早工业机器人 Versatran 的前三个关节结构	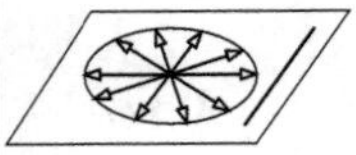
极坐标型机器人	RRP 前两个铰链为相互汇交的转动副而第三个为移动副，具有较大的运动范围	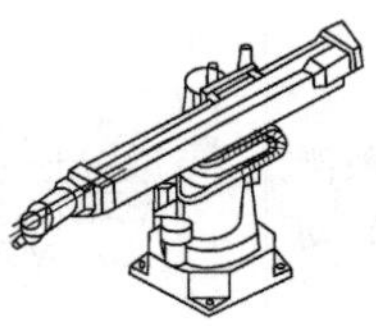	最早工业机器人 Unimate 的前三个关节结构	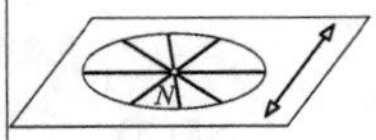
旋转驱动 Delta 机器人	3-$\underline{R}$（4S） 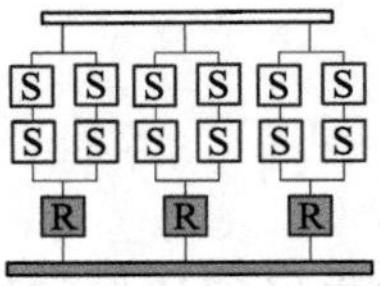		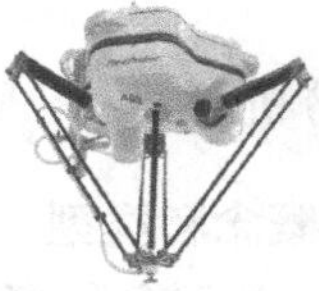	
Tsai 氏机构	3-$\underline{R}$RP$_a$R 三个转动副空间相互平行	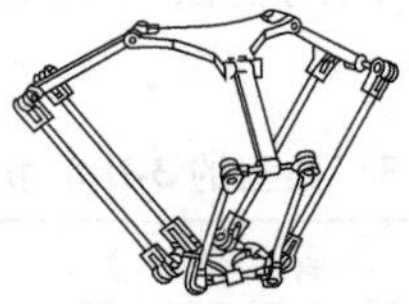		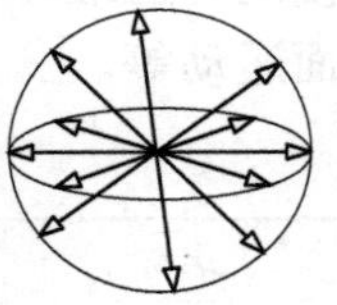
Orthoglide 机构	3-$\underline{P}$RP$_a$R 机架上的三个 P 副相互正交	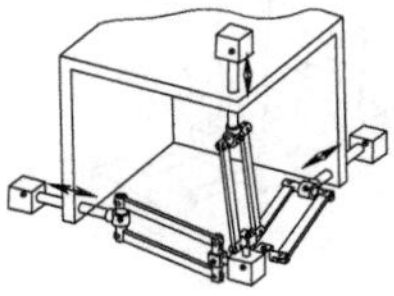	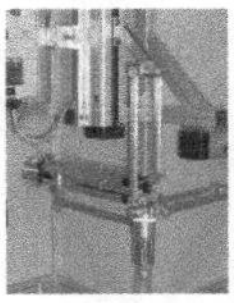	
平面 3-RRR 机器人	3-$\underline{R}$RR	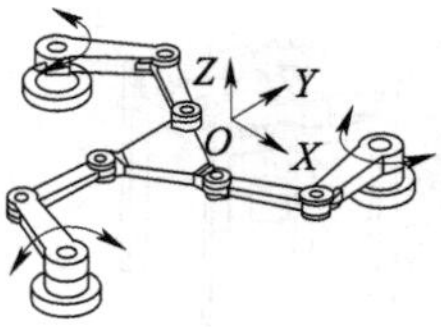	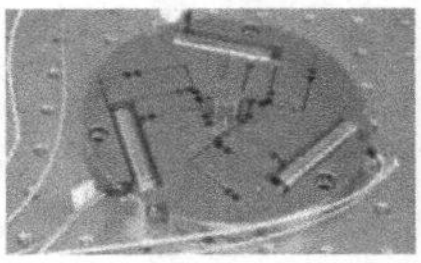	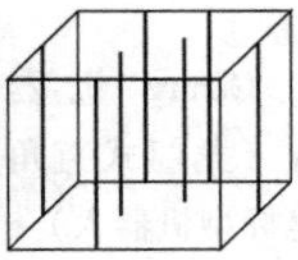

（续）

名称	结构组成	结构简图	典型应用	F&C 线图
球面 3-RRR 机器人	3-<u>R</u>RR	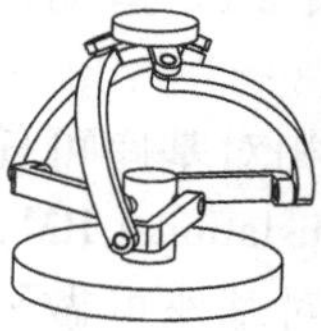		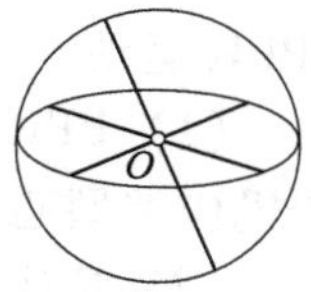
3-RPS 平台	3-R<u>P</u>S	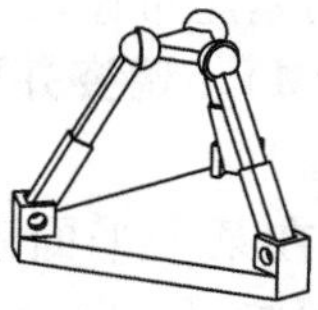		
Z3 工具头	3-<u>P</u>RS	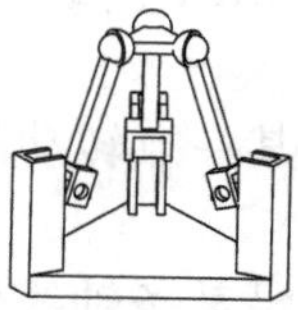		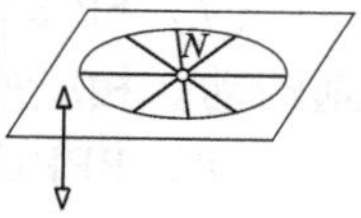
Tricept 机械手	3-U<u>P</u>S&1-UP 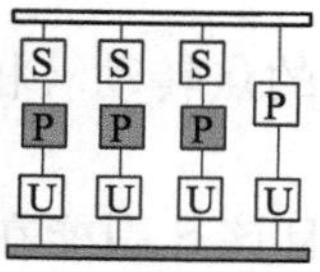	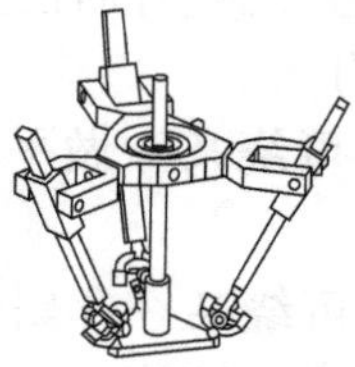	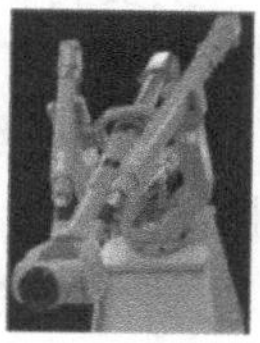	
Canfield 铰	3-<u>R</u>SR（△型）	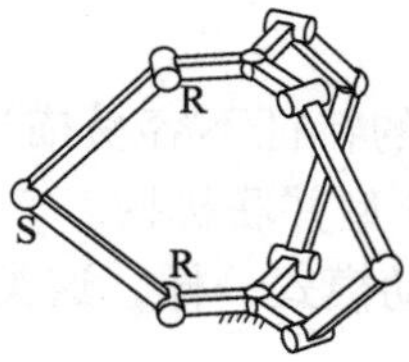		

5.4.1 小节有关自由度分析的内容在一定程度上细化了机器人机构的自由度类型，但鉴于旋量的瞬时特性，需要引入一个新的概念——**运动模式**（motion pattern）。

运动模式可以定义为<u>用来描述动机器人末端自由度类型的连续位姿集合</u>[14]。例如，对于并联平动机构，其运动模式可以描述成刚体做平动的集合。再如，4-DoF SCARA 机器人（3 个移动自由度和 1 个转动自由度）的运动模式可以描述成 Schönflies 运动。需要指出的是，运动模式并不能全部用位移群来表示。事实上，它是一个比位移群更广的概念，因此非常实用。

Kong 等人将并联机器人的典型运动模式分成了 13 种：PPP 运动（三维平动）、E 运动（平面运动）、S 运动（三维球面运动）、PPR 运动（圆柱运动）、PPPR 运动（SCARA 运动）、PS 运动、SP 运动、PPPU 运动、PPS 运动、US 运动、UE 运动、3-PPS 运动和 2-PPPU 运动。

（1）PPP 运动　主要特征是动平台相对基座可任意移动，但姿态始终保持不变。相应的机构类型通常称为**平动并联机构**（Translational PM，TPM）。

（2）E 运动　主要特征是动平台相对基座可做平面运动。相应的机构类型通常称为**平面运动并联机构**（planar PM）。

（3）S 运动　主要特征是动平台相对基座可做绕一固定点的球面转动。相应的机构类型通常称为**球面转动并联机构**（spherical PM）、**调姿并联机构**（orientational PM）或**转动并联机构**（rotational PM）。

（4）PPR 运动　主要特征是动平台在某一平面内平动的同时，还可绕平面法线转动。相应的机构类型通常称为**圆柱运动并联机构**（cylindrical PM）。

（5）PPPR 运动　主要特征是动平台在做空间任意平动的同时，还可绕某一固定轴转动。相应的运动也被称为 $3T1R$ 运动、SCARA 运动或 Schönflies 运动，相应的机构类型通常称为 $3T1R$ 并联机构。

（6）PS 运动　主要特征是动平台绕某一点转动的同时，还可沿一给定方向移动。相应的机构类型记作 PS 型并联机构。

（7）SP 运动　主要特征是动平台可沿某条轴线做圆柱运动，而轴线本身还可绕某一 U 副转动。相应的机构类型记作 SP 型并联机构。

（8）PPPU 运动　主要特征是动平台在做空间任意平动的同时，还可绕某一 U 副转动。相应的机构类型通常称为 $3T2R$ 并联机构。

（9）PPS 运动　主要特征是动平台可绕某一做平面平动的点转动。相应的机构类型通常称为 $2T3R$ 并联机构。

（10）US 运动　主要特征是动平台可绕某一 S 副转动，且该 S 副能在以 U 副所生成的球面上移动。相应的机构类型记作 US 型并联机构。

（11）UE 运动　主要特征是动平台可做平面运动，且该平面还可随某一 U 副转动。相应的机构类型记作 UE 型并联机构。

（12）3-PPS 运动　这类运动模式的特征不容易描述清楚，相应的机构类型通常在文献中被称为零扭转并联机构，记作 3-PPS 型并联机构。

（13）2-PPPU 运动　与 3-PPS 运动模式一样，这类运动模式的特征也不容易描述清楚，相应的机构记作 2-PPPU 型并联机构。

显然，以上 13 种运动模式并不能涵盖机器人运动的所有类型，但却是机器人机构中较为常用的类型。

2. 运动模式分析方法

这里介绍的方法是单位四元数法与**对偶四元数**（dual-quaternion）法。

由第 3 章可知，单位四元数的表达为

$$\tilde{\boldsymbol{\varepsilon}} = \varepsilon_0 + \varepsilon_1 \boldsymbol{i} + \varepsilon_2 \boldsymbol{j} + \varepsilon_3 \boldsymbol{k} = \cos\frac{\theta}{2} + \boldsymbol{u}\sin\frac{\theta}{2} \tag{5.4-1}$$

式中

$$\varepsilon_0=\cos\frac{\theta}{2},\quad \varepsilon_1=u_1\sin\frac{\theta}{2},\quad \varepsilon_2=u_2\sin\frac{\theta}{2},\quad \varepsilon_3=u_3\sin\frac{\theta}{2} \tag{5.4-2}$$

注意到，在单位四元数中有四个参数，并且这四个参数不能同时为 0。因此，根据单位四元数参数中所包含 0 的个数，可以划分为以下 15 种情况：

$$\begin{gathered}\{\varepsilon_0,0,0,0\},\ \{0,\varepsilon_1,0,0\},\ \{0,0,\varepsilon_2,0\},\ \{0,0,0,\varepsilon_3\}\\ \{\varepsilon_0,\varepsilon_1,0,0\},\ \{\varepsilon_0,0,\varepsilon_2,0\},\ \{\varepsilon_0,0,0,\varepsilon_3\},\ \{0,\varepsilon_1,\varepsilon_2,0\},\\ \{0,\varepsilon_1,0,\varepsilon_3\},\ \{0,0,\varepsilon_2,\varepsilon_3\}\\ \{\varepsilon_0,\varepsilon_1,\varepsilon_2,0\},\ \{\varepsilon_0,0,\varepsilon_2,\varepsilon_3\},\ \{\varepsilon_0,\varepsilon_1,0,\varepsilon_3\},\ \{0,\varepsilon_1,\varepsilon_2,\varepsilon_3\}\\ \{\varepsilon_0,\varepsilon_1,\varepsilon_2,\varepsilon_3\}\end{gathered} \tag{5.4-3}$$

根据式（5.4-3），可以得到这 15 种运动模式所代表的物理运动。例如，$\{0, \varepsilon_1, 0, 0\}$ 对应的是 $\tilde{\boldsymbol{\varepsilon}}=\boldsymbol{i}$，它表示的运动是绕 X 轴旋转 180°，其自由度和角速度都是 0；$\{\varepsilon_0, \varepsilon_1, 0, 0\}$ 对应的是 $\boldsymbol{q}=\varepsilon_0+\varepsilon_1\boldsymbol{i}$，它表示的运动是绕 X 轴旋转 Atan2（ε_0，ε_1），其自由度为 1，角速度轴线为 X 轴；$\{0, \varepsilon_1, \varepsilon_2, \varepsilon_3\}$ 表示的运动为绕空间的一条轴线 $\boldsymbol{u}=\{\varepsilon_1,\varepsilon_2,\varepsilon_3\}$ 旋转 180°，由于其转动角度固定，因此角速度为 0。

表 5-6 列出了这 15 种基本运动模式的运动描述。

表 5-6　运动模式的运动描述

序号	运动模式	单位四元数表达（$\tilde{\boldsymbol{\varepsilon}}$）	DoF	运动描述
1	$\{\varepsilon_0, 0, 0, 0\}$	1	0	无运动
2	$\{0, \varepsilon_1, 0, 0\}$	$\varepsilon_1\boldsymbol{i}$		绕 X 轴旋转半周
3	$\{0, 0, \varepsilon_2, 0\}$	$\varepsilon_2\boldsymbol{j}$		绕 Y 轴旋转半周
4	$\{0, 0, 0, \varepsilon_3\}$	$\varepsilon_3\boldsymbol{k}$		绕 Z 轴旋转半周
5	$\{\varepsilon_0, \varepsilon_1, 0, 0\}$	$\varepsilon_0+\varepsilon_1\boldsymbol{i}$	1	绕 X 轴旋转 Atan2（ε_0，ε_1）
6	$\{\varepsilon_0, 0, \varepsilon_2, 0\}$	$\varepsilon_0+\varepsilon_2\boldsymbol{j}$		绕 Y 轴旋转 Atan2（ε_2，ε_0）
7	$\{\varepsilon_0, 0, 0, \varepsilon_3\}$	$\varepsilon_0+\varepsilon_3\boldsymbol{k}$		绕 Z 轴旋转 Atan2（ε_3，ε_0）
8	$\{0, 0, \varepsilon_2, \varepsilon_3\}$	$\varepsilon_2\boldsymbol{j}+\varepsilon_3\boldsymbol{k}=(\varepsilon_2+\varepsilon_3\boldsymbol{i})\boldsymbol{j}$		绕 Y 轴旋转半周并绕 X 轴旋转 Atan2（ε_3，ε_2）
		$\varepsilon_2\boldsymbol{j}+\varepsilon_3\boldsymbol{k}=(\varepsilon_3-\varepsilon_2\boldsymbol{i})\boldsymbol{k}$		绕 Z 轴旋转半周并绕 X 轴旋转 Atan2（$-\varepsilon_2$，ε_3）
9	$\{0, \varepsilon_1, 0, \varepsilon_3\}$	$\varepsilon_1\boldsymbol{i}+\varepsilon_3\boldsymbol{k}=(\varepsilon_1-\varepsilon_3\boldsymbol{j})\boldsymbol{i}$		绕 X 轴转动半周并绕 Y 轴旋转 Atan2（$-\varepsilon_3$，ε_1）
		$\varepsilon_1\boldsymbol{i}+\varepsilon_3\boldsymbol{k}=(\varepsilon_3-\varepsilon_1\boldsymbol{j})\boldsymbol{k}$		绕 Y 轴旋转半周并绕 Z 轴旋转 Atan2（ε_1，ε_3）
10	$\{0, \varepsilon_1, \varepsilon_2, 0\}$	$\varepsilon_1\boldsymbol{i}+\varepsilon_2\boldsymbol{j}=(\varepsilon_1+\varepsilon_2\boldsymbol{k})\boldsymbol{i}$	2	绕 X 轴旋转半周并绕 Z 轴旋转 Atan2（ε_2，ε_1）
		$\varepsilon_1\boldsymbol{i}+\varepsilon_2\boldsymbol{j}=(\varepsilon_2-\varepsilon_1\boldsymbol{k})\boldsymbol{j}$		绕 Y 轴转动半周并绕 Z 轴旋转 Atan2（$-\varepsilon_1$，ε_2）
11	$\{0, \varepsilon_1, \varepsilon_2, \varepsilon_3\}$	$\varepsilon_1\boldsymbol{i}+\varepsilon_2\boldsymbol{j}+\varepsilon_3\boldsymbol{k}$		绕轴线 $\boldsymbol{u}=\{\varepsilon_1, \varepsilon_2, \varepsilon_3\}$ 旋转半周
12	$\{\varepsilon_0, 0, \varepsilon_2, \varepsilon_3\}$	$\varepsilon_0+\varepsilon_2\boldsymbol{j}+\varepsilon_3\boldsymbol{k}=(-\varepsilon_0\boldsymbol{i}-\varepsilon_3\boldsymbol{j}+\varepsilon_2\boldsymbol{k})\boldsymbol{i}$		绕 X 轴旋转半周并绕轴线 $\boldsymbol{u}=\{-\varepsilon_0, -\varepsilon_3, \varepsilon_2\}$ 旋转半周
13	$\{\varepsilon_0, \varepsilon_1, 0, \varepsilon_3\}$	$\varepsilon_0+\varepsilon_1\boldsymbol{i}+\varepsilon_3\boldsymbol{k}=(\varepsilon_3\boldsymbol{i}-\varepsilon_0\boldsymbol{j}-\varepsilon_1\boldsymbol{k})\boldsymbol{j}$		绕 Y 轴旋转半周并绕轴线 $\boldsymbol{u}=\{\varepsilon_3, -\varepsilon_0, -\varepsilon_1\}$ 旋转半周
14	$\{\varepsilon_0, \varepsilon_1, \varepsilon_2, 0\}$	$\varepsilon_0+\varepsilon_1\boldsymbol{i}+\varepsilon_2\boldsymbol{j}=(-\varepsilon_2\boldsymbol{i}+\varepsilon_1\boldsymbol{j}-\varepsilon_0\boldsymbol{k})\boldsymbol{k}$		绕 Z 轴旋转半周并绕轴线 $\boldsymbol{u}=\{-\varepsilon_2, \varepsilon_1, -\varepsilon_0\}$ 旋转半周（零扭转运动）
15	$\{\varepsilon_0,\varepsilon_1,\varepsilon_2,\varepsilon_3\}$	$\varepsilon_0+\varepsilon_1\boldsymbol{i}+\varepsilon_2\boldsymbol{j}+\varepsilon_3\boldsymbol{k}$	3	球面运动

【例 5-13】 试证明 2-DoF 零扭转机构的运动模式满足表 5-6 中第 14 种运动模式。

解：在 Bonev 的 T&T 描述法[3]中，零扭转并联机构为 T&T（ϕ，θ，0），对应的欧拉参数为 Z-Y-Z（ϕ，θ，$-\phi$）。因此，在零扭转机构中，欧拉角之间应满足以下关系式

$$\varphi = -\alpha \tag{5.4-4}$$

既然 $\boldsymbol{R}_{Z_1}$、$\boldsymbol{R}_Y$ 和 $\boldsymbol{R}_{Z_2}$ 表示同一个旋转运动，那就意味着它们可以用单位四元数来表示，即

$$\begin{cases}\boldsymbol{R}_{Z_1}(\alpha) = \cos(\alpha/2)\begin{bmatrix}1 & 0 & 0 & \tan(\alpha/2)\end{bmatrix}\\ \boldsymbol{R}_Y(\beta) = \cos(\beta/2)\begin{bmatrix}1 & 0 & \tan(\beta/2) & 0\end{bmatrix}\\ \boldsymbol{R}_{Z_2}(\varphi) = \cos(\varphi/2)\begin{bmatrix}1 & 0 & 0 & \tan(\varphi/2)\end{bmatrix}\end{cases} \tag{5.4-5}$$

将式（5.4-5）代入式（3.4-7）中，可以得到

$$\boldsymbol{R} = \boldsymbol{R}_{Z_1}(\alpha)\boldsymbol{R}_Y(\beta)\boldsymbol{R}_{Z_2}(\varphi) =$$

$$= \left[\cos\frac{\alpha+\varphi}{2}\cos\frac{\beta}{2} \quad -\sin\frac{\alpha-\varphi}{2}\sin\frac{\beta}{2} \quad \cos\frac{\alpha-\varphi}{2}\sin\frac{\beta}{2} \quad \sin\frac{\alpha+\varphi}{2}\cos\frac{\beta}{2}\right] \tag{5.4-6}$$

因此

$$\begin{cases}\varepsilon_0 = \cos\dfrac{\alpha+\varphi}{2}\cos\dfrac{\beta}{2}\\ \varepsilon_1 = -\sin\dfrac{\alpha-\varphi}{2}\sin\dfrac{\beta}{2}\\ \varepsilon_2 = \cos\dfrac{\alpha-\varphi}{2}\sin\dfrac{\beta}{2}\\ \varepsilon_3 = \sin\dfrac{\alpha+\varphi}{2}\cos\dfrac{\beta}{2}\end{cases} \tag{5.4-7}$$

对于运动模式 $\{\varepsilon_0, \varepsilon_1, \varepsilon_2, 0\}$，$\alpha$ 和 φ 应该满足以下关系式

$$\begin{cases}\cos\dfrac{\alpha+\varphi}{2}\cos\dfrac{\beta}{2} \neq 0\\ -\sin\dfrac{\alpha-\varphi}{2}\sin\dfrac{\beta}{2} \neq 0\\ \cos\dfrac{\alpha-\varphi}{2}\sin\dfrac{\beta}{2} \neq 0\\ \sin\dfrac{\alpha+\varphi}{2}\cos\dfrac{\beta}{2} = 0\end{cases} \tag{5.4-8}$$

由式（5.4-8）很容易得出

$$\alpha = -\varphi \tag{5.4-9}$$

基于同样的方法，α 和 φ 在第 11、第 12 和第 13 种运动模式中所满足的关系也很容易得到，结果见表 5-7。

表 5-7　运动模式 11～14 中的欧拉角关系式

序号	运动模式	单位四元数表达（$\tilde{\boldsymbol{\varepsilon}}$）	DoF	欧拉角
11	$\{0, \varepsilon_1, \varepsilon_2, \varepsilon_3\}$	$\varepsilon_1\boldsymbol{i}+\varepsilon_2\boldsymbol{j}+\varepsilon_3\boldsymbol{k}$	2	$(\alpha, \beta, \pi-\alpha)$
12	$\{\varepsilon_0, 0, \varepsilon_2, \varepsilon_3\}$	$\varepsilon_0+\varepsilon_2\boldsymbol{j}+\varepsilon_3\boldsymbol{k}$		(α, β, α)
13	$\{\varepsilon_0, \varepsilon_1, 0, \varepsilon_3\}$	$\varepsilon_0+\varepsilon_1\boldsymbol{i}+\varepsilon_3\boldsymbol{k}$		$(\alpha, \beta, \pi+\alpha)$
14	$\{\varepsilon_0, \varepsilon_1, \varepsilon_2, 0\}$	$\varepsilon_0+\varepsilon_1\boldsymbol{i}+\varepsilon_2\boldsymbol{j}$		$(\alpha, \beta, -\alpha)$

从表 5-7 可以看出，只有运动模式 14 对应的是 2-DoF 零扭转运动。

【例 5-14】　证明 Omni Wrist Ⅲ机构是 2-DoF 零扭转机构。

解：Omni WristⅢ机构简图与结构特征如前面所示。假设$\boldsymbol{v}_i$和 $\boldsymbol{w}_i$分别表示固定坐标系和物体坐标系中三个坐标轴的单位向量，则它们的表达式为

$$\boldsymbol{v}_1^1=(1\quad 0\quad 0)^{\mathrm{T}},\quad \boldsymbol{v}_2^1=(0\quad 1\quad 0)^{\mathrm{T}},\quad \boldsymbol{v}_3^1=(0\quad 0\quad 1)^{\mathrm{T}}$$
$$\boldsymbol{w}_1^2=(1\quad 0\quad 0)^{\mathrm{T}},\quad \boldsymbol{w}_2^2=(0\quad 1\quad 0)^{\mathrm{T}},\quad \boldsymbol{w}_3^2=(0\quad 0\quad 1)^{\mathrm{T}}$$

物体坐标系 $O_2-X_2Y_2Z_2$相对于固定坐标系 $O_1-X_1Y_1Z_1$的位移可以用 O_2相对于固定坐标系的坐标表示，即 $\boldsymbol{O}_p^1=(x\quad y\quad z)^{\mathrm{T}}$，动平台的姿态可通过坐标轴的空间旋转求得，即

$$\begin{cases}\boldsymbol{w}_1^1=\tilde{\boldsymbol{\varepsilon}}\boldsymbol{w}_1^2\tilde{\boldsymbol{\varepsilon}}^*\\ \boldsymbol{w}_2^1=\tilde{\boldsymbol{\varepsilon}}\boldsymbol{w}_2^2\tilde{\boldsymbol{\varepsilon}}^*\\ \boldsymbol{w}_3^1=\tilde{\boldsymbol{\varepsilon}}\boldsymbol{w}_3^2\tilde{\boldsymbol{\varepsilon}}^*\end{cases}\tag{5.4-10}$$

将式 $\tilde{\boldsymbol{\varepsilon}}=\varepsilon_0+\varepsilon_1\boldsymbol{i}+\varepsilon_2\boldsymbol{j}+\varepsilon_3\boldsymbol{k}$ 和 $\tilde{\boldsymbol{\varepsilon}}^*=\varepsilon_0-\varepsilon_1\boldsymbol{i}-\varepsilon_2\boldsymbol{j}-\varepsilon_3\boldsymbol{k}$ 代入式（5.4-10）可得

$$\begin{cases}\boldsymbol{w}_1^1=(\varepsilon_0^2+\varepsilon_1^2-\varepsilon_2^2-\varepsilon_3^2)\boldsymbol{i}+2(\varepsilon_1\varepsilon_2+\varepsilon_0\varepsilon_3)\boldsymbol{j}+2(\varepsilon_1\varepsilon_3-\varepsilon_0\varepsilon_2)\boldsymbol{k}\\ \boldsymbol{w}_2^1=2(\varepsilon_1\varepsilon_2-\varepsilon_0\varepsilon_3)\boldsymbol{i}+(\varepsilon_0^2-\varepsilon_1^2+\varepsilon_2^2-\varepsilon_3^2)\boldsymbol{j}+2(\varepsilon_2\varepsilon_3+\varepsilon_0\varepsilon_1)\boldsymbol{k}\\ \boldsymbol{w}_3^1=2(\varepsilon_1\varepsilon_3+\varepsilon_0\varepsilon_2)\boldsymbol{i}+2(\varepsilon_2\varepsilon_3-\varepsilon_0\varepsilon_1)\boldsymbol{j}+(\varepsilon_0^2-\varepsilon_1^2-\varepsilon_2^2+\varepsilon_3^2)\boldsymbol{k}\end{cases}\tag{5.4-11}$$

根据前文分析可知，$\triangle J_1O_1O_2$、$\triangle J_2O_1O_2$和$\triangle J_3O_1O_2$都是等边三角形，因此有

$$\begin{cases}(\boldsymbol{w}_1^1-\boldsymbol{v}_1^1)\times\boldsymbol{O}_p^1=\boldsymbol{0}\\ (\boldsymbol{w}_2^1-\boldsymbol{v}_2^1)\times\boldsymbol{O}_p^1=\boldsymbol{0}\\ (\boldsymbol{w}_3^1+\boldsymbol{v}_3^1)\times\boldsymbol{O}_p^1=\boldsymbol{0}\end{cases}\tag{5.4-12}$$

将式（5.4-12）展开，可得

$$\begin{cases}g_1:\ y(\varepsilon_0\varepsilon_2-\varepsilon_1\varepsilon_3)+z(\varepsilon_0\varepsilon_3+\varepsilon_1\varepsilon_2)=0\\ g_2:\ z(\varepsilon_2^2+\varepsilon_3^2)-x(\varepsilon_0\varepsilon_2-\varepsilon_1\varepsilon_3)=0\\ g_3:\ y(\varepsilon_2^2+\varepsilon_3^2)+x(\varepsilon_0\varepsilon_3+\varepsilon_1\varepsilon_2)=0\\ g_4:\ z(\varepsilon_1^2+\varepsilon_3^2)+y(\varepsilon_0\varepsilon_1+\varepsilon_2\varepsilon_3)=0\\ g_5:\ x(\varepsilon_0\varepsilon_1+\varepsilon_2\varepsilon_3)+z(\varepsilon_0\varepsilon_3-\varepsilon_1\varepsilon_2)=0\\ g_6:\ x(\varepsilon_1^2+\varepsilon_3^2)-y(\varepsilon_0\varepsilon_3-\varepsilon_1\varepsilon_2)=0\\ g_7:\ y(\varepsilon_0^2+\varepsilon_3^2)+z(\varepsilon_0\varepsilon_1-\varepsilon_2\varepsilon_3)=0\\ g_8:\ x(\varepsilon_0^2+\varepsilon_3^2)-z(\varepsilon_0\varepsilon_2+\varepsilon_1\varepsilon_3)=0\\ g_9:\ x(\varepsilon_0\varepsilon_1-\varepsilon_2\varepsilon_3)+y(\varepsilon_0\varepsilon_2+\varepsilon_1\varepsilon_3)=0\end{cases}\tag{5.4-13}$$

上面的九个方程组成了一个**目标多项式**，由于其比较复杂，无法通过求解方程的方法简单求解。但是，根据**代数几何**或者**数值代数**的方法，借助于**计算机代数计算系统**，可通过素数分解的方法，求解该机构的运动模式。

目标多项式可以写成以下形式：

$$\ell = < g_1, g_2, g_3, g_4, g_5, g_6, g_7, g_8, g_9 > \tag{5.4-14}$$

使用SINGULAR软件，对其进行素数分析，可以得到

$$\ell = \bigcap_{j=1}^{2} \ell_j \tag{5.4-15}$$

式中，$\ell_1 = <x, y, z>$；$\ell_2 = <\varepsilon_3, \varepsilon_1 x + \varepsilon_2 y, \varepsilon_0 y + \varepsilon_1 z, \varepsilon_0 x - \varepsilon_2 z>$。

由于x、y和z不可能同时为0，因此ℓ_1不成立。式（5.4-15）可以简化为

$$\ell = \ell_2 = \begin{cases} \varepsilon_3 = 0 \\ \varepsilon_1 x + \varepsilon_2 y = 0 \\ \varepsilon_0 y + \varepsilon_1 z = 0 \\ \varepsilon_0 x - \varepsilon_2 z = 0 \end{cases} \tag{5.4-16}$$

从式（5.4-16）可以看出，只有运动模式$\{\varepsilon_0, \varepsilon_1, \varepsilon_2, 0\}$满足。因此，该机构是2-DoF零扭转机构。

5.4.3　输入选取与多运动模式机构

下面通过一个例子来说明输入选取问题。

【例5-15】　图5-38所示为一种飞机水平尾翼操纵机构的简图。其中，输入Ⅰ为操纵杆输入，输入Ⅱ为襟翼输入，输入Ⅲ为稳定增效器输入，而杆7为输出杆。试讨论该机构在不同输入情况下的自由度。

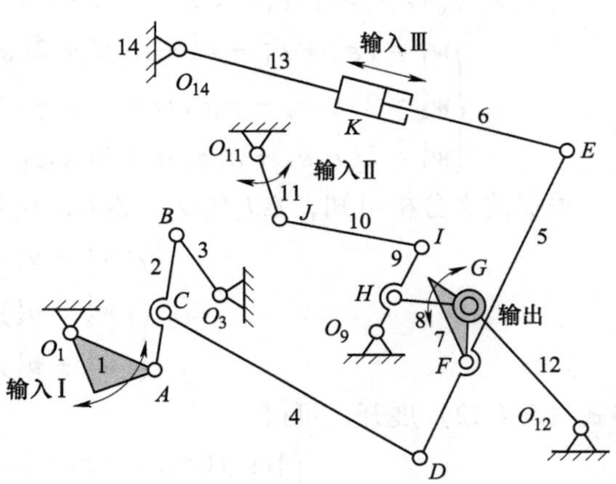

图5-38　飞机水平尾翼操纵机构简图

解：该平面机构由14个构件和17个运动副组成。由于襟翼输入（输入Ⅱ）与稳定增效器输入（输入Ⅲ）并不是随时都起作用，当襟翼输入不起作用时，杆8、杆9、杆10、杆11、杆12均不动而等同于整体结构件，运动副G成为固定轴；当稳定增效器输入不起作用时，杆6和杆13可视为同一个定长杆件。因此，根据具体情况不同，该机构的输入有四种组合。

（1）三个输入同时起作用　此情况下，该机构有14个构件、17个转动副、1个移动副。根据式（5.2-4），该机构的自由度为

$$F = 3 \times (14 - 18 - 1) + 18 = 3$$

（2）仅操纵杆输入与襟翼输入起作用　此情况下，该机构有13个构件、17个转动副。根据式（5.2-4），该机构的自由度为

$$F = 3 \times (13 - 17 - 1) + 17 = 2$$

（3）仅操纵杆输入与稳定增效器输入起作用 此情况下，该机构有9个构件、10个转动副、1个移动副。根据式（5.2-4），该机构的自由度为

$$F = 3 \times (9 - 11 - 1) + 11 = 2$$

（4）仅操纵杆输入起作用 此情况下，该机构有8个构件、10个转动副。根据式（5.2-4），该机构的自由度为

$$F = 3 \times (8 - 10 - 1) + 10 = 1$$

实际工程中，很多复杂的机构或机器系统往往存在多路的输入和输出，以适应不同的工况。这种情况下，便存在输入选取的问题。不同的输入组合意味着不同的输出形式，自由度也往往不同，例5-15就充分反映了这一点。不仅如此，现在的大多数多轴数控机床或机器人也存在这一问题。

【例5-16】 图5-39所示为用于轧钢生产线的钢坯飞剪机构的工作过程[4]。该机构的工作原理如下：工作起始阶段（图5-39a），曲柄 OA 转动，开始是空行程，下剪刃 G 从辊道下向上抬起，上剪刃 F 同时下降，上压板 S 受弹簧作用随上剪刃在滑道中同步下降。当滑道中下降的压板 S 与上升的下剪刃 G 夹住静止在辊道上的钢坯那一瞬间，空切结束。压板随下剪刃夹着钢坯快速向上运动，而上剪刃 F 却慢速向上运动，依靠上、下剪刃之间的速度差来实现飞剪的剪切动作，直至剪断钢坯。剪断钢坯后，曲柄继续回转，大剪回到起始位置。

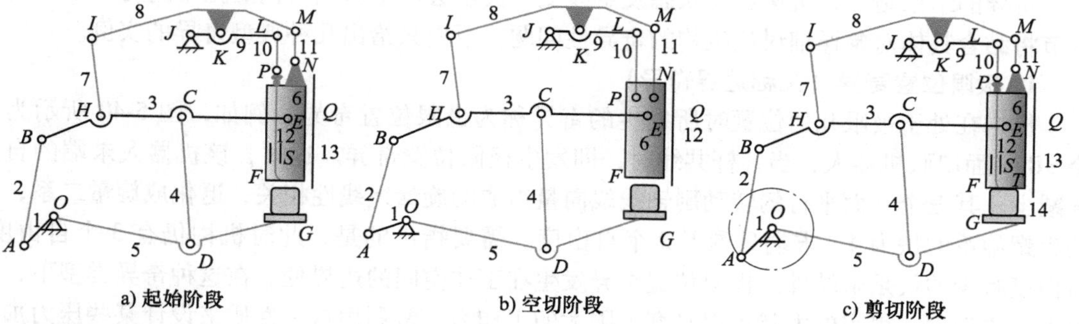

a) 起始阶段　　b) 空切阶段　　c) 剪切阶段

图5-39

飞剪机构的工作过程

解： 下面分别计算不同工作阶段的自由度。

（1）起始阶段 起始阶段时机构处于静止状态，机构简图如图5-39a所示，这时，机构中有13个构件、17个运动副，代入式（5.2-4）得

$$F = 3(N - g - 1) + \sum_{i=1}^{g} f_i + \varsigma = 3 \times (13 - 17 - 1) + 17 = 2$$

（2）空切阶段 曲柄转动，上压板在弹簧作用下与上剪刃同步下降，两者之间没有相对运动，可以视为一个构件，如图5-39b所示。这时，机构中有12个构件、16个运动副，代入式（5.2-4）得

$$F = 3(N - g - 1) + \sum_{i=1}^{g} f_i + \varsigma = 3 \times (12 - 16 - 1) + 16 = 1$$

（3）剪切阶段 在剪切过程中，压板 S 和下剪刃始终夹住钢坯，如图5-39c所示，两者之间保持一个恒定的距离。若忽略运动过程中钢坯的微小横向移动，则可以把具有固定高度的钢

坯看成压板与下剪刃之间的一个连接构件，可用一个双铰链杆 *TG* 表示杆 14。同时，上剪刃 6 与下剪刃 5 做相对运动实现剪切。这时，机构有 14 个杆、19 个运动副，代入式（5.2-4）得

$$F = 3(N - g - 1) + \sum_{i=1}^{g} f_i + \varsigma = 3 \times (14 - 19 - 1) + 19 = 1$$

可见，这个机构在原始状态下是一个 2 自由度机构，开始工作时的空行程及剪切行程都是具有不同拓扑结构的单自由度机构。该机构以巧妙的变结构、变自由度实现了复杂的剪切过程。

工作过程中，上述飞剪机构的自由度数、活动构件数乃至拓扑结构等都发生了变化。这些在运动或工作过程中自由度数、活动构件数或拓扑结构可发生变化的机构，称为**变胞机构**（metamorphic mechanism）或者**多运动模式机构**（multiple-motion-pattern mechanism）。这类机构在折叠、展开、可重构等背景的应用中有着广泛的应用前景。

5.5 奇异位形

当满足特殊几何条件时，有些机构的自由度（或运动模式）会发生变化。这种情况称为**奇异**（singularity），对应的位形称为**奇异位形**（singular configuration）。

奇异的结果是导致机构运动状态发生改变，甚至会严重影响机构的正常运行。本书后续章节将结合具体对象详细讨论机构的奇异性问题，下面只给出几种典型奇异的实例。

1. 极限位置奇异（又称边界奇异）

机构在处于极限几何位置时所发生的奇异称为极限位置奇异。例如，图 5-40 所示为一个 3R 平面串联机器人，当各杆共线时，即发生极限位置奇异。这时，该机器人末端的自由度减少，其三个共面平行的转动副轴线线向量组成的旋量组线性相关，退化成旋量二系，其约束螺旋系的秩为 4，末端只剩下 2 个自由度。需要指出的是，此时机构仍有 3 个自由度，自由度减少的仅是末端件。极限位置奇异发生在工作空间的边界处。在这种奇异类型下，理论上，主动件上很小的力就可以平衡无限大的工作力，常利用这一性质来设计某些压力加工机械；机构的反行程是自锁的，因此，可以利用此性质设计自锁机构。相对内部奇异位形而言，边界奇异显得不是特别严重。

2. 死点奇异（静止位形，stationary configuration）

在图 5-41 所示位置，当以滑块为原动件时，即使主动件上的作用力无穷大，也不能推动机构运动，机构处于死点。机构的原动件瞬时失去 1 个自由度。

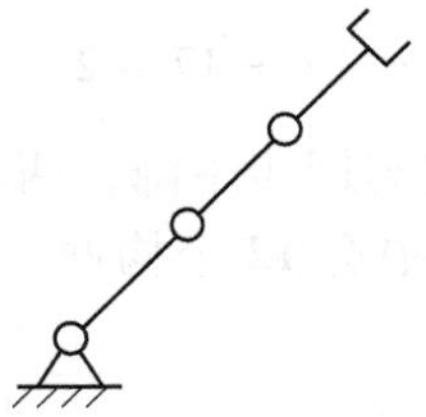

图 5-40

3R 平面串联机器人

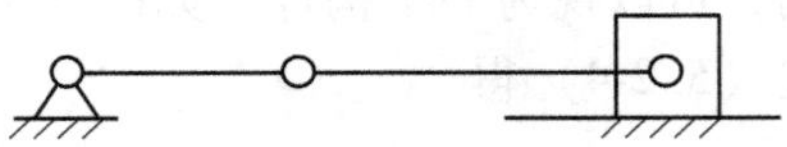

图 5-41

死点

3. 自由度瞬时变化奇异（不定位形，uncertainty configuration）

机构在一定的几何条件或位形下发生奇异，若自由度数目或性质的变化仅仅是瞬时的，则称为自由度瞬时变化奇异。例如，平行四杆机构在图 5-42 所示位形下突然增加了 1 个自由度，四杆机构瞬时有了 2 个自由度，这时，称该机构为**变点机构**（change-point mechanism）。对于串联机器人，在某些位形下，机构中的部分运动副将线性相关，机构发生奇异，奇异使得机构末端件的自由度瞬时减少。例如，某瞬时其三个平行轴线共面或共点的三个轴线共面，机构发生奇异。并联机构特别是少自由度并联机构也会发生这种自由度减少的奇异，一些少自由度机构的支链中常含有五个单自由度运动副，这类机构就容易发生上述串联机器人中的那种奇异。变点机构是研究某些变自由度机构（如变胞机构）的基础。

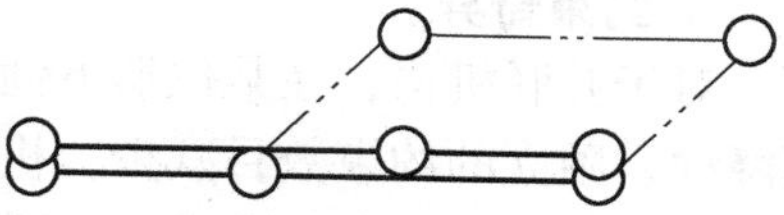

图 5-42
变点机构

4. 几何奇异（又称结构奇异）

在一定的几何条件或位形下，如果在机构的所有主动件都被锁住后机构仍能运动，则这种奇异位形称为几何奇异。如果是瞬时运动，则为瞬时几何奇异；若为连续运动，则为连续几何奇异。这种在奇异情况下发生的运动通常称为自运动。图 5-43 所示为一个 3 自由度并联机构，该机构在一般位形下并不发生奇异，仅当基于其几何条件形成平行四边形时发生连续几何奇异，机构可以做圆周自运动。对于这类奇异，可能会导致操纵失控，对机构工作十分不利。

5. 失稳性奇异

正常情况下，机构运动到一定的位形时，其所有的主动件均锁住，如果机构出现了瞬时自由度，则称为失稳性奇异。例如，平面五杆机构在图 5-44 所示位置时 *BCD* 成一直线，锁住 *AB*、*DE* 两杆，*C* 点仍有瞬时自由度。由于此时两个主动运动线性相关，整个机构的自由度并没有增加。并联机构中最典型的奇异就是这种失稳性奇异，即当机构运动到某位形下锁住全部输入，但机构中仍有自由度存在。这种奇异下机构受力状态显著变差，为了与平台上很小的外力相平衡，理论上需要无限大的驱动力，因而很容易损坏机构。

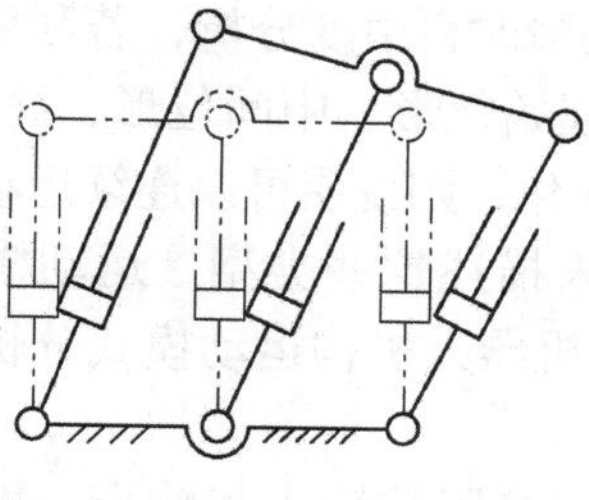

图 5-43
3 自由度并联机构

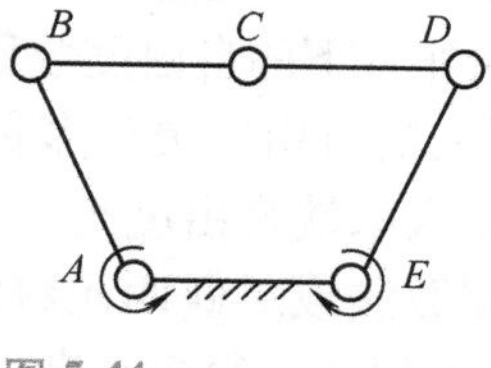

图 5-44
失稳性奇异

6. 运动学奇异

由于某些位形下作用在机构或机构输出构件上的**运动旋量系**降秩，使机构输出构件的自由度减少而造成的奇异称为**运动学奇异**（kinematic singularity）。边界奇异、静止位形等都属于此类奇异。但是，边界奇异和静止位形都与原动件的选择有关，当原动件改变时，奇异的状态也会随着改变。对于并联机构，当其支链中的运动副旋量组线性相关时，也会发生此类奇异，输出平台因受到附加约束，其自由度数将减少。这种运动学奇异有时也被称为**运动旋量奇异**（twist singularity）或**逆运动学奇异**（inverse kinematic singularity）。

7. 约束奇异

对于并联机构，在某位形下锁住所有主动件，作用在机构或机构输出构件上的**约束旋量系**降秩，独立的约束数目减少，机构就保留了未被约束掉的部分自由度。在锁住所有输入变量的情况下，平台仍然可动。这样，就产生了**约束奇异**（constraint singularity）。机构的失稳性奇异、几何奇异、不定位形等都属于此类奇异。这种奇异也与原动件的选择有关，当原动件改变时，奇异的状态也会发生改变。因此，可以利用改变原动件的方法来克服奇异。通常也将这种奇异称为**力旋量奇异**（wrench singularity）或**正向运动学奇异**（forward kinematic singularity）。

5.6 本章小结

1）自由度是机器人机构学中最重要的概念之一。自由度与运动副、构件之间的定量关系一直是机构与机器人构型综合及运动分析中重要的理论依据。

2）机构的自由度是指确定机构位形所需的独立参数的数目。对机器人而言，机器人的自由度一般是指其末端执行器的自由度。

3）虽然 G-K 公式是一个使用广泛的自由度计算公式，但由于有些机构自身的复杂性，如存在局部自由度、公共约束和冗余约束等，导致该公式有一定的局限性。因此，G-K 公式需要修正才能更具普适性。修正后的具体形式为

$$F = d(N - g - 1) + \sum_{i=1}^{g} f_i + v - \varsigma$$

4）自由度计算公式只是一个量化的结果。对于一个机构而言，仅仅知道它的自由度数是远远不够的，了解其自由度的具体分布则更具有实际价值。这个问题属于自由度分析的范畴。对于机器人机构而言，采用图谱法可简化自由度分析。

5）图谱法中，自由度线图与其对应的约束线图满足广义对偶线图法则。基于该法则，可以实现大多数机器人机构的自由度分析。由于该方法总体为瞬时自由度分析，若利用图谱法判断全周自由度，则需要增加一个环节：分析多个位形（如起始位形、中间位形、终止位形等，但奇异位形除外）下的自由度数目及性质，若都没有发生变化，则说明可以连续运动。

6）机器人的自由度类型多种多样，可引入运动模式来描述这些类型。运动模式是指用来描述动机器人末端自由度类型的连续位姿集合。目前，机器人机构运动模式分析的主要方法是单位四元数法或对偶四元数法。

7）实际工程中，很多复杂的机构或机器系统往往存在多路的输入和输出，以适应不同的工况。这种情况下，便存在输入选取的问题。在运动或工作过程中，若机构的自由度、活动构件或拓扑结构发生变化，则称这类机构为变胞机构或者多运动模式机构，它们在折叠、展开、可重构等背景的应用中有着广泛的应用前景。

8）当满足特殊几何条件时，有些机器人机构的自由度（或运动模式）会发生变化。这类情况称为奇异，对应的位形称为奇异位形。奇异的结果是可能导致机构运动状态发生改变，甚至严重影响机构的正常运行。奇异可表现为多种类型，如约束奇异、运动学奇异等。

扩展阅读文献

本章重点介绍了机器人自由度的计算与分析方法，读者还可阅读其他文献（见下述列表）来补充相关知识。例如，有关旋量法的自由度分析可参考文献［2，3，4，8］，有关图谱法的自由度分析可参考文献［1，6，7］，其他方法可参考文献［5，9］。

［1］Blanding D L. Exact constraint：machine design using kinematic principle［M］. New York：ASME Press，1999.

［2］Huang Z，Li Q C，Ding H F. Theory of Parallel Mechanisms［M］. Berlin：Springer-Verlag，2013.

［3］黄真，刘婧芳，李艳文．论机构自由度：寻找了 150 年的自由度通用公式［M］. 北京：科学出版社，2011.

［4］黄真，曾达幸．机构自由度计算原理和方法［M］. 北京：高等教育出版社，2016.

［5］李秦川，柴馨雪，姚辉晶．并联机构自由度计算与奇异分析的几何代数方法［M］. 北京：高等教育出版社，2019.

［6］于靖军，刘辛军，丁希仑．机器人机构学的数学基础［M］. 2 版．北京：机械工业出版社，2018.

［7］于靖军，裴旭，宗光华．机械装置的图谱化创新设计［M］. 北京：科学出版社，2014.

［8］赵景山，冯之敬，褚福磊．机器人机构自由度分析理论［M］. 北京：科学出版社，2009.

［9］张启先．空间机构的分析与综合：上册［M］. 北京：机械工业出版社，1984.

习题

5-1　利用修正的 G-K 公式计算图 5-45 所示经典机构的自由度。

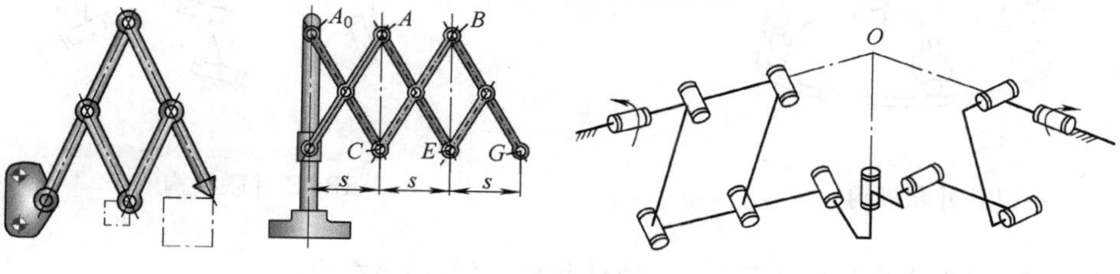

a) 三种仿图仪机构

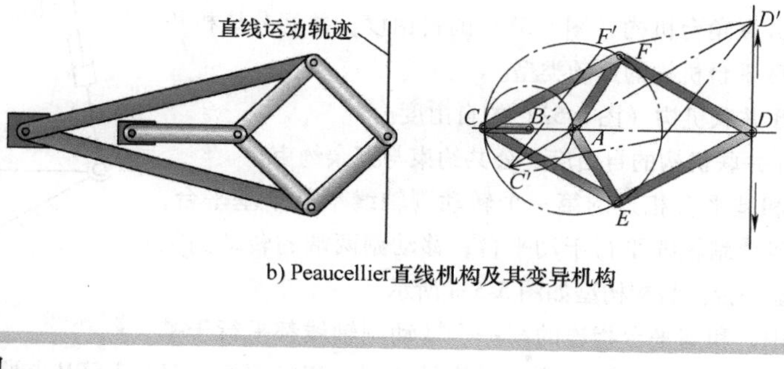

b) Peaucellier直线机构及其变异机构

图 5-45

经典机构

5-2 试分析图 5-46 所示 4-RRR 机构的自由度：每个支链中 R 副的轴线相互平行，但相邻两个支链的运动副轴线相互垂直。

5-3 计算并分析平面 3-RRR 并联机构（图 5-47）的自由度。注意：每个支链中转动副的轴线相互平行。

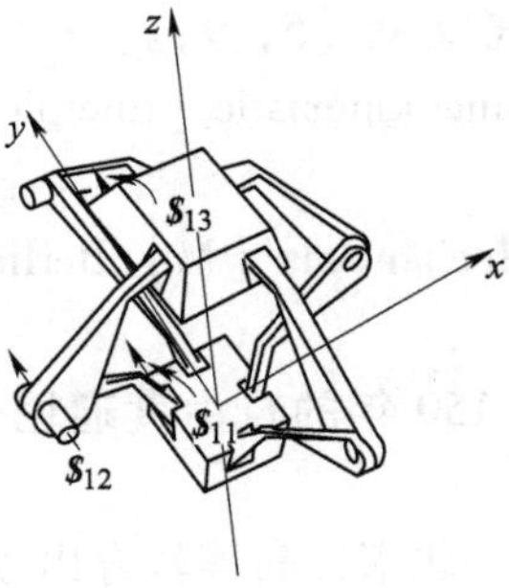

图 5-46

4-RRR 机构

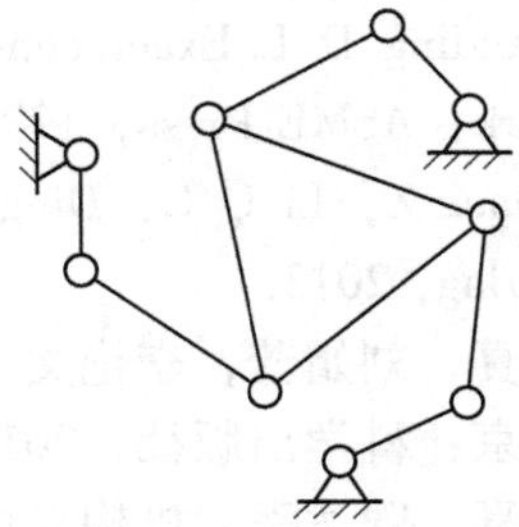

图 5-47

平面 3-RRR 并联机构

5-4 利用修正的 G-K 公式计算 6-PSS 并联平台机构的自由度。

5-5 试分析 4-UPU 并联机构（图 5-48）的自由度。

5-6 试分析 3-RRRH 并联机构（图 5-49）的自由度与公共约束。支链中各运动副的轴线相互平行，三个支链分布在正三角形上，呈对称分布。

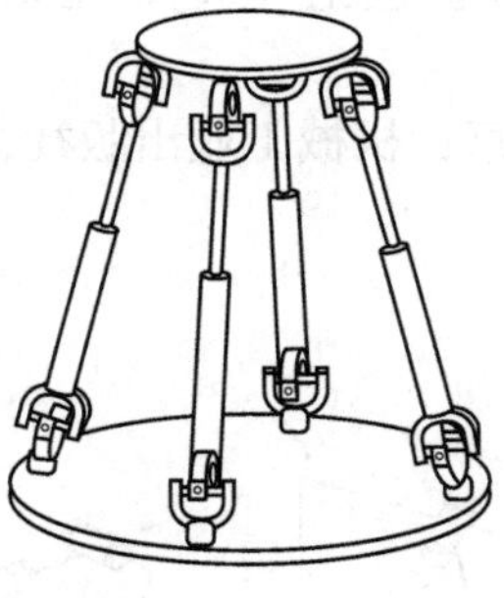

图 5-48

4-UPU 并联机构

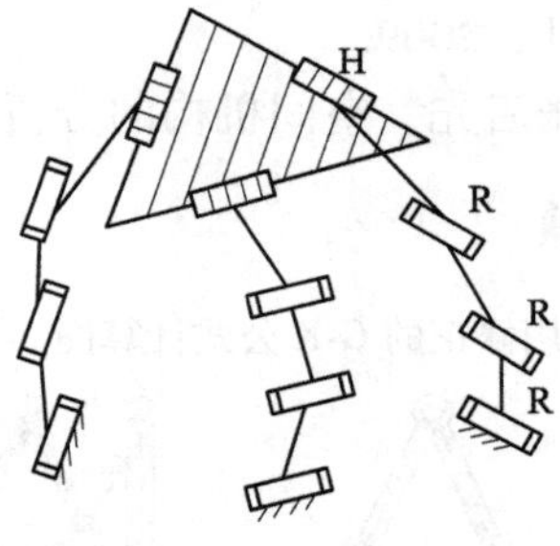

图 5-49

3-RRRH 并联机构[32]

5-7 试分析 3-SPR 并联机构（图 5-50）的自由度，并区分该机构与图 4-31所示 3-RPS 机构的运动类型。

5-8 试分析 3-RPS 并联角台机构（图 5-51）的自由度，并区分该机构与图 4-31 所示 3-RPS 并联平台机构的运动类型。

5-9 试分析 3-RRCR 并联机构（图 5-52）的自由度。

5-10 试分析 3-UPU 并联机构的自由度、公共约束与冗余约束。

（1）每个支链中，和基平台相连的第一个转动副轴线平行于基平台，与动平台相连的第一个转动副轴线平行于动平台；移动副两端的转动副轴线相互平行，且斜交于基平台。装配构型如图 5-53a 所示。

（2）所有三个支链中，和基平台相连的第一个转动副轴线都平行于基平台且汇交于一点；和动平台相连的第一个转动副轴线斜交于动平台，且

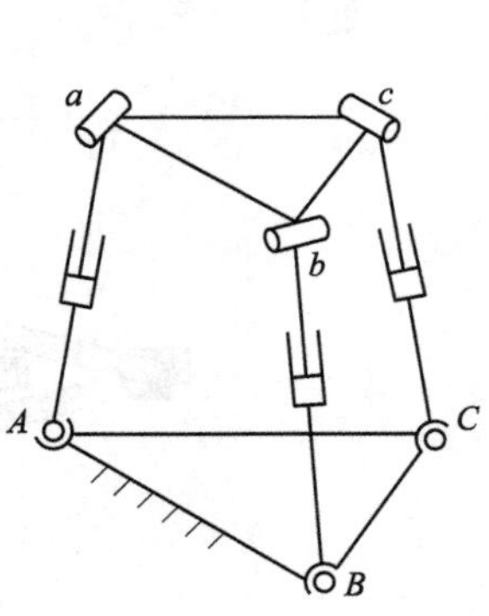

图 5-50

3-SPR 并联机构

汇交于一点，两个汇交点彼此重合；移动副两端的转动副轴线相互平行，且平行于基平台。装配构型如图 5-53b所示。

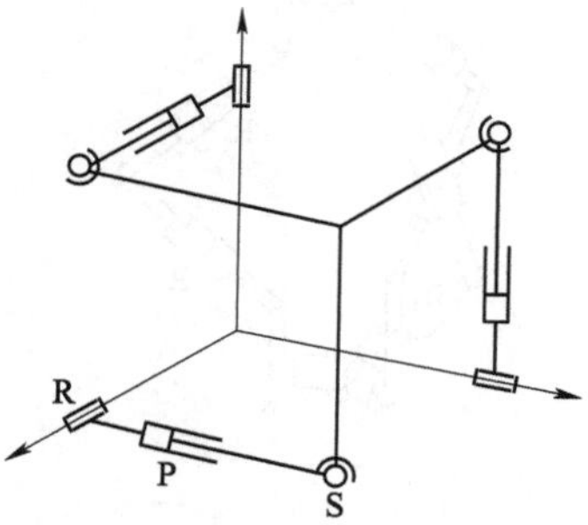

图 5-51

3-RPS 并联角台机构

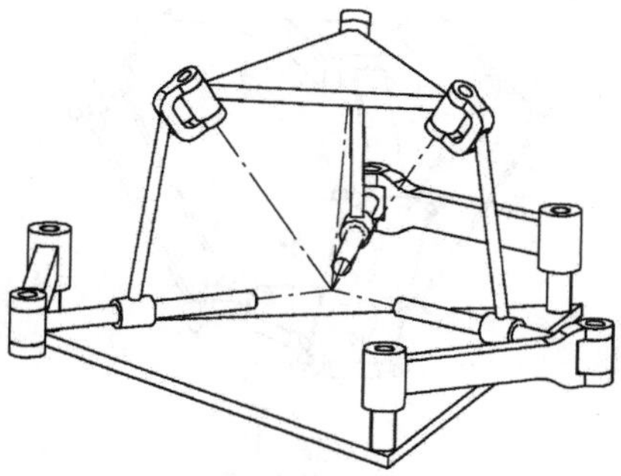

图 5-52

3-RRCR 并联机构

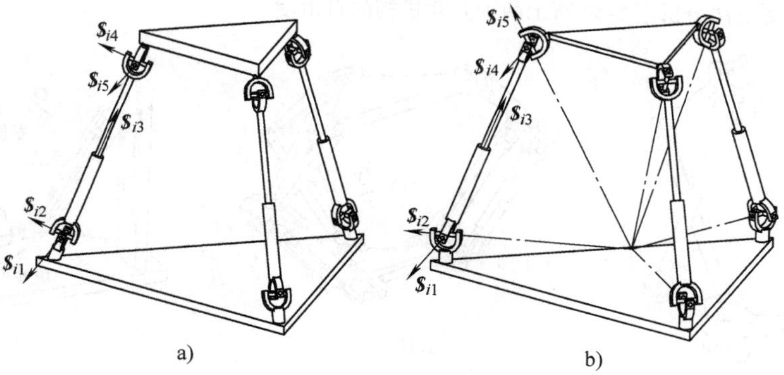

图 5-53

3-UPU 并联机构

5-11　试采用图谱法分析图 5-54 所示 SCARA 机器人的自由度。

5-12　试采用图谱法分析球面 5R 机构（图 5-55）的自由度。

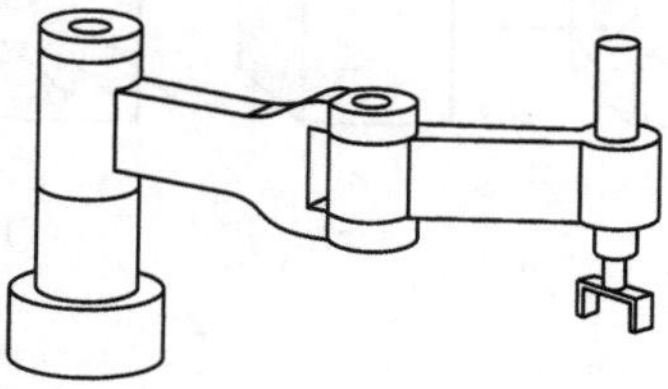

图 5-54

SCARA 机器人

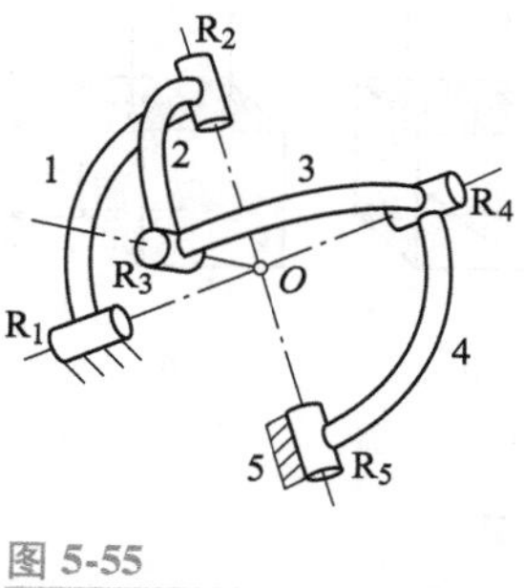

图 5-55

球面 5R 机构

5-13　试采用图谱法分析 3-RR（4R）R 并联机构（图 5-56）的自由度。

5-14　试采用图谱法分析 3-RRRR 并联机构（图 5-57）的自由度。三个支链呈均匀对称分布，并且每个支链的结构分布与 Omni Wrist Ⅲ的支链结构相同。

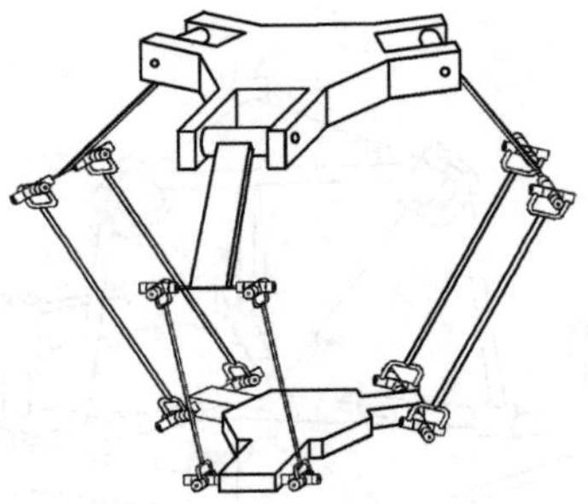

图 5-56

3-RR（4R）R 并联机构

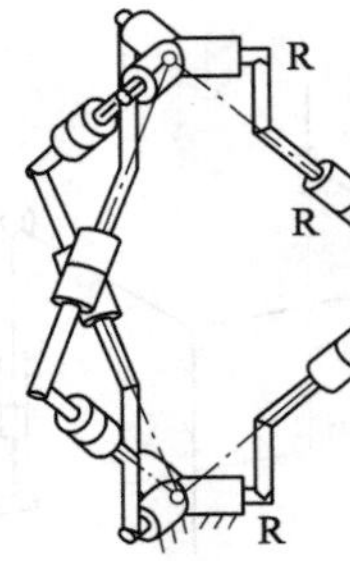

图 5-57

3-RRRR 并联机构

5-15　试采用图谱法分析 3-RSR 并联机构（三条支链完全相同，每个支链中，球铰相连的两根杆杆长相等，如图 5-58 所示）的自由度。

5-16　试采用图谱法分析图 5-59 所示两种并联机构的自由度。

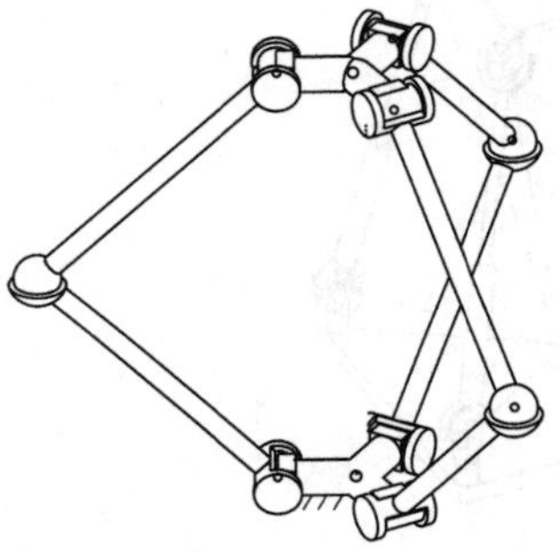

图 5-58

3-RSR 并联机构

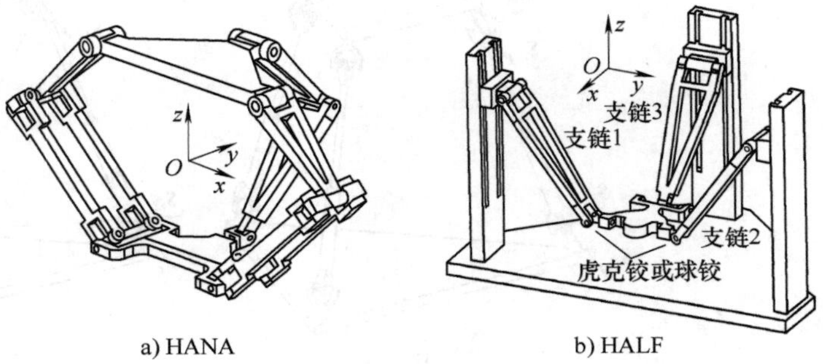

图 5-59

两种并联机构[16]

5-17　图 5-60 中各条端部带圆点的线代表约束线，正方体表示刚体。试通过自由度与约束对偶关系分析各刚体的自由度。

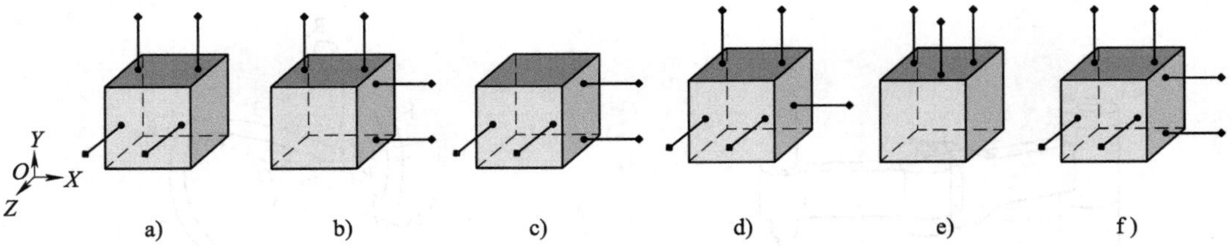

图 5-60

习题 5-17 图

5-18　采用图谱法分析图 4-58 所示各机器人机构的自由度，并利用修正的自由度计算公式进行验证。

5-19　采用图谱法分析图 4-59 所示各机器人机构的自由度，并利用修正的自由度计算公式进行验证。

5-20　图 5-61 所示为一并联式变胞机构，试分析该机构的变自由度原理。

5-21　有一类特殊的 1～3DoF 转动机构，其转动中心或虚拟转动中心（VCM）总是固定不动的，称这类机构为球面转动机构或 VCM 机构[43]。对于并联式 VCM 机构而言，由于具有固定的转动中心，有助于简化该并联机构的正、逆运动学，非常有利于进行机构的运动控制；当应用于要求有精确指向等功能的场合时，可以提高机构的指向精度。图 5-62 所示的两种机构都是 2-DoF VCM 机构，试用图谱法分析其工作原理。

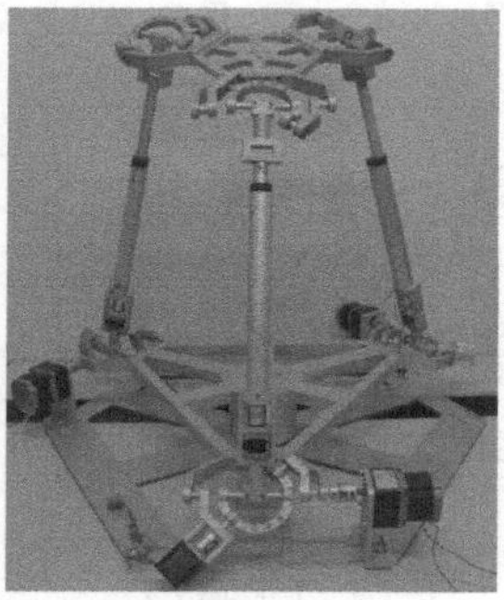

图 5-61

并联式变胞机构[26]

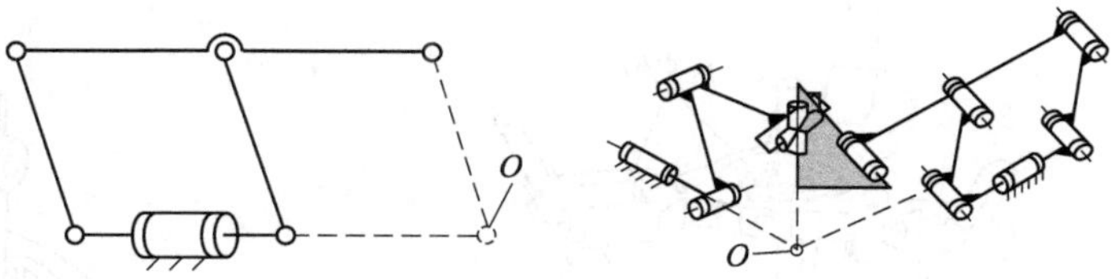

a) 串联式　　b) 并联式

图 5-62

两种 2-DoF VCM 机构

5-22　一般情况下，含六条支链的并联机构的动平台倾角有限，采用冗余驱动是解决倾角问题的方法之一，Eclipse Ⅰ机构便是其中一个典型实例。如图 5-63 所示，该机构的动平台通过三条 PPRS 支链和定平台相连。在这个机构中，六个 P 副都是驱动副。为了获得更大的动平台倾角，三个转动副中的两个装上了额外的驱动器 A_1 和 A_2。试分析该机构的工作原理。

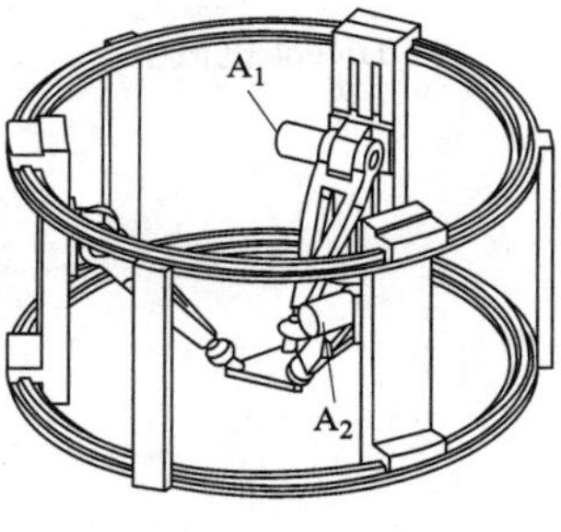

图 5-63

带八个驱动器的 6 自由度并联机构 Eclipse Ⅰ[16]

5-23　T&T（Tilt & Torsion）角是加拿大学者 Benev 提出的一种描述刚体姿态的方法[3]，它实质上是一种修正的 Z-Y-Z 欧拉角，写成矩阵运算形式为

$$
\begin{aligned}
{}^{A}_{B}\boldsymbol{R} &= \boldsymbol{R}_a(\theta)\boldsymbol{R}_z(\sigma) = \boldsymbol{R}_z(\phi)\boldsymbol{R}_{y'}(\theta)\boldsymbol{R}_{z''}(-\phi)\boldsymbol{R}_{z''}(\sigma) \\
&= \begin{pmatrix} \cos\phi & -\sin\phi & 0 \\ \sin\phi & \cos\phi & 0 \\ 0 & 0 & 1 \end{pmatrix}
\begin{pmatrix} \cos\theta & 0 & \sin\theta \\ 0 & 1 & 0 \\ -\sin\theta & 0 & \cos\theta \end{pmatrix}
\begin{pmatrix} \cos(\sigma-\alpha) & -\sin(\sigma-\alpha) & 0 \\ \sin(\sigma-\alpha) & \cos(\sigma-\alpha) & 0 \\ 0 & 0 & 1 \end{pmatrix} \\
&= \begin{pmatrix} \cos\phi\sin\theta\cos(\sigma-\phi)-\sin\alpha\sin(\sigma-\phi) & -\cos\phi\cos\theta\sin(\sigma-\phi)-\sin\alpha\cos(\sigma-\phi) & \cos\phi\sin\theta \\ \sin\phi\cos\theta\cos(\sigma-\phi)+\cos\alpha\sin(\sigma-\phi) & -\sin\phi\cos\theta\sin(\sigma-\phi)+\cos\alpha\cos(\sigma-\phi) & \sin\phi\sin\theta \\ -\sin\theta\cos(\sigma-\phi) & \sin\theta\sin(\sigma-\phi) & \cos\theta \end{pmatrix}
\end{aligned}
$$

式中，θ 为**倾斜角**（tilt angle）；σ 为**扭转角**（torsion angle）；ϕ 为**方位角**（azimuth angle）。

对比 T&T 角与 Z-Y-Z 欧拉角发现：方位角对应于 Z-Y-Z 欧拉角中的进动角，倾斜角对应于 Z-Y-Z 欧拉角中的章动角，扭转角对应于 Z-Y-Z 欧拉角中的自旋角，形成了一一对应关系。换句话说，T&T 角（ϕ，θ，σ）对应于 Z-X-Z 欧拉角（ϕ，θ，$\sigma-\phi$）。当用 T&T 角来描述刚体运动的姿态时，存在一种特例：扭转角为 0 的情况（某些机构具有类似特性）。这时，刚体姿态的 Z-Y-Z 欧拉角退化为（ϕ，θ，$-\phi$），只有两个姿态参数。如果某类机构在运动过程中始终满足扭转角为零，则该机构称为**零扭转机构**。

试通过查阅文献，找出一种零扭角机构，并证明之。

5-24　并联机构中，多采用完全对称结构（即各支链呈对称分布，且支链数与驱动数相同）。但是，为了实现某种特殊的运动性能，如得到更大的运动转角等，有时也采用非对称结构（各支链不完全相同）或准对称结构构型（如增加支链数）。图 5-64 所示的 Tricept 机械手（3-UPS&1-UP）就是这样一类机构。

（1）观察该机构的结构特点，试分析其自由度类型。

（2）对 Tricept 机械手进行 ADAMS 仿真验证（请同时提交 bin 文件和 avi 文件）。

5-25 并联机构中，有一类机构可实现两种以上的运动模式，这类机构称为多运动模式机构。图 5-65 所示的 3-4R 并联机构就是这样一类机构。

（1）观察该机构的结构特点，分析其所具有的两种自由度类型。

（2）对该机构进行 ADAMS 仿真验证（请同时提交 bin 文件和 avi 文件）。

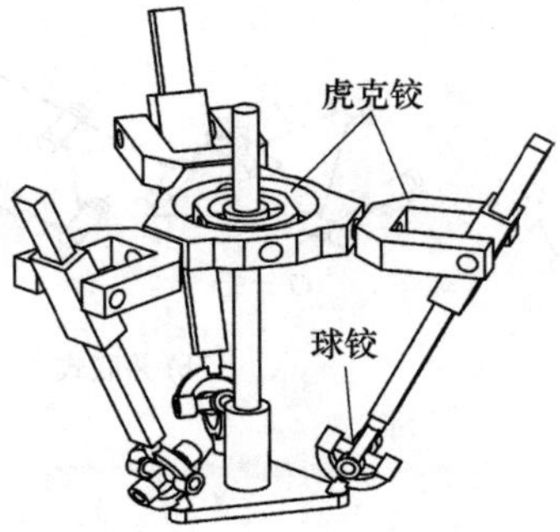

图 5-64

Tricept 机械手

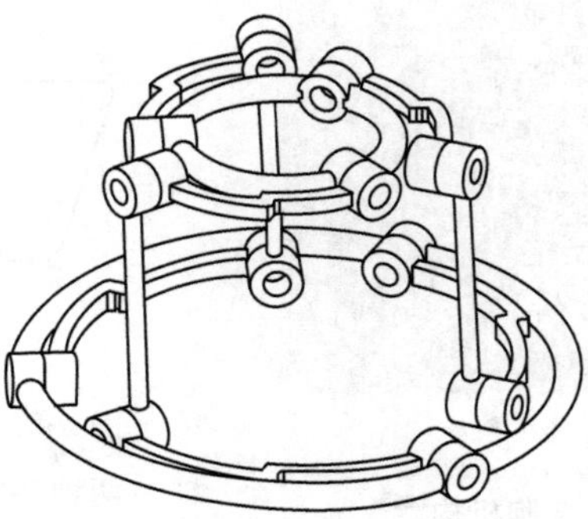

图 5-65

3-4R 并联机构

第 6 章 构型综合

本章导读

增强自主创新特别是原始创新能力是21世纪科学技术发展的战略基点。机械产品设计过程中最能体现原始创新能力的阶段是机构设计阶段。对产品创新而言，机构构型的创新具有原创的特质，是机械发明中最具有挑战性和发明性的核心内容。机器人机构也是如此。

构型综合作为构型创新的重要手段，可纳入系统方法论的范畴。同时，也可以看作自由度及结构分析的反问题。因此，本章在第5章自由度分析的基础上，重点介绍有关机器人机构常用的构型综合方法。

6.1 构型综合方法概述

机构的构型综合是指在给定机构期望自由度数和形式的条件下，寻求机构的具体结构，包括运动副和连杆的数目以及运动副和连杆在空间中的布置。对于并/混联机构，还要考虑各个支链的数目和支链运动链的布置，以及合理选取或配置驱动副等内容。

以少自由度并联机器人机构为例，虽然对这类机构的研究始于20世纪80年代初，但在20世纪90年代以前，构型严重匮乏，只有寥寥几种，如3-RPS机构、Delta机构等。从20世纪90年代开始，学者们开始寻找某种通用的方法进行系统化的构型发明，尤其是设想借助某些数学工具与表达方式对其进行构型综合，少自由度并联机器人构型综合理论的研究逐渐成为学术界的一个热点。综合相关研究成果的特点，可以发现一个共同之处：在建立系统化的少自由度并联机构构型综合理论体系与方法的过程中，多数都离不开现代数学方法与数学工具的支持。

关于机器人机构的构型综合理论及方法，根据所应用的数学工具与表达方法不同，可分为基于机构自由度计算公式的枚举法、构型演化法，基于图论等数学工具的拓扑综合或模块组合法，基于位移群或位移流形的运动综合方法，以及基于旋量系及线几何的约束综合法等[14, 15, 16, 29, 33, 36, 41, 43]。

学者们利用以上方法综合得到了诸多新的机器人机构，从而证明了各自方法的有效性。与此同时，在应用这些方法时，也感受到了各自的局限性。

6.1.1 枚举法

顾名思义，枚举法的主要思路就是进行分类枚举，是数综合基本思路的来源，它通过建立数与型之间的联系，进而达到构型综合的目的。因此，该方法也称作数型综合。

1. 对已有机构的分类枚举

通过文献检索，对已知（机器人）机构进行分类枚举。该方法虽无创新可言，但其在概念设计阶段的应用非常广泛，因为已有机构往往是人类智慧的结晶，它们源于天才的想象，并且已经经历了实践的考验，往往简单实用。另外，已有机构往往能赋予发明新机构的人以灵感。

2. 基于自由度计算公式的枚举法

对于机器人机构，枚举法主要是基于传统的机构自由度计算公式（CGK 公式）。澳大利亚的亨特（Hunt）教授是该流派的最早代表人物之一，而后蔡（Tsai）等人丰富了该方法[24]。

该方法的基本思路：当给定机构所需的自由度数后，根据 CGK 公式可导出每个支链运动链（或支链）的运动副数，即

$$F = d(N-1) - \sum_{i=1}^{g}(d - f_i) = d(N-g-1) + \sum_{i=1}^{g} f_i \tag{6.1-1}$$

$$L = g - n + 1 \tag{6.1-2}$$

$$L = F - 1 \tag{6.1-3}$$

对于支链结构相同，且支链数等于机构自由度数的对称型并联机构，可以导出每个支链的自由度数 s，即

$$F = -(F-1)d + Fs \tag{6.1-4}$$

$$s = d - \frac{d}{F} + 1 \tag{6.1-5}$$

因此，一旦已知 d 和 F，就可得到支链的自由度数 s，进而可以枚举支链运动链。例如，$d=F=3$ 时，$s=3$，支链的运动链可以是 RRR、RPR、PPR、PRR 等；当 $d=6$，$F=3$ 时，$s=5$，支链的运动链可以是 RPS、PRS、RRS、UPU 等。

但随着研究的深入，人们发现这种枚举法存在一些明显的问题。对于过约束机构以及复杂空间机器人机构而言，问题尤为突出。例如，法国著名的机构学专家梅尔莱特（Merlet）在 2002 年 ASME 年会的特邀主题报告中指出：枚举法“未考虑运动副的几何布置，容易得出无效的结果。”这些问题突出体现在：①由于该公式没有考虑机构自由度的性质（如三维移动与三维转动机构的综合不能利用此方法区分开来），基本属于数综合的范畴；②无法考虑冗余约束；③对综合得到的机构只提供了支链的数目以及组成支链的运动副数目，无法给出综合出的支链运动链中各运动副间的相对几何关系和所有支链间的几何关系。事实上，后者对机构自由度性质的影响是至关重要的。

6.1.2 演化法

演化法是指以某种机构为原始机构，通过对原始机构的构件和运动副进行各种性质的改变或变换，演变发展出新机构的设计方法。

演化法是最为人们所熟悉的一种构型综合方法“机械原理”中有关平面四杆机构的演化法就涉及此类方法，其中包括**机构的倒置**、**运动学等效置换**等具体手段。

同时，构型演化法也是目前工程上最为实用的方法之一。其原因在于，早期发明的且时

至今日仍具生命力的机构无一例外地蕴涵着发明者对机构学基本原理的正确认识，特别是对其工程实用价值的认真考虑。事实上，如果说著名的瓦特直线机构、Stewart 平台、Delta 机构等原始创新均与其发明者的直觉和灵感有关，那么，这种直觉和灵感无一不是与具体的工程需求密切联系的。例如，瑞士苏黎世联邦理工学院开发的 Hexaglide 机械手便是将 Stewart 平台的移动副驱动改为水平平行布置；法国 Renault Automation 公司开发的 Urane SX 高速卧式钻铣床和德国 Reichenbacher 公司开发的 Pegasus 型木材加工机床均利用平行四边形原理来实现动平台的三维平动，其实质是对 Delta 机构的变异。

由构型演化法得到的新构型虽不属于原始创新，但却符合人类对客观世界循序渐进的认识规律，而且通常具有较大的工程实用价值。

1. 运动学等效置换

有些机构即使类型不同，也可以实现相同的运动，如曲柄滑块机构、偏心轮机构和直动凸轮机构等。从运动学的角度，它们属于运动学等效机构。

平面机构运动学等效的典型例子是高副低代，而空间机构中多采用运动副或运动链的等效替换方式。例如，球铰链可用三个轴线相交的转动副代替，由三个轴线平行的转动副所组成的运动链可用两个平行转动副加上一个与其正交的移动副所组成的运动链来代替等。

2. 局部结构变异法

以现有成功机构的原型为蓝本，通过各种不同的演化方法，对机构中某一构件或运动副的形状进行变异；或者为改变机构的灵活性，而增加局部自由度。对于并联机器人机构，可以采用以下措施：①改变支链数目；②改变支链中主动副的数目和类型（外转动副、外移动副、内移动副以及各种组合形式）；③变换机架及其布局形式（立式、卧式及其各种组合）等，以得到满足特定需求的新构型。

【例 6-1】 6 自由度 Stewart 平台机构的演化。

解：并联机构与普通机构一样，主要由机架、主动副和运动链（含运动副）三部分组成，不同之处在于，并联机构中还存在支链。因此，机构的自由度及运动特性完全由这些因素来决定。由此得到了用构型演化法发明新并联机构的基本思路：以现有成功机构的原型为蓝本，利用各种不同的演化方法：①改变杆件的分布方式；②改变铰链形式，将其中一个球铰换成虎克铰（由球铰连接的二力杆中存在 1 个局部自由度）；③改变支链中铰链的分布顺序；④在运动学等效的前提下，将多自由度运动副拆解为单自由度运动副或将单自由度运动副组合成多自由度运动副；⑤上述几种演化方法的组合。

最早出现的并联机构是著名的 Gough-Stewart 机构，如图 6-1a 所示。基于这种 6-SPS 平台型机构，利用不同的演化方法，可演变为各式各样的 6 自由度并联机构。

理论上讲，连接动平台和定平台的六个支链可以任意布置，因此，在原有 6-6 型 Stewart 平台基础上又出现了许多种不同结构形式的 6 自由度并联机构，如 3-3 型、6-3 型(图 6-1b)、6-4 型（图 6-1c）等双层结构，以及 2-2-2 型、3-2-1 型等正交结构（图 6-2）等。通过改变铰链类型，如将每条支链上的一个球铰换成虎克铰，即演化成图 6-3 所示的 6-UPS 并联机构，该机构具有更大的承载能力。

通过改变支链中铰链的分布顺序，也可达到同样的目的。这里是将 SPS 支链改为 PSS 支链形式（图 6-4）。进一步把这种类型的 6 自由度并联机构的驱动改为滑块的水平滑动，就可以使 6 自由度并联机构在某个方向出现运动优势方向，这类机构在机床等设备上有重要

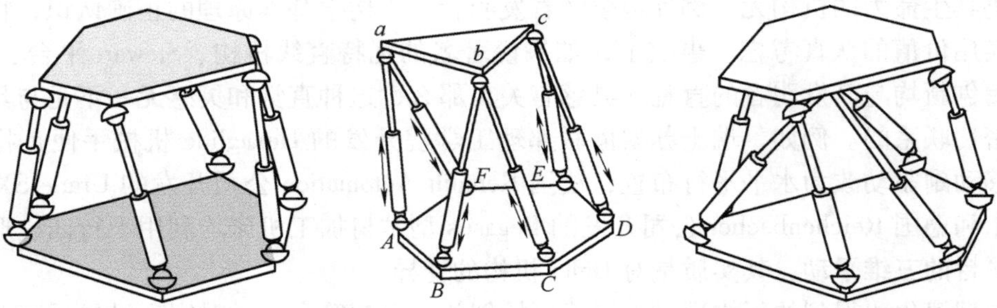

a) 6–6型　　b) 6–3型　　c) 6–4型

图 6-1

Stewart 平台机构

应用，如瑞士苏黎世联邦理工学院研制的六平行滑轨型（Hexaglide）并联操作手(图 6-5)就是其中一种。

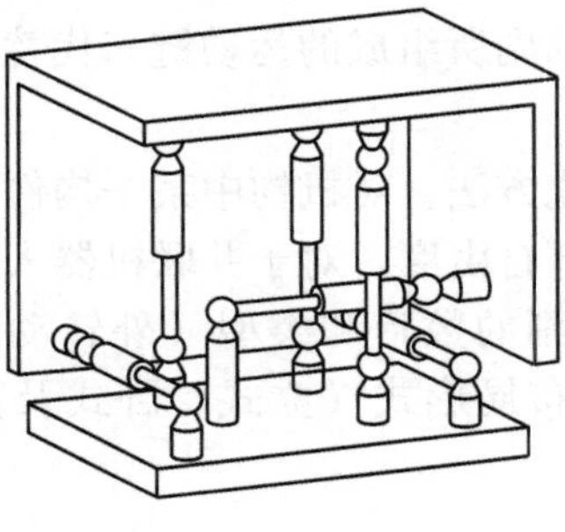

图 6-2

3-2-1 型正交结构

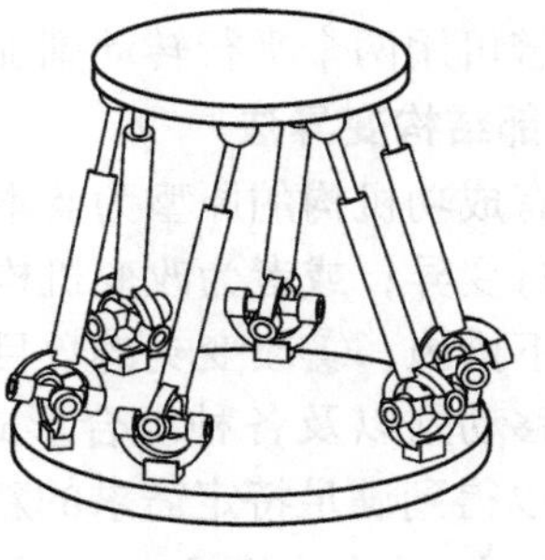

图 6-3

6-UPS Stewart 平台

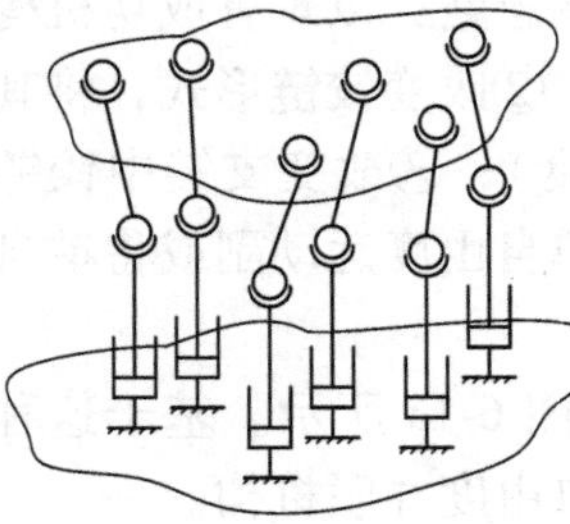

图 6-4

6-PSS Stewart 平台

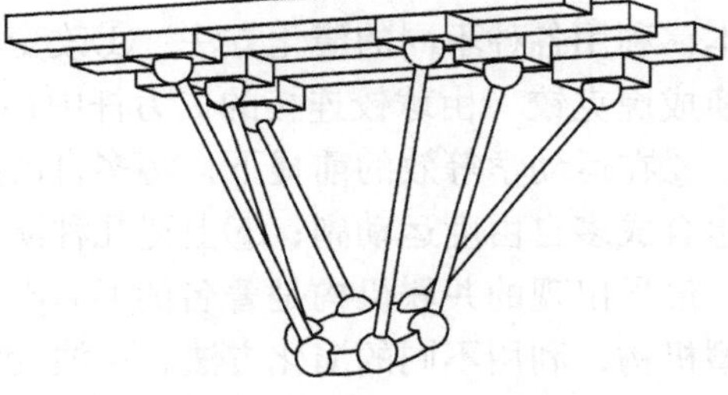

图 6-5

Hexaglide 并联操作手

当然，演化方法也可以是上述几种方法的组合，包括①和②的组合、①和③的组合、②和③的组合，以及①、②和③的组合。其中，通过改变铰链类型，将 P 副换成 R 副，再改变支链中铰链的连接顺序，即可演变成 6-RSS 型 Hexapod 机构（图 6-6）；将中间的 S 副换成 U 副，即可演变成 6-RUS 机构。还可以进一步演化，通过改变支链的分布方式，变成 6-3 型 6-RUS 机构（图 6-7）。

通过将多自由度运动副拆解成运动学等效的单自由度运动副，同样可以达到机构构型创新的目的（图 6-8~图 6-10）。例如，将 U 副拆解成两个相互垂直的 RR 副，而 R 副与同轴的 P 副可以组合成 C 副等。

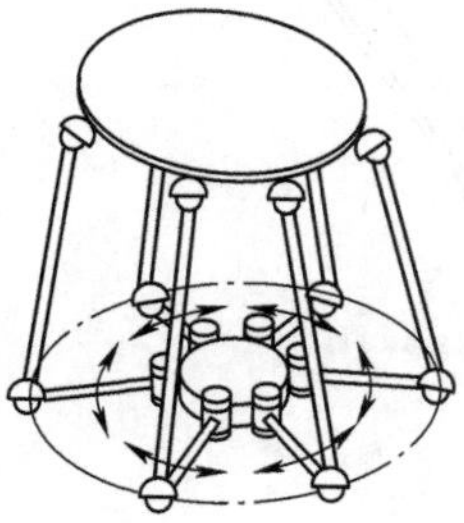

图 6-6

Hexapod（6-RSS）机构

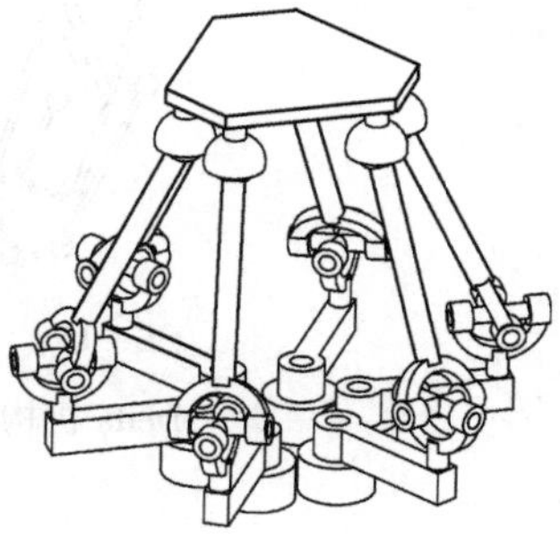

图 6-7

6-3 型 6-RUS 机构

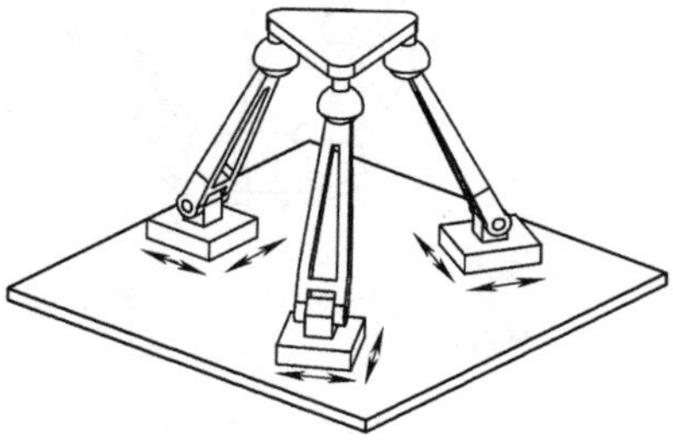

图 6-8

3-PPRS 机构

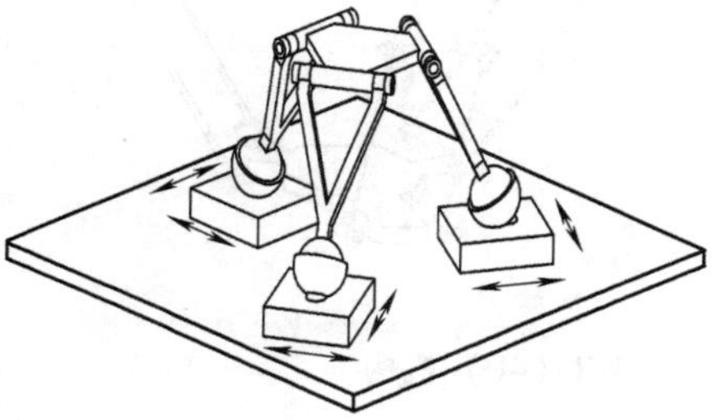

图 6-9

3-PPSR 机构

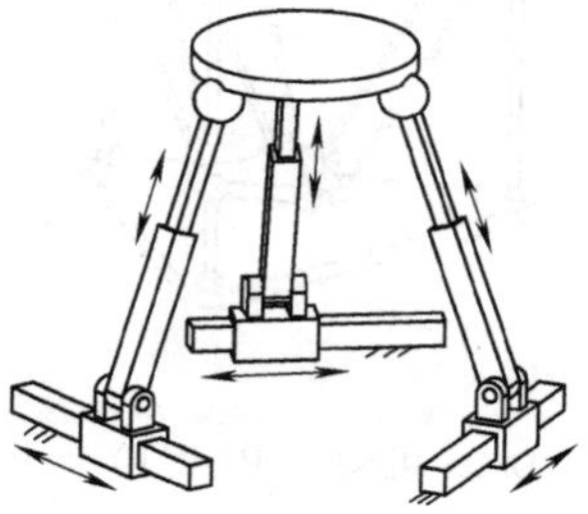

图 6-10

3-PRPS 机构

【例 6-2】 Delta 机构的演化。

解：对于图 6-1a 所示的 6 自由度并联机构，如果连接动平台的六个球铰和连接定平台的六个球铰之间的距离两两相等，则变成图 6-11 所示的并联机构；变内移动副驱动为转动式摇臂驱动，就可以演化为类似 Pierrot 提出的 Hexa 类型的并联机构，如图 6-12 所示。如果令图 6-11 所示并联机构中相邻两伸缩杆件的伸缩长度保持相等，则该并联机构的动平台相对于定平台的自由度数就发生变化，其运动自由度变为三个移动，这样，六个驱动就可以改为三个。改变驱动方式，就变为在轻工业中应用的、人们熟知的 Delta 机构类型，如图 6-13 所示。可以说，Delta 并联机构是目前在工业领域中应用最广泛的并联机构。

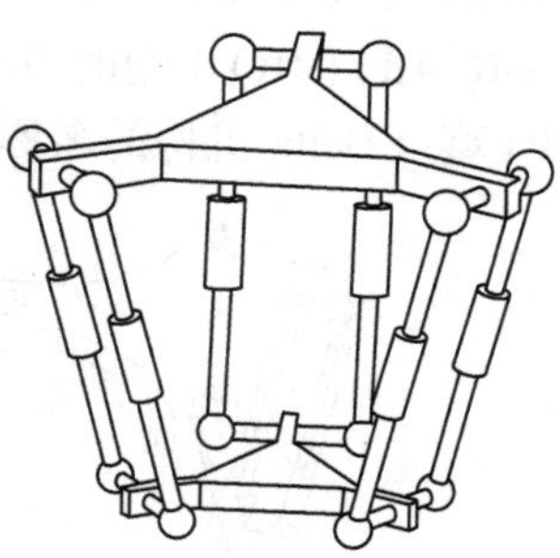

图 6-11

两球铰间距相等的机构

通过研究 Delta 机构的运动机理发现：将 Delta 机构中每个支链上的 R 副换成 P 副，同样可以产生空间的三维移动运动（图 6-14）。另外，也可以将 Delta 机构每个支链中的空间四杆机构的四个球铰用四个虎克铰代替（即 4S 变成 4U），这样可演化成另一种形式的 Delta 机构（图 6-15）。

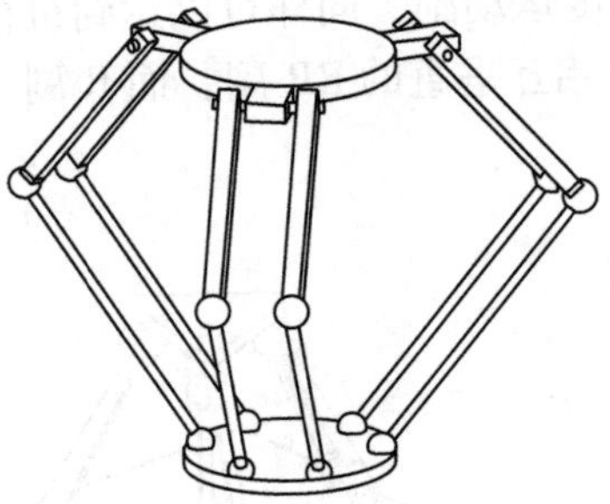

图 6-12

Hexa 机构

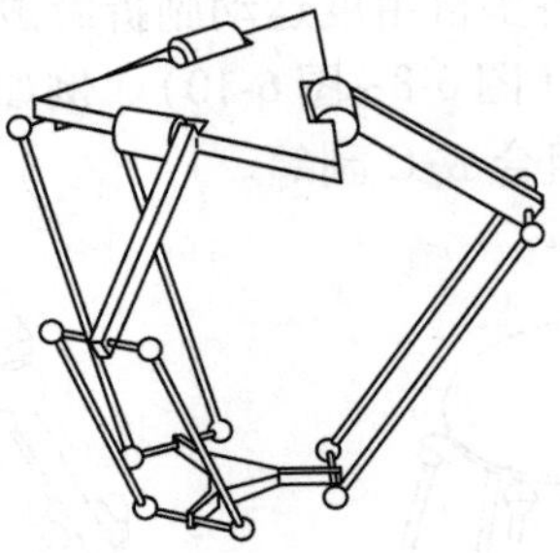

图 6-13

Delta 机构

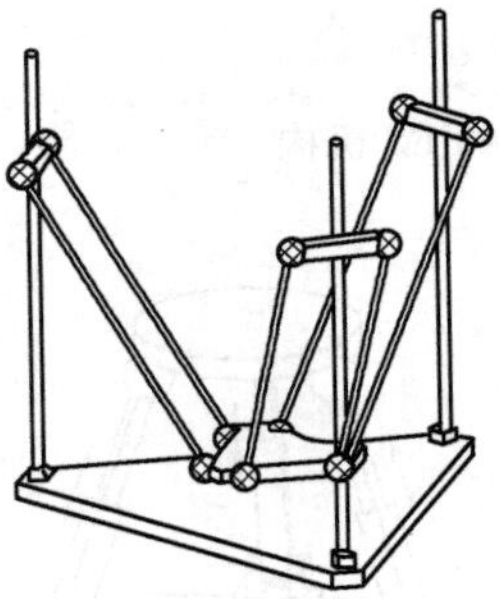

图 6-14

Delta 机构(3-P(4S))

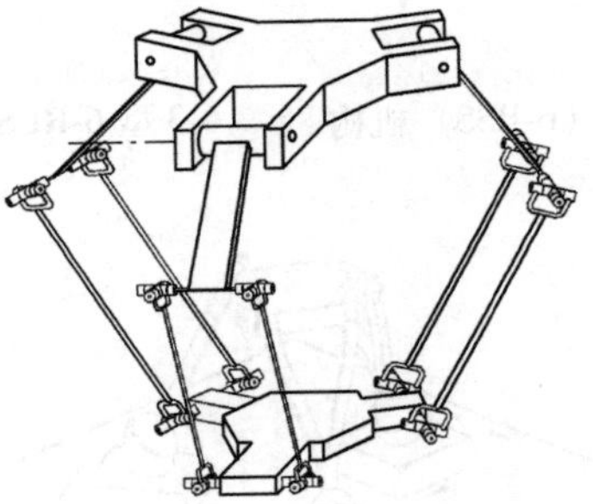

图 6-15

3-R（4U）机构

还可以进一步进行演化，即将 4S 替换成 4R，同时每个支链中增加两个 R 副（这是由于 4S 的运动在通常位形下可以等效为 RRRP 支链的运动，在共面情况下可以等效为 RRPP 支链的运动，而 4R 可以等效为 P 副），这样，Delta 机构除了可以演化成一种 3-R(4R)RR 型的 Delta 机构（图 6-16），还可以演化成一种 3-R(4R)(4R)R 型的 Delta 机构（图 6-17）。对于 3-R(4R)(4R)R 型的 Delta 机构，通过改变支链中运动副的结构及分布形式，可从传统的 Delta 型（Delta 机构的名称由此而来）演变成星型，即变成了 Star 机构（图 6-18）。

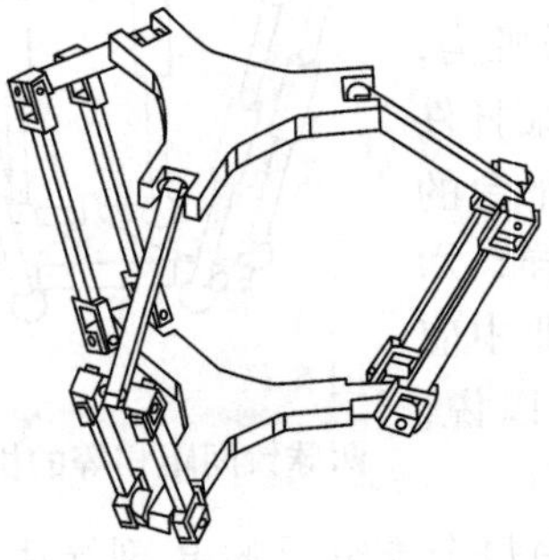

图 6-16

3-R(4R)RR 机构

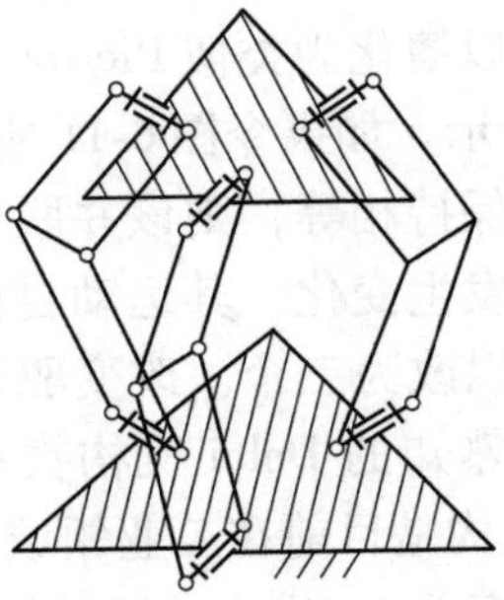

图 6-17

3-R(4R)(4R)R 机构

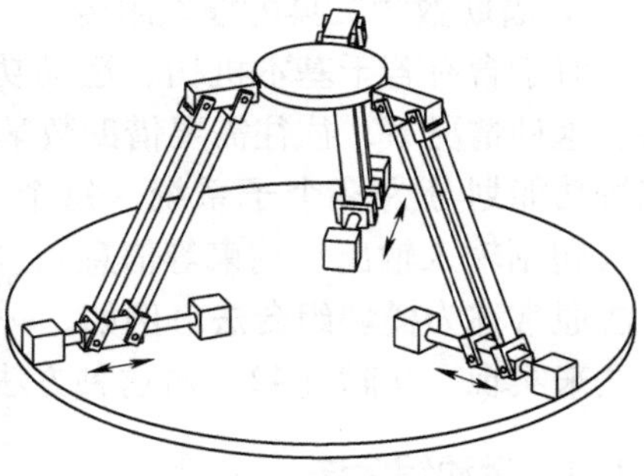

图 6-18
Star 机构

【例 6-3】 Tricept 机械手中并联模块的演化。

解：该机械手的演化机理是，无约束支链只提供驱动，不对并联机构产生约束，而恰约束支链产生的约束与平台所受的约束相同。这样，可以通过改变支链的数目达到机构演化的目的。

对 6-UPS 机构施加三个自由度的约束，可以通过增加一个恰约束从动支链来实现，这时无须六个 UPS 支链，而只需要三个支链各提供一个驱动即可。这就是 Tricept 机械手的组成原理，即所谓的 3-UPS/1-UP 机构（图 6-19）。通过改变支链中铰链的连接顺序，可演化出 3-PUS/1-UP 机构（图 6-20）和 3-UPS/1-PU 机构，前者是德国汉诺威大学研制的并联机床 Georg V 中的并联模块部分，后者为西班牙 Fatronik 公司的 Ulyses ZAB 三坐标机床的构型。

进一步考察 Tricept 机械手中三自由度并联模块各支链的功能发现，UPS 支链的功能在于为动平台提供驱动，而 UP 支链为动平台提供约束，且其末端的自由度数目及类型与动平台的自由度数目和类型相同。可以设想，若保持 UP 支链提供约束的功能不变，而将一线性驱动单元集成到该支链中使其由“从动”变为“主动”，则可省去一条 UPS 支链。原有机构变成了 2-UPS/1-UP 构型（图 6-21），从而使 Tricept 机械手演化成 TriVariant 机械手。

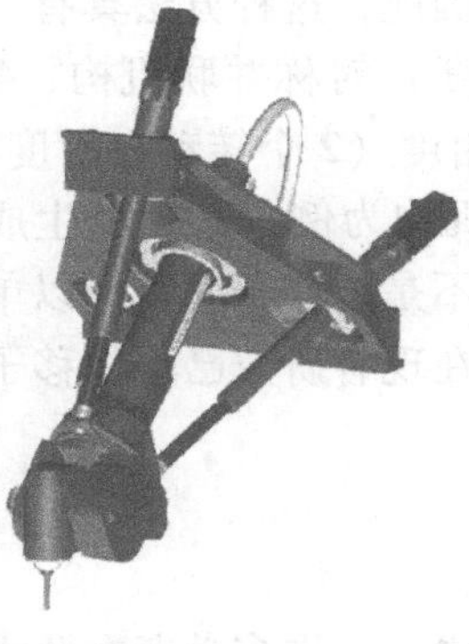

图 6-19
Tricept 机械手

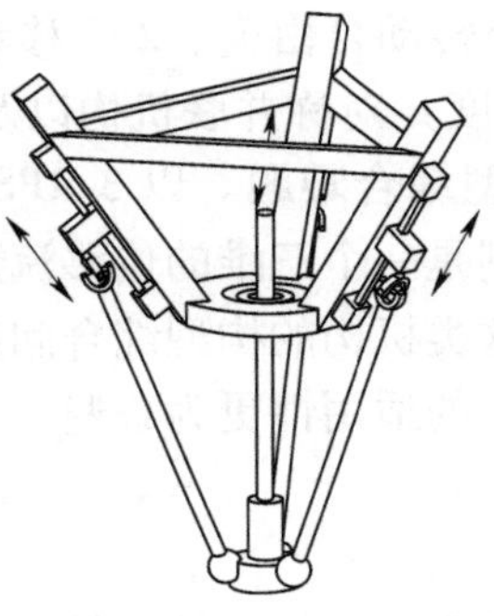

图 6-20
3-PUS/1-UP 机构

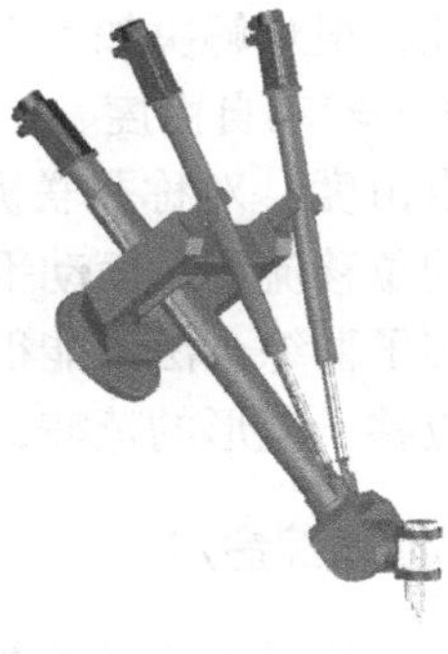

图 6-21
TriVariant 机械手

6.1.3 组合法

组合法的实质在于研究两种及两种以上基本机构的组合机理。对于由两种基本机构组合而成的简单型组合机构，组合方法相对简单；而对于由更多种基本机构组合而成的复杂机构系统而言，则往往需要借助图论等数学工具进行构型综合。

1. 基于不同方式的简单组合

实现机构创新的一种简洁途径，是将两个及以上基本机构按照一定的原则和规律进行组合，具体可分为串联式组合、并联式组合、混联式组合、反馈式组合和叠联式组合等。《机械原理》教材中对这些组合方式已有详细介绍，这里不再赘述。

2. 借助数学工具的模块组合

对于含有若干基本机构、运动功能较为复杂的机器人系统而言，其组合方式也比较复杂。这种情况下，往往需要借助数学工具来实现复杂机构系统的创新设计。具体而言，将系统按功能划分为多个子系统，每个子系统作为一个基本模块。首先建立各模块之间的联系（包括输入输出、约束等信息），然后借助图论等数学工具实现对模块的有机组合。这种方法通常称为**模块组合法**。例如，一些**可重构机器人**的构型综合问题就非常适合采用模块组合法来实现。文献［42］对这种方法已有详细介绍，这里不再重复。

6.1.4 运动综合法

早在20世纪70年代，就有学者注意到部分刚体运动的集合（位移群）具有李群的代数结构，并采用位移子群研究机构的构型综合问题。以并联机构的构型综合为例，这种方法的基本思路是：将支链末端刚体位移的集合抽象成位移子群，而将支链中各运动副所生成的末端刚体位移的集合抽象成其子群；然后通过对这些子群（集合）进行求并运算，来得到支链末端位移的集合。由于动平台的位移集合是支链末端位移集合的交集，因此，可通过对所有支链末端位移子群求交来得到动平台的自由度数目及类型。

运动综合法的基本思想是将动平台的运动看作所有支链运动的交集。其优点在于位移子群代表的是连续运动，因此得到的机构都是非瞬时机构。然而，刚体的大多数运动并不具有群的代数结构，位移子群法由于必须保持群的代数结构而应用有限。需要指出的是，当动平台的部分移动自由度受限时，直接求交集往往得不到正确的结果。因此，这种方法具有一定的局限性，很难解决如5自由度（3个转动自由度、2个移动自由度）对称并联机构、4自由度（3个转动自由度、1个移动自由度）对称并联机构以及3自由度（2个转动自由度、1个移动自由度）对称并联机构等的构型综合难题。以3-RPS并联机构为例，其支链生成一个五维的位移流形，而动平台的运动则是一个三维的位移流形，都不是位移子群，所以单独应用位移子群综合法不能很好地解决这类机构的构型综合问题。好在现有研究已将位移子群扩展到位移子流形的范畴，使得该方法的适用性更为普遍。

6.1.5 约束综合法

经典的旋量理论是复杂机构自由度分析与构型综合的有效工具之一，许多学者在此方面做了大量的研究工作。基于旋量理论的方法又称为**约束综合法**（constraint-based type synthesis），其基本思想建立在自由度分析基础之上。

以并联机构为例，其自由度分析的一般流程如下：以支链为对象，在Plücker坐标下建立支链中各运动副的旋量坐标，进而得到支链的运动副旋量系，其物理意义等价于不考虑其他支链约束情况下，支链末端与动平台连接点的瞬时速度和动平台的瞬时角速度；然后根据旋量系与约束反旋量系之间的互易关系，构造支链的反旋量系，其物理意义等价于支链与动平台连接点处的瞬时约束；最后通过对所有支链的反旋量系求并，得到机构的公共约束空间。因自由刚体运动的自由度空间为受其约束后的自由度空间与上述公共约束空间的直和，故据此可得到动平台的自由度数目及类型。

上述步骤的逆过程便可作为并联机构构型综合的一般步骤。由于旋量理论中，旋量的互易性与坐标系的选择无关，从而可以避免多重坐标变换，将非常复杂的空间问题和繁琐的数学表达式都简化为形式统一、数字简单的旋量坐标表达式，使上述复杂、繁琐的难题变得非常简单。

基于旋量系理论的约束综合法看上去已经很完美了，它将组成并联机构的各条支链的运动学特性、运动副特性、空间几何关系、动平台所受的约束特性等问题综合考虑，从而实现对机构的构型综合。但是，由于旋量系中的运动旋量与力旋量表示的是李代数的元素，均属于瞬时运动的范畴，因此，基于瞬时运动与瞬时约束方法综合出来的机构仍属于瞬时机构，只有在确定连续运动的几何条件后，才能确定为真正意义上的机构。事实上，只要方法得当，用旋量法处理瞬时问题还是十分方便的。

另外，机构的组成一般是通过简图形式直观描述，因此，如果能通过“图形”的方式进行构型综合，则既直观明了、便于应用，又符合机构设计者的思维。鉴于此，有些学者提出了一种简洁直观且切合实际应用的“图形”化构型综合方法。该方法以格拉斯曼线几何为理论基础，实现了自由度和约束的可视化描述，以及自由度与约束的对偶转换；建立了奇异规避原则，以指导各个支链在空间内的分布配置，并确保构型综合所得机构的功能有效性和工作空间的连续性。该方法简洁、直观、物理意义明确，更符合设计者的思维，便于引导设计者快速获得满足特定工程应用需求的新构型，为机构的创新设计提供了一条有效的途径。6.2 节将重点介绍此方法。

6.1.6　其他方法

引入先进的数学工具、力学及生物学或仿生原理等理念，也可有效实现机构的原始创新。

【例 6-4】 应用几何定理设计直线导向机构。

【割线定理】 点 O 和点 P 分别为圆上的定点和动点，点 Q 在 OP 延长线上，当动点 P 沿该圆做圆周运动时，如保持 $OP \cdot OQ$ 之积为常数，则点 Q 的轨迹为垂直于半径 OR 的定直线（图 6-22）。

证明：根据三角形相似定理（$\triangle OPR \backsim \triangle OQM$），可以得到

$$OP \cdot OQ = OR \cdot OM$$

由于 OR 为常数，因此当 $OP \cdot OQ$ 之积为常数时，OM 也为常数。故点 Q 的轨迹为垂直于半径 OR 的定直线。如果将一定点放在圆周上一个确定的位置，当一个动点在圆周上运动时，另一个动点的轨迹必然为一条精确的直线。

根据该定理，可以导出满足该定理条件（$OP \cdot OQ$ 为常数）的基本模块（图 6-23）。

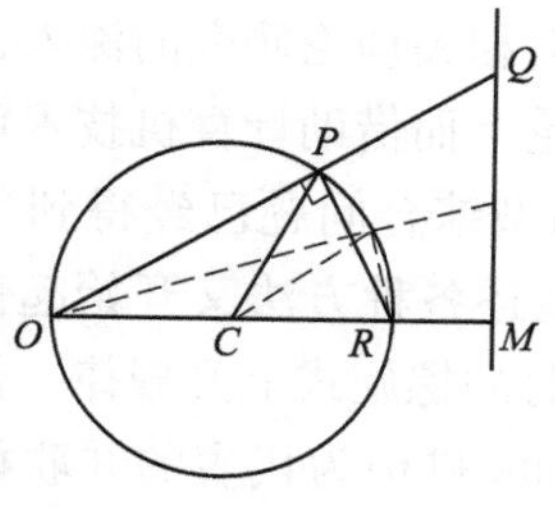

图 6-22
割线定理

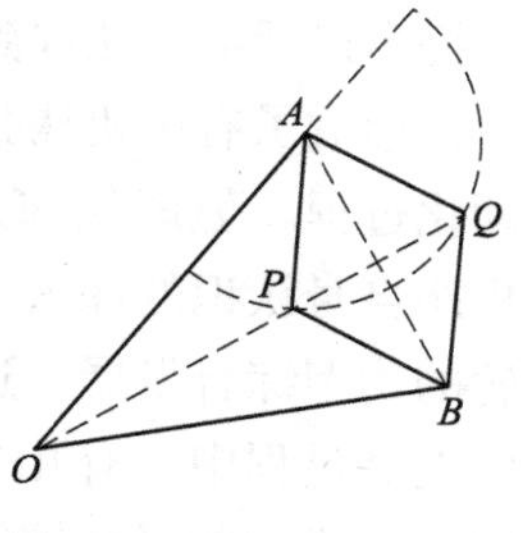

图 6-23
基本模块

例如，在图 6-23 所示的模块中，已知 $OA=OB=a$，$AP=BP=BQ=AQ=b$，作如图所示的辅助线。很容易证明

$$OP \cdot OQ = a^2 - b^2 = 常数(割线定理)$$

借助该基本模块可以构造一个精确直线运动机构，即 Peaucellier 精确直线机构（由法国军官 Peaucellier 于 1864 年提出），如图 6-24 所示。

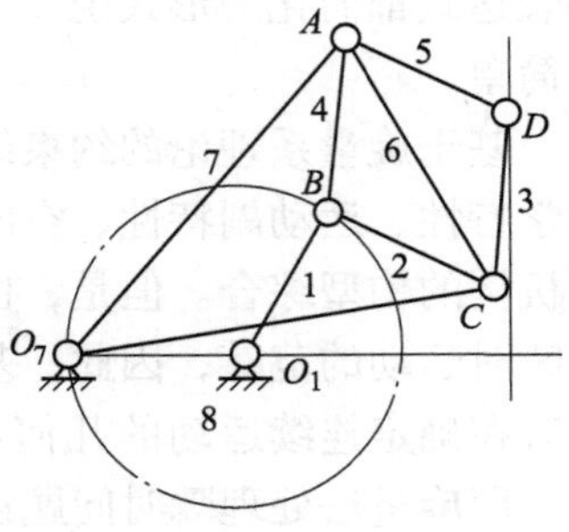

图 6-24

Peaucellier 精确直线机构

【例 6-5】高灵活性 1*T*2*R* 并联 VCM 机构的创新设计。

解：并联 VCM 机构族中，2*R* 机构最为普遍。除此之外，还有一类 1*T*2*R* 并联 VCM 机构，该类机构的特点是，VCM 点在机构运动过程中或者不动，或者只沿一固定直线移动。最早提出这种机构类型的是瑞士著名机构学家、Delta 机器人的发明者 Clavel 教授。他利用相似三角形的思想设计了一种由两个线性 Delta 机器人等差驱动来实现这种特殊类型运动的 1*T*2*R* 并联 VCM 机构。该机构从数学定理到机械实现的演化过程如图 6-25 所示。

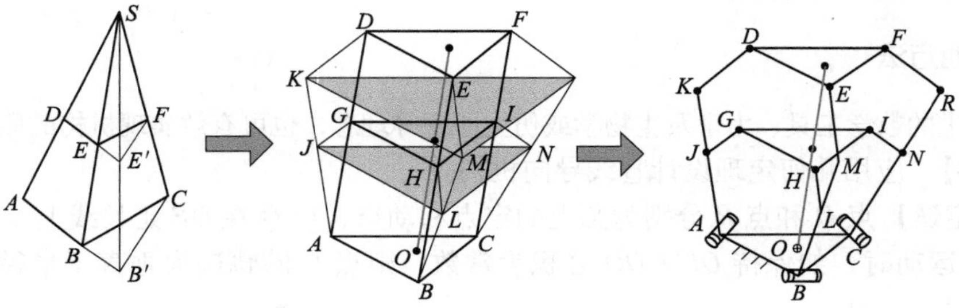

图 6-25

Delta Thales 机构结构演化图示

以上介绍的几种构型综合方法都有其各自的优点与局限性。就数学表达与理论体系的严谨性而言，旋量法的优点更为突出。但不能进行孰优孰劣的简单比较，而是应遵循哲学理论中人们认识事物的规律和原则。例如，很多经典而实用的机构最初的提出完全是基于个人的灵感与经验，提出以后演化法起到了很重要的作用，随着对相关理论研究的深入，一些数学方法参与其中，形成了有关机构数综合及型综合的系统理论，而借助计算机技术可以实现构型综合的自动化过程。但即便如此，也无人敢说机构的构型综合问题已经得到了彻底的解决。随着对机构自身认识的深入（也可能来源于实践），上述各种方法又开始起作用，从而推动了新一轮的构型综合发展。这完全符合人们认识事物时的螺旋式上升规律。例如，在并联机构构型的发展过程中，有几个标志性的突破：如以 Delta 机构为代表的并联机构中引入了诸如平行四边形机构的复杂铰链、自由度为 4 和 5 的对称并联机构构型综合的实现，以及广义并联机构的出现等。

6.2 基于图谱法的构型综合

6.2.1 总体思路和一般步骤

1. 总体思路

5.3.2 小节给出了用图谱法进行机构自由度分析的实例，体现出某些便捷之处。反过来，也可以利用图谱法来实现对机构或某类机械装置的构型综合。与图谱法自由度分析功能相比，该方法在综合方面较之解析法的优势更加明显。因为除了具有图谱法简单、直观的优点外，简单的线图中还蕴含着足够丰富的信息，如等效空间导致的等效运动链等。例如，要求对可实现 3-DoF 平面运动的开链机器人进行构型综合，若采用图谱法，完成这个任务将变得非常简单。图 6-26 所示为其过程示意图。

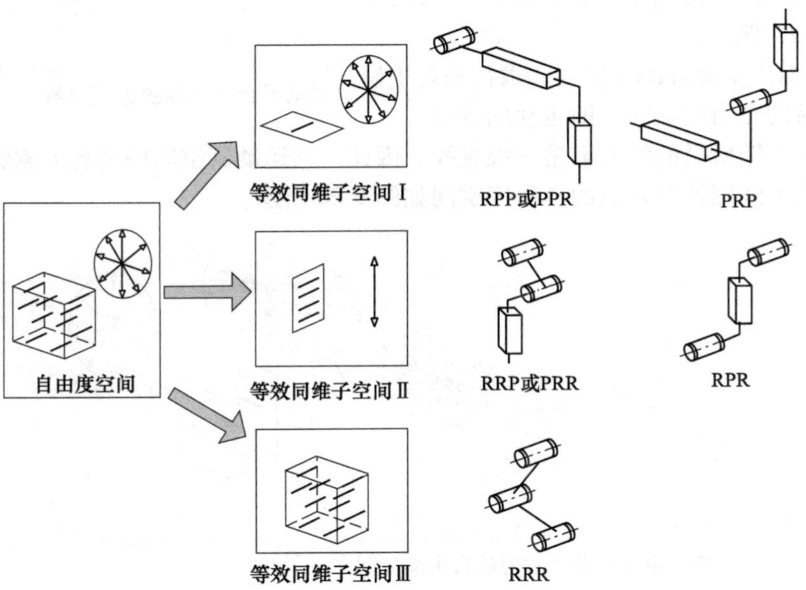

图 6-26

图谱法对可实现 3-DoF 平面运动的开链机器人构型综合的过程示意图

该方法同样可以用于并联机构的构型综合。下面以一类 $2R1T$（$R_xR_yT_z$）并联机构为例，简单给出对该类机构进行构型综合的整体思路。

1）根据自由度特征，确定该机构动平台的自由度线图，进而根据广义 Blanding 法则（或表 5-3 中的 F&C 线图空间图谱）确定其约束线图（或约束空间）。

$2R1T$（$R_xR_yT_z$）并联机构动平台的自由度线图与约束线图见表 6-1。

2）根据支链数对平台的约束线图进行分解，即根据约束线图中各约束的分布特性，为各支链合理选配约束，从而得到每个支链的约束线图。

表 6-1 2*R*1*T* 并联机构的自由度线图与约束线图

自由度线图	约束线图
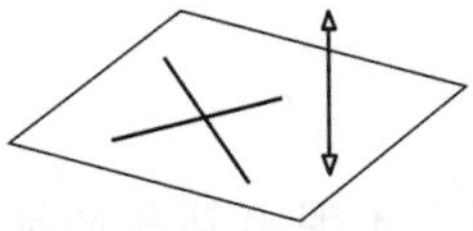	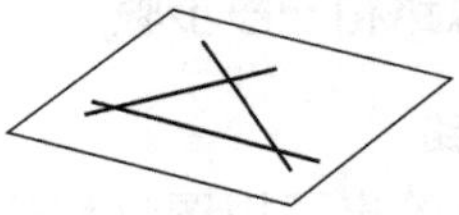

这时，各支链的约束线图一定是平台约束线图的子空间。如果只考虑该机构中含有三个支链分布和非过约束的情况，则每个支链中都只受一个（条）力约束（线）作用，且它们总是分布在同一平面内（但彼此之间不能共线、共点或平行），如图 6-27 所示。

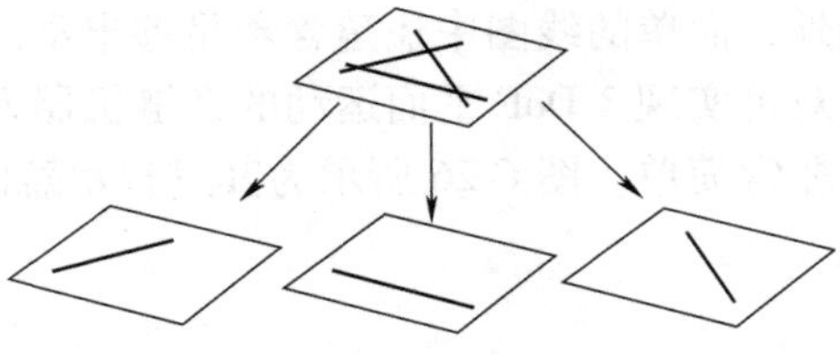

图 6-27

对动平台约束线图进行分解

3）再根据广义 Blanding 法则，求得与各支链约束线图互易的自由度空间，即运动副空间。

由于每条支链所受的约束都是一维直线，因此，其运动副空间中的各元素特征都是一样的。相应的约束线图及其对应的自由度空间如图 6-28 所示。

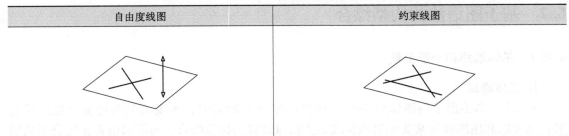

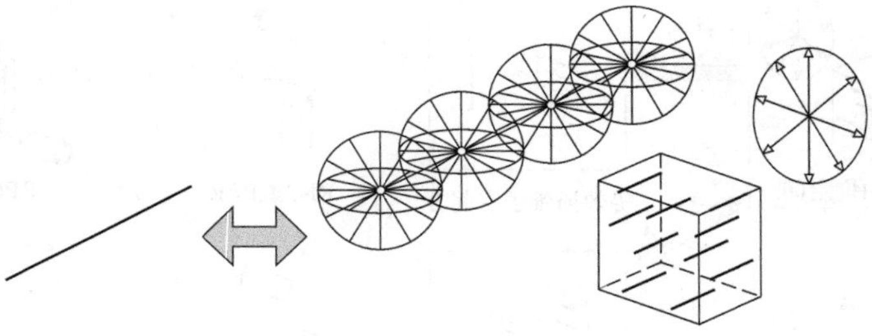

图 6-28

一维约束线图及其对应的自由度空间

4）在各支链的运动副空间内选择合适的运动副配置。

从图 6-28 所示的运动副空间中，可以很容易地配置出支链的运动副分布。如果选用 5 副连接的支链结构，则可选用的类型很多，部分如图 6-29 所示。根据运动副的等效性，可在 5 副支链结构的基础上，进一步选用 3 副连接的支链结构，如 PPS（两个 P 副不能平行）、PRS（R 副与 P 副不能平行）、RRS（两个 R 副必须平行）、PCU 等，并且各运动副之间没有顺序的限制。这样，可以综合出多种可用的支链类型。

5）将各支链组装成运动链和并联机构。

在第 4）步的基础上，进一步将支链组装成运动链和并联机构。图 6-30 给出了其中三种典型的 2*R*1*T* 型并联机构。

2. 一般步骤

在上述基础上，可以给出一个更详细的并联机构构型综合流程图，如图 6-31 所示。

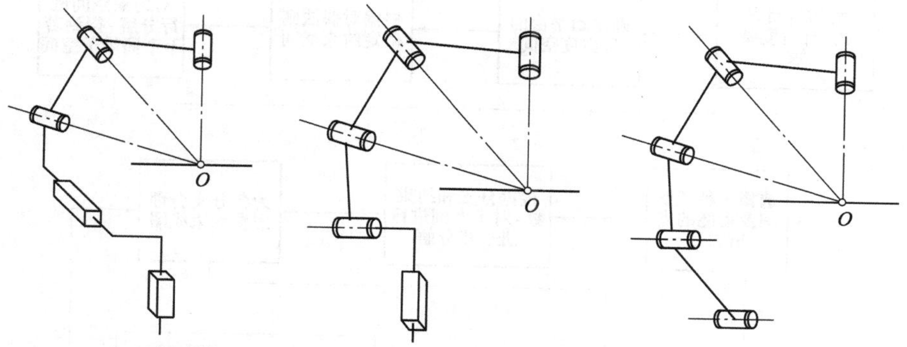

a) PPS运动链　　b) PRS运动链　　c) RRS运动链

图 6-29

三种典型的 5 副支链结构

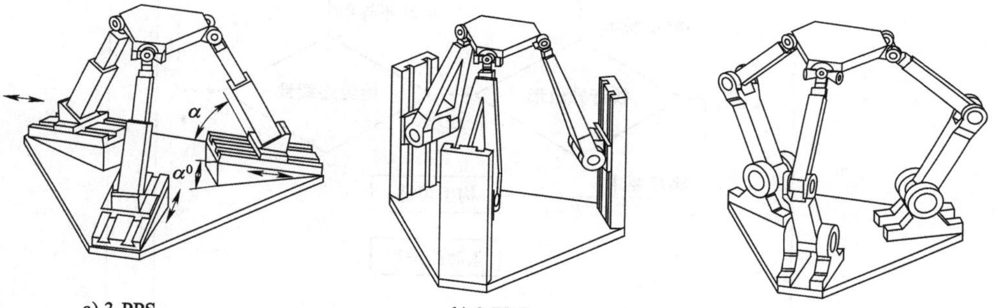

a) 3-PPS　　b) 3-PRS　　c) 3-RRS

图 6-30

三种典型的 2*R*1*T* 型并联机构

图 6-31 所示流程的详细解释如下：

1）明确构型综合的目标。需要给出机构的自由度数 n 和运动模式，如所需综合的机构自由度数为 3，并实现 2 个转动和 1 个移动（$R_x R_y T_z$）。对于虚拟转动中心（VCM）机构[43]，一般关心 1*R*、2*R*、3*R* 且转动中心位置相对固定的机构，以及具有固定或移动转动中心的 2*R*1*T*、3*R*1*T* 型机构。

2）根据所给条件，绘出所需运动的自由度空间线图。给定的自由度数 n 决定了自由度线的数目，也就是自由度空间的维数。例如，对于 2*R*-VCM 机构，自由度线图是圆心为给定转动中心的径向线圆盘，维数为 2；而 3*R*-VCM 机构对应的自由度线图是球心为给定转动中心的径向线球，维数为 3。

3）从自由度空间线图得到与其对偶的完全约束空间线图。约束空间的维数，即独立的约束线数为（$6-n$）。例如，2*R*-VCM 机构的约束空间维数为 4。

4）将约束空间分解成若干个同维子空间。每个子空间中独立的约束线数仍为（$6-n$）。

5）选择一组要综合机构的支链数目 m。支链数目最小为 1，即机构为串联机构；当支

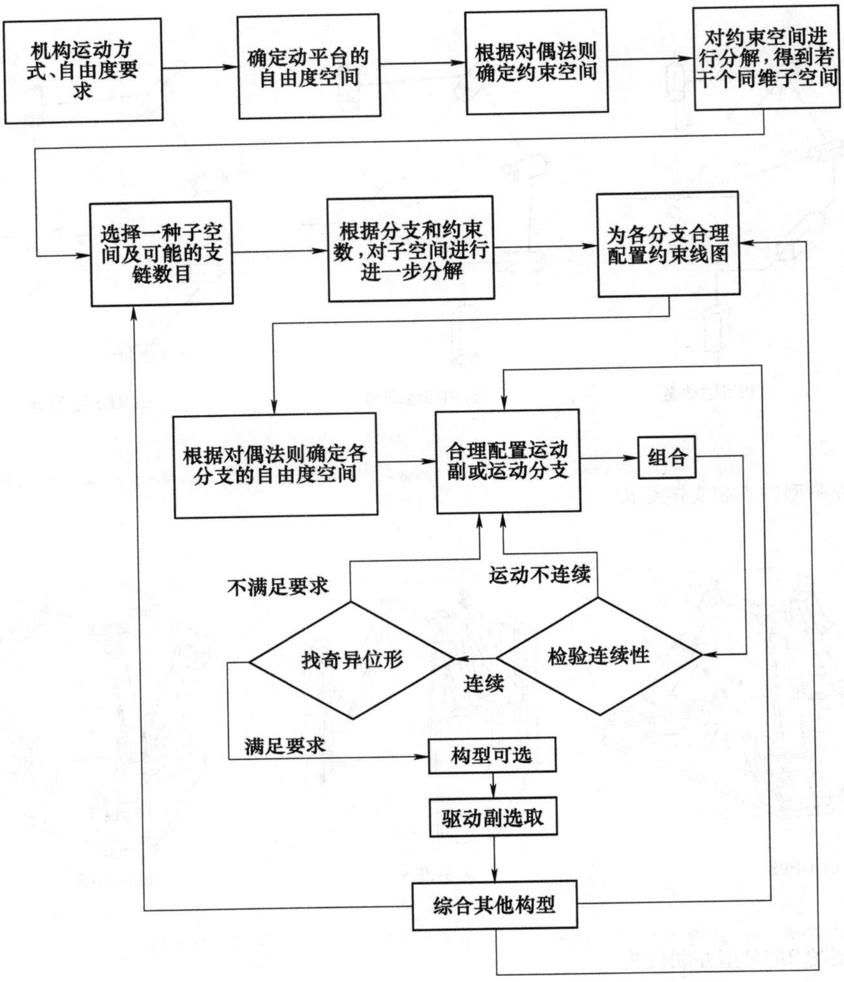

图 6-31

图谱法并联机构构型综合流程图

链数目大于 1 时，要综合的机构为并联机构；当支链数目大于（6−n）时，则综合出的机构可能存在冗余支链或冗余约束。

6）根据约束线和支链的数目，将同维约束子空间分解成 m 组，得到每组的约束线图。m 组约束线之间可以有重复的约束线。

7）根据每组约束线图选择相应的运动链作为支链。已知运动支链结构，可以很容易地绘制出其约束线图；反之，已知约束，运动支链的形式却不容易想象出来，这时不妨采用枚举法列出常用运动链的约束线图，辅助支链的选择。文献［43］列出了常用的运动链和相应的约束线图，方便设计查询。

8）合理配置运动支链，组成并联机构。将找到的支链放置在相应的位置，将它们的末端连接，使得叠加后的约束线图和步骤 6）中的约束线图相同或者等效，然后绘制机构简图。

9）对机构进行运动连续性验证。由于约束线、自由度线的选取具有瞬时性，因此，得到的结果也只能满足瞬时的运动特征。如果机构需要在较大范围内连续运动，则必须对其进行连续性验证，以选出可用的机构。具体而言，机构的运动连续性验证一般可采用以下几种方法：

① 选择机构的几个典型位形，绘制其自由度线，观察自由度线的变化情况。例如，对于 2*R*-VCM 机构，在机构的不同位形下，由自由度线组成的圆盘圆心应不变。

② 利用机构仿真软件进行验证，如 ADAMS、Pro/E 的运动仿真模块等。

③ 观察组成机构的各运动支链，支链运动性质的连续性直接影响其所组成机构的连续性。例如，对于一个 VCM 机构，如果每个支链都有一个固定的连续转动中心，则组合后的机构也能实现连续转动。这个方法虽不能验证机构的连续性，但在一定程度上可以指导支链的选择。

10）对机构进行奇异性分析。当机构可以连续运动，实现运动目标后，在所需的工作空间内，仍要分析是否具有奇异位形。可以通过仿真或者计算方法得到该问题的答案。也可以利用线图确定机构的奇异位形，即找出自由度线或者约束线线图的性质（如维数）发生变化的位置。

11）正确或合理选取驱动副。选择驱动副的方法有两种：一是试凑法，即选取一组驱动副，将它们锁住后，判断动平台约束空间的维度是否为 6，如果是，则说明选取正确；二是根据驱动空间与动平台约束空间线性无关的特性[16,43]，找出一组合理的驱动副。

以切向分布的 3-RPS 并联机构为例，该机构动平台的自由度空间与约束空间如图 6-32 所示，可以看出这两个空间是相同的，约束所在的平面在动平台上。

根据驱动空间与约束线图之间线性无关的特性，驱动空间线图内不能包含上述约束线图中的任何线和偶量。通过观察很容易得到几种可行的驱动空间，如图 6-33 所示。

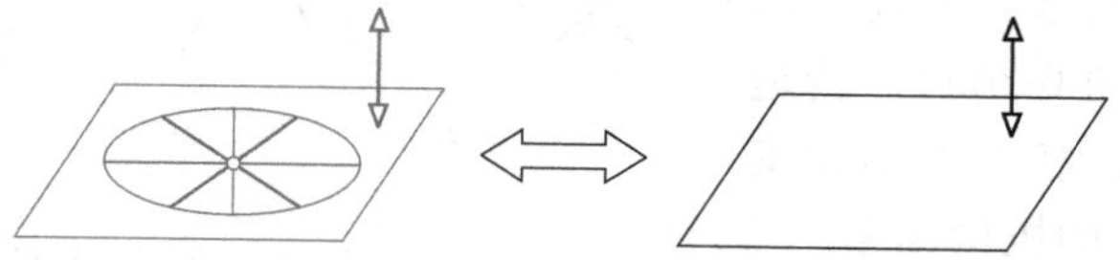

图 6-32

3-RPS 并联机构的自由度与约束对偶线图

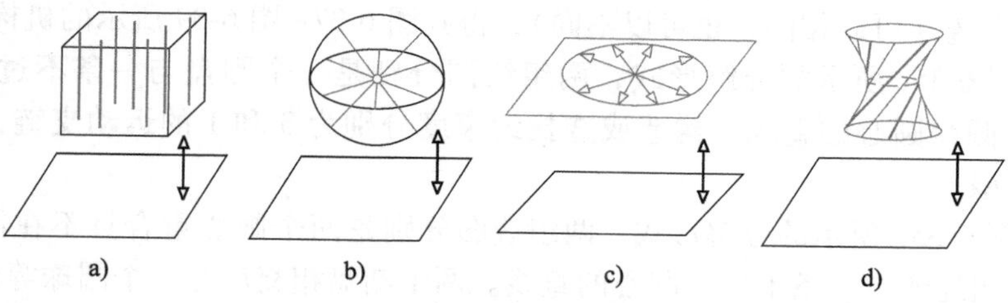

图 6-33

3-RPS 并联机构的驱动子空间线图

6.2.2 构型综合实例

下面是利用图谱法分别实现并联机器人和混联机器人构型综合的两个实例。

【例 6-6】 2-DoF 并联 RCM 机构的构型综合。

1. 画出动平台的自由度空间和约束空间

2R 机构动平台的自由度空间如图 6-34a 所示，即由过转动中心的所有自由度线组成的圆盘。与其对偶的完全约束空间如图 6-34b 所示，其中包含一个球心为转动中心的径向线球、通过球心的一个平面，以及垂直于该平面的偶量。约束空间内只有四条线是相互独立的。

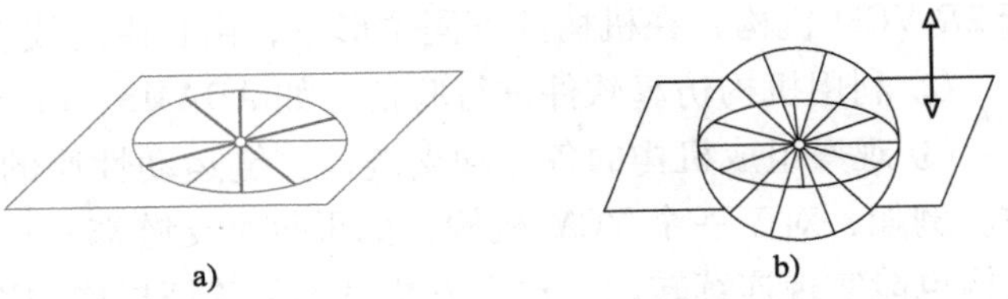

图 6-34
2R 机构动平台的自由度空间和约束空间

2. 对约束空间进行分解

选择支链数目为 2，将四条独立的约束线分解成两部分。典型分解情况如图 6-35 所示。

图 6-35a～图 6-35c 中没有冗余约束，而图 6-35d～图 6-35f 则含有冗余约束。包含冗余约束后，分解方式更多，这里不再一一枚举。

3. 构造运动链

仅对图 6-35a～图 6-35d 进行举例说明。

1）选择图 6-35a 所示的分解形式，两组线图分别是圆球和不通过圆球球心的任意直线（图 6-36a）。构造或查找约束度分别为 3 和 1 的运动支链，得到图 6-36b 所示的机构构型。

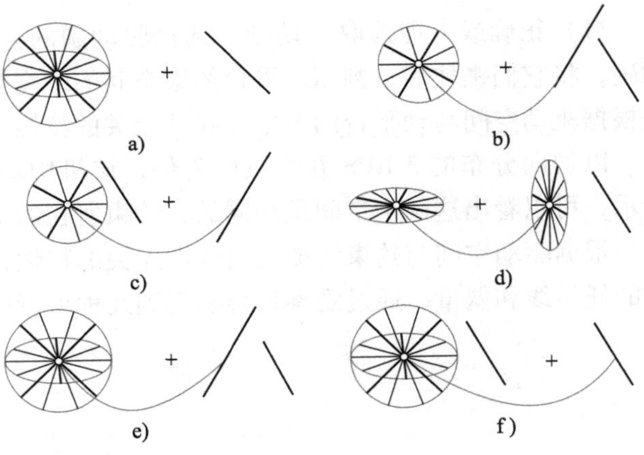

图 6-35
约束空间依据支链数量进行分解

2）选择图 6-35b 所示的分解形式，两组线图分别是一个圆盘和另外两条空间异面直线或两条平面平行直线，其中一条直线通过圆盘圆心。构造或查找约束度为 2 的两个运动支链（可以相同，也可以不同），得到图 6-37～图 6-39 所示的机构构型。

3）选择图 6-35c 所示的分解形式，两组线图分别是一个圆盘与一条不过圆心的直线，以及一条通过圆盘圆心的直线。构造或查找约束度分别为 3 和 1 的运动支链，得到图 6-40 所示的机构构型。

4）选择图 6-35d 所示的分解形式，两组线图分别是两个圆心重合且不在同一平面上的圆盘，其中一组还含有一条不通过圆心的直线。两个圆盘相交后与一个圆球等价，因此冗余度为 1。构造或查找约束度分别为 2 和 3 的运动支链，得到图 6-41 所示的机构构型。

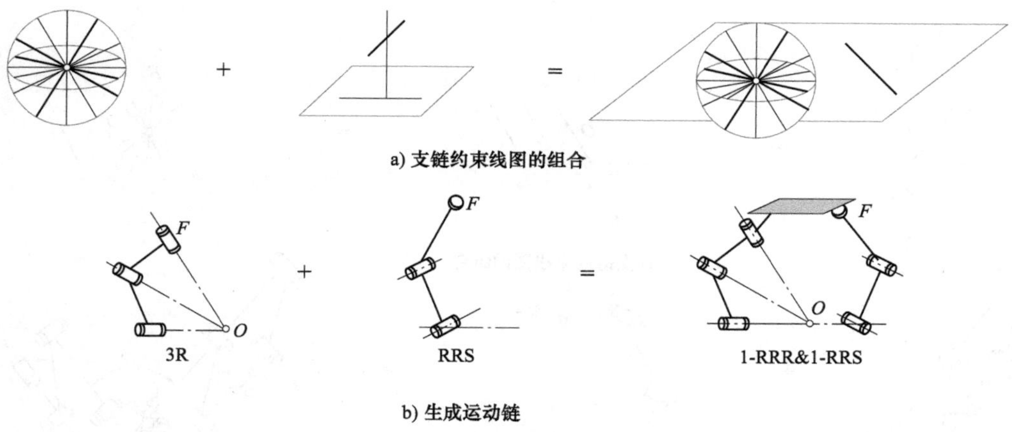

图 6-36

3R 支链与 RRS 支链组成一个 2R 并联机构

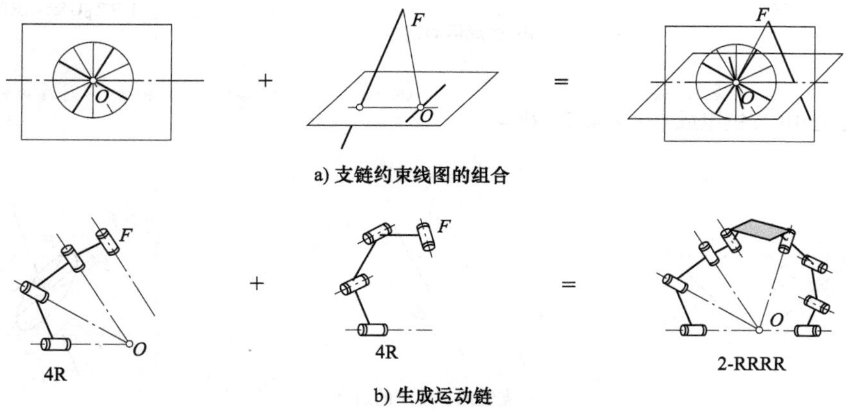

图 6-37

两个 4R 支链组成一个并联 2R 机构

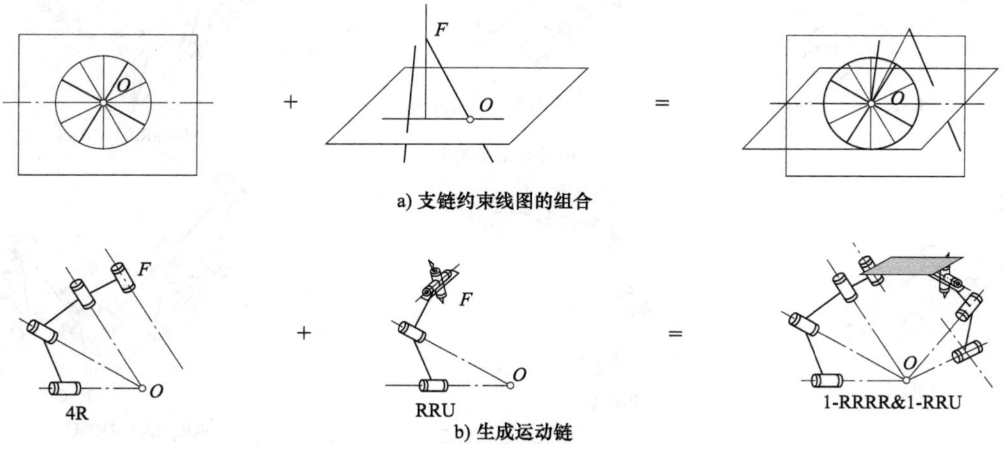

图 6-38

4R 支链与 RRU 支链组成一个并联 2R 机构

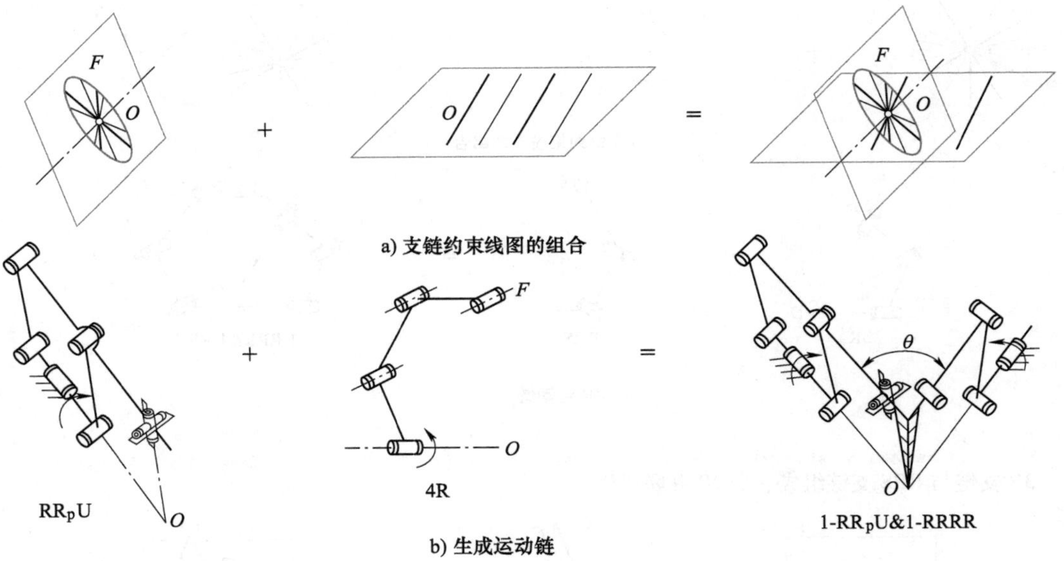

图 6-39

仿图仪支链与 4R 支链组成一个并联 2R 机构

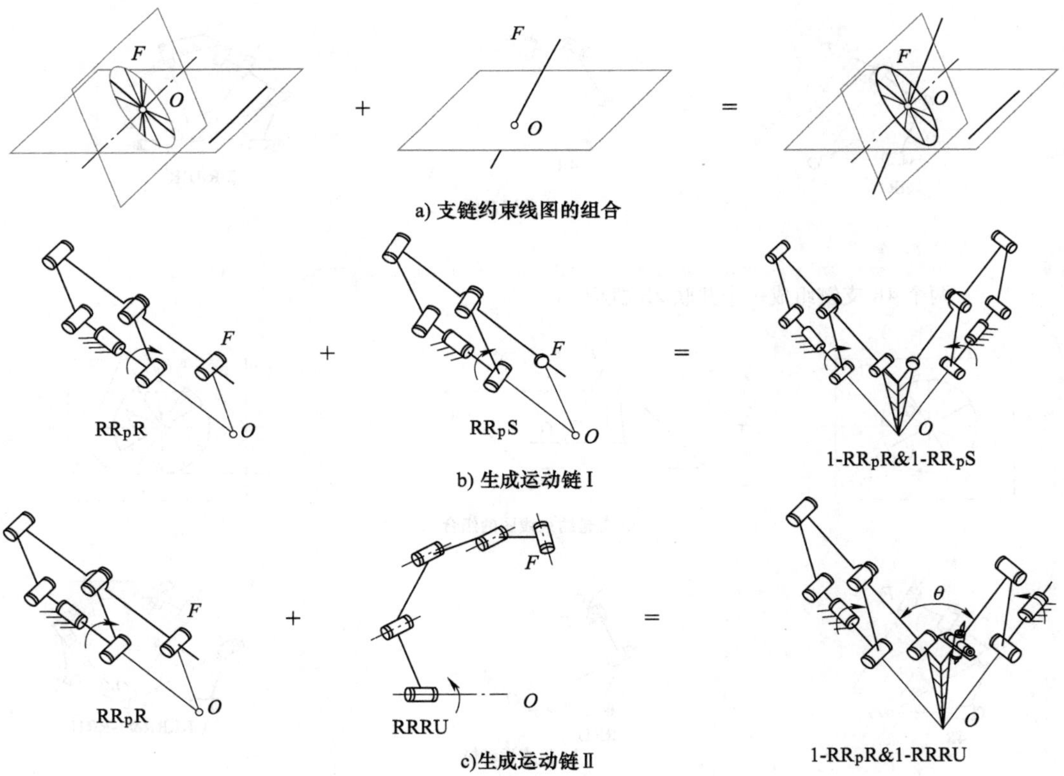

图 6-40

图 6-35c 所示分解形式构造 2R 机构

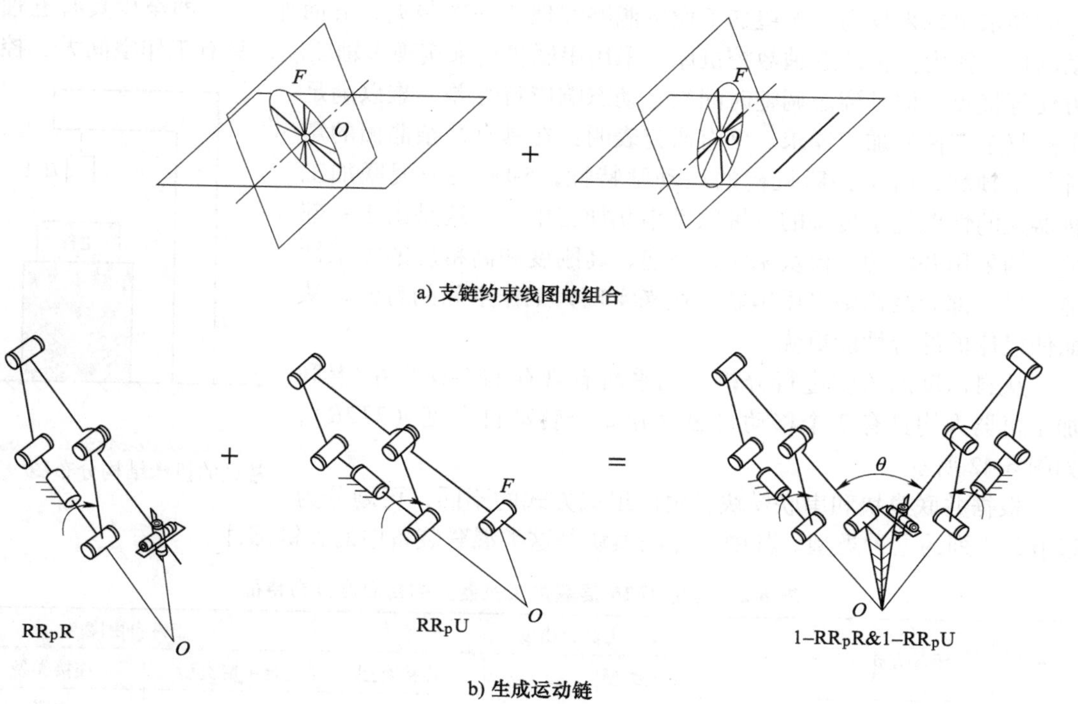

图 6-41

构造含冗余约束的并联 2R 机构

4. 运动连续性与奇异性分析

（1）运动连续性分析　由于每个支链在完成一定范围的运动后，其约束线图只有相应的角度变化，而线图的类型并没有发生改变。即仿图仪支链运动到一定范围后，其约束线图仍为一个圆盘；而右边的 4R 机构运动到一定范围后，仍为通过地面转动副轴线的两条平行约束线。虽然它们的角度发生了改变，但是两个约束线图组合的条件没有发生改变，即“组合过程中，平行约束线所在的平面应通过约束线圆盘的圆心，同时平行线和圆盘成一定的夹角”仍然成立。由于上述分析在整个转动范围内都适用，同时，两个支链运动在整个转动范围内都是连续的，因此，初步判断此机构在整个转动范围（即二维转动都是 360°范围）内都是连续的。

（2）奇异性分析　与运动连续性分析类似，观察机构运动到一定范围后，约束线图的性质是否发生改变，如果没有改变，则说明无奇异点。对该机构而言，由于仿图仪支链在四个杆件重合时存在奇异点，因此，机构的一个奇异点出现在仿图仪支链发生奇异的位置。

在实际设计中，杆件干涉等因素也会影响机构的工作空间。例如，通过分析 1-RR$_p$U&1-RRRR 机构的运动连续性与奇异性，可以看出该机构能够在较大范围内实现有固定转动中心的连续转动，且转动中心处没有实际的约束。因此，综合得到的机构即为一个并联 2R-VCM 机构。

【例 6-7】　高灵活性 5-DoF 混联加工机器人的构型综合。

背景：发动机箱体、螺旋桨叶片以及航空航天结构件等结构变得越来越复杂，对加工工艺的要求也越来越高，希望加工设备能够实现“一次装夹，五面加工”，即至少具有五轴联动的加工能力。传统五轴数控机床多采用串联机构来实现多轴联动，具有工作空间大、控制方便等优点，但其姿态调整时间长、动态响应特性差，难以满足上述复杂零件的加工要求。已有研究表明：在具有复杂曲面的零件加工领域，由于并联机构的运动学特性，5-DoF 并/混联加工机器人的性能优于传统的五轴联动串联加工中心。这是由于一部分结构采用并联功能模块来实现高速、高刚度和高精度的加工性能，另一部分结构则采用串联模块来实现大工作空间的特性，从而使机床的综合性能更优。

从自由度的角度进行分析，几乎所有现存的 5-DoF 并/混联加工机器人均具有 3 个移动自由度和 2 个转动自由度（3*T*2*R*），如图 6-42 所示。

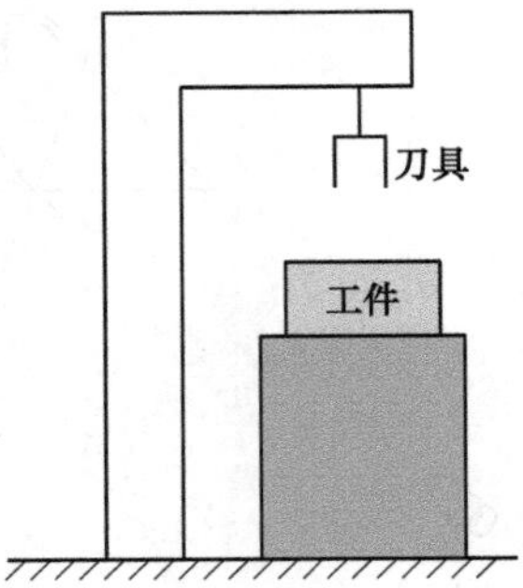

图 6-42
常见的机床结构分布图

根据并联模块和串联模块自由度组成方式的不同，可划分为表 6-2 所列的七种类型。其中，并联模块是这类混联装备中的关键部件。

表 6-2 常用 3*T*2*R* 混联加工机器人的自由度分布特征

序号	组成方式	刀具自由度		工件自由度	
		自由度类型	连接类型	自由度类型	连接类型
1	3+2	3*T*	并联	2*R*	串联
2	3+2	2*T*（并联）+1*T*	混联	2*R*	串联
3	2+3	2*T*	并联	1*T*2*R*	串联
4	5+0	3*T*（并联）+2*R*（串联）	混联	—	—
5	5+0	1*T*+2*T*（并联）+2*R*（串联）	混联	—	—
6	5+0	2*T*（串联）+1*T*2*R*（并联）	混联	—	—
7	4+1	3*T*1*R*	并联	1*R*	—

对于 3*T*+2*R* 型（序号 4）和 2*T*+1*T*+2*R* 型（序号 5）两类混联加工机器人，由于大多数均串联了 A/C 关节摆头，在机床调整过程中，已加工表面有时会被高速旋转的刀具刮伤，不利于加工速度的进一步提高。

因此，下面只讨论 2*T*+1*T*2*R* 型（序号 6）混联加工机器人的构型综合问题，尤其是具有高灵活性（动平台转角超过±90°）的可作为主轴头的新型并联模块，进而提出混联新构型，力求设计出满足现代加工工艺需求的高灵活性且实用性强的新型 5-DoF 混联加工机器人。

1. 高灵活性 1*T*2*R* 并联模块的构型综合

有关 1*T*2*R* 并联机构的图谱化构型综合问题曾在 6.2.1 小节讨论过，这里再以表格的形式给出图谱化构型综合过程。在熟练掌握了图谱法后，也可尝试这种表单式综合方法。从一定程度上讲，该方法体现了图谱法的精髓。

根据等效原理，可得表 6-1 所示约束空间的两个典型同维子空间（图 6-43）。对于图 6-43a 所示的约束线图，可按表 6-3 所列方式进行拆分并获得支链约束空间，根据对偶线图，可得三个五维的支链自由度空间，该自由度形式可由 PRS 运动副组合形式实现。将这三个支链组合可得 3-PRS 构型，对该机构已有广泛的研究，如具有运动连续性和连续的非奇异工作空间。

对于图 6-43b 所示的约束空间线图，可通过拆分获得支链约束空间。其中，支链 1 提供全部约束，支链 2 提供部分约束，而支链 3 不提供任何约束。根据对偶线图法则，可分别得到三维、四维和六维的支链自由度空间，上述自由度形式可分别由 PU、PRU 和 PSS 的运动副组合形式实现。将这三个支链组合，可得表 6-4 中所列的新构型。经验证，该机构具有连续的非奇异工作空间。

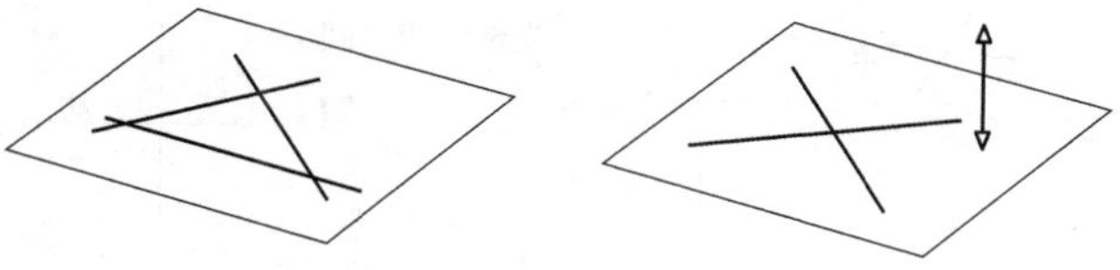

a) 子空间1　　b) 子空间2

图 6-43

平面约束同维子空间线图

表 6-3　由图 6-43a 所示同维子空间构型综合得到的新构型

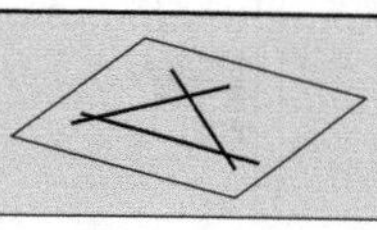	支链约束空间	自由度空间	支链模型图示
支链 1	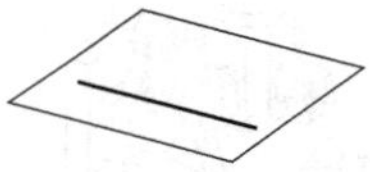	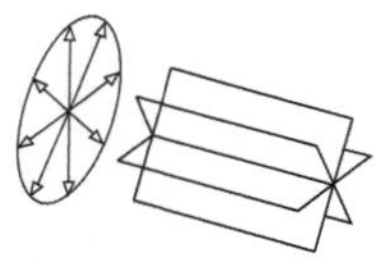	
支链 2	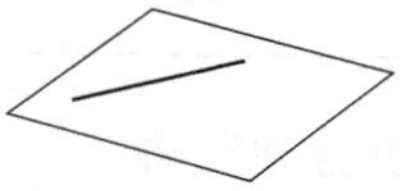	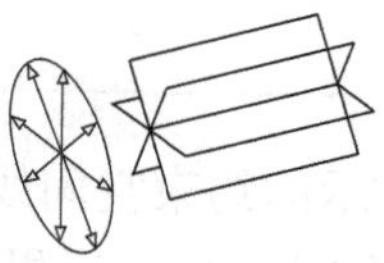	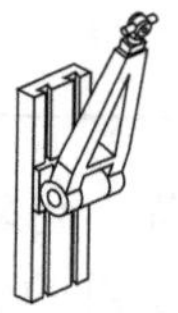
支链 3	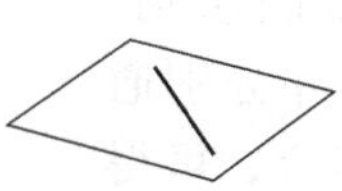	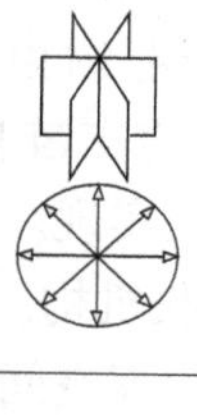	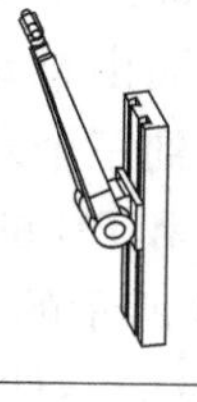
综合结果	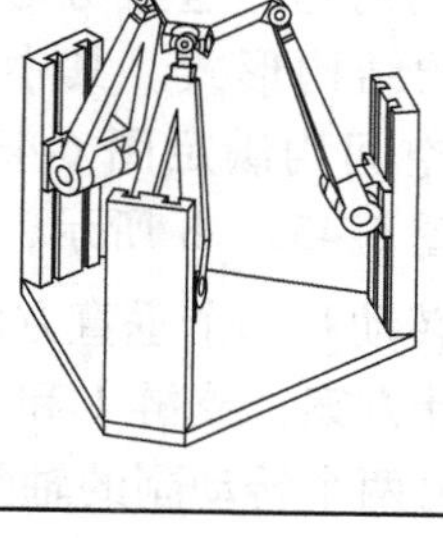		

表 6-4 由图 6-43b 所示同维子空间构型综合得到的新构型

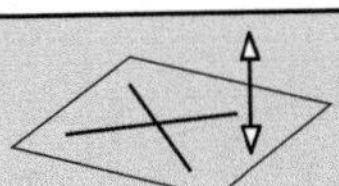	支链约束空间	自由度空间	支链模型图示
支链 1	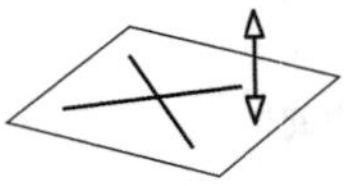	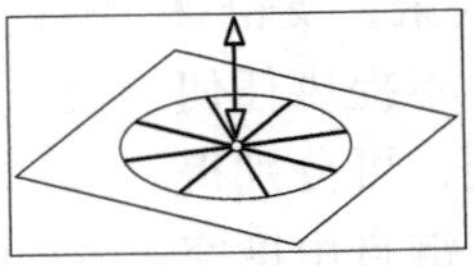	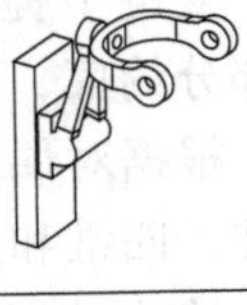
支链 2	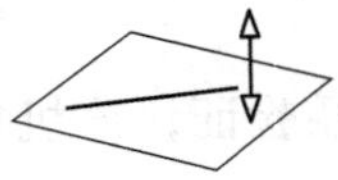	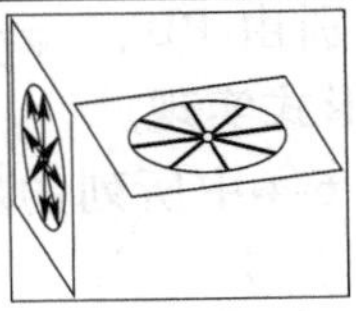	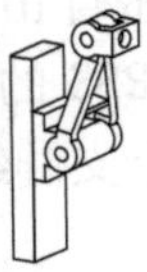
支链 3	Ø	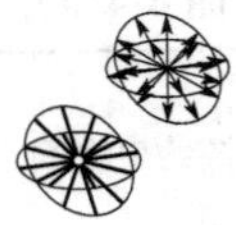	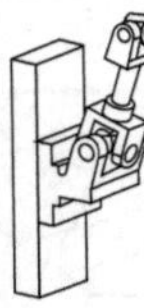
综合结果	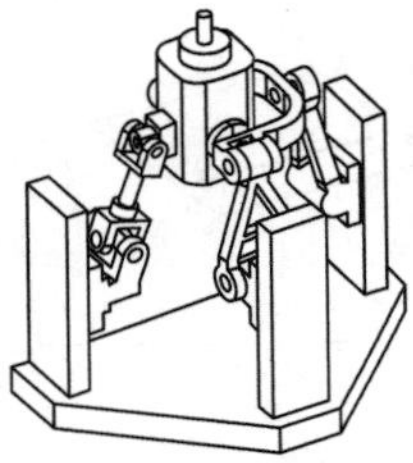		

同样，可对图 6-43a 所示的约束空间线图进行拆分并获得含四个支链的约束空间。不同的是，这里考虑添加一个被动支链。即三个驱动支链均不施加任何约束，支链约束空间为空集，而由被动副支链提供全部约束。根据对偶线图法则，可以得到三个六维和一个三维的支链自由度空间，并分别通过 PSS 和 PU 的运动副组合形式实现。将三个支链组合，可得图 6-44 所示的 3-PSS&1-PU 并联机构。

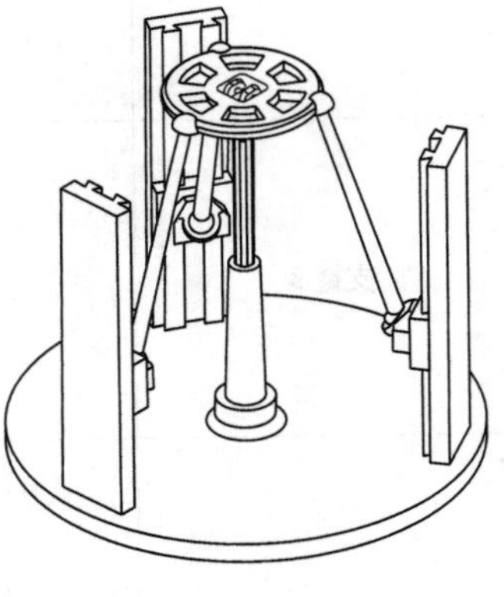

图 6-44

3-PSS&1-PU 并联机构

同样，对图 6-43b 所示的约束空间线图进行拆分并获得含三个支链的约束空间。不同的是，这里考虑两个对称的三约束支链+一个无约束支链的结构形式。其中，两个三约束支链（支链 1 和 2）的约束空间均满足图 6-43b 所示的线图类型，对应的自由度线图如图 6-45a、b 所示，每个支链中都含有一个过 N 点的平面二维转动和一个垂直方向的移动。

由此给出一种构型设计方案：支链 1 和 2 共同包含一个 U 形架，该 U 形架通过转动副与动平台相连，而支链中另两个转动副的轴线分别平行和垂直于动平台的旋转轴线，同时，每个支链中的三个转动副应位于同一平面内；支链 1 和 2 的另一端则与驱动滑块相连，滑块通过移动副与定平台相连；无约束支链（支链 3）可以采用 PSS 支链。注意：所有移动副均为竖直方向。将上述三个支链组合，可得到图 6-45c 所示的 1-PSS&（1-PRR&1-PRR）R 并联机构。

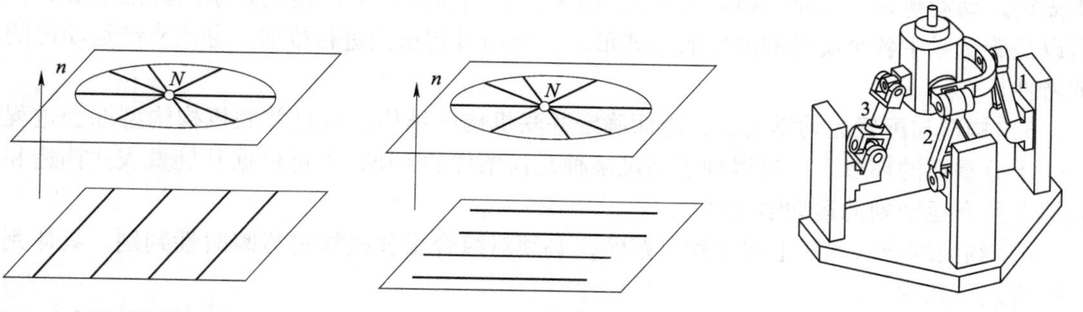

a) 支链1的自由度线图　　b) 支链2的自由度线图　　c) 机构简图

图 6-45

1-PSS&(1-PRR&1-PRR)R 并联机构

2. 高灵活性五轴混联加工机器人的构型设计

在图 6-44 所示并联机构的基础上，再引入与其移动自由度方向相垂直的另外两个移动自由度，即可得到图 6-46 所示的原理构型。其中，串联的 2 个移动自由度的方向如图中箭头所示，并联模块可沿导轨在竖直方向上整体移动，安装工件的工作台沿水平方向移动。这样，在充分发挥并联模块高灵活转动优势的同时，保证了该原理构型具有灵活的移动能力和较大的工作空间。同时，并联模块具有无伴随运动的特性，这些优势使得该混联构型非常适合应用于具有复杂曲面的大型零件加工领域，尤其适用于航空结构件的加工。

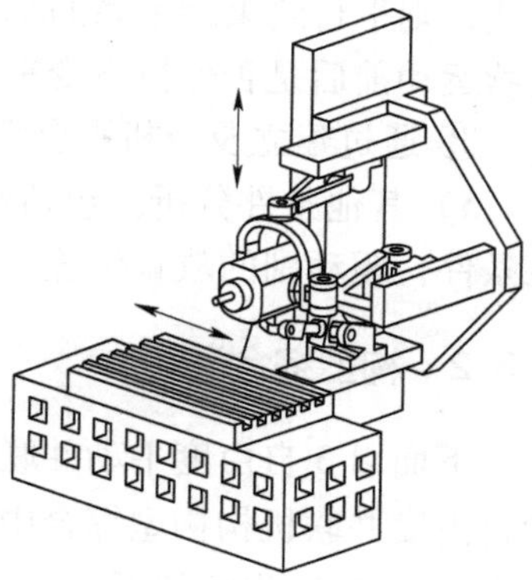

图 6-46

五轴混联机床原理构型

6.3 基于旋量理论的约束综合法

图谱法本质上是一种结合设计者形象思维进行构型设计及创新的方法。下面介绍一种系统化的构型综合方法，这种方法本质上与 6.2 节介绍的图谱法同源。

6.3.1 一般步骤

本小节以少自由度并联机构的构型综合为例，说明应用约束综合法的一般步骤。对少自由度并联机构而言，其动平台受到的约束是所有支链结构约束的共同作用。然而，空间并联机构不仅约束数目多，呈各种各样的空间分布，而且随机构的运动其位置和方向都在变化，但是，用旋量理论很容易描绘和分析它们。

1）首先根据给定目标机构的自由度，确定**平台运动旋量系**（Platform Twist System,

PTS），通过求其互易积，可以得到**平台约束旋量系**（Platform Wrench System，PWS）。有关反旋量及反旋量系的求法在第3章已有介绍。

2）平台约束旋量系确定后，可以根据具体的几何条件（后面将详细讨论）确定对应的**支链约束旋量系**（Limb Wrench System，LWS），然后再对支链约束旋量系求反旋量，即可获得**支链运动旋量系**（Limb Twist System，LTS）。这时得到的可以是旋量系的标准基形式，也可以是旋量系中各个旋量的通用表达式形式。再通过解析法进行推演，导出支链运动链的几何特性。

3）构造与配置运动学支链，进而确定并联机构的结构，这是并联机构构型综合过程中一个十分重要的环节。一旦得到了满足某种几何条件的LTS，便可根据其旋量表达构造和配置涵盖所有运动副的运动学支链。

4）约束综合法本质上属于瞬时范畴，必须对综合出的机构进行瞬时性判别。具体判别方法有以下几种：

① 从理论上说，机构的瞬时性可以通过需要推导出机构位姿正解的解析表达式来判别。但求取并联机构正解的解析表达式通常难度很大，因此，这种纯代数的方法并不是十分有效。

② 少自由度并联机构的自由度是由平台约束旋量系决定的，如果自由度数或性质发生改变，则平台约束旋量系的基必定发生改变。因此，可以根据平台约束旋量系的基在动平台连续运动前后是否保持不变来判别瞬时性。

③ 通过建立及分析平台瞬时运动的解析式来判别机构的瞬时性。

5）其他条件分析。包括奇异性分析、驱动副选取等。后者包括确定驱动副选取的有效性条件，驱动副的放置位置、方式等。

6.3.2　构型综合举例

下面以3自由度平动并联机构（TPM）为例，来说明基于旋量系理论的约束综合法在少自由度并联机构构型综合中的应用。在支链运动旋量系的构造过程中，采用的是解析推演法[29, 31]，具体步骤如下。

1. 确定平台约束旋量系（PWS）

对于任何的TPM，动平台只有三维移动，失去了三个方向的转动，动平台上相应地作用有三个线性无关的约束力偶，这三个力偶就构成了PWS。

$$\begin{cases}\boldsymbol{\$}_1^r=(0,\ 0,\ 0;\ 1,\ 0,\ 0)\\ \boldsymbol{\$}_2^r=(0,\ 0,\ 0;\ 0,\ 1,\ 0)\\ \boldsymbol{\$}_3^r=(0,\ 0,\ 0;\ 0,\ 0,\ 1)\end{cases}\tag{6.3-1}$$

2. 分析与PWS相对应的LWS应满足的几何条件

在并联机构中，不同的PWS源于不同几何条件下所有LWS的组合。因此，为综合出所有可能的支链结构，有必要分析对应于特定PWS的LWS应满足的几何条件。

TPM可分为两类：独立约束机构和过约束机构。过约束机构的特点是支链中含有的基本副数量少于5个。因此，通过分别分析独立约束机构和过约束机构中的LWS应满足的几何条件，即可找到对应的PWS。

表 6-5 列出了在不同几何条件下，LWS 和 PWS 之间的特定关系。由该表可知，TPM 中的任一支链可向动平台提供不同数量的约束力偶。因此，为构造可用的支链结构，需要考虑对应于不同数量约束力偶的 LTS 应满足的几何条件。

表 6-5 LWS 与 PWS 之间的特定关系

类别	LWS	LWS 中各旋量的几何关系	PWS 的标准基	动平台的约束运动
C1	$\boldsymbol{\$}^r_{bi}=(0,\ 0,\ 0;\ 0,\ 0,\ 1)$	同轴	$\boldsymbol{\$}^r=(0,\ 0,\ 0;\ 0,\ 0,\ 1)$	绕 Z 轴的转动
C2	$\boldsymbol{\$}^r_{bi}=(0,\ 0,\ 0;\ P_i,\ Q_i,\ 0)$	共面	$\begin{cases}\boldsymbol{\$}^r_1=(0,\ 0,\ 0;\ 1,\ 0,\ 0)\\ \boldsymbol{\$}^r_2=(0,\ 0,\ 0;\ 0,\ 1,\ 0)\end{cases}$	绕 X、Y 轴的转动
C3	$\begin{cases}\boldsymbol{\$}^r_{i1}=(0,\ 0,\ 0;\ P_{i1},\ Q_{i1},\ 0)\\ \boldsymbol{\$}^r_{i2}=(0,\ 0,\ 0;\ P_{i2},\ Q_{i2},\ 0)\end{cases}$			
C4	$\boldsymbol{\$}^r_{bi}=(0,\ 0,\ 0;\ P_i,\ Q_i,\ R_i)$	既不同轴也不共面	$\begin{cases}\boldsymbol{\$}^r_1=(0,\ 0,\ 0;\ 1,\ 0,\ 0)\\ \boldsymbol{\$}^r_2=(0,\ 0,\ 0;\ 0,\ 1,\ 0)\\ \boldsymbol{\$}^r_3=(0,\ 0,\ 0;\ 0,\ 0,\ 1)\end{cases}$	绕 X、Y、Z 轴的转动
C5	$\begin{cases}\boldsymbol{\$}^r_{i1}=(0,\ 0,\ 0;\ P_{i1},\ Q_{i1},\ R_{i1})\\ \boldsymbol{\$}^r_{i2}=(0,\ 0,\ 0;\ P_{i2},\ Q_{i2},\ R_{i2})\end{cases}$			
C6	$\begin{cases}\boldsymbol{\$}^r_{i1}=(0,\ 0,\ 0;\ P_{i1},\ Q_{i1},\ R_{i1})\\ \boldsymbol{\$}^r_{i2}=(0,\ 0,\ 0;\ P_{i2},\ Q_{i2},\ R_{i2})\\ \boldsymbol{\$}^r_{i3}=(0,\ 0,\ 0;\ P_{i3},\ Q_{i3},\ R_{i3})\end{cases}$			

3. 对与 LWS 互易的 LTS 进行求解

根据旋量理论，LTS 中的每个旋量都与 LWS 互易。一种简单的确定 LTS 的方法是找到 LTS 的一个基础解系，再通过这些基旋量的组合，得到其他类型的 LTS，每一种 LTS 可表示一种特定类型的支链结构。

（1）一个约束力偶作用在动平台上时，LTS 和 LWS 应满足的几何条件 首先考虑 LWS 中只存在一个约束力偶的情况，其旋量的一般表示为

$$\boldsymbol{\$}^r_{bi}=(\mathbf{0};\ \boldsymbol{s}^r)=(0,\ 0,\ 0;\ P_r,\ Q_r,\ R_r) \tag{6.3-2}$$

式中，$P_r^2+Q_r^2+R_r^2=1$。不失一般性，假定 $P_r\neq 0$，对应的 LTS 构成一个旋量五系。通过求解互易旋量，得到五个基运动旋量，即

$$\begin{cases}\boldsymbol{\$}_{i1}=(-Q_r,\ P_r,\ 0;\ 0,\ 0,\ 0)\\ \boldsymbol{\$}_{i2}=(-R_r,\ 0,\ P_r;\ 0,\ 0,\ 0)\\ \boldsymbol{\$}_{i3}=(0,\ 0,\ 0;\ 1,\ 0,\ 0)\\ \boldsymbol{\$}_{i4}=(0,\ 0,\ 0;\ 0,\ 1,\ 0)\\ \boldsymbol{\$}_{i5}=(0,\ 0,\ 0;\ 0,\ 0,\ 1)\end{cases} \tag{6.3-3}$$

通过对以上五个基本旋量进行线性组合，可得到运动旋量的通用表示形式

$$\boldsymbol{\$}_{bi}=a\boldsymbol{\$}_{i1}+b\boldsymbol{\$}_{i2}+c\boldsymbol{\$}_{i3}+d\boldsymbol{\$}_{i4}+e\boldsymbol{\$}_{i5}=(-(aQ_r+bR_r),\ aP_r,\ bP_r;\ c,\ d,\ e) \tag{6.3-4}$$

式中，a、b、c、d 和 e 为任意常值，但不能同时为零。下面考虑两种特例：

【特例 6-1】 $a=b=0$ 并正则化向量，此时，式（6.3-4）退化为一具有无限大节距的单位运动旋量。

$$\boldsymbol{\$}_{bi}=(\mathbf{0};\ \boldsymbol{s})=\frac{1}{w}(0,\ 0,\ 0;\ c,\ d,\ e) \tag{6.3-5}$$

式中，$w=\sqrt{c^2+d^2+e^2}$。式（6.3-5）表示一移动副。由于 c、d 和 e 为任意常值，因此，只要支链中各移动副的轴线线性无关，它们就可沿任意方向。

【特例 6-2】 满足条件 $\boldsymbol{s}^{\mathrm{T}}\boldsymbol{s}^0=0$ 且 $\boldsymbol{s}^{\mathrm{T}}\boldsymbol{s}=1$，此时，式（6.3-4）退化为一具有零节距的单位运动旋量。

$$\boldsymbol{\$}_{\mathrm{b}i}=(\boldsymbol{s};\ \boldsymbol{s}^0)=\frac{1}{w}\left(-(aQ_r+bR_r),\ aP_r,\ bP_r;\ c,\ d,\ \frac{acQ_r-adP_r+bcR_r}{bP_r}\right) \tag{6.3-6}$$

式中，$w=\sqrt{(aQ_r+bR_r)^2+a^2P_r^2+b^2P_r^2}$。式（6.3-6）表示一转动副。此外，可导出 $\boldsymbol{s}^{\mathrm{T}}\boldsymbol{s}^r=0$，这意味着转动副的轴线与约束力偶的轴线相垂直。

由此，可导出只提供一个约束力偶的支链应满足的几何条件：

条件 1：只要支链中各移动副的轴线线性无关，它们就可沿任意方向。

条件 2：支链中所有转动副的轴线平行于一个平面，且与给定的约束力偶轴线方向相垂直。

由于旋量五系中零节距运动旋量最大线性独立的数目是 5，导出支链中转动副数目的上限也是 5；而旋量五系中无穷节距运动旋量最大线性独立的数目是 3，导出支链中移动副数目的上限也是 3。因此，若将转动副与移动副作为基本铰链类型，可获得 5R、4R1P、3R2P 和 2R3P 四种四杆五副型的支链结构。运用运动副等效替代的原则，可以得到三杆四副、二杆三副以及一杆二副型三种支链形式。

（2）两个约束力偶作用在动平台上时，LTS 和 LWS 应满足的几何条件 考虑支链 LWS 中存在两个约束力偶的情况，其旋量表示为

$$\begin{cases}\boldsymbol{\$}_{i1}^r=(\boldsymbol{0};\ \boldsymbol{s}_{i1}^r)=(0,\ 0,\ 0;\ P_{r1},\ Q_{r1},\ R_{r1})\\ \boldsymbol{\$}_{i2}^r=(\boldsymbol{0};\ \boldsymbol{s}_{i2}^r)=(0,\ 0,\ 0;\ P_{r2},\ Q_{r2},\ R_{r2})\end{cases} \tag{6.3-7}$$

式中，$P_{ri}^2+Q_{ri}^2+R_{ri}^2=1$（$i=1,\ 2$），且 $\boldsymbol{s}_{i1}^r\neq\boldsymbol{s}_{i2}^r$。不失一般性，假定 $P_{ri}\neq0$，对应的 LTS 将形成一个旋量四系。通过求解互易旋量系，可得到以下四个基运动旋量

$$\begin{cases}\boldsymbol{\$}_{i1}=(0,\ 0,\ 0;\ 1,\ 0,\ 0)\\ \boldsymbol{\$}_{i2}=(0,\ 0,\ 0;\ 0,\ 1,\ 0)\\ \boldsymbol{\$}_{i3}=(0,\ 0,\ 0;\ 0,\ 0,\ 1)\\ \boldsymbol{\$}_{i4}=(Q_{r1}R_{r2}-Q_{r2}R_{r1},\ R_{r1}P_{r2}-R_{r2}P_{r1},\ P_{r1}Q_{r2}-P_{r2}Q_{r1};\ 0,\ 0,\ 0)\end{cases} \tag{6.3-8}$$

通过以上四个基本旋量的线性组合，可得到其运动旋量的通用表示形式

$$\begin{aligned}\boldsymbol{\$}_{\mathrm{b}i}&=a\boldsymbol{\$}_{i1}+b\boldsymbol{\$}_{i2}+c\boldsymbol{\$}_{i3}+d\boldsymbol{\$}_{i4}\\&=(a(Q_{r1}R_{r2}-Q_{r2}R_{r1}),a(R_{r1}P_{r2}-R_{r2}P_{r1}),a(P_{r1}Q_{r2}-P_{r2}Q_{r1});b,c,d)\end{aligned} \tag{6.3-9}$$

式中，a、b、c 和 d 为任意常值，但不能同时为零。下面考虑两种特例：

【特例 6-3】 $a=0$ 并正则化向量，此时，式（6.3-9）退化为一个具有无限大节距的单位运动旋量。

$$\boldsymbol{\$}_{\mathrm{b}i}=(\boldsymbol{0};\ \boldsymbol{s})=\frac{1}{w}(0,\ 0,\ 0;\ b,\ c,\ d) \tag{6.3-10}$$

式中，$w=\sqrt{b^2+c^2+d^2}$。式（6.3-10）表示一移动副。由于 b、c 和 d 为任意常值，因此，只要支链中各移动副的轴线线性无关，它们就可沿任意方向。

【特例 6-4】满足条件 $\boldsymbol{s}^{\mathrm{T}}\boldsymbol{s}^{0}=0$ 且 $\boldsymbol{s}^{\mathrm{T}}\boldsymbol{s}=1$，此时，式（6.3-9）退化为一个零节距的单位运动旋量。

$$\boldsymbol{\$}_{\mathrm{b}i}=(s;\ s^{0})=\frac{1}{w}(Q_{r1}R_{r2}-Q_{r2}R_{r1},\ R_{r1}P_{r2}-R_{r2}P_{r1},\ P_{r1}Q_{r2}-P_{r2}Q_{r1};\ b,\ c,\ d') \tag{6.3-11}$$

式中，$w=\sqrt{(Q_{r1}R_{r2}-Q_{r2}R_{r1})^2+(R_{r1}P_{r2}-R_{r2}P_{r1})^2+(P_{r1}Q_{r2}-P_{r2}Q_{r1})^2}$；$d'=[-b(Q_{r1}R_{r2}-Q_{r2}R_{r1})-c(R_{r1}P_{r2}-R_{r2}P_{r1})]/(P_{r1}Q_{r2}-P_{r2}Q_{r1})$。式（6.3-11）表示一转动副。

可导出 $\boldsymbol{s}^{\mathrm{T}}\boldsymbol{s}^{ri}=0$（$i=1,\ 2$），这意味着转动副轴线与两个约束力偶的轴线都垂直。这样，支链中所有转动副的轴线应相互平行。

根据式（6.3-10）和式（6.3-11），可导出提供两个约束力偶的支链应满足的几何条件：

条件 3：只要支链中各移动副的轴线线性无关，它们就可沿任意方向。

条件 4：支链中所有转动副的轴线应相互平行，其方向与两个约束力偶轴线方向相垂直。

通常意义上，旋量四系中零节距运动旋量的最大线性独立数是 4，但由于支链中所有转动轴线的方向都平行，因此，支链中转动副数不应超过 3，这样可避免冗余约束的存在；而旋量四系中无穷节距运动旋量的最大线性独立数是 3，因此，支链中所有移动副数目的上限是 3。若将转动副与移动副作为基本铰链类型，则可获得 3R1P、2R2P 和 1R3P 三种三杆四副型的支链结构。运用运动副等效替代的原则，可以得到二杆三副和一杆二副型两种支链形式。

（3）三个约束力偶作用在动平台上时，LTS 和 LWS 应满足的几何条件　考虑到支链 LWS 中存在三个约束力偶的情况，其单位力旋量表示为

$$\begin{cases}\boldsymbol{\$}_{i1}^{r}=(\boldsymbol{0};\ \boldsymbol{s}_{i1}^{r})=(0,\ 0,\ 0;\ P_{r1},\ Q_{r1},\ R_{r1})\\ \boldsymbol{\$}_{i2}^{r}=(\boldsymbol{0};\ \boldsymbol{s}_{i2}^{r})=(0,\ 0,\ 0;\ P_{r2},\ Q_{r2},\ R_{r2})\\ \boldsymbol{\$}_{i3}^{r}=(\boldsymbol{0};\ \boldsymbol{s}_{i3}^{r})=(0,\ 0,\ 0;\ P_{r3},\ Q_{r3},\ R_{r3})\end{cases} \tag{6.3-12}$$

式中，$P_{ri}^2+Q_{ri}^2+R_{ri}^2=1$（$i=1,\ 2,\ 3$）。不失一般性，假定 $P_{ri}\neq 0$（$i=1,\ 2,\ 3$），对应的 LTS 将形成一个旋量三系。通过求解互易旋量系，得到以下三个基运动旋量

$$\begin{cases}\boldsymbol{\$}_{i1}=(0,\ 0,\ 0;\ 1,\ 0,\ 0)\\ \boldsymbol{\$}_{i2}=(0,\ 0,\ 0;\ 0,\ 1,\ 0)\\ \boldsymbol{\$}_{i3}=(0,\ 0,\ 0;\ 0,\ 0,\ 1)\end{cases} \tag{6.3-13}$$

通过以上三个基本旋量的线性组合，可得到运动旋量的通用表示形式

$$\boldsymbol{\$}_{\mathrm{b}i}=a\boldsymbol{\$}_{i1}+b\boldsymbol{\$}_{i2}+c\boldsymbol{\$}_{i3}=(0,\ 0,\ 0;\ a,\ b,\ c) \tag{6.3-14}$$

式中，a、b 和 c 为任意常值，但不能同时为零。正则化方向向量，式（6.3-14）将退化为一个具有无限大节距的单位运动旋量，即

$$\boldsymbol{\$}_{\mathrm{b}i}=(\boldsymbol{0};\ \boldsymbol{s})=\frac{1}{w}(0,\ 0,\ 0;\ a,\ b,\ c) \tag{6.3-15}$$

式中，$w=\sqrt{a^2+b^2+c^2}$。式（6.3-15）表示一移动副。由于 a、b 和 c 为任意常值，因此，只要支链中各移动副的轴线线性无关，它们就可沿任意方向。

根据式（6.3-15），可以导出提供三个约束力偶的支链应满足的几何条件：

条件 5：只要支链中各移动副的轴线线性无关，它们就可沿任意方向。

4. 分析对应于不同 LWS 的 LTS 应满足的几何条件

TPM 中，每个支链提供给动平台的约束力偶数为 0~3。因此，通过分析对应于不同 LWS 的 LTS 应满足的几何条件来确定 LTS 中各运动副应满足的几何关系，进而构造支链结构。此外，为确保动平台能实现连续运动，每个支链的运动副还应满足一定的几何条件，这也是一项重要的研究议题。

以上给出的几何条件（**条件 1~条件 5**）只考虑了 TPM 的瞬时运动特性，下面讨论 TPM 做连续运动时各支链应满足的几何条件。

由于动平台的转动受到限制，故需要满足下列条件：

$$\boldsymbol{\omega}_{\mathrm{P}} = \sum_{i=1}^{n} \omega_i \boldsymbol{s}_i = \mathbf{0} \tag{6.3-16}$$

式中，$\boldsymbol{\omega}_{\mathrm{P}}$为动平台的角速度；$\boldsymbol{s}_i$为第 i 个转动副的转轴方向；ω_i为第 i 个转动副的角速度。

如上所述，支链中至多存在五个转动副，且转动轴线位于平行平面内。如果转动轴线随机分布，则式（6.3-16）将无法满足，除非所有转动副的角速度均满足 $\omega_i=0$。因此，要保证动平台实现连续运动，必须保证支链中的转动副存在两组或者两组以上的平行转轴，以使动平台沿其他轴线的瞬时转动被消除掉。由于支链中最多有五个转动副，因此，所有运动副的轴线应为两组平行线，它们之间并不平行，其中一组沿固定轴线转动，而另一组随着机构的运动，而改变转轴方向。此外，由于下一转轴的方向要受到前一铰链转动的影响，因此可以得出结论：除了最靠近基座的转轴与最靠近动平台的转轴以及不考虑中间的移动副以外，每组平行转轴必须连续分布。

经过以上讨论，可以总结出 TPM 连续运动时 LTS 应满足以下几何条件：

条件 6：支链中所有转动副的转轴是两组平行线，但每一组平行轴线的数量不应超过 3 个，以避免冗余铰链的存在。

条件 7：除了最靠近基座的转轴与最靠近动平台的转轴以及不考虑中间的移动副以外，每组平行转轴必须连续分布。

5. 构造与配置运动学支链

构造与配置运动学支链是并联机构构型综合过程中一个十分重要的部分。一旦得到了满足某种几何条件的 LTS，便可根据其旋量表达构造涵盖所有运动副的运动学支链。另一方面，注意到 LTS 中每个旋量的位置是可以交换的，这就意味着运动学支链中铰链的位置分布也是可变的，但也间接地引入了瞬时运动机构。

（1）具有三个相同单约束支链的 TPM 有 2R3P 型（R_A-R_B-P-P-P）、3R2P 型（R_A-R_A-R_B-P-P）、4R1P 型（R_A-R_A-R_B-R_B-P 或者 R_A-R_A-R_A-R_B-P）和 5R 型（R_A-R_A-R_B-R_B-R_A）四种类型。

包含复杂铰链在内的所有可能的支链结构见表 6-6~表 6-9。注意到并没有考虑表中所有运动副的组合顺序；此外，表中的下角标“A”和“B”表示两种不同轴的转动。

表 6-6　2R3P 型支链结构

支链类型	四杆型	三杆型	二杆型	一杆型
仅含简单副	R_A-R_B-P-P-P	P-P-P-U_{AB}， C_A-R_B-P-P	C_A-C_B-P， P-$(SS)_{AB}$	—
含复杂铰链	R_A-R_B-(4R)-P-P， R_A-R_B-(4R)-(4R)-P， R_A-R_B-(4R)-(4R)-(4R)	P-P-(4R)-U_{AB}， P-(4R)-(4R)-U_{AB}(4R)- (4R)-(4R)-U_{AB}， C_A-R_B-(4R)-P， C_A-R_B-(4R)-(4R)	R_A-P-$(4U)_B$， R_A-(4R)-$(4U)_B$， R_A-P-$(3\text{-}SS)_B$， R_A-(4R)-$(3\text{-}SS)_B$	P-$(4S)_{AB}$， C_A-$(4U)_B$， C_A-$(3\text{-}SS)_B$

表 6-7　3R2P 型支链结构

支链类型	四杆型	三杆型	二杆型	一杆型
仅含简单副	R_A-R_A-R_B-P-P	P-P-R_A-U_{AB}， C_A-R_B-R_A-P， C_A-R_B-R_B-P	U_{AB}-C_A-P， C_A-C_B-R_A	—
含复杂铰链	R_A-R_A-R_B-(4R)-P， R_A-R_A-R_B-(4R)-(4R)	P-(4R)-R_A-U_{AB}(4R)- (4R)-R_A-U_{AB}， C_A-R_B-R_A-(4R)， C_A-R_B-R_B-(4R)	R_A-R_A-$(4U)_B$$R_A$- R_B-$(4U)_B$， R_A-R_A-$(3\text{-}SS)_B$$R_A$- R_B-$(3\text{-}SS)_B$， C_A-U_{AB}-(4R)	R_A-$(4S)_{AB}$

表 6-8　4R1P 型支链结构

支链类型	四杆型	三杆型	二杆型
仅含简单副	R_A-R_A-R_B-R_B-P， R_A-R_A-R_A-R_B-P	U_{AB}-R_A-R_B-P， U_{AB}-R_A-R_A-P， C_A-R_B-R_A-R_B， C_A-R_A-R_A-R_B	U_{AB}-C_A-R_B， U_{AB}-C_A-R_A， U_{AB}-U_{AB}-P
含复杂铰链	R_A-R_A-R_B-R_B-(4R)， R_A-R_A-R_A-R_B-(4R)	U_{AB}-R_A-R_B-(4R)， U_{AB}-R_A-R_A-(4R)	U_{AB}-U_{AB}-(4R)

表 6-9　5R 型支链结构

支链类型	四杆型	三杆型	二杆型
只含简单副	R_A-R_A-R_B-R_B-R_A	U_{AB}-R_A-R_A-R_B	U_{AB}-U_{AB}-R_A

（2）具有三个相同双约束支链的 TPM　有 1R3P 型支链（R-P-P-P）、2R2P 型支链（R_A-R_A-P-P）和 3R1P 型支链（R_A-R_A-R_A-P）三种类型。所有可能的支链结构见表 6-10～表 6-12。

表 6-10 1R3P 型支链结构

支链类型	三杆型	二杆型	一杆型
仅含简单副	P-P-P-R	C-P-P	—
含复杂铰链	P-P-(4R)-R, P-(4R)-(4R)-R, (4R)-(4R)-(4R)-R	C-P-(4R), C-(4R)-(4R)	P-(4U), P-(3-SS)

表 6-11 2R2P 型支链结构

支链类型	三杆型	二杆型	一杆型
仅含简单副	P-P-R_A-R_A	P-C_A-R_A	—
含复杂铰链	P-(4R)-R_A-R_A, (4R)-(4R)-R_A-R_A	(4R)-C_A-R_A	R_A-$(4U)_A$, R_A-$(3\text{-}SS)_A$

表 6-12 所有可能的 3R1P 型支链结构

支链类型	三杆型	二杆型
仅含简单副	P-R_A-R_A-R_A	C_A-R_A-R_A
含复杂铰链	(4R)-R_A-R_A-R_A	(4R)-C_A-R_A

(3) 具有三个相同三约束支链的 TPM 由式(6.3-15)可以得到 3P 型支链结构，见表 6-13。

表 6-13 3P 型支链结构

支链类型	二杆型
仅含简单副	P-P-P
含复杂铰链	(4R)-P-P, (4R)-(4R)-P, (4R)-(4R)-(4R)

6. 构造所需要的 TPM

1）具有 2R3P 型支链结构的 TPM 包括 3-P(4S) 机构、3-H(4S) 机构、3-RP(4U) 机构、3-PR(4U) 机构、3-H(4U) 机构、3-C(4U) 机构、3-RP(3-SS) 机构、3-PR(3-SS) 机构、3-H(3-SS) 机构、3-C(3-SS) 机构等。典型机构如直线驱动 3-P(4S) 型 Delta 机构。

2）具有 3R2P 型支链结构的 TPM 包括 3-CCR 机构、3-RCC 机构、3-PCU 机构、3-CPU 机构、3-UPC 机构、3-P(4R) RRR 机构、3-C(4R) RR 机构、3-C(4R)U 机构、3-R(4S) 机构、3-RR(4U) 机构和 3-RR(3-SS) 机构等。典型机构为 3-R(4S) 型 Delta 机构。

3）具有 4R1P 型支链结构的 TPM 包括 3-UPU 机构、3-PUU 机构、3-RCU 机构、3-RUC 机构、3-CRU 机构、3-PSS 机构和 3-HSS 机构等。

4）具有 5R 型支链结构的 TPM 包括 3-RUU 机构和 3-URU 机构等。

5）具有 1R3P 型支链结构的 TPM 包括 3-CPP 机构、3-C(4R)(4R) 机构、3-CP(4R) 机构、3-C(4R) P 机构、3-PPC 机构、3-PCP 机构、3-PC(4R) 机构、3-P(4U) 机构、3-H(3-SS) 机构和 3-P(3-SS) 机构等。

6）具有 2R2P 型支链结构的 TPM 包括 3-RPRP 机构、3-RRPP 机构、3-PRRP 机构、3-PPRR 机构、3-PRPR 机构、3-RPPR 机构、3-CPR 机构、3-CRP 机构、3-R(4R)(4R)R 机构、3-R(4R)R(4R）机构、3-RR(4R)(4R）机构、3-R(4U）机构和 3-R(3-SS）机构等。典型机构如 Star 机构（3-RH（4R）R，图 6-47a）和 Orthoglide 机构（3-PR(4R)R，图 6-47b）。

7）具有 3R1P 型支链结构的 TPM 包括 3-RPRR 机构、3-R(4R）RR 机构、3-RRRP 机构、3-RRR(4R）机构、3-RRPR 机构、3-RR(4R）R 机构、3-PRRR 机构、3-(4R）RRR 机构、3-RRRH 机构、3-RRC 机构、3-CRR 机构和 3-RCR 机构等。这类机构中最为典型的是 Tsai 氏机构（3-RR(4R)R，图 6-47c）。

8）具有 3P 型支链结构的 TPM 包括 3-PPP 机构和 3-P(4R)(4R）机构等。

至此完成了对称型 TPM 机构的构型综合。实际上，还存在机构主动输入选取等问题。此外，还有一些具有特殊结构的 TPM，支链数可以是 2 个、3 个或者多于 3 个，支链结构可以相同也可以不同等。这里不再赘述，具体可参阅参考文献［44］。

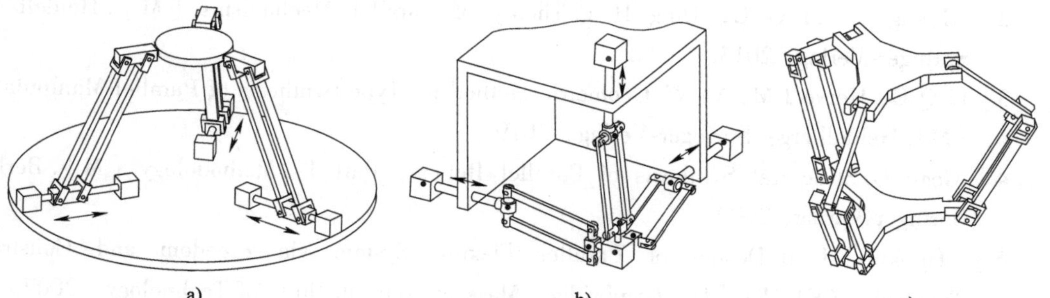

图 6-47

三种典型的 TPM 机构

6.4 本章小结

1）机构的构型综合是指在给定机构期望自由度数和性质的条件下，寻求机构的具体结构组成，包括运动副的数目以及运动副在空间的布置。对于并、混联机构，还要考虑各个支链的数目以及支链运动链的布置，以及合理选取或配置驱动副等内容。

2）常用的构型综合方法包括枚举法、演化法、（模块）组合法、运动综合法、约束综合法等。平面机构的构型综合以枚举法、演化法、组合法为主；复杂空间机器人机构的构型则以运动综合与约束综合法为主。

3）枚举法主要包括对已有机构的分类枚举和基于自由度计算公式的枚举两种形式。对于复杂的空间机器人机构而言，该方法局限性很大。

4）演化法是指以某种机构为原始机构，通过对原始机构的构件和运动副进行各种性质的改变或变换，演变发展出新机构的设计方法，具体包括机构的倒置、运动学等效置换等表现形式。

5）组合法是指对两种及两种以上的基本机构按一定规律进行组合，进而形成复杂机构。对于由两种基本机构组合而成的简单型组合机构，组合方法相对简单；而对于由更多基本机构组合而成的复杂机构系统而言，往往需要借助图论等数学工具进行构型综合。

6）基于互易旋量系理论的约束综合法，是构型综合的有效工具之一，可衍生出解析法、图谱法等多种形式，同时也是本章介绍的重点。其中，图谱法本质上是一种结合设计者形象思维进行构型设计及创新的方法，其优点是直观性强，无须公式辅助。

扩展阅读文献

本章重点对典型的机器人机构构型综合方法进行了介绍。此外，读者还可阅读其他文献（见下述列表）深化相关理论及方法。约束综合法的相关内容见参考文献［1，2，3，8，11］，运动综合法的相关内容见参考文献［3，4，6，7，10］，图谱法等几何构型综合方法的相关内容见参考文献［1，3，5，9，12］。

［1］Blanding D L. Exact Constraint：Machine Design Using Kinematic Principle［M］. New York：ASME Press，1999.

［2］Huang Z，Li Q C，Ding H F. Theory of Parallel Mechanisms［M］. Heidelberg：Springer-Verlag，2013.

［3］Li Q C，Hervé J M，Ye W. Geometric Method for Type Synthesis of Parallel Manipulators［M］. Heidelberg：Springer-Verlag，2019.

［4］Gogu G. Structural Synthesis of Parallel Robots，Part 1：Methodology［M］. Berlin：Springer-Verlag，2009.

［5］Hopkins J B. Design of Parallel Flexure System via Freedom and Constraint Topologies（FACT）［D］. Cambridge：Massachusetts Institute of Technology，2007.

［6］Kong X W，Gosselin C. Type Synthesis of Parallel Mechanisms［M］. Heidelberg：Springer-Verlag，2007.

［7］高峰，杨加伦，葛巧德．并联机器人型综合的 G_F 集理论［M］. 北京：科学出版社，2011.

［8］黄真，赵永生，赵铁石．高等空间机构学［M］. 北京：高等教育出版社，2006.

［9］刘辛军，谢福贵，汪劲松．并联机器人机构学基础［M］. 北京：高等教育出版社，2018.

［10］杨廷力，刘安心，罗玉峰，等．机器人机构拓扑结构设计［M］. 北京：科学出版社，2012.

［11］于靖军，刘辛军，丁希仑，等．机器人机构学的数学基础［M］. 北京：机械工业出版社，2008.

［12］于靖军，裴旭，宗光华．机械装置的图谱化创新设计［M］. 北京：科学出版社，2014.

习题

6-1 机构倒置是产生新构型的一种有效方法。试给出铰链四杆机构的各种倒置类型。

6-2 **对称设计**是自然界的基本设计法则之一。结合机构学与机器人构型方面的相关知识，简单阐述一下机器人机构可能的对称种类以及各自的潜在优点（结合性能来考虑）。

6-3　目前，并联机构构型综合的方法有多种，如位移子群法、位移流形法、旋量解析法、图谱法、虚拟链法、单开链法、G_F集法、线性变换法、推演法等。试以某一类并联机构（如3-DoF平动并联机构或3-DoF球面转动并联机构）为例，通过查阅文献，分析每种方法的优缺点。

6-4　试利用图谱法对结构对称型3-DoF并联平动机构进行构型综合。

6-5　试利用互易旋量系理论对具有2个移动自由度的空间过约束并联机构进行构型综合。

6-6　试分析3-DoF球面转动并联机构的各支链应满足的几何条件，并利用互易旋量系理论对3-DoF球面转动并联机构进行构型综合。

6-7　试分别利用互易旋量系理论和图谱法对2-DoF球面转动并联机构进行构型综合。除了球面转动，你还能列举出其他2-DoF转动类型吗？如果存在，能否找出1~2种满足这种运动类型的并联机构？

6-8　在并联机构中，为实现更好的综合性能，多采用完全对称结构（即各支链呈对称分布，且支链数与驱动数相同）。但对4-DoF（$3T1R$或$3R1T$）和5-DoF（$3T2R$或$3R2T$）型并联机构而言，满足运动要求的构型则相对较少。试采用图谱法对上述四种机构中的一种进行构型综合，以找到一种新的完全对称构型。

6-9　在并联机构中，多采用完全对称结构（即各支链呈对称分布，且支链数与驱动数相同）。但是，为了实现某种特殊的运动性能，如更大的运动转角等，有时也采用非对称结构（各支链不完全相同）或准对称结构构型（如增加支链数）。图6-48所示的Tricept机械手（3-UPS&1-UP）就是这样一类机构。试分析该机构的自由度类型，并利用图谱法综合得到1~2种新的Tricept变异构型。

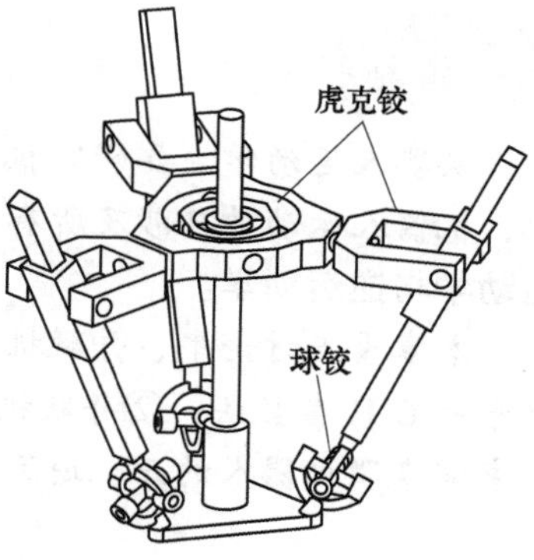

图6-48
3-UPS&1-UP机构

6-10　从以下四篇学术文献（可通过图书馆文献系统检索全文）中选择一篇进行研读。

文献1：Design and Development of a High-Speed and High-Rotation Robot with Four Identical Arms.

文献2：Type Synthesis of 2-DOF 3-4R Parallel Mechanisms with Both Spatial Parallelogram Translational Mode and Equal-Diameter Spherical Rotation Mode.

文献3：Structure Synthesis of 4-DoF and 5-DoF Parallel Manipulator with Identical Limbs.

文献4：Type Synthesis of 3-DOF Translational Parallel Manipulators Based on Screw Theory.

在此基础上，撰写一篇评述性论文，至少应包含以下内容：

1）该论文的主要贡献。

2）该论文解决的主要科学问题。

3）该论文采用的理论方法与技术路线。

4）用流程图描述该论文提出问题、分析问题和解决问题的主要思路。

5）重点阐述本课程所学的理论基础在解决实际科学问题时的作用。

6）简单描述一下该论文的局限性。

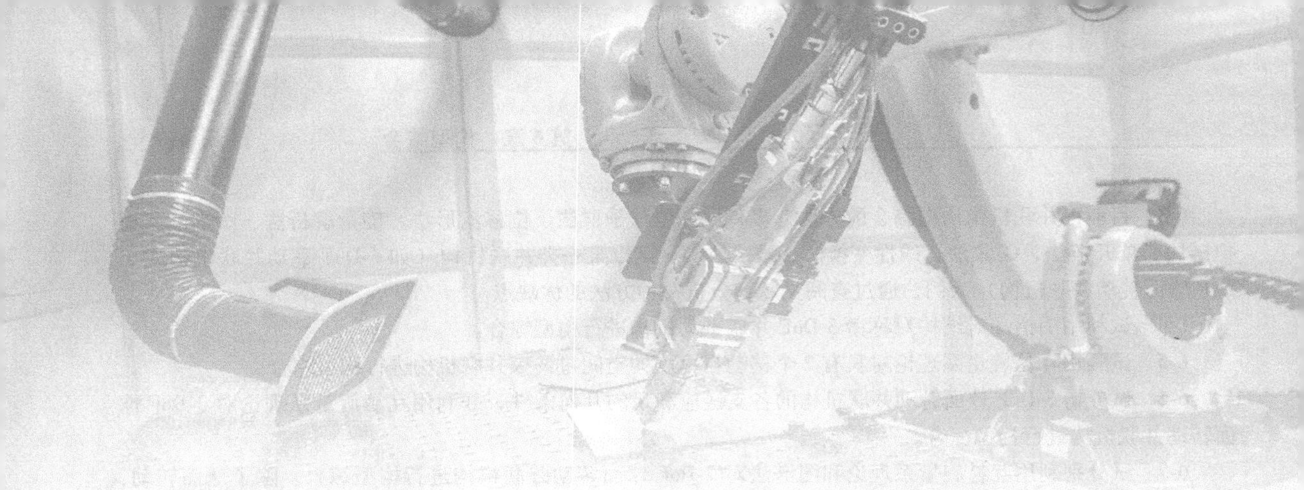

第7章 机器人运动学基础

本章导读

机器人运动学主要研究机器人的运动学特性，而无须考虑机器人运动时施加的力。因此，机器人运动学只涉及所有与运动有关的几何参数。运动学通常包含两个方面的内容：**正运动学与逆运动学**。

本章重点讨论串、并联机器人的位移求解问题。具体包括：①求解串联机器人正、逆运动学的D-H参数法；②并联机器人运动学的正、逆解原理及方法；③利用指数积（PoE）公式求解串联机器人的正、逆运动学的原理及方法；④对机器人工作空间的概念的简单介绍。

7.1 运动学分析的主要任务及意义

机器人运动学主要研究机器人的运动学特性，而无须考虑机器人运动时施加的力。因此，机器人运动学只涉及所有与运动有关的几何参数。

运动学通常包含两个方面的内容：**正运动学**（forward kinematics）与**逆运动学**（inverse kinematics）。一般情况下，已知运动输入量求输出量时称为正运动学；反之，已知输出量求输入量时称为逆运动学。串联机器人中，若已知各关节参数，求解末端执行器的位置和姿态（简称位姿），则为**位移**正解；反之为位移反解。与位移分析一样，速度、加速度分析也是机器人运动学的重要研究内容。其中，速度分析属于一阶运动学的研究范畴，是进行运动特性分析、运动综合以及静、动力学分析和综合的基础，一阶运动学分析的核心是建立反映输入输出关系的速度雅可比矩阵；而加速度分析属于二阶运动学的研究范畴，是联系机构运动学与动力学的重要纽带。机器人的位移、速度、加速度分析都可以归于运动学建模过程。

以串联机器人为例，这类机器人都是由一组通过关节连接而成的刚性连杆构成的。不管机器人关节采用何种运动副，都可以将它们分解为单自由度的转动副和移动副。注意：大多数串联机器人都是由一组通过单自由度的转动副或移动副连接而成的刚性连杆构成。

例如，在图7-1所示的6-DoF工业机器人中，末端工具的位姿${}_T^B\boldsymbol{T}$与关节变量$(q_1, q_2, \cdots, q_n)^{\mathrm{T}}$有关。对于该机器人而言，其位移正解的本质在于已知关节变量$(q_1, q_2, \cdots, q_6)^{\mathrm{T}}$，求解末端的空间位姿${}_T^B\boldsymbol{T}$。为此，需要建立从关节变量到末端构件位姿矩阵的映射，即求出

$$ {}_T^B\boldsymbol{T} = \begin{pmatrix} {}_T^B\boldsymbol{R} & {}^B\boldsymbol{p}_{TORG} \\ \boldsymbol{0} & 1 \end{pmatrix} = \begin{pmatrix} r_{11} & r_{12} & r_{13} & p_1 \\ r_{21} & r_{22} & r_{23} & p_2 \\ r_{31} & r_{32} & r_{33} & p_3 \\ 0 & 0 & 0 & 1 \end{pmatrix} \tag{7.1-1} $$

中的各元素，满足

$$ r_{i,j} = f_{i,j}(q_1, \cdots, q_6), \quad p_i = g_i(q_1, \cdots, q_6) \quad (i, j = 1 \sim 3) \tag{7.1-2} $$

求解串联机器人位移正解的意义在于：①作为后续逆运动学、速度分析、动力学分析的理论基础；②在设计阶段，根据关节驱动电动机的特性和结构参数评估机器人的工作空间、末端速度和加速度。

相反，当已知末端的空间位姿 ${}_T^B\boldsymbol{T}$，求解关节变量 $(q_1, q_2, \cdots, q_6)^{\mathrm{T}}$ 时，便是求该串联机器人位移反解的主要任务。为此，需要建立从末端构件位姿矩阵到关节变量的映射，即

$$ q_i = f_i(r_{11}, \cdots, r_{33}, p_1, p_2, p_3) \quad (i = 1, 2, \cdots, 6) \tag{7.1-3} $$

求解串联机器人位移反解的意义在于：机器人在实际应用中，通常给定末端位姿，需要求解关节变量，然后通过控制关节变量到指定值，使得末端工具到达给定位姿。例如，对于焊接机器人，工件上的焊缝位置事先是已知的，为控制机器人按已知轨迹进行作业，需要通过位移反解求出各关节变量，再将其输入控制器，进而完成预期的焊接任务。因此，位移反解是机器人应用的基础。

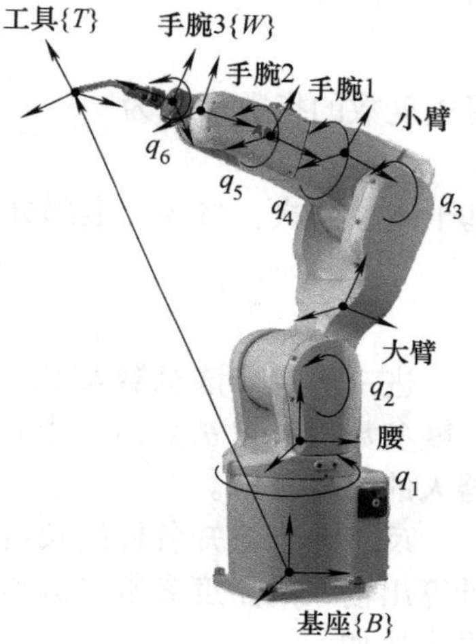

图 7-1

串联机器人的位移求解模型

7.2 位移分析的基本原理与方法

7.2.1 基本原理：闭环方程

首先回顾一下机械原理课程中所学的平面机构运动学分析的一种基本方法——封闭向量多边形法。例如，在机构的位置分析中，需要建立机构位置分析的**封闭向量多边形或闭环方程**（close-loop equation）。

封闭向量多边形法的基本原理：将机构中每一构件看作一个向量，整个机构在运动过程中可简化为一个或多个由各向量组成的封闭向量多边形，从而建立约束方程并求解方程。

例如，对于图7-2所示的对心曲柄滑块机构，通过封闭向量多边形法很容易得到滑块的位移方程，即

$$ x\mathrm{e}^{j0^\circ} = r\mathrm{e}^{j\theta} + l\mathrm{e}^{j\varphi} \tag{7.2-1} $$

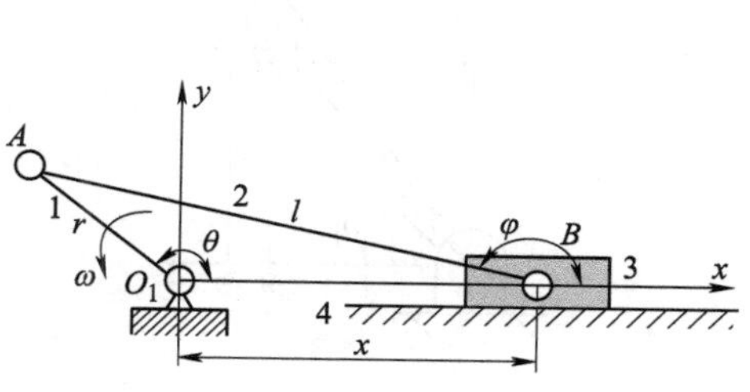

图 7-2

对心曲柄滑块机构的运动学求解

消去中间参数 φ，得到机构输入 θ 与输出 x 之间的映射关系式

$$x = r\cos\theta + \sqrt{l^2 - r^2\sin^2\theta} \tag{7.2-2}$$

式（7.2-2）是对心曲柄滑块机构的位置正解方程，即已知曲柄的输入角 θ，求解滑块的输出行程 x。由式（7.2-2）并利用三角函数的知识，可以进一步导出对心曲柄滑块机构的位置反解方程，即已知滑块的行程 x，求解对应的曲柄转角 θ。读者可自行推导。

以上求解平面连杆机构运动学的方法同样可用在机器人机构上。下面以平面 2R 机器人正、反运动学求解为例加以说明。

【例 7-1】 利用封闭向量多边形法对平面 2R 机器人进行位移分析。

解：平面 2R 机器人本质上是一个开链机构。为此，建立图 7-3 所示的坐标系，对应的闭环方程为

$$\overrightarrow{OB} = \overrightarrow{OA} + \overrightarrow{AB} \tag{7.2-3}$$

写成复数的指数形式为

$$\boldsymbol{p}_B = l_1 e^{j\theta_1} + l_2 e^{j(\theta_1+\theta_2)} \tag{7.2-4}$$

基于欧拉公式，将实、虚部分解得到

$$\begin{cases} x_B = l_1\cos\theta_1 + l_2\cos(\theta_1 + \theta_2) \\ y_B = l_1\sin\theta_1 + l_2\sin(\theta_1 + \theta_2) \end{cases} \tag{7.2-5}$$

进一步定义该机器人末端的姿态角 $\varphi=\theta_1+\theta_2$。当已知各杆的长度（$l_1$和 l_2）以及输入的角度参数（θ_1和 θ_2）时，由式（7.2-5）很容易计算出末端参考点 B 的坐标。这一问题为**机器人的位移正解**。

反之，当已知各杆的长度（l_1和 l_2）和末端参考点 B 的坐标时，也可以由式（7.2-5）计算出输入的角度参数（θ_1和 θ_2），这一问题为**机器人的位移反解**。具体推导过程从略，结果表达如下

$$\theta_2 = \arccos\frac{x_B^2 + y_B^2 - l_1^2 - l_2^2}{2l_1l_2} \tag{7.2-6}$$

$$\theta_1 = \arctan\frac{y_B(l_1 + l_2\cos\theta_2) - x_Bl_2\sin\theta_2}{x_B(l_1 + l_2\cos\theta_2) + y_Bl_2\sin\theta_2} \tag{7.2-7}$$

式中，$\sin\theta_2=\pm\sqrt{1-\cos^2\theta_2}$。因此，该机构对应两组解，即在给定已知条件下该机构对应两组位形，如图 7-4 所示。

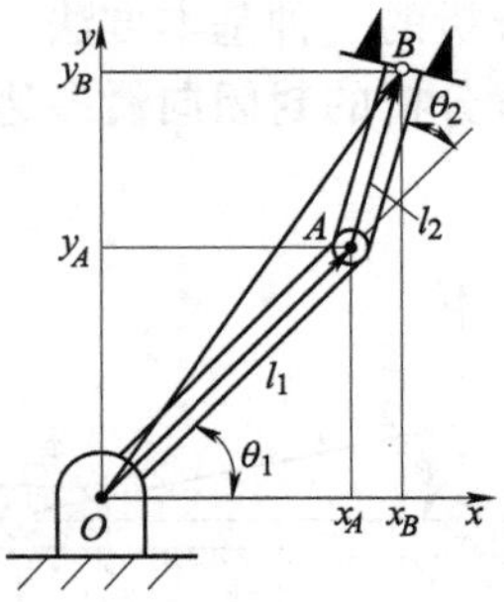

图 7-3

平面 2R 机器人

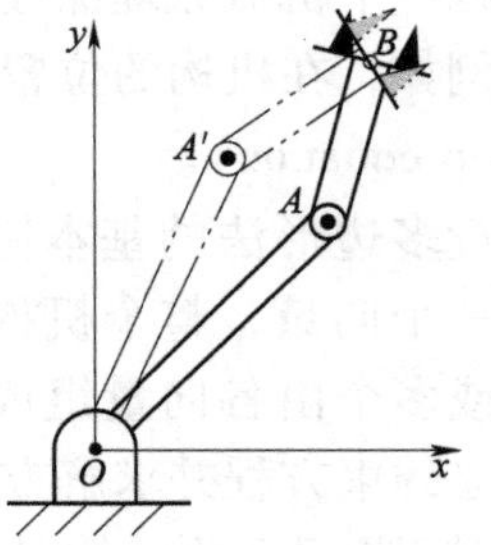

图 7-4

2R 机器人机构的两组位形

例 7-1 比较简单。当机器人的结构变得复杂、运动副数量增多时，上述方法在建模求解时会遇到难以克服的瓶颈。这时，采用通用化的方法更加合适，如本章后面将要介绍的 D-H 参数法和指数积（POE）法。

7.2.2 基本方法：解析法与数值法

对于上面给出的两种机构（曲柄滑块机构和平面 2R 机器人），都能建立起相应的**代数方程**（analytical formula），并可以采用解析法得到**解析解**（analytical solution）。但是，若所建立的模型为高次方程、超越函数等形式，利用解析法将无法处理，这时只能采用数值法得到**数值解**（numerical solution）。有时，即使一些高次方程的求解能够得到解析解，但过程复杂，经常也采用数值法。

数值法有多种类型，常见的有迭代法、链式算法等，其中最常用的方法之一是牛顿迭代法。

牛顿迭代法是牛顿在 17 世纪提出的一种方程近似求解方法。其基本原理是使用迭代的方法求解函数方程 $f(x)=0$ 的根，代数上看是对函数的泰勒级数展开，几何上则是不断求取切线的过程。

对于方程 $f(x)=0$，首先任意估算一个解 x^0，再把该估算值代入原方程中。由于一般不会正好选择到精确解，因此有 $f(x)=a$。这时计算函数在 x^0 处的斜率，得到该斜率直线与 x 轴的交点 x^1。一般情况下，x^1 比 x^0 更加接近精确解。只要不断用此方法更新 x，就可以取得无限接近精确解的结果。具体算法如下：

1）取初始值 x^0，并对函数 $f(x)$ 进行泰勒级数展开

$$f(x)=f(x^0)+f'(x^0)(x-x^0)+\cdots \tag{7.2-8}$$

2）取前两项（线性化过程），得线性方程

$$f(x)=f(x^0)+f'(x^0)(x-x^0)=0 \tag{7.2-9}$$

3）求解近似解。设 $f'(x^0)\neq 0, f(x)=0$，则由式（7.2-9）得

$$x^1=x^0-[f'(x^0)]^{-1}f(x^0) \tag{7.2-10}$$

4）求解近似的迭代解。将求得的 x^1 设为新的初值，重复以上过程（k 次），得到相应的迭代方程

$$x^k-x^{k-1}=-[f'(x^{k-1})]^{-1}f(x^{k-1}) \tag{7.2-11}$$

5）不断重复，直至所求结果小于某一规定值，即满足方程

$$|f(x^k)|\leqslant \varepsilon \tag{7.2-12}$$

可进一步将牛顿迭代法扩展到多维，相应的方法又称为**牛顿-拉夫森法**（Newton-Raphson method）。

例如，对于具有 n 个变量（x_1，x_2，$\cdots$，x_n）的多元方程组

$$\begin{cases} f_1(x_1, x_2, \cdots, x_n)=0 \\ f_2(x_1, x_2, \cdots, x_n)=0 \\ \vdots \\ f_n(x_1, x_2, \cdots, x_n)=0 \end{cases} \tag{7.2-13}$$

采用迭代法的求解步骤如下：

1）选定一组初值（x_1^0，x_2^0，…，x_n^0）。

2）将初值代入下式，求得迭代增量（Δx_1^0，Δx_2^0，…，Δx_n^0）。

$$\begin{pmatrix} \frac{\partial f_1}{\partial x_1} & \frac{\partial f_1}{\partial x_2} & \cdots & \frac{\partial f_1}{\partial x_n} \\ \frac{\partial f_2}{\partial x_1} & \frac{\partial f_2}{\partial x_2} & \cdots & \frac{\partial f_2}{\partial x_n} \\ \vdots & \vdots & & \vdots \\ \frac{\partial f_n}{\partial x_1} & \frac{\partial f_n}{\partial x_2} & \cdots & \frac{\partial f_n}{\partial x_n} \end{pmatrix} \begin{pmatrix} \Delta x_1 \\ \Delta x_2 \\ \vdots \\ \Delta x_n \end{pmatrix} = \begin{pmatrix} -f_1 \\ -f_2 \\ \vdots \\ -f_n \end{pmatrix} \tag{7.2-14}$$

3）得到第二次的迭代变量。

$$x_i^1 = x_i^0 + \Delta x_i^0 \quad (i=1, 2, \cdots, n) \tag{7.2-15}$$

4）将求得的 x_i^1（$i=1$，2，…，n）设为新的初值，重复以上过程（k 次），得到相应的迭代方程。

$$x_i^k = x_i^{k-1} + \Delta x_i^{k-1} \quad (i=1, 2, \cdots, n) \tag{7.2-16}$$

5）不断重复，直至所求结果小于某一规定值，即满足方程

$$|f(x_i^k)| \leqslant \varepsilon \tag{7.2-17}$$

下面以铰链四杆机构为例，简述上述算法的应用。

【例 7-2】 已知图 7-5a 所示铰链四杆机构中各杆的尺寸及输入角 θ_1，求输出杆的运动。

解：建立图 7-5b 所示的坐标系，满足以下闭环方程

$$l_1 e^{j\theta_1} + l_2 e^{j\theta_2} = l_4 + l_3 e^{j\theta_3} \tag{7.2-18}$$

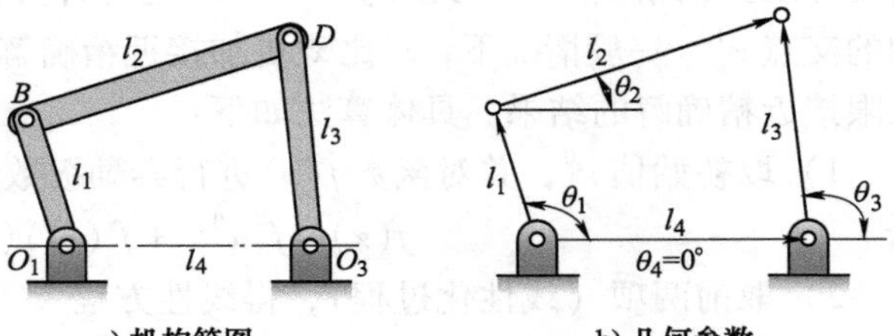

a) 机构简图　　b) 几何参数

图 7-5 铰链四杆机构

基于实、虚部分解得到

$$\begin{cases} f_1 = l_1\cos\theta_1 + l_2\cos\theta_2 - l_3\cos\theta_3 - l_4 = 0 \\ f_2 = l_1\sin\theta_1 + l_2\sin\theta_2 - l_3\sin\theta_3 = 0 \end{cases} \tag{7.2-19}$$

由于方程中两个未知量是 θ_2 和 θ_3，因此相应的迭代增量为（$\Delta\theta_2$，$\Delta\theta_3$）。由式（7.2-19）可求得

$$\begin{pmatrix} \frac{\partial f_1}{\partial \theta_2} & \frac{\partial f_1}{\partial \theta_3} \\ \frac{\partial f_2}{\partial \theta_2} & \frac{\partial f_2}{\partial \theta_3} \end{pmatrix} = \begin{pmatrix} -l_2\sin\theta_2 & l_3\sin\theta_3 \\ l_2\cos\theta_2 & -l_3\cos\theta_3 \end{pmatrix} \tag{7.2-20}$$

因此，式（7.2-14）可写成

$$\begin{pmatrix} -l_2\sin\theta_2 & l_3\sin\theta_3 \\ l_2\cos\theta_2 & -l_3\cos\theta_3 \end{pmatrix} \begin{pmatrix} \Delta\theta_2 \\ \Delta\theta_3 \end{pmatrix} = -\begin{pmatrix} l_1\cos\theta_1 + l_2\cos\theta_2 - l_3\cos\theta_3 - l_4 \\ l_1\sin\theta_1 + l_2\sin\theta_2 - l_3\sin\theta_3 \end{pmatrix} \tag{7.2-21}$$

下面给出一组参数，已知

$$l_1 = 8\text{cm},\ l_2 = 30\text{cm},\ l_3 = 30\text{cm},\ l_4 = 40\text{cm},\ \varepsilon = 10^{-5}$$

取不同的输入转角值，并初步给定两个变量的初值，按上述步骤及方程编写程序，得到表7-1所列的运算结果。

表7-1 铰链四杆机构位置数值求解的运算结果

迭代次数 k	初始角 $\theta_1=0°$		初始角 $\theta_1=20°$	
	θ_2	θ_3	θ_2	θ_3
0	50°	100°	20°	58°
1	38.37246	120.81377	57.21932	116.62921
2	47.35093	126.73142	53.91695	116.27695
3	56.70367	126.01388	52.06113	117.32498
4	58.05204	123.98092	…	…
5	58.76898	122.60597	…	…
6	58.45575	122.07511	…	…
7	58.03434	122.02039	…	…
…	…	…	…	…
15	…	…	52.27718	118.09296
16	…	…	52.27706	118.09300
17	…	…	52.27703	118.09305
18	57.76896	122.23098	—	—
19	57.76901	122.23098	—	—
20	57.76904	122.23097	—	—

可以看出，当 $\theta_1=0°$时，迭代20次后计算得到的结果（θ_3）满足规定值；当 $\theta_1=20°$，计算结果（θ_3）满足规定值时，只需要迭代17次。

7.3 D-H参数法与串联机器人的正运动学求解

7.3.1 D-H参数法的由来

串联机器人实质上是一种由 n 个运动副（俗称关节）连接 $n+1$ 个杆所组成的开式运动链。通常定义**基座**（base）或**机架**（frame）为杆0，末端为杆 n，这样，该串联机器人可看作从基座0到末端 n 的开式链，如图7-6所示。

为了建立从基座0到末端 n 的位姿关系，由第3章介绍的**连续变换方程**可知，可通过建立相邻构件间的位姿矩阵${}^{i-1}_{i}\boldsymbol{T}$（$i=1,2,\cdots,6$），再相乘得到

$$ {}^{B}_{T}\boldsymbol{T} = {}^{0}_{6}\boldsymbol{T} = {}^{0}_{1}\boldsymbol{T}{}^{1}_{2}\boldsymbol{T}\cdots{}^{5}_{6}\boldsymbol{T} \tag{7.3-1}$$

考虑到串联机器人中，从基座到末端均由关节相连接，关节驱动变量逐次作用于后续连杆，因此，相邻两连杆之间的相对位姿仅取决于它们之间的连接关节。写成函数形式为

$$ {}^{i-1}_{i}\boldsymbol{T} = f(q_i) \tag{7.3-2}$$

将式（7.3-2）代入式（7.3-1）中可知，基座到末端的位姿矩阵中自然包含链路上的所有关节变量。这样，串联机器人的位移正解，即从关节变量到末端位形的映射便可实现了。

为了描述相邻杆间的相对位姿，通常采用**D-H参数法**。

D-H参数法最早是由美国西北大学机械工程系的两名教授：迪纳维特（Denavit）和哈登伯格（Hartenberg）于1955年提出的[9]。其核心在于提供了一种在机器人各关节处建立物体坐标系（也称为连杆坐标系）的方法，以此可建立起相邻杆之间的位姿矩阵（齐次变换矩阵），再通过连续变换的结果最终可反映出末端与基座之间的位姿关系。迪纳维特与哈登伯格所提出的D-H参数法也称为标准D-H参数法。

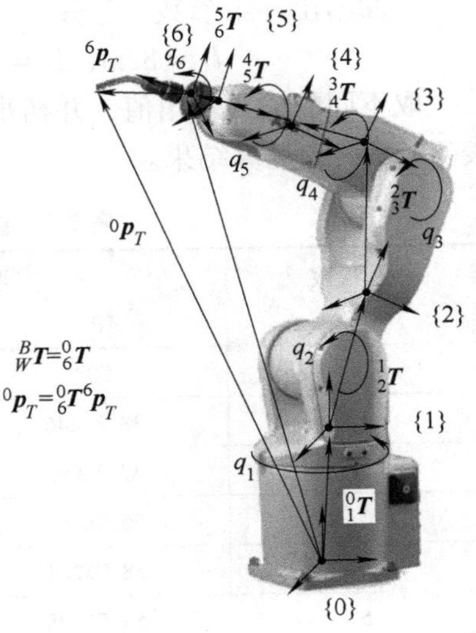

图7-6

串联机器人的运动学模型

如图7-7a所示，在标准D-H参数法中，连杆坐标系$\{i\}$置于连杆的后端或远端，因此，又称其为**后置坐标系**下的D-H参数法。

1986年，Khalil与Kleinfinger提出了一种改进的D-H参数法[49]，如图7-7b所示。其中，每个连杆坐标系被固接在该连杆的前端或近端（靠近前一个连杆），因此，又称其为**前置坐标系**下的D-H参数法。经过此变化，使得参数符号在某些方面显得更加清晰和简洁，因此，前置坐标系下的D-H参数法更为常用。

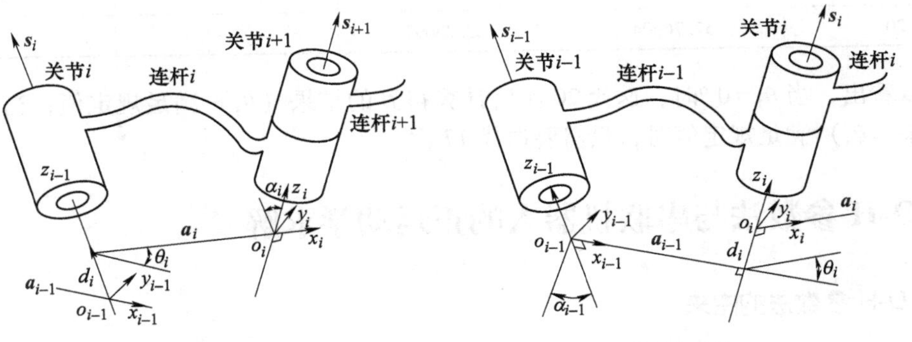

图7-7

转动关节坐标系及D-H参数的定义

为此，本书将重点讨论前置坐标系下的D-H参数法及其应用，辅之以对比介绍标准D-H参数法的相关知识。

7.3.2 前置坐标系下的D-H参数法

作为机器人的重要组成元素，各连杆都可看作刚体，其结构特征（这里只关注影响其运动学的结构参数）可通过连接它的两关节轴线的空间关系来确定；而各关节作为连杆的连接参数，也可通过与之相连的两连杆之间的位置关系来定义。换言之，每个连杆坐标系都对应着一组参数，包括两个连杆的结构参数（连杆长度与扭角，图 7-8）和两个连杆的连接参数（偏距与转角，图 7-9）。

1. 连杆 $i-1$ 的长度 $\boldsymbol{a}_{i-1}$

连杆 $i-1$ 的长度 a_{i-1}定义为关节 $i-1$ 轴线 $\boldsymbol{s}_{i-1}$与关节 i 轴线 $\boldsymbol{s}_i$ 的公垂线（或公法线）长度（图 7-8），它实际反映的是相邻两关节轴线之间的最短距离。显然，当两轴线相交时，$a_{i-1}=0$。

图 7-8 中故意将连杆画成弯曲的形状，就是为了说明 a_{i-1}与连杆的几何形状是无关的。

2. 连杆 $i-1$ 的扭角 α_{i-1}

连杆 $i-1$ 的扭角 α_{i-1}定义为关节 $i-1$ 轴线 $\boldsymbol{s}_{i-1}$与关节 i 轴线 $\boldsymbol{s}_i$ 之间的夹角（图 7-8），其取值范围为$-90°\sim+90°$；方向则遵循右手定则，从轴 $\boldsymbol{s}_{i-1}$转到轴 $\boldsymbol{s}_i$ 为正。若关节轴线平行，则 $\alpha_{i-1}=0°$。

3. 连杆 i 的偏距 d_i

连杆 i 的偏距 d_i 定义为从 $\boldsymbol{a}_{i-1}$ 与轴线 $\boldsymbol{s}_i$ 的交点到 $\boldsymbol{a}_i$ 与轴线 $\boldsymbol{s}_i$ 的交点的有向距离（图 7-9）。对于移动关节，d_i 为变量；而对于旋转关节，d_i 则为结构参数（常值）。

4. 关节 i 的转角 θ_i

关节 i 的转角 θ_i 定义为两连杆公法线 $\boldsymbol{a}_{i-1}$与 $\boldsymbol{a}_i$ 之间的夹角，其方向是以 d_i 方向为转轴方向，遵循右手定则绕 $\boldsymbol{s}_i$ 旋转，从 $\boldsymbol{a}_{i-1}$到 $\boldsymbol{a}_i$ 为正（图 7-9）。关节角 θ_i 实质反映的是连杆 i 相对连杆 $i-1$ 的转角。因此，对于旋转关节，θ_i 为变量；而对于移动关节，θ_i 则为结构参数（常值）。

注意：机器人的结构参数是由机器人本体结构特征决定的，当机械结构装配完成后，结构参数就不再发生变化。

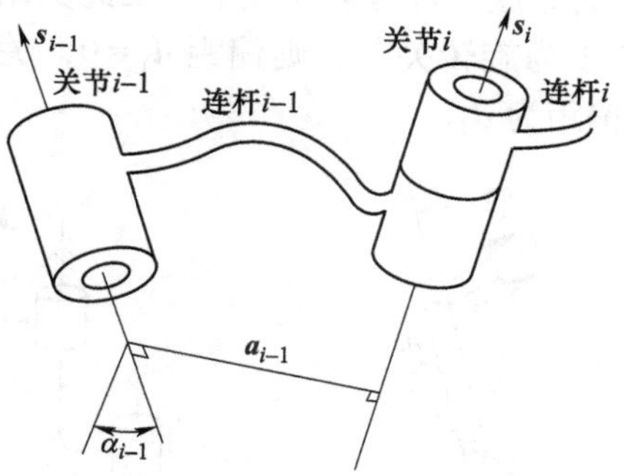

图 7-8

连杆结构参数定义

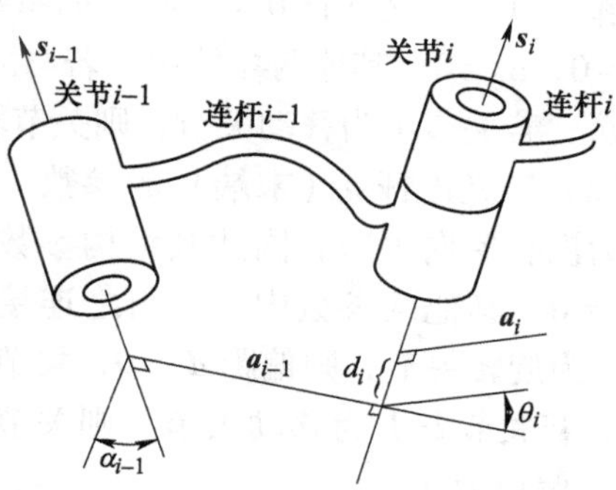

图 7-9

连杆连接参数的定义

D-H 参数法中，除了定义四个参数之外，还有一个重要部分，即对连杆坐标系自身进行定义。下面首先以中间连杆坐标系为例，给出相应的建立原则，如图 7-7b 所示。

（1）连杆坐标系 $\{i\}$　定义在关节 i 上，且与连杆 i 固连，原点取在 $\boldsymbol{a}_i$ 与关节轴线 $\boldsymbol{s}_i$ 的

交点处；z_i 轴与轴线 s_i 重合，x_i 轴沿 $\boldsymbol{a}_i$ 方向（由关节 i 指向关节 $i+1$），y_i 轴由右手定则确定。

除此之外，还存在两类特殊的连杆坐标系，即对基坐标系与末端连杆坐标系的特别规定，如图 7-10 所示。

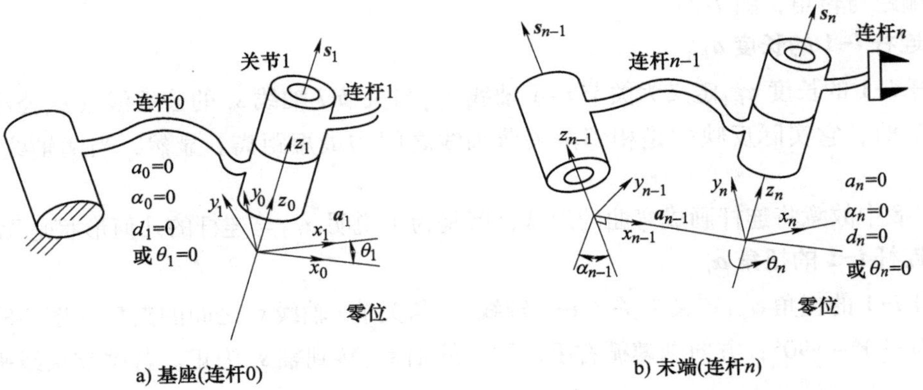

图 7-10

特殊连杆坐标系的定义

（2）基坐标系 {0} 该坐标系为惯性（固定不动）坐标系，理论上可以任意设定，但为使问题简化，常做一些特殊规定：令坐标系 {0} 的原点与坐标系 {1} 的原点重合，z_0 轴与 z_1 轴重合。当关节变量 $q_1=0$ 时，最好设定 {0} 与 {1} 重合。

（3）末端连杆坐标系 {n} 考虑到末端连杆 n 没有后向关节，因此，可设定 {n} 的原点在 $\boldsymbol{a}_{n-1}$ 与关节 n 轴线 $\boldsymbol{s}_n$ 的交点处，z_n 轴与关节 n 的轴线 $\boldsymbol{s}_n$ 重合。特别地，当关节变量 $q_n=0$ 时，最好设定 {$n-1$} 与 {n} 重合。

以上约定可使尽可能多的 D-H 参数为 0，从而简化运算。

【例 7-3】 两类特殊连杆（基座和末端，图 7-10）的参数定义。

解：（1）定义连杆 0（基座）的参数 由于杆 0 为基座，没有前向关节，因此其结构参数 $a_0=0$，$\alpha_0=0$。其他两参数中，若与之连接的关节 1 为旋转关节，则偏距 $d_1=0$，关节转角为 θ_1；若关节 1 为移动关节，则关节转角 $\theta_1=0$，偏距为 d_1。

（2）定义连杆 n（末端）的参数 由于杆 n 为没有后向关节，因此其结构参数 $a_n=0$，$\alpha_n=0$。其他两参数中，若与之连接的关节 $i-1$ 为旋转关节，则偏距 $d_n=0$，关节转角为 θ_n；若关节 $i-1$ 为移动关节，则关节转角 $\theta_n=0$，偏距为 d_n。

对于构件数为 n 的空间连杆机构而言，共需要建立（$n+1$）个连杆坐标系，包括基坐标系 {0}、中间连杆坐标系 {i} 和末端连杆坐标系 {n}。建立各连杆坐标系时，通常遵循的原则是先建立中间连杆坐标系，再建立基坐标系 {0} 和末端连杆坐标系 {n}。

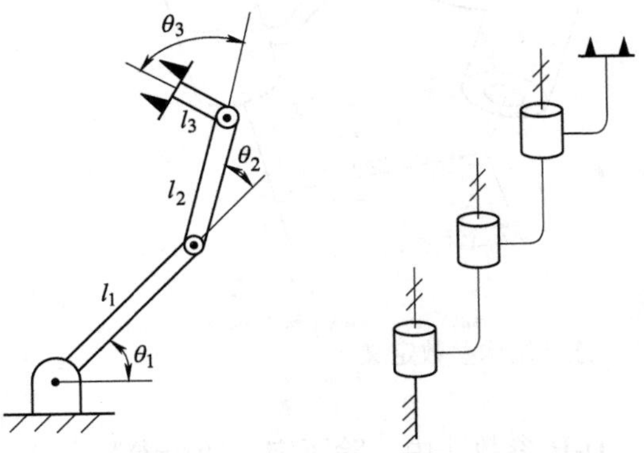

图 7-11

平面 3R 机器人

【例 7-4】　标出图 7-11 所示平面 3R 机器人的连杆坐标系，给出其 D-H 参数。

解：根据前面定义的规则很容易建立起各连杆坐标系，并给出相应的 D-H 参数，如图 7-12所示。

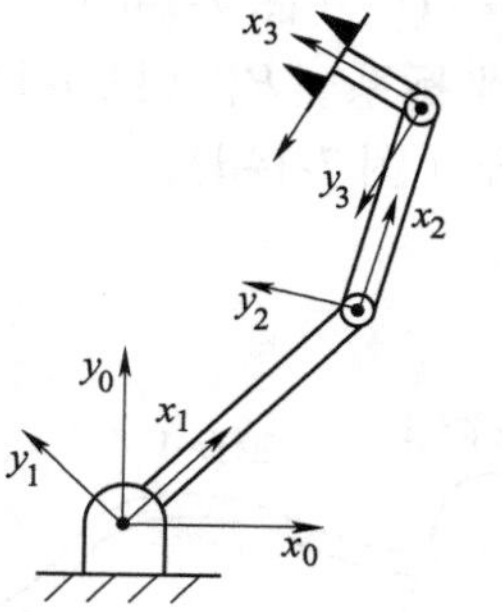

a) 连杆坐标系

i	α_{i-1}	a_{i-1}	d_i	θ_i
1	0°	0	0	θ_1
2	0°	l_1	0	θ_2
3	0°	l_2	0	θ_3

b) D-H参数

图 7-12

平面 3R 机器人的连杆坐标系及其 D-H 参数（前置坐标系下度量）

【例 7-5】　标出图 7-13 所示空间 3R 机器人的连杆坐标系，并给出其 D−H 参数。

解：根据前面定义的规则很容易建立起各连杆坐标系，并给出相应的 D-H 参数，如图 7-15所示。

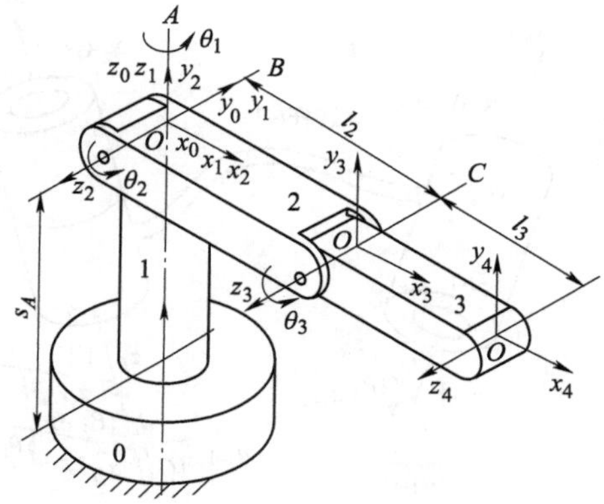

a) 连杆坐标系

i	α_{i-1}	a_{i-1}	d_i	θ_i
1	0°	0	0	θ_1
2	90°	0	s_A	θ_2
3	0°	l_2	0	θ_3
4	0°	0	l_3	0

b) D-H参数

图 7-13

空间 3R 机器人的连杆坐标系及其 D-H 参数

注意：上面例子中的连杆坐标系｛1｝和｛2｝并不是唯一的，有两种选择：它们的 z 轴可以是图示方向，也可以是图示的相反方向，相应的 D-H 参数也会发生变化。

7.3.3　前置坐标系下的 D-H 矩阵

建立了连杆坐标系，也就确定了相邻连杆的 D-H 参数。在此基础上，利用第 3 章有关连续坐标变换的知识，可给出相邻两杆之间位姿关系的描述。

如图 7-14a 所示，可通过以下四步导出从连杆坐标系 $\{i-1\}$ 到坐标系 $\{i\}$ 的齐次变换 ${}^{i-1}_{\ i}\boldsymbol{T}$。

1）系 $\{i-1\}$ 绕 x_{i-1} 轴（$\boldsymbol{a}_{i-1}$）旋转角 α_{i-1}，得到中间坐标系 $\{R\}$（图 7-14b）。

2）系 $\{R\}$ 沿 x_{i-1} 轴平移 a_{i-1}，得到中间坐标系 $\{Q\}$（图 7-14c）。

3）系 $\{Q\}$ 绕 z_i 轴（$\boldsymbol{s}_i$）旋转角 θ_i，得到中间坐标系 $\{P\}$（图 7-14d）。

4）系 $\{P\}$ 沿 z_i 轴平移 d_i，与坐标系 $\{i\}$ 重合（图 7-14d）。

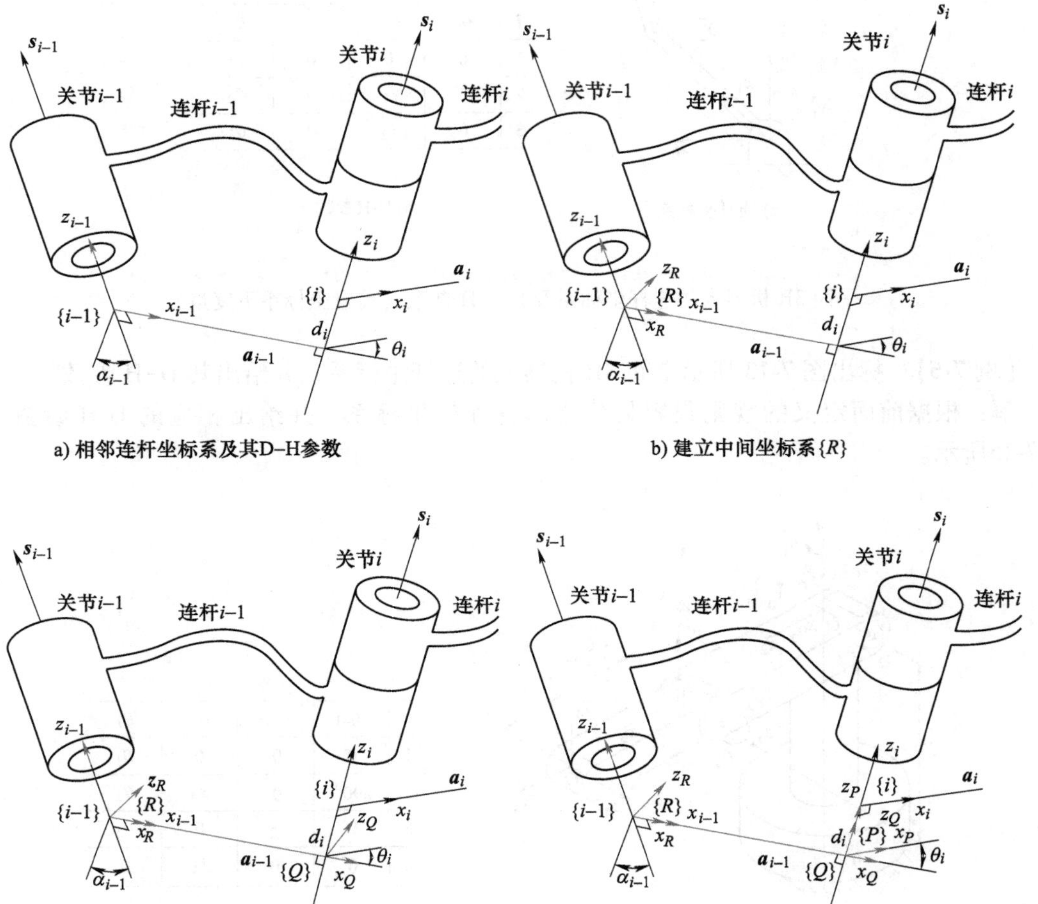

a) 相邻连杆坐标系及其D–H参数

b) 建立中间坐标系 $\{R\}$

c) 建立中间坐标系 $\{Q\}$

d) 建立中间坐标系 $\{P\}$

图 7-14

特殊连杆坐标系的定义

由于以上四步都是相对动坐标系描述的，遵循矩阵相乘“从左到右”的原则，因此得到

$$ {}^{i-1}_{\ i}\boldsymbol{T} = {}^{i-1}_{\ R}\boldsymbol{T}\,{}^{R}_{Q}\boldsymbol{T}\,{}^{Q}_{P}\boldsymbol{T}\,{}^{P}_{i}\boldsymbol{T} = \mathrm{Rot}(x,\ \alpha_{i-1})\,\mathrm{Trans}(x,\ a_{i-1})\,\mathrm{Rot}(z,\ \theta_i)\,\mathrm{Trans}(z,\ d_i) \tag{7.3-3} $$

式中

$$\mathrm{Rot}(x,\ \alpha_{i-1})=\begin{pmatrix}1 & 0 & 0 & 0\\ 0 & \cos\alpha_{i-1} & -\sin\alpha_{i-1} & 0\\ 0 & \sin\alpha_{i-1} & \cos\alpha_{i-1} & 0\\ 0 & 0 & 0 & 1\end{pmatrix},\ \mathrm{Trans}(x,\ a_{i-1})=\begin{pmatrix}1 & 0 & 0 & a_{i-1}\\ 0 & 1 & 0 & 0\\ 0 & 0 & 1 & 0\\ 0 & 0 & 0 & 1\end{pmatrix},$$

$$\mathrm{Rot}(z,\ \theta_i)=\begin{pmatrix}\cos\theta_i & -\sin\theta_i & 0 & 0\\ \sin\theta_i & \cos\theta_i & 0 & 0\\ 0 & 0 & 1 & 0\\ 0 & 0 & 0 & 1\end{pmatrix},\ \mathrm{Trans}(z,\ d_i)=\begin{pmatrix}1 & 0 & 0 & 0\\ 0 & 1 & 0 & 0\\ 0 & 0 & 1 & d_i\\ 0 & 0 & 0 & 1\end{pmatrix}$$

代入式（7.3-3），可得

$$ {}^{i-1}_{\ \ i}\boldsymbol{T}=\begin{pmatrix}\cos\theta_i & -\sin\theta_i & 0 & a_{i-1}\\ \sin\theta_i\cos\alpha_{i-1} & \cos\theta_i\cos\alpha_{i-1} & -\sin\alpha_{i-1} & -d_i\sin\alpha_{i-1}\\ \sin\theta_i\sin\alpha_{i-1} & \cos\theta_i\sin\alpha_{i-1} & \cos\alpha_{i-1} & d_i\cos\alpha_{i-1}\\ 0 & 0 & 0 & 1\end{pmatrix} \tag{7.3-4}$$

考虑到齐次变换矩阵${}^{i-1}_{\ \ i}\boldsymbol{T}$是由 D-H 参数所确定的，因此又称该矩阵为 D-H 矩阵。

【例 7-6】 在例 7-4 的基础上，给出对应各连杆坐标系的齐次变换矩阵。

解：对应各连杆坐标系的齐次变换矩阵为

$${}^0_1\boldsymbol{T}=\begin{pmatrix}\cos\theta_1 & -\sin\theta_1 & 0 & 0\\ \sin\theta_1 & \cos\theta_1 & 0 & 0\\ 0 & 0 & 1 & 0\\ 0 & 0 & 0 & 1\end{pmatrix},\ {}^{i-1}_{\ \ i}\boldsymbol{T}=\begin{pmatrix}\cos\theta_i & -\sin\theta_i & 0 & l_{i-1}\\ \sin\theta_i & \cos\theta_i & 0 & 0\\ 0 & 0 & 1 & 0\\ 0 & 0 & 0 & 1\end{pmatrix}\quad (i=2,\ 3) \tag{7.3-5}$$

【例 7-7】 在例 7-5 的基础上，给出对应各连杆坐标系的齐次变换矩阵。

解：对应各连杆坐标系的齐次变换矩阵为

$${}^0_1\boldsymbol{T}=\begin{pmatrix}\cos\theta_1 & -\sin\theta_1 & 0 & 0\\ \sin\theta_1 & \cos\theta_1 & 0 & 0\\ 0 & 0 & 1 & 0\\ 0 & 0 & 0 & 1\end{pmatrix},\ {}^1_2\boldsymbol{T}=\begin{pmatrix}\cos\theta_2 & -\sin\theta_2 & 0 & 0\\ 0 & 0 & -1 & 0\\ \sin\theta_2 & \cos\theta_2 & 0 & s_A\\ 0 & 0 & 0 & 1\end{pmatrix},$$

$${}^2_3\boldsymbol{T}=\begin{pmatrix}\cos\theta_3 & -\sin\theta_3 & 0 & l_2\\ \sin\theta_3 & \cos\theta_3 & 0 & 0\\ 0 & 0 & 1 & 0\\ 0 & 0 & 0 & 1\end{pmatrix} \tag{7.3-6}$$

7.3.4　基于改进 D-H 参数法的串联机器人位移分析

由前面的分析可知，串联机器人的正向位移求解完全可以通过将各个关节引起的刚体运动加以合成来实现。这是因为对于 n 自由度的串联机器人，在建立了各连杆坐标系及其对应的 D-H 参数后，便得到了相应的 n 个 D-H 矩阵，将所有矩阵按顺序相乘，即可计算出末端工具坐标系 $\{n\}$ 相对于基坐标系 $\{0\}$ 的位形。

对于具有 n 个关节的串联机器人而言，其位移求解的一般计算公式为

$$ {}_n^0\boldsymbol{T} = {}_1^0\boldsymbol{T}{}_2^1\boldsymbol{T}\cdots{}_n^{n-1}\boldsymbol{T} \tag{7.3-7} $$

式中，${}_n^0\boldsymbol{T}$ 为机器人末端执行器的位姿，且满足

$$ {}_n^0\boldsymbol{T} = \begin{pmatrix} {}_n^0\boldsymbol{R} & {}^0\boldsymbol{p} \\ 0 & 1 \end{pmatrix} \tag{7.3-8} $$

式（7.3-8）也称为串联机器人位移求解的**闭环方程**。

【例 7-8】 利用 D-H 参数法对例 7-4 中的平面 3R 机器人进行正向位移求解。

解：例 7-6 中已经给出了该机器人的 D-H 参数和相邻连杆坐标系间的齐次变换矩阵，进而可根据式（7.3-7）对其正运动学进行求解。

将式（7.3-5）代入式（7.3-7）中，得到

$$ {}_3^0\boldsymbol{T} = {}_1^0\boldsymbol{T}{}_2^1\boldsymbol{T}{}_3^2\boldsymbol{T} = \begin{pmatrix} \cos\theta_{123} & -\sin\theta_{123} & 0 & l_1\cos\theta_1 + l_2\cos\theta_{12} \\ \sin\theta_{123} & \cos\theta_{123} & 0 & l_1\sin\theta_1 + l_2\sin\theta_{12} \\ 0 & 0 & 1 & 0 \\ 0 & 0 & 0 & 1 \end{pmatrix} \tag{7.3-9} $$

式中，θ_{ij}是 $\theta_i+\theta_j$ 的简写，即 $\cos\theta_{ij}=\cos(\theta_i+\theta_j)$，$\sin\theta_{ij}=\sin(\theta_i+\theta_j)$，依此类推，并且适用于本书以后各章。如果用${}_n^0\boldsymbol{T}=f(x, y, \varphi)$表示机器人末端的位姿，则由式（7.3-9）可以得到

$$ \begin{cases} x = l_1\cos\theta_1 + l_2\cos\theta_{12} \\ y = l_1\sin\theta_1 + l_2\sin\theta_{12} \\ \varphi = \theta_{123} \end{cases} \tag{7.3-10} $$

【例 7-9】 利用 D-H 参数法对 PUMA 560 机器人（图 7-15a）进行正向位移分析。

解：首先建立各连杆坐标系，如图 7-15b 和图 7-15c 所示。相关连杆参数及其几何参数的取值见表 7-2。

表 7-2 PUMA 560 机器人的连杆参数

连杆 i	变量 θ_i	α_{i-1}	a_{i-1}	d_i	变量范围
1	θ_1	0°	0	0	−160°～160°
2	θ_2	−90°	0	d_2	−225°～45°
3	θ_3	0°	a_2	0	−45°～225°
4	θ_4	−90°	a_3	d_4	−110°～170°
5	θ_5	90°	0	0	−100°～100°
6	θ_6	−90°	0	0	−266°～266°

根据表 7-2 所列的连杆参数，可求得各连杆的齐次变换矩阵为

$$ {}_1^0\boldsymbol{T} = \begin{pmatrix} \cos\theta_1 & -\sin\theta_1 & 0 & 0 \\ \sin\theta_1 & \cos\theta_1 & 0 & 0 \\ 0 & 0 & 1 & 0 \\ 0 & 0 & 0 & 1 \end{pmatrix}, \quad {}_2^1\boldsymbol{T} = \begin{pmatrix} \cos\theta_2 & -\sin\theta_2 & 0 & 0 \\ 0 & 0 & 1 & d_2 \\ -\sin\theta_2 & -\cos\theta & 0 & 0 \\ 0 & 0 & 0 & 1 \end{pmatrix}, $$

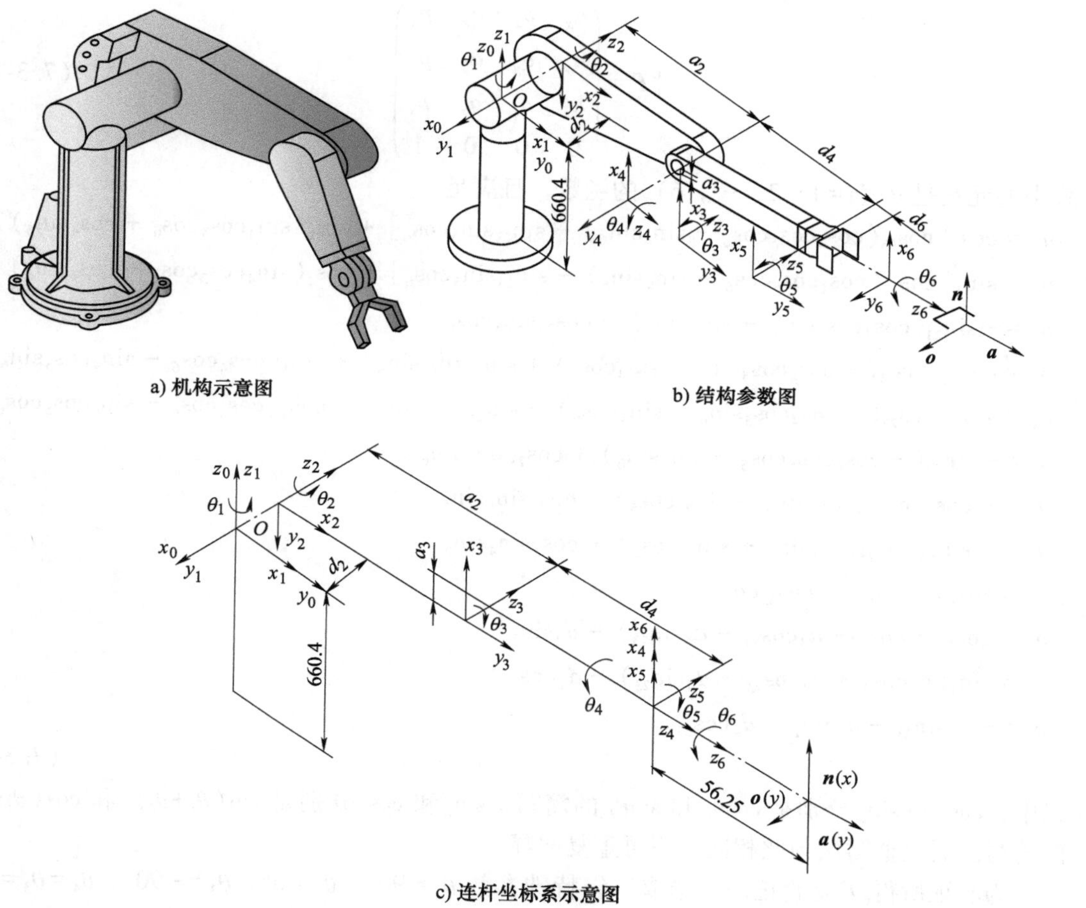

图 7-15

PUMA 560 机器人及其坐标系选取

$$
{}_3^2\boldsymbol{T}=\begin{pmatrix}\cos\theta_3 & -\sin\theta_3 & 0 & a_2\\ \sin\theta_3 & \cos\theta_3 & 0 & 0\\ 0 & 0 & 1 & 0\\ 0 & 0 & 0 & 1\end{pmatrix}\quad {}_4^3\boldsymbol{T}=\begin{pmatrix}\cos\theta_4 & -\sin\theta_4 & 0 & a_3\\ 0 & 0 & 1 & d_4\\ -\sin\theta_4 & -\cos\theta_4 & 0 & 0\\ 0 & 0 & 0 & 1\end{pmatrix},
$$

$$
{}_5^4\boldsymbol{T}=\begin{pmatrix}\cos\theta_5 & -\sin\theta_5 & 0 & 0\\ 0 & 0 & -1 & 0\\ \sin\theta_5 & \cos\theta_5 & 0 & 0\\ 0 & 0 & 0 & 1\end{pmatrix},\quad {}_6^5\boldsymbol{T}=\begin{pmatrix}\cos\theta_6 & -\sin\theta_6 & 0 & 0\\ 0 & 0 & 1 & 0\\ -\sin\theta_6 & -\cos\theta_6 & 0 & 0\\ 0 & 0 & 0 & 1\end{pmatrix}\tag{7.3-11}
$$

将式（7.3-11）代入式（7.3-7）中，得到该机器人的闭环方程为

$$
{}_6^0\boldsymbol{T}={}_1^0\boldsymbol{T}(\theta_1)\,{}_2^1\boldsymbol{T}(\theta_2)\,{}_3^2\boldsymbol{T}(\theta_3)\,{}_4^3\boldsymbol{T}(\theta_4)\,{}_5^4\boldsymbol{T}(\theta_5)\,{}_6^5\boldsymbol{T}(\theta_6)\tag{7.3-12}
$$

为各关节变量的函数。θ_i（$i=1, 2, \cdots, 6$）取不同值时，将得到不同的变换矩阵${}_6^0\boldsymbol{T}$，即

$$
{}_6^0\boldsymbol{T}=\begin{pmatrix} n_x & o_x & a_x & p_x \\ n_y & o_y & a_y & p_y \\ n_z & o_z & a_z & p_z \\ 0 & 0 & 0 & 1 \end{pmatrix} \tag{7.3-13}
$$

式中的元素是 θ_i（$i=1$，2，…，6）的函数，且满足

$$
\begin{aligned}
n_x &= \cos_1[\cos_{23}(\cos_4\cos_5\cos_6-\sin_4\sin_6)-\sin_{23}\sin_5\cos_6]+\sin_1(\sin_4\cos_5\cos_6+\cos_4\sin_6)\\
n_y &= \sin_1[\cos_{23}(\cos_4\cos_5\cos_6-\sin_4\sin_6)-\sin_{23}\sin_5\cos_6]-\cos_1(\sin_4\cos_5\cos_6+\cos_4\sin_6)\\
n_z &= -\sin_{23}(\cos_4\cos_5\cos_6-\sin_4\sin_6)-\cos_{23}\sin_5\cos_6\\
o_x &= \cos_1[\cos_{23}(-\cos_4\cos_5\sin_6-\sin_4\cos_6)+\sin_{23}\sin_5\sin_6]+\sin_1(\cos_4\cos_6-\sin_4\cos_5\sin_6)\\
o_y &= \sin_1[\cos_{23}(-\cos_4\cos_5\sin_6-\sin_4\cos_6)+\sin_{23}\sin_5\sin_6]-\cos_1(\cos_4\cos_6-\sin_4\cos_5\cos_6)\\
o_z &= -\sin_{23}(-\cos_4\cos_5\cos_6-\sin_4\sin_6)+\cos_{23}\sin_5\sin_6\\
a_x &= -\cos_1(\cos_{23}\cos_4\sin_5+\sin_{23}\cos_5)-\cos_1\sin_4\sin_5\\
a_y &= -\sin_1(\cos_{23}\cos_4\sin_5+\sin_{23}\cos_5)+\cos_1\sin_4\sin_5\\
a_z &= \sin_{23}\cos_4\sin_5-\cos_{23}\cos_5\\
p_x &= \cos_1(a_2\cos_2+a_3\cos_{23}-d_4\sin_{23})-d_2\sin_1\\
p_y &= \sin_1(a_2\cos_2+a_3\cos_{23}-d_4\sin_{23})-d_2\cos_1\\
p_z &= -a_3\sin_{23}-a_2\sin_2-d_4\cos_{23}
\end{aligned} \tag{7.3-14}
$$

式中，$\cos_i$ 和 $\sin_i$ 分别是 $\cos\theta_i$ 和 $\sin\theta_i$ 的简写；$\sin_{ij}$ 和 $\cos_{ij}$ 分别是 $\sin(\theta_i+\theta_j)$ 和 $\cos(\theta_i+\theta_j)$ 的简写。后类似写法与此相同，不再重复解释。

为验证所得${}_6^0\boldsymbol{T}$ 是否正确，选取一组特殊参数 $\theta_1=90°$，$\theta_2=0°$，$\theta_3=-90°$，$\theta_4=\theta_5=\theta_6=0°$，求对应的齐次变换矩阵${}_6^0\boldsymbol{T}$ 的值。直接给出计算结果

$$
{}_6^0\boldsymbol{T}=\begin{pmatrix} 0 & 1 & 0 & -d_2 \\ 0 & 0 & 1 & a_2+d_4 \\ 1 & 0 & 0 & a_3 \\ 0 & 0 & 0 & 1 \end{pmatrix} \tag{7.3-15}
$$

7.3.5 标准 D-H 参数法与串联机器人的正向运动学求解

下面再对后置坐标系及其正向位移求解问题做简单介绍。

首先对图 7-7a 中的各符号定义如下：

（1）连杆坐标系 $o_i\text{-}x_iy_iz_i$ 的建立原则　原点取在 $\boldsymbol{a}_i$ 与轴线 $\boldsymbol{s}_{i+1}$ 的交点处，z_i 轴沿轴线 $\boldsymbol{s}_{i+1}$ 方向，x_i 轴沿 $\boldsymbol{a}_i$ 方向。

（2）连杆 i 的长度 a_i　关节 i 轴线（z_{i-1}）与关节 $i+1$ 轴线（z_i）的公法线长度。

（3）连杆 i 的扭角 α_i　关节 i 轴线（z_{i-1}）到关节 $i+1$ 轴线（z_i）的转角，遵循右手定则。

（4）偏距 d_i　从 $\boldsymbol{a}_{i-1}(x_{i-1})$ 与轴线 $\boldsymbol{s}_i(z_{i-1})$ 的交点到 $\boldsymbol{a}_i(x_i)$ 与轴线 $\boldsymbol{s}_i(z_i)$ 交点的有向距离。

（5）关节 i 的转角 θ_i　连杆 i 相对连杆 i-1 的转角。

（6）基坐标系｛0｝与末端连杆坐标系｛n｝的选取　选取规则类同于前置坐标系的情况。

与前置坐标系的 D-H 参数定义进行对比，可以发现，其优点在于后置坐标系下，与连杆坐标系｛i｝相关的四个参数具有相同的下角标 i；而不足之处在于，关节变量没有在连杆本身的坐标系轴线上表达，因此显得不直观。

同样，从图 7-7a 中可以看到，每个连杆坐标系｛i｝都对应着四个参数：a_i、α_i、d_i 和 θ_i。也可通过以下四步导出从连杆坐标系｛i-1｝到坐标系｛i｝的齐次变换矩阵 ${}^{i-1}_{i}\boldsymbol{T}$：

1）绕 $\boldsymbol{s}_i$（z_{i-1}）轴转动 θ_i。

2）沿 $\boldsymbol{s}_i$（z_{i-1}）轴平移 d_i。

3）沿 $\boldsymbol{a}_i$（x_i）轴平移 a_i。

4）绕 $\boldsymbol{a}_i$（x_i）轴转动 α_i。

由于以上四步都是相对动坐标系描述的，遵循矩阵相乘“从左到右”的原则，因此得到

$$
\begin{aligned}
{}^{i-1}_{i}\boldsymbol{T} &= \mathrm{Rot}(z,\ \theta_i)\mathrm{Trans}(z,\ d_i)\mathrm{Rot}(x,\ \alpha_i)\mathrm{Trans}(x,\ a_i)\\
&= \begin{pmatrix}
\cos\theta_i & -\sin\theta_i\cos\alpha_i & \sin\theta_i\sin\alpha_i & a_i\cos\theta_i\\
\sin\theta_i & \cos\theta_i\cos\alpha_i & -\cos\theta_i\sin\alpha_i & a_i\sin\theta_i\\
0 & \sin\alpha_i & \cos\alpha_i & d_i\\
0 & 0 & 0 & 1
\end{pmatrix}
\end{aligned}
\tag{7.3-16}
$$

与前置坐标系的情况类似，在建立了后置坐标系下的各连杆坐标系及其对应的 D-H 参数之后，便得到了相应的 D-H 矩阵；再将所有矩阵按顺序相乘，即可得到该串联机器人的位移正解方程，其形式与式（7.3-7）完全相同。

【例 7-10】 利用标准 D-H 参数法对图 7-16a 所示的平面 3R 机器人进行正向位移求解。

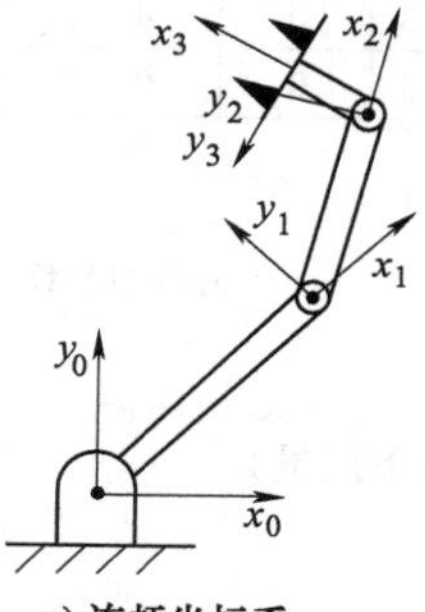

a) 连杆坐标系

i	α_i	a_i	d_i	θ_i
1	0	l_1	0	θ_1
2	0	l_2	0	θ_2
3	0	l_3	0	θ_3

b) D–H参数

图 7-16

平面 3R 机器人的连杆坐标系及其 D-H 参数（后置坐标系下度量）

解：根据相关规则，很容易建立起连杆坐标系，并给出相应的 D-H 参数，如图 7-16b 所示。对应各连杆坐标系的齐次变换矩阵为

$$
{}^{i-1}_{\ i}\boldsymbol{T}=\begin{pmatrix}\cos\theta_i & -\sin\theta_i & 0 & l_i\cos\theta_i\\ \sin\theta_i & \cos\theta_i & 0 & l_i\sin\theta_i\\ 0 & 0 & 1 & 0\\ 0 & 0 & 0 & 1\end{pmatrix}\quad (i=1,\ 2,\ 3) \tag{7.3-17}
$$

再根据式（7.3-7）对其正运动学进行求解。具体而言，将式（7.3-17）代入式（7.3-7）中，得到

$$
{}^{0}_{3}\boldsymbol{T}={}^{0}_{1}\boldsymbol{T}{}^{1}_{2}\boldsymbol{T}{}^{2}_{3}\boldsymbol{T}=\begin{pmatrix}\cos\theta_{123} & -\sin\theta_{123} & 0 & l_1\cos\theta_1+l_2\cos\theta_{12}+l_3\cos\theta_{123}\\ \sin\theta_{123} & \cos\theta_{123} & 0 & l_1\sin\theta_1+l_2\sin\theta_{12}+l_3\sin\theta_{123}\\ 0 & 0 & 1 & 0\\ 0 & 0 & 0 & 1\end{pmatrix} \tag{7.3-18}
$$

如果用${}^{0}_{n}\boldsymbol{T}=f(x,y,\varphi)$表示机器人末端的位姿，则由式（7.3-18）可以得到

$$
\begin{cases}x=l_1\cos\theta_1+l_2\cos\theta_{12}+l_3\cos\theta_{123}\\ y=l_1\sin\theta_1+l_2\sin\theta_{12}+l_3\sin\theta_{123}\\ \varphi=\theta_{123}\end{cases} \tag{7.3-19}
$$

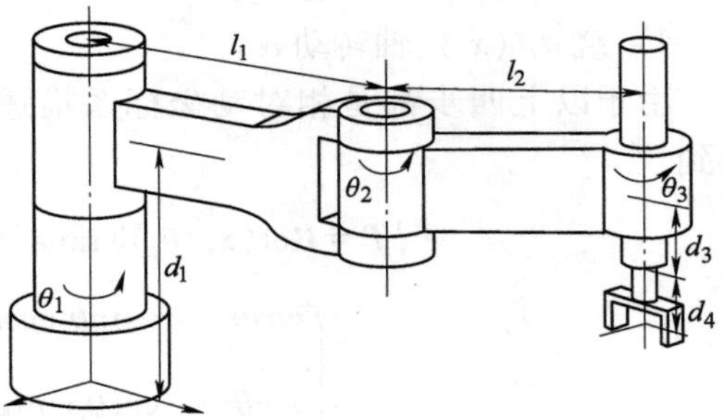

图 7-17

SCARA 机器人的各参数分布

【例 7-11】 利用标准 D-H 参数法对图 7-17 所示 SCARA 机器人进行正向位移求解。

解： 根据相关规则很容易建立起连杆坐标系，并给出相应的 D-H 参数，如图 7-18 所示。

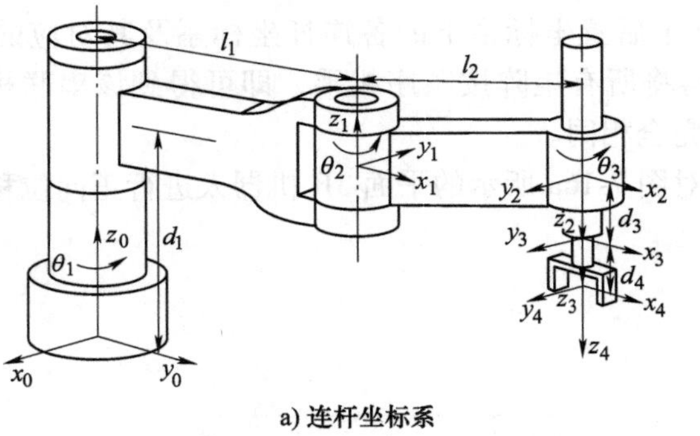

a) 连杆坐标系

i	α_i	a_i	d_i	θ_i
1	0	l_1	d_1	θ_1
2	π	l_2	0	θ_2
3	0	0	d_3	θ_3
4	0	0	d_4	0

b) D–H参数

图 7-18

SCARA 机器人的连杆坐标系及其 D-H 参数（后置坐标系下度量）

对应各连杆坐标系的齐次变换矩阵为

$$
{}^{0}_{1}\boldsymbol{T}=\begin{pmatrix}\cos\theta_1 & -\sin\theta_1 & 0 & l_1\cos\theta_1\\ \sin\theta_1 & \cos\theta_1 & 0 & l_1\sin\theta_1\\ 0 & 0 & 1 & d_1\\ 0 & 0 & 0 & 1\end{pmatrix},\quad {}^{1}_{2}\boldsymbol{T}=\begin{pmatrix}\cos\theta_2 & \sin\theta_2 & 0 & l_2\cos\theta_2\\ \sin\theta_2 & -\cos\theta_2 & 0 & l_2\sin\theta_2\\ 0 & 0 & -1 & 0\\ 0 & 0 & 0 & 1\end{pmatrix}
$$

$$
{}_3^2\boldsymbol{T}=\begin{pmatrix}\cos\theta_3 & -\sin\theta_3 & 0 & 0\\ \sin\theta_3 & \cos\theta_3 & 0 & 0\\ 0 & 0 & 1 & d_3\\ 0 & 0 & 0 & 1\end{pmatrix},\quad {}_4^3\boldsymbol{T}=\begin{pmatrix}1 & 0 & 0 & 0\\ 0 & 1 & 0 & 0\\ 0 & 0 & 1 & d_4\\ 0 & 0 & 0 & 1\end{pmatrix} \tag{7.3-20}
$$

再根据式（7.3-7）对其正运动学进行求解。具体而言，将式（7.3-20）代入式（7.3-7）中，得到

$$
{}_4^0\boldsymbol{T}={}_1^0\boldsymbol{T}{}_2^1\boldsymbol{T}{}_3^2\boldsymbol{T}{}_4^3\boldsymbol{T}=\begin{pmatrix}\cos\theta_{123} & -\sin\theta_{123} & 0 & -l_1\sin\theta_1-l_2\sin\theta_{12}\\ \sin\theta_{123} & \cos\theta_{123} & 0 & l_1\cos\theta_1+l_2\cos\theta_{12}\\ 0 & 0 & -1 & d_1-d_3-d_4\\ 0 & 0 & 0 & 1\end{pmatrix} \tag{7.3-21}
$$

如果用${}_n^0\boldsymbol{T}=f(x, y, z, \varphi)$表示机器人末端的位姿，则由式（7.3-21）可以得到

$$
\begin{cases}x=-l_1\sin\theta_1-l_2\sin\theta_{12}\\ y=l_1\cos\theta_1+l_2\cos\theta_{12}\\ z=d_1-d_3-d_4\\ \varphi=\theta_{123}\end{cases} \tag{7.3-22}
$$

【例 7-12】　利用标准 D-H 参数法对图 7-19a 所示空间 3R 机器人进行正向位移求解。

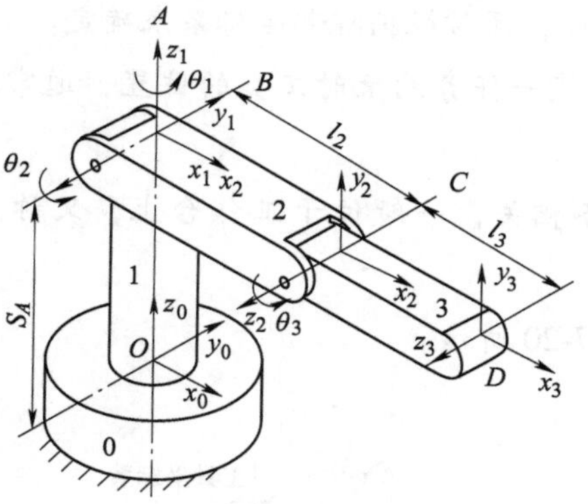

a) 连杆坐标系

i	α_i	a_i	d_i	θ_i
1	0°	0	S_A	θ_1
2	90°	l_2	0	θ_2
3	0°	l_3	0	θ_3

b) D-H参数

图 7-19

空间 3R 机器人及其 D-H 参数（后置坐标系下度量）

解：首先给出该机器人的 D-H 参数（图 7-19b），然后建立相邻连杆坐标系间的齐次变换矩阵

$$
{}_1^0\boldsymbol{T}=\begin{pmatrix}\cos\theta_1 & -\sin\theta_1 & 0 & 0\\ \sin\theta_1 & \cos\theta_1 & 0 & 0\\ 0 & 0 & 1 & s_A\\ 0 & 0 & 0 & 1\end{pmatrix},\quad {}_2^1\boldsymbol{T}=\begin{pmatrix}\cos\theta_2 & -\sin\theta_2 & 0 & l_2\\ 0 & 0 & -1 & 0\\ \sin\theta_2 & \cos\theta_2 & 0 & 0\\ 0 & 0 & 0 & 1\end{pmatrix},
$$

$$
{}^{2}_{3}\boldsymbol{T} = \begin{pmatrix} \cos\theta_3 & -\sin\theta_3 & 0 & l_3 \\ \sin\theta_3 & \cos\theta_3 & 0 & 0 \\ 0 & 0 & 1 & 0 \\ 0 & 0 & 0 & 1 \end{pmatrix} \tag{7.3-23}
$$

由此可求得从坐标系 0 到坐标系 3 的组合坐标变换矩阵${}^{0}_{3}\boldsymbol{T}$

$$
{}^{0}_{3}\boldsymbol{T} = {}^{0}_{1}\boldsymbol{T}{}^{1}_{2}\boldsymbol{T}{}^{2}_{3}\boldsymbol{T} \tag{7.3-24}
$$

求得空间 3R 机器人的正向位移解为

$$
{}^{0}_{3}\boldsymbol{T} = \begin{pmatrix} l_2\cos\theta_1\cos\theta_2 + l_3\cos\theta_1\cos(\theta_2+\theta_3) \\ l_2\sin\theta_1\cos\theta_2 + l_3\sin\theta_1\cos(\theta_2+\theta_3) \\ s_A + l_2\sin\theta_2 + l_3\sin(\theta_2+\theta_3) \end{pmatrix} \tag{7.3-25}
$$

【小知识】工业机器人中特殊坐标系的命名

在传统工业机器人中，总要命名一些具有特殊含义的坐标系。

基坐标系 $\{\boldsymbol{B}\}$：通常是指与机器人基座固连的坐标系，一般定义为 $\{0\}$ 系。

腕部坐标系 $\{\boldsymbol{W}\}$：与机器人末端杆固连，原点位于手腕中心位置。

工具坐标系 $\{\boldsymbol{T}\}$：与机器人末端工具固连，通常根据腕部坐标系来确定。

目标坐标系 $\{\boldsymbol{G}\}$：用于描述机器人执行某一任务结束时工具的位置，通常根据工作台坐标系来确定。

任务坐标系 $\{\boldsymbol{S}\}$：与机器人执行的任务相关，一般位于工作台上，又称为工作台坐标系。

工业机器人中的特殊坐标系示意图如图 7-20 所示。

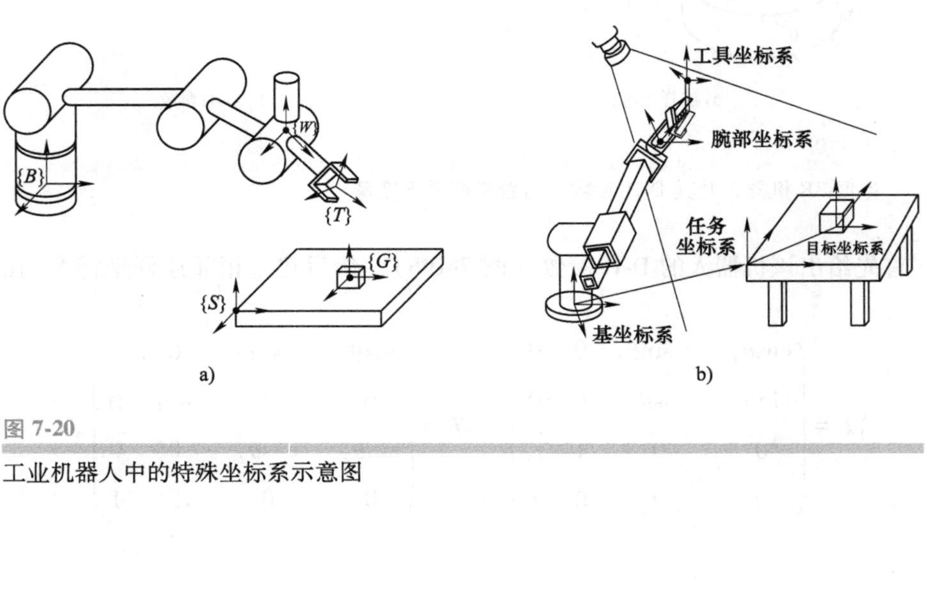

图 7-20

工业机器人中的特殊坐标系示意图

7.4 串联机器人的位移反解

串联机器人的**位移反解**正好与其位移正解相反，是指给定工具坐标系所期望的位形，找出与该位形相对应的各个关节输出。

对串联机器人而言，当关节变量已知时，末端的位置一般是唯一的，即位移正解是唯一的，求解相对简单。但对于其位移反解问题，情况又如何呢？以上节给出的运动学公式为例，重写如下

$$ {}^{0}_{6}\boldsymbol{T} = {}^{0}_{1}\boldsymbol{T}(q_1){}^{1}_{2}\boldsymbol{T}(q_2){}^{2}_{3}\boldsymbol{T}(q_3){}^{3}_{4}\boldsymbol{T}(q_4){}^{4}_{5}\boldsymbol{T}(q_5){}^{5}_{6}\boldsymbol{T}(q_6) = \begin{pmatrix} r_{11} & r_{12} & r_{13} & p_1 \\ r_{21} & r_{22} & r_{23} & p_2 \\ r_{31} & r_{32} & r_{33} & p_3 \\ 0 & 0 & 0 & 1 \end{pmatrix} \tag{7.4-1} $$

式中，r_{ij}、p_i是已知值，待求值为 q_i。换句话说，串联机器人位移反解的过程可以归结为求解其逆运动学模型的过程，即

$$ q_{1\sim n} = f_{1\sim n}(r_{11},\ \cdots,\ r_{33},\ p_1,\ p_2,\ p_3) \tag{7.4-2} $$

以 PUMA560 机器人位移反解的求解为例，从式（7.3-14）给出的 12 个等式中可得到该机器人的位移正解；反过来，如果利用该方程求解其位移反解，却发现比求解正解时困难。由于待求的是关节角，方程中存在大量的反三角函数，且变量之间相互耦合，可能产生超越方程（导致无解析解）。

考虑到一般性，关节量之间相互耦合，往往会造成求解方程的**非线性**，导致或者存在**封闭解**，或者只能进行**数值求解**，从而给串联机器人运动学反解的求解带来一定的困难。更为麻烦的是，这种反解一般为多解，不具有唯一性。这从 7.2.1 小节中平面 2R 机器人的简单实例中便可以看出。

相比串联机器人位移正解的求解而言，其逆运动学问题要复杂得多。例如：

1）运动学方程通常为非线性，可能导致无封闭解或解析解，只有数值解。

2）可能存在多解，视运动学方程的最高次数而定。

3）可能存在无穷多个解，如运动学冗余的情况。

4）可能不存在可行解，如运动学奇异的情况。

由于数值解法的迭代特性（由 7.2.2 小节的例子可以看到），它一般要比相应解析解法的求解速度慢得多，由此产生的误差也会影响机器人的末端精度。而上述四种情况的发生，均是由机器人的特殊结构特征所导致的。因此，为使机器人的反解问题变得简单且有封闭解，机器人的特殊构型设计变得非常重要和必要。例如，Pieper 就曾提出对于 6-DoF 的串联机器人而言，当其中有三个相邻轴交于一点或相互平行时，该机器人的位移反解就具有解析解[20]（本节后面有相应证明）。而此结论也间接验证了现有得到成功应用的工业机器人大都采用特殊构型的原因。

对于转动轴线位置任意分布的 6-DoF 串联机器人而言，虽然工程价值不大，但其理论意义却十分重要。机构学国际资深学者 Freudenstein 教授于 1973 年在 *Mechanism and Machine Theory*（*MMT*）期刊上发表的综述性论文《机构学的过去、现在和将来》中，把用空间任

意方向的七个转动副轴连接的、由七个空间刚性连杆组成的七杆机构的位移分析，比喻为机构运动学分析中的“珠穆朗玛峰”。李宏友和廖启征两名博士生，在北京邮电大学梁崇高教授和北京航空航天大学张启先教授的指导下，利用新的向量法与复数法，伴以投影半角正切定理及混合关系式，圆满地解决了 7R 机构的位移分析问题，实质上也解决了轴线任意分布的 6R 串联机器人位移反解求解的难题。

鉴于串联机器人逆运动学求解的复杂性、多解性，下面先看几个反解求解的例子。

【例 7-13】 对图 7-11 所示的平面 3R 机器人求位移反解。

解：平面 3R 机器人的位移正解方程已在前面给出，现在求解该问题的逆问题：即已知末端执行器的某一位姿$(x, y, \varphi)^{\mathrm{T}}$，求对应的三个关节变量值。

解法一：**代数法**。根据式（7.3-19），可得

$$\begin{cases} x = l_1\cos\theta_1 + l_2\cos\theta_{12} + l_3\cos\theta_{123} \\ y = l_1\sin\theta_1 + l_2\sin\theta_{12} + l_3\sin\theta_{123} \\ \varphi = \theta_{123} \end{cases} \tag{7.4-3}$$

对式（7.4-3）进行变换，得到

$$\begin{cases} x' = x - l_3\cos\varphi = l_2\cos\theta_{12} + l_1\cos\theta_1 \\ y' = y - l_3\sin\varphi = l_2\sin\theta_{12} + l_1\sin\theta_1 \\ \varphi = \theta_{123} \end{cases} \tag{7.4-4}$$

对式（7.4-4）中前两个等式两边求二次方后再相加，得到

$$l_1^2 + l_2^2 + 2l_1l_2\cos\theta_2 = x'^2 + y'^2 \tag{7.4-5}$$

即

$$\cos\theta_2 = \frac{x'^2 + y'^2 - l_1^2 - l_2^2}{2l_1l_2} \tag{7.4-6}$$

$$\sin\theta_2 = \pm\sqrt{1 - \cos^2\theta_2} \tag{7.4-7}$$

$$\theta_2 = \mathrm{Atan2}(\sin\theta_2,\ \cos\theta_2) \tag{7.4-8}$$

确定 θ_2之后，再来求解 θ_1。将 θ_2代入式（7.4-4）中，求得

$$\cos\theta_1 = \frac{(l_1 + l_2\cos\theta_2)x' + l_2\sin\theta_2 y'}{x'^2 + y'^2} \tag{7.4-9}$$

$$\sin\theta_1 = \frac{(l_1 + l_2\cos\theta_2)\ y' - l_2\sin\theta_2 x'}{x'^2 + y'^2} \tag{7.4-10}$$

$$\theta_1 = \mathrm{Atan2}(\sin\theta_1,\ \cos\theta_1) \tag{7.4-11}$$

最后再由式（7.4-4）可得

$$\theta_3 = \varphi - \theta_1 - \theta_2 \tag{7.4-12}$$

解法二：**几何法**。还可应用几何法对平面 3R 机器人求位移反解，如图 7-21 所示。显然，由余弦定理很容易导出与代数法完全相同的结果，具体过程从略。

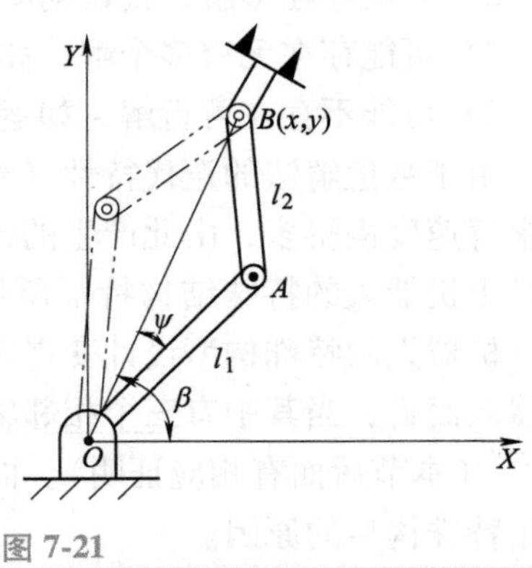

图 7-21

几何法求解 3R 机器人逆运动学示意图

对这个例子进行分析、对比，可以发现：

1）无论采用代数法还是几何法，都可以得到该机器人位移反解的解析表达式，即存在

封闭解。

2）不同于位移正解的唯一性，位移反解存在多解。对于平面 3R 机器人，基本上末端每个位姿都存在两组解（图中实线与双点画线所示位形分别对应同一末端位形下的两组不同的位移反解）。

【例 7-14】 对例 7-12 中的空间 3R 机器人求位移反解。

解：由式（7.3-26）可知，该机器人满足

$$\begin{cases} x_D = l_2\cos\theta_1\cos\theta_2 + l_3\cos\theta_1\cos(\theta_2+\theta_3) \\ y_D = l_2\sin\theta_1\cos\theta_2 + l_3\sin\theta_1\cos(\theta_2+\theta_3) \\ z_D - s_A = l_2\sin\theta_2 + l_3\sin(\theta_2+\theta_3) \end{cases} \tag{7.4-13}$$

对式（7.4-13）两边求二次方并相加，得到

$$x_D^2 + y_D^2 + (z_D - s_A)^2 = l_2^2 + l_3^2 + 2l_2l_3\cos\theta_3 \tag{7.4-14}$$

由此可得

$$\theta_3 = \arccos\frac{x_D^2 + y_D^2 + (z_D - s_A)^2 - l_2^2 - l_3^2}{2l_2l_3} \tag{7.4-15}$$

对应有两组解。再由式（7.4-13）可得

$$\theta_1 = \arctan\frac{y_D}{x_D} \tag{7.4-16}$$

$$\theta_2 = \arctan\frac{(z_D - s_A)(l_2 + l_3\cos\theta_3)\cos\theta_1 - x_Dl_3\sin\theta_3}{x_D(l_2 + l_3\cos\theta_3) + (z_D - s_A)l_3\sin\theta_3\cos\theta_1} \tag{7.4-17}$$

式中，$\sin\theta_3 = \pm\sqrt{1-\cos^2\theta_3}$。

【例 7-15】 对例 7-9 中的 PUMA560 机器人求位移反解。

解：重新写出运动方程

$$ {}_6^0\boldsymbol{T} = \begin{pmatrix} n_x & o_x & a_x & p_x \\ n_y & o_y & a_y & p_y \\ n_z & o_z & a_z & p_z \\ 0 & 0 & 0 & 1 \end{pmatrix} = {}_1^0\boldsymbol{T}(\theta_1)\,{}_2^1\boldsymbol{T}(\theta_2)\,{}_3^2\boldsymbol{T}(\theta_3)\,{}_4^3\boldsymbol{T}(\theta_4)\,{}_5^4\boldsymbol{T}(\theta_5)\,{}_6^5\boldsymbol{T}(\theta_6) \tag{7.4-18}$$

若末端连杆的位姿已经给定，即式（7.4-18）中${}_6^0\boldsymbol{T}$的元素均为已知，则求关节变量 θ_1，θ_2，…，θ_6的值称为求位移反解。

对于关节变量较多的串联机器人，由于关节之间高度耦合，需要进行逐次消元，以达到简化求反解的目的。为此，可利用 **Paul 反变换法**来实现。具体而言，对于一般性的串联机器人运动学方程

$${}_1^0\boldsymbol{T}(\theta_1)\,{}_2^1\boldsymbol{T}(\theta_2)\cdots{}_n^{n-1}\boldsymbol{T}(\theta_n) = {}_n^0\boldsymbol{T} \tag{7.4-19}$$

左乘${}_1^0\boldsymbol{T}^{-1}$，得到

$$ {}^{1}_{2}\boldsymbol{T}(\theta_2)\cdots{}^{n-1}_{n}\boldsymbol{T}(\theta_n)={}^{0}_{1}\boldsymbol{T}^{-1}{}^{0}_{n}\boldsymbol{T} \tag{7.4-20} $$

从等式两边矩阵对应的元素中寻找**含单关节变量的等式**，进而解出该变量。不断重复此过程，直到解出所有变量。下面以 PUMA560 机器人为例，给出具体求解过程。

（1）求 θ_1　考虑到具体的关节数，式（7.4-19）与式（7.4-20）可写成

$$ {}^{0}_{1}\boldsymbol{T}(\theta_1){}^{1}_{2}\boldsymbol{T}(\theta_2)\cdots{}^{5}_{6}\boldsymbol{T}(\theta_6)={}^{0}_{6}\boldsymbol{T} \tag{7.4-21} $$

用逆变换${}^{0}_{1}\boldsymbol{T}^{-1}$左乘方程式（7.4-21）两边，得

$$ {}^{1}_{2}\boldsymbol{T}(\theta_2)\cdots{}^{5}_{6}\boldsymbol{T}(\theta_6)={}^{0}_{1}\boldsymbol{T}^{-1}{}^{0}_{6}\boldsymbol{T}={}^{1}_{6}\boldsymbol{T} $$

即

$$ \begin{pmatrix} \cos_1 & \sin_1 & 0 & 0 \\ -\sin_1 & \cos_1 & 0 & 0 \\ 0 & 0 & 1 & 0 \\ 0 & 0 & 0 & 1 \end{pmatrix}\begin{pmatrix} n_x & o_x & a_x & p_x \\ n_y & o_y & a_y & p_y \\ n_z & o_z & a_z & p_z \\ 0 & 0 & 0 & 1 \end{pmatrix}={}^{1}_{6}\boldsymbol{T} \tag{7.4-22} $$

为进一步求解，不妨先把求解过程中要用到的几个中间变换矩阵求出，具体如下：

$$ {}^{4}_{6}\boldsymbol{T}=\begin{pmatrix} \cos_5\cos_6 & -\cos_5\sin_6 & -\sin_5 & 0 \\ \sin_6 & \cos_6 & 0 & 0 \\ \sin_5\sin_6 & -\sin_5\cos_6 & \cos_5 & 0 \\ 0 & 0 & 0 & 1 \end{pmatrix} \tag{7.4-23} $$

$$ {}^{3}_{6}\boldsymbol{T}={}^{3}_{4}\boldsymbol{T}{}^{4}_{6}\boldsymbol{T}=\begin{pmatrix} \cos_4\cos_5\cos_6-\sin_4\sin_6 & -\cos_4\cos_5\sin_6-\sin_4\cos_6 & -\cos_4\sin_5 & a_3 \\ \sin_5\sin_6 & -\sin_5\cos_6 & \cos_5 & d_4 \\ -\sin_4\sin_5\sin_6-\cos_4\sin_6 & \sin_4\cos_5\sin_6-\cos_4\cos_6 & \sin_4\sin_5 & 0 \\ 0 & 0 & 0 & 1 \end{pmatrix} \tag{7.4-24} $$

$$ {}^{1}_{3}\boldsymbol{T}={}^{1}_{2}\boldsymbol{T}{}^{2}_{3}\boldsymbol{T}=\begin{pmatrix} \cos_{23} & -\sin_{23} & 0 & a_2\cos_2 \\ 0 & 0 & 1 & d_2 \\ -\sin_{23} & -\cos_{23} & 0 & -a_2\sin_2 \\ 0 & 0 & 0 & 1 \end{pmatrix} \tag{7.4-25} $$

由式（7.4-24）和式（7.4-25）可得${}^{1}_{6}\boldsymbol{T}$，即

$$ {}^{1}_{6}\boldsymbol{T}={}^{1}_{3}\boldsymbol{T}{}^{3}_{6}\boldsymbol{T} \tag{7.4-26} $$

令

$$ {}^{1}_{6}\boldsymbol{T}=\begin{pmatrix} {}^{1}n_x & {}^{1}o_x & {}^{1}a_x & {}^{1}p_x \\ {}^{1}n_y & {}^{1}o_y & {}^{1}a_y & {}^{1}p_y \\ {}^{1}n_z & {}^{1}o_z & {}^{1}a_z & {}^{1}p_z \\ 0 & 0 & 0 & 1 \end{pmatrix} \tag{7.4-27} $$

由式（7.4-26）和式（7.4-27），可导出

$$
\begin{aligned}
{}^1n_x &= \cos_{23}(\cos_4\cos_5\cos_6 - \sin_4\sin_6) - \sin_{23}\sin_5\cos_6 \\
{}^1n_y &= \sin_4\cos_5\cos_6 - \cos_4\sin_6 \\
{}^1n_z &= -\sin_{23}(\cos_4\cos_5\cos_6 - \sin_4\sin_6) - \cos_{23}\sin_5\cos_6 \\
{}^1o_x &= -\cos_{23}(\cos_4\cos_5\sin_6 + \sin_4\cos_6) + \sin_{23}\sin_5\sin_6 \\
{}^1o_y &= \sin_4\cos_5\sin_6 - \cos_4\cos_6 \\
{}^1o_z &= \sin_{23}(\cos_4\cos_5\sin_6 + \sin_4\cos_6) + \cos_{23}\sin_5\sin_6 \\
{}^1a_x &= -\cos_{23}\cos_4\sin_5 - \sin_{23}\cos_5 \\
{}^1a_y &= \sin_4\sin_5 \\
{}^1a_z &= \sin_{23}\cos_4\sin_5 - \cos_{23}\cos_5 \\
{}^1p_x &= a_2\cos_2 \boxed{+ a_3\cos_{23} - d_4\sin_{23}} \\
{}^1p_y &= d_2 \\
{}^1p_z &= -a_2\sin_2 \boxed{- a_3\sin_{23} - d_4\cos_{23}}
\end{aligned}
\tag{7.4-28}
$$

令式（7.4-27）两端第二行第四列（2，4）对应的元素相等，结合式（7.4-22）的计算结果，可得

$$
-p_x\sin_1 + p_y\cos_1 = d_2 = {}^1p_y \tag{7.4-29}
$$

这是一个只含有未知数 θ_1 的三角函数方程，很容易求解，这里不再赘述。

（2）求 θ_3、θ_2　在选定 θ_1 的一个解后，令式（7.4-27）两端（1，4）和（3，4）对应的元素分别相等，可得两方程

$$
\begin{cases}
\cos_1 p_x + \sin_1 p_y = a_3\cos_{23} - d_4\sin_{23} + a_2\cos_2 \\
-p_z = a_3\sin_{23} + d_4\cos_{23} + a_2\sin_2
\end{cases}
\tag{7.4-30}
$$

化简以上两式，消去 θ_2 得

$$
a_3\cos_3 - d_4\sin_3 = k \tag{7.4-31}
$$

式中

$$
k = \frac{p_x^2 + p_y^2 + p_z^2 - a_2^2 - a_3^2 - d_2^2 - d_4^2}{2a_2} \tag{7.4-32}
$$

将 θ_3 解出后代回式（7.4-31），即可求出 θ_2。

（3）求 θ_4、θ_5　写出相应的矩阵方程

$$
{}^0_3\boldsymbol{T}^{-1}\,{}^0_6\boldsymbol{T} = {}^3_4\boldsymbol{T}(\theta_4)\,{}^4_5\boldsymbol{T}(\theta_5)\,{}^5_6\boldsymbol{T}(\theta_6) = {}^3_6\boldsymbol{T} \tag{7.4-33}
$$

式（7.4-24）已经给出了 ${}^3_6\boldsymbol{T}$ 的值，这里重写一下。

$$
{}^3_6\boldsymbol{T} = {}^3_4\boldsymbol{T}\,{}^4_6\boldsymbol{T} = \begin{pmatrix}
\cos_4\cos_5\cos_6 - \sin_4\sin_6 & -\cos_4\cos_5\sin_6 - \sin_4\cos_6 & -\cos_4\sin_5 & a_3 \\
\sin_5\sin_6 & -\sin_5\cos_6 & \cos_5 & d_4 \\
-\sin_4\sin_5\sin_6 - \cos_4\sin_6 & \sin_4\cos_5\sin_6 - \cos_4\cos_6 & \sin_4\sin_5 & 0 \\
0 & 0 & 0 & 1
\end{pmatrix}
\tag{7.4-34}
$$

由于 $\theta_1 \sim \theta_3$ 的值已求出，因此，式（7.4-33）的左端为已知值（代入相关参数即可求解）；式（7.4-33）的右端值为式（7.4-34）所示。

再令式（7.4-33）两端（1，3）和（3，3）对应的元素分别相等，可得

$$\begin{cases} a_x\cos_1\cos_{23} + a_y\sin_1\cos_{23} - a_z\sin_{23} = -\cos_4\sin_5 \\ -a_x\sin_1 + a_y\cos_1 = \sin_4\sin_5 \end{cases} \tag{7.4-35}$$

只要 $\sin_5 \neq 0$ 时，便可求出 θ_4，即

$$\theta_4 = \text{Atan2}(-a_x\sin_1 + a_y\cos_1,\ -a_x\cos_1\cos_{23} - a_y\sin_1\cos_{23} + a_z\sin_{23}) \tag{7.4-36}$$

当 $\sin_5 = 0$ 时，机械手处于奇异位形。此时，关节轴 4 和 6 重合，只能解出 θ_4与 θ_6的和或差。奇异位形可以由式（7.4-36）中的两个变量是否都接近零来判别：若都接近零，则为奇异位形；否则，不是奇异位形。在奇异位形时，可任意选取 θ_4的值，再计算相应 θ_5的值。θ_4解出后代回式（7.4-36）可求出 θ_5。

（4）求 θ_6　写出相应的矩阵方程

$$ {}_5^0\boldsymbol{T}^{-1}(\theta_1,\ \theta_2,\ \cdots,\ \theta_5){}_6^0\boldsymbol{T} = {}_6^5\boldsymbol{T}(\theta_6) \tag{7.4-37}$$

由于 $\theta_1 \sim \theta_5$的值已求出，因此，式（7.4-37）的左端为已知值（代入相关参数即可求解），其右端满足齐次变换矩阵

$$ {}_6^5\boldsymbol{T} = \begin{pmatrix} \cos\theta_6 & -\sin\theta_6 & 0 & 0 \\ 0 & 0 & 1 & 0 \\ -\sin\theta_6 & -\cos\theta_6 & 0 & 0 \\ 0 & 0 & 0 & 1 \end{pmatrix} \tag{7.4-38}$$

再令式（7.4-37）两端（3，1）和（1，1）对应的元素分别相等，即可求得 θ_6。

求解过程中，发现该机器人的位移反解不是唯一的，理论上存在八组解。这意味着机器人到达一个确定的目标或者实现相同的位姿有八个不同的解。图 7-22 所示为其中四种。但是，也许由于关节运动等限制，这八组解中的一部分在实际中可能并不存在。

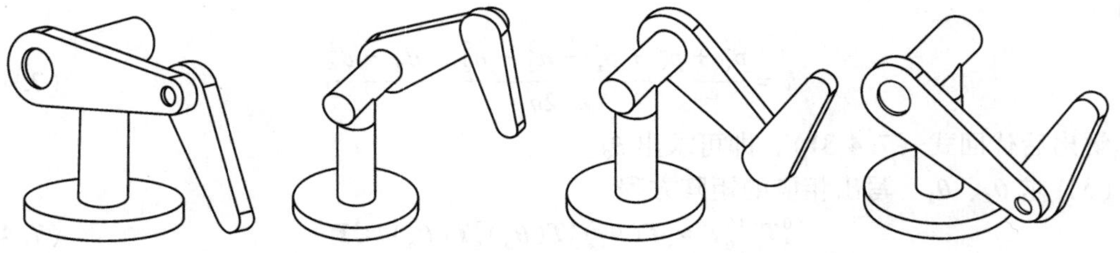

a)　　b)　　c)　　d)

图 7-22

PUMA 机器人同一位姿下的四种构型

还可以看出，例 7-14 和例 7-15 都存在封闭解或解析解。其中，例 7-14 中的平面 3R 机器人是三个转动轴线相互平行，例 7-15 中 PUMA560 机器人末端的三个转动轴线交于一点。这两种特殊的几何分布都满足前面给出的 Pieper 法则，因此一定会有封闭解或解析解，下一节将给出严谨的证明。

7.5　串联机器人位移求解的指数积公式

7.5.1　位移正解的指数积公式

1. 指数积公式

本节介绍的机器人运动学求解方法称为**指数积**（Product of Exponentials，PoE）**公式**[20]，是由美国哈佛大学的 Brocket 教授于 1983 年提出的。从某种程度上来说，用 PoE 公式求解机器人运动学要比 D-H 参数法简单、直观，因为它无须建立各中间连杆坐标系，只需两个坐标系即可：一个是基座坐标系或惯性坐标系 $\{S\}$；另一个是与末端执行器固连的物体坐标系或工具坐标系 $\{T\}$。

由第 3 章的知识可知，由于各关节的运动由与其相关联的关节轴线的运动旋量产生，因此可以给出相应运动学的几何描述。若用 $\hat{\boldsymbol{\xi}}$ 表示某关节轴线的单位运动旋量，则沿此轴线的刚体运动可表示为

$$\boldsymbol{T}(q) = e^{[\hat{\xi}]q}\boldsymbol{T}(0) \tag{7.5-1}$$

式中，如果 $\hat{\boldsymbol{\xi}}$ 对应的是转动副轴线，则 q 表示的是转角 θ；反之，如果 $\hat{\boldsymbol{\xi}}$ 对应的是一个移动副方向线，则 q 表示的是移动距离 d。

下面考虑一个 2 自由度串联机器人的正运动学求解问题，如图 7-23 所示。

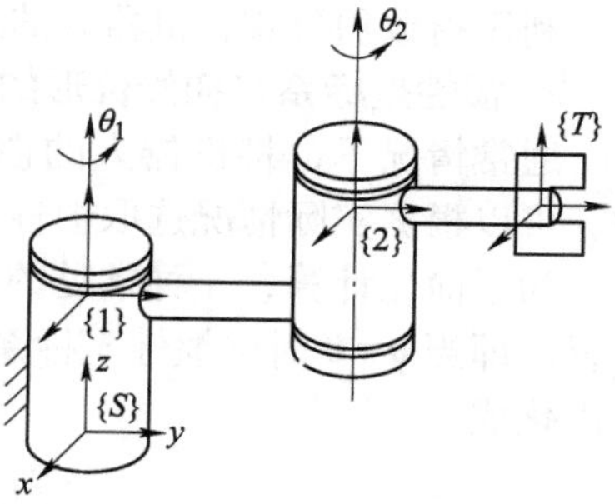

图 7-23　2 自由度串联机器人

首先使转动副 1 固定不动，只考虑转动副 2 转动 θ_2，即 $\theta_1 = 0$，则工具坐标系的位形只与 θ_2 有关。根据式（7.5-1），可得

$${}^S_T\boldsymbol{T}(\theta_2) = e^{[\hat{\xi}_2]\theta_2}\,{}^S_T\boldsymbol{T}(0) \tag{7.5-2}$$

然后使转动副 2 固定不动，只考虑转动副 1 转动 θ_1，根据**刚体运动的叠加原理**可以得到

$${}^S_T\boldsymbol{T}(\theta_1,\ \theta_2) = e^{[\hat{\xi}_1]\theta_1}\,{}^S_T\boldsymbol{T}(\theta_2) = e^{[\hat{\xi}_1]\theta_1}e^{[\hat{\xi}_2]\theta_2}\,{}^S_T\boldsymbol{T}(\boldsymbol{0}) \tag{7.5-3}$$

由式（7.5-3）可以看到，该机器人的运动似乎与运动副的顺序有关（先运动 θ_2 后运动 θ_1），下面对其进行证明。

假设这次选择运动副的顺序正好与前面的相反，即首先转动 θ_1，并保证 θ_2 固定不动，这时

$${}^S_T\boldsymbol{T}(\theta_1) = e^{[\hat{\xi}_1]\theta_1}\,{}^S_T\boldsymbol{T}(\boldsymbol{0}) \tag{7.5-4}$$

然后令转动副 2 旋转 θ_2，这时第二个连杆将绕**新的轴线**转动。利用伴随变换，可以得到新的轴线为

$$\hat{\boldsymbol{\xi}}'_2 = \boldsymbol{A}_{e^{[\hat{\xi}_1]\theta_1}}\hat{\boldsymbol{\xi}}_2,\quad \text{或者}[\hat{\boldsymbol{\xi}}'_2] = e^{[\hat{\xi}_1]\theta_1}[\hat{\boldsymbol{\xi}}'_2]e^{-[\hat{\xi}_1]\theta_1} \tag{7.5-5}$$

根据矩阵指数的性质 $e^{T[\hat{\xi}]T^{-1}} = \boldsymbol{T}e^{[\hat{\xi}]}\boldsymbol{T}^{-1}$，得到

$$e^{[\hat{\xi}'_2]\theta_2} = e^{[\hat{\xi}_1]\theta_1}e^{[\hat{\xi}_2]\theta_2}e^{-[\hat{\xi}_1]\theta_1} \tag{7.5-6}$$

由刚体运动的叠加原理，可以得到

$$ {}_T^S\boldsymbol{T}(\theta_1, \theta_2) = e^{[\hat{\xi}'_2]\theta_2} e^{[\hat{\xi}_1]\theta_1} {}_T^S\boldsymbol{T}(\boldsymbol{0}) = e^{[\hat{\xi}_1]\theta_1} e^{[\hat{\xi}_2]\theta_2} e^{-[\hat{\xi}_1]\theta_1} e^{[\hat{\xi}_1]\theta_1} {}_T^S\boldsymbol{T}(\boldsymbol{0}) = e^{[\hat{\xi}_1]\theta_1} e^{[\hat{\xi}_2]\theta_2} {}_T^S\boldsymbol{T}(\boldsymbol{0}) \tag{7.5-7} $$

式（7.5-7）与式（7.5-3）的结果完全一样。由此可以得出结论，该机器人的运动学公式与运动副的顺序无关。

由递推原理，上面所得的结论完全可以推广到具有 n 个关节的串联机器人正运动学的求解。定义机器人的初始位形（通常称为零位）为机器人对应于 $\boldsymbol{q}=\boldsymbol{0}$ 时的位形，并用${}_T^S\boldsymbol{T}(\boldsymbol{0})$表示机器人位于初始位形时末端工具相对基座的齐次变换矩阵。对于每个关节，都可以构造一个单位运动旋量 $\hat{\boldsymbol{\xi}}_i$，这时除第 i 个关节之外的所有其他关节均固定于初始位形（$q_j=0$）。

对于转动副

$$ \hat{\boldsymbol{\xi}}_i = \begin{pmatrix} \hat{\boldsymbol{\omega}}_i \\ \boldsymbol{r}_i \times \hat{\boldsymbol{\omega}}_i \end{pmatrix} \tag{7.5-8} $$

对于移动副

$$ \hat{\boldsymbol{\xi}}_i = \begin{pmatrix} \boldsymbol{0} \\ \hat{\boldsymbol{v}}_i \end{pmatrix} \tag{7.5-9} $$

这时，机器人正运动学的指数积公式为

$$ {}_T^S\boldsymbol{T}(\boldsymbol{q}) = e^{[\hat{\xi}_1]q_1} e^{[\hat{\xi}_2]q_2} \cdots e^{[\hat{\xi}_i]q_i} \cdots e^{[\hat{\xi}_n]q_n} {}_T^S\boldsymbol{T}(\boldsymbol{0}) \tag{7.5-10} $$

利用指数积公式，机器人的运动学完全可以用机器人各个关节的运动旋量坐标来表征。

2. 惯性坐标系与初始位形的选择

通常情况下，将机器人的惯性坐标系 $\{S\}$ 取在基座上。但是，这种选取并不是唯一的，可以根据实际情况选取惯性坐标系的位置。

为了简化计算，一种常见的取法是将惯性坐标系取在与初始位形时的工具坐标系重合的位置。即当 $\boldsymbol{q}=\boldsymbol{0}$ 时，惯性坐标系与工具坐标系重合，也就是${}_T^S\boldsymbol{T}(\boldsymbol{0})=\boldsymbol{I}$。这样，式（7.5-10）就简化成

$$ {}_T^S\boldsymbol{T}(\boldsymbol{q}) = e^{[\hat{\xi}_1]q_1} e^{[\hat{\xi}_2]q_2} \cdots e^{[\hat{\xi}_i]q_i} \cdots e^{[\hat{\xi}_n]q_n} \tag{7.5-11} $$

在描述机器人正运动学时，选取初始位形的自由性很大。由于各个关节的运动旋量坐标取决于初始位形（以及惯性坐标系）的选择，因此在选取初始位形时应遵循使运动分析尽量简单的原则。

3. D-H 参数法与 PoE 公式之间的关系

对比式（7.5-11）与式（7.3-7），发现两者的表达形式很相似。自然有读者会思考这样的问题：D-H 参数与其对应的运动旋量坐标之间是否为一一映射的关系（即${}_i^{i-1}\boldsymbol{T}(\theta_i)=e^{[\hat{\xi}_i]q_i}$）？答案是否定的。这是因为每个运动副的旋量坐标都是相对惯性坐标系来描述的，它不能反映相邻杆件之间的相对运动。注意到

$$ {}_i^{i-1}\boldsymbol{T}(q_i) = (e^{[{}_i^{i-1}\hat{\xi}]q_i})\ {}_i^{i-1}\boldsymbol{T}(\boldsymbol{0}) \tag{7.5-12} $$

这样，根据式（7.5-12）可得

$$ {}_T^S\boldsymbol{T}(\boldsymbol{q}) = (e^{[{}_1^0\hat{\xi}]q_1})\,{}_1^0\boldsymbol{T}(\boldsymbol{0})\,(e^{[{}_2^1\hat{\xi}]q_2})\,{}_2^1\boldsymbol{T}(\boldsymbol{0}) \cdots (e^{[{}_i^{i-1}\hat{\xi}]q_i})\,{}_i^{i-1}\boldsymbol{T}(\boldsymbol{0}) \cdots (e^{[{}_n^{n-1}\hat{\xi}]q_n})\,{}_n^{n-1}\boldsymbol{T}(\boldsymbol{0}) \tag{7.5-13} $$

很显然，式（7.5-13）与式（7.5-10）给出的 PoE 公式不同，但存在着某些相似之处。

做进一步变换得

$$
{}_T^S\boldsymbol{T}(\boldsymbol{q}) = (\mathrm{e}^{[{}_1^0\hat{\xi}]q_1})({}_1^0\boldsymbol{T}(\boldsymbol{0})\mathrm{e}^{[{}_2^1\hat{\xi}]q_2}{}_1^0\boldsymbol{T}^{-1}(\boldsymbol{0})({}_2^0\boldsymbol{T}(\boldsymbol{0})\mathrm{e}^{[{}_3^2\hat{\xi}]q_3}{}_2^0\boldsymbol{T}^{-1}(\boldsymbol{0}))\cdots
$$
$$
({}_{n-1}^{\ \ 0}\boldsymbol{T}(\boldsymbol{0})\mathrm{e}^{[{}^{n-1}_{\ \ n}\hat{\xi}]q_n}{}_{n-1}^{\ \ 0}\boldsymbol{T}^{-1}(\boldsymbol{0})){}_n^0\boldsymbol{T}(\boldsymbol{0}) \tag{7.5-14}
$$

根据矩阵指数的性质 $\mathrm{e}^{[\hat{\xi}]T^{-1}T}=\boldsymbol{T}\mathrm{e}^{[\hat{\xi}]}\boldsymbol{T}^{-1}$，得到

$$
\boldsymbol{T}\mathrm{e}^{[\hat{\xi}]q}\boldsymbol{T}^{-1} = \mathrm{e}^{T[\hat{\xi}]T^{-1}q} = \mathrm{e}^{A_T[\hat{\xi}]q} \tag{7.5-15}
$$

将式（7.5-15）代入式（7.5-13）中，得到

$$
{}_T^S\boldsymbol{T}(\boldsymbol{q}) = (\mathrm{e}^{[{}_1^0\hat{\xi}]q_1})\left(\mathrm{e}^{A_{{}_1^0T(0)}[{}_2^1\hat{\xi}]q_2}\right)\cdots\left(\mathrm{e}^{A_{{}_{n-1}^{\ \ 0}T(0)}[{}^{n-1}_{\ \ n}\hat{\xi}]q_n}\right){}_n^0\boldsymbol{T}(\boldsymbol{0}) \tag{7.5-16}
$$

由于${}_T^S\boldsymbol{T}(\boldsymbol{0})={}_n^0\boldsymbol{T}(\boldsymbol{0})$，将式（7.5-16）与前面给出的串联机器人的 PoE 公式进行比较，可以得到

$$
\hat{\boldsymbol{\xi}}_i = \boldsymbol{A}_{{}_{i-1}^{\ \ 0}T(0)}\,{}^{i-1}_{\ \ i}\hat{\boldsymbol{\xi}} \tag{7.5-17}
$$

式（7.5-17）验证了$\hat{\boldsymbol{\xi}}_i$ 所代表的物理意义：第 i 个关节在初始位形下相对惯性坐标系的单位运动旋量坐标。

根据以上推导过程，同时找到了一种根据串联机器人的 D-H 参数来求解各个关节运动旋量坐标的方法。

具体方法如下：由于 D-H 参数法给定，则${}^{i-1}_{\ \ i}\boldsymbol{T}(q_i)$已知（即${}^{i-1}_{\ \ i}\boldsymbol{T}$）；根据式（7.5-12）可求得${}^{i-1}_{\ \ i}\hat{\boldsymbol{\xi}}$，再根据式（7.5-17）求得$\hat{\boldsymbol{\xi}}_i$。但更多情况下可直接通过观察得到$\hat{\boldsymbol{\xi}}_i$。

下面举例说明如何应用指数积公式对机器人的正运动学问题进行求解。

【例 7-16】 利用 PoE 公式对图 7-24a 所示的平面 3R 机器人进行正运动学求解。

解：建立基坐标系 $\{S\}$ 和工具坐标系 $\{T\}$，如图 7-24a 所示。取机器人完全展开时的位形为初始位形（图 7-24b）。初始位形时基坐标系与工具坐标系的变换为

$$
{}_T^S\boldsymbol{T}(\boldsymbol{0}) = \begin{pmatrix} & l_1+l_2+l_3 \\ \boldsymbol{I}_{3\times3} & 0 \\ & 0 \\ \boldsymbol{0} & 1 \end{pmatrix}
$$

各关节的单位运动旋量为

$$
\hat{\boldsymbol{\omega}}_1 = \hat{\boldsymbol{\omega}}_2 = \hat{\boldsymbol{\omega}}_3 = \begin{pmatrix} 0 \\ 0 \\ 1 \end{pmatrix},\ \boldsymbol{r}_1 = \begin{pmatrix} 0 \\ 0 \\ 0 \end{pmatrix},\ \boldsymbol{r}_2 = \begin{pmatrix} l_1 \\ 0 \\ 0 \end{pmatrix},\ \boldsymbol{r}_3 = \begin{pmatrix} l_1+l_2 \\ 0 \\ 0 \end{pmatrix}
$$

因此

$$
\hat{\boldsymbol{\xi}}_1 = \begin{pmatrix} \hat{\boldsymbol{\omega}}_1 \\ \boldsymbol{r}_1\times\hat{\boldsymbol{\omega}}_1 \end{pmatrix} = \begin{pmatrix} 0 \\ 0 \\ 1 \\ 0 \\ 0 \\ 0 \end{pmatrix}\quad
\hat{\boldsymbol{\xi}}_2 = \begin{pmatrix} \hat{\boldsymbol{\omega}}_2 \\ \boldsymbol{r}_2\times\hat{\boldsymbol{\omega}}_2 \end{pmatrix} = \begin{pmatrix} 0 \\ 0 \\ 1 \\ 0 \\ -l_1 \\ 0 \end{pmatrix}\quad
\hat{\boldsymbol{\xi}}_3 = \begin{pmatrix} \hat{\boldsymbol{\omega}}_3 \\ \boldsymbol{r}_3\times\hat{\boldsymbol{\omega}}_3 \end{pmatrix} = \begin{pmatrix} 0 \\ 0 \\ 1 \\ 0 \\ -l_1-l_2 \\ 0 \end{pmatrix}
$$

对于旋转关节，有

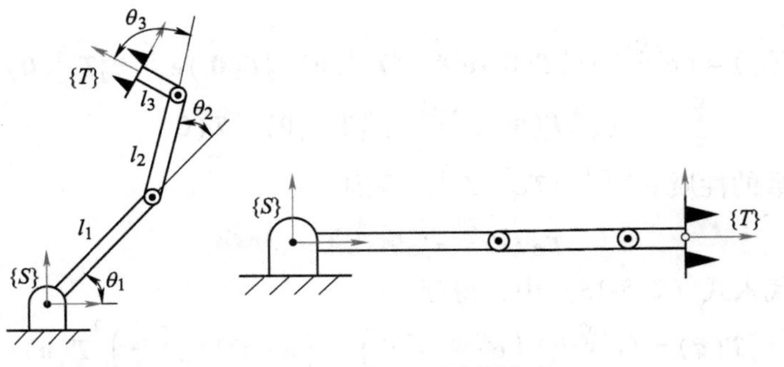

a) 一般位形　　b) 初始位形

图 7-24

平面 3R 机器人坐标系的建立

$$
\mathrm{e}^{[\hat{\xi}_i]\theta}=\begin{pmatrix}\mathrm{e}^{[\hat{\omega}_i]\theta} & (\boldsymbol{I}-\mathrm{e}^{[\hat{\omega}_i]\theta})(\hat{\boldsymbol{\omega}}_i\times\boldsymbol{v}_i)+\hat{\boldsymbol{\omega}}_i\hat{\boldsymbol{\omega}}_i^{\mathrm{T}}\boldsymbol{v}_i\theta_i\\ \boldsymbol{0} & 1\end{pmatrix},\quad \hat{\boldsymbol{\omega}}_i\neq\boldsymbol{0}
$$

则

$$
\mathrm{e}^{[\hat{\xi}_1]\theta_1}=\begin{pmatrix}\cos\theta_1 & -\sin\theta_1 & 0 & 0\\ \sin\theta_1 & \cos\theta_1 & 0 & 0\\ 0 & 0 & 1 & 0\\ 0 & 0 & 0 & 1\end{pmatrix},\quad \mathrm{e}^{[\hat{\xi}_2]\theta_2}=\begin{pmatrix}\cos\theta_2 & -\sin\theta_2 & 0 & l_1(1-\cos\theta_2)\\ \sin\theta_2 & \cos\theta_2 & 0 & -l_1\sin\theta_2\\ 0 & 0 & 1 & 0\\ 0 & 0 & 0 & 1\end{pmatrix},
$$

$$
\mathrm{e}^{[\hat{\xi}_3]\theta_3}=\begin{pmatrix}\cos\theta_3 & -\sin\theta_3 & 0 & (l_1+l_2)(1-\cos\theta_3)\\ \sin\theta_3 & \cos\theta_3 & 0 & -(l_1+l_2)\sin\theta_3\\ 0 & 0 & 1 & 0\\ 0 & 0 & 0 & 1\end{pmatrix}
$$

因此，由式（7.5-10）可得

$$
{}_T^S\boldsymbol{T}(\boldsymbol{\theta})=\mathrm{e}^{[\hat{\xi}_1]\theta_1}\mathrm{e}^{[\hat{\xi}_2]\theta_2}\mathrm{e}^{[\hat{\xi}_3]\theta_3}{}_T^S\boldsymbol{T}(\boldsymbol{0})=\begin{pmatrix}\cos\theta_{123} & -\sin\theta_{123} & 0 & l_1\cos\theta_1+l_2\cos\theta_{12}+l_3\cos\theta_{123}\\ \sin\theta_{123} & \cos\theta_{123} & 0 & l_1\sin\theta_1+l_2\sin\theta_{12}+l_3\sin\theta_{123}\\ 0 & 0 & 1 & 0\\ 0 & 0 & 0 & 1\end{pmatrix}
$$

这与例 7-10 的结果完全一致。

【例 7-17】 利用 PoE 公式对图 7-25a 所示 SCARA 机器人的正运动学进行求解。

解法 1：建立基坐标系 $\{S\}$ 和工具坐标系 $\{T\}$，如图 7-25a 所示。取机器人完全展开时的位形为初始位形（图 7-25b）。初始位形下基坐标系与工具坐标系的变换为

$$
{}_T^S\boldsymbol{T}(\boldsymbol{0})=\begin{pmatrix}\boldsymbol{I}_{3\times3} & \begin{matrix}0\\ l_1+l_2\\ l_0\end{matrix}\\ \boldsymbol{0} & 1\end{pmatrix}
$$

各关节的单位运动旋量分别为

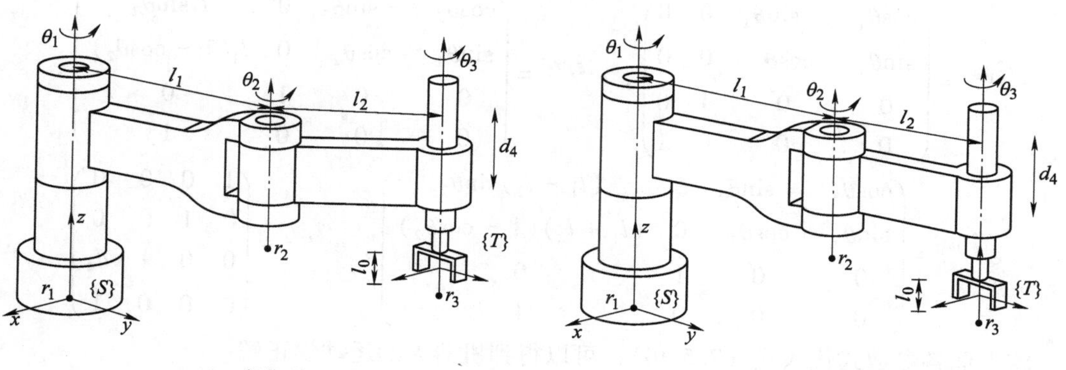

a) 一般位形 b) 初始位形

图 7-25

SCARA 机器人（一）

$$\hat{\boldsymbol{\omega}}_1=\hat{\boldsymbol{\omega}}_2=\hat{\boldsymbol{\omega}}_3=\hat{\boldsymbol{v}}_4=\begin{pmatrix}0\\0\\1\end{pmatrix},\ \boldsymbol{r}_1=\begin{pmatrix}0\\0\\0\end{pmatrix},\ \boldsymbol{r}_2=\begin{pmatrix}0\\l_1\\0\end{pmatrix},\ \boldsymbol{r}_3=\begin{pmatrix}0\\l_1+l_2\\0\end{pmatrix}$$

因此，有

$$\hat{\boldsymbol{\xi}}_1=\begin{pmatrix}\hat{\boldsymbol{\omega}}_1\\\boldsymbol{r}_1\times\hat{\boldsymbol{\omega}}_1\end{pmatrix}=\begin{pmatrix}0\\0\\1\\0\\0\\0\end{pmatrix}\quad\hat{\boldsymbol{\xi}}_2=\begin{pmatrix}\hat{\boldsymbol{\omega}}_2\\\boldsymbol{r}_2\times\hat{\boldsymbol{\omega}}_2\end{pmatrix}=\begin{pmatrix}0\\0\\1\\l_1\\0\\0\end{pmatrix}$$

$$\hat{\boldsymbol{\xi}}_3=\begin{pmatrix}\hat{\boldsymbol{\omega}}_3\\\boldsymbol{r}_3\times\hat{\boldsymbol{\omega}}_3\end{pmatrix}=\begin{pmatrix}0\\0\\1\\l_1+l_2\\0\\0\end{pmatrix}\quad\hat{\boldsymbol{\xi}}_4=\begin{pmatrix}\boldsymbol{0}\\\hat{\boldsymbol{v}}_4\end{pmatrix}=\begin{pmatrix}0\\0\\0\\0\\0\\1\end{pmatrix}$$

考虑到

$$\begin{cases}\mathrm{e}^{[\hat{\xi}]\theta}=\begin{pmatrix}\mathrm{e}^{[\hat{\omega}]\theta} & (\boldsymbol{I}-\mathrm{e}^{[\hat{\omega}]\theta})(\hat{\boldsymbol{\omega}}\times\boldsymbol{v})+\hat{\boldsymbol{\omega}}\,\hat{\boldsymbol{\omega}}^{\mathrm{T}}\boldsymbol{v}\theta\\\boldsymbol{0} & 1\end{pmatrix}, & \hat{\boldsymbol{\omega}}\neq\boldsymbol{0}\\\mathrm{e}^{[\hat{\xi}]\theta}=\begin{pmatrix}\boldsymbol{I} & \hat{\boldsymbol{v}}\theta\\\boldsymbol{0} & 1\end{pmatrix}, & \hat{\boldsymbol{\omega}}=\boldsymbol{0}\end{cases}$$

则

$$e^{[\hat{\xi}_1]\theta_1}=\begin{pmatrix}\cos\theta_1 & -\sin\theta_1 & 0 & 0\\ \sin\theta_1 & \cos\theta_1 & 0 & 0\\ 0 & 0 & 1 & 0\\ 0 & 0 & 0 & 1\end{pmatrix},\ e^{[\hat{\xi}_2]\theta_2}=\begin{pmatrix}\cos\theta_2 & -\sin\theta_2 & 0 & l_1\sin\theta_2\\ \sin\theta_2 & \cos\theta_2 & 0 & l_1(1-\cos\theta_2)\\ 0 & 0 & 1 & 0\\ 0 & 0 & 0 & 1\end{pmatrix},$$

$$e^{[\hat{\xi}_3]\theta_3}=\begin{pmatrix}\cos\theta_3 & -\sin\theta_3 & 0 & (l_1+l_2)\sin\theta_2\\ \sin\theta_3 & \cos\theta_3 & 0 & (l_1+l_2)(1-\cos\theta_2)\\ 0 & 0 & 1 & 0\\ 0 & 0 & 0 & 1\end{pmatrix},\ e^{[\hat{\xi}_4]d_4}=\begin{pmatrix}1 & 0 & 0 & 0\\ 0 & 1 & 0 & 0\\ 0 & 0 & 1 & d_4\\ 0 & 0 & 0 & 1\end{pmatrix}$$

将上面各参数式代入式（7.5-10），可以得到机器人的运动学正解

$$_{T}^{S}\boldsymbol{T}(\boldsymbol{q})=e^{[\hat{\xi}_1]\theta_1}e^{[\hat{\xi}_2]\theta_2}e^{[\hat{\xi}_3]\theta_3}e^{[\hat{\xi}_4]d_4}\,{}_{T}^{S}\boldsymbol{T}(\boldsymbol{0})=\begin{pmatrix}\cos\theta_{123} & -\sin\theta_{123} & 0 & -l_1\sin\theta_1-l_2\sin\theta_{12}\\ \sin\theta_{123} & \cos\theta_{123} & 0 & l_1\cos\theta_1+l_2\cos\theta_{12}\\ 0 & 0 & 1 & l_0+d_4\\ 0 & 0 & 0 & 1\end{pmatrix}$$

这与例 7-11 的结果完全一致。

解法 2：建立图 7-26a 所示的惯性坐标系和工具坐标系，并且仍然取机器人完全展开时的位形为初始位形。这时，初始位形下惯性坐标系与工具坐标系的变换为

$$_{T}^{S}\boldsymbol{T}(\boldsymbol{0})=\boldsymbol{I}_{4\times4}$$

各关节的单位运动旋量为

$$\hat{\boldsymbol{\omega}}_1=\hat{\boldsymbol{\omega}}_2=\hat{\boldsymbol{\omega}}_3=\hat{\boldsymbol{v}}_4=\begin{pmatrix}0\\0\\1\end{pmatrix},\ \boldsymbol{r}_1=\begin{pmatrix}0\\-l_1-l_2\\0\end{pmatrix},\ \boldsymbol{r}_2=\begin{pmatrix}0\\-l_2\\0\end{pmatrix},\ \boldsymbol{r}_3=\begin{pmatrix}0\\0\\0\end{pmatrix}$$

因此，有

$$\hat{\boldsymbol{\xi}}_1=\begin{pmatrix}\hat{\boldsymbol{\omega}}_1\\ \boldsymbol{r}_1\times\hat{\boldsymbol{\omega}}_1\end{pmatrix}=\begin{pmatrix}0\\0\\1\\-l_1-l_2\\0\\0\end{pmatrix}\quad \hat{\boldsymbol{\xi}}_2=\begin{pmatrix}\hat{\boldsymbol{\omega}}_2\\ \boldsymbol{r}_2\times\hat{\boldsymbol{\omega}}_2\end{pmatrix}=\begin{pmatrix}0\\0\\1\\-l_2\\0\\0\end{pmatrix}$$

$$\hat{\boldsymbol{\xi}}_3=\begin{pmatrix}\hat{\boldsymbol{\omega}}_3\\ \boldsymbol{r}_3\times\hat{\boldsymbol{\omega}}_3\end{pmatrix}=\begin{pmatrix}0\\0\\1\\0\\0\\0\end{pmatrix}\quad \hat{\boldsymbol{\xi}}_4=\begin{pmatrix}\boldsymbol{0}\\ \hat{\boldsymbol{v}}_4\end{pmatrix}=\begin{pmatrix}0\\0\\0\\0\\0\\1\end{pmatrix}$$

利用指数积公式，并代入上面求得的参数，可以得到机器人的运动学正解，即

$$
{}_{T}^{S}\boldsymbol{T}(\boldsymbol{\theta}) = e^{[\hat{\xi}_1]\theta_1} e^{[\hat{\xi}_2]\theta_2} e^{[\hat{\xi}_3]\theta_3} e^{[\hat{\xi}_4]\theta_4} {}_{T}^{S}\boldsymbol{T}(\boldsymbol{0}) = \begin{pmatrix} \cos\theta_{123} & -\sin\theta_{123} & 0 & -l_1\sin\theta_1 - l_2\sin\theta_{12} \\ \sin\theta_{123} & \cos\theta_{123} & 0 & -l_1 - l_2 + l_1\cos\theta_1 + l_2\cos\theta_{12} \\ 0 & 0 & 1 & d_4 \\ 0 & 0 & 0 & 1 \end{pmatrix}
$$

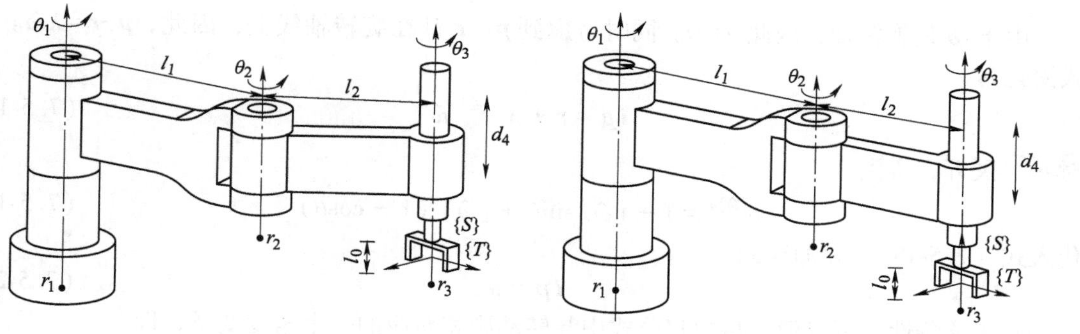

a) 一般位形　　b) 初始位形

图 7-26

SCARA 机器人（二）

不妨将解法 1 和解法 2 进行一下比较。

7.5.2 位移反解的指数积公式

1. 三个原则

为求解一般情况下串联机器人的位移反解问题，可设法将其分解成若干个解已知的有明确几何意义的子问题。在具体讨论子问题之前，先给出三个原则[20]：位置保持不变原则、距离保持不变原则和姿态保持不变原则，如图 7-27 所示。其中，前两个原则与转动有关，第三个原则与移动有关。

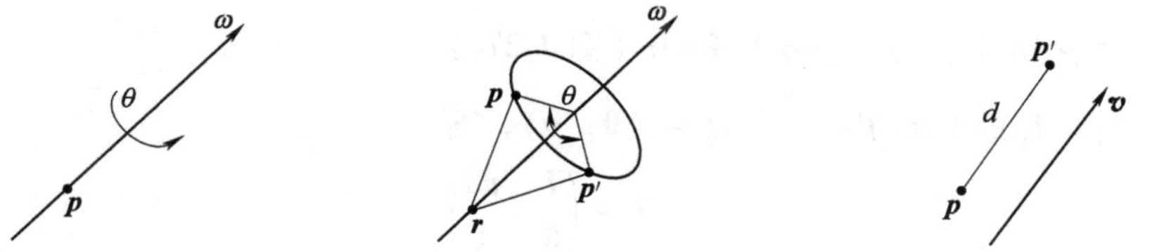

a) 纯转动下轴线位置保持不变　　b) 纯转动下距离保持不变　　c) 纯移动下姿态保持不变

图 7-27

三个原则

【原则 1：位置保持不变原则】 给定一个纯转动，轴线的旋量坐标为 $\hat{\boldsymbol{\xi}}=(\hat{\boldsymbol{\omega}};\ \boldsymbol{r}\times\hat{\boldsymbol{\omega}})$，则该转轴上任一点 P 的位置保持不变，即 $e^{[\hat{\xi}]\theta}\boldsymbol{p}=\boldsymbol{p}$（图 7-27a）。

证明：由齐次变换矩阵

$$\boldsymbol{T}=\mathrm{e}^{[\hat{\xi}]\theta}=\begin{pmatrix}\mathrm{e}^{[\hat{\omega}]\theta} & (\boldsymbol{I}-\mathrm{e}^{[\hat{\omega}]\theta})\boldsymbol{r}+h\hat{\omega}\theta\\ \boldsymbol{0} & 1\end{pmatrix}$$

得到

$$\boldsymbol{Tp}=\boldsymbol{r}+\mathrm{e}^{[\hat{\omega}]\theta}(\boldsymbol{p}-\boldsymbol{r})+h\hat{\omega}\theta$$

由于 $\hat{\boldsymbol{\omega}}$ 是旋转轴，因此 $h=0$。同时考虑到 $\boldsymbol{p}$、$\boldsymbol{r}$ 都在旋转轴线上，因此，$\boldsymbol{p}-\boldsymbol{r}=\lambda\hat{\boldsymbol{\omega}}$。上式简化为

$$\boldsymbol{Tp}=\boldsymbol{r}+\lambda\mathrm{e}^{[\hat{\omega}]\theta}\hat{\omega} \tag{7.5-18}$$

对 $\mathrm{e}^{[\hat{\omega}]\theta}$展开，得到

$$\mathrm{e}^{[\hat{\omega}]\theta}=\boldsymbol{I}+[\hat{\omega}]\sin\theta+[\hat{\omega}]^2(1-\cos\theta) \tag{7.5-19}$$

代入式（7.5-18），化简得到

$$\boldsymbol{Tp}=\boldsymbol{p} \tag{7.5-20}$$

基于该特性，可以消去指数积公式中与转动副相对应的一个角度变量，即

$$\boldsymbol{Tp}=\mathrm{e}^{[\hat{\xi}]\theta}\boldsymbol{p}=\boldsymbol{p} \tag{7.5-21}$$

【原则 2：距离保持不变原则】 给定一个纯转动，轴线的旋量坐标为 $\hat{\boldsymbol{\xi}}=(\hat{\boldsymbol{\omega}};\ \boldsymbol{r}\times\hat{\boldsymbol{\omega}})$，则不在转轴上的任一点 P 到转轴上的定点 R 的距离保持不变，即$\|\mathrm{e}^{[\hat{\xi}]\theta}\boldsymbol{p}-\boldsymbol{r}\|=\|\boldsymbol{p}-\boldsymbol{r}\|$（图 7-27b）。

证明：对于旋转变换 $\boldsymbol{T}=\mathrm{e}^{[\hat{\xi}]\theta}$，$\hat{\boldsymbol{\xi}}=(\hat{\boldsymbol{\omega}};\boldsymbol{r}\times\hat{\boldsymbol{\omega}})$。由于 $\boldsymbol{r}$ 是转轴上的一点，因此由式（7.5-20）可知 $\boldsymbol{Tr}=\boldsymbol{r}$，这样

$$\|\boldsymbol{Tp}-\boldsymbol{r}\|=\|\boldsymbol{Tp}-\boldsymbol{Tr}\|=\|\boldsymbol{T}(\boldsymbol{p}-\boldsymbol{r})\|$$

由刚体运动的特点可知，$\|\boldsymbol{T}(\boldsymbol{p}-\boldsymbol{r})\|=\|\boldsymbol{p}-\boldsymbol{r}\|$，因此

$$\|\boldsymbol{Tp}-\boldsymbol{r}\|=\|\boldsymbol{p}-\boldsymbol{r}\|$$

基于该特性，可以消去指数积公式中与转动副相对应的一个角度变量，即

$$\|\boldsymbol{Tp}-\boldsymbol{r}\|=\|\mathrm{e}^{[\hat{\xi}]\theta}\boldsymbol{p}-\boldsymbol{r}\|=\|\boldsymbol{p}-\boldsymbol{r}\| \tag{7.5-22}$$

【原则 3：姿态保持不变原则】 给定一个沿单位运动旋量为 $\hat{\boldsymbol{\xi}}=(\boldsymbol{0};\ \hat{\boldsymbol{v}})$ 的纯移动，则空间中的任一点 P 均满足$(\mathrm{e}^{[\hat{\xi}]d}\boldsymbol{p}-\boldsymbol{p})\times\hat{\boldsymbol{v}}=\boldsymbol{0}$（图 7-27c）。

证明：对于移动变换 $\boldsymbol{T}=\mathrm{e}^{[\hat{\xi}]d}$，$\boldsymbol{\xi}=(\boldsymbol{0};\ \hat{\boldsymbol{v}})$，有

$$\boldsymbol{T}=\begin{pmatrix}\boldsymbol{I} & \hat{\boldsymbol{v}}d\\ \boldsymbol{0} & 1\end{pmatrix}$$

则

$$\boldsymbol{Tp}=\boldsymbol{p}+\hat{\boldsymbol{v}}d$$

因此

$$(\boldsymbol{Tp}-\boldsymbol{p})\times\hat{\boldsymbol{v}}=\hat{\boldsymbol{v}}d\times\hat{\boldsymbol{v}}=\boldsymbol{0}$$

基于该特性，可以消去指数积公式中与移动副相对应的一个移动变量，即

$$(\boldsymbol{Tp}-\boldsymbol{p})\times\hat{\boldsymbol{v}}=(\mathrm{e}^{[\hat{\xi}]d}\boldsymbol{p}-\boldsymbol{p})\times\hat{\boldsymbol{v}}=\boldsymbol{0} \tag{7.5-23}$$

应用以上三个原则，可以有效地消去 PoE 公式［式（7.5-10）］中的一些未知变量，从而简化逆运动学方程的求解。

【例 7-18】　6 自由度 PRRRRR 机器人的机构简图如图 7-28 所示，其中后三个转动关节相交于一点 P，考察该机器人的位移反解。

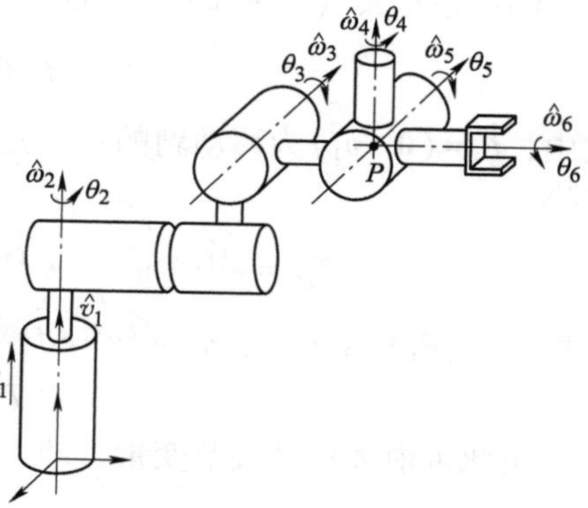

图 7-28
6 自由度 PRRRRR 机器人的机构简图

解：根据式（7.5-10），可得

$$\boldsymbol{T}=\mathrm{e}^{[\hat{\xi}_1]d_1}\mathrm{e}^{[\hat{\xi}_2]\theta_2}\cdots\mathrm{e}^{[\hat{\xi}_6]\theta_6}$$

式中，$\hat{\boldsymbol{\xi}}_1=(\mathbf{0};\ \hat{\boldsymbol{v}}_1)$ 表示移动副的单位运动旋量，$\hat{\boldsymbol{\xi}}_i(i=2,3,\cdots,6)$ 表示转动副的单位运动旋量。由于后三个转动关节相交于一点 P，因此，应用位置保持不变原则，由式（7.5-21）可得

$$\mathrm{e}^{[\hat{\xi}_4]\theta_4}\mathrm{e}^{[\hat{\xi}_5]\theta_5}\mathrm{e}^{[\hat{\xi}_6]\theta_6}\boldsymbol{p}=\boldsymbol{p}$$

这样，可将后三个转动关节变量从指数积公式中消掉，剩下的指数积子链仅含有三个未知关节变量。因此得到

$$\mathrm{e}^{[\hat{\xi}_1]d_1}\mathrm{e}^{[\hat{\xi}_2]\theta_2}\mathrm{e}^{[\hat{\xi}_3]\theta_3}\boldsymbol{p}=\boldsymbol{T}\boldsymbol{p} \tag{7.5-24}$$

【例 7-19】　考察图 7-29 所示的空间 RRR 机器人的位移反解。

解：根据式（7.5-10），可得

$$\boldsymbol{T}(\boldsymbol{\theta})=\mathrm{e}^{[\hat{\xi}_1]\theta_1}\mathrm{e}^{[\hat{\xi}_2]\theta_2}\mathrm{e}^{[\hat{\xi}_3]\theta_3}$$

式中，$\hat{\boldsymbol{\xi}}_1$、$\hat{\boldsymbol{\xi}}_2$、$\hat{\boldsymbol{\xi}}_3$ 分别为三个转动关节的单位运动旋量。进行如下变换

$$\boldsymbol{T}\boldsymbol{p}=\mathrm{e}^{[\hat{\xi}_1]\theta_1}\mathrm{e}^{[\hat{\xi}_2]\theta_2}\mathrm{e}^{[\hat{\xi}_3]\theta_3}\boldsymbol{p}=\mathrm{e}^{[\hat{\xi}_1]\theta_1}\left(\mathrm{e}^{[\hat{\xi}_2]\theta_2}\mathrm{e}^{[\hat{\xi}_3]\theta_3}\boldsymbol{p}\right)=\boldsymbol{T}_1(\theta_1)\boldsymbol{q}$$

式中，$T_1(\theta_1)=\mathrm{e}^{[\hat{\xi}_1]\theta_1}$，$\boldsymbol{q}=\mathrm{e}^{[\hat{\xi}_2]\theta_2}\mathrm{e}^{[\hat{\xi}_3]\theta_3}\boldsymbol{p}$。应用距离保持不变原则，由式（7.5-22）可得

$$\|\boldsymbol{T}_1(\theta_1)\boldsymbol{q}-\boldsymbol{r}\|=\|\boldsymbol{q}-\boldsymbol{r}\|$$

式中，$\boldsymbol{r}$ 为转动关节 $\hat{\boldsymbol{\xi}}_1$ 轴线上的任意一点。

由此可消去转动关节变量 θ_1，即

$$\|\mathrm{e}^{[\hat{\xi}_2]\theta_2}\mathrm{e}^{[\hat{\xi}_3]\theta_3}\boldsymbol{p}-\boldsymbol{r}\|=\|\boldsymbol{T}\boldsymbol{p}-\boldsymbol{r}\|$$

【例 7-20】　考察图 7-30 所示空间 PRR 机器人的位移反解。

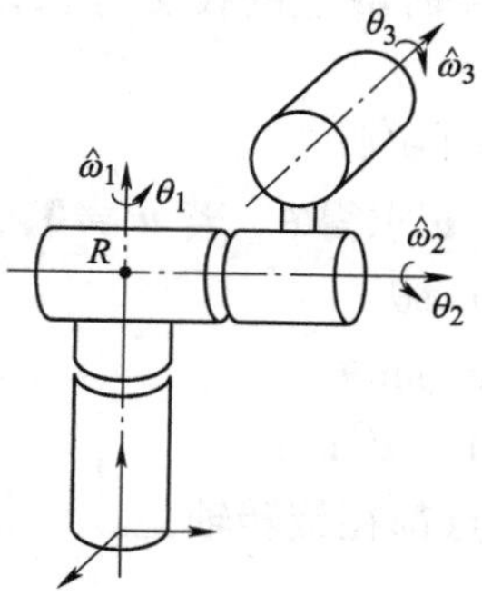

图 7-29
空间 RRR 机器人的机构简图

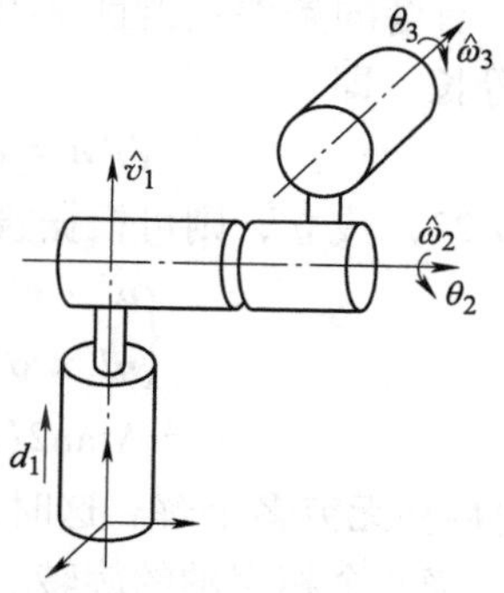

图 7-30
空间 PRR 机器人的机构简图

解：根据式（7.5-10），可得

$$T(\boldsymbol{\theta}) = \mathrm{e}^{[\hat{\xi}_1]d_1}\mathrm{e}^{[\hat{\xi}_2]\theta_2}\mathrm{e}^{[\hat{\xi}_3]\theta_3}$$

式中，$\hat{\boldsymbol{\xi}}_1=(\boldsymbol{0};\ \boldsymbol{v}_1)$为移动副的单位运动旋量；$\hat{\boldsymbol{\xi}}_2$、$\hat{\boldsymbol{\xi}}_3$ 为转动副的单位运动旋量。进行如下变换

$$\boldsymbol{T}\boldsymbol{p} = \mathrm{e}^{[\hat{\xi}_1]d_1}\mathrm{e}^{[\hat{\xi}_2]\theta_2}\mathrm{e}^{[\hat{\xi}_3]\theta_3}\boldsymbol{p} = \mathrm{e}^{[\hat{\xi}_1]d_1}\ (\mathrm{e}^{[\hat{\xi}_2]\theta_2}\mathrm{e}^{[\hat{\xi}_3]\theta_3}\boldsymbol{p}) = \boldsymbol{T}_1(\theta_1)\boldsymbol{q}$$

式中，$\boldsymbol{T}_1(d_1)=\mathrm{e}^{[\hat{\xi}_1]d_1}$，$\boldsymbol{q}=\mathrm{e}^{[\hat{\xi}_2]\theta_2}\mathrm{e}^{[\hat{\xi}_3]\theta_3}\boldsymbol{p}$。应用姿态保持不变原则，由式（7.5-23）得到

$$[\boldsymbol{T}_1(d_1)\boldsymbol{q}-\boldsymbol{q}]\times\hat{\boldsymbol{v}}_1=\boldsymbol{0}$$

由此可消去移动关节变量，即

$$[\boldsymbol{T}(\boldsymbol{\theta})\boldsymbol{p}-\mathrm{e}^{[\hat{\xi}_2]\theta_2}\mathrm{e}^{[\hat{\xi}_3]\theta_3}\boldsymbol{p}]\times\hat{\boldsymbol{v}}_1=\boldsymbol{0}$$

2. 三个子问题

逆运动学求解的子问题一般涉及的关节个数不超过 3，且具有明确的几何意义。所有子问题求解都建立在几个基本子问题的基础上，通常称之为 **Paden-Kahan 子问题**。

【子问题 1】 绕某个固定轴的旋转。

已知：单位运动旋量$\hat{\boldsymbol{\xi}}=(\hat{\boldsymbol{\omega}};\boldsymbol{r}\times\hat{\boldsymbol{\omega}})$，$\boldsymbol{p}$、$\boldsymbol{q}$ 是空间两点。

求解：满足条件 $\mathrm{e}^{[\hat{\xi}]\theta}\boldsymbol{p}=\boldsymbol{q}$ 的 θ。

解：该问题实质上是将点 $\boldsymbol{p}$ 绕给定轴 $\hat{\boldsymbol{\omega}}$ 旋转到与点 $\boldsymbol{q}$ 重合，如图 7-31 所示。为此，假设 $\boldsymbol{r}$ 是转轴上的一点，定义

$$\boldsymbol{u}=\boldsymbol{p}-\boldsymbol{r},\ \boldsymbol{v}=\boldsymbol{q}-\boldsymbol{r}$$

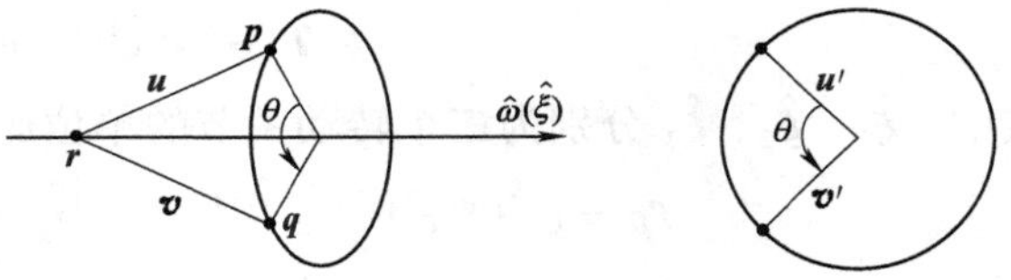

图 7-31
子问题 1 的求解

由于

$$\mathrm{e}^{[\hat{\xi}]\theta}\boldsymbol{p}=\boldsymbol{q},\ \mathrm{e}^{[\hat{\xi}]\theta}\boldsymbol{r}=\boldsymbol{r}\text{(位置不变原则)}$$

则

$$\mathrm{e}^{[\hat{\xi}]\theta}\boldsymbol{u}=\boldsymbol{v} \tag{7.5-25}$$

定义 $\boldsymbol{u}'$、$\boldsymbol{v}'$为 $\boldsymbol{u}$、$\boldsymbol{v}$在垂直于转轴 $\hat{\boldsymbol{\omega}}$ 的平面上的投影。则

$$\boldsymbol{u}'=\boldsymbol{u}-\hat{\boldsymbol{\omega}}\,\hat{\boldsymbol{\omega}}^{\mathrm{T}}\boldsymbol{u},\ \boldsymbol{v}'=\boldsymbol{v}-\hat{\boldsymbol{\omega}}\,\hat{\boldsymbol{\omega}}^{\mathrm{T}}\boldsymbol{v} \tag{7.5-26}$$

式（7.5-25）有解的条件是当且仅当 $\boldsymbol{u}$、$\boldsymbol{v}$在旋转轴 $\hat{\boldsymbol{\omega}}$ 上的投影等长，在与轴 $\hat{\boldsymbol{\omega}}$ 垂直的平面上的投影也等长，即

$$\hat{\boldsymbol{\omega}}^{\mathrm{T}}\boldsymbol{u}=\hat{\boldsymbol{\omega}}^{\mathrm{T}}\boldsymbol{v},\ \|\boldsymbol{u}'\|=\|\boldsymbol{v}'\| \tag{7.5-27}$$

如果式（7.5-27）成立，则可根据投影向量 $\boldsymbol{u}'$、$\boldsymbol{v}'$求得 θ。若 $\boldsymbol{u}'\neq\boldsymbol{0}$，则

$$\begin{cases}\boldsymbol{u}'\cdot\boldsymbol{v}'=\|\boldsymbol{u}'\|\|\boldsymbol{v}'\|\cos\theta\\ \boldsymbol{u}'\times\boldsymbol{v}'=\hat{\boldsymbol{\omega}}\|\boldsymbol{u}'\|\|\boldsymbol{v}'\|\sin\theta\end{cases} \tag{7.5-28}$$

$$\theta=\mathrm{Atan2}(\hat{\boldsymbol{\omega}}^{\mathrm{T}}(\boldsymbol{u}'\times\boldsymbol{v}'),\ \boldsymbol{u}'^{\mathrm{T}}\boldsymbol{v}') \tag{7.5-29}$$

若 $\boldsymbol{u}'=\boldsymbol{0}$，则存在无穷多个解。这时，$\boldsymbol{p}=\boldsymbol{r}$ 且两点都在旋转轴上。

【子问题 2】 绕两个相交轴的旋转。

已知：两个单位运动旋量$\hat{\boldsymbol{\xi}}_1=(\hat{\boldsymbol{\omega}}_1;\ \boldsymbol{r}\times\hat{\boldsymbol{\omega}}_1)$，$\hat{\boldsymbol{\xi}}_2=(\hat{\boldsymbol{\omega}}_2;\ \boldsymbol{r}\times\hat{\boldsymbol{\omega}}_2)$，$\hat{\boldsymbol{\omega}}_1$ 轴与$\hat{\boldsymbol{\omega}}_2$ 轴相交于一点 $\boldsymbol{r}$，$\boldsymbol{p}$、$\boldsymbol{q}$ 是空间两点。

求解：满足式（7.5-30）所示条件的 θ_1、θ_2。

$$e^{[\hat{\xi}_1]\theta_1}e^{[\hat{\xi}_2]\theta_2}\boldsymbol{p}=\boldsymbol{q} \tag{7.5-30}$$

解：该问题实质上是将点 $\boldsymbol{p}$ 绕给定轴 $\hat{\boldsymbol{\omega}}_2$ 旋转 θ_2，再绕轴 $\hat{\boldsymbol{\omega}}_1$ 旋转 θ_1 到与点 $\boldsymbol{q}$ 重合，如图 7-32 所示。为此，令 $\boldsymbol{q}_1$ 是转轴 $\hat{\boldsymbol{\omega}}_1$ 上的任意一点，由距离保持不变原则得到

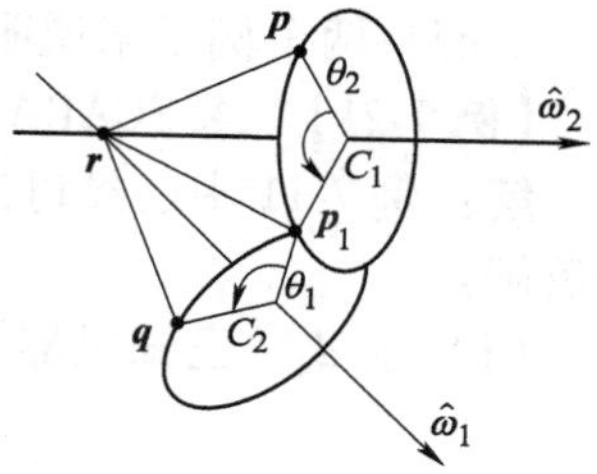

图 7-32

子问题 2 示意

$$\|e^{[\hat{\xi}_2]\theta_2}\boldsymbol{p}-\boldsymbol{q}_1\|=\|\boldsymbol{q}-\boldsymbol{q}_1\|$$

令 $\delta=\|\boldsymbol{q}-\boldsymbol{q}_1\|$，则

$$\|e^{[\hat{\xi}_2]\theta_2}\boldsymbol{p}-\boldsymbol{q}_1\|=\delta$$

令 $\boldsymbol{q}_2$ 是转轴 $\hat{\boldsymbol{\omega}}_2$ 上的任意一点，并定义

$$\boldsymbol{u}=\boldsymbol{p}-\boldsymbol{q}_2,\quad \boldsymbol{v}=\boldsymbol{q}_1-\boldsymbol{q}_2$$

因此

$$\|e^{[\hat{\xi}_2]\theta_2}\boldsymbol{u}-\boldsymbol{v}\|^2=\delta^2$$

将所有点向垂直于 $\hat{\boldsymbol{\omega}}_2$ 的平面投射，并定义 $\boldsymbol{u}'$、$\boldsymbol{v}'$ 分别为 $\boldsymbol{u}$、$\boldsymbol{v}$ 在垂直于 $\hat{\boldsymbol{\omega}}_2$ 的平面上的投影（图 7-33）。则

$$\boldsymbol{u}'=\boldsymbol{u}-\hat{\boldsymbol{\omega}}_2\hat{\boldsymbol{\omega}}_2^{\mathrm{T}}\boldsymbol{u},\quad \boldsymbol{v}'=\boldsymbol{v}-\hat{\boldsymbol{\omega}}_2\hat{\boldsymbol{\omega}}_2^{\mathrm{T}}\boldsymbol{v}$$

同样对 δ 投射，可以得到

$$\delta'^2=\delta^2-\|\hat{\boldsymbol{\omega}}_2^{\mathrm{T}}(\boldsymbol{p}-\boldsymbol{q}_1)\|^2$$

这样，上式变成

$$\|e^{[\hat{\omega}_2]\theta_2}\boldsymbol{u}'-\boldsymbol{v}'\|=\delta'^2$$

设 θ_0 为向量 $\boldsymbol{u}'$ 与 $\boldsymbol{v}'$ 之间的夹角，则

$$\theta=\mathrm{Atan2}(\hat{\boldsymbol{\omega}}^{\mathrm{T}}(\boldsymbol{u}'\times\boldsymbol{v}'),\ \boldsymbol{u}'^{\mathrm{T}}\boldsymbol{v}') \tag{7.5-31}$$

现在用余弦定理来求解角 $\phi=\theta_0-\theta_2$。由图 7-33 可知

$$\|\boldsymbol{u}'\|^2+\|\boldsymbol{v}'\|^2-2\|\boldsymbol{u}'\|\ \|\boldsymbol{v}'\|\cos\phi=\delta'^2$$

因此

$$\theta_2=\theta_0\ \pm\arccos\frac{\|\boldsymbol{u}'\|^2+\|\boldsymbol{v}'\|^2-\delta'^2}{2\|\boldsymbol{u}'\|\|\boldsymbol{v}'\|} \tag{7.5-32}$$

式（7.5-32）可能无解，也可能有一个或两个解，这取决于半径为 $\|\boldsymbol{u}'\|$ 的圆与半径为 δ' 的圆的交点的数目。

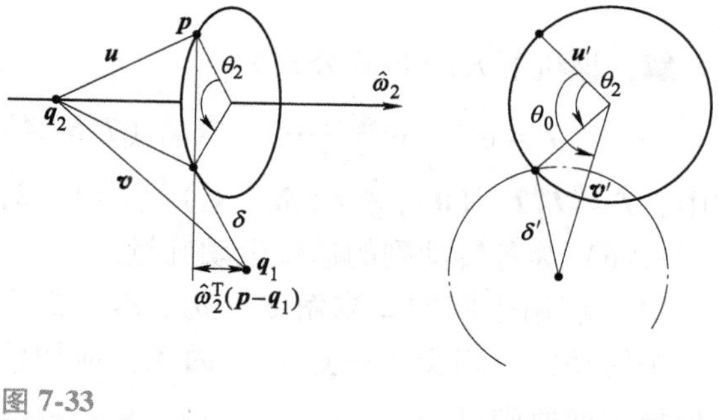

图 7-33

子问题 2 的求解

求得了 θ_2，则可由 $\boldsymbol{p}_1=e^{[\hat{\xi}_2]\theta_2}\boldsymbol{p}$ 求得 $\boldsymbol{p}_1$，再根据 $e^{[\hat{\xi}_1]\theta_1}\boldsymbol{p}_1=\boldsymbol{q}$ 计算出 θ_1（具体求解方法参考子问题 1）。

【子问题 3】　沿某个轴线的移动。

已知：$\hat{\boldsymbol{\xi}}=(\boldsymbol{0};\ \hat{\boldsymbol{v}})$ 为一个无穷大节距的单位运动旋量，$\boldsymbol{p}$、$\boldsymbol{q}$ 是空间两点。

求解：满足条件 $e^{[\hat{\xi}]d}\boldsymbol{p}=\boldsymbol{q}$ 的 d。

解：该问题实质上是将点 $\boldsymbol{p}$ 沿给定轴 $\hat{\boldsymbol{v}}$ 移动到与点 $\boldsymbol{q}$ 重合，如图 7-34 所示。很显然

$$\theta = (\boldsymbol{q} - \boldsymbol{p}) \cdot \hat{\boldsymbol{v}} \tag{7.5-33}$$

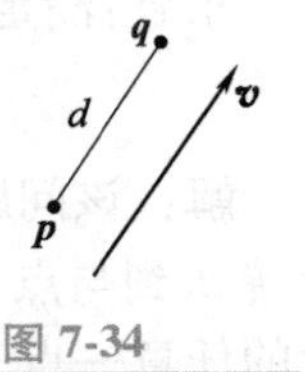

图 7-34
子问题 3 示意

下面举两个例子来说明如何应用上述子问题对复杂机器人求位移反解。

【例 7-21】 求 SCARA 机器人（图 7-17）的位移反解。

解：例 7-11 中已经讨论过 SCARA 机器人的位移正解问题，下面来求它的反解。

（1）求 d_4　已知机器人在末端工具坐标系下的位形为

$$ {}_T^S\boldsymbol{T}(\boldsymbol{q}) = \mathrm{e}^{[\hat{\xi}_1]\theta_1}\mathrm{e}^{[\hat{\xi}_2]\theta_2}\mathrm{e}^{[\hat{\xi}_3]\theta_3}\mathrm{e}^{[\hat{\xi}_4]d_4}\,{}_T^S\boldsymbol{T}(\boldsymbol{0}) = \begin{pmatrix} \cos\psi & -\sin\psi & 0 & x \\ \sin\psi & \cos\psi & 0 & y \\ 0 & 0 & 1 & z \\ 0 & 0 & 0 & 1 \end{pmatrix} $$

在前面的正运动学求解过程中，已推导出工具坐标系原点的位置坐标为

$$ \boldsymbol{p}(\boldsymbol{q}) = \begin{pmatrix} x \\ y \\ z \end{pmatrix} = \begin{pmatrix} -l_1\sin\theta_1 - l_2\sin(\theta_1+\theta_2) \\ l_1\cos\theta_1 + l_2\cos(\theta_1+\theta_2) \\ l_0 + d_4 \end{pmatrix} $$

由此导出 $d_4 = z - l_0$。可以看出对 θ_4 的求解没有利用前面讨论过的任一子问题。

（2）求 θ_1、θ_2、θ_3

$$ \mathrm{e}^{[\hat{\xi}_1]\theta_1}\mathrm{e}^{[\hat{\xi}_2]\theta_2}\mathrm{e}^{[\hat{\xi}_3]\theta_3} = {}_T^S\boldsymbol{T}(\boldsymbol{q})\,{}_T^S\boldsymbol{T}^{-1}(\boldsymbol{0})\,\mathrm{e}^{-[\hat{\xi}_4]d_4} $$

上式的右边是已知量，从方程形式上看属于子问题 2，因此可按照子问题 2 的求解方法进行求解，这样可解出 θ_3；再利用子问题 1 的求解方法分别求得 θ_1 和 θ_2。

【例 7-22】 求 6 自由度的 RRRRRR 机器人（图 7-35）的位移反解（RRR 表示汇交于一点）。

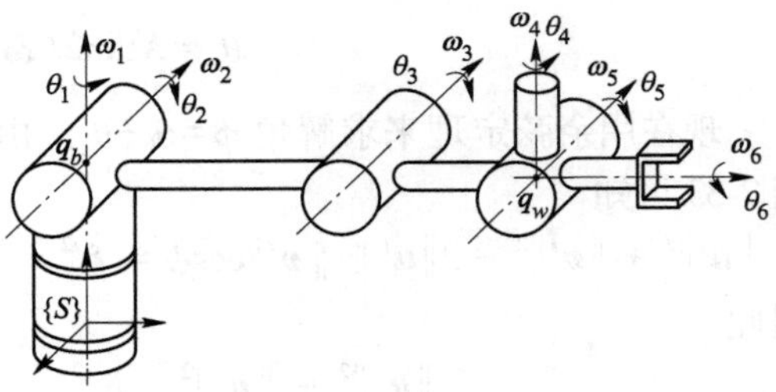

图 7-35
6 自由度的 RRRRRR 机器人

解：该机器人的 PoE 公式为

$$\boldsymbol{T} = \mathrm{e}^{[\hat{\xi}_1]\theta_1}\mathrm{e}^{[\hat{\xi}_2]\theta_2}\cdots\mathrm{e}^{[\hat{\xi}_6]\theta_6} \tag{7.5-34}$$

式中，$\boldsymbol{T} = {}_T^B\boldsymbol{T}\,{}_T^B\boldsymbol{T}^{-1}(\boldsymbol{0})$；$\hat{\boldsymbol{\xi}}_i = (\hat{\boldsymbol{\omega}}_i, \boldsymbol{v}_i)$（$i=1, 2, 3, \cdots, 6$）为各转动副的单位运动旋量。

（1）利用子问题 2 求解 θ_1、θ_2、θ_3　由于后三个转动关节相交于一点 $\boldsymbol{q}_w$，因此，应用位置保持不变原则可得

$$ \mathrm{e}^{[\hat{\xi}_4]\theta_4}\mathrm{e}^{[\hat{\xi}_5]\theta_5}\mathrm{e}^{[\hat{\xi}_6]\theta_6}\boldsymbol{q}_w = \boldsymbol{q}_w $$

这样，可将后三个转动关节变量从指数积公式中消掉，剩下的 PoE 公式中仅含有三个未知关节变量，即

$$ \mathrm{e}^{[\hat{\xi}_1]\theta_1}\mathrm{e}^{[\hat{\xi}_2]\theta_2}\mathrm{e}^{[\hat{\xi}_3]\theta_3}\boldsymbol{q}_w = \boldsymbol{T}\boldsymbol{q}_w $$

令 $\boldsymbol{p}_w = \boldsymbol{T}(\boldsymbol{\theta})\boldsymbol{q}_w$，则上式变成

$$ \mathrm{e}^{[\hat{\xi}_1]\theta_1}\mathrm{e}^{[\hat{\xi}_2]\theta_2}\mathrm{e}^{[\hat{\xi}_3]\theta_3}\boldsymbol{q}_w = \boldsymbol{p}_w $$

再应用子问题对其进行求解：考虑该机器人前三个关节的特点——前两个关节的轴线相交。这样，可先求出 θ_3，再根据 $e^{[\hat{\xi}_1]\theta_1}e^{[\hat{\xi}_2]\theta_2}\boldsymbol{p}_1=\boldsymbol{q}$ 求得 θ_1 和 θ_2(参考子问题 2)。

(2)利用子问题 2 求解 θ_4、θ_5、θ_6　由式(7.5-10)可得

$$e^{-[\hat{\xi}_3]\theta_3}e^{-[\hat{\xi}_2]\theta_2}e^{-[\hat{\xi}_1]\theta_1}\boldsymbol{T}=e^{[\hat{\xi}_4]\theta_4}e^{[\hat{\xi}_5]\theta_5}e^{[\hat{\xi}_6]\theta_6}$$

上面的方程中左边为已知量，同样可利用子问题 2 的求解方法对其进行求解。

7.6　串联机器人的工作空间

根据机器人的位移正、反解，可以进一步确定其**工作空间**（workspace）。

机器人工作空间的概念最早由罗斯（Roth）在 1975 年提出，是指机器人末端可到达的区域（空间点集合），其大小是衡量机器人性能的重要指标。实际上，对于一般多自由度机器人机构而言，至少包含两种类型的工作空间：**可达工作空间**（reachable workspace）和**灵活工作空间**（dexterous workspace）。可达工作空间是指机器人末端至少能以一种姿态到达的所有位置点的集合；灵巧工作空间是指机器人末端可以从任何方向（以任何姿态）到达的位置点的集合。换句话说，当机器人末端位于灵巧工作空间中的 Q 点时，机器人末端可以绕通过 Q 点的所有直线轴线做整周转动。显然，灵活工作空间是可达工作空间的一个子空间。灵巧工作空间又称为机器人可达工作空间的一级子空间，而可达工作空间的其余部分称为其二级子空间。

以平面 2R 机器人为例。根据可达工作空间和灵活工作空间的定义，很容易确定它的两类工作空间，如图 7-36 所示。

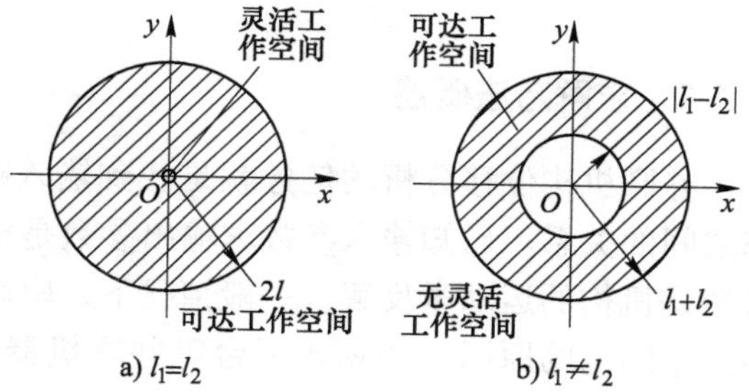

图 7-36

不同尺寸参数下的两类工作空间对比

若 $l_1=l_2=l$，则可达工作空间为半径为 $2l$ 的圆（含内部），灵活工作空间为圆心点；若 $l_1\neq l_2$，则可达工作空间是内径为 $|l_1-l_2|$、外径为 $|l_1+l_2|$ 的圆环，灵活工作空间为空集。

显然，当灵活工作空间为一点或空集时，其运动灵活性比较差。若想提高机器人的灵活性，不妨增加一个 R 关节，变成平面 3R 机器人。

随着机器人的结构越来越复杂，其工作空间的求取也变得越发困难，目前主要有以下三种方法：

(1) **解析法**　通过运动学正反解的解析形式方程获得机器人工作空间边界的完整数学描述。对于多自由度机器人，由于很难得到其解析表达式，因此，该方法只适用于简单机器人机构的工作空间分析。

(2) **几何法**　对于串联机器人而言，可以通过考虑每个关节的约束，来最终得到机器人末端的工作空间。本方法的优点是快速，并且有利于与计算机的结合，可得到直观的三维图；其缺点是难以将所有的约束都考虑进去，且得到的工作空间缺少完整的数学描述。

(3) **离散法（或蒙特卡洛法）**　对于串联机器人，考虑驱动关节范围、连杆干涉等约束，将驱动关节组成的关节空间离散为一系列的点，通过正运动学计算机器人的所有位形，

可以得到串联机器人的离散工作空间。该方法适用性广，适用于所有机器人，其主要缺点是计算量大，计算精度取决于离散点的密度。

工作空间的大小和形状是衡量机器人机构性能的重要指标。对于不同类型的机器人机构，或者具有不同尺寸参数的同种机构，掌握其工作空间的变化及分布情况，是进行机器人机构选择和轨迹规划等所不可缺少的条件，同时也是基于工作空间性能指标优化设计并联机构的前提和基础。

【例 7-23】 对于图 7-37 所示的平面 3R 机器人，假设 $l_1>l_2$，$l_2>l_3$，$l_1\leqslant l_2+l_3$，求该机器人的可达工作空间与灵活工作空间。

解：根据机器人的可达工作空间与灵活工作空间的定义，结合例 7-11 或例 7-14 的结果，可以得到如图 7-37所示的工作空间图示。

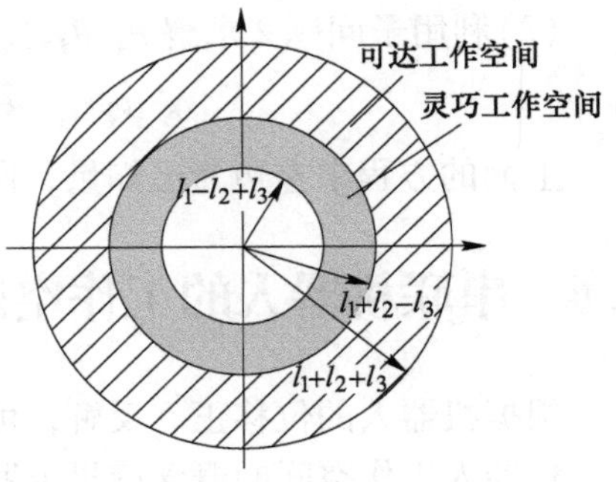

图 7-37

平面 3R 机器人的可达工作空间与灵活工作空间

其中，可达工作空间是半径为 $l_1+l_2+l_3$ 的圆；灵活工作空间是内径为 $l_1-l_2+l_3$、外径为 $l_1+l_2-l_3$ 的圆环。

7.7 并联机器人的位移分析

7.7.1 求解方法概述

并联机构位移分析的任务就是找到输入杆的长度与动平台（作为输出杆）的位置和姿态之间的关系。已知输入参数求输出参数是机构的运动学正解；反之，已知输出参数求输入参数是机构的运动学反解。一般情况下，串联机构的位移正解十分简单，但反解比较复杂；而由于结构的原因，Stewart 平台等并联机器人的位移反解一般相对简单，但位移正解却因包含非线性方程组而十分复杂。但是，有相当一部分并联机构的位移反解也比较困难。

与串联机器人类似，并联机器人的位移解也可分为**封闭解法**和**数值解法**两种。封闭解法通常是基于某种数学方法（包括多环封闭向量多边形法、几何法、矩阵法、旋量法、四元数法等），通过建立约束方程，再从约束方程组中消去未知数，以得到单参数的多项式后再求解。其优点在于能够得到解析表达式，进而求得全部解，这是对其进行性能分析（如工作空间等）的基础。但这种解法难度很大、不具有通用性，而且在实时控制领域，从众多解中获取一个实用合理的解比较困难。而数值解法能迅速、方便地对任何机型结构求得实解，但一般得不到全部的解。

数值解法主要有三类：第一类是使用**经典的 Newton-Raphson 法**求其正解，这类算法每次迭代都需要计算雅可比矩阵及其逆矩阵，计算量很大，而且各算法对初值都比较敏感，不合适的初值可能会影响迭代过程的收敛。第二类算法是神经网络法、蚁群算法等**人工智能算法**，这类算法虽然没有繁琐的数学推导过程，但精度普遍不高，且计算速度较慢，在并联机构的正解中，不推荐采用这类算法。第三类算法是**数值修正法**，该算法依据并联机构的局部结构特征，如支链的长度、支链与水平面的夹角等信息进行反复的计算、修正，最终求得正解。

与串联机器人位移求解普遍采用 D-H 参数法或 PoE 公式不同，并联机器人很少采用这两种方法求解。这主要是由于并联机构中存在多环，采用这两种方法都非常复杂。在并联机构的位移求解过程中，通常利用封闭向量多边形建立独立闭环方程，再利用机构的几何特征建立约束方程；然后联立求解**闭环方程**与**约束方程**，即可得到并联机构的位移正、反解。

7.7.2　典型实例分析

1. 封闭向量多边形法的应用：平面 3-RRR 并联机器人

3-RRR 并联机器人机构简图如图 7-38 所示，等边三角形 $C_1C_2C_3$ 是动平台，C 为中心，其机架和动平台处于同一平面内（基平面），考虑设计的各向同性，为了消除因温度变化引起材料变形对机构性能的影响，把三条支链 $A_iB_iC_i$（$i=1$，2，3；下同）设计成对称结构，即以 C 为中心绕圆周间隔 120°分布。由于该机构的运动副轴线都垂直于基平面，因此动平台只具有平面运动，不难证明，此机构具有 2 个移动（x、y 方向）自由度和 1 个转动（φ）自由度。基坐标系 $\{B\}$ 固连在机架上，平台坐标系 $\{P\}$ 的原点在动平台的中心。

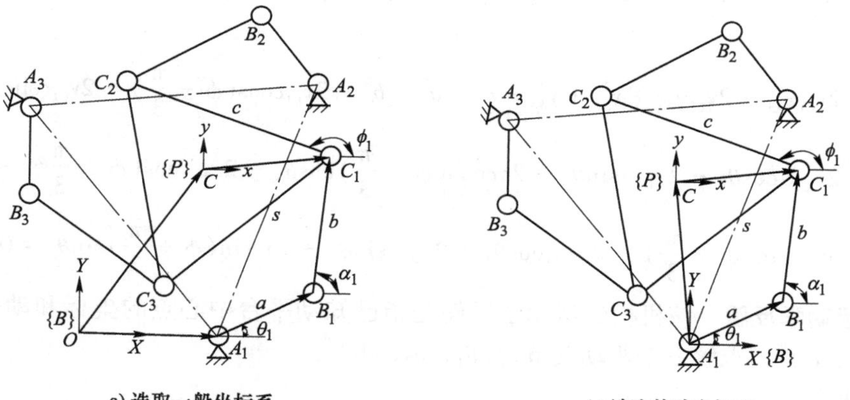

a) 选取一般坐标系　　b) 选取特殊坐标系

图 7-38

3-RRR 并联机器人机构简图

根据图 7-38a 所示的各向量分布，计算出 A_i、B_i和 C_i的位置坐标

$$ {}^{B}A_i = (x_{Ai},\ y_{Ai})^{\mathrm{T}} \quad (i=1,\ 2,\ 3) \tag{7.7-1}$$

$$ {}^{B}B_i = \begin{pmatrix} x_{Bi} = x_{Ai} + a\cos\theta_i \\ y_{Bi} = y_{Ai} + a\sin\theta_i \end{pmatrix} \quad (i=1,\ 2,\ 3) \tag{7.7-2}$$

$$ {}^{B}C_i = \begin{pmatrix} x_{Ci} = x_{Ai} + a\cos\theta_i + b\cos(\theta_i+\alpha_i) \\ y_{Ci} = y_{Ai} + a\sin\theta_i + b\sin(\theta_i+\alpha_i) \end{pmatrix} \quad (i=1,\ 2,\ 3) \tag{7.7-3}$$

为简化计算，基坐标系选在一个特殊位置即 A_1 点处，如图 7-38b 所示。这时，${}^{B}A_1=(0,\ 0)^{\mathrm{T}}$ ${}^{B}A_2$ 和 ${}^{B}A_3$ 均为已知量（与所选取的位形有关）。

从式（7.7-3）中取出第一个式子，得

$$\begin{cases} x_{C1} - a\cos\theta_1 = b\cos(\theta_1 + \alpha_1) \\ y_{C1} - a\sin\theta_1 = b\sin(\theta_1 + \alpha_1) \end{cases} \tag{7.7-4}$$

对式（7.7-4）两边取二次方并求和，可消掉中间项 α_1，由此可得

$$x_{C1}^2 + y_{C1}^2 - 2x_{C1}a\cos\theta_1 - 2y_{C1}a\sin\theta_1 + a^2 - b^2 = 0 \tag{7.7-5}$$

注意到点 C_1 与 C_2、C_3 之间的位姿关系满足

$$\begin{cases} x_{C2} = x_{C1} + c\cos\phi \\ y_{C2} = y_{C1} + c\sin\phi \end{cases} \tag{7.7-6}$$

$$\begin{cases} x_{C3} = x_{C1} + c\cos\left(\phi + \dfrac{\pi}{3}\right) \\ y_{C3} = y_{C1} + c\sin\left(\phi + \dfrac{\pi}{3}\right) \end{cases} \tag{7.7-7}$$

将式（7.7-6）和式（7.7-7）代入式（7.7-5）中，分别消掉中间项 α_2、α_3，可导出其他两个方程

$$x_{C1}^2 + y_{C1}^2 - 2y_{C1}y_{A2} + x_{A2}^2 + y_{A2}^2 + c^2 + a^2 - b^2 + 2x_{C1}c\cos\phi + 2y_{C1}c\sin\phi - 2x_{C1}a\cos\theta_2 - 2y_{C1}a\sin\theta_2 - 2ac\cos\phi\cos\theta_2 - 2cx_{A2}\cos\phi - 2cy_{A2}\sin\phi + 2ax_{A2}\cos\theta_2 + 2ay_{A2}\sin\theta_2 - 2ac\sin\phi\sin\theta_2 = 0 \tag{7.7-8}$$

$$x_{C1}^2 + y_{C1}^2 - 2x_{C1}x_{A3} - 2y_{C1}y_{A3} + x_{A3}^2 + y_{A3}^2 + c^2 + a^2 - b^2 + 2x_{C1}c\cos(\phi + \frac{\pi}{3}) + 2y_{C1}c\sin(\phi + \frac{\pi}{3}) - 2x_{C1}a\cos\theta_3 - 2y_{C1}a\sin\theta_3 - 2ac\cos(\phi + \frac{\pi}{3})\cos\theta_3 - 2cx_{A3}\cos(\phi + \frac{\pi}{3}) - 2cy_{A3}\sin(\phi + \frac{\pi}{3}) + 2ax_{A3}\cos\theta_3 + 2ay_{A3}\sin\theta_3 - 2ac\sin(\phi + \frac{\pi}{3})\sin\theta_3 = 0 \tag{7.7-9}$$

（1）运动学反解 该机构的运动学反解是指已知动平台中心点的坐标和动平台的姿态角 $(x_c, y_c, \varphi)^{\mathrm{T}}$，求解三个驱动关节角 $(\theta_1, \theta_2, \theta_3)^{\mathrm{T}}$。

注意到

$$\begin{cases} x_c = \dfrac{1}{3}\sum\limits_{i=1}^{3} x_{Ci} \\ y_c = \dfrac{1}{3}\sum\limits_{i=1}^{3} y_{Ci} \\ \varphi = \dfrac{\pi}{6} + \phi \end{cases} \tag{7.7-10}$$

结合式（7.7-5）、式（7.7-8）~式(7.7-10）可以看出，若已知 $(x_c, y_c, \varphi)^{\mathrm{T}}$，便可求出 $(x_{C1}, y_{C1}, \phi)^{\mathrm{T}}$。即该机构的反解问题可以归结为已知 $(x_{C1}, y_{C1}, \phi)^{\mathrm{T}}$，求 $(\theta_1, \theta_2, \theta_3)^{\mathrm{T}}$ 的问题。

具体而言，式（7.7-5）可以写成如下形式

$$k_1\sin\theta_1 + k_2\cos\theta_1 + k_3 = 0 \tag{7.7-11}$$

式中，$k_1 = -2y_{C1}a$；$k_2 = -2x_{C1}a$；$k_3 = x_{C1}^2 + y_{C1}^2 + a^2 - b^2$。

由半角公式计算得

$$\theta_1 = \mathrm{Atan2}[(-k_1 \pm \sqrt{k_1^2 + k_2^2 - k_3^2}),\ (k_3 - k_2)] \tag{7.7-12}$$

式（7.7-12）表明，对应给定动平台的位姿，对应两组关节角或支链位形。同理，也可以计算得到另外两个关节的角度或两个支链的位形。总之，可以得到八组可能的位移反解。

（2）运动学正解　该机构的运动学正解是指已知三个驱动关节角 $(\theta_1,\ \theta_2,\ \theta_3)^{\mathrm{T}}$，计算动平台中心点的坐标和动平台的姿态角 $(x_c,\ y_c,\ \varphi)^{\mathrm{T}}$ 或者 $(x_{C1},\ y_{C1},\ \phi)^{\mathrm{T}}$。

化简式（7.7-5）、式（7.7-8）和式（7.7-9）（两两相减），可以得到有关 $\sin\phi$ 和 $\cos\phi$ 线性方程的形式，具体求解方法同上，这里从略。同样会得到八组可能的位移正解。

2. 空间 3-RPS 并联机构

3-RPS 并联平台机构简图如图 7-39a 所示。基座上三个转动副的轴线方向固定且分别与机架相连，动平台与三个支链各用球铰相连，各个支链又与其所对应的转动副的轴线方向相垂直。该机构的驱动副是各个支链上的移动副。

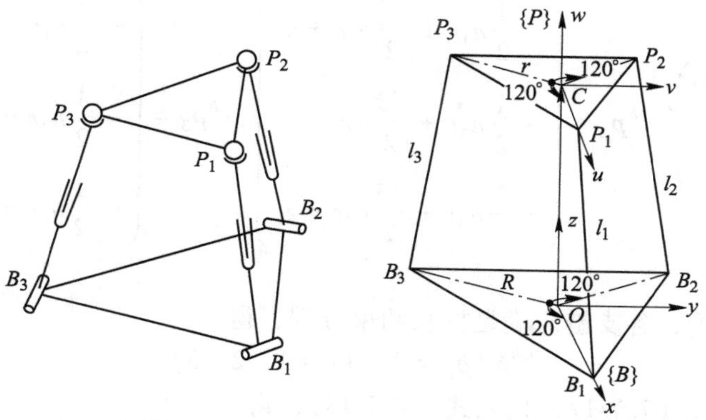

a) 机构简图　　b) 坐标系的设定

图 7-39

3-RPS 并联平台机构

（1）解法一（封闭解法）：封闭向量多边形法+约束方程

1）位移反解。首先建立图 7-39b 所示的基坐标系 $\{B\}(O\text{-}xyz)$ 和平台坐标系 $\{P\}$（$C\text{-}uvw$）。静平台各个铰链点 B_i（$i=1,\ 2,\ 3$）相对基坐标系的坐标分别是

$$^{B}\boldsymbol{b}_1 = \begin{pmatrix} R \\ 0 \\ 0 \end{pmatrix},\quad ^{B}\boldsymbol{b}_2 = \begin{pmatrix} -\dfrac{1}{2}R \\ \dfrac{\sqrt{3}}{2}R \\ 0 \end{pmatrix},\quad ^{B}\boldsymbol{b}_3 = \begin{pmatrix} -\dfrac{1}{2}R \\ -\dfrac{\sqrt{3}}{2}R \\ 0 \end{pmatrix} \tag{7.7-13}$$

动平台各个铰链点 P_i（$i=1,\ 2,\ 3$）相对平台坐标系的坐标分别是

$$^{P}\boldsymbol{p}_1 = \begin{pmatrix} r \\ 0 \\ 0 \end{pmatrix},\quad ^{P}\boldsymbol{p}_2 = \begin{pmatrix} -\dfrac{1}{2}r \\ \dfrac{\sqrt{3}}{2}r \\ 0 \end{pmatrix},\quad ^{P}\boldsymbol{p}_3 = \begin{pmatrix} -\dfrac{1}{2}r \\ -\dfrac{\sqrt{3}}{2}r \\ 0 \end{pmatrix} \tag{7.7-14}$$

通过平台坐标系 $\{P\}$ 相对于基坐标系 $\{B\}$ 的齐次变换矩阵${}_P^B\boldsymbol{T}$，即

$$
{}_P^B\boldsymbol{T}=\begin{pmatrix} n_1 & o_1 & a_1 & x_c \\ n_2 & o_2 & a_2 & y_c \\ n_3 & o_3 & a_3 & z_c \\ 0 & 0 & 0 & 1 \end{pmatrix} \tag{7.7-15}
$$

可求得动平台各个铰链点 P_i（$i=1$，2，3）相对基坐标系的坐标为

$$
\begin{pmatrix} {}^B\boldsymbol{p}_i \\ 1 \end{pmatrix}={}_P^B\boldsymbol{T}\begin{pmatrix} {}^P\boldsymbol{p}_i \\ 1 \end{pmatrix} \tag{7.7-16}
$$

注意到，式（7.7-15）中的九个姿态参数中只有三个是独立的。

将式（7.7-14）和式（7.7-15）代入式（7.7-16），得到 P_i（$i=1$，2，3）相对基坐标系的坐标值

$$
{}^B\boldsymbol{p}_1=\begin{pmatrix} n_1r+x_c \\ n_2r+y_c \\ n_3r+z_c \end{pmatrix},\ {}^B\boldsymbol{p}_2=\begin{pmatrix} -\dfrac{1}{2}n_1r+\dfrac{\sqrt{3}}{2}o_1r+x_c \\ -\dfrac{1}{2}n_2r+\dfrac{\sqrt{3}}{2}o_2r+y_c \\ -\dfrac{1}{2}n_3r+\dfrac{\sqrt{3}}{2}o_3r+z_c \end{pmatrix},\ {}^B\boldsymbol{p}_3=\begin{pmatrix} -\dfrac{1}{2}n_1r-\dfrac{\sqrt{3}}{2}o_1r+x_c \\ -\dfrac{1}{2}n_2r-\dfrac{\sqrt{3}}{2}o_2r+y_c \\ -\dfrac{1}{2}n_3r-\dfrac{\sqrt{3}}{2}o_3r+z_c \end{pmatrix} \tag{7.7-17}
$$

对于 3-RPS 机构，各支链应满足杆长约束方程，得

$$
|{}^B\boldsymbol{b}_i{}^B\boldsymbol{p}_i|=l_i \quad (i=1,\ 2,\ 3) \tag{7.7-18}
$$

将式（7.7-13）和式（7.7-17）代入式（7.7-18），得

$$
\begin{cases} l_1^2=(n_1r+x_c-R)^2+(n_2r+y_c)^2+(n_3r+z_c)^2 \\ l_2^2=\dfrac{1}{4}[(-n_1r+\sqrt{3}o_1r+2x_c+R)^2+ \\ \qquad (-n_2r+\sqrt{3}o_2r+2y_c-\sqrt{3}R)^2+(-n_3r+\sqrt{3}o_3r+2z_c)^2] \\ l_3^2=\dfrac{1}{4}[(-n_1r-\sqrt{3}o_1r+2x_c+R)^2+ \\ \qquad (-n_2r-\sqrt{3}o_2r+2y_c+\sqrt{3}R)^2+(-n_3r-\sqrt{3}o_3r+2z_c)^2] \end{cases} \tag{7.7-19}
$$

式（7.7-19）中含有六个未知数，但只有三个方程，因此还需要找到三个附加的几何约束方程，才能有确定解。

考虑到 3-RPS 机构的结构特点，各支链与其对应的转动副轴线 $\boldsymbol{u}_i$ 始终垂直，因此满足以下几何条件

$$
\overrightarrow{B_iP_i}\perp\boldsymbol{u}_i \quad (i=1,\ 2,\ 3) \tag{7.7-20}
$$

式中，$\boldsymbol{u}_i=(\cos\theta_i \quad \sin\theta_i \quad 0)^{\mathrm{T}}$（$\theta_1=90°$，$\theta_2=210°$，$\theta_3=330°$）。代入具体值，得到

$$
\begin{cases} n_2r+y_c=0 \\ \sqrt{3}n_1r-3o_1r-2\sqrt{3}x_c=-n_2r+\sqrt{3}o_2r+2y_c \\ -\sqrt{3}n_1r-3o_1r+2\sqrt{3}x_c=-n_2r-\sqrt{3}o_2r+2y_c \end{cases} \tag{7.7-21}
$$

式（7.7-21）可进一步简化为

$$\begin{cases} rn_2 + y_c = 0 \\ o_1 = n_2 \\ 2x_c = r(n_1 - o_2) \end{cases} \tag{7.7-22}$$

将式（7.7-19）和式（7.7-22）以及反映姿态参数的六个约束方程联立求解，可得到该机构的位移反解。由于方程组中未知数的个数与方程数一致，故方程的解是确定的。利用初等数学的知识即可求得，这里从略。

2）位移正解。动平台三个铰链点 P_i 的坐标可由下式计算

$$\begin{cases} x_{Pi} = x_{Bi} - l_i\cos\varphi_i\cos(\theta_i - 90°) \\ y_{Pi} = y_{Bi} - l_i\cos\varphi_i\sin(\theta_i - 90°) \\ z_{Pi} = l_i\sin\varphi_i \end{cases} \quad (i = 1,\ 2,\ 3) \tag{7.7-23}$$

式中，φ_i 为$\overline{OB_i}$与$\overrightarrow{B_iP_i}$之间所夹的锐角。代入具体数值得

$$^B\boldsymbol{p}_1 = \begin{pmatrix} R - l_1\cos\varphi_1 \\ 0 \\ l_1\sin\varphi_1 \end{pmatrix},\quad ^B\boldsymbol{p}_2 = \begin{pmatrix} -\dfrac{1}{2}(R - l_2\cos\varphi_2) \\ \dfrac{\sqrt{3}}{2}(R - l_2\cos\varphi_2) \\ l_2\sin\varphi_2 \end{pmatrix} \quad ^B\boldsymbol{p}_3 = \begin{pmatrix} -\dfrac{1}{2}(R - l_3\cos\varphi_3) \\ -\dfrac{\sqrt{3}}{2}(R - l_3\cos\varphi_3) \\ l_3\sin\varphi_3 \end{pmatrix} \tag{7.7-24}$$

再根据

$$|{}^B\boldsymbol{p}_i{}^B\boldsymbol{p}_j| = \sqrt{3}r \quad (i,\ j = 1,\ 2,\ 3;\ i \neq j) \tag{7.7-25}$$

将式（7.7-24）代入式（7.7-25）建立起正解方程，可求得 $\varphi_i(i=1,\ 2,\ 3)$。然后代入式（7.7-23），可求得各个铰链点的坐标值。最后根据

$$\begin{cases} x_c = \dfrac{1}{3}\sum\limits_{i=1}^{3} x_{Pi} \\ y_c = \dfrac{1}{3}\sum\limits_{i=1}^{3} y_{Pi} \\ z_c = \dfrac{1}{3}\sum\limits_{i=1}^{3} z_{Pi} \end{cases} \tag{7.7-26}$$

求得动平台中心点 C 的坐标值，然后根据位置与姿态的关系式求得三个独立的姿态参数，至此便完成了该机构的位移正解。

以上解法是一种相对通用的并联机构位移分析方法，并没有考虑 3-RPS 机构本身的特点。例如，该机构的位姿参数之间存在耦合关系，将产生**伴随运动**（parasitic motion）；经证明该机构为零扭转机构，可以采用 T&T 法[3]描述其姿态等。

（2）解法二：利用数值法求解位移正解 3-RPS 并联机构具有 3 个自由度，分别为沿 z 轴的平移、绕动平台 x 轴和 y 轴的两个转动。机构的其余三个自由度，即沿 x 轴的平移、沿 y 轴的平移及绕动平台 z 轴的转动，在机构运行过程中会产生伴随运动，伴随运动的值与机构运行输入参数有关。

采用 Z-Y-Z 欧拉角（严格意义上是 T&T 角）描述机构的姿态。即先绕动平台的 z 轴旋转 α 角，然后绕旋转后的自身 y 轴旋转 β 角，最后再次绕旋转后的自身 z 轴旋转 γ 角。对应的姿态矩阵为

$$\boldsymbol{R}(\alpha,\ \beta,\ \gamma)=\boldsymbol{R}_z(\alpha)\boldsymbol{R}_y(\beta)\boldsymbol{R}_z(\gamma)$$
$$=\begin{pmatrix}\cos\alpha\cos\beta\cos\gamma-\sin\alpha\sin\gamma & -\cos\alpha\cos\beta\sin\gamma-\sin\alpha\cos\gamma & \cos\alpha\sin\beta\\ \sin\alpha\cos\beta\cos\gamma+\cos\alpha\sin\gamma & -\sin\alpha\cos\beta\sin\gamma+\cos\alpha\cos\gamma & \sin\alpha\sin\beta\\ -\sin\beta\cos\gamma & \sin\beta\sin\gamma & \cos\beta\end{pmatrix}\tag{7.7-27}$$

动平台各个铰链点 P_i（$i=1$，2，3）相对基坐标系的坐标为

$$^{B}\boldsymbol{p}_i={}^{B}_{P}\boldsymbol{R}{}^{P}\boldsymbol{p}_i+{}^{B}\boldsymbol{c}\tag{7.7-28}$$

对应的几何约束方程为

$$\overrightarrow{B_iP_i}\perp\boldsymbol{u}_i\quad(i=1,\ 2,\ 3)\tag{7.7-29}$$

式中，$\boldsymbol{u}_i=(\cos\theta_i,\ \sin\theta_i,\ 0)^{\mathrm{T}}$（$\theta_1=90°$，$\theta_2=210°$，$\theta_3=330°$）。

联立式（7.7-27）~式（7.7-29）可解得伴随运动的计算公式为

$$\begin{cases}x_c=r\cos2\alpha(\cos\beta-1)/2\\ y_c=r\sin2\alpha(1-\cos\beta)/2\\ \gamma=-\alpha\end{cases}\tag{7.7-30}$$

1）基本原理。动、定平台中心的连线 OC、定平台中心 O 与转动副中心 B_i 的连线、支链转动副中心 B_i 与球副中心 P_i 的连线、支链球副中心 P_i 与动平台中心 C 的连线可组成一个四边形，如图 7-40 所示（以支链 1 所组成的封闭四边形为例）。

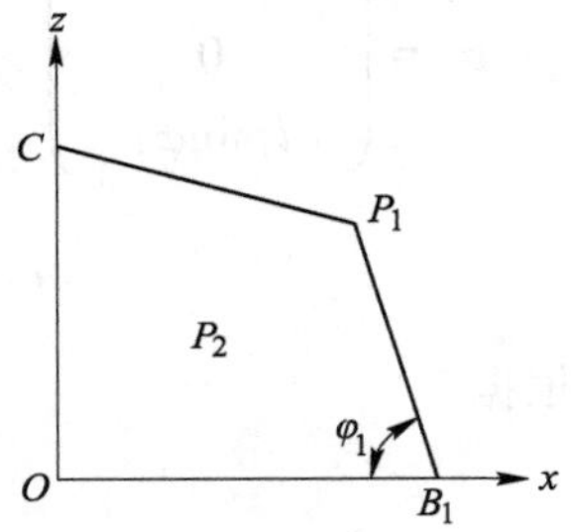

图 7-40

由支链 1 所组成的封闭四边形

三条支链共组成三个四边形，其中有一个公共边 OC。考虑实际平台运行时会产生伴随运动，该四边形一般为异面四边形，即 C 点不在由点 O、点 P_i 和点 B_i 组成的平面上。由图 7-40 可知，球铰 P_i 的坐标只与 φ_i 有关，即

$$^{B}\boldsymbol{p}_1=\begin{pmatrix}R-l_1\cos\varphi_1\\ 0\\ l_1\sin\varphi_1\end{pmatrix},\quad {}^{B}\boldsymbol{p}_2=\begin{pmatrix}-\dfrac{1}{2}(R-l_2\cos\varphi_2)\\ \dfrac{\sqrt{3}}{2}(R-l_2\cos\varphi_2)\\ l_2\sin\varphi_2\end{pmatrix},\quad {}^{B}\boldsymbol{p}_3=\begin{pmatrix}-\dfrac{1}{2}(R-l_3\cos\varphi_3)\\ -\dfrac{\sqrt{3}}{2}(R-l_3\cos\varphi_3)\\ l_3\sin\varphi_3\end{pmatrix}\tag{7.7-31}$$

若给定动平台中心 C 的（初始）坐标，由球铰中心 P_i 与动平台中心 C 间的距离始终为 r，即可解出 φ_i，进而得到 P_i 的坐标。当点 C 与实际位置重合时，P_i 即为球铰中心的真实位置，至此便完成了运动学正解的求解。

2）计算过程。

步骤 1：动平台中心 C 的坐标为（x_c，y_c，z_c），其中 z_c 的初值选取为三条支链长度的均值，即 $z_c=(l_1+l_2+l_3)/3$；动平台初始转角选取为 $\alpha=\beta=0$。

步骤 2：由式（7.7-30），求出动平台中心的伴随运动 x_c、y_c，并以这两个值更新动平台

原点的坐标（x_c，y_c，z_c）。

步骤 3：根据球铰中心 P_i 与动平台中心 C（x_c，y_c，z_c）间的距离 r，可解出偏角 φ_i 的值。即由式

$$\|\overrightarrow{P_iC}\|=r \quad (i=1,\ 2,\ 3) \tag{7.7-32}$$

可求得

$$\begin{cases}\varphi_1=\pi-\arcsin\dfrac{(R-x_c)^2+y_c^2+z_c^2+l_1^2-r^2}{2l_1\sqrt{(R-x_c)^2+z_c^2}}-\arccos\dfrac{z_c}{\sqrt{(R-x_c)^2+z_c^2}}\\ \varphi_2=\pi-\arcsin\dfrac{(R/2+x_c)^2+(\sqrt{3}R/2-y_c)^2+z_c^2+l_2^2-r^2}{l_2\sqrt{(2R+x_c-\sqrt{3}y_c)^2+4z_c^2}}-\arccos\dfrac{2z_c}{\sqrt{(2R+x_c-\sqrt{3}y_c)^2+4z_c^2}}\\ \varphi_3=\pi-\arcsin\dfrac{(R/2+x_c)^2+(\sqrt{3}R/2+y_c)^2+z_c^2+l_3^2-r^2}{l_3\sqrt{(2R+x_c+\sqrt{3}y_c)^2+4z_c^2}}-\arccos\dfrac{2z_c}{\sqrt{(2R+x_c+\sqrt{3}y_c)^2+4z_c^2}}\end{cases} \tag{7.7-33}$$

步骤 4：将解出的 φ_i 代入式（7.7-32）中，可得到球副中心 P_i（相对基坐标系）的坐标。

步骤 5：计算动平台所在平面的单位法向量 $\hat{\boldsymbol{n}}=(n_x,\ n_y,\ n_z)^{\mathrm{T}}$，由此求出动平台偏角 α 和 β。相关计算公式为

$$\alpha=\begin{cases}\mathrm{Acos2}(n_x,\ \sqrt{n_x^2+n_y^2}) & (n_y\leqslant 0)\\ 2\pi-\mathrm{Acos2}(n_x,\ \sqrt{n_x^2+n_y^2}) & (n_y<0)\end{cases} \tag{7.7-34}$$

$$\beta=\mathrm{Acos2}(n_y,\ \sqrt{n_x^2+n_y^2+n_z^2}) \tag{7.7-35}$$

步骤 6：若求得的动平台偏角 α、β 与上一次计算得到的偏角（若为第一次，则为初始偏差值）的差值满足精度要求，则执行步骤 7；反之，返回步骤 2。

步骤 7：求动平台中心的 z 坐标，即

$$z_c=\frac{1}{3}(p_{1z}+p_{2z}+p_{3z}) \tag{7.7-36}$$

步骤 8：若求得的动平台中心的 z 坐标与上一次计算得到的 z 坐标（若为第一次，则为初始值）的差值不在精度范围内，则返回步骤 2；若满足精度要求，便完成了运动学正解的求解。

计算流程图如图 7-41 所示。

3）算例。任意选取一组输入参数，即动平台的偏角及高度，通过位移反向求解，求得三条支链的长度 l_i；再以这三条支链的长度作为输入参数，用上述算法进行位移正向求解，求得动平台的偏角及高度；最后与位移反解的输入参数进行对比，验证算法的正确性与精度。

选取输入参数时，在动平台高度为 100~200mm、200~300mm、300~400mm 三个区间内分别随机选取五组数据，α 的取值范围为 0°~360°，β 的取值范围为 0°~10°。计算数据见表 7-3，由表中数据可以看出，任意一组正解计算值与初始输入参数之间的绝对误差均小于 10^{-6}，满足精度要求。

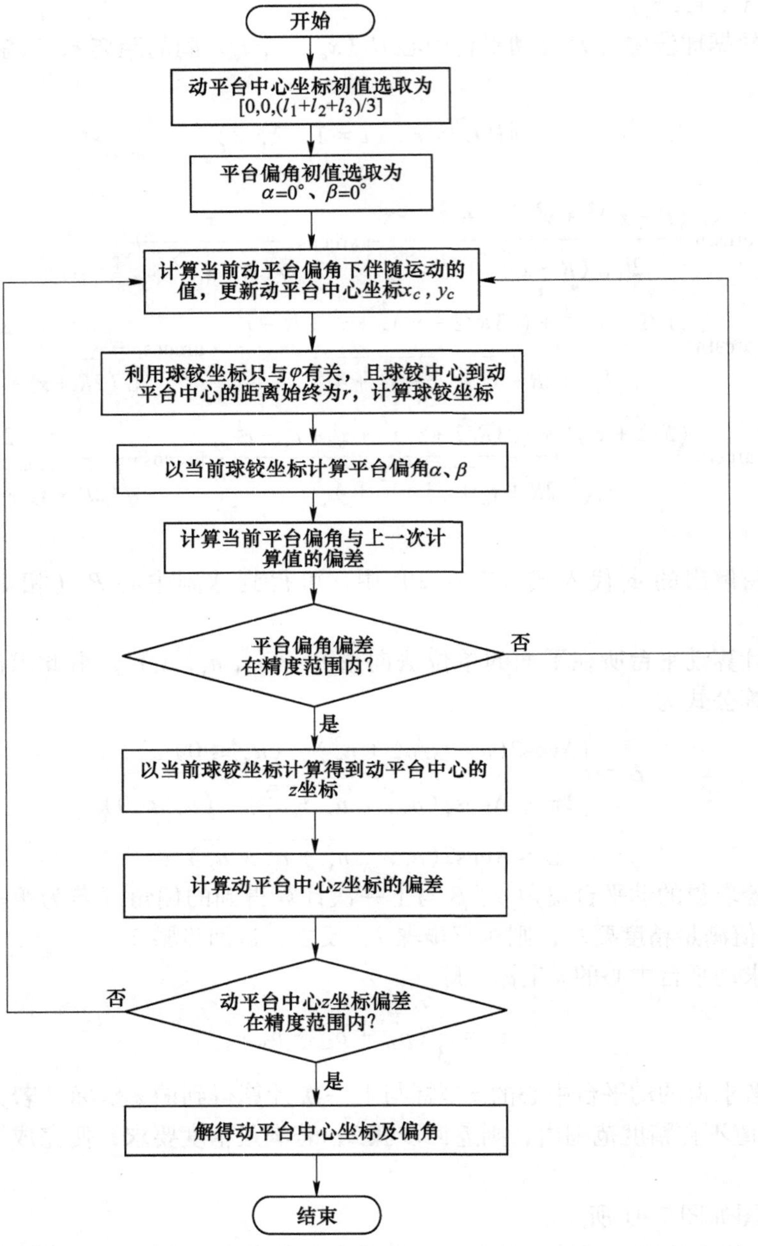

图 7-41

正解算法的计算流程图

表 7-3　运动学正解算法的精度验证

α 输入值	β 输入值	z_c 输入值	l_1	l_2	l_3	α 计算值	β 计算值	z_c 计算值
18.4	9.1	108.14	91.897081	123.295676	138.546005	18.39999999	9.10000001	108.13999982
100.25	3.48	129.478	140.061386	123.614806	148.892508	100.25000012	3.48000001	129.47799983

（续）

α输入值	β输入值	z_c输入值	l_1	l_2	l_3	α计算值	β计算值	z_c计算值
235.486	7.256	148.21	167.611093	164.189018	131.095900	235.48599959	7.25600001	148.20999983
324.9	4.8	175.364	168.815269	198.694571	180.289988	324.89999962	4.80000001	175.36399983
90	5	190.0	195.876527	181.573991	210.812560	90.00000003	5.00000001	189.99999983
37.4	8.4	210.895	194.137285	212.397102	243.187208	37.39999988	8.40000003	210.89499982
164.25	4.48	234.56	254.326640	228.536706	235.607788	164.24999999	4.48000001	234.55999983
252.394	8.295	250.0	261.013313	269.189400	233.921769	252.39399958	8.29500003	249.99999983
335.9	1.2	264.358	264.928866	272.025620	269.100274	335.89999958	1.20000000	264.35799983
180	6	288.186	38.078411	279.879924	279.879924	180.00000020	6.00000002	288.18599983
82.4	8.7	304.32	303.963635	284.729504	338.147716	82.40000000	8.70000004	304.31999982
137.61	2.84	333.31	344.014466	327.450265	338.838962	137.60999999	2.84000001	333.30999983
294.351	5.281	360.25	355.893204	381.759734	352.822726	294.35099958	5.28100003	360.24999983
351.9	9.5	379.42	350.618093	402.745397	394.588460	351.89999959	9.50000006	379.41999982
270	4	395.0	397.876456	409.959639	385.975476	269.99999958	4.00000003	394.99999983

3. 几何法的应用：Omni Wrist Ⅲ机构

Omni WristⅢ机构由定平台$A_1A_2A_3A_4$、动平台$D_1D_2D_3D_4$和四条相同的4R支链$A_iB_iC_iD_i$组成，如图7-42所示。其中，每条支链都包括三根连杆（自下而上依次是A_iB_i、B_iC_i和C_iD_i）和四个转动副（自下而上依次是A_i、B_i、C_i和D_i）。转动副C_i和D_i的轴线交于动平台的中点P；转动副A_i和B_i的轴线交于定平台的中点O；转动副B_i和C_i的轴线交于点S_i。四条支链的结构相同，间隔90°分布。这类机构的特点在于始终存在一个垂直于动、定平台中心连线OP的对称中心平面H，在运动过程中，动、定平台以及A_iB_i、C_iD_i连杆所在平面始终关于平面H对称。此对称中心平面可由$S_1\sim S_4$点的位置确定，实际上就是平面$S_1S_2S_3S_4$。

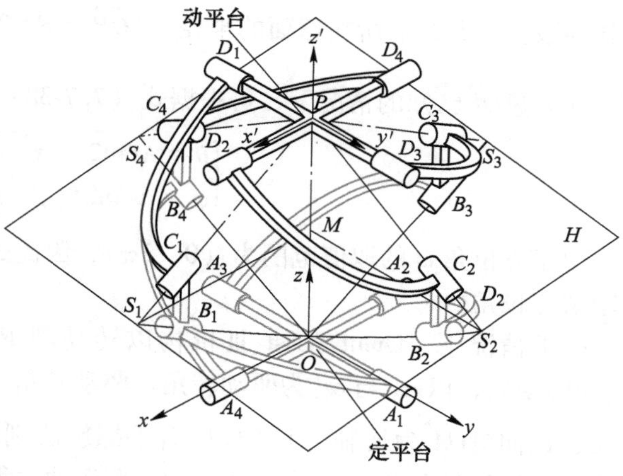

图7-42
并联机构示意图

基于该机构的几何特殊性，下面不妨利用几何法对其运动学进行分析。

（1）逆运动学求解　在定平台上建立基坐标系$O\text{-}xyz$，z轴垂直于定平台向上，不失一般性，令y轴与OA_1重合，x轴与y轴、z轴形成右手坐标系。四条支链的分布由y轴按右手螺旋方向与OS_i在xOy平面上投影的夹角β_i确定，$\beta_1=0$，$\beta_2=90°$，$\beta_3=180°$，$\beta_4=270°$。在动平台上建立坐标系$P\text{-}x'y'z'$，z'轴垂直于动平台向上，初始状态下，坐标系$P\text{-}x'y'z'$各轴与基坐标系$O\text{-}xyz$各轴平行。用向量$\overrightarrow{OS_i}$表示S_i点的空间位置，则有

$$\overrightarrow{OS_i}=\boldsymbol{R}_z(\beta_i)\begin{pmatrix}L\cos\alpha_{Ai}\\0\\L\sin\alpha_{Ai}\end{pmatrix}=\begin{pmatrix}L\cos\beta_i\cos\alpha_{Ai}\\L\sin\beta_i\cos\alpha_{Ai}\\L\sin\alpha_{Ai}\end{pmatrix}\tag{7.7-37}$$

式中，α_{iA}为OS_i与其在xOy平面上投影的夹角，即杆A_iB_i相对转动副R_{iA}的转角；Rot（z，β_i）表示绕z轴旋转β_i角，$|\boldsymbol{s}_i|=L$。

用z'轴在O-xyz坐标系中的指向（φ，θ）^{T}来定义动平台姿态，如图7-43所示，点E为z轴与z'轴反向延长线的交点，它也在对称中心平面H上。考虑到运动过程中$\overrightarrow{OP}$的长度R始终不变，用向量$\overrightarrow{OP}=(x,\ y,\ z)^{\mathrm{T}}$来表示点的空间位置，$\overrightarrow{OP}$与动平台姿态（$\varphi$，$\theta$）^{T}之间有以下关系：

$$\overrightarrow{OP}=\begin{pmatrix}x\\y\\z\end{pmatrix}=\begin{pmatrix}R\sin\dfrac{\theta}{2}\cos\varphi\\R\sin\dfrac{\theta}{2}\sin\varphi\\R\cos\dfrac{\theta}{2}\end{pmatrix}=\begin{pmatrix}2L\sin\dfrac{\gamma}{2}\sin\dfrac{\theta}{2}\cos\varphi\\2L\sin\dfrac{\gamma}{2}\sin\dfrac{\theta}{2}\sin\varphi\\2L\sin\dfrac{\gamma}{2}\cos\dfrac{\theta}{2}\end{pmatrix}\tag{7.7-38}$$

式中，γ为等腰三角形OS_iP中的$\angle OS_iP$，由B_iC_i杆的形状决定，称为Omni Wrist Ⅲ机构的形状参数。R为P点所在球面的半径，$|\overrightarrow{OP}|=R=2L\sin\dfrac{\gamma}{2}$。

在向量$\overrightarrow{OP}$已知的情况下，可根据式（7.7-38）推导出姿态角（φ，θ）^{T}

$$\begin{cases}\theta=\mathrm{Atan2}(\sqrt{x^2+y^2},\ z)\\\varphi=\mathrm{Atan2}(y,\ x)\end{cases}\tag{7.7-39}$$

由于方位角φ的取值范围为（0，2π），因此式（7.7-39）中使用反正切函数Atan2（ ）来求解方位角。

一般情况下，Omni Wrist Ⅲ机构以转动副R_{A1}与R_{A2}为驱动副，以α_{A1}与α_{A2}为驱动转角。驱动转角α_{Ai}的定义：以向量$\overrightarrow{OA_i}$为转轴，A_iB_i杆按右手螺旋法则转向定平面所转过的角度，如图7-43所示。在运动过程中，由于机构的对称性，动平台和定平台中心连线OP始终垂直于对称中心平面H并交面H于OP中点M，即OP始终垂直于MS_i。考虑到$\overrightarrow{MS_i}=\overrightarrow{OS_i}-\overrightarrow{OM}$，利用这一关系可得到以下几何约束方程：

$$\overrightarrow{OP}\cdot\left(\overrightarrow{OS_i}-\frac{1}{2}\overrightarrow{OP}\right)=0\tag{7.7-40}$$

将式（7.7-37）、式（7.7-38）代入式（7.7-40），展开得到

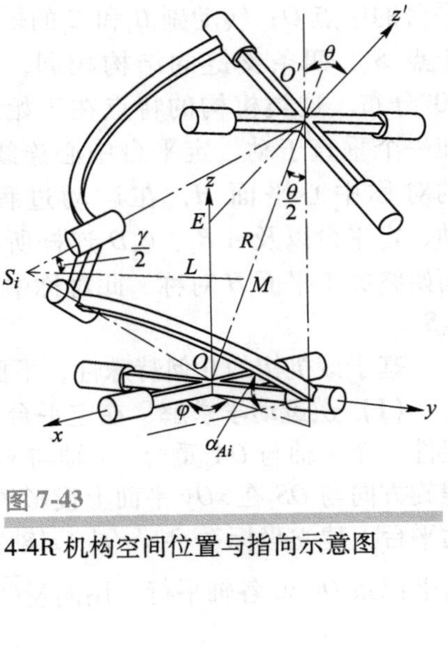

图 7-43

4-4R 机构空间位置与指向示意图

$$\sin\frac{\theta}{2}\cos\alpha_{Ai}\cos(\beta_i-\varphi_i)+\cos\frac{\theta}{2}\sin\alpha_{Ai}-\sin\frac{\gamma}{2}=0 \tag{7.7-41}$$

将式（7.7-41）简写成以下形式

$$m\sin\alpha_{Ai}+k_i\cos\alpha_{Ai}-n=0 \tag{7.7-42}$$

式中

$$m=\cos\frac{\theta}{2},\ k_i=\sin\frac{\theta}{2}\cos(\beta_i-\varphi_i),\ n=\sin\frac{\gamma}{2}$$

通过半角公式，求得

$$\alpha_{Ai}=\arcsin\frac{mn-k_i\sqrt{k_i^2+m^2-n^2}}{k_i^2+m^2} \tag{7.7-43}$$

或者

$$\alpha_{Ai}=\arccos\frac{k_in-m\sqrt{k_i^2+m^2-n^2}}{k_i^2+m^2} \tag{7.7-44}$$

注意到反解中不包含 L，对于 2 自由度指向机构，其指向能力仅由形状参数 γ 决定。式（7.7-43）和式（7.7-44）表明，4-4R 并联机构对应两种实用构型，如图 7-44 所示，这两种构型实际上是等效的。

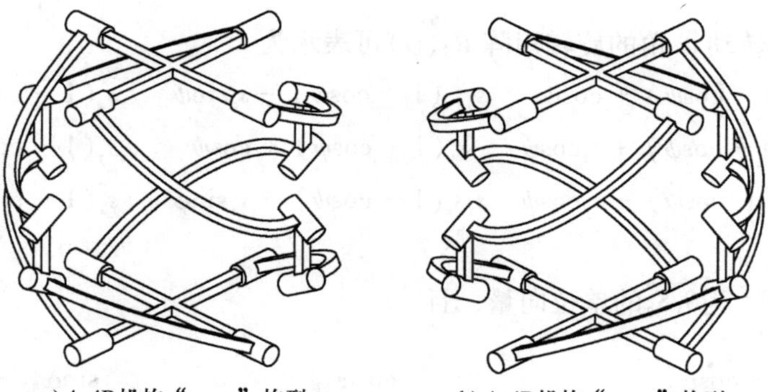

a) 4–4R机构“––––”构型　　b) 4–4R机构“++++”构型

图 7-44

4-4R 并联机构的两种实用构型

（2）正运动学求解　基于 Omni Wrist Ⅲ具有对称中心平面 H 的几何特性，下面利用几何方法求取该机构的正运动学。首先将机构的几何约束抽象出来，如图 7-45 所示。

可以看出，由于$\triangle OS_1S_2$与$\triangle PS_1S_2$都是等腰三角形，令 F 点为线段 S_1S_2的中点，于是有 $OF\perp S_1S_2$和 $PF\perp S_1S_2$，S_1S_2为平面 POF 的法线。向量$\overrightarrow{OP}$可以表示为

$$\overrightarrow{OP}=\overrightarrow{FP}-\overrightarrow{FO} \tag{7.7-45}$$

由于 F 是线段 S_1S_2的中点，根据式（7.7-38），向量$\overrightarrow{FO}$可表示为

$$\overrightarrow{FP}=-\left(\frac{L\cos\alpha_{A1}}{2}\quad\frac{L\cos\alpha_{A2}}{2}\quad\frac{L(\sin\alpha_{A1}+\sin\alpha_{A2})}{2}\right)^{\mathrm{T}} \tag{7.7-46}$$

向量$\overrightarrow{FP}$可以由向量$\overrightarrow{FO}$绕向量$\overrightarrow{S_1S_2}$旋转 ψ 角得到。同样根据式（7.7-37），向量$\overrightarrow{S_1S_2}$可表

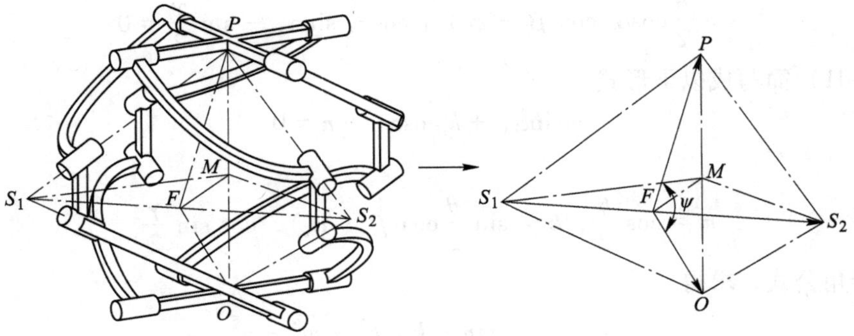

图 7-45
4-4R 并联机构几何约束示意图

示为

$$\overrightarrow{S_1S_2}=\overrightarrow{OS_2}-\overrightarrow{OS_1}=(-L\cos\alpha_{A1}\quad L\cos\alpha_{A2}\quad L\sin\alpha_{A2}-L\sin\alpha_{A1})^{\mathrm{T}} \tag{7.7-47}$$

由图 7-45 可知，$\triangle FMO$ 与 $\triangle FMP$ 为直角三角形且全等，旋转角度 ψ 可表示为

$$\psi=\mathrm{Asin2}(|\overrightarrow{MO}|,\ |\overrightarrow{FO}|) \tag{7.7-48}$$

绕旋转轴$\overrightarrow{S_1S_2}$转动 ψ 角的旋转矩阵 $\boldsymbol{R}_{\hat{s}}(\psi)$ 可表示为

$$\boldsymbol{R}_{\hat{s}}(\psi)=\begin{pmatrix} s_x^2(1-\cos\psi)+\cos\psi & s_ys_x(1-\cos\psi)-s_z\sin\psi & s_zs_x(1-\cos\psi)+s_y\sin\psi \\ s_xs_y(1-\cos\psi)+s_z\cos\psi & s_y^2(1-\cos\psi)+\cos\psi & s_zs_y(1-\cos\psi)-s_x\sin\psi \\ s_xs_z(1-\cos\psi)-s_y\cos\psi & s_ys_z(1-\cos\psi)+s_x\sin\psi & s_z^2(1-\cos\psi)+\cos\psi \end{pmatrix} \tag{7.7-49}$$

式中，$(s_x,\ s_y,\ s_z)^{\mathrm{T}}$ 为$\overrightarrow{S_1S_2}$的单位向量，且

$$s_x=\frac{-\cos\alpha_{A1}}{\sqrt{2-2\sin\alpha_{A1}\sin\alpha_{A2}}},\quad s_y=\frac{\cos\alpha_{A2}}{\sqrt{2-2\sin\alpha_{A1}\sin\alpha_{A2}}},\quad s_z=\frac{\sin\alpha_{A2}-\sin\alpha_{A1}}{\sqrt{2-2\sin\alpha_{A1}\sin\alpha_{A2}}}$$

将式（7.7-46）和式（7.7-49）代入式（7.7-45），得到 4-4R 并联机构的运动学正解为

$$\overrightarrow{OP}=\begin{pmatrix}x\\y\\z\end{pmatrix}=\overrightarrow{FP}-\overrightarrow{FO}=\boldsymbol{R}_{\hat{s}}\overrightarrow{FO}-\overrightarrow{FO}=(\boldsymbol{R}_{\hat{s}}-\boldsymbol{I})\overrightarrow{FO} \tag{7.7-50}$$

将求得的 P 点坐标代入式（7.7-39）中，即可求得机构的姿态 $(\varphi,\ \theta)^{\mathrm{T}}$。

【例 7-24】 Omni Wrist Ⅲ机器人的工作空间描述。

解：2 自由度并联转台主要考虑其绕空间两轴的转动，即动平台姿态 $(\varphi,\ \theta)^{\mathrm{T}}$的取值范围。由式（7.7-39）可知，其空间位置与输出姿态是一一对应的关系。

判定空间一点在工作空间内需要满足以下两个条件：①对于动平台中心的某一空间位置 $(x,\ y,\ z)^{\mathrm{T}}$，将其相应的姿态 $(\varphi,\ \theta)^{\mathrm{T}}$代入运动学反解方程应有实数解；②支链之间不能相互干涉。

假设球面半径 $SR=100\text{mm}$，基于该机构的运动学反解公式，并考虑杆间不发生干涉，绘制出当 γ 分别为 $\pi/6$、$\pi/4$ 和 $\pi/3$ 时机器人工作空间的分布曲线，如图 7-46～图 7-48 所示。

其中，图 7-46a～图 7-48a 所示为 4-4R 并联机构的动平台中心点 P 在整个指向空间 $[\varphi\in(0,2\pi),\ \theta\in(0,\pi)]$ 内的位置分布及其随机构形状参数 γ 的变化趋势，随着 γ 角的增大，4-4R 并联机构的指向能力也逐渐提高；图 7-46b～图 7-48b 所示为 4-4R 并联机构的工作空间在 xOy 平面上的投影，可以看到，在支链分布的方位上，机构的倾斜能力受到了限制；而在两条支链所夹的方位上，机构的指向能力最好。实际上，由于 4-4R 并联机构具有关于对称中心平面上下对称的特殊几何结构，其动平台在半球空间内运动时，即可获得几乎全方向 $[\varphi\in(0,2\pi),\ \theta\in(0,\pi)]$ 上的指向能力。

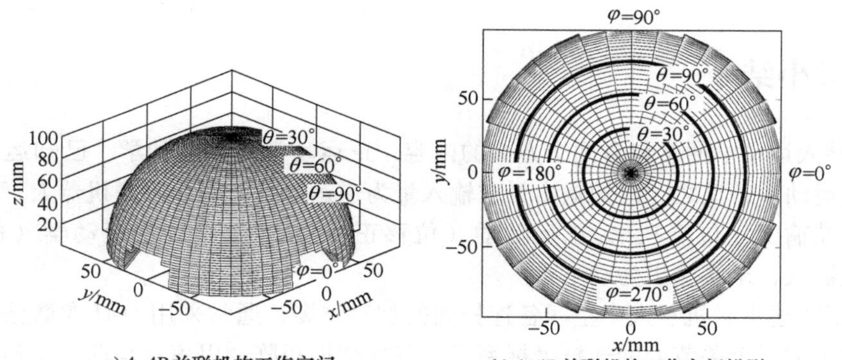

a) 4–4R并联机构工作空间　b) 4–4R并联机构工作空间投影

图 7-46

4-4R 并联机构工作空间示意图（$\gamma=\pi/6$）

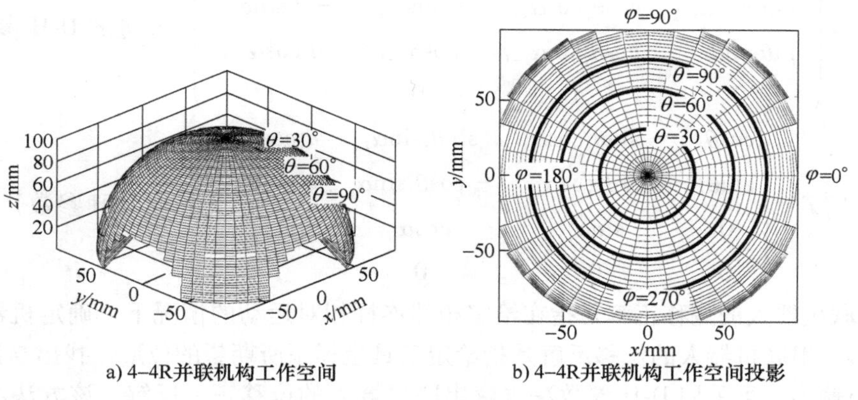

a) 4–4R并联机构工作空间　b) 4–4R并联机构工作空间投影

图 7-47

4-4R 并联机构工作空间示意图（$\gamma=\pi/4$）

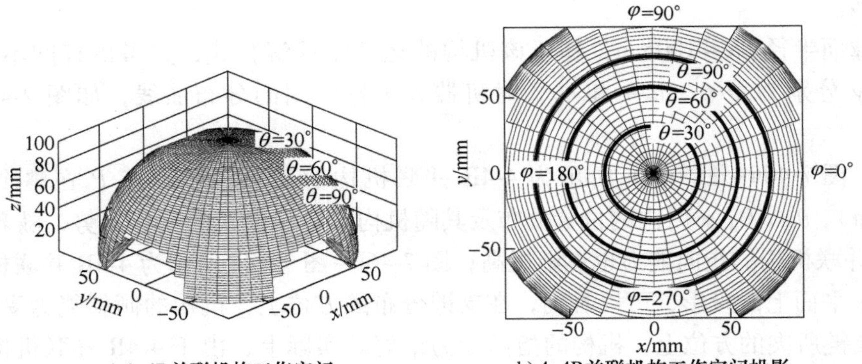

a) 4−4R并联机构工作空间　　b) 4−4R并联机构工作空间投影

图 7-48

4-4R 并联机构工作空间示意图（$\gamma=\pi/3$）

7.8 本章小结

1）机器人运动学通常包含两个方面的内容：正运动学与逆运动学。已知运动输入量求输出量为正运动学；反之，已知输出量求输入量为逆运动学。对于串联机器人，已知各关节输入求解末端输出（位姿），为正运动学（位移正解）；反之，为逆运动学（位移反解）；对于并联机器人，末端输出为动平台。

2）为了描述串联机器人中空间各连杆间的相对位姿，通常采用 D-H 参数法。D-H 参数法的核心在于为每个关节处的连杆坐标系建立齐次变换矩阵，以表示与前一个连杆坐标系之间的关系。这样，连续变换的结果最终可反映出末端与基座之间的位置关系。具体方程如下：

$$
{}^{i-1}_{\ \ i}\boldsymbol{T}=\begin{pmatrix}\cos\theta_i & -\sin\theta_i & 0 & a_{i-1}\\ \sin\theta_i\cos\alpha_{i-1} & \cos\theta_i\cos\alpha_{i-1} & -\sin\alpha_{i-1} & -d_i\sin\alpha_{i-1}\\ \sin\theta_i\sin\alpha_{i-1} & \cos\theta_i\sin\alpha_{i-1} & \cos\alpha_{i-1} & d_i\cos\alpha_{i-1}\\ 0 & 0 & 0 & 1\end{pmatrix}\text{（改进的 D-H 参数）}
$$

$$
{}^{i-1}_{\ \ i}\boldsymbol{T}=\begin{pmatrix}\cos\theta_i & -\sin\theta_i\cos\alpha_i & \sin\theta_i\sin\alpha_i & a_i\cos\theta_i\\ \sin\theta_i & \cos\theta_i\cos\alpha_i & -\cos\theta_i\sin\alpha_i & a_i\sin\theta_i\\ 0 & \sin\alpha_i & \cos\alpha_i & d_i\\ 0 & 0 & 0 & 1\end{pmatrix}\text{（标准 D-H 参数）}
$$

3）串联机器人的位移正解是指在给定相邻连杆相对运动的情况下，确定机器人末端执行器的位形。串联机器人的位移反解是指给定工具坐标系所期望的位形，找出与该位形相对应的各关节输出。可采用 D-H 参数法求解串联机器人的位移正、反解，该方法本质上是一种解析法。具体公式如下：

$$
{}^0_n\boldsymbol{T}=\begin{pmatrix}{}^0_n\boldsymbol{R} & {}^0\boldsymbol{p}\\ 0 & 1\end{pmatrix}={}^0_1\boldsymbol{T}\,{}^1_2\boldsymbol{T}\cdots{}^{n-1}_{\ \ n}\boldsymbol{T}
$$

4）还可以采用PoE公式求解串联机器人的运动学。与D-H参数法相比，该方法实质上可看作一种几何方法，不仅直观而且简单。因为无须建立各连杆坐标系，只需要两个坐标系即可：一个是基座坐标系，另一个是末端工具坐标系。其中，机器人正运动学的指数积公式如下：

$$ {}_T^S\boldsymbol{T}(q_1, \cdots, q_n) = \mathrm{e}^{[\hat{\xi}_1]q_1}\mathrm{e}^{[\hat{\xi}_2]q_2}\cdots\mathrm{e}^{[\hat{\xi}_i]q_i}\cdots\mathrm{e}^{[\hat{\xi}_n]q_n}\,{}_T^S\boldsymbol{T}(\boldsymbol{0}) $$

式中，$\hat{\xi}_i$ 所代表的物理意义是第 i 个关节在初始位形下相对基坐标系的单位运动旋量坐标。

5）对于串联机器人，当关节变量已知时，位移正解通常是唯一的，求解相对简单。但由于关节变量之间相互耦合，造成串联机器人位移反解方程本质上为多元非线性方程（组），导致或者存在封闭解，或者只能进行数值求解，从而给求解带来了困难。不仅如此，反解的结果一般为多解，不具有唯一性。

6）串联机器人位移反解方程的复杂程度与其结构特征紧密相关。对于6-DoF的串联机器人，当其中有三个相邻轴交于一点或相互平行时，该机器人具有解析解。而轴线任意分布的6R串联机器人位移反解的求解过程虽然异常复杂（已被我国学者攻克），但存在理论研究价值。

7）工作空间的大小和形状是衡量机器人机构性能的重要指标。根据机器人的位移正、反解，可以进一步确定其工作空间。机器人的工作空间至少包含两种类型：可达工作空间和灵活工作空间。可达工作空间是指机器人末端至少能以一种姿态到达的所有位置点的集合；灵巧工作空间是指机器人末端可以从任何方向（以任何姿态）到达的位置点的集合。灵活工作空间是可达工作空间的一个子空间。

扩展阅读文献

本章重点对机器人正、逆运动学建模方法进行了讨论，读者还可阅读其他文献（见下述列表）补充相关知识。例如，有关D-H参数法的内容可参考文献［1，4，6，8］，有关PoE公式的内容可参考文献［2，3，7］，有关并联机器人运动学求解方法的内容可参考文献［3，4，5］。

［1］Craig J J. 机器人学导论［M］.4版．负超，王伟，译．北京：机械工业出版社，2018.

［2］Murray R，Li Z X，Sastry S. 机器人操作的数学导论［M］. 徐卫良，钱瑞明，译．北京：机械工业出版社，1998.

［3］Lynch K M，Park F C. 现代机器人学机构、规划与控制［M］. 于靖军，贾振中，译．北京：机械工业出版社，2020.

［4］Tsai L W. Robot Analysis：The Mechanics of Serial and Parallel Manipulators［M］. New York：Wiley-Interscience Publication，1999.

［5］黄真，赵永生，赵铁石．高等空间机构学［M］. 北京：高等教育出版社，2006.

［6］熊有伦，等．机器人学［M］. 北京：机械工业出版社，1993.

［7］于靖军，刘辛军，丁希仑，等．机器人机构学的数学基础［M］. 北京：机械工业出版社，2008.

［8］战强．机器人学：机构、运动学、动力学及运动规划［M］. 北京：清华大学出版社，2019.

习题

7-1 利用几何法求平面 3R 机器人（图 7-11）的位移正、反解，并与本章相关例题的结果进行对比。

7-2 证明串联机器人的正运动学中，机器人末端执行器的运动与转动及移动的顺序无关。

7-3 证明相邻杆之间的齐次变换矩阵就是两个连续的螺旋变换。

7-4 试分别建立图 7-49 所示各串联机器人在前、后置坐标系下的 D-H 参数。

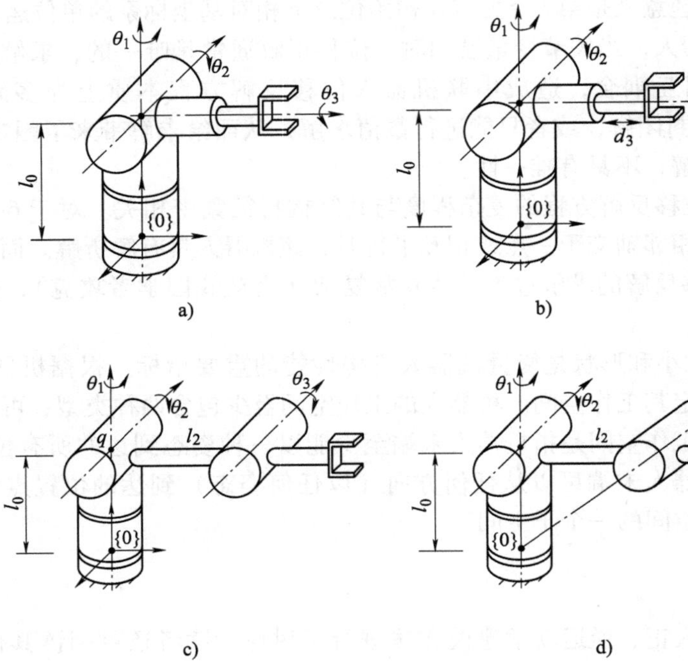

图 7-49

四种 3-DoF 的串联机器人

7-5 试建立图 7-50 所示串联机器人在前置坐标系下的 D-H 参数。

7-6 试建立图 7-51 所示 Stanford 机器人在前置坐标系下的 D-H 参数。

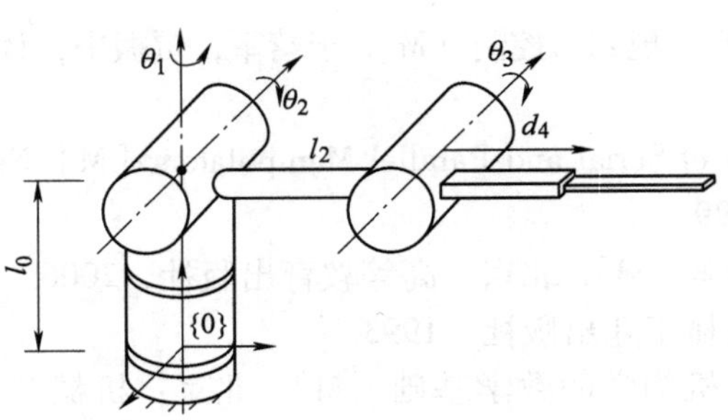

图 7-50

4-DoF 的 RRRP 串联机器人

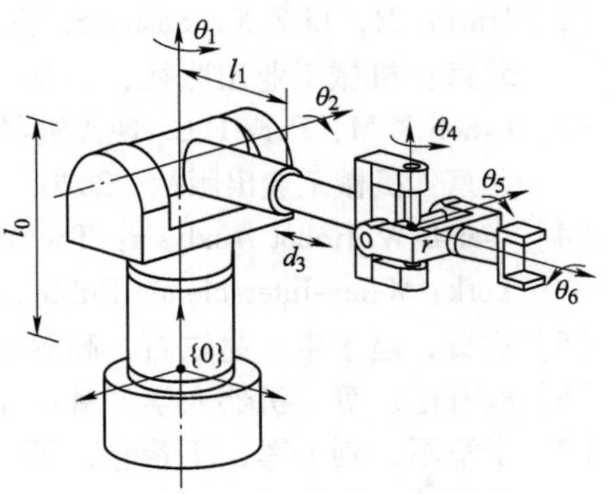

图 7-51

Stanford 机器人

7-7　对于下面给出的各${}^{i-1}_{i}\boldsymbol{T}$，求出与其对应的四个 D-H 参数值（前置坐标系下度量）。

（1）$\boldsymbol{T}=\begin{pmatrix}0&1&1&3\\1&0&0&0\\0&1&0&1\\0&0&0&1\end{pmatrix}$；（2）$\boldsymbol{T}=\begin{pmatrix}\cos\beta&\sin\beta&0&1\\\sin\beta&-\cos\beta&0&0\\0&0&-1&-2\\0&0&0&1\end{pmatrix}$；（3）$\boldsymbol{T}=\begin{pmatrix}0&-1&0&-1\\0&0&-1&0\\1&0&0&2\\0&0&0&1\end{pmatrix}$

7-8　利用改进的 D-H 参数法对图 7-49 所示的四种串联机器人求位移正解。

7-9　利用改进的 D-H 参数法对图 7-50 所示的 4-DoF 串联机器人求位移正解。

7-10　利用改进的 D-H 参数法对图 7-51 所示的 Stanford 机器人求位移正、反解。

7-11　图 7-52 所示为一 5-DoF 串联机器人。图 7-52a 所示为机器人整体结构图，图 7-52b 所示为球形手腕及其分解结构图。试建立该机器人的 D-H 参数（前置坐标系下度量），并对其进行正、逆运动学求解。

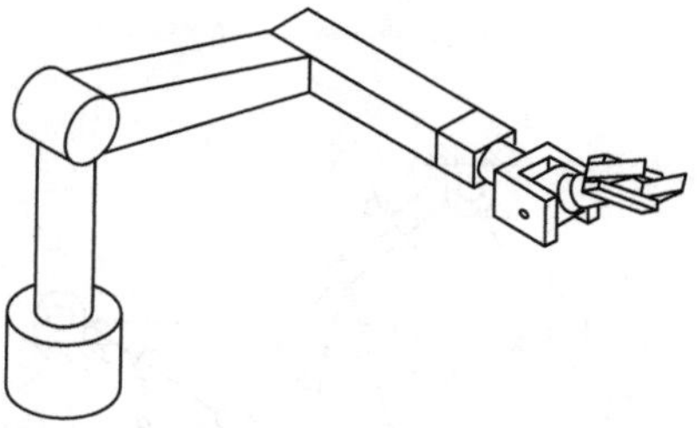

a) 机器人整体模型

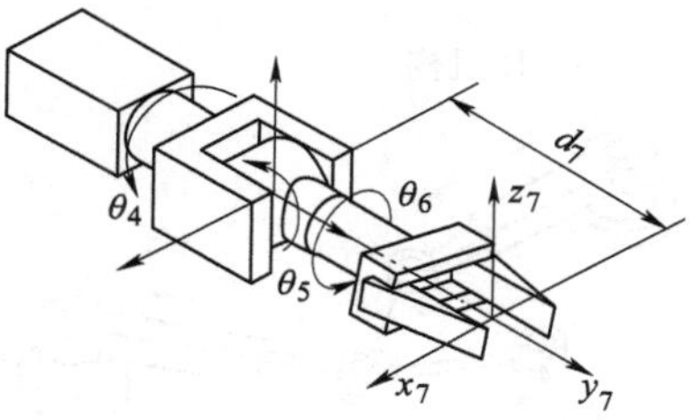

b) 球形手腕

图 7-52

具有球形手腕的 5-DoF 串联机器人

7-12　Pieper 准则提出了串联机器人存在解析解的两个充分条件：①三个相邻转动关节的轴线交于一点；②三个相邻转动关节的轴线相互平行。试从现有的商用工业机器人中各找出 2~3 个应用实例。

7-13　某一特定串联机器人的位移反解个数与哪些因素有关？是否与 D-H 参数及连杆坐标系的选取有关？

7-14　利用 PoE 公式法对图 7-50 所示的 4-DoF 串联机器人求位移正解。

7-15　利用 PoE 公式法对图 7-51 所示的 Stanford 机器人求位移正解。

7-16　对图 7-49 所示的四种串联机器人的逆运动学进行分解。

7-17　对图 7-51 所示的 Stanford 机器人的逆运动学进行子问题分解。

7-18　利用几何法求图 7-11 所示平面 3R 机器人（$l_1=l_2=2l_3$）的可达工作空间和灵活工作空间。

7-19　图 7-53 所示为一对称分布的平面 5R 机构，图 7-53a 所示为该机构的三维模型，结构参数分布与参考坐标系如图 7-53b 所示。试求：1）该机构的自由度；2）该机构的位移正、反解。

7-20　平面 3-RPR 并联机构的三维模型如图 7-54a 所示，各结构参数分布与坐标系如图 7-54b。试求该机构的位移正、反解。

7-21　试推导图 7-55 所示 3-CS 并联机构的雅可比矩阵。3-CS 并联机构的机构简图如图 7-55a 所示，三个圆柱副的轴线方向固定且分别与机架相连，动平台与三个分支用球铰（S）连接，各分支又与其所对应的圆柱副的轴线方向相垂直（图 7-55b）。该机构的驱动副是组成圆柱副的移动副。试推导该机构的雅可比矩阵，并建立其位移正、反解方程。

7-22　图 7-56 所示为一改进型 Delta 机器人机构，该机构由三个相同的支链 RR（4R）R 组成，因此又称为 3-RR（4R）R 并联机构。图 7-56a 所示为其三维模型，单个支链的结构参数与坐标系分布如图7-56b 所示。试求：在有偏置（$d\neq0$）和无偏置（$d=0$）两种情况下，该机构的位移正、反解。

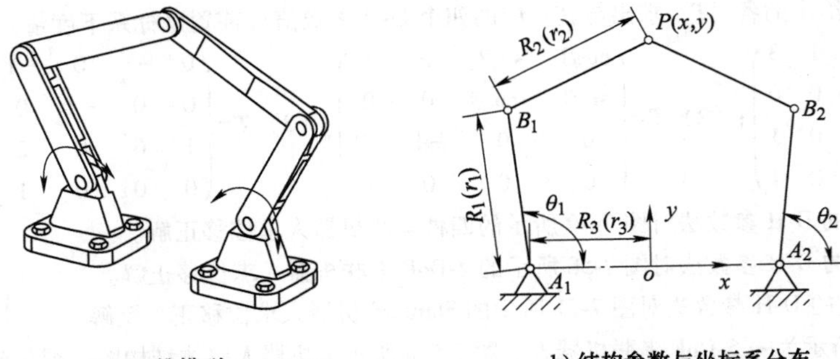

a) 三维模型　　b) 结构参数与坐标系分布

图 7-53

平面 5R 机构

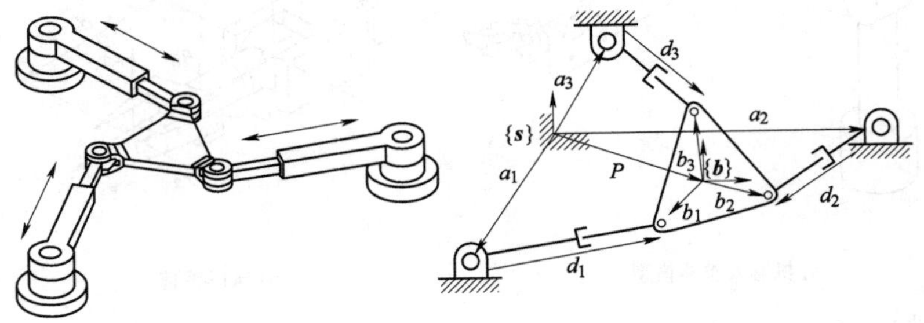

a) 三维模型　　b) 结构参数与坐标系分布

图 7-54

平面 3-RPR 并联机构

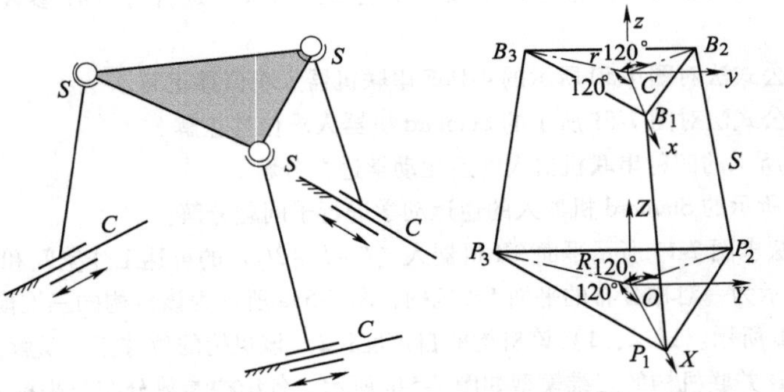

a) 机构简图　　b) 结构参数与坐标系分布

图 7-55

3-CS 并联机构

7-23　查阅文献，熟悉求解图 7-57 所示 Stewart 平台位移正解的数值解法。并思考：

（1）位移正解方程的最高次数是多少？

（2）支链的特殊分布是否会简化该机构正解方程的最高次数？

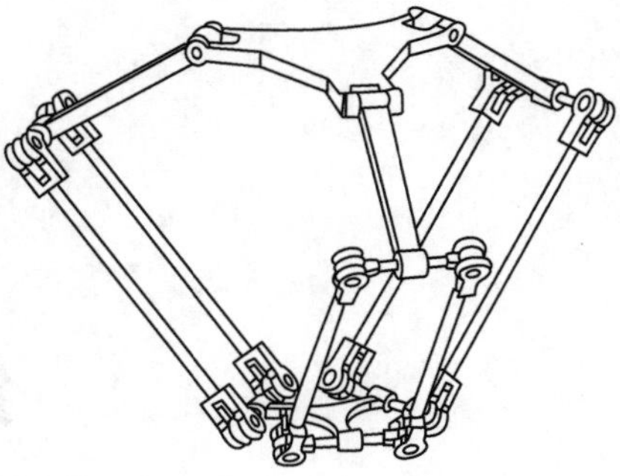

a) 三维模型

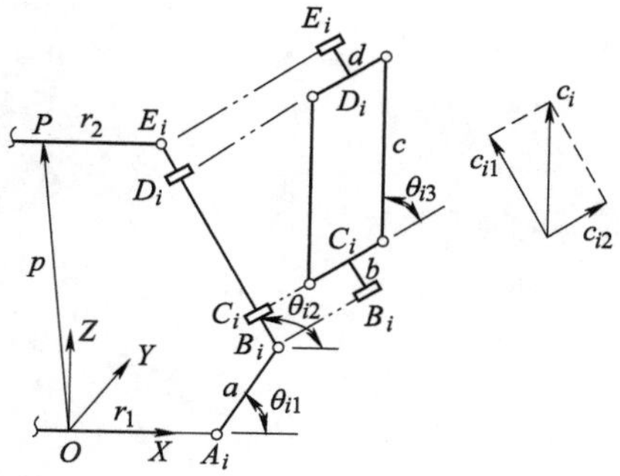

b) 结构参数与坐标系分布

图 7-56

3-RR（4R）R 并联机构

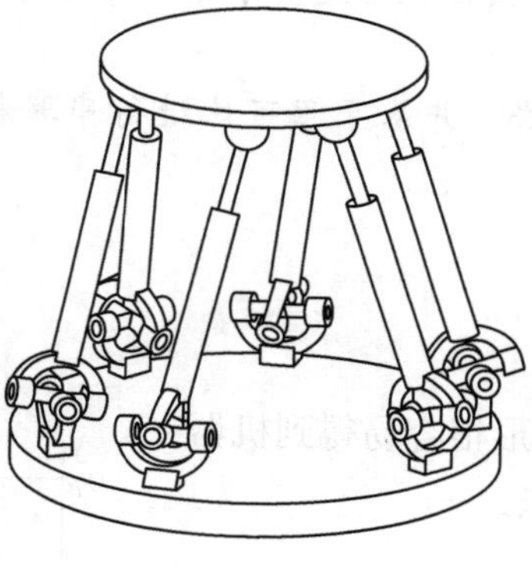

a) 三维模型

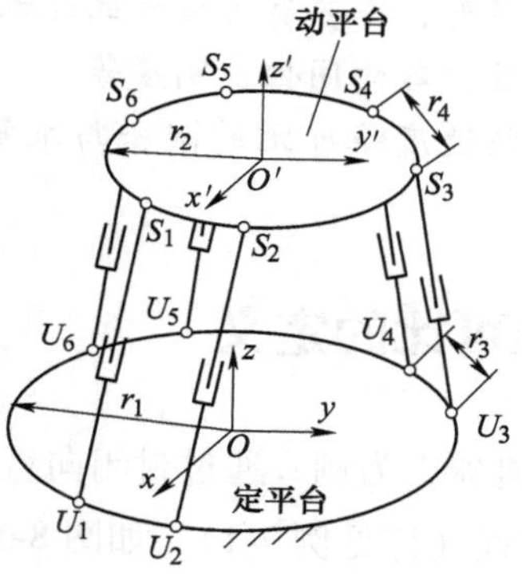

b) 结构参数与坐标系分布

图 7-57

Stewart 平台

第 8 章 基于速度雅可比的性能评价

本章导读

速度雅可比是串联机器人性能分析的基础。通过分析雅可比矩阵的秩，可以探究串联机器人的奇异性；另外，许多有关设计的运动性能指标也都是基于雅可比矩阵来构造的，如灵巧度、运动解耦性、各向同性、刚度等。

本章重点介绍速度雅可比的概念与求解方法，并基于雅可比进行串联机器人运动性能评价。

8.1 速度雅可比的定义

以平面 2R 机器人为例，通过封闭向量多边形很容易得到机器人的位移闭环方程（详见例 7-1），如图 8-1 所示。

$$\begin{cases} x_B = l_1\cos\theta_1 + l_2\cos\theta_{12} \\ y_B = l_1\sin\theta_1 + l_2\sin\theta_{12} \end{cases} \tag{8.1-1}$$

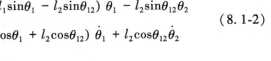

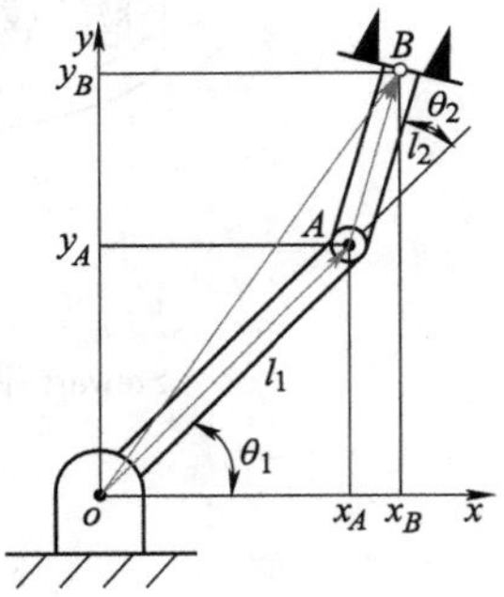

图 8-1

平面 2R 机器人

由于输入量是 θ_1、θ_2，因此对式（8.1-1）相对于 θ_1、θ_2 作微分，得到

$$\begin{cases} \dot{x}_B = (-l_1\sin\theta_1 - l_2\sin\theta_{12})\,\dot{\theta}_1 - l_2\sin\theta_{12}\dot{\theta}_2 \\ \dot{y}_B = (l_1\cos\theta_1 + l_2\cos\theta_{12})\,\dot{\theta}_1 + l_2\cos\theta_{12}\dot{\theta}_2 \end{cases} \tag{8.1-2}$$

写成矩阵的形式为

$$\begin{pmatrix} \dot{x}_B \\ \dot{y}_B \end{pmatrix} = \begin{pmatrix} -l_1\sin\theta_1 - l_2\sin\theta_{12} & -l_2\sin\theta_{12} \\ l_1\cos\theta_1 + l_2\cos\theta_{12} & l_2\cos\theta_{12} \end{pmatrix} \begin{pmatrix} \dot{\theta}_1 \\ \dot{\theta}_2 \end{pmatrix} \tag{8.1-3}$$

令

$$\boldsymbol{J} = \begin{pmatrix} -l_1\sin\theta_1 - l_2\sin\theta_{12} & -l_2\sin\theta_{12} \\ l_1\cos\theta_1 + l_2\cos\theta_{12} & l_2\cos\theta_{12} \end{pmatrix} \tag{8.1-4}$$

则式（8.1-3）可以进一步写成一般矩阵的形式，即

$$\begin{pmatrix} \dot{x}_B \\ \dot{y}_B \end{pmatrix} = \boldsymbol{J} \begin{pmatrix} \dot{\theta}_1 \\ \dot{\theta}_2 \end{pmatrix} \tag{8.1-5}$$

或者

$$\dot{\boldsymbol{X}} = \boldsymbol{J}(\boldsymbol{q})\dot{\boldsymbol{q}} \tag{8.1-6}$$

式中，$\boldsymbol{J}$ 为第 2 章曾提到的雅可比矩阵；$\dot{\boldsymbol{X}}$ 为操作速度向量，在机器人的**操作空间**内度量；$\dot{\boldsymbol{q}}$ 为关节速度向量，在机器人的**关节空间**内度量。

因此，雅可比矩阵实际上反映的是机器人的关节空间向操作空间运动速度传递的广义传动比。

可以看到，$\boldsymbol{J}$ 中的各元素仅与机构各构件的运动尺寸和相对位置相关，而与其他量无关。事实上，由第 2 章所给的推导过程可知，它们都是位置函数对输入的微分（导数或偏导数），因此，结果肯定是一个与机构各构件的运动尺寸和相对位置相关的量（机构的位形参数）。这一结论具有普遍意义。

实际上，上述速度雅可比的推导过程同时给出了一种求解速度雅可比的方法：**直接微分法**。

【例 8-1】 利用直接微分法求平面 3R 机器人的速度雅可比。

解： 直接利用例 7-10 的结果，给出机器人位移输出与三个输入角之间的映射关系，即

$$\begin{cases} x = l_1\cos\theta_1 + l_2\cos\theta_{12} + l_3\cos\theta_{123} \\ y = l_1\sin\theta_1 + l_2\sin\theta_{12} + l_3\sin\theta_{123} \\ \varphi = \theta_{123} \end{cases}$$

由于输入量是 θ_1、θ_2、θ_3，因此对上式相对于 θ_1、θ_2、θ_3 作微分，得到

$$\begin{cases} \delta x = -(l_1\sin\theta_1 + l_2\sin\theta_{12} + l_3\sin\theta_{123})\delta\theta_1 - (l_2\sin\theta_{12} + l_3\sin\theta_{123})\delta\theta_2 - l_3\sin\theta_{123}\delta\theta_3 \\ \delta y = (l_1\cos\theta_1 + l_2\cos\theta_{12} + l_3\cos\theta_{123})\delta\theta_1 + (l_2\cos\theta_{12} + l_3\cos\theta_{123})\delta\theta_2 + l_3\cos\theta_{123}\delta\theta_3 \\ \delta\varphi = \delta\theta_1 + \delta\theta_2 + \delta\theta_3 \end{cases}$$

将上式进一步写成时间导数的形式

$$\begin{cases} \dot{x} = -(l_1\sin\theta_1 + l_2\sin\theta_{12} + l_3\sin\theta_{123})\dot{\theta}_1 - (l_2\sin\theta_{12} + l_3\sin\theta_{123})\dot{\theta}_2 - l_3\sin\theta_{123}\dot{\theta}_3 \\ \dot{y} = (l_1\cos\theta_1 + l_2\cos\theta_{12} + l_3\cos\theta_{123})\dot{\theta}_1 + (l_2\cos\theta_{12} + l_3\cos\theta_{123})\dot{\theta}_2 + l_3\cos\theta_{123}\dot{\theta}_3 \\ \dot{\varphi} = \dot{\theta}_1 + \dot{\theta}_2 + \dot{\theta}_3 \end{cases} \tag{8.1-7}$$

写成矩阵的形式为

$$\begin{pmatrix} \dot{x} \\ \dot{y} \\ \dot{\varphi} \end{pmatrix} = \boldsymbol{J} \begin{pmatrix} \dot{\theta}_1 \\ \dot{\theta}_2 \\ \dot{\theta}_3 \end{pmatrix} = \begin{pmatrix} -(l_1\sin\theta_1 + l_2\sin\theta_{12} + l_3\sin\theta_{123}) & -(l_2\sin\theta_{12} + l_3\sin\theta_{123}) & -l_3\sin\theta_{123} \\ l_1\cos\theta_1 + l_2\cos\theta_{12} + l_3\cos\theta_{123} & l_2\cos\theta_{12} + l_3\cos\theta_{123} & l_3\cos\theta_{123} \\ 1 & 1 & 1 \end{pmatrix} \begin{pmatrix} \dot{\theta}_1 \\ \dot{\theta}_2 \\ \dot{\theta}_3 \end{pmatrix} \tag{8.1-8}$$

$$\boldsymbol{J}=\begin{pmatrix}-(l_1\sin\theta_1+l_2\sin\theta_{12}+l_3\sin\theta_{123}) & -(l_2\sin\theta_{12}+l_3\sin\theta_{123}) & -l_3\sin\theta_{123}\\ l_1\cos\theta_1+l_2\cos\theta_{12}+l_3\cos\theta_{123} & l_2\cos\theta_{12}+l_3\cos\theta_{123} & l_3\cos\theta_{123}\\ 1 & 1 & 1\end{pmatrix} \tag{8.1-9}$$

式（8.1-9）中的 $\boldsymbol{J}$ 即为平面 3R 机器人相对基坐标系 $\{0\}$ 的速度雅可比。

8.2 串联机器人速度雅可比的计算方法

本节介绍串联机器人速度雅可比的三种更具通用性的计算方法。

8.2.1 微分变换法

对串联机器人进行位移求解时，可采用 D-H 参数法；基于 D-H 参数的微分变换法同样可以应用在对串联机器人的速度分析中。下面以**标准 D-H 参数法**为例，说明利用微分变换法求解速度雅可比的过程。

重写一下**后置坐标系**下的齐次变换矩阵

$${}^{i-1}_{\ \ i}\boldsymbol{T}=\begin{pmatrix}\cos\theta_i & -\sin\theta_i\cos\alpha_i & \sin\theta_i\sin\alpha_i & a_i\cos\theta_i\\ \sin\theta_i & \cos\theta_i\cos\alpha_i & -\cos\theta_i\sin\alpha_i & a_i\sin\theta_i\\ 0 & \sin\alpha_i & \cos\alpha_i & d_i\\ 0 & 0 & 0 & 1\end{pmatrix} \tag{8.2-1}$$

对式（8.2-1）关于时间求导，得

$${}^{i-1}_{\ \ i}\dot{\boldsymbol{T}}=\begin{pmatrix}-\dot\theta_i\sin\theta_i & -\dot\theta_i\cos\alpha_i\cos\theta_i & \dot\theta_i\sin\alpha_i\cos\theta_i & -\dot\theta_i a_i\sin\theta_i\\ \dot\theta_i\cos\theta_i & -\dot\theta_i\cos\alpha_i\sin\theta_i & \dot\theta_i\sin\alpha_i\sin\theta_i & \dot\theta_i a_i\cos\theta_i\\ 0 & 0 & 0 & \dot d_i\\ 0 & 0 & 0 & 0\end{pmatrix} \tag{8.2-2}$$

对于单自由度的转动副或移动副，${}^{i-1}_{\ \ i}\dot{\boldsymbol{T}}$ 中只有一个变量（θ 或者 d）。对于转动副，有 $\dot d_i=0$；对于移动副，有 $\dot\theta_i=0$。

对式（8.2-2）两边右乘$({}^{i-1}_{\ \ i}\boldsymbol{T})^{-1}$，得

$$({}^{i-1}_{\ \ i}\dot{\boldsymbol{T}})({}^{i-1}_{\ \ i}\boldsymbol{T})^{-1}=\begin{pmatrix}[{}^{i-1}\boldsymbol{z}_{i-1}]\dot\theta_i & {}^{i-1}\boldsymbol{z}_{i-1}\dot d_i\\ \boldsymbol{0} & 0\end{pmatrix} \tag{8.2-3}$$

式（8.2-3）的左上角（3×3 矩阵）表示杆 i 相对杆（$i-1$）的角速度；第四列为杆 i 上与 $\{i-1\}$ 系坐标原点相重合点的线速度，在杆（$i-1$）上度量。

这样，对于具有 n 个自由度的串联机器人（图 8-2），对其闭环运动方程

$${}^0_n\boldsymbol{T}={}^0_1\boldsymbol{T}{}^1_2\boldsymbol{T}\cdots{}^{n-1}_{\ \ n}\boldsymbol{T} \tag{8.2-4}$$

求导得

$${}^0_n\dot{\boldsymbol{T}}=({}^0_1\dot{\boldsymbol{T}}{}^1_2\boldsymbol{T}\cdots{}^{n-1}_{\ \ n}\boldsymbol{T})+({}^0_1\boldsymbol{T}{}^1_2\dot{\boldsymbol{T}}\cdots{}^{n-1}_{\ \ n}\boldsymbol{T})+\cdots+({}^0_1\boldsymbol{T}{}^1_2\boldsymbol{T}\cdots{}^{n-1}_{\ \ n}\dot{\boldsymbol{T}}) \tag{8.2-5}$$

对式（8.2-5）两边右乘$({}^0_n\boldsymbol{T})^{-1}$，可得

$$({}^0_n\dot{\boldsymbol{T}})({}^0_n\boldsymbol{T})^{-1}={}^0_1\dot{\boldsymbol{T}}{}^0_1\boldsymbol{T}^{-1}+{}^0_1\boldsymbol{T}({}^1_2\dot{\boldsymbol{T}}{}^1_2\boldsymbol{T}^{-1}){}^0_1\boldsymbol{T}^{-1}+({}^0_1\boldsymbol{T}{}^1_2\boldsymbol{T})({}^2_3\dot{\boldsymbol{T}}{}^2_3\boldsymbol{T}^{-1})({}^0_1\boldsymbol{T}{}^1_2\boldsymbol{T})^{-1}\cdots \tag{8.2-6}$$

类似式（8.2-3），式（8.2-6）可以写成

$$({}_n^0\dot{\boldsymbol{T}})({}_n^0\boldsymbol{T})^{-1}=\begin{pmatrix}[{}^0\boldsymbol{\omega}_n] & {}^0\boldsymbol{v}_o\\ \boldsymbol{0} & 0\end{pmatrix} \tag{8.2-7}$$

式（8.2-7）的左上角 $[{}^0\boldsymbol{\omega}_n]$（3×3 矩阵）表示末端执行器相对基座的角速度；第四列${}^0\boldsymbol{v}_o$为末端执行器上与基坐标系坐标原点相重合点的线速度。

将式（8.2-7）和式（8.2-2）代入式（8.2-6）中，得

$$\begin{aligned}\begin{pmatrix}[{}^0\boldsymbol{\omega}_n] & {}^0\boldsymbol{v}_o\\ \boldsymbol{0} & 0\end{pmatrix}&=\sum_{i=1}^{n}\begin{pmatrix}({}_{i-1}^{0}\boldsymbol{R}[{}^{i-1}\boldsymbol{z}_{i-1}]{}_{i-1}^{0}\boldsymbol{R}^{\mathrm{T}})\dot{\theta}_i & -({}_{i-1}^{0}\boldsymbol{R}[{}^{i-1}\boldsymbol{z}_{i-1}]{}_{i-1}^{0}\boldsymbol{R}^{\mathrm{T}}){}^0\boldsymbol{r}_{i-1}\dot{\theta}_i+({}_{i-1}^{0}\boldsymbol{R}^{i-1}\boldsymbol{z}_{i-1})\dot{d}_i\\ \boldsymbol{0} & 0\end{pmatrix}\\&=\sum_{i=1}^{n}\begin{pmatrix}[{}^0\boldsymbol{z}_{i-1}]\dot{\theta}_i & -[{}^0\boldsymbol{z}_{i-1}]{}^0\boldsymbol{r}_{i-1}\dot{\theta}_i+{}^0\boldsymbol{z}_{i-1}\dot{d}_i\\ \boldsymbol{0} & 0\end{pmatrix}\end{aligned} \tag{8.2-8}$$

式中，$[{}^0\boldsymbol{z}_{i-1}]={}_{i-1}^{0}\boldsymbol{R}\,[{}^{i-1}\boldsymbol{z}_{i-1}]{}_{i-1}^{0}\boldsymbol{R}^{\mathrm{T}}$；${}^0\boldsymbol{z}_{i-1}={}_{i-1}^{0}\boldsymbol{R}^{i-1}\boldsymbol{z}_{i-1}$。

将式（8.2-8）写成列向量的形式，有

$${}^0\boldsymbol{\omega}_n=\sum_{i=1}^{n}{}^0\boldsymbol{z}_{i-1}\dot{\theta}_i \tag{8.2-9}$$

$${}^0\boldsymbol{v}_o=\sum_{i=1}^{n}(-{}^0\boldsymbol{z}_{i-1}\times{}^0\boldsymbol{r}_{i-1}\dot{\theta}_i+{}^0\boldsymbol{z}_{i-1}\dot{d}_i)=\sum_{i=1}^{n}(-{}^0\boldsymbol{\omega}_n\times{}^0\boldsymbol{r}_{i-1}+{}^0\boldsymbol{z}_{i-1}\dot{d}_i) \tag{8.2-10}$$

式（8.2-9）和式（8.2-10）给出的是末端工具的角速度和其上与基坐标系原点相重合点的线速度（相对基坐标系｛0｝）的表达式。而末端工具坐标系的原点相对基坐标系（原点）的线速度可通过下式变换得到

$${}^0\boldsymbol{v}_n={}^0\boldsymbol{v}_o+{}^0\boldsymbol{\omega}_n\times{}^0\boldsymbol{r}_n \tag{8.2-11}$$

将式（8.2-9）和式（8.2-10）代入式（8.2-11）中，得

$${}^0\boldsymbol{v}_n=\sum_{i=1}^{n}[({}^0\boldsymbol{z}_{i-1}\times{}^0\boldsymbol{r}_{i-1,n})\dot{\theta}_i+{}^0\boldsymbol{z}_{i-1}\dot{d}_i] \tag{8.2-12}$$

式中，${}^0\boldsymbol{r}_{i-1,n}$为由第（$i-1$）个连杆坐标系原点到末端执行器原点的向量在基坐标系中的表示，如图 8-2 所示。

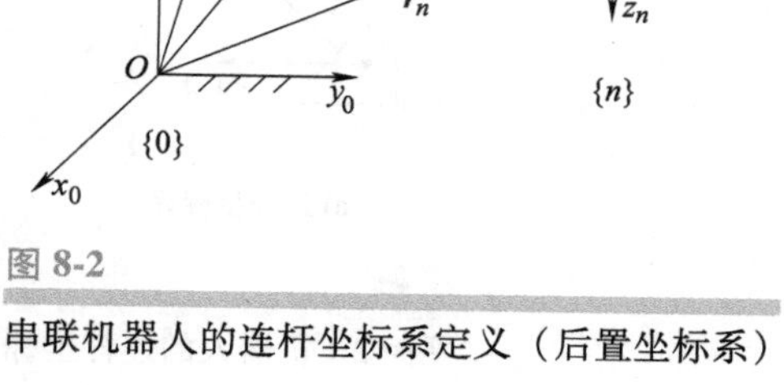

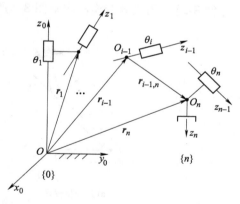

图 8-2

串联机器人的连杆坐标系定义（后置坐标系）

将式（8.2-9）和式（8.2-12）写成矩阵的形式，就得到了常规形式的串联机器人的速度雅可比矩阵，即

$$\dot{\boldsymbol{X}}=\begin{pmatrix}{}^0\boldsymbol{\omega}_n\\ {}^0\boldsymbol{v}_n\end{pmatrix}=\boldsymbol{J}\dot{\boldsymbol{q}}=(\boldsymbol{J}_1\cdots\boldsymbol{J}_i\cdots\boldsymbol{J}_n)\begin{pmatrix}\dot{q}_1\\ \vdots\\ \dot{q}_i\\ \vdots\\ \dot{q}_n\end{pmatrix} \tag{8.2-13}$$

式中

$$
\boldsymbol{J}_i = \begin{cases} \begin{pmatrix} {}^0\boldsymbol{z}_{i-1} \\ {}^0\boldsymbol{z}_{i-1} \times {}^0\boldsymbol{r}_{i-1,n} \end{pmatrix} & \text{转动副} \\ \begin{pmatrix} \boldsymbol{0} \\ {}^0\boldsymbol{z}_{i-1} \end{pmatrix} & \text{移动副} \end{cases} \tag{8.2-14}
$$

$$
\boldsymbol{q}_i = \begin{cases} \dot{\theta}_i & \text{转动副} \\ \dot{d}_i & \text{移动副} \end{cases} \tag{8.2-15}
$$

以上参数可通过式（8.2-16）~式（8.2-18）得到

$$
{}^0\boldsymbol{z}_{i-1} = {}_{i-1}^{0}\boldsymbol{R}\begin{pmatrix} 0 \\ 0 \\ 1 \end{pmatrix} \tag{8.2-16}
$$

$$
{}^0\boldsymbol{r}_{i-1,n} = {}_{i-1}^{0}\boldsymbol{R}\,{}^{i-1}\boldsymbol{r}_i + {}^0\boldsymbol{r}_{i,n} \tag{8.2-17}
$$

$$
{}^{i-1}\boldsymbol{r}_i = \begin{pmatrix} a_i\cos\theta_i \\ a_i\sin\theta_i \\ d_i \end{pmatrix} \tag{8.2-18}
$$

以上便是整个推导过程，由此，可通过式（8.2-14）得到任一串联机器人的速度雅可比显式表达。该方法在有些文献中又称为**矢量积法**。

【**例 8-2**】 用微分变换法求解图 8-3 所示平面 2R 机器人的速度雅可比。

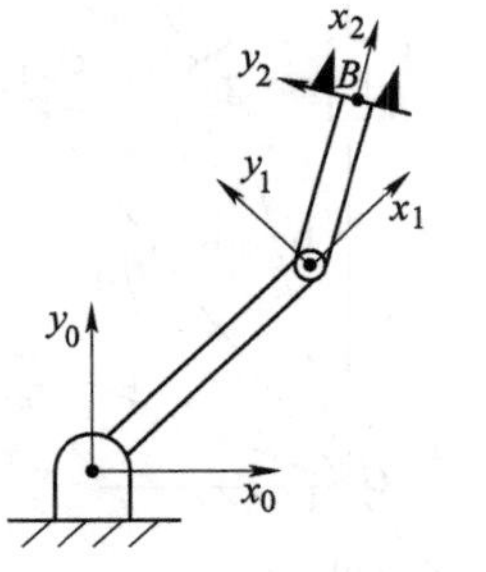

a) 连杆坐标系

i	α_i	a_i	d_i	θ_i
1	0	l_1	0	θ_1
2	0	l_2	0	θ_2

b) D–H参数

图 8-3

平面 2R 机器人的连杆坐标系及其 D-H 参数（后置坐标系）

解： 按后置坐标系建立连杆坐标系，确定相应的 D-H 参数，如图 8-3 所示。由式（8.2-16）~式（8.2-18）计算得到

$$
{}^0\boldsymbol{z}_0 = {}^0\boldsymbol{z}_1 = \begin{pmatrix} 0 \\ 0 \\ 1 \end{pmatrix},\ {}^0\boldsymbol{r}_{1,2} = \begin{pmatrix} l_2\cos\theta_{12} \\ l_2\sin\theta_{12} \\ 0 \end{pmatrix},\ {}^0\boldsymbol{r}_{0,2} = \begin{pmatrix} l_1\cos\theta_1 + l_2\cos\theta_{12} \\ l_1\sin\theta_1 + l_2\sin\theta_{12} \\ 0 \end{pmatrix}
$$

将上述各参数代入式（8.2-14）中并消除无关量，得

$$J = \begin{pmatrix} -l_1\sin\theta_1 - l_2\sin\theta_{12} & -l_2\sin\theta_{12} \\ l_1\cos\theta_1 + l_2\cos\theta_{12} & l_2\cos\theta_{12} \end{pmatrix} \tag{8.2-19}$$

【例 8-3】　用微分变换法求解图 8-4 所示平面 3R 机器人的速度雅可比。

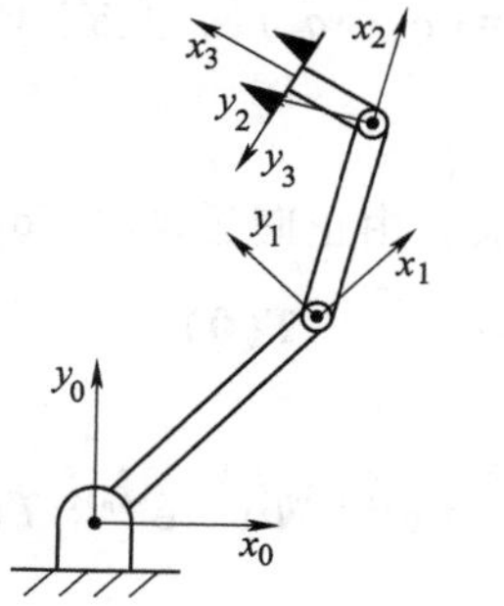

a) 连杆坐标系

i	α_i	a_i	d_i	θ_i
1	0	l_1	0	θ_1
2	0	l_2	0	θ_2
3	0	l_3	0	θ_3

b) D–H参数

图 8-4

平面 3R 机器人的连杆坐标系及其 D-H 参数（后置坐标系）

解： 按后置坐标系建立连杆坐标系，确定相应的 D-H 参数，如图 8-4 所示。由式（8.2-16）~式（8.2-18）计算得到

$$ {}^0\boldsymbol{z}_0 = {}^0\boldsymbol{z}_1 = {}^0\boldsymbol{z}_2 = \begin{pmatrix} 0 \\ 0 \\ 1 \end{pmatrix}, {}^0\boldsymbol{r}_{2,3} = \begin{pmatrix} l_3\cos\theta_{123} \\ l_3\sin\theta_{123} \\ 0 \end{pmatrix}, {}^0\boldsymbol{r}_{1,3} = \begin{pmatrix} l_2\cos\theta_{12} + l_3\cos\theta_{123} \\ l_2\sin\theta_{12} + l_3\sin\theta_{123} \\ 0 \end{pmatrix},$$

$$ {}^0\boldsymbol{r}_{0,3} = \begin{pmatrix} l_1\cos\theta_1 + l_2\cos\theta_{12} + l_3\cos\theta_{123} \\ l_1\sin\theta_1 + l_2\sin\theta_{12} + l_3\sin\theta_{123} \\ 0 \end{pmatrix}$$

将上述各参数代入式（8.2-14）中并消除无关量，得

$$J = \begin{pmatrix} -(l_1\sin\theta_1 + l_2\sin\theta_{12} + l_3\sin\theta_{123}) & -(l_2\sin\theta_{12} + l_3\sin\theta_{123}) & -l_3\sin\theta_{123} \\ l_1\cos\theta_1 + l_2\cos\theta_{12} + l_3\cos\theta_{123} & l_2\cos\theta_{12} + l_3\cos\theta_{123} & l_3\cos\theta_{123} \\ 1 & 1 & 1 \end{pmatrix} \tag{8.2-20}$$

8.2.2　基于 PoE 公式的求解方法

用 8.2.1 小节介绍的微分变换法计算机器人的速度雅可比矩阵，实质上也是对其正向运动学进行微分求解的过程。可以看到，无论是求解过程还是结果都比较复杂。但是，运用旋量理论则可以自然、清晰地描述串联机器人的雅可比矩阵，并能突出机器人的几何特征。

下面首先利用**运动旋量与 PoE 公式**导出机器人速度雅可比矩阵的表征。

由第 3 章给出的刚体空间速度结果可得

$$[\boldsymbol{V}^s] = \dot{\boldsymbol{T}}(\boldsymbol{q})\boldsymbol{T}^{-1}(\boldsymbol{q}) = \sum_{i=1}^{n}\left(\frac{\partial \boldsymbol{T}}{\partial q_i}\dot{q}_i\right)\boldsymbol{T}^{-1}(\boldsymbol{q}) = \sum_{i=1}^{n}\left(\frac{\partial \boldsymbol{T}}{\partial q_i}\boldsymbol{T}^{-1}(\boldsymbol{q})\right)\dot{q}_i \tag{8.2-21}$$

可以看出，末端执行器的速度与各关节速度之间是一种线性的关系。对应的运动旋量坐标可以表示成

$$\boldsymbol{V}^{s}=\sum_{i=1}^{n}\left(\frac{\partial \boldsymbol{T}}{\partial q_{i}}\boldsymbol{T}^{-1}(\boldsymbol{q})\right)^{\vee}\dot{q}_{i} \tag{8.2-22}$$

令 $\boldsymbol{J}^{s}(\boldsymbol{q})=\left(\left(\frac{\partial \boldsymbol{T}}{\partial q_{1}}\boldsymbol{T}^{-1}(\boldsymbol{q})\right)^{\vee}\quad\cdots\quad\left(\frac{\partial \boldsymbol{T}}{\partial q_{n}}\boldsymbol{T}^{-1}(\boldsymbol{q})\right)^{\vee}\right)$，$\dot{\boldsymbol{q}}=(\dot{q}_{1}\cdots\dot{q}_{n})^{\mathrm{T}}$，则式（8.2-22）变为

$$\boldsymbol{V}^{s}=\boldsymbol{J}^{s}(\boldsymbol{q})\dot{\boldsymbol{q}} \tag{8.2-23}$$

进一步对 $\boldsymbol{J}^{s}(\boldsymbol{q})$ 进行分析，以了解它的几何意义。由正向运动学 PoE 公式得

$$\boldsymbol{T}(\boldsymbol{q})=\mathrm{e}^{[\hat{\xi}_{1}]q_{1}}\mathrm{e}^{[\hat{\xi}_{2}]q_{2}}\cdots\mathrm{e}^{[\hat{\xi}_{i}]q_{i}}\cdots\mathrm{e}^{[\hat{\xi}_{n}]q_{n}}\boldsymbol{T}(\mathbf{0}) \tag{8.2-24}$$

因此，

$$\begin{aligned}\frac{\partial \boldsymbol{T}}{\partial q_{i}}\boldsymbol{T}^{-1}(\boldsymbol{q})&=\mathrm{e}^{[\hat{\xi}_{1}]q_{1}}\mathrm{e}^{[\hat{\xi}_{2}]q_{2}}\cdots\mathrm{e}^{[\hat{\xi}_{i-1}]q_{i-1}}\frac{\partial}{\partial q_{i}}\mathrm{e}^{[\hat{\xi}_{i}]q_{i}}\mathrm{e}^{[\hat{\xi}_{i+1}]q_{i+1}}\cdots\mathrm{e}^{[\hat{\xi}_{n}]q_{n}}\boldsymbol{T}(0)\boldsymbol{T}^{-1}(\boldsymbol{q})\\&=\mathrm{e}^{[\hat{\xi}_{1}]q_{1}}\mathrm{e}^{[\hat{\xi}_{2}]q_{2}}\cdots\mathrm{e}^{[\hat{\xi}_{i-1}]q_{i-1}}[\hat{\boldsymbol{\xi}}_{i}]\mathrm{e}^{[\hat{\xi}_{i}]q_{i}}\mathrm{e}^{[\hat{\xi}_{i+1}]q_{i+1}}\cdots\mathrm{e}^{[\hat{\xi}_{n}]q_{n}}\boldsymbol{T}(0)\boldsymbol{T}^{-1}(\boldsymbol{q})\\&=\mathrm{e}^{[\hat{\xi}_{1}]q_{1}}\mathrm{e}^{[\hat{\xi}_{2}]q_{2}}\cdots\mathrm{e}^{[\hat{\xi}_{i-1}]q_{i-1}}[\hat{\boldsymbol{\xi}}_{i}]\mathrm{e}^{-[\hat{\xi}_{i-1}]q_{i-1}}\cdots\mathrm{e}^{-[\hat{\xi}_{2}]q_{2}}\mathrm{e}^{-[\hat{\xi}_{1}]q_{1}}\end{aligned} \tag{8.2-25}$$

写成运动旋量坐标的形式为

$$\left(\frac{\partial \boldsymbol{T}}{\partial q_{i}}\boldsymbol{T}^{-1}(\boldsymbol{q})\right)^{\vee}=\boldsymbol{A}_{(\mathrm{e}^{[\hat{\xi}_{1}]q_{1}}\mathrm{e}^{[\hat{\xi}_{2}]q_{2}}\cdots\mathrm{e}^{[\hat{\xi}_{i-1}]q_{i-1}})}\hat{\boldsymbol{\xi}}_{i} \tag{8.2-26}$$

令 $\hat{\boldsymbol{\xi}}_{i}'=\boldsymbol{A}_{(\mathrm{e}^{[\hat{\xi}_{1}]q_{1}}\mathrm{e}^{[\hat{\xi}_{2}]q_{2}}\cdots\mathrm{e}^{[\hat{\xi}_{i-1}]q_{i-1}})}\hat{\boldsymbol{\xi}}_{i}$，则式（8.2-23）变成

$$\boldsymbol{V}^{s}=\boldsymbol{J}^{s}(\boldsymbol{q})\dot{\boldsymbol{q}}=[\hat{\boldsymbol{\xi}}_{1}'\quad\hat{\boldsymbol{\xi}}_{2}'\quad\cdots\quad\hat{\boldsymbol{\xi}}_{n}']\begin{pmatrix}\dot{q}_{1}\\\dot{q}_{2}\\\vdots\\\dot{q}_{n}\end{pmatrix} \tag{8.2-27}$$

式中

$$\begin{aligned}\boldsymbol{J}^{s}(\boldsymbol{q})&=[\hat{\boldsymbol{\xi}}_{1}'\quad\hat{\boldsymbol{\xi}}_{2}'\quad\cdots\quad\hat{\boldsymbol{\xi}}_{n}']\\\hat{\boldsymbol{\xi}}_{i}&=\boldsymbol{A}_{(\mathrm{e}^{[\hat{\xi}_{1}]q_{1}}\mathrm{e}^{[\hat{\xi}_{2}]q_{2}}\cdots\mathrm{e}^{[\hat{\xi}_{i-1}]q_{i-1}})}\hat{\boldsymbol{\xi}}_{i}\end{aligned} \tag{8.2-28}$$

以上各式中，$\boldsymbol{V}^{s}$ 为末端执行器的空间速度（相对于惯性坐标系）；$\dot{\boldsymbol{q}}$ 为各关节速度；$\boldsymbol{J}^{s}(\boldsymbol{q})$ 为机器人空间速度的雅可比矩阵，简称**空间雅可比矩阵**（spatial Jacobi）；$\hat{\boldsymbol{\xi}}_{i}=\boldsymbol{A}_{(\mathrm{e}^{[\hat{\xi}_{1}]q_{1}}\mathrm{e}^{[\hat{\xi}_{2}]q_{2}}\cdots\mathrm{e}^{[\hat{\xi}_{i-1}]q_{i-1}})}\hat{\boldsymbol{\xi}}_{i}$ 与经刚体变换 $\mathrm{e}^{[\hat{\xi}_{1}]q_{1}}\mathrm{e}^{[\hat{\xi}_{2}]q_{2}}\cdots\mathrm{e}^{[\hat{\xi}_{i-1}]q_{i-1}}$ 后第 i 个关节的单位运动旋量 $\hat{\boldsymbol{\xi}}_{i}$ 相对应，表示将第 i 个关节坐标系由初始位形变换到机器人的当前位形。因而，机器人雅可比矩阵的第 i 列就是变换到机器人**当前位形**下的第 i 个关节的单位运动旋量（相对于惯性坐标系）。这一特性将在很大程度上简化机器人雅可比的计算。

另外，根据单位运动旋量坐标的定义，与旋转关节对应的单位运动旋量坐标为

$$\hat{\boldsymbol{\xi}}'_{i}=\begin{pmatrix}\hat{\boldsymbol{\omega}}'_{i}\\\boldsymbol{r}'_{i}\times\hat{\boldsymbol{\omega}}'_{i}\end{pmatrix} \tag{8.2-29}$$

式中，$\boldsymbol{r}_{i}'$ 为当前位形下轴线上一点的位置向量；$\hat{\boldsymbol{\omega}}_{i}'$ 为当前位形下旋转关节轴线方向的单位向

量，并且满足

$$\hat{\boldsymbol{\omega}}'_i = \mathrm{e}^{[\hat{\omega}_1]q_1}\mathrm{e}^{[\hat{\omega}_2]q_2}\cdots\mathrm{e}^{[\hat{\omega}_{i-1}]q_{i-1}}\hat{\boldsymbol{\omega}}_i \tag{8.2-30}$$

$$\begin{pmatrix}\boldsymbol{r}'_i\\1\end{pmatrix} = \mathrm{e}^{[\hat{\xi}_1]q_1}\mathrm{e}^{[\hat{\xi}_2]q_2}\cdots\mathrm{e}^{[\hat{\xi}_{i-1}]q_{i-1}}\begin{pmatrix}\boldsymbol{r}_i(\boldsymbol{0})\\1\end{pmatrix} \tag{8.2-31}$$

式中，$\boldsymbol{r}_i(\boldsymbol{0})$ 为初始位形下轴线 i 上一点的位置矢量。

对于移动关节，有

$$\hat{\boldsymbol{\xi}}'_i = \begin{pmatrix}\boldsymbol{0}\\\hat{\boldsymbol{v}}'_i\end{pmatrix} \tag{8.2-32}$$

式中，$\hat{\boldsymbol{v}}'_i = \mathrm{e}^{[\hat{\omega}_1]q_1}\mathrm{e}^{[\hat{\omega}_2]q_2}\cdots\mathrm{e}^{[\hat{\omega}_{i-1}]q_{i-1}}\hat{\boldsymbol{v}}_i$。

如果 $\boldsymbol{J}^s(\boldsymbol{q})$ 可逆，则

$$\dot{\boldsymbol{q}} = [\boldsymbol{J}^s(\boldsymbol{q})]^{-1}\boldsymbol{V}^s \tag{8.2-33}$$

【例 8-4】 利用 PoE 公式计算 SCARA 机器人（图 8-5）的空间雅可比矩阵。

解： 建立图 8-5 所示的惯性坐标系 $\{S\}$，当前位形下各关节对应的单位运动旋量坐标表示如下：

由于初始位形下 $\hat{\boldsymbol{\omega}}_1 = \hat{\boldsymbol{\omega}}_2 = \hat{\boldsymbol{\omega}}_3 = \hat{\boldsymbol{v}}_4 = (0\quad 0\quad 1)^{\mathrm{T}}$，在运动过程中，各关节对应的单位运动旋量的方向并不发生改变，但位置发生变化。因此

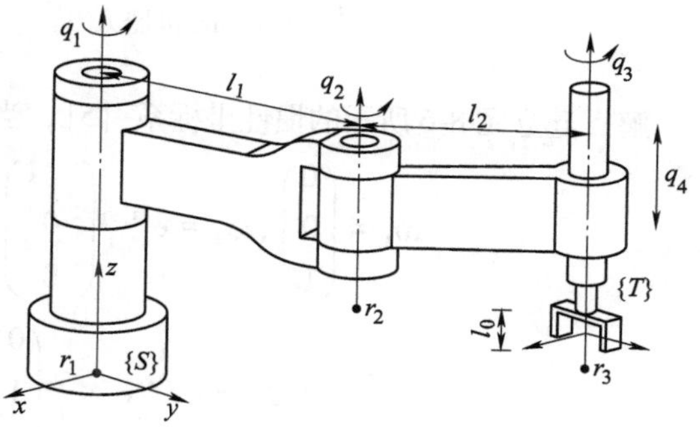

图 8-5

SCARA 机器人

$$\hat{\boldsymbol{\omega}}'_1 = \hat{\boldsymbol{\omega}}'_2 = \hat{\boldsymbol{\omega}}'_3 = \hat{\boldsymbol{v}}'_4 = \begin{pmatrix}0\\0\\1\end{pmatrix}$$

$$\boldsymbol{r}'_1 = \begin{pmatrix}0\\0\\0\end{pmatrix},\ \boldsymbol{r}'_2 = \mathrm{e}^{[z]\theta_1}\begin{pmatrix}0\\l_1\\0\end{pmatrix} = \begin{pmatrix}-l_1\sin\theta_1\\l_1\cos\theta_1\\0\end{pmatrix},\ \boldsymbol{r}'_3$$

$$= \mathrm{e}^{[z]\theta_1}\begin{pmatrix}0\\l_1\\0\end{pmatrix} + \mathrm{e}^{[z]\theta_1}\mathrm{e}^{[z]\theta_2}\begin{pmatrix}0\\l_2\\0\end{pmatrix} = \begin{pmatrix}-l_1\sin\theta_1 - l_2\sin\theta_{12}\\l_1\cos\theta_1 + l_2\cos\theta_{12}\\0\end{pmatrix}$$

由式（8.2-29）~式(8.2-32）可得

$$\hat{\boldsymbol{\xi}}'_1 = \begin{pmatrix}0\\0\\1\\0\\0\\0\end{pmatrix},\ \hat{\boldsymbol{\xi}}'_2 = \begin{pmatrix}0\\0\\1\\l_1\cos\theta_1\\l_1\sin\theta_1\\0\end{pmatrix},\ \hat{\boldsymbol{\xi}}'_3 = \begin{pmatrix}0\\0\\1\\l_1\cos\theta_1 + l_2\cos\theta_{12}\\l_1\sin\theta_1 + l_2\sin\theta_{12}\\0\end{pmatrix},\ \hat{\boldsymbol{\xi}}'_4 = \begin{pmatrix}0\\0\\0\\0\\0\\1\end{pmatrix}$$

因此，机器人空间雅可比矩阵可以写成

$$\boldsymbol{J}^s = [\hat{\boldsymbol{\xi}}'_1\quad \hat{\boldsymbol{\xi}}'_2\quad \hat{\boldsymbol{\xi}}'_3\quad \hat{\boldsymbol{\xi}}'_4]$$

【例 8-5】 利用 PoE 公式计算 Stanford 机器人（图 8-6）的空间雅可比矩阵。

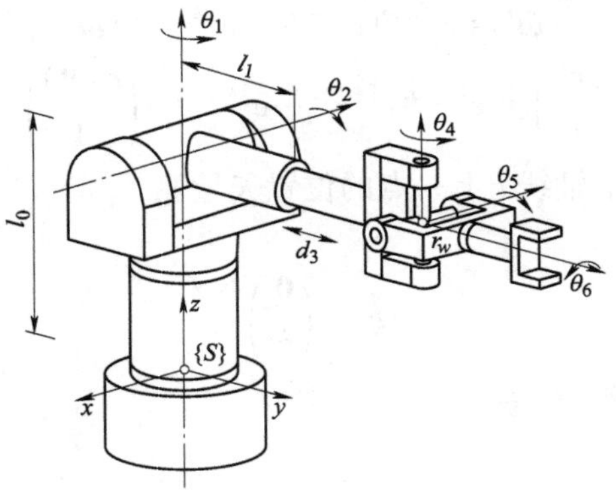

图 8-6

Stanford 机器人

解： 建立图 8-6 所示的惯性坐标系 $\{S\}$，当前位形下各关节对应的运动副旋量坐标表示如下

$$\hat{\boldsymbol{\omega}}_1=\begin{pmatrix}0\\0\\1\end{pmatrix},\hat{\boldsymbol{\omega}}_2'=\mathrm{e}^{[z]\theta_1}\begin{pmatrix}-1\\0\\0\end{pmatrix}=\begin{pmatrix}-\cos\theta_1\\-\sin\theta_1\\1\end{pmatrix},\boldsymbol{r}_1'=\boldsymbol{r}_2'=\begin{pmatrix}0\\0\\l_0\end{pmatrix}$$

$$\hat{\boldsymbol{v}}_3'=\mathrm{e}^{[z]\theta_1}\mathrm{e}^{-[x]\theta_2}\begin{pmatrix}0\\1\\0\end{pmatrix}=\begin{pmatrix}-\sin\theta_1\cos\theta_2\\\cos\theta_1\cos\theta_2\\-\sin\theta_2\end{pmatrix},$$

$$\boldsymbol{r}_w'=\begin{pmatrix}0\\0\\l_0\end{pmatrix}+\mathrm{e}^{[z]\theta_1}\mathrm{e}^{-[x]\theta_2}\begin{pmatrix}0\\l_1+d_3\\0\end{pmatrix}=\begin{pmatrix}-(l_1+d_3)\sin\theta_1\cos\theta_2\\(l_1+d_3)\cos\theta_1\cos\theta_2\\l_0-(l_1+d_3)\sin\theta_2\end{pmatrix}$$

$$\hat{\boldsymbol{\omega}}_4'=\mathrm{e}^{[z]\theta_1}\mathrm{e}^{-[x]\theta_2}\begin{pmatrix}0\\0\\1\end{pmatrix}=\begin{pmatrix}-\sin\theta_1\sin\theta_2\\\cos\theta_1\sin\theta_2\\\cos\theta_2\end{pmatrix},\hat{\boldsymbol{\omega}}_5'=\mathrm{e}^{[z]\theta_1}\mathrm{e}^{-[x]\theta_2}\mathrm{e}^{-[z]\theta_4}$$

$$\begin{pmatrix}-1\\0\\0\end{pmatrix}=\begin{pmatrix}-\cos\theta_1\cos\theta_4+\sin\theta_1\cos\theta_2\sin\theta_4\\-\sin\theta_1\cos\theta_4-\cos\theta_1\cos\theta_2\sin\theta_4\\\sin\theta_2\sin\theta_4\end{pmatrix}$$

$$\hat{\boldsymbol{\omega}}_6'=\mathrm{e}^{[z]\theta_1}\mathrm{e}^{-[x]\theta_2}\mathrm{e}^{[z]\theta_4}\mathrm{e}^{-[x]\theta_5}=\begin{pmatrix}0\\1\\0\end{pmatrix}=\begin{pmatrix}-\cos\theta_5(\sin\theta_1\cos\theta_2\cos\theta_4+\cos\theta_1\sin\theta_4)+\sin\theta_1\sin\theta_2\sin\theta_5\\\cos\theta_5(\cos\theta_1\cos\theta_2\cos\theta_4-\sin\theta_1\sin\theta_4)-\cos\theta_1\sin\theta_2\sin\theta_5\\-\sin\theta_2\cos\theta_4\cos\theta_5-\cos\theta_2\sin\theta_5\end{pmatrix}$$

则由式（8.2-29）~式(8.2-32）可得该机器人的空间雅可比矩阵为

$$\begin{aligned}\boldsymbol{J}^s(\theta)&=[\hat{\boldsymbol{\xi}}_1'\quad\hat{\boldsymbol{\xi}}_2'\quad\hat{\boldsymbol{\xi}}_3'\quad\hat{\boldsymbol{\xi}}_4'\quad\hat{\boldsymbol{\xi}}_5'\quad\hat{\boldsymbol{\xi}}_6']\\&=\begin{pmatrix}\hat{\boldsymbol{\omega}}_1&\hat{\boldsymbol{\omega}}_2'&0&\hat{\boldsymbol{\omega}}_4'&\hat{\boldsymbol{\omega}}_5'&\hat{\boldsymbol{\omega}}_6'\\\boldsymbol{0}&\boldsymbol{r}_2'\times\hat{\boldsymbol{\omega}}_2'&\boldsymbol{v}_3'&\boldsymbol{r}_w'\times\hat{\boldsymbol{\omega}}_4'&\boldsymbol{r}_w'\times\hat{\boldsymbol{\omega}}_5'&\boldsymbol{r}_w'\times\hat{\boldsymbol{\omega}}_6'\end{pmatrix}\end{aligned}$$

8.2.3　螺旋运动方程法

考虑 n 自由度的串联机器人的手臂是由 n 个连杆经单自由度运动副（关节）[⊖]依次串接于基座上而构成的开链系统，n 个连杆之间的相对运动可以分别用 n 个运动旋量来表示：$\omega_1 \$_1$，…，$\omega_n \$_n$。其末端相对基坐标系的瞬时运动则为各关节角速度运动旋量在当前位形下的线性组合[24, 33]，即

$$\dot{\boldsymbol{X}}^* = \begin{pmatrix} {}^0\boldsymbol{\omega}_n \\ {}^0\boldsymbol{v}_o \end{pmatrix} = \sum_{i=1}^{n} \dot{q}_i \$_i = [\$_1 \quad \$_2 \quad \cdots \quad \$_n] \begin{pmatrix} \dot{q}_1 \\ \dot{q}_2 \\ \vdots \\ \dot{q}_n \end{pmatrix} \tag{8.2-34}$$

式（8.2-34）称为机器人的**螺旋运动方程**。

令 $\boldsymbol{J}^* = [\$_1 \quad \$_2 \quad \cdots \quad \$_n]$，$\dot{\boldsymbol{X}}^* = ({}^0\boldsymbol{\omega}_n^{\mathrm{T}} \quad {}^0\boldsymbol{v}_o^{\mathrm{T}})^{\mathrm{T}}$，$\dot{\boldsymbol{q}} = (\dot{q}_1 \dot{q}_2 \cdots \dot{q}_n)^{\mathrm{T}}$，式（8.2-34）可简化为

$$\dot{\boldsymbol{X}}^* = \boldsymbol{J}^* \dot{\boldsymbol{q}} \tag{8.2-35}$$

式中，$\dot{\boldsymbol{X}}^*$ 为机器人末端的广义速度；${}^0\boldsymbol{\omega}_n$ 为机器人末端的角速度；${}^0\boldsymbol{v}_o$ 为末端执行器上与原点重合的点的线速度；$\dot{\boldsymbol{q}}$ 为关节速度；$\boldsymbol{J}^*$ 为机器人旋量形式的速度雅可比矩阵；$\$_i$ 为机器人各关节对应的单位运动旋量在当前位形下的 Plücker 坐标（相对于基坐标系）。可以看出，$\boldsymbol{J}^*$ 等同于空间雅可比矩阵。

【例 8-6】　采用机器人螺旋运动方程计算图 8-5 所示 SCARA 机器人的空间雅可比矩阵。

解：要求采用机器人螺旋运动方程求解，为此建立惯性坐标系 $\{S\}$，各关节对应的单位运动旋量表示如下

$$\boldsymbol{s}_1 = \boldsymbol{s}_2 = \boldsymbol{s}_3 = \boldsymbol{s}_4 = \boldsymbol{s} = \begin{pmatrix} 0 \\ 0 \\ 1 \end{pmatrix}, \boldsymbol{r}_1 = \begin{pmatrix} 0 \\ 0 \\ 0 \end{pmatrix}, \boldsymbol{r}_2 = \begin{pmatrix} -l_1\sin\theta_1 \\ l_1\cos\theta_1 \\ 0 \end{pmatrix}, \boldsymbol{r}_3 = \begin{pmatrix} -l_1\sin\theta_1 - l_2\sin\theta_{12} \\ l_1\cos\theta_1 + l_2\cos\theta_{12} \\ 0 \end{pmatrix}$$

则

$$\begin{cases} \$_1 = (\hat{\boldsymbol{s}};\boldsymbol{0}) = (0,0,1;0,0,0) \\ \$_2 = (\hat{\boldsymbol{s}};\boldsymbol{r}_2 \times \hat{\boldsymbol{s}}) = (0,0,1;l_1\cos\theta_1, l_1\sin\theta_1, 0) \\ \$_3 = (\hat{\boldsymbol{s}};\boldsymbol{r}_3 \times \hat{\boldsymbol{s}}) = (0,0,1;l_1\cos\theta_1 + l_2\cos\theta_{12}, l_1\sin\theta_1 + l_2\sin\theta_{12}, 0) \\ \$_4 = (\boldsymbol{0};\hat{\boldsymbol{s}}) = (0,0,0;0,0,1) \end{cases}$$

因此，机器人旋量形式的空间雅可比矩阵为

⊖ 如果机器人中的运动副是转动副和移动副之处的形式，则用运动副旋量表征时，只需要进行运动学等效代换即可。例如，圆柱副可以写成一个转动副和一个同轴移动副的组合。

$$\boldsymbol{J}^* = [\ \$_1 \quad \$_2 \quad \$_3 \quad \$_4]$$

对比上式与例 8-4 的计算结果，发现两者是完全一致的。这说明利用 PoE 公式计算得到的空间速度雅可比矩阵与用螺旋运动方程推导得到的速度雅可比矩阵在本质上没有区别，但与常规形式的速度雅可比矩阵有所区别，主要表现在线速度分量上。

8.2.4 参考坐标系的选择

为了简化 6-DoF 串联机器人中各关节对应的单位运动旋量坐标，在更多的情况下，不一定将参考坐标系（即惯性坐标系）选择在基座上，而是选择在某一中间连杆坐标系上，通常取在第 3 或第 4 杆的物体坐标系上[24]。

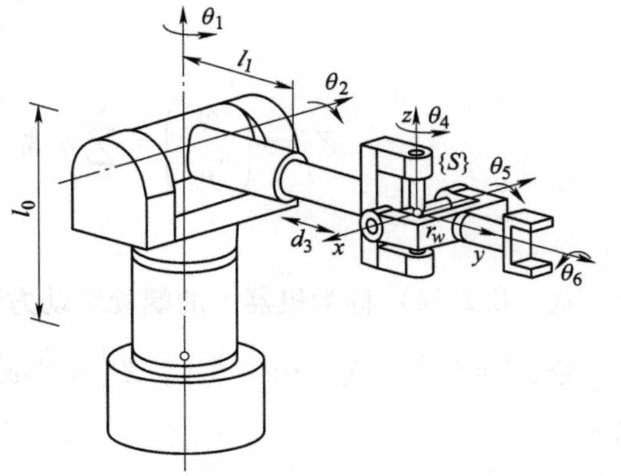

图 8-7

Stanford 机器人（参考坐标系取在关节 4 处）

【例 8-7】 采用机器人螺旋运动方程计算 Stanford 机器人的雅可比矩阵。

解：要求采用机器人螺旋运动方程求解，但这时的参考坐标系 $\{S\}$ 取在关节 4 处（图 8-7），原点为 $\boldsymbol{r}_w$，并与关节 4 的物体坐标系重合。这时，各关节对应的单位运动旋量表示如下

$$\$_4 = \begin{pmatrix} \hat{\boldsymbol{s}}_4 \\ \boldsymbol{r}_w \times \hat{\boldsymbol{s}}_4 \end{pmatrix} = \begin{pmatrix} 0 \\ 0 \\ 1 \\ 0 \\ 0 \\ 0 \end{pmatrix},\ \$_5 = \begin{pmatrix} \hat{\boldsymbol{s}}_5 \\ \boldsymbol{r}_w \times \hat{\boldsymbol{s}}_5 \end{pmatrix} = \begin{pmatrix} \mathrm{e}^{[z]\theta_4}\begin{pmatrix} -1 \\ 0 \\ 0 \end{pmatrix} \\ \boldsymbol{0} \end{pmatrix} = \begin{pmatrix} -\cos\theta_4 \\ -\sin\theta_4 \\ 0 \\ 0 \\ 0 \\ 0 \end{pmatrix},$$

$$\$_6 = \begin{pmatrix} \hat{\boldsymbol{s}}_6 \\ \boldsymbol{r}_w \times \hat{\boldsymbol{s}}_6 \end{pmatrix} = \begin{pmatrix} \mathrm{e}^{[z]\theta_4}\mathrm{e}^{-[x]\theta_5}\begin{pmatrix} 0 \\ 1 \\ 0 \end{pmatrix} \\ \boldsymbol{0} \end{pmatrix} = \begin{pmatrix} -\sin\theta_4\cos\theta_5 \\ -\cos\theta_4\cos\theta_5 \\ -\sin\theta_5 \\ 0 \\ 0 \\ 0 \end{pmatrix},\ \$_3 = \begin{pmatrix} \boldsymbol{0} \\ \hat{\boldsymbol{s}}_3 \end{pmatrix} = \begin{pmatrix} 0 \\ 0 \\ 0 \\ 0 \\ 1 \\ 0 \end{pmatrix},$$

$$\$_2 = \begin{pmatrix} \hat{\boldsymbol{s}}_2 \\ \boldsymbol{r}_2 \times \hat{\boldsymbol{s}}_2 \end{pmatrix} = \begin{pmatrix} \begin{pmatrix} -1 \\ 0 \\ 0 \end{pmatrix} \\ \begin{pmatrix} 0 \\ 0 \\ -l_1 - d_3 \end{pmatrix} \times \hat{\boldsymbol{s}}_2 \end{pmatrix} = \begin{pmatrix} 1 \\ 0 \\ 0 \\ 0 \\ 0 \\ -l_1 - d_3 \end{pmatrix},$$

$$\$_1 = \begin{pmatrix} \hat{s}_1 \\ r_2 \times \hat{s}_1 \end{pmatrix} = \begin{pmatrix} e^{-[x]\theta_2}\begin{pmatrix}0\\0\\1\end{pmatrix} \\ \begin{pmatrix}0\\-l_1-d_3\\0\end{pmatrix} \times \left(e^{-[x]\theta_2}\begin{pmatrix}0\\0\\1\end{pmatrix}\right) \end{pmatrix} = \begin{pmatrix} 0 \\ -\sin\theta_2 \\ \cos\theta_2 \\ -(l_1+d_3)\cos\theta_2 \\ 0 \\ 0 \end{pmatrix}$$

因此，机器人的雅可比矩阵 ${}^4\boldsymbol{J}^*$（表示相对于关节 4 所在的连杆坐标系）可以表示为

$$\begin{aligned} {}^4\boldsymbol{J}^* &= [\$_1 \quad \$_2 \quad \$_3 \quad \$_4 \quad \$_5 \quad \$_6] \\ &= \begin{pmatrix} 0 & 1 & 0 & 0 & -\cos\theta_4 & -\sin\theta_4\cos\theta_5 \\ -\sin\theta_2 & 0 & 0 & 0 & -\sin\theta_4 & -\cos\theta_4\cos\theta_5 \\ \cos\theta_2 & 0 & 0 & 1 & 0 & -\sin\theta_5 \\ -(l_1+d_3)\cos\theta_2 & 0 & 0 & 0 & 0 & 0 \\ 0 & 0 & 1 & 0 & 0 & 0 \\ 0 & -l_1-d_3 & 0 & 0 & 0 & 0 \end{pmatrix} \end{aligned}$$

对比例 8-5 与本例的计算结果，发现雅可比矩阵元素是不同的，后者要简单得多。从本章后续内容可以看出，简化的速度雅可比矩阵会带来一系列的优点，如可大大减少性能指标的计算量等。

从前面的推导可以看出，n 自由度串联机器人的速度雅可比矩阵主要用来度量关节空间速度与操作空间末端速度之间的映射关系。利用直接微分法、矢量积法、POE 法、旋量法等都可以得到速度雅克比矩阵的具体表征：整体上反映了末端广义速度（6 维）与关节最少广义坐标的时间导数 $\dot{\boldsymbol{q}}$（n 维）之间的映射关系，而矩阵的每一列都有确定的物理意义和几何特征，因此有时也称这类形式的雅可比为几何雅可比（geometrical Jacobian matrix）。

8.3　并联机器人速度雅可比的计算方法

与串联机器人相比，并联机器人速度雅可比矩阵的求解要复杂得多，这主要是由并联机器人所具有的多环结构特征决定的。求解雅可比矩阵的方法有多种，常用的两种是位移方程直接求导法和旋量法。

8.3.1　位移方程直接求导法

下面以平面 3-RRR 机器人为例，说明位移方程直接求导法的应用。

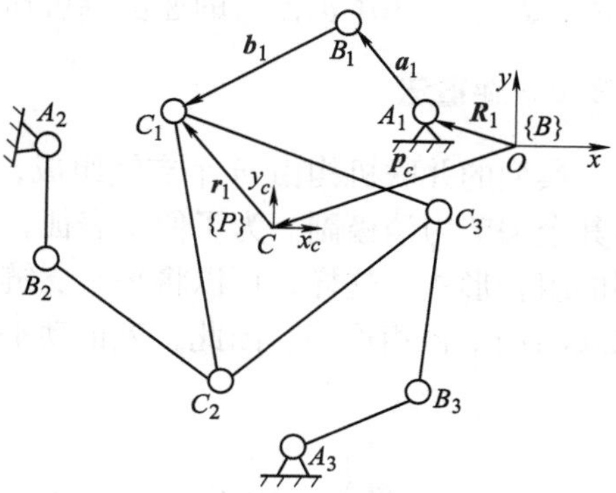

图 8-8

3-RRR 并联机器人机构简图

由图 8-8 所示 3-RRR 机构简图中的向量关系，可以得到

$$\overrightarrow{OC}+\overrightarrow{CC_i}=\overrightarrow{OA_i}+\overrightarrow{A_iB_i}+\overrightarrow{B_iC_i}\quad (i=1,2,3) \tag{8.3-1}$$

或者写成

$$\boldsymbol{p}_c+\boldsymbol{r}_i=\boldsymbol{R}_i+\boldsymbol{a}_i+\boldsymbol{b}_i\quad (i=1,2,3) \tag{8.3-2}$$

对式（8.3-2）两边关于时间求导，可得到该机构的速度关系表达式，即

$$\boldsymbol{v}_c+\boldsymbol{\omega}_c\times\boldsymbol{r}_i=\boldsymbol{\omega}_{Ai}\times(\boldsymbol{a}_i+\boldsymbol{b}_i)+\boldsymbol{\omega}_{Bi}\times\boldsymbol{b}_i \tag{8.3-3}$$

式中，$\boldsymbol{v}_c$、$\boldsymbol{\omega}_c$、$\boldsymbol{\omega}_{Ai}$、$\boldsymbol{\omega}_{Bi}$分别为点 C 的线速度、角速度和铰链 A_i、铰链 B_i的角速度。

对式（8.3-3）两边点乘 $\boldsymbol{b}_i$（消掉中间变量 $\boldsymbol{\omega}_{Bi}$），得

$$\boldsymbol{v}_c\cdot\boldsymbol{b}_i+(\boldsymbol{r}_i\times\boldsymbol{b}_i)\cdot\boldsymbol{\omega}_c=(\boldsymbol{a}_i\times\boldsymbol{b}_i)\cdot\boldsymbol{\omega}_{Ai} \tag{8.3-4}$$

将式（8.3-4）写成矩阵形式为

$$\begin{pmatrix}\boldsymbol{b}_1^{\mathrm{T}} & (\boldsymbol{r}_1\times\boldsymbol{b}_1)^{\mathrm{T}}\\ \boldsymbol{b}_2^{\mathrm{T}} & (\boldsymbol{r}_2\times\boldsymbol{b}_2)^{\mathrm{T}}\\ \boldsymbol{b}_3^{\mathrm{T}} & (\boldsymbol{r}_3\times\boldsymbol{b}_3)^{\mathrm{T}}\end{pmatrix}\begin{pmatrix}\boldsymbol{v}_c\\ \boldsymbol{\omega}_c\end{pmatrix}=\begin{pmatrix}(\boldsymbol{a}_1\times\boldsymbol{b}_1)^{\mathrm{T}}\\ (\boldsymbol{a}_2\times\boldsymbol{b}_2)^{\mathrm{T}}\\ (\boldsymbol{a}_3\times\boldsymbol{b}_3)^{\mathrm{T}}\end{pmatrix}\begin{pmatrix}\boldsymbol{\omega}_{A1}\\ \boldsymbol{\omega}_{A2}\\ \boldsymbol{\omega}_{A3}\end{pmatrix} \tag{8.3-5}$$

考虑到该机构只输出平面运动，因此有 $\boldsymbol{v}_c=(v_x,\ v_y,\ v_z)^{\mathrm{T}}=(v_x,\ v_y,\ 0)^{\mathrm{T}}$，且 $\boldsymbol{\omega}_c=(\omega_x,\ \omega_y,\ \omega_z)^{\mathrm{T}}=(0,\ 0,\ \omega_z)^{\mathrm{T}}$。

此外，机构中转动副 A_i、B_i、C_i的转轴方向为$(0,\ 0,\ 1)^{\mathrm{T}}$，因此，$\boldsymbol{\omega}_{Ai}=(0,\ 0,\ \dot{\theta}_{Ai})^{\mathrm{T}}$，$\boldsymbol{\omega}_{Bi}=(0,\ 0,\ \dot{\theta}_{Bi})^{\mathrm{T}}$。另外，从图 8-8 中可以看出，向量$\hat{\boldsymbol{b}}_i$ 沿 z 轴的方向矢量为 0，而 $\boldsymbol{r}_i\times\boldsymbol{b}_i$ 沿 x 轴、y 轴的方向矢量均为 0，只存在 z 轴的方向矢量，即 $\boldsymbol{r}_i\times\boldsymbol{b}_i=(0,\ 0,\ |\boldsymbol{r}_i\times\boldsymbol{b}_i|)^{\mathrm{T}}$。因此，式（8.3-5）可简化为

$$\boldsymbol{J}_X\dot{\boldsymbol{X}}=\boldsymbol{J}_\theta\dot{\boldsymbol{\Theta}} \tag{8.3-6}$$

式中，$\dot{\boldsymbol{X}}=(v_x,\ v_y,\ \omega_z)^{\mathrm{T}}$；$\dot{\boldsymbol{\Theta}}=(\dot{\theta}_1,\ \dot{\theta}_2,\ \dot{\theta}_3)^{\mathrm{T}}$；$\boldsymbol{J}_X=\begin{pmatrix}(\boldsymbol{b}_1+\boldsymbol{r}_1\times\boldsymbol{b}_1)^{\mathrm{T}}\\ (\boldsymbol{b}_2+\boldsymbol{r}_2\times\boldsymbol{b}_2)^{\mathrm{T}}\\ (\boldsymbol{b}_3+\boldsymbol{r}_3\times\boldsymbol{b}_3)^{\mathrm{T}}\end{pmatrix}$，$\boldsymbol{J}_\theta=\begin{pmatrix}(\boldsymbol{a}_1\times\boldsymbol{b}_1)^{\mathrm{T}}\\ (\boldsymbol{a}_2\times\boldsymbol{b}_2)^{\mathrm{T}}\\ (\boldsymbol{a}_3\times\boldsymbol{b}_3)^{\mathrm{T}}\end{pmatrix}$。

由式（8.3-6）可得到平面 3-RRR 并联机器人的一阶运动学方程为

$$\dot{\boldsymbol{X}}=\boldsymbol{J}\dot{\boldsymbol{\Theta}} \tag{8.3-7}$$

式中，$\boldsymbol{J}$ 为 3-RRR 机器人的速度雅可比矩阵，$\boldsymbol{J}=\boldsymbol{J}_X^{-1}\boldsymbol{J}_\theta$。

8.3.2 旋量法

典型的并联机构由 m 个支链组成，每个支链中通常至少存在一个驱动关节（主动副），而其余关节为消极副。为了便于表征，需要将多自由度运动副的运动学等效成单自由度运动副的组合形式。这样，可以将每一支链看成是由若干单自由度运动副组成的开环运动链，其末端与动平台相连接。因此，表征动平台的瞬时速度旋量可以写成

$$\boldsymbol{V}_c=\begin{pmatrix}\boldsymbol{\omega}_c\\ \boldsymbol{v}_{co}\end{pmatrix}=\sum_{j=1}^{n}\dot{q}_{j,i}\,\$_{j,i}=[\,\$_{1,i}\quad \$_{2,i}\quad \cdots\quad \$_{n,i}]\begin{pmatrix}\dot{q}_{1,i}\\ \dot{q}_{2,i}\\ \vdots\\ \dot{q}_{n,i}\end{pmatrix}\quad (i=1,2,\cdots,m) \tag{8.3-8}$$

式（8.3-8）中消极副所对应的运动副旋量可以通过互易旋量系理论消除掉。假设每个支链中的最先 g 个关节为驱动副，则每个支链中至少存在 g 个反旋量与该支链中所有消极副所组成的旋量系互易，为此，将它们的单位旋量表示成 $\$_{j,i}^{r}$（$j=1, 2, \cdots, g$）。对式（8.3-8）的两边与 $\$_{j,i}^{r}$ 进行正交运算，得到以下关系式

$$\boldsymbol{J}_{r,i}\boldsymbol{V}_c = \boldsymbol{J}_{\theta,i}\dot{\boldsymbol{\Theta}}_i \tag{8.3-9}$$

式中，矩阵 $\boldsymbol{J}_{r,i}=\begin{pmatrix}\$_{r1,i}^{\mathrm{T}}\\ \$_{r2,i}^{\mathrm{T}}\\ \vdots\\ \$_{rg,i}^{\mathrm{T}}\end{pmatrix}_{g\times 6}$，$\boldsymbol{J}_{\theta,i}=\begin{pmatrix}\$_{r1,i}^{\mathrm{T}}\$_{1,i} & \$_{r1,i}^{\mathrm{T}}\$_{2,i} & \cdots & \$_{r1,i}^{\mathrm{T}}\$_{g,i}\\ \$_{r2,i}^{\mathrm{T}}\$_{1,i} & \$_{r2,i}^{\mathrm{T}}\$_{2,i} & \cdots & \$_{r2,i}^{\mathrm{T}}\$_{g,i}\\ \vdots & \vdots & & \vdots\\ \$_{rg,i}^{\mathrm{T}}\$_{1,i} & \$_{rg,i}^{\mathrm{T}}\$_{2,i} & \cdots & \$_{rg,i}^{\mathrm{T}}\$_{g,i}\end{pmatrix}_{g\times g}$，$\dot{\boldsymbol{\Theta}}_i=\begin{pmatrix}\dot{\boldsymbol{\theta}}_{1,i}\\ \dot{\boldsymbol{\theta}}_{2,i}\\ \vdots\\ \dot{\boldsymbol{\theta}}_{g,i}\end{pmatrix}$。

式（8.3-9）包含 m 个方程，写成矩阵形式为

$$\boldsymbol{J}_r\boldsymbol{V}_c = \boldsymbol{J}_\theta\dot{\boldsymbol{\Theta}} \tag{8.3-10}$$

式中，矩阵 $\boldsymbol{J}_r=\begin{pmatrix}\boldsymbol{J}_{r,1}\\ \boldsymbol{J}_{r,2}\\ \vdots\\ \boldsymbol{J}_{r,m}\end{pmatrix}$，$\boldsymbol{J}_\theta=\begin{pmatrix}\boldsymbol{J}_{\theta,1} & 0 & \cdots & 0\\ 0 & \boldsymbol{J}_{\theta,2} & \cdots & 0\\ \vdots & \vdots & & \vdots\\ 0 & 0 & \cdots & \boldsymbol{J}_{\theta,m}\end{pmatrix}$，$\boldsymbol{\Theta}=(\dot{\boldsymbol{\theta}}_{1,1}\ \cdots\ \dot{\boldsymbol{\theta}}_{g,1}\ \ \dot{\boldsymbol{\theta}}_{1,2}\cdots\ \dot{\boldsymbol{\theta}}_{g,2}\ \cdots\ \dot{\boldsymbol{\theta}}_{g,m})^{\mathrm{T}}$。

【例 8-8】 试计算 Stewart-Gough 平台（图 8-9）的速度雅可比矩阵。

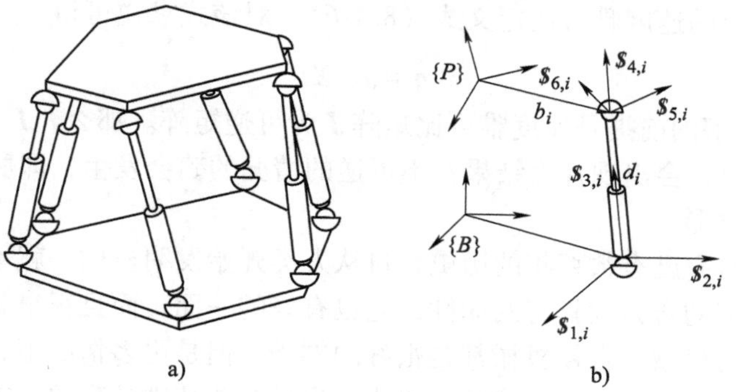

图 8-9

Stewart-Gough 平台

解： Stewart-Gough 平台中支链的等效运动链为 UPS，即每个支链由具有 6 个单自由度的运动副组成，因此对应 6 个运动副旋量，其中第 3 个为驱动副（移动副）。

$$\$_{1,i}=\begin{pmatrix}\hat{\boldsymbol{s}}_{1,i}\\ (\boldsymbol{b}_i-\boldsymbol{d}_i)\times\hat{\boldsymbol{s}}_{1,i}\end{pmatrix},\ \$_{2,i}=\begin{pmatrix}\hat{\boldsymbol{s}}_{2,i}\\ (\boldsymbol{b}_i-\boldsymbol{d}_i)\times\hat{\boldsymbol{s}}_{2,i}\end{pmatrix},\ \$_{3,i}=\begin{pmatrix}\boldsymbol{0}\\ \hat{\boldsymbol{s}}_{3,i}\end{pmatrix},$$

$$\$_{4,i}=\begin{pmatrix}\hat{\boldsymbol{s}}_{4,i}\\ \boldsymbol{b}_i\times\hat{\boldsymbol{s}}_{4,i}\end{pmatrix},\ \$_{5,i}=\begin{pmatrix}\hat{\boldsymbol{s}}_{5,i}\\ \boldsymbol{b}_i\times\hat{\boldsymbol{s}}_{5,i}\end{pmatrix},\ \$_{6,i}=\begin{pmatrix}\hat{\boldsymbol{s}}_{6,i}\\ \boldsymbol{b}_i\times\hat{\boldsymbol{s}}_{6,i}\end{pmatrix}$$

由于支链中所有消极副的轴线均与驱动副的轴线相交，因此，可以直接得到消极副旋量

系的一个反旋量，即

$$\boldsymbol{\$}_{r,i}=\begin{pmatrix}\hat{\boldsymbol{s}}_{3,i}\\ \boldsymbol{b}_i\times\hat{\boldsymbol{s}}_{3,i}\end{pmatrix}\quad(i=1,2,\cdots,6)$$

这样，满足

$$\boldsymbol{\$}_{r,i}^{\mathrm{T}}\boldsymbol{V}_c=d_i\quad(i=1,2,\cdots,6)$$

写成矩阵形式为

$$\boldsymbol{J}_r\boldsymbol{V}_c=\dot{\boldsymbol{\Theta}}$$

或者

$$\boldsymbol{V}_c=\boldsymbol{J}_r^{-1}\dot{\boldsymbol{\Theta}}$$

式中，

$$\boldsymbol{J}_r=\begin{pmatrix}\boldsymbol{\$}_{r,1}^{\mathrm{T}}\\ \boldsymbol{\$}_{r,2}^{\mathrm{T}}\\ \vdots\\ \boldsymbol{\$}_{r,6}^{\mathrm{T}}\end{pmatrix}=\begin{pmatrix}\hat{\boldsymbol{s}}_{3,1}^{\mathrm{T}} & (\boldsymbol{b}_1\times\hat{\boldsymbol{s}}_{3,1})^{\mathrm{T}}\\ \hat{\boldsymbol{s}}_{3,2}^{\mathrm{T}} & (\boldsymbol{b}_2\times\hat{\boldsymbol{s}}_{3,2})^{\mathrm{T}}\\ \vdots & \vdots\\ \hat{\boldsymbol{s}}_{3,6}^{\mathrm{T}} & (\boldsymbol{b}_6\times\hat{\boldsymbol{s}}_{3,6})^{\mathrm{T}}\end{pmatrix},\dot{\boldsymbol{\Theta}}_i=\begin{pmatrix}\dot{d}_1\\ \dot{d}_2\\ \vdots\\ \dot{d}_6\end{pmatrix}。$$

8.4 基于速度雅可比的机器人奇异性分析

回顾 8.1 节提出的速度雅可比定义式（8.1-6）。对该式求逆可得

$$\dot{\boldsymbol{q}}=\boldsymbol{J}^{-1}\dot{\boldsymbol{X}}\tag{8.4-1}$$

式（8.4-1）有解的前提是速度雅可比矩阵 $\boldsymbol{J}$ 为可逆矩阵。那么，$\boldsymbol{J}$ 一定可逆吗？如果 $\boldsymbol{J}$ 不可逆［$\det(\boldsymbol{J})=0$］，会出现什么结果？不可逆的情况的确会发生，即所谓的**奇异性**，所对应的位形称为**奇异位形**。

有关奇异性的研究已有数百年的历史，自从人类开始发明机构，就不可避免地会遇到机构的奇异问题。机构的奇异性具有两面性，它也有好的一面，而且很早就被人类所利用，实际应用中很多的增力机械、自锁机械都是很好的例子。但是更多情况下，奇异位形的存在对机构的控制是十分不利的。在这些位置，机构会出现某些特殊的现象，或者处于死点不能继续运动，或者失去稳定，甚至自由度也会发生改变；奇异位形下还会出现受力状态变差而损坏机构的情况，这些都会影响机构的正常工作。例如，汽车发动机是由多个曲柄滑块机构组成的复杂机构，每个活塞都有自己的死点位置，因此，设计人员总是将机构的多个死点位置相互错开，从而使整个发动机能够正常工作。对于多自由度的机器人机构，奇异位形更是十分常见，同时也更为复杂。

8.4.1 串联机器人的奇异性分析

从外在看，串联机器人在其工作空间的边界处均属于奇异位形的范畴。不仅如此，大多数的机器人在其工作空间内部也存在奇异位形。

通过内在分析可知，串联机器人由于各个关节是独立的，并且都是驱动关节，因此，在

关节空间中一般不存在奇异位形。串联机器人的奇异位形主要是由关节空间到操作空间的映射所引入的，它也是串联机器人奇异位形发生的主要原因。串联机器人奇异位形的数学和物理意义都比较明确，即在奇异位形处，速度雅可比矩阵降秩，末端执行器失去一个或几个自由度（从笛卡儿空间观察）。从控制角度，处于奇异位形时，无论选择多大的关节速度，都不能使机器人末端运动。由式（8.4-1）可知，当串联机器人接近奇异位形时，关节速度会趋于无穷大。

因此，判断或者求解某一串联机器人的奇异位形时，比较直接的一种方法就是通过分析速度雅可比矩阵的特性来确定。首先给出该矩阵的行列式为零，即 $\det(\boldsymbol{J})=0$ 的条件，再由方程的解进一步确定机器人的奇异位形。这种通过解析求解的方法也称为**代数法**。

下面以平面 2R 机器人为例，说明奇异位形发生的条件及可能出现的后果。

【例 8-9】　求平面 2R 机器人的奇异位形。

解： 应用代数法求解平面 2R 机器人的奇异位形。本章一开始已给出了它的速度雅可比矩阵。因此，这里直接写出该机器人发生奇异位形的条件

$$\det(\boldsymbol{J})=\begin{vmatrix}-l_1\sin\theta_1-l_2\sin\theta_{12} & -l_2\sin\theta_{12}\\ l_1\cos\theta_1+l_2\cos\theta_{12} & l_2\cos\theta_{12}\end{vmatrix}=0 \tag{8.4-2}$$

求解该方程可以得到

$$l_1l_2\sin\theta_2=0 \tag{8.4-3}$$

显然，当 $\theta_2=0°$ 或 180°时，机器人处于奇异位形。

1）如果 $\theta_2=0°$，则机器人完全展开。

2）如果 $\theta_2=180°$，则机器人处于折叠状态。

在这两种位形下，机器人末端只能沿图 8-10 所示的 y_3 方向（垂直于手臂方向）移动，而不能沿 x_3 方向移动，机器人失去了 1 个自由度。此外，结合图 7-36 所示的该机器人工作空间示意图，可以看出此类奇异属于工作空间边界的奇异，简称**边界奇异**。

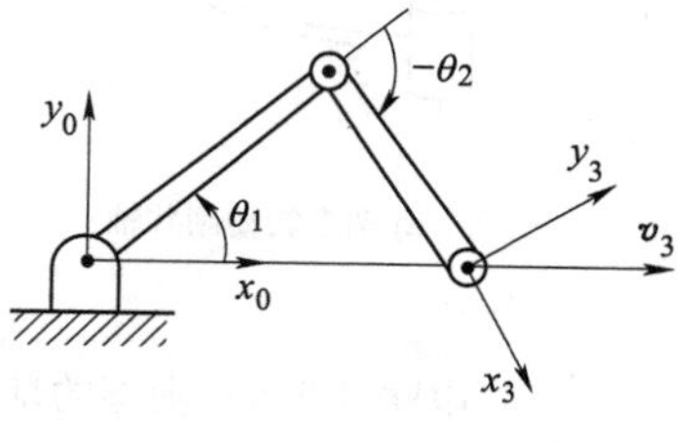

图 8-10
末端以恒定速度运动的平面 2R 机器人

【例 8-10】　平面 2R 机器人的末端沿 x 轴以 1m/s 的速度运动，当末端接近奇异位形时，关节速度如何变化？

解： 首先计算速度雅可比矩阵的逆

$$\boldsymbol{J}^{-1}=\frac{1}{l_1l_2\sin\theta_2}\begin{pmatrix}l_1\cos\theta_{12} & l_2\sin\theta_{12}\\ -l_1\cos\theta_1-l_2\cos\theta_{12} & -l_1\sin\theta_1-l_2\sin\theta_{12}\end{pmatrix}$$

当需要末端以 1m/s 的速度沿 x 轴方向运动时，关节速度为

$$\begin{pmatrix}\dot\theta_1\\ \dot\theta_2\end{pmatrix}=\boldsymbol{J}^{-1}\begin{pmatrix}\dot x_B\\ \dot y_B\end{pmatrix}=\boldsymbol{J}^{-1}\begin{pmatrix}1\\ 0\end{pmatrix}=\begin{pmatrix}\dfrac{\cos\theta_{12}}{l_2\sin\theta_2}\\ -\dfrac{\cos\theta_1}{l_2\sin\theta_2}-\dfrac{\cos\theta_{12}}{l_1\sin\theta_2}\end{pmatrix}$$

显然，当 $\theta_2=0°$ 或 180°时，代入上式可知，每个关节的速度都将趋向于无穷大。

总之，机器人在运动过程中，如果其运动学、动力学性能瞬时发生突变，或处于死点，或失去稳定，或自由度发生变化，使得传递运动及动力的能力失常，则此时的位形都属于奇异位形的范畴。

在分析某个机器人的奇异位形时，往往需要求出奇异位形应满足的几何条件。除了代数法，还可以采用更为直观的几何法，如线几何法、旋量法等，具体可查阅相关文献。

下面给出串联机器人中常见的五种奇异情况，读者可通过分析相应雅可比矩阵的特征，或者直接利用线几何或旋量系的知识（详见第2、第3章）进行判断。

（1）两个转动副共轴 如图8-11a所示，由于两个转动副的轴线（为线矢量）共线时，只有一条线是独立的，另一条是冗余线，因此存在奇异。

（2）三个转动副轴线共面平行 如图8-11b所示，由于三个转动副的轴线（为线矢量）平行共面时，只有两条线是独立的，另一条是冗余线，因此存在奇异。

（3）四个转动副轴线共点 如图8-11c所示，当四个转动副的轴线（为线矢量）空间共点时，只有三条线是独立的，另一条是冗余线；若平面共点，则只有两条线是独立的，另两条是冗余线。这类奇异通常发生在肘节型机器人的腕部中心正好落在其肩部轴线上时。

（4）四个转动副轴线共面 由2.3节有关线几何的知识可知，如果四个转动副的轴线（为线矢量）位于同一平面内，则只有三条线是独立的，另一条是冗余线，因此存在奇异。

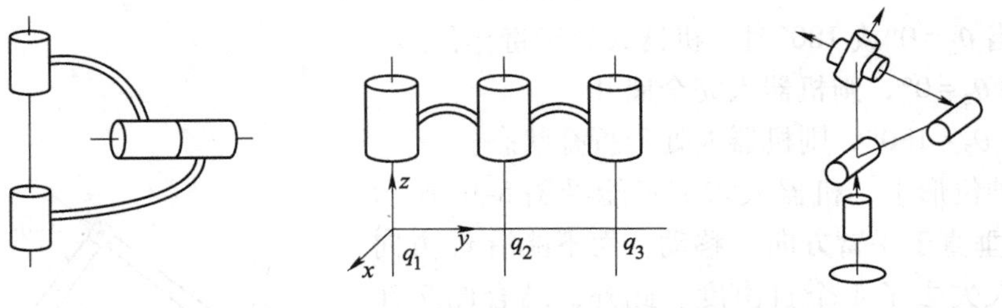

a) 两个转动副共轴　b) 三个转动副轴线共面平行　c) 四个转动副轴线共点

图8-11

串联机器人中典型的奇异类型

（5）六个转动副轴线都与一条线相交 由2.3节有关线几何的知识可知，如果六个转动副的轴线（为线矢量）都与一条公共直线相交，则只有五条线是独立的，另一条是冗余线，因此存在奇异。

【例8-11】 求平面3R机器人的奇异位形。

解： 应用代数法求解3R机器人的奇异位形。例8-1已给出了它的速度雅可比矩阵，这里直接给出该机器人发生奇异位形的条件

$$\det(\boldsymbol{J})=\begin{vmatrix} -(l_1\sin\theta_1+l_2\sin\theta_{12}+l_3\sin\theta_{123}) & -(l_2\sin\theta_{12}+l_3\sin\theta_{123}) & -l_3\sin\theta_{123} \\ l_1\cos\theta_1+l_2\cos\theta_{12}+l_3\cos\theta_{123} & l_2\cos\theta_{12}+l_3\cos\theta_{123} & l_3\cos\theta_{123} \\ 1 & 1 & 1 \end{vmatrix}=0 \tag{8.4-4}$$

求解该方程可以得到

$$l_1 l_2 \sin\theta_2 = 0 \tag{8.4-5}$$

由此可以得到以下结论：

1）如果 $\theta_2=0°$，则机器人失去 1 个自由度，这时机器人的位形处于完全展开的状态（图 8-12）。

2）如果 $\theta_2=180°$，则机器人失去 1 个自由度，这时机器人的位形处于折叠的状态（图 8-12）。

求解结果与平面 2R 机器人的情况相似。不同之处在于，对于 3R 机器人，这时发生的是工作空间内部奇异。

也可以采用几何法直接判断，即当出现图 8-12 所示的三轴平行共面的情况时，机器人便处于奇异状态。两种方法求得的结果可以相互验证。

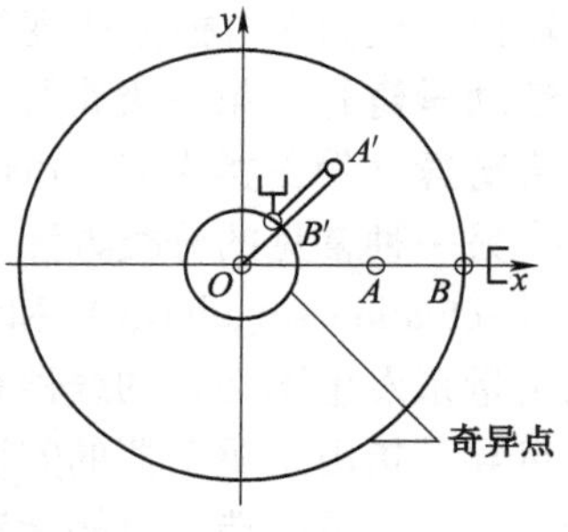

图 8-12

平面 3R 机器人的奇异位形（工作空间内部奇异）

【例 8-12】　给出 PUMA560 机器人机构中可能存在的奇异位形。

解： 要求解 PUMA560 机器人机构中的奇异位形，一种方法是利用代数法求该机器人的速度雅可比矩阵，即利用 $\det(\boldsymbol{J})=0$ 计算求解。从理论上讲，利用此法肯定能够找到确定性的结果。但整个过程若没有相关软件的支撑，则会非常繁琐。不妨采用几何法直接判断。

观察该机器人的第 4~第 6 个关节，正常位形下，它们满足空间共点的条件。但当第 4 和第 6 个关节共轴（$\theta_5=0°$）时，会发生 3.4.2 节提到的**万向节死锁**现象，意味着这两个关节轴的运动导致末端产生相同的速度，机器人损失了 1 个自由度。在这种情况下，存在奇异位形，并且属于工作空间内部奇异。这也是 PUMA560 机器人中唯一存在的奇异位形。课后习题 8-20 中给出了一种因连杆参数取特殊值而可能导致该机器人出现另外一种奇异位形的情况。

从上面的例子可以看出，当串联机器人处于奇异位形时，其速度雅可比矩阵降秩，机器人雅可比矩阵的行列式为零。从实际的机器人操作及精度控制的角度出发，机构不仅要避开奇异，还要尽量远离奇异位形区域。这主要是因为当机器人接近奇异位形时，其雅可比矩阵呈病态分布，其逆矩阵的精度降低，从而使运动输入与输出之间的传递关系失真。

8.4.2　并联机器人的奇异性分析

1. 奇异的分类

相对而言，并联机器人的奇异位形问题要复杂得多。由于关节受一定的约束，其关节空间是相对复杂的非欧氏空间，因此，并联机器人奇异位形的类型和拓扑结构都比较复杂。例如，当机构处于某些特定的位形时，其静力雅可比矩阵成为奇异矩阵，则这时机构的静力反解不存在，这种机构的位形就称为不稳定奇异位形。一方面，如果矩阵降秩，其操作平台尚有自由度未被约束掉，这时机器人将失去控制；另一方面，如果矩阵不降秩，但动平台的自由度发生变化，则虽然这时机器人是稳定的，然而由于其自由度的数目或性质发生了变化，造成某些方向的连续运动不能实现。因此，无论是哪一种奇异位形，在设计和应用并联机器人时都应尽量避开。实际上，当机器人工作在特殊位形附近时，其稳定性、刚度和运动传递性能也会发生预想不到的变化。

由于关节空间的复杂性，机构中会存在几种不同的奇异位形，对奇异位形进行分类并分析各种类型奇异位形的特点，是进一步研究奇异位形的基础。

最常见的奇异分类方法是，把并联机构的驱动关节看成输入，记为 $\boldsymbol{\Theta}$；将末端执行器看成输出，记为 $\boldsymbol{X}$。根据速度约束方程 $\boldsymbol{J}_X\dot{\boldsymbol{X}}=\boldsymbol{J}_\theta\dot{\boldsymbol{\Theta}}$，把并联机构的奇异位形分为三种类型，即**逆运动学奇异**（第一类奇异，$\det(\boldsymbol{J}_\theta)=0$）、**正运动学奇异**（第二类奇异，$\det(\boldsymbol{J}_X)=0$）和**组合奇异**（第三类奇异，$\det(\boldsymbol{J}_X)=0$ 且 $\det(\boldsymbol{J}_\theta)=0$）。

另一种常见的分类方法是，将并联机构的奇异分为**支链奇异**（limb singularity）、**驱动奇异**（actuation singularity）和**平台奇异**（platform singularity）。支链奇异是指由于支链中的运动旋量系发生不必要的线性相关，从而引入了意外的约束，导致对支链运动控制的失效。驱动奇异是指由于驱动器的安装数目和位置不尽合理，造成机构在运动过程中发生载荷上的突变，其后果可能造成机构运动锁死甚至烧毁电动机。平台奇异是指动平台的约束旋量系发生线性相关，造成该旋量系降秩，即所谓的约束奇异状态，这时，机构的瞬时自由度增加，其受力状态、运动学及动力学性能都会发生突变。

2. 奇异的求解方法

（1）代数法 机构的奇异位形最终可通过一个或某些矩阵（典型的是机器人的雅可比矩阵）是否满秩来判断，代数法就是计算这些矩阵的行列式为零时的条件，而奇异位形是行列式所对应的非线性方程的解。虽然对于一般的机器人，都可以写出判断行列式所对应的非线性方程，但是对于多自由度的并联机构，即使采用符号运算软件，这样的非线性方程还是非常复杂。对于这样复杂的非线性方程，计算它的解则是更为复杂的事情。因此，代数法只适用于比较简单或者比较特殊的机构。

（2）旋量理论与线几何 旋量理论已被广泛用于复杂机构尤其是并联机构的奇异位形分析中。Merlet 曾采用线几何理论，不需要复杂的代数计算，就可以分析出一个特殊的 Stewart 平台所有可能的奇异位形[19]。

【例 8-13】 对图 8-13a 所示的平面 3-RRR 并联机构进行奇异性分析。

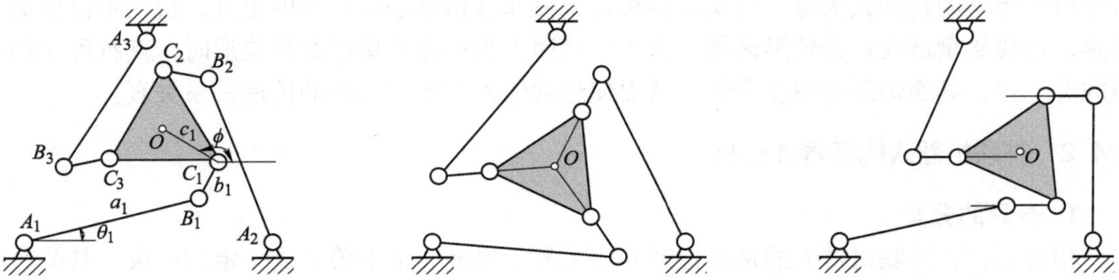

a) 机构简图　　b) 正向运动学奇异情况1　　c) 正向运动学奇异情况2

图 8-13

平面 3-RRR 并联机构

解法一： 根据封闭向量多边形法建立以下三个独立的闭环方程

$$\overrightarrow{A_iO}+\overrightarrow{OC_i}=\overrightarrow{A_iB_i}+\overrightarrow{B_iC_i}\quad(i=1,2,3)$$

对上式关于时间求导，可以得到以下关系式（或直接利用 8.3.1 节的结果）

$$\boldsymbol{J}_X\dot{\boldsymbol{X}}=\boldsymbol{J}_\theta\dot{\boldsymbol{\Theta}}$$

式中，输入变量 $\dot{\boldsymbol{\Theta}}=(\dot{\theta}_1 \quad \dot{\theta}_2 \quad \dot{\theta}_3)^{\mathrm{T}}$；输出变量 $\dot{\boldsymbol{X}}=(v_{ox} \quad v_{oy} \quad \dot{\phi})^{\mathrm{T}}$；$\boldsymbol{J}_X=\begin{pmatrix} b_{1x} & b_{1y} & c_{1x}b_{1y}-c_{1y}b_{1x} \\ b_{2x} & b_{2y} & c_{2x}b_{2y}-c_{2y}b_{2x} \\ b_{3x} & b_{3y} & c_{3x}b_{3y}-c_{3y}b_{3x} \end{pmatrix}$；

$$\boldsymbol{J}_\theta=\begin{pmatrix} a_{1x}b_{1y}-a_{1y}b_{1x} & 0 & 0 \\ 0 & a_{2x}b_{2y}-a_{2y}b_{2x} & 0 \\ 0 & 0 & a_{3x}b_{3y}-a_{3y}b_{3x} \end{pmatrix}。$$

发生第一类奇异（逆运动学奇异）的条件：$\det(\boldsymbol{J}_\theta)=0$，即 $\boldsymbol{a}_i\times\boldsymbol{b}_i=a_{ix}b_{iy}-a_{iy}b_{ix}=0(i=1，2，3)$，这意味着每个支链中靠近机架的两根杆处于折叠在一起或完全展开的状态。这时，动平台的自由度数减少。

发生第二类奇异（正运动学奇异）的条件：$\det(\boldsymbol{J}_X)=0$。这时有两种可能：

1）$\boldsymbol{c}_i\times\boldsymbol{b}_i=c_{ix}b_{iy}-c_{iy}b_{ix}=0(i=1，2，3)$，这意味着每个支链中靠近动平台的两根杆处于折叠在一起或完全展开的状态，其中完全展开的示意图如图 8-13b 所示。

2）矩阵 $\boldsymbol{A}$ 的前两列线性相关，表示三个 B_iC_i 杆相互平行，如图 8-13c 所示。在这两种情况下，动平台的自由度数增多。即使锁住输入，动平台也可能存在自由度的输出。

发生第三类奇异（组合型奇异）的条件：$\det(\boldsymbol{J}_X)=0$ 且 $\det(\boldsymbol{J}_\theta)=0$。这时也存在有两种可能：

1）$|A_1A_2|=|A_2A_3|=|A_1A_3|=\sqrt{3}a_i;b_i=c_i(i=1,2,3)$。

2）$|A_1A_2|=|A_2A_3|=|A_1A_3|=|C_1C_2|=|C_2C_3|=|C_1C_3|,b_i=a_i(i=1,2,3)$。

解法二： 根据并联机构学理论，当把机构的驱动副全部锁住后，动平台将不会产生任何运动；否则，机构的自由度会增加。假设图 8-14 所示机构中与机架相连的运动副为驱动副，下面分析三种位形下锁住全部驱动副后动平台所受约束情况。对于位形Ⅰ，动平台受到三个既不相交也不平行的平面力约束作用（均为二力杆），因此力约束维数为 3，为完全约束；而对于位形Ⅱ中的动平台，受到三个平面共点的约束力作用（因为与动平台直接相连的三个杆都是二力杆）；位形Ⅲ中的动平台受到三个平面平行约束力的作用。后两种情况下的约束都包含一个冗余约束，因此，动平台的约束空间退化为平面二维力约束。这时，根据线几何知识，容易确定所对应动平台的自由度为 4（平面内为 1）。位形Ⅱ下，平面 3-RRR 并联机构动平台所增加的自由度为过力约束汇交点且垂直于纸面的一维转动（1R）；位形Ⅲ下，平面 3-RRR 并联机构动平台所增加的自由度为运动平面内垂直于力约束作用线的一维移动（1T）。

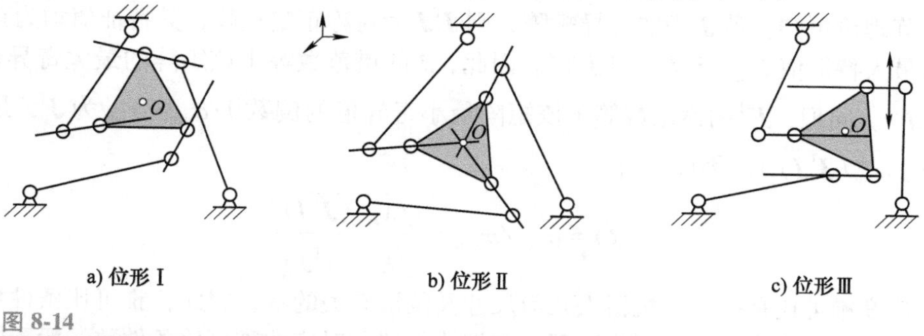

a) 位形Ⅰ　　b) 位形Ⅱ　　c) 位形Ⅲ

图 8-14

锁住驱动副后动平台所受约束情况

8.5 基于速度雅可比的机器人灵巧度分析

奇异位形主要从定性的角度描述了机器人的运动性能，由此可以判断出机器人的输入与输出之间的运动传递是否失真。同样，有必要引入新的评价标准，来定量地衡量这种运动传递失真的程度或传动效果。其中一个评价标准称为**灵巧度**（dexterity）或灵巧性。具体而言，衡量机器人灵巧度的指标目前主要有两种：**条件数**（condition number）和**可操作度**（manipulability）。

8.5.1 条件数

从对机器人奇异性的分析中可以看到，当机器人处于奇异位形时，末端执行器在一个或更多方向上会失去移动或转动的能力。接下来的问题是：机器人接近奇异位形时的性能如何？机器人末端的运动能力在哪些位形下会减弱？在何种程度上减弱？

对于**纯移动**或**纯转动**的机器人，可采用雅可比条件数的概念来解决以上问题[24]。

首先回顾一下矩阵理论的有关知识。对于一般的方阵，其条件数 c 的定义为

$$c=\|\boldsymbol{A}\|\ \|\boldsymbol{A}^{-1}\| \tag{8.5-1}$$

如果采用矩阵的谱范数形式，则有

$$\|\boldsymbol{A}\|=\max_{x\neq 0}\frac{\|\boldsymbol{Ax}\|}{\|\boldsymbol{x}\|} \tag{8.5-2}$$

或者

$$\|\boldsymbol{Ax}\|\leqslant\|\boldsymbol{A}\|\ \|\boldsymbol{x}\| \tag{8.5-3}$$

如果令 $\|\boldsymbol{x}\|=1$，则式（8.5-2）可化简为

$$\|\boldsymbol{A}\|=\max_{\|\boldsymbol{x}\|=1}\|\boldsymbol{Ax}\| \tag{8.5-4}$$

类似地，机器人的条件数可以通过速度雅可比定义为

$$\kappa(\boldsymbol{J})=\|\boldsymbol{J}\|\ \|\boldsymbol{J}^{-1}\| \tag{8.5-5}$$

且

$$\|\boldsymbol{J}\|=\max_{\|\boldsymbol{x}\|=1}\|\boldsymbol{Jx}\| \tag{8.5-6}$$

对式（8.5-6）两边取二次方，得

$$\|\boldsymbol{J}\|^2=\max_{\|\boldsymbol{x}\|=1}\boldsymbol{x}^{\mathrm{T}}(\boldsymbol{J}^{\mathrm{T}}\boldsymbol{J})\boldsymbol{x} \tag{8.5-7}$$

由矩阵理论可知，若 $\boldsymbol{J}$ 为非奇异矩阵，则 $\boldsymbol{J}^{\mathrm{T}}\boldsymbol{J}$ 为对称正定矩阵，其特征值均为正数，矩阵 $\boldsymbol{J}^{\mathrm{T}}\boldsymbol{J}$ 的最大特征值 $\lambda_{\max}(\boldsymbol{J}^{\mathrm{T}}\boldsymbol{J})=\|\boldsymbol{J}\|^2$。因此，$\boldsymbol{J}$ 的谱范数等于该矩阵的最大奇异值 $\sigma_{\max}=\sqrt{\lambda_{\max}(\boldsymbol{J}^{\mathrm{T}}\boldsymbol{J})}$。同理，$\boldsymbol{J}^{-1}$的谱范数等于该矩阵最小奇异值的倒数 $1/\sigma_{\min}$（$\sigma_{\min}$为 $\boldsymbol{J}^{\mathrm{T}}\boldsymbol{J}$ 最小特征值的开方$\sqrt{\lambda_{\min}(\boldsymbol{J}^{\mathrm{T}}\boldsymbol{J})}$）。因此，有

$$\kappa(\boldsymbol{J})=\sigma_{\max}/\sigma_{\min}=\frac{\sqrt{\lambda_{\max}(\boldsymbol{J}^{\mathrm{T}}\boldsymbol{J})}}{\sqrt{\lambda_{\min}(\boldsymbol{J}^{\mathrm{T}}\boldsymbol{J})}} \tag{8.5-8}$$

由于速度雅可比是一个与机器人几何尺寸及位形有关的量，因此，雅可比条件数也与机构的几何尺寸及位形有关，不同位形下，末端执行器所对应的雅可比条件数一般不同，但其最小值为 1。工作空间内条件数为 1 时所对应的点为**各向同性**（isotropic）点，相应的位形

称为**运动学各向同性**（kinematics isotropy），即满足

$$\kappa(\boldsymbol{J}) = 1 \tag{8.5-9}$$

这时，机器人的运动传递性能最佳。反之，如果雅可比条件数的值为无穷大，则机构处于奇异位形。事实上，有些机器人可能在整个工作空间内都无各向同性点。

【例 8-14】 求平面 2R 机器人的雅可比条件数及各向同性的条件，设定杆长参数 $l_1=\sqrt{2}$m，$l_2=1$m。

解： 首先应用代数法求解平面 2R 机器人的雅可比条件数。本章开始处已给出平面 2R 机器人的速度雅可比，代入相关参数可得

$$\boldsymbol{J} = \begin{pmatrix} -\sqrt{2}\sin\theta_1 - \sin\theta_{12} & -\sin\theta_{12} \\ \sqrt{2}\cos\theta_1 + \cos\theta_{12} & \cos\theta_{12} \end{pmatrix} \tag{8.5-10}$$

因此

$$\boldsymbol{J}^{\mathrm{T}}\boldsymbol{J} = \begin{pmatrix} 2\sqrt{2}\cos\theta_2 + 3 & \sqrt{2}\cos\theta_2 + 1 \\ \sqrt{2}\cos\theta_2 + 1 & 1 \end{pmatrix} \tag{8.5-11}$$

可以看出，矩阵 $\boldsymbol{J}^{\mathrm{T}}\boldsymbol{J}$ 与 θ_1 无关。进一步求解该矩阵的特征值，得到

$$\begin{cases} \lambda_1 = (2-\sqrt{2})(-\cos\theta_2 + 1) \\ \lambda_2 = (2+\sqrt{2})(\cos\theta_2 + 1) \end{cases} \tag{8.5-12}$$

由式（8.5-12）可知，该机器人的雅可比条件数随着 θ_2 的变化而变化。当 $\theta_2=0$ 时，λ_1 为 0，因此雅可比条件数为无穷大，机构处于奇异位形（很容易验证，这里从略）；当 $\theta_2=90°$时，$\lambda_1=2-\sqrt{2}$，$\lambda_2=2+\sqrt{2}$，该位形下的雅可比条件数为 $\kappa=1+\sqrt{2}$。很显然，雅可比条件数越接近 1 越好，最好等于 1，此时具有各向同性。这时应满足条件 $\lambda_1=\lambda_2$。

当 $\lambda_1=\lambda_2$ 时，很容易计算出

$$\theta_2 = 3\pi/4 \text{ 或者 } \theta_2 = 5\pi/4 \tag{8.5-13}$$

可画出此参数条件下，该机器人处于运动学各向同性的位形点位，如图 8-15 所示。

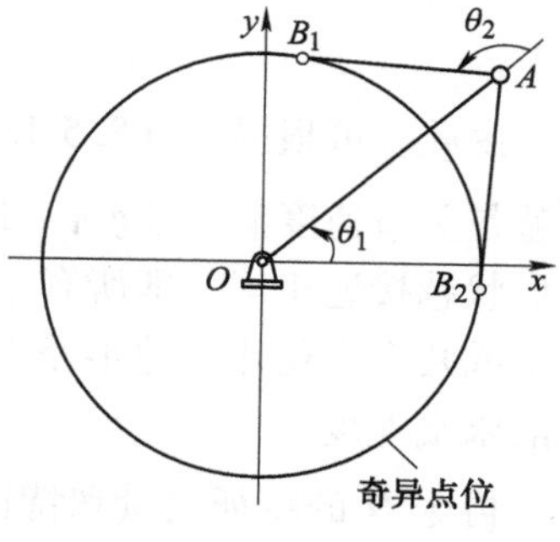

图 8-15
平面 2R 机器人运动学各向同性位形点位的分布

有些文献（如参考文献［21，55］）将 $1/\kappa(\boldsymbol{J})$ 定义为**局部条件数指标**（Local Condition Number Index，LCNI），并将其作为串联机器人的运动性能评价指标。

8.5.2 可操作度与可操作度椭球

可通过速度雅可比将关节速度的边界映射到末端速度的边界中。这里以平面 2R 机器人为例，首先将关节速度 $\dot{\boldsymbol{q}}=(\dot{\theta}_1, \dot{\theta}_2)^{\mathrm{T}}$ 映射成一单位圆的形状，如图 8-16 所示，$\dot{\theta}_1$ 与 $\dot{\theta}_2$ 分别代表横轴和纵轴，且满足$\dot{\boldsymbol{q}}^{\mathrm{T}}\dot{\boldsymbol{q}}=1$。通过速度雅可比的逆映射，即

$$\dot{\boldsymbol{X}}^{\mathrm{T}}(\boldsymbol{J}\boldsymbol{J}^{\mathrm{T}})^{-1}\dot{\boldsymbol{X}} = 1 \tag{8.5-14}$$

令 $\boldsymbol{H}=\boldsymbol{J}\boldsymbol{J}^{\mathrm{T}}$，则式（8.5-14）可简化为

$$\dot{\boldsymbol{X}}^{\mathrm{T}}\boldsymbol{H}^{-1}\dot{\boldsymbol{X}} = 1 \tag{8.5-15}$$

通过式（8.5-15），可将表示关节速度（边界）的单位圆映射成表示末端速度（边界）的一个椭圆，这个椭圆称为**可操作度椭圆**（manipulability ellipse）。图 8-16 所示为与平面 2R 机器人的两组不同位姿相对应的可操作度椭圆。

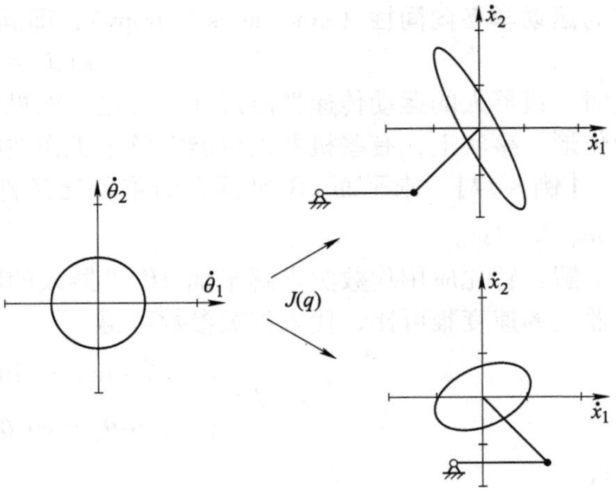

图 8-16
与平面 2R 机器人的两组不同位姿相对应的可操作度椭圆

利用可操作度椭圆可以进一步度量某一给定位姿接近奇异位形的程度。例如，可以通过比较可操作度椭圆长、短半轴的长度 l_{max} 和 l_{min} 来判断接近程度：椭圆的形状越接近于圆，即 l_{max}/l_{min} 越趋近于1，末端到达任意方向就越容易，也就越远离奇异位形；反之，随着机器人的位形逐渐接近奇异位形，椭圆的形状将逐渐退化成一条线段，意味着机器人末端沿某一方向的运动能力将会丧失。

下面将上述思想扩展到一般情况。

对于一个通用的 n 自由度串联机器人，首先定义一个可表示 n 维关节速度空间 $\dot{\boldsymbol{q}}$ 的单元球，即满足

$$\dot{\boldsymbol{q}}^{\mathrm{T}}\dot{\boldsymbol{q}} = 1 \tag{8.5-16}$$

通过速度雅可比的逆映射，即

$$\dot{\boldsymbol{q}}^{\mathrm{T}}\dot{\boldsymbol{q}} = (\boldsymbol{J}^{-1}\dot{\boldsymbol{X}})^{\mathrm{T}}(\boldsymbol{J}^{-1}\dot{\boldsymbol{X}}) = \dot{\boldsymbol{X}}^{\mathrm{T}}\boldsymbol{J}^{-\mathrm{T}}\boldsymbol{J}^{-1}\dot{\boldsymbol{X}} = \dot{\boldsymbol{X}}^{\mathrm{T}}(\boldsymbol{J}\boldsymbol{J}^{\mathrm{T}})^{-1}\dot{\boldsymbol{X}} = 1 \tag{8.5-17}$$

令 $\boldsymbol{H}=\boldsymbol{J}\boldsymbol{J}^{\mathrm{T}}$，由线性代数的知识可知，若 $\boldsymbol{J}$ 满秩，则矩阵 $\boldsymbol{H}=\boldsymbol{J}\boldsymbol{J}^{\mathrm{T}}$ 为方阵，且为对称正定矩阵，$\boldsymbol{H}^{-1}$ 也是如此。因此，对于任一对称正定矩阵 $\boldsymbol{H}^{-1}$，有

$$\dot{\boldsymbol{X}}^{\mathrm{T}}\boldsymbol{H}^{-1}\dot{\boldsymbol{X}} = 1 \tag{8.5-18}$$

由此，可根据式（8.5-18）定义 n 维**可操作度椭球**的概念。物理上，可操作度椭球对应的就是关节速度满足 $\|\dot{\boldsymbol{q}}\| = 1$ 时的末端速度。类似于前面对可操作度椭球的分析，当椭球的形状越接近于球，即所有半径均在同一数量级时，机器人的运动性能越好；反之，若其中一个或几个半径比其他半径小若干个数量级，则表明机器人在该位形下很难实现小半径所对应的末端速度。

再令 $\boldsymbol{H}$ 的特征向量和特征值分别为 $\boldsymbol{v}_i$ 和 λ_i，$\boldsymbol{v}_i$ 表示椭球的主轴方向，$\sqrt{\lambda_i}$ 为主轴的半径，而椭球的体积 V 与主轴半径的乘积成正比，即

$$V \propto \sqrt{\lambda_1\lambda_2\cdots\lambda_n} = \sqrt{\det(\boldsymbol{A})} = \sqrt{\det(\boldsymbol{J}\boldsymbol{J}^{\mathrm{T}})} \tag{8.5-19}$$

因此，可将椭球的体积定义为机器人可操作度的度量指标（Yoshikawa 可操作度），即

$$w = \sqrt{\det(\boldsymbol{J}\boldsymbol{J}^{\mathrm{T}})} \tag{8.5-20}$$

基于 $\boldsymbol{J}$ 的奇异值，式（8.5-20）也可以写成

$$w = \sigma_1\sigma_2\cdots\sigma_n \tag{8.5-21}$$

显然，当机器人处于奇异位形时，可操作度为0。

以上两种度量指标从不同角度反映了机器人的灵巧度，但也都有各自的优缺点[36]。总之，可应用可操作度直接判别奇异位形，但对评定灵巧度指标有缺陷；而雅可比条件数在评定纯移动或纯转动机构的灵巧度方面比较合理，但对于一类既有转动又有移动的机器人，则无法保证其结论的正确性（参考文献［36］有详细讨论）。

8.6　本章小结

1）速度雅可比矩阵是进行机器人性能分析的基础。许多有关设计的运动性能指标都是基于雅可比矩阵来构造的，如工作空间、灵巧度、运动奇异性、运动解耦性、各向同性、刚度等。

2）速度雅可比矩阵反映的是机器人的关节空间向操作空间运动速度传递的广义传动比，即

$$\dot{\boldsymbol{X}} = \boldsymbol{J}\dot{\boldsymbol{q}}$$

3）在对机器人机构的速度分析中，有时采用直接对位移方程进行微分求解的方法，来得到机构输入与输出速度之间的表达式，这种方法对于一些简单机构是可行的，但对于结构复杂的机器人，其推导过程过于繁琐。相对而言，更为通用的方法有微分变换法、PoE 公式、建立螺旋运动方程。

4）为简化速度雅可比矩阵的表达，不一定将参考坐标系（即惯性坐标系）选择在基座上，而是选择在某一中间连杆坐标系中，通常取在第 3 或第 4 杆上。

5）奇异位形是指机构或机器人的运动约束条件发生线性相关而导致其失效的特殊位置和姿态。机器人在运动过程中，其运动学、动力学性能瞬时发生突变，或处于死点，或失去稳定，或自由度发生变化，使得传递运动及动力的能力失常，此时的位形都属于奇异位形的范畴。应用代数法求解串联机器人奇异位形的关键是建立形式最简单的机器人雅可比矩阵，即选取合适的参考坐标系。相对而言，几何法不失为求解机器人奇异位形的有效途径。

6）衡量机器人灵巧度主要有两类指标：条件数和可操作度。工作空间内雅可比条件数为 1 时，对应的位形为运动学各向同性。这时，机构具有最佳的运动传递性能。反之，如果条件数的值为无穷大，则机构处于奇异位形。

扩展阅读文献

本章主要介绍了串联机器人速度雅可比的计算方法，以及几个基于雅可比的性能评价指标。除此之外，读者还可阅读其他文献（见下述列表）进行学习：要系统了解速度雅可比的计算方法，请参考文献［1，3，4，5，6］；有关性能评价指标的介绍请参阅文献［2，3，6］。

［1］Craig JJ. 机器人学导论［M］. 4 版. 负超，王伟，译. 北京：机械工业出版社，2018.

［2］Lynch K M，Park F C. 现代机器人学机构、规划与控制［M］. 于靖军，贾振中，译. 北京：机械工业出版社，2019.

［3］Tsai LW. Robot Analysis：The Mechanics of Serial and Parallel Manipulators［M］. New York：Wiley-Interscience Publication，1999.

［4］黄真，赵永生，赵铁石. 高等空间机构学［M］. 北京：高等教育出版社，2006.

［5］熊有伦，李文龙，陈文斌，等. 机器人学：建模、控制与视觉［M］. 武汉：华中

科技大学出版社，2020.
[6] 于靖军，刘辛军，丁希仑. 机器人机构学的数学基础［M］. 2 版. 北京：机械工业出版社，2018.

习题

8-1　对于一个 6 自由度串联机器人的速度雅可比矩阵而言，各元素的单位量纲是否一致？

8-2　一个用 Z-Y-Z 欧拉角描述的 3R 串联机器人，求解反映末端杆输出角速度与各关节速度映射关系的雅可比矩阵。

8-3　利用微分法求解平面 3R 机器人相对于基坐标系｛0｝的速度雅可比。

8-4　利用微分法求解图 7-49 所示四种 3 自由度串联机器人相对于基坐标系｛0｝的速度雅可比。

8-5　已知一个 3R 串联机器人的正运动学方程为

$$
{}_3^0\boldsymbol{T}=\begin{pmatrix}\cos\theta_1\cos\theta_{23} & -\cos\theta_1\sin\theta_{23} & \sin\theta_1 & l_1\cos\theta_1+l_2\cos\theta_1\cos\theta_2\\ \sin\theta_1\cos\theta_{23} & -\sin\theta_1\sin\theta_{23} & -\cos\theta_1 & l_1\sin\theta_1+l_2\sin\theta_1\cos\theta_2\\ \sin\theta_{23} & \cos\theta_{23} & 0 & l_2\sin\theta_2\\ 0 & 0 & 0 & 1\end{pmatrix}
$$

求 ${}^0\boldsymbol{J}(\theta)$。

8-6　对于图 8-17 所示的平面 3R 串联机器人：

（1）试利用直接微分法计算该机构的正、反解运动学，并导出该机构的速度雅可比矩阵。

（2）该机构是否存在奇异位形？如果存在，试给出奇异位形存在的几何条件。

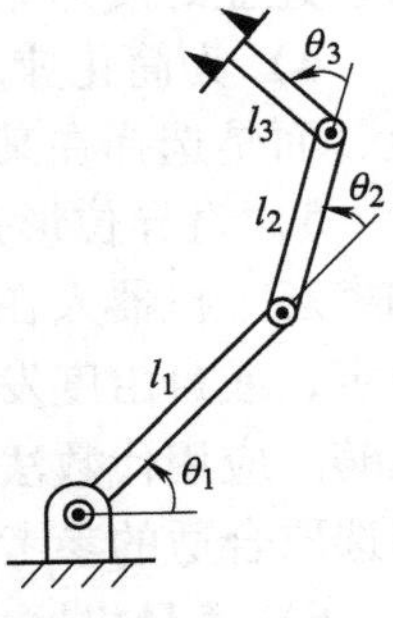

图 8-17
平面 3R 串联机器人

8-7　利用直接微分变换法求解图 7-49 所示四种 3 自由度串联机器人相对基坐标系｛0｝的速度雅可比。

8-8　利用直接微分变换法求解图 8-18 所示 RRRP 串联机器人相对基坐标系｛0｝的速度雅可比。

8-9　利用直接微分变换法求解图 8-19 所示 RRPRRR 串联机器人的速度雅可比。

8-10　图 8-20 所示为初始位形下的 RRRP 串联机器人。$\boldsymbol{p}$ 为｛b｝系原点相对基坐标系｛0｝的坐标。求解当 $\theta_1=\theta_2=0$，$\theta_3=\pi/2$，$\theta_4=L$ 时，机器人相对｛0｝系的速度雅可比。

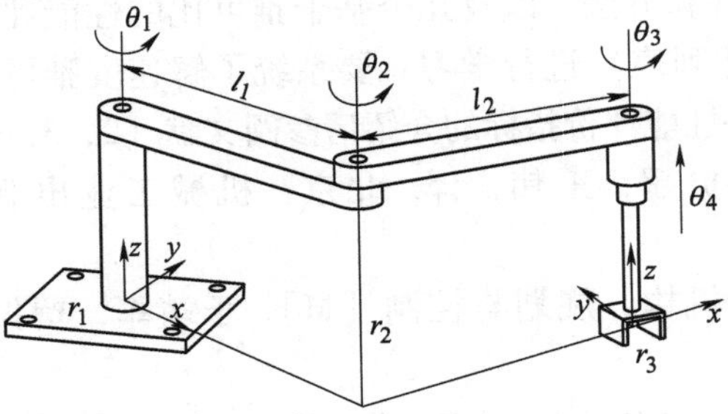

图 8-18
RRRP 串联机器人

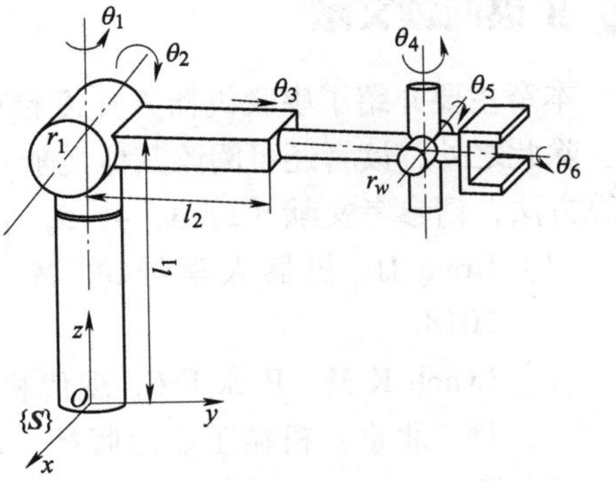

图 8-19
RRPRRR 串联机器人

8-11 利用直接微分法求解图 8-21 所示串联机器人相对基坐标系 {0} 的速度雅可比。

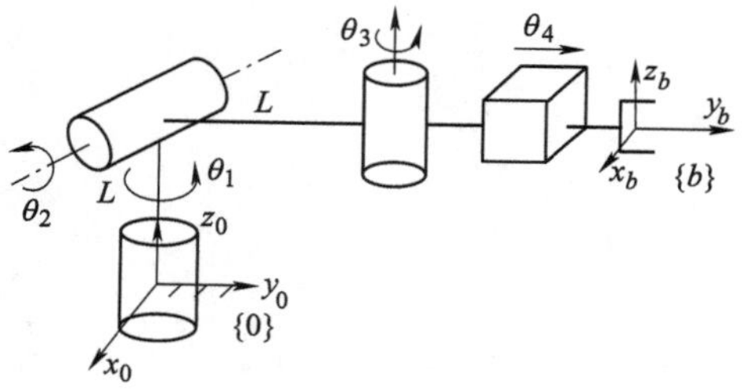

图 8-20

RRRP 串联机器人

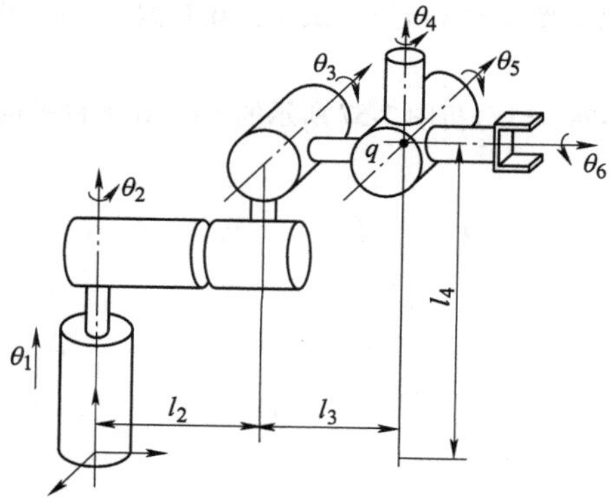

图 8-21

习题 8-11 图

8-12 利用 PoE 公式求解图 7-49 所示四种 3 自由度串联机器人的空间雅可比矩阵。

8-13 已知图 8-17 所示的机器人机构，试利用 PoE 公式求解该机构的空间雅可比矩阵。

8-14 利用 PoE 公式求解图 8-18 所示 RRRP 串联机器人的空间雅可比矩阵。

8-15 图 8-18 所示为初始位形下的 RRRP 串联机器人。$\boldsymbol{p}$ 为 {B} 系原点相对基坐标系 {S} 的坐标。求解当 $\theta_1=\theta_2=0$，$\theta_3=\pi/2$，$\theta_4=L$ 时的空间雅可比。

8-16 利用 PoE 公式求解图 8-19 所示 RRPRRR 串联机器人的空间雅可比矩阵。

8-17 利用螺旋运动方程求解图 8-21 所示串联机器人的空间雅可比矩阵。

8-18 通常情况下，机器人的速度雅可比矩阵与所选择的参考坐标系（如基坐标系或工具坐标系）有关。试判断本章介绍的哪种性能指标可能与所选参考坐标系无关。

8-19 对于图 7-2 所示的曲柄滑块机构，求：

（1）建立该机构的正、反解方程。

（2）计算该机构的速度雅克比。

（3）如果滑块为主动件，试确定该机构的奇异位形。

（4）若将曲柄的输入角度作为主动关节变量，试确定该机构的奇异位形，这时，各杆之间满足什么几何条件?

8-20 例 8-12 讨论过 PUMA560 机器人机构的奇异位形问题，前提是部分连杆参数存在偏置。若 PUMA560 机器人机构的连杆参数 a_3 无偏置（$a_3=0$），证明这种情况下会发生一种新的奇异，并给出奇异位形出现的几何条件。

8-21 试推导平面串联 2R 机器人各向同性点存在的条件。

8-22 试推导平面串联 3R 机器人奇异性与各向同性点存在的条件。

8-23 当图 7-17 所示 SCARA 机器人的杆 1 和杆 2 长度之和为常数时，求解当它们的相对长度为何值时，机器人的可操作度指标最大?

8-24 图 7-53 所示为一对称分布的平面 5R 机构，图 7-53a 所示为该机构的三维模型，结构参数分布与参考坐标系如图 7-53b 所示。试求该机构的速度雅可比矩阵。

8-25 3-RPR 并联机构的三维模型如图 7-54a 所示，各结构参数分布与坐标系如图 7-54b。试求该机构的速度雅可比矩阵。

8-26 试推导图 7-39 所示 3-RPS 平台机构的速度雅可比矩阵，并讨论其中是否存在奇异位形。

8-27　图 7-56 所示为一改进型 Delta 机器人机构，该机构由三个相同的支链 RR（4R）R 组成，因此又称为 3-RR（4R）R 型并联机构。图 7-56a 所示为该机构的三维模型，单个支链的结构参数分布与参考坐标系如图 7-56b 所示。试问：在有偏置（$d\neq0$）和无偏置（$d=0$）两种情况下，该机构是否存在奇异位形？

8-28　试分析图 7-57 所示的 Stewart 平台机构是否存在奇异位形。

第 9 章
基于运动/力交互特性的性能评价

本章导读

本章从运动/力交互特性的角度对机器人机构的性能进行评价，与第 8 章不同的是，本章主要是基于机构的几何特性，因此更能反映机构的本质特性。

在机构中，运动与力之间的交互集中反映在运动/力传递特性与约束特性两个方面。受传动角思想的影响，利用旋量理论描述机器人机构中存在的各种运动和力，在自由度空间与约束空间内分别定义运动/力传递特性指标和约束特性指标，以此来定性和定量地评价运动/力传递特性和约束特性。以上是本章讨论的重点内容。另外，还可以基于运动/力传递和约束特性来实现机器人的奇异性分类与辨识。

9.1　运动/力传递特性

回顾一下第 8 章有关串联机器人运动性能的评价指标，其中应用较为广泛的是局部条件数指标（LCI），即雅可比矩阵条件数的倒数，它是一个用于评价机构灵巧度的性能指标。在并联机构领域，也有文献将 LCI 直接应用在精度、灵巧度和距离奇异位形远近的评价中。然而研究发现，当该指标应用在具有移动和转动混合自由度的并联机构中时，由于雅可比矩阵中元素的单位量纲不统一，致使该指标存在严重的不一致性。不仅如此，在应用 LCI 分析纯移动并联机构时，发现该指标的分布存在**集聚**现象。另外，为了达到消除奇异位形及接近奇异位形的目的，往往通过指定 LCI 的最小值来定义优质工作空间，但 LCI 的取值与坐标系的选择有关。这些事实均表明，LCI 的物理意义不明确，LCI 并不适合作为并联机器人运动学设计的通用性能指标。

众所周知，并联机构的本质功能不外乎输出运动或抵抗外载荷。换言之，并联机构的工作机理是在机构的输入端（支链驱动端）和输出端（动平台）之间传递、约束相关运动和力，运动/力传递和约束特性反映了并联机构的本质特性。对于串联机器人，主要关注其运动的传递，用 LCI 评价其灵巧度是合理的；但对于并联机构，运动和力的传递/约束是其区别于串联机构的一个非常具有代表性的特征，因此，有必要综合评价其运动/力传递性能而不是灵巧度。

那么，如何评价并联机器人的运动/力传递性能呢？不妨先从基本概念讲起。

在机械原理课程中，已经学过**传动角**（transmission angle）与**压力角**（pressure angle）

的概念。其中，压力角是指从动件受力方向与其绝对速度方向所夹的锐角，而传动角是压力角的余角。如图 9-1 所示，μ 即为该机构的传动角。一般情况下，传动角越大，机构的传动性能越好。这里对机构的传动角做进一步扩展：正传动角与逆传动角。正传动角即为通常意义上的传动角；而逆传动角是指当以原机构的输出为输入时的传动角。在图 9-1 所示的铰链四杆机构中，μ 为正传动角，而 γ 为逆传动角。为保证机构具有较好的传动（或传力）性能，这两个传动角的取值范围最好为 μ，$\gamma \in [45°,\ 135°]$ ㊀。

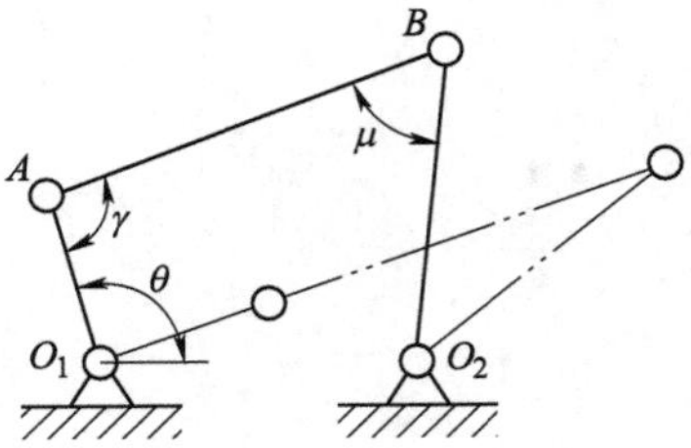

图 9-1
铰链四杆机构中传动角的概念

平面四杆机构是一个单闭环结构，而并联机构是多闭环结构，两者具有一定的共性特征。因此，传动角的概念也可以用于并联机构的运动/力传递性能评价。

9.1.1 传递与约束力旋量的计算

在并联机构中，末端执行器往往通过至少两条支链与机架（或称为定平台）相连接。一方面，这些支链将来自输入关节的运动传递至输出端，以实现末端执行器所要求完成的动作；另一方面，为了平衡作用在末端执行器上的外力，这些支链还可能对末端执行器提供一定的约束力。无论是在传递运动还是平衡外力的过程中，支链中都会产生一些内力。运动/力传递特性分析的第一步就是求出机构运动学支链中存在的力旋量。

考察一个 n 自由度的支链，可以找到一组由 n 个运动副旋量组成的 n 阶旋量系 $\boldsymbol{S}_n$，即

$$\boldsymbol{S}_n=\{\$_1,\ \$_2,\ \cdots,\ \$_n\} \tag{9.1-1}$$

下面根据支链自由度的数目进行分类讨论。

1. $n<6$

当支链的自由度数 $n<6$ 时，可得到（$6-n$）个线性无关的旋量 $\$_j^r$（$j=1,\ 2,\ \cdots,\ 6-n$），它们与该支链运动副旋量系 $\boldsymbol{S}_n$ 中的旋量 $\$_i$（$i=1,\ 2,\ \cdots,\ n$）均互为反旋量，即

$$\$_i \circ \$_j^r = 0 \quad (i = 1,2,\cdots,n;j = 1,2,\cdots,6 - n) \tag{9.1-2}$$

由于旋量 $\$_j^r$ 可用来表示该支链对机构末端执行器所提供的约束力，故将 $\$_j^r$ 称作该支链的**约束力旋量**（Constraint Wrench Screw，CWS），后文中用 $\$_{\mathrm{C}}$ 来表示。

这（$6-n$）个约束力旋量可构成该支链的（$6-n$）阶约束旋量系 S_{C}，表示如下

$$\boldsymbol{S}_{\mathrm{C}} = \{\$_1^r,\$_2^r,\cdots,\$_{6-n}^r\} = \{\$_{\mathrm{C1}},\$_{\mathrm{C2}},\cdots,\$_{\mathrm{C}(6-n)}\} \tag{9.1-3}$$

若该 n 自由度支链中存在一个输入关节（或称驱动关节），那么，该输入关节所对应的运动副旋量（$\$_k$）就称为**输入运动旋量**（Input Twist Screw，ITS）。当此输入关节被锁住时，$\$_k$ 将不属于该支链的运动副旋量系 $\boldsymbol{S}_n$，此时 $\boldsymbol{S}_n$ 减小为 $\boldsymbol{S}_{n-1}$。于是，可构造出至少一个新的旋量 $\$_{\mathrm{T}}$，它不仅与 $\boldsymbol{S}_{n-1}$ 中所有运动副旋量的互易积为零，即

$$\$_{\mathrm{T}} \circ \$_i = 0 \quad (i = 1,2,\cdots,n \text{ 且 } i \neq k) \tag{9.1-4}$$

同时还与约束力旋量系 $\boldsymbol{S}_{\mathrm{C}}$ 中的所有约束力旋量之间线性无关。这样一个旋量表示的是支链中的广义传递力，该传递力将来自输入关节的运动/力传递到机构的末端执行器上。因此，$\$_{\mathrm{T}}$ 称作该支链的**传递力旋量**（Transmission Wrench Screw，TWS）。值得一提的是，并联机构

㊀ 一般意义上，传动角是不超过 90°的，这里对传动角进行了广义化。

的一条支链可能含有一个或多个输入关节，但在该支链中，传递力旋量的数目与输入关节的数目相等。

【例 9-1】　计算 CPU 支链中的传递与约束力旋量。

解：CPU 支链中含有五个运动副旋量，其运动副旋量系为一个五阶旋量系。因此，建立图 9-2 所示的参考坐标系 $O\text{-}xyz$，各运动副旋量可表示为

$$\begin{cases} \$_1 = (0,0,0;1,0,0) \\ \$_2 = (1,0,0;0,0,0) \\ \$_3 = (0,0,0;0,\cos\alpha_1,\sin\alpha_1) \\ \$_4 = (1,0,0;0,l_1\sin\alpha_1,-l_1\cos\alpha_1) \\ \$_5 = (0,\cos\alpha_2,\sin\alpha_2;-l_2,0,0) \end{cases} \tag{9.1-5}$$

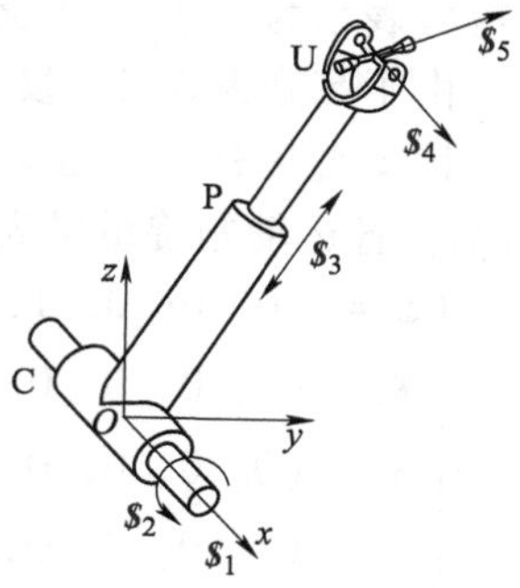

图 9-2

CPU 支链

式中，l_1 和 l_2 分别为旋量 $\$_4$ 和 $\$_5$ 的轴线与 x 轴之间的距离；α_1 和 α_2 分别为旋量 $\$_3$ 和 $\$_5$ 的轴线与 y 轴之间的夹角。相应的运动副旋量系为

$$\boldsymbol{S}_5 = \{\$_1,\$_2,\cdots,\$_5\} \tag{9.1-6}$$

根据式（9.1-2），可求得该支链的约束力旋量为

$$\$_\mathrm{C} = (0,0,0;0,\sin\alpha_2,-\cos\alpha_2) \tag{9.1-7}$$

此约束力旋量表示的是 CPU 支链所提供的一个约束力偶，其轴线经过万向铰中心且与万向铰所在的平面垂直。

由于支链中的 P 副为驱动副，那么，其对应的运动副旋量 $\$_3$ 为输入运动旋量。假定 P 副被锁住，$\$_3$ 将从 $\boldsymbol{S}_5$ 中删除，此时 $\boldsymbol{S}_5$ 变为

$$\boldsymbol{S}_4 = \{\$_1,\$_2,\$_4,\$_5\} \tag{9.1-8}$$

因此，根据式（9.1-4）和传递力旋量的定义，该 CPU 支链的传递力旋量为

$$\$_\mathrm{T} = (0,\cos\alpha_1,\sin\alpha_1;0,0,0) \tag{9.1-9}$$

由式（9.1-9）可知，$\$_\mathrm{T}$ 与式（9.1-8）中的四个运动旋量互易，且与式（9.1-7）表示的约束力旋量线性无关。$\$_\mathrm{T}$ 表示的是经过虎克铰中心且沿着 P 副移动方向的一个纯力。

2. $n=6$

当支链的自由度数等于 6 时，称该支链为全自由度（或 6 自由度）支链。这类支链的运动副旋量系 $\boldsymbol{S}_6$ 中含有六个线性无关的运动副旋量，因此，不存在与这六个运动副旋量同时互为反旋量的力旋量。这意味着 6 自由度支链中不存在约束力，故无法对机构的末端执行器提供约束力。

一般情况下，6 自由度支链中都至少含有一个输入关节；否则，该支链将不会对机构运动和力的传递产生作用，可能起到的作用是作为辅助支链对机构末端执行器的位姿进行测量和信息反馈。这里，假设 6 自由度支链中有两个输入关节，对应的运动副旋量分别是 $\$_{k1}$ 和 $\$_{k2}$。当对应于 $\$_{k1}$ 的输入关节被锁住时，$\$_{k1}$ 将不属于该支链的运动副旋量系 $\boldsymbol{S}_6$，由此将 $\$_{k1}$ 从 $\boldsymbol{S}_6$ 中删去，此时 $\boldsymbol{S}_6$ 减少为 $\boldsymbol{S}_5$。那么，与 $\boldsymbol{S}_5$ 中所有运动副旋量均互为反旋量的力旋量，即为该 6 自由度支链中对应于 $\$_{k1}$ 的传递力旋量 $\$_{\mathrm{T}1}$。同理可得该支链中对应于 $\$_{k2}$ 的传递力旋量 $\$_{\mathrm{T}2}$。与少自由度支链一样，6 自由度支链中传递力旋量的数目与输入关节的数目相等。

【例 9-2】　计算 CPS 支链中的传递与约束力旋量。

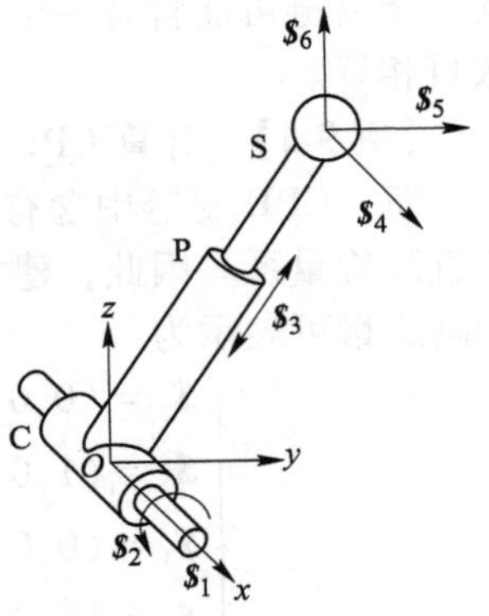

图 9-3
CPS 支链

解： 以图 9-3 所示的 CPS 支链为例。由于可将 C 副可看作 P 副和 R 副的组合运动副，且其中的 P 副也为驱动副，故 CPS 支链也可表示为（PR)PS 支链。

由于 S 副为 3 自由度运动副，其余均为单自由度运动副，因此，该支链含有六个运动副旋量。相对于图 9-3 中的参考坐标系 $O\text{-}xyz$，各运动副旋量可表示为

$$\begin{cases} \$_1 = (0,\ 0,\ 0;\ 1,\ 0,\ 0) \\ \$_2 = (1,\ 0,\ 0;\ 0,\ 0,\ 0) \\ \$_3 = (0,\ 0,\ 0;\ 0,\ \cos\alpha_3,\ \sin\alpha_3) \\ \$_4 = (1,\ 0,\ 0;\ 0,\ l_3\sin\alpha_3,\ -l_3\cos\alpha_3) \\ \$_5 = (0,\ 1,\ 0;\ -l_3\sin\alpha_3,\ 0,\ 0) \\ \$_6 = (0,\ 0,\ 1;\ l_3\cos\alpha_3,\ 0,\ 0) \end{cases}$$

式中，l_3 为球副中心到 x 轴的距离；α_3 为旋量 $\$_3$ 的轴线与 y 轴的夹角。通过简单的线性变换可知，以上六个旋量之间线性无关。那么，该 CPS 支链为一个 6 自由度支链，其运动副旋量系为一个六阶旋量系，可表示为

$$\boldsymbol{S}_6 = \{\$_1,\ \$_2,\ \cdots,\ \$_6\} \tag{9.1-10}$$

式中，两个 P 副分别对应于 $\$_1$ 和 $\$_3$。

假定对应于 $\$_1$ 的输入移动副被锁住，则将 $\$_1$ 从 $\boldsymbol{S}_6$ 中除去，可得与 $\boldsymbol{S}_6$ 中其余五个运动副旋量均互易的传递力旋量为

$$\$_{\mathrm{T1}} = (1,0,0;0,l_3\sin\alpha_3,\ -l_3\cos\alpha_3) \tag{9.1-11}$$

此传递力旋量表示的是沿 x 轴方向且经过球副中心的一个纯力。

类似地，当对应于 $\$_3$ 的输入移动副被锁住时，可计算出与其对应的传递力旋量为

$$\$_{\mathrm{T2}} = (0,\cos\alpha_3,\sin\alpha_3;0,0,0) \tag{9.1-12}$$

此传递力旋量表示沿旋量 $\$_3$ 轴线方向且经过球副中心的一个纯力。

9.1.2　输入与输出运动旋量的计算

对于并联机构的运动传递而言，需要确定的运动旋量有两种：**输入运动旋量**（ITS），和**输出运动旋量**（Output Twist Screw，OTS）。由于并联机构的输入关节一般是单自由度关节，因此当输入关节选定之后，机构的输入运动旋量较易得到。然而，由于并联机构一般至少具有 2 个自由度，其末端执行器的输出运动有无穷多个方向，故输出运动旋量不易确定。下面就来讨论输出运动旋量的计算求解问题。

在一个 n 自由度非冗余并联机构中，n 个输入关节在与之一一对应的 n 个传递力的作用下，将运动传递到机构的输出端，从而实现末端执行器的 n 自由度运动，而末端执行器的其余（$6-n$）个自由度运动则被各支链提供的约束力所约束而无法实现。因此，机构的每个输入关节都对并联机构末端的 n 自由度输出运动产生了一定作用。

为了分析并联机构的输出运动，本小节将对单个输入关节对末端输出运动的影响进行研究。假定锁住其中（$n-1$）个输入关节而只驱动第 i 个输入关节，那么，只有来自第 i 个输入关节的运动能够在第 i 个传递力的作用下被传递到末端执行器上，此时的机构变为一个单

自由度机构，其末端执行器的单位瞬时运动可用单位输出运动旋量 $\$_{Oi}$ 来表示。对于此种情况，也可认为只有第 i 个传递力（用 $\$_{Ti}$ 表示）能够对机构的末端执行器做功，而其余的（$n-1$）个传递力则都变成了约束力。于是，根据运动旋量和力旋量的互易性可得

$$\$_{Tj} \circ \$_{Oi} = 0 \quad (i, j = 1, 2, \cdots, n; j \neq i) \tag{9.1-13}$$

对应于机构的 n 个输入关节，可求得 n 个单位输出运动旋量，即 $\$_{O1}$，$\$_{O2}$，…，$\$_{On}$。考虑到这 n 个运动旋量之间的线性相关性，可得到以下定理：

【定理】 对于一个 n 自由度非冗余并联机构，如果该机构处于非奇异位形下，则其单位输出运动旋量 $\$_{O1}$，$\$_{O2}$，…，$\$_{On}$ 相互之间线性无关。

证明（反证法）：假设机构的单位输出运动旋量 $\$_{O1}$，$\$_{O2}$，…，$\$_{On}$ 之间线性相关，则其中的任意一个单位运动旋量可表示为其他单位运动旋量的线性组合，例如：

$$\$_{On} = k_1 \$_{O1} + k_2 \$_{O2} + \cdots + k_{n-1} \$_{O(n-1)}$$

于是可得

$$\$_{Tn} \circ \$_{On} = k_1(\$_{Tn} \circ \$_{O1}) + k_2(\$_{Tn} \circ \$_{O2}) + \cdots + k_{n-1}(\$_{Tn} \circ \$_{O(n-1)})$$

根据式（9.1-13）可得

$$\$_{Tn} \circ \$_{Oj} = 0 \quad (j = 1, 2, \cdots, n-1)$$

故

$$\$_{Tn} \circ \$_{On} = k_1 \cdot 0 + k_2 \cdot 0 + \cdots + k_{n-1} \cdot 0 = 0$$

进而可得

$$\$_{Tn} \circ \$_{Oj} = 0 \quad (j = 1, 2, \cdots, n)$$

上式说明第 n 个传递力对机构的末端执行器不做功。

同理，可得其他（$n-1$）个传递力都对机构的末端执行器不做功。因此，机构中所有的传递力都对末端执行器不做功，这意味着来自机构输入关节的运动和力无法传递至机构的末端执行器，即机构处于奇异位形。这与机构处于非奇异位形的条件矛盾，故假设不成立，命题得证。

由于 n 自由度非冗余并联机构的单位输出运动旋量 $\$_{O1}$，$\$_{O2}$，…，$\$_{On}$ 相互之间线性无关，那么，这些旋量可以张成一个 n 阶旋量系，而 $\$_{O1}$，$\$_{O2}$，…，$\$_{On}$ 可作为这个 n 阶旋量系的一组基。因此，n 自由度并联机构末端执行器的任意瞬时运动都可表示为这组旋量基的一个线性组合，记作

$$\$_{\forall} = l_1 \$_{O1} + l_2 \$_{O2} + \cdots + l_n \$_{On} \tag{9.1-14}$$

下面举例说明并联机构单位输出运动旋量的求解过程。这里以 Stewart 平台为例，其机构模型和示意图分别如图 9-4a 和图 9-4b 所示。由于该机构的动平台通过六个 U<u>P</u>S 支链与定平台相连，故也可记作 6-U<u>P</u>S 机构。在机构的每条支链中，球铰 S_i（i=1，2，…，6）与动平台相连接，万向铰 U_i（i=1，2，…，6）与定平台相连接，位于球铰和万向铰中间的移动副为驱动关节。机构定平台和动平台的半径分别为 r_1 和 r_2，球铰和万向铰的分布满足以下几何关系

$$|\overrightarrow{S_iS_{i+1}}| = |\overrightarrow{U_iU_{i+1}}| = r_3 \quad (i = 1, 3, 5) \tag{9.1-15}$$

定坐标系 $O\text{-}xyz$ 和动坐标系 $O'\text{-}x'y'z'$ 分别固结在定平台和动平台上，它们的原点分别位于定平台和动平台的中心，x 轴和 x' 轴则分别垂直于 U_1U_2 和 S_1S_2。相对于定坐标系 $O\text{-}xyz$，动平台中心 O' 的位置坐标可表示为（$x_{O'}$，$y_{O'}$，$z_{O'}$），动平台的姿态则由 T&T 角来表示，其

旋转矩阵为

$$\boldsymbol{R}(\varphi,\theta,\sigma)=\begin{pmatrix}\cos\varphi\cos\theta\cos(\sigma-\varphi)-\sin\varphi\sin(\sigma-\varphi) & -\cos\varphi\cos\theta\sin(\sigma-\varphi)-\sin\varphi\cos(\sigma-\varphi) & \cos\varphi\sin\theta\\ \sin\varphi\cos\theta\cos(\sigma-\varphi)+\cos\varphi\sin(\sigma-\varphi) & -\sin\varphi\cos\theta\sin(\sigma-\varphi)+\cos\varphi\cos(\sigma-\varphi) & \sin\varphi\sin\theta\\ -\sin\theta\cos(\sigma-\varphi) & \sin\theta\sin(\sigma-\varphi) & \cos\theta\end{pmatrix} \tag{9.1-16}$$

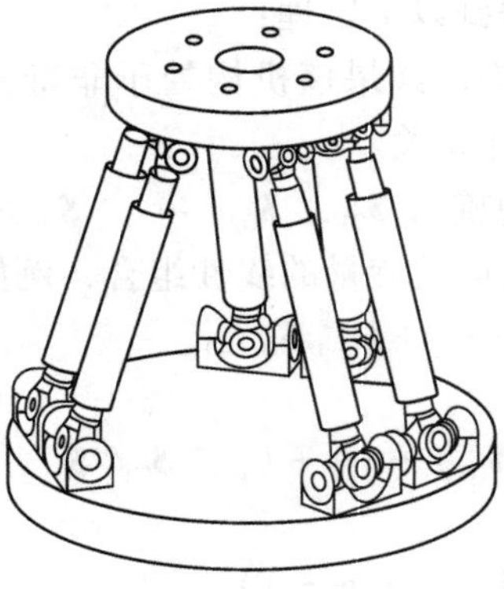

a) 三维模型

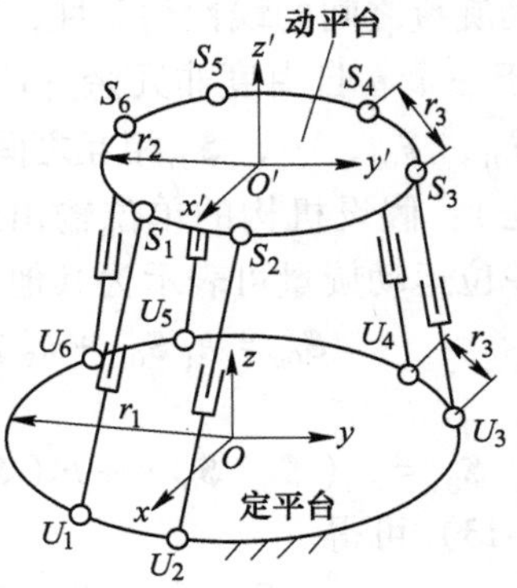

b) 机构示意图

图 9-4

6 自由度 Stewart 平台

基于 9.1.1 小节的方法，可求得 UPS 支链的传递力旋量为沿着移动副轴线方向且经过球铰中心的纯力（求解过程从略）。于是，相对于定坐标系 O-xyz，第 i 条支链中的单位传递力旋量可表示成

$$\begin{aligned}\$_{\mathrm{T}i}&=(\overrightarrow{U_iS_i}/|\overrightarrow{U_iS_i}|;\overrightarrow{OS_i}\times\overrightarrow{U_iS_i}/|\overrightarrow{U_iS_i}|)\\&=(L_{\mathrm{T}i},M_{\mathrm{T}i},N_{\mathrm{T}i};P_{\mathrm{T}i},Q_{\mathrm{T}i},R_{\mathrm{T}i})\end{aligned} \tag{9.1-17}$$

式中，$\overrightarrow{U_iS_i}$为从 U_i 到 S_i 的向量；$\overrightarrow{OS_i}$为从定坐标系原点 O 到$\overrightarrow{S_i}$的向量；$L_{\mathrm{T}i}$、$M_{\mathrm{T}i}$、$N_{\mathrm{T}i}$为 $\$_{\mathrm{T}i}$的原部向量的三个分量；$P_{\mathrm{T}i}$、$Q_{\mathrm{T}i}$、$R_{\mathrm{T}i}$为 $\$_{\mathrm{T}i}$的对偶部向量的三个分量。

在得到 6-UPS 机构的六个单位传递力旋量后，便可求解与 $\$_{\mathrm{T}i}$相对应的单位输出运动旋量 $\$_{\mathrm{O}i}$。

由于 $\$_{\mathrm{O}i}$与 $\$_{\mathrm{T}j}$（$j=1$，2，…，6 且 $j\neq i$）的互易积均等于零，因此，$\$_{\mathrm{O}i}$实际上就是除 $\$_{\mathrm{T}i}$之外的其余五个传递力旋量的公共反旋量。

1）由 $\$_{\mathrm{T}j}(j=2$，3，…，6）可组成一个 5×6 维的矩阵，即

$$\boldsymbol{S}_{5\times6}=\begin{pmatrix}P_{\mathrm{T}2} & Q_{\mathrm{T}2} & R_{\mathrm{T}2} & L_{\mathrm{T}2} & M_{\mathrm{T}2} & N_{\mathrm{T}2}\\ P_{\mathrm{T}3} & Q_{\mathrm{T}3} & R_{\mathrm{T}3} & L_{\mathrm{T}3} & M_{\mathrm{T}3} & N_{\mathrm{T}3}\\ P_{\mathrm{T}4} & Q_{\mathrm{T}4} & R_{\mathrm{T}4} & L_{\mathrm{T}4} & M_{\mathrm{T}4} & N_{\mathrm{T}4}\\ P_{\mathrm{T}5} & Q_{\mathrm{T}5} & R_{\mathrm{T}5} & L_{\mathrm{T}5} & M_{\mathrm{T}5} & N_{\mathrm{T}5}\\ P_{\mathrm{T}6} & Q_{\mathrm{T}6} & R_{\mathrm{T}6} & L_{\mathrm{T}6} & M_{\mathrm{T}6} & N_{\mathrm{T}6}\end{pmatrix} \tag{9.1-18}$$

令

$$\$_{\mathrm{O}1}=(\boldsymbol{\omega}_1;\boldsymbol{v}_1)=(L_{\mathrm{O}1},M_{\mathrm{O}1},N_{\mathrm{O}1};P_{\mathrm{O}1},Q_{\mathrm{O}1},R_{\mathrm{O}1}) \tag{9.1-19}$$

由于 $\$_{\mathrm{O}1}$与 $\$_{\mathrm{T}2}$，…，$\$_{\mathrm{T}6}$的互易积都等于零，于是可得

$$\boldsymbol{S}_{5\times6}\cdot[\boldsymbol{v}_1\quad \boldsymbol{\omega}_1]^{\mathrm{T}}=0 \tag{9.1-20}$$

2）通过增加一个旋量，将矩阵 $\boldsymbol{S}_{5\times6}$ 构造成一个 6×6 维的矩阵，即

$$\boldsymbol{S}=\begin{pmatrix} P_{01} & Q_{01} & R_{01} & -L_{01} & -M_{01} & -N_{01}\\ P_{\mathrm{T2}} & Q_{\mathrm{T2}} & R_{\mathrm{T2}} & L_{\mathrm{T2}} & M_{\mathrm{T2}} & N_{\mathrm{T2}}\\ P_{\mathrm{T3}} & Q_{\mathrm{T3}} & R_{\mathrm{T3}} & L_{\mathrm{T3}} & M_{\mathrm{T3}} & N_{\mathrm{T3}}\\ P_{\mathrm{T4}} & Q_{\mathrm{T4}} & R_{\mathrm{T4}} & L_{\mathrm{T4}} & M_{\mathrm{T4}} & N_{\mathrm{T4}}\\ P_{\mathrm{T5}} & Q_{\mathrm{T5}} & R_{\mathrm{T5}} & L_{\mathrm{T5}} & M_{\mathrm{T5}} & N_{\mathrm{T5}}\\ P_{\mathrm{T6}} & Q_{\mathrm{T6}} & R_{\mathrm{T6}} & L_{\mathrm{T6}} & M_{\mathrm{T6}} & N_{\mathrm{T6}} \end{pmatrix} \tag{9.1-21}$$

显然，矩阵 $\boldsymbol{S}$ 中第一行的行向量与 $[\boldsymbol{\omega}_1\quad \boldsymbol{v}_1]^{\mathrm{T}}$ 的点积等于零，由此可得

$$\boldsymbol{S}\cdot[\boldsymbol{\omega}_1\quad \boldsymbol{v}_1]^{\mathrm{T}}=0 \tag{9.1-22}$$

由于旋量 $\$_{01}$ 肯定存在且不等于零，故 $[\boldsymbol{\omega}_1\quad \boldsymbol{v}_1]^{\mathrm{T}}$ 不等于零向量。那么，式（9.1-22）存在非零解的充要条件就是 $\boldsymbol{S}$ 的行列式为零，即

$$\det(\boldsymbol{S})=0 \tag{9.1-23}$$

将式（9.1-23）展开，可得

$$\begin{aligned} &P_{01}\det(S_{11})-Q_{01}\det(S_{12})+R_{01}\det(S_{13})+\\ &L_{01}\det(S_{14})-M_{01}\det(S_{15})+N_{01}\det(S_{16})=0 \end{aligned} \tag{9.1-24}$$

注意到

$$P_{01}L_{01}+Q_{01}M_{01}+R_{01}N_{01}-L_{01}P_{01}-M_{01}Q_{01}-N_{01}R_{01}=0 \tag{9.1-25}$$

比较式（9.1-24）和式（9.1-25）可得

$$\begin{aligned} &\{L_{01}:M_{01}:N_{01}:P_{01}:Q_{01}:R_{01}\}=\\ &\{\det(S_{11}):-\det(S_{12}):\det(S_{13}):-\det(S_{14}):\det(S_{15}):-\det(S_{16})\} \end{aligned} \tag{9.1-26}$$

因此，输出运动旋量可表示为

$$\$_{01}=\rho(\det(S_{11}),-\det(S_{12}),\det(S_{13});-\det(S_{14}),\det(S_{15}),-\det(S_{16})) \tag{9.1-27}$$

式中，ρ 为任意一个常数。

3）将式（9.1-27）中的 $\$_{01}$ 单位化，即可得到动平台的单位输出运动旋量 $\$_{01}$。同理，可求解其余五个单位输出运动旋量。

由此可知，一旦给出 6-UPS 并联机构的几何参数以及动平台的位姿，便可根据以上求解步骤求得机构在该位姿下的六个单位输出运动旋量。然而对于 $n(n<6)$ 自由度机构来说，在除去与输出运动旋量 $\$_{0i}$ 对应的 $\$_{\mathrm{T}i}$ 之后，其传递力旋量的数量将少于 5 个，无法构成如式（9.1-18）所示的 5×6 维的矩阵。为了解决此问题，在求解 $\$_{0i}$ 时，可将除 $\$_{\mathrm{T}i}$ 以外的其余（$n-1$）个传递力旋量和（$6-n$）个约束力旋量组合起来构成一个 5×6 维的矩阵 $S_{5\times6}$，然后利用式（9.1-21）之后的求解步骤求出机构的 n 个单位输出运动旋量。

9.1.3　运动与力的传递关系

在求得并联机构中相关的运动旋量和力旋量之后，下一步需要研究就是两者之间的传递关系。如前所述，并联机构中一般存在两种力旋量：传递力旋量和约束力旋量。从能量传递的角度来看，前者是将来自输入关节空间的能量传递到机构输出端；而后者只有当有外力作用在机构被约束的方向上时才会出现（用以平衡外力），在宏观层面上只能看作力系的平

衡，并不能传递能量。因此，本小节将分别从输入端和输出端两方面来分析并联机构中运动与力的传递关系。

1. 输入端

对于机构的输入端，若不考虑摩擦力和重力，则驱动关节只需要克服传递力旋量做功，进而将能量传递出去。由于驱动关节的运动可由输入运动旋量来表示，那么，从输入端传递出去的能量即等于传递力旋量对输入运动旋量所做的功。注意到，输入端的传递性能并非与传递能量的多少有关，而是与能量的传递效率有关，也即与传递力旋量对输入运动旋量做功的功率有关。传递力旋量的功率越大，输入端的传递性能就越好。因此，研究传递力旋量对输入运动旋量做功的功率更有意义。

由旋量理论的基础概念可知，力旋量与运动旋量的互易积的物理意义是力旋量对按此运动旋量进行运动的刚体所做功的瞬时功率。互易积的值越大，力旋量做功的功率就越大。因此，可用传递力旋量与输入运动旋量的互易积来表示它们之间的功率。第 i 个传递力旋量对输入运动旋量做功的功率表示为

$$P_{\mathrm{I}i}=\left|\$_{\mathrm{T}i}\circ\$_{\mathrm{I}i}\right|=t_i\left|m_i\$_{\mathrm{T}i}\circ\$_{\mathrm{I}i}\right| \tag{9.1-28}$$

式中，$\$_{\mathrm{I}i}$为第 i 个驱动关节的输入运动旋量；t_i 和 m_i 分别为第 i 个传递力旋量和第 i 个输入运动旋量的幅值。

2. 输出端

同输入端的分析类似，此处仍不考虑摩擦力和重力，所研究的内容是传递力旋量对并联机构输出端做功的功率。同样利用互易积，可得第 i 个传递力旋量对输出运动旋量做功的功率为

$$P_{\mathrm{O}i}=\left|\$_{\mathrm{T}i}\circ\$_{\mathrm{O}}\right|=t_i\left|\$_{\mathrm{T}i}\circ\$_{\mathrm{O}}\right| \tag{9.1-29}$$

式中，$\$_{\mathrm{O}}$为机构的输出运动旋量，可表示为

$$\$_{\mathrm{O}}=l_1\$_{\mathrm{O}1}+l_2\$_{\mathrm{O}2}+\cdots+l_n\$_{\mathrm{O}n} \tag{9.1-30}$$

式中，l_j为第 j（$j=1$，2，…，n）个输出运动旋量的幅值。

将式（9.1-30）代入式（9.1-29），可得

$$P_{\mathrm{O}i}=t_i\left|l_j\sum_{j=1}^{n}\left(\$_{\mathrm{T}i}\circ\$_{\mathrm{O}j}\right)\right| \tag{9.1-31}$$

再将式（9.1-13）代入式（9.1-31），可得

$$P_{\mathrm{O}i}=t_il_i\left|\$_{\mathrm{T}i}\circ\$_{\mathrm{O}i}\right| \tag{9.1-32}$$

由式（9.1-32）可以看出，第 i 个传递力旋量 $\$_{\mathrm{T}i}$对机构输出端做功的功率只与该力旋量和单位输出运动旋量 $\$_{\mathrm{O}i}$以及两者的幅值有关。

9.1.4 运动与力旋量空间

一般来说，n 自由度的刚体在欧氏空间内同时存在自由度空间和约束空间两种维度。任意并联机构整体或者其支链在自由度空间内均存在沿自由度方向的 n 维许动运动，同时在约束空间内被系统约束掉了剩下的（$6-n$）维受限运动。对应地，并联机构的内力旋量也分为两个子空间，自由度空间对应着机构的驱动力，而约束空间对应着机构的约束力。

下面给出几对概念：

（1）许动运动旋量和许动运动子空间（Permitted Twist Screw/Subspace，PTS） 机构在自由度方向上允许发生的任意运动称为**许动运动**，旋量记为 $\$_{\mathrm{Tp}}$；所有线性无关的许动运动

旋量集合张成的$n(0\leqslant n\leqslant 6)$维子空间$\{\widehat{\boldsymbol{T}}_{\mathrm{P}}\}$，称为**许动运动子空间**。

（2）**受限运动旋量和受限运动子空间**（Restricted Twist Screw/Subspace，RTS）　机构被约束所限制的运动，即约束度方向的螺旋运动称为**受限运动旋量**，记为$\boldsymbol{\$}_{\mathrm{Tr}}$；所有线性无关的受限运动旋量集合张成的（$6-n$）维子空间$\{\widehat{\boldsymbol{T}}_{\mathrm{R}}\}$，称为**受限运动子空间**。

（3）**约束力旋量和约束力子空间**（Constraint Wrench Screw/Subspace，CWS）　由机构系统的约束单元产生的内力旋量称为**约束力旋量**，记为$\boldsymbol{\$}_{\mathrm{Wc}}$；所有线性无关的约束力旋量集合构成的（$6-n$）维旋量子空间$\{\widehat{\boldsymbol{W}}_{\mathrm{C}}\}$，称为**约束力子空间**。

（4）**驱动力旋量和驱动力子空间**（Actuation Wrench Screw/Subspace，AWS）　由机构系统的所有运动单元所产生的力旋量称为**驱动力旋量**，记为$\boldsymbol{\$}_{\mathrm{Wa}}$；所有线性无关的驱动力旋量集合构成的$n$维子空间$\{\widehat{\boldsymbol{W}}_{\mathrm{A}}\}$，称为**驱动力子空间**。特殊地，对应于主动副提供的驱动力常被称为**传递力旋量**（Transmission Wrench Screw，TWS）。由此可见，并联机构中传递力旋量的数量等于主动单元的数目。

上述并联机构中，四种运动和力旋量的物理意义清晰，四个旋量子空间之间的内在关系如图9-5所示。驱动力子空间的力旋量和受限运动子空间的运动旋量互易，约束力子空间的力旋量和许动运动子空间的运动旋量互易；驱动力子空间和许动运动子空间存在对偶关系，约束力子空间和受限运动子空间存在对偶关系；两个运动旋量子空间（两个力旋量子空间）之间线性无关。

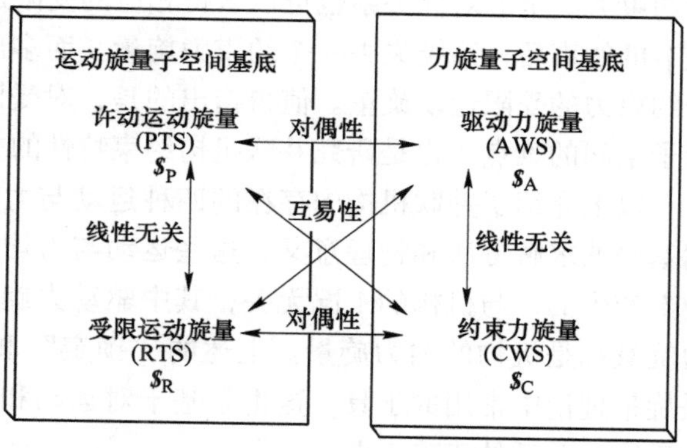

图9-5

四种运动和力旋量子空间基底的关系

根据图9-5揭示的内在关系，依次求解机构中的四个旋量子空间，流程图如图9-6所示。

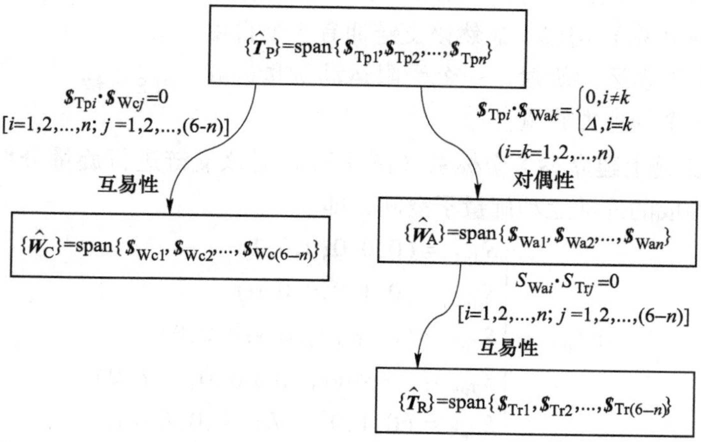

图9-6

旋量子空间基底求解流程图

1）对于并联机构的运动支链，可以直接观察得到其各关节对应的许动运动旋量，取出其中 n 个线性无关的旋量张成对应的许动运动子空间 $\{\widehat{\boldsymbol{T}}_{\mathrm{P}}\}=\mathrm{span}\{\$_{\mathrm{Tp1}},\ \$_{\mathrm{Tp2}},\ \cdots,\ \$_{\mathrm{Tp}n}\}$。

2）根据互易性关系，寻求满足条件 $\$_{\mathrm{Tp}i}\circ\$_{\mathrm{Wc}j}=0$ 的所有约束力反旋量，经线性无关化处理，取出其中（$6-n$）个旋量构成约束力子空间，$\{\widehat{\boldsymbol{W}}_{\mathrm{C}}\}=\mathrm{span}\{\$_{\mathrm{Wc1}},\ \$_{\mathrm{Wc2}},\ \cdots,\ \$_{\mathrm{Wc}(6-n)}\}$。

3）根据对偶性关系，满足条件 $\$_{\mathrm{Tp}i}\circ\$_{\mathrm{Wa}k}=\begin{cases}0, & i\neq k\\ \Delta, & i=k\end{cases}$（$i=k=1,\ 2,\ \cdots,\ n$），求得 n 个驱动力旋量，张成驱动力子空间 $\{\widehat{\boldsymbol{W}}_{\mathrm{A}}\}=\mathrm{span}\{\$_{\mathrm{Wa1}},\ \$_{\mathrm{Wa2}},\ \cdots,\ \$_{\mathrm{Wa}n}\}$。其物理意义为在对应的第 i 个关节被“锁定”后，必然缺少一个许动运动旋量，而同时多出一个反力旋量，此多出的力旋量即为与第 i 个运动旋量成对偶关系的驱动力旋量。

4）与所有驱动力旋量互易的反旋量为受限运动旋量，取出线性无关的（$6-n$）个旋量，构成受限运动子空间 $\{\widehat{\boldsymbol{T}}_{\mathrm{R}}\}=\mathrm{span}\{\$_{\mathrm{Tr1}},\ \$_{\mathrm{Tr2}},\ \cdots,\ \$_{\mathrm{Tr}(6-n)}\}$。从另一个角度来说，通过与所有约束力旋量的对偶关系也可以求得相应的受限运动旋量，其物理意义为在“释放”第 i 个关节的约束后，系统失去一个约束力旋量，而多出了一个运动旋量，该旋量就是对应于第 i 个约束力的受限运动旋量。值得指出的是，对受限运动旋量的求解是构建完整的运动/力旋量子空间的难点，也是研究并联机构约束特性的关键。

以上介绍了并联机构中存在的四种运动与力旋量子空间基底的求解方法和物理意义，这些运动与力均是由机构内部产生的，与机构的工况无关，其中驱动力旋量和约束力旋量都是机构的内力旋量。上述的“锁定”和“释放”是旋量理论中常用的工具，这也是基于对运动和约束这对矛盾统一关系的正确把握。

下面以图 9-7 所示的 PRS 支链为例，详细说明四个旋量子空间基底的求解过程。

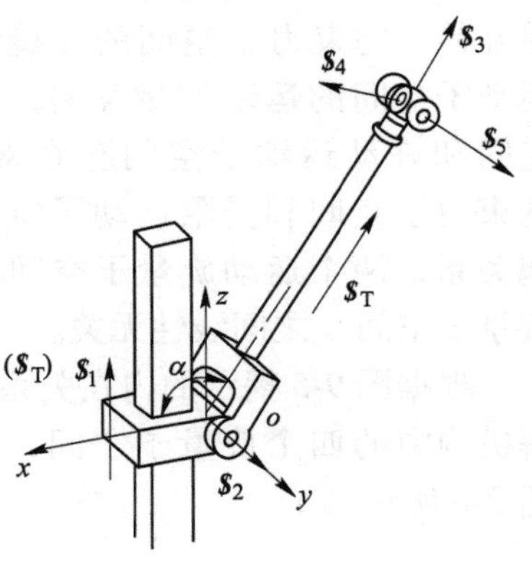

图 9-7

PRS 支链

【例 9-3】 PRS 支链由 P 副、R 副和 S 副（可看作三个轴线相互正交的 R 副）构成。显然该支链拥有 5 个自由度，因此包括五个许动运动旋量、一个受限运动旋量、五个驱动力旋量和一个约束力旋量。

解： 在 PRS 支链上建立参考坐标系（图 9-7），对该支链进行旋量分析。首先可以得到由五个运动旋量构成的许动运动旋量子空间，即

$$\{\widehat{\boldsymbol{T}}_{\mathrm{P}}\}=\begin{cases}\$_{\mathrm{Tp1}}=(0,0,0;0,0,1)\\ \$_{\mathrm{Tp2}}=(0,1,0;0,0,0)\\ \$_{\mathrm{Tp3}}=(\cos\alpha,0,\sin\alpha;0,0,0)\\ \$_{\mathrm{Tp4}}=(-\sin\alpha,0,\cos\alpha;0,-L,0)\\ \$_{\mathrm{Tp5}}=(0,1,0;-L\sin\alpha,0,L\cos\alpha)\end{cases}\tag{9.1-33}$$

由上述第 2）步中的互易性关系，可以求得支链的一个约束力旋量构成的约束力旋量子空间，即

$$\{\widehat{\boldsymbol{W}}_{\mathrm{C}}\} = \$_{\mathrm{Wc1}} = (0, -1, 0; L\sin\alpha, 0, -L\cos\alpha) \tag{9.1-34}$$

由第 3）步的对偶性关系，可求得五个对应的力旋量构成的驱动力旋量子空间，即

$$\{\widehat{\boldsymbol{W}}_{\mathrm{A}}\} = \begin{cases} \$_{\mathrm{Wa1}} = (\cos\alpha, 0, \sin\alpha; 0, 0, 0) \\ \$_{\mathrm{Wa2}} = (-1, 0, 0; 0, -L\sin\alpha, 0) \\ \$_{\mathrm{Wa3}} = (0, 1, 0; 0, 0, L/\cos\alpha) \\ \$_{\mathrm{Wa4}} = (0, 1, 0; 0, 0, 0) \\ \$_{\mathrm{Wa5}} = (1, 0, 0; 0, 0, 0) \end{cases} \tag{9.1-35}$$

最后，根据互易性求解该支链的受限运动子空间为

$$\{\widehat{\boldsymbol{T}}_{\mathrm{R}}\} = \$_{\mathrm{Tr1}} = (1, 0, 0; 0, 0, 0) \tag{9.1-36}$$

至此，PRS 支链中的四个运动和力旋量子空间基底均已用旋量描述，这是分析并联机构本质特性的基础和前提。

9.2 运动/力传递和约束性能评价指标

9.2.1 运动/力传递性能评价指标

首先分析能否给出评价力旋量和运动旋量之间能量传递效率的方法。单位运动旋量 $\$_1$ 和单位力旋量 $\$_2$ 的互易积为

$$\$_1 \circ \$_2 = (h_1 + h_2)\cos\theta - d\sin\theta \tag{9.2-1}$$

式（9.2-1）的物理意义是单位力旋量 $\$_2$ 对单位运动旋量 $\$_1$ 做功的功率，称作**实际功率**，或**有功功率**。

由三角函数性质可知，$\$_1 \circ \$_2$ 的最大值为 $|\$_1 \circ \$_2|_{\max} = \max_{h_1,h_2,d}\sqrt{(h_1+h_2)^2+d^2}$。由于节距是旋量本身的固有参数，则一旦给定了 $\$_1$ 和 $\$_2$，它们的节距 h_1 和 h_2 可看作不变量。因此，$|\$_1 \circ \$_2|_{\max}$ 与 h_1 和 h_2 无关。于是，式（9.2-1）可改写为

$$|\$_1 \circ \$_2|_{\max} = \sqrt{(h_1 + h_2)^2 + d_{\max}^2} \tag{9.2-2}$$

式中，$d_{\max}$ 为单位运动旋量 $\$_1$ 和单位力旋量 $\$_2$ 之间公垂线的潜在最大值。而 $|\$_1 \circ \$_2|_{\max}$ 的物理意义就是单位力旋量 $\$_2$ 对单位运动旋量 $\$_1$ 可能做功的最大功率，称其为**视在功率**。

一般情况下，$\$_2$ 对 $\$_1$ 做功的实际功率小于其视在功率。实际功率越接近视在功率，说明 $\$_1$ 和 $\$_2$ 之间的能量传递效率越高。于是，将 $\$_2$ 对 $\$_1$ 做功的实际功率与视在功率之比定义为 $\$_1$ 和 $\$_2$ 之间的**能效系数**。能效系数越大，所示能量传递效率越高。因此，根据定义可将 $\$_1$ 和 $\$_2$ 之间的能效系数表示为

$$\zeta = \frac{|\$_1 \circ \$_2|}{|\$_1 \circ \$_2|_{\max}} = \frac{|(h_1 + h_2)\cos\theta - d\sin\theta|}{\sqrt{(h_1 + h_2)^2 + d_{\max}^2}} \tag{9.2-3}$$

此处由于不考虑 $\$_2$ 对 $\$_1$ 所做功的正负，故用其互易积的绝对值表示实际功率。由于旋量的互易积是坐标系不变量，单位运动旋量和单位力旋量之间的能效系数 ζ 也是坐标系不变量，且能效系数 ζ 的取值范围是［0，1］。

下面考虑几种特殊情况：

情况一： 当节距 h_1 为无穷大时，运动旋量 $\$_1$ 表示纯移动，记作（$\mathbf{0}$; $\boldsymbol{v}_1$）。这种情况下，有

$$\zeta=\frac{|\$_1\circ\$_2|}{|\$_1\circ\$_2|_{\max}}=\frac{|\boldsymbol{f}_2\cdot\boldsymbol{v}_1|}{|\boldsymbol{f}_2\cdot\boldsymbol{v}_1|_{\max}} \tag{9.2-4}$$

情况二： 当节距 h_2 为无穷大时，力旋量 $\$_2$ 表示纯力矩，记作（$\mathbf{0}$; $\boldsymbol{m}_2$）。这种情况下，有

$$\zeta=\frac{|\$_1\circ\$_2|}{|\$_1\circ\$_2|_{\max}}=\frac{|\boldsymbol{m}_2\cdot\boldsymbol{\omega}_1|}{|\boldsymbol{m}_2\cdot\boldsymbol{\omega}_1|_{\max}} \tag{9.2-5}$$

情况三： 当节距 h_1 和 h_2 均为无穷大时，$\$_1$ 和 $\$_2$ 的互易积等于零，此时的能效系数也等于零。这说明纯力矩无法对做纯移动运动的物体做功。

基于上述能效系数的概念，并联机构运动/力传递性能的评价指标定义如下。

1. 输入传递指标

对于 n 自由度的并联机构，由于各个输入关节可以单独驱动，因此，每个输入关节都有相对应的输入传递指标。式（9.1-28）已给出了第 i 个传递力旋量对输入运动旋量所做功的功率，于是可得第 i 个传递力旋量与第 i 个输入运动旋量之间的能效系数为

$$\lambda_i=\frac{|\$_{\mathrm{T}i}\circ\$_{\mathrm{I}i}|}{|\$_{\mathrm{T}i}\circ\$_{\mathrm{I}i}|_{\max}} \tag{9.2-6}$$

由式（9.2-6）可看出，λ_i实际上是单位传递力旋量与单位输入运动旋量之间的能效系数，与传递力旋量和输入运动旋量的幅值无关。

λ_i的物理意义是并联机构第 i 个传递力对第 i 个输入关节运动的传递效率。λ_i的值越大，表示机构第 i 个驱动关节的输入运动被传递出去的效率越高，或者说第 i 个驱动关节的运动传递性能越好。因此，为了整体评价机构输入端的运动传递性能，定义机构的**输入传递指标**（Input Transmission Index，ITI）为

$$\gamma_{\mathrm{I}}=\min_i\{\lambda_i\}=\min_i\left\{\frac{|\$_{\mathrm{T}i}\circ\$_{\mathrm{I}i}|}{|\$_{\mathrm{T}i}\circ\$_{\mathrm{I}i}|_{\max}}\right\}\quad(i=1,2,\cdots,n) \tag{9.2-7}$$

γ_{I}的值越大，表示机构输入端（即各驱动关节）的运动传递性能越好。由于能效系数是坐标系不变量且取值范围是［0，1］，故 γ_{I}的值也与坐标系原点的选取无关，且分布于0~1之间。

【例 9-4】 计算 RSS 运动链的输入传递指标。

解： 如图 9-8 所示，该支链的转动副为驱动关节。驱动杆 RS_1 和随动杆 S_1S_2 的杆长分别用 a 和 b 表示。坐标系 $O\text{-}xyz$ 的原点选在 R 副中心，x 轴与 R 副轴线重合。

单位输入运动旋量为

$$\$_{\mathrm{I}}=(\hat{\boldsymbol{\omega}}_{12};\mathbf{0})=(1,0,0;0,0,0) \tag{9.2-8}$$

由前文分析可知，该支链的传递力旋量为沿着随动杆杆长方向且经过球铰中心的一个纯力，因此单位传递力旋量为

$$\$_{\mathrm{T}}=(\hat{\boldsymbol{f}}_{12};\boldsymbol{a}\times\hat{\boldsymbol{f}}_{12}) \tag{9.2-9}$$

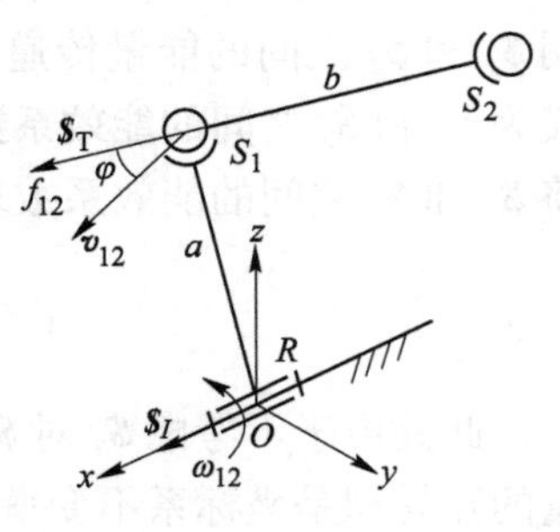

图 9-8 RSS 支链

式中，$\hat{\boldsymbol{f}}_{12}$为沿着随动杆 S_1S_2 杆长方向的单位矢量；$\boldsymbol{a}$ 为沿着驱

动杆 RS_1 方向的矢向量，它的模等于驱动杆杆长 a。

将式（9.2-8）和式（9.2-9）代入式（9.2-6）中，可得该 RSS 支链的输入传递指标为

$$\lambda_{12}=\frac{|\$_{\mathrm{T}}\circ\$_{\mathrm{I}}|}{|\$_{\mathrm{T}}\circ\$_{\mathrm{I}}|_{\max}}=\frac{|(\boldsymbol{a}\times\hat{\boldsymbol{f}}_{12})\cdot\hat{\boldsymbol{\omega}}_{12}|}{|(\boldsymbol{a}\times\hat{\boldsymbol{f}}_{12})\cdot\hat{\boldsymbol{\omega}}_{12}|_{\max}}=\frac{|\hat{\boldsymbol{f}}_{12}\cdot(\hat{\boldsymbol{\omega}}_{12}\times\boldsymbol{a})|}{|\hat{\boldsymbol{f}}_{12}\cdot(\hat{\boldsymbol{\omega}}_{12}\times\boldsymbol{a})|_{\max}}=\frac{|\hat{\boldsymbol{f}}_{12}\cdot\boldsymbol{v}_{12}|}{|\hat{\boldsymbol{f}}_{12}\cdot\boldsymbol{v}_{12}|_{\max}} \tag{9.2-10}$$

式中，$\boldsymbol{v}_{12}$为球铰 S_1 中心的单位速度矢量。

由于$\hat{\boldsymbol{f}}_{12}$和$\hat{\boldsymbol{\omega}}_{12}$均为单位矢量，故可得

$$|\hat{\boldsymbol{f}}_{12}\cdot\boldsymbol{v}_{12}|_{\max}=|\hat{\boldsymbol{f}}_{12}\cdot(\hat{\boldsymbol{\omega}}_{12}\times\boldsymbol{a})|_{\max}=a \tag{9.2-11}$$

于是，式（9.2-10）可改写为

$$\lambda_{12}=\frac{|\hat{\boldsymbol{f}}_{12}\cdot\boldsymbol{v}_{12}|}{|\hat{\boldsymbol{f}}_{12}\cdot\boldsymbol{v}_{12}|_{\max}}=\frac{|\hat{\boldsymbol{f}}_{12}\cdot\boldsymbol{v}_{12}|}{a}=|\cos\varphi| \tag{9.2-12}$$

由式（9.2-12）可看出，RSS 支链的输入传递指标只与力线矢 $\hat{\boldsymbol{f}}_{12}$和球铰 S_1 中心速度向量的夹角 φ（也称作逆压力角）有关，与所选参考坐标系的原点位置无关。

【例 9-5】 计算 RRR 运动链的输入传递指标。

解： 再以平面 RRR 支链为例。类似前面对 RSS 支链的分析，也可得到平面 RRR 支链的输入传递指标等于该支链逆压力角的余弦的绝对值，即 $|\cos\varphi|$。而图 9-9 中的 μ 角为 φ 角的余角，称其为该支链的逆传动角。于是可得平面 RRR 支链的输入传递指标等于 $|\sin\mu|$，也即逆传动角正弦的绝对值。

当 $\mu=90°$ 或 $\varphi=0°$ 时，输入传递指标等于 1，机构驱动关节的运动传递性能达到最优。但由于传递力旋量 $\$_{\mathrm{T}}$ 相对于驱动关节轴线的作用力臂最大，因此对于同样的外力，机构所需的驱动力矩最大，这使得机构的力传递性能并未达到最优。而当 $\mu=180°$ 时，输入传递指标等于 0，机构达到图 9-9 中双点画线所示的奇异位形，也即所谓的“死点”。此时，无论驱动关节的瞬时转速多大，机构输出杆件的瞬时速度始终为零，这说明来自驱动关节的运动无法被传递出去，机构输入端的运动传递性能极差。但是，在该位形或其附近位形下，机构输入端的力传递性能却很好，因为机构的驱动关节只需产生一个极小的驱动力，即可平衡作用在输出杆上的较大外力。

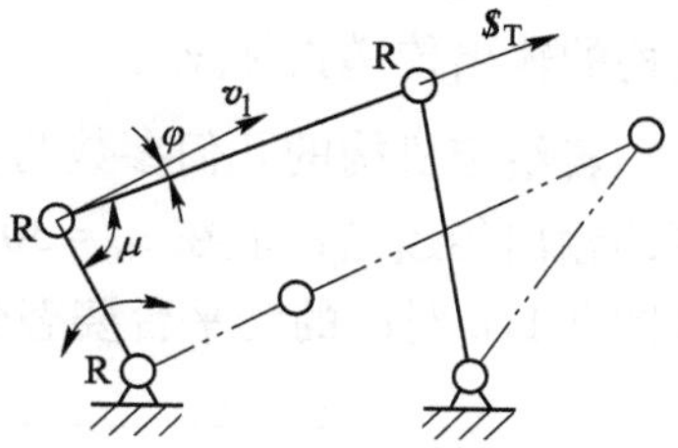

图 9-9

平面四杆机构

由上例 9-5 可以看出，随着支链输入传递指标值的增大，其驱动关节的运动传递性能越来越好，但是力传递性能却未必如此。

2. 输出传递指标

由于 n 自由度并联机构的所有传递力旋量都会对机构末端的输出运动产生一定的作用，故每个传递力旋量都有其对应的输出传递指标。类似地，第 i 个传递力旋量与输出运动旋量之间的能效系数为

$$\eta_i=\frac{|\$_{\mathrm{T}i}\circ\$_{\mathrm{O}i}|}{|\$_{\mathrm{T}i}\circ\$_{\mathrm{O}i}|_{\max}} \tag{9.2-13}$$

该指标反映了机构的第 i 个传递力旋量在动平台输出运动方向上的运动与力传递效率。η_i 的值越大，表示第 i 个传递力旋量对动平台的运动传递效率越高，同时意味着在给定外力的作用下，机构内部所需的传递力越小，也即机构在其输出运动旋量 $\$_{Oi}$ 的轴线方向上平衡外力的能力越强，或者说承载能力越大。

为了整体评价机构输出端的运动与力传递性能，定义机构的**输出传递指标**（Output Transmission Index，OTI）为

$$\gamma_O = \min_i\{\eta_i\} = \min_i\left\{\frac{|\$_{Ti}\circ\$_{Oi}|}{|\$_{Ti}\circ\$_{Oi}|_{\max}}\right\} \quad (i=1,2,\cdots,n) \tag{9.2-14}$$

γ_O的值越大，表示机构输出端的运动与力传递性能越好。同输入传递指标 γ_I一样，γ_O也是坐标系不变量，且取值范围是［0，1］。

【例 9-6】 计算 6-UPS 机构（图 9-10）的输出传递指标。

解： 前面已求得 Stewart 平台的单位传递力旋量 $\$_{Ti}$ 以及与其相对应的单位输出运动旋量 $\$_{Oi}$，将其代入式（9.2-6）便可得出相应输出传递指标的求解公式。例如，与 $\$_{T1}$ 对应的输出传递指标为

$$\eta_1 = \frac{|\$_{T1}\circ\$_{O1}|}{|\$_{T1}\circ\$_{O1}|_{\max}} = \frac{|(h_{T1}+h_{O1})\cos\theta - d\sin\theta|}{\sqrt{(h_{T1}+h_{O1})^2+d_{\max}^2}} \tag{9.2-15}$$

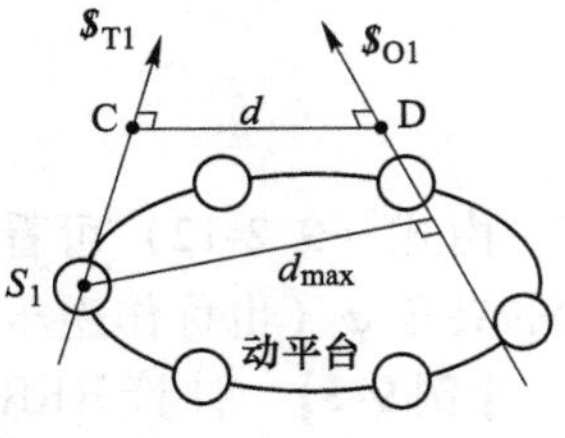

图 9-10

$\$_{T1}$与 $\$_{O1}$的相对位置及方向

式中，h_{T1}和 h_{O1} 分别为 $\$_{T1}$和 $\$_{O1}$的节距；$d_{\max}$为 $\$_{T1}$和 $\$_{O1}$ 轴线的公垂线段的潜在最大值。

类似地，可求出与其他传递力旋量对应的输出传递指标，进而可根据式（9.2-9）求得机构的输出传递指标 γ_O。

若给定机构的几何参数为：$r_1=50\text{mm}$，$r_2=20\text{mm}$ 和 $r_3=20\sqrt{2}\,\text{mm}$，可得机构在固定姿态下的输出传递指标值在 $z_{O'}=30\text{mm}$ 的工作空间内的分布曲线如图 9-11 所示。其中，图 9-11a 和图 9-11b 对应的动平台姿态分别为（0°，0°，0°）和（20°，10°，5°）。

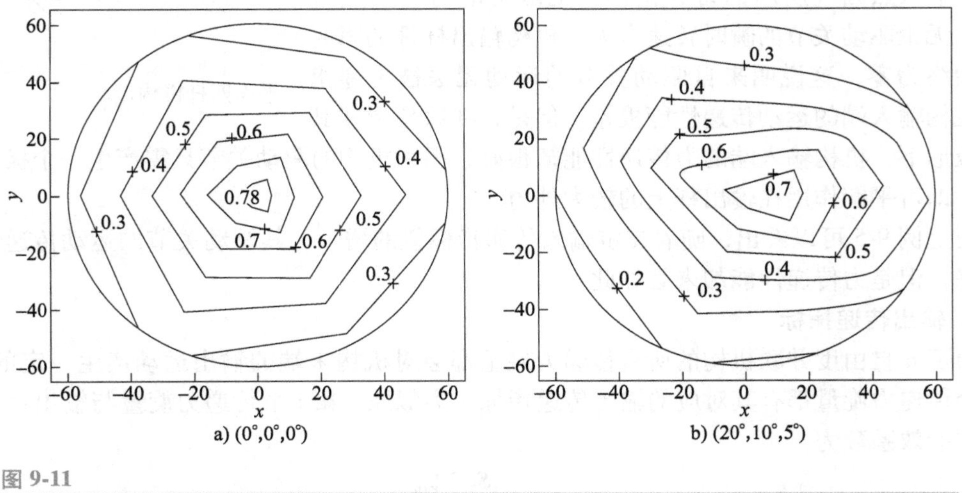

图 9-11

6-UPS 机构在定姿态工作空间（$z_{O'}=30\text{mm}$）内的 OTI 分布曲线

这里，为了对 OTI 与 LCI 进行比较，也给出了该 6-U$\underline{P}$S 机构在同一组几何参数下的 LCI 在 $z_{O'}=30$mm 的定姿态工作空间内的分布曲线（图 9-12）。其中，图 9-12a 和图 9-12b 对应的动平台姿态分别为（0°，0°，0°）和（20°，10°，5°）。

由图 9-12 可知，6-U$\underline{P}$S 机构的 LCI 值很小，处于10^{-3}量级。由于 LCI 的取值范围是［0，1］，故在一般情况下，10^{-3}量级的 LCI 值意味着机构已非常接近奇异位形。而实际上，该 6-U$\underline{P}$S 机构在图示位姿空间内能较好地工作，并非接近奇异位形。因此，LCI 值在评价 6-U$\underline{P}$S 机构距离奇异位形远近时具有一定的局限性。而根据图 9-11 可知，LTI 在 6-U$\underline{P}$S 机构的工作空间中都处于10^{-1}量级，即均匀分布于区间［0，1］内，故能相对较好地用来分析与评价 6-U$\underline{P}$S 机构距离奇异位形的远近。

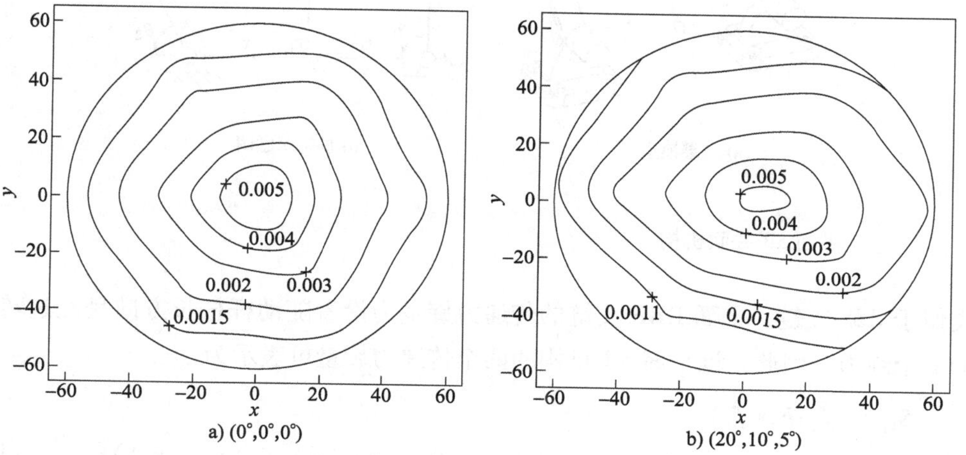

图 9-12

6-U$\underline{P}$S 机构在定姿态工作空间（$z_{O'}=30$mm）内的 LCI 分布曲线

3. 局部传递指标

还需要定义一个指标来评价并联机构整体的运动/力传递性能。

在并联机构中，如果某个传递力旋量所对应的输入或输出传递性能指标等于或接近零，那么，该传递力旋量将无法传递或无法较好地传递相应的运动或力到机构的末端执行器，此时机构处于奇异位形或接近奇异位形。因此，为了让每个传递力旋量都具有较好的运动和力传递性能以使机构远离奇异位形，输入和输出传递指标的值越大越好。为此，定义 n 自由度并联机构整体的传递性能指标为

$$\gamma=\min\{\gamma_I,\quad \gamma_O\} \tag{9.2-16}$$

由于输入和输出传递指标的值与机构所处的位形有关，即机构在不同的位形下，其输入和输出传递指标值的大小不同，故将 γ 称作**局部传递指标**（Local Transmission Index，LTI）。由于机构的输入和输出传递指标的取值范围均是［0，1］，且都与坐标系的选取无关，因此，局部传递性能指标的取值范围也是［0，1］，且与坐标系的选取无关。

【例 9-7】 求解平面 5R 并联机构（图 9-13）的局部传递指标。

解： 如图 9-13 所示，定坐标系 $O\text{-}xy$ 的原点位于转动副 A 和 C 的中点，x 轴穿过 C 的中

心。由于转动副 A 和 C 为该机构的驱动关节，故 θ_1 和 θ_2 为两个输入角。A 和 C 的中心点到原点 O 的距离均为 r_1，驱动杆 AB 和 CD 的杆长均为 r_2，而随动杆 BP 和 DP 的杆长均等于 r_3。相对于坐标系 O-xy，机构末端 P 点的坐标可表示为（x_P，y_P）。

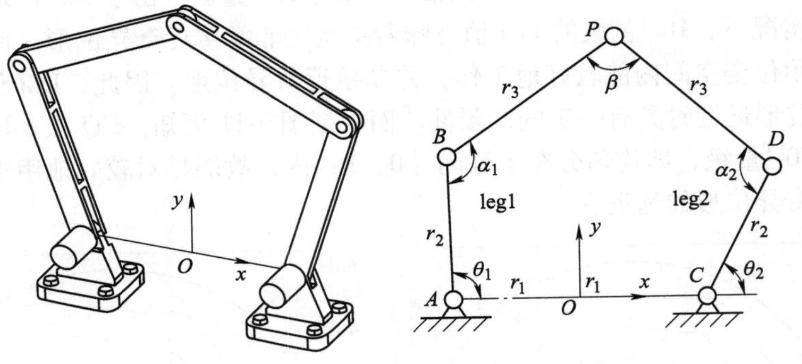

a) 三维模型　　b) 机构示意图

图 9-13

平面 5R 并联机构

类似于 RSS 支链，平面 RRR 支链的传递力旋量为沿着随动杆杆长方向且经过转动副 R 中心的一个纯力。因此，该平面 5R 机构的两个传递力旋量可表示为

$$\begin{aligned}\$_{T1} &= (\hat{\boldsymbol{f}}_1;\boldsymbol{b}\times\hat{\boldsymbol{f}}_1)\\ &= (\cos(\alpha_1+\theta_1),\sin(\alpha_1+\theta_1),0;0,0,r_2\sin\alpha_1-r_1\sin(\alpha_1+\theta_1))\end{aligned} \tag{9.2-17}$$

$$\begin{aligned}\$_{T2} &= (\hat{\boldsymbol{f}}_2;\boldsymbol{d}\times\hat{\boldsymbol{f}}_2)\\ &= (-\cos(\alpha_2-\theta_2),\sin(\alpha_2-\theta_2),0;0,0,r_2\sin\alpha_2+r_1\sin(\alpha_2-\theta_2))\end{aligned} \tag{9.2-18}$$

式中，$\boldsymbol{f}_1$ 和 $\boldsymbol{f}_2$ 分别为沿着杆 BP 和 DP 杆长方向的单位向量；$\boldsymbol{b}$ 和 $\boldsymbol{d}$ 分别为从原点 O 到转动副 B 和 D 中心点的向量。

由于转动副 A 和 C 为机构的输入关节，该机构的两个单位输入运动旋量为

$$\$_{I1} = (0,0,1;0,r_1,0) \tag{9.2-19}$$

$$\$_{I2} = (0,0,1;0,-r_1,0) \tag{9.2-20}$$

将式（9.2-17）~式（9.2-20）代入式（9.2-6），可得该机构对应于支链 1 的输入传递指标为

$$\lambda_1 = \frac{|\$_{T1}\circ\$_{I1}|}{|\$_{T1}\circ\$_{I1}|_{max}} = \frac{|r_2\sin\alpha_1|}{|r_2\sin\alpha_1|_{max}} = \frac{|r_2\sin\alpha_1|}{r_2} = |\sin\alpha_1| \tag{9.2-21}$$

同理，可得对应于支链 2 的输入传递指标为

$$\lambda_2 = \frac{|\$_{T2}\circ\$_{I2}|}{|\$_{T2}\circ\$_{I2}|_{max}} = \frac{|r_2\sin\alpha_2|}{|r_2\sin\alpha_2|_{max}} = \frac{|r_2\sin\alpha_2|}{r_2} = |\sin\alpha_2| \tag{9.2-22}$$

当锁住转动副 C 而只驱动转动副 A 时，该机构可看作单自由度四杆机构 $ABDP$。此时，末端 P 点只能绕着转动副 D 的中心点做旋转运动，其瞬时运动的方向与随动杆 DP 垂直。由于转动副 D 中心点的位置向量为

$$\overrightarrow{OD}=\begin{pmatrix}D_x\\D_y\\D_z\end{pmatrix}=\begin{pmatrix}-r_1+r_2\cos\theta_1-r_3\cos(\theta_1+\alpha_1)+r_3\cos(\theta_1+\alpha_1+\beta)\\r_2\sin\theta_1-r_3\sin(\theta_1+\alpha_1)+r_3\sin(\theta_1+\alpha_1+\beta)\\0\end{pmatrix}\tag{9.2-23}$$

因此，P 点的瞬时运动旋量可表示成

$$\$_{O1}=(0,0,1;D_y,-D_x,0)\tag{9.2-24}$$

由此可得，单位传递力旋量 $\$_{T1}$ 和单位输入运动旋量 $\$_{O1}$ 之间的互易积为

$$\$_{T1}\circ\$_{O1}=r_3\sin\beta\tag{9.2-25}$$

将式（9.2-25）代入式（9.2-13），可得该机构对应于支链 1 的输出传递指标为

$$\eta_1=\frac{|\$_{T1}\circ\$_{O1}|}{|\$_{T1}\circ\$_{O1}|_{\max}}=\frac{|r_3\sin\beta|}{|r_3\sin\beta|_{\max}}=\frac{|r_3\sin\beta|}{r_3}=|\sin\beta|\tag{9.2-26}$$

同理可得对应于支链 2 的输出传递指标为

$$\eta_2=\eta_1=|\sin\beta|\tag{9.2-27}$$

因此，该平面 5R 并联机构的局部传递指标为

$$\gamma=\min\{\lambda_1,\lambda_2,\eta_1,\eta_2\}=\min\{|\sin\alpha_1|,|\sin\alpha_2|,|\sin\beta|\}\tag{9.2-28}$$

将 α_1 和 α_2 称作该机构的**逆传动角**（inverse transmission angle），将 β 称作**正传动角**（forward transmission angle）。

对于平面 5R 并联机构，若给定其几何参数为：$r_1=0.55\text{mm}$，$r_2=0.85\text{mm}$ 和 $r_3=1.6\text{mm}$，则可绘制出局部传递指标 LTI 在其理论工作空间内的分布曲线（图 9-14a），图中蓝色（纸质版本为灰色）粗实线表示机构的边界奇异轨迹，即理论工作空间的边界。同样，为了对 LTI 与 LCI 进行比较，这里也给出了该平面 5R 并联机构在相同几何参数下的 LCI 在其理论工作空间内的分布曲线（图 9-14b）。

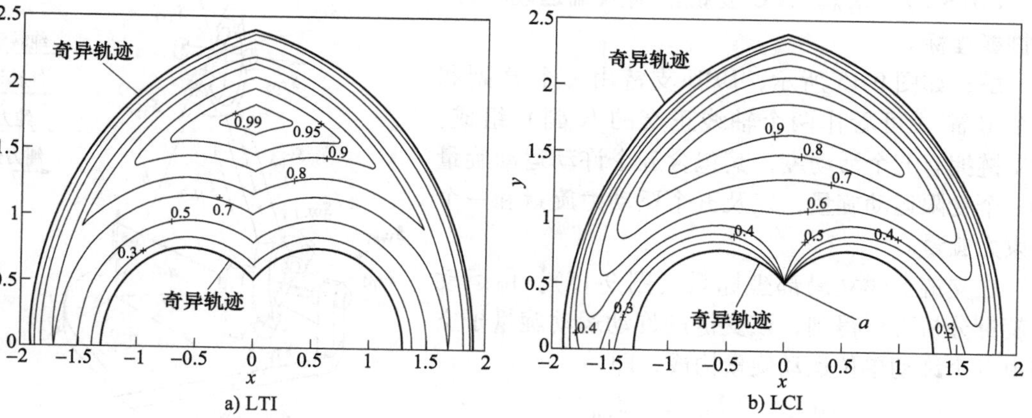

图 9-14

平面 5R 并联机构的指标 LTI 在其理论工作空间内的分布曲线

由图 9-14 可见，平面 5R 并联机构的 LCI 值虽然均匀地分布在区间［0，1］内，但是，LCI 的等值线在图中的 a 点处出现了集聚性现象。一般来说，“LCI 值等于 0.5”表示机构具有良好的灵巧性。然而，图中的 a 点几乎位于机构的边界奇异轨迹上，使得无法利用 a 点附近的“LCI=0.5”曲线正确地评价平面 5R 并联机构距离边界奇异轨迹的远近。而 LTI 的等

值线不存在集聚性，且随着机构远离边界奇异轨迹，LTI 的值逐渐增大，因此，利用 LTI 能较好地评价平面 5R 并联机构距离奇异位形的远近。

9.2.2 运动/力约束性能评价指标

1. 输入端运动/力约束性能指标

少自由度并联机构至少有一个欠约束的支链，即活动度数目小于 6 的支链，这意味着该支链至少包含一个约束力旋量。对机构的输入端进行约束特性分析的关键，就是寻找其中的约束力旋量和与之对应的受限运动旋量。

一般而言，支链的约束力旋量可以通过与支链所有许动运动旋量的互易关系求得，相对来说，对应的受限运动旋量的求解则不是那么直观。具体来说，约束力子空间基底中的第 i 个约束力旋量表示为 $\boldsymbol{\$}_{\mathrm{C}i}$，对应的在受限运动子空间基底内的第 i 个受限运动旋量表示为 $\boldsymbol{\$}_{\mathrm{R}i}$。

根据功率系数的概念，定义并联机构第 i 个支链中对应的第 j 个约束力旋量的运动/力约束性能指标为

$$\zeta_{ij}=\frac{|\boldsymbol{\$}_{\mathrm{C}ij}\circ\boldsymbol{\$}_{\mathrm{R}ij}|}{|\boldsymbol{\$}_{\mathrm{C}ij}\circ\boldsymbol{\$}_{\mathrm{R}ij}|_{\max}}\tag{9.2-29}$$

该指标的取值范围为［0，1］，指标值越大，说明约束运动和力的效果越理想。根据“最坏工况”准则，定义并联机构的**输入端运动/力约束性能指标**（Input Constraint Index，ICI）为

$$\kappa_{\mathrm{I}}=\min_{i,j}\{\zeta_{ij}\}=\min_{i,j}\left\{\frac{|\boldsymbol{\$}_{\mathrm{C}ij}\circ\boldsymbol{\$}_{\mathrm{R}ij}|}{|\boldsymbol{\$}_{\mathrm{C}ij}\circ\boldsymbol{\$}_{\mathrm{R}ij}|_{\max}}\right\}\tag{9.2-30}$$

【例 9-8】 求解 UPU 支链的输入端运动/力约束性能指标。

解： 如图 9-15 所示，UPU 支链由一个 P 副和两个 U 副（可看作两个轴线正交的 R 副）组成。该支链拥有五个活动度，其包含五个许动运动旋量和一个受限运动旋量，以及五个驱动力旋量和一个约束力旋量。

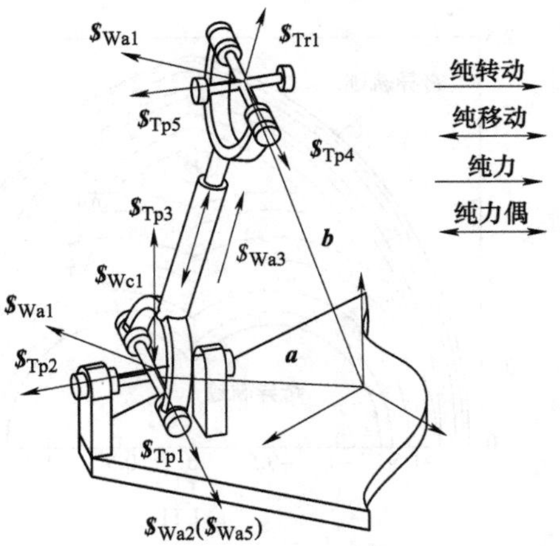

图 9-15 UPU 支链

查看彩图

在支链上建立局部坐标系（图 9-15），由运动学旋量分析可以得到，该支链的许动运动旋量子空间由五个许动单位运动旋量构成，即

$$\{\widehat{\boldsymbol{T}}_{\mathrm{P}}\}=\begin{cases}\$_{\mathrm{Tp}1}=(\hat{\boldsymbol{s}}_{\mathrm{Tp}1};\boldsymbol{a}\times\hat{\boldsymbol{s}}_{\mathrm{Tp}1})\\ \$_{\mathrm{Tp}2}=(\hat{\boldsymbol{s}}_{\mathrm{Tp}2};\boldsymbol{a}\times\hat{\boldsymbol{s}}_{\mathrm{Tp}2})\\ \$_{\mathrm{Tp}3}=(\boldsymbol{0};\hat{\boldsymbol{s}}_{\mathrm{Tp}3})\\ \$_{\mathrm{Tp}4}=(\hat{\boldsymbol{s}}_{\mathrm{Tp}4};\boldsymbol{b}\times\hat{\boldsymbol{s}}_{\mathrm{Tp}4})\\ \$_{\mathrm{Tp}5}=(\hat{\boldsymbol{s}}_{\mathrm{Tp}5};\boldsymbol{b}\times\hat{\boldsymbol{s}}_{\mathrm{Tp}5})\end{cases}\tag{9.2-31}$$

式中，$\hat{\boldsymbol{s}}_{\mathrm{Tp}i}$ 为第 i 个运动旋量的方向向量；$\boldsymbol{a}$ 和 $\boldsymbol{b}$ 分别为坐标系原点到两个 U 副中心的指向向量。$\hat{\boldsymbol{s}}_{\mathrm{Tp}1}$ 和 $\hat{\boldsymbol{s}}_{\mathrm{Tp}4}$ 始终平行；同样地，$\hat{\boldsymbol{s}}_{\mathrm{Tp}2}$ 和 $\hat{\boldsymbol{s}}_{\mathrm{Tp}3}$ 也始终平行。

根据旋量之间的互易关系，可求得支链中的单位约束力旋量为

$$\{\widehat{\boldsymbol{W}}_{\mathrm{C}}\} = \$_{\mathrm{Wc1}} = (\boldsymbol{0};\hat{\boldsymbol{n}}_1) \tag{9.2-32}$$

式中，$\hat{\boldsymbol{n}}_1=\hat{\boldsymbol{s}}_{\mathrm{Tp1}}\times\hat{\boldsymbol{s}}_{\mathrm{Tp2}}$。显然，该约束力旋量为一个纯力偶，其轴线方向垂直于 U 副的两转动轴线构成的平面。

此外，根据对偶关系，可以求得由五个驱动力旋量张成的驱动力子空间，即

$$\{\widehat{\boldsymbol{W}}_{\mathrm{A}}\} = \begin{cases} \$_{\mathrm{Wa1}} = (\hat{\boldsymbol{n}}_2;\boldsymbol{b}\times\hat{\boldsymbol{n}}_2) \\ \$_{\mathrm{Wa2}} = (\hat{\boldsymbol{s}}_{\mathrm{Tp4}};\boldsymbol{b}\times\hat{\boldsymbol{s}}_{\mathrm{Tp4}}) \\ \$_{\mathrm{Wa3}} = (\hat{\boldsymbol{s}}_{\mathrm{Tp3}};\boldsymbol{a}\times\hat{\boldsymbol{s}}_{\mathrm{Tp3}}) \\ \$_{\mathrm{Wa4}} = (\hat{\boldsymbol{n}}_2;\boldsymbol{a}\times\hat{\boldsymbol{n}}_2) \\ \$_{\mathrm{Wa5}} = (\hat{\boldsymbol{s}}_{\mathrm{Tp1}};\boldsymbol{a}\times\hat{\boldsymbol{s}}_{\mathrm{Tp1}}) \end{cases} \tag{9.2-33}$$

式中，$\hat{\boldsymbol{n}}_2=\hat{\boldsymbol{s}}_{\mathrm{Tp1}}\times\hat{\boldsymbol{s}}_{\mathrm{Tp3}}$。

再根据互易关系，可以求得一个受限单位运动旋量为

$$\{\widehat{\boldsymbol{T}}_{\mathrm{R}}\} = \$_{\mathrm{Tr1}} = (\hat{\boldsymbol{s}}_{\mathrm{Tp3}};\boldsymbol{b}\times\hat{\boldsymbol{s}}_{\mathrm{Tp3}}) \tag{9.2-34}$$

由式（9.2-34）可以看出，UPU 支链的受限运动是沿着伸缩杆轴线方向的纯转动运动，即绕着 UPU 支链自身的纯转动。一般位姿下，该运动被合理约束了，即不存在绕自身的转动运动。

根据定义式（9.2-29），该支链的输入端运动/力约束性能指标为

$$\kappa_{\mathrm{I}} = \zeta_{11} = \frac{|\$_{\mathrm{C1}}\circ\$_{\mathrm{R1}}|}{|\$_{\mathrm{C1}}\circ\$_{\mathrm{R1}}|_{\max}} = |\hat{\boldsymbol{s}}_{\mathrm{Tp1}}\times\hat{\boldsymbol{s}}_{\mathrm{Tp2}}\cdot\hat{\boldsymbol{s}}_{\mathrm{Tp3}}| = |\sin\alpha| \tag{9.2-35}$$

式中，α 为$\hat{\boldsymbol{s}}_{\mathrm{Tp2}}$和$\hat{\boldsymbol{s}}_{\mathrm{Tp3}}$之间的夹角，如图 9-15 所示。

2. 输出端运动/力约束性能指标

在少自由度并联机构中，由约束力旋量约束住机构的受限自由度，可以理解为约束力在受限运动方向上做虚功的效果。如果约束力旋量不能在受限运动方向上做虚功，则说明该运动方向未被约束住，机构的瞬时自由度将增加，即出现所谓的约束奇异。根据功率系数法，可求得输出端第 i 个约束力旋量对应的约束特性指标为

$$\boldsymbol{\nu}_i = \frac{|\$_{\mathrm{C}i}\circ\Delta\$_{\mathrm{O}i}|}{|\$_{\mathrm{C}i}\circ\Delta\$_{\mathrm{O}i}|_{\max}} \tag{9.2-36}$$

如何求解 $\Delta\$_{\mathrm{O}}$ 是判定该指标能否使用的关键之一，此处运用“释放”约束的手段进行求解。具体来说，就是在保持所有驱动锁定的状态下“释放”一个约束力，此时，该并联机构将多出一个瞬时运动，此运动即为所求解的对应于释放的约束力旋量的输出受限运动旋量。由于约束力是机构的内力，在实际机构中，无法真正控制机构释放约束力，因此，该运动为假想的受限运动旋量方向上的微小变形，而非真实运动，故用 $\Delta\$_{\mathrm{O}i}$表示

$$\begin{cases} \$_{\mathrm{T}k}\circ\Delta\$_{\mathrm{O}i}=0 & (k=1,\ 2,\ \cdots,\ n) \\ \$_{\mathrm{C}j}\circ\Delta\$_{\mathrm{O}i}=0 & (i,\ j=1,\ 2,\ \cdots,\ 6-n;\ i\neq j) \end{cases} \tag{9.2-37}$$

由式（9.2-37）可知，对于 n 自由度机构，可以求得（$6-n$）个受限运动旋量 $\Delta\$_{\mathrm{O}i}$，它们之间的关系如下所述。

类似于输入端指标的定义，可以定义该机构的**输出端运动/力约束指标**（Output

Constraint Index，OCI）为

$$\kappa_{\mathrm{O}} = \min_{i}\{\boldsymbol{\nu}_i\} = \min_{i}\left\{\frac{|\$_{\mathrm{C}i}\circ\Delta\$_{\mathrm{O}i}|}{|\$_{\mathrm{C}i}\circ\Delta\$_{\mathrm{O}i}|_{\max}}\right\} \tag{9.2-38}$$

3. 整体运动/力约束性能指标

为了评价并联机构的整体约束性能，应同时考虑输入端和输出端的约束性能，取输入端和输出端约束性能指标的较小值作为**整体运动/力约束性能指标**（Total Constraint Index，TCI），即

$$\kappa = \min\{\kappa_{\mathrm{I}},\kappa_{\mathrm{O}}\} \tag{9.2-39}$$

由于ICI和OCI都与坐标系无关，且为归一化指标，因此，由式（9.2-39）定义的TCI指标也与坐标系无关，且取值范围也是［0，1］。TCI的值越大，说明机构整体的运动/力约束性能越好，越接近于完全约束（指标值为1）；反之，若TCI为0，则说明机构输入端或输出端的指标值为0，相应地出现了约束奇异状态。

【例9-9】 求解Tricept机构的整体运动/力约束性能指标。

解： 图9-16所示为Tricept并联机构原理图（3-UPS&1-UP），它由一个定平台、一个动平台，以及连接两者的三个主动驱动的UPS支链（其中P副为主动副）和一个被动UP支链（图9-17）组成。不失一般性，假设该机构的几何参数为：定平台半径和动平台半径分别为 $L_1 = 350\mathrm{mm}$ 和 $L_2 = 225\mathrm{mm}$。在定平台上建立定坐标系 $O\text{-}XYZ$，在动平台上建立动坐标系 $o\text{-}xyz$。该机构动平台可以绕着UP支链的U副中的两个角度 ϕ 和 θ 转动，其旋转矩阵 $\boldsymbol{R}$ 为

$$\boldsymbol{R} = \begin{pmatrix} \cos\theta & 0 & \sin\theta \\ \sin\phi\sin\theta & \cos\phi & -\sin\phi\cos\theta \\ -\cos\phi\sin\theta & \sin\phi & \cos\phi\cos\theta \end{pmatrix} \tag{9.2-40}$$

经分析可知，Tricept机构的转动自由度和移动自由度是耦合的。已知动平台的位置（x，y，z），就能通过下式分别求解相应的转动角度 ϕ 和 θ

$$\phi = \arctan(-y/z) \tag{9.2-41}$$

$$\theta = \arcsin(x/\sqrt{x^2+y^2+z^2}) \tag{9.2-42}$$

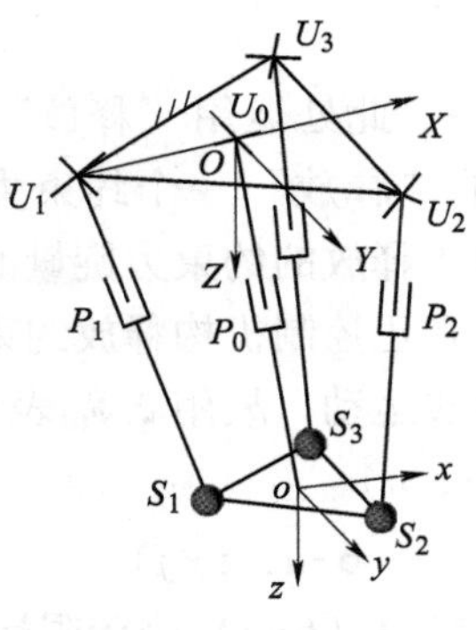

图9-16

Tricept并联机构原理图

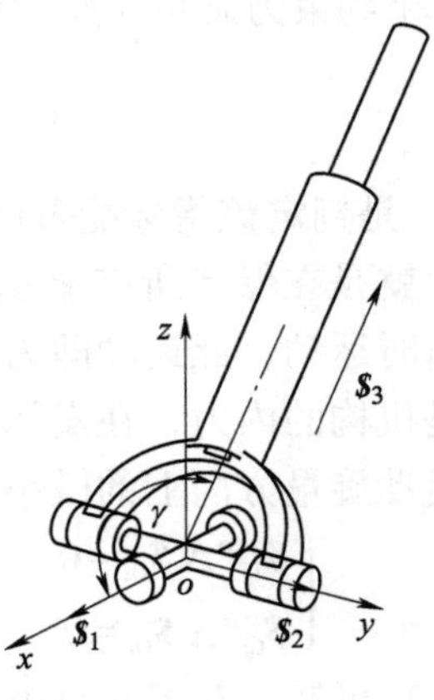

图9-17

UP支链

（1）输入端 并联机构的支链可分为无约束支链、恰约束支链和欠约束支链。Tricept机构中的UPS支链有6个自由度，不提供任何约束，所以为无约束支链；UP支链拥有3个自由度，提供3个约束力旋量，且为Tricept机构的所有约束，为恰约束支链。显然，对该机构的运动/力约束性能进行分析时，仅需要考虑UP支链（输入端）和机构输出端的影响。图9-17所示为UP支链示意图，下面对该支链进行分析。

许动运动旋量子空间为

$$\{\widehat{\boldsymbol{T}}_{\mathrm{P}}\}=\begin{cases}\$_{\mathrm{Tp1}}=(1,0,0;0,0,0)\\ \$_{\mathrm{Tp2}}=(0,1,0;0,0,0)\\ \$_{\mathrm{Tp3}}=(0,0,0;\cos\gamma,0,\sin\gamma)\end{cases}\tag{9.2-43}$$

约束力旋量子空间为

$$\{\widehat{\boldsymbol{W}}_{\mathrm{C}}\}=\begin{cases}\$_{\mathrm{Wc1}}=(0,0,0;0,0,1)\\ \$_{\mathrm{Wc2}}=(0,1,0;0,0,0)\\ \$_{\mathrm{Wc3}}=(\sin\gamma,0,-\cos\gamma;0,0,0)\end{cases}\tag{9.2-44}$$

驱动力旋量子空间为

$$\{\widehat{\boldsymbol{W}}_{\mathrm{A}}\}=\begin{cases}\$_{\mathrm{Wa1}}=(0,0,0;1,0,0)\\ \$_{\mathrm{Wa2}}=(0,0,0;0,1,0)\\ \$_{\mathrm{Wa3}}=(\sin\gamma,0,\cos\gamma;0,0,0)\end{cases}\tag{9.2-45}$$

受限运动旋量子空间为

$$\{\widehat{\boldsymbol{T}}_{\mathrm{R}}\}=\begin{cases}\$_{\mathrm{Tr1}}=(0,0,1;0,0,0)\\ \$_{\mathrm{Tr2}}=(0,0,0;0,-1,0)\\ \$_{\mathrm{Tr3}}=(0,0,0;\sin\gamma,0,-\cos\gamma)\end{cases}\tag{9.2-46}$$

式（9.2-45）中的约束力旋量可表示为$\boldsymbol{\$}_{\mathrm{C}}$，受限运动旋量也可用$\boldsymbol{\$}_{\mathrm{R}}$来描述。根据式（9.2-29），可以求得该支链的第j个约束力旋量对应的输入约束性能指标为

$$\zeta_{1j}=\frac{|\$_{\mathrm{C}1j}\circ\$_{\mathrm{R}1j}|}{|\$_{\mathrm{C}1j}\circ\$_{\mathrm{R}1j}|_{\max}}\quad(j=1,2,3)\tag{9.2-47}$$

将式（9.2-45）和式（9.2-46）代入式（9.2-47）可得

$$\zeta_{1j}=1\quad(j=1,2,3)\tag{9.2-48}$$

根据式（9.2-30），求得此Tricept机构的输入端运动/力约束性能指标为

$$\kappa_{\mathrm{I}}=\min_{j}\{\zeta_{1j}\}=1\tag{9.2-49}$$

该并联机构输入端（UP支链）的ICI指标恒为1，说明其输入端的运动/力约束效果好，始终处于完全约束状态。这也间接地说明，UP支链作为Tricept机器人的恰约束支链有其优势。

（2）输出端 按上述方法分析该机构输出端的运动/力约束性能，其中UP支链提供了三个约束力旋量，每个UPS支链提供一个传递力旋量（沿着杆长轴线方向的纯力）。由此可知，该机构共存在三个约束力旋量$\boldsymbol{\$}_{\mathrm{C}i}$（$i$=1，2，3）和三个传递力旋量$\boldsymbol{\$}_{\mathrm{T}j}$（$j$=1，2，3）。由式（9.2-37）可以求出该机构的三个约束力旋量对应的三个输出受限运动旋量$\Delta\boldsymbol{\$}_{\mathrm{O}i}=0$（$i$=1，2，3）；由式（9.2-36）可以求解输出约束指标OCI，并在xy工作空间内（z=40mm）描述其性能分布情况（图9-18）。

(3) 整体　由于 Tricept 机构的输入端约束性能指标 $\kappa_I=1$，因此，该机构的整体约束性能指标和输出约束性能指标存在以下关系

$$\kappa=\min\{\kappa_I,\kappa_O\}=\kappa_O \qquad (9.2\text{-}50)$$

该机构的整体运动/力约束性能在 *x-y* 工作空间内（$z=40$mm）的性能分布曲线与图 9-18 所示相同。由上所述，其输出端和整体运动/力约束性能分布曲线相同，机构的动平台越靠近原点位置，指标值越大，说明运动/力的约束性能越好，该机构越接近于完全约束状态。

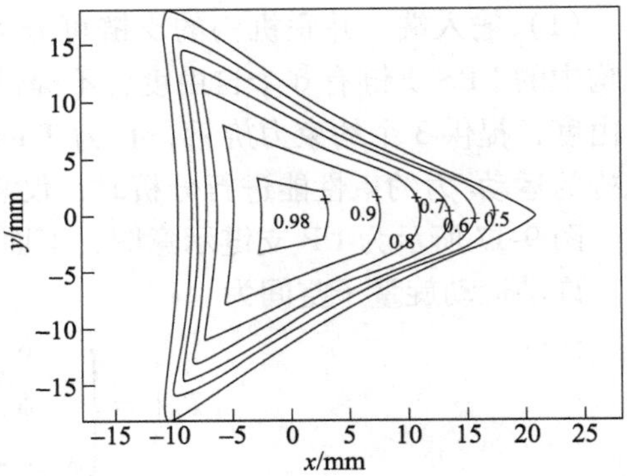

图 9-18

Tricept 机构在 *xy* 平面内的 OCI 指标分布曲线

9.2.3 综合分析实例

本小节以 3-UPU 并联机构为例，全面阐述其运动/力传递和约束性能分析流程。

如图 9-19a 所示，3-UPU 并联机构由一个动平台、一个定平台，以及三个互成 120°角对称分布的 UPU 支链构成。若此机构中三个支链的 U 副配置方式不同，则其自由度形式和数目也会发生变化。这里选择图 9-19a 所示的典型分布方式，该机构的 UPU 支链中的两个 U 副的转轴分别互相平行，此时该机构具有 3 个移动自由度。

假设该 3-UPU 机构的动平台半径为 *r*，定平台半径为 *R*，在定平台上建立坐标系 *o-xyz*，其原点 *o* 位于定平台的中心，*x*、*y* 轴在定平台平面上，*z* 轴垂直于定平台平面。

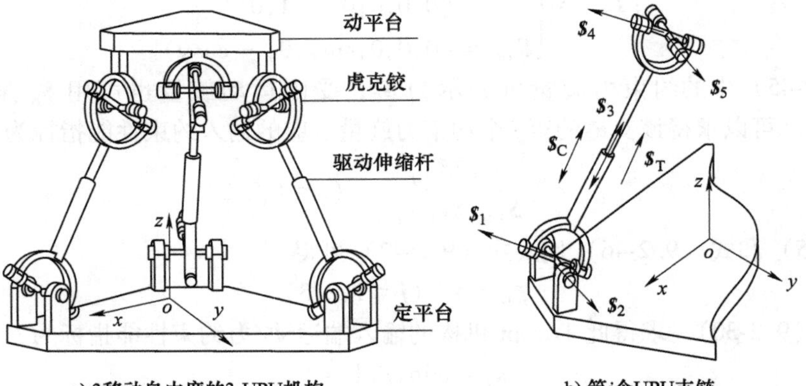

a) 3移动自由度的3-UPU机构　　b) 第*i*个UPU支链

图 9-19

3-UPU 并联机构

1. 运动/力传递性能分析

3-UPU 机构的 P 副是主动驱动，对应的三个单位传递力旋量和三个单位输入运动旋量分别是

$$\$_{Ti}=(\hat{\boldsymbol{s}}_i;\boldsymbol{b}_i\times\hat{\boldsymbol{s}}_i)\quad(i=1,2,3) \qquad (9.2\text{-}51)$$

$$\$_{Ii}=(\boldsymbol{0};\hat{\boldsymbol{s}}_i)\quad(i=1,2,3) \qquad (9.2\text{-}52)$$

式中，$\hat{\boldsymbol{s}}_i$ 为沿着第 i 个 UP̲U 支链中的 P 副轴线的单位向量；$\boldsymbol{b}_i$为原点 o 到第 i 个 UP̲U 支链中的 U 副中心的方向向量。

根据式（9. 2-7），可以得到该机构的输入端运动/力传递性能指标为

$$\gamma_{\mathrm{I}}=\min_i\{\lambda_i\}=\min_i\left\{\frac{|\$_{\mathrm{T}i}\circ\$_{\mathrm{I}i}|}{|\$_{\mathrm{T}i}\circ\$_{\mathrm{I}i}|_{\max}}\right\}=\hat{\boldsymbol{s}}_i\cdot\hat{s}_i=1\quad(i=1,2,3)\tag{9. 2-53}$$

由此可见，该机构的输入端运动/力传递性能始终为最大值 1，说明该机构在任意位姿下，其输入端的运动和力都能完全传递出去。

锁定除第 i 个驱动副之外的所有主动驱动副，根据下式可以求解对应于第 i 个传递力旋量的输出运动旋量 $\$_{\mathrm{O}i}$，重复上述计算过程，可以求出该机构的三个输出运动旋量，即

$$\begin{cases}\$_{\mathrm{T}j}\circ\Delta\$_{\mathrm{O}i}=0 & (i,j=1,2,3;i\neq j)\\ \$_{\mathrm{C}k}\circ\Delta\$_{\mathrm{O}i}=0 & (k=1,2,3)\end{cases}\tag{9. 2-54}$$

根据式（9. 2-14），可得该机构的输出端运动/力传递性能指标为

$$\gamma_{\mathrm{O}}=\min_i\{\eta_i\}=\min_i\left\{\frac{|\$_{\mathrm{T}i}\circ\$_{\mathrm{O}i}|}{|\$_{\mathrm{T}i}\circ\$_{\mathrm{O}i}|_{\max}}\right\}\quad(i=1,2,3)\tag{9. 2-55}$$

图 9-20a、图 9-20b 和图 9-20c 所示分别为 3-UP̲U 机构在 $z=90\text{mm}$、$z=200\text{mm}$ 和 $z=400\text{mm}$ 时，xOy 平面内的输出端运动/力传递性能指标 OTI 的分布曲线。从图中可以看出，随着 z 值的增加，OTI 值存在先增大后减小的趋势，在 xOy 平面内，该机构在（x，y）=（0，0）附近区域时的 OTI 值最大。

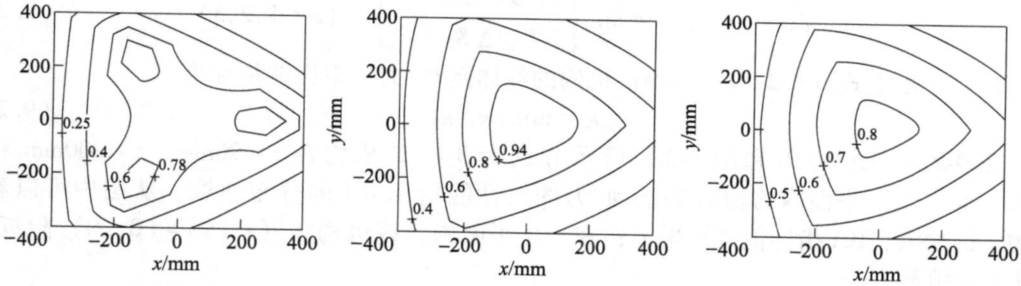

a) z=90mm　b) z=200mm　c) z=400mm

图 9-20
工作空间内 OTI 指标的分布曲线

支链的输入传递性能指标为 1，由式（9. 2-16）可知，支链的局部传递性能指标 LTI 与 OTI 相等，即

$$\gamma=\min\{\gamma_{\mathrm{I}},\gamma_{\mathrm{O}}\}=\gamma_{\mathrm{O}}\tag{9. 2-56}$$

由此，3-UP̲U 机构的局部运动/力传递性能指标 LTI 的分布趋势与输出传递性能指标 OTI 的分布趋势一致。图 9-21 所示为当 3-UP̲U 机构动平台位置为（x，y）=（0，0）时，传递性能指标（ITI、OTI 和 LTI）与 z 值的关系。从图中可以看出，ITI 指标恒为 1，OTI 和 LTI 指标随着 z 值的增加（伸缩杆伸长）而呈现先增加后减小的趋势，特别是在 $z=200\text{mm}$ 附近时，达到指标最大值。

2. 3-UPU 机构运动/力约束性能分析

经旋量分析可知，3-UPU 机构存在三个单位约束力旋量 $\$_{C}$ 和三个输入端单位受限运动旋量$\$_{R}$，它们分别是

$$\$_{Ci}=(\boldsymbol{0};\hat{\boldsymbol{n}}_{i1})\quad(i=1,2,3)\tag{9.2-57}$$

和

$$\$_{Ri}=(\hat{\boldsymbol{s}}_{i3};\boldsymbol{b}_{i}\times\hat{\boldsymbol{s}}_{i3})\quad(i=1,2,3)\tag{9.2-58}$$

式中，$\hat{\boldsymbol{n}}_{i1}=\hat{\boldsymbol{s}}_{i1}\times\hat{\boldsymbol{s}}_{i2}$，$\hat{\boldsymbol{s}}_{i1}$、$\hat{\boldsymbol{s}}_{i2}$ 分别是第 i 个 UPU 支链中连接定平台的 U 副的两个转动轴线的单位向量；$\hat{\boldsymbol{s}}_{i3}$ 是沿着第 i 个支链中 P 副轴线的单位向量；$\boldsymbol{b}_{i}$ 是原点 O 到第 i 个 UPU 支链中连接动平台的 U 副的方向向量。

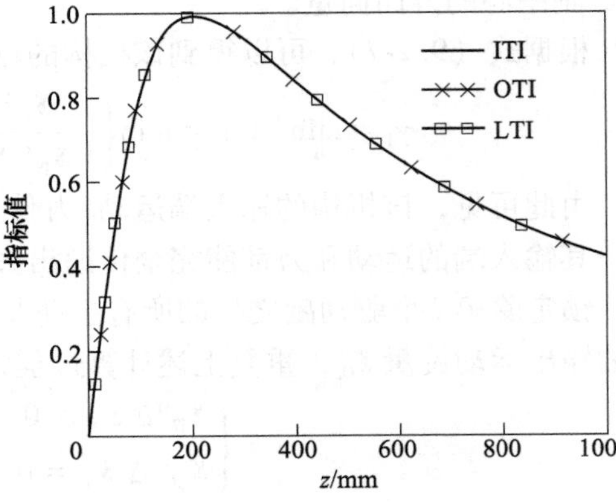

图 9-21

动平台位置为 $(x, y)=(0, 0)$ 时运动/力传递性能指标（ITI、OTI 和 LTI）与 z 值的关系

由式（9.2-30）可知，该机构的输入端运动/力约束性能指标 ICI 为

$$\kappa_{I}=\min_{i}\{\zeta_{i}\}=\min_{i}\left\{\frac{|\$_{C1}\circ\$_{R1}|}{|\$_{C1}\circ\$_{R1}|_{\max}}\right\}=|\hat{\boldsymbol{s}}_{Tp1}\times\hat{\boldsymbol{s}}_{Tp2}\cdot\hat{\boldsymbol{s}}_{Tp3}|=|\sin\alpha|\quad(i=1,2,3)\tag{9.2-59}$$

类似地，根据式（9.2-38）可得该机构的输出端运动/力约束性能指标 OCI 为

$$\kappa_{O}=\min_{i}\{\upsilon_{i}\}=\min_{i}\left\{\frac{|\$_{Ci}\circ\Delta\$_{Oi}|}{|\$_{Ci}\circ\Delta\$_{Oi}|_{\max}}\right\}\quad(i=1,2,3)\tag{9.2-60}$$

最后，根据式（9.2-39）可得该机构的整体运动/力约束性能指标为

$$\kappa=\min\{\kappa_{I},\kappa_{O}\}\tag{9.2-61}$$

图 9-22a、图 9-22b 和图 9-22c 所示分别为 3-UPU 机构在 $z=90$mm、$z=200$mm 和 $z=400$mm 时，xOy 平面内的输入端运动/力约束性能指标 ICI 的分布曲线。从图中可以看出，随着 z 的增大，ICI 指标值逐渐增大；在 xOy 平面内，该机构在 $(x, y)=(0, 0)$ 附近区域时 ICI 的值最大。

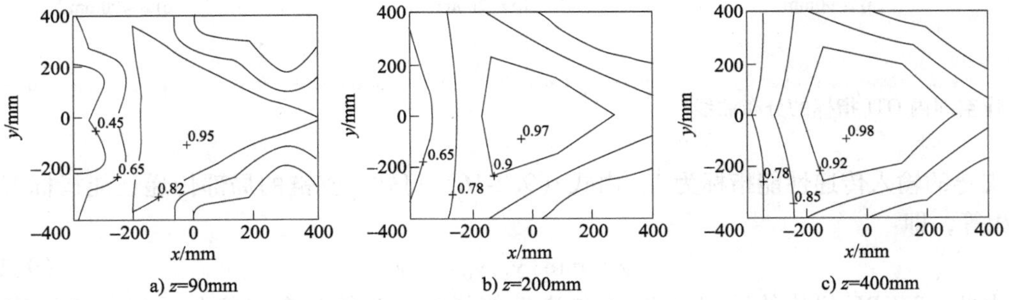

图 9-22

工作空间内 ICI 指标分布曲线

输出端运动/力约束性能指标 OCI 的分布曲线如图 9-23 所示。随着 z 的增大，OCI 指标也表现出先增大后减小的趋势。

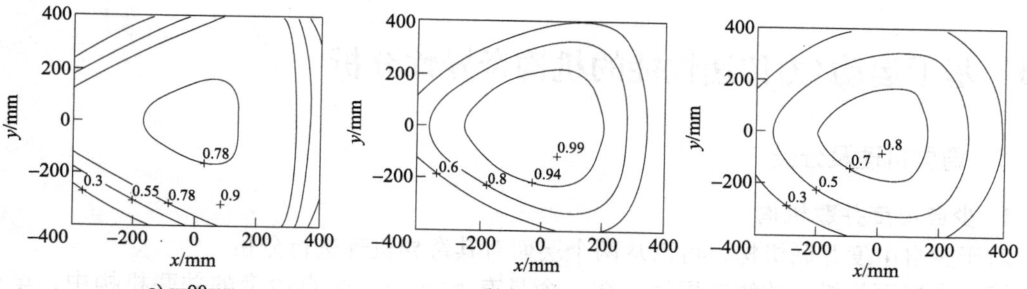

a) z=90mm　b) z=200mm　c) z=400mm

图 9-23

工作空间内 OCI 指标分布曲线

图 9-24 所示为 3-UPU 机构的整体运动/力约束性能指标 TCI 在 $z=90$mm、$z=200$mm 和 $z=400$mm 时的分布曲线。图 9-25a 所示为当该机构的动平台处于（x，y）=（0，0）位置时，运动/力约束性能指标随 z 值变化的曲线图；图 9-25b 所示为当该机构的动平台处于（x，y）=（100，100）位置时，运动/力约束性能指标随 z 值变化的关系图。比较两图可以发现，3-UPU 并联机构在两种位姿下，约束指标 OCI 和 TCI 随 z 值变化的趋势类似，ICI 指标则略有差异。特别地，该机构在（x，y）=（0，0）位置时，ICI 值恒为 1；而在其他位置时，ICI 值小于 1，且随着 z 值的增加而逐渐增大到 1。

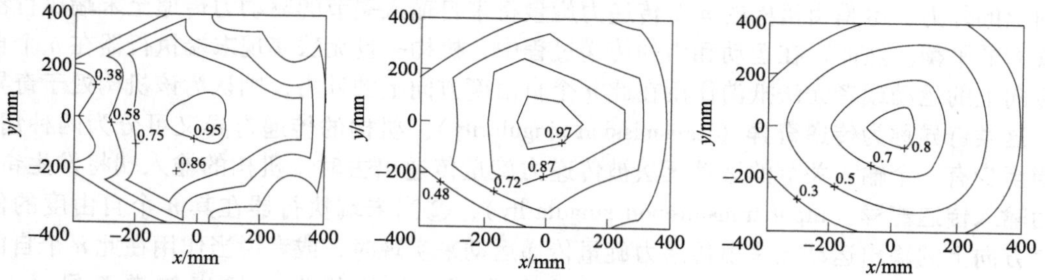

a) z=90mm　b) z=200mm　c) z=400mm

图 9-24

工作空间内 TCI 指标分布曲线

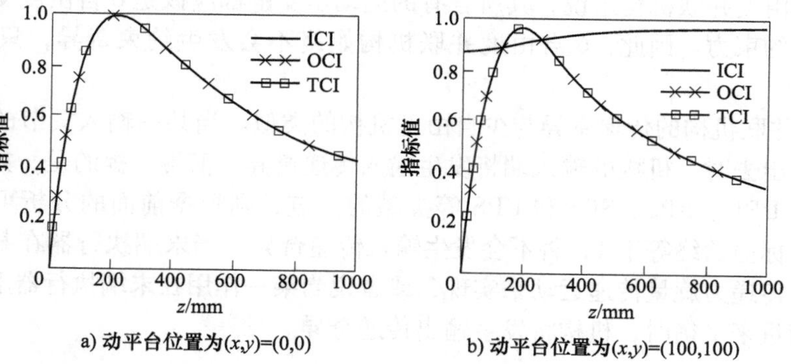

a) 动平台位置为(x,y)=(0,0)　b) 动平台位置为(x,y)=(100,100)

图 9-25

不同位姿下系列约束指标与 z 值的关系

9.3　基于运动/力传递性能的机构奇异性分析

9.3.1　奇异机理及分类

1. 少自由度并联机构

对于少自由度并联机构，可以从两个层面对其奇异机理进行分析。

第一个层面是机构的**约束层面**。在一个具有 $n(n<6)$ 个自由度的并联机构中，至少存在（$6-n$）个约束力旋量来约束机构的另外（$6-n$）个自由度。在这（$6-n$）个被约束的自由度方向上，机构末端执行器的运动将无法实现，即输入端的运动无法传递至这些方向上。倘若有一定的外力作用在这些方向上，将由机构中的约束力旋量来平衡外力，其内部的传递力旋量无法对外力产生抵抗作用。然而，当机构的若干个约束力旋量的线性相关数小于（$6-n$）时，末端执行器被约束的自由度数将减少，机构会出现以下情形：在某个无法被约束的自由度方向上，机构既无法实现相应的运动，也无法抵消外部的作用力，或者说机构在此自由度方向上的刚度极差。此时，机构处于奇异位形，这类奇异称为**约束奇异**（constraint singularity）或**约束传递奇异**（constraint transmission singularity）。

第二个层面是机构的**传递层面**。在其未被约束的 n 个自由度方向上，由机构的 n 个传递力旋量将输入关节的运动传递到末端执行器以实现相应的运动；而对于作用在此 n 个自由度方向上的外力，也是由机构的 n 个传递力旋量将来自输入关节的驱动力传递至末端执行器以实现力的平衡。然而，在运动和力的传递过程中，机构一旦无法实现末端执行器在 n 个自由度方向上的运动或者无法抵消作用在此 n 个自由度方向上的外力，则认为该机构处于奇异位形，这类奇异称为**传递奇异**（transmission singularity）。机构的传递奇异又可分为两种情况：①当至少有一个输入关节的运动无法被传递力旋量传递出去时，机构的输入端将发生奇异，称为**输入传递奇异**（input transmission singularity）；②当末端执行器在其 n 个自由度的任意一个方向上的输出运动无法由传递力旋量传递运动来实现时，或者说当作用在此 n 个自由度方向上的广义外力无法由传递力旋量来平衡时，机构将发生**输出传递奇异**（output transmission singularity）。

2. 6 自由度并联机构

对于 6 自由度并联机构来说，其所含有的运动学支链都应该是 6 自由度支链，无法对末端执行器提供约束力。因此，6 自由度并联机构始终不会发生约束奇异，只可能发生传递奇异。

6 自由度并联机构的传递奇异与少自由度机构的类似。当某一输入关节的运动无法由传递力旋量传递出去时，机构的输入端将发生输入传递奇异。值得一提的是，如果 6 自由度机构中采用的是 U$\underline{P}$U、R$\underline{P}$S、S$\underline{P}$S 和 U$\underline{P}$S 等类型的支链，则根据前面的分析可知，机构的输入传递性能指标值始终等于 1，将不会发生输入传递奇异。当末端执行器在某一方向上的输出运动无法由传递力旋量传递运动来实现，或者说当某一作用在末端执行器上的广义外力无法由传递力旋量来平衡时，机构将发生输出传递奇异。

9.3.2　基于运动/力传递性能的奇异性分析

根据以上对奇异机理的分析，可建立一种新的基于运动/力传递性能的机构奇异性分析方法，其流程如图 9-26 所示。

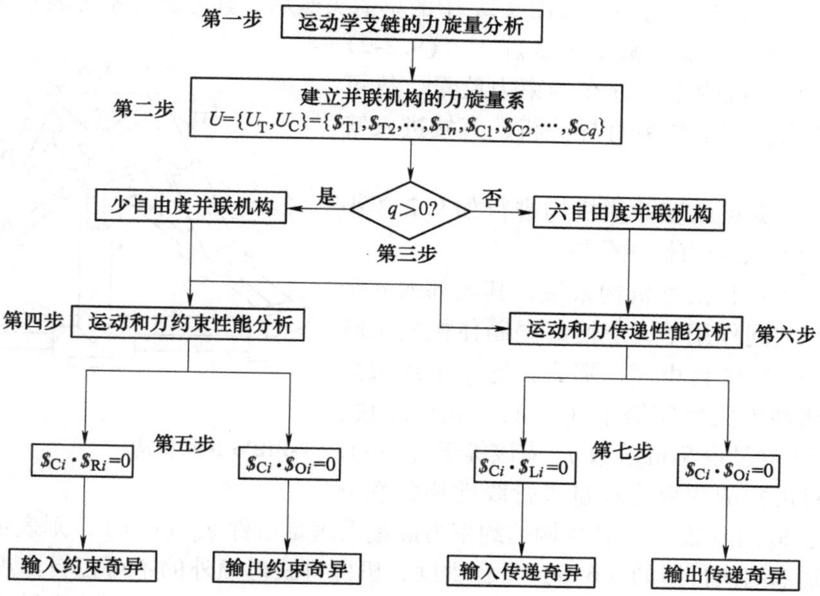

图 9-26

并联机构奇异分析流程图

详细的分析步骤如下：

第一步：求出机构所有运动学支链中存在的传递力旋量与约束力旋量。

第二步：将机构中所有的力旋量组合成力旋量系。

假定 n 自由度非冗余并联机构含有 p 条支链，其中第 i 条支链为末端执行器提供 δ_i 个约束力旋量。那么，该机构中共有 $q=\sum_i \delta_i$ 个约束力旋量。由于该机构为非冗余机构，故其中的传递力旋量的数目应与自由度数目相等，同为 n。机构的力旋量系可表示为

$$\boldsymbol{S}=\{\boldsymbol{S}_T,\boldsymbol{S}_C\}=\{\$_{T1},\$_{T2},\cdots,\$_{Tn},\$_{C1},\$_{C2},\cdots,\$_{Cq}\} \tag{9.3-1}$$

式中，$\boldsymbol{S}_T$ 和 $\boldsymbol{S}_C$ 分别为传递力旋量系和约束力旋量系。

第三步：根据判断条件 $q>0$，将并联机构分为两类（即少自由度机构和 6 自由度机构）分别进行奇异分析。

当机构满足 $q>0$ 的条件时，表示所有支链会对末端执行器（如动平台）提供至少一个约束力旋量。此时，机构将失去至少一个自由度，属于少自由度机构。如果机构中的约束力旋量数大于或等于 2，则有可能发生约束奇异。一旦出现约束奇异，即使锁住机构中所有的输入关节，其末端执行器的某个自由度也将不可控。因此，对于少自由度并联机构来说，必须先对其进行约束奇异分析，也即进入第四步。

当机构不满足 $q>0$ 的条件时，由于 q 为非负整数，故只能是 $q=0$。这意味着机构中不存在约束力旋量，也即所有支链都不会对机构的末端执行器产生约束作用。此时，机构具有六个自由度，始终不会发生约束奇异。于是可跳过约束奇异分析，直接进入第六步。

例如，图 9-27 所示为一 3-$\underline{P}$R$\underline{P}$S 并联机构。注意：$\underline{P}$R$\underline{P}$S 支链为 6 自由度支链，不对机

构的末端执行器产生约束作用，故 3-PRPS 机构为一个 6 自由度并联机构。该机构的 6 个传递力旋量 $\$_{Ti}$（$i=1, 2, \cdots, 6$）如图 9-27 中的单箭头所示，其力旋量系可表示为

$$S = S_T = \{\$_{T1}, \$_{T2}, \cdots, \$_{T6}\} \qquad (9.3\text{-}2)$$

由于 3-PRPS 机构中不存在约束力旋量，故可跳过**第四、第五步**中的约束奇异分析，直接进入第六步。

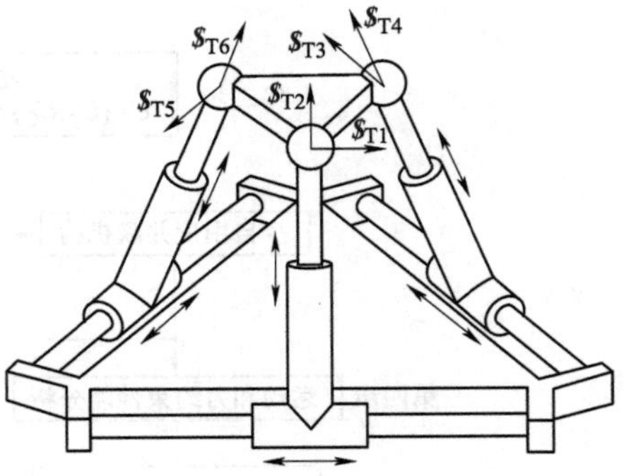

图 9-27

3-PRPS 并联机构

第四步：对少自由度并联机构进行如 9.2.2 小节中所述的运动/力约束性能分析。

对于 $n(n<6)$ 自由度机构来说，其内部的 q 个约束力旋量在共同作用下，应恰好限制住机构末端执行器的（$6-n$）个自由度，那么，这 q 个约束力旋量的最大线性无关数应等于（$6-n$）。也就是说，该机构的约束力旋量系 S_C 的阶数 q_m 应该等于（$6-n$）。于是，需要对机构的约束力旋量进行线性相关性分析，进而确定 S_C 的阶数 q_m。若机构的约束力旋量系满足条件 $q_m<(6-n)$，则表示 q 个约束力旋量无法限制末端执行器的（$6-n$）个自由度，机构将获得额外的不可控自由度。此时，机构将发生约束奇异。一旦机构中存在约束奇异，设计人员应通过更改机构支链中关键运动副的装配方式或机构支链类型来避免约束奇异的发生。在确保机构不会在其实际的工作空间内发生约束奇异之后，方可进入下一步。

如果机构的约束旋量系不满足条件 $q_m<(6-n)$，则不发生约束奇异，即可进入第六步。值得注意的是，当 $q_m>(6-n)$ 时，虽然机构的自由度数目小于 n，但并不发生奇异，因为此时机构的驱动关节数大于其自由度数，该机构实际上属于冗余并联机构。

此处以图 9-28 所示的一组 4-CPU 并联机构为例来进行约束奇异分析。这三个并联机构虽然都含有四个 CPU 支链，但是它们的区别在于不同机构中虎克铰的安装方式不同。根据 3.7.2 小节的内容，CPU 支链所提供的约束力旋量是轴线经过虎克铰中心且与虎克铰平面垂直的一个力矩。因此，各机构中的约束力旋量可由图 9-28 中的单箭头来表示。

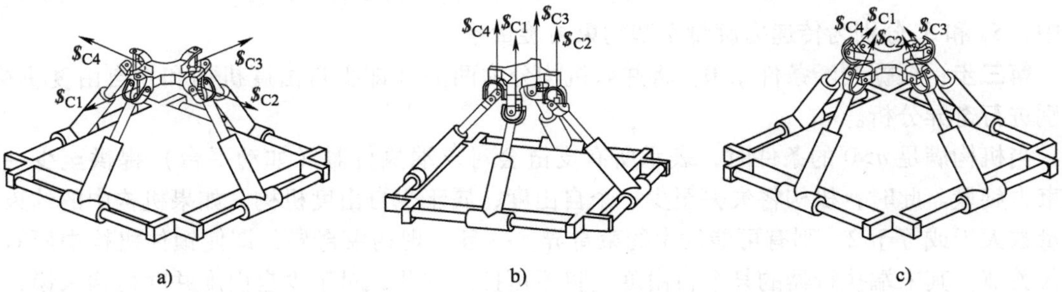

图 9-28

一组 4-CPU 并联机构

从图 9-28a 中可以看出，机构中四个约束力偶的轴线都位于同一平面内，且不是所有力矩的轴线都相互平行。根据表 2-2 可知，这四个力矩属于平面汇交偶量，约束了轴线所在平

面内的两个转动自由度，它们的最大线性无关数为 2（$q_m=2$），故图 9-28a 所示机构未发生约束奇异。由于该机构的动平台具有三个移动自由度和一个转动自由度，且转动轴在整个工作空间内始终与动平台平面垂直，故四个约束力偶的轴线始终处于平面汇交状态。因此，该机构始终不会发生约束奇异。

如图 9-28b 所示，机构中四个约束力偶的轴线处于空间平行状态。由表 2-2 可知，这四个约束力偶的最大线性无关数为 1（$q_m=1$）。此时，机构的动平台只有一个转动自由度能够被约束。因此，图 9-28b 所示机构处于约束奇异位形。

图 9-28c 所示机构中四个约束力偶的轴线分布于空间内且互不平行。由表 2-2 可知，这四个力矩属于空间任意分布偶量，它们的最大线性无关数为 3（$q_m=3$）。此时，机构具有三个移动自由度。由于其驱动关节数大于自由度数，故图 9-28c 所示机构为冗余并联机构。

第五步： 根据条件 $\$_{Ci}\circ\$_{Ri}=0$ 和 $\$_{Ci}\circ\Delta\$_{Oi}=0$ 是否满足来判断机构的约束奇异类别。

可分别用约束力旋量和输入、输出受限运动旋量之间的互易积来判断并联机构是否发生输入和输出约束奇异。

1）若第 i 个约束力旋量 $\$_{Ci}$ 与对应的输入受限运动旋量 $\$_{Ri}$ 之间的互易积为零，即 $\$_{Ci}\circ\$_{Ri}=0$，则说明该约束力旋量 $\$_{Ci}$ 无法约束输入受限运动旋量 $\$_{Ri}$。此时，机构发生输入约束奇异。

2）当第 i 个传递力旋量 $\$_{Ci}$ 与对应的输出运动旋量 $\Delta\$_{Oi}$ 之间的互易积为零（$\$_{Ci}\circ\Delta\$_{Oi}=0$）时，说明该约束力旋量无法约束输出受限运动旋量，将导致机构获得额外的不可控自由度。此时，机构发生输出约束奇异。

第六步： 对并联机构进行运动/力传递性能分析。

第七步： 根据条件 $\$_{Ti}\circ\$_{Ii}=0$ 和 $\$_{Ti}\circ\$_{Oi}=0$ 是否满足来判断机构是否发生传递奇异。

1）若第 i 个传递力旋量 $\$_{Ti}$ 与对应的输入运动旋量 $\$_{Ii}$ 之间的互易积为零，即 $\$_{Ti}\circ\$_{Ii}=0$，则说明该传递力旋量 $\$_{Ti}$ 无法对输入运动旋量 $\$_{Ii}$ 做功，从而无法将该输入关节的运动传递出去。此时，末端执行器将失去一个自由度，机构发生输入传递奇异。

2）当第 i 个传递力旋量 $\$_{Ti}$ 与对应的输出运动旋量 $\$_{Oi}$ 之间的互易积为零（$\$_{Ti}\circ\$_{Oi}=0$）时，说明该传递力旋量无法对该输出运动旋量做功。由式（9.3-2）可知，$\$_{Ti}$ 也无法对其他的输出运动旋量做功，该传递力旋量 $\$_{Ti}$ 势必也无法将运动和力传递到机构的末端执行器上，这将导致机构的某个自由度不可控（或者在某个方向上的刚度极差）。此时，机构发生输出传递奇异。

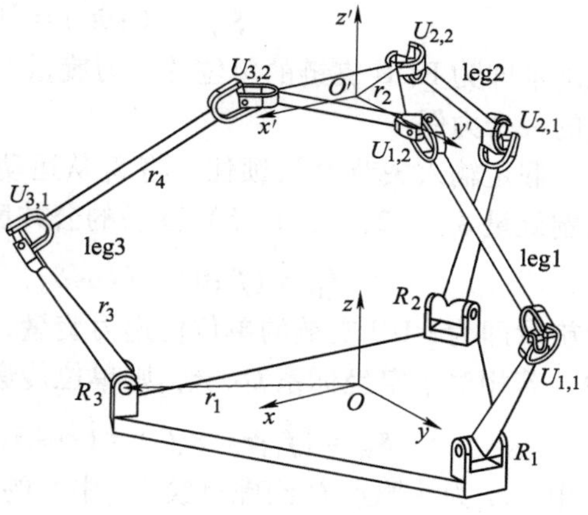

图 9-29
3-R̲UU 并联机构

【例 9-10】 分析 3-R̲UU 并联机构（图 9-29）的奇异性。

解：（1）定义参考坐标系　在 3-R̲UU 机构中定义相应的参考坐标系：定坐标系 $O\text{-}xyz$ 和动坐标系 $O'\text{-}x'y'z'$，它们分别固结在定平台和动平台上，其原点 O 和 O' 分别位于定平台和动平台的中心。动平台通过三个相同的 R̲UU 支链与定平台相连接。其中，与定平台相连的三个转动副为该机构的驱动关节，互成 120°角分布

在半径为 r_1 的圆上。该圆位于平面 xOy 内，其圆心与点 O 重合。转动副 R_1 的轴线与 x 轴平行。与动平台相连的三个虎克铰 $U_{i,2}$（$i=1$，2，3）则互成120°角分布在半径为 r_2 的圆上。该圆位于平面 $x'O'y'$内，其圆心与点 O'重合。驱动杆 $R_iU_{i,1}$（$i=1$，2，3）和随动杆 $U_{i,1}U_{i,2}$（$i=1$，2，3）的长度分别用 r_3 和 r_4 表示。值得注意的是，$\underline{R}$UU 支链中虎克铰 $U_{i,1}$ 和 $U_{i,2}$的两个转动轴线分别互相平行。

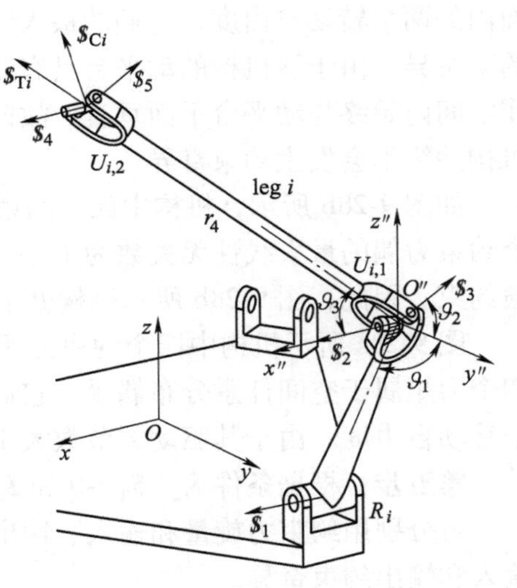

图 9-30 $\underline{R}$UU 支链

（2）求解传递力旋量与约束力旋量　如前所述，对 3-$\underline{R}$UU 并联机构进行奇异分析的第一步，就是求出机构的 $\underline{R}$UU 支链中存在的传递力旋量与约束力旋量。为了便于支链中运动副旋量的描述以及力旋量的求解，将局部坐标系 $O''-x''y''z''$建立在虎克铰 $U_{i,1}$的中心处（图9-30），其中 x''轴、y''轴和 z''轴分别与定坐标系的 x 轴、y 轴和 z 轴平行。

相对于坐标系 $O''-x''y''z''$，$\underline{R}$UU 支链的各运动副旋量可表示为

$$\begin{cases}\boldsymbol{\$}_{\mathrm{I}i}=\boldsymbol{\$}_1=(1,0,0;0,-r_3\sin\vartheta_1,-r_3\cos\vartheta_1)\\ \boldsymbol{\$}_2=(1,0,0;0,0,0)\\ \boldsymbol{\$}_3=(0,\cos\vartheta_2,\sin\vartheta_2;0,0,0)\\ \boldsymbol{\$}_4=(1,0,0;0,r_4\sin\vartheta_3\cos\vartheta_2,r_4\sin\vartheta_3\sin\vartheta_2)\\ \boldsymbol{\$}_5=(0,\cos\vartheta_2,\sin\vartheta_2;-r_4\sin\vartheta_3,-r_4\cos\vartheta_3\sin\vartheta_2,r_4\cos\vartheta_3\cos\vartheta_2)\end{cases}$$

式中，ϑ_1 为 y''轴与驱动杆 $R_iU_{i,1}$的轴线之间的夹角；ϑ_2 为 y''轴与旋量 $\$_3$的轴线之间的夹角；$\vartheta_3$ 为 x''轴与随动杆 $U_{i,1}U_{i,2}$的轴线之间的夹角。

根据反旋量的定义，可求得上述五个运动副旋量的公共单位反旋量，表示为

$$\boldsymbol{\$}_{\mathrm{C}i}=(\boldsymbol{0};\hat{\boldsymbol{m}}_i)=(0,0,0;0,-\sin\vartheta_2,\cos\vartheta_2) \tag{9.3-3}$$

此旋量即为 $\underline{R}$UU 支链的单位约束力旋量，表示的是轴线经过虎克铰中心且与虎克铰平面垂直的一个力偶。

假定输入关节 R_i被锁住，将 $\$_{\mathrm{I}i}$从运动副旋量系中移去，可得到除 $\$_{\mathrm{C}i}$之外，且与四个运动副旋量 $\$_i$（$i=2$，3，4，5）互易的公共反旋量，表示为

$$\boldsymbol{\$}_{\mathrm{T}i}=(\hat{\boldsymbol{f}}_i;\boldsymbol{0})=(\cos\vartheta_3,-\sin\vartheta_3\sin\vartheta_2,\sin\vartheta_3\cos\vartheta_2;0,0,0) \tag{9.3-4}$$

此旋量即为 $\underline{R}$UU 支链的单位传递力旋量，表示的是轴线同时经过两个虎克铰中心的一个纯力。若相对于定坐标系 O-xyz，则单位传递力旋量可表示为

$$\boldsymbol{\$}_{\mathrm{T}i}=(\hat{\boldsymbol{f}}_i;\boldsymbol{r}_{U_i}\times\hat{\boldsymbol{f}}_i)=(\cos\vartheta_3,-\sin\vartheta_3\sin\vartheta_2,\sin\vartheta_3\cos\vartheta_2;r_{U_i}\times\hat{\boldsymbol{f}}_i) \tag{9.3-5}$$

式中，$\boldsymbol{r}_{U_i}$为从原点 O 到虎克铰 $U_{i,1}$中心的向量。

由以上分析可以看出，每个 $\underline{R}$UU 支链中都存在一个约束力旋量和一个传递力旋量。因此，3-$\underline{R}$UU 机构含有三个约束力旋量和三个传递力旋量，属于少自由度机构。

（3）约束奇异分析　由于 3-$\underline{R}$UU 机构的三个约束力旋量均为力偶，且一般情况下为空间任意分布，故动平台的三个转动自由度被其约束力偶所约束，可认为该机构是三维平动并

联机构。因此，当约束力旋量系 $\boldsymbol{S}_{\mathrm{C}}$ 的阶数 $q_{\mathrm{m}}<3$ 时，机构将至少有一个转动自由度失去控制，即发生了约束奇异。

3-$\underline{R}$UU 机构发生约束奇异（即 $q_{\mathrm{m}}<3$）的几何条件：三个约束力偶的轴线共面，或者至少有两个约束力偶的轴线互相平行。由式（9.3-3）可知，$\hat{\boldsymbol{m}}_i$ 表示的是沿着约束力偶轴线方向的单位向量，于是可用 $\hat{\boldsymbol{m}}_i$（$i=1,2,3$）的混合积来判断 3-$\underline{R}$UU 机构是否发生约束奇异。如果 $\hat{\boldsymbol{m}}_1\cdot(\hat{\boldsymbol{m}}_2\times\hat{\boldsymbol{m}}_3)=0$ [或 $\hat{\boldsymbol{m}}_3\cdot(\hat{\boldsymbol{m}}_1\times\hat{\boldsymbol{m}}_2)=0$，或 $\hat{\boldsymbol{m}}_2\cdot(\hat{\boldsymbol{m}}_1\times\hat{\boldsymbol{m}}_3)=0$]，则意味着机构中三个力偶的轴线共面，或者至少有两个力偶的轴线平行，此时机构发生了约束奇异。若外部力偶的轴线与三个约束力偶的轴线垂直，则机构中的力旋量将无法平衡这个外部力偶，从而导致机构在该外部力偶轴线方向的刚度失效。

图 9-31 所示即为 3-$\underline{R}$UU 机构的约束奇异位形之一。在该位形下，机构的三个随动杆 $U_{i,1}U_{i,2}(i=1,2,3)$ 共面，这意味着三个约束力偶的轴线位于同一平面内。于是可得 $\hat{\boldsymbol{m}}_1\cdot(\hat{\boldsymbol{m}}_2\times\hat{\boldsymbol{m}}_3)=0$，机构发生约束奇异。

进一步分析发现，上述情况下 $\$_{\mathrm{C}i}\circ\Delta\$_{\mathrm{O}i}=0$，即此约束奇异为输出约束奇异。在完成机构的约束奇异分析后，便可对其进行传递奇异分析。下面将分别从输入和输出两个方面进行讨论。

（4）输入传递奇异分析　当 $\$_{\mathrm{T}i}\circ\$_{\mathrm{I}i}=0(i=1,2,3)$ 中至少有一个成立时，机构将发生输入传递奇异。

$$\begin{aligned}\$_{\mathrm{T}i}\circ\$_{\mathrm{I}i}&=r_3\sin\vartheta_1\sin\vartheta_3\sin\vartheta_2-r_3\cos\vartheta_1\sin\vartheta_3\cos\vartheta_2\\&=-r_3\sin\vartheta_3\cos(\vartheta_1+\vartheta_2)\end{aligned}\tag{9.3-6}$$

由式（9.3-6）可知，机构发生输入传递奇异的条件存在两种情况：①$\sin\vartheta_3=0$，则 $\vartheta_3=0°$ 或 $180°$（即 x'' 轴与随动杆 $U_{i,1}U_{i,2}$ 轴线之间的夹角等于 0°或 180°），意味着随动杆 $U_{i,1}U_{i,2}$ 的轴线与 x'' 轴重合；②$\cos(\vartheta_1+\vartheta_2)=0$，则 $\vartheta_1+\vartheta_2=90°$ 或 $270°$，意味着旋量 $\$_3$ 的轴线与驱动杆 $R_iU_{i,2}$ 的轴线垂直。

综合情况①和②可知：当随动杆 $U_{i,1}U_{i,2}$ 的轴线位于驱动杆 $R_iU_{i,2}$ 所在平面（即由转动副 R_i 的轴线与驱动杆 $R_iU_{i,2}$ 的轴线所确定的平面）内时，条件 $\$_{\mathrm{T}i}\circ\$_{\mathrm{I}i}=0$ 成立，机构发生输入传递奇异。图 9-32 所示即为 3-$\underline{R}$UU 机构的输入传递奇异位形之一。

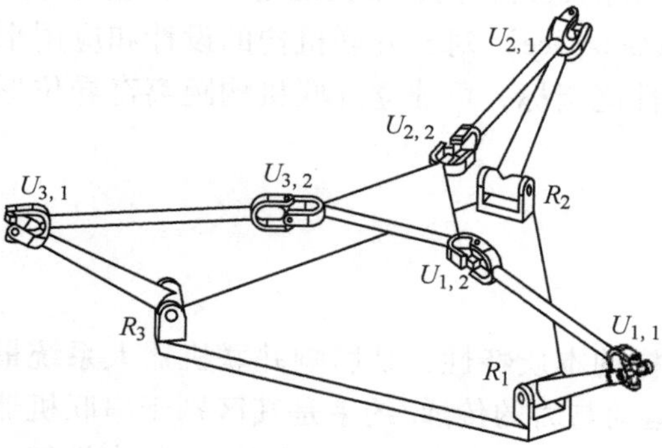

图 9-31

3-$\underline{R}$UU 机构的约束奇异位形之一

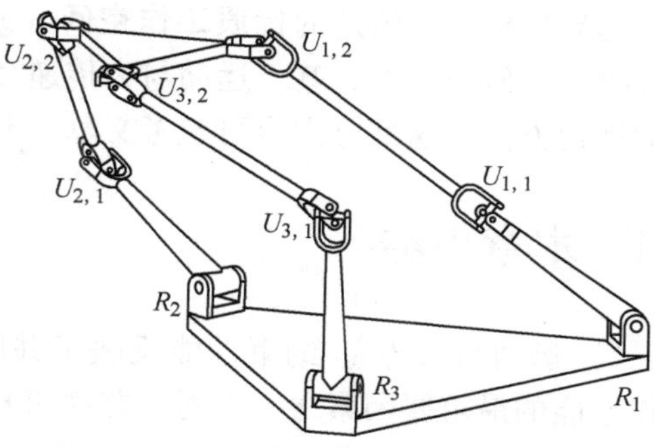

图 9-32

3-$\underline{R}$UU 机构的输入传递奇异位形之一

（5）输出传递奇异分析　当 $\$_{\mathrm{T}i}\circ\$_{\mathrm{O}i}=0(i=1,2,3)$ 中至少有一个成立时，机构将发生

输出传递奇异。

3-$\underline{R}$UU 机构是一个三移动自由度机构，当驱动副 R_2 和 R_3 被锁住时，将变成一个单自由度的平动机构。此时，传递力旋量 $\$_{T2}$和 $\$_{T3}$可看作约束力旋量，于是机构动平台的瞬时运动旋量可表示为

$$\$_{O1}=(\mathbf{0};\hat{\boldsymbol{f}}_2\times\hat{\boldsymbol{f}}_3/|\hat{\boldsymbol{f}}_2\times\hat{\boldsymbol{f}}_3|) \tag{9.3-7}$$

$\$_{T1}$与 $\$_{O1}$的互易积为

$$\$_{T1}\circ\$_{O1}=\hat{\boldsymbol{f}}_1\cdot(\hat{\boldsymbol{f}}_2\times\hat{\boldsymbol{f}}_3)/|\hat{\boldsymbol{f}}_2\times\hat{\boldsymbol{f}}_3| \tag{9.3-8}$$

类似地，可得 $\$_{Ti}$与 $\$_{Oi}(i=2,3)$ 的互易积为

$$\$_{T2}\circ\$_{O2}=\hat{\boldsymbol{f}}_2\cdot(\hat{\boldsymbol{f}}_1\times\hat{\boldsymbol{f}}_3)/|\hat{\boldsymbol{f}}_1\times\hat{\boldsymbol{f}}_3| \tag{9.3-9}$$

$$\$_{T3}\circ\$_{O3}=\hat{\boldsymbol{f}}_3\cdot(\hat{\boldsymbol{f}}_1\times\hat{\boldsymbol{f}}_2)/|\hat{\boldsymbol{f}}_1\times\hat{\boldsymbol{f}}_2| \tag{9.3-10}$$

由式（9.3-8）~式（9.3-10）可看出，$\$_{Ti}$与 $\$_{Oi}$（$i=1,2,3$）的互易积的分子相同，均等于 $\hat{\boldsymbol{f}}_i(i=1,2,3)$ 的混合积。由此，可由 $\boldsymbol{f}_i$的混合积［$\hat{\boldsymbol{f}}_1\cdot(\hat{\boldsymbol{f}}_2\times\hat{\boldsymbol{f}}_3)$ 或 $\hat{\boldsymbol{f}}_2\cdot(\hat{\boldsymbol{f}}_1\times\hat{\boldsymbol{f}}_3)$ 或 $\hat{\boldsymbol{f}}_3\cdot(\hat{\boldsymbol{f}}_1\times\hat{\boldsymbol{f}}_2)$］来判断机构是否发生了输出传递奇异。

当 $\hat{\boldsymbol{f}}_1\cdot(\hat{\boldsymbol{f}}_2\times\hat{\boldsymbol{f}}_3)=\hat{\boldsymbol{f}}_2\cdot(\hat{\boldsymbol{f}}_1\times\hat{\boldsymbol{f}}_3)=\hat{\boldsymbol{f}}_3\cdot(\hat{\boldsymbol{f}}_1\times\hat{\boldsymbol{f}}_2)=0$ 时，$\$_{Ti}\circ\$_{Oi}=0(i=1,2,3)$，机构发生输出传递奇异。此时，机构的三个传递力位于同一平面内，动平台无法实现此平面法线方向的移动，或者说机构中的力旋量无法平衡那些轴线与此平面垂直的外力。

如图 9-31 所示，由于随动杆 $U_{i,1}U_{i,2}(i=1,2,3)$ 的轴线共面，于是三个传递力旋量的轴线也处于共面状态，可得 $\hat{\boldsymbol{f}}_i(i=1,2,3)$ 的混合积等于零，说明机构处于输出传递奇异位形。因此，3-$\underline{R}$UU 机构在图 9-31 所示位形下不仅发生了输出约束奇异，也发生了输出传递奇异。

由以上内容可以看出，本节提出的并联机构奇异分析方法具有如下优点：

1）分析过程中无须求出并联机构的雅可比矩阵 $\boldsymbol{J}$。

2）能够识别机构中的所有奇异（包括输入和输出约束奇异、输入和输出传递奇异）。

3）从运动/力传递的角度清晰地解释了机构发生奇异的物理意义，反映了奇异的本质。

注意到，并联机构在处于奇异位形及其附近区域时具有较差的运动与力传递/约束性能，故识别出并联机构的所有奇异类型并不是奇异研究的最终目的，如何确定内部不包含奇异位形且远离机构奇异轨迹的**优质工作空间**（good workspace）对于并联机构的设计和应用来说意义重大。研究表明，基于运动与力传递/约束性能指标，可建立并联机构距离奇异位形远近的评价方法，这部分内容可参考文献［36］。

9.4 本章小结

1）运动与力传递/约束性能反映了并联机构的本质特性，是影响并联机器人系统最终工作性能的最重要因素之一。对于并联机构，运动与力的传递/约束是其区别于串联机器人机构的一个非常具有代表性的特征，因此，有必要综合评价其运动与力传递/约束性能，而不是串联机器人机构中普遍采用的“灵巧度”。

2）受传动角（与坐标系无关）的影响，基于旋量理论描述存在于并联机构中的各种运动和力，在自由度空间与约束空间内分别定义运动/力传递性能指标约束性能指标，以此来

定性和定量地评价运动/力传递和约束性能，进而建立起一套新的适用于并联机构的运动学性能评价体系。

3）新的运动学性能评价体系包括运动/力传递性能指标和运动/力约束性能指标两个层面，前者包括输入传递指标 ITI、输出传递指标 OTI、整体传递指标 TTI 等；后者包括输入端运动/力约束指标 ICI、输出端运动/力约束指标 OCI、整体运动/力约束指标 TCI 等。

输入传递指标 ITI：$\gamma_{\mathrm{I}}=\min\limits_{i}\{\lambda_i\}=\min\limits_{i}\left\{\dfrac{|\$_{\mathrm{T}i}\circ\$_{\mathrm{I}i}|}{|\$_{\mathrm{T}i}\circ\$_{\mathrm{I}i}|_{\max}}\right\}\quad(i=1,2,\cdots,n)$

输出传递指标 OTI：$\gamma_{\mathrm{O}}=\min\limits_{i}\{\eta_i\}=\min\limits_{i}\left\{\dfrac{|\$_{\mathrm{T}i}\circ\$_{\mathrm{O}i}|}{|\$_{\mathrm{T}i}\circ\$_{\mathrm{O}i}|_{\max}}\right\}\quad(i=1,2,\cdots,n)$

整体传递性能指标 TTI：$\gamma=\min\{\gamma_{\mathrm{I}},\gamma_{\mathrm{O}}\}$

输入端运动/力约束指标 ICI：$\kappa_{\mathrm{I}}=\min\limits_{i,j}\{\zeta_{ij}\}=\min\limits_{i,j}\left\{\dfrac{|\$_{\mathrm{C}ij}\circ\$_{\mathrm{R}ij}|}{|\$_{\mathrm{C}ij}\circ\$_{\mathrm{R}ij}|_{\max}}\right\}$

输出端运动/力约束指标 OCI：$\kappa_{\mathrm{O}}=\min\limits_{i}\{\nu_i\}=\min\limits_{i}\left\{\dfrac{|\$_{\mathrm{C}i}\circ\Delta\$_{\mathrm{O}i}|}{|\$_{\mathrm{C}i}\circ\Delta\$_{\mathrm{O}i}|_{\max}}\right\}$

整体运动/力约束特性指标 TCI：$\kappa=\min\{\kappa_{\mathrm{I}},\ \kappa_{\mathrm{O}}\}$

4）从运动与力传递/约束的角度，并联机构存在四类奇异：输入约束奇异、输出约束奇异、输入传递奇异和输出传递奇异。基于运动与力传递/约束分析方法及性能评价指标，可以实现对复杂并联机构的奇异性辨识及分析。

扩展阅读文献

本章重点介绍了基于运动/力交互特性的运动性能评价方法。除此之外，读者还可阅读其他文献（见下述列表）了解相关内容。

[1] Liu X J, Wang J S. Parallel Kinematics, Type, Kinematics and Optimal Design [M]. Berlin: Springer, 2013.

[2] Tao D C. Applied Linkage Synthesis [M]. MA: Addison-wesley, 1964.

[3] 黄真，赵永生，赵铁石．高等空间机构学 [M]. 北京：高等教育出版社，2006.

[4] 刘辛军，谢福贵，汪劲松．并联机器人机构学基础 [M]. 北京：高等教育出版社，2018.

习题

9-1 试推导曲柄摇杆机构的传动角与压力角通用计算公式及最大压力角（或最小传动角）计算公式。

9-2 试给出图 9-33 所示 PSS 支链与 SPS 支链的输入与输出评价指标。

9-3 试给出图 9-34 所示球面 RRR 支链的输入与输出评价指标。

9-4 平面 3-RRR 并联机构如图 9-35 所示，其三角形动平台 *CFI* 通过三条相同的 RRR 支链与三角形定平台 *ADG* 相连接。为了便于描述该机构的运动，分别建立定坐标系 *O-xyz* 与动坐标系 *O′-x′y′z′*，机构动平台的

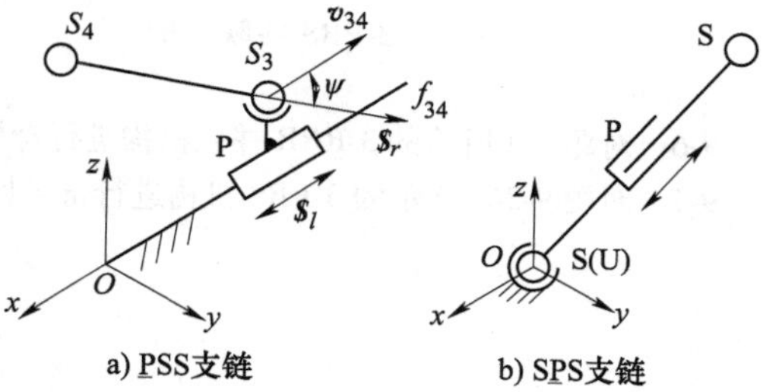

图 9-33
PSS 支链和 SPS 支链

位姿可表示为（$x_{O'}$，$y_{O'}$，φ）。若给定机构的参数为：$r_1=0.2\text{mm}$，$r_2=2\text{mm}$ 和 $r_3=r_4=1.4\text{mm}$，试绘制该机构在 $\varphi=0°$ 的有效工作空间内各性能指标的分布情况，并给出 ITI、OTI 和 LTI 的分布曲线。

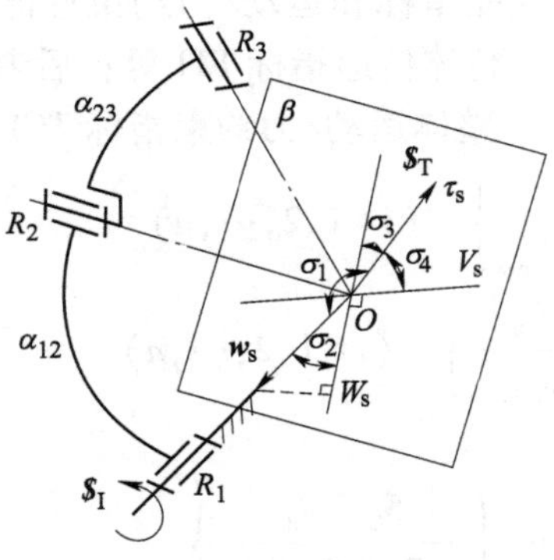

图 9-34

球面 $\underline{\text{R}}$RR 支链

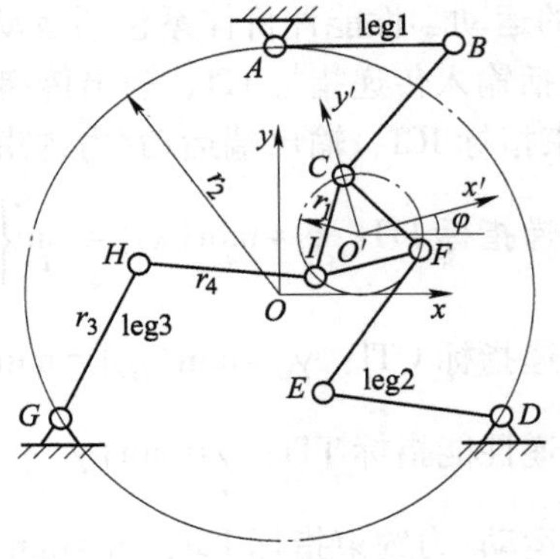

图 9-35

平面 3-$\underline{\text{R}}$RR 并联机构

9-5　图 9-36a 所示为一 3-$\underline{\text{P}}$RS 并联机构，其动平台通过三条互成 120°角均匀分布的 $\underline{\text{P}}$RS 支链分别与三个垂直于定平台的立柱相连。通过驱动与三个立柱相连的滑块，可以实现动平台的相应运动。图 9-36b 所示为机构示意图，由图可知，三条支链被分别限制在三个竖直平面 Π_1、Π_2 和 Π_3 内，R_1 和 R_2 分别为三角形定、动平台的外接圆半径，L 为随动杆 B_iP_i 的长度，即转动副中心 B_i 到球副中心 P_i 的距离。分别在定平台与动平台上建立定坐标系 $O\text{-}XYZ$ 与动坐标系 $o\text{-}xyz$。若给定机构的几何参数为：$R_1=200\text{mm}$，$R_2=130\text{mm}$ 和 $L=220\text{mm}$，试绘制该机构在方位角 $\varphi=0°$ 时各性能指标（ITI、OTI 和 LCI）与倾摆角 θ 之间的关系曲线。

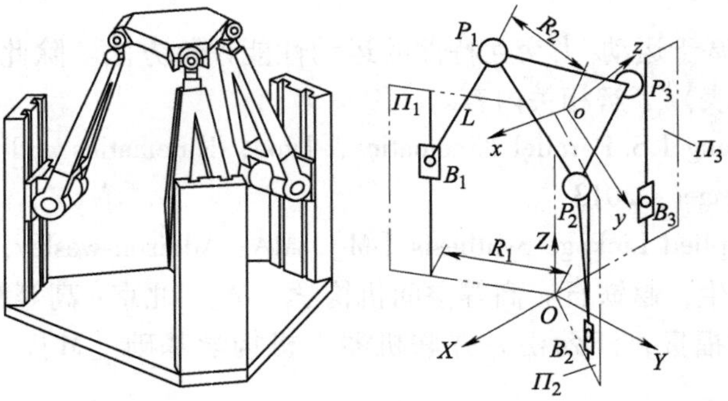

a) 机构模型　　b) 机构示意图

图 9-36

3-$\underline{\text{P}}$RS 并联机构

9-6　对题 9-4 所给的 3-$\underline{\text{R}}$RR 并联机构进行奇异性分析（参数已在题中给定）。

9-7　对图 9-36a 所示的 3-$\underline{\text{P}}$RS 机构进行奇异性分析。

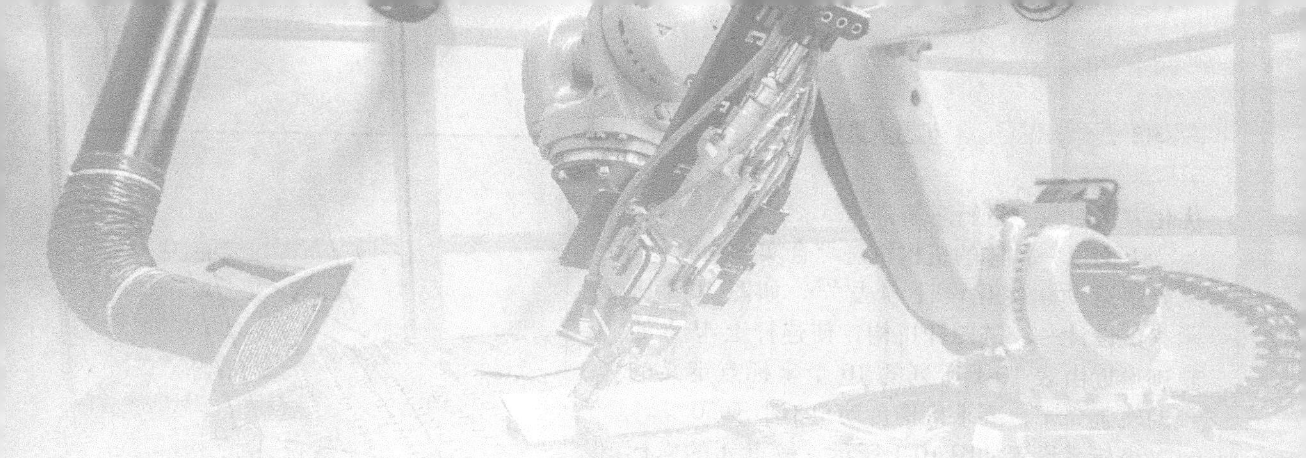

第 10 章 运动学优化设计

本章导读

运动学设计是机器人开发的最主要环节之一，直接影响整机性能。由于机器人特别是并联机器人具有多闭链结构和多参数的特点，运动学设计是一项非常具有挑战性的工作。

运动学设计通常需要探讨两方面的问题：性能评价和尺度综合。尺度综合的目的是通过一定的方法来确定所设计机构的几何参数，而性能评价则是尺度综合的前提和先决条件。有关性能评价方面的内容在第 8、9 章已有较详细的介绍。本章将基于所给的性能指标，重点讨论机器人的尺度综合与运动学优化设计。

10.1 两种常用的运动学优化设计方法

运动学优化设计（或尺度综合）中，最常用的是基于目标函数的运动学优化设计方法。但是，由于每个设计参数都没有明确的范围限制，理论上可以是零到正无穷之间的任意数值，并且多个优化目标之间通常是相互矛盾的，导致该方法非常耗时，而且很难找到一个全局范围内的最优解。另外一种常用的方法是性能图谱法，该方法可以在一个有限的设计空间内直观地表达出设计指标和相关设计参数之间的关系，并且还能表达出所涉及性能指标之间的相互关系。与基于目标函数的优化设计方法相比，基于性能图谱的优化设计方法的优化结果比较灵活，对于一个特定的优化设计任务，该方法可以得到不止一个优化结果，因此，设计人员可以根据自己的设计条件灵活地对优化结果进行调整。但是，由于每个设计参数可以是从零到正无穷之间的任意数值，因此，该方法的最大问题就是不能在一个有限的空间中完整地表示性能图谱。

10.1.1 基于目标函数的运动学优化设计方法

随着计算机硬件能力的快速提高，以及优化算法及理论在机构学中的普及应用，机构运动学设计方法中又增加了一种“利器”，即运动学优化设计方法。特别是在考虑多重影响因素或多个参数的情况下，该方法更具竞争力和实效性。以简单的平面机构运动设计为例，在设计牛头刨床机构时，除了需要考虑行程和急回系数等要求之外，还要求刨刀在工作行程中接近等速。在这种情况下，更适合采用基于目标函数的运动学优化设计方法。

运动学优化设计主要包括两方面的内容：一是建立待优化的数学模型；二是选择合适的

优化方法对模型进行求解。

下面以一具体的机构轨迹综合实例为背景，来介绍运动学优化设计方法[37]。如图 10-1 所示，试设计一铰链四杆机构，使连杆上 M 点的轨迹逼近由表 10-1 所列的 10 个坐标点定义的预期轨迹 mm'，要求机构传动角不小于 30°。

坐标系设置如图 10-1 所示，铰点 A 的坐标为（x_A，y_A），连杆上 M 点的位置由 l_1、l_2、l_3、l_4、l_5、x_A、y_A、α、φ_0 共九个参数确定。该轨迹生成机构的设计问题，实质上可归结为如何采用优化设计方法确定上述九个参数，具体过程如下。

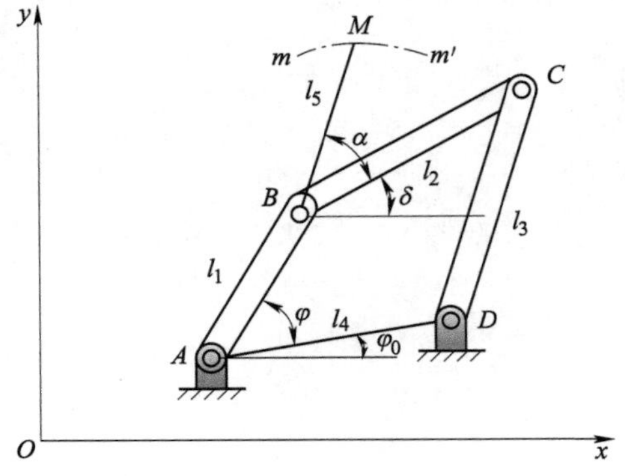

图 10-1

轨迹生成机构的运动学优化设计方法

表 10-1 M 点预期轨迹 mm' 上点的坐标值

序号	1	2	3	4	5	6	7	8	9	10
x_{di}	9.50	9.00	7.96	9.65	4.36	3.24	3.26	4.79	6.58	9.12
y_{di}	8.26	8.87	9.51	9.94	9.70	9.00	8.36	8.11	8.00	7.89

1. 建立优化设计的数学模型

设计变量、目标函数与约束条件是建立优化设计数学模型的三要素。

（1）确定设计变量　根据设计要求，确定设计变量。例如，上述轨迹生成机构中，M 点的位置由 l_1、l_2、l_3、l_4、l_5、x_A、y_A、α、φ_0 共九个参数决定，这组参数就可以作为设计变量。

含有 n 个参数的设计变量组常用 n 维向量来表示，即

$$\boldsymbol{X} = [x_1, x_2, \cdots, x_n]^{\mathrm{T}} \quad \boldsymbol{X} \in \mathbb{R}^n \tag{10.1-1}$$

因此，在上述轨迹生成机构优化设计问题中，设计变量可以写成

$$\boldsymbol{X} = [l_1, l_2, l_3, l_4, l_5, x_A, y_A, \alpha, \varphi_0]^{\mathrm{T}} \tag{10.1-2}$$

（2）建立目标函数　优化设计的任务就是根据预定的设计目标，寻求最优的设计方案。而设计目标一般表达成设计变量的函数，称为目标函数，即

$$f(\boldsymbol{X}) = f(x_1, x_2, \cdots, x_n) \tag{10.1-3}$$

机构优化设计的目标函数主要根据性能指标，如行程、速度、压力角等来确定。上述轨迹生成机构优化设计问题的设计目标是使 M 点的轨迹逼近给定的预期轨迹 mm'。具体而言，假设 m 个预期点的坐标写成（x_{di}，y_{di}），$i=1$，2，…，m；对应的 M 点实际轨迹上 m 个点的坐标写成（x_i，y_i），$i=1$，2，…，m。为达到逼近预期轨迹的目的，设计目标应定位为对应点的距离之和最小，即目标函数为

$$\min f(\boldsymbol{X}) = \sum_{i=1}^{m} \sqrt{(x_i - x_{di})^2 + (y_i - y_{di})^2} \tag{10.1-4}$$

式中，M 点的坐标可由下式计算得到：

$$\begin{cases} x_i = x_A + l_1\cos(\varphi_0 + \varphi) + l_5\cos(\delta + \alpha) \\ y_i = y_A + l_1\sin(\varphi_0 + \varphi) + l_5\sin(\delta + \alpha) \\ \delta = \varphi_0 + \arccos\dfrac{l_1^2 + l_2^2 - l_3^2 + l_4^2 - 2l_1l_4\cos\varphi}{2l_2\sqrt{l_1^2 + l_4^2 - 2l_1l_4\cos\varphi}} - \arctan\dfrac{l_1\sin\varphi}{l_4 - l_1\cos\varphi} \end{cases} \tag{10.1-5}$$

需要注意以下两点：

1）待优化设计目标一般表示成目标函数最小化形式。当目标函数为最大化形式时，根据实际情况不同，可写成相反数或倒数的形式，将问题转化为最小化问题。

2）如果优化设计目标只有一个目标函数，则为单目标优化设计问题；有时会涉及多目标优化设计，这时，通常的做法是利用线性加权法对各目标函数相加，得到一个总目标函数，再进行优化设计。

（3）确定约束条件　设计变量的取值往往需要满足某种限制条件，如构件尺寸的取值范围、最小传动角等。这些限制条件就构成了优化设计问题中的约束条件。其中，设计变量的变化范围约束称为边界约束，而类似于最小传动角的约束称为性能约束。约束条件通常有两种表达形式：

等式约束
$$g_j(\boldsymbol{X}) = 0 \quad (j = 1,2,\cdots,p) \tag{10.1-6}$$

不等式约束
$$h_j(\boldsymbol{X}) \leqslant 0 \quad (j = 1,2,\cdots,q) \tag{10.1-7}$$

对于图 10-1 所示的轨迹生成机构（应为曲柄摇杆机构），需要满足以下约束条件：

1）**杆长大于零条件**。由曲柄是最短杆，得

$$h_1(\boldsymbol{X}) = -l_1 \leqslant 0 \tag{10.1-8}$$

2）**曲柄存在条件**。根据曲柄存在条件，得

$$\begin{aligned} h_2(\boldsymbol{X}) &= l_1 + l_2 - l_3 - l_4 \leqslant 0 \\ h_3(\boldsymbol{X}) &= l_1 - l_2 + l_3 - l_4 \leqslant 0 \\ h_4(\boldsymbol{X}) &= l_1 - l_2 - l_3 + l_4 \leqslant 0 \end{aligned} \tag{10.1-9}$$

3）**最小传动角条件**。由几何关系，得

$$\begin{aligned} h_5(\boldsymbol{X}) &= \frac{l_2^2 + l_3^2 - (l_4 - l_1)^2}{2l_2l_3} - \cos30^\circ \leqslant 0 \\ h_6(\boldsymbol{X}) &= \cos150^\circ - \frac{l_2^2 + l_3^2 - (l_4 + l_1)^2}{2l_2l_3} \leqslant 0 \end{aligned} \tag{10.1-10}$$

约束条件将设计空间分为两部分：满足约束条件的部分称为可行域；不满足约束条件的部分称为非可行域。对于有约束条件的优化设计问题，实质上就是在可行域内找到一组设计变量，使目标函数最优。

按照约束优化求解惯例，一般将优化设计的数学模型表示成以下标准形式

$$\begin{aligned} &\min f(\boldsymbol{X})\ (\boldsymbol{X} \in \mathbb{R}^n) \\ \text{S. T.}\quad &g_i(\boldsymbol{X}) = 0(i = 1,2,\cdots,p) \\ &h_j(\boldsymbol{X}) \leqslant 0(j = 1,2,\cdots,q) \end{aligned} \tag{10.1-11}$$

因此，上述轨迹生成机构优化设计问题的数学模型可以写成含九个设计变量、一个目标函数和六个约束条件（方程与不等式）的形式，即

$$\min f(\boldsymbol{X}) = \sum_{i=1}^{m} \sqrt{(x_i - x_{\mathrm{d}i})^2 + (y_i - y_{\mathrm{d}i})^2}$$

$$
\begin{aligned}
\text{S.T.}\quad & h_1(\boldsymbol{X}) = -l_1 \leqslant 0 \\
& h_2(\boldsymbol{X}) = l_1 + l_2 - l_3 - l_4 \leqslant 0 \\
& h_3(\boldsymbol{X}) = l_1 - l_2 + l_3 - l_4 \leqslant 0 \\
& h_4(\boldsymbol{X}) = l_1 - l_2 - l_3 + l_4 \leqslant 0 \\
& h_5(\boldsymbol{X}) = \frac{l_2^2 + l_3^2 - (l_4 - l_1)^2}{2l_2 l_3} - \cos30° \leqslant 0 \\
& h_6(\boldsymbol{X}) = \cos150° - \frac{l_2^2 + l_3^2 - (l_4 + l_1)^2}{2l_2 l_3} \leqslant 0 \\
& \boldsymbol{X} = [l_1, l_2, l_3, l_4, l_5, x_A, y_A, \alpha, \varphi_0]^{\mathrm{T}}
\end{aligned}
\tag{10.1-12}
$$

2. 选择合适的优化方法

优化方法的种类繁多，可分为无约束优化和约束优化两类。一般工程中的优化问题为约束优化问题，故这里只介绍与之相关的优化设计方法，包括惩罚函数法、增广乘子法等。各自的优缺点及选用原则可参阅专门的书籍。此外，很多算法已有成熟的软件包，可以直接调用或使用。

对于上面的例子，选用惩罚函数法进行优化，最后可得一组最优设计方案

$$
\boldsymbol{X}^* = [1.68, 5.82, 5.41, 7.03, 7.97, 2.07, 2.25, 79.02°, -70.29°]^{\mathrm{T}} \tag{10.1-13}
$$

【知识扩展】多目标优化

多目标优化问题目前已发展成一门新兴学科，涉及工程中的诸多领域。在这些领域中，大量的问题都可以归结为一类在某种约束条件下使用多个目标同时达到最优的多目标优化问题。这样便涉及合适的多目标优化设计方法的选取问题。

目前，多目标优化问题的求解方法很多，最主要的有两大类：一类是直接求出非劣解，从中选取较好解；另一类是将多目标优化问题转化成一个评价函数的单目标优化问题，包括主要目标法、线性加权法、协调曲线法、目标规划法等，具体内容可查阅相关文献。

10.1.2 基于性能图谱的运动学优化设计方法

如前所述，基于性能图谱的优化设计方法[36]，是将机构的所有尺寸类型纳入一个有限的空间区域内，在此空间区域的三坐标平面图形上绘制各种性能指标的曲线族，即性能图谱，再根据给定的设计要求在空间区域内确定出优质尺度域。该方法的关键是在一个有限的区域内表达出机构的性能与尺寸之间的关系，进而得到机构的性能图谱。

目前，在绘制性能图谱的工具中，**空间模型**（space model）是应用较为广泛的一种。所谓空间模型，是以机构的尺寸参数为坐标，将多维无限的尺寸参数变换到有限的二维或三维空间中，为研究机构性能与尺寸之间的关系提供有效的图形表达方式。

一般情况下，一个机构中有多个特征参数，每个特征参数可以是从零到正无穷之间的任意数值，机构的性能评价指标会随着参数的变化而变化。为了使机构能够执行既定任务，必须对其尺寸参数进行优化设计，选出合理的尺寸参数。假设一个机构有 n 个特征参数，用 $L_i(1 \leqslant i \leqslant n)$ 表示，那么，该机构的工作空间等性能均与这 n 个参数密切相关。机构优化设计就是根据给定任务与需要机构表现出的性能来确定这些特征参数。

使用性能图谱法进行机构的运动学优化设计，设计参数的无限性是最具挑战性的困难。

该困难可以总结为以下几点：①如何减少设计参数的数量；②如何合理地限制设计参数的范围；③如何定义参数设计空间，在该空间中可以合理地进行优化设计；④如何处理设计空间内有上确界和无上确界的设计参数之间的关系。

为了解决上述问题，必须采用合理的方法来定义每个设计参数的范围，并且保持机构在性能上的相似性。参数无量纲化可以解决上述问题。

假设一个机构有 n 个特征参数，用 L_i（$i=1, 2, \cdots, n$）表示。令

$$D = \sum_{i=1}^{n} L_i/d \tag{10.1-14}$$

式中，d 可以是任意正数；D 为机构的无量纲化因子，从而可以将 n 个特征参数表示为

$$l_i = L_i/D \tag{10.1-15}$$

因此

$$\sum_{i=1}^{n} l_i = d \tag{10.1-16}$$

式（10.1-16）不仅将参数数量从 n 减少到 $n-1$，而且给每个参数增加了一个限制范围约束，即

$$l_n = d - \sum_{i=1}^{n-1} l_i \tag{10.1-17}$$

和

$$0 \leqslant l_i \leqslant d \tag{10.1-18}$$

需要注意的是，在实际情况中还会有其他参数约束条件。式（10.1-16）、式（10.1-18）和实际情况中的其他约束条件共同定义了一个（$n-1$）维的**参数设计空间**（Parameter Design Space，PDS）。

由式（10.1-16）和式（10.1-18）可知，PDS 的空间范围取决于 d 的值。为了更好地描述每个无量纲化参数的范围，并在一个有限的空间内表示 PDS，理论上 d 可以是任何正数。为此，可以令 d 为一个整数，通常令 $d=1$ 或 n。需要注意的是，参数 d 只能决定 PDS 的尺寸，而不会对 PDS 的形状和最终优化结果产生影响。若 $d=1$，则 D 是所有特征参数之和；若 $d=n$，则 D 是所有特征参数的平均值。无论 d 的数值如何设置，都可以通过式（10.1-14）~式（10.1-18）将机构的尺寸参数改变为无量纲参数。最为重要的是，通过该方法可以将 n 维优化问题变成（$n-1$）维优化问题，同时可以得出每个无量纲参数的范围。因此，该方法可以定义为**无量纲化方法**（Parameter-Finiteness Normalization Method，PFNM）。

通过以上分析可知，特征参数为 Dl_i 的机构和特征参数为 l_i 的机构在性质上具有相似性，给定不同的 D，则可以得到不同的机构。此时，可以将特征参数为 Dl_i（D 为变量）的机构定义为**相似机构**（Similarity Mechanisms，SMs），将特征参数为 l_i 的机构定义为**基相似机构**（Base Similarity Mechanism，BSM）。所有 SMs 的特征参数 Dl_i 之间具有相同的比例，该比例不随参数 d 的变化而变化。例如，一个机构的特征参数为 $L_1=6\text{mm}$，$L_2=4\text{mm}$，如果 $d=1$，则有 $l_1/l_2=0.6/0.4=1.5$；如果 $d=5$，则有 $l_1/l_2=3/2=1.5$。因此，参数 d 的选择不会影响 PFNM 在优化设计中的应用，也不会影响优化结果。

机构的特征参数 $L_i=Dl_i$ 组成一个 n 维空间，而每个参数的范围为 $[0, +\infty)$，因此，由 $C^n=(L_1, L_2, \cdots, L_n)$ 组成的有量纲机构空间 $\Pi=[C_1^n, C_2^n, C_3^n, \cdots]$ 为无界空间。而所有

无量纲参数 l_i 是有界的，故由 $c^n=(l_1, l_2, \cdots, l_n)$ 组成的无量纲机构空间 $\pi=[c_1^n, c_2^n, c_3^n, \cdots]$ 是有界空间，该空间也是实际的PDS。因此，PFNM在有界空间 π 中的元素 c^n 和无界空间 Π 中的元素 C^n 的之间建立起确定的关系，对于 Π 中的每一个元素 C^n，都可以在 π 中找到唯一确定的元素 c^n 与之对应。

特征参数的数量决定了机构优化设计的难度。以下根据特征参数的数量给出了几个采用PFNM进行优化设计的例子，在以下例子中，均取 $d=1$。

【例10-1】 特征参数数量 $n=1$ 的机构实例。

解： 当特征参数 $n=1$ 时，意味着机构只有一个特征参数 L_1，图10-2a所示的2自由度PRRRP机构和图10-2b所示的2自由度RPRPR机构属于这类机构。这类机构的无量纲化系数为 l_1，由式（10.1-15）可以得到 $l_1=1$，此时的PDS为一个点。

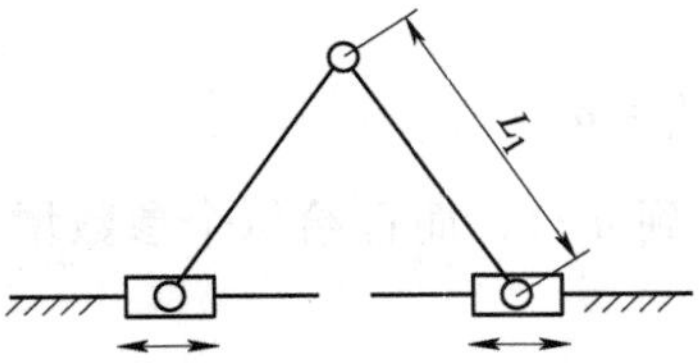

a) PRRRP机构　　b) RPRPR机构

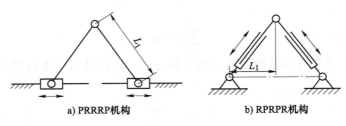

图10-2

特征参数数量为1的机构

【例10-2】 特征参数数量 $n=2$ 的机构实例。

解： 当特征参数数量 $n=2$ 时，两个特征参数分别表示为 L_1 和 L_2，图10-3a所示的PRRRP机构、图10-3b所示的3-RPR机构和图10-3c所示的星形机构属于此类机构，3-RPS并联机构和线性Delta机构也属于此机构。星形机构的特征参数为每一个支链的长度和动平台的半径。此类机构的无量纲化参数为 $D=L_1+L_2$，故其无量纲参数满足 $l_1+l_2=1$，参数优化空间PDS实际上是一条线段。此外，还需要注意机构自身的约束条件，例如对于图10-3a所示的PRRRP机构，有约束条件 $l_1 \geqslant l_2$，从而可以得到 $l_1 \geqslant 0.5$，则该机构的参数优化空间PDS为 $l_1 \in [0.5, 1]$。

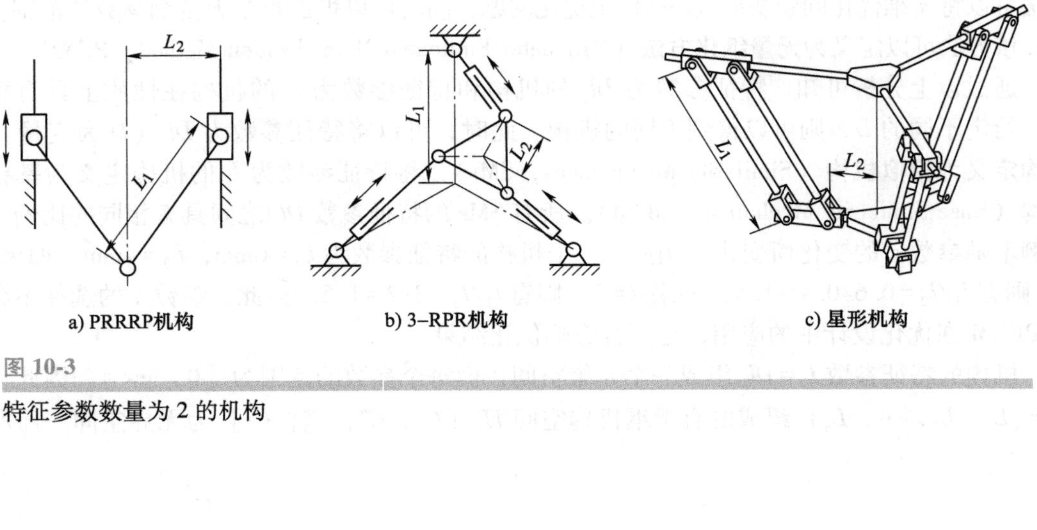

a) PRRRP机构　　b) 3-RPR机构　　c) 星形机构

图10-3

特征参数数量为2的机构

【例 10-3】　特征参数数量 $n=3$ 的机构实例。

解： 2 自由度平面 5R 并联机构（图 10-4a）、Delta 机构、3-PRS 机构（图 10-4b）、6-PUS 并联机构（图 10-4c）的和 HALF 机构（图 10-4d）的特征参数数量为 3。对于此类机构，有 $l_1+l_2+l_3=1$，这些无量纲化参数满足 $0\leqslant l_1, l_2, l_3\leqslant 1$，并且 $l_2\geqslant |l_1-l_3|$，对于 3-PRS 机构和 HALF 机构，还应该满足 $l_1>l_3$ 这一额外约束。此类机构的 PDS 实际上是一个封闭的平面空间，例如，3-PRS 机构的 PDS 为图 10-5 所示的等腰三角形 ABC。

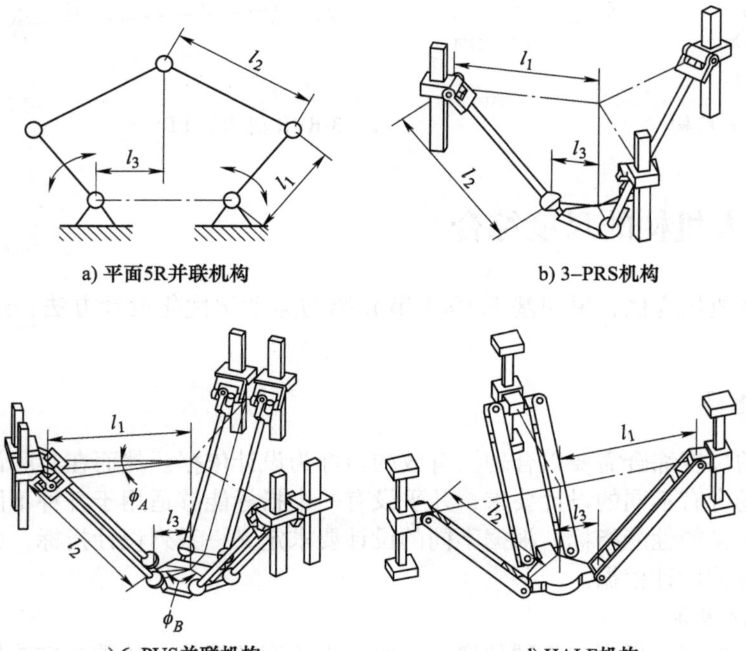

a) 平面5R并联机构　b) 3–PRS机构　c) 6–PUS并联机构　d) HALF机构

图 10-4
特征参数数量为 3 的机构

【例 10-4】　特征参数数量 $n=4$ 的机构实例。

解： 很多并联机构是通过旋转驱动器驱动的，如 6-RRRS 机构、Hexa 机构、3-RRR 机构（图 10-6）等，这些机构有四个特征参数。当 $n=4$ 时，有 $l_1+l_2+l_3+l_4=1$，该式定义了一个单位立方体，由于机构存在其他参数约束，其 PDS 通常为一个三维多面体。例如，对于图 10-6 所示的 3-RRR 机构，还必须满足 $l_2+l_3+l_4\geqslant l_1(l_1\leqslant 0.5)$ 和 $l_1+l_2+l_3\geqslant l_4(l_4\leqslant 0.5)$，因此，该机构的 PDS 为图 10-7 所示的多面体 $ABCDEFG$。

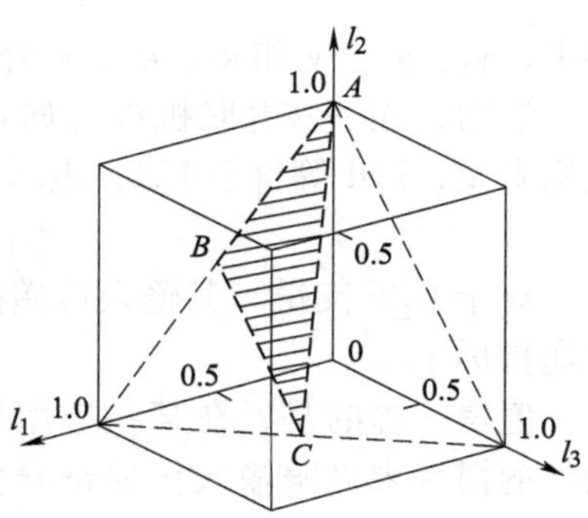

图 10-5
3-PRS 机构的 PDS

总之，无论有多少个特征参数，都可以采用 PFNM 将特征参数的数量从 n 减小到 $n-1$，并且 $n-1$ 个无量纲特征参数是有界的。但是，当特征参数的数量大于 4 时，PDS 将无法实现三维空间的描述。

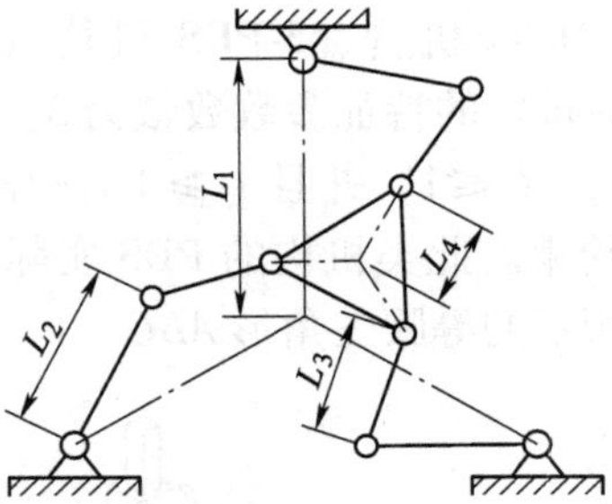

图 10-6

3-RRR 机构

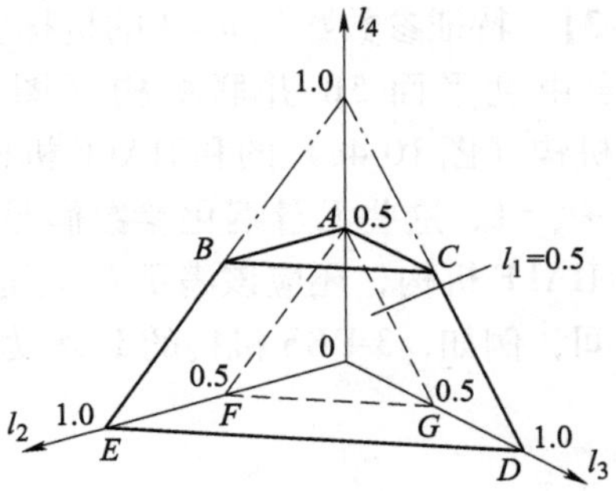

图 10-7

3-RRR 机构的 PDS

10.2 机器人机构的尺度综合

本节以并联机构为例，说明基于 10.1 节介绍的运动学优化设计方法，进行机构尺度综合的一般过程。

10.2.1 设计指标

并联机构的尺度综合需要以合理、有效的指标为设计依据。然而在实际设计过程中，由于不同的应用场合有不同的设计要求，几乎没有一个指标能够适用于各种不同的情况。本小节基于前面已定义的性能指标，根据不同的设计要求定义一系列设计指标，为并联机构的尺度综合提供相应的设计依据。

1. 局部设计指标

考虑到机构在同一尺度的不同位姿下一般具有不同的性能，故首先应该根据实际应用场合和设计要求定义相应的**局部设计指标**（Local Design Index，LDI）。

第 9 章已定义了适用于并联机构的若干局部性能指标，如 ITI、OTI、LTI、ICI、OCI 和 TCI 等。一般情况下，可定义并联机构的局部设计指标 LDI 为

$$\Lambda = \min\{\gamma,\kappa\} = \min\{\gamma_{\mathrm{I}},\gamma_{\mathrm{O}},\kappa_{\mathrm{I}},\kappa_{\mathrm{O}}\} \tag{10.2-1}$$

式中，γ_{I}、γ_{O}、γ 和 κ_{I}、κ_{O}、κ 分别为 ITI、OTI、LTI 和 ICI、OCI、TCI。

然而，在一些并联机构（如 6-U$\underline{\mathrm{P}}$S 机构）中，不存在约束性能的评价问题。对于这些机构来说，LDI 等价于 LTI，表示为

$$\Lambda = \gamma = \min\{\gamma_{\mathrm{I}},\gamma_{\mathrm{O}}\} \tag{10.2-2}$$

对于 U$\underline{\mathrm{P}}$S 支链，其输入传递指标的值始终等于 1，此时，机构的 LDI 实际上等价于输出传递指标 γ_{O}。

值得一提的是，在某些应用场合中，机构可利用主动件的惯性来克服输入传递奇异位形，此时则无须考虑输入传递指标 γ_{I}。

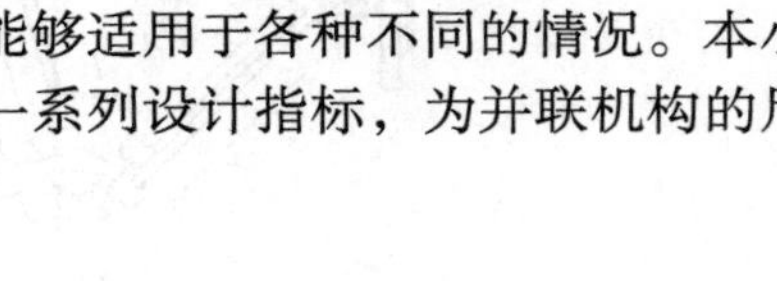

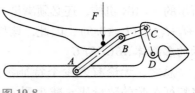

图 10-8

大力钳结构图

此外，还存在一些其他的应用情况，如图 10-8 所示的大力钳。该大力钳为一种增力机构，其作用是使一个较小的压力 F 产生一个较大的夹持力。由图 10-8 可知，

该机构实际上等效于一个平面四杆机构，构件 AB 和 CD 可分别看作机构的输入杆和输出杆。于是，该机构的正、逆传动角分别为 $\angle BCD$ 和 $\angle ABC$，从而可得，其 ITI 和 OTI 分别为 $|\sin\angle ABC|$ 和 $|\sin\angle BCD|$。

逆传动角 $\angle ABC$ 越接近 180°，该大力钳机构的机械增益越大，增力效果越好，而其 ITI 的值却越接近于零。因此，设计人员不能依据式（10.2-2）所定义的 LDI 对此类机构进行尺度综合，而应该对其 ITI 进行相应的修正。修正后的局部设计指标表示为

$$\Lambda = \min\{(1-\gamma_{\mathrm{I}}),\gamma_{\mathrm{O}}\} \tag{10.2-3}$$

式（10.2-3）所示的 Λ 值越大，机构的增力效果越好。

由此可见，局部设计指标的定义应根据机构及其实际应用情况和设计要求来完成。在定义了机构的局部设计指标之后，即可基于该局部设计指标来定义相应的全局性指标，以衡量机构在不同尺度下整体性能的优劣，从而为机构的尺度综合提供设计依据。下面将基于 LDI 来完成两个全局性指标的定义。

2. 优质传递/约束工作空间

工作空间是决定机构实用性的一个非常重要的指标，因此，在并联机构的尺度综合中，工作空间的大小和形状应作为主要设计指标之一。

根据上面的内容可知，局部设计指标的定义主要是基于机构的运动或力传递/约束性能指标来完成。为了使机构具有较好的运动与力传递/约束性能，可要求其在局部位姿下的 LDI 值不小于某一标准值（如 0.7），所有这样的位姿点的集合就称为该机构的优质传递/约束工作空间。所得面积或体积即可作为并联机构尺度综合设计的一个全局性指标。

值得注意的是，大多数情况下，并联机构的优质传递/约束工作空间具有不规则的几何形状，而在设计过程中往往要求机构的工作空间具有规则的几何形状，如圆形、长方形、正方形或者圆柱体、球体、长方体和正方体等。因此，在确定机构的优质传递/约束工作空间时，需要根据具体情况加以适当的处理。例如，对于图 10-9 所示的平面 $\mathrm{R\underline{P}R\underline{P}R}$ 并联机构，其优质传递工作空间原本应为图 10-10 中粗实线（LDI = 0.7）所包围的区域。但是，如果实际工况要求该机构工作空间的长宽比为 3∶1，那么，为了使机构具有较大的优质工作空间，其优质传递工作空间应定义为图 10-10 中黑色细线所包围的长方形区域。

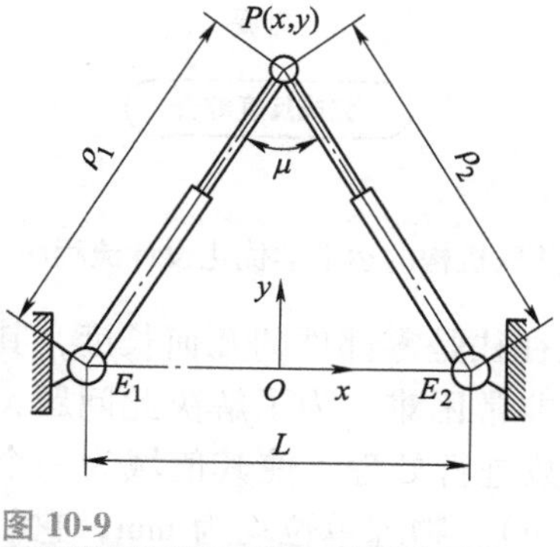

图 10-9

平面 $\mathrm{R\underline{P}R\underline{P}R}$ 并联机构

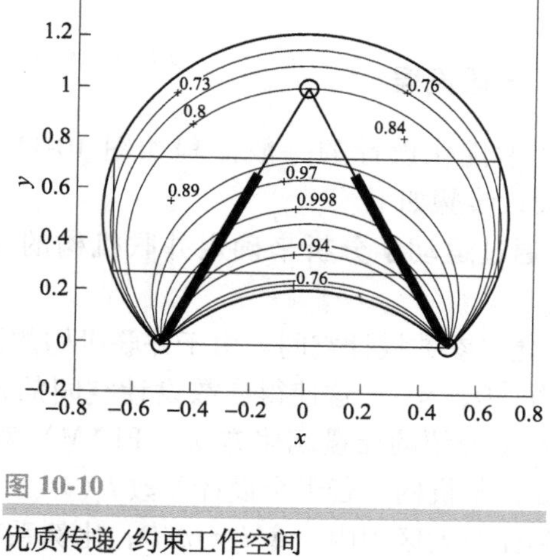

图 10-10

优质传递/约束工作空间

3. 全局传递/约束指标

具有不同几何参数的并联机构可能会具有相同大小的优质工作空间，此时将无法判断哪个机构具有更好的性能。因此，仅以优质工作空间为设计指标不足以全面衡量并联机构的综合性能，还需要定义其他的全局性设计指标。

为了评价并联机构在其优质工作空间内的整体运动与力传递/约束性能，定义机构的**全局传递/约束指标**为

$$\Gamma=\frac{\int_{W}\Lambda\mathrm{d}W}{\int_{W}\mathrm{d}W} \tag{10.2-4}$$

式中，W 为机构的优质传递/约束工作空间。由式（10.2-4）可以看出，全局传递/约束指标表示的是机构的 LDI 在其优质传递/约束工作空间内的平均值，该值越大，则意味着机构在其优质工作空间内的整体运动与力传递/约束性能越好。

值得注意的是，由于局部设计指标 Λ 往往很难表示为工作空间位姿点的函数解析式，故在全局传递/约束指标的求解过程中，应首先将优质传递/约束工作空间离散化，然后针对不同的离散点求出其对应的 Λ 值，再通过求这若干个 Λ 值的平均值来近似得出机构的全局传递/约束指标。离散点的密度越大，所求得的全局传递/约束指标的近似解越接近其真实值。

以上就是本部分定义的设计指标，其中，LDI 的定义与实际应用情况紧密相关，而后两个指标的定义均是以 LDI 为基础来完成的。并联机构设计将综合考虑后两个指标，以实现机构的运动学尺度最优化。但是，在实际工程设计中，应根据具体的设计要求来考虑是否同时采用其他指标，如刚度、精度等。

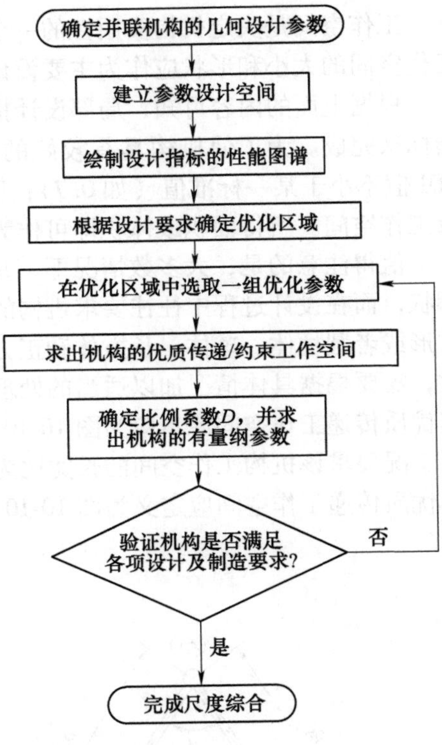

图 10-11

并联机构的运动学优化设计流程图

10.2.2 一般流程

运动学优化设计的一般流程如图 10-11 所示，具体的设计步骤如下。

1）通过运动学分析来确定并联机构的几何设计参数。

2）建立参数设计空间。由于并联机构的设计参数往往是零部件的几何长度，其取值范围一般为［0，∞），这使得参数设计空间的建立变得非常困难。为了解决此问题，可按照 10.1.2 小节介绍的**无量纲化方法**（PFNM）对这些参数进行处理，使其值域为一个有限范围。例如，某机构有若干个设计参数 $L_i(i=1, 2, \cdots, n)$，物理单位均为 mm，它们的值分布于零到无穷大区间内，令 $l_i=L_i/D$，比例系数 $D=L_1+L_2+\cdots+L_n$，于是可得

$$l_1 + l_2 + \cdots + l_n = 1 \tag{10.2-5}$$

由于这些参数均为非负数，故可知 $l_i \in [0, 1]$。同时，式（10.2-5）可看作机构参数的一个约束条件，使得机构的尺度综合问题从 n 维降为（$n-1$）维。

值得注意的是，如果机构的几何设计参数均为角度参数，则无须对其进行无量纲化处理，因为角度参数的取值范围位于有限区间内。

实际上，要使机构能实现正确的装配关系或运动能力，各几何参数还须满足其他更严格的约束条件。根据这些约束条件，可得到该机构最终的参数设计空间。

3）绘制机构在设计空间内的性能图谱。首先，根据实际情况确定机构的设计指标。一般来说，选择优质传递/约束工作空间和全局传递/约束指标作为设计指标。然后，通过数值计算求得设计空间内所有尺寸组合下并联机构的设计指标值，并以等值曲线的方式在设计空间内表达出各性能与尺度之间的关系，即绘制性能图谱。

4）根据实际的设计要求在设计空间内确定优化区域。根据设计要求，在各个性能图谱中找出满足条件的区域，然后取这些区域的交集作为该机构在设计空间内的优化区域。

5）在优化区域中为机构选取一组参数。设计空间的优化区域内包含了所有满足设计要求的参数解，只需从中选取一组作为机构的优化尺寸参数即可。考虑到在实际工程设计中，数值上唯一的最优解并不一定能够满足设计要求，因此，虽然机构优化尺度在优化区域内的选取具有一定的任意性，但为设计人员及时调整机构的优化尺寸提供了可能。

6）根据实际情况，确定无量纲化参数下机构的优质传递/约束工作空间。

7）确定比例系数 D 并求出机构的有量纲参数。在设计过程中，需要根据一定的设计条件来确定比例系数 D。例如，可根据实际工况所要求的工作空间与优质传递/约束工作空间之比，得出比例系数 D，从而计算出该机构的有量纲尺寸参数。

对于具有角度参数的并联机构来说，由于其参数不必进行无量纲化处理，故可跳过此步。

8）验证机构是否满足各项设计及制造要求。尽管设计人员得到了机构的优化几何参数，但是，该优化机构可能并不满足工程设计或制造要求。例如，根据优质传递/约束工作空间和运动学逆解，可以计算出机构驱动关节的输入范围，但是，工程人员无法设计或购置能满足该输入范围的驱动关节；又如，某些被动关节，如球铰、虎克铰等的运动能力（或者说转动范围）有限，无法保证机构末端达到优质传递/约束工作空间内的所有位置点；再如，机构整体的长宽高之比不满足实际工况要求等。

因此，在确定了机构的有量纲尺寸参数之后，需要验证该组参数是否能够保证机构满足各项设计及制造要求。若不满足要求，设计人员应返回第 5 步，重新选择一组优化参数，并重复第 6、7、8 步的内容。直到优化的并联机构满足工程中的各项设计和制造要求，才完成了该机构最终的运动学尺度综合。

10.2.3　设计实例

为了进一步说明上述运动学优化设计方法及流程，本节以典型的 3-PRS 并联机构为例进行运动学优化设计。

五轴联动串并联（混联）高速加工设备是近年来国内外机床行业研究的一个新方向，此类加工设备的核心功能部件是能够实现一个移动和两个联动转动的并联式主轴头。Sprint

Z3 主轴头便是其中的典型代表，该主轴头采用的是 3-$\underline{P}$RS 并联机构，下面对该机构进行运动学尺度综合。设计要求为：动平台在各方向的摆动角均不小于 35°，且在工作空间内具有较好的运动与力传递性能。

图 10-12a 所示为一 3-$\underline{P}$RS 并联机构，动平台通过三条互成 120°角均匀分布的 $\underline{P}$RS 支链分别与定平台上的三个竖直立柱相连。通过驱动与三个立柱相连的滑块，可以实现动平台的相应运动。图 10-12b 所示为机构示意图，三条支链被分别限制在三个竖直平面 Π_1、Π_2 和 Π_3 内，R_1 和 R_2 分别表示三角形定、动平台的外接圆半径，L 表示随动杆 B_iP_i（$i=1$，2，3）的长度，即转动副中心 B_i 到球副中心 P_i 的距离。坐标系 O-XYZ 建立在定平台中心，该坐标系与定平台固连，为定坐标系。类似地，建立与动平台固连的动坐标系 o-xyz。

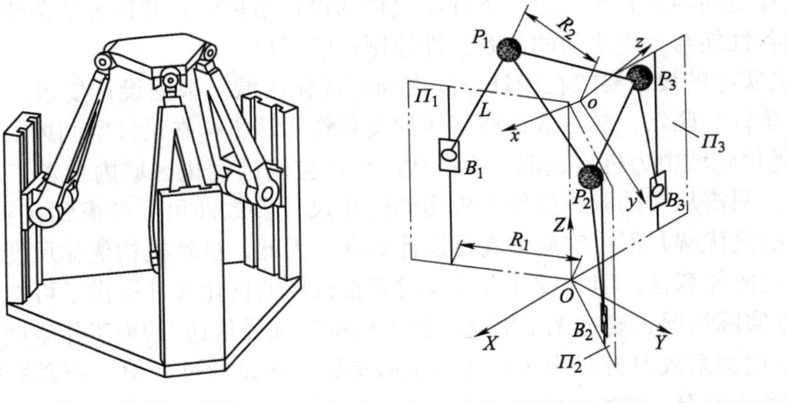

a) 机构模型　　b) 机构示意图

图 10-12

3-$\underline{P}$RS 并联机构

基于 9.1 节的方法，可求得第 i 条 $\underline{P}$RS 支链对动平台提供的约束力旋量为经过球铰 P_i 中心且垂直于平面 Π_i 的纯力，而传递力旋量为经过球铰 P_i 中心且沿着随动杆 B_iP_i 杆长方向的纯力。因此，相对于定坐标系 O-XYZ，该支链的单位约束力旋量和单位传递力旋量可分别表示为

$$\$_{Ci}=(\boldsymbol{u}_i;\boldsymbol{u}_i\times\boldsymbol{p}_i)\quad(i=1,2,3) \tag{10.2-6}$$

和

$$\$_{Ti}=(\overrightarrow{B_iP_i};\overrightarrow{B_iP_i}\times\boldsymbol{p}_i)\quad(i=1,2,3) \tag{10.2-7}$$

式中，$\boldsymbol{u}_i=[\cos(i\times120°-90°),\ \sin(i\times120°-90°),\ 0]^{\mathrm{T}}$，表示的是平面 Π_i 的单位法向向量；$\boldsymbol{p}_i$ 为从原点 O 到球铰 P_i 中心的向量；$\overrightarrow{B_iP_i}=[-\cos\mu_i\cos(i\times120°),\ -\cos\mu_i\sin(i\times120°),\ \sin\mu_i]^{\mathrm{T}}$，表示沿着随动杆 B_iP_i 杆长方向的单位向量。

由于在三个约束力的共同作用下，动平台的二维移动和一维转动自由度被限制住，故该机构具有一维移动和二维转动自由度。考虑到机构中三个驱动副的移动轴线均垂直于定平台平面，由此可知，该机构在定姿态时沿 z 轴方向的任意位置点的性能相同，此特性称作沿 z 向同性。因此，只需研究机构在不同姿态下的性能，即在姿态工作空间内的性能。

1. 求运动学逆解

3-[PP]S 并联机构的动平台姿态可用 T&T 角来描述。具体可用 T&T 角中的方位角 φ 和

倾摆角 θ 来描述该机构动平台的姿态，其在定坐标系下的旋转矩阵表示为

$$\boldsymbol{R}(\varphi,\theta)=\begin{pmatrix}\cos^2\varphi\cos\theta+\sin^2\varphi & \sin\varphi\cos\varphi(\cos\theta-1) & \cos\varphi\sin\theta\\ \sin\varphi\cos\varphi(\cos\theta-1) & \sin^2\varphi\cos\theta+\cos^2\varphi & \sin\varphi\sin\theta\\ -\cos\varphi\sin\theta & -\sin\varphi\sin\theta & \cos\theta\end{pmatrix} \tag{10.2-8}$$

这样，动平台的位姿可用（φ，θ，z）来描述，其中 z 为动平台中心点在定坐标系 Z 轴方向的位置坐标。值得注意的是，该 3-PRS 机构随着动平台位姿的变化，其动平台中心点在 x 轴和 y 轴方向上具有伴随移动，伴随位移可根据下式求出，即

$$\begin{cases}x=-\dfrac{1}{2}R_2\cos2\varphi(1-\cos\theta)\\ y=\dfrac{1}{2}R_2\sin2\varphi(1-\cos\theta)\end{cases} \tag{10.2-9}$$

如图 10-12b 所示，在动坐标系 o-xyz 下，原点到球铰中心 P_i（i=1，2，3）的向量可表示为

$$\boldsymbol{p}'_i=(R_2\cos\chi_i,R_2\sin\chi_i,0)^{\mathrm{T}}(i=1,2,3) \tag{10.2-10}$$

式中，$\chi_i=(2i-3)\pi/3$；R_2 为动平台的半径。

在定坐标系 O-XYZ 下，各球铰中心 P_i(i=1，2，3) 的位置矢量为

$$\boldsymbol{p}_i=(x_i,y_i,z_i)^{\mathrm{T}}=\boldsymbol{R}(\varphi,\theta)\cdot\boldsymbol{p}'_i+\boldsymbol{c}(i=1,2,3) \tag{10.2-11}$$

式中，$\boldsymbol{R}(\varphi,\theta)$ 为式（10.2-7）所示的旋转矩阵；$\boldsymbol{c}=(x,y,z)^{\mathrm{T}}$，表示动平台中心点在定坐标系下的位置坐标。

在定坐标系 O-XYZ 下，各转动副中心 B_i（i=1，2，3）的位置矢量为

$$\boldsymbol{b}'_i=(R_1\cos\chi_i,R_1\sin\chi_i,\rho_i)^{\mathrm{T}}(i=1,2,3) \tag{10.2-12}$$

式中，R_1 为定平台的半径；ρ_i为驱动滑块中心 B_i在 Z 轴方向的位置分量，即驱动关节的输入位置。

因此，该机构的运动学逆解可通过下式进行求解，即

$$|\boldsymbol{p}_i-\boldsymbol{b}_i|=L \tag{10.2-13}$$

式中，L 为支链中连接于转动副与球铰之间的杆件的长度。

将式（10.2-8）~式（10.2-12）代入式（10.2-13），可求得驱动滑块的输入位置为

$$\rho_i=\frac{1}{2}(-M_i\pm\sqrt{M_i^2-4N_i}) \tag{10.2-14}$$

式中

$$M_1=R_2\sin\theta(\sin\varphi+\sqrt{3}\cos\varphi)-2z$$

$$N_1=[R_2(1-\cos\theta)\sin\varphi(\sin\varphi-\sqrt{3}\cos\varphi)+R_2\cos\theta-R_1]^2+[z-0.5R_2\sin\theta(\sin\varphi+\sqrt{3}\cos\varphi)]^2-L^2$$

$$M_2=R_2\sin\theta(\sin\varphi-\sqrt{3}\cos\varphi)-2z$$

$$N_2=[R_2(1-\cos\theta)\sin\varphi(\sin\varphi+\sqrt{3}\cos\varphi)+R_2\cos\theta-R_1]^2+[z-0.5R_2\sin\theta(\sin\varphi-\sqrt{3}\cos\varphi)]^2-L^2$$

$$M_3=-2(R_2\sin\varphi\sin\theta+z)$$

$$N_3=[R_1-0.5R_2(1-\cos\theta)(3-4\sin^2\varphi)-R_2\cos\theta]^2+(R_2\sin\varphi\sin\theta+z)^2-L^2$$

由式（10.2-14）可以看出，3-PRS 机构存在八组运动学逆解，对应于八种不同的工作模式。本节所研究的工作模式如图 10-12 所示，当式（10.2-14）中的“±”取为“−”时，即对应于该工作模式。

根据 9.2 节的内容可知，ITI、OTI、ICI 和 OCI 等指标可用于评价 3-PRS 机构距离各种奇异位形的远近。因此，可基于上述运动学逆解以及这些指标，对该 3-PRS 机构进行运动学尺度综合。

2. 建立参数设计空间

由图 10-12b 可知，3-PRS 机构有三个几何设计参数：R_1、L 和 R_2。下面对这三个参数进行无量纲化。令

$$D = (R_1 + L + R_2)/3 \tag{10.2-15}$$

取

$$r_1 = R_2/D, r_2 = L/D, r_3 = R_1/D \tag{10.2-16}$$

要使该机构能实现正确的装配关系与运动能力，r_1、r_2 和 r_3 必须满足以下条件

$$\begin{cases} 0 < r_1, r_2, r_3 < 3 \\ r_1 + r_2 + r_3 = 3 \\ r_1 \leqslant r_3 \\ r_1 + r_2 > r_3 \end{cases} \tag{10.2-17}$$

由此，该机构的参数设计空间可表示为图 10-13a 中阴影部分所示的空间三角形 ABC。为了将该空间三角形转化为平面三角形，令

$$\begin{cases} s = r_2 \\ t = \sqrt{3} - 2r_1/\sqrt{3} - r_2/\sqrt{3} \end{cases} \tag{10.2-18}$$

则该机构的参数设计空间可转化为图 10-13b 所示的三角形 ABC。

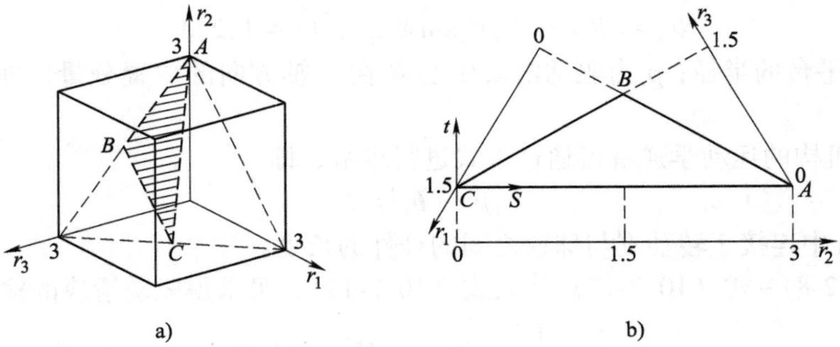

图 10-13

3-PRS 并联机构的参数设计空间

3. 定义优质传递/约束姿态工作空间

为了对该机构的几何参数进行尺度综合，必须依据相应的局部设计指标来定义优质传递/约束姿态工作空间。

由于机构中同时存在输出约束奇异以及输入、输出传递奇异，故应采用局部设计指标 $\Lambda = \min\{\gamma_I, \gamma_O, \kappa_O\}$。具体可根据第 9 章中相应的指标求解过程求出 Λ（此处从略）。

由于该机构具有沿 Z 向同性的特点，故动平台的摆动范围（即姿态工作空间）是设计时需要主要考虑的内容。此处仍用方位角 φ 和倾摆角 θ 来描述该机构动平台的姿态[36]。

对于某一方位角 φ，将该机构在满足 $\Lambda \geqslant 0.7$ 时动平台所能摆动的最大角度表示为 $\theta_{\max}(\varphi)$。由于对于不同的方位角 φ，动平台所能摆动的最大角度 $\theta_{\max}(\varphi)$ 不同。因此，将最

大角度 $\theta_{\max}(\varphi)$ 中的最小值定义为该机构的**优质传递/约束姿态角**，表示为

$$W_{\varphi}=\min_{\varphi}\{\theta_{\max}(\varphi)\} \tag{10.2-19}$$

其所对应的姿态工作空间即为机构的**优质传递/约束工作空间**。

4. 定义全局设计指标

由于在不同几何参数下，3-PRS 机构可能具有相同的优质传递/约束姿态工作空间，此时将无法判断哪个机构具有更好的性能。于是，应定义机构的全局传递/约束指标为

$$\Gamma=\frac{\int_{\varphi}\int_{\theta}\Lambda\mathrm{d}\theta\mathrm{d}\varphi}{\int_{\varphi}\int_{\theta}\mathrm{d}\theta\mathrm{d}\varphi} \tag{10.2-20}$$

式中，$\theta\in[0,\ W_{\varphi}]$；$\varphi\in(-180°,\ 180°]$。可以看出，该指标为机构的 LDI 在优质传递/约束姿态工作空间内的平均值。该值越大，机构在其工作空间内的整体运动或力传递/约束性能越好。

5. 绘制性能图谱

这里，选取优质传递/约束姿态角与全局传递/约束指标作为 3-PRS 机构的尺度优化设计指标。由此可绘制出该机构关于上述指标的性能图谱，如图 10-14 所示。

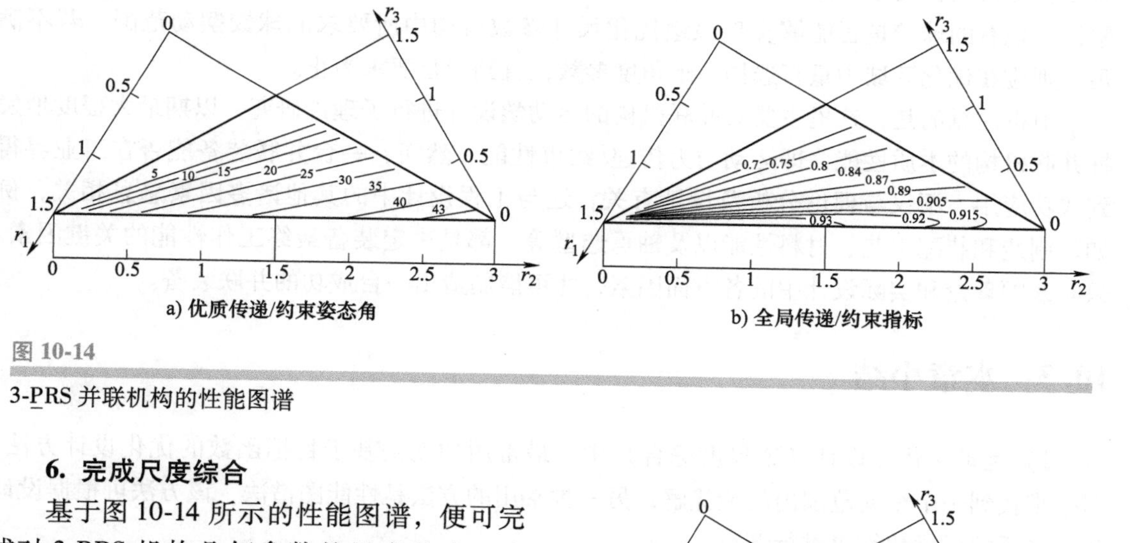

a) 优质传递/约束姿态角　　b) 全局传递/约束指标

图 10-14

3-PRS 并联机构的性能图谱

6. 完成尺度综合

基于图 10-14 所示的性能图谱，便可完成对 3-PRS 机构几何参数的尺度综合。这里，假定设计要求为 $W_{\varphi}\geqslant35°$ 和 $\Gamma\geqslant0.92$，可得出机构在设计空间内的优化区域，如图 10-15 中的阴影部分所示。

1）取优化区域中的一组优化参数为 $r_1=0.66\text{mm}$，$r_2=1.61\text{mm}$ 和 $r_3=0.73\text{mm}$，可计算出该机构的 $W_{\varphi}=36.2°$，$\Gamma=0.9248$。该优化机构在姿态工作空间内的 LDI 分布曲线如图 10-16 所示，其中粗实线表示的是动

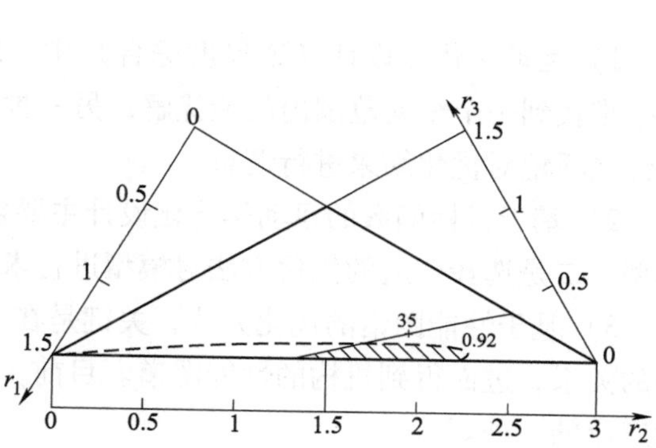

图 10-15

$W_{\varphi}\geqslant35°$ 和 $\Gamma\geqslant0.92$ 时 3-PRS 机构在设计空间内的优化区域

平台所能摆动的最大角度 $\theta_{max}(\varphi)$。可见，该组参数下的机构不仅具有较大的优质传递/约束姿态工作空间，而且在整体上具有较好的运动与力传递性能。

2）根据实际工况确定比例系数 D，从而求出有量纲几何参数 R_1、L 和 R_2。考虑到定平台外接圆半径 R_1 对主轴头机构的体积大小有较大的影响，R_1 应尽量选取较小值。因此，在确定比例系数 D 时应优先考虑 R_1。若实际工况要求 $R_1=220\text{mm}$，则 $D=R_1/r_3=220\text{mm}/0.73\approx301.37\text{mm}$，进而根据 D 求得 $R_2=Dr_1\approx199\text{mm}$，$L=Dr_2\approx485\text{mm}$。

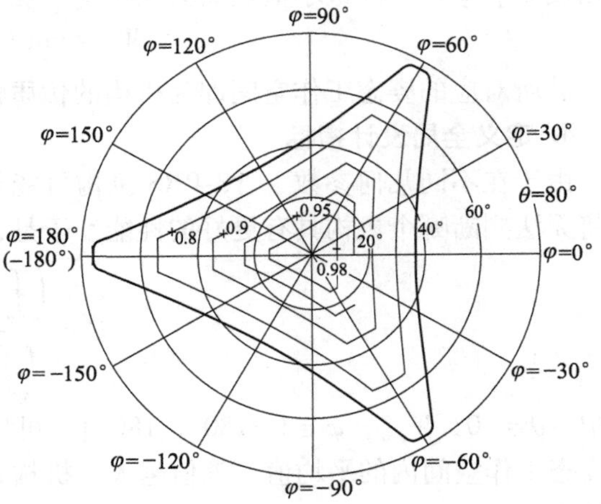

图 10-16

优化 3-PRS 机构在其姿态工作空间内的 LDI 分布曲线

3）验证该组优化尺寸参数下的机构是否满足设计和制造要求。3-PRS 机构中最关键的零部件之一是球铰，因为球铰的摆动范围有限，会较大程度地限制机构动平台的姿态工作空间。因此，在设计过程中可用以下条件来验证：现有的球铰是否能够实现该组优化尺寸参数机构中所要求的球铰摆动范围。若不满足，则应在优化区域中重新选择一组角度参数，直到满足要求为止。

值得注意的是，这里主要对并联机构的运动学设计进行了理论研究，以期最大程度地发挥并联机构的本质性能，即运动与力传递/约束性能。然而，一台并联装备能否在工业界得到成功应用，不仅与理论分析及设计有关，还与工程设计中的其他诸多因素息息相关，例如，制造和装配工艺、材料性能以及轴承选型等，都是决定装备最终工作性能的关键因素。只有兼顾理论和实际设计中的各方面因素，才可能制造出一台成功的并联装备。

10.3 本章小结

1）运动学优化设计（或尺度综合）中，最常用的就是基于目标函数的优化设计方法，但很难找到一个全局范围内的最优解；另一种常用的方法是性能图谱法，该方法可根据设计条件灵活地对优化结果进行调整。

2）基于目标函数的运动学优化设计主要包括两个方面的内容：一是建立待优化的数学模型；二是选择合适的优化方法对模型进行求解。

3）基于性能图谱的优化方法，关键是在一个有限的区域内表达出机构的性能与尺寸之间的关系，进而得到机构的性能图谱。目前，在绘制性能图谱的工具中，空间模型是应用较为广泛的一种。

4）并联机构的尺度综合主要是基于预期性能指标，包括局部设计指标、优质传递/约束姿态工作空间、全局传递/约束指标，按照图 10-11 所示的流程确定相关参数，进而得到优化解。

扩展阅读文献

本章重点对运动学优化设计与机器人运动学尺度综合进行了简要介绍，读者还可阅读其他文献（见下述列表）更深入地了解相关知识。特别是文献［1，5］对并联机构运动学优化设计进行了系统研究。

［1］ Liu X J，Wang J S. Parallel Kinematics，Type，Kinematics and Optimal Design［M］. Berlin：Springer，2013.

［2］ Merlet J P. Parallel Robots［M］. Berlin：Springer，2006.

［3］ Siciliano B，Khatib O. Handbook of Robotics［M］. 2nd ed. Berlin：Springer，2016.

［4］ 黄真，赵永生，赵铁石．高等空间机构学［M］. 北京：高等教育出版社，2006.

［5］ 刘辛军，谢福贵，汪劲松．并联机器人机构学基础［M］. 北京：高等教育出版社，2018.

习题

10-1 调研有关机器人机构或机械装置多目标运动学优化设计的科研文献，撰写一篇不少于 3000 字的文献综述。

10-2 试确定球面 3-RRR 并联机构（图 10-17）的特征参数以及参数设计空间（PDS）。

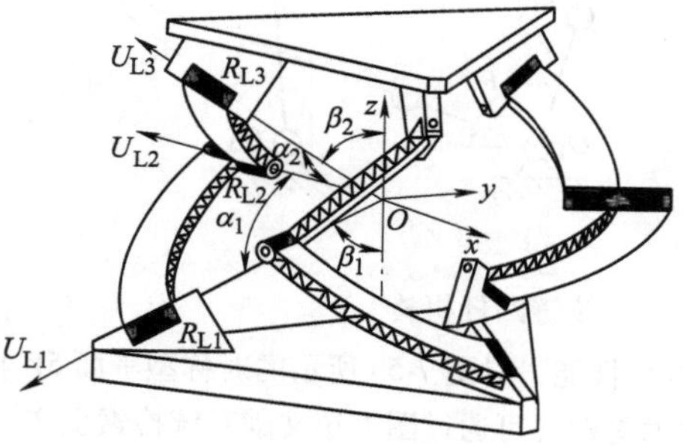

图 10-17

3-DoF 球面 3-RRR 并联机构

10-3 试确定球面 5R 并联机构（图 10-18）的特征参数以及参数设计空间（PDS）。

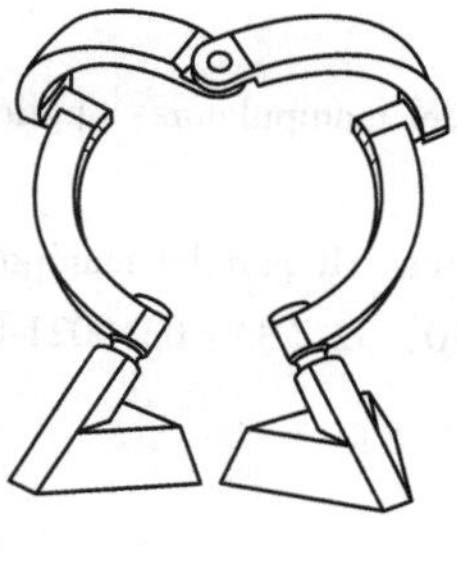

a) 三维模型

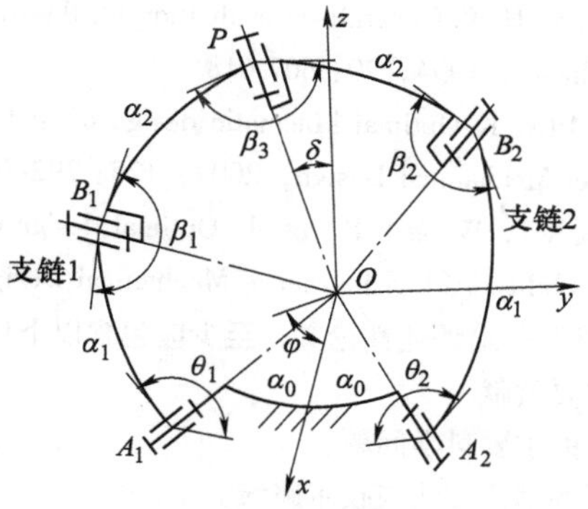

b) 机构示意图

图 10-18

2-DoF 球面 5R 并联机构

10-4 试确定 3 自由度姿态精调并联机构（图 10-19）的特征参数以及参数设计空间（PDS）。

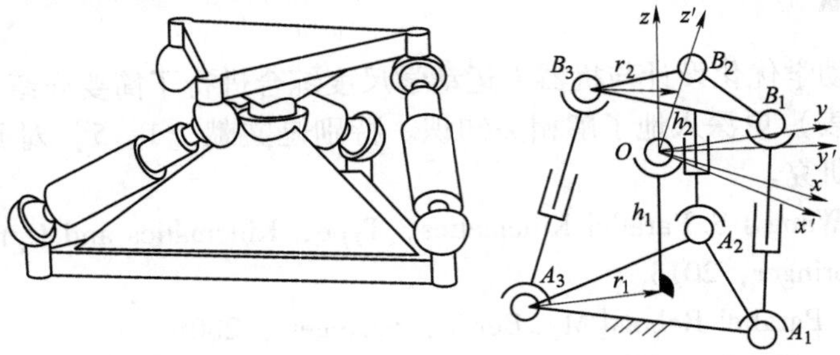

a) 三维模型　　b) 机构示意图

图 10-19

3-DoF 姿态精调并联机构

10-5 试给出图 10-20 所示铰链四杆机构的正、逆传动角公式。

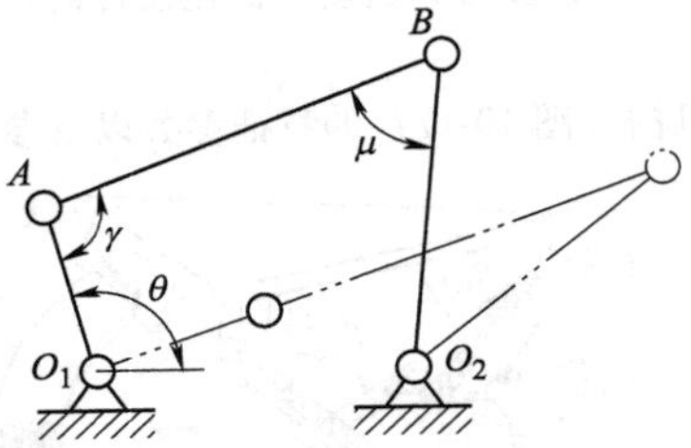

图 10-20

铰链四杆机构

10-6 基于运动与力传递/约束性能，对图 7-53 所示的对称型平面 5R 机构进行运动学优化设计。

10-7 从下面所给的五篇学术文献（可通过图书馆文献系统检索全文）中选择一篇进行研读。

[1] Gosselin C M，Angeles J. The optimum kinematic design of a spherical three-degree-of-freedom parallel manipulator [J]. Journal of Mechanisms，Transmissions and Automation in Design，1989，111（2）：202-207.

[2] Gosselin C M，Angeles J. A global performance index for the kinematic optimization of robotic manipulators [J] . Transaction of the ASME，Journal of Mechanical Design，1991，113：220-226.

[3] Tsai M J，Lee H W. Generalized evaluation for the transmission performance of mechanisms [J] . Mechanism and Machine Theory，1994，29：607-618.

[4] Stock M，Miller K. Optimal kinematic design of spatial parallel manipulators：application to linear Tsai's robot [J] . Journal of Mechanical Design，2004，125：292-301.

[5] Wu C，Liu X J，Wang L P，et al. Optimal design of spherical 5R parallel manipulators considering the motion/force transmissibility [J] . Journal of Mechanical Design，2010，32（3）：0310021-03100210.

在此基础上，撰写一篇评述性论文，至少应包含以下内容：

1）该论文的主要贡献。

2）该论文解决的主要科学问题。

3）该论文采用的理论方法与技术路线。

4）用流程图描述该论文提出问题、分析问题和解决问题的主要思路。

5）重点阐述本课程所学的理论基础在解决实际科学问题时的作用。

6）简单描述一下该论文中存在的局限性。

第 11 章 机器人静力学与静刚度分析

本章导读

机器人静力学分析的目的在于通过确定驱动力（力矩）经过机器人关节后的传动效果，进而合理选择驱动器或者有效控制机器人刚度等，其核心内容是建立力旋量在关节空间与操作空间之间的映射。机器人静刚度则反映了本体抵抗外载荷引起的变形的能力，直接影响机器人的定位精度。

本章学习的重点在于深入了解机器人运动学与静力学之间的对偶关系，以及通过映射建立刚性机器人和柔性机器人机构静刚度矩阵的方法。

11.1 机器人静力学与静刚度分析的主要任务与意义

当机器人（或机械手）执行某项任务时，末端执行器会对周围环境施加一定的力或力矩（统称力旋量），该力旋量一般源于驱动器，并通过传动系统传递到末端。反过来，这种接触力（或力矩）也可能使末端执行器偏离理想位置。前者属于静力学的研究范畴，而后者则衍生出机器人一项重要的性能指标——**静刚度**（static stiffness）。由于偏移量的大小与机器人的静刚度有关，因此，后者将直接影响机器人的定位精度。

机器人的静力学分析是指在机器人静态平衡状态下，建立末端负载（包含力与力矩）与关节驱动或平衡力/力矩（简称关节力/力矩）之间的映射关系，它主要关注的是广义力在关节空间与操作空间之间的映射。例如，对于图 7-1 所示的 6 自由度工业机器人，其静力学分析的主要任务是给出其末端负载 $\boldsymbol{F}=(\boldsymbol{f},\ \boldsymbol{m})^{\mathrm{T}}$ 与六个关节力矩 $\boldsymbol{\tau}$ 之间的映射关系，写成矩阵形式为

$$\boldsymbol{\tau}=\boldsymbol{J}_{F}\boldsymbol{F} \tag{11.1-1}$$

由式（11.1-1）可知，当末端负载已知时，很容易求出各个关节力矩。因此，机器人静力学分析的主要用途之一在于，通过确定驱动力/力矩经过机器人关节后的传动效果，来合理选择驱动器或者有效控制机器人刚度。

机器人的静刚度与多种因素有关，如各组成构件的材料及几何特性、传动机构类型、驱动器、控制器等。每个因素对机器人静刚度的影响都有所不同。例如，对于空间机器人，由于其杆件多为细长杆，势必会影响机构的整体刚度；对于工业机器人，变形的根源可能更多来自于传动机构及控制系统；而对于柔性体机器人，变形的根源则更多。

11.2 静力平衡方程

机器人作为一类机构不仅传递运动，也传递动力。先来考虑简单的静力传递情况。机器人的链式结构很容易让人联想到其从驱动端到末端的力与力矩的传递是通过杆与杆递推来实现的。反之亦然，当机器人承受外部静载荷作用时，该载荷从末端开始，通过各杆传递到每个关节，其中也包括驱动关节。为保证整个机器人系统的静力平衡状态，往往在驱动关节处施加相应的静力或静力矩，这也是选择驱动器（如电动机型号）的基础。

那么，如何在给定末端负载的情况下，确定施加在关节处的静力或静力矩呢？不妨采用类似于以 D-H 参数法建立机器人运动学方程的方法来解决这一问题。

首先建立图 11-1 所示的连杆坐标系（采用前置坐标系的形式）。

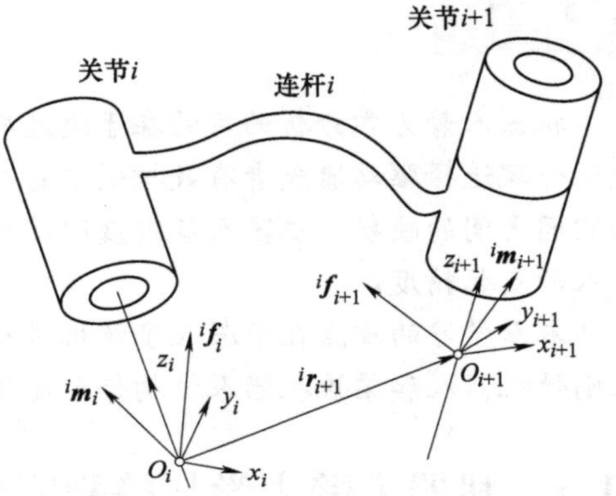

图 11-1

连杆坐标系下的静力分布

对于第 i 个连杆，若不考虑连杆自重，应满足以下静力平衡方程

$$ {}^{i}\boldsymbol{f}_i - {}^{i}\boldsymbol{f}_{i+1} = \boldsymbol{0} \tag{11.2-1}$$

式中，${}^{i}\boldsymbol{f}_i$ 为连杆 $i-1$ 施加给连杆 i 的力在 $\{i\}$ 系中的表达；${}^{i}\boldsymbol{f}_{i+1}$为连杆 $i+1$ 施加给连杆 i 的力（或末端杆件所受的外力）在 $\{i\}$ 系中的表达。

类似地，可得到对应于连杆 i 的力矩平衡方程

$$ {}^{i}\boldsymbol{m}_i - {}^{i}\boldsymbol{m}_{i+1} - {}^{i}\boldsymbol{r}_{i+1} \times {}^{i}\boldsymbol{f}_{i+1} = 0 \tag{11.2-2}$$

式中，${}^{i}\boldsymbol{m}_i$ 为连杆 $i-1$ 施加给连杆 i 的力矩在 $\{i\}$ 系中的表达；${}^{i}\boldsymbol{m}_{i+1}$为连杆 $i+1$ 施加给连杆 i 的力矩（或末端连杆所受外力矩）在 $\{i\}$ 系中的表达；${}^{i}\boldsymbol{r}_{i+1}$为 $\{i\}$ 系原点到 $\{i+1\}$ 系原点的位置向量在 $\{i\}$ 系中的表达；${}^{i}\boldsymbol{r}_{i+1}\times{}^{i}\boldsymbol{f}_{i+1}$为${}^{i}\boldsymbol{f}_{i+1}$附加作用于连杆 i 上的力矩。

一般情况下，上述物理量都是相对于连杆所在的坐标系来表达的，需要通过旋转矩阵将其变换到相对统一的参考坐标系中来表达，则上述公式可写成

$$ {}^{i}\boldsymbol{f}_{i+1} = {}^{i}_{i+1}\boldsymbol{R}\,{}^{i+1}\boldsymbol{f}_{i+1} \tag{11.2-3}$$

$$ {}^{i}\boldsymbol{m}_i = {}^{i}_{i+1}\boldsymbol{R}\,{}^{i+1}\boldsymbol{m}_{i+1} + {}^{i}\boldsymbol{r}_{i+1} \times {}^{i}\boldsymbol{f}_{i+1} \tag{11.2-4}$$

进一步将上述过程推广至整个机器人系统。式（11.2-3）和式（11.2-4）就构成了计算关节驱动力（力矩）的递推方程。当 $i=n$ 时，末端载荷或输出力（力矩）${}^{n+1}\boldsymbol{f}_{n+1}$和${}^{n+1}\boldsymbol{m}_{n+1}$一般已知，这样，根据递推方程可以导出${}^{n}\boldsymbol{f}_n$ 和${}^{n}\boldsymbol{m}_n$，由此继续递推下去。由于连杆 $i-1$ 对连杆 i 的作用力${}^{i}\boldsymbol{f}_i$或力矩${}^{i}\boldsymbol{m}_i$中，沿移动关节导路的力分量或绕旋转关节轴的力矩分量由驱动器提供，因此，关节平衡力/力矩应为关节负载与关节轴线向量的点积（沿关节 z 轴的轴线分量）。

对于转动关节，关节平衡力矩可以写成

$$ \tau_i = {}^{i}\boldsymbol{m}_i^{\mathrm{T}}\,{}^{i}\boldsymbol{z}_i \tag{11.2-5}$$

对于移动关节，关节平衡力可以写成

$$\tau_i = {}^i\boldsymbol{f}_i^{\mathrm{T}}\ {}^i\boldsymbol{z}_i \tag{11.2-6}$$

由此可导出所有关节处的平衡力和力矩。

【例 11-1】 假设用转动关节连接的连杆 i 处于静平衡状态，关节 i 处所受的力矩 ${}^i\boldsymbol{m}_i=(10,\ 10,\ 100)^{\mathrm{T}}$。求转动关节 i 处需要施加的平衡驱动力矩。

解： 由式（11.2-5）求得转动关节 i 处需要施加的平衡驱动力矩为

$$\tau_i = {}^i\boldsymbol{m}_i^{\mathrm{T}i}\boldsymbol{z}_i = (10\quad 10\quad 100)\begin{pmatrix}0\\0\\1\end{pmatrix}\mathrm{N\cdot m} = 100\mathrm{N\cdot m}$$

【例 11-2】 假设用移动关节连接的连杆 i 处于静平衡状态，关节 i 处所受的力 ${}^i\boldsymbol{f}_i=(10,\ 10,\ 100)^{\mathrm{T}}$。求移动关节 i 处需要施加的平衡驱动力。

解： 由式（11.2-6）求得移动关节 i 处需要施加的平衡驱动力为

$$\tau_i = {}^i\boldsymbol{f}_i^{\mathrm{T}i}\boldsymbol{z}_i = (10\quad 10\quad 100)\begin{pmatrix}0\\0\\1\end{pmatrix}\mathrm{N} = 100\mathrm{N}$$

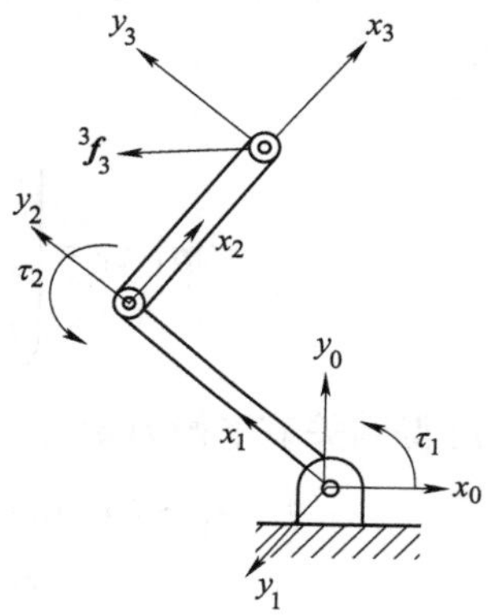

图 11-2
平面 2R 机器人的静力平衡

【例 11-3】 平面 2R 机器人的静力平衡方程。如图 11-2 所示，采用前置坐标系建立 D-H 参数，已知末端输出力为 ${}^3\boldsymbol{f}_3=(f_x,\ f_y,\ 0)^{\mathrm{T}}$，无输出力矩，求各关节的平衡力矩。

解： 建立各连杆坐标系，如图 11-2 所示。

写出以下可能用到的旋转矩阵、坐标原点向量、负载向量

$${}_2^1\boldsymbol{R}=\begin{pmatrix}\cos_2 & -\sin_2 & 0\\ \sin_2 & \cos_2 & 0\\ 0 & 0 & 1\end{pmatrix},\ {}_3^2\boldsymbol{R}=\begin{pmatrix}1&0&0\\0&1&0\\0&0&1\end{pmatrix},\ {}^1\boldsymbol{r}_2=\begin{pmatrix}l_1\\0\\0\end{pmatrix},\ {}^2\boldsymbol{r}_3=\begin{pmatrix}l_2\\0\\0\end{pmatrix},\ {}^3\boldsymbol{f}_3=\begin{pmatrix}f_x\\f_y\\0\end{pmatrix},\ {}^3\boldsymbol{m}_3=\begin{pmatrix}0\\0\\0\end{pmatrix}$$

将上述已知量从末端到基座（向内递推），逐次代入下式，计算关节平衡力矩。

（1）对于关节 2

$${}^2\boldsymbol{f}_2={}_3^2\boldsymbol{R}\,{}^3\boldsymbol{f}_3=\begin{pmatrix}1&0&0\\0&1&0\\0&0&1\end{pmatrix}\begin{pmatrix}f_x\\f_y\\0\end{pmatrix}=\begin{pmatrix}f_x\\f_y\\0\end{pmatrix}$$

$${}^2\boldsymbol{m}_2={}_3^2\boldsymbol{R}\,{}^3\boldsymbol{m}_3+{}^2\boldsymbol{r}_3\times{}^2\boldsymbol{f}_2=\begin{pmatrix}1&0&0\\0&1&0\\0&0&1\end{pmatrix}\begin{pmatrix}0\\0\\0\end{pmatrix}+\begin{pmatrix}l_2\\0\\0\end{pmatrix}\times\begin{pmatrix}f_x\\f_y\\0\end{pmatrix}=\begin{pmatrix}0\\0\\l_2f_y\end{pmatrix}$$

因此

$$\tau_2={}^2\boldsymbol{m}_2^{\mathrm{T}}\ {}^2\boldsymbol{z}_2=(0\quad 0\quad l_2f_y)^{\mathrm{T}}\begin{pmatrix}0\\0\\1\end{pmatrix}=l_2f_y$$

（2）对于关节 1

$$
{}^{1}\boldsymbol{f}_1={}_{2}^{1}\boldsymbol{R}^{2}\boldsymbol{f}_2=\begin{pmatrix}\cos_2 & -\sin_2 & 0\\ \sin_2 & \cos_2 & 0\\ 0 & 0 & 1\end{pmatrix}\begin{pmatrix}f_x\\ f_y\\ 0\end{pmatrix}=\begin{pmatrix}f_x\cos_2-f_y\sin_2\\ f_x\sin_2+f_y\cos_2\\ 0\end{pmatrix}
$$

$$
\begin{aligned}
{}^{1}\boldsymbol{m}_1&={}_{2}^{1}\boldsymbol{R}^{2}\boldsymbol{m}_2+{}^{1}\boldsymbol{r}_2\times{}^{1}\boldsymbol{f}_1\\
&=\begin{pmatrix}\cos_2 & -\sin_2 & 0\\ \sin_2 & \cos_2 & 0\\ 0 & 0 & 1\end{pmatrix}\begin{pmatrix}0\\ 0\\ l_2f_y\end{pmatrix}+\begin{pmatrix}l_1\\ 0\\ 0\end{pmatrix}\times\begin{pmatrix}f_x\cos_2-f_y\sin_2\\ f_x\sin_2+f_y\cos_2\\ 0\end{pmatrix}=\begin{pmatrix}0\\ 0\\ f_xl_1\sin_2+f_yl_1\cos_2+f_yl_2\end{pmatrix}
\end{aligned}
$$

因此

$$
\tau_1={}^{1}\boldsymbol{m}_1^{\mathrm{T}}{}^{1}\boldsymbol{z}_1=\begin{pmatrix}0\\ 0\\ l_1f_x\sin_2+l_1f_y\cos_2+l_2f_y\end{pmatrix}^{\mathrm{T}}\begin{pmatrix}0\\ 0\\ 1\end{pmatrix}=l_1f_x\sin_2+l_1f_y\cos_2+l_2f_y
$$

最终得到关节平衡力矩为

$$
\tau_1=l_1f_x\sin_2+l_1f_y\cos_2+l_2f_y
$$

$$
\tau_2=l_2f_y
$$

写成矩阵形式为

$$
\begin{pmatrix}\tau_1\\ \tau_2\end{pmatrix}=\begin{pmatrix}l_1\sin_2 & l_2+l_1\cos_2\\ 0 & l_2\end{pmatrix}\begin{pmatrix}f_x\\ f_y\end{pmatrix}\tag{11.2-7}
$$

【例 11-4】 平面 3R 机器人的静力平衡方程。如图 11-3 所示，采用前置坐标系建立 D-H 参数，令末端执行器的输出力与输出力矩分别为${}^{4}\boldsymbol{f}_4=(f_x,\ f_y,\ 0)^{\mathrm{T}}$，${}^{4}\boldsymbol{m}_4=(0,\ 0,\ m_z)^{\mathrm{T}}$，求各关节的平衡力矩。

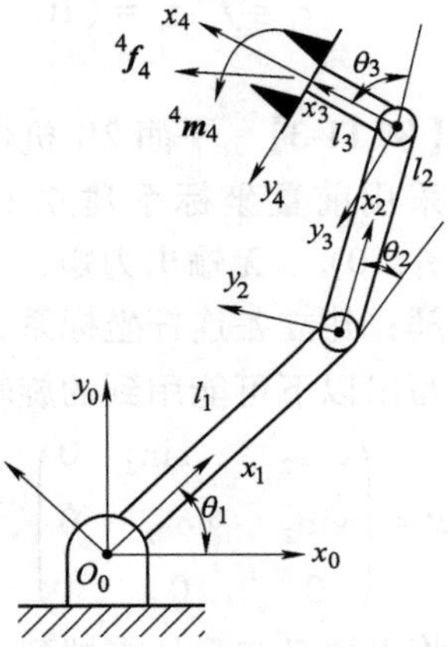

图 11-3 平面 3R 机器人的静力平衡

解： 建立各连杆坐标系，如图 11-3 所示。

写出以下可能用到的旋转矩阵、坐标原点向量、负载向量

$$
{}_{2}^{1}\boldsymbol{R}=\begin{pmatrix}\cos_2 & -\sin_2 & 0\\ \sin_2 & \cos_2 & 0\\ 0 & 0 & 1\end{pmatrix},\ {}_{3}^{2}\boldsymbol{R}=\begin{pmatrix}\cos_3 & -\sin_3 & 0\\ \sin_3 & \cos_3 & 0\\ 0 & 0 & 1\end{pmatrix},\ {}_{4}^{3}\boldsymbol{R}=\begin{pmatrix}1 & 0 & 0\\ 0 & 1 & 0\\ 0 & 0 & 1\end{pmatrix},
$$

$$
{}^{1}\boldsymbol{r}_2=\begin{pmatrix}l_1\\ 0\\ 0\end{pmatrix},\ {}^{2}\boldsymbol{r}_3=\begin{pmatrix}l_2\\ 0\\ 0\end{pmatrix},\ {}^{3}\boldsymbol{r}_4=\begin{pmatrix}l_3\\ 0\\ 0\end{pmatrix},\ {}^{4}\boldsymbol{f}_4=\begin{pmatrix}f_x\\ f_y\\ 0\end{pmatrix},\ {}^{4}\boldsymbol{m}_4=\begin{pmatrix}0\\ 0\\ m_z\end{pmatrix}
$$

将上述已知量从末端到基座（向内递推），逐次代入下式，计算关节平衡力矩。

（1）对于关节 3

$$ {}^{3}\boldsymbol{f}_3={}^{3}_{4}\boldsymbol{R}\,{}^{4}\boldsymbol{f}_4=\begin{pmatrix}1&0&0\\0&1&0\\0&0&1\end{pmatrix}\begin{pmatrix}f_x\\f_y\\0\end{pmatrix}=\begin{pmatrix}f_x\\f_y\\0\end{pmatrix} $$

$$ {}^{3}\boldsymbol{m}_3={}^{3}_{4}\boldsymbol{R}\,{}^{4}\boldsymbol{m}_4+{}^{3}\boldsymbol{r}_4\times{}^{3}\boldsymbol{f}_3=\begin{pmatrix}1&0&0\\0&1&0\\0&0&1\end{pmatrix}\begin{pmatrix}0\\0\\m_z\end{pmatrix}+\begin{pmatrix}l_3\\0\\0\end{pmatrix}\times\begin{pmatrix}f_x\\f_y\\0\end{pmatrix}=\begin{pmatrix}0\\0\\m_z+l_3f_y\end{pmatrix} $$

因此

$$ \tau_3={}^{3}\boldsymbol{m}_3^{\mathrm{T}}\,{}^{3}\boldsymbol{z}_3=(0\quad 0\quad m_z+l_3f_y)\begin{pmatrix}0\\0\\1\end{pmatrix}=m_z+l_3f_y $$

（2）对于关节 2

$$ {}^{2}\boldsymbol{f}_2={}^{2}_{3}\boldsymbol{R}\,{}^{3}\boldsymbol{f}_3=\begin{pmatrix}\cos_3&-\sin_3&0\\\sin_3&\cos_3&0\\0&0&1\end{pmatrix}\begin{pmatrix}f_x\\f_y\\0\end{pmatrix}=\begin{pmatrix}f_x\cos_3-f_y\sin_3\\f_x\sin_3+f_y\cos_3\\0\end{pmatrix} $$

$$ {}^{2}\boldsymbol{m}_2={}^{2}_{3}\boldsymbol{R}\,{}^{3}\boldsymbol{m}_3+{}^{2}\boldsymbol{r}_3\times{}^{2}\boldsymbol{f}_2=\begin{pmatrix}\cos_3&-\sin_3&0\\\sin_3&\cos_3&0\\0&0&1\end{pmatrix}\begin{pmatrix}0\\0\\m_z+l_3f_y\end{pmatrix}+ $$

$$ \begin{pmatrix}l_2\\0\\0\end{pmatrix}\times\begin{pmatrix}f_x\cos_3-f_y\sin_3\\f_x\sin_3+f_y\cos_3\\0\end{pmatrix}=\begin{pmatrix}0\\0\\m_z+l_3f_y+f_xl_2\cos_3-f_yl_2\sin_3\end{pmatrix} $$

因此

$$ \tau_2={}^{2}\boldsymbol{m}_2^{\mathrm{T}}\,{}^{2}\boldsymbol{z}_2=\begin{pmatrix}0\\0\\m_z+l_3f_y+f_xl_2\cos_3-f_yl_2\sin_3\end{pmatrix}^{\mathrm{T}}\begin{pmatrix}0\\0\\1\end{pmatrix}=m_z+l_3f_y+f_xl_2\cos_3-f_yl_2\sin_3 $$

（3）对于关节 1

$$ {}^{1}\boldsymbol{f}_1={}^{1}_{2}\boldsymbol{R}\,{}^{2}\boldsymbol{f}_2=\begin{pmatrix}\cos_2&-\sin_2&0\\\sin_2&\cos_2&0\\0&0&1\end{pmatrix}\begin{pmatrix}f_x\cos_3-f_y\sin_3\\f_x\sin_3+f_y\cos_3\\0\end{pmatrix}=\begin{pmatrix}f_x\cos_{23}-f_y\sin_{23}\\f_x\sin_{23}+f_y\cos_{23}\\0\end{pmatrix} $$

$$ {}^{1}\boldsymbol{m}_1={}^{1}_{2}\boldsymbol{R}\,{}^{2}\boldsymbol{m}_2+{}^{1}\boldsymbol{r}_2\times{}^{1}\boldsymbol{f}_1=\begin{pmatrix}\cos_2&-\sin_2&0\\\sin_2&\cos_2&0\\0&0&1\end{pmatrix}\begin{pmatrix}0\\0\\m_z+l_3f_y+f_xl_2\cos_3-f_yl_2\sin_3\end{pmatrix}+\begin{pmatrix}l_1\\0\\0\end{pmatrix}\times $$

$$ \begin{pmatrix}f_x\cos_{23}-f_y\sin_{23}\\f_x\sin_{23}+f_y\cos_{23}\\0\end{pmatrix}=\begin{pmatrix}0\\0\\m_z+l_3f_y+f_xl_2\cos_3-f_yl_2\sin_3+f_xl_1\sin_{23}+f_yl_1\cos_{23}\end{pmatrix} $$

因此

$$\tau_1 = {}^1\boldsymbol{m}_1^{\mathrm{T}\,1}\boldsymbol{z}_1 = \begin{pmatrix} 0 \\ 0 \\ m_z + l_3 f_y + f_x l_2 \cos_3 - f_y l_2 \sin_3 + f_x l_1 \sin_{23} + f_y l_1 \cos_{23} \end{pmatrix}^{\mathrm{T}} \begin{pmatrix} 0 \\ 0 \\ 1 \end{pmatrix}$$

$$= m_z + l_3 f_y + f_x l_2 \cos_3 - f_y l_2 \sin_3 + f_x l_1 \sin_{23} + f_y l_1 \cos_{23}$$

最终得到关节平衡力矩为

$$\tau_1 = m_z + l_3 f_y + f_x l_2 \cos_3 - f_y l_2 \sin_3 + f_x l_1 \sin_{23} + f_y l_1 \cos_{23}$$

$$\tau_2 = m_z + l_3 f_y + f_x l_2 \cos_3 - f_y l_2 \sin_3$$

$$\tau_3 = m_z + l_3 f_y$$

写成矩阵形式为

$$\begin{pmatrix} \tau_1 \\ \tau_2 \\ \tau_3 \end{pmatrix} = \begin{pmatrix} l_2 \cos_3 + l_1 \sin_{23} & l_1 \cos_{23} - l_2 \sin_3 + l_3 & 1 \\ l_2 \cos_3 & l_3 - l_2 \sin_3 & 1 \\ 0 & l_3 & 1 \end{pmatrix} \begin{pmatrix} f_x \\ f_y \\ m_z \end{pmatrix} \tag{11.2-8}$$

由上述简单的机器人实例分析可知，从理论上讲，无论串联机器人的关节数是多少，都可以采用向内递推法计算出其关节（平衡）力及力矩，即向内递推法也可以作为一种串联机器人静力分析的通用方法来使用。更有意义的是，向内递推法提供了编程计算的可行性，可有效提高计算效率（尽管手动推导的公式看起来比较繁琐）。

再看一个并联机构的例子：如何求解 Stewart 平台的静力平衡方程？

在没有外力的情况下，唯一施加于该机构动平台的力作用在球铰上。所有的向量均在 $\{s_i\}$ 系中表达。令

$$\boldsymbol{f}_i = \tau_i \hat{\boldsymbol{s}}_i \tag{11.2-9}$$

为第 i 条支链所提供的纯力。式中，$\hat{\boldsymbol{s}}_i$ 为作用力方向的单位向量；τ_i 为力的大小。由 $\boldsymbol{f}_i$ 产生的力矩 $\boldsymbol{m}_i$ 为

$$\boldsymbol{m}_i = \boldsymbol{r}_i \times \boldsymbol{f}_i \tag{11.2-10}$$

式中，$\boldsymbol{r}_i$ 为从 $\{s_i\}$ 系原点到力作用点的向量（这里是球铰 i 的位置）。由于动平台和静平台上的球铰都不能承受对其作用的任何力矩，因此，力 $\boldsymbol{f}_i$ 必然沿着支链所在直线的方向。所以可以用静平台上的球铰来计算力矩 $\boldsymbol{m}_i$，而不需要动平台上的球铰，即

$$\boldsymbol{m}_i = \boldsymbol{b}_i \times \boldsymbol{f}_i \tag{11.2-11}$$

式中，$\boldsymbol{b}_i$ 为从基坐标系原点到第 i 条支链的球关节的向量。

将 $\boldsymbol{f}_i$ 和 $\boldsymbol{m}_i$ 组合成六维力旋量 $\boldsymbol{F}=(\boldsymbol{f}_i, \boldsymbol{m}_i)^{\mathrm{T}}$，则作用于动平台上的力旋量 $\boldsymbol{F}$ 写作

$$\boldsymbol{F} = \sum_{i=1}^{6} \boldsymbol{F}_i = \sum_{i=1}^{6} \begin{pmatrix} \hat{\boldsymbol{s}}_i \\ \boldsymbol{b}_i \times \hat{\boldsymbol{s}}_i \end{pmatrix} \tau_i = \begin{pmatrix} \hat{\boldsymbol{s}}_1 & \cdots & \hat{\boldsymbol{s}}_6 \\ \boldsymbol{b}_1 \times \hat{\boldsymbol{s}}_1 & \cdots & \boldsymbol{b}_6 \times \hat{\boldsymbol{s}}_6 \end{pmatrix} \begin{pmatrix} \tau_1 \\ \vdots \\ \tau_6 \end{pmatrix} \tag{11.2-12}$$

$$= \boldsymbol{J}^{-\mathrm{T}} \boldsymbol{\tau}$$

由此可得

$$\boldsymbol{\tau} = \boldsymbol{J}^{\mathrm{T}} \boldsymbol{F} \tag{11.2-13}$$

以上就是 Stewart 平台的静力平衡方程。

11.3 静力雅可比矩阵

11.3.1 静力雅可比矩阵的定义

回到例 11-3 中。式（11.2-7）给出了平面 2R 串联机器人末端力与两个关节力矩之间的映射关系，简写式（11.2-7），可得

$$\boldsymbol{\tau} = {}^3\boldsymbol{J}_F {}^3\boldsymbol{F} \tag{11.3-1}$$

式中，定义 $\boldsymbol{J}_F$ 来建立末端力与关节力矩之间的映射关系，且满足

$$\boldsymbol{\tau} = \begin{pmatrix} \tau_1 \\ \tau_2 \end{pmatrix}, {}^3\boldsymbol{J}_F = \begin{pmatrix} l_1 \sin_2 & l_2 + l_1 \cos_2 \\ 0 & l_2 \end{pmatrix}, {}^3\boldsymbol{F} = \begin{pmatrix} f_x \\ f_y \end{pmatrix}$$

回顾一下第 8 章有关平面 2R 串联机器人速度雅可比矩阵的表达，对比发现

$$ {}^3\boldsymbol{J} = \begin{pmatrix} l_1 \sin_2 & 0 \\ l_2 + l_1 \cos_2 & l_2 \end{pmatrix} = {}^3\boldsymbol{J}_F^T \tag{11.3-2}$$

式（11.3-2）表明，在末端坐标系中，末端负载到关节负载的映射矩阵是速度雅可比矩阵的转置。下面讨论一般情况。

利用**虚功原理**（principle of virtual work），可以导出作用在末端执行器上的广义输出力（力旋量）与关节力/力矩之间的映射关系。假设末端执行器上的广义输出力为 $\boldsymbol{F}$，末端的微位移输出为 $\boldsymbol{X}$，则系统所做的虚功为 $\boldsymbol{F}^T\delta\boldsymbol{X}$。如果不考虑摩擦及重力的影响，则系统所做的功还等于关节力/力矩对系统所做的虚功，即

$$\boldsymbol{F}^T\delta\boldsymbol{X} = \boldsymbol{\tau}^T\delta\boldsymbol{q} \tag{11.3-3}$$

根据机器人速度雅可比矩阵的定义

$$\delta\boldsymbol{X} = \boldsymbol{J}\delta\boldsymbol{q} \tag{11.3-4}$$

将式（11.3-4）代入式（11.3-3），得

$$\boldsymbol{F}^T\boldsymbol{J}\delta\boldsymbol{q} = \boldsymbol{\tau}^T\delta\boldsymbol{q} \tag{11.3-5}$$

由此得到

$$\boldsymbol{\tau} = \boldsymbol{J}^T\boldsymbol{F} \tag{11.3-6}$$

式（11.3-6）中，并没有明确各物理量所描述的相对坐标系。实际上，作用在机器人末端的广义输出力有两种表达方式：一种是在末端坐标系下定义 ${}^n\boldsymbol{F}$；另一种是在基坐标系下描述 ${}^0\boldsymbol{F}$。因此，若明确式（11.3-6）中的相对坐标系，可细分成两种常见的形式：一种是相对末端坐标系 $\{n\}$，即

$${}^n\boldsymbol{\tau} = {}^n\boldsymbol{J}^{T\,n}\boldsymbol{F} \tag{11.3-7}$$

另一种是相对基坐标系 $\{0\}$，即

$${}^0\boldsymbol{\tau} = {}^0\boldsymbol{J}^{T\,0}\boldsymbol{F} \tag{11.3-8}$$

由式（11.3-7）和式（11.3-8）可以得出结论：机器人速度雅可比矩阵的转置可以表征末端输出力与关节力/力矩之间的映射关系，这时称其为机器人的**静力雅可比矩阵**（简称静力雅可比）。

通过静力雅可比矩阵建立了从末端笛卡儿空间到关节空间的力映射。这种从末端到关节的力映射直接基于正运动学模型获得，而无须求逆运算，这一特性有利于在控制中实现末端

的力控制或补偿末端负载。

一般情况下，如果关节数与串联机器人的自由度数相等，则静力雅可比矩阵是满秩方阵。读者可以思考一下：如果关节数与机器人的自由度数不相等，静力雅可比矩阵会发生什么变化？所对应的物理意义是什么？

静力雅可比矩阵同样存在奇异性，反映在静力雅可比矩阵上的特征就是不满秩，这意味着其速度雅可比也不满秩，机器人处于奇异位形。这种情况下，微小的关节力/力矩将对应极大的末端输出力，几何上对应着机构的死点位置（连杆间的压力角为90°）。

【例 11-5】 讨论平面 2R 机器人的静力雅可比矩阵。

解： 例 8-2 已经给出了该机器人相对基坐标系 {0} 的速度雅可比矩阵［式（8.2-19）］，根据静力雅可比与速度雅可比之间的映射关系，可以得到该机器人相对 {0} 系的静力雅可比矩阵为

$$ {}^{0}\boldsymbol{J}_{\mathrm{F}} = {}^{0}\boldsymbol{J}^{\mathrm{T}} = \begin{pmatrix} -l_1\sin\theta_1 - l_2\sin\theta_{12} & l_1\cos\theta_1 + l_2\cos\theta_{12} \\ -l_2\sin\theta_{12} & l_2\cos\theta_{12} \end{pmatrix} \tag{11.3-9} $$

该机器人相对末端坐标系 {3} 的静力雅可比矩阵为

$$ {}^{3}\boldsymbol{J}_{\mathrm{F}} = {}^{3}\boldsymbol{J}^{\mathrm{T}} = \begin{pmatrix} l_1\sin_2 & l_2 + l_1\cos_2 \\ 0 & l_2 \end{pmatrix} \tag{11.3-10} $$

思考：${}^{0}\boldsymbol{J}_{\mathrm{F}}$ 与 ${}^{3}\boldsymbol{J}_{\mathrm{F}}$ 之间满足什么映射关系？

【例 11-6】 讨论平面 3R 机器人的静力雅可比矩阵。

解： 例 8-3 已经给出了该机器人相对基坐标系 {0} 的速度雅可比矩阵［式（8.2-20）］，根据静力雅可比与速度雅可比之间的映射关系，可以得到该机器人相对 {0} 系的静力雅可比矩阵为

$$ {}^{0}\boldsymbol{J}_{\mathrm{F}} = {}^{0}\boldsymbol{J}^{\mathrm{T}} = \begin{pmatrix} -(l_1\sin\theta_1 + l_2\sin\theta_{12} + l_3\sin\theta_{123}) & l_1\cos\theta_1 + l_2\cos\theta_{12} + l_3\cos\theta_{123} & 1 \\ -(l_2\sin\theta_{12} + l_3\sin\theta_{123}) & l_2\cos\theta_{12} + l_3\cos\theta_{123} & 1 \\ -l_3\sin\theta_{123} & l_3\cos\theta_{123} & 1 \end{pmatrix} \tag{11.3-11} $$

【例 11-7】 讨论 6-6 型 Stewart 平台的静力雅可比矩阵。

解： 例 8-8 已经给出了该机器人的速度雅可比矩阵，根据静力雅可比与速度雅可比之间的映射关系，可以得到该机器人的静力雅可比矩阵为

$$ \boldsymbol{J}^{\mathrm{T}} = \begin{pmatrix} \hat{\boldsymbol{s}}_1 & \hat{\boldsymbol{s}}_2 & \cdots & \hat{\boldsymbol{s}}_6 \\ \boldsymbol{b}_1 \times \hat{\boldsymbol{s}}_1 & \boldsymbol{b}_2 \times \hat{\boldsymbol{s}}_2 & \cdots & \boldsymbol{b}_6 \times \hat{\boldsymbol{s}}_6 \end{pmatrix} \tag{11.3-12} $$

【例 11-8】 完成工具坐标系与机械手腕中心之间的坐标变换。

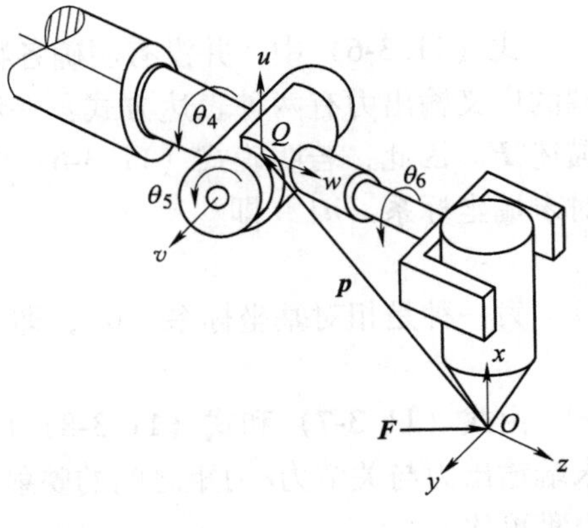

图 11-4 工具坐标系与机械手腕中心之间的坐标变换

图 11-4 所示为一夹持工件的机械手腕（含末端夹持器）。一般情况下，为实现稳定夹持，往往在腕

部中心附近的位置安装一个力传感器，以测量出施加在夹持器上的力和力矩。为简化起见，假设将力传感器放置在手腕中心，该系统中存在两个坐标系：手腕中心处的传感器坐标系 Q-uvw 和夹持器处的工具坐标系 O-xyz。若传感器坐标系处的广义力 $\boldsymbol{F}_{\text{sensor}}$ 已知，求工具坐标系处的广义力 $\boldsymbol{F}_{\text{tool}}$。

解：如图 11-4 所示，假设传感器坐标系 $\{S\}$ 与末端工具坐标系 $\{T\}$ 的各坐标轴相互平行，而手腕中心 Q 相对工具坐标系原点 O 的位置向量为 $\boldsymbol{p}=(p_x, p_y, p_z)^{\mathrm{T}}$。因此，伴随矩阵为

$$
{}_S^T\boldsymbol{A}=\begin{pmatrix} {}_S^T\boldsymbol{R} & \boldsymbol{0} \\ [{}^T\boldsymbol{r}_{SORG}]{}_S^T\boldsymbol{R} & {}_S^T\boldsymbol{R} \end{pmatrix}=\begin{pmatrix} \boldsymbol{I}_3 & 0 \\ [\boldsymbol{p}] & \boldsymbol{I}_3 \end{pmatrix}=\begin{pmatrix} 1 & 0 & 0 & 0 & 0 & 0 \\ 0 & 1 & 0 & 0 & 0 & 0 \\ 0 & 0 & 1 & 0 & 0 & 0 \\ 0 & -p_z & p_y & 1 & 0 & 0 \\ p_z & 0 & -p_x & 0 & 1 & 0 \\ -p_y & p_x & 0 & 0 & 0 & 1 \end{pmatrix} \tag{11.3-13}
$$

根据式（3.7-4）可得

$$
\boldsymbol{F}_{\text{tool}}={}^T\boldsymbol{F}=\boldsymbol{A}_T{}^S\boldsymbol{F}=\boldsymbol{A}_T\boldsymbol{F}_{\text{sensor}} \tag{11.3-14}
$$

即

$$
\begin{pmatrix} f_x \\ f_y \\ f_z \\ m_x \\ m_y \\ m_z \end{pmatrix}=\begin{pmatrix} 1 & 0 & 0 & 0 & 0 & 0 \\ 0 & 1 & 0 & 0 & 0 & 0 \\ 0 & 0 & 1 & 0 & 0 & 0 \\ 0 & -p_z & p_y & 1 & 0 & 0 \\ p_z & 0 & -p_x & 0 & 1 & 0 \\ -p_y & p_x & 0 & 0 & 0 & 1 \end{pmatrix}\begin{pmatrix} f_u \\ f_v \\ f_w \\ m_u \\ m_v \\ m_w \end{pmatrix} \tag{11.3-15}
$$

11.3.2　力椭球

也可通过静力雅可比矩阵将关节力矩的边界映射到末端力的边界中。这里以平面 2R 机器人为例，首先将关节力矩 $\boldsymbol{\tau}=(\tau_1, \tau_2)^{\mathrm{T}}$ 映射成单位圆的形状，如图 11-5 所示，τ_1 与 τ_2 分别代表横、纵轴，且满足 $\boldsymbol{\tau}^{\mathrm{T}}\boldsymbol{\tau}=1$。通过静力雅可比矩阵的映射 $\boldsymbol{\tau}=\boldsymbol{J}^{\mathrm{T}}\boldsymbol{F}$，可得

$$
\boldsymbol{F}^{\mathrm{T}}\boldsymbol{J}\boldsymbol{J}^{\mathrm{T}}\boldsymbol{F}=1 \tag{11.3-16}
$$

令 $\boldsymbol{H}=\boldsymbol{J}\boldsymbol{J}^{\mathrm{T}}$，式（11.3-16）简化为

$$
\boldsymbol{F}^{\mathrm{T}}\boldsymbol{H}\boldsymbol{F}=1 \tag{11.3-17}
$$

通过式（11.3-17），可将表示关节力矩（边界）的单位圆映射成表示末端力（边界）的一个椭圆，这个椭圆称为**力椭圆**（force ellipse）。图 11-5 所示为与平面 2R 开链机器人两组不同位姿相对应的力椭圆。

图 11-5 所示的力椭圆反映了机器人末端在不同方向上输出力的难易程度。对照前面的可操作度椭圆和这里的力椭圆，可以看出，若在某一方向上比较容易产生末端速度，则在该方向上产生力就比较困难，反之亦然，如图 11-5 所示。事实上，对于给定的机器人位形，可操作度椭圆与力椭圆的主轴方向完全重合，但力椭圆的主轴长度与可操作度椭圆的主轴长度正好相反（如果前者长，则后者一定短；反之亦然）。

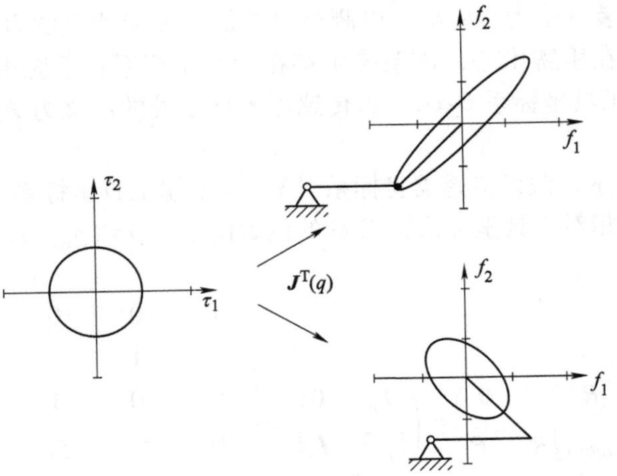

图 11-5

与平面 2R 开链机器人的两组不同位姿相对应的力椭圆

同样可将上述思想扩展到一般情况。

对于一个通用的 n 自由度串联机器人，首先定义一个可以表示 n 维关节驱动空间 $\boldsymbol{\tau}$ 的单元球，即满足

$$\boldsymbol{\tau}^{\mathrm{T}}\boldsymbol{\tau}=1 \tag{11.3-18}$$

通过静力雅可比矩阵的映射，即

$$\boldsymbol{\tau}^{\mathrm{T}}\boldsymbol{\tau}=(\boldsymbol{J}^{\mathrm{T}}\boldsymbol{F})^{\mathrm{T}}(\boldsymbol{J}^{\mathrm{T}}\boldsymbol{F})=\boldsymbol{F}^{\mathrm{T}}\boldsymbol{J}\boldsymbol{J}^{\mathrm{T}}\boldsymbol{F}=\boldsymbol{F}^{\mathrm{T}}(\boldsymbol{J}\boldsymbol{J}^{\mathrm{T}})\boldsymbol{F}=1 \tag{11.3-19}$$

令 $\boldsymbol{H}=\boldsymbol{J}\boldsymbol{J}^{\mathrm{T}}$，由线性代数的知识可知，若 $\boldsymbol{J}$ 满秩，则矩阵 $\boldsymbol{H}=\boldsymbol{J}\boldsymbol{J}^{\mathrm{T}}$ 为方阵，且为对称正定矩阵。因此，对于任一对称正定矩阵 $\boldsymbol{H}$，有

$$\boldsymbol{F}^{\mathrm{T}}\boldsymbol{H}\boldsymbol{F}=1 \tag{11.3-20}$$

由此，可根据式（11.3-20）定义 n 维**力椭球**（force ellipsoid）的概念。物理上，力椭球对应的是当关节力矩满足 $\|\boldsymbol{\tau}\|=1$ 时的末端力。类似于前面对力椭球的分析，椭球的形状越接近于球，即所有的半径都在同一数量级，机器人的传力性能就越好。力椭球反映了机器人末端在不同方向上输出力的难易程度。

【例 11-9】 讨论平面 2R 机器人的力椭球。设定杆长参数为：$l_1=\sqrt{2}\,\mathrm{m}$，$l_2=1\mathrm{m}$。

解： 例 11-4 已经给出了该机器人的静力雅可比矩阵，即

$$\boldsymbol{J}^{\mathrm{T}}=\begin{pmatrix}-l_1\sin\theta_1-l_2\sin\theta_{12} & l_1\cos\theta_1+l_2\cos\theta_{12}\\ -l_2\sin\theta_{12} & l_2\cos\theta_{12}\end{pmatrix} \tag{11.3-21}$$

当两个关节角分别选取 $\theta_1=0$，$\theta_2=\pi/2$ 时，可得

$$\boldsymbol{J}\boldsymbol{J}^{\mathrm{T}}=\begin{pmatrix}2 & -\sqrt{2}\\ -\sqrt{2} & 2\end{pmatrix}$$

$\boldsymbol{J}\boldsymbol{J}^{\mathrm{T}}$ 的两个特征值分别为 $\lambda_1=2-\sqrt{2}$，$\lambda_2=2+\sqrt{2}$。将 $\boldsymbol{J}\boldsymbol{J}^{\mathrm{T}}$ 代入式（11.3-20），可得

$$2f_x^2-2\sqrt{2}f_xf_y+f_y^2=(2-\sqrt{2})\left(\frac{f_x}{\sqrt{2}}+\frac{f_y}{\sqrt{2}}\right)^2+(2+\sqrt{2})\left(\frac{f_x}{\sqrt{2}}-\frac{f_y}{\sqrt{2}}\right)^2=1$$

由此，可给出相应的力椭球及其主轴示意图，如图 11-6 所示。

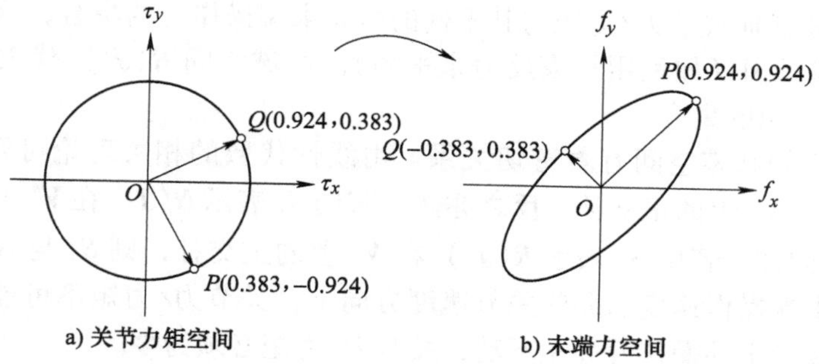

图 11-6

平面 2R 机器人的力椭球

11.3.3　静力雅可比与速度雅可比之间的对偶性

由以上讨论可知，一方面，施加给末端的广义力与关节力/力矩之间的映射关系可用机器人的静力雅可比矩阵来表达；而另一方面，静力雅可比的转置也就是速度雅可比，可用来描述机器人末端广义速度与关节速度之间的映射关系。前者反映的是机器人静力传递关系，而后者描述的是速度传递关系。因此，机器人静力学与其微分运动学（速度）之间必然存在某种密切的联系。

$$\dot{\boldsymbol{X}} = \boldsymbol{J}(\boldsymbol{q})\dot{\boldsymbol{q}} \tag{11.3-22}$$

$$\boldsymbol{\tau} = \boldsymbol{J}^{\mathrm{T}}(\boldsymbol{q})\boldsymbol{F} \tag{11.3-23}$$

机器人的速度与静力传递之间的**对偶性**（duality）可用图 11-7 所示的线性映射图来表示[38]。机器人的速度方程可以看成是从关节空间（n 维向量空间 $\boldsymbol{V}^n$）向操作空间（m 维向量空间 $\boldsymbol{V}^m$）的线性映射，雅可比矩阵 $\boldsymbol{J}(\boldsymbol{q})$ 与给定的位形 $\boldsymbol{q}$ 一一对应。其中，n 表示关节数，m 表示操作空间的维数。$\boldsymbol{J}(\boldsymbol{q})$ 的域空间（range space）$R(\boldsymbol{J})$ 代表关节运动能够产生的全部操作速度的集合。当 $\boldsymbol{J}(\boldsymbol{q})$ 降秩时，机器人处于奇异位形，$R(\boldsymbol{J})$ 不能张满整个操作空间，即存在至少一个末端操作手不能运动的方向。子空间 $N(\boldsymbol{J})$ 为 $\boldsymbol{J}(\boldsymbol{q})$ 的零空间，用来表示不产生操作速度的关节速度的集合，即满足 $\boldsymbol{J}(\boldsymbol{q})\dot{\boldsymbol{q}}=0$。如果 $\boldsymbol{J}(\boldsymbol{q})$ 满秩，则 $N(\boldsymbol{J})$ 的维数为机器人的冗余自由度 $(n-m)$；当 $\boldsymbol{J}(\boldsymbol{q})$ 降秩时，$R(\boldsymbol{J})$ 的维数减少，$N(\boldsymbol{J})$ 的维数增多，但两者的总和恒为 n，即

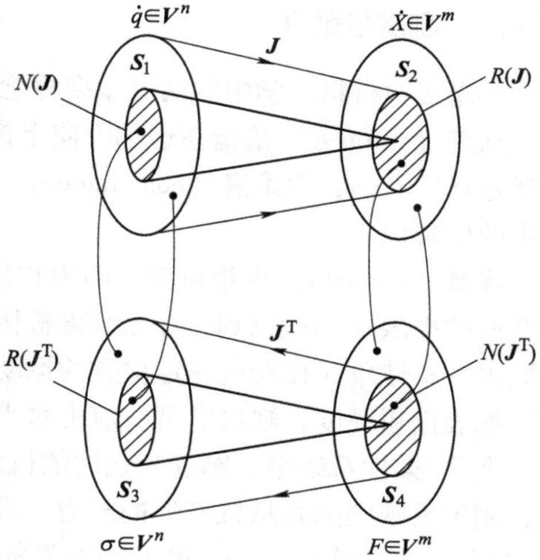

图 11-7

一阶运动学与静力学的对偶性

$$\dim(R(\boldsymbol{J})) + \dim(N(\boldsymbol{J})) = n \tag{11.3-24}$$

与速度映射不同，静力映射是从操作空间（m 维向量空间 $\boldsymbol{V}^m$）向关节空间（n 维向量空间 $\boldsymbol{V}^n$）的线性映射。因此，关节力/力矩 $\boldsymbol{\sigma}$ 总是由末端操作力 $\boldsymbol{F}$ 唯一确定。但反过来，对于给定的关节力/力矩，末端操作力却不总是存在，这与速度的情况类似。令零空间

$N(\boldsymbol{J}^{\mathrm{T}})$ 代表不需要任何关节力/力矩与其平衡的所有末端操作力的集合，这时的末端力全部由机器人机构本身承担（如利用约束反力来平衡）。而域空间 $R(\boldsymbol{J}^{\mathrm{T}})$ 代表所有能平衡末端操作力的关节力/力矩的集合。

$\boldsymbol{J}$ 与 $\boldsymbol{J}^{\mathrm{T}}$ 的域空间和零空间有着密切关系。由线性代数的相关理论可知，零空间 $N(\boldsymbol{J})$ 是域空间 $R(\boldsymbol{J}^{\mathrm{T}})$ 在 $\boldsymbol{V}^n$ 上的正交补，反之亦然。若用 $\boldsymbol{S}_1$ 表示 $N(J)$ 在 $\boldsymbol{V}^n$ 上的正交补，则 $\boldsymbol{S}_1$ 与 $R(\boldsymbol{J}^{\mathrm{T}})$ 等价；同样，若用 $\boldsymbol{S}_3$ 表示 $R(\boldsymbol{J}^{\mathrm{T}})$ 在 $\boldsymbol{V}^n$ 上的正交补，则 $\boldsymbol{S}_3$ 与 $N(\boldsymbol{J})$ 等价。这说明在不产生任何末端操作速度的那些关节速度方向上，关节力/力矩不可能被任何末端操作力所平衡。为了保持末端操作臂静止不动，关节力/力矩必须为零。

在操作空间 $\boldsymbol{V}^m$ 中存在类似的对应关系，即域空间 $R(J)$ 是零空间 $N(\boldsymbol{J}^{\mathrm{T}})$ 的正交补，故 $\boldsymbol{S}_2$ 与 $N(\boldsymbol{J}^{\mathrm{T}})$ 等价，$\boldsymbol{S}_4$ 与 $R(\boldsymbol{J})$ 等价。因此，当外力作用在末端不能运动的方向上时，不需要关节力/力矩来平衡末端操作力；同样，当外力加在末端可以运动的方向上时，必须全部由关节力/力矩来平衡。如果雅可比矩阵降秩或操作手处于奇异位形时，$N(\boldsymbol{J}^{\mathrm{T}})$ 不为零，外力的一部分就由约束反力来平衡。速度与静力之间的这种关系称为**一阶运动学与静力学具有对偶性**。

11.4 柔度与变形

11.3 节的研究对象限定为具有理想刚度特性的**刚性体机器人**，本节开始考虑实际机器人系统中存在的**真实变形**情况。

11.4.1 刚度与柔度

首先回顾材料力学中的两个重要概念。

刚度（stiffness）是指在运动方向上产生单位位移时所需力的大小，这里所说的位移和力都是指广义的；而**柔度**（compliance）是与刚度互逆的，是指在运动方向上施加单位力所产生的位移量。

强度（strength）也很重要，因为它反映的是承受负载能力的大小，即任何柔性元件都有变形的极限（一般以到达屈服强度极限为标志）。疲劳断裂是许多机械零件发生破坏的主要原因。柔性单元在经过一定次数的运动循环后，也会产生疲劳。疲劳寿命受许多因素的影响，如表面粗糙度、缺口类型、应力水平等。

在弹/柔性系统中，刚度与强度的概念经常被混淆。本质上，强度与抵御失效的能力有关，刚度反映的则是抵抗变形的能力。换句话说，刚度大的不一定“强”，强度大的也不一定“刚”。在现实应用中，既有刚而强的例子，也有柔而强的实例，前者如桥梁、建筑等，后者如秋千、肌腱等。

一般线弹性元件都遵循**线性小变形**假设，即假设相对于结构的几何尺寸其变形很小、材料的应变与应力成正比。而实际中，若存在结构非线性的情况，则这种假设将失效。结构非线性可分成两类：**材料非线性**和**几何非线性**。材料非线性是指应力与应变不成正比（即不满足胡克定律），典型的例子是发生塑性变形、超弹性变形及蠕变等。几何非线性通常是指几何大变形、**应力刚化**（stress stiffening）或大应变的情况。当结构刚度是变形的函数时，应力与应变仍然成正比，而变形体的挠曲线方程为

$$\frac{1}{\rho}=\frac{\mathrm{d}^2y}{\mathrm{d}x^2}\bigg/\left[1+\left(\frac{\mathrm{d}y}{\mathrm{d}x}\right)^2\right]^{3/2} \tag{11.4-1}$$

11.4.2　基于旋量理论的空间柔度矩阵建模

鉴于任何柔性单元本质上都可以看作柔性梁，且主要应用其线弹性特性，因此，可以基于弹性小变形的假设，建立一般形式的弹性梁力学模型。对于均质梁结构，**伯努利-欧拉**（Bernoulli-Euler）和**铁木辛柯**（Timoshenko）分别给出了细长及短粗均质悬臂梁结构的弹性力学模型。本书只考虑细长梁的情况。

如图 11-8 所示，当在均质梁末端施加载荷时，梁末端产生变形或者微小运动，根据旋量理论，在给定的图示坐标系下，梁末端的变形可用运动旋量 $\boldsymbol{\zeta}=(\boldsymbol{\theta};\boldsymbol{\delta})=(\theta_x,\theta_y,\theta_z;\delta_x,\delta_y,\delta_z)$ 来表示；施加在其上的载荷可以用力旋量 $\boldsymbol{W}=(\boldsymbol{m};\boldsymbol{f})=(m_x,m_y,m_z;f_x,f_y,f_z)$ 来表示⊖。其中，$\boldsymbol{\theta}$、$\boldsymbol{\delta}$ 分别为梁末端的角变形和线变形；$\boldsymbol{m}$、$\boldsymbol{f}$ 分别为施加在梁上的力矩和纯力。

在满足线弹性假设的前提下，运动旋量与力旋量之间存在以下关系

$$\boldsymbol{\zeta}=\boldsymbol{CW},\boldsymbol{W}=\boldsymbol{K\zeta},\boldsymbol{C}=\boldsymbol{K}^{-1} \tag{11.4-2}$$

式中，$\boldsymbol{C}$ 和 $\boldsymbol{K}$ 分别为机构的柔度矩阵和刚度矩阵（6×6 阶）。

根据 Von Mise 的细长梁变形理论，当参考坐标系位于梁的质心（图 11-9）时，长度为 l 的空间均质梁的柔度矩阵为

$$^{C}\boldsymbol{C}=\mathrm{diag}(c_{11},c_{22},c_{33},c_{44},c_{55},c_{66})=\mathrm{diag}\left(\frac{l}{EI_x},\frac{l}{EI_y},\frac{l}{GI_p},\frac{l^3}{12EI_y},\frac{l^3}{12EI_x},\frac{l}{EA}\right) \tag{11.4-3}$$

式中，I_x、I_y 分别为绕 x、y 轴的惯性矩；I_p 为极惯性矩；E、G 分别为弹性模量和剪切模量 [$E/G=2(1+\mu)$，μ 为泊松比]；A 为截面面积。

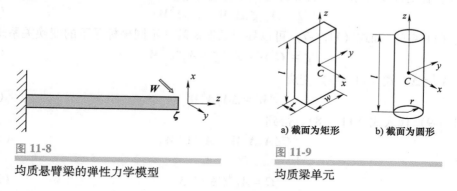

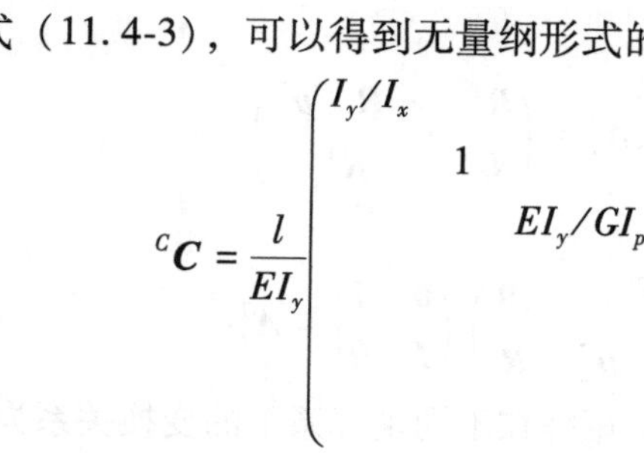

图 11-8

均质悬臂梁的弹性力学模型

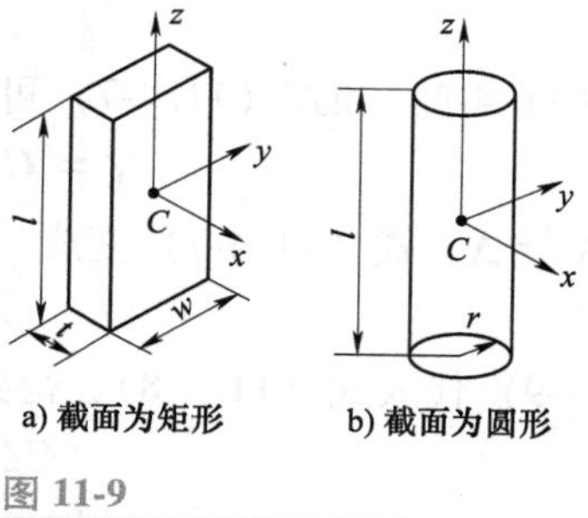

图 11-9

均质梁单元

变换式（11.4-3），可以得到无量纲形式的柔度矩阵，即

$$^{C}\boldsymbol{C}=\frac{l}{EI_y}\begin{pmatrix} I_y/I_x &&&&& \\ & 1 &&&& \\ && EI_y/GI_p &&& \\ &&& l^2/12 && \\ &&&& l^2I_y/12I_x & \\ &&&&& I_y/A \end{pmatrix} \tag{11.4-4}$$

⊖ 这里力旋量的写法与之前不同，而采用与类似运动旋量轴线坐标的形式，目的是为后续公式推导与表达方便。

11.4.3 柔度矩阵的坐标变换

一般情况下，只有在同一个坐标系下对柔度（或刚度）矩阵进行讨论才有意义。例如，为了建立柔性系统的整体柔度（或刚度）矩阵，需要将各局部坐标系（或物体坐标系）下的柔度（或刚度）矩阵转化到统一的全局坐标系（或惯性坐标系）下，即涉及柔度（或刚度）矩阵的坐标变换。

首先来推导柔度（或刚度）矩阵在不同坐标系下的映射关系。

假设在惯性坐标系下，运动旋量和力旋量分别表示为${}^A\boldsymbol{\zeta}=({}^A\boldsymbol{\theta};{}^A\boldsymbol{\delta})$ 和${}^A\boldsymbol{W}=({}^A\boldsymbol{m};{}^A\boldsymbol{f})$；而在物体坐标系下，运动旋量和力旋量分别表示为${}^B\boldsymbol{\zeta}=({}^B\boldsymbol{\theta};{}^B\boldsymbol{\delta})$ 和${}^B\boldsymbol{W}=({}^B\boldsymbol{m};{}^B\boldsymbol{f})$。其中，运动旋量是旋量的**射线坐标**（ray coordinate）表达，而力旋量则是旋量的**轴线坐标**（axis coordinate）表达。

由式（11.4-2）可知

$$
{}^A\boldsymbol{\zeta}={}^A\boldsymbol{C}^A\boldsymbol{W},{}^B\boldsymbol{\zeta}={}^B\boldsymbol{C}^B\boldsymbol{W} \tag{11.4-5}
$$

另设局部坐标系与参考坐标系之间坐标变换的旋转矩阵为$\boldsymbol{R}$，平移向量为$\boldsymbol{p}=(p_x,\ p_y,\ p_z)^{\mathrm{T}}$，则坐标变换的伴随矩阵$\boldsymbol{A}_T=\begin{pmatrix}\boldsymbol{R} & \boldsymbol{0}\\ [\boldsymbol{p}]\boldsymbol{R} & \boldsymbol{R}\end{pmatrix}$。引入算子$\boldsymbol{\Delta}$

$$
\boldsymbol{\Delta}=\begin{pmatrix}\boldsymbol{0} & \boldsymbol{I}\\ \boldsymbol{I} & \boldsymbol{0}\end{pmatrix} \tag{11.4-6}
$$

式中，$\boldsymbol{I}$为三阶单位矩阵。算子$\boldsymbol{\Delta}$可以将轴线坐标表达的力旋量$\boldsymbol{W}$转化成射线坐标形式的$\boldsymbol{\Delta W}$。因此，在射线坐标系下，运动旋量和力旋量的坐标变换为

$$
{}^A\boldsymbol{\zeta}=\boldsymbol{A}_T{}^B\boldsymbol{\zeta},\boldsymbol{\Delta}^A\boldsymbol{W}=\boldsymbol{A}_T\boldsymbol{\Delta}^B\boldsymbol{W} \tag{11.4-7}
$$

由式（11.4-5）和式（11.4-7）可以导出柔度矩阵在不同坐标系下的变换关系式。首先

$$
{}^A\boldsymbol{\zeta}={}^A\boldsymbol{C}^A\boldsymbol{W}=\boldsymbol{A}_T{}^B\boldsymbol{\zeta}=\boldsymbol{A}_T{}^B\boldsymbol{C}^B\boldsymbol{W} \tag{11.4-8}
$$

由于$\Delta^{-1}=\Delta$，式（11.4-7）变成

$$
{}^A\boldsymbol{W}=\boldsymbol{\Delta}\boldsymbol{A}_T\boldsymbol{\Delta}^B\boldsymbol{W} \tag{11.4-9}
$$

将式（11.4-9）代入式（11.4-8），得到

$$
{}^A\boldsymbol{C}\boldsymbol{\Delta}\boldsymbol{A}_T\boldsymbol{\Delta}^B\boldsymbol{W}=\boldsymbol{A}_T{}^B\boldsymbol{C}^B\boldsymbol{W} \tag{11.4-10}
$$

整理得到

$$
{}^A\boldsymbol{C}=\boldsymbol{A}_T{}^B\boldsymbol{C}\boldsymbol{\Delta}\boldsymbol{A}_T^{-1}\boldsymbol{\Delta} \tag{11.4-11}
$$

注意到

$$
\boldsymbol{A}_T^{-1}=\begin{pmatrix}\boldsymbol{R}^{\mathrm{T}} & \boldsymbol{0}\\ -\boldsymbol{R}^{\mathrm{T}}[\boldsymbol{p}] & \boldsymbol{R}^{\mathrm{T}}\end{pmatrix},\boldsymbol{A}_T^{\mathrm{T}}=\begin{pmatrix}\boldsymbol{R}^{\mathrm{T}} & -\boldsymbol{R}^{\mathrm{T}}[\boldsymbol{p}]\\ \boldsymbol{0} & \boldsymbol{R}^{\mathrm{T}}\end{pmatrix} \tag{11.4-12}
$$

因此

$$
\boldsymbol{\Delta}\boldsymbol{A}_T^{-1}\boldsymbol{\Delta}=\begin{pmatrix}\boldsymbol{0} & \boldsymbol{I}\\ \boldsymbol{I} & \boldsymbol{0}\end{pmatrix}\begin{pmatrix}\boldsymbol{R}^{\mathrm{T}} & \boldsymbol{0}\\ -\boldsymbol{R}^{\mathrm{T}}[\boldsymbol{p}] & \boldsymbol{R}^{\mathrm{T}}\end{pmatrix}\begin{pmatrix}\boldsymbol{0} & \boldsymbol{I}\\ \boldsymbol{I} & \boldsymbol{0}\end{pmatrix}=\boldsymbol{A}_T^{\mathrm{T}} \tag{11.4-13}
$$

将式（11.4-13）代入式（11.4-11），得到柔度矩阵在不同坐标系下的变换关系为

$$
{}^A\boldsymbol{C}=\boldsymbol{A}_T{}^B\boldsymbol{C}\boldsymbol{A}_T^{\mathrm{T}} \tag{11.4-14}
$$

对于刚度矩阵，变换关系可根据$\boldsymbol{K}=\boldsymbol{C}^{-1}$直接得到，即

$$^{A}\boldsymbol{K}=\boldsymbol{A}_{T}^{-\mathrm{T}B}\boldsymbol{K}\boldsymbol{A}_{T}^{-1} \tag{11.4-15}$$

式（11.4-14）和式（11.4-15）分别给出了柔度矩阵和刚度矩阵在不同坐标系下的映射关系。

特殊情况下，梁在其末端处的柔度矩阵与其质心处的柔度矩阵之间的关系可以写成

$$^{E}\boldsymbol{C}=\boldsymbol{A}_{T}{}^{C}\boldsymbol{C}\boldsymbol{A}_{T}^{\mathrm{T}} \tag{11.4-16}$$

【例 11-10】 图 11-10 所示为一矩形截面均质悬臂梁。参考坐标系选在梁的质心（中点）处，一力旋量作用在该点，求该悬臂梁相对其末端处的柔度矩阵。

解： 根据 Von Mise 的细长梁变形理论，空间均质梁的柔度矩阵为对角矩阵。

$$^{C}\boldsymbol{C}=\mathrm{diag}\left(\frac{l}{EI_x}\ \frac{l}{EI_y}\ \frac{l}{GI_p}\ \frac{l^3}{12EI_y}\ \frac{l^3}{12EI_x}\ \frac{l}{EA}\right)$$

式中，$I_x=tb^3/12$；$I_y=bt^3/12$，$I_p=I_x+I_y=tb(t^2+b^2)/12$。

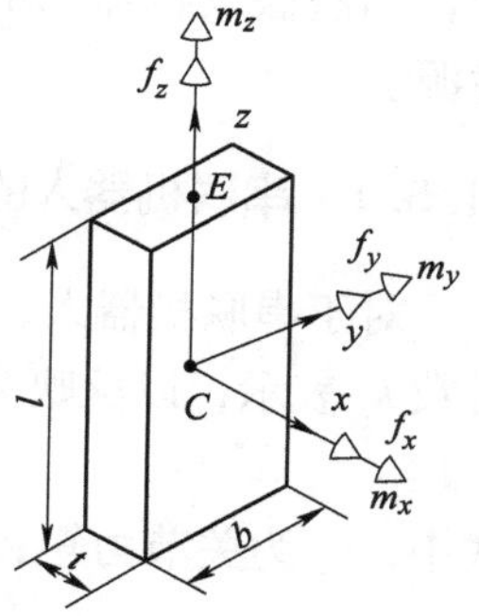

图 11-10

均质悬臂梁

由于力旋量通常作用在梁的末端，因此有必要进行柔度矩阵的坐标变换，即将梁相对于质心坐标系的柔度矩阵转换成在其末端处的柔度矩阵。为此，需要采用伴随矩阵

$$\boldsymbol{A}_T=\begin{pmatrix}\boldsymbol{I} & \boldsymbol{0}\\ [\boldsymbol{p}] & \boldsymbol{I}\end{pmatrix} \tag{11.4-17}$$

式中

$$[\boldsymbol{p}]=\begin{pmatrix}0 & \frac{l}{2} & 0\\ -\frac{l}{2} & 0 & 0\\ 0 & 0 & 0\end{pmatrix} \tag{11.4-18}$$

这样，在末端惯性坐标系下的柔度矩阵表达为

$$^{E}\boldsymbol{C}=\boldsymbol{A}_{T}{}^{C}\boldsymbol{C}\boldsymbol{A}_{T}^{\mathrm{T}}=\begin{pmatrix}\frac{l}{EI_x} & 0 & 0 & 0 & -\frac{l^2}{2EI_x} & 0\\ 0 & \frac{l}{EI_y} & 0 & \frac{l^2}{2EI_y} & 0 & 0\\ 0 & 0 & \frac{l}{GI_p} & 0 & 0 & 0\\ 0 & \frac{l^2}{2EI_y} & 0 & \frac{l^3}{3EI_y} & 0 & 0\\ -\frac{l^2}{2EI_x} & 0 & 0 & 0 & \frac{l^3}{3EI_x} & 0\\ 0 & 0 & 0 & 0 & 0 & \frac{l}{EA}\end{pmatrix} \tag{11.4-19}$$

11.5 刚性机器人的静刚度分析

刚性机器人机构的静刚度映射，是指机构驱动系统与传动系统等的输入刚度与机器人末端（或并联机构的动平台）的输出刚度之间的映射关系。在刚性机器人的静刚度分析中，仍然假设机器人的各杆件是完全刚性的，只有驱动及传动系统是机器人中唯一的柔性源。

11.5.1 串联机器人的静刚度映射

对于串联机器人，可将驱动系统与传动系统的刚度合在一起看作线弹性系统，并用弹簧常数 k_i 表示，以反映关节 i 的变形与所传递力矩（或力）之间的关系，即

$$\tau_i = k_i \Delta q_i \tag{11.5-1}$$

式中，τ_i 为关节力矩；Δq_i 为各关节的变形。式（11.5-1）写成矩阵的形式为

$$\boldsymbol{\tau} = \boldsymbol{\chi} \Delta \boldsymbol{q} \tag{11.5-2}$$

式中，$\boldsymbol{\tau}=(\tau_1, \tau_2, \cdots, \tau_n)^{\mathrm{T}}$；$\Delta \boldsymbol{q}=(\Delta q_1, \Delta q_2, \cdots, \Delta q_n)^{\mathrm{T}}$；$\boldsymbol{\chi}=\mathrm{diag}(k_1, k_2, \cdots, k_n)$。

由速度雅可比矩阵（$m\times n$ 维）及力雅可比矩阵的定义可得

$$\Delta \boldsymbol{X} = \boldsymbol{J} \Delta \boldsymbol{q}, \boldsymbol{\tau} = \boldsymbol{J}^{\mathrm{T}} \boldsymbol{F}$$

式中，$\Delta \boldsymbol{X}$ 为机器人末端的变形；$\boldsymbol{F}$ 为机器人末端的等效力旋量。并定义

$$\Delta \boldsymbol{X} = \boldsymbol{C} \boldsymbol{F} \tag{11.5-3}$$

式中

$$\boldsymbol{C} = \boldsymbol{J} \boldsymbol{\chi}^{-1} \boldsymbol{J}^{\mathrm{T}} \tag{11.5-4}$$

$\boldsymbol{C}$ 即为机器人的柔度矩阵（$m\times m$ 维），而它的逆为机器人的静刚度矩阵，即

$$\boldsymbol{K} = \boldsymbol{C}^{-1} = \boldsymbol{J}^{-\mathrm{T}} \boldsymbol{\chi} \boldsymbol{J}^{-1} \tag{11.5-5}$$

由式（11.5-4）和式（11.5-5）可以看出，柔度矩阵和刚度矩阵都是对称矩阵，且结果与机构的驱动刚度和雅可比矩阵有关。而雅可比矩阵与机器人的位形参数（包括参考坐标系的选择）都有关，因此，机器人的柔度（刚度）矩阵也与机器人的位形参数（包括参考坐标系的选择）有关。

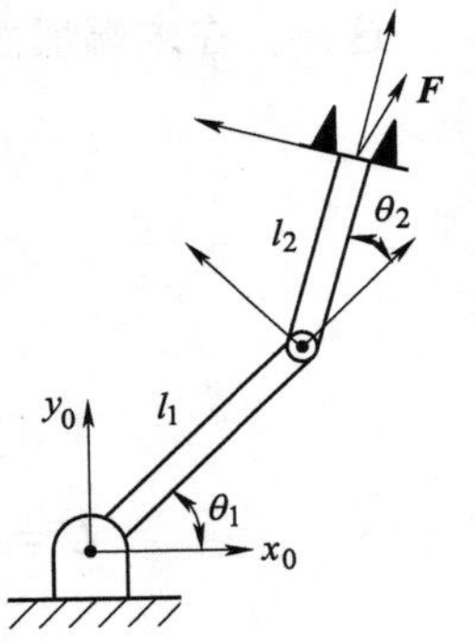

图 11-11
平面 2R 机器人

【例 11-11】 试计算图 11-11 所示平面 2R 机器人的刚度矩阵。

解： 由例 8-2 可知，该机器人的速度雅可比矩阵为

$$\boldsymbol{J} = \begin{pmatrix} -l_1\sin\theta_1 - l_2\sin\theta_{12} & -l_2\sin\theta_{12} \\ l_1\cos\theta_1 + l_2\cos\theta_{12} & l_2\cos\theta_{12} \end{pmatrix}$$

假设该机器人末端的变形 $\Delta \boldsymbol{X}=(\Delta x, \Delta y)^{\mathrm{T}}$，输出平衡力 $\boldsymbol{F}=(F_x, F_y)^{\mathrm{T}}$。且

$$\boldsymbol{\chi} = \begin{pmatrix} k_1 & 0 \\ 0 & k_2 \end{pmatrix}$$

由式（11.5-4）可得，该机器人的柔度矩阵为

$$C = J\chi^{-1}J^{\mathrm{T}}$$

$$= \begin{pmatrix} \dfrac{(l_1\sin\theta_1 + l_2\sin\theta_{12})^2}{k_1} + \dfrac{(l_2\sin\theta_{12})^2}{k_2} & \dfrac{-(l_1\cos\theta_1 + l_2\cos\theta_{12})(l_1\sin\theta_1 + l_2\sin\theta_{12})}{k_1} - \dfrac{l_2^2\cos\theta_{12}\sin\theta_{12}}{k_2} \\ \dfrac{-(l_1\cos\theta_1 + l_2\cos\theta_{12})(l_1\sin\theta_1 + l_2\sin\theta_{12})}{k_1} - \dfrac{l_2^2\cos\theta_{12}\sin\theta_{12}}{k_2} & \dfrac{(l_1\cos\theta_1 + l_2\cos\theta_{12})^2}{k_1} + \dfrac{(l_2\cos\theta_{12})^2}{k_2} \end{pmatrix}$$

11.5.2 并联机器人的静刚度映射

对于并联机器人，其静刚度是指动平台处的输出刚度。因此，求解并联机器人静刚度的问题实质上是建立驱动和传动系统的输入刚度与动平台输出刚度之间的映射关系，具体过程与串联机器人刚度矩阵的建立过程类似。同样，可以假设机器人的各杆件没有柔性，只有驱动系统和传动系统是机器人中唯一的柔性源。

令 $\boldsymbol{\tau}=(\tau_1,\tau_2,\cdots,\tau_n)^{\mathrm{T}}$ 为各分支中驱动副处的驱动力旋量，Δq_i 为相应关节的变形。同样，设 $\boldsymbol{\chi}=\mathrm{diag}(k_1,k_2,\cdots,k_n)$，$k_i$ 为等效弹簧常数。则写成矩阵的形式为

$$\boldsymbol{\tau}=\boldsymbol{\chi}\Delta\boldsymbol{q} \tag{11.5-6}$$

第 10 章已经分析了并联机构的速度雅可比矩阵，可以写成

$$\boldsymbol{V}_c = \boldsymbol{J}\boldsymbol{\Theta} = \boldsymbol{J}_r^{-1}\boldsymbol{J}_\theta\boldsymbol{\Theta} \tag{11.5-7}$$

式中，$\boldsymbol{J}=\boldsymbol{J}_r^{-1}\boldsymbol{J}_\theta$。

或者

$$\boldsymbol{\Theta} = \boldsymbol{J}^{-1}\boldsymbol{V}_c = \boldsymbol{J}_\theta^{-1}\boldsymbol{J}_r\boldsymbol{V}_c \tag{11.5-8}$$

式（11.5-8）用微分形式表示为

$$\Delta\boldsymbol{q} = \boldsymbol{J}^{-1}\Delta\boldsymbol{X} \tag{11.5-9}$$

式中，$\Delta\boldsymbol{X}$ 为动平台的微小变形。并定义

$$\boldsymbol{F} = \boldsymbol{K}\Delta\boldsymbol{X} \tag{11.5-10}$$

再根据静力雅可比矩阵的定义

$$\boldsymbol{\tau}=\boldsymbol{J}^{\mathrm{T}}\boldsymbol{F} \tag{11.5-11}$$

综合式（11.5-6）~式（11.5-11），可以导出

$$\boldsymbol{K}=\boldsymbol{J}^{-\mathrm{T}}\boldsymbol{\chi}\boldsymbol{J}^{-1} \tag{11.5-12}$$

如果各个分支完全一样，则各分支的等效弹簧系数完全相同，式（11.5-12）可进一步简化为

$$\boldsymbol{K} = k\boldsymbol{J}^{-\mathrm{T}}\boldsymbol{J}^{-1} \tag{11.5-13}$$

由式（11.5-12）可以看出，并联机器人的刚度（柔度）矩阵也是对称矩阵，且结果与机器人的位形参数（包括参考坐标系的选择）有关。

【例 11-12】 试计算 Stewart 平台（图 8-9）的静刚度矩阵。

解： 由例 8-8 可直接得到该机器人的速度雅可比矩阵为

$$\boldsymbol{J}^{-1} = \boldsymbol{J}_r = \begin{pmatrix} \$_{r,1}^{\mathrm{T}} \\ \$_{r,2}^{\mathrm{T}} \\ \vdots \\ \$_{r,6}^{\mathrm{T}} \end{pmatrix} = \begin{pmatrix} \hat{\boldsymbol{s}}_{3,1}^{\mathrm{T}} & (\boldsymbol{b}_1 \times \hat{\boldsymbol{s}}_{3,1})^{\mathrm{T}} \\ \hat{\boldsymbol{s}}_{3,2}^{\mathrm{T}} & (\boldsymbol{b}_2 \times \hat{\boldsymbol{s}}_{3,2})^{\mathrm{T}} \\ \vdots & \vdots \\ \hat{\boldsymbol{s}}_{3,6}^{\mathrm{T}} & (\boldsymbol{b}_6 \times \hat{\boldsymbol{s}}_{3,6})^{\mathrm{T}} \end{pmatrix}$$

假设每个分支的等效弹簧系数完全相同，则该机器人的静刚度矩阵为

$$\boldsymbol{K} = k\boldsymbol{J}^{-\mathrm{T}}\boldsymbol{J}^{-1}$$

11.5.3 柔度矩阵与力椭球

类似于前面对可操作度椭球和力椭球的讨论，考虑

$$(\Delta \boldsymbol{X})^{\mathrm{T}}(\Delta \boldsymbol{X}) = 1 \tag{11.5-14}$$

将式（11.5-14）代入式（11.5-3），可得

$$\boldsymbol{F}^{\mathrm{T}}\boldsymbol{C}^{\mathrm{T}}\boldsymbol{C}\boldsymbol{F} = 1 \tag{11.5-15}$$

注意到$\boldsymbol{C}^{\mathrm{T}}\boldsymbol{C}$也是对称半正定矩阵，其特征向量相互正交。在几何上，这种变换可用超椭球来表示，各主轴方向与$\boldsymbol{C}^{\mathrm{T}}\boldsymbol{C}$的特征向量相一致，并且主轴长度为$\boldsymbol{C}^{\mathrm{T}}\boldsymbol{C}$特征值的平方根。由此，单位变形下所需要的最大力和最小力可分别用特征值极值平方根的倒数来表示，即$1/\sqrt{\lambda_{\min}}$和$1/\sqrt{\lambda_{\max}}$。

类似于8.2.2小节通过$\boldsymbol{J}\boldsymbol{J}^{\mathrm{T}}$映射得到力椭球，通过$\boldsymbol{C}^{\mathrm{T}}\boldsymbol{C}$映射也可以得到另一种形式的力椭球，而后者反映了机器人在不同方向上变形的难易程度。更为重要的是，基于$\boldsymbol{J}\boldsymbol{J}^{\mathrm{T}}$度量的力椭球与基于$\boldsymbol{C}^{\mathrm{T}}\boldsymbol{C}$度量的力椭球有许多相似之处。下面通过一个例子来说明。

【例 11-13】 给出平面2R机器人的力椭球。设定杆长参数$r_1=\sqrt{2}\mathrm{m}$，$r_2=1\mathrm{m}$，$k_1=k_2=1\mathrm{N/m}$。

解： 例11-11已经给出了该机器人的柔度矩阵，即

$$\boldsymbol{C} = \boldsymbol{J}\chi^{-1}\boldsymbol{J}^{\mathrm{T}}$$

$$= \begin{pmatrix} \dfrac{(l_1\sin\theta_1 + l_2\sin\theta_{12})^2}{k_1} + \dfrac{(l_2\sin\theta_{12})^2}{k_2} & \dfrac{-(l_1\cos\theta_1 + l_2\cos\theta_{12})(l_1\sin\theta_1 + l_2\sin\theta_{12})}{k_1} - \dfrac{l_2^2\cos\theta_{12}\sin\theta_{12}}{k_2} \\ \dfrac{-(l_1\cos\theta_1 + l_2\cos\theta_{12})(l_1\sin\theta_1 + l_2\sin\theta_{12})}{k_1} - \dfrac{l_2^2\cos\theta_{12}\sin\theta_{12}}{k_2} & \dfrac{(l_1\cos\theta_1 + l_2\cos\theta_{12})^2}{k_1} + \dfrac{(l_2\cos\theta_{12})^2}{k_2} \end{pmatrix}$$

当两个关节角分别选取$\theta_1=0$，$\theta_2=\pi/2$时，可得

$$\boldsymbol{C}^{\mathrm{T}}\boldsymbol{C} = \begin{pmatrix} 6 & -4\sqrt{2} \\ -4\sqrt{2} & 6 \end{pmatrix}$$

$\boldsymbol{C}^{\mathrm{T}}\boldsymbol{C}$的两个特征值分别为$\lambda_1=6-4\sqrt{2}$，$\lambda_2=6+4\sqrt{2}$。将$\boldsymbol{C}^{\mathrm{T}}\boldsymbol{C}$代入式（11.5-15），可得

$$6f_x^2 - 8\sqrt{2}f_xf_y + 6f_y^2 = (6-4\sqrt{2})\left(\frac{f_x}{\sqrt{2}} + \frac{f_y}{\sqrt{2}}\right)^2 + (6+4\sqrt{2})\left(\frac{f_x}{\sqrt{2}} - \frac{f_y}{\sqrt{2}}\right)^2 = 1$$

图11-12所示为用柔度矩阵度量的力椭球及其主轴示意图。

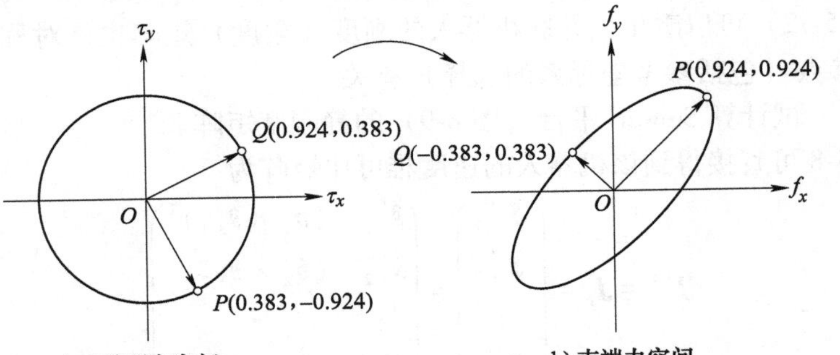

图 11-12

基于$\boldsymbol{C}^{\mathrm{T}}\boldsymbol{C}$度量的力椭球

对比图 11-6 和图 11-12，可知两者完全一致（请思考原因）。

11.6 柔性机器人的静刚度分析

静刚度（或柔度）是设计和评价柔性机器人机构的一项重要指标，因为静刚度（柔度）在很大程度上影响着机器人末端的定位精度，因此，建立柔性机器人（机构）的静刚度（柔度）矩阵极为重要。

可将若干柔性单元通过串联、并联或混联等方式组合成柔性机器人机构，组合后的柔度矩阵在形式上也有所不同。

串联柔性机器人末端的变形是各柔性单元变形的总和，因此，在参考坐标系下，串联柔性机器人的全局柔度矩阵为各柔性单元柔度矩阵的总和。设各柔性单元的柔度矩阵为 $\boldsymbol{C}_{si}$，则整个系统的全局柔度矩阵为

$$\boldsymbol{C}_{\mathrm{s}} = \sum_{i=1}^{m} \boldsymbol{A}_{T_i} \boldsymbol{C}_{\mathrm{s}i} \boldsymbol{A}_{T_i}^{\mathrm{T}} \tag{11.6-1}$$

式中，$\boldsymbol{A}_{T_i}$ 为串联柔性机器人中第 i 个柔性单元到参考坐标系的坐标变换运算；m 为柔性单元的数量。

在并联柔性机器人中，动平台产生相同变形所需载荷为各柔性单元所需载荷的总和，因此，在参考坐标系下，并联柔性机器人的全局刚度矩阵为各柔性单元刚度矩阵的总和。设各柔性单元柔度矩阵为 $\boldsymbol{C}_{\mathrm{p}i}$，则整个系统的全局柔度矩阵为

$$\boldsymbol{C}_{\mathrm{p}} = \left(\sum_{j=1}^{n} (\boldsymbol{A}_{T_j} \boldsymbol{C}_{\mathrm{p}j} \boldsymbol{A}_{T_j}^{\mathrm{T}})^{-1} \right)^{-1} \tag{11.6-2}$$

式中，$\boldsymbol{A}_{T_j}$ 为并联柔性机器人中第 j 个柔性单元到参考坐标系的坐标变换运算；n 为柔性单元的数量。

式（11.6-1）和式（11.6-2）分别给出了串联机器人和并联机器人柔度矩阵的计算方法。利用这两个公式可以对各种柔性机器人进行柔度矩阵建模。由于本节针对的是满足小变形假设条件的柔性机器人机构，因此，所得到的柔度矩阵为一实对称矩阵，一般形式为

$$\boldsymbol{C} = \begin{pmatrix} C_{11} & 0 & 0 & 0 & C_{15} & 0 \\ 0 & C_{22} & 0 & C_{24} & 0 & 0 \\ 0 & 0 & C_{33} & 0 & 0 & 0 \\ 0 & C_{42} & 0 & C_{44} & 0 & 0 \\ C_{51} & 0 & 0 & 0 & C_{55} & 0 \\ 0 & 0 & 0 & 0 & 0 & C_{66} \end{pmatrix} \tag{11.6-3}$$

下面以几个简单的柔性机构为例，来说明柔性机器人柔度建模的具体过程。

【例 11-14】 车轮形柔性铰链（图 11-13）的柔度建模。

解： 该柔性铰链的参数如下：$l = 200\text{mm}$，$d = 100\text{mm}$，$w = 50\text{mm}$，$t = 2\text{mm}$，$\theta = 30°$，$E = 70\text{GPa}$，$\nu = 0.346$。

车轮形柔性铰链由两个相同的交叉簧片并联连接动、静平台而成。在动平台中心处建立参考坐标系（全局坐标系），如图 11-13 所示。

对簧片单元1、2进行坐标变换，相应的伴随矩阵为

$$A_{T_1}=\begin{pmatrix}R_1 & 0\\ [p_1]R_1 & R_1\end{pmatrix},A_{T_2}=\begin{pmatrix}R_2 & 0\\ [p_2]R_2 & R_2\end{pmatrix}\tag{11.6-4}$$

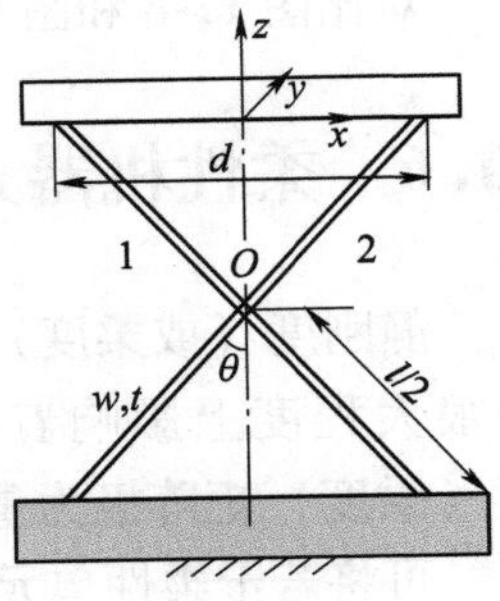

图 11-13

车轮形柔性铰链

式中

$$R_1=\begin{pmatrix}\cos\theta & 0 & \sin\theta\\ 0 & 1 & 0\\ -\sin\theta & 0 & \cos\theta\end{pmatrix},R_2=\begin{pmatrix}\cos\theta & 0 & -\sin\theta\\ 0 & 1 & 0\\ \sin\theta & 0 & \cos\theta\end{pmatrix}$$

$$[p_1]=[p_2]=\begin{pmatrix}0 & l\cos\theta/2 & 0\\ -l\cos\theta/2 & 0 & 0\\ 0 & 0 & 0\end{pmatrix}$$

因此，车轮形柔性模块在参考坐标系下的柔度矩阵为

$$^{A}C=[(A_{T_1}{}^{C}C_{\mathrm{beam}}A_{T_1}^{\mathrm{T}})^{-1}+(A_{T_2}{}^{C}C_{\mathrm{beam}}A_{T_2}^{\mathrm{T}})^{-1}]^{-1}\tag{11.6-5}$$

式中，$^{C}C_{\mathrm{beam}}$为簧片相对其质心坐标系的柔度矩阵。

将上述各参数代入式（11.6-5）中，可得系统的柔度矩阵^{A}C为

$$^{A}C=\begin{pmatrix}0.8134 & 0 & 0 & 0 & -0.0704 & 0\\ 0 & 428.5714 & 0 & 37.1154 & 0 & 0\\ 0 & 0 & 1.2962 & 0 & 0 & 0\\ 0 & 37.1154 & 0 & 3.2149 & 0 & 0\\ -0.0704 & 0 & 0 & 0 & 0.0084 & 0\\ 0 & 0 & 0 & 0 & 0 & 0.0002\end{pmatrix}\times10^{-4}$$

【例 11-15】 试对图 11-14 所示的柔性远程柔顺中心（RCC）装置[6,26]进行变形分析。

解： RCC 装置由平动部分与旋转部分组成。当受到环境力旋量作用时，机构发生偏移或旋转变形，可以吸收位置及角度误差，在一定误差范围内，可以顺利地完成装配作业。从理论上讲，RCC 装置可以将其下端所夹持零件的运动瞬心配置在空间上的任意一点，故能满足零件任何方式的柔顺运动要求。但实际上，如果 RCC 装置的刚度配置不甚合理，该装置将难以实现装配，因此其刚度性能十分重要。

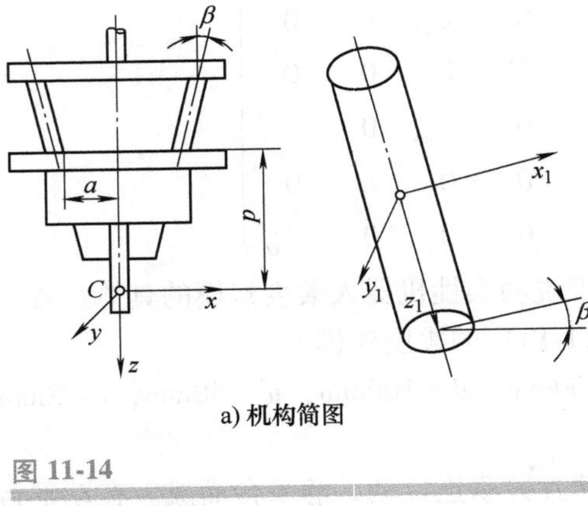

a) 机构简图

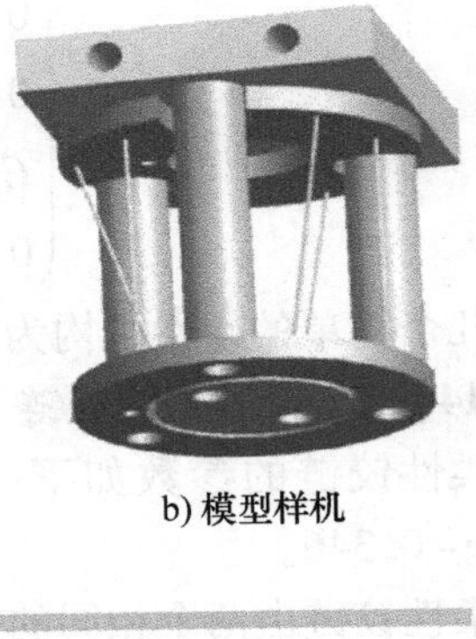
b) 模型样机

图 11-14

柔性 RCC 装置

具体参数如下：柔性单元均为均质圆形截面，半径 $r=5\text{mm}$，长度 $l=1000\text{mm}$，柔性单元分布圆半径 $a=40\text{mm}$，$p=400\text{mm}$，安装倾角 $\beta=5°$。假设柔顺中心处所受合力与合力矩分别为 5000N 和 5000N · m，材料为铝，其弹性模量 $E=70\text{MPa}$，泊松比 $\mu=0.33$。

该 RCC 装置由三个相同的柔性杆单元并联连接动、静平台而成，均匀分布在上下端盘之间。参考坐标系原点取在其柔顺中心 C 点处，z 轴沿着夹持工件的方向，x 轴在柔性单元 1 和中心轴线所在的平面内，且垂直于中心轴线，y 轴由右手定则确定。

首先计算柔性单元 1 的空间柔度矩阵。取参考坐标系原点于其几何中心处，如图 11-14a 所示。根据式（11.4-4），可直接得到柔性单元 1 在参考坐标系下的柔度矩阵（为对角矩阵）；再将参考坐标系变换到单元末端与下端盘接触点处（图 11-14a），根据式（11.4-16），可得柔性单元 1 在新坐标系下的柔度矩阵为

$$
\boldsymbol{C}'=\begin{pmatrix}
\dfrac{l}{EI_x} & 0 & 0 & 0 & -\dfrac{l^2}{2EI_x} & 0\\
0 & \dfrac{l}{EI_y} & 0 & \dfrac{l^2}{2EI_y} & 0 & 0\\
0 & 0 & \dfrac{l}{GI_p} & 0 & 0 & 0\\
0 & \dfrac{l^2}{2EI_y} & 0 & \dfrac{l^3}{3EI_y} & 0 & 0\\
-\dfrac{l^2}{2EI_x} & 0 & 0 & 0 & \dfrac{l^3}{3EI_x} & 0\\
0 & 0 & 0 & 0 & 0 & \dfrac{l}{EA}
\end{pmatrix}=
$$

$$
\begin{pmatrix}
727.565 & 0 & 0 & 0 & -363.783 & 0\\
0 & 727.565 & 0 & 363.783 & 0 & 0\\
0 & 0 & 967.662 & 0 & 0 & 0\\
0 & 363.783 & 0 & 242.522 & 0 & 0\\
-363.783 & 0 & 0 & 0 & 242.522 & 0\\
0 & 0 & 0 & 0 & 0 & 181.891
\end{pmatrix}\times 10^{-9}
$$

通过伴随变换可进一步得到柔性中心 C 处柔性单元 1 的柔度矩阵，其中伴随矩阵为

$$
\boldsymbol{A}_{T_1}=\boldsymbol{A}_{T(-a,0,-p;0,\beta,\alpha_1)}
$$

$$
=\begin{pmatrix}
0.996195 & 0 & 0.0871557 & 0 & 0 & 0\\
0 & 1 & 0 & 0 & 0 & 0\\
-0.0871557 & 0 & 0.996195 & 0 & 0 & 0\\
0 & 0.04 & 0 & 0.996195 & 0 & 0.0871557\\
-0.0442056 & 0 & 0.0463235 & 0 & 1 & 0\\
0 & -0.05 & 0 & -0.0871557 & 0 & 0.996195
\end{pmatrix}
$$

因此

$$C_1 = A_{T_1} C' A_{T_1}^{\mathrm{T}}$$

$$= \begin{pmatrix} 729.389 & 0 & 20.8462 & 0 & 334.265 & 0 \\ 0 & 727.565 & 0 & -333.296 & 0 & -4.67252 \\ 20.8462 & 0 & 965.838 & 0 & 15.7523 & 0 \\ 0 & -333.296 & 0 & 214.233 & 0 & 12.6688 \\ 334.265 & 0 & 15.7523 & 0 & 213.858 & 0 \\ 0 & -4.67252 & 0 & 12.6688 & 0 & 181 \end{pmatrix} \times 10^{-9}$$

同理，可以得到第2、第3个柔性单元的伴随变换矩阵及其对应新坐标系下的柔度矩阵，具体为

$$A_{T_2} = A_{T(a\cos\gamma, a\sin\gamma, -p; 0, \beta, \alpha_2)}$$

$$C_2 = A_{T_2} C' A_{T_2}^{\mathrm{T}}$$

$$= \begin{pmatrix} 728.021 & 0.78973 & -10.423 & 0.48292 & 333.017 & 58.9625 \\ 0.78973 & 728.933 & -18.053 & -332.459 & -0.48292 & -34.042 \\ -10.423 & -18.053 & 965.838 & -70.002 & 40.4158 & 0 \\ 0.48292 & -332.459 & -70.002 & 218.833 & -2.6553 & 10.3304 \\ 333.017 & -0.48292 & 40.4158 & -2.6553 & 215.766 & 17.8927 \\ 58.9625 & -34.042 & 0 & 10.3304 & 17.8927 & 187.341 \end{pmatrix} \times 10^{-9}$$

$$A_{T_3} = A_{T(a\cos\gamma, -a\sin\gamma, -p; 0, \beta, \alpha_3)}$$

$$C_3 = A_{T_3} C' A_{T_3}^{\mathrm{T}}$$

$$= \begin{pmatrix} 728.021 & -0.78973 & -10.423 & -0.48292 & 333.017 & -58.9625 \\ -0.78973 & 728.933 & 18.053 & -332.459 & 0.48292 & -34.042 \\ -10.423 & 18.053 & 965.838 & 70.002 & 40.4158 & 0 \\ -0.48292 & -332.459 & 70.002 & 218.833 & -2.6553 & 10.3304 \\ 333.017 & 0.48292 & 40.4158 & 2.6553 & 215.766 & -17.8927 \\ -58.9625 & -34.042 & 0 & 10.3304 & -17.8927 & 187.341 \end{pmatrix} \times 10^{-9}$$

以上各式中，E 为柔性单元的弹性模量；G 为剪切模量；A 为截面面积，$A=\pi r^2$；I_x 为柔性单元 x 轴惯性矩，$I_x=\pi r^4/4$；I_y 为 y 轴惯性矩，$I_y=\pi r^4/4$；I_p 为极惯性矩，$I_p=I_x+I_y=\pi r^4/2$。其他参数：$\gamma=\pi/3$，$\alpha_1=0$，$\alpha_2=\pi/3$，$\alpha_3=2\pi/3$。

由于采用并联方式，因此可根据式（11.6-2）得到系统的静刚度矩阵，即

$$K = C^{-1} = \sum_i C_i^{-1} = C_1^{-1} + C_2^{-1} + C_3^{-1}$$

$$= \begin{pmatrix} 238.527 & 0 & 0 & 0 & 109.927 & 0 \\ 0 & 242.396 & 0 & -111.23 & 0 & -8.0799 \\ 0 & 0 & 299.182 & 0 & 10.1453 & 0 \\ 0 & -111.23 & 0 & 71.3025 & 0 & 0 \\ 109.927 & 0 & 10.1453 & 0 & 71.2562 & 0 \\ 0 & -8.0799 & 0 & 0 & 0 & 59.9925 \end{pmatrix} \times 10^{-9}$$

根据式（11.4-2）可得

$$\boldsymbol{\zeta}=\boldsymbol{K}^{-1}\boldsymbol{W}=\begin{pmatrix}\boldsymbol{\theta}\\ \boldsymbol{\delta}\end{pmatrix}=\begin{pmatrix}1.74387\\0.61543\\1.54824\\-0.18109\\0.956642\\0.278101\end{pmatrix}\times 10^{-3}$$

至此便给出了柔性 RCC 装置柔顺中心处的平移变形 $\boldsymbol{\delta}$ 和旋转变形 $\boldsymbol{\theta}$。

11.7 本章小结

1）机器人静力学研究的目的在于，通过确定驱动力（力矩）经过机器人关节后的传动效果，进而合理选择驱动器或者有效控制机器人刚度等，其核心内容是通过静力雅可比矩阵 $\boldsymbol{J}_{\mathrm{F}}$ 建立力旋量在关节空间与操作空间之间的映射关系，即

$$\boldsymbol{\tau}=\boldsymbol{J}_{\mathrm{F}}\boldsymbol{F}=\boldsymbol{J}^{\mathrm{T}}\boldsymbol{F}$$

其中，静力雅可比矩阵 $\boldsymbol{J}_{\mathrm{F}}$ 与速度雅可比矩阵 $\boldsymbol{J}$ 互为转置。

2）通过 $\boldsymbol{J}\boldsymbol{J}^{\mathrm{T}}$ 映射可得到力椭球，以反映机器人输出不同方向力的难易程度。对于给定的机器人位形，可操作度椭球与力椭球的主轴方向完全重合，但两者的主轴长度正好相反（如果前者长，则后者一定短；反之亦然）。此外，通过 $\boldsymbol{C}^{\mathrm{T}}\boldsymbol{C}$ 映射也可以得到力椭球，但后者反映的是机器人在不同方向上变形的难易程度。

3）机器人的静刚度是衡量其变形能力的指标，直接影响着该机器人的定位精度。静刚度与多种因素有关，如各组成构件的材料及几何特性、传动机构类型、驱动器、控制器等。对于传统刚性机器人，变形的根源更多来自于传动机构及控制系统；而对于柔性机器人，变形的根源则更多，必须考虑构件或铰链自身柔度的影响。

4）小变形条件下，可利用旋量理论实现对机器人静刚度的建模。

对于刚性机器人，其整体静刚度建模公式为

串联：
$$\boldsymbol{K}=\boldsymbol{C}^{-1}=\boldsymbol{J}^{-\mathrm{T}}\boldsymbol{\chi}\boldsymbol{J}^{-1}[\boldsymbol{\chi}=\mathrm{diag}(k_1,k_2,\cdots,k_n)]$$

并联：
$$\boldsymbol{K}=k\boldsymbol{J}^{-\mathrm{T}}\boldsymbol{J}^{-1}$$

对于柔性机器人，其整体静刚度建模公式为

串联：
$$\boldsymbol{C}_{\mathrm{s}}=\sum_{i=1}^{m}\boldsymbol{A}_{T_i}\boldsymbol{C}_{\mathrm{s}i}\boldsymbol{A}_{T_i}^{\mathrm{T}}$$

并联：
$$\boldsymbol{C}_{\mathrm{p}}=\left(\sum_{j=1}^{n}(\boldsymbol{A}_{T_j}\boldsymbol{C}_{\mathrm{p}j}\boldsymbol{A}_{T_j}^{\mathrm{T}})^{-1}\right)^{-1}$$

扩展阅读文献

本章主要介绍了机器人静力学与静刚度方面的基本概念与分析方法。除此之外，读者还可阅读其他文献（见下述列表）了解相关内容：要系统了解速度雅可比与静力雅可比之间的对偶关系，可参考文献［1，3，4］；有关刚性机器人静力雅可比与静刚度分析方法的内容可参考文献［2］；有关柔性机器人静刚度分析方法的内容请参阅文献［5，6］。

［1］Duffy J. Statics and Kinematics with Applications to Robotics［M］. Cambridge：Cambridge University Press，1996.

［2］Tsai L W. Robot Analysis：The Mechanics of Serial and Parallel Manipulators［M］. New York：Wiley-Interscience Publication，1999.

［3］戴建生．机构学与机器人学的几何基础与旋量代数［M］. 北京：高等教育出版社，2014.

［4］熊有伦，李文龙，陈文斌，等．机器人学：建模、控制与视觉［M］. 武汉：华中科技大学出版社，2018.

［5］于靖军，刘辛军，丁希仑．机器人机构学的数学基础［M］. 2 版．北京：机械工业出版社，2016.

［6］于靖军，毕树生，裴旭，等．柔性设计：柔性机构的分析与综合［M］. 北京：高等教育出版社，2018.

习题

11-1　试利用递推法推导平面 2R 机器人的静力平衡方程。

11-2　已知平面 2R 机器人（相对于基坐标系）的速度雅可比矩阵为

$$
{}^{0}\boldsymbol{J}=\begin{pmatrix} -l_1\sin\theta_1-l_2\sin\theta_{12} & -l_2\sin\theta_{12} \\ l_1\cos\theta_1+l_2\cos\theta_{12} & l_2\cos\theta_{12} \end{pmatrix}
$$

为使机器人末端施加的静态操作力为${}^{0}\boldsymbol{F}=(10,\ 0)^{\mathrm{T}}$，求相应的关节平衡力矩（忽略重力和摩擦力的影响）。

11-3　在图 11-15 所示平面 2R 机器人的末端施加一个静态操作力，该力在其末端坐标系下的表示为${}^{3}\boldsymbol{F}$。不考虑重力和摩擦力的影响，求此时该机器人相对应的关节平衡力矩。

11-4　磨削 PUMA 机器人的腕关节如图 11-16 所示，其末端附有磨头，用于磨削工件表面。

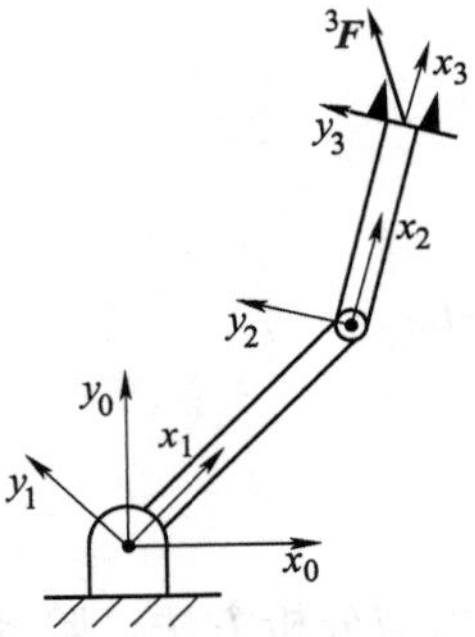

图 11-15

平面 2R 机器人

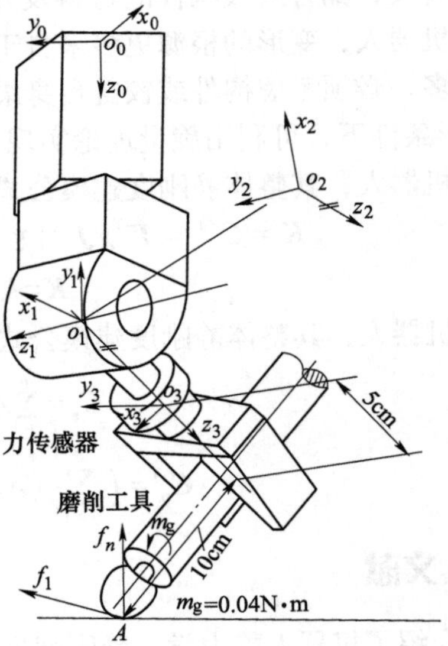

图 11-16

磨削 PUMA 机器人的腕关节

（1）腕部各关节的位形参数见表 11-1。磨头与工件表面的接触点为 A，其在坐标系｛3｝中的坐标为（10，0，5）(cm)，试推导由关节位形至 A 点位移的 6×3 雅可比矩阵。

（2）在磨削过程中，作用在磨头 A 点上的力旋量为 6×3 的 $\boldsymbol{F}$，试求相应的关节平衡力矩；特殊情况下，当工件表面与 $x_0o_0y_0$ 平面平行时，法向力 $f_n=-10\text{N}$，切向力 $f_t=-8\text{N}$，绕 z_3 的力矩为 0.04N·m，计算关节平衡力矩。其中关节角为 $\theta_1=90°$，$\theta_2=45°$，$\theta_3=0°$。

（3）机器人的腕部力传感器与坐标系 {3} 固连，测得三个力与三个力矩，表示成

$$F_m = (f_{mx} \quad f_{my} \quad f_{mz} \quad m_{mx} \quad m_{my} \quad m_{mz})^{\mathrm{T}}$$

求工具端点 A 处相对于参考坐标系 {0} 的作用力旋量 $\boldsymbol{F}$。

表 11-1　PUMA 机器人腕部各关节的位形参数

i	α_i	a_i	d_i/cm
1	-90°	0	40
2	90°	0	0
3	0°	0	10

11-5　试推导图 7-53 所示对称分布的平面 5R 机构的静刚度矩阵，假设驱动关节处的等效刚度相同（均为 k_i）。

11-6　试推导图 11-17 所示平面 3-RRR 并联机器人的静刚度矩阵，假设驱动关节处的等效刚度相同（均为 k_i）。

11-7　试对图 11-18 所示的两种柔性铰链进行空间柔度矩阵建模。

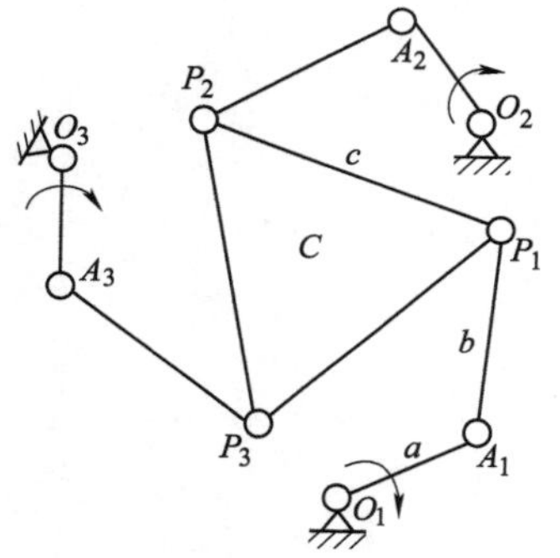

图 11-17

平面 3-RRR 并联机器人

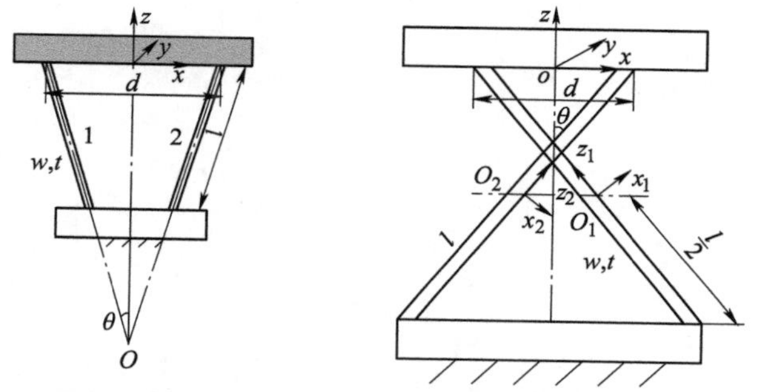

a) 等腰梯形柔性铰链　b) 交叉簧片型柔性铰链

图 11-18

两种柔性铰链

11-8　图 11-19 所示的并联柔性平台由三个柔性杆并联而成，在各杆的中心处建立局部坐标系 $o_1\text{-}x_1y_1z_1$、$o_2\text{-}x_2y_2z_2$ 和 $o_3\text{-}x_3y_3z_3$，在铰链的末端平台处建立参考坐标系 $o\text{-}xyz$。假设各参数值为：$l_1=l_2=l_3=0.2\text{m}$，$r_1=r_2=r_3=0.05\text{m}$，$E=70\times10^9\text{Pa}$，$\nu=0.346$，求该并联柔性平台相对于参考坐标系的静刚度矩阵。

11-9　图 11-20 所示的柔性移动单元可看作是经两个平行双簧片型模块串联后形成一个双平行四杆型模块，再将两个相同的双平行四杆型模块镜像并联得到的。假设各簧片单元的长度 $L=33\text{mm}$，厚度 $=0.4\text{mm}$，宽度 $=24\text{mm}$；而柔性移动单元的尺寸参数 $V_1=19.4\text{mm}$，$V_2=25.3\text{mm}$，$H_1=11\text{mm}$，$H_2=9.7\text{mm}$。

（1）计算该机构的柔度矩阵。

（2）对该移动模块施加一平面载荷，即力旋量 $\boldsymbol{W}=(\boldsymbol{m},\boldsymbol{f})^{\mathrm{T}}=(0,\ 0,\ 0.22,\ 10,\ 10,\ 0)^{\mathrm{T}}$，求对应的变形旋量 $\boldsymbol{\zeta}$。

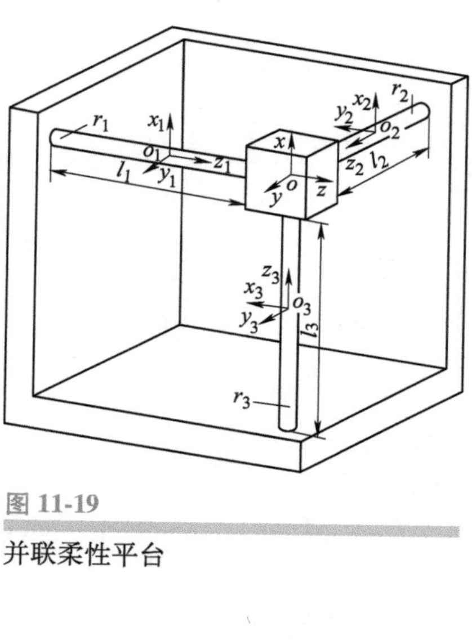

图 11-19

并联柔性平台

（3）分别进行 MATLAB 编程计算及 ANSYS 有限元仿真，对结果进行比较、分析。

格式要求：以学术论文形式撰写，但不必写摘要和参考文献。

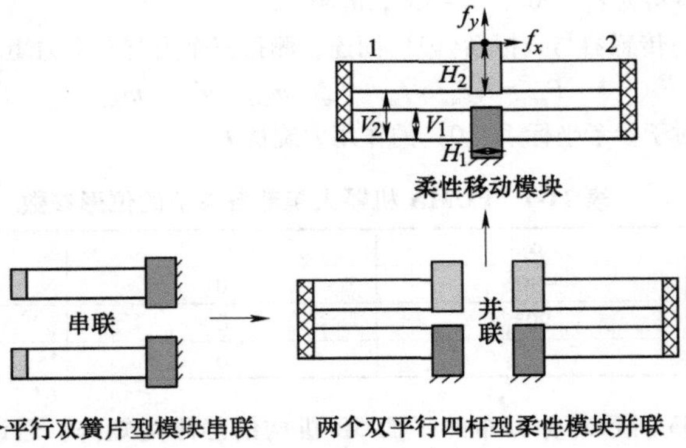

图 11-20

复合型柔性移动模块

第 12 章
机器人动力学基础

本章导读

与运动学类似，机器人动力学也分为正动力学与逆动力学两类问题。前者是指已知关节驱动力/力矩，求解机器人的真实运动；后者是计算实现预期运动所需的关节力/力矩。因此，逆动力学分析是机器人控制、结构设计与驱动器选型的基础。目前，分析机器人动力学的常用方法主要有拉格朗日（Lagrange）法、牛顿-欧拉（Newton-Euler）法、凯恩（Kane）方程等，其中最为经典的是前两种。本章主要介绍机器人动力学建模的拉格朗日法和牛顿-欧拉法。

12.1 研究机器人动力学的目的与意义

相对机器人运动学而言，机器人动力学问题显得异常复杂。但是，机器人动力学的研究变得越来越重要，尤其是在对高速重载自动设备的需求日益强烈的今天。动力学分析与建模是机器人控制、结构设计与驱动器选型的基础。

机器人动力学的研究内容非常宽泛，最基本的问题之一便是揭示外载荷作用下机器人的真实运动规律。为此，需要建立外力与运动学参数之间的函数关系式，即建立动力学模型。建立机器人动力学模型的方法有多种，如基于拉格朗日方程的分析力学方法、采用牛顿-欧拉方程的向量力学方法，以及基于凯恩方程的多体动力学方法等都是经典的刚体动力学建模方法。本章以串联机器人为例，重点讨论两种建模方法：拉格朗日法与牛顿-欧拉法。机器人逆动力学主要讨论已知机器人关节轨迹点或末端轨迹点、末端外界负载，求解期望的关节力/力矩的方法。

12.2 刚体的惯性

与机器人运动学不同的是，机器人动力学研究中，必须考虑**惯性**（inertia）的影响。例如，一个水平移动滑块的动力学，必须考虑滑块的**质量**（mass）；一个定轴转动齿轮的动力学，要用到**惯性矩**（moment of inertia）或**转动惯量**的概念。三维运动的空间刚体动力学要复杂得多，其质量及惯性特性更为复杂。这时，需要引入惯性张量（或惯性矩阵）的概念。下面主要介绍质心、惯性张量、平行移轴定理和主惯性矩等与刚体惯性有关的基本概念。

1. 质量与质心

由理论力学的知识可知，刚体可看作由若干个刚性连接的质点组成的质点系。其中，质点 i 的质量记为 m_i，$\boldsymbol{r}_i=(x_i,\ y_i,\ z_i)^{\mathrm{T}}$ 为该质点相对参考坐标系原点的矢径（图 12-1a）。这时，刚体的质量为

$$m=\sum_i m_i \tag{12.2-1}$$

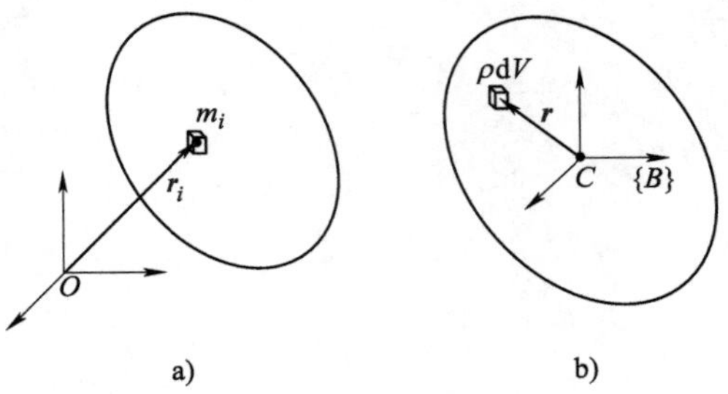

图 12-1

刚体的惯性特性：质量与质心

或者如图 12-1b 所示，令 $V\in\mathbb{R}^3$ 表示刚体的体积，$\rho(\boldsymbol{r})(\rho\in V)$ 表示刚体的密度，如果刚体是由各向同性材料（质量均匀分布）组成的，则 $\rho(\boldsymbol{r})=\rho$ 是一个常值（本章只涉及此类情况）。这时，刚体的质量可以表示成

$$m=\int_V \rho \mathrm{d}V \tag{12.2-2}$$

在刚体的**质心**（center of mass）处，应满足

$$m\bar{\boldsymbol{r}}=\left(\sum_i m_i\right)\bar{\boldsymbol{r}}=\sum_i m_i\boldsymbol{r}_i \tag{12.2-3}$$

可由此确定质心的位置，即质心的矢径满足

$$\bar{\boldsymbol{r}}=\frac{1}{m}\sum_i m_i\boldsymbol{r}_i \tag{12.2-4}$$

因此，当参考坐标系的原点取在质心的位置时，有

$$\bar{\boldsymbol{r}}=\sum_i m_i\boldsymbol{r}_i=0 \tag{12.2-5}$$

2. 转动惯量

假设一刚体以角速度 ω 绕定点 O 转动，这时，刚体上任一矢径为 $\boldsymbol{r}_i=(x_i,\ y_i,\ z_i)^{\mathrm{T}}$ 的质点 i 的速度为

$$\boldsymbol{v}_i=\dot{\boldsymbol{r}}_i=\boldsymbol{\omega}\times\boldsymbol{r}_i \tag{12.2-6}$$

由质点系的**动量矩**（moment-of-momentum）公式可知

$$\boldsymbol{L}_O=\sum_i \boldsymbol{r}_i\times m_i\dot{\boldsymbol{r}}_i=\sum_i m_i[\boldsymbol{r}_i\times(\boldsymbol{\omega}\times\boldsymbol{r}_i)]=\sum_i m_i[(\boldsymbol{r}_i^{\mathrm{T}}\boldsymbol{r}_i)\boldsymbol{\omega}-(\boldsymbol{r}_i^{\mathrm{T}}\boldsymbol{\omega})\boldsymbol{r}_i] \tag{12.2-7}$$

进一步化简得

$$\boldsymbol{L}_O=\sum_i m_i[(\boldsymbol{r}_i^{\mathrm{T}}\boldsymbol{r}_i)\boldsymbol{\omega}-\boldsymbol{r}_i\boldsymbol{r}_i^{\mathrm{T}}\boldsymbol{\omega}]=\left\{\sum_i m_i[(\boldsymbol{r}_i^{\mathrm{T}}\boldsymbol{r}_i)\boldsymbol{I}_{3\times3}-\boldsymbol{r}_i\boldsymbol{r}_i^{\mathrm{T}}]\right\}\boldsymbol{\omega}=\mathcal{I}_O\boldsymbol{\omega} \tag{12.2-8}$$

定义 $\mathcal{I}_O=\sum_i m_i[(\boldsymbol{r}_i^{\mathrm{T}}\boldsymbol{r}_i)\boldsymbol{I}_{3\times3}-\boldsymbol{r}_i\boldsymbol{r}_i^{\mathrm{T}}]$ 为刚体相对定点 O 的**惯性张量**（inertia tensor，也称作惯性矩阵 inertia matrix）。根据该定义式，对各项分解展开得

$$\mathcal{I}_O=\begin{pmatrix}\sum_i m_i(y_i^2+z_i^2) & -\sum_i m_ix_iy_i & -\sum_i m_ix_iz_i\\ -\sum_i m_ix_iy_i & \sum_i m_i(x_i^2+z_i^2) & -\sum_i m_iy_iz_i\\ -\sum_i m_ix_iz_i & -\sum_i m_iy_iz_i & \sum_i m_i(x_i^2+y_i^2)\end{pmatrix} \tag{12.2-9}$$

写成通式的形式为

$$\mathcal{I}_O = \begin{pmatrix} I_{xx} & -I_{xy} & -I_{xz} \\ -I_{xy} & I_{yy} & -I_{yz} \\ -I_{xz} & -I_{yz} & I_{zz} \end{pmatrix} \tag{12.2-10}$$

式中，I_{xx}、I_{yy}、I_{zz}分别为刚体绕 x、y、z 轴的惯性矩（通常简写为 I_x、I_y、I_z，表示转动惯量）；I_{xy}、I_{yz}、I_{xz} 分别为刚体绕轴 x、y，轴 y、z，轴 x、z 的惯性积。可以看出，这六个量的值与所选取的参考坐标系有关。

对比式（12.2-6）和式（12.2-7）可以看出：惯性张量为一对称矩阵。

式（12.2-10）中的各元素也可以通过积分方程来确定，即

$$\begin{aligned} I_{xx} &= \iiint_V (y^2+z^2)\rho \mathrm{d}V \\ I_{yy} &= \iiint_V (x^2+z^2)\rho \mathrm{d}V \\ I_{zz} &= \iiint_V (x^2+y^2)\rho \mathrm{d}V \\ I_{xy} &= \iiint_V xy\rho \mathrm{d}V \\ I_{xz} &= \iiint_V xz\rho \mathrm{d}V \\ I_{yz} &= \iiint_V yz\rho \mathrm{d}V \end{aligned} \tag{12.2-11}$$

【例 12-1】 已知均质杆为长方体，质量为 m，长度为 l，宽度为 w，高为 h。分别在杆的质心处和某个顶点处建立参考坐标系，坐标轴沿杆的主轴方向，如图 12-2 所示。分别求质心 C 处和顶点 A 处的惯性矩阵。

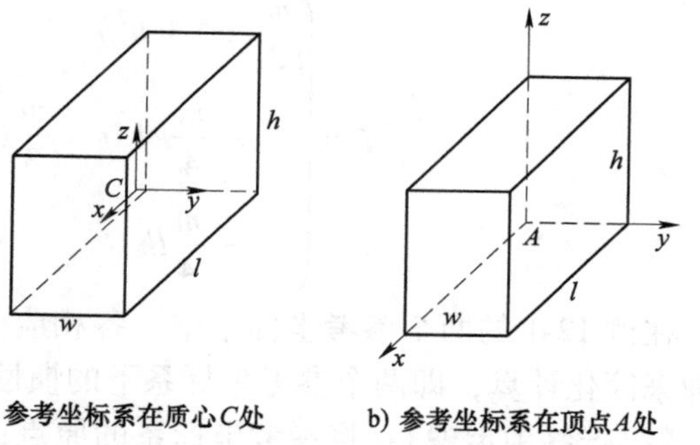

图 12-2

长方体的广义惯性矩阵

解：首先计算参考坐标系在质心 C 处的惯性矩阵。根据定义式可得

$$\begin{aligned} {}^C I_{xx} &= \int_V \rho(y^2+z^2)\mathrm{d}V \\ &= \int_{-h/2}^{h/2}\int_{-w/2}^{w/2}\int_{-l/2}^{l/2} \frac{m}{lwh}(y^2+z^2)\mathrm{d}x\mathrm{d}y\mathrm{d}z = \frac{m}{12}(w^2+h^2) \end{aligned}$$

$${}^C I_{yy} = \int_V \rho(x^2+z^2)\mathrm{d}V = \int_{-h/2}^{h/2}\int_{-w/2}^{w/2}\int_{-l/2}^{l/2} \frac{m}{lwh}(x^2+z^2)\mathrm{d}x\mathrm{d}y\mathrm{d}z = \frac{m}{12}(l^2+h^2)$$

$${}^C I_{zz} = \int_V \rho(x^2+y^2)\mathrm{d}V = \int_{-h/2}^{h/2}\int_{-w/2}^{w/2}\int_{-l/2}^{l/2} \frac{m}{lwh}(x^2+y^2)\mathrm{d}x\mathrm{d}y\mathrm{d}z = \frac{m}{12}(l^2+w^2)$$

$${}^C I_{xy} = -\int_V \rho xy\mathrm{d}V = -\int_{-h/2}^{h/2}\int_{-w/2}^{w/2}\int_{-l/2}^{l/2} \frac{m}{lwh}xy\mathrm{d}x\mathrm{d}y\mathrm{d}z = 0$$，同理 ${}^C I_{xz} = {}^C I_{yz} = 0$。

因此，相应的惯性矩阵为

$$
{}^{C}\mathcal{I}=\begin{pmatrix}\frac{m}{12}(w^2+h^2) & 0 & 0\\ 0 & \frac{m}{12}(l^2+h^2) & 0\\ 0 & 0 & \frac{m}{12}(l^2+w^2)\end{pmatrix} \tag{12.2-12}
$$

再计算参考坐标系在顶点 A 处时的惯性矩阵。同样，根据定义式可得

$$
{}^{A}I_{xx}=\int_V\rho(y^2+z^2)\mathrm{d}V=\int_0^h\int_0^w\int_0^l\frac{m}{lwh}(y^2+z^2)\mathrm{d}x\mathrm{d}y\mathrm{d}z=\frac{m}{3}(w^2+h^2)
$$

$$
{}^{A}I_{yy}=\int_V\rho(x^2+z^2)\mathrm{d}V=\int_0^h\int_0^w\int_0^l\frac{m}{lwh}(x^2+z^2)\mathrm{d}x\mathrm{d}y\mathrm{d}z=\frac{m}{3}(l^2+h^2)
$$

$$
{}^{A}I_{zz}=\int_V\rho(x^2+y^2)\mathrm{d}V=\int_0^h\int_0^w\int_0^l\frac{m}{lwh}(x^2+y^2)\mathrm{d}x\mathrm{d}y\mathrm{d}z=\frac{m}{3}(l^2+w^2)
$$

$$
{}^{A}I_{xy}=\int_V\rho xy\mathrm{d}V=\int_0^h\int_0^w\int_0^l\frac{m}{lwh}xy\mathrm{d}x\mathrm{d}y\mathrm{d}z=\frac{m}{4}lw
$$

$$
{}^{A}I_{yz}=\int_V\rho yz\mathrm{d}V=\int_0^h\int_0^w\int_0^l\frac{m}{lwh}yz\mathrm{d}x\mathrm{d}y\mathrm{d}z=\frac{m}{4}wh
$$

$$
{}^{A}I_{xz}=\int_V\rho xz\mathrm{d}V=\int_0^h\int_0^w\int_0^l\frac{m}{lwh}xz\mathrm{d}x\mathrm{d}y\mathrm{d}z=\frac{m}{4}lh
$$

因此，相应的惯性矩阵为

$$
{}^{A}\mathcal{I}=\begin{pmatrix}\frac{m}{3}(w^2+h^2) & -\frac{m}{4}wl & -\frac{m}{4}lh\\ -\frac{m}{4}wl & \frac{m}{3}(l^2+h^2) & -\frac{m}{4}hw\\ -\frac{m}{4}lh & -\frac{m}{4}hw & \frac{m}{3}(l^2+w^2)\end{pmatrix} \tag{12.2-13}
$$

在例 12-1 的两个参考坐标系中，各相应坐标轴相互平行，因此，也可以采用**平行移轴定理**来简化计算，即两个参考坐标系下的惯性矩阵可以相互转换。

【平行移轴定理】：将参考坐标系的原点由质心 C 处平移到另一点 A 处，这时的刚体惯性矩阵为

$$
{}^{A}\boldsymbol{\mathcal{I}}={}^{C}\boldsymbol{\mathcal{I}}+m[(\boldsymbol{r}_c^{\mathrm{T}}\boldsymbol{r}_c)\boldsymbol{I}_{3\times3}-\boldsymbol{r}_c\boldsymbol{r}_c^{\mathrm{T}}] \tag{12.2-14}
$$

式中，$\boldsymbol{r}_c=(x_c,\ y_c,\ z_c)^{\mathrm{T}}$ 为刚体质心相对 $\{A\}$ 系原点的位置向量。

式（12.2-14）展开得

$$
\begin{cases}{}^{A}I_{xx}={}^{C}I_{xx}+m(y_c^2+z_c^2)\\ {}^{A}I_{yy}={}^{C}I_{yy}+m(z_c^2+x_c^2)\\ {}^{A}I_{zz}={}^{C}I_{zz}+m(x_c^2+y_c^2)\\ {}^{A}I_{xy}={}^{C}I_{xy}+mx_cy_c\\ {}^{A}I_{yz}={}^{C}I_{yz}+my_cz_c\\ {}^{A}I_{zx}={}^{C}I_{zx}+mz_cx_c\end{cases} \tag{12.2-15}
$$

下面用式（12.2-15）验证式（12.2-13）的结果，即

$$^{A}I_{xx} = {}^{C}I_{xx} + m(y_c^2 + z_c^2) = \frac{m}{12}(w^2 + h^2) + m(\frac{w^2}{4} + \frac{h^2}{4}) = \frac{m}{3}(w^2 + h^2)$$

$$^{A}I_{yy} = {}^{C}I_{yy} + m(x_c^2 + z_c^2) = \frac{m}{12}(l^2 + h^2) + m(\frac{l^2}{4} + \frac{h^2}{4}) = \frac{m}{3}(l^2 + h^2)$$

$$^{A}I_{zz} = {}^{C}I_{zz} + m(x_c^2 + y_c^2) = \frac{m}{12}(l^2 + w^2) + m(\frac{l^2}{4} + \frac{w^2}{4}) = \frac{m}{3}(l^2 + w^2)$$

$$^{A}I_{xy} = {}^{C}I_{xy} + mx_c y_c = 0 + m(\frac{l}{2}\frac{w}{2}) = \frac{m}{4}lw$$

$$^{A}I_{yz} = {}^{C}I_{yz} + my_c z_c = 0 + m(\frac{w}{2}\frac{h}{2}) = \frac{m}{4}wh$$

$$^{A}I_{xz} = {}^{C}I_{xz} + mx_c z_c = 0 + m(\frac{l}{2}\frac{h}{2}) = \frac{m}{4}lh$$

由上面的例子可以看出，刚体的惯性张量$\mathcal{I}$与所选择的参考坐标系（原点位置和坐标轴方向）直接相关。例如，在某一特殊参考坐标系下，其惯性积可以为零。这时，刚体的惯性张量$\boldsymbol{I}$退化成对角矩阵，所选取的三个特殊坐标轴（也是$\mathcal{I}$的特征向量）称为**惯性主轴**（principal axes of inertia），与三个惯性主轴相对应的惯性矩称为**主惯性矩**（principal moments of inertia）。例如，例 12-1 中将参考坐标系原点选在质心 C 处时，就符合这种特殊情况，相应的 x、y、z 轴就是惯性主轴；$^{C}\mathcal{I}$主对角线的三个元素为该刚体的主惯性矩。

事实上，可以证明刚体惯性张量$\mathcal{I}$是对称正定矩阵，因此可以对角化。相应地，一种求取惯性主轴和主惯性矩的方法，就是求$\mathcal{I}$的特征值和特征向量，即

$$\mathcal{I}\boldsymbol{u}_i = \lambda_i \boldsymbol{u}_i \tag{12.2-16}$$

$$|\mathcal{I} - \lambda_i \mathcal{I}_{3\times3}| = 0 \tag{12.2-17}$$

式中，对应的三个特征向量 $\boldsymbol{u}_i(i=1,2,3)$ 为惯性主轴，它们相互正交；$\lambda_i(i=1,2,3)$ 为三个主惯性矩，可通过计算式（12.2-16）的特征值及特征向量进行验证。图 12-3 所示为常见均匀密度刚体的惯性主轴和主惯性矩。

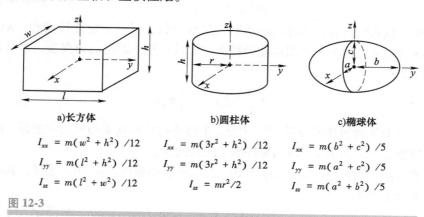

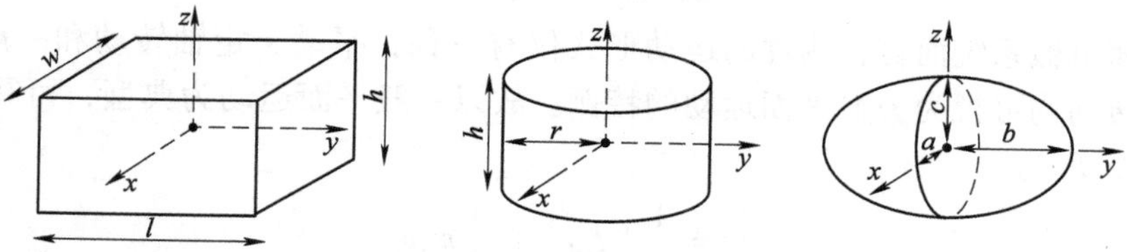

a)长方体

$I_{xx} = m(w^2 + h^2)/12$

$I_{yy} = m(l^2 + h^2)/12$

$I_{zz} = m(l^2 + w^2)/12$

b)圆柱体

$I_{xx} = m(3r^2 + h^2)/12$

$I_{yy} = m(3r^2 + h^2)/12$

$I_{zz} = mr^2/2$

c)椭球体

$I_{xx} = m(b^2 + c^2)/5$

$I_{yy} = m(a^2 + c^2)/5$

$I_{zz} = m(a^2 + b^2)/5$

图 12-3

均匀密度刚体的惯性主轴和主惯性矩

再总结一下刚体惯性张量的几个重要特性：

1）过刚体质心的坐标系轴是其主轴，对应的惯性积为零，惯性矩为主惯性矩。

2）即使选取的参考坐标系不同，但惯性矩永远为正，而惯性积正负皆有可能。

3）任意参考坐标系下的惯性张量，其特征值为主惯性矩，对应的特征向量为惯性主轴。

12.3 基于拉格朗日方程的机器人动力学建模

12.3.1 一般质点系的拉格朗日方程

在理论力学中，已经学过了质点系（或刚体）的拉格朗日方程（第二类拉格朗日方程），这里不再赘述，只给出拉格朗日方程的一般形式

$$\frac{\mathrm{d}}{\mathrm{d}t}\left(\frac{\partial L}{\partial \dot{q}_j}\right)-\frac{\partial L}{\partial q_j}=Q_j \qquad (j=1,2,\cdots,n) \tag{12.3-1}$$

式中，L 为拉格朗日函数，$L=T-U$，其中 T 为动能，U 为势能；Q_j为不含势力的广义力，可通过作用在系统上的非保守力所做的虚功来确定，通常是指作用在驱动器上的驱动力；q_j为广义坐标，这里一般指广义位移，即驱动副的位移（线位移或者角位移）；n 为自由度数。

显然，拉格朗日方程是以**能量**的角度来研究机械真实运动规律的。利用拉格朗日方程进行机械系统动力学分析，首先应确定机械系统的广义坐标，然后列出系统的动能、势能和广义力的表达式，再代入式（12.3-1），即可获得机械系统动力学方程。

以单自由度平面机械系统为例。描述该系统的运动仅需一个独立参数，即系统的广义坐标只有一个量 q。该系统的拉格朗日方程可写成

$$\frac{\mathrm{d}}{\mathrm{d}t}\left(\frac{\partial L}{\partial \dot{q}}\right)-\frac{\partial L}{\partial q}=Q \tag{12.3-2}$$

若不计各活动构件的重量和弹性，则系统的势能可不考虑。这时，式（12.3-2）简化为

$$\frac{\mathrm{d}}{\mathrm{d}t}\left(\frac{\partial T}{\partial \dot{q}}\right)-\frac{\partial T}{\partial q}=Q \tag{12.3-3}$$

对于平面机械系统而言，构件的运动形式仅有三种：平动、定轴转动和一般平面运动。平动与定轴转动均可视为一般平面运动的特例。故以一般平面运动为典型，可写出第 i 个活动构件的动能 T_i 为

$$T_i=\frac{1}{2}\,{}^{C_i}I_i\omega_i^2+\frac{1}{2}m_iv_{C_i}^2 \tag{12.3-4}$$

式中，m_i 为第 i 个活动构件的质量；${}^{C_i}I_i$ 为第 i 个活动构件绕其质心的转动惯量；ω_i 为第 i 个活动构件的角速度；v_{C_i} 为第 i 个活动构件质心的线速度。

对于绕质心做定轴转动的构件，$v_{C_i}=0$；而对于平动构件，$\omega_i=0$。这样，具有 n 个活动构件的机构的动能 T 为

$$T=\sum_{i=1}^{n}T_i=\sum_{i=1}^{n}\left(\frac{1}{2}\,{}^{C_i}I_i\omega_i^2+\frac{1}{2}m_iv_{C_i}^2\right) \tag{12.3-5}$$

为求得 T，需要对该机构做位置分析，进而导出各活动构件的角位移 φ_i 及其质心坐标（x_{C_i}，y_{C_i}）。它们都是系统广义坐标的函数，一般可写成

$$\begin{cases}\varphi_i=\varphi_i(q)\\ x_{C_i}=x_{C_i}(q)\\ y_{C_i}=y_{C_i}(q)\end{cases}\quad (i=1,\ 2,\ \cdots,\ n) \tag{12.3-6}$$

再对其进行速度分析，通过对式（12.3-6）求导，可得各活动构件的角速度及其质心坐标为

$$\begin{cases}\omega_i=\dfrac{\mathrm{d}\varphi_i}{\mathrm{d}q}\dot{q}\\ v_{C_i}=\sqrt{\dot{x}_{C_i}^2+\dot{y}_{C_i}^2}\end{cases} \tag{12.3-7}$$

式中

$$\begin{cases}\dot{x}_{C_i}=\dfrac{\mathrm{d}x_{C_i}}{\mathrm{d}q}\dot{q}\\ \dot{y}_{C_i}=\dfrac{\mathrm{d}y_{C_i}}{\mathrm{d}q}\dot{q}\end{cases}\quad (i=1,\ 2,\ \cdots,\ n) \tag{12.3-8}$$

将式（12.3-7）和式（12.3-8）代入式（12.3-5）中，得到通式

$$T=\frac{1}{2}I_{\mathrm{eq}}\dot{q}^2 \tag{12.3-9}$$

式中

$$I_{\mathrm{eq}}=\sum_{i=1}^{n}\left\{m_i\left[\left(\frac{\mathrm{d}x_{C_i}}{\mathrm{d}q}\right)^2+\left(\frac{\mathrm{d}y_{C_i}}{\mathrm{d}q}\right)^2\right]+{}^{C}I_i\left(\frac{\mathrm{d}\varphi_i}{\mathrm{d}q}\right)^2\right\}=\sum_{i=1}^{n}\left[m_i\left(\frac{v_{C_i}}{\dot{q}}\right)^2+{}^{C}I_i\left(\frac{\omega_i}{\dot{q}}\right)^2\right] \tag{12.3-10}$$

因此，可导出该机械系统的动力学方程为

$$I_{\mathrm{eq}}\ddot{q}+\frac{1}{2}\frac{\mathrm{d}I_{\mathrm{eq}}}{\mathrm{d}q}\dot{q}^2=Q \tag{12.3-11}$$

式中，x_{C_i}、y_{C_i} 为第 i 个活动构件质心在 x、y 方向上的线位移；φ_i 为第 i 个活动构件的角位移；I_{eq} 为系统的等效转动惯量；Q 为系统的广义力。其他参数同前面定义。

广义力可由虚位移原理来确定。对于单自由度机械系统，若将外力、外力矩的虚功直接表达为与虚位移的关系，即

$$\delta W=\boldsymbol{Q}\cdot\delta\boldsymbol{q} \tag{12.3-12}$$

则虚位移前的系数 Q 即为其所对应的广义力。工程问题中，虚位移可以转化为实位移，虚速度可以转化为真实速度。

若外力（矩）的功率 P 与广义速度 $\dot{\boldsymbol{q}}$ 满足关系式

$$P=\boldsymbol{Q}\cdot\dot{\boldsymbol{q}} \tag{12.3-13}$$

则广义速度 $\dot{\boldsymbol{q}}$ 前的系数即为其所对应的广义力。

12.3.2 串联机器人的拉格朗日方程

1. 平面 2R 机器人动力学建模

仍以平面 2R 机器人为例，按照 12.3.1 小节中所给的一般质点系的拉格朗日方程对其进

行动力学建模，过程如下：

选取图 12-4 所示的两个转角，即 $\boldsymbol{\theta}=(\theta_1, \theta_2)^{\mathrm{T}}$ 为广义坐标，广义力 $\boldsymbol{\tau}=(\tau_1, \tau_2)^{\mathrm{T}}$ 则与关节力矩相对应。因此，该机构的拉格朗日方程可表示为以下形式

$$\tau_i=\frac{\mathrm{d}}{\mathrm{d}t}\frac{\partial L}{\partial\dot{\theta}_i}-\frac{\partial L}{\partial\theta_i}(i=1, 2) \tag{12.3-14}$$

式中，拉格朗日函数 $L=T-U$。

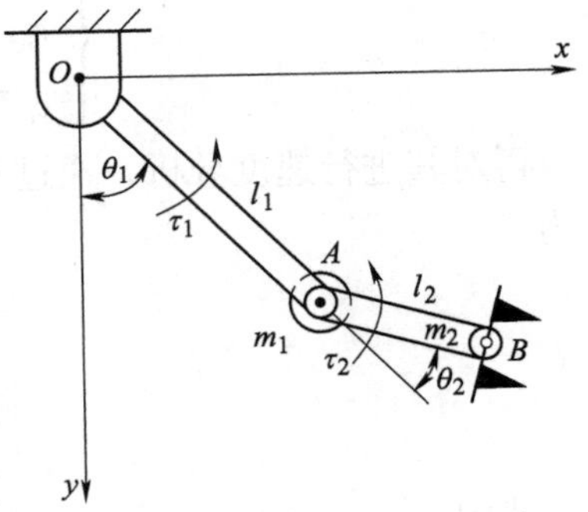

图 12-4
平面 2R 机器人

该机器人在 xOy 平面内移动，重力 $\boldsymbol{g}$ 作用于 y 方向。在推导该机器人的动力学方程之前，必须明晰机构中所有杆的质量及惯性特性。为简化起见，将两根杆均看作位于各杆末端的集中质量（即各杆的质心在其末端）。

杆 1 质心的位置和速度为

$$\begin{pmatrix}x_1\\y_1\end{pmatrix}=\begin{pmatrix}l_1\cos\theta_1\\l_1\sin\theta_1\end{pmatrix}$$

$$\begin{pmatrix}\dot{x}_1\\\dot{y}_1\end{pmatrix}=\begin{pmatrix}-l_1\sin\theta_1\\l_1\cos\theta_1\end{pmatrix}\dot{\theta}_1$$

杆 2 质心的相应参数为

$$\begin{pmatrix}x_2\\y_2\end{pmatrix}=\begin{pmatrix}l_1\cos\theta_1+l_2\cos(\theta_1+\theta_2)\\l_1\sin\theta_1+l_2\sin(\theta_1+\theta_2)\end{pmatrix}$$

$$\begin{pmatrix}\dot{x}_2\\\dot{y}_2\end{pmatrix}=\begin{pmatrix}-l_1\sin\theta_1-l_2\sin(\theta_1+\theta_2) & -l_2\sin(\theta_1+\theta_2)\\l_1\cos\theta_1+l_2\cos(\theta_1+\theta_2) & l_2\cos(\theta_1+\theta_2)\end{pmatrix}\begin{pmatrix}\dot{\theta}_1\\\dot{\theta}_2\end{pmatrix}$$

因此，两杆的动能项分别为

$$T_1=\frac{1}{2}m_1(\dot{x}_1^2+\dot{y}_1^2)=\frac{1}{2}m_1l_1^2\dot{\theta}_1^2$$

$$T_2=\frac{1}{2}m_2(\dot{x}_2^2+\dot{y}_2^2)=\frac{1}{2}m_2[(l_1^2+2l_1l_2\cos\theta_2+l_2^2)\dot{\theta}_1^2+2(l_2^2+2l_1l_2\cos\theta_2)\dot{\theta}_1\dot{\theta}_2+l_2^2\dot{\theta}_2^2]$$

两杆的势能项分别为

$$U_1=m_1gy_1=m_1gl_1\sin\theta_1$$

$$U_2=m_2gy_2=m_2g[l_1\sin\theta_1+l_2\sin(\theta_1+\theta_2)]$$

将以上各式代入式（12.3-14），可得

$$\begin{aligned}\tau_1&=[m_1l_1^2+m_2(l_1^2+2l_1l_2\cos\theta_2+l_2^2)]\ddot{\theta}_1+m_2(l_1l_2\cos\theta_2+l_2^2)\ddot{\theta}_2-m_2l_1l_2\sin\theta_2(2\dot{\theta}_1\dot{\theta}_2+\dot{\theta}_2^2)+\\&\quad(m_1+m_2)l_1g\sin\theta_1+m_2gl_2\sin(\theta_1+\theta_2)\\\tau_2&=m_2(l_1l_2\cos\theta_2+l_2^2)\ddot{\theta}_1+m_2l_2^2\ddot{\theta}_2+m_2l_1l_2\dot{\theta}_1^2\sin\theta_2+m_2gl_2\sin(\theta_1+\theta_2)\end{aligned} \tag{12.3-15}$$

将式（12.3-15）写成矩阵的形式为

$$\boldsymbol{\tau}=\boldsymbol{M}(\boldsymbol{\theta})\ddot{\boldsymbol{\theta}}+\boldsymbol{V}(\boldsymbol{\theta}, \dot{\boldsymbol{\theta}})+\boldsymbol{G}(\boldsymbol{\theta}) \tag{12.3-16}$$

式中

$$\boldsymbol{\tau} = \begin{pmatrix} \tau_1 \\ \tau_2 \end{pmatrix},\ \boldsymbol{M}(\boldsymbol{\theta}) = \begin{pmatrix} m_1 l_1^2 + m_2(l_1^2 + 2l_1 l_2\cos\theta_2 + l_2^2) & m_2(l_1 l_2\cos\theta_2 + l_2^2) \\ m_2(l_1 l_2\cos\theta_2 + l_2^2) & m_2 l_2^2 \end{pmatrix},$$

$$\boldsymbol{V}(\boldsymbol{\theta},\ \dot{\boldsymbol{\theta}}) = \begin{pmatrix} -m_2 l_1 l_2(2\dot{\theta}_1\dot{\theta}_2 + \dot{\theta}_2^2)\sin\theta_2 \\ m_2 l_1 l_2 \dot{\theta}_1^2 \sin\theta_2 \end{pmatrix},\ \boldsymbol{G}(\boldsymbol{\theta}) = \begin{pmatrix} (m_1 + m_2)\ l_1 g\sin\theta_1 + m_2 g l_2 \sin(\theta_1 + \theta_2) \\ m_2 g l_2 \sin(\theta_1 + \theta_2) \end{pmatrix}$$

式中，$\boldsymbol{\tau}$ 为广义力向量；$\boldsymbol{M}(\boldsymbol{\theta})$ 为广义质量矩阵；$\boldsymbol{V}(\boldsymbol{\theta},\ \dot{\boldsymbol{\theta}})$ 为包含哥氏力和离心力项的向量；$\boldsymbol{G}(\boldsymbol{\theta})$ 为包含重力矩的向量。

以上即为平面 2R 机器人拉格朗日形式的动力学方程。

2. 一般串联机器人动力学建模

将上述建模思想扩展到一般情况。假设某串联机器人动力学的拉格朗日函数为

$$L(\boldsymbol{q},\ \dot{\boldsymbol{q}}) = T(\boldsymbol{q},\ \dot{\boldsymbol{q}}) - U(\boldsymbol{q})$$

式中，$T(\boldsymbol{q},\ \dot{\boldsymbol{q}})$ 为系统的动能；$U(\boldsymbol{q})$ 为系统的势能；$\boldsymbol{q}$ 为关节位移向量。

基于拉格朗日函数的动力学方程为

$$\frac{\mathrm{d}}{\mathrm{d}t}\frac{\partial L}{\partial \dot{\boldsymbol{q}}} - \frac{\partial L}{\partial \boldsymbol{q}} = \boldsymbol{\tau}_{\mathrm{d}} \tag{12.3-17}$$

式中，$\boldsymbol{\tau}_{\mathrm{d}}$ 为仅考虑惯量和重力的关节驱动力向量。

$$\frac{\mathrm{d}}{\mathrm{d}t}\frac{\partial T}{\partial \dot{\boldsymbol{q}}} - \frac{\partial T}{\partial \boldsymbol{q}} + \frac{\partial U}{\partial \boldsymbol{q}} = \boldsymbol{\tau}_{\mathrm{d}} \tag{12.3-18}$$

（1）动能的计算　单个连杆的动能可表示成

$$T_i = \frac{1}{2}\,{}^i\boldsymbol{\omega}_i^{\mathrm{T}}\,{}^C\boldsymbol{\mathcal{I}}_i\,{}^i\boldsymbol{\omega}_i + \frac{1}{2}m_i \boldsymbol{v}_{C_i}^{\mathrm{T}}\boldsymbol{v}_{C_i} \tag{12.3-19}$$

式中，右端的第一项为基于连杆质心线速度的移动动能；第二项为连杆角速度的转动动能。

对第 8 章导出的串联机器人的速度雅可比公式进行分解，可得

$$\boldsymbol{\omega}_i = {}^i\boldsymbol{J}_\omega \dot{\boldsymbol{q}},\ \boldsymbol{v}_{C_i} = {}^C\boldsymbol{J}_v \dot{\boldsymbol{q}} \tag{12.3-20}$$

式中，${}^i\boldsymbol{J}_\omega$ 为末端角速度对应的速度雅可比；${}^C\boldsymbol{J}_v$ 为末端线速度对应的速度雅可比。

将式（12.3-20）代入式（12.3-19）中，得

$$T_i = \frac{1}{2}\,{}^i\boldsymbol{\omega}_i^{\mathrm{T}}\,{}^C I_i\,{}^i\boldsymbol{\omega}_i + \frac{1}{2}m_i \boldsymbol{v}_{C_i}^{\mathrm{T}}\boldsymbol{v}_{C_i} = \frac{1}{2}\dot{\boldsymbol{q}}^{\mathrm{T}}({}^i\boldsymbol{J}_\omega^{\mathrm{T}}\,{}^C\boldsymbol{\mathcal{I}}_i\,{}^i\boldsymbol{J}_\omega + m_i\,{}^C\boldsymbol{J}_v^{\mathrm{T}}\,{}^C\boldsymbol{J}_v)\,\dot{\boldsymbol{q}} = \frac{1}{2}\dot{\boldsymbol{q}}^{\mathrm{T}}\boldsymbol{M}_i\dot{\boldsymbol{q}} \tag{12.3-21}$$

式中，$\boldsymbol{M}_i$ 为构件 i 的广义质量矩阵，它是 $\boldsymbol{q}$ 的函数。具体可以写成

$$\boldsymbol{M}_i = \begin{pmatrix} {}^C\boldsymbol{\mathcal{I}}_i & \boldsymbol{0} \\ \boldsymbol{0} & m_i\boldsymbol{I}_3 \end{pmatrix} \tag{12.3-22}$$

因此，机器人系统的总动能可以写成

$$T = \sum_{i=1}^{n} T_i = \sum_{i=1}^{n}\left(\frac{1}{2}\dot{\boldsymbol{q}}^{\mathrm{T}}\boldsymbol{M}_i\dot{\boldsymbol{q}}\right) = \frac{1}{2}\dot{\boldsymbol{q}}^{\mathrm{T}}\boldsymbol{M}\dot{\boldsymbol{q}} \tag{12.3-23}$$

式中，$\boldsymbol{M}$ 为系统的广义质量矩阵或广义惯性矩阵（$n\times n$ 维），是 $\boldsymbol{q}$ 的函数，同时也是对称正定矩阵。而系统的动能 T 是 $\boldsymbol{q}$ 和 $\dot{\boldsymbol{q}}$ 的函数。

机器人这种多刚体机械系统的动能表达式在形式上与质点的动能表达式非常类似，即

$$T=\frac{1}{2}mv^2$$

（2）势能的计算　首先计算单个连杆的势能。为此，需要定义一个零势能参考面（通常选基坐标系｛0｝作为零势能参考面），每个连杆的势能增量是重力做功的负值，即

$$U_i=-W_G=-m_i\boldsymbol{g}^{\mathrm{T}}\boldsymbol{r}_{C_i} \tag{12.3-24}$$

式中，$\boldsymbol{g}=(0,\ g,\ 0)^{\mathrm{T}}$；$\boldsymbol{r}_{C_i}$ 为第 i 个连杆的质心 C_i 相对｛0｝系原点的位置向量，并在｛0｝系中表达，它是关节位置向量 $\boldsymbol{q}$ 的函数。

因此，机器人系统的总势能可以写成

$$U=\sum_{i=1}^{n}U_i=\sum_{i=1}^{n}(-m_i\boldsymbol{g}^{\mathrm{T}}\boldsymbol{r}_{C_i}) \tag{12.3-25}$$

将式（12.3-22）与式（12.3-25）代入式（12.3-14）中，可得到以下形式的动力学方程

$$\boldsymbol{M}(\boldsymbol{q})\ddot{\boldsymbol{q}}+\boldsymbol{B}(\boldsymbol{q})\dot{\boldsymbol{q}}\dot{\boldsymbol{q}}+\boldsymbol{C}(\boldsymbol{q})\dot{\boldsymbol{q}}^2+\boldsymbol{G}(\boldsymbol{q})=\boldsymbol{\tau}_{\mathrm{d}} \tag{12.3-26}$$

式中，各项的含义如下：

1）$\boldsymbol{M}(\boldsymbol{q})\ddot{\boldsymbol{q}}$ 为惯性力项，反映了关节加速度对关节驱动力/力矩的影响。

2）$\boldsymbol{M}(\boldsymbol{q})$ 的对角线元素代表机器人的有效惯量，非对角线元素代表耦合惯量，它们均随机器人位形的变化而变化；同时与负载、机器人所处状态（自由状态/锁死状态）有关，变化范围大，对机器人控制的影响巨大。因此，对于一个机器人的控制而言，需要计算出各个有效惯量、耦合惯量与机器人位形之间的关系。

3）$\boldsymbol{B}(\boldsymbol{q})\dot{\boldsymbol{q}}\dot{\boldsymbol{q}}$ 为哥氏力项，反映了一对关节速度耦合对关节驱动力/力矩的影响。其中，$\boldsymbol{B}(\boldsymbol{q})$ 为哥氏系数，是 $n\times n(n-1)/2$ 维矩阵；$\dot{\boldsymbol{q}}\dot{\boldsymbol{q}}=(\dot{q}_1\dot{q}_2,\ \dot{q}_1\dot{q}_3,\ \cdots,\ \dot{q}_{n-1}\dot{q}_n)^{\mathrm{T}}$。

4）$\boldsymbol{C}(\boldsymbol{q})\dot{\boldsymbol{q}}^2$ 为离心力项，反映了角加速度对关节驱动力的影响。其中，$\boldsymbol{C}(\boldsymbol{q})$ 为离心系数，是 $n\times n$ 维矩阵。

5）$\boldsymbol{G}(\boldsymbol{q})$ 为重力项，反映了各构件重力对关节驱动力的影响，为 $n\times 1$ 维列矩阵。

有时，为了简洁，把式（12.3-26）中的第二、第三项合并，表示为

$$\boldsymbol{M}(\boldsymbol{q})\ddot{\boldsymbol{q}}+\boldsymbol{V}(\boldsymbol{q},\ \dot{\boldsymbol{q}})+\boldsymbol{G}(\boldsymbol{q})=\boldsymbol{\tau}_{\mathrm{d}} \tag{12.3-27}$$

式（12.3-27）为无末端接触力的关节驱动力通式。如果末端与环境之间有接触力 $\boldsymbol{F}_0$，则可根据静力分析中的结论，计算末端接触力引起的关节负载 $\boldsymbol{\tau}_0$，即满足

$$\boldsymbol{\tau}_0=\boldsymbol{J}^{\mathrm{T}}\boldsymbol{F}_0 \tag{12.3-28}$$

则关节总驱动力 $\boldsymbol{\tau}$ 的计算公式为

$$\boldsymbol{\tau}=\boldsymbol{\tau}_{\mathrm{d}}+\boldsymbol{\tau}_0 \tag{12.3-29}$$

综上所述，拉格朗日形式的机器人动力学方程的求解过程如下：

1）选取广义坐标系。

2）计算系统的动能。

3）计算系统的势能。

4）构造第二类拉格朗日函数（只适用于完整约束系统）。

5）构造关节驱动力拉格朗日动力学方程，求解仅考虑惯量和重量的关节驱动力向量 $\boldsymbol{\tau}_{\mathrm{d}}$。

6）计算末端环境接触力 $\boldsymbol{F}_0$ 引起的关节静负载 $\boldsymbol{\tau}_0$。

7）计算最终的关节驱动力 $\boldsymbol{\tau}$。

【例 12-2】　图 12-5 所示平面 RP 机器人中，假设每根杆的质心都位于杆的末端，质量分别为 m_1 和 m_2，连杆 1 的质心距转动关节 1 转轴的距离为 l_1，连杆 2 的质心距关节 1 转轴的距离为 d_2。各连杆的惯性张量为

$$
{}^{C}\mathcal{I}_i = \begin{pmatrix} I_{ixx} & 0 & 0 \\ 0 & I_{iyy} & 0 \\ 0 & 0 & I_{izz} \end{pmatrix} \quad (i = 1,\ 2)
$$

试利用拉格朗日法建立该机器人的动力学方程。

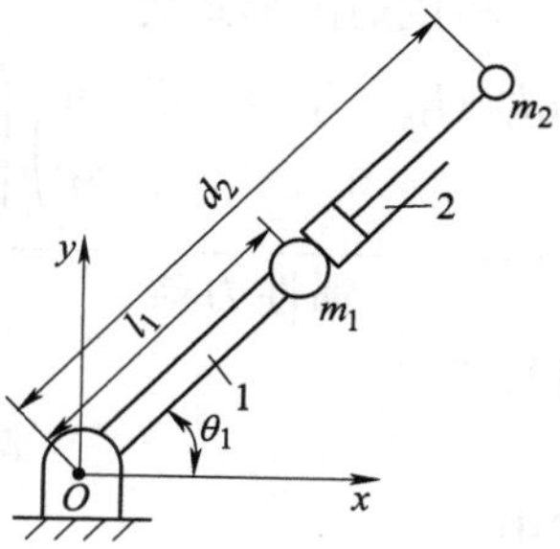

图 12-5　平面 RP 机器人

解：该机器人做 2 自由度的空间运动。选取广义坐标系 $\boldsymbol{q} = (\theta_1,\ d_2)^{\mathrm{T}}$，广义力 $\boldsymbol{\tau}_{\mathrm{d}} = (\tau_1,\ f_2)^{\mathrm{T}}$。

杆 1 质心的位置和线速度为

$$
\begin{pmatrix} x_1 \\ y_1 \end{pmatrix} = \begin{pmatrix} l_1\cos\theta_1 \\ l_1\sin\theta_1 \end{pmatrix},\quad \begin{pmatrix} \dot{x}_1 \\ \dot{y}_1 \end{pmatrix} = \begin{pmatrix} -l_1\sin\theta_1 \\ l_1\cos\theta_1 \end{pmatrix}\dot{\theta}_1
$$

杆 2 质心的位置和线速度为

$$
\begin{pmatrix} x_2 \\ y_2 \end{pmatrix} = \begin{pmatrix} d_2\cos\theta_1 \\ d_2\sin\theta_1 \end{pmatrix},\quad \begin{pmatrix} \dot{x}_2 \\ \dot{y}_2 \end{pmatrix} = \begin{pmatrix} -d_2\sin\theta_1 & \cos\theta_1 \\ d_2\cos\theta_1 & \sin\theta_1 \end{pmatrix}\begin{pmatrix} \dot{\theta}_1 \\ \dot{d}_2 \end{pmatrix}
$$

因此，两杆的动能项分别为

$$
T_1 = \frac{1}{2}m_1(\dot{x}_1^2 + \dot{y}_1^2) + \frac{1}{2}I_{1zz}\dot{\theta}_1^2 = \frac{1}{2}m_1 l_1^2\dot{\theta}_1^2 + \frac{1}{2}I_{1zz}\dot{\theta}_1^2
$$

$T_2 = \dfrac{1}{2}m_2(\dot{x}_2^2 + \dot{y}_2^2) + \dfrac{1}{2}I_{2yy}\dot{\theta}_1^2 = \dfrac{1}{2}m_2(d_2^2\dot{\theta}_1^2 + \dot{d}_2^2) + \dfrac{1}{2}I_{2yy}\dot{\theta}_1^2$（连杆坐标系 {2} 坐标轴分布与 {1} 系不同）

两杆的势能项分别为

$$
U_1 = m_1 g l_1 \sin\theta_1
$$

$$
U_2 = m_2 g d_2 \sin\theta_1
$$

因此，系统总动能为

$$
T(\boldsymbol{q},\ \dot{\boldsymbol{q}}) = \sum_{i=1}^{2} T_i = \frac{1}{2}(m_1 l_1^2 + I_{1zz} + I_{2yy} + m_2 d_2^2)\dot{\theta}_1^2 + \frac{1}{2}m_2\dot{d}_2^2
$$

系统总势能为

$$
U(\boldsymbol{q}) = \sum_{i=1}^{2} U_i = g(m_1 l_1 + m_2 d_2)\sin\theta_1
$$

代入式（12.3-14）并化简得

$$
\begin{cases} \tau_1 = (m_1 l_1^2 + I_{1zz} + I_{2yy} + m_2 d_2^2)\ddot{\theta}_1 + 2m_2 d_2\dot{\theta}_1\dot{d}_2 + (m_1 l_1 + m_2 d_2)g\cos\theta_1 \\ f_2 = m_2\ddot{d}_2 - m_2 d_2\dot{\theta}_1^2 + m_2 g\sin\theta_1 \end{cases}
$$

写成矩阵形式为

$$\underbrace{\begin{pmatrix} m_1 l_1^2 + I_{1zz} + I_{2yy} + m_2 d_2^2 & 0 \\ 0 & m_2 \end{pmatrix}\begin{pmatrix} \ddot{\theta}_1 \\ \ddot{d}_2 \end{pmatrix}}_{\text{惯性力项}} + \underbrace{\begin{pmatrix} 2m_2 d_2 \\ 0 \end{pmatrix}\dot{\theta}_1 \dot{d}_2}_{\text{哥氏力项}} + \underbrace{\begin{pmatrix} 0 & 0 \\ -m_2 d_2 & 0 \end{pmatrix}\begin{pmatrix} \dot{\theta}_1^2 \\ \dot{d}_2^2 \end{pmatrix}}_{\text{离心力项}} + \underbrace{\begin{pmatrix} (m_1 l_1 + m_2 d_2) g\cos\theta_1 \\ m_2 g\sin\theta_1 \end{pmatrix}}_{\text{重力项}} = \underbrace{\begin{pmatrix} \tau_1 \\ f_2 \end{pmatrix}}_{\text{驱动力}}$$

简写成

$$\boldsymbol{M}(\boldsymbol{q})\ddot{\boldsymbol{q}} + \boldsymbol{B}(\boldsymbol{q})\dot{\boldsymbol{q}}\dot{\boldsymbol{q}} + \boldsymbol{C}(\boldsymbol{q})\dot{\boldsymbol{q}}^2 + \boldsymbol{G}(\boldsymbol{q}) = \boldsymbol{\tau}_{\mathrm{d}}$$

式中

$$\boldsymbol{M}(\boldsymbol{q}) = \begin{pmatrix} m_1 l_1^2 + I_{1zz} + I_{2yy} + m_2 d_2^2 & 0 \\ 0 & m_2 \end{pmatrix},\ \boldsymbol{B}(\boldsymbol{q}) = \begin{pmatrix} 2m_2 d_2 \\ 0 \end{pmatrix},$$

$$\boldsymbol{C}(\boldsymbol{q}) = \begin{pmatrix} 0 & 0 \\ -m_2 d_2 & 0 \end{pmatrix},\ \boldsymbol{G}(\boldsymbol{q}) = \begin{pmatrix} (m_1 l_1 + m_2 d_2) g\cos\theta_1 \\ m_2 g\sin\theta_1 \end{pmatrix}$$

【例 12-3】 图 12-5 所示的平面 RP 机器人中，假设每根杆的质心都位于杆的末端，且 $m_1 = 10\text{kg}$，$m_2 = 5\text{kg}$，$l_1 = 1\text{m}$，$d_2 = 1\sim 2\text{m}$。关节 1 的最大角速度 $\dot{\theta}_{1\max} = 1\text{rad/s}$，最大角加速度 $\ddot{\theta}_{1\max} = 1\text{rad/s}^2$；关节 2 的最大速度 $v_{2\max} = 1\text{m/s}$，最大加速度 $a_{2\max} = 2\text{m/s}^2$。试计算以下两种情况下的关节驱动力/力矩。

（1）手臂伸长至最长，两个关节均以最大速度从竖直位置运动到水平位置，试计算关节 1 的驱动力矩。

（2）手臂缩至最短，两个关节均以最大加速度起动，计算竖直和水平两种位置时，关节 1 和 2 的驱动力/力矩。

解： 取 $\boldsymbol{q} = (\theta_1,\ d_2)^{\mathrm{T}}$ 为广义坐标系，广义力 $\boldsymbol{\tau}_{\mathrm{d}} = (\tau_1,\ f_2)^{\mathrm{T}}$ 则与关节力矩相对应。

由于各连杆的质量集中于一点，故各杆相对质心坐标系的惯性张量可忽略不计，即

$${}^{C}\boldsymbol{\mathcal{I}}_i = \boldsymbol{0} \quad (i = 1,\ 2)$$

下面利用拉格朗日法建立该机器人的动力学方程，过程同例 12-2。

两杆的动能项（只有移动项）分别为

$$T_1 = \frac{1}{2}m_1(\dot{x}_1^2 + \dot{y}_1^2) = \frac{1}{2}m_1 l_1^2 \dot{\theta}_1^2$$

$$T_2 = \frac{1}{2}m_2(\dot{x}_2^2 + \dot{y}_2^2) = \frac{1}{2}m_2(d_2^2\dot{\theta}_1^2 + \dot{d}_2^2)$$

两杆的势能项分别为

$$U_1 = m_1 g l_1 \sin\theta_1$$

$$U_2 = m_2 g d_2 \sin\theta_1$$

将以上各式代入式（12.3-14），可得

$$\begin{cases} \tau_1 = (m_1 l_1^2 + m_2 d_2^2)\ddot{\theta}_1 + 2m_2 d_2 \dot{\theta}_1 \dot{d}_2 + (m_1 l_1 + m_2 d_2) g\cos\theta_1 \\ f_2 = m_2 \ddot{d}_2 - m_2 d_2 \dot{\theta}_1^2 + m_2 g\sin\theta_1 \end{cases} \tag{12.3-30}$$

写成矩阵形式为

$$\boldsymbol{M}(\boldsymbol{q})\ddot{\boldsymbol{q}} + \boldsymbol{V}(\boldsymbol{q},\ \dot{\boldsymbol{q}}) + \boldsymbol{G}(\boldsymbol{q}) = \boldsymbol{\tau}_{\mathrm{d}} \tag{12.3-31}$$

式中

$$\boldsymbol{M}(\boldsymbol{q})=\begin{pmatrix} m_1l_1^2+m_2d_2^2 & 0 \\ 0 & m_2 \end{pmatrix},\ \boldsymbol{V}(\boldsymbol{q},\ \dot{\boldsymbol{q}})=\begin{pmatrix} 2m_2d_2\dot{\theta}_1\dot{d}_2 \\ -m_2d_2\dot{\theta}_1^2 \end{pmatrix},\ \boldsymbol{G}(\boldsymbol{q})=\begin{pmatrix} (m_1l_1+m_2d_2)g\cos\theta_1 \\ m_2g\sin\theta_1 \end{pmatrix}$$

对于情况（1），对应的各参数为

$$\begin{cases} \theta_1:\ \pi/2\rightarrow 0,\ \dot{\theta}_1=\dot{\theta}_{1\max}=1,\ \ddot{\theta}_1=0 \\ d_2:\ d_2=2,\ \dot{d}_2=\dot{d}_{2\max}=1,\ \ddot{d}_2=0 \end{cases}$$

将各参数代入式（12.3-30），得

$$\tau_1=20+196\cos\theta \qquad (12.3\text{-}32)$$

绘制关节 1 的驱动力矩随角度变化曲线图（图 12-6）。由图可知，关节 1 从竖直位置到水平位置的过程中，驱动力矩发生了显著变化，且逐渐增大（从初始值 20N · m 增大到终值 216N · m）。相比较而言，重力的影响更大些（第 2 项）。

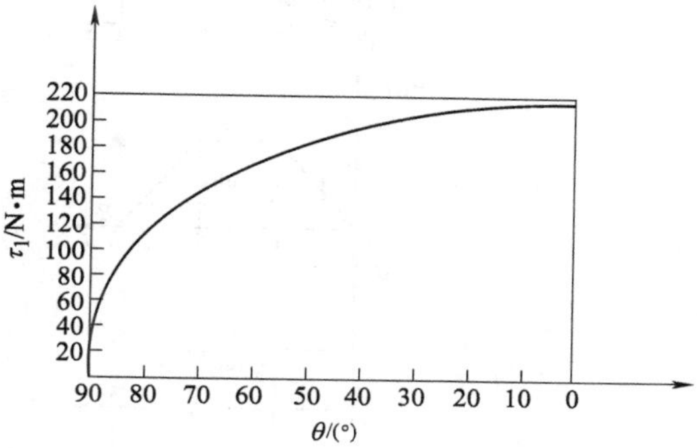

图 12-6

关节 1 的驱动力矩随角度变化曲线图

对于情况（2），对应的各参数为

竖直时

$$\begin{cases} \theta_1:\ \theta_1=90°,\ \dot{\theta}_1=0,\ \ddot{\theta}_1=\ddot{\theta}_{1\max}=1 \\ d_2:\ d_2=1,\ \dot{d}_2=0,\ \ddot{d}_2=\ddot{d}_{2\max}=2 \end{cases}$$

水平时

$$\begin{cases} \theta_1:\ \theta_1=0°,\ \dot{\theta}_1=0,\ \ddot{\theta}_1=\ddot{\theta}_{1\max}=1 \\ d_2:\ d_2=1,\ \dot{d}_2=0,\ \ddot{d}_2=\ddot{d}_{2\max}=2 \end{cases}$$

将各参数代入式（12.3-30），得

$$\begin{cases} \tau_1=30+147\cos\theta \\ f_2=10+49\sin\theta \end{cases}$$

因此，在竖直位置时，$\tau_1=30\text{N}\cdot\text{m}$，$f_2=10\text{N}$；在水平位置时，$\tau_1=177\text{N}\cdot\text{m}$，$f_2=59\text{N}$。由以上数据可知：

1）对于该 RP 机器人而言，施加给关节 1 的驱动力矩要大于关节 2 的驱动力矩，主要原因在于杆 2 本质上也是杆 1 的负载。这也解释了为什么工业机器人离基座最近的关节电动机的功率一般要大于其他关节电动机。

2）重力负载对关节驱动力矩的影响变化显著，水平位置时影响最大，竖直位置时影响最小（为 0）。重力负载的这种显著影响也势必会影响机器人的控制精度，因此，在实际的工业机器人中，为了消除这种影响，必须采用重力补偿等手段。常见的方法包括直接采用平衡块或弹簧缸来补偿最靠近基座的关节（第 1 关节）的重力。

【例 12-4】 图 12-4 所示的平面 2R 机械手中，在点 O 和点 A 处分别安装有伺服电动机（连同减速器），分别产生驱动力矩 τ_1、τ_2 带动机械手运动。臂长 $l_1=l_2=1\text{m}$，两臂的自重不计，点 A 处的伺服电动机及减速器假定为集中质量 $m_1=2\text{kg}$，点 B 处的末端夹持器连同重物的质量为 $m_2=4\text{kg}$，且考虑在无重力环境中运动。图 12-7a 所示为两臂的运动规律，要求在 3s 内由两臂同时向下的位置按等加速-等速-等减速运动规律分别转过 90°，将重物由 B_1 点搬运到 B_2 点，如图 12-7b 所示。试计算 τ_1、τ_2，分析图 12-7a 所示的运动规律是否可行，并提出修改意见。

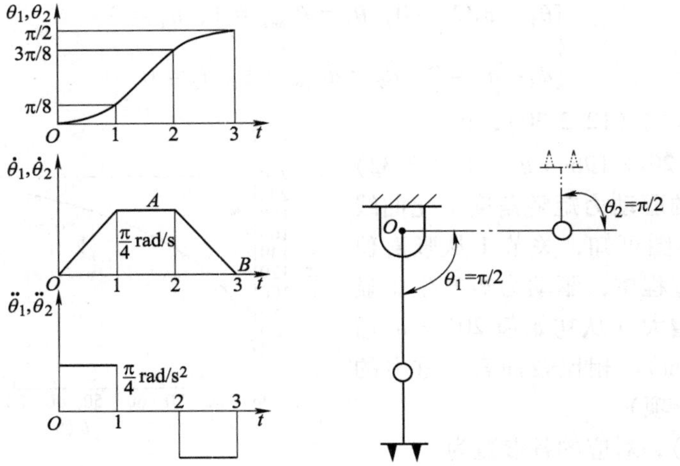

a) 运动线图　　b) 机器人的点位

图 12-7

平面 2R 机械手

解： 本节开始已给出了该机械手的动力学模型（忽略重力项），即

$$\begin{pmatrix} M_{11} & M_{12} \\ M_{21} & M_{22} \end{pmatrix} \begin{pmatrix} \ddot{\theta}_1 \\ \ddot{\theta}_2 \end{pmatrix} + \begin{pmatrix} V_1 \\ V_2 \end{pmatrix} = \begin{pmatrix} \tau_1 \\ \tau_2 \end{pmatrix}$$

代入已知参数可得

$$M_{11}=10+8\cos\theta_2,\ M_{12}=M_{21}=4+4\cos\theta_2,\ M_{22}=4,\ V_1=-8\sin\theta_2,\ V_2=4\sin\theta_2$$

为便于计算，将图 12-7a 所示的运动规律写成表达式的形式，即

$$\theta_1=\theta_2=\begin{cases} \pi t^2/8 & (t=0\sim1\text{s}) \\ \pi(-1+2t)/8 & (t=1\sim2\text{s}) \\ \pi(-5+6t-t^2)/8 & (t=2\sim3\text{s}) \end{cases}$$

$$\dot{\theta}_1=\dot{\theta}_2=\begin{cases} \pi t/4 & (t=0\sim1\text{s}) \\ \pi/4 & (t=1\sim2\text{s}) \\ \pi(3-t)/4 & (t=2\sim3\text{s}) \end{cases}$$

$$\ddot{\theta}_1=\ddot{\theta}_2=\begin{cases} \pi/4 & (t=0\sim1\text{s}) \\ 0 & (t=1\sim2\text{s}) \\ -\pi/4 & (t=2\sim3\text{s}) \end{cases}$$

在 $t=0\sim3\text{s}$ 区间取一系列时刻，计算出相应的驱动力矩 τ_1 和 τ_2，进而绘制出它们随转角变化的曲线，如图 12-8a 所示。从图中可以看出，驱动力矩中存在突变，这在实际中是无

法实现的，也就是说，现有的运动规律是无法实现的（注意：其根源在于图 12-7a 中的角加速度线图中存在突变）。为保证驱动力矩的连续性，两臂的角速度和角加速度均应保证连续，为此需要对角加速度线图进行修正，如修正成图 12-8b 所示的形式，使得角加速度连续。最终求得的驱动力矩分布曲线如图 12-8c 所示。

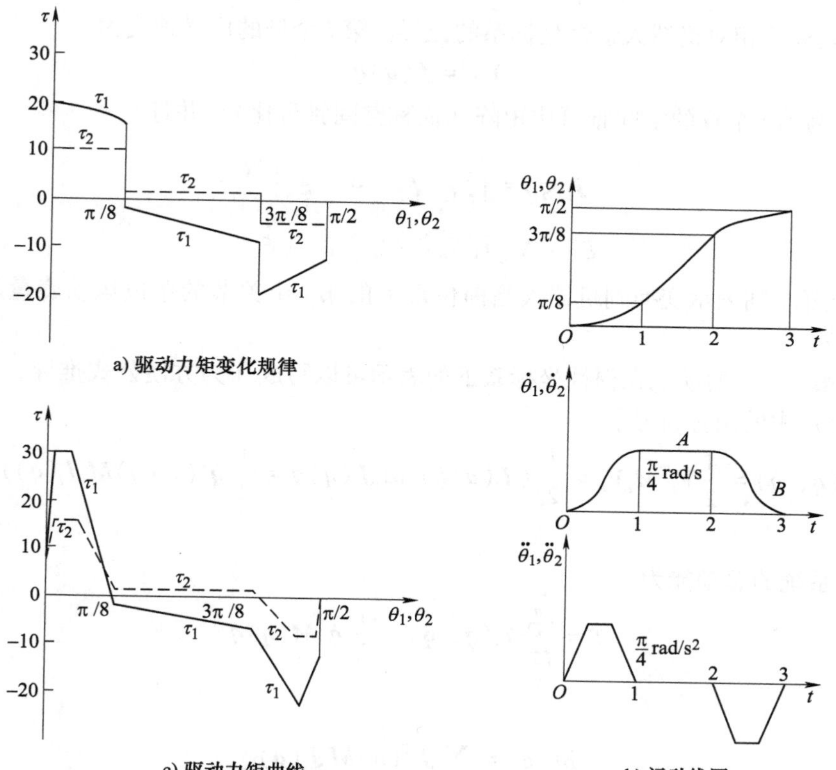

a) 驱动力矩变化规律

c) 驱动力矩曲线

b) 运动线图

图 12-8

运动规律及其驱动力矩分布曲线

12.3.3 基于 PoE 公式的机器人动力学方程

以上过程虽然具有通用性，但随着机器人关节的增多，采用直接计算系统动、势能的方法将变得异常麻烦。为此，本小节将介绍基于旋量理论及指数积公式的拉格朗日形式的一般动力学方程表达。

下面就来推导一下具有 n 个关节的串联机器人的拉格朗日方程。

第一步是选择一组广义坐标 $\boldsymbol{q} \in \mathbb{R}^n$。对于串联机器人而言，所有关节都是驱动关节，因此，选择各关节作为广义坐标最合适。广义力表示为 $\boldsymbol{\tau} \in \mathbb{R}^n$。如果用 q_i 描述转动关节，则 $\boldsymbol{\tau}_i$ 将对应为一个力矩；如果用 q_i 描述移动关节，则 $\boldsymbol{\tau}_i$ 将对应为一个力。以此可简化广义力的求解。

一旦选定 $\boldsymbol{q}$ 并确定了广义力 $\boldsymbol{\tau}$，就可以写出拉格朗日方程 $L(\boldsymbol{q}, \dot{\boldsymbol{q}})$

$$L(\boldsymbol{q}, \dot{\boldsymbol{q}}) = T(\boldsymbol{q}, \dot{\boldsymbol{q}}) - U(\boldsymbol{q}) \tag{12.3-33}$$

式中，$T(\boldsymbol{q},\ \dot{\boldsymbol{q}})$ 为系统总动能；$U(\boldsymbol{q})$ 为系统总势能。

为计算该机器人的动能，可将每一杆件的动能求出后再求和。为此，定义一个固连在第 i 个杆质心上的物体坐标系 $\{L_i\}$，设

$$ {}_{L_i}^{S}\boldsymbol{T}(\boldsymbol{q}) = \mathrm{e}^{[\hat{\xi}_1]q_1}\mathrm{e}^{[\hat{\xi}_2]q_2}\cdots\mathrm{e}^{[\hat{\xi}_i]q_i}\,{}_{L_i}^{S}\boldsymbol{T}(\boldsymbol{0}) \tag{12.3-34}$$

表示该物体坐标系相对机器人惯性坐标系的位形。第 i 个杆的广义速度为

$$\boldsymbol{V}_{C_i} = \boldsymbol{J}_i(\boldsymbol{q})\dot{\boldsymbol{q}} \tag{12.3-35}$$

式中，$\boldsymbol{J}_i(\boldsymbol{q})$ 为第 i 个杆的空间雅可比矩阵（简称空间雅可比），并且

$$\begin{aligned} \boldsymbol{J}_i(\boldsymbol{q}) &= \begin{bmatrix}\hat{\boldsymbol{\xi}}_1 & \hat{\boldsymbol{\xi}}_2 & \cdots & \hat{\boldsymbol{\xi}}_n\end{bmatrix} \\ \boldsymbol{\xi}_i' &= \boldsymbol{A}_{(\mathrm{e}^{[\hat{\xi}_1]q_1}\mathrm{e}^{[\hat{\xi}_2]q_2}\cdots\mathrm{e}^{[\hat{\xi}_{i-1}]q_{i-1}})}\hat{\boldsymbol{\xi}}_i \end{aligned} \tag{12.3-36}$$

$\boldsymbol{J}_i(\boldsymbol{q})$ 的第 i 列表示变换到机器人当前位形下的第 i 个关节的单位运动旋量（在惯性坐标系中表示）。

这样，第 i 个杆的动能在惯性坐标系下的表示可以写成［为方便公式推导，以下省略了式（12.3-36）中的角标符号］

$$T_i(\boldsymbol{q},\ \dot{\boldsymbol{q}}) = \frac{1}{2}\boldsymbol{V}_i^{\mathrm{T}}\boldsymbol{M}_i\boldsymbol{V}_i = \frac{1}{2}(\boldsymbol{J}_i(\boldsymbol{q})\dot{\boldsymbol{q}})^{\mathrm{T}}\boldsymbol{M}_i\boldsymbol{J}_i(\boldsymbol{q})\dot{\boldsymbol{q}} = \frac{1}{2}\dot{\boldsymbol{q}}^{\mathrm{T}}(\boldsymbol{J}_i^{\mathrm{T}}(\boldsymbol{q})\boldsymbol{M}_i\boldsymbol{J}_i(\boldsymbol{q}))\dot{\boldsymbol{q}} \tag{12.3-37}$$

因此，系统的总动能为

$$T = \sum_{i=1}^{n} T_i(\boldsymbol{q},\ \dot{\boldsymbol{q}}) = \frac{1}{2}\dot{\boldsymbol{q}}^{\mathrm{T}}\boldsymbol{M}(\boldsymbol{q})\dot{\boldsymbol{q}} \tag{12.3-38}$$

式中

$$\boldsymbol{M}(\boldsymbol{q}) = \sum_{i=1}^{n}\boldsymbol{J}_i^{\mathrm{T}}(\boldsymbol{q})\boldsymbol{M}_i\boldsymbol{J}_i(\boldsymbol{q}) \tag{12.3-39}$$

式中，$\boldsymbol{M}(\boldsymbol{q}) \in \mathbb{R}^{n\times n}$ 为机器人的广义惯性矩阵。

为计算该机器人的势能，定义

$$U(\boldsymbol{q}) = \sum_{i=1}^{n} U_i(\boldsymbol{q}) = \sum_{i=1}^{n} m_i\,\boldsymbol{g}^{\mathrm{T}}\boldsymbol{r}_{C_i}(\boldsymbol{q}) \tag{12.3-40}$$

式中，$\boldsymbol{g} = (0,\ g,\ 0)^{\mathrm{T}}$。

$$\frac{\mathrm{d}U_i}{\mathrm{d}t} = \frac{\mathrm{d}[m_i\boldsymbol{g}^{\mathrm{T}}\boldsymbol{r}_{C_i}(\boldsymbol{q})]}{\mathrm{d}t} = \begin{bmatrix}\boldsymbol{\omega}_i^{\mathrm{T}} & \boldsymbol{v}_{C_i}^{\mathrm{T}}\end{bmatrix}\begin{pmatrix}\boldsymbol{0}\\ m_i\boldsymbol{g}\end{pmatrix} \tag{12.3-41}$$

根据

$$\begin{pmatrix}\boldsymbol{\omega}_i\\ \boldsymbol{v}_{C_i}\end{pmatrix} = \begin{pmatrix}\boldsymbol{I}_3 & \boldsymbol{0}\\ [\boldsymbol{r}_{C_i}] & \boldsymbol{I}_3\end{pmatrix}\begin{pmatrix}\boldsymbol{\omega}_i\\ \boldsymbol{v}_{O_i}\end{pmatrix} \tag{12.3-42}$$

和

$$\begin{pmatrix}\boldsymbol{\omega}_i\\ \boldsymbol{v}_{O_i}\end{pmatrix} = \boldsymbol{J}_i\boldsymbol{q} \tag{12.3-43}$$

可得

$$\frac{\mathrm{d}U_i}{\mathrm{d}t} = \dot{\boldsymbol{q}}^{\mathrm{T}} \boldsymbol{J}_i^{\mathrm{T}} \begin{pmatrix} \boldsymbol{I}_3 & [\boldsymbol{r}_{C_i}]^{\mathrm{T}} \\ \boldsymbol{0} & \boldsymbol{I}_3 \end{pmatrix} \begin{pmatrix} \boldsymbol{0} \\ m_i \boldsymbol{g} \end{pmatrix} = \dot{\boldsymbol{q}}^{\mathrm{T}} \boldsymbol{J}_i^{\mathrm{T}} \begin{pmatrix} m_i \boldsymbol{g} \times \boldsymbol{r}_{C_i} \\ m_i \boldsymbol{g} \end{pmatrix} \tag{12.3-44}$$

由于

$$\frac{\mathrm{d}U_i}{\mathrm{d}t} = \dot{\boldsymbol{q}}^{\mathrm{T}} \frac{\partial U_i}{\partial \boldsymbol{q}} \tag{12.3-45}$$

故

$$\frac{\partial U_i}{\partial \boldsymbol{q}} = \boldsymbol{J}_i^{\mathrm{T}} \begin{pmatrix} m_i \boldsymbol{g} \times \boldsymbol{r}_{C_i} \\ m_i \boldsymbol{g} \end{pmatrix} \tag{12.3-46}$$

因此，机器人的拉格朗日函数为

$$L = T - U = \frac{1}{2} \sum_{i=1}^{n} \sum_{j=1}^{n} M_{ij} \dot{\boldsymbol{q}}_i \dot{\boldsymbol{q}}_j - \sum_{i=1}^{n} m_i \boldsymbol{g}^{\mathrm{T}} \boldsymbol{r}_{C_i} \tag{12.3-47}$$

$$\frac{\partial L}{\partial \dot{\boldsymbol{q}}_i} = \sum_{j=1}^{n} M_{ij_i} \dot{\boldsymbol{q}}_j \tag{12.3-48}$$

$$\frac{d}{\mathrm{d}t}\left(\frac{\partial L}{\partial \dot{\boldsymbol{q}}_i}\right) = \sum_{j=1}^{n} M_{ij} \ddot{\boldsymbol{q}}_j + \sum_{j=1}^{n} \left(\frac{\mathrm{d}M_{ij}}{\mathrm{d}t}\right) \dot{\boldsymbol{q}}_j = \sum_{j=1}^{n} M_{ij} \ddot{\boldsymbol{q}}_j + \sum_{j=1}^{n} \sum_{k=1}^{n} \left(\frac{\partial M_{ij}}{\partial \boldsymbol{q}_k}\right) \dot{\boldsymbol{q}}_j \dot{\boldsymbol{q}}_k \tag{12.3-49}$$

$$\frac{\partial L}{\partial \boldsymbol{q}_i} = \frac{1}{2} \frac{\partial}{\partial \boldsymbol{q}_i} \left(\sum_{j=1}^{n} \sum_{k=1}^{n} M_{jk_i} \dot{\boldsymbol{q}}_j \dot{\boldsymbol{q}}_k \right) + \sum_{j=1}^{n} \boldsymbol{J}_{ij}^{\mathrm{T}} \begin{pmatrix} m_j \boldsymbol{g} \times \boldsymbol{r}_{C_j} \\ m_j \boldsymbol{g} \end{pmatrix} = \frac{1}{2} \sum_{j=1}^{n} \sum_{k=1}^{n} \frac{\partial M_{jk}}{\partial \boldsymbol{q}_i} \dot{\boldsymbol{q}}_j \dot{\boldsymbol{q}}_k + \sum_{j=1}^{n} \boldsymbol{J}_{ij}^{\mathrm{T}} \begin{pmatrix} m_j \boldsymbol{g} \times \boldsymbol{r}_{C_j} \\ m_j \boldsymbol{g} \end{pmatrix} \tag{12.3-50}$$

综合式（12.3-27）、式（12.3-49）和式（12.3-50），可得

$$\sum_{j=1}^{n} M_{ij} \ddot{\boldsymbol{q}}_j + \sum_{j=1}^{n} \sum_{k=1}^{n} \left(\frac{\partial M_{ij}}{\partial \boldsymbol{q}_k}\right) \dot{\boldsymbol{q}}_j \dot{\boldsymbol{q}}_k - \frac{1}{2} \sum_{j=1}^{n} \sum_{k=1}^{n} \frac{\partial M_{jk}}{\partial \dot{\boldsymbol{q}}_i} \dot{\boldsymbol{q}}_j \dot{\boldsymbol{q}}_k - \sum_{j=1}^{n} \boldsymbol{J}_i^{\mathrm{T}} \begin{pmatrix} m_j \boldsymbol{g} \times \boldsymbol{r}_{C_j} \\ m_j \boldsymbol{g} \end{pmatrix} = \boldsymbol{\tau}_i \quad (i = 1, 2, \cdots, n) \tag{12.3-51}$$

令

$$V_{ij}(\boldsymbol{q}, \dot{\boldsymbol{q}}) = \sum_{j=1}^{n} \sum_{k=1}^{n} \left(\frac{\partial M_{ij}}{\partial \boldsymbol{q}_k} - \frac{1}{2} \sum_{j=1}^{n} \sum_{k=1}^{n} \frac{\partial M_{jk}}{\partial \dot{q}_i}) \right) \dot{\boldsymbol{q}}_j \dot{\boldsymbol{q}}_k \tag{12.3-52}$$

$$G_i(\boldsymbol{q}) = -\sum_{j=1}^{n} \boldsymbol{J}_{ij}^{\mathrm{T}} \begin{pmatrix} m_j \boldsymbol{g} \times \boldsymbol{r}_{C_j} \\ m_j \boldsymbol{g} \end{pmatrix} \tag{12.3-53}$$

则式（12.3-51）可简化成

$$\sum_{j=1}^{n} M_{ij}(\boldsymbol{q}) \ddot{\boldsymbol{q}}_j + V_{ij}(\boldsymbol{q}, \dot{\boldsymbol{q}}) + G_i(\boldsymbol{q}) = \boldsymbol{\tau}_i \quad (i = 1, 2, \cdots, n) \tag{12.3-54}$$

式（12.3-54）左边的第一项为惯性力，第二项代表哥氏力和离心力，最后一项反映的是重力的影响；公式右边为驱动力。将 n 个方程写成矩阵的形式为

$$\boldsymbol{M}(\boldsymbol{q}) \ddot{\boldsymbol{q}} + \boldsymbol{V}(\boldsymbol{q}, \dot{\boldsymbol{q}}) + \boldsymbol{G}(\boldsymbol{q}) = \boldsymbol{\tau} \tag{12.3-55}$$

以上方程即为拉格朗日形式的串联机器人动力学通用方程。

【例 12-5】 试计算平面 2R 机器人的动力学。注意：该模型中，各杆的质量集中在其质心处。

解： 取 θ_1 和 θ_2 为系统的广义坐标，相对惯性坐标系来计算式（12.3-55）中的各项参数。

（1）计算各杆件的广义惯性矩阵

$$^{C}\boldsymbol{M}_i=\begin{pmatrix}^{C}\boldsymbol{\mathcal{I}}_i & \boldsymbol{0}\\ \boldsymbol{0} & m_i\boldsymbol{I}_{3\times3}\end{pmatrix}=\begin{pmatrix}0&0&0&0&0&0\\0&\frac{1}{12}m_il_i^2&0&0&0&0\\0&0&\frac{1}{12}m_il_i^2&0&0&0\\0&0&0&m_i&0&0\\0&0&0&0&m_i&0\\0&0&0&0&0&m_i\end{pmatrix}\quad(i=1,\ 2)$$

由于

$$^{0}_{1}\boldsymbol{R}=\begin{pmatrix}\cos\theta_1&-\sin\theta_1&0\\ \sin\theta_1&\cos\theta_1&0\\0&0&1\end{pmatrix},\ ^{0}_{2}\boldsymbol{R}=\begin{pmatrix}\cos\theta_{12}&-\sin\theta_{12}&0\\ \sin\theta_{12}&\cos\theta_{12}&0\\0&0&1\end{pmatrix}$$

因此，

$$\boldsymbol{J}_1^S={}^{0}_{1}\boldsymbol{R}\boldsymbol{J}_1^{B}{}^{0}_{1}\boldsymbol{R}^{\mathrm{T}}=\frac{m_1l_1^2}{12}\begin{pmatrix}\sin^2\theta_1&-\sin\theta_1\cos\theta_1&0\\-\sin\theta_1\cos\theta_1&\cos^2\theta_1&0\\0&0&1\end{pmatrix}$$

$$\boldsymbol{J}_2^S={}^{0}_{2}\boldsymbol{R}\boldsymbol{J}_2^{B}{}^{0}_{2}\boldsymbol{R}^{\mathrm{T}}=\frac{m_2l_2^2}{12}\begin{pmatrix}\sin^2\theta_{12}&-\sin\theta_{12}\cos\theta_{12}&0\\-\sin\theta_{12}\cos\theta_{12}&\cos^2\theta_{12}&0\\0&0&1\end{pmatrix}$$

（2）计算机器人的广义惯性矩阵

$$^{0}\boldsymbol{r}_{C_1}={}^{0}_{1}\boldsymbol{R}^{1}\boldsymbol{r}_{C_1}=\begin{pmatrix}\frac{1}{2}l_1\cos\theta_1\\ \frac{1}{2}l_1\sin\theta_1\\0\end{pmatrix},\ ^{1}\boldsymbol{r}_{C_2}={}^{1}_{2}\boldsymbol{R}^{2}\boldsymbol{r}_{C_2}=\begin{pmatrix}\frac{1}{2}l_2\cos\theta_{12}\\ \frac{1}{2}l_2\sin\theta_{12}\\0\end{pmatrix},\ ^{0}\boldsymbol{r}_{C_2}={}^{0}_{2}\boldsymbol{R}^{1}\boldsymbol{r}_{C_2}=\begin{pmatrix}l_1\cos\theta_1+\frac{1}{2}l_2\cos\theta_{12}\\ l_1\sin\theta_1+\frac{1}{2}l_2\sin\theta_{12}\\0\end{pmatrix}$$

$$\boldsymbol{J}_1=(\boldsymbol{J}_{11}\quad\boldsymbol{J}_{21})=\begin{pmatrix}\boldsymbol{z}_1&\boldsymbol{0}\\ \boldsymbol{z}_1\times{}^{0}\boldsymbol{r}_{C_1}&\boldsymbol{0}\end{pmatrix}=\begin{pmatrix}0&0\\0&0\\1&0\\-\frac{1}{2}l_1\sin\theta_1&0\\ \frac{1}{2}l_1\cos\theta_1&0\\0&0\end{pmatrix}$$

$$J_2=(J_{12}\quad J_{22})=\begin{pmatrix} z_1 & z_2 \\ z_1\times {}^0r_{C_2} & z_2\times {}^1r_{C_2}\end{pmatrix}=\begin{pmatrix} 0 & 0 \\ 0 & 0 \\ 1 & 1 \\ -l_1\sin\theta_1-\dfrac{1}{2}l_2\sin\theta_{12} & -\dfrac{1}{2}l_2\sin\theta_{12} \\ l_1\cos\theta_1+\dfrac{1}{2}l_1\cos\theta_1 & \dfrac{1}{2}l_1\cos\theta_1 \\ 0 & 0\end{pmatrix}$$

因此，根据式（12.3-39），该机器人的广义惯性矩阵为

$$M(\theta)=\sum_{i=1}^{2}(J_i)^{\mathrm T}M_iJ_i=\begin{pmatrix}\dfrac{1}{3}m_1l_1^2+m_2\left(l_1^2+l_1l_2\cos\theta_2+\dfrac{1}{3}l_2^2\right) & m_2\left(\dfrac{1}{2}l_1l_2\cos\theta_2+\dfrac{1}{3}l_2^2\right) \\ m_2\left(\dfrac{1}{2}l_1l_2\cos\theta_2+\dfrac{1}{3}l_2^2\right) & \dfrac{1}{3}m_2l_2^2\end{pmatrix}$$

（3）计算哥氏力与离心力　由式（12.3-52），得

$$V_1=\sum_{j=1}^{2}\sum_{k=1}^{2}\left(\frac{\partial M_{1j}}{\partial \boldsymbol{\theta}_k}-\frac{1}{2}\sum_{j=1}^{2}\sum_{k=1}^{2}\frac{\partial M_{jk}}{\partial \dot{\boldsymbol{\theta}}_1}\right)\dot{\boldsymbol{\theta}}_j\dot{\boldsymbol{\theta}}_k=-m_2l_1l_2\sin\theta_2\left(\dot\theta_1\dot\theta_2+\frac{1}{2}\dot\theta_2^2\right)$$

$$V_2=\sum_{j=1}^{2}\sum_{k=1}^{2}\left(\frac{\partial M_{2j}}{\partial \boldsymbol{\theta}_k}-\frac{1}{2}\sum_{j=1}^{2}\sum_{k=1}^{2}\frac{\partial M_{jk}}{\partial \dot{\boldsymbol{\theta}}_2}\right)\dot\theta_j\dot\theta_k=\frac{1}{2}m_2l_1l_2\sin\theta_2\dot\theta_1^2$$

（4）计算重力项的影响　由式（12.3-53），得

$$G_1(\theta)=-\sum_{j=1}^{2}J_{1j}^{\mathrm T}\begin{pmatrix} m_jg\times r_{C_j} \\ m_jg\end{pmatrix}=\frac{1}{2}m_1gl_1\cos\theta_1+m_2gl_1\cos\theta_1+\frac{1}{2}m_2gl_2\cos\theta_{12}$$

$$G_2(\theta)=-\sum_{j=1}^{2}J_{2j}^{\mathrm T}\begin{pmatrix} m_jg\times r_{C_j} \\ m_jg\end{pmatrix}=\frac{1}{2}m_2gl_2\cos\theta_{12}$$

（5）计算驱动项　驱动力即为各关节力矩，即

$$\tau=\begin{pmatrix}\tau_1 \\ \tau_2\end{pmatrix}$$

（6）确定机器人的动力学方程　将以上各项代入式（12.3-55）中，可以得到该机器人的动力学方程为

$$M(\theta)\ddot\theta+V(\theta,\ \dot\theta)\dot\theta+G(\theta)=\tau$$

式中

$$M(\theta)=\begin{pmatrix}\dfrac{1}{3}m_1l_1^2+m_2(l_1^2+l_1l_2\cos\theta_2+\dfrac{1}{3}l_2^2) & m_2(\dfrac{1}{2}l_1l_2\cos\theta_2+\dfrac{1}{3}l_2^2) \\ m_2(\dfrac{1}{2}l_1l_2\cos\theta_2+\dfrac{1}{3}l_2^2) & \dfrac{1}{3}m_2l_2^2\end{pmatrix}$$

$$V(\theta,\ \dot\theta)=\begin{pmatrix}-m_2l_1l_2\sin\theta_2\left(\dot\theta_1\dot\theta_2+\dfrac{1}{2}\dot\theta_2^2\right) \\ \dfrac{1}{2}m_2l_1l_2\sin\theta_2\dot\theta_1^2\end{pmatrix}$$

$$G(\boldsymbol{\theta}) = \begin{pmatrix} \frac{1}{2}m_1gl_1\cos\theta_1 + m_2gl_1\cos\theta_1 + \frac{1}{2}m_2gl_2\cos\theta_{12} \\ \frac{1}{2}m_2gl_2\cos\theta_{12} \end{pmatrix}$$

$$\boldsymbol{\tau} = \begin{pmatrix} \tau_1 \\ \tau_2 \end{pmatrix}$$

试与前面所给的例子进行对比。

12.4 基于牛顿-欧拉方程的动力学建模

12.4.1 一般刚体的牛顿-欧拉方程

1. 刚体加速度

首先回顾一下理论力学课程中有关刚体加速度的求解问题。

一般情况下，直接对刚体线速度和角速度求导，即可得到线加速度和角加速度。假设存在两个坐标系：$\{A\}$ 和 $\{B\}$，Q 点相对 $\{B\}$ 系（严格意义上讲，是相对 $\{B\}$ 系的原点）的线加速度可表示成其所对应的线速度向量相对 $\{B\}$ 系的导数，即

$$^B\dot{\boldsymbol{V}}_Q = \frac{\mathrm{d}}{\mathrm{d}t}\,^B\boldsymbol{V}_Q = \lim_{\Delta t\to 0}\frac{^B\boldsymbol{V}_Q(t+\Delta t) - {}^B\boldsymbol{V}_Q(t)}{\Delta t} \tag{12.4-1}$$

类似地，角加速度向量相对 $\{B\}$ 系的导数可写成

$$^B\dot{\boldsymbol{\Omega}}_Q = \frac{\mathrm{d}}{\mathrm{d}t}\,^B\boldsymbol{\Omega}_Q = \lim_{\Delta t\to 0}\frac{^B\boldsymbol{\Omega}_Q(t+\Delta t) - {}^B\boldsymbol{\Omega}_Q(t)}{\Delta t} \tag{12.4-2}$$

实际中讨论的刚体加速度，所参考的坐标系往往都是世界坐标系（原点），而不是任意坐标系（原点）下的速度。对于这种情况，可以定义一种缩略符号

$$\dot{\boldsymbol{v}}_B = {}^A\dot{\boldsymbol{V}}_{BORG} \tag{12.4-3}$$

$$\dot{\boldsymbol{\omega}}_B = {}^A\dot{\boldsymbol{\Omega}}_B \tag{12.4-4}$$

式中，下角标 B 表示坐标系 $\{B\}$ 的原点，参考坐标系为世界坐标系 $\{A\}$。本章后面经常看到的 $^i\dot{\boldsymbol{v}}_{i+1}$（$^i\dot{\boldsymbol{\omega}}_{i+1}$）为坐标系 $\{i+1\}$ 的线（角）加速度在坐标系 $\{i\}$ 中的描述（尽管求导是相对于世界坐标系 $\{A\}$ 进行的）。

2. 多刚体系统中的刚体加速度

以上所给的是刚体加速度的定义式。下面再来讨论多刚体系统中刚体加速度的求解公式，它是实现机器人加速度递推求解的理论基础。

首先回顾一下第 3 章有关刚体速度的描述。如图 12-9 所示，存在两个坐标系：$\{A\}$ 和 $\{B\}$，其中，$\{B\}$ 系原点相对于 $\{A\}$ 系的位置向量为 $^A\boldsymbol{p}_{BORG}$；$\{B\}$ 系相对于 $\{A\}$ 系的旋转矩阵为 $^A_B\boldsymbol{R}$，且不随时间变化；$\{B\}$ 系中有一向量 $^B\boldsymbol{q}$，其相对于 $\{B\}$ 系原点的线速度为 $^B\boldsymbol{V}_Q$；Q 相对于 $\{A\}$ 系的线速度为 $^A\boldsymbol{V}_Q$，相对于 $\{A\}$ 系的角速度为 $^A\boldsymbol{\Omega}_B$。

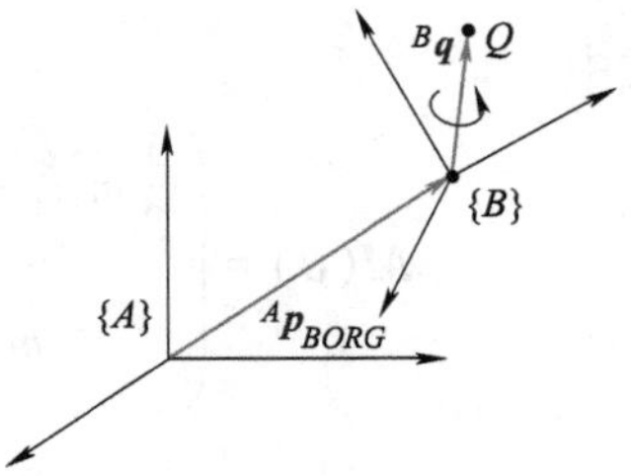

图 12-9 刚体运动在不同坐标系中的描述

（1）刚体线加速度　在一般刚体运动中，刚体速度基于两个参考坐标系的通用表达式为

$$ {}^{A}\boldsymbol{V}_{Q}={}^{A}\boldsymbol{V}_{BORG}+{}^{A}_{B}\boldsymbol{R}{}^{B}\boldsymbol{V}_{Q}+{}^{A}\boldsymbol{\Omega}_{B}\times({}^{A}_{B}\boldsymbol{R}{}^{B}\boldsymbol{q}) \tag{12.4-5}$$

对式（12.4-5）相对时间求导，得

$$ {}^{A}\dot{\boldsymbol{V}}_{Q}={}^{A}\dot{\boldsymbol{V}}_{BORG}+{}^{A}_{B}\dot{\boldsymbol{R}}{}^{B}\boldsymbol{V}_{Q}+{}^{A}_{B}\boldsymbol{R}{}^{B}\dot{\boldsymbol{V}}_{Q}+{}^{A}\dot{\boldsymbol{\Omega}}_{B}\times({}^{A}_{B}\boldsymbol{R}{}^{B}\boldsymbol{q})+{}^{A}\boldsymbol{\Omega}_{B}\times({}^{A}_{B}\dot{\boldsymbol{R}}{}^{B}\boldsymbol{q})+{}^{A}\boldsymbol{\Omega}_{B}\times({}^{A}_{B}\boldsymbol{R}{}^{B}\dot{\boldsymbol{q}}) \tag{12.4-6}$$

由于

$$ {}^{A}_{B}\dot{\boldsymbol{R}}={}^{A}\boldsymbol{\Omega}_{B}\times{}^{A}_{B}\boldsymbol{R},\ {}^{B}\dot{\boldsymbol{q}}={}^{B}\boldsymbol{V}_{Q} \tag{12.4-7}$$

将式（12.4-7）代入式（12.4-6），得

$$\begin{aligned}{}^{A}\dot{\boldsymbol{V}}_{Q}&={}^{A}\dot{\boldsymbol{V}}_{BORG}+{}^{A}\boldsymbol{\Omega}_{B}\times({}^{A}_{B}\boldsymbol{R}{}^{B}\boldsymbol{V}_{Q})+{}^{A}_{B}\boldsymbol{R}{}^{B}\dot{\boldsymbol{V}}_{Q}+{}^{A}\dot{\boldsymbol{\Omega}}_{B}\times({}^{A}_{B}\boldsymbol{R}{}^{B}\boldsymbol{q})+\\&\quad{}^{A}\boldsymbol{\Omega}_{B}\times({}^{A}\boldsymbol{\Omega}_{B}\times{}^{A}_{B}\boldsymbol{R}{}^{B}\boldsymbol{q})+{}^{A}\boldsymbol{\Omega}_{B}\times({}^{A}_{B}\boldsymbol{R}{}^{B}\boldsymbol{V}_{Q})\\&=\underbrace{{}^{A}\dot{\boldsymbol{V}}_{BORG}+{}^{A}_{B}\boldsymbol{R}{}^{B}\dot{\boldsymbol{V}}_{Q}}_{\text{线加速度}}+\underbrace{2{}^{A}\boldsymbol{\Omega}_{B}\times({}^{A}_{B}\boldsymbol{R}{}^{B}\boldsymbol{V}_{Q})}_{\text{哥氏加速度}}+\underbrace{{}^{A}\dot{\boldsymbol{\Omega}}_{B}\times({}^{A}_{B}\boldsymbol{R}{}^{B}\boldsymbol{q})}_{\text{欧拉加速度}}+\underbrace{{}^{A}\boldsymbol{\Omega}_{B}\times({}^{A}\boldsymbol{\Omega}_{B}\times{}^{A}_{B}\boldsymbol{R}{}^{B}\boldsymbol{q})}_{\text{向心加速度}}\end{aligned} \tag{12.4-8}$$

当${}^{B}\boldsymbol{q}$是常量时，有

$$ {}^{B}\boldsymbol{V}_{Q}={}^{B}\dot{\boldsymbol{V}}_{Q}=0 \tag{12.4-9}$$

式（12.4-9）可简化为

$$ {}^{A}\dot{\boldsymbol{V}}_{Q}={}^{A}\dot{\boldsymbol{V}}_{BORG}+{}^{A}\dot{\boldsymbol{\Omega}}_{B}\times({}^{A}_{B}\boldsymbol{R}{}^{B}\boldsymbol{q})+{}^{A}\boldsymbol{\Omega}_{B}\times({}^{A}\boldsymbol{\Omega}_{B}\times{}^{A}_{B}\boldsymbol{R}{}^{B}\boldsymbol{q}) \tag{12.4-10}$$

（2）刚体角加速度　假设坐标系｛B｝以角速度${}^{A}\boldsymbol{\Omega}_{B}$相对于坐标系｛$A$｝转动，坐标系｛$C$｝以角速度${}^{B}\boldsymbol{\Omega}_{C}$相对于坐标系｛$B$｝转动，则｛$C$｝系相对于｛$A$｝系的角速度可以通过向量相加得到，即

$$ {}^{A}\boldsymbol{\Omega}_{C}={}^{A}\boldsymbol{\Omega}_{B}+{}^{A}_{B}\boldsymbol{R}{}^{B}\boldsymbol{\Omega}_{C} \tag{12.4-11}$$

对式（12.4-11）相对时间求导，得

$$ {}^{A}\dot{\boldsymbol{\Omega}}_{C}={}^{A}\dot{\boldsymbol{\Omega}}_{B}+{}^{A}_{B}\boldsymbol{R}{}^{B}\dot{\boldsymbol{\Omega}}_{C}+{}^{A}_{B}\dot{\boldsymbol{R}}{}^{B}\boldsymbol{\Omega}_{C} \tag{12.4-12}$$

由于${}^{A}_{B}\dot{\boldsymbol{R}}={}^{A}\boldsymbol{\Omega}_{B}\times{}^{A}_{B}\boldsymbol{R}$，代入式（12.4-12）得

$$ {}^{A}\dot{\boldsymbol{\Omega}}_{C}={}^{A}\dot{\boldsymbol{\Omega}}_{B}+{}^{A}_{B}\boldsymbol{R}{}^{B}\dot{\boldsymbol{\Omega}}_{C}+{}^{A}\boldsymbol{\Omega}_{B}\times({}^{A}_{B}\boldsymbol{R}{}^{BB}\boldsymbol{\Omega}_{C}) \tag{12.4-13}$$

式（12.4-10）常用于串联机器人的连杆线加速度求解，而式（12.4-13）常用于串联机器人的连杆角加速度求解。

3. 牛顿-欧拉方程

由物理及理论力学的知识可知，刚体的一般运动可以分解为随其质心的平动与绕其质心的转动。其中，随质心平动的动力学特性可通过牛顿方程来描述，绕质心转动的动力学特性可通过欧拉方程来表达，简称牛顿-欧拉方程。

（1）牛顿方程（牛顿第二定律）

$$\boldsymbol{f}=\frac{\mathrm{d}(m\boldsymbol{v}_{C})}{\mathrm{d}t}=m\dot{\boldsymbol{v}}_{C} \tag{12.4-14}$$

式中，m为刚体的质量；$\dot{\boldsymbol{v}}_{C}$为刚体的质心线加速度；$\boldsymbol{f}$为作用在刚体质心处的合力。

（2）欧拉方程

$$\boldsymbol{m}=\frac{\mathrm{d}({}^{C}\boldsymbol{\mathcal{I}}\boldsymbol{\omega})}{\mathrm{d}t}={}^{C}\boldsymbol{\mathcal{I}}\dot{\boldsymbol{\omega}}+\boldsymbol{\omega}\times({}^{C}\boldsymbol{\mathcal{I}}\boldsymbol{\omega}) \tag{12.4-15}$$

式中，${}^{C}\boldsymbol{\mathcal{I}}$ 为刚体相对其质心坐标系（参考坐标系的原点位于质心 C 处）的惯性张量；$\boldsymbol{\omega}$ 与 $\dot{\boldsymbol{\omega}}$ 分别为刚体的角速度和角加速度；$\boldsymbol{m}$ 为作用在刚体质心处的合力矩。

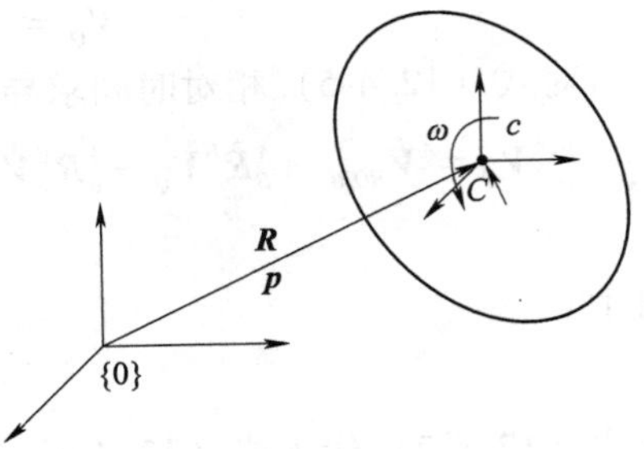

图 12-10

作用在刚体上的力

式（12.4-14）和式（12.4-15）都是相对于**质心坐标系**的刚体动力学方程。继续对上面的公式进行细化，当参考坐标系位于图 12-10 所示的基坐标系 {0} 中时，上述公式变为

$${}^{0}\boldsymbol{m}={}^{0}_{C}\boldsymbol{R}{}^{C}\boldsymbol{\mathcal{I}}{}^{0}_{C}\boldsymbol{R}^{\mathrm{T}0}\dot{\boldsymbol{\omega}}+{}^{0}\boldsymbol{\omega}\times({}^{0}_{C}\boldsymbol{R}{}^{C}\boldsymbol{\mathcal{I}}{}^{0}_{C}\boldsymbol{R}^{\mathrm{T}}){}^{0}\boldsymbol{\omega} \tag{12.4-16}$$

化简后可得

$${}^{0}\boldsymbol{m}={}^{0}\boldsymbol{\mathcal{I}}{}^{0}\dot{\boldsymbol{\omega}}+{}^{0}\boldsymbol{\omega}\times({}^{0}\boldsymbol{\mathcal{I}}{}^{0}\boldsymbol{\omega}) \tag{12.4-17}$$

12.4.2 前置坐标系下串联机器人的牛顿-欧拉方程

本小节主要考虑前置坐标系下，基于牛顿-欧拉方程的串联机器人动力学建模过程。

1. 连杆速度、加速度的向外递推公式

由于串联机器人的相邻连杆之间只有一个自由度，其相对速度仅由连接关节的速度决定，上面的思路看起来是可行的。下面将给出求解过程。

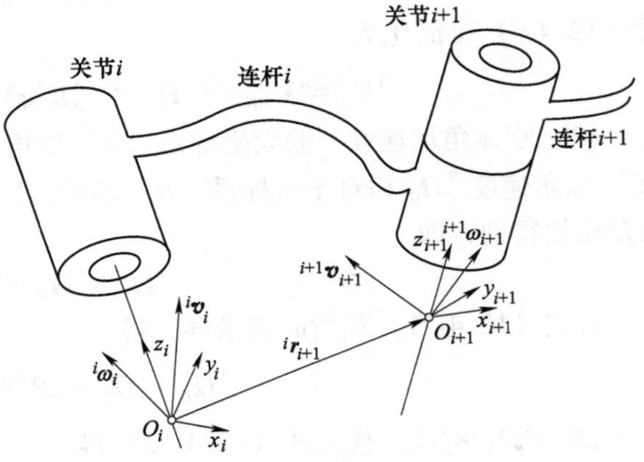

图 12-11

连杆速度的传递

若以基坐标系 {0} 为世界坐标系，在 {0} 系中描述杆 i 的广义速度为 $({}^{0}\boldsymbol{\omega}_i,\ {}^{0}\boldsymbol{v}_i)^{\mathrm{T}}$；若杆 i 的线速度和角速度在其自身的连杆坐标系 $\{i\}$ 中描述，则可以写成 $({}^{i}\boldsymbol{\omega}_i,\ {}^{i}\boldsymbol{v}_i)^{\mathrm{T}}$，如图 12-11 所示。

（1）转动关节的速度、加速度传递

考虑图 12-11 中通过转动关节 i+1 连接的两个连杆 i 和 i+1：由于任一瞬时，机器人的每个连杆都具有一定的角速度和线速度，连杆 i 的速度通过关节 i+1 传递到与其连接的连杆 i+1 中；换句话说，连杆 i+1 的速度是由前端的连杆 i 与关节 i+1 的运动共同决定的。

具体而言，连杆 i+1 的角速度应等于连杆 i 的角速度 ${}^{i}\omega_i$ 加上连杆 i+1 相对于连杆 i 的角速度 $\dot{\theta}_{i+1}{}^{i+1}\boldsymbol{z}_{i+1}$（由绕关节 i+1 的 z 轴旋转所引起的）。其中

$${}^{i+1}\boldsymbol{z}_{i+1}=\begin{pmatrix}0\\0\\1\end{pmatrix} \tag{12.4-18}$$

由于只有同一坐标系中的向量可以相加，因此，上述关系式在 $\{i\}$ 系中可表示成

$$^{i}\boldsymbol{\omega}_{i+1}={}^{i}\boldsymbol{\omega}_{i}+{}_{i+1}^{i}\boldsymbol{R}\dot{\theta}_{i+1}{}^{i+1}\boldsymbol{z}_{i+1} \tag{12.4-19}$$

将式（12.4-19）两端左乘旋转矩阵 ${}_{i}^{i+1}\boldsymbol{R}$，得到相对 $\{i+1\}$ 系的表示，即

$$^{i+1}\boldsymbol{\omega}_{i+1}={}_{i}^{i+1}\boldsymbol{R}^{i}\boldsymbol{\omega}_{i}+\dot{\theta}_{i+1}{}^{i+1}\boldsymbol{z}_{i+1} \tag{12.4-20}$$

同样，连杆 $i+1$ 的线速度（$\{i+1\}$ 系原点的线速度）应等于连杆 i 的线速度 ${}^{i}\boldsymbol{v}_{i}$（$\{i\}$ 系原点的线速度）加上连杆 i 的角速度 ${}^{i}\boldsymbol{\omega}_{i}$ 所产生的线速度分量 ${}^{i}\boldsymbol{\omega}_{i}\times{}^{i}\boldsymbol{r}_{i+1}$，因此有

$$^{i}\boldsymbol{v}_{i+1}={}^{i}\boldsymbol{v}_{i}+{}^{i}\boldsymbol{\omega}_{i}\times{}^{i}\boldsymbol{r}_{i+1} \tag{12.4-21}$$

将式（12.4-21）两端左乘旋转矩阵 ${}_{i}^{i+1}\boldsymbol{R}$，得到相对 $\{i+1\}$ 系的表示，即

$$^{i+1}\boldsymbol{v}_{i+1}={}_{i}^{i+1}\boldsymbol{R}({}^{i}\boldsymbol{v}_{i}+{}^{i}\boldsymbol{\omega}_{i}\times{}^{i}\boldsymbol{r}_{i+1}) \tag{12.4-22}$$

式（12.4-20）与式（12.4-22）构成了关节 $i+1$ 为转动关节时的速度递推公式。

同样地，当关节 $i+1$ 为移动关节时，杆 $i+1$ 相对 $\{i+1\}$ 系的 z 轴移动，没有转动，${}_{i}^{i+1}\boldsymbol{R}$ 为常值矩阵。相应的速度递推关系可写为

$$^{i+1}\boldsymbol{\omega}_{i+1}={}_{i}^{i+1}\boldsymbol{R}^{i}\boldsymbol{\omega}_{i} \tag{12.4-23}$$

$$^{i+1}\boldsymbol{v}_{i+1}={}_{i}^{i+1}\boldsymbol{R}({}^{i}\boldsymbol{v}_{i}+{}^{i}\boldsymbol{\omega}_{i}\times{}^{i}\boldsymbol{r}_{i+1})+\dot{d}_{i+1}{}^{i+1}\boldsymbol{z}_{i+1} \tag{12.4-24}$$

式（12.4-23）与式（12.4-24）给出了关节 $i+1$ 为移动关节时的速度递推公式。

利用上述导出的速度迭代公式，即可从基坐标系 $\{0\}$ 开始，根据连杆参数和相邻连杆之间的旋转矩阵，依次求出各连杆在自身坐标系中的速度，最终得到末端相对于基坐标系的速度。但是，需要注意以下两点：

1）递推的初始值 ${}^{0}\boldsymbol{\omega}_{0}={}^{0}\boldsymbol{v}_{0}=\boldsymbol{0}$。

2）以上导出的值都是相对杆自身坐标系的表示，如果将相关量相对基坐标系 $\{0\}$ 来表示，则还需左乘矩阵 ${}_{i+1}^{0}\boldsymbol{R}$，即

$$^{0}\boldsymbol{\omega}_{i+1}={}_{i+1}^{0}\boldsymbol{R}^{i+1}\boldsymbol{\omega}_{i+1},\quad {}^{0}\boldsymbol{v}_{i+1}={}_{i+1}^{0}\boldsymbol{R}^{i+1}\boldsymbol{v}_{i+1} \tag{12.4-25}$$

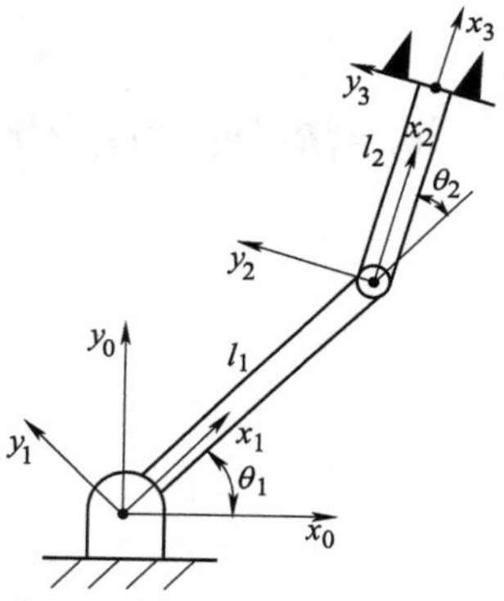

图 12-12
平面 2R 机器人

【例 12-6】 平面 2R 机器人的各参数如图 12-12 所示。利用递推法求出该机器人末端的线速度和角速度。

解：采用前置坐标系形式。建立图 12-12 所示的连杆坐标系，根据 D-H 参数，建立起连杆坐标系之间的坐标变换矩阵

$$_{1}^{0}\boldsymbol{T}=\begin{pmatrix}\cos\theta_1 & -\sin\theta_1 & 0 & 0\\ \sin\theta_1 & \cos\theta_1 & 0 & 0\\ 0 & 0 & 1 & 0\\ 0 & 0 & 0 & 1\end{pmatrix},\ {}_{2}^{1}\boldsymbol{T}=\begin{pmatrix}\cos\theta_2 & -\sin\theta_2 & 0 & l_1\\ \sin\theta_2 & \cos\theta_2 & 0 & 0\\ 0 & 0 & 1 & 0\\ 0 & 0 & 0 & 1\end{pmatrix},\ {}_{3}^{2}\boldsymbol{T}=\begin{pmatrix}1 & 0 & 0 & l_2\\ 0 & 1 & 0 & 0\\ 0 & 0 & 1 & 0\\ 0 & 0 & 0 & 1\end{pmatrix}$$

由此得到各相关旋转矩阵及平移向量，即

$$_{0}^{1}\boldsymbol{R}=\begin{pmatrix}\cos\theta_1 & \sin\theta_1 & 0\\ -\sin\theta_1 & \cos\theta_1 & 0\\ 0 & 0 & 1\end{pmatrix},\ {}_{1}^{2}\boldsymbol{R}=\begin{pmatrix}\cos\theta_2 & \sin\theta_2 & 0\\ -\sin\theta_2 & \cos\theta_2 & 0\\ 0 & 0 & 1\end{pmatrix},\ {}_{2}^{3}\boldsymbol{R}=\begin{pmatrix}1 & 0 & 0\\ 0 & 1 & 0\\ 0 & 0 & 1\end{pmatrix}$$

$$^{0}\boldsymbol{r}_1=\begin{pmatrix}0\\0\\0\end{pmatrix},\ {}^{1}\boldsymbol{r}_2=\begin{pmatrix}l_1\\0\\0\end{pmatrix},\ {}^{2}\boldsymbol{r}_3=\begin{pmatrix}l_2\\0\\0\end{pmatrix}$$

注意到基坐标系 {0} 处，满足

$$
{}^{0}\boldsymbol{\omega}_0={}^{0}\boldsymbol{v}_0=\begin{pmatrix}0\\0\\0\end{pmatrix}
$$

利用递推公式（12.4-20）~式（12.4-25）来求解机器人末端的线速度和角速度，递推过程如下

$$
{}^{1}\boldsymbol{\omega}_1={}^{1}_{0}\boldsymbol{R}\,{}^{0}\boldsymbol{\omega}_0+\dot{\theta}_1\,{}^{1}\boldsymbol{z}_1=\dot{\theta}_1\,{}^{1}\boldsymbol{z}_1=\begin{pmatrix}0\\0\\\dot{\theta}_1\end{pmatrix}
$$

$$
{}^{1}\boldsymbol{v}_1={}^{1}_{0}\boldsymbol{R}({}^{0}\boldsymbol{v}_0+{}^{0}\boldsymbol{\omega}_0\times{}^{0}\boldsymbol{r}_1)=\begin{pmatrix}0\\0\\0\end{pmatrix}
$$

$$
{}^{2}\boldsymbol{\omega}_2={}^{2}_{1}\boldsymbol{R}\,{}^{1}\boldsymbol{\omega}_1+\dot{\theta}_2\,{}^{2}\boldsymbol{z}_2=\begin{pmatrix}0\\0\\\dot{\theta}_1+\dot{\theta}_2\end{pmatrix}
$$

$$
{}^{2}\boldsymbol{v}_2={}^{2}_{1}\boldsymbol{R}({}^{1}\boldsymbol{v}_1+{}^{1}\boldsymbol{\omega}_1\times{}^{1}\boldsymbol{r}_2)=\begin{pmatrix}\cos\theta_2 & \sin\theta_2 & 0\\-\sin\theta_2 & \cos\theta_2 & 0\\0 & 0 & 1\end{pmatrix}\left(\begin{pmatrix}0\\0\\0\end{pmatrix}+\begin{pmatrix}0\\0\\\dot{\theta}_1\end{pmatrix}\times\begin{pmatrix}l_1\\0\\0\end{pmatrix}\right)=\begin{pmatrix}l_1\dot{\theta}_1\sin\theta_2\\l_1\dot{\theta}_1\cos\theta_2\\0\end{pmatrix}
$$

$$
{}^{3}\boldsymbol{\omega}_3={}^{3}_{2}\boldsymbol{R}\,{}^{2}\boldsymbol{\omega}_2={}^{2}\boldsymbol{\omega}_2=\begin{pmatrix}0\\0\\\dot{\theta}_1+\dot{\theta}_2\end{pmatrix}
$$

$$
{}^{3}\boldsymbol{v}_3={}^{3}_{2}\boldsymbol{R}({}^{2}\boldsymbol{v}_2+{}^{2}\boldsymbol{\omega}_2\times{}^{2}\boldsymbol{r}_3)={}^{2}\boldsymbol{v}_2+{}^{2}\boldsymbol{\omega}_2\times{}^{2}\boldsymbol{r}_3=\begin{pmatrix}l_1\dot{\theta}_1\sin\theta_2\\l_1\dot{\theta}_1\cos\theta_2\\0\end{pmatrix}+\left(\begin{pmatrix}0\\0\\\dot{\theta}_1+\dot{\theta}_2\end{pmatrix}\times\begin{pmatrix}l_2\\0\\0\end{pmatrix}\right)=\begin{pmatrix}l_1\dot{\theta}_1\sin\theta_2\\l_1\dot{\theta}_1\cos\theta_2+l_2(\dot{\theta}_1+\dot{\theta}_2)\\0\end{pmatrix}
$$

为了得到末端相对于 {0} 系的速度，需要计算

$$
{}^{0}_{3}\boldsymbol{R}={}^{0}_{1}\boldsymbol{R}\,{}^{1}_{2}\boldsymbol{R}\,{}^{3}_{2}\boldsymbol{R}=\begin{pmatrix}\cos_{12} & -\sin_{12} & 0\\\sin_{12} & \cos_{12} & 0\\0 & 0 & 1\end{pmatrix}
$$

由此可得

$$
{}^{0}\boldsymbol{\omega}_3={}^{0}_{3}\boldsymbol{R}\,{}^{3}\boldsymbol{\omega}_3=\begin{pmatrix}\cos_{12} & -\sin_{12} & 0\\\sin_{12} & \cos_{12} & 0\\0 & 0 & 1\end{pmatrix}\begin{pmatrix}0\\0\\\dot{\theta}_1+\dot{\theta}_2\end{pmatrix}=\begin{pmatrix}0\\0\\\dot{\theta}_1+\dot{\theta}_2\end{pmatrix}
$$

$$
{}^{0}\boldsymbol{v}_3={}^{0}_{3}\boldsymbol{R}\,{}^{3}\boldsymbol{v}_3=\begin{pmatrix}\cos_{12} & -\sin_{12} & 0\\\sin_{12} & \cos_{12} & 0\\0 & 0 & 1\end{pmatrix}\begin{pmatrix}l_1\dot{\theta}_1\sin\theta_2\\l_1\dot{\theta}_1\cos\theta_2+l_2(\dot{\theta}_1+\dot{\theta}_2)\\0\end{pmatrix}=\begin{pmatrix}-l_1\dot{\theta}_1\sin\theta_1-l_2(\dot{\theta}_1+\dot{\theta}_2)\sin(\theta_1+\theta_2)\\l_1\dot{\theta}_1\cos\theta_1+l_2(\dot{\theta}_1+\dot{\theta}_2)\cos(\theta_1+\theta_2)\\0\end{pmatrix}
$$

根据前面所给的刚体间角加速度关系

$$^{A}\dot{\boldsymbol{\Omega}}_{C}={}^{A}\dot{\boldsymbol{\Omega}}_{B}+{}_{B}^{A}\boldsymbol{R}\,{}^{B}\dot{\boldsymbol{\Omega}}_{C}+{}^{A}\boldsymbol{\Omega}_{B}\times({}_{B}^{A}\boldsymbol{R}_{B}{}^{B}\boldsymbol{\Omega}_{C})$$

或直接对式（12.4-20）对时间求导，可得

$$^{i+1}\dot{\boldsymbol{\omega}}_{i+1}={}_{i}^{i+1}\boldsymbol{R}\,{}^{i}\dot{\boldsymbol{\omega}}_{i}+{}^{i+1}\boldsymbol{z}_{i+1}\ddot{\theta}_{i+1}+{}_{i}^{i+1}\boldsymbol{R}\,{}^{i}\boldsymbol{\omega}_{i}\times{}^{i+1}\boldsymbol{z}_{i+1}\dot{\theta}_{i+1} \tag{12.4-26}$$

式（12.4-26）即为机器人相邻连杆间通过旋转关节（第 $i+1$ 个关节）连接时的角加速度递推公式。

根据前面所给的刚体间线加速度关系

$$^{A}\dot{\boldsymbol{V}}_{Q}={}^{A}\dot{\boldsymbol{V}}_{BORG}+{}^{A}\dot{\boldsymbol{\Omega}}_{B}\times({}_{B}^{A}\boldsymbol{R}\,{}^{B}\boldsymbol{q})+{}^{A}\boldsymbol{\Omega}_{B}\times({}^{A}\boldsymbol{\Omega}_{B}\times{}_{B}^{A}\boldsymbol{R}\,{}^{B}\boldsymbol{q})$$

可得

$$^{i}\dot{\boldsymbol{v}}_{i+1}={}^{i}\dot{\boldsymbol{v}}_{i}+{}^{i}\dot{\boldsymbol{\omega}}_{i}\times{}^{i}\boldsymbol{r}_{i+1}+{}^{i}\boldsymbol{\omega}_{i}\times({}^{i}\boldsymbol{\omega}_{i}\times{}^{i}\boldsymbol{r}_{i+1}) \tag{12.4-27}$$

将式（12.4-27）两端左乘旋转矩阵 ${}_{i}^{i+1}\boldsymbol{R}$，得到相对 $\{i+1\}$ 系的表示；或直接对式（12.4-24）相对时间求导，可得

$$^{i+1}\dot{\boldsymbol{v}}_{i+1}={}_{i}^{i+1}\boldsymbol{R}[{}^{i}\dot{\boldsymbol{v}}_{i}+{}^{i}\dot{\boldsymbol{\omega}}_{i}\times{}^{i}\boldsymbol{r}_{i+1}+{}^{i}\boldsymbol{\omega}_{i}\times({}^{i}\boldsymbol{\omega}_{i}\times{}^{i}\boldsymbol{r}_{i+1})] \tag{12.4-28}$$

式（12.4-28）即为机器人相邻连杆间通过旋转关节（第 $i+1$ 个关节）连接时的线加速度递推公式。

（2）移动关节的速度、加速度传递

当关节 $i+1$ 为移动关节时，杆 $i+1$ 相对 $\{i+1\}$ 系的 z 轴移动，没有转动，${}_{i}^{i+1}\boldsymbol{R}$ 为常值阵。相应的运动传递关系为（12.4.2 节已给出）

$$^{i+1}\boldsymbol{\omega}_{i+1}={}_{i}^{i+1}\boldsymbol{R}\,{}^{i}\boldsymbol{\omega}_{i} \tag{12.4-29}$$

$$^{i+1}\boldsymbol{v}_{i+1}={}_{i}^{i+1}\boldsymbol{R}({}^{i}\boldsymbol{v}_{i}+{}^{i}\boldsymbol{\omega}_{i}\times{}^{i}\boldsymbol{r}_{i+1})+\dot{d}_{i+1}{}^{i+1}\boldsymbol{z}_{i+1} \tag{12.4-30}$$

分别对式（12.4-29）和式（12.4-30）对时间求导，可得到相邻两杆之间角加速度与线加速度的递推公式，即

$$^{i+1}\dot{\boldsymbol{\omega}}_{i+1}={}_{i}^{i+1}\boldsymbol{R}\,{}^{i}\dot{\boldsymbol{\omega}}_{i} \tag{12.4-31}$$

$$^{i+1}\dot{\boldsymbol{v}}_{i+1}={}_{i}^{i+1}\boldsymbol{R}[{}^{i}\dot{\boldsymbol{v}}_{i}+{}^{i}\dot{\boldsymbol{\omega}}_{i}\times{}^{i}\boldsymbol{r}_{i+1}+{}^{i}\boldsymbol{\omega}_{i}\times({}^{i}\boldsymbol{\omega}_{i}\times{}^{i}\boldsymbol{r}_{i+1})]+2\,{}^{i+1}\boldsymbol{\omega}_{i+1}\times{}^{i+1}\boldsymbol{z}_{i+1}\dot{d}_{i+1}+{}^{i+1}\boldsymbol{z}_{i+1}\ddot{d}_{i+1} \tag{12.4-32}$$

根据 12.4.1 小节所给的刚体间线加速度关系

$$^{A}\dot{\boldsymbol{V}}_{Q}={}^{A}\dot{\boldsymbol{V}}_{BORG}+{}_{B}^{A}\boldsymbol{R}\,{}^{B}\dot{\boldsymbol{V}}_{Q}+2\,{}^{A}\boldsymbol{\Omega}_{B}\times({}_{B}^{A}\boldsymbol{R}\,{}^{B}\boldsymbol{V}_{Q})+{}^{A}\dot{\boldsymbol{\Omega}}_{B}\times({}_{B}^{A}\boldsymbol{R}\,{}^{B}\boldsymbol{q})+{}^{A}\boldsymbol{\Omega}_{B}\times({}^{A}\boldsymbol{\Omega}_{B}\times{}_{B}^{A}\boldsymbol{R}\,{}^{B}\boldsymbol{q})$$

也可导出式（12.4-32）。

（3）连杆质心的速度与加速度

建立图 12-13 所示的质心坐标系 $\{C_i\}$，与连杆 i 固连，坐标原点位于连杆 i 的质心处，坐标轴方向与 $\{i\}$ 系一致。类似于上面的推导，可进一步得到**连杆质心的速度与加速度**公式为

$$^{i+1}\boldsymbol{v}_{C_{i+1}}={}^{i+1}\boldsymbol{v}_{i+1}+{}^{i+1}\boldsymbol{\omega}_{i+1}\times{}^{i+1}\boldsymbol{r}_{C_{i+1}} \tag{12.4-33}$$

$$^{i+1}\dot{\boldsymbol{v}}_{C_{i+1}}={}^{i+1}\dot{\boldsymbol{v}}_{i+1}+{}^{i+1}\dot{\boldsymbol{\omega}}_{i+1}\times{}^{i+1}\boldsymbol{r}_{C_{i+1}}+{}^{i+1}\boldsymbol{\omega}_{i+1}\times({}^{i+1}\boldsymbol{\omega}_{i+1}\times{}^{i+1}\boldsymbol{r}_{C_{i+1}}) \tag{12.4-34}$$

注意：式（12.4-33）和式（12.4-34）并不涉及关节运动。

式（12.4-20）~式（12.4-34）给出了机器人各杆的运动传递公式。利用上述公式，可依次从基座开始递推得到各杆的线速度和角速度，以及线加速度和角加速度。但要注意以下

几点：

1）递推的初始值为 ${}^0\boldsymbol{\omega}_0={}^0\boldsymbol{v}_0={}^0\dot{\boldsymbol{\omega}}_0={}^0\dot{\boldsymbol{v}}_0=\boldsymbol{0}$。

2）以上导出的值都是相对杆自身坐标系的表示，如果将相关量相对基座坐标系 $\{0\}$ 来表示，则需左乘矩阵 ${}_{i+1}^{0}\boldsymbol{R}$，即

$${}^0\boldsymbol{\omega}_{i+1}={}_{i+1}^{0}\boldsymbol{R}^{i+1}\boldsymbol{\omega}_{i+1},\quad {}^0\boldsymbol{v}_{i+1}={}_{i+1}^{0}\boldsymbol{R}^{i+1}\boldsymbol{v}_{i+1} \tag{12.4-35}$$

$${}^0\dot{\boldsymbol{\omega}}_{i+1}={}_{i+1}^{0}\boldsymbol{R}^{i+1}\dot{\boldsymbol{\omega}}_{i+1},\quad {}^0\dot{\boldsymbol{v}}_{i+1}={}_{i+1}^{0}R^{i+1}\dot{\boldsymbol{v}}_{i+1} \tag{12.4-36}$$

2. 关节力与力矩的向内递推公式

当确定了各杆质心的线加速度和角加速度之后，便可计算出每根杆上的惯性力和惯性力矩，进而导出各关节所需提供的驱动力/力矩。

首先考虑静止情况下的受力情况。11.2 节已导出了典型连杆的静力平衡方程，这里再重写一下。

如图 12-14 所示，作用在杆 i 上的力与力矩平衡方程可写成

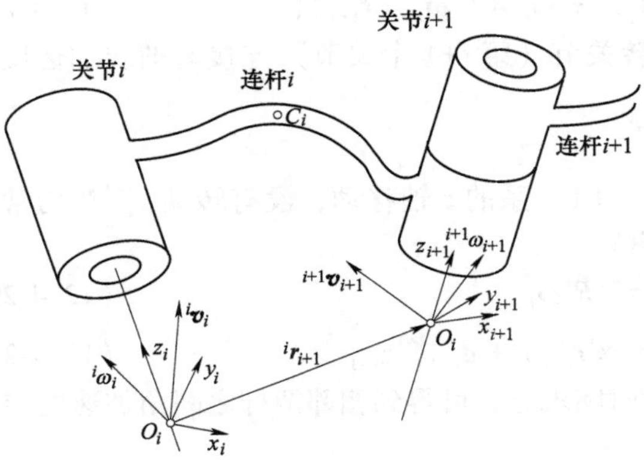

图 12-13

连杆速度、加速度的传递

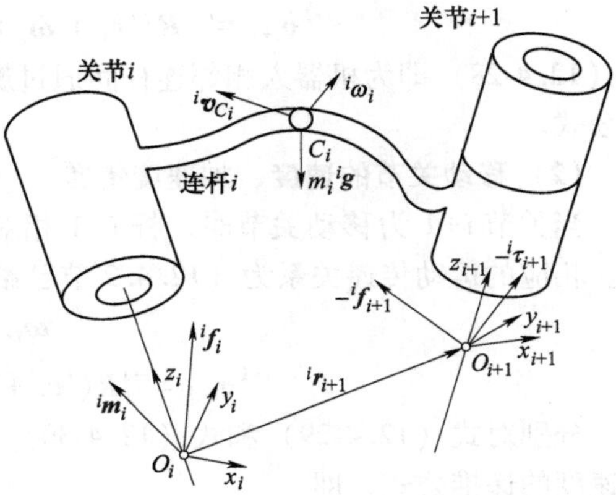

图 12-14

作用在杆 i 上的力

$${}^i\boldsymbol{f}_i-{}^i\boldsymbol{f}_{i+1}+m_i{}^i\boldsymbol{g}=\boldsymbol{0} \tag{12.4-37}$$

$${}^i\boldsymbol{m}_i-{}^i\boldsymbol{m}_{i+1}-{}^i\boldsymbol{r}_{i+1}\times{}^i\boldsymbol{f}_{i+1}+{}^i\boldsymbol{r}_{C_i}\times m_i{}^i\boldsymbol{g}=0 \tag{12.4-38}$$

式中，${}^i\boldsymbol{f}_i$ 为杆 $i-1$ 作用在杆 i 上的力；${}^i\boldsymbol{m}_i$ 为杆 $i-1$ 作用在杆 i 上的力矩；${}^i\boldsymbol{r}_{C_i}$ 为杆 i 的质心在 $\{i\}$ 系中的位置向量。

在有运动的情况下，需考虑惯性力/力矩的存在。具体的惯性力与惯性力矩可通过牛顿-欧拉公式计算得到

$${}^i\boldsymbol{f}_{C_i}=m_i\,{}^i\dot{\boldsymbol{v}}_{C_i}$$

$${}^i\boldsymbol{m}_{C_i}={}^i\mathcal{I}_{C_i}{}^i\dot{\boldsymbol{\omega}}_i+{}^i\boldsymbol{\omega}_i\times{}^i\mathcal{I}_{C_i}{}^i\boldsymbol{\omega}_i$$

这时，根据连杆 i 在质心处的合力为零（每个连杆的惯性力/力矩应等于其所受外力之和），可建立力平衡方程

$${}^i\boldsymbol{f}_{C_i}={}^i\boldsymbol{f}_i-{}_{i+1}^{\;i}\boldsymbol{R}^{i+1}\boldsymbol{f}_{i+1} \tag{12.4-39}$$

式中，${}^i\boldsymbol{f}_{C_i}$ 为连杆 i 的惯性力；${}^i\boldsymbol{f}_i$ 为连杆 $i-1$ 作用在连杆 i 上的力；$-{}_{i+1}^{\;i}\boldsymbol{R}^{i+1}\boldsymbol{f}_{i+1}$ 为连杆 $i+1$ 作用在连杆 i 上的力（在 $\{i\}$ 坐标系中表示）。重新整理式（12.4-39），得

$$ {}^{i}\boldsymbol{f}_{i}={}^{i}\boldsymbol{f}_{C_{i}}+{}_{i+1}^{i}\boldsymbol{R}^{i+1}\boldsymbol{f}_{i+1} \tag{12.4-40}$$

根据连杆 i 在质心处的力矩之和为零，建立力矩平衡方程

$$ {}^{i}\boldsymbol{m}_{C_{i}}={}^{i}\boldsymbol{m}_{i}-{}_{i+1}^{i}\boldsymbol{R}^{i+1}\boldsymbol{m}_{i+1}-{}^{i}\boldsymbol{r}_{i+1}\times{}_{i+1}^{i}\boldsymbol{R}^{i+1}\boldsymbol{f}_{i+1}-{}^{i}\boldsymbol{r}_{C_{i}}\times{}^{i}\boldsymbol{f}_{C_{i}} \tag{12.4-41}$$

式（12.4-41）右端的后两项为连杆间作用力在质心 C 处耦合的力矩之和。重新整理式（12.4-41），得

$$ {}^{i}\boldsymbol{m}_{i}={}^{i}\boldsymbol{m}_{C_{i}}+{}_{i+1}^{i}\boldsymbol{R}^{i+1}\boldsymbol{m}_{i+1}+{}^{i}\boldsymbol{r}_{i+1}\times{}_{i+1}^{i}\boldsymbol{R}^{i+1}\boldsymbol{f}_{i+1}+{}^{i}\boldsymbol{r}_{C_{i}}\times{}^{i}\boldsymbol{f}_{C_{i}} \tag{12.4-42}$$

上述公式通常从末端开始，依次向内递推至基座，从而得到机器人各杆对相邻杆施加的力/力矩。与静力学分析的情况类似，各关节处所需的转矩等于连杆作用在其邻杆上的力矩的 z 轴分量，即

$$ \tau_{i}={}^{i}\boldsymbol{m}_{i}^{\mathrm{T}\,i}\boldsymbol{z}_{i} \tag{12.4-43}$$

对于移动关节，关节驱动力可以写成

$$ \tau_{i}={}^{i}\boldsymbol{f}_{i}^{\mathrm{T}\,i}\boldsymbol{z}_{i} \tag{12.4-44}$$

递推的初始值满足以下规定：末端连杆处的力/力矩等于它与环境的接触力/力矩。特别是当机器人自由运动时，有

$$ {}^{n+1}\boldsymbol{f}_{n+1}={}^{n+1}\boldsymbol{m}_{n+1}=\boldsymbol{0} \tag{12.4-45}$$

3. 求解前置坐标系下机器人动力学模型的递推算法

下面给出前置坐标系下递推形式的牛顿-欧拉动力学算法，以求解串联机器人的逆动力学问题，即已知关节位移、速度、加速度，求得所需的关节驱动力/力矩。

整个算法分为两个阶段。第一部分为向外递推法：从基座开始，由杆 1 到杆 n，再到末端，计算得到各连杆的速度和加速度；第二部分为向内递推法：首先根据牛顿-欧拉公式计算出各杆的惯性力及惯性力矩，再从末端开始，由杆 n 到杆 1，再到基座，计算得到各连杆受到的内力，最终得到各关节的驱动力/力矩。

相关公式总结如下：

（1）计算速度与加速度的向外递推公式（i：$0\rightarrow n$）

初始值：${}^{0}\boldsymbol{\omega}_{0}={}^{0}\boldsymbol{v}_{0}={}^{0}\dot{\boldsymbol{\omega}}_{0}=\boldsymbol{0}$

角速度：

$$ {}^{i+1}\boldsymbol{\omega}_{i+1}=\begin{cases}{}_{i}^{i+1}\boldsymbol{R}^{i}\boldsymbol{\omega}_{i}+{}^{i+1}z_{i+1}\dot{\theta}_{i+1} & \text{对于转动关节}\\ {}_{i}^{i+1}\boldsymbol{R}^{i}\boldsymbol{\omega}_{i} & \text{对于移动关节}\end{cases}$$

角加速度：

$$ {}^{i+1}\dot{\boldsymbol{\omega}}_{i+1}=\begin{cases}{}_{i}^{i+1}\boldsymbol{R}^{i}\dot{\boldsymbol{\omega}}_{i}+{}^{i+1}z_{i+1}\ddot{\theta}_{i+1}+{}_{i}^{i+1}\boldsymbol{R}^{i}\boldsymbol{\omega}_{i}\times{}^{i+1}z_{i+1}\dot{\theta}_{i+1} & \text{对于转动关节}\\ {}_{i}^{i+1}\boldsymbol{R}^{i}\dot{\boldsymbol{\omega}}_{i} & \text{对于移动关节}\end{cases}$$

线速度：

$$ {}^{i+1}\boldsymbol{v}_{i+1}=\begin{cases}{}_{i}^{i+1}\boldsymbol{R}({}^{i}\boldsymbol{v}_{i}+{}^{i}\boldsymbol{\omega}_{i}\times{}^{i}\boldsymbol{r}_{i+1}) & \text{对于转动关节}\\ {}_{i}^{i+1}\boldsymbol{R}({}^{i}\boldsymbol{v}_{i}+{}^{i}\boldsymbol{\omega}_{i}\times{}^{i}\boldsymbol{r}_{i+1})+\dot{d}_{i+1}{}^{i+1}z_{i+1} & \text{对于移动关节}\end{cases}$$

线加速度：

$$ {}^{i+1}\dot{\boldsymbol{v}}_{i+1}=\begin{cases}{}_{i}^{i+1}\boldsymbol{R}[{}^{i}\dot{\boldsymbol{v}}_{i}+{}^{i}\dot{\boldsymbol{\omega}}_{i}\times{}^{i}\boldsymbol{r}_{i+1}+{}^{i}\boldsymbol{\omega}_{i}\times({}^{i}\boldsymbol{\omega}_{i}\times{}^{i}\boldsymbol{r}_{i+1})] & \text{对于转动关节}\\ {}_{i}^{i+1}\boldsymbol{R}[{}^{i}\dot{\boldsymbol{v}}_{i}+{}^{i}\dot{\boldsymbol{\omega}}_{i}\times{}^{i}\boldsymbol{r}_{i+1}+{}^{i}\boldsymbol{\omega}_{i}\times({}^{i}\boldsymbol{\omega}_{i}\times{}^{i}\boldsymbol{r}_{i+1})]+2{}^{i+1}\boldsymbol{\omega}_{i+1}\times{}^{i+1}z_{i+1}\dot{d}_{i+1}+{}^{i+1}z_{i+1}\ddot{d}_{i+1} & \text{对于移动关节}\end{cases}$$

质心的加速度：

$$ {}^{i+1}\dot{\boldsymbol{v}}_{C_{i+1}} = {}^{i+1}\dot{\boldsymbol{v}}_{i+1} + {}^{i+1}\dot{\boldsymbol{\omega}}_{i+1} \times {}^{i+1}\boldsymbol{r}_{C_{i+1}} + {}^{i+1}\boldsymbol{\omega}_{i+1} \times ({}^{i+1}\boldsymbol{\omega}_{i+1} \times {}^{i+1}\boldsymbol{r}_{C_{i+1}}) $$

（2）计算关节力与力矩的向内递推公式（i：$n \to 1$）

$$ {}^{i}\boldsymbol{f}_{C_i} = m_i\,\dot{\boldsymbol{v}}_{C_i} $$

$$ {}^{i}\boldsymbol{m}_{C_i} = {}^{i}\boldsymbol{\mathcal{I}}_{C_i}{}^{i}\dot{\boldsymbol{\omega}}_i + {}^{i}\boldsymbol{\omega}_i \times {}^{i}\boldsymbol{\mathcal{I}}_{C_i}{}^{i}\boldsymbol{\omega}_i $$

$$ {}^{i}\boldsymbol{f}_i = {}^{i}\boldsymbol{f}_{C_i} + {}_{i+1}^{\ \ i}\boldsymbol{R}^{i+1}\boldsymbol{f}_{i+1} $$

$$ {}^{i}\boldsymbol{m}_i = {}^{i}\boldsymbol{m}_{C_i} + {}_{i+1}^{\ \ i}\boldsymbol{R}^{i+1}\boldsymbol{m}_{i+1} + {}^{i}\boldsymbol{r}_{i+1} \times {}_{i+1}^{\ \ i}\boldsymbol{R}^{i+1}\boldsymbol{f}_{i+1} + {}^{i}\boldsymbol{r}_{C_i} \times {}^{i}\boldsymbol{f}_{C_i} $$

$$ \tau_i = \begin{cases} {}^{i}\boldsymbol{m}_i^{\mathrm{T}\,i}\boldsymbol{z}_i & \text{对于转动关节} \\ {}^{i}\boldsymbol{f}_i^{\mathrm{T}\,i}\boldsymbol{z}_i & \text{对于移动关节} \end{cases} $$

注意：当机器人自由运动时，末端受力为 0，即 ${}^{n+1}\boldsymbol{f}_{n+1} = {}^{n+1}\boldsymbol{m}_{n+1} = \boldsymbol{0}$。

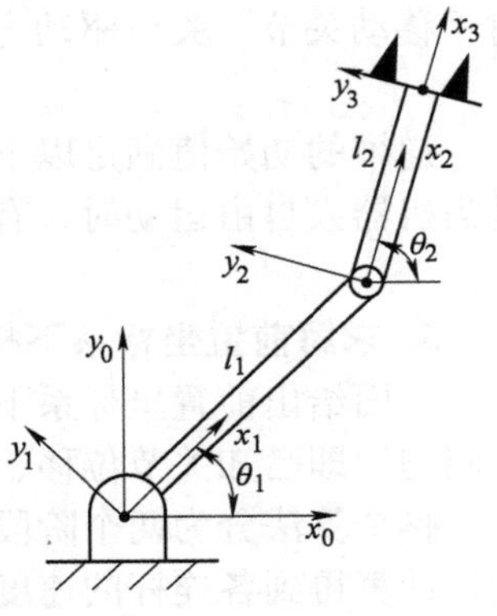

图 12-15 平面 2R 机器人

【例 12-7】 平面 2R 机器人各参数如图 12-15 所示，利用递推法求出机器人的牛顿-欧拉动力学方程（假设两杆的质量集中在连杆末端）。

解： 第一阶段——向外递推，计算各连杆的速度和加速度。

各杆质心在其连杆坐标系下的表示如下

$$ {}^{i}\boldsymbol{r}_{C_i} = \begin{pmatrix} l_i \\ 0 \\ 0 \end{pmatrix} \quad (i = 1,\ 2) \tag{12.4-46} $$

由于各杆质量集中在一点，因此各杆相对其质心坐标系的惯性张量均为 0，即

$$ {}^{i}\boldsymbol{\mathcal{I}}_{C_i} = \boldsymbol{0} \quad (i = 1,\ 2) \tag{12.4-47} $$

注意到

$$ {}^{i+1}\boldsymbol{z}_{i+1} = (0,\ 0,\ 1)^{\mathrm{T}},\ {}_{i+1}^{\ \ i}\boldsymbol{R} = \begin{pmatrix} \cos\theta_{i+1} & -\sin\theta_{i+1} & 0 \\ \sin\theta_{i+1} & \cos\theta_{i+1} & 0 \\ 0 & 0 & 1 \end{pmatrix},\ {}_{\ i}^{i+1}\boldsymbol{R} = \begin{pmatrix} \cos\theta_{i+1} & \sin\theta_{i+1} & 0 \\ -\sin\theta_{i+1} & \cos\theta_{i+1} & 0 \\ 0 & 0 & 1 \end{pmatrix} \quad (i = 0,\ 1) $$

由于基座静止，因此有

$$ {}^{0}\boldsymbol{\omega}_0 = {}^{0}\boldsymbol{v}_0 = {}^{0}\dot{\boldsymbol{\omega}}_0 = \boldsymbol{0} $$

考虑重力的影响，有

$$ {}^{0}\dot{\boldsymbol{v}}_0 = {}^{0}\boldsymbol{g} = (0,\ g,\ 0)^{\mathrm{T}} $$

对于杆 1：

$$ {}^{1}\boldsymbol{\omega}_1 = {}_{0}^{1}\boldsymbol{R}^{0}\boldsymbol{\omega}_0 + {}^{1}\boldsymbol{z}_1\dot{\theta}_1 = \begin{pmatrix} 0 \\ 0 \\ \dot{\theta}_1 \end{pmatrix} $$

$$ {}^{1}\dot{\boldsymbol{\omega}}_1 = {}_{0}^{1}\boldsymbol{R}^{0}\dot{\boldsymbol{\omega}}_0 + {}^{1}\boldsymbol{z}_1\ddot{\theta}_1 + {}_{0}^{1}\boldsymbol{R}^{0}\boldsymbol{\omega}_0 \times {}^{1}\boldsymbol{z}_1\dot{\theta}_1 = {}^{1}\boldsymbol{z}_1\ddot{\theta}_1 = \begin{pmatrix} 0 \\ 0 \\ \ddot{\theta}_1 \end{pmatrix} $$

$$^{1}\boldsymbol{v}_1={}^{1}_{0}\boldsymbol{R}({}^{0}\boldsymbol{v}_0+{}^{0}\boldsymbol{\omega}_0\times{}^{0}\boldsymbol{r}_1)=\boldsymbol{0}$$

$$^{1}\dot{\boldsymbol{v}}_1={}^{1}_{0}\boldsymbol{R}[{}^{0}\dot{\boldsymbol{v}}_0+{}^{0}\dot{\boldsymbol{\omega}}_0\times{}^{0}\boldsymbol{r}_1+{}^{0}\boldsymbol{\omega}_0\times({}^{0}\boldsymbol{\omega}_0\times{}^{0}\boldsymbol{r}_1)]={}^{1}_{0}\boldsymbol{R}{}^{0}\dot{\boldsymbol{v}}_0=\begin{pmatrix}\cos\theta_1 & \sin\theta_1 & 0\\ -\sin\theta_1 & \cos\theta_1 & 0\\ 0 & 0 & 1\end{pmatrix}\begin{pmatrix}0\\ g\\ 0\end{pmatrix}=\begin{pmatrix}g\sin\theta_1\\ g\cos\theta_1\\ 0\end{pmatrix}$$

$$^{1}\dot{\boldsymbol{v}}_{C_1}={}^{1}\dot{\boldsymbol{v}}_1+{}^{1}\dot{\boldsymbol{\omega}}_1\times{}^{1}\boldsymbol{r}_{C_1}+{}^{1}\boldsymbol{\omega}_1\times({}^{1}\boldsymbol{\omega}_1\times{}^{1}\boldsymbol{r}_{C_1})$$

$$=\begin{pmatrix}g\sin\theta_1\\ g\cos\theta_1\\ 0\end{pmatrix}+\begin{pmatrix}0\\ 0\\ \ddot{\theta}_1\end{pmatrix}\times\begin{pmatrix}l_1\\ 0\\ 0\end{pmatrix}+\left\{\begin{pmatrix}0\\ 0\\ \dot{\theta}_1\end{pmatrix}\times\left(\begin{pmatrix}0\\ 0\\ \dot{\theta}_1\end{pmatrix}\times\begin{pmatrix}l_1\\ 0\\ 0\end{pmatrix}\right)\right\}=\begin{pmatrix}g\sin\theta_1-l_1\dot{\theta}_1^2\\ g\cos\theta_1+l_1\ddot{\theta}_1\\ 0\end{pmatrix}$$

对于杆 2：

$$^{2}\boldsymbol{\omega}_2={}^{2}_{1}\boldsymbol{R}{}^{1}\boldsymbol{\omega}_1+{}^{2}z_2\dot{\theta}_2=\begin{pmatrix}\cos\theta_2 & \sin\theta_2 & 0\\ -\sin\theta_2 & \cos\theta_2 & 0\\ 0 & 0 & 1\end{pmatrix}\begin{pmatrix}0\\ 0\\ \dot{\theta}_1\end{pmatrix}+\begin{pmatrix}0\\ 0\\ \dot{\theta}_2\end{pmatrix}=\begin{pmatrix}0\\ 0\\ \dot{\theta}_1+\dot{\theta}_2\end{pmatrix}$$

$$^{2}\dot{\boldsymbol{\omega}}_2={}^{2}_{1}\boldsymbol{R}{}^{1}\dot{\boldsymbol{\omega}}_1+{}^{2}z_2\ddot{\theta}_2+{}^{2}_{1}\boldsymbol{R}{}^{1}\boldsymbol{\omega}_1\times{}^{2}z_2\dot{\theta}_2$$

$$=\begin{pmatrix}\cos\theta_2 & \sin\theta_2 & 0\\ -\sin\theta_2 & \cos\theta_2 & 0\\ 0 & 0 & 1\end{pmatrix}\begin{pmatrix}0\\ 0\\ \ddot{\theta}_1\end{pmatrix}+\begin{pmatrix}0\\ 0\\ \ddot{\theta}_2\end{pmatrix}+\left\{\begin{pmatrix}\cos\theta_2 & \sin\theta_2 & 0\\ -\sin\theta_2 & \cos\theta_2 & 0\\ 0 & 0 & 1\end{pmatrix}\begin{pmatrix}0\\ 0\\ \dot{\theta}_1\end{pmatrix}\times\begin{pmatrix}0\\ 0\\ \dot{\theta}_2\end{pmatrix}\right\}=\begin{pmatrix}0\\ 0\\ \ddot{\theta}_1+\ddot{\theta}_2\end{pmatrix}$$

$$^{2}\boldsymbol{v}_2={}^{2}_{1}\boldsymbol{R}({}^{1}\boldsymbol{v}_1+{}^{1}\boldsymbol{\omega}_1\times{}^{1}\boldsymbol{r}_2)=\begin{pmatrix}\cos\theta_2 & \sin\theta_2 & 0\\ -\sin\theta_2 & \cos\theta_2 & 0\\ 0 & 0 & 1\end{pmatrix}\left\{\begin{pmatrix}0\\ 0\\ \dot{\theta}_1\end{pmatrix}\times\begin{pmatrix}l_1\\ 0\\ 0\end{pmatrix}\right\}=\begin{pmatrix}l_1\dot{\theta}_1\sin\theta_2\\ l_1\dot{\theta}_1\cos\theta_2\\ 0\end{pmatrix}$$

$$^{2}\dot{\boldsymbol{v}}_2={}^{2}_{1}\boldsymbol{R}[{}^{1}\dot{\boldsymbol{v}}_1+{}^{1}\dot{\boldsymbol{\omega}}_1\times{}^{1}\boldsymbol{r}_2+{}^{1}\boldsymbol{\omega}_1\times({}^{1}\boldsymbol{\omega}_1\times{}^{1}\boldsymbol{r}_2)]$$

$$=\begin{pmatrix}\cos\theta_2 & \sin\theta_2 & 0\\ -\sin\theta_2 & \cos\theta_2 & 0\\ 0 & 0 & 1\end{pmatrix}\left\{\begin{pmatrix}g\sin\theta_1\\ g\cos\theta_1\\ 0\end{pmatrix}+\begin{pmatrix}0\\ 0\\ \ddot{\theta}_1\end{pmatrix}\times\begin{pmatrix}l_1\\ 0\\ 0\end{pmatrix}+\begin{pmatrix}0\\ 0\\ \dot{\theta}_1\end{pmatrix}\times\left(\begin{pmatrix}0\\ 0\\ \dot{\theta}_1\end{pmatrix}\times\begin{pmatrix}l_1\\ 0\\ 0\end{pmatrix}\right)\right\}$$

$$=\begin{pmatrix}l_1(\ddot{\theta}_1\sin\theta_2-\dot{\theta}_1^2\cos\theta_2)+g\sin(\theta_1+\theta_2)\\ l_1(\ddot{\theta}_1\cos\theta_2+\dot{\theta}_1^2\sin\theta_2)+g\cos(\theta_1+\theta_2)\\ 0\end{pmatrix}$$

$$^{2}\dot{\boldsymbol{v}}_{C_2}={}^{2}\dot{\boldsymbol{v}}_2+{}^{2}\dot{\boldsymbol{\omega}}_2\times{}^{2}\boldsymbol{r}_{C_2}+{}^{2}\boldsymbol{\omega}_2\times({}^{2}\boldsymbol{\omega}_2\times{}^{2}\boldsymbol{r}_{C_2})$$

$$=\begin{pmatrix}l_1(\ddot{\theta}_1\sin\theta_2-\dot{\theta}_1^2\cos\theta_2)+g\sin(\theta_1+\theta_2)\\ l_1(\ddot{\theta}_1\cos\theta_2+\dot{\theta}_1^2\sin\theta_2)+g\cos(\theta_1+\theta_2)\\ 0\end{pmatrix}+\begin{pmatrix}0\\ 0\\ \ddot{\theta}_1+\ddot{\theta}_2\end{pmatrix}\times\begin{pmatrix}l_2\\ 0\\ 0\end{pmatrix}+\begin{pmatrix}0\\ 0\\ \dot{\theta}_1+\dot{\theta}_2\end{pmatrix}\times\left(\begin{pmatrix}0\\ 0\\ \dot{\theta}_1+\dot{\theta}_2\end{pmatrix}\times\begin{pmatrix}l_2\\ 0\\ 0\end{pmatrix}\right)$$

$$=\begin{pmatrix}l_1(\ddot{\theta}_1\sin\theta_2-\dot{\theta}_1^2\cos\theta_2)+g\sin(\theta_1+\theta_2)-l_2(\dot{\theta}_1+\dot{\theta}_2)^2\\ l_1(\ddot{\theta}_1\cos\theta_2+\dot{\theta}_1^2\sin\theta_2)+g\cos(\theta_1+\theta_2)+l_2(\ddot{\theta}_1+\ddot{\theta}_2)\\ 0\end{pmatrix}$$

第二阶段——向内递推，计算各连杆的内力。

首先计算惯性力/力矩：

$$^{1}\boldsymbol{f}_{C_1}=m_1\dot{\boldsymbol{v}}_{C_1}=m_1\begin{pmatrix}g\sin\theta_1-l_1\dot{\theta}_1^2\\ g\cos\theta_1+l_1\ddot{\theta}_1\\ 0\end{pmatrix}$$

$$^{2}\boldsymbol{f}_{C_2}=m_2\dot{\boldsymbol{v}}_{C_2}=m_2\begin{pmatrix}l_1(\ddot{\theta}_1\sin\theta_2-\dot{\theta}_1^2\cos\theta_2)+g\sin(\theta_1+\theta_2)-l_2(\dot{\theta}_1+\dot{\theta}_2)^2\\ l_1(\ddot{\theta}_1\cos\theta_2+\dot{\theta}_1^2\sin\theta_2)+g\cos(\theta_1+\theta_2)+l_2(\ddot{\theta}_1+\ddot{\theta}_2)\\ 0\end{pmatrix}$$

$$^{1}\boldsymbol{m}_{C_1}={}^{1}\boldsymbol{\mathcal{I}}_{C_1}{}^{1}\dot{\boldsymbol{\omega}}_1+{}^{1}\boldsymbol{\omega}_1\times{}^{1}\boldsymbol{\mathcal{I}}_{C_1}{}^{1}\boldsymbol{\omega}_1=\boldsymbol{0}$$

$$^{2}\boldsymbol{m}_{C_2}={}^{2}\boldsymbol{\mathcal{I}}_{C_2}{}^{2}\dot{\boldsymbol{\omega}}_2+{}^{2}\boldsymbol{\omega}_2\times{}^{2}\boldsymbol{\mathcal{I}}_{C_2}{}^{2}\boldsymbol{\omega}_2=\boldsymbol{0}$$

对于杆 2：由于 $^{3}\boldsymbol{f}_3={}^{3}\boldsymbol{m}_3=\boldsymbol{0}$，代入相关公式得

$$^{2}\boldsymbol{f}_2={}^{2}\boldsymbol{f}_{C_2}+{}^{2}_{3}\boldsymbol{R}{}^{3}\boldsymbol{f}_3={}^{2}\boldsymbol{f}_{C_2}=m_2\begin{pmatrix}l_1(\ddot{\theta}_1\sin\theta_2-\dot{\theta}_1^2\cos\theta_2)+g\sin(\theta_1+\theta_2)-l_2(\dot{\theta}_1+\dot{\theta}_2)^2\\ l_1(\ddot{\theta}_1\cos\theta_2+\dot{\theta}_1^2\sin\theta_2)+g\cos(\theta_1+\theta_2)+l_2(\ddot{\theta}_1+\ddot{\theta}_2)\\ 0\end{pmatrix}$$

$$^{2}\boldsymbol{m}_2={}^{2}\boldsymbol{m}_{C_2}+{}^{2}_{3}\boldsymbol{R}{}^{3}\boldsymbol{m}_3+{}^{2}\boldsymbol{r}_3\times{}^{2}_{3}\boldsymbol{R}{}^{3}\boldsymbol{f}_3+{}^{2}\boldsymbol{r}_{C_2}\times{}^{2}\boldsymbol{f}_{C_2}={}^{2}\boldsymbol{r}_{C_2}\times{}^{2}\boldsymbol{f}_{C_2}$$

$$=m_2\begin{pmatrix}l_2\\0\\0\end{pmatrix}\times\begin{pmatrix}l_1(\ddot{\theta}_1\sin\theta_2-\dot{\theta}_1^2\cos\theta_2)+g\sin(\theta_1+\theta_2)-l_2(\dot{\theta}_1+\dot{\theta}_2)^2\\ l_1(\ddot{\theta}_1\cos\theta_2+\dot{\theta}_1^2\sin\theta_2)+g\cos(\theta_1+\theta_2)+l_2(\ddot{\theta}_1+\ddot{\theta}_2)\\ 0\end{pmatrix}$$

$$=\begin{pmatrix}0\\0\\ m_2l_2^2(\ddot{\theta}_1+\ddot{\theta}_2)+m_2l_1l_2\ddot{\theta}_1(\cos\theta_2+\dot{\theta}_1^2\sin\theta_2)+m_2l_2g\cos(\theta_1+\theta_2)\end{pmatrix}$$

因此，关节 2 的关节力矩为

$$^{2}\tau_2={}^{2}\boldsymbol{m}_2^{\mathrm{T}}\,{}^{2}\boldsymbol{z}_2=m_2l_2^2(\ddot{\theta}_1+\ddot{\theta}_2)+m_2l_1l_2\ddot{\theta}_1(\cos\theta_2+\dot{\theta}_1^2\sin\theta_2)+m_2l_2g\cos(\theta_1+\theta_2)\tag{12.4-48}$$

对于杆 1：

$$^{1}f_1={}^{1}_{2}\boldsymbol{R}{}^{2}f_2+{}^{1}f_{C_1}=m_2\begin{pmatrix}\cos\theta_1&\sin\theta_1&0\\-\sin\theta_1&\cos\theta_1&0\\0&0&1\end{pmatrix}\begin{pmatrix}l_1(\ddot{\theta}_1\sin\theta_2-\dot{\theta}_1^2\cos\theta_2)+g\sin(\theta_1+\theta_2)-l_2(\dot{\theta}_1+\dot{\theta}_2)^2\\ l_1(\ddot{\theta}_1\cos\theta_2+\dot{\theta}_1^2\sin\theta_2)+g\cos(\theta_1+\theta_2)+l_2(\ddot{\theta}_1+\ddot{\theta}_2)\\ 0\end{pmatrix}+m_1\begin{pmatrix}g\sin\theta_1-l_1\dot{\theta}_1^2\\ g\cos\theta_1+l_1\ddot{\theta}_1\\ 0\end{pmatrix}$$

$$=\begin{pmatrix}m_2l_1\ddot{\theta}_1\sin(\theta_1+\theta_2)-m_2l_1\dot{\theta}_1^2\cos(\theta_1+\theta_2)+m_2g\sin\theta_2+m_2l_2(\dot{\theta}_1+\dot{\theta}_2)^2(\sin\theta_1-\cos\theta_1)+m_1g\sin\theta_1-m_1l_1\dot{\theta}_1^2\\ m_2l_1\ddot{\theta}_1\cos(\theta_1+\theta_2)+m_2l_1\dot{\theta}_1^2\sin(\theta_1+\theta_2)+m_2g\cos\theta_2+m_2l_2(\dot{\theta}_1+\dot{\theta}_2)^2(\sin\theta_1+\cos\theta_1)+m_1g\cos\theta_1+m_1l_1\ddot{\theta}_1\\ 0\end{pmatrix}$$

$$
\begin{aligned}
{}^1\boldsymbol{m}_1 &= {}^1_2\boldsymbol{R}^2\boldsymbol{m}_2 + {}^1\boldsymbol{r}_{C_1} \times {}^1\boldsymbol{f}_{C_1} + {}^1\boldsymbol{r}_2 \times {}^1_2\boldsymbol{R}^2\boldsymbol{f}_2 \\
&= \begin{pmatrix} 0 \\ 0 \\ m_2 l_2^2(\ddot{\theta}_1+\ddot{\theta}_2) + m_2 l_1 l_2 \ddot{\theta}_1(\cos\theta_2 + \dot{\theta}_1^2 \sin\theta_2) + m_2 l_2 g\cos(\theta_1+\theta_2) \end{pmatrix} + \begin{pmatrix} 0 \\ 0 \\ m_1 l_1^2 \ddot{\theta}_1 + m_1 l_1 g\cos\theta_1 \end{pmatrix} + \\
&\quad \begin{pmatrix} 0 \\ 0 \\ m_2 l_1^2 \ddot{\theta}_1 - m_2 l_1 l_2 (\dot{\theta}_1+\dot{\theta}_2)^2 \sin\theta_2 + m_2 l_1 g\sin(\theta_1+\theta_2)\sin\theta_2 + m_2 l_1 l_2(\ddot{\theta}_1+\ddot{\theta}_2)\cos\theta_2 + m_2 l_1 g\cos(\theta_1+\theta_2)\cos\theta_2 \end{pmatrix}
\end{aligned}
$$

因此，关节 1 的关节力矩为

$$
\begin{aligned}
{}^1\tau_1 = {}^1\boldsymbol{m}_1^{\mathrm{T}1}\boldsymbol{z}_1 &= m_2 l_2^2(\ddot{\theta}_1+\ddot{\theta}_2) + m_2 l_1 l_2(2\ddot{\theta}_1+\ddot{\theta}_2)\cos\theta_2 + (m_1+m_2) l_1^2 \ddot{\theta}_1 - \\
& m_2 l_1 l_2 \sin\theta_2(\dot{\theta}_2^2 + 2\dot{\theta}_1\dot{\theta}_2) + m_2 l_2 g\cos(\theta_1+\theta_2) + (m_1+m_2) l_1 g\cos\theta_1
\end{aligned} \tag{12.4-49}
$$

式（12.4-48）和式（12.4-49）共同组成了封闭形式的动力学方程，即

$$
\begin{cases}
\tau_1 = (m_1 l_1^2 + m_2 l_2^2 + m_2 l_1^2 + 2m_2 l_1 l_2\cos\theta_2)\ddot{\theta}_1 + (m_2 l_2^2 + m_2 l_1 l_2 \cos\theta_2)\ddot{\theta}_2 - \\
\qquad m_2 l_1 l_2 \sin\theta_2(2\dot{\theta}_1\dot{\theta}_2 + \dot{\theta}_2^2) + m_1 g l_1 \cos\theta_1 + m_2 g l_2\cos\theta_{12} + m_2 g l_1 \cos\theta_1 \\
\tau_2 = (m_2 l_2^2 + m_2 l_1 l_2\cos\theta_2)\ddot{\theta}_1 + m_2 l_2^2 \ddot{\theta}_2 + m_2 l_1 l_2 \sin\theta_2 \dot{\theta}_1^2 + m_2 l_2 g\cos\theta_{12}
\end{cases} \tag{12.4-50}
$$

12.4.3 后置坐标系下串联机器人的牛顿-欧拉方程

图 12-16 所示为后置坐标系（经典的 D-H 参数表示）下连杆坐标系与各参数的分布情况。按照与前置坐标系类似的方法，可以导出相关公式，具体过程从略，这里只给出结果。

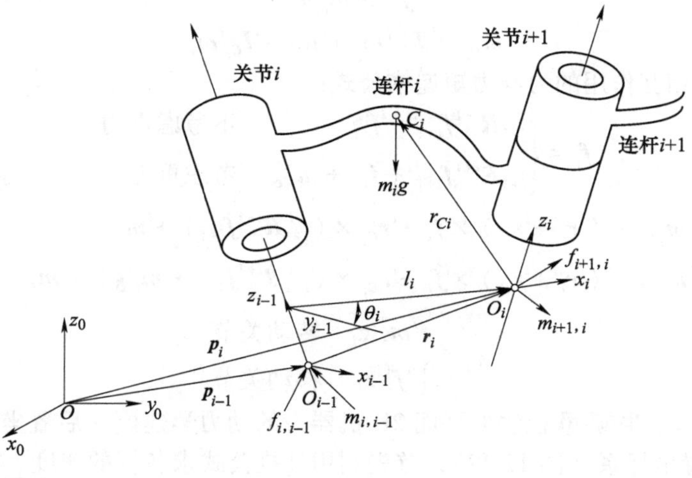

图 12-16

后置坐标系下连杆坐标系与各参数的分布

(1) 连杆速度和加速度的向外递推公式（i：1→n）

初始值：${}^0\boldsymbol{\omega}_0 = {}^0\boldsymbol{v}_0 = {}^0\dot{\boldsymbol{\omega}}_0$，${}^0\dot{\boldsymbol{v}}_0 = \boldsymbol{0}$ 或 ${}^0\dot{\boldsymbol{v}}_0 = \boldsymbol{g}$

1）各杆角速度的递推公式：

$$
{}^{i}\boldsymbol{\omega}_{i}=\begin{cases}{}_{i-1}^{i}\boldsymbol{R}^{i-1}\boldsymbol{\omega}_{i-1}+{}^{i-1}\boldsymbol{z}_{i-1}\dot{\theta}_{i} & \text{转动关节}\\ {}_{i-1}^{i}\boldsymbol{R}^{i-1}\boldsymbol{\omega}_{i-1} & \text{移动关节}\end{cases}
$$

式中

$$
{}_{i-1}^{i}\boldsymbol{R}=\begin{pmatrix}\cos\theta_{i} & \sin\theta_{i} & 0\\ -\cos\alpha_{i}\sin\theta_{i} & \cos\alpha_{i}\cos\theta_{i} & \sin\alpha_{i}\\ \sin\alpha_{i}\sin\theta_{i} & -\sin\alpha_{i}\cos\theta_{i} & \cos\alpha_{i}\end{pmatrix},\quad {}^{i-1}\boldsymbol{z}_{i-1}=(0,\ 0,\ 1)^{\mathrm{T}}
$$

2）各杆角加速度的递推公式：

$$
{}^{i}\dot{\boldsymbol{\omega}}_{i}=\begin{cases}{}_{i-1}^{i}\boldsymbol{R}^{i-1}\dot{\boldsymbol{\omega}}_{i-1}+{}^{i-1}\boldsymbol{z}_{i-1}\ddot{\theta}_{i}+\dot{\theta}_{i}{}^{i-1}\boldsymbol{\omega}_{i-1}\times{}^{i-1}\boldsymbol{z}_{i-1} & \text{转动关节}\\ {}_{i-1}^{i}\boldsymbol{R}^{i-1}\dot{\boldsymbol{\omega}}_{i-1} & \text{移动关节}\end{cases}
$$

3）各杆线速度的递推公式：

$$
{}^{i}\boldsymbol{v}_{i}=\begin{cases}{}_{i-1}^{i}\boldsymbol{R}^{i-1}\boldsymbol{v}_{i-1}+{}^{i}\boldsymbol{\omega}_{i}\times{}^{i}\boldsymbol{r}_{i} & \text{转动关节}\\ {}_{i-1}^{i}\boldsymbol{R}({}^{i-1}\boldsymbol{v}_{i-1}+{}^{i-1}\boldsymbol{z}_{i-1}\dot{d}_{i})+{}^{i}\boldsymbol{\omega}_{i}\times{}^{i}\boldsymbol{r}_{i} & \text{移动关节}\end{cases}
$$

4）各杆线加速度的递推公式：

$$
{}^{i}\dot{\boldsymbol{v}}_{i}=\begin{cases}{}_{i-1}^{i}\boldsymbol{R}^{i-1}\dot{\boldsymbol{v}}_{i-1}+{}^{i}\dot{\boldsymbol{\omega}}_{i}\times{}^{i}\boldsymbol{r}_{i}+{}^{i}\boldsymbol{\omega}_{i}\times({}^{i}\boldsymbol{\omega}_{i}\times{}^{i}\boldsymbol{r}_{i}) & \text{转动关节}\\ {}_{i-1}^{i}\boldsymbol{R}({}^{i-1}\dot{\boldsymbol{v}}_{i-1}+{}^{i-1}\boldsymbol{z}_{i-1}\ddot{d}_{i})+{}^{i}\dot{\boldsymbol{\omega}}_{i}\times{}^{i}\boldsymbol{r}_{i}+{}^{i}\boldsymbol{\omega}_{i}\times({}^{i}\boldsymbol{\omega}_{i}\times{}^{i}\boldsymbol{r}_{i})+2{}^{i}\boldsymbol{\omega}_{i}\times({}_{i-1}^{i}\boldsymbol{R}^{i-1}\boldsymbol{z}_{i-1}\dot{\boldsymbol{d}}_{i}) & \text{移动关节}\end{cases}
$$

5）各杆质心的加速度计算公式：

$$
{}^{i}\dot{\boldsymbol{v}}_{C_i}={}^{i}\dot{\boldsymbol{v}}_{i-1}+{}^{i}\dot{\boldsymbol{\omega}}_{i}\times{}^{i}\boldsymbol{r}_{C_i}+{}^{i}\boldsymbol{\omega}_{i}\times({}^{i}\boldsymbol{\omega}_{i}\times{}^{i}\boldsymbol{r}_{C_i})
$$

（2）关节力与力矩的向内递推公式 $[i:(n-1)\rightarrow 1]$

1）各杆的惯性力/力矩递推公式：

$$
{}^{i}\boldsymbol{f}_{C_i}=m_{i}{}^{i}\dot{\boldsymbol{v}}_{C_i}
$$

$$
{}^{i}\boldsymbol{m}_{C_i}={}^{i}\mathcal{I}_{C_i}{}^{i}\dot{\boldsymbol{\omega}}_{i}+{}^{i}\boldsymbol{\omega}_{i}\times{}^{i}\boldsymbol{I}_{C_i}{}^{i}\boldsymbol{\omega}_{i}
$$

2）各杆之间相互作用的力与力矩递推公式：

$$
{}^{i}\boldsymbol{f}_{i}=\begin{cases}{}_{i+1}^{i}\boldsymbol{R}^{i+1}\boldsymbol{f}_{i+1}+{}^{i}\boldsymbol{f}_{C_i} & \text{不考虑重力}\\ {}_{i+1}^{i}\boldsymbol{R}^{i+1}\boldsymbol{f}_{i+1}+{}^{i}\boldsymbol{f}_{C_i}+m_{i}{}^{i}\boldsymbol{g} & \text{考虑重力}\end{cases}
$$

$$
{}^{i}\boldsymbol{m}_{i}=\begin{cases}{}_{i+1}^{i}\boldsymbol{R}^{i+1}\boldsymbol{m}_{i+1}+({}^{i}\boldsymbol{r}_{i}+{}^{i}\boldsymbol{r}_{C_i})\times{}^{i}\boldsymbol{f}_{i}-{}^{i}\boldsymbol{r}_{C_i}\times({}_{i+1}^{i}\boldsymbol{R}^{i+1}\boldsymbol{f}_{i+1})+{}^{i}\boldsymbol{m}_{C_i} & \text{不考虑重力}\\ {}_{i+1}^{i}\boldsymbol{R}^{i+1}\boldsymbol{m}_{i+1}+({}^{i}\boldsymbol{r}_{i}+{}^{i}\boldsymbol{r}_{C_i})\times{}^{i}\boldsymbol{f}_{i}-{}^{i}\boldsymbol{r}_{C_i}\times({}_{i+1}^{i}\boldsymbol{R}^{i+1}\boldsymbol{f}_{i+1}+\boldsymbol{m}_{i}{}^{i}\boldsymbol{g})+{}^{i}\boldsymbol{m}_{C_i} & \text{考虑重力}\end{cases}
$$

$$
\tau_{i}=\begin{cases}{}^{i}\boldsymbol{m}_{i}^{\mathrm{T}i}\boldsymbol{z}_{i} & \text{转动关节}\\ {}^{i}\boldsymbol{f}_{i}^{\mathrm{T}i}\boldsymbol{z}_{i} & \text{移动关节}\end{cases}
$$

【例 12-8】 基于牛顿-欧拉法的平面 2R 机器人的动力学建模（后置坐标系）。

解： 采用后置坐标系（图 12-17），首先利用外推公式求各杆的速度、加速度。

相邻杆之间的齐次变换矩阵为

$$
{}_{i}^{i-1}\boldsymbol{T}=\begin{pmatrix}\cos\theta_{i} & -\sin\theta_{i} & 0 & l_{i}\cos\theta_{i}\\ \sin\theta_{i} & \cos\theta_{i} & 0 & l_{i}\sin\theta_{i}\\ 0 & 0 & 1 & 0\\ 0 & 0 & 0 & 1\end{pmatrix}\quad (i=1,\ 2)
$$

各杆质心的位置坐标为

$$ {}^{i}\boldsymbol{r}_i=\begin{pmatrix} l_i\\0\\0\end{pmatrix},\quad {}^{i}\boldsymbol{r}_{C_i}=\begin{pmatrix} -l_i/2\\0\\0\end{pmatrix}\quad (i=1,\ 2) $$

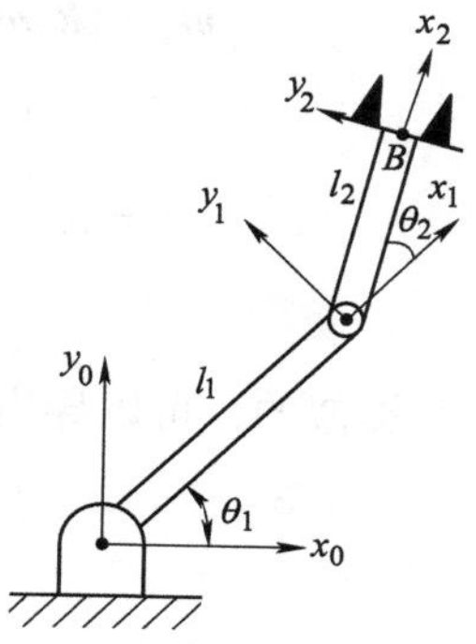

图 12-17
平面 2R 机器人（后置坐标系）

各杆的惯性矩阵为

$$ {}^{i}\boldsymbol{\mathcal{I}}_{C_i}=\frac{m_i l_i^2}{12}\begin{pmatrix}0&0&0\\0&1&0\\0&0&1\end{pmatrix} $$

初始条件满足

$$ {}^{0}\boldsymbol{\omega}_0={}^{0}\boldsymbol{v}_0={}^{0}\dot{\boldsymbol{\omega}}_0={}^{0}\dot{\boldsymbol{v}}_0=\boldsymbol{0} $$

将上述参数代入外推公式，得

$$ {}^{1}\boldsymbol{\omega}_1=\begin{pmatrix}0\\0\\\dot\theta_1\end{pmatrix},\quad {}^{1}\dot{\boldsymbol{\omega}}_1=\begin{pmatrix}0\\0\\\ddot\theta_1\end{pmatrix},\quad {}^{1}\dot{\boldsymbol{v}}_1=l_1\begin{pmatrix}-\dot\theta_1^2\\\ddot\theta_1\\0\end{pmatrix},\quad {}^{1}\dot{\boldsymbol{v}}_{C_1}=\frac{l_1}{2}\begin{pmatrix}-\dot\theta_1^2\\\ddot\theta_1\\0\end{pmatrix} $$

$$ {}^{2}\boldsymbol{\omega}_2=\begin{pmatrix}0\\0\\\dot\theta_1+\dot\theta_2\end{pmatrix},\quad {}^{2}\dot{\boldsymbol{\omega}}_2=\begin{pmatrix}0\\0\\\ddot\theta_1+\ddot\theta_2\end{pmatrix},\quad {}^{2}\dot{\boldsymbol{v}}_2=\begin{pmatrix}l_1(\ddot\theta_1\sin\theta_2-\dot\theta_1^2\cos\theta_2)-l_2(\dot\theta_1+\dot\theta_2)^2\\ l_1(\ddot\theta_1\cos\theta_2+\dot\theta_1^2\sin\theta_2)+l_2(\dot\theta_1+\dot\theta_2)^2\\0\end{pmatrix}, $$

$$ \dot{\boldsymbol{v}}_{C_2}=\begin{pmatrix}l_1(\ddot\theta_1\sin\theta_2-\dot\theta_1^2\cos\theta_2)-\dfrac{l_2}{2}(\dot\theta_1+\dot\theta_2)^2\\ l_1(\ddot\theta_1\cos\theta_2+\dot\theta_1^2\sin\theta_2)+\dfrac{l_2}{2}(\dot\theta_1+\dot\theta_2)^2\\0\end{pmatrix} $$

由此可得杆 2 的惯性力/力矩为

$$ {}^{2}\boldsymbol{f}_{C_2}=m_2\,{}^{2}\dot{\boldsymbol{v}}_{C_2}=m_2\begin{pmatrix}l_1(\ddot\theta_1\sin\theta_2-\dot\theta_1^2\cos\theta_2)-\dfrac{l_2}{2}(\dot\theta_1+\dot\theta_2)^2\\ l_1(\ddot\theta_1\cos\theta_2+\dot\theta_1^2\sin\theta_2)+\dfrac{l_2}{2}(\dot\theta_1+\dot\theta_2)^2\\0\end{pmatrix} $$

$$ {}^{2}\boldsymbol{\tau}_{C_2}=\frac{m_2 l_2^2}{12}\begin{pmatrix}0\\0\\\ddot\theta_1+\ddot\theta_2\end{pmatrix} $$

由于 ${}^{3}\boldsymbol{f}_3={}^{3}\boldsymbol{m}_3=\boldsymbol{0}$，因此有

$$ {}^{2}\boldsymbol{f}_2={}^{2}_{3}\boldsymbol{R}\,{}^{3}\boldsymbol{f}_3+{}^{2}\boldsymbol{f}_{C_2}+m_2\,{}^{0}\boldsymbol{g}=m_2\begin{pmatrix}l_1(\ddot\theta_1\sin\theta_2-\dot\theta_1^2\cos\theta_2)-\dfrac{l_2}{2}(\dot\theta_1+\dot\theta_2)^2+g\sin\theta_{12}\\ l_1(\ddot\theta_1\cos\theta_2+\dot\theta_1^2\sin\theta_2)+\dfrac{l_2}{2}(\dot\theta_1+\dot\theta_2)^2+g\cos\theta_{12}\\0\end{pmatrix} $$

$$
{}^{2}\boldsymbol{m}_2={}^{2}_{3}\boldsymbol{R}{}^{3}\boldsymbol{m}_3+({}^{2}\boldsymbol{r}_2+{}^{2}\boldsymbol{r}_{C_2})\times{}^{2}\boldsymbol{f}_2-{}^{2}\boldsymbol{r}_{C_2}\times({}^{2}_{3}\boldsymbol{R}{}^{3}\boldsymbol{f}_3+m_2{}^{0}\boldsymbol{g})+{}^{2}\boldsymbol{m}_{C_2}
$$

$$
=m_2\begin{pmatrix}0\\0\\ \dfrac{1}{3}l_2^2(\ddot{\theta}_1+\ddot{\theta}_2)+\dfrac{1}{2}l_1l_2(\ddot{\theta}_1\cos\theta_2+\dot{\theta}_1^2\sin\theta_2)+\dfrac{1}{2}l_2g\cos\theta_{12}\end{pmatrix}
$$

类似的，可以导出

$$
{}^{1}\boldsymbol{f}_{C_1}=-\frac{m_1l_1}{2}\begin{pmatrix}-\dot{\theta}_1^2\\ \ddot{\theta}_1\\ 0\end{pmatrix},\quad {}^{1}\boldsymbol{m}_{C_1}=-\frac{m_1l_1^2}{12}\begin{pmatrix}0\\0\\ \ddot{\theta}_1\end{pmatrix}
$$

$$
{}^{1}\boldsymbol{f}_1=\begin{pmatrix}m_2[-l_1\dot{\theta}_1^2-\dfrac{1}{2}l_2(\dot{\theta}_1+\dot{\theta}_2)^2\cos\theta_2-\dfrac{1}{2}l_2(\ddot{\theta}_1+\ddot{\theta}_2)\sin\theta_2+g\sin\theta_1]+m_1(-\dfrac{1}{2}l_1\dot{\theta}_1^2+g\sin\theta_1)\\ m_2[l_1\ddot{\theta}_1-\dfrac{1}{2}l_2(\dot{\theta}_1+\dot{\theta}_2)^2\sin\theta_2+\dfrac{1}{2}l_2(\ddot{\theta}_1+\ddot{\theta}_2)\cos\theta_2+g\cos\theta_1]+m_1(\dfrac{1}{2}l_1\ddot{\theta}_1+g\cos\theta_1)\\ 0\end{pmatrix}
$$

$$
{}^{1}\boldsymbol{m}_1=\begin{pmatrix}0\\0\\ \left(\dfrac{1}{3}m_1l_1^2+\dfrac{1}{3}m_2l_2^2+m_2l_1^2+m_2l_1l_2\cos\theta_2\right)\ddot{\theta}_1+\left(\dfrac{1}{3}m_2l_2^2+\dfrac{1}{2}m_2l_1l_2\cos\theta_2\right)\ddot{\theta}_2-\\ m_2l_1l_2\sin\theta_2\left(\dot{\theta}_1\dot{\theta}_2+\dfrac{1}{2}\dot{\theta}_2^2\right)+\dfrac{1}{2}m_1gl_1\cos\theta_1+\dfrac{1}{2}m_2gl_2\cos\theta_{12}+m_2gl_1\cos\theta_1\end{pmatrix}
$$

由此可求得平面 2R 机器人的动力学方程为

$$
\begin{cases}
\tau_1=\left(\dfrac{1}{3}m_1l_1^2+\dfrac{1}{3}m_2l_2^2+m_2l_1^2+m_2l_1l_2\cos\theta_2\right)\ddot{\theta}_1+\left(\dfrac{1}{3}m_2l_2^2+\dfrac{1}{2}m_2l_1l_2\cos\theta_2\right)\ddot{\theta}_2-\\
\qquad m_2l_1l_2\sin\theta_2\left(\dot{\theta}_1\dot{\theta}_2+\dfrac{1}{2}\dot{\theta}_2^2\right)+\dfrac{1}{2}m_1gl_1\cos\theta_1+\dfrac{1}{2}m_2gl_2\cos\theta_{12}+m_2gl_1\cos\theta_1\\
\tau_2=\left(\dfrac{1}{3}m_2l_2^2+\dfrac{1}{2}m_2l_1l_2\cos\theta_2\right)\ddot{\theta}_1+\dfrac{1}{3}m_2l_2^2\ddot{\theta}_2+\dfrac{1}{2}m_2l_1l_2\sin\theta_2\dot{\theta}_1^2+\dfrac{1}{2}m_2l_2g\cos\theta_{12}
\end{cases}
$$

不妨对比一下前置坐标系与后置坐标系下平面 2R 机器人动力学方程的异同。

12.5 本章小结

1）动力学分析是机器人控制、结构设计与驱动器选型的基础。分析机器人动力学的常用方法有拉格朗日法、牛顿-欧拉法、凯恩方程等，最为经典的是前两种方法。

2）与机器人运动学不同的是，在机器人动力学研究中，必须考虑惯性的影响。影响惯性的参数主要包括质心、惯性张量等。

3）刚体惯性张量$\mathcal{I}$及刚体广义惯性矩阵 $\boldsymbol{M}$ 的表达均与所选择的参考坐标系有直接关系。不过，由于该矩阵为正定阵，因此可以对角化。当惯性积为 0 时，刚体惯性张量$\mathcal{I}$退化成对角矩阵，$\mathcal{I}$的特征向量为惯性主轴，与三个惯性主轴相对应的惯性矩为主惯性矩。

4）利用拉格朗日法建立串联机器人动力学方程的一般过程：①选取系统的广义坐标；②通过计算各杆件的广义质量矩阵，得到系统的广义质量矩阵 $\boldsymbol{M}(\boldsymbol{q})$；③计算系统的哥氏力与离心力项 $\boldsymbol{V}(\boldsymbol{q},\ \dot{\boldsymbol{q}})$；④计算系统的重力项 $\boldsymbol{G}(\boldsymbol{q})$；⑤计算系统的驱动力 $\boldsymbol{\tau}$；⑥建立系统的动力学方程 $\boldsymbol{M}(\boldsymbol{q})\ddot{\boldsymbol{q}} + \boldsymbol{V}(\boldsymbol{q},\ \dot{\boldsymbol{q}}) + \boldsymbol{G}(\boldsymbol{q}) = \boldsymbol{\tau}$。

5）可以采用前置（或后置）坐标系下递推形式的牛顿-欧拉动力学算法，来求解串联机器人的逆动力学问题，即已知关节位移、速度、加速度，求得所需的关节力矩或者关节力。整个算法分为两个部分：第一部分为向外递推法，计算得到各连杆的速度和加速度，再由牛顿-欧拉公式计算出各连杆的惯性力及惯性力矩；第二部分为向内递推法，计算得到各杆受到的内力，进而得到关节驱动力或力矩。

扩展阅读文献

本章重点对两种典型的机器人动力学建模方法进行了介绍，读者还可阅读其他文献（见下述列表）更深入地了解相关知识。

[1] 约翰 J. 克雷格．机器人学导论（原书第 4 版）[M]．贠超，王伟，译．北京：机械工业出版社，2018.

[2] 凯文 · M. 林奇，朴钟宇．现代机器人学机构、规划与控制 [M]．于靖军，贾振中，译．北京：机械工业出版社，2020.

[3] Tsai L W. Robot Analysis：The Mechanics of Serial and Parallel Manipulators [M]. New York：Wiley-Interscience Publication，1999.

[4] 战强．机器人学：机构、运动学、动力学及运动规划 [M]．北京：清华大学出版社，2019.

[5] 熊有伦，李文龙，陈文斌，等．机器人学：建模、控制与视觉 [M]．武汉：华中科技大学出版社，2018.

[6] 于靖军，刘辛军，丁希仑．机器人机构学的数学基础 [M]．2 版．北京：机械工业出版社，2016.

[7] 张策．机械动力学 [M]．2 版．北京：科学出版社，2008.

习题

12-1　求一均质、截面为圆（半径为 r）、长度为 l 的圆柱体的广义质量矩阵（相对其质心）。

12-2　有人用拉格朗日法推导的平面 RP 机器人动力学方程如下：

$$\begin{cases} \tau_1 = m_1(l_1^2 + r)\ddot{\theta} + m_2 r^2 \ddot{\theta} + 2m_2 \dot{r}\dot{\theta} + [m_1(l_1 + r\dot{\theta}) + m_2(r + \dot{r})]g\cos\theta \\ f_2 = m_1 \dot{r}\ddot{\theta} + m_2 \ddot{r} - m_1 l_1 \dot{r} - m_2 r\dot{\theta}^2 + m_2(r + 1)g\sin\theta \end{cases}$$

其中有些项显然是错误的，请指出。

12-3　有人用拉格朗日法推导的平面 RR 机器人动力学方程如下：

$$\begin{cases} \tau_1 = -m_1 l_1^2 \ddot{\theta}_1 + m_2(l_1^2 + l_2^2)\ddot{\theta}_1 + 2m_2 l_1 l_2 \cos\theta_2 \ddot{\theta}_1 - 2m_2 l_1 l_2 \sin\theta_2 \dot{\theta}_1 \dot{\theta}_2 + m_2(l_1 l_2 \cos\theta_2 + l_2^2)\ddot{\theta}_2 - \\ \qquad m_2 l_1 l_2 \sin\theta_2 \dot{\theta}_2^2 + m_1 g l_1 \cos\theta_1 + m_2 g[l_1 \cos\theta_1 + l_2 \cos(\theta_1 + \theta_2)] \\ \tau_2 = -m_2 l_2^2 \ddot{\theta}_2 + m_2(l_1 l_2 \cos\theta_2 + l_2^2)\ddot{\theta}_1 + m_1 \cos\theta_1 \dot{\theta}_2 + m_2 l_1 l_2 \sin\theta_2 \dot{\theta}_1^2 + \\ \qquad m_1 g l_1 \cos\theta_1 + m_2 g l_2 \cos(\theta_1 + \theta_2) \end{cases}$$

试求：1）其中部分项是不正确的，请指出（仅存在多余项与正负号错误）；2）去掉多余项并修改正负号后，将其写为机器人动力学方程通式形式（矩阵乘积形式），并指出惯性力项、哥氏力项、离心力项和重力项。

12-4 试利用拉格朗日法求解 SCARA 机器人（图 7-17）的动力学方程。

12-5 利用牛顿-欧拉法推导图 12-5 所示 RP 机器人的动力学方程，假设每个杆的质量均集中在杆的质心处，分别为 m_1 和 m_2。

12-6 利用牛顿-欧拉法推导图 12-18 所示空间 2R 机器人的动力学方程，假设每个杆的质量均集中在杆的末端，分别为 m_1 和 m_2，连杆长度分别为 l_1 和 l_2（不考虑摩擦和阻尼的影响）。

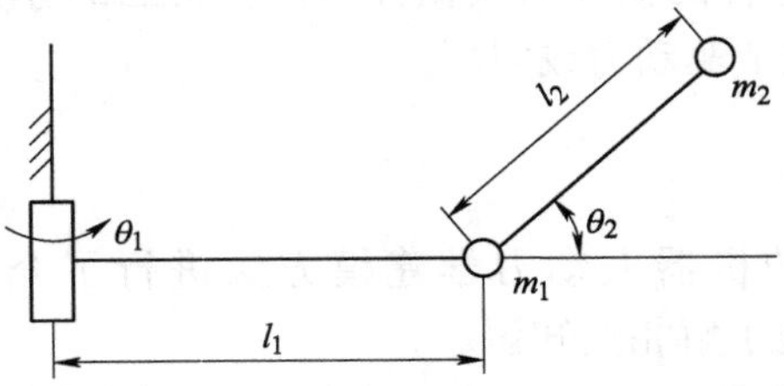

图 12-18

空间 2R 机器人

12-7 试分别应用拉格朗日法和牛顿-欧拉法推导平面 3R 串联机械手的动力学方程，假设各杆的质量集中在杆的末端。

第 13 章 柔性机器人机构学基础

本章导读

历经几十年的发展，随着对柔性机构研究的不断深入，柔性机构在机器人领域得到了广泛应用，如微操作机器人、仿生机器人等。

本章重点从基本概念和经典方法出发，按照机器人机构学的理论体系，对与柔性机器人机构相关的自由度分析与构型综合、运动学及动力学建模方法进行介绍，部分理论基础已在第 11 章有所涉及。此外，本章特别补充了一类特殊柔性机器人——连续体机器人的运动学建模问题。

13.1 柔性机器人机构及其应用

第 4 章已经给出了柔性机构的定义以及常用的柔性机器人机构。下面简单介绍一下有关柔性机器人研究的历史及应用。

人类认识并利用柔性的原理由来已久，但是对其进行科学研究却只有几百年的历史。1638 年，伽利略（Galileo）在其所著的《关于两门新学科的谈话及数学证明》一书中总结了质点动力学和结构材料的力学性能，奠定了弹性力学的研究基础。1678 年，胡克（Hooke）提出了著名的弹性定律。在其著作《势能的恢复》中，描述了弹簧的伸长与所受拉力成正比这一规律。这是柔性机械形成的理论基础。1744 年，伯努利（Bernoulli）和欧拉（Euler）提出了柔性悬臂梁的受力变形理论。1828 年，柯西（Cauchy）建立了各向同性和各向异性弹性力学的本构方程。1864 年，麦克斯韦（Maxwell）利用材料的弹性变形实现了精密定位；1890 年，他提出了约束与自由度对偶法则，并利用该法则设计了多种精密科学仪器。

不过，对柔性单元以及具有柔性单元的机构进行理论研究却发端于 20 世纪。柔性单元的主要表现形式是**柔性铰链**（flexure hinge）。1965 年，帕罗斯（Paros）等人提出了圆弧缺口型（right-circular necked down）柔性铰链的结构形式，并给出了其弹性变形表达式。20 世纪 80 年代末期，美国普渡（Purdue）大学的米德哈（Midha）等人才真正开始对具有柔性单元的机构进行系统性的研究，并赋予该类机构一个专门术语——**柔性机构**（或柔顺机构，compliant mechanism）[4]，意在与通常人们所提的**弹性机构**（flexible mechanism）区分开来。因为在弹性机构中，人们更多考虑的是如何避免或消除因其自身所具有的弹性而造成的变形及振动。

与刚性机构不同，柔性机构是指利用材料的变形传递或转换运动、力或能量的机构。柔性机构若通过柔性铰链来实现运动，则通常称为**柔性铰链机构**（flexure hinge mechanism），通常应用在精密工程场合。在仿生机械及机器人领域，柔性机构正发挥着越来越重要的作用。例如，各种新型**柔性关节**（compliant joint）、柔性爬虫等大大改善了机械（或机器人）的灵活性或机动性能。这类机构通常又称为**柔性机器人**（compliant robot）。

在短短几十年间，柔性机构得到了迅猛发展，特别是诞生了一系列柔性机构基础理论，为柔性机构的成功应用奠定了坚实基础。随着人们对柔性及柔性机构的认识不断深入，柔性机构在机器人领域得到了广泛应用。

13.1.1 用于精密工程领域的柔性工作台

伴随着微纳米技术所引发的制造、信息、材料、生物、医疗和国防等众多领域的革命性变化，使得柔性机构在微电子、光电子元器件的微制造和微操作、微机电系统（MEMS）、生物医学工程等这些定位精度在亚微米级甚至纳米级的领域中得到了广泛应用。例如，基于传统刚性铰链结构的商用精密定位平台所能达到的分辨率极限是50nm，精度为1μm，很难突破这一瓶颈。而柔性定位平台可以使同类产品的精度提高1~3个数量级。在精微领域，柔性机构可以设计为精密运动工作台、超精密加工机床、精密传动装置、执行器、传感器等。常见柔性精密定位平台的类型及典型应用见表13-1。

表13-1 常见柔性精密定位平台的类型及典型应用

维度	平台类型	典型结构与主要特点	典型应用
1	$1T$①	柔性直线运动平台	精密传动
	$1R$	柔性铰链	超精机床刀具进给系统
2	$2T$（XY）	并联式XY平台	扫描隧道显微镜的二维扫描
	$2R$（$\theta_X\theta_Y$）	串联式柔性虎克铰	精密指向
3	$3T$（XYZ）	并联式Delta机器人（XYZ平台）	原子力显微镜的三维扫描、微操作手
	$1R2T$（$XY\theta_Z$）	并联式3-RRR面内结构（结构紧凑）	光刻机等设备上的精密操作
	$2R1T$（$\theta_X\theta_YZ$）	并联式3-RPS机构	精密调平、指向
6	$3R3T$	并联式Stewart平台	精密操作
	$1R2T+2R1T$	混联式3-RRR&3-RPS机构	光纤自动对接系统

① R表示转动，T表示移动。

1. 精密运动工作台

目前柔性机构应用最广的领域是微定位，特别是具有纳米级运动分辨率的超精密定位技术领域。它经历了从单自由度到多自由度，从一维到二维再到三维的发展历程。其结构有串联、并联、混联等多种形式，现以并联为主。早期的精密定位单元及精密定位平台采用运动放大机构与柔性铰链相结合的整体式结构，可将驱动器位移放大20余倍。机构可实现50~500μm的单轴行程，位移分辨率为1nm。随着微定位技术逐渐向三维扩展，柔性微定位平台在原子力显微镜（AFM）、扫描隧道显微镜（STM）以及超精机床刀具伺服系统等领域也得到了广泛应用。

2. 用于姿态调整的精密转台

精密机械或精密仪器中的微调是经常遇到的问题，如照相机的调焦等，采用柔性铰链（机构）可有效提高精度。HP 紫外线记录仪中就采用了柔性四杆机构，来实现在微小范围内调整光学检流计的镜子。此外，在航空航天领域中，如低温分光计、空载大型望远镜、光源同步加速器及气象卫星中的光学器件姿态调整机构，空间飞行器中的姿态调整机构，天文望远镜上的自适应场调整机构，航天器上微波天线的对准机构，太阳能帆板折叠机构等，这些应用场合环境恶劣，温度低、温差变化大、辐射强、真空度高，不但要求柔性铰链（机构）拥有较大的运动范围、很高的定位精度，而且要求不能有润滑油和摩擦屑的存在。瑞士 PSI 研究所推出了一种用于激光指向的柔性万向节，两轴均可实现 2°的转角和 1 弧秒（″）的旋转精度。德国 PI 公司推出了用于显微镜的自动聚焦装置，它通过采用柔性机构，克服了传统丝杠传动的回差（backlash），实现了 10nm 的精度。

3. 微执行器

精微系统中的执行器主要用于操作微小对象，其中最典型的微执行器是微装配系统的微夹持器（micro gripper）。由于与环境相接触，会受到尺度效应（scale effect）等影响，需要考虑力、位移、速度及精度的影响。因此，很多微夹持器采用柔性运动放大机构或柔性铰链来实现。瑞士的洛桑联邦理工学院（EPFL）设计了一种应用于光学精密系统的柔性微夹持器，用来完成精细的微操作。

4. 微操作及微装配机器人

在微电子、光电子元器件的精密对准、微装配或封装，生物工程及显微手术的微操作等应用场合，都对微操作机器人的自由度及运动精度提出了很高的要求。例如，大多数微纳组装/操作，如晶片/MEMS/生物芯片键合对准装配、光电子元器件耦合对准装配等，由于在同一工作空间中可以容纳多种功能单元、部件供料器和执行器，通常要求工作台能实现灵巧的操作与装配任务。近年来的研究表明，柔性平台非常适合 MEMS/MOEMS 产品的操作及装配。因此，多自由度的柔性微操作机器人得到了广泛应用。北京航空航天大学研制了一套用于细胞操作的左右手微操作机器人系统，其中右手机构采用 3-DoF 并联柔性机构，由压电陶瓷驱动，分辨率可达 60nm。为有效解决微操作过程中经常出现的高精度与大行程之间的矛盾，多采用**宏微双平台**（macro-micro motion dual stage）系统，大行程由刚性系统完成，而微调功能通过柔性机构来实现。

5. 超精密加工装置

近年来，柔性机构在精密制造领域的应用已成为一大亮点。瑞士的 EPFL 利用柔性 Delta 机构设计了微电火花加工机床，其结构尺寸非常紧凑，可实现 μJ 量级的放电能量。EPFL 还提出了将柔性 Orion MinAngle 用作五轴机床的主体机构。半导体光刻加工中，大行程柔性平台也大有用武之地。美国德州农工大学设计了一款大位移 *XY* 精密移动平台，用于真空环境中 MEMS 元器件的加工。麻省理工学院搭建的用于光刻加工的 *XY* 平台，行程可达 5mm×5mm，两个轴的耦合误差小于 1%，平台的旋转角度小于 1″。

图 13-1 所示为适应不同行程与精度的典型柔性工作台。

13.1.2 柔性仿生机器人

在仿生机械及机器人领域，柔性机构也发挥着越来越重要的作用。各种新型柔性关节及

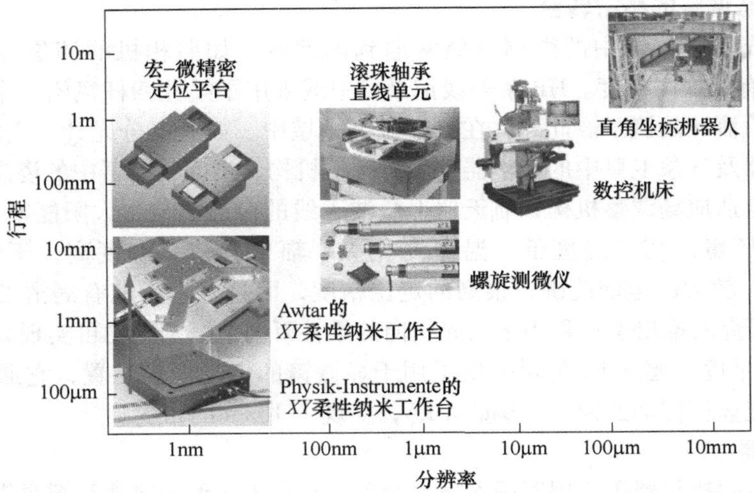

图 13-1

适应不同行程与精度的典型柔性工作台

驱动器的开发大大改善了仿生机械及仿生机器人，如多足机器人、蛇形臂等的灵活性与机动性。自然界中动物的肌肉均具有柔性，昆虫的胸腔更是由柔性骨骼与肌肉组成的，因此，柔性设计是仿生与实际应用的必然结果。另外，由于尺度效应对微小型生物的影响起着支配作用，因此，在微小型仿生机械的研究及研制过程中，也很难离开柔性的作用。目前，柔性在微小型仿生机械中的应用越来越多，如微小型飞行器、机器鱼、仿生爬虫、机器跳蚤、仿生壁虎等（图 13-2）。

1. 飞行机器人

早在 1993 年，日本东京大学就开始研发毫米尺度的微型飞行器。他们利用 MEMS 技术设计了一款平面五杆扑翼机构，扑翼机构与翅膀之间由柔性铰链连接。该扑翼机构只能简单地模仿昆虫翅膀的上下扇动，难以形成翅攻角。加州大学伯克利分校研制的微型机器昆虫 MFI，采用柔性机构构造胸腔，由压电陶瓷驱动，集成力传感器进行反馈控制，由于翅膀的两个自由度由两组驱动分别控制，因此可以模拟昆虫扑翼实现复杂的翅膀运动。哈佛大学开发了一种能够像苍蝇一样飞行的机器苍蝇，主体用碳纤维制成，体重只有 80mg，翼展 3cm，连续飞行时间超过 20s。

在航空领域，变体与变形翼飞机的设计已成为 21 世纪研究的热点，但其中包含很多瓶颈技术，如轻量化设计、变刚度、防结冰等。柔性自适应机翼的引入可提供有效解决上述问题的捷径。特别是在小型无人机领域，由于隐身等特殊要求，其体积较小、载油量有限，为增加航程必须提升无人机的能效，而柔性变形机翼几乎是实现这一目标的必由之路。早在 2000 年，美国密歇根大学的 Kota 教授等人就开始研究柔性自适应机翼的设计问题，试图通过柔性机构改变机翼肋板的形状来提高飞机的性能。2007 年，他们设计了一款柔性自适应机翼 MAC，能够实现后缘±10°的偏转和 3°左右的扭转，在可控性提高 40%的同时，可降低 25%的空气阻力。2015 年，他们研发的 FlexFoil 变形机完成了首次试飞。

2. 机器鱼

近年来，研制低噪声、高速、高效、高机动性的新型柔性机器鱼已成为仿生机器人领域

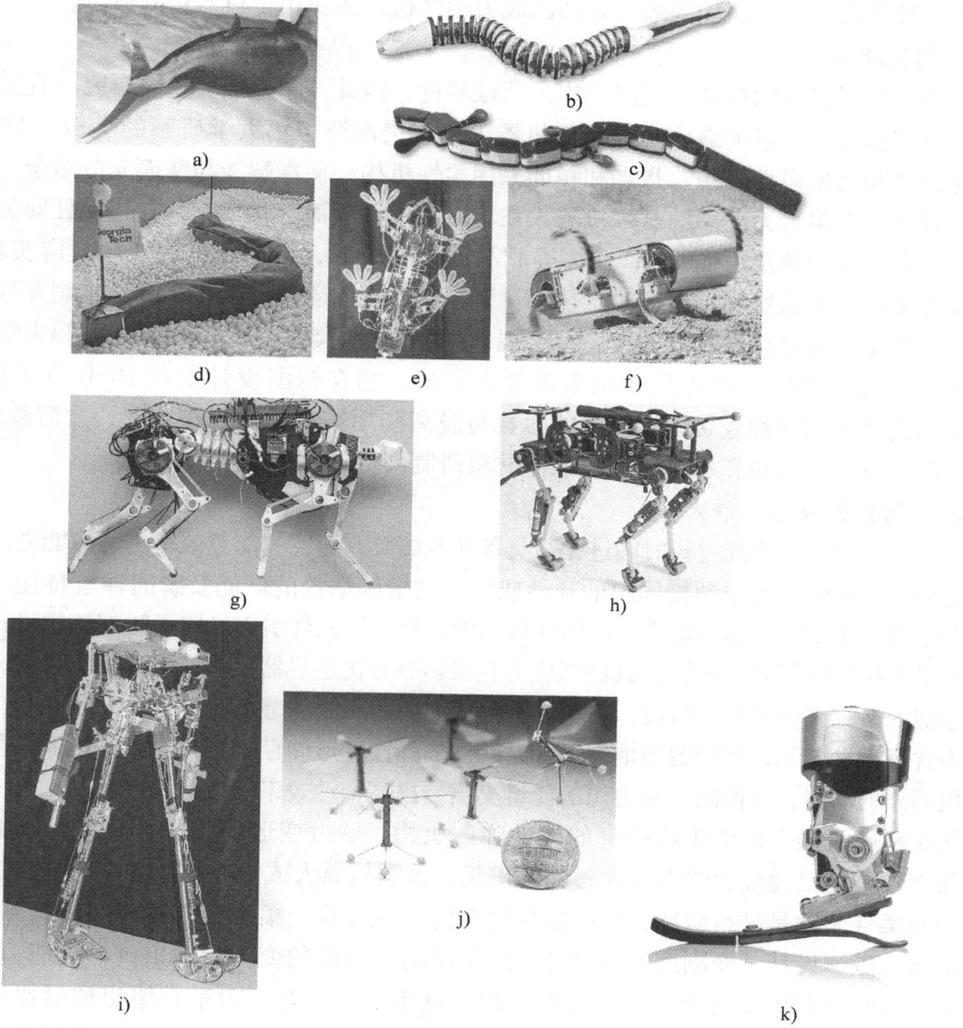

图 13-2

形形色色的柔性仿生机器人[21]

的一个热点。应用柔性机构，可以降低仿生系统的复杂程度。刚性摆动鳍需要结合平动、转动、摆动的复合运动才能够实现驱动，而柔性摆动鳍仅通过简单摆动运动，依靠鳍本身的柔性变形即可实现有效攻角，使驱动大大简化。另外，合理的柔性分布有利于推力的产生和推进效率的提高，提升运动稳定性。

美国普林斯顿大学用柔性机构实现了自驱动的胸鳍摆动运动。美国密西根大学提出了一种柔性胸鳍的设计方法，以濑鱼为仿生对象，通过组合平面柔性机构生成复杂的胸鳍三维变形运动，其基本模块是经过拓扑优化了的柔性肋骨，每根肋骨是主动可变形的骨架结构，由两个线性驱动器实现肋骨的倾斜与弯曲。北京航空航天大学针对柔性薄板状仿形鳍、三维柔性机体以及多鳍条驱动鳍面可控变形的仿生摆动鳍机器鱼进行研究，研发了 5 代原理样机，均实现了良好的推进功能。此外，多气动空腔驱动机构、柔性磁致多维驱动机构，以及基于嵌入式柔性单元的仿生摆动胸鳍设计都已成为柔性机构成功用于机器鱼的典范。

3. 仿生爬虫

很多人憧憬着能像蜘蛛、壁虎一样灵巧地爬壁。因此，爬壁机器人的研究一直受到仿生机器人领域的关注。目前最成功的爬壁机器人当属美国斯坦福大学研制的 RiSE。它采用了模块化设计和仿生设计思想，指端和腿部采用柔性机构，使指端能与壁面充分贴合，减少了指端位置扰动对附着力的影响。当机器人在玻璃等光滑表面上爬行时，在指端处安装粘接贴片实现附着，爬壁角度可达 65°；在树等软材质上爬行时，使用硬爪的穿刺效应实现附着；在砖墙等坚硬的人造壁面上爬行时，使用微刺指端实现附着，此时多个弹性微刺并列构成微刺指，并与足端通过柔性球铰连接，可实现 90°竖直壁面爬行。Wallbot 是斯坦福大学用仿生纳米附着材料设计的一款轮足式爬壁机器人样机。它在构型设计上与 RiSE 有类似之处：①足端与机体采用弹性连接；②足端的附着与脱离利用被动柔性机构实现，无需额外驱动。此外，麻省理工学院也正在基于柔性软体材料研制高机动性的仿生壁虎。

4. 柔性腿及跳跃机器人

袋鼠、猎豹等动物经过长时间进化，具备非凡的奔跑速度、能量效率、越障能力。生物学研究表明：上述优点源于动物体内的弹性肌腱、韧带等结构的储能及瞬间释放特性。受此启发，有学者开始模仿快速奔跑类动物的这些功能，将柔性元件引入机器人腿部结构设计中。作为运动最直接的执行者——腿，其性能优劣直接影响着仿生机器人的技术水平。目前，有关柔性仿生腿的研究尚处于起步阶段：美国波士顿动力公司研制的著名四足机器人 BigDog，其腿部驱动中含有柔性单元，利用腿与地面接触时产生的弹性变形储存能量，在离开地面时释放并转化为机器人的动能，从而减少动力源的能量支出，提高移动效率，增强稳定性。

仿生跳跃机器人模仿生物腿部的柔性弹射机构，通过变形储能，然后释放能量实现跳跃。随着各种记忆合金和弹性变形材料的出现，该类机器人成为近几年的一个研究热点。柔性机构和柔性驱动是进行缓冲、提高能量效率的有效方法。柔性设计体现在机构弹性储能、柔性脚掌和肢体设计、变刚度关节设计，以及驱动元器件的变力矩输出抗冲击能力等方面，使机器人能够储存更多的能量，具有更高的能量质量比、力（力矩）输出质量比，提高跳跃机器人的能量使用效率，缓解着地过程中的冲击以及减小驱动力矩，对于机器人弹跳性能的提高起着重要作用。

5. 柔性仿生多足机器人

大型哺乳动物如虎、狼、狮等四足动物，都有极快的奔跑速度和步态变换时的身体协调能力。不管地形多么复杂，其运动特性都被发挥得淋漓尽致，尤其是对柔性的巧妙应用，加速、跳跃、急停、漫步等无不显示着大自然赋予足式动物运动的奥妙之处。因此，目前仿生机器人多采用四足式结构。东京工业大学研制的 Tekken 系列中，具有自适应性的 Tekken Ⅱ机器人由电动机、机械弹簧和柔性关节共同驱动，通过中枢模式发生器（CPG）实施控制，能够完成步行、对角小跑、奔跑等多种运动步态以及步态的转换，运动速度可达到 0.6～0.8m/s，甚至可以完成 12°的爬坡以及跨越 4cm 高的障碍等。在美国国防部高级研究计划局（DARPA）的资助下，波士顿动力公司与美国若干所知名大学合作研制了 BigDog 和 LittleDog 四足机器人系列。它们的每条腿有四个主动旋转关节和一个安装在足端、基于气动弹簧的被动柔性缓冲关节。

6. 连续体机器人及蛇形臂

由柔性结构及软体材料组成的连续体机器人正成为仿生机器人领域的一大研究热点。在外置驱动方面，其典型代表有基于丝驱动的仿象鼻机器人和仿章鱼机器人。前者由 4 段 4 丝驱动的 2-DoF 类骨节式弹性柱组成，每段最大转角 40°；后者由 3 段 2-DoF 的柔索和弹性柱组成，机器人能够模拟章鱼触角实现灵活的弯曲运动。在内置驱动方面，典型代表是基于气动人工肌肉的仿章鱼机器人，由 4 段 3-DoF 弹性柱组成，每段的弯曲和伸缩运动通过 3 节或 6 节人工肌肉实现。在混合驱动方面，有一种仿象鼻机器人，它利用气压产生一定的刚度来支承机器人的形状，柔索驱动产生 2-DoF 弯曲运动，轴向伸展及收缩运动则由柔索与气压共同实现。

连续体机器人在医疗领域已得到一定应用，如采用超弹性钛镍合金管或弹簧骨架作为弹性柱的柔索驱动机器人。此外，英国 OC 公司已将连续体机器人应用于工业生产线及航空制造领域。

13.2　自由度分析

13.2.1　柔度向自由度的等效映射

梁是柔性机构中最基本的柔性单元，无论是细长杆还是簧片都是梁的一种。当在均质梁末端施加载荷时，梁末端将产生变形或者微小运动，根据旋量理论，在图 13-3 所示的给定坐标系下，梁末端的变形可以用运动旋量 $\boldsymbol{\zeta}=(\boldsymbol{\theta};\ \boldsymbol{\delta})=(\theta_x,\ \theta_y,\ \theta_z;\ \delta_x,\ \delta_y,\ \delta_z)$ 来表示；施加在其上的载荷可以用力旋量 $\boldsymbol{W}=(\boldsymbol{m};\ \boldsymbol{f})=(m_x,\ m_y,\ m_z;\ f_x,\ f_y,\ f_z)$ 来表示。这里，$\boldsymbol{\theta}$、$\boldsymbol{\delta}$ 分别代表梁末端的角变形和线变形，而 $\boldsymbol{m}$、$\boldsymbol{f}$ 则代表施加在梁上的力矩和纯力。

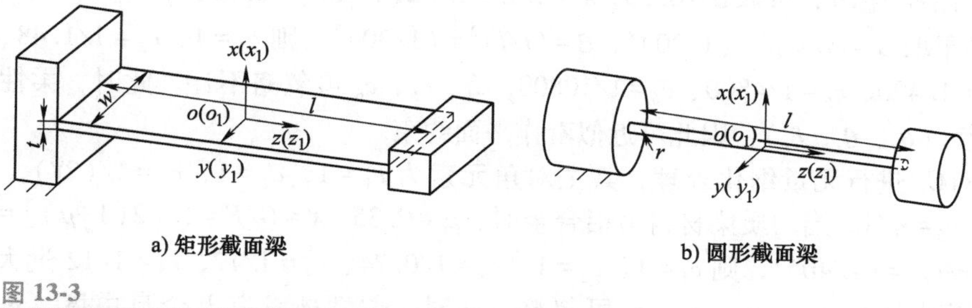

图 13-3

均质梁单元

根据 Von Mise 的梁变形理论，当参考坐标系原点位于梁的质心（图 11-9）处时，长度为 l 的空间均质梁的柔度矩阵（无量纲形式）为

$$\boldsymbol{C}_C=\frac{l}{EI_y}\begin{pmatrix} I_y/I_x & & & & & \\ & 1 & & & & \\ & & EI_y/GI_p & & & \\ & & & l^2/12 & & \\ & & & & l^2I_y/12I_x & \\ & & & & & I_y/A \end{pmatrix} \tag{13.2-1}$$

式中，I_x 与 I_y 分别为绕 x、y 轴的惯性矩；I_p 为极惯性矩；E、G 分别为弹性模量和剪切模量［$E/G=2(1+\mu)$，μ 为泊松比］；A 为截面面积。

对于图 13-3a 所示的矩形截面梁，$A=wt$，$I_x=w^3t/12$，$I_y=wt^3/12$，$I_p=wt(w^2+t^2)/12$。

对于图 13-3b 所示的圆形截面梁，$A=\pi r^2$，$I_x=I_y=\pi r^4/4$，$I_p=I_x+I_y=\pi r^4/2$。

上述两种柔性梁的参数化柔度矩阵表达式为

$$
\boldsymbol{C}_{\mathrm{b}}=\frac{l}{EI_y}\begin{pmatrix}\alpha & & & & & \\ & 1 & & & & \\ & & \dfrac{1}{\chi\gamma} & & & \\ & & & \dfrac{l^2}{12} & & \\ & & & & \dfrac{l^2}{12}\alpha & \\ & & & & & \dfrac{l^2}{12}\beta\end{pmatrix},\boldsymbol{C}_{\mathrm{w}}=\frac{l}{EI_y}\begin{pmatrix}1 & & & & & \\ & 1 & & & & \\ & & \dfrac{1}{2\chi} & & & \\ & & & \dfrac{l^2}{12} & & \\ & & & & \dfrac{l^2}{12} & \\ & & & & & \dfrac{l^2}{4}\eta\end{pmatrix} \tag{13.2-2}
$$

式中 $\alpha=\left(\dfrac{t}{w}\right)^2$；$\beta=\left(\dfrac{t}{l}\right)^2$；$\chi=\dfrac{G}{E}=\dfrac{1}{2(1+\nu)}$；$\gamma=\dfrac{I_p}{I_y}$；$\eta=\left(\dfrac{r}{l}\right)^2$

$\boldsymbol{C}_{\mathrm{b}}$ 的六个主对角元素中，c_{11}、c_{22}、c_{33} 无量纲，c_{44}、c_{55}、c_{66} 具有量纲 l^2，不可以直接进行比较。不妨对 c_{44}、c_{55}、c_{66} 进行无量纲化处理，具体为 $c_4=c_{44}/l^2$，$c_5=c_{55}/l^2$，$c_6=c_{66}/l^2$。则统一无量纲的主对角元素为 $c_1=\alpha$，$c_2=1$，$c_3=1/\chi\gamma$，$c_4=1/12$，$c_5=\alpha/12$，$c_6=\beta/12$。当均质梁的材料为铝合金时，可取 $\mu=0.35$，$\chi=G/E=1/[2(1+\mu)]=0.37$，$\gamma=I_p/I_y\approx4$（$\alpha$ 取值很小时）。如果取 $\alpha=(t/w)^2=(1/20)^2$，$\beta=(t/l)^2=(1/30)^2$，则 $c_2=1$、$c_3=1/1.48$、$c_4=1/12$ 远大于 $c_1=1/400$、$c_5=1/4800$、$c_6=1/10800$，c_1、c_5、c_6 可忽略不计。此时，柔性簧片具有三个自由度（θ_y、θ_z、δ_x），因此可近似看作平面约束。

同样对 $\boldsymbol{C}_{\mathrm{w}}$ 进行无量纲化处理，其主对角元素为 $c_1=1$，$c_2=1$，$c_3=1/(2\chi)$，$c_4=1/12$，$c_5=1/12$，$c_6=\eta/4$。当均质梁材料为铝合金时，$\mu=0.35$，$\chi=G/E=1/[2(1+\mu)]=0.37$。如果取 $\eta=(r/l)^2=(1/40)^2$，则 $c_1=1$、$c_2=1$、$c_3=1/0.74$、$c_4=1/12$、$c_5=1/12$ 远大于 $c_6=1/6400$，c_6 相对于 c_1、c_2、c_3、c_4、c_5 可忽略。此时，柔性杆具有五个自由度（θ_x、θ_y、θ_z、δ_x、δ_y）以及一个沿杆长方向的约束。因此，柔性细长杆可近似看作线约束。

通过对簧片和柔性杆两种典型柔性单元的柔度分析可以看出，单元材料差异、几何尺寸等影响着其自身的自由度及相应的构型。采用类似的方法可以得到其他柔性单元的等效理想约束及自由度模型。表 13-2 列出了七种常见柔性单元的等效约束及自由度模型，其约束线图与自由度线图满足对偶线图法则。

表 13-2　七种常见柔性单元的等效约束及自由度模型

序号	柔性单元	等效约束线图		等效自由度线图	
		维数	图示	维数	图示
1	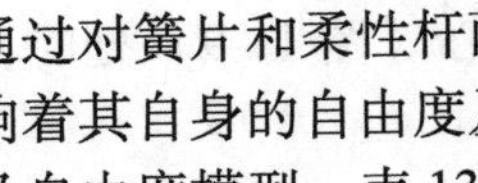	1	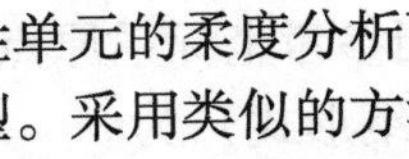	5	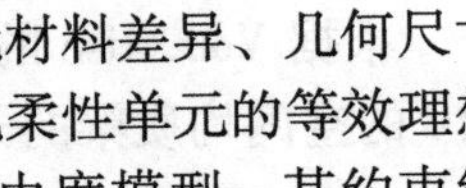

（续）

序号	柔性单元	等效约束线图		等效自由度线图	
		维数	图示	维数	图示
2	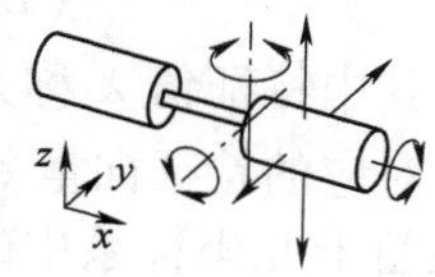	3	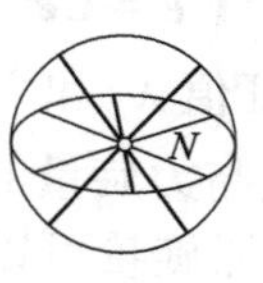	3	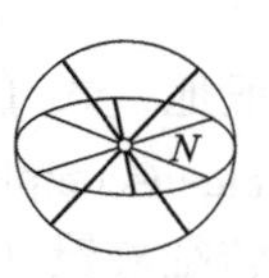
3	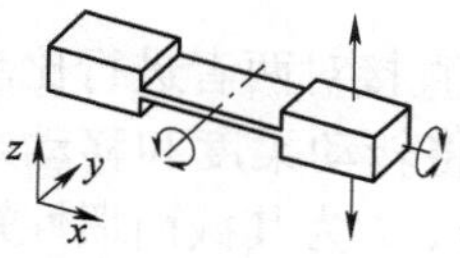	2	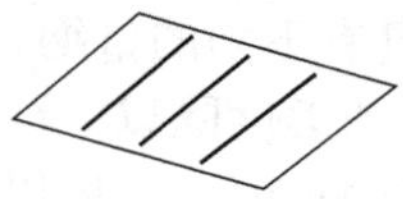	4	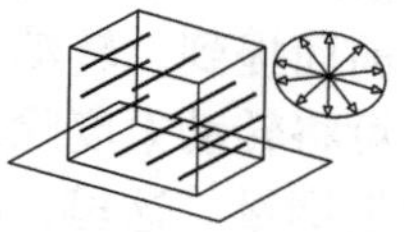
4	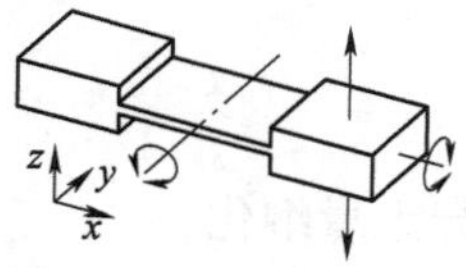	3	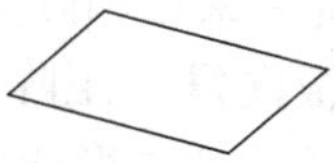	3	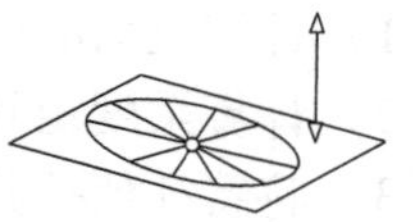
5	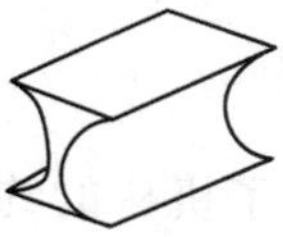	5	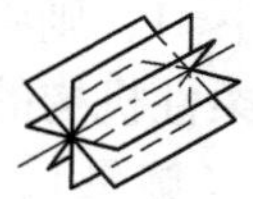	1	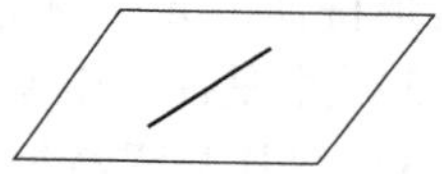
6		3	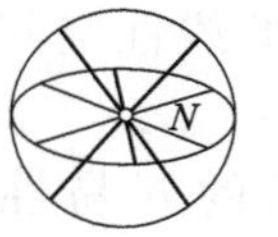	3	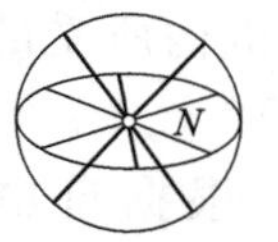
7	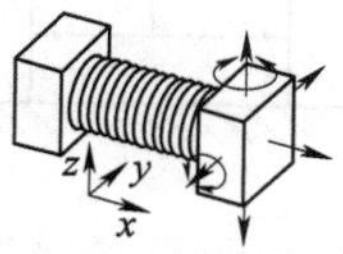	1	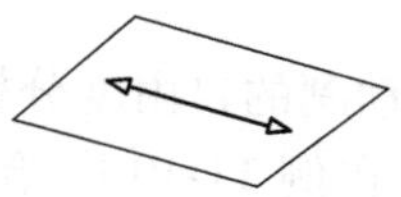	5	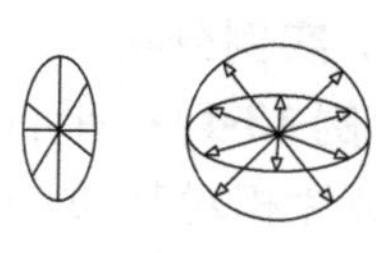

13.2.2　基于特征柔度矩阵的自由度分析

1. 一般分析方法

基于图谱法的柔性机构自由度分析是建立在柔性单元等效自由度或约束模型基础上的，这种等效是一种近似的、理想化的等效。举例来说，柔性细长杆单元的理想约束模型为一维线约束，而实际上除了该线约束外，柔性杆还提供了其他方向上的约束，只不过其他方向的约束能力相比于轴向约束要弱很多。

从前面的讨论中可以看到，这些等效模型是通过比较柔性单元各方向的柔度得出的。如果柔性单元在某一方向上的移动柔度远大于其他柔度，则可认为柔性单元在该方向上具有一个移动自由度。而这种比较只有在相同的量纲下才有意义。受此启发，在将转动柔度和移动柔度无量纲化的基础上，下面介绍一种基于真实柔度的柔性机构自由度解析方法。

在力旋量 $\boldsymbol{W}$ 的作用下，机构的动平台产生微小变形 $\boldsymbol{\zeta}=(\boldsymbol{\theta};\boldsymbol{\delta})$，两者满足以下关系式

$$\boldsymbol{\zeta}=\boldsymbol{CW} \tag{13.2-3}$$

假设力旋量与运动旋量是同一个旋量的标积，则可以得到以下特征值方程

$$\lambda_i\bar{\boldsymbol{e}}=\boldsymbol{C}\bar{\boldsymbol{e}}_i \tag{13.2-4}$$

一般地，式（13.2-4）中有六个特征值 λ_i 和六个特征向量 $\bar{\boldsymbol{e}}_i$。其中特征值 λ_i 称为**特征柔度**（eigen-compliance），它是运动旋量与力旋量的比值。与特征值对应的特征向量 $\bar{\boldsymbol{e}}_i$ 称为柔度的**特征旋量**（eigen-screw）。这些特征旋量可以表示柔性机构在笛卡儿坐标系中的基本运动模式，柔性机构的所有运动均可由这些特征旋量线性表示。

前面提到，转动柔度和移动柔度具有不同的量纲，因此，不能直接对两者进行比较。为此，可将转动柔度除以 $l/(EI_y)$，将移动柔度除以 $l^3/(EI_y)$，从而将转动柔度和移动柔度化为无量纲量。这里，l 为机构中梁单元的长度（一般以最长者为准），I_y 为其截面惯性矩。

下面给出采用解析法确定柔性机构自由度的一般过程。

1）计算机构的柔度矩阵 $\boldsymbol{C}$，单位统一采用国际单位制。

2）计算柔度矩阵 $\boldsymbol{C}$ 的特征值及特征向量（矩阵）。

3）将特征值按其表示的柔度类型（转动柔度或移动柔度）进行无量纲化。

4）对无量纲的特征值进行比较。比较方法：取无量纲特征值中的最大者，记为 $\lambda_{\max}$；将其余特征值 λ_i 与 $\lambda_{\max}$ 相比，若 $|\lambda_i/\lambda_{\max}|\ll 1$，则将该特征值赋值为 0。

5）处理后，非零特征值的数目即为柔性机构的自由度数目。

6）寻找与零特征值对应的特征向量（旋量），这些特征向量构成了机构的约束旋量空间。注意：由与零特征值对应的所有特征向量组成的线性空间和由机构所受的所有约束旋量组成的线性空间是完全一致的。

7）根据自由度空间与约束空间的互易性，求得机构（动平台）的自由度空间。

2. 实例分析

【例 13-1】 平行双簧片型柔性移动副的自由度分析。

簧片相对其质心处的柔度矩阵已在例 11-10 中给出，参考坐标系及结构参数定义如图 13-4 所示。

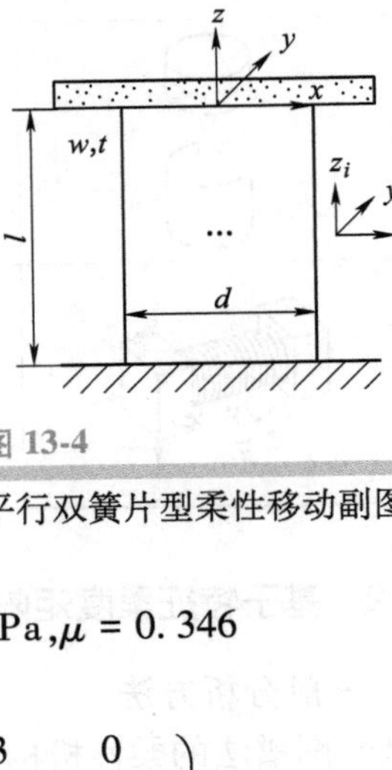

图 13-4 平行双簧片型柔性移动副图示

给定平行双簧片型柔性模块的参数如下：

$$l=100\text{mm},d=80\text{mm},w=50\text{mm},t=2\text{mm},E=70\text{GPa},\mu=0.346$$

代入式（11.6-2），可直接计算得到柔度矩阵 $\boldsymbol{C}$ 为

$$\boldsymbol{C}=\begin{pmatrix} 34.2857 & 0 & 0 & 0 & -1.7143 & 0 \\ 0 & 4.4634 & 0 & 0.2232 & 0 & 0 \\ 0 & 0 & 14.9587 & 0 & 0 & 0 \\ 0 & 0.2232 & 0 & 17.8683 & 0 & 0 \\ -1.7143 & 0 & 0 & 0 & 0.1143 & 0 \\ 0 & 0 & 0 & 0 & 0 & 0.0071 \end{pmatrix}\times 10^{-6}$$

$\boldsymbol{C}$ 的特征值矩阵与特征向量矩阵为

$$\boldsymbol{\lambda}=\text{diag}(34.3715\quad 4.4596\quad 14.9587\quad 17.872\quad 0.0285\quad 0.0071)\times 10^{-6}$$

$$V=\begin{pmatrix} 0 & 0 & 0 & 1 & 0 & 0 \\ 0.05 & 0 & 0 & 0 & 1 & 0 \\ 0 & 0 & 0 & 0 & 0 & 1 \\ -1 & 0 & 0 & 0 & 0.05 & 0 \\ 0 & 1 & 0 & 0 & 0 & 0 \\ 0 & 0 & 1 & 0 & 0 & 0 \end{pmatrix}$$

将特征值无量纲化后，得到

$$\begin{aligned}\boldsymbol{\lambda} &= \mathrm{diag}(0.802 \quad 0.104 \quad 0.349 \quad 41.7 \quad 0.0665 \quad 0.01667)\times 10^{-3} \\ &\approx \mathrm{diag}(0 \quad 0 \quad 0 \quad 41.7 \quad 0 \quad 0)\times 10^{-3}\end{aligned}$$

与零特征值对应的特征向量组成机构的约束空间（列向量表示约束力旋量）。

$$W=\begin{pmatrix} 0 & 0 & 0 & 0 & 0 \\ 0.05 & 0 & 0 & 1 & 0 \\ 0 & 0 & 0 & 0 & 1 \\ -1 & 0 & 0 & 0.05 & 0 \\ 0 & 1 & 0 & 0 & 0 \\ 0 & 0 & 1 & 0 & 0 \end{pmatrix}$$

根据自由度空间与约束空间的对偶性，可得动平台的自由度空间为

$$\boldsymbol{T}=(0,0,0;1,0,0) \tag{13.2-5}$$

式（13.2-5）表明，平行双簧片型柔性模块具有一个沿 x 方向的移动自由度。

【例 13-2】 车轮形柔性铰链的自由度分析。

该机构的柔度矩阵已由式（11.6-5）给出，参考坐标系及结构参数如图 11-13 所示。给定各参数如下：

$$l=200\text{mm}, d=100\text{mm}, w=50\text{mm}, t=2\text{mm}, \theta=30°, E=70\text{GPa}, \mu=0.346$$

将上述各参数代入式（11.6-5），可计算得到柔度矩阵 $\boldsymbol{C}$ 为

$$C=\begin{pmatrix} 0.8134 & 0 & 0 & 0 & -0.0704 & 0 \\ 0 & 428.5714 & 0 & 37.1154 & 0 & 0 \\ 0 & 0 & 1.2962 & 0 & 0 & 0 \\ 0 & 37.1154 & 0 & 3.2149 & 0 & 0 \\ -0.0704 & 0 & 0 & 0 & 0.0084 & 0 \\ 0 & 0 & 0 & 0 & 0 & 0.0002 \end{pmatrix}\times 10^{-4}$$

$\boldsymbol{C}$ 的特征值矩阵与特征向量矩阵为

$$\boldsymbol{\lambda}=\mathrm{diag}(1.2962 \quad 431.7857 \quad 0.8195 \quad 0.0023 \quad 0.0006 \quad 0.0002)\times 10^{-4}$$

$$V=\begin{pmatrix} 0 & 0.086 & 0 & 0 & 1 & 0 \\ 0 & 0 & -0.086 & 1 & 0 & 0 \\ 0 & 0 & 0 & 0 & 0 & 1 \\ 0 & 0 & 1 & 0.086 & 0 & 0 \\ 0 & 1 & 0 & 0 & -0.086 & 0 \\ 1 & 0 & 0 & 0 & 0 & 0 \end{pmatrix}$$

将特征值进行无量纲化后，得到

$$\lambda = \mathrm{diag}(1.5 \quad 503.8 \quad 0.9561 \quad 0.06617 \quad 0.01654 \quad 0.00555) \times 10^{-3}$$
$$\approx \mathrm{diag}(0 \quad 503.8 \quad 0 \quad 0 \quad 0 \quad 0) \times 10^{-3}$$

与零特征值对应的特征向量组成机构的约束空间（列向量表示约束力旋量）。

$$\boldsymbol{W} = \begin{pmatrix} 0 & 0 & 0 & 1 & 0 \\ 0 & -0.086 & 1 & 0 & 0 \\ 0 & 0 & 0 & 0 & 1 \\ 0 & 1 & 0.086 & 0 & 0 \\ 0 & 0 & 0 & -0.086 & 0 \\ 1 & 0 & 0 & 0 & 0 \end{pmatrix}$$

根据自由度空间与约束空间的对偶性，可得动平台的自由度空间为

$$\boldsymbol{T} = (0,1,0;\ 0.086,0,0) \tag{13.2-6}$$

式（13.2-6）表明，车轮形柔性铰链具有一个转动自由度，转动轴线平行于 y 轴，且通过点 $(0,0,-0.086)^{\mathrm{T}}$。注意到理想情况下，$O$ 点的坐标为 $(0,0,-l\sin\theta/2)^{\mathrm{T}} = (0,0,-0.0866)^{\mathrm{T}}$。因此，车轮形柔性铰链的转动轴线通过 O 点，这与利用图谱法得到的结论一致。

13.2.3 基于图谱法的自由度分析

图谱法可实现对柔性机构及机器人的自由度分析。有关图谱法的更详细的介绍请参考文献［43］，这里直接给出应用图谱法对并联、串联、混联式柔性机构及机器人进行自由度分析的方法及步骤。

1. 串联式柔性机构

对于串联式柔性机构，自由度分析过程如下：

1）**对参与串联的各个柔性模块进行自由度分析，得到各个模块的自由度线图。**对柔性模块进行自由度分析的方法参见后面并联式柔性机构的自由度分析。

2）**对各模块自由度线图求并，得到机构末端的自由度空间。**

3）**确定机构自由度的数目及性质。**串联式柔性机构的自由度数目为末端自由度空间维数。自由度的性质同样可依据自由度空间的线图表达得出。

【例 13-3】 串联式柔性平台的自由度分析。

如图 13-5a 所示，该柔性机构由两个正交分布的柔性簧片单元组成。由前面对基本柔性单元的讨论可知，每个柔性簧片单元提供一个三维平面约束，根据对偶线图法则，可得到每个簧片的自由度空间，如图 13-6a 所示；对这两个自由度空间求并，就可以得到末端平台的自由度空间（5 维），如图 13-6b 所示；图 13-6c 所示的自由度线图是该机构自由度空间的同维子空间。由该线图可知，该柔性机构的自由度数目为 5，类型是 3R2T($R_xR_yR_zT_xT_y$)，如图 13-5b 所示。

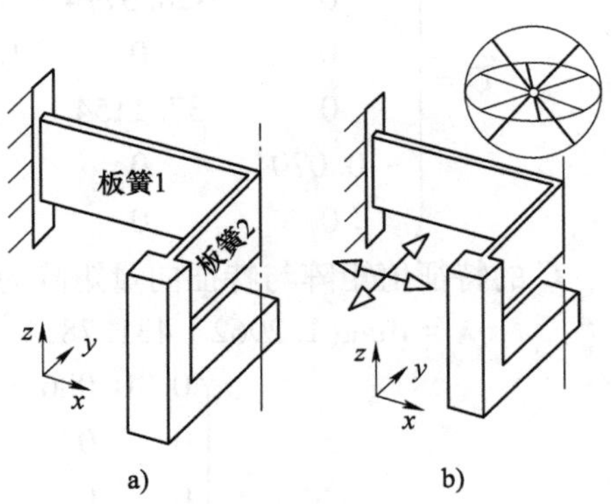

图 13-5
串联式柔性平台及其自由度图示

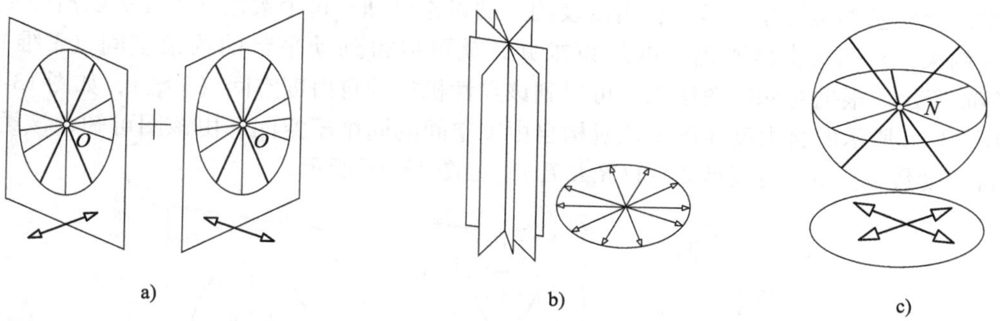

图 13-6

末端平台的自由度空间

2. 并联式柔性机构

对于并联式柔性机构，自由度分析过程如下：

1）**确定各支链对动平台提供的约束线图**。表 13-2 已经给出了基本柔性单元的等效自由度与约束线图。求支链约束线图时，需要遵循以下原则：如果是单一柔性单元，则直接给出约束线；如果是并联连接，则将约束线求并；如果是串联连接，则将自由度线求并，再根据图谱法的对偶线图法则求约束。

2）**将各支链的约束线图求并，得到动平台的约束空间**。根据组合线图的维数公式，得到动平台约束空间的维数 n 以及具体的约束线图。

3）**求柔性机构的自由度数目**。显然，柔性机构的自由度数为 $6-n$。

4）**确定柔性机构的自由度性质，包括自由度类型及转轴位置等**。根据图谱法的对偶线图法则，可得到与动平台约束空间对偶的自由度空间。依据自由度空间的线图表达，进而得出自由度类型（直线表示转动，两端带箭头的线段表示移动等）以及转轴位置等信息。

【例 13-4】 并联式柔性平台的自由度分析。

如图 13-7a 所示，该机构由一个动平台、一个基平台以及四根柔性杆组成。其中，柔性杆 1 和 2 平行，所在平面通过基平台中心；柔性杆 3 和 4 相交于基平台中心，两者所在平面与柔性杆 1、2 所在平面垂直。

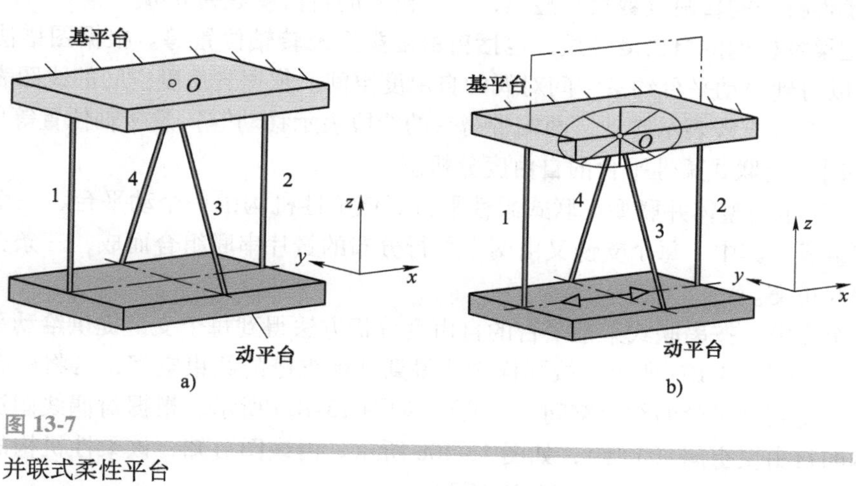

图 13-7

并联式柔性平台

由前面对基本柔性单元等效自由度及约束的讨论可知，每个柔性杆单元提供沿杆轴线的一维线约束。对四条支链所提供的约束求并，就可以得到动平台的约束空间（3 维），如图 13-8a 所示。根据对偶线图法则，可得到该柔性机构的自由度空间（3 维），如图 13-8b 所示。图 13-8c 所示的自由度线图是该机构自由度空间的同维子空间。由该图可知，该柔性机构的自由度数目为 3，类型是 2R1T($R_xR_zT_x$)，如图 13-7b 所示。

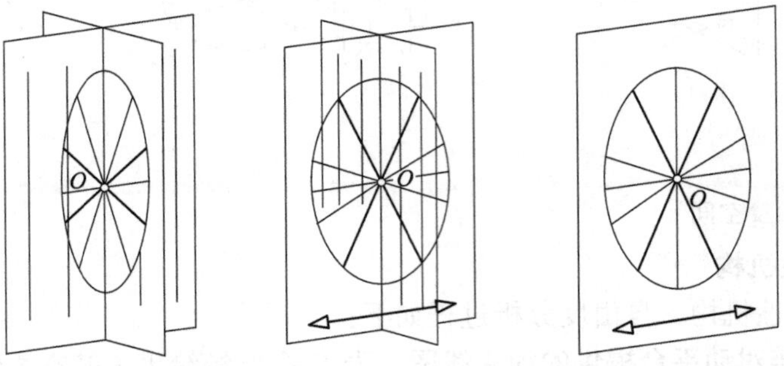

图 13-8
动平台的约束空间及自由度空间

3. 混联式柔性机构

对于结构更为复杂的柔性机器人机构，如混联式柔性平台，可以将其分解为并联和串联式模块的组合。对每个模块遵循各自的分析方法，进而得到整个机构的自由度。混联式柔性机构及机器人还可细分为两类：一类是整体并联，另一类为整体串联。

整体并联的混联式柔性平台的自由度分析过程类似于并联式柔性机构，具体步骤如下：

1） **确定各支链对动平台提供的约束线图**。按前面介绍的串联式柔性机构自由度分析过程确定每个支链的约束线图。

2） **将各支链约束线图求并，得到动平台的约束空间**。根据组合线图的维数公式，得到动平台约束空间的维数 n 以及具体的约束线图。

3） **求柔性机构的自由度数目**。显然，柔性机构的自由度数为 $6-n$。

4） **确定柔性机构的自由度性质，包括自由度类型及转轴位置等**。根据图谱法的对偶线图法则，可以得到与动平台约束空间对偶的自由度空间。依据自由度空间的线图表达，进而得出自由度类型（直线表示转动，两端带箭头的线段表示移动等）及转轴位置等信息。

【例 13-5】 混联式柔性平台的自由度分析。

图 13-9a 所示为整体并联型混联式柔性平台。该柔性机构由一个动平台、一个基平台以及三条支链组成。其中，每个支链又由两个平行分布的簧片串联组合而成，三条支链各自所在的平面相互正交。

任取一个支链，按串联式柔性平台的自由度分析方法得到每个支链提供给动平台的约束空间（1 维），如图 13-10a 所示。按同样方法得到其他支链的约束空间，再将所有支链的约束空间求并，得到动平台的约束空间（3 维），如图 13-10b 所示。根据对偶线图法则，得到该柔性机构的自由度空间（3 维），如图 13-10c 所示。由该图可知，该柔性机构的自由度数目为 3，类型是 3T($T_xT_yT_z$)，如图 13-9b 所示。

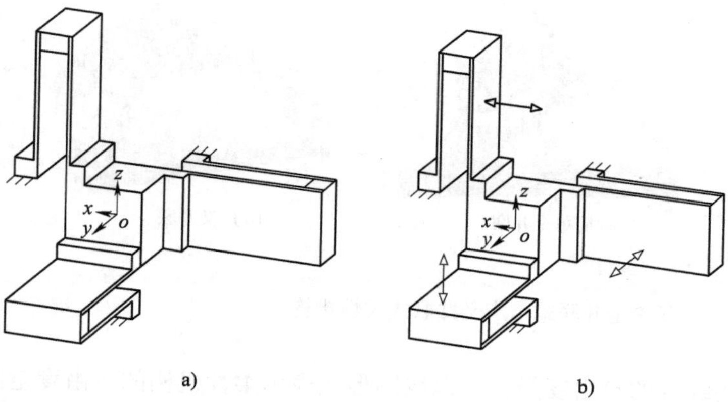

图 13-9

混联式柔性平台

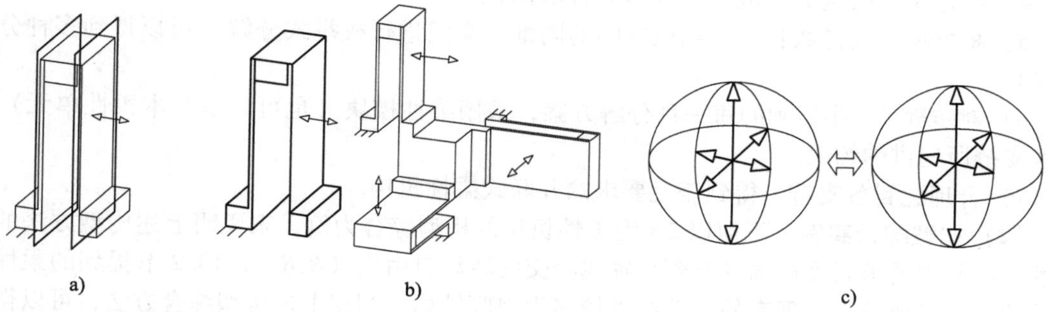

图 13-10

动平台的约束空间及自由度空间

整体串联型混联式柔性平台的自由度分析过程类似于串联式柔性机构，具体步骤如下：

1）**对参与串联的各个柔性模块进行自由度分析，得到各个模块的自由度线图。**并联式柔性模块的自由度分析方法参见并联式柔性机构的自由度分析。

2）**将各模块自由度线图求并，得到机构末端的自由度空间。**

3）**确定机构自由度的数目及性质。**串联式柔性机构的自由度数目为末端自由度空间维数。自由度的性质同样可根据自由度空间的线图表达得出。例子从略。

13.3 图谱化构型综合

1. 并联式柔性机构

为描述方便，将并联式柔性机构分为两类：一类是**简单全并联式柔性机构**，其中的每个柔性约束单元（柔性杆或簧片）单独构成一条支链，如图 13-11a 所示；另一类称为**广义并联式柔性机构**，每条支链是由基本柔性单元通过并联或串联组合而成的柔性模块，如图 13-11b 所示。

（1）构型综合步骤 无论是简单全并联式柔性机构还是广义并联式柔性机构，都可以采用下面的构型综合步骤：

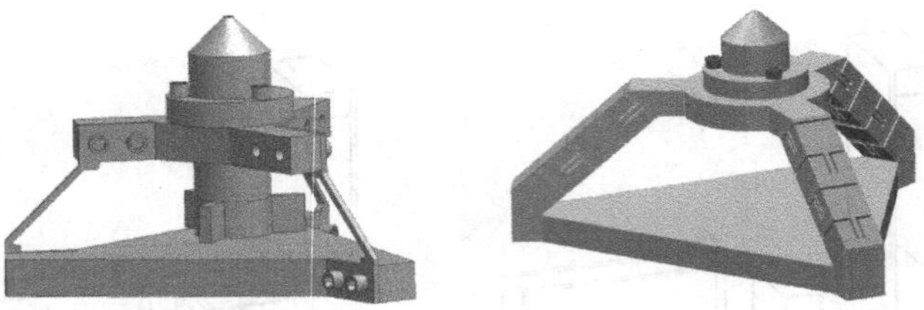

a) 简单全并联　　b) 广义并联

图 13-11
简单全并联式与广义并联式柔性机构

1）根据所要综合的自由度类型，以线图形式表示柔性机构的自由度空间 $\boldsymbol{S}_{\mathrm{T}}$。

2）根据对偶线图法则或者 F&C 图谱，确定与自由度空间 $\boldsymbol{S}_{\mathrm{T}}$ 对偶的约束空间 $\boldsymbol{S}_{\mathrm{W}}$。

3）找出约束空间 $\boldsymbol{S}_{\mathrm{W}}$ 的所有同维子空间（多个）。

4）给定柔性机构的支链数目（有多种取法）。

5）根据所选支链数目，对约束空间的同维子空间进行枚举式分解（可以得到多种分解方案）。

6）对步骤 5）中得到的每一种分解方案，采用柔性模块（也可以是基本柔性单元）实现各支链所提供的约束。

7）合理配置各支链，得到满足要求的并联式柔性机构。

（2）构型综合实例 下面以 2R 型柔性机构的构型综合为例，来说明上述构型方法的有效性。该例中要求柔性机构具有两个轴线相交的转动自由度（R_xR_y），13.2 节提到的柔性虎克铰即可满足要求，而现有的柔性虎克铰多为串联结构。利用上述构型综合方法，可以得到并联式 2R 柔性机构，具体构型综合过程如下：

1）**用线图表示自由度空间**。该例中的柔性机构具有图 13-12 所示的自由度空间，自由度空间维数为 2。

2）**求约束空间**。根据对偶线图法则，可以得到图 13-13 所示的约束空间，约束空间维数为 4。

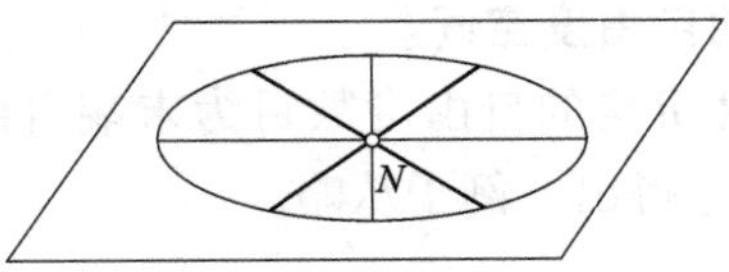

图 13-12
2R 型柔性机构的自由度空间

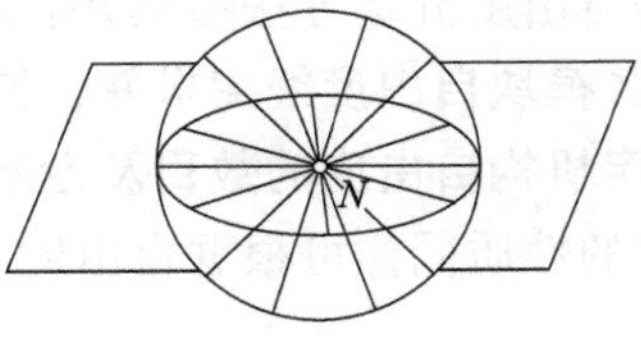

图 13-13
2R 型柔性机构的约束空间

3）**找同维子空间**。该约束空间存在八种同维子空间，其中典型的同维子空间如图 13-14 所示。

4）**选择支链数目**。这里取柔性支链的数目为 2。

5）**分解同维子空间**。以两种典型同维子空间为例，具体分解方案如图 13-14 所示。

6）**配置柔性支链，并组合成机构**。这里以图 13-15a 和图 13-16a 中的分解方案为例，来配置各柔性支链。

在图 13-14a 所示的分解方案中，同维子空间被分解为一个三维平面约束和一个一维线约束。根据前文对基本柔性单元的讨论，柔性簧片可以等效为平面约束，柔性杆可以等效为线约束，如图 13-15 所示。事实上，任一提供平面约束的柔性模块都可以替代柔性簧片，任一提供一维线约束的柔性模块也可以替代柔性杆。

a)　　b)

图 13-14

两种典型的同维子空间

这里，分别将柔性簧片和柔性杆作为一个支链，可以得到图 13-16 所示的简单全并联式 2R 柔性机构。

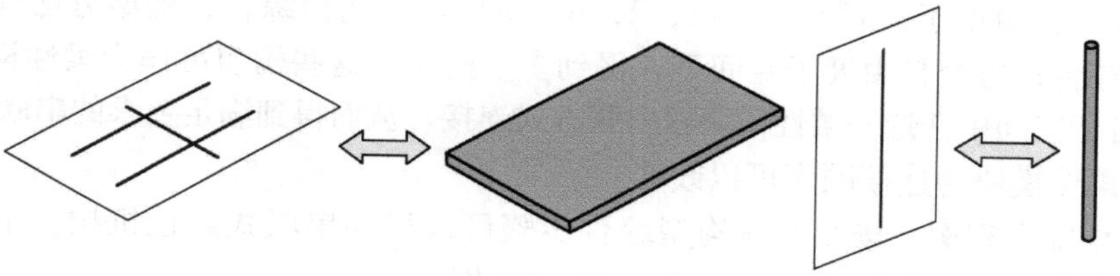

a)　　b)

图 13-15

柔性簧片与柔性杆的等效线约束模型

在图 13-14b 所示的分解方案中，同维子空间被分解为一个三维空间汇交线约束和一个一维线约束。由于柔性球铰正好可以提供空间汇交线约束，因此，可分别采用图 13-17 所示的柔性球铰和图 13-15b 所示的柔性杆作为支链。

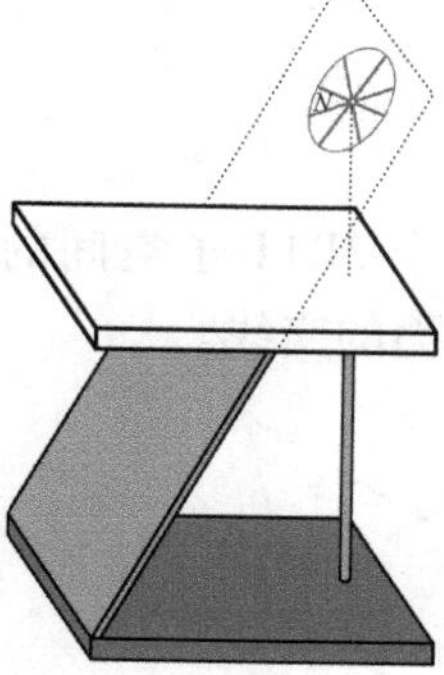

图 13-16

简单全并联式 2R 柔性机构（一）

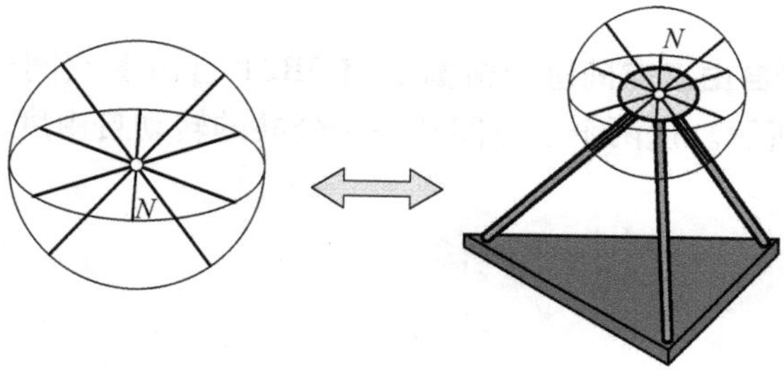

图 13-17

柔性球铰等效约束模型

支链组合后，可以得到图 13-18 所示的并联式柔性机构。

类似地，对于每一种分解方案，都可以得到不同的构型。从而为后面的构型优选、参数优化等提供丰富的构型库资源。可以看出，利用图谱法进行柔性机构构型综合简单直观，而且得到的构型具有一定的完备性。

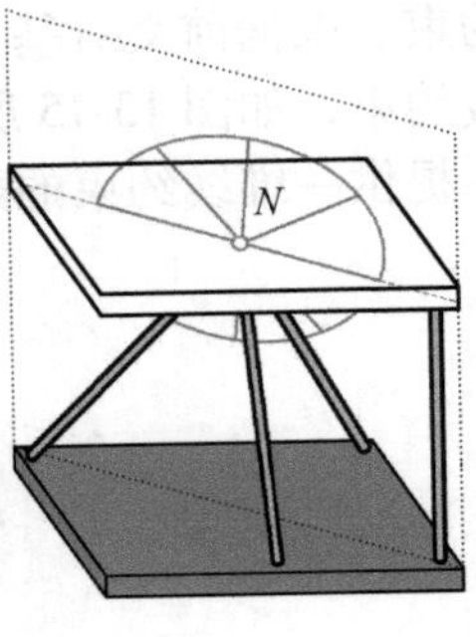

图 13-18

简单全并联式 2R 柔性机构（二）

2. 串联式柔性机构

（1）构型综合步骤 串联式柔性机构是指由多个基本柔性单元或柔性模块以串联的方式连接在末端执行器和基座之间形成的机构。

下面利用图谱法对串联式柔性机构进行构型综合，具体步骤如下：

1）根据所要综合的自由度类型，以线图形式表示柔性机构的自由度空间 $\boldsymbol{S}_{\mathrm{T}}$。

2）将自由度空间分解为几个低维子空间的并集 $\boldsymbol{S}_{\mathrm{T}}=\boldsymbol{S}_{\mathrm{T1}}\cup\boldsymbol{S}_{\mathrm{T2}}\cup\cdots\cup\boldsymbol{S}_{\mathrm{T}n}$，分解方案的多样性有利于得到更多的构型。

3）对每个自由度子空间 $\boldsymbol{S}_{\mathrm{T}i}$（$i=1，2，\cdots，n$）进行构型综合，构型方法同并联式柔性机构的构型综合；每个自由度子空间可以得到多个构型，这些构型可作为柔性模块使用。

4）从各子空间中任选一柔性模块以串联方式连接，从而得到满足要求的串联式柔性机构。注意：柔性模块的连接顺序可以改变。

（2）构型综合实例 按照上述构型综合步骤可以得到串联式柔性机构。下面利用本节给出的构型综合方法来综合一种串联式 3R2T 柔性模块。

1）**以线图形式表达自由度空间**。该例中，自由度与约束对偶线图如图 13-19 所示。

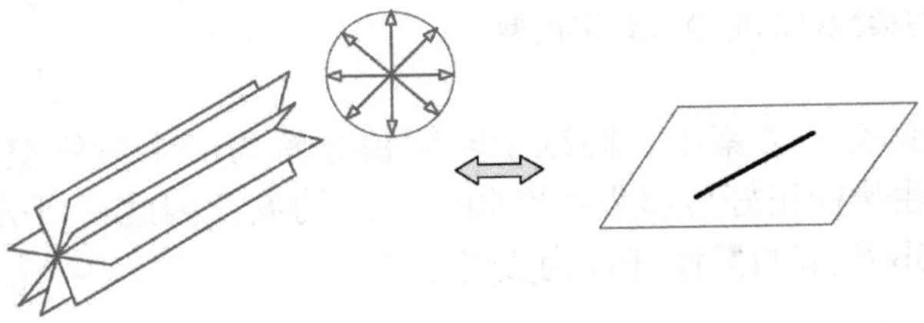

图 13-19

3*R*2*T* 自由度与约束对偶线图

2）**对自由度空间进行分解**。将 3R2T 自由度空间分解为两个 2R1T 子空间的并集，如图 13-20 所示。这两个子空间有一个公共的转动自由度，即两平面的交线。

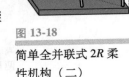

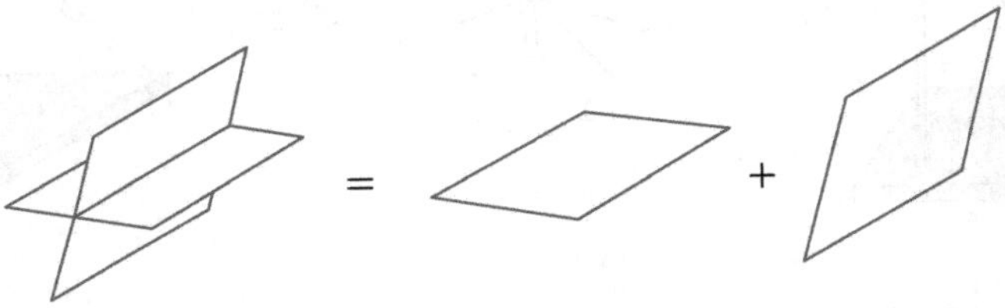

图 13-20

3R2T 自由度空间分解

3）**子空间的构型综合**。2R1T 子空间的自由度与约束对偶线图如图 13-21 所示。可以看到，每个 2R1T 子空间在物理上可以用簧片来实现。

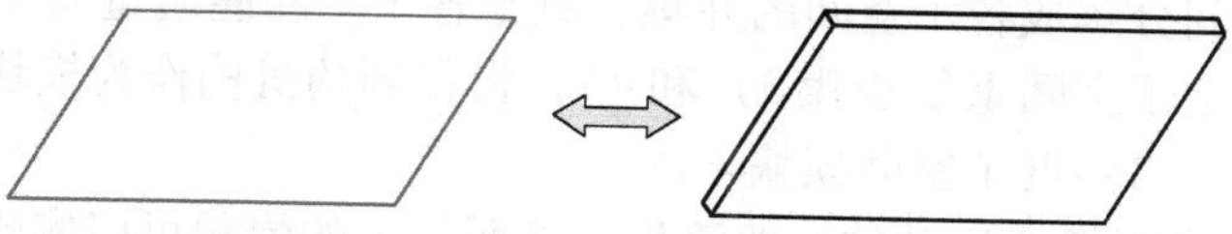

图 13-21

2R1T 子空间的自由度与约束对偶线图

4）**以串联方式连接子空间对应的柔性模块**。本例中，两个簧片串联连接在一起，且相互正交，就得到了一种串联式 3R2T 柔性模块。

图 13-22 所示为本例的整个构型综合过程。

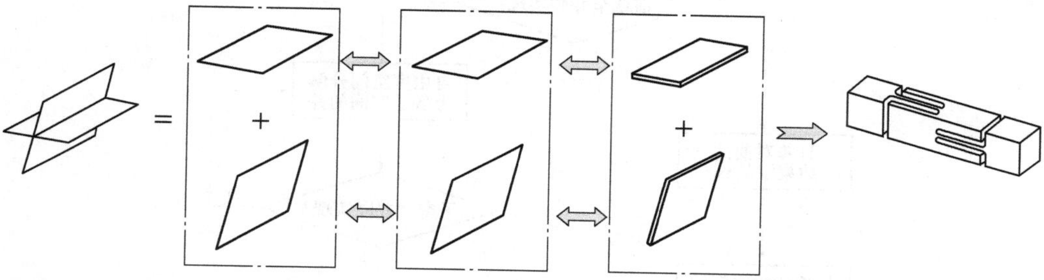

图 13-22

3R2T 串联式柔性机构的构型综合过程

3. 混联式柔性机构

并非所有的运动都可通过简单全并联的方式来实现。例如，表 13-1 中的二维移动及三维移动均不能以简单全并联的方式实现。然而这些运动可以通过其他连接方式，如串/混联来实现。以二维移动为例，它可由两个一维移动模块通过串联方式来实现。之所以采用这种方式来实现，是因为一维移动是可以通过简单全并联来实现的。换句话说，采用这种模块串联实现的前提是分解后，单个模块的运动可通过简单全并联来实现。下面给出采用模块串联的方式实现自由度空间时应该遵循的一般原则与过程。

1）**将自由度空间分解为自由度子空间的并集**。例如，二维移动可以分解为两个一维移动的并集。

2）**确保自由度子空间可通过简单全并联来实现**。若自由度子空间不能通过简单全并联来实现，则将该自由度子空间继续分解为更低维的子空间，直至能够通过简单全并联来实现。

事实上，采用柔性模块串联的方式在理论上可以实现所有类型的运动。因为一维运动（包括一维转动、一维移动和一维螺旋运动）均可通过简单全并联来实现，而不管何种类型的运动都可分解为一维运动串联的形式。下面给出可实现任意运动的一般设计步骤：

1）用矩阵形式表达给定运动的 n 维自由度空间 $\boldsymbol{S}_{\mathrm{T}}$。

2）判断自由度空间 $\boldsymbol{S}_{\mathrm{T}}$ 能否以简单全并联实现；若能实现，则执行步骤 3）和 4）；否则，执行步骤 5）~7）。

3）计算自由度空间的对偶约束空间 S_W，并构造约束空间的同维线子空间。

4）采用柔性单元或柔性模块实现约束线子空间。

5）将自由度空间分解成各子空间的并集，直至各子空间能通过简单全并联实现为止。

6）对每个自由度子空间重复步骤 3）和 4），将得到的机构作为模块。

7）串联连接各个自由度子空间模块。

图 13-23 所示为实现任意运动的一般流程。按照给定的流程可以实现任意类型的运动。

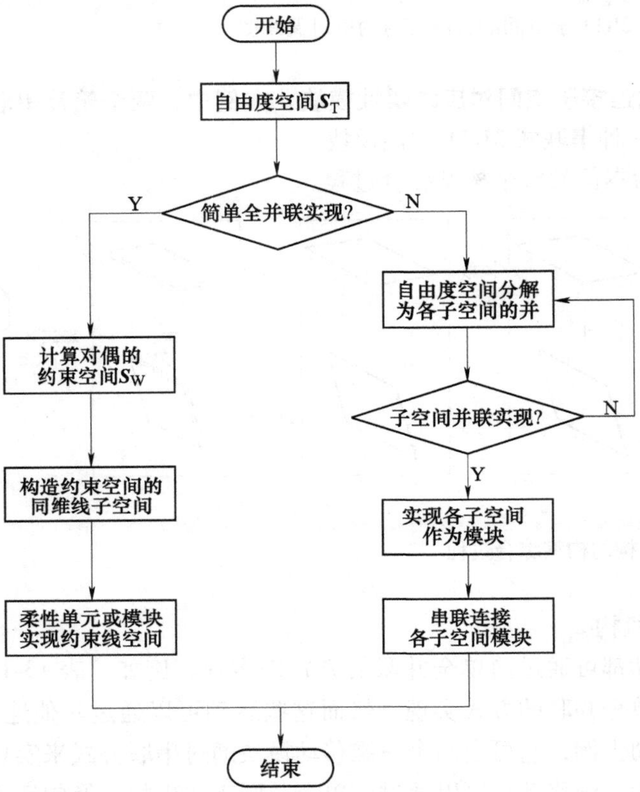

图 13-23

给定运动的构型设计流程

【例 13-6】 二维平动柔性机构的混联设计。

为方便起见，假设二维平动的方向正交解耦，分别沿 x 轴和 y 轴方向。

该机构自由度空间的一组基可由下式表示

$$S_T = \begin{pmatrix} 0\ 0\ 0;1\ 0\ 0 \\ 0\ 0\ 0;0\ 1\ 0 \end{pmatrix} \tag{13.3-1}$$

其约束空间的一组基可根据互易积公式计算如下

$$S_W = \begin{pmatrix} 0 & 0 & 1 & ; & 0 & 0 & 0 \\ 0 & 0 & 0 & ; & 1 & 0 & 0 \\ 0 & 0 & 0 & ; & 0 & 1 & 0 \\ 0 & 0 & 0 & ; & 0 & 0 & 1 \end{pmatrix} \tag{13.3-2}$$

因此，约束空间中一般旋量可表示成

$$\boldsymbol{\$}=(0,0,a;b,c,d) \tag{13.3-3}$$

式中，a、b、c、d 为任意实数，但不同时为零。

由式（13.3-3）可以看出，即使对 a、b、c、d 取不同值，也无法得到四条线性无关的直线（组成一组基）。因此，根据 13.2 节所提条件，本例中的二维平动无法通过简单全并联方式来实现，只能采用串联或混联的方式实现。

这里采用混联的方式，即将两个分别沿 x 轴和 y 轴方向平动的并联式柔性机构串联起来，组合得到的混联式机构来实现预期目标，其概念设计模型如图 13-24 所示。

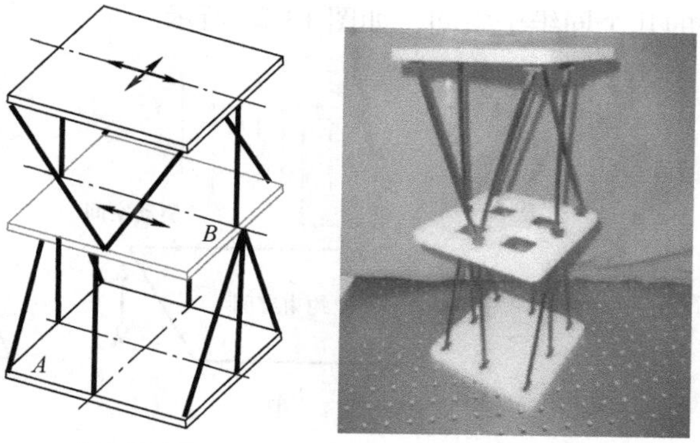

a) 概念设计模型　　b) 模型图片

图 13-24

二维平动柔性机构的构型设计

4. 驱动选取

前面已经讨论了柔性机构的图谱化构型综合问题，但从系统设计的角度来说，仅有这些是不够的。对于一个主动的实际柔性系统而言，如何选取和配置驱动也很重要。目前，柔性系统中常见的驱动元件主要是压电陶瓷和音圈电动机。其中，**压电陶瓷**（piezo ceramics）多为直线驱动；**音圈电动机**（voice coil motor）则有直线型与摆动型两种。一般地，压电陶瓷驱动和直线型音圈电动机驱动可以看成是对系统提供了**驱动力**，而摆动型音圈电动机驱动则可以看成是对系统提供了**驱动力矩**。如果驱动配置不当，可能会给柔性系统引入额外的误差，从而降低控制精度，影响机构性能；或者造成驱动之间的干涉、驱动冗余等。事实上，对这些问题的讨论同样可以归结到有关驱动空间[43]的议题。

对于拓扑结构源于刚性机构的柔性机构（即通过等效刚体模型法得到的柔性机构），其驱动空间与驱动副选取的问题可沿用选取刚性体机构驱动的方法；对于拓扑结构中无明显主动副和被动副，而只有约束单元的柔性机构，驱动空间的选取方法有其特殊之处。

由于机构的驱动实质上也是力旋量，因此，与自由度空间与约束空间类似，驱动空间也可用线图的方式来表达，称之为**驱动线图**（actuation line pattern）。为此，本节中用灰色粗直线表示驱动力，用两端带箭头的灰色线段表示驱动力矩。

参考文献［43］导出了“驱动空间与约束空间线性无关”，并作为驱动空间综合的重要准则。由线性代数相关知识可得，驱动空间又可看作约束空间的补空间。换言之，不包含在约束线图中的任一直线或者偶量都可以作为驱动线图中的元素。这一结论可作为图谱法驱动空间综合的重要准则。

例如 2R1T($R_xR_yT_z$) 型柔性机构，其自由度与约束对偶空间如图 13-25 所示。

根据驱动空间图谱综合的准则，驱动线图内不能包含上述约束线图中的任何线及偶量。按照这样的思路来确定驱动空间在实际操作上并非易事，但可以直接通过观察得到驱动空间

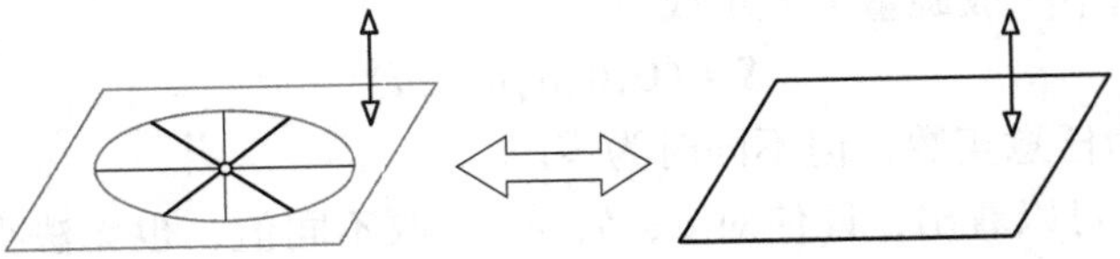

图 13-25

2R1T 运动类型的自由度与约束对偶空间

中的几个同维子空间，如图 13-26 所示。

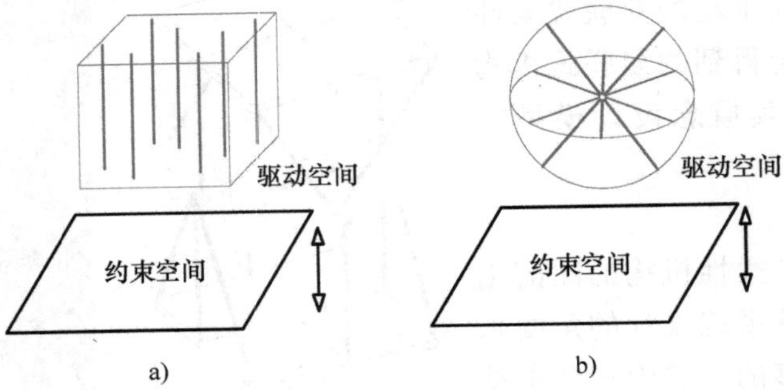

图 13-26

两种同维驱动子空间

易知，与约束平面正交（或斜交）的空间平行线以及过平面外一点的空间汇交线都可以选作驱动力。所选取的驱动维数一般要与自由度数目相同。

通过上述分析，可以归纳出利用图谱来综合驱动空间的一般过程：

1）以线图形式表示柔性机构的自由度空间。

2）根据广义对偶线图法则或者 F&C 图谱，得到机构的约束线图。

3）根据驱动空间的图谱综合准则，在约束线图的补空间中选取一组线性无关的线或者偶量作为驱动力或者驱动力矩。

【例 13-7】 3R 转动（柔性球铰）的驱动空间分析。

一个典型柔性球铰的自由度空间与约束子空间如图 13-27a、b 所示。由驱动空间的图谱综合准则易知，不通过约束线汇交点的平面以及垂直平面的偶量均为满足要求的驱动，如图 13-27c 所示。因此，可选取平行于基平台的平面作为驱动子空间。

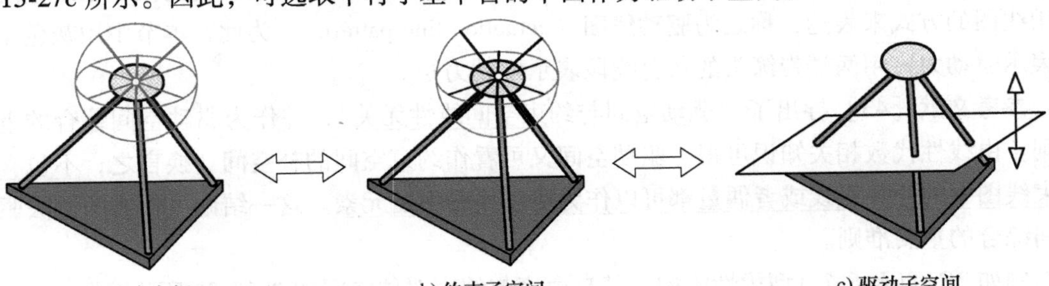

图 13-27

柔性球铰的同维驱动子空间线图

由于柔性球铰有三个自由度，因此，可在驱动子空间平面内取三条不共点的直线作为驱动力；或者取两条直线作为驱动力，外加一个偶量作为驱动力矩。

13.4 运动学分析

13.4.1 基本柔性单元的伪刚体模型

作为最基本的柔性单元，柔性梁的性能令人关注。几个世纪前，伯努利-欧拉方程就给出了小变形条件下均质悬臂梁结构的弹性力学模型。但当柔性梁变形较大时，往往难以满足小变形的假设，而在几何非线性条件下求解柔性单元的变形需要用到椭圆积分或数值积分，其过程比较复杂。为此，相关学者相继提出了刚柔运动等效的 1R、2R、3R 等多种伪刚体模型及有限元模型。其中，**1R 伪刚体模型**（Pseudo-Rigid-Body Model，PRBM）法[10]简单直观，应用较广。同时还注意到，在复杂载荷作用下，梁的变形不仅发生在一维功能方向。为了研究柔性梁的各种非线性属性，参考文献［10］通过简化给出了近似的位移-载荷解析表达。除了基本均质梁的建模问题之外，大量研究还集中在缺口型柔性单元上。本节主要介绍 **1R 伪刚体模型**。

如图 13-28 所示，将两根连杆铰接并施加扭力弹簧来模拟悬臂梁的变形，通过建立铰接点位置和弹簧刚度在不同载荷情况下的关系，以刚性连杆的位移近似逼近柔性梁的变形。这样，柔性杆的运动特性用带有铰链的刚性杆来模拟，其刚度特性由附加的弹簧来描述。借助于伪刚体模型，可以在柔性机构和刚性机构之间搭建起一座桥梁，找到相互对应的关系，有利于借鉴成熟的刚性机构分析设计理论。

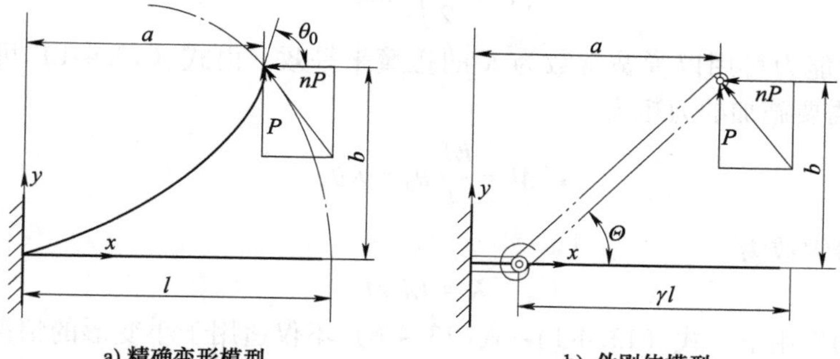

图 13-28

长杆型柔性单元

1. 短杆型柔性单元在纯弯矩作用下的伪刚体模型

通常将刚体杆的长度与柔性单元的长度之比大于 10（即 $L/l>10$）的情况称为短杆型柔性单元，如图 13-29 所示。定义该情况下柔性单元的伪刚体模型：大变形转动视为绕某个特征转动中心的转动，且转动中心在 $l/2$ 处。

柔性梁的弯曲变形方程为

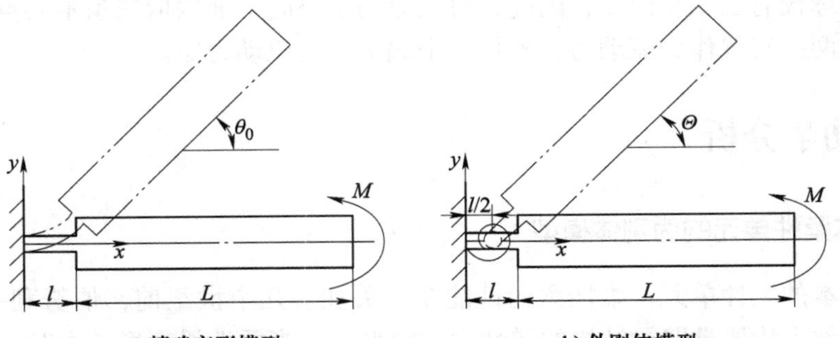

a) 精确变形模型 b) 伪刚体模型

图 13-29 短杆型柔性单元

$$\theta_0 = \frac{Ml}{EI_y} \tag{13.4-1}$$

这时，可建立与柔性单元对应的伪刚体模型的相关参数表达式。

首先定义伪刚体杆的转角 Θ 为伪刚体角。对于短杆型柔性单元，伪刚体角等于梁末端角，即

$$\Theta = \theta_0 \tag{13.4-2}$$

梁末端的 x 和 y 坐标（分别用 a 和 b 表示）可近似为

$$l_x = \frac{l}{2} + \left(L + \frac{l}{2}\right)\cos\Theta \tag{13.4-3}$$

$$l_y = \left(L + \frac{l}{2}\right)\sin\Theta \tag{13.4-4}$$

梁的抗变形能力可用以弹簧常数为 K 的扭簧来等效。由式（13.4-1）可知，当梁末端转角为 θ_0 时，需要施加的力矩为

$$M = \frac{EI_y}{l}\theta_0 = K\theta_0 \tag{13.4-5}$$

因此，弹簧常数为

$$K = EI_y/l \tag{13.4-6}$$

在纯弯矩的作用下，式（13.4-1）~式(13.4-6）不仅适用于小变形的情况，即使产生了大变形，利用伪刚体模型得到的结果与精确解计算结果也非常相近。

2. 长杆型柔性单元在自由端常力载荷作用下的伪刚体模型（图 13-28）

大变形椭圆积分方程表明，对于自由端受力的柔性悬臂梁，其自由端的轨迹接近一固定曲率半径的圆弧。以此为依据，可建立起长杆型柔性单元在常力作用下对应的伪刚体模型：在末端受到常力作用时，大变形转动可视为绕某个特征转动中心的刚体定轴转动，并设转动中心位于距离自由端 γl 处，这里 γl 为特征半径（伪刚体杆的长度）。同样，可导出与长杆型柔性单元对应的伪刚体模型的相关参数表达式。

对于长杆型柔性单元，伪刚体角为

$$\Theta = \arctan\frac{l_y}{l_x - l(1-\gamma)} < \Theta_{\max}(\gamma)\text{（对于精确的位置预测）} \tag{13.4-7}$$

梁末端的 x 和 y 坐标（分别用 a 和 b 表示）可近似为

$$l_x = l[1 - \gamma(1 - \cos\Theta)] \tag{13.4-8}$$

$$l_y = \gamma l\sin\Theta \tag{13.4-9}$$

梁末端转角 θ_0 与 Θ 之间的近似线性关系可表示为

$$\theta_0 = c_\theta\Theta(c_\theta \text{ 为转角系数}) \tag{13.4-10}$$

相应地，弹簧常数为

$$K = \gamma K_\Theta \frac{EI_y}{l} \tag{13.4-11}$$

式中，K_Θ 为刚度系数；γ 为特征半径系数，其公式为

$$\gamma = \begin{cases} 0.841655 - 0.0067807n + 0.000438n^2 & (0.5 < n < 10.0) \\ 0.852144 - 0.0182867n & (-1.8316 < n \leqslant 0.5) \\ 0.912364 - 0.00145928n & (-5 < n \leqslant -1.8316) \end{cases} \tag{13.4-12}$$

事实上，在很大的载荷范围内，特征半径系数 γ 变化很小，因此在一般情况下可取其平均值 $\gamma=5/6(0.85)$。

同样，在很大的载荷范围内，刚度系数 K_Θ 的变化也很小，因此在一般情况下可取其平均值 $K_\Theta=2.65$。另一个简单的近似公式为

$$K_\Theta \approx \pi\gamma \tag{13.4-13}$$

考虑一种特例：长杆型柔性单元在竖直方向常力的作用下，$n=0$。因此，有

$$\gamma = 0.85 \tag{13.4-14}$$

$$\Theta = 64.3° \tag{13.4-15}$$

$$l_x = l[1 - 0.85(1 - \cos\Theta)] \tag{13.4-16}$$

$$l_y = 0.85l\sin\Theta \tag{13.4-17}$$

$$\theta_0 = 1.24\Theta \tag{13.4-18}$$

$$K = 2.25EI_y/l \tag{13.4-19}$$

表 13-3 列举了在不同载荷情况下，长杆型柔性单元的伪刚体模型及其计算参数。

表 13-3　不同载荷情况下长杆型柔性单元的伪刚体模型及其计算参数

序号	基本模型	伪刚体模型	载荷特征	基本关系式
1	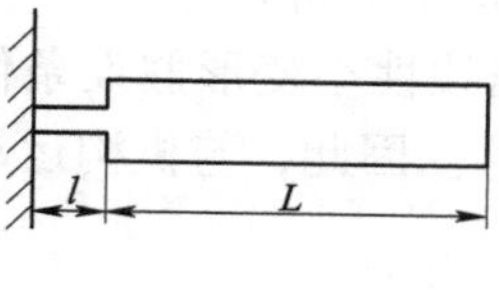	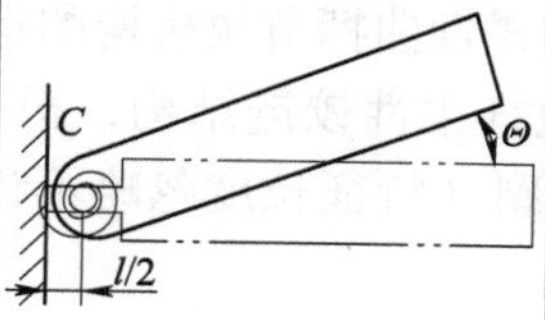	短杆型柔性单元末端受常力矩作用（悬臂梁模型）	$\gamma=\frac{l}{2}$ $l_x=\frac{l}{2}+\left(L+\frac{l}{2}\right)\cos\Theta$ $l_y=\left(L+\frac{l}{2}\right)\sin\Theta$
2	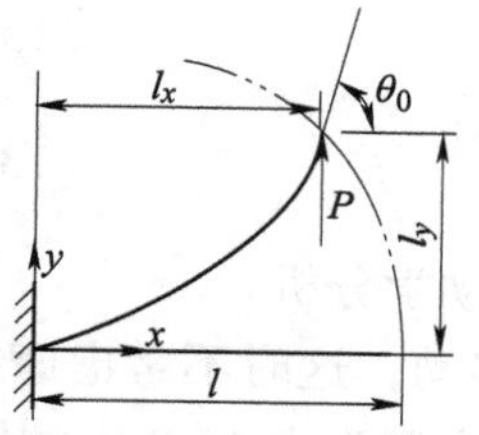	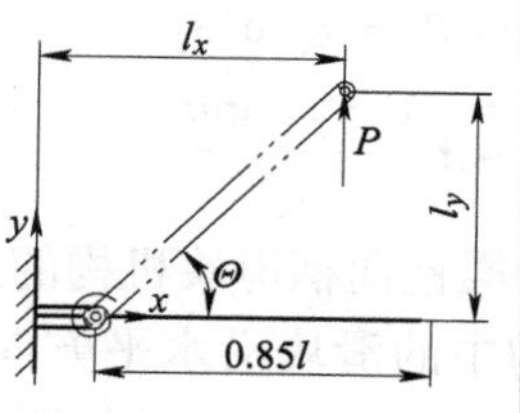	长杆型柔性单元末端受竖直方向的常力作用（悬臂梁模型）	$\gamma=0.85$ $l_x=l\ [1-0.85\ (1-\cos\Theta)]$ $l_y=0.85l\sin\Theta$ $K=2.25\frac{EI_y}{l}$

（续）

序号	基本模型	伪刚体模型	载荷特征	基本关系式
3	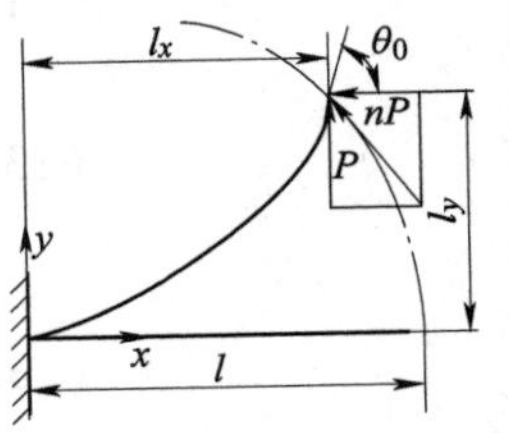	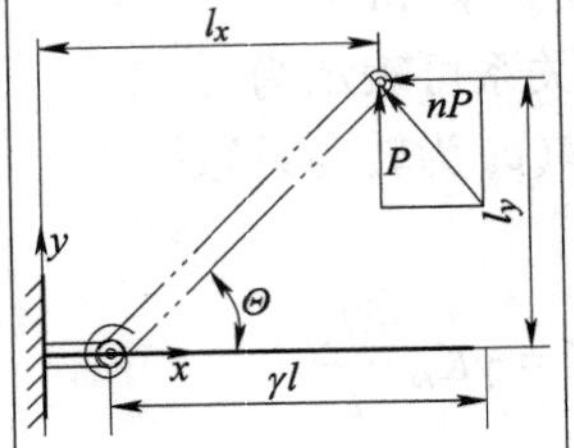	长杆型柔性单元末端受常力作用（悬臂梁模型）	$l_x=l[1-\gamma(1-\cos\Theta)]$ $l_y=\gamma l\sin\Theta$ $K=\gamma K_\Theta \frac{EI_y}{l}$
4	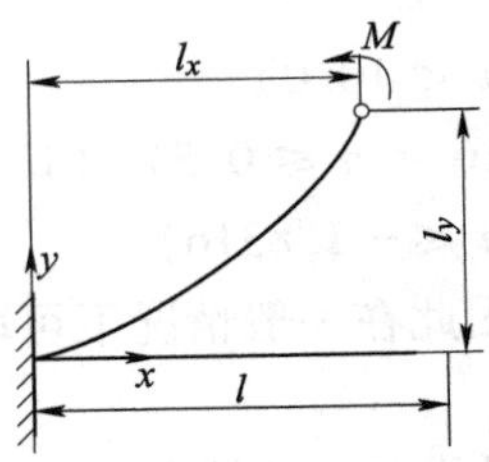	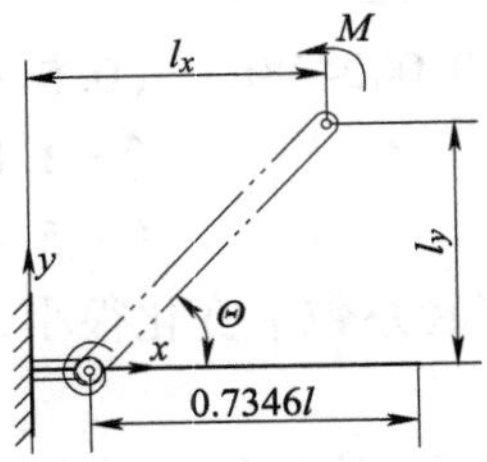	长杆型柔性单元末端受常力矩作用（悬臂梁模型）	$\gamma=0.7346$ $l_x=l[1-0.7346(1-\cos\Theta)]$ $l_y=0.7346l\sin\Theta$ $K=1.5164\frac{EI_y}{l}$
5	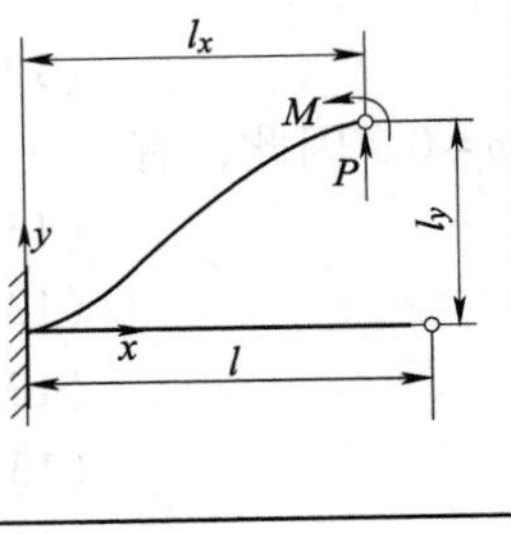	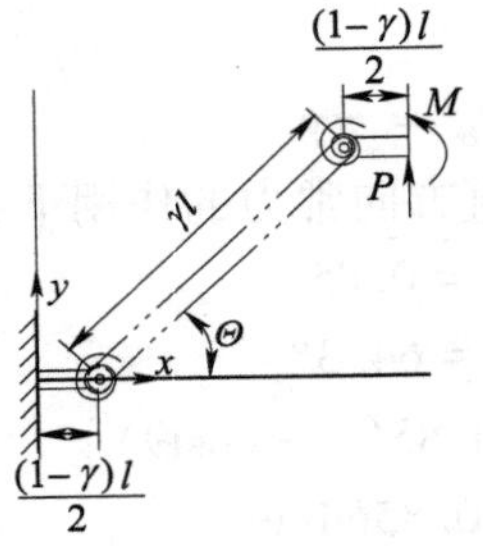	长杆型柔性单元末端同时受常力和力矩作用（固定导向梁模型）	$l_x=l[1-\gamma(1-\cos\Theta)]$ $l_y=\gamma l\sin\Theta$ $K=2\gamma K_\Theta\frac{EI_y}{l}$

13.4.2 基于伪刚体模型法的柔性机器人机构运动学分析

由于大多数柔性机器人机构都可以看成是由若干刚性杆与基本柔性单元组合的形式，因此，可以在基本柔性单元伪刚体模型的基础上，进一步构建整个机构的伪刚体模型。

首先举三个简单平面柔性机构的例子来描述利用伪刚体模型进行运动学建模的过程。

【例 13-8】 由短杆型柔性单元组成的柔性曲柄滑块机构的运动学分析。

图 13-30a 中所示的柔性单元均为细短杆柔性铰链结构，根据线性小变形假设条件下的伪刚体模型，可视为具有一定柔度的转动副（特征长度忽略不计）。因此，与机构运动等效的伪刚体模型如图 13-30b 所示。这时，有

$$e=r_1\sin\theta_1+r_2\sin\theta_2 \tag{13.4-20}$$

$$r_3=r_1\cos\theta_1+r_2\cos\theta_2 \tag{13.4-21}$$

$$\theta_2=\arcsin\frac{e-r_1\sin\theta_1}{r_2} \tag{13.4-22}$$

【例 13-9】 由长杆型柔性单元组成的柔性曲柄滑块机构的运动学分析。

由于图 13-31a 所示柔性曲柄滑块机构中的滑块沿水平方向移动，这时不考虑摩擦的作用，可视柔性杆受到任意方向的外力作用。因此，选用的伪刚体模型为表 13-3 中的情况 3，

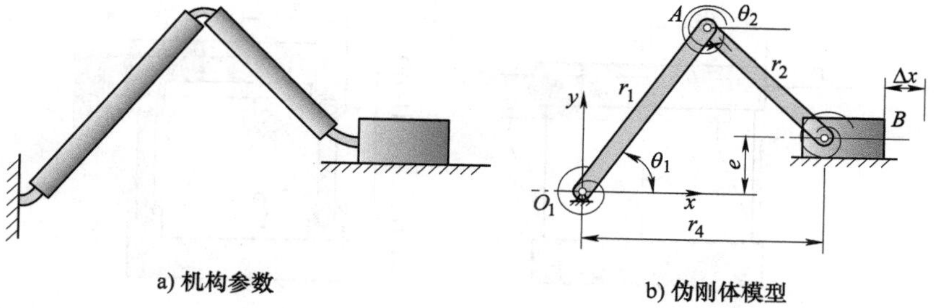

图 13-30

柔性曲柄滑块机构（一）

与机构运动等效的伪刚体模型如图 13-31b 所示。这时，有

$$\gamma = 0.85, K_{\Theta} = 2.65 \tag{13.4-23}$$

因此

$$r_2 = \gamma l, r_3 = l - r_2 \tag{13.4-24}$$

再由封闭向量方程可得

$$\theta_2 = \arcsin \frac{e - r_1 \sin\theta_1}{r_2} \tag{13.4-25}$$

$$x_B = r_1 \cos\theta_1 + r_2 \cos\theta_2 + r_3 \tag{13.4-26}$$

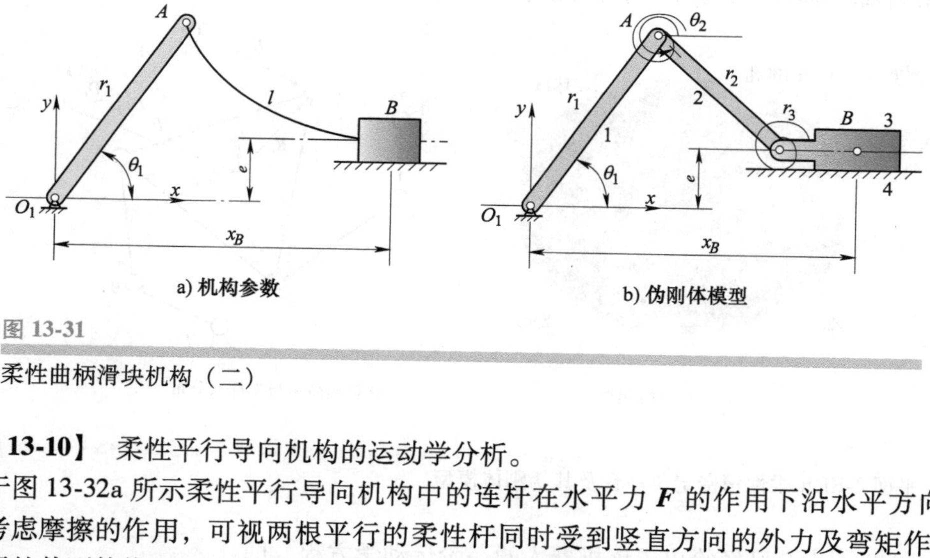

图 13-31

柔性曲柄滑块机构（二）

【例 13-10】 柔性平行导向机构的运动学分析。

由于图 13-32a 所示柔性平行导向机构中的连杆在水平力 $\boldsymbol{F}$ 的作用下沿水平方向移动，这时不考虑摩擦的作用，可视两根平行的柔性杆同时受到竖直方向的外力及弯矩作用。因此，选用的伪刚体模型为表 13-3 中的情况 5，与机构运动等效的伪刚体模型如图 13-32b 所示。这时，有

$$\gamma = 0.85, K_{\Theta} = 2.61 \tag{13.4-27}$$

点 P 的坐标为

$$\begin{cases} x_P = \gamma l \cos\Theta + a_3 \\ y_P = \gamma l \sin\Theta + l(1 - \gamma) + b_3 \end{cases} \tag{13.4-28}$$

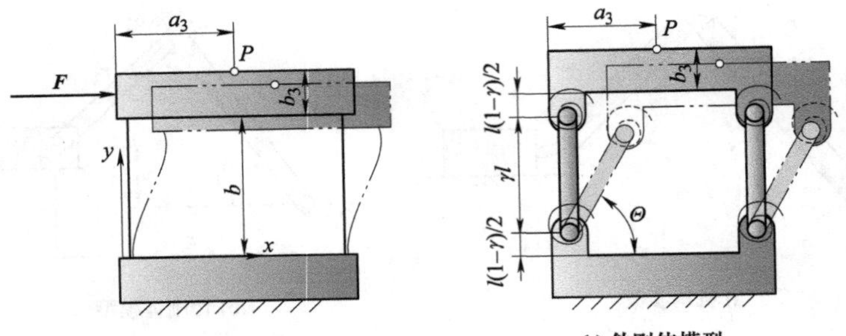

a) 机构参数　　b) 伪刚体模型

图 13-32

柔性平行导向机构

再举两个稍复杂的机器人机构的例子。

【例 13-11】 平面 3-RRR 柔性精密定位平台的运动学分析。

平面 3-RRR 柔性精密定位平台及其伪刚体模型如图 13-33 所示，图中等边 $\triangle C_1C_2C_3$ 是动平台，C 为其中心，其机架和动平台处于同一平面内（基平面）。考虑设计的各向同性，为了消除由温度变化引起的材料变形对机构性能的影响，把三条支链 $A_iB_iC_i(i=1,2,3$；下同）设计成对称结构，即以 C 为中心绕圆周间隔 120°分布。每条支链由连杆 A_iB_i、B_iC_i 和三个转动副 R_{ai}、R_{bi}、R_{ci} 组成，其中 R_{ai} 与机架相连，R_{ci} 与动平台相连，R_{ai} 为驱动关节。该机构的运动副轴线都垂直于基平面，因此动平台只具有平面运动。

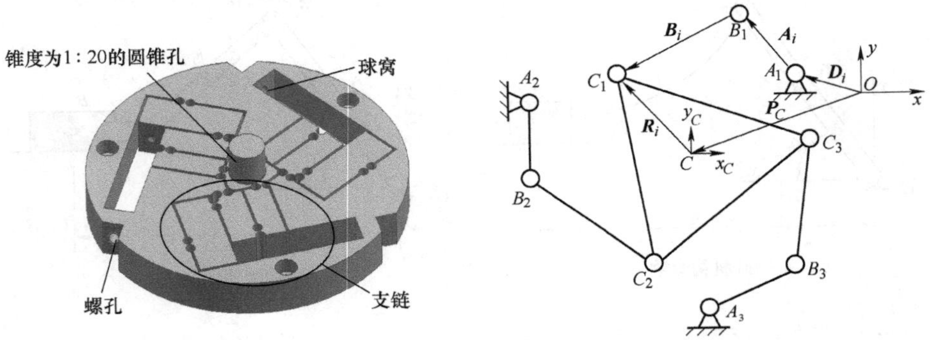

a) 三维模型　　b) 机构简图与坐标系分布

图 13-33

平面 3-RRR 柔性精密定位平台及其伪刚体模型

解：8.3.1 小节已经给出了该机器人的一阶运动学方程，即

$$\dot{\boldsymbol{X}}=\boldsymbol{J}\dot{\boldsymbol{\theta}} \tag{13.4-29}$$

对于微动机器人而言，其输入和输出都隶属于初始位姿的微小领域，因此可以在式（13.4-29）两边同时乘以 Δt，得到

$$\Delta\boldsymbol{X}=\boldsymbol{J}\Delta\boldsymbol{\theta} \tag{13.4-30}$$

式中，$\Delta\boldsymbol{X}=(\Delta x,\Delta y,\Delta\gamma)^{\mathrm{T}}$；$\Delta\theta=(\Delta\theta_1,\Delta\theta_2,\Delta\theta_3)^{\mathrm{T}}$。

代入相关参数，可得该机构的雅可比矩阵为

$$\boldsymbol{J}=a\sin\psi_3\begin{pmatrix}\dfrac{-\sqrt{3}}{3}\sin\psi-\dfrac{1}{3}\cos\psi & \dfrac{2}{3}\cos\psi & \dfrac{\sqrt{3}}{3}\sin\psi-\dfrac{1}{3}\cos\psi\\ \dfrac{\sqrt{3}}{3}\cos\psi-\dfrac{1}{3}\sin\psi & \dfrac{2}{3}\sin\psi & \dfrac{-\sqrt{3}}{3}\cos\psi-\dfrac{1}{3}\sin\psi\\ \dfrac{1}{3r\sin\psi} & \dfrac{1}{3r\sin\psi} & \dfrac{1}{3r\sin\psi}\end{pmatrix}\tag{13.4-31}$$

式中，a 为杆 A_iB_i 的长度；r 为 CC_i 的长度；b 为杆 B_iC_i 的长度；$\psi=\psi_1+\psi_2$；$\psi_3=\psi_2+\arcsin(b\sin\psi_2/a)$（参数表示如图 13-34 所示）。

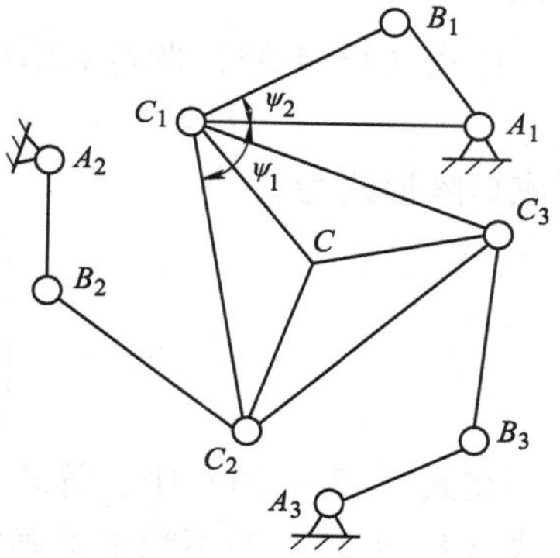

图 13-34

3-RRR 机构结构参数表示

代入具体的结构参数（见表 13-4），得到 $\boldsymbol{J}$ 为

$$\boldsymbol{J}=\begin{pmatrix}-5.01 & -6.735 & 11.744\\ -10.669 & 9.673 & 0.996\\ 0.256 & 0.256 & 0.256\end{pmatrix}$$

【例 13-12】 空间 3-RPS 柔性精密定位平台的运动学分析。

图 13-35a 所示为 3-RPS 柔性精密定位平台，可以看出，该机构是由基平台 $R_1R_2R_3$、动平台 $S_1S_2S_3$ 以及连接两平台的三个分支 $R_iS_i(i=1,2,3)$ 组成的，如图 13-35b 所示。为了消除材料、温度等各方面误差的影响，以及考虑到分体加工的模块化设计，设计成对称结构。其中三个分支与平台相连的运动副为球副，与固定平台相连的运动副为转动副，在转动副与球面副之间是移动副，该移动副是机构的三个驱动副。每条支链中转动副的转动轴线与固定平台共面，且与移动副的运动方向垂直，动平台能够实现在空间中 α、β、Z 方向上三个自由度的运动。

表 13-4　3-RRR 机构的结构参数

a/mm	b/mm	r/mm	ψ_1/rad	ψ_2/rad
17.72	11	29.546	1.1733	0.81569

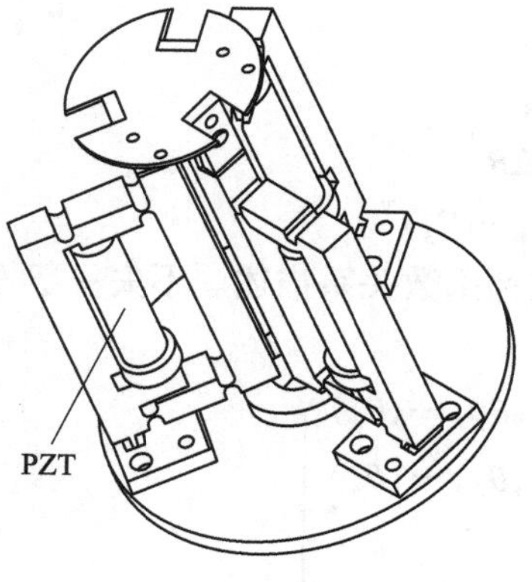

a) 三维模型

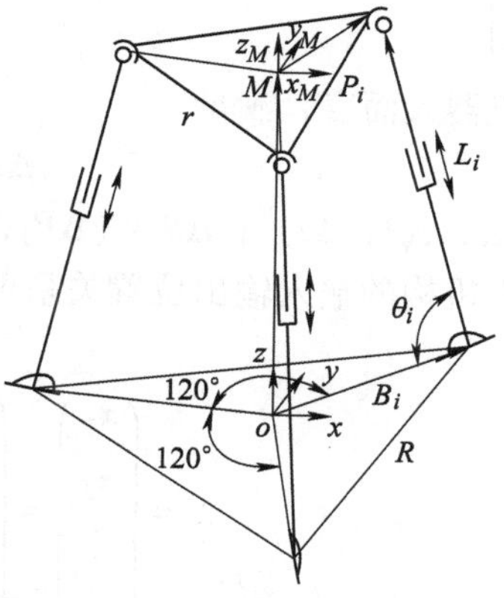

b) 机构简图与坐标系分布

图 13-35

空间 3-RPS 柔性精密定位平台及其伪刚体模型

解：由图 13-35，可得向量方程式为

$$\overrightarrow{OM}+\overrightarrow{MS_i}=\overrightarrow{OR_i}+\overrightarrow{R_iS_i}(i=1,2,3) \tag{13.4-32}$$

在式（13.4-32）两边对时间求导，可得到机构的速度关系表达式为

$$\boldsymbol{v}_c+\boldsymbol{\omega}_c\times\boldsymbol{R}_{Pi}=|\boldsymbol{L}_i|\dot{\boldsymbol{l}}_i+|\boldsymbol{v}_{Li}|\boldsymbol{l}_i \tag{13.4-33}$$

式中，$\boldsymbol{v}_c$、$\boldsymbol{\omega}_c$分别为点 C 的线速度与角速度；$\boldsymbol{R}_{Pi}=\overrightarrow{MS_i}$，为向量；$\boldsymbol{l}_i$为单位向量，代表向量$\boldsymbol{L}_i$的方向；$\boldsymbol{v}_{Li}$为第 i 个移动副的输入速度向量。

在式（13.4-33）两端点乘向量$\boldsymbol{l}_i$，由于$\dot{\boldsymbol{l}}_i\cdot\boldsymbol{l}_i=\boldsymbol{0}$，因此可以得到

$$\boldsymbol{v}_c\times\boldsymbol{l}_i+(\boldsymbol{R}_{Pi}\times\boldsymbol{l}_i)\times\boldsymbol{\omega}_c=|\boldsymbol{v}_{Li}| \tag{13.4-34}$$

写成矩阵形式为

$$\begin{pmatrix}\boldsymbol{R}_{P1}\times\boldsymbol{l}_1 & \boldsymbol{l}_1\\ \boldsymbol{R}_{P2}\times\boldsymbol{l}_2 & \boldsymbol{l}_2\\ \boldsymbol{R}_{P3}\times\boldsymbol{l}_3 & \boldsymbol{l}_3\end{pmatrix}\begin{pmatrix}\boldsymbol{\omega}_c\\ \boldsymbol{v}_c\end{pmatrix}=\begin{pmatrix}|\boldsymbol{v}_{L1}|\\ |\boldsymbol{v}_{L2}|\\ |\boldsymbol{v}_{L3}|\end{pmatrix} \tag{13.4-35}$$

在式（13.4-35）中，等式左边$(\boldsymbol{\omega}_c,\ \boldsymbol{v}_c)^{\mathrm{T}}$共包含六个未知数，但只有三个方程，因此由式（13.4-35）并不能求解确定未知数的数值。注意到转动副的转动轴方向与$\boldsymbol{R}_{Bi}\times\boldsymbol{L}_i$的方向一致，由此约束关系可以得到

$$\boldsymbol{v}_c=(0,0,\boldsymbol{v}_z)^{\mathrm{T}},\boldsymbol{\omega}_c=(\omega_x,\omega_y,0)^{\mathrm{T}}$$

则式（13.4-35）可以化简为

$$\boldsymbol{J}_{\mathrm{I}}\dot{\boldsymbol{X}}=\dot{\boldsymbol{\theta}} \tag{13.4-36}$$

进一步可以得到

$$\dot{\boldsymbol{\theta}}=\boldsymbol{J}\dot{\boldsymbol{X}} \tag{13.4-37}$$

式中，$\dot{\boldsymbol{X}}=(\omega_x,\ \omega_y,\ \boldsymbol{v}_z)^{\mathrm{T}}$；$\dot{\boldsymbol{\theta}}=(|\boldsymbol{v}_{L1}|,\ |\boldsymbol{v}_{L2}|,\ |\boldsymbol{v}_{L3}|)^{\mathrm{T}}$；$\boldsymbol{J}_{\mathrm{I}}$ 为该机器人的逆雅可比矩阵，$\boldsymbol{J}_{\mathrm{I}}=\begin{pmatrix}\boldsymbol{R}_{P1}\times\boldsymbol{l}_1 & \boldsymbol{l}_1\\ \boldsymbol{R}_{P2}\times\boldsymbol{l}_2 & \boldsymbol{l}_2\\ \boldsymbol{R}_{P3}\times\boldsymbol{l}_3 & \boldsymbol{l}_3\end{pmatrix}$；$\boldsymbol{J}$ 为该机器人的速度雅可比矩阵，$\boldsymbol{J}=\boldsymbol{J}_{\mathrm{I}}^{-1}$。

对于微动机器人而言，满足

$$\Delta\boldsymbol{X}=\boldsymbol{J}\Delta\boldsymbol{\theta} \tag{13.4-38}$$

式中，$\Delta\boldsymbol{X}=(\Delta\alpha,\ \Delta\beta,\ \Delta z)^{\mathrm{T}}$；$\Delta\boldsymbol{\theta}=(\Delta P_1,\ \Delta P_2,\ \Delta P_3)^{\mathrm{T}}$。

柔性机器人机构的输入输出位置关系可用某种函数关系描述。不失一般性，可以把这种关系表示为

$$\boldsymbol{X}=\begin{pmatrix}x_1\\ x_2\\ \vdots\\ x_n\end{pmatrix}=\begin{pmatrix}f_1(\theta_1,\theta_2,\cdots,\theta_n)\\ f_2(\theta_1,\theta_2,\cdots,\theta_n)\\ \vdots\\ f_n(\theta_1,\theta_2,\cdots,\theta_n)\end{pmatrix} \tag{13.4-39}$$

式中，$\boldsymbol{\theta}$ 为输入位移向量（可以是线位移或角位移），$\boldsymbol{\theta}=(\theta_1,\ \theta_2,\ \cdots,\ \theta_n)^{\mathrm{T}}$；$\boldsymbol{X}$ 为运动平台的输出位姿向量，$\boldsymbol{X}=(x_1,\ x_2,\ \cdots,\ x_n)^{\mathrm{T}}$。

但在实际的控制中，直接采用式（13.4-39）所描述位置关系的运动学模型是不合适的。输入和输出相对于机构本体尺寸都是微小运动，$\boldsymbol{X}$ 和 $\boldsymbol{\theta}$ 只能在初始值 $\boldsymbol{X}=\boldsymbol{X}_0$ 和 $\boldsymbol{\theta}=\boldsymbol{\theta}_0$ 附近做微小变化，则有

$$\boldsymbol{X} = \boldsymbol{X}_0 + \Delta\boldsymbol{X}, \boldsymbol{\theta} = \boldsymbol{\theta}_0 + \Delta\boldsymbol{\theta} \tag{13.4-40}$$

式中，Δ 表示微小运动量。

一方面，由于缺少大量程、高精度的测试手段，绝对位姿量 $\boldsymbol{X}$ 难以确定，而相对运动量 $\Delta\boldsymbol{X}$ 较易确定。另一方面，在关节空间，同样由于缺少大范围、高精度的绝对位置传感器，而只能采用高精度的相对位置传感器（如应变片）对相对运动 $\Delta\boldsymbol{\theta}$ 进行控制。如果利用式（13.4-40）这样的绝对位置运动关系在控制中进行位置运算，还会因为舍入误差而严重影响计算的准确性，甚至完全淹没微小运动量。

实际上，建立反映柔性机器人机构输入输出之间相对运动关系的解析表达式是十分困难的，即使能够表达，也将十分复杂，正像本章前面对平面 3-RRR 机构所分析的那样。为此，可以采用近似计算机构输入输出之间相对运动关系的方法，即对式（13.4-39）在初始位姿处进行泰勒展开，忽略高阶无穷小量而只保留一阶项，则可得到

$$\Delta\boldsymbol{X} = \boldsymbol{J}\Delta\boldsymbol{\theta} \tag{13.4-41}$$

式中

$$\boldsymbol{J} = \left.\begin{pmatrix} \dfrac{\partial f_1}{\partial \theta_1} & \dfrac{\partial f_1}{\partial \theta_2} & \cdots & \dfrac{\partial f_1}{\partial \theta_n} \\ \dfrac{\partial f_2}{\partial \theta_1} & \dfrac{\partial f_2}{\partial \theta_2} & \cdots & \dfrac{\partial f_2}{\partial \theta_n} \\ \vdots & \vdots & & \vdots \\ \dfrac{\partial f_n}{\partial \theta_1} & \dfrac{\partial f_n}{\partial \theta_2} & \cdots & \dfrac{\partial f_n}{\partial \theta_n} \end{pmatrix}\right|_{\theta=\theta_0} \tag{13.4-42}$$

在微动条件下，式（13.4-42）反映了机器人的输入输出速度之间的关系，即机器人机构的雅可比矩阵。因此，式（13.4-42）中的 $\boldsymbol{J}$ 就是机构在初始位姿处的雅可比矩阵（常值矩阵），该矩阵仅与机器人的结构和初始位型有关，而与运动无关。

式（13.4-42）中的模型直接描述了微动量之间的线性关系，大大减少了控制中的计算量。该模型的实质是以运动的微分量近似代替运动的微小量，或者说在整个微运动空间中将雅可比矩阵近似看作常数。

不过，常值雅可比矩阵的有效性是建立在刚性体机器人机构运动学模型基础上的，对于柔性机器人机构而言，由于难以满足柔性铰链达到理想铰链的运动学性能这一条件，常值雅可比矩阵只能反映机构输入输出间的一种近似关系。因此，要建立更为精确的柔性机器人机构的运动学模型，还需另辟蹊径。

13.5　动力学分析

柔性机器人机构的动力学分析主要包括动力学建模、动力学特性分析、动态响应等问题，是机构控制、结构设计与驱动器选型的基础。对柔性机构而言，其动力学的研究内容除

了包含一般刚性体动力学的研究内容（如正向动力学和逆向动力学）以外，还包含结构动力学方面的研究内容。前者旨在对机构实现更好的控制，而后者对改善柔性系统的动态特性大有裨益。总之，柔性机构动力学研究的意义在于：①实现对柔性系统的动力学控制；②通过动态结构设计来消除振动。

13.5.1 常用动力学建模方法概述

目前，柔性机构动力学建模的方法主要有三种：集中参数法、有限元法与伪刚体模型法。

1. 集中参数法

集中参数法是指先将柔性结构划分为若干个单元，再按静力学平衡力分解原理，将每个单元的分布质量集中于单元的两个端点处，而集中质量之间的连接刚度仍与原结构的相应刚度相同。该方法特别适用于物理参数分布不均匀的系统。一般将惯性和刚度较大的部件当作质量集中的支点和刚体，而惯性小、弹性大的部件则被抽象为无质量的弹簧，它们的质量可忽略不计或者折算到集中质量上去。但在对实际结构进行简化时，不论实际结构多么复杂，集中参数模型只使用单一的当量梁单元，因此，所建立的理论模型比较粗糙。

2. 有限元法

有限元法主要是对连续体结构进行简化，且认为质量和弹性是分布式的，它用节点处的有限个自由度代替了连续弹性体的无限个自由度。利用有限元法建立的柔性机构动力学模型精度较高，而且可对系统的动态响应、频率特性及动应力等动态特性进行深入分析。目前，多种商业软件均可以实现成熟可靠的有限元静力学及动力学仿真。但在柔性机构设计阶段，需要考虑众多参数的变化对机构性能的影响，有限元法显得比较复杂和耗时。事实上，有限元分析和仿真更适合对理论分析和设计结果进行验证。

3. 伪刚体模型法

为了提供一种能够分析经受非线性大变形的柔性机构的简单方法，Howell 等人提出了伪刚体模型法[10]。在该方法的基础上，结合拉格朗日方程，可以建立各类柔性机器人机构的动力学模型。

【例 13-13】 平行双簧片型柔性机构的动力学建模。

解：平行双簧片型柔性机构如图 13-36a 所示，基座 AB 与导向刚体 CD 通过簧片 AD 和 BC 连接。为研究方便，假设两条簧片的尺寸参数和材料均相同。

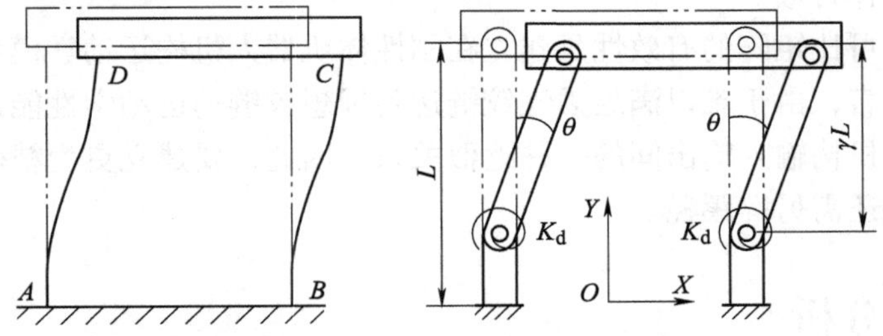

a) 平行四杆柔性铰链　　b) 伪刚体模型

图 13-36

平行双簧片型柔性机构及其伪刚体模型

建立该机构的伪刚体模型，如图 13-36b 所示。由表 13-3 可知

$$\gamma_1 = \gamma_2 = \gamma = \frac{5}{6} \tag{13.5-1}$$

由式（13.4-27），可得弹簧常数为

$$K_d = \frac{12EI_y\gamma^2}{L} \tag{13.5-2}$$

根据弹性势能表达式，可得

$$U_d = 2 \times \frac{1}{2}K_d\theta^2 = \frac{12EI_y\gamma^2}{L}\theta^2 \tag{13.5-3}$$

式中，θ 为伪刚体模型中扭簧的转角。由此可得，系统的动能为

$$T_d = 2 \times \left[\frac{1}{2}M_f\left(\frac{\gamma L}{2}\right)^2\dot{\theta}^2 + \frac{1}{2}I_f\dot{\theta}^2\right] + \frac{1}{2}M_r\ (\lambda L\dot{\theta})^2 = \left(\frac{1}{4}M_f\gamma^2L^2 + \frac{1}{2}M_r\gamma^2L^2 + I_f\right)\dot{\theta}^2 \tag{13.5-4}$$

式中，M_f为簧片的质量；I_f为簧片的转动惯量；M_r为导向刚体的质量。由此可导出平行双簧片型柔性机构的无阻尼动力学方程，即

$$\left(\frac{1}{2}M_f\gamma^2L^2 + M_r\gamma^2L^2 + 2I_f\right)\ddot{\theta} + \frac{24EI_y\gamma^2}{L}\theta = 0 \tag{13.5-5}$$

进而可导出平行双簧片型柔性机构的一阶固有频率计算公式为

$$f = \frac{10}{\pi}\sqrt{\frac{3EI_y}{(25M_fL^2 + 50M_rL^2 + 144I_f)L}} \tag{13.5-6}$$

13.5.2 基于集中参数法的动力学建模

首先以一种简单的柔性机构为例，介绍基于集中参数法的动力学建模过程。

平行双簧片型柔性机构是一种典型的大行程柔性铰链，两根直簧片一端固定，另一端连接运动块，如图 13-37a 所示。下面对其一阶固有频率进行分析。

1. 固有频率的理论计算模型

根据动力学知识可知，图 13-37a 所示的模型可以等效为水平方向的弹簧-滑块模型，如图 13-37b 所示。此时，将簧片看作水平运动的弹簧，而运动块相当于连接在弹簧上的滑块。影响柔性铰链频率特性的参数主要有两个：一个是将铰链等效为弹簧的刚度 K，另一个是运动部分的质量 M。

首先计算单根簧片的质量，材料密度为 ρ，簧片的厚度为 T、长度为 L、宽度为 W，则簧片的质量 m_p 为

$$m_p = \rho TLW \tag{13.5-7}$$

簧片的运动可以看作绕固定端的转动，为使结果尽可能准确，将簧片的质量折算到质量块上。由于簧片质心的运动位移大约为运动块运动位移的 1/2，因此，簧片折算到运动块上的质量 $\overline{m}_p$ 为

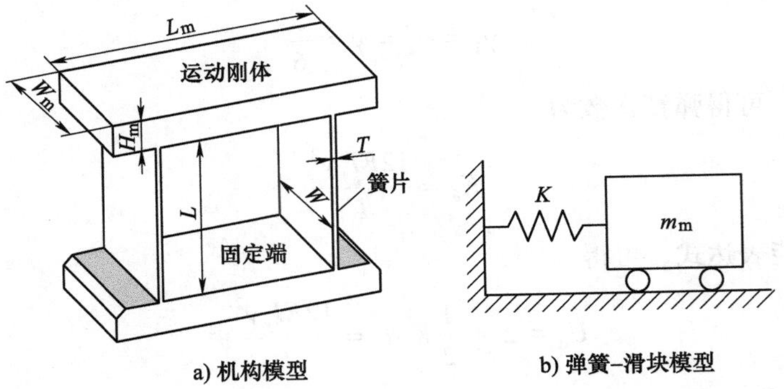

图 13-37
平行双簧片型柔性机构的动力学模型

$$\overline{m}_p = \frac{m_p}{4} = \frac{\rho TLW}{4} \tag{13.5-8}$$

运动部分的质量主要集中在运动块上。运动块的厚度为 H_m，长度为 L_m，则其质量 m_m 为

$$m_m = \rho L_m H_m W_m \tag{13.5-9}$$

为加工方便，一般情况下，平行双簧片型柔性机构都是在一块金属板上一体化加工而成的，运动块与簧片的宽度相同，则簧片和运动块的总质量 M 为

$$M = m_m + 2\overline{m}_p = \frac{1}{2}\rho W(2L_m H_m + TL) \tag{13.5-10}$$

下面计算簧片的刚度。这里主要考虑簧片在功能（水平）方向上的刚度，对单根簧片而言，有

$$K_y = \frac{12EI_y}{L^3} \tag{13.5-11}$$

式中，I_y为簧片的截面惯性矩，其计算公式为

$$I_y = \frac{WT^3}{12} \tag{13.5-12}$$

将式（13.5-12）代入式（13.5-11）中，可得整个机构在切向方向的刚度为

$$K = 2K_y = \frac{2EWT^3}{L^3} \tag{13.5-13}$$

根据动力学原理，可得到平行双簧片型柔性机构的一阶固有频率，即

$$f = \frac{1}{2\pi}\sqrt{\frac{K}{M}} = \frac{1}{2\pi}\sqrt{\frac{4EWT^3}{\rho WL^3(2L_m H_m + TL)}} \tag{13.5-14}$$

2. 有限元验证

为了验证理论模型的可靠性，采用 ANSYS 软件对柔性铰链进行仿真。选取相同的几何参数（表 13-5），分别代入动力学模型和有限元模型。模态分析的结果为 25. 99Hz，理论模型计算结果为 26. 71Hz，与有限元仿真结果接近，误差在允许范围之内，验证了理论模型的

准确性。

表 13-5　平行双簧片型柔性机构的仿真参数

参数名称	参数值	参数名称	参数值
E/Pa	0.73×10^{11}	W/mm	5
ρ/(kg/m^3)	2700	L_m/mm	40
L/mm	60	H_m/mm	6
T/mm	0.3	W_m/mm	5

【例 13-14】　双平行四杆柔性机构的动力学建模。

利用能量法对图 13-38a 所示的双平行四杆柔性机构进行动力学建模。

采用模块化思想，将两个平行双簧片柔性机构分别看作一个独立模块，在此基础上建立双平行四杆柔性机构的模型（图 13-38b）。中间刚体与相应簧片构成的平行双簧片柔性模块的质量 M_{mm} 为

$$M_{mm} = m_{mm} + 2\overline{m}_p = \frac{1}{2}\rho W(2L_{mm}H_{mm} + TL) \qquad (13.5\text{-}15)$$

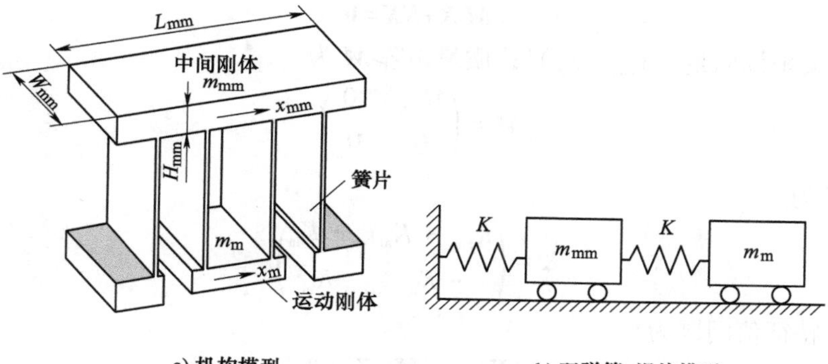

a) 机构模型　b) 双弹簧–滑块模型

图 13-38
双平行四杆柔性机构

运动块与相应簧片构成的平行双簧片柔性模块的质量 M_m 为

$$M_m = m_m + 2\overline{m}_p = \frac{1}{2}\rho W(2L_m H_m + TL) \qquad (13.5\text{-}16)$$

同样，在主运动方向上，中间刚体与相应簧片构成的平行双簧片柔性模块的刚度 K_{mm} 为

$$K_{mm} = \frac{EWT^3}{L^3} \qquad (13.5\text{-}17)$$

在主运动方向上，运动块与相应簧片构成的平行双簧片柔性模块的刚度 K_m 与 K_{mm} 相等，即

$$K_m = K_{mm} = \frac{EWT^3}{L^3} \qquad (13.5\text{-}18)$$

系统的动能为运动块和中间刚体的动能之和，即

$$T=\frac{1}{2}M_{mm}\dot{x}_{mm}^2+\frac{1}{2}M_m\dot{x}_m^2 \tag{13.5-19}$$

系统的弹性势能也为两个模块的簧片弹性势能之和，即

$$U=\frac{1}{2}K_{mm}x_{mm}^2+\frac{1}{2}K_m x_m^2 \tag{13.5-20}$$

应用拉格朗日方程，可得

$$\begin{cases}\dfrac{d}{dt}\left(\dfrac{\partial(T-U)}{\partial\dot{x}_{mm}}\right)-\dfrac{\partial(T-U)}{\partial x_{mm}}=0\\ \dfrac{d}{dt}\left(\dfrac{\partial(T-U)}{\partial\dot{x}_m}\right)-\dfrac{\partial(T-U)}{\partial x_m}=0\end{cases} \tag{13.5-21}$$

整理后得到

$$\begin{cases}M_{mm}\ddot{x}_{mm}+(K_{mm}+K_m)x_{mm}-K_m x_m=0\\ M_m\ddot{x}_m+K_m x_m-K_m x_m=0\end{cases} \tag{13.5-22}$$

因此，双平行四杆柔性机构可以看作由两个弹簧-滑块结构串联而成的模型。对式（13.5-22)进行进一步整理，有

$$\boldsymbol{M}\ddot{\boldsymbol{X}}+\boldsymbol{K}\boldsymbol{X}=\boldsymbol{0} \tag{13.5-23}$$

式中，$\boldsymbol{X}$ 为广义坐标向量（$x_{mm}\quad x_m$）^{T}；质量矩阵 $\boldsymbol{M}$ 为

$$\boldsymbol{M}=\begin{pmatrix}M_{mm} & 0\\ 0 & M_m\end{pmatrix} \tag{13.5-24}$$

而刚度矩阵 $\boldsymbol{K}$ 为

$$\boldsymbol{K}=\begin{pmatrix}K_{mm}+K_m & -K_m\\ -K_m & K_m\end{pmatrix} \tag{13.5-25}$$

则可以得到其特征值问题为

$$(\boldsymbol{K}-\omega^2\boldsymbol{M})\,\boldsymbol{X}=\boldsymbol{0} \tag{13.5-26}$$

令

$$\boldsymbol{D}=\boldsymbol{K}-\omega^2\boldsymbol{M} \tag{13.5-27}$$

代入各刚度与质量表达式，可得

$$\boldsymbol{D}=\begin{pmatrix}\dfrac{2EWT^3}{L^3}-\dfrac{\rho W(2L_{mm}H_{mm}+TL)}{2}\omega^2 & -\dfrac{EWT^3}{L^3}\\ -\dfrac{EWT^3}{L^3} & \dfrac{EWT^3}{L^3}-\dfrac{\rho W(2L_mH_m+TL)}{2}\omega^2\end{pmatrix} \tag{13.5-28}$$

通过求解特征多项式 $\det(\boldsymbol{D})=0$，可得该系统的前两阶固有频率。

为了验证理论模型的可靠性，采用 ANSYS 软件对该柔性机构进行仿真。选取相同的几何参数（表 13-6），分别代入动力学模型和有限元模型。一阶固有频率的理论计算结果为 15.7Hz，有限元仿真结果为 14.6Hz。理论计算结果与仿真结果基本符合，验证了动力学模型的有效性。

表 13-6　平行四杆柔性机构仿真参数

参数名称	参数值	参数名称	参数值
E/Pa	0.73×10^{11}	H_m/mm	6
ρ/(kg/m³)	2700	W_m/mm	5
L/mm	60	L_{mm}/mm	40
T/mm	0.3	H_{mm}/mm	6
W/mm	5	W_{mm}/mm	5
L_m/mm	60		

13.5.3 多轴精密柔性机器人机构的动力学建模

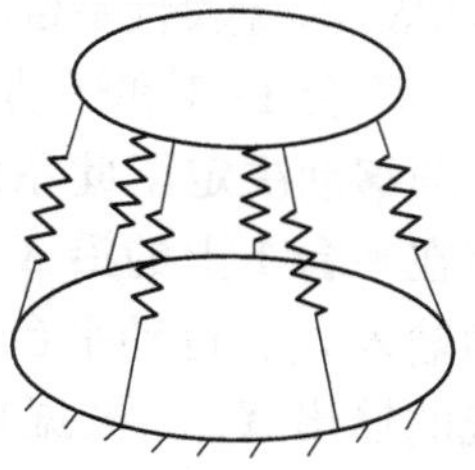

图 13-39

柔性机构的弹性几何模型

根据对小变形柔性机构的假设，它可看成是一个完全由弹性系统支承+刚体的结构形式（图 13-39）。这时从严格意义上讲，刚体应具有六个自由度，即全自由度。在满足线性小变形条件的情况下，柔性机构的结构动力学方程可表示为

$$\boldsymbol{M}\ddot{\boldsymbol{X}}+\boldsymbol{K}\boldsymbol{X}=\boldsymbol{P} \tag{13.5-29}$$

式中，$\boldsymbol{M}$ 为 6×6 阶惯性矩阵；$\boldsymbol{K}$ 为 6×6 阶系统刚度矩阵；$\boldsymbol{X}$ 为 6×1 阶位移向量（包括 3 个微转动和 3 个微移动）；$\boldsymbol{P}$ 为 6×1 阶激振力向量。

在静力学条件下（不考虑激振力），应满足

$$\boldsymbol{M}\ddot{\boldsymbol{X}}+\boldsymbol{K}\boldsymbol{X}=\boldsymbol{0} \tag{13.5-30}$$

由结构动力学的有关理论可知，系统的固有频率可通过求解系统的特征方程得到，即

$$|\boldsymbol{K}-\omega^2\boldsymbol{M}|=0 \tag{13.5-31}$$

令

$$\boldsymbol{D}=\boldsymbol{K}-\omega^2\boldsymbol{M} \tag{13.5-32}$$

通过求矩阵 $\boldsymbol{D}$ 的特征值，可间接得到机构的固有频率 $f_i(i=1, 2, \cdots, 6)$（单位为 Hz）。

【例 13-15】 4-PP&1-E 型 ***XY*** 柔性精密定位工作台（图 14-28）的动力学建模。

4-PP&1-E 型柔性精密定位工作台由 4 个 2-DoF 柔性移动模块（各模块由双平行四杆柔性模块Ⅰ和Ⅱ串联而成）和 1 个平面约束模块并联而成，其中的双平行四杆柔性模块可以等效为不计质量的弹簧系统，如图 13-40 所示。

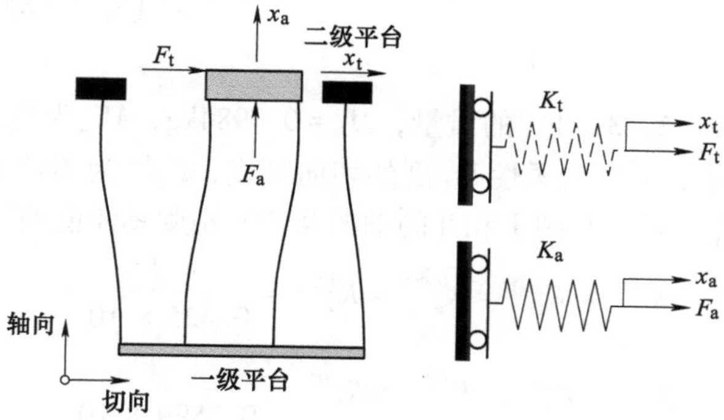

图 13-40

双平行四杆柔性模块的动力学模型

用虚线弹簧表示双平行四杆柔性模块的切向刚度，用实线弹簧表示其轴向刚度。相对于二级平台，簧片和一级平台的质量忽略不计。

为简化分析，这里只考虑柔性平台在 X 方向变形这一种情况（Y 方向变形时平台的动力学分析与 X 方向变形类似），图 13-41 所示为 4-PP&1-E 型柔性平台的等效动力学模型。

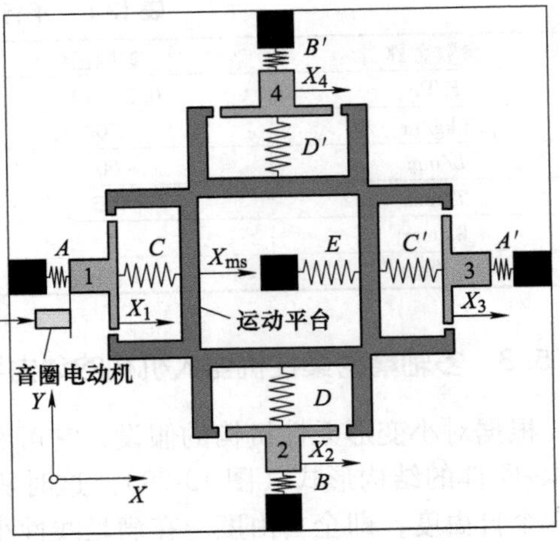

图 13-41

4-PP&1-E 型柔性平台的等效动力学模型

平台 1~4 和运动平台这五个刚体在 X 方向的移动决定了此系统具有 5 个自由度。作用在平台 1 上的沿 X 方向的驱动力代表系统的输入 u_x，运动平台沿 X 方向的位移代表系统的输出 X_{ms}。根据拉格朗日定理可建立系统的自由运动方程，即

$$\boldsymbol{M}\ddot{\boldsymbol{X}} + \boldsymbol{K}\boldsymbol{X} = \boldsymbol{0} \tag{13.5-33}$$

式中，$\boldsymbol{X}$ 为位移向量矩阵，$\boldsymbol{X} = (x_1,\ x_2,\ x_3,\ x_4,\ x_{ms})^{\mathrm{T}}$。质量矩阵 $\boldsymbol{M}$ 和刚度矩阵 $\boldsymbol{K}$ 的定义为

$$\boldsymbol{M} = \begin{pmatrix} M_{1s} & & & & \\ & M_{2s} & & & \\ & & M_{3s} & & \\ & & & M_{4s} & \\ & & & & M_{ms} \end{pmatrix} \tag{13.5-34}$$

$$\boldsymbol{K} = \begin{pmatrix} K_t^{(A)} + K_a^{(C)} & & & & -K_a^{(C)} \\ & K_t^{(D)} + K_a^{(B)} & & & -K_t^{(D)} \\ & & K_t^{(A')} + K_a^{(C')} & & -K_a^{(C')} \\ & & & K_t^{(D')} + K_a^{(B')} & -K_t^{(D')} \\ -K_a^{(C)} & -K_t^{(D)} & -K_a^{(C')} & -K_t^{(D')} & \begin{pmatrix} K_t^{(D)} + K_a^{(C)} + \\ K_t^{(D')} + K_a^{(C')} + K_a^{(E)} \end{pmatrix} \end{pmatrix} \tag{13.5-35}$$

式中，M_{is}为平台 $i(i=1,\ 2,\ 3,\ 4)$ 的质量，$M_{is}=0.0984\text{kg}$；M_{ms}为运动平台的质量，$M_{ms}=0.636\text{kg}$。在刚度矩阵中，$K_t^{(A)}$ 为柔性 $\mathrm{P_I}$ 副的切向刚度，$K_a^{(A)}$ 为柔性 $\mathrm{P_I}$ 副的轴向刚度，其他符号的意义依此类推。柔性 P 副Ⅰ和Ⅱ的轴向及切向刚度具体值如下：

$$K_a^{(C)} = K_a^{(D)} = K_a^{(C')} = K_a^{(D')} = \frac{1}{0.425 \times 10^{-7}}$$

$$K_t^{(C)} = K_t^{(D)} = K_t^{(C')} = K_t^{(D')} = \frac{1}{0.2899 \times 10^{-3}}$$

$$K_a^{(A)} = K_a^{(B)} = K_a^{(A')} = K_a^{(B')} = \frac{1}{0.4064 \times 10^{-5}}$$

$$K_t^{(A)} = K_t^{(B)} = K_t^{(A')} = K_t^{(B')} = \frac{1}{0.1447 \times 10^{-3}}$$

由于平面 E 副没有所谓的轴向和切向刚度，现定义平面 E 副沿 X 方向的移动刚度为轴向刚度，即

$$K_a^{(E)} = K_e^x = \frac{1}{0.5068 \times 10^{-3}}$$

求解方程

$$|\boldsymbol{K} - \omega^2 \boldsymbol{M}| = 0 \tag{13.5-36}$$

将刚度矩阵和质量矩阵代入式（13.5-36）中，可得 $\omega_1 = 164.684\text{rad/s}$，进而得到 4-PP&1-E型平台在 X 方向的固有频率 $f_1 = \omega_1/2\pi = 26.21\text{Hz}$；同理可得，4-PP&1-E 型平台在 Y 方向的固有频率 $f_2 = \omega_2/2\pi = 26.21\text{Hz}$。由于是旋转对称结构，两个方向的固有频率完全一样。

为了验证平台动力学模型的正确性，现采用有限元法对两种平台进行模态分析，并将仿真结果与理论数据进行对比。有限元仿真采用通用有限元分析软件 ANSYS 13.0，实体单元选择 SOLID186，网格单元的最小尺寸为 0.2mm，分析类型为模态分析，且提取平台的前两阶固有频率。仿真分析结果见表 13-7。可以看出，FEA 所得的结果与理论方法得到的结果几乎相同，从而验证了运用自由振动方程建立动力学模型的正确性。

表 13-7 固有频率对比

振型	理论固有频率/Hz	FEA/Hz	误差
第一阶	26.21	25.12	4.84%
第二阶	26.21	25.12	4.84%

对 4-PP&1-E 型柔性平台前四阶的模态振型进行仿真。从模态振型结果也可以看出，平台在前两阶模态下更容易发生变形，因此工作台具有两个移动自由度。

13.6 连续体机器人运动学

13.6.1 概述

连续体机器人运动学主要研究组成机器人系统的多自由度运动链的运动与其外形几何之间的关系。运动学正解是指给定驱动条件（如电动机的转角或者直线驱动器的位移等），计算机器人的构型特征（如位置和姿态）；运动学反解与之相反，是指给定机器人构型特征，计算形成此构型的驱动条件，如图 13-42 所示。

与传统刚性机器人运动学不同，连续体机器人运动学分析一般都需要经过两个阶段。对其运动学正解而言，第一阶段是以驱动条件为基础，计算得到每节连续体机器人构型特征的运动学正解，该阶段为驱动空间向构型空间映射；第二阶段则是根据得到的各节构型特征，计算出整个连续体机器人的末端位姿，该过程为构型空间向任务空间映射。运动学反解与正解的过程正好相反：第一阶段是根据给定的末端位姿计算出连续体机器人各节的方向角和弯曲角，是由任务空间向构型空间映射，也称为路径规划，该阶段蕴含多种运动算法，如跟随

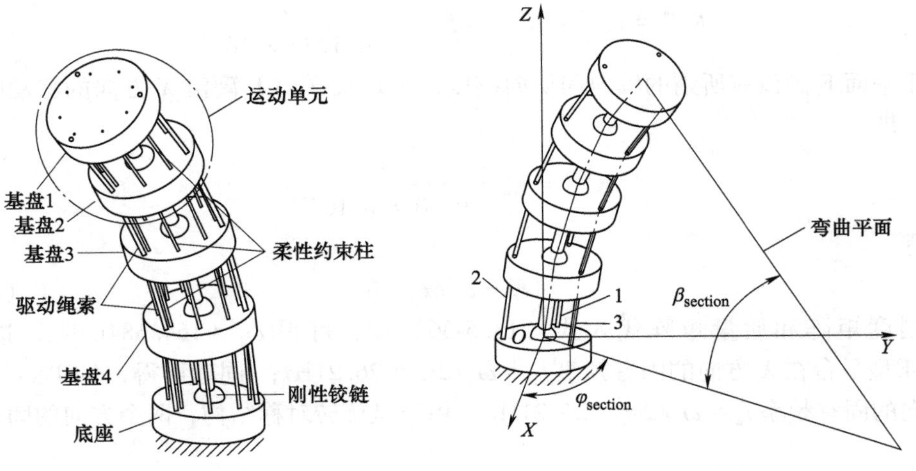

a) 结构示意图　　b) 变形示意图

图 13-42

连续体机器人及其变形示意图

查看彩图

末端轨迹运行算法，它使连续体机器人在运行过程中完成特定的动作，在控制周期内计算当前所需连续体机器人的构型特征；第二阶段是根据上述各节连续体机器人的构型特征，计算出各节的驱动条件，一般包括绳索长度、柔性柱长度或所需气压等，这个过程是由构型空间向驱动空间映射。整个过程中的空间映射如图 13-43 所示。

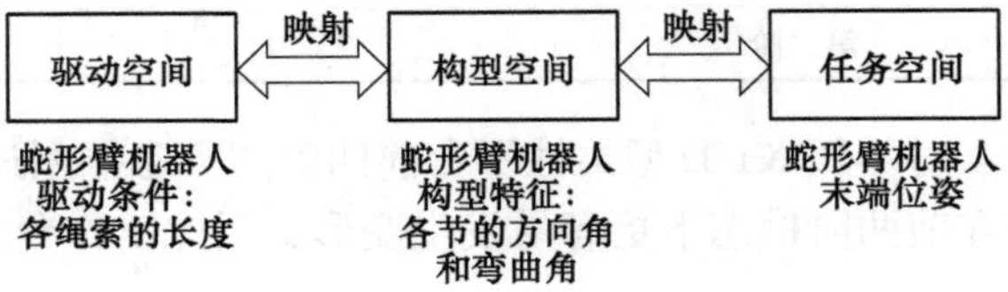

图 13-43

连续体机器人运动学分析过程中的空间映射

在进行连续体机器人运动学分析时，弯曲平面、弯曲角、方向角和绳索长度等概念十分重要，首先对各名词进行解释与定义。

（1）弯曲平面　图 13-42b 所示为单节连续体机器人的变形示意图，图中位于骨架位置的蓝色点画线为骨架中心线，由于连续体机器人的各个运动单元发生均匀变形，因此各骨架中心线位于同一平面上，这一平面即为图中的弯曲平面。弯曲平面与 *XOY* 平面的交线以及与顶面的交线延长并交于一点，可以更好地展示弯曲平面在空间中的位置；同时，位于 *XOY* 平面上的蓝色交线也是骨架连线在 *XOY* 平面上的投影位置。

（2）方向角和弯曲角　得到弯曲平面后，*XOY* 平面上的交线与 *X* 轴正方向之间的夹角称为方向角，符号为 $\varphi_{section}$；而前述两条交线在弯曲平面上的夹角称为弯曲角，符号为 $\beta_{section}$。运动单元方向角和弯曲角的定义与单节连续体机器人的相同，符号分别为 φ_{single} 和 β_{single}。

（3）绳索长度　图 13-42 中的绿色中心线代表连续体机器人在该变形状态下一条绳索的位置，单节连续体机器人由三条绳索驱动，其中位于 *X* 轴正方向的绳索编号为 1，沿逆时针方向将其余两根绳索分别编号为 2、3。单节连续体机器人的绳索总长定义为由底面接触点开始，到顶面末端的绳索长度，符号为 L_i；运动单元的绳索长度定义为由该运动单元绳索初始位置开始，到下一运动单元绳索初始位置的绳索长度，符号为 l_i，两个符号中 i 的取值为 1、2、3。

（4）骨架长度　运动单元骨架长度定义为该运动单元转动中心到下一运动单元转动中心的距离，符号为 s。

正视于图 13-42b 中的弯曲平面，图 13-44a 所示为该连续体机器人运动单元的变形情况；图 13-44b、c 所示为另外两种常见连续体机器人运动单元的变形情况。图中三种运动单元完成相同弯曲角的变形，蓝色点画线表示上、下平面的中心连线，需要注意的是，图 13-44a 所示运动单元的蓝色点画线与骨架重合；绿色实线表示其中一条绳索的位置。

图 13-44b、c 所示连续体机器人运动单元为对称变形，由几何关系不难得出，图中的绿色实线与蓝色点画线平行，即各绳索在运动过程中始终与中心连线平行。而图 13-44a 所示连续体机器人运动单元不是对称变形，因此图中绿色实线与骨架（红色实线）并不平行，而是存在一个较小的夹角，这个夹角即为 α 与 β_{single} 之间的角度偏差，在进行运动学计算时，需要将该偏差考虑在内，以保证计算精度。

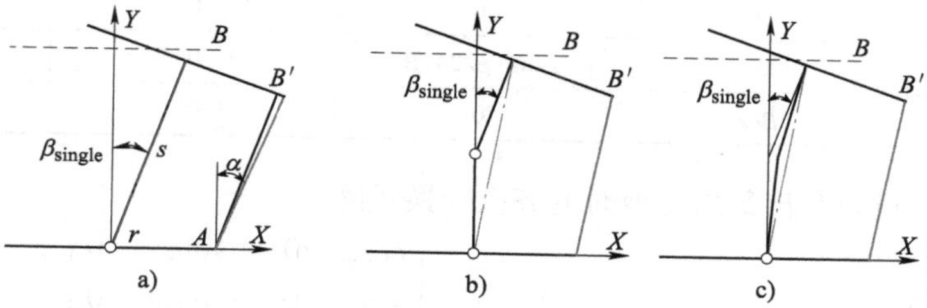

查看彩图

图 13-44

三种常见变形单元的变形示意图

13.6.2 运动学正解

1. D-H 参数

在运动学正解计算过程中，“**单弯曲段曲率恒定**”是目前大多数连续体机器人运动学分析的最基本假设，在该假设的基础上，再应用 D-H 法等经典运动学方法求解。

采用 D-H 法对连续体机器人进行运动学分析时，需要将单节连续体机器人假想为虚拟刚性连杆，通过三个虚拟铰链（虎克铰、移动副、虎克铰）进行连接，从而完成对连续体机器人形态的描述。

如图 13-45 所示，假设单节连续体机器人的长度（即图中 $\widehat{OA}$ 的长度）为 s，弯曲角为 β，方向角为 φ。连续体机器人的弯曲曲线由一端变换至另一端分为以下四步：

1）将弯曲平面转动至期望的方向，绕 Z_0 轴沿逆时针方向转动角度 φ，X_0 轴转动至 X_1 轴，与 OB 重合；再绕 X_1 轴沿逆时针方向转动 90°，Z_0 轴转动至 Z_1 轴，与平面 AOB 垂直相交于点 O。

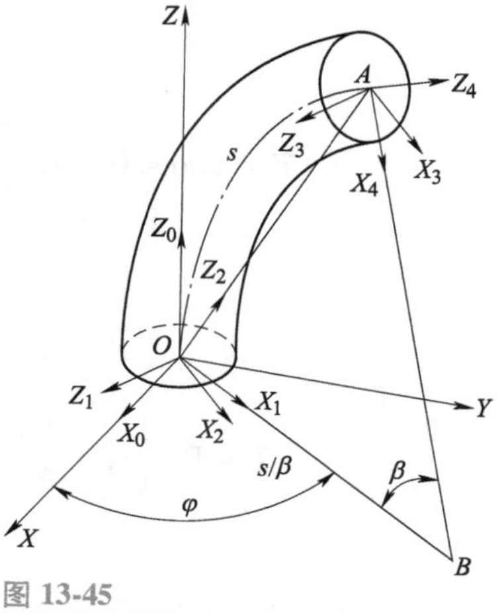

图 13-45

基于 D-H 法的坐标变换过程

2）绕 Z_1 轴沿顺时针方向转动角度 $\beta/2$，X_1 轴转动至 X_2 轴，位于 AOB 平面内，且与割线 OA 垂直相交于点 O；再绕 X_2 轴沿顺时针方向转动 90°，Z_1 轴转动至 Z_2 轴，与 OA 重合。

3）沿着 Z_2 轴移动 $2s\sin(\beta/2)/\beta$，X_2 轴移动至 X_3 轴，位于 AOB 平面内，且与割线 OA 垂直相交于点 A；再绕 X_3 轴沿逆时针方向转动 90°，Z_2 轴转动至 Z_3 轴，与平面 AOB 垂直相交于点 A。

4）绕 Z_3 轴沿顺时针方向转动角度 $\beta/2$，X_3 轴转动至 X_4 轴，与 AB 重合；再绕 X_4 轴沿顺时针方向转动 90°，Z_3 轴转动至 Z_4 轴，与平面 AOB 重合，与 $\widehat{OA}$ 相切，与点 A 所在截面垂直。以上过程所形成的各项 D-H 参数见表 13-8。

表 13-8　D-H 参数表

杆件	ϕ	d	r	α
1	φ	0	0	$\pi/2$
2	$-\beta/2$	0	0	$-\pi/2$
3	0	$2s\sin(\beta/2)/\beta$	0	$\pi/2$
4	$-\beta/2$	0	0	$-\pi/2$

由以上参数，可以写出每次变换时的齐次变换矩阵

$$
{}_1^0\boldsymbol{T} = \mathrm{Rot}(z,\ \varphi)\mathrm{Rot}\left(x,\ \frac{\pi}{2}\right) = \begin{pmatrix} \cos\varphi & 0 & \sin\varphi & 0 \\ \sin\varphi & 0 & -\cos\varphi & 0 \\ 0 & 1 & 0 & 0 \\ 0 & 0 & 0 & 1 \end{pmatrix}
$$

$$
{}_2^1\boldsymbol{T} = \mathrm{Rot}\left(z, -\frac{\beta}{2}\right)\mathrm{Rot}\left(x, -\frac{\pi}{2}\right) = \begin{pmatrix} \cos\dfrac{\beta}{2} & 0 & \sin\dfrac{\beta}{2} & 0 \\ -\sin\dfrac{\beta}{2} & 0 & \cos\dfrac{\beta}{2} & 0 \\ 0 & -1 & 0 & 0 \\ 0 & 0 & 0 & 1 \end{pmatrix}
$$

$$
{}_3^2\boldsymbol{T} = \mathrm{Trans}\left(0,\ 0,\ \frac{2s}{\beta}\sin\frac{\beta}{2}\right)\mathrm{Rot}\left(x, \frac{\pi}{2}\right) = \begin{pmatrix} 1 & 0 & 0 & 0 \\ 0 & 0 & -1 & 0 \\ 0 & 1 & 0 & \dfrac{2s}{\beta}\sin\dfrac{\beta}{2} \\ 0 & 0 & 0 & 1 \end{pmatrix}
$$

$$
{}_4^3\boldsymbol{T} = \mathrm{Rot}\left(z, -\frac{\beta}{2}\right)\mathrm{Rot}\left(x, -\frac{\pi}{2}\right) = \begin{pmatrix} \cos\dfrac{\beta}{2} & 0 & \sin\dfrac{\beta}{2} & 0 \\ -\sin\dfrac{\beta}{2} & 0 & \cos\dfrac{\beta}{2} & 0 \\ 0 & -1 & 0 & 0 \\ 0 & 0 & 0 & 1 \end{pmatrix}
$$

经过四次连续变换，单节连续体机器人运动学正解的计算公式可表示成

$$T = {}^0_4T = {}^0_1T^1_2T^2_3T^3_4T = \begin{pmatrix} \cos\varphi\cos\beta & -\sin\varphi & \cos\varphi\sin\beta & \dfrac{s\cos\varphi(1-\cos\beta)}{\beta} \\ \sin\varphi\cos\beta & \cos\varphi & \sin\varphi\sin\beta & \dfrac{s\sin\varphi(1-\cos\beta)}{\beta} \\ -\sin\beta & 0 & \cos\beta & \dfrac{s\sin\beta}{\beta} \\ 0 & 0 & 0 & 1 \end{pmatrix} \tag{13.6-1}$$

2. 驱动空间到构型空间的映射

由驱动空间向构型空间映射的已知条件是驱动条件，如绳索长度、柔性驱动杆杆长和气压驱动器的气压等，需要求解的是连续体机器人的构型。本节以三根绳索驱动为例，求解连续体机器人的方向角和弯曲角。本节所使用的符号及其含义见表 13-9。

表 13-9　本节所使用的符号及其含义

符　号	含　义
$\hat{u}(u_x,\ u_y,\ u_z)$	骨架方向$\overrightarrow{O_1O_2}$上的单位向量
$l_i(i = 1,\ 2,\ 3)$	单个运动单元的各绳索长度
$L_i(i = 1,\ 2,\ 3)$	单节连续体机器人的各绳索总长
$l_{i\text{-gap}}(i = 1,\ 2,\ 3)$	相邻两基盘之间空隙中的各绳索长度
h_{disk}	基盘的厚度
s	单个运动单元的骨架长度
d	绳索初始位置所在圆的直径
φ_{single}、β_{single}	单个运动单元的方向角和弯曲角
φ_{section}、β_{section}	单节连续体机器人的方向角和弯曲角
n	单节连续体机器人中的运动单元个数
$A_i(x_i,\ y_i,\ 0)(i = 1,\ 2,\ 3)$	各个绳索初始位置处点的坐标

单节连续体机器人的变形情况如图 13-46 所示，为求出单节连续体机器人的方向角和弯曲角，需要计算出各个运动单元的弯曲角和方向角。由于单节连续体机器人变形时，整节连续体机器人的构型在弯曲平面内，因此，组成该节连续体机器人的各个运动单元同样在该弯曲平面内完成变形。

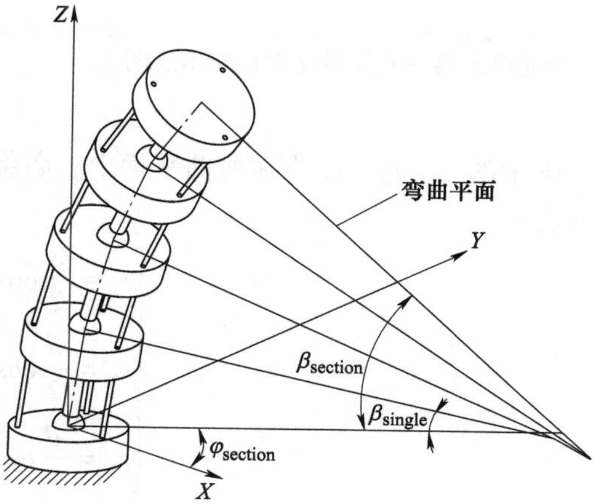

图 13-46
单节连续体机器人第一阶段运动学正解示意图

各绳索总长为由单节连续体机器人底面开始至末端顶面的绳索长度；运动单元的绳索长度为由各运动单元绳索初始点位置至下一运动单元绳索初始点位置的长度。绳索总长与运动单元绳索长度的转化关系为

$$l_i = \frac{L_i - h_{\text{disk}}}{n} \tag{13.6-2}$$

根据上节的分析，运动单元在完成变形时不能与骨架中心轴线平行。因此，还需要获取相邻两基盘之间空隙中的各绳索长度，其计算公式为

$$l_{i\text{-gap}} = l_i - h_{\text{disk}} = \frac{L_i - (n+1)h_{\text{disk}}}{n} \tag{13.6-3}$$

得到相邻两基盘之间空隙中的各绳索长度后，便可对运动单元的弯曲角和方向角进行计算，单个运动单元的变形如图 13-47 所示。点 O_1 和 O_2 为上、下平面的转动中心，同时也是定坐标系 O_1-XYZ 和动坐标系 O_2-$X'Y'Z'$的坐标原点。点 A_1、A_2 和 A_3 为绳索初始位置点，点 B_1、B_2 和 B_3 为绳索终了位置点，点 C_1、C_2 和 C_3 为绳索与基盘下表面的交点，则线段 A_1C_1、A_2C_2 和 A_3C_3（图中绿色实线）的长度为当前位置相邻两基盘间空隙中的绳索长度 $l_{i\text{-gap}}$，线段 B_1C_1、B_2C_2 和 B_3C_3 的长度为基盘厚度 h_{disk}（图中绿色虚线），对应线段的长度相加为运动单元各绳索长度 l_i。由于运行过程中产生的偏差，使得这两条线段一般不在同一条直线上。$\hat{\boldsymbol{u}}$ 为由点 O_1 指向点 O_2 的单位向量，即骨架方向上的单位向量。β_{sinle} 和 φ_{single} 为所需求得的当前位置下的方向角和弯曲角。

由于运动单元在运行过程中会产生偏差，因此，在结构中不存在可以直接利用的特定几何条件。但是在运动过程中，各绳索始终与弯曲平面保持平行，因此正视于图 13-47 中的弯曲平面，将各绳索投射至弯曲平面上，并将运动结构简化，如图 13-48 所示。

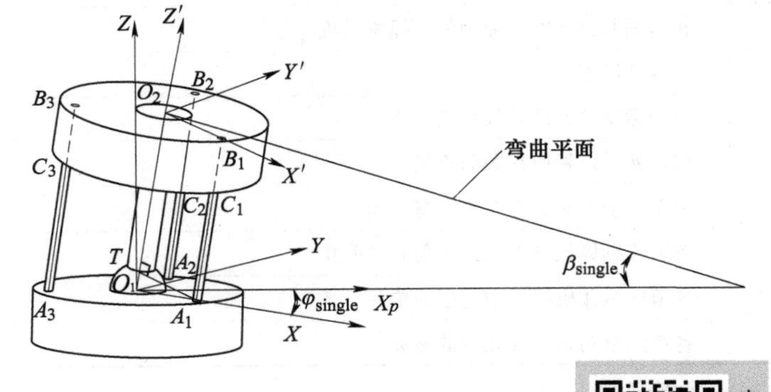

图 13-47

运动单元第一阶段运动学正解示意图

查看彩图

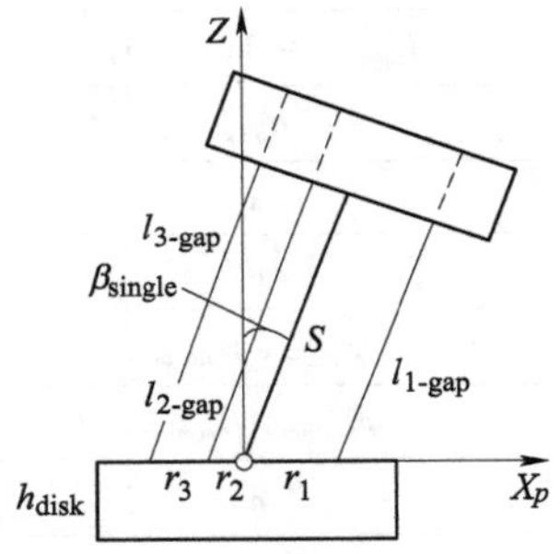

图 13-48

运动单元弯曲平面正视图

查看彩图

图中的 r_1、r_2、r_3 为在弯曲平面上，各绳索初始位置投影点到转动中心的距离，其计算公式为

$$\begin{cases} r_1 = \dfrac{d}{2}\cos\varphi_{\text{single}} \\ r_2 = \dfrac{d}{2}\cos\left(\varphi_{\text{single}} - \dfrac{2\pi}{3}\right) \\ r_3 = \dfrac{d}{2}\cos\left(\varphi_{\text{single}} + \dfrac{2\pi}{3}\right) \end{cases} \tag{13.6-4}$$

再依据式（13.6-3），可以确定图中各实线部分（即各绳索基盘间空隙部分）的起点和终点坐标。这两点之间的距离为相邻基盘之间空隙中的绳索长度 $l_{i\text{-gap}}$，因此可以得到以下等式

$$l_{i\text{-gap}}^2 = \left[\sqrt{(s-h_{\text{disk}})^2 + r_i^2}\sin\left(\arctan\frac{r_i}{s-h_{\text{disk}}} + \beta_{\text{single}}\right) - r_i\right]^2 + \left[\sqrt{(s-h_{\text{disk}})^2 + r_i^2}\cos\left(\arctan\frac{r_i}{s-h_{\text{disk}}} + \beta_{\text{single}}\right)\right]^2 \quad (i=1,\ 2,\ 3) \tag{13.6-5}$$

虽然式（13.6-5）中只有两个未知数，而等式数量为三个，但由于该等式为超越方程，没有解析解，因此需要采用其他方式找到满足以上三个等式的解。

由上节内容可知，绳索和轴线的夹角偏差与弯曲角之间存在定量关系，并且该偏差在一定范围内。因此，可以先假设各绳索在变形过程中始终与轴线平行，依据这个假设，根据几何条件很容易求出一组参照变形参数；然后在所求出变形参数的基础上，扩展出合理的取值范围，从而缩小遍历范围，大大减少计算量和计算时间。

假设各绳索在运动过程中始终与轴线保持平行，即各绳索始终与上基盘保持垂直。如图 13-47 所示，将向量$\overrightarrow{O_1A_1}$投射至骨架方向$\overrightarrow{O_1O_2}$上，投影点为 T，对向量$\overrightarrow{O_1A_1}$与骨架方向上的单位向量 $\hat{\boldsymbol{u}}$ 进行点乘运算，得

$$\overrightarrow{O_1A_1}\cdot\hat{\boldsymbol{u}} = |\overrightarrow{O_1A_1}||\hat{\boldsymbol{u}}|\cos(\angle TO_1A_1) = |\overrightarrow{O_1A_1}|\cos(\angle TO_1A_1) = |\overrightarrow{O_1T}| \tag{13.6-6}$$

依据假设，向量$\overrightarrow{O_1T}$的模长可以由几何关系得出，其值为 $|l_1-s|$。但绳长在变化过程中可能比骨架更长，造成向量$\overrightarrow{O_1T}$的方向反向，为解决这一问题，保留长度计算时的正负号，即将长度计算式中的绝对值符号去掉，修改为（l_1-s）。同时，将向量点乘以对应坐标相乘、相加的形式表达，可得

$$u_x x_1 + u_y y_1 = s - l_1 \tag{13.6-7}$$

同理，对于向量$\overrightarrow{O_1A_2}$和$\overrightarrow{O_1A_3}$，可以得到以下等式

$$x_u x_i + y_u y_i = s - l_i \quad (i=2,\ 3) \tag{13.6-8}$$

式（13.6-6）~式（13.6-8）中，除骨架方向单位向量 $\hat{\boldsymbol{u}}$ 中两个坐标分量的值为未知量外，其余均为已知量或给定量。因此，利用式（13.6-6）~式（13.6-8）中的任意两式，即可求出 $\hat{\boldsymbol{u}}$ 中的两个坐标分量 u_x、u_y，进而不难求出向量 $\hat{\boldsymbol{u}}$ 的第三个坐标分量 u_z，其计算公式为

$$u_z = \sqrt{1-u_x^2-u_y^2} \tag{13.6-9}$$

得到骨架方向单位向量 $\hat{\boldsymbol{u}}(u_x,\ u_y,\ u_z)$ 后，即可求出该运动单元的方向角和弯曲角，并作为之后遍历过程的参照变形参数。为了与最终结果的符号相区别，这里的方向角和弯曲角采用符号 φ_{suppose} 和 β_{suppose} 表示，计算公式为

$$\varphi_{\text{suppose}} = \begin{cases} \arccos\left(\dfrac{u_x}{\sqrt{u_x^2+u_y^2}}\right) & (u_y \geqslant 0) \\ 2\pi - \arccos\left(\dfrac{u_x}{\sqrt{u_x^2+u_y^2}}\right) & (u_y < 0) \end{cases} \tag{13.6-10}$$

$$\beta_{\text{suppose}} = \arccos(u_z) \tag{13.6-11}$$

以参照变形参数为基础，方向角和弯曲角分别向其左右两侧扩展一定范围，在以上取值范围内，根据使用条件，设置步长及精度条件，找出满足式（13.6-5）的变形参数作为运动

单元的变形参数。由于设置了精度条件，最终得到的变形参数不止一组，因此在取值范围内，完成所有步长的计算之后，对所有变形参数求取平均值作为最终的运动单元变形参数。

得到合适的运动单元变形参数 φ_{single} 和 β_{single} 后，单节连续体机器人的方向角 $\varphi_{section}$ 和弯曲角 $\beta_{section}$ 为

$$\begin{cases}\varphi_{section}=\varphi_{single}\\ \beta_{section}=n\beta_{single}\end{cases} \tag{13.6-12}$$

至此，完成了由驱动空间向构型空间的映射。

3. 构型空间到任务空间的映射

由构型空间向任务空间映射的已知条件是各节连续体机器人的构型条件，如各节连续体机器人的方向角和弯曲角；需要求解的是连续体机器人在空间中的位姿。下面拟采用 D-H 法进行这一阶段的运动学正解计算，具体以单节连续体机器人整体为研究对象，直接在单节连续体机器人的变形状态下进行求解。

正视于图 13-47 中单节连续体机器人的弯曲平面所形成的剖面图，可直观地看出单节连续体机器人中各运动单元的变形情况，如图 13-49 所示。单节连续体机器人的基本构型参数：运动单元骨架长度为 s；运动单元的弯曲角为 β_{single}，方向角为 φ_{single}；单节连续体机器人的弯曲角为 $\beta_{section}$，方向角为 $\varphi_{section}$。

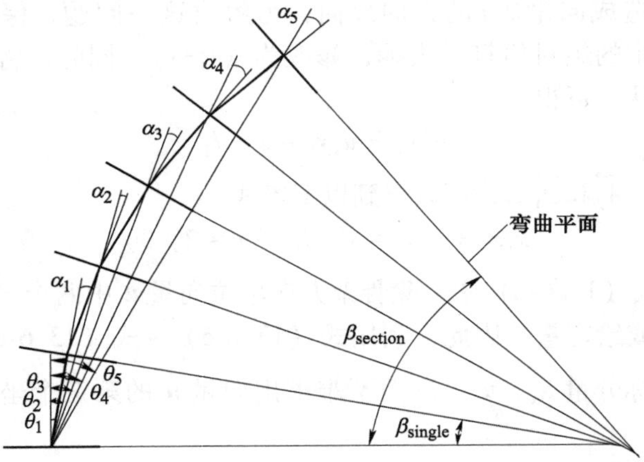

图 13-49

单节连续体机器人第二阶段运动学正解示意图

查看彩图

图 13-49 中的蓝色细实线表示各基盘的延长线，以及初始转动中心与末端基盘中心的连线，弯曲平面由蓝色细实线确定；红色细实线表示当前基盘的法向量，即当前基盘的空间指向；绿色细实线为各中心连线的延长线，其作用是确定 D-H 法中的参数。

在 D-H 法计算过程中，涉及的参数有图 13-49 中的 θ_i、α_i 以及对应初始转动中心与末端基盘中心的距离 l_i。但由图 13-49 可知，单节连续体机器人的指向与组成该节连续体机器人的运动单元个数有关，该个数影响 D-H 法中的各项参数。例如，图 13-49 所示结构为由五个运动单元组成的一节连续体机器人，则在 D-H 法计算中取 θ_5 和 α_5；若单节连续体机器人由四个运动单元组成，则在 D-H 法计算中取 θ_4 和 α_4；若单节连续体机器人由六个运动单元组

成，则根据图 13-49 所示规律，继续画出一个运动单元，按照各个角度的图示和定义，得到在 D-H 法计算中需要用到的 θ_6 和 α_6。

为保证运动学正解的一般性，设单节连续体机器人由 n 个运动单元组成，β_{single} 与 β_{section} 的关系和 φ_{single} 与 φ_{section} 的关系可由式（13.6-12）确定。根据几何关系，D-H 法计算过程中各参数的计算公式为

$$\begin{cases}\theta_n=\dfrac{(n+1)\beta_{\text{single}}}{2}\\ \alpha_n=\dfrac{(n-1)\beta_{\text{single}}}{2}\\ l_n=\sqrt{\left[s\sum\limits_{i=1}^{n}\sin(i\beta_{\text{single}})\right]^2+\left[s\sum\limits_{i=1}^{n}\cos(i\beta_{\text{single}})\right]^2}\end{cases}\tag{13.6-13}$$

根据以上计算公式，D-H 法计算过程中的各项参数见表 13-10。

表 13-10　以单节连续体机器人为研究对象的 D-H 参数

杆件	ϕ	d	r	α
1	φ_{single}	0	0	$\pi/2$
2	$-\theta_n$	0	0	$-\pi/2$
3	0	l_n	0	$\pi/2$
4	$-\alpha_n$	0	0	$-\pi/2$

根据表 13-10 中的各项数据，即可计算出单节连续体机器人的运动学正解齐次变换矩阵，化简后的结果为

$$\begin{cases}{}_1^0\boldsymbol{T}=\text{Rot}(z,\ \varphi_{\text{single}})\ \text{Rot}\left(x,\ \dfrac{\pi}{2}\right)\\ {}_2^1\boldsymbol{T}=\text{Rot}(z,\ -\theta_n)\ \text{Rot}\left(x,\ -\dfrac{\pi}{2}\right)\\ {}_3^2\boldsymbol{T}=\text{Trans}(0,\ 0,\ l_n)\ \text{Rot}\left(x,\ \dfrac{\pi}{2}\right)\\ {}_4^3\boldsymbol{T}=\text{Rot}(z,\ -\alpha_n)\ \text{Rot}\left(x,\ -\dfrac{\pi}{2}\right)\end{cases}\tag{13.6-14}$$

$$\begin{aligned}\boldsymbol{T}_{\text{section}}&={}_4^0\boldsymbol{T}={}_1^0\boldsymbol{T}{}_2^1\boldsymbol{T}{}_3^2\boldsymbol{T}{}_4^3\boldsymbol{T}\\&=\begin{pmatrix}\cos\varphi_{\text{single}}\cos(n\beta_{\text{single}}) & -\sin\varphi_{\text{single}} & \cos\varphi_{\text{single}}\sin(n\beta_{\text{single}}) & l_n\cos\varphi_{\text{single}}\sin\left(\dfrac{n+1}{2}\beta_{\text{single}}\right)\\ \sin\varphi_{\text{single}}\cos(n\beta_{\text{single}}) & \cos\varphi_{\text{single}} & \sin\varphi_{\text{single}}\sin(n\beta_{\text{single}}) & l_n\sin\varphi_{\text{single}}\sin\left(\dfrac{n+1}{2}\beta_{\text{single}}\right)\\ -\sin(n\beta_{\text{single}}) & 0 & \cos(n\beta_{\text{single}}) & l_n\cos\left(\dfrac{n+1}{2}\beta_{\text{single}}\right)\\ 0 & 0 & 0 & 1\end{pmatrix}\end{aligned}\tag{13.6-15}$$

式（13.6-15）即为由 n 个运动单元组成的单节连续体机器人的运动学正解齐次变换矩阵。作为特例，当 $n=1$ 时，式（13.6-15）为单个运动单元的运动学正解齐次变换矩阵，通

过计算可得 l_n 的值为 s。

通过以上方法得到单节连续体机器人的运动学正解齐次变换矩阵后，将各节连续体机器人的运动学正解齐次变换矩阵相乘，即可得到整个连续体机器人的运动学正解齐次变换矩阵。注意：在计算过程中，第一节连续体机器人的运动学正解齐次变换矩阵是相对于基（或参考）坐标系的变换；而之后各节连续体机器人的运动学正解齐次变换矩阵，均为相对于前一节连续体机器人末端位姿坐标系的变换。

13.6.3 运动学反解

1. 基本方法

连续体机器人的驱动方式各式各样，采用不同的驱动方式时，一般需要重新对运动学反解进行建模，以保证系统运行精度。目前应用最广泛的两种驱动方式为绳索驱动和连续变形驱动（如柔性杆驱动和气压驱动），因此本小节主要讨论这两种驱动方式下的运动学反解问题。

（1）**绳索驱动下的运动学反解** 单节连续体机器人一般采用三根或者四根绳索进行驱动，各绳索均匀分布在轴线四周。在进行运动学反解时，一般采用以下步骤进行计算：

1）将各绳索投射至单节连续体机器人的弯曲平面上。

2）在弯曲平面上，根据连续体机器人构型参数（如弯曲角、方向角、单节连续体机器人的长度和半径等）计算绳索长度。

这里以三根绳索驱动的连续体机器人为例，来说明运动学反解的计算过程，如图 13-50 所示。图中连续体机器人的构形参数：弯曲角为 β，方向角为 φ，单节连续体机器人的长度为 l，绳索位置半径为 d。定坐标系 $O\text{-}XYZ$ 的原点与连续体机器人底面圆心重合，绳索 1 位于 X 轴正方向，其余两根绳索均匀分布在绳索 1 左右两侧 120°处。

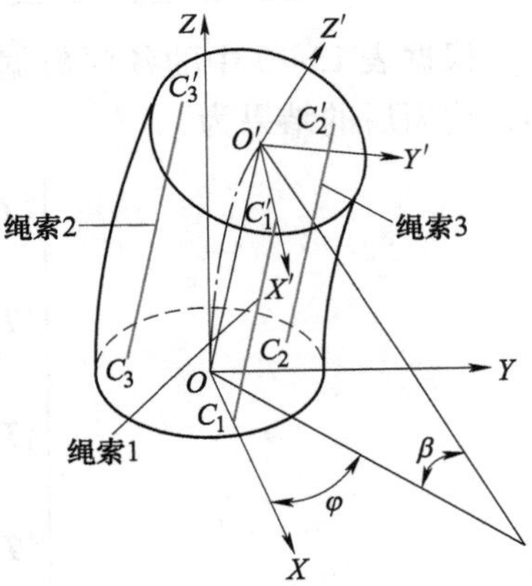

图 13-50

三根绳索驱动模型的运动学反解示意图

查看彩图

计算过程的基本思路：首先由 XOZ 平面绕 Z 轴沿逆时针方向转动角度 φ，获得弯曲平面，即图 13-50 中蓝色线所在平面；正视于连续体机器人末端平面，即 $X'O'Y'$ 平面，如图 13-51a 所示，图中的蓝色粗实线即为弯曲平面与 $X'O'Y'$ 平面的交线，此时，该平面上与蓝色粗实线垂直的任意一条直线上的点与底面对应位置相连所得线段的长度均相等。例如，C_1' 和 C_1 连线的长度与 P_1' 和 P_1 连线的长度相等。因此，如图 13-51b 所示，正视于弯曲平面的投影图上各条线段的长度即为各绳索长度。

根据图 13-50，向量 $\overrightarrow{OO'}$ 的模为

$$|\overrightarrow{OO'}| = 2\frac{s}{\beta}\sin\frac{\beta}{2} \tag{13.6-16}$$

如图 13-51b 所示，绳索 1、2、3 在弯曲平面上的投影为 P_1P_1'、P_2P_2' 和 P_3P_3'，这三条线段的长度即为三根驱动绳索的绳长。要计算绳长，首先需要获取在投影平面上各投影点到

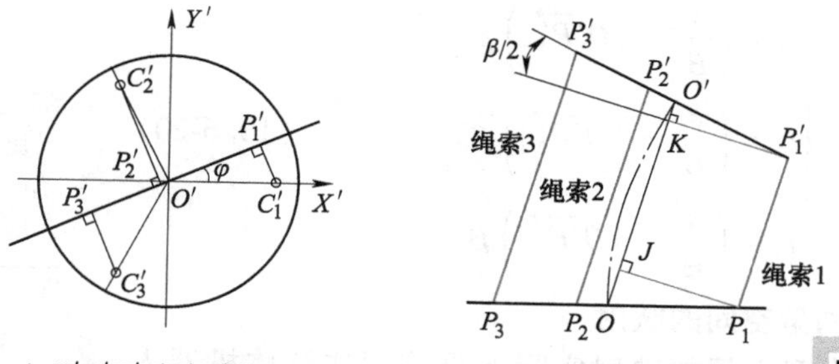

a) $X'O'Y'$平面正视图　　b) 弯曲平面投影图

图 13-51
运动学反解

中心 O 或 O'的距离，根据图 13-51a，各投影点距离中心的长度即为向量$\overrightarrow{O'P'_1}$、$\overrightarrow{O'P'_2}$和$\overrightarrow{O'P'_3}$的模，计算公式为

$$\begin{cases} |\overrightarrow{O'P'_1}| = \dfrac{d}{2}\cos\varphi \\ |\overrightarrow{O'P'_2}| = \dfrac{d}{2}\cos\left(\varphi - \dfrac{2\pi}{3}\right) \\ |\overrightarrow{O'P'_3}| = \dfrac{d}{2}\cos\left(\varphi + \dfrac{2\pi}{3}\right) \end{cases} \tag{13.6-17}$$

为保证计算结果的一般性，φ 角的取值范围应为 0°~360°，因此式（13.6-17）计算出的模有可能是负值。当计算出的模为负值时，表示该位置下，以上三个向量的实际方向与图 13-51a 中所取向量方向相反。

如图 13-51b 所示，向量$\overrightarrow{P_1P'_1}$在向量$\overrightarrow{OO'}$上的投影为向量$\overrightarrow{JK}$，向量$\overrightarrow{JK}$的模即为向量$\overrightarrow{P_1P'_1}$的模，同时也是绳索 1 的长度。因此，驱动绳索 1 长度的计算公式为

$$l_1 = |\overrightarrow{OO'}| - 2|\overrightarrow{O'P'_1}|\sin\frac{\beta}{2} \tag{13.6-18}$$

同理，驱动绳索 2 和驱动绳索 3 长度的计算公式为

$$\begin{cases} l_2 = |\overrightarrow{OO'}| - 2|\overrightarrow{O'P'_2}|\sin\dfrac{\beta}{2} \\ l_3 = |\overrightarrow{OO'}| - 2|\overrightarrow{O'P'_3}|\sin\dfrac{\beta}{2} \end{cases} \tag{13.6-19}$$

至此，得出了三根绳索驱动的连续体机器人的运动学反解方程，而对于四根绳索驱动的连续体机器人，其运动学反解与上述过程一致。

（2）**连续变形驱动的运动学反解**　除绳索驱动之外，连续体机器人中广泛采用的另一种驱动方式是连续变形驱动，这种驱动方式的驱动器可以实现连续均匀变形，如柔性杆和气压驱动器。这两种驱动方式唯一的不同是，绳索驱动时各段绳索均为直线，而连续变形驱动时各段结构为曲线。因此，连续变形驱动的运动学反解过程与绳索驱动的运动学反解过程基本相同，唯一的不同在于最终驱动件长度的计算，如图 13-52 所示。

连续变形驱动的运动学反解，即三个驱动件长度的计算公式为

$$\begin{cases} l_1 = \left(\dfrac{s}{\beta} - |\overrightarrow{O'P'_1}|\right)\beta \\ l_2 = \left(\dfrac{s}{\beta} - |\overrightarrow{O'P'_2}|\right)\beta \\ l_3 = \left(\dfrac{s}{\beta} - |\overrightarrow{O'P'_3}|\right)\beta \end{cases} \tag{13.6-20}$$

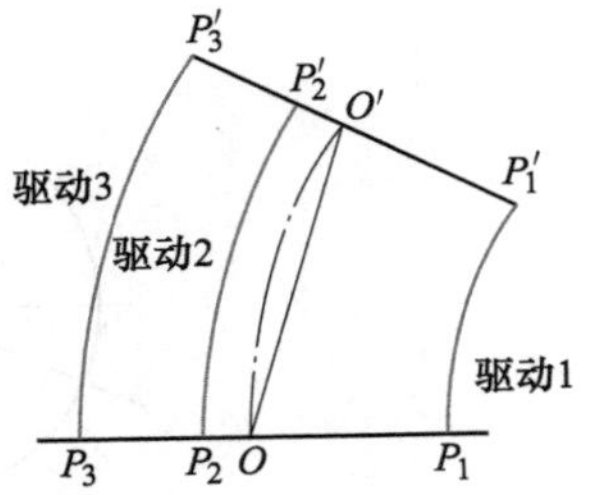

图 13-52

连续变形驱动模型运动学反解示意图

2. 任务空间到构型空间的映射

由任务空间向构型空间的映射实际上是控制连续体机器人运行的一种方式，即指定空间一点，控制连续体机器人运行至该位置。但是，这种控制方式并不是控制连续体机器人最好的方法，控制连续体机器人的一般方法是根据空间条件直接指定连续体机器人的构型。例如，在连续体机器人末端放置摄像头，作为连续体机器人的空间识别装置，当遇到障碍物时，不断改变连续体机器人的弯曲角和方向角，直至收到末端摄像头避障成功的反馈信息，而之后各节连续体机器人按照最末端一节的变形过程，不断完成变形，直至运动至指定位置。在这一过程中，并未涉及任务空间向构型空间的映射，其变形过程是不断更改并指定各节连续体机器人的方向角和弯曲角，最终躲避障碍并到达指定位置。

因此，对于连续体机器人的运动学反解，由构型空间向驱动空间的映射更为重要。另外，由任务空间向构型空间的映射可以理解为连续体机器人的空间构型规划，而对于多节连续体机器人而言，到达一个指定位置的各节连续体机器人构型有很多种情况，确定出一种满足环境条件的构型是比较复杂和困难的。因此，由任务空间向构型空间映射的运动学反解显得意义不大，所以不对这一阶段的运动学反解进行详细分析。但是，为了使连续体机器人的运动学更为完整，本小节将分析单节连续体机器人第一阶段的运动学反解（图 13-53），即在单节连续体机器人工作空间内任意指定一点，以该点坐标为这一阶段运动学反解的已知条件，求解使单节连续体机器人末端中心运动至该点的构型条件。

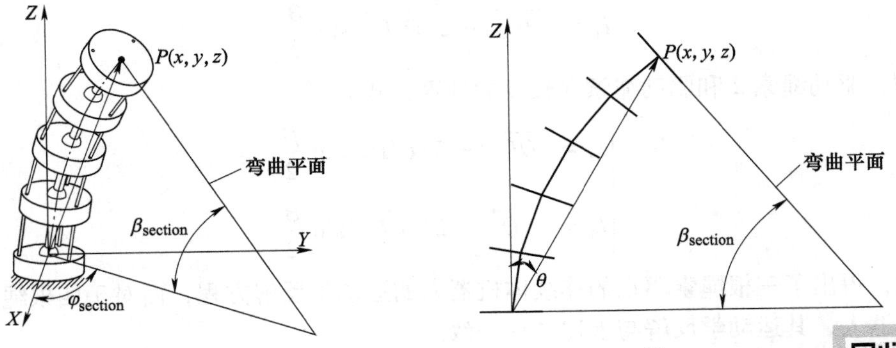

图 13-53

单节连续体机器人第一阶段运动学反解示意图

已知空间一点 $P(x, y, z)$，则可以确定由原点指向 P 点的向量 $\overrightarrow{OP}=(x, y, z)$，根据向量$\overrightarrow{OP}$的三个坐标分量，可以确定单节连续体机器人的方向角和弯曲角。

1）计算方向角 $\varphi_{section}$。如图 13-53a 所示，方向角的取值范围为 0°～360°，其计算公式为：

$$\varphi_{section}=\begin{cases}\arccos\dfrac{x}{\sqrt{x^2+y^2}} & (y\geqslant 0)\\ 2\pi-\arccos\dfrac{x}{\sqrt{x^2+y^2}} & (y<0)\end{cases}\tag{13.6-21}$$

2）计算弯曲角。正视于连续体机器人弯曲平面，如图 13-53b 所示，图中 θ 的大小为

$$\theta=\arccos\frac{z}{\sqrt{x^2+y^2+z^2}}\tag{13.6-22}$$

由此可求出单节连续体机器人的弯曲角 $\beta_{section}$，计算结果为

$$\beta_{section}=\frac{2n}{n+1}\arccos\frac{z}{\sqrt{x^2+y^2+z^2}}\tag{13.6-23}$$

式中，n 为组成该节连续体机器人的运动单元个数。

3. 构型空间到驱动空间的映射

对于连续体机器人而言，这一阶段的运动学反解是对其进行变形控制的基础，因此，本小节将对这一阶段的运动学反解进行分析。由构型空间向驱动空间映射的已知条件是构型，如连续体机器人的方向角和弯曲角等，需要求解的是连续体机器人的驱动条件，如绳索长度、柔性驱动杆杆长和气压驱动器的气压等。在该连续体机器人中，这一阶段的运动学反解，是将连续体机器人的方向角和弯曲角作为已知条件，求解三根驱动绳索的绳长。本小节所使用的符号及其含义见表 13-9。

绳索在变形过程中与骨架轴线之间存在一定的角度偏差，在求解过程中，需要将这一偏差考虑在内。从运动单元第二阶段的运动学反解求起。如图 13-54 所示，点 O_1 和 O_2 为上、下平面的转动中心，同时也是定坐标系 O_1-XYZ 和动坐标系 O_2-$X'Y'Z'$ 的原点，$\overrightarrow{O_1O_2}$ 的模为运动单元的骨架长度 s。点 A_1、A_2 和 A_3 为绳索初始位置点，点 B_1、B_2 和 B_3 为绳索终了位置点，点 C_1、C_2 和 C_3 为绳索与基盘下表面的交点，则线段 A_1C_1、A_2C_2 和 A_3C_3（图中绿色实线）的长度为当前位置两基盘之间空隙中的绳索长度 $l_{i\text{-gap}}$；线段 B_1C_1、B_2C_2 和 B_3C_3 的长度为基盘厚度 h_{disk}；对应线段的长度相加为运动单元各绳索长度 l_i。但由于运行过程中产生的偏差，使得这两条线段一般不在同一条直线上。β_{single} 与 $\beta_{section}$ 的关系见式（13.6-12）。

正视于运动单元上基盘顶面，可得图 13-55a 所示图形；正视于弯曲平面，可得图 13-55b所示图形。由于运行过程中产生的偏差，绳索 1、2、3 在弯曲平面上的投影分为两段，即 $P_iC'_i$ 和 $C'_iP'_i$（i=1，2，3），而对应线段相加的长度即为三根驱动绳索的绳长。

要计算绳长，首先需要获取在投影平面上各投影点到中心 O_2 的距离，根据图 13-55a，各投影点距离中心的长度即为向量 $\overrightarrow{O_2P'_1}$、$\overrightarrow{O_2P'_2}$ 和 $\overrightarrow{O_2P'_3}$ 的模长，计算公式为

$$\begin{cases}|\overrightarrow{O_2P'_1}|=\dfrac{d}{2}\cos\varphi_{single}\\ |\overrightarrow{O_2P'_2}|=\dfrac{d}{2}\cos\left(\varphi_{single}-\dfrac{2\pi}{3}\right)\\ |\overrightarrow{O_2P'_3}|=\dfrac{d}{2}\cos\left(\varphi_{single}+\dfrac{2\pi}{3}\right)\end{cases}\tag{13.6-24}$$

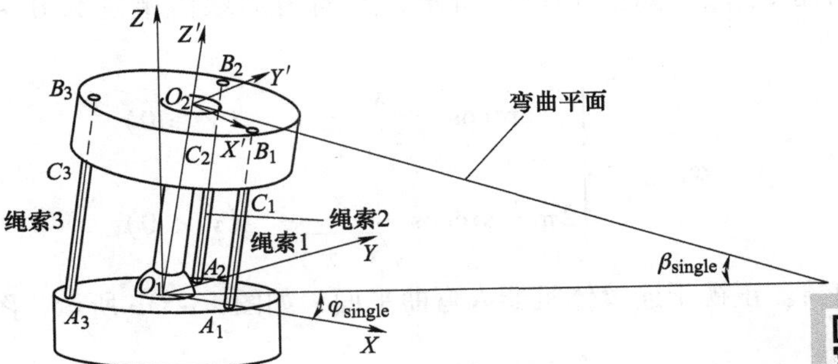

图 13-54

运动单元第二阶段运动学反解示意图

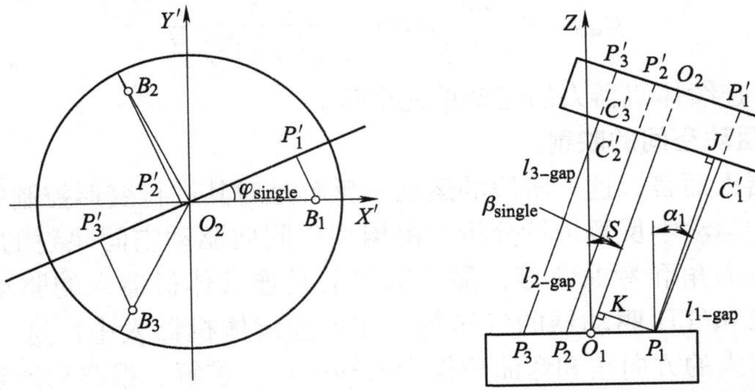

a) $X'O_2Z'$平面正视图　　b)弯曲平面投影图

图 13-55

第二阶段运动学反解

为保证计算结果的一般性，φ_{single}的取值范围应为0°~360°，因此，式（13.6-24）计算出的模有可能是负值，当计算出的模为负值时，表示该位置下，以上三个向量的实际方向与图 13-55b 中所取向量方向相反。

下面以计算绳索 1 的长度为例，说明绳长的计算过程。如图 13-55b 所示，过点 P_1 向轴线作垂线，垂足为点 K；再过 P_1 点向基盘底面投影线作垂线，垂足为点 J。则向量$\overrightarrow{P_1J}$模的计算公式为

$$|\overrightarrow{P_1J}| = s - h_{\text{disk}} - |\overrightarrow{O_2P'_1}|\sin\beta_{\text{single}} \tag{13.6-25}$$

由此可以得到绳索 1 在相邻两基盘之间空隙中的部分与竖直方向的夹角 α_1，之后由几何关系可以得到绳索 1 在相邻两基盘之间空隙中的绳索长度 $l_{1\text{-gap}}$，计算公式为

$$\alpha_1 = \arctan\frac{\sqrt{1+\left(\dfrac{|\overrightarrow{O_2P'_1}|}{s-h_{\text{disk}}}\right)^2}\sin\left(\arctan\dfrac{|\overrightarrow{O_2P'_1}|}{s-h_{\text{disk}}}+\beta_{\text{single}}\right)-\dfrac{|\overrightarrow{O_2P'_1}|}{s-h_{\text{disk}}}}{\sqrt{1+\left(\dfrac{|\overrightarrow{O_2P'_1}|}{s-h_{\text{disk}}}\right)^2}\cos\left(\arctan\dfrac{|\overrightarrow{O_2P'_1}|}{s-h_{\text{disk}}}+\beta_{\text{single}}\right)} \tag{13.6-26}$$

$$l_{1\text{-gap}} = \frac{|\overrightarrow{P_1J}|}{|\cos(\alpha_1 - \beta_{\text{single}})|} \tag{13.6-27}$$

同理可以得出驱动绳索 2 和 3 在相邻两基盘之间空隙中的绳索长度，即

$$l_{i\text{-gap}} = \frac{|\overrightarrow{P_iJ}|}{|\cos(\alpha_i - \beta_{\text{single}})|} \quad (i = 2,\ 3) \tag{13.6-28}$$

运动单元的绳索长度 l_i 为

$$l_i = l_{i\text{-gap}} + h_{\text{disk}} \quad (i = 1,\ 2,\ 3) \tag{13.6-29}$$

单节连续体机器人各绳索总长为

$$L_i = nl_i + h_{\text{disk}} \quad (i = 1,\ 2,\ 3) \tag{13.6-30}$$

至此，完成了单节连续体机器人第二阶段的运动学反解，即由构型空间向驱动空间的映射。

13.6.4　算例验证

为验证以上运动学公式的正确性，选取一组单节连续体机器人的外形参数，见表 13-11。

表 13-11　所选取连续体机器人的外形参数

参数名称	参数值
运动单元数量 n	5
运动单元骨架长度 s/mm	70
基盘厚度 h_{disk}/mm	20
绳索位置直径 d/mm	65

算例验证的过程分为两部分：第一部分为任务空间和构型空间的相互映射；第二部分为构型空间和驱动空间的相互映射。这样验证的好处是每一部分都可以完成一个闭环的验证，从而可以判断计算精度，并且可以避免计算过程中的累积误差，使计算结果更具有说服力。

由于连续体机器人的任务空间和驱动空间不能直观获取并指定，因此两部分的初始条件均选择单节连续体机器人的构型空间，即方向角和弯曲角。

1. 任务空间与构型空间之间的相互映射

随机选取 12 组单节连续体机器人的变形参数见表 13-12，方向角的选取范围为 0°～360°，弯曲角的选取范围为 0°～90°。以各组变形参数为已知条件，进行第二阶段的运动学正解，得到连续体机器人末端基盘中心空间坐标，文中使用两种方法对这一阶段的运动学正解进行计算，因此计算出两组坐标并进行比较；再根据前面得到的各末端基盘中心空间坐标，进行第一阶段运动学反解，得到与各空间坐标相对应的连续体机器人构型参数；然后与初始选取的变形参数进行比较，计算分析误差。

表 13-12 所选取单节连续体机器人的变形参数

序号	选取的方向角 $\varphi_{initial}$/(°)	选取的弯曲角 $\beta_{initial}$/(°)
1	0	86.5
2	13.5	13.4
3	58.4	65.4
4	91.6	30
5	116.4	88.8
6	150	24.9
7	186.9	3.6
8	225	32.7
9	249.7	78.2
10	285.6	90
11	306.4	44.3
12	333.3	16.2

完成第二阶段的运动学正解后，将所得结果记录于表 13-13 中。再根据表 13-13 中的末端基盘中心坐标，进行第一阶段运动学正解，所得方向角和弯曲角记录于表 13-14 中。

表 13-13 构型空间向任务空间映射的计算结果

序号	末端基盘中心坐标
1	(250.9580，0，196.7762)
2	(44.1636，9.7908，346.4035)
3	(110.0530，178.8885，257.1559)
4	(−2.9869，106.9319，329.2308)
5	(−113.0786，227.7954，189.7008)
6	(−77.5546，44.7762，335.6194)
7	(−13.0940，−1.5845，349.6961)
8	(−82.0227，−82.0227，325.3996)
9	(−82.2204，−222.2705，221.6164)
10	(68.8384，−246.5516，185.9813)
11	(90.7260，−123.0577，305.5745)
12	(52.6222，−26.4662，343.8735)

表 13-14　任务空间向构型空间映射的计算结果

序号	计算出的方向角 φ_{final}/(°)	计算出的弯曲角 β_{final}/(°)
1	0. 0000	86. 5000
2	13. 5000	13. 4000
3	58. 4000	65. 4000
4	91. 6000	30. 0000
5	116. 4000	88. 8000
6	150. 0000	24. 9000
7	186. 9000	3. 6000
8	225. 0000	32. 7000
9	249. 7000	78. 2000
10	285. 6000	90. 0000
11	306. 4000	44. 3000
12	333. 3000	16. 2000

比较表 13-12 和表 13-14 中的数据可以发现，初始选取的方向角 $\varphi_{initial}$ 和弯曲角 $\beta_{initial}$ 与经过第一阶段运动学正解计算得出的方向角 φ_{final} 和弯曲角 β_{final} 的数值完全相同。

2. 构型空间与驱动空间之间的相互映射

随机选取 12 组单节连续体机器人的变形参数，这里选取表 13-12 中的数据即可。以各组变形参数为已知条件，进行第二阶段运动学反解，得到连续体机器人各驱动绳索的长度；再根据所得到的各驱动绳索的长度，进行第一阶段运动学正解，得到对应的连续体机器人构型参数；然后与初始选取的变形参数进行比较，计算分析误差。

以所选取的构形参数为基础，完成第二阶段运动学反解，所得结果记录于表 13-15 中。以表 13-15 中的驱动绳索长度数据为基础进行第一阶段运动学反解，所得构型参数数据记录于表 13-16 中，并与表 13-12 中的构型参数进行比较，计算出的误差记录于表 13-16 中。

表 13-15　构型空间向驱动空间映射的计算结果　（单位：mm）

序号	驱动绳索 1 长度 L_1	驱动绳索 2 长度 L_2	驱动绳索 3 长度 L_3
1	321. 8105	394. 1863	394. 1863
2	363. 1352	372. 1144	374. 7504
3	350. 7407	352. 5173	406. 7922
4	370. 4743	355. 0597	384. 4684
5	392. 0612	320. 6792	397. 4633
6	382. 2170	357. 7842	370
7	372. 0272	369. 1989	368. 7740

（续）

序号	驱动绳索 1 长度 L_1	驱动绳索 2 长度 L_2	驱动绳索 3 长度 L_3
8	383.0884	374.7904	352.1247
9	385.2070	398.0102	326.9026
10	356.5058	418.7370	334.9383
11	355.1505	394.8791	359.9812
12	361.7952	377.6764	370.5287

表 13-16　驱动空间向构型空间映射的计算结果　［单位：（°）］

序号	方向角 φ_{final}	弯曲角 β_{final}	方向角误差 φ_{error}	弯曲角误差 B_{error}
1	359.8227	86.5005	0.1773	0.0005
2	13.4981	13.4000	0.0019	0
3	58.4010	65.4021	0.0010	0.0021
4	91.6005	29.9953	0.0005	0.0057
5	116.5178	88.4230	0.1178	0.3770
6	150.0049	24.8989	0.0049	0.0011
7	186.9009	3.6000	0.0009	0
8	224.9991	32.6996	0.0009	0.0004
9	249.7068	78.2264	0.0068	0.0264
10	285.5645	90.2081	0.0355	0.2081
11	306.3818	44.3194	0.0182	0.0194
12	333.2984	16.2001	0.0016	0.0001

表 13-16 所列数据中，方向角的最大误差为 0.1773°，最小误差为 0.0005°；弯曲角的最大误差为 0.3770°，最小误差为 0°。最大误差均出现在弯曲角较大的情形中，且从表中数据可以看出，弯曲角越大，计算结果的误差可能越大，而与方向角的关系不能确定。

需要注意的是，第一阶段运动学正解的计算方式是将绳长分解到单个运动单元进行计算，得到运动单元的弯曲角和方向角后，扩展至单节连续体机器人，因此，其弯曲角误差是不断累积的。如果组成单节连续体机器人的运动单元个数增多，则完成相同变形时单个运动单元的变形量减小，其误差将有效减小。因此，当需要提高单节连续体机器人的变形能力时，应该首先考虑增加运动单元的个数，以保证系统的运行精度。

13.6.5 工作空间

连续体机器人在三维空间中进行操作时，其运动空间十分重要，其中，连续体机器人末端基盘中心在空间中的可达区域，称为连续体机器人的工作空间。

连续体机器人的工作空间主要与变形单元的外形尺寸、关节的转角以及放置于运动单元四周的柔性约束柱等参数有关。综合考量以上因素，在确保运动过程中上、下两基盘不发生接触的前提下，将运动单元的弯曲角行程确定为 20°。以此为基础，绘制单节连续体机器人的工作空间。

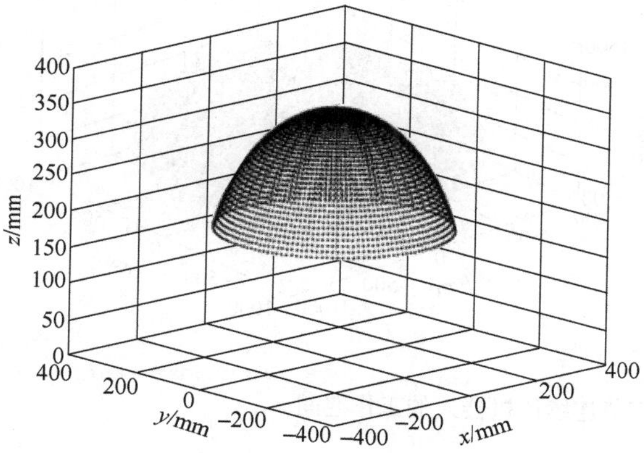

图 13-56

单节连续体机器人的工作空间

单节连续体机器人由多个运动单元串联而成，其外形参数与表 13-14 中的数据相同。绘制工作空间的方法是以第二阶段运动学正解为计算方式，以一定步长遍历单节连续体机器人的方向角范围和弯曲角范围，将其末端中心的空间位姿描绘在三维图上，最终得到单节连续体机器人的工作空间。依据以上参数，单节连续体机器人的方向角取值范围为 0°~360°，方向角的取值范围为 0°~90°，其工作空间如图 13-56 所示，图中黑色的点为单节连续体机器人末端中心可以到达的位置。

得到单节连续体机器人的工作空间后，在其中的每个点之上完成另一节连续体机器人工作空间的绘制，所有工作空间的集合即为两节连续体机器人的工作空间，如图 13-57 所示。图中深色（黑色）的点为单节连续体机器人末端中心可以到达的位置，浅色（红色）的点为两节连续体机器人末端中心可以到达的位置。

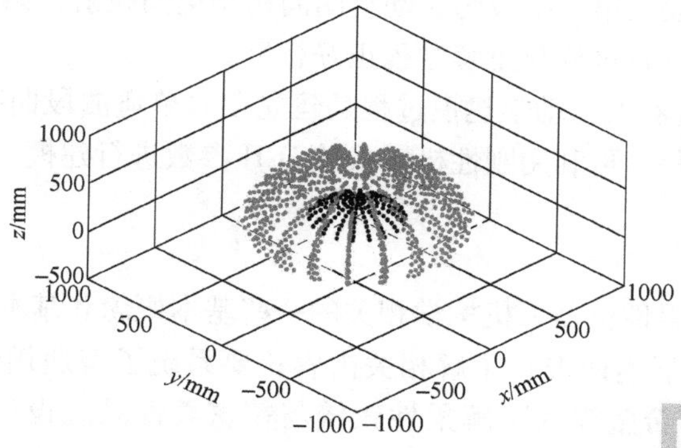

图 13-57

两节连续体机器人的工作空间

查看彩图

三节连续体机器人的工作空间与两节蛇形臂工作空间的获取方式相同，其工作空间如图 13-58 所示，图中蓝色的点为三节连续体机器人末端中心可以到达的位置。

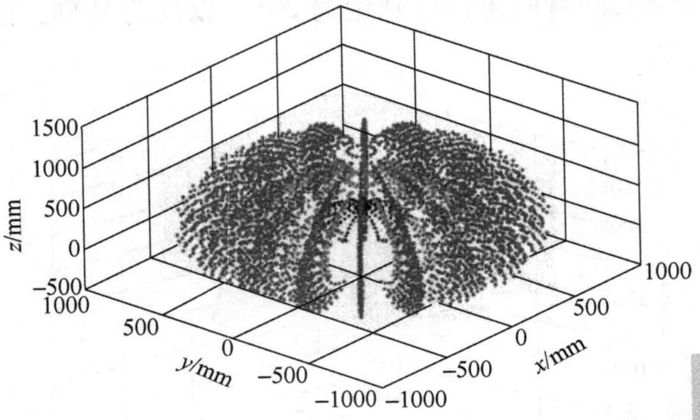

图 13-58

三节连续体机器人的工作空间

13.7 本章小结

1）在几十年间，柔性机构得到了迅猛发展，诞生了一系列柔性机构基础理论，为柔性机构的成功应用奠定了坚实的基础。随着人们对柔性及柔性机构认识的不断深入，柔性机构在微纳、仿生机器人等领域得到了广泛应用。

2）基于约束线图与自由度线图对偶法，以及常用柔性单元的等效自由度或约束模型，可以应用图谱法实现对（小变形条件下）精密柔性机器人机构的自由度分析与构型综合。

3）柔性机器人机构运动学建模的方法很多，如旋量法、椭圆积分法或数值积分法、梁约束模型法等，其中最为经典的是伪刚体模型法，其实质是建立柔性与刚性直接等效的桥梁。基于伪刚体模型，可以简化大变形柔性机器人机构的运动学与动力学建模过程。

4）连续体机器人运动学主要研究末端运动与其外形几何之间的关系，其运动学正解是指给定驱动条件，计算机器人的构型特征。与传统刚性机器人运动学正解不同，连续体机器人运动学要经过两个阶段：第一阶段为驱动空间向构型空间映射，第二阶段为构型空间向任务空间映射。其运动学反解过程与正解过程正好相反。

5）经典的连续体机器人运动学建模过程是建立在“单弯曲段曲率恒定”假设条件基础之上的，以简化建模过程，再利用刚性机器人的 D-H 参数进行建模。

扩展阅读文献

本章主要介绍了与柔性机器人机构学相关的一些基本概念和基本方法。除此之外，读者还可阅读其他文献（见下述列表）了解相关内容：要系统了解通用性的柔性设计方法，请参考文献［2，3，6］；希望深入了解柔性铰链与精密柔性系统设计，请参阅文献［1，4，5，7，8］。

［1］ Henein S，Richard M，Rubbert L. The Art of Flexure Mechanism Design［M］. New York：CRC Press，2017.

[2] Howell L L. 柔顺机构学（中文版）[M]. 余跃庆，译. 北京：高等教育出版社，2007.

[3] Howell L L，et al. 柔顺机构设计理论与实例 [M]. 陈贵敏，于靖军，等译. 北京：高等教育出版社，2015.

[4] Lobontiu N. Compliant Mechanisms：Design of Flexure Hinges [M]. New York：CRC Press，2003.

[5] Smith S T. Flexures：Elements of Elastic Mechanisms [M]. New York：Gordon and Breach Science Publishers，2000.

[6] Zhang X M，Zhu B L. Topology Optimization of Compliant Mechanisms [M]. Singapore：Springer，2018.

[7] 李庆祥，王东生，李玉和. 现代精密仪器设计 [M]. 北京：清华大学出版社，2004.

[8] 于靖军，等. 柔性设计：柔性机构的分析与综合 [M]. 北京：高等教育出版社，2018.

习题

13-1　图 13-59 所示的四条细长柔性杆表示四个分别沿其轴线的理想约束力（即不能沿轴线方向产生移动），试利用图谱法确定该柔性机构动平台的自由度分布情况。

13-2　图 13-60a、b 所示机构中各含有两个簧片，每个簧片提供其所在平面的三维平面约束力。试利用图谱法确定每个柔性机构动平台的自由度分布情况。

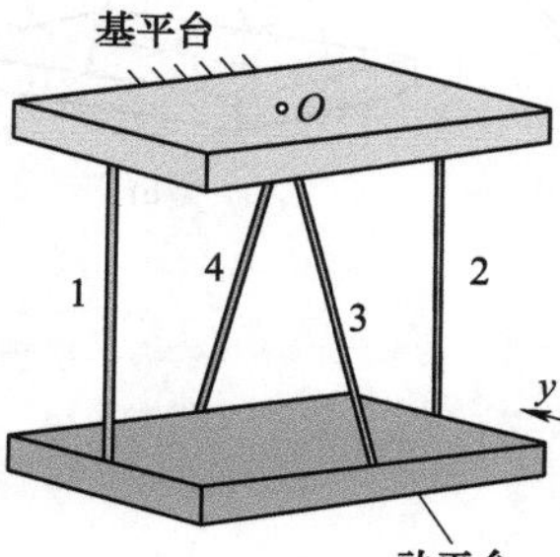

图 13-59

习题 13-1 图

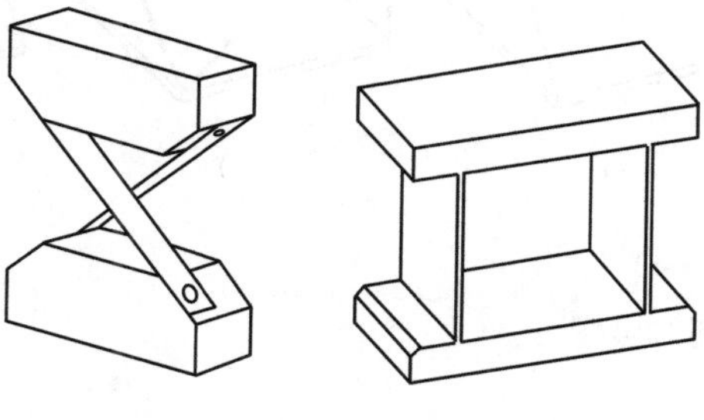

a) 交叉簧片式　　b) 平行簧片式

图 13-60

习题 13-2 图

13-3　试利用图谱法分析图 13-61 所示几种柔性机构动平台的自由度分布情况是否相同。图中粗实线表示细长柔性杆。

13-4　利用图谱法分析图 13-62 所示各柔性机构的自由度。图中粗实线代表细长柔性杆。

13-5　如图 13-63 所示，A 为固定体，B 为功能体，铰链由四个相同的柔性杆并联而成。尺寸参数如图所示，其中 $D=0.2\text{m}$，$l=0.2\text{m}$，$r=0.005\text{m}$，弹性模量 $E=70\text{GPa}$，泊松比 $\mu=0.346$，求并联柔性铰链在点 O 处的柔度矩阵。要求：首先建立带参数的系统柔度矩阵，然后代入数据完成算例分析。

13-6　试求图 13-64 所示柔性机构的柔度矩阵。该柔性机构由多个相同的平行簧片以并联方式均匀分布在动平台与基座之间。簧片单元从左到右编号为 1，2，…，n。局部坐标系建立在各簧片单元质心处，参考坐标系建立在动平台的中心。坐标系中各个坐标轴方向及结构参数如图所示。

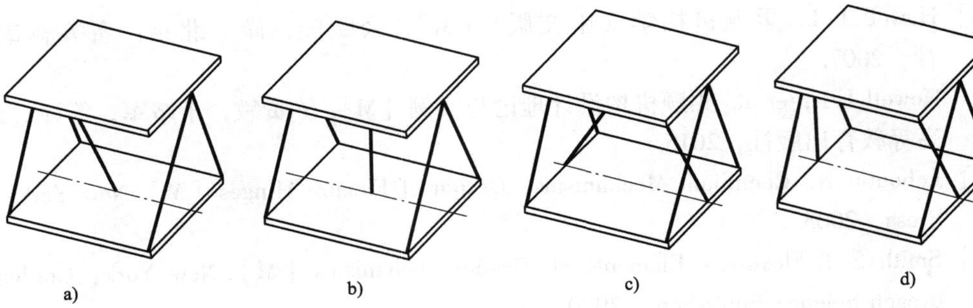

图 13-61

习题 13-3 图

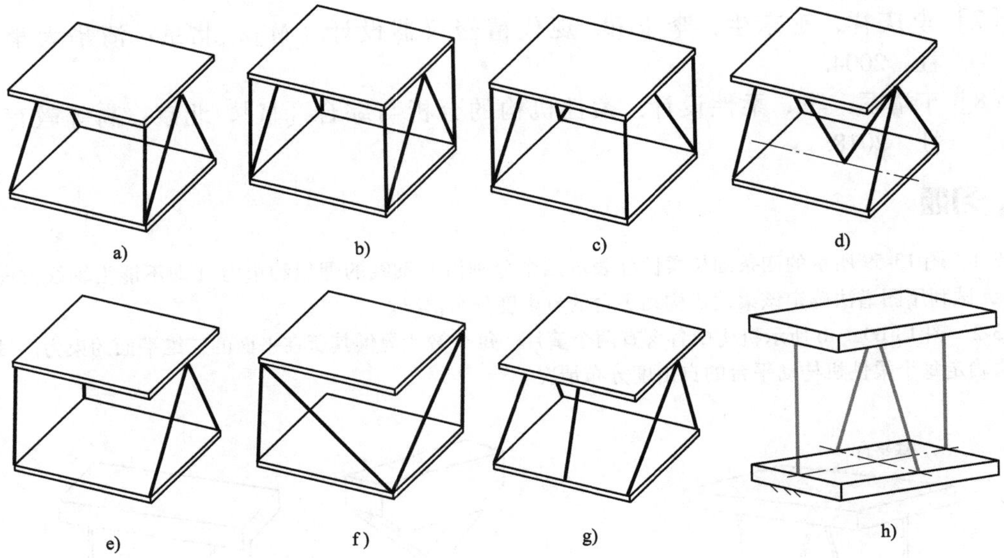

图 13-62

习题 13-4 图

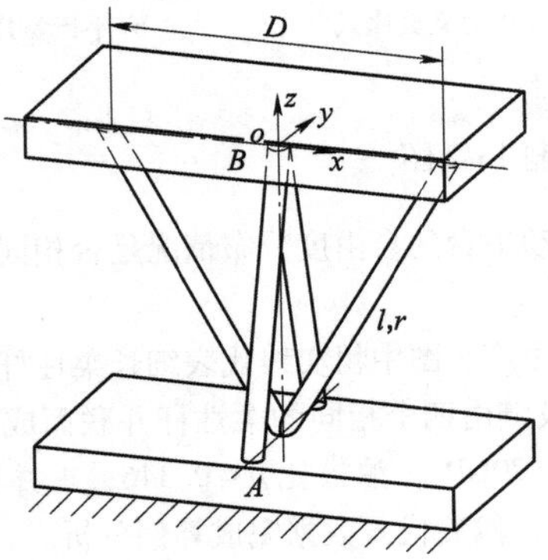

图 13-63

并联柔性铰链三维模型图

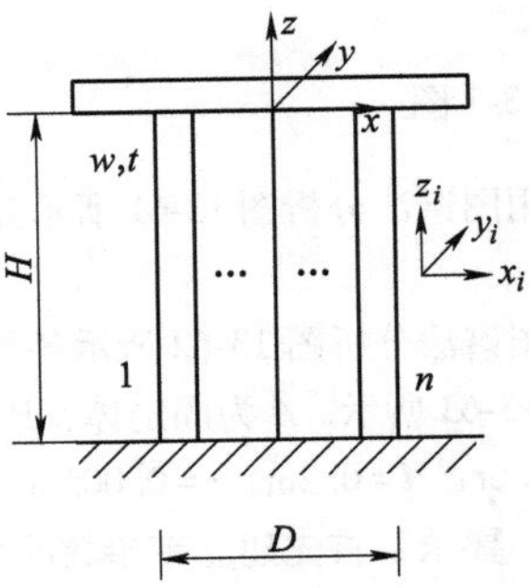

图 13-64

柔性机构

13-7 试对图 13-65 所示的等腰梯形式柔性铰链进行空间柔度矩阵参数化建模。

13-8 试对图 13-66 所示的平行簧片式柔性铰链进行自由度分析。相关参数如下：$l=100\text{mm}$，$d=80\text{mm}$，$w=50\text{mm}$，$t=2\text{mm}$，$E=70\text{GPa}$，泊松比 $\mu=0.346$。

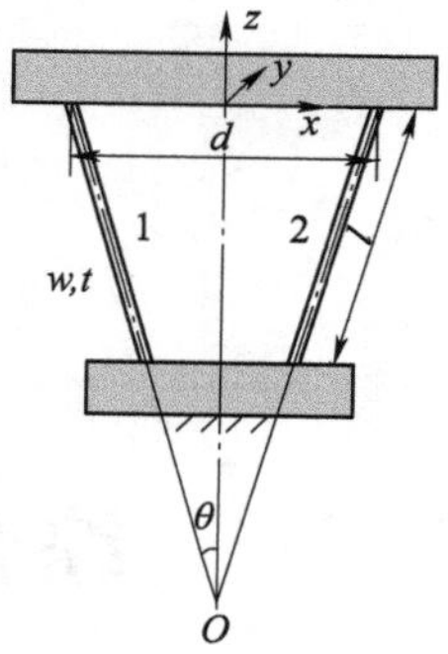

图 13-65 等腰梯形式柔性铰链

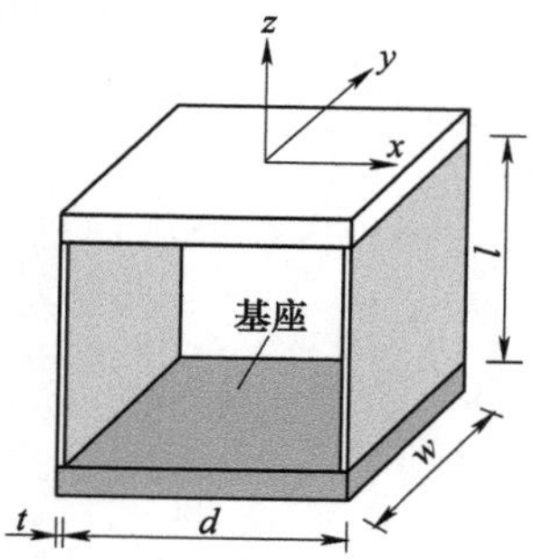

图 13-66 平行簧片式柔性铰链

13-9 从下面所给的五篇学术文献（可通过图书馆文献系统检索全文）中选择一篇进行研读。

文献 1：Design and Development of a High-Speed and High-Rotation Robot with Four Identical Arms.

文献 2：Type Synthesis of 2-DOF 3-4R Parallel Mechanisms with Both Spatial Parallelogram Translational Mode and Equal-Diameter Spherical Rotation Mode.

文献 3：Structure Synthesis of 4-DoF and 5-DoF Parallel Manipulator with Identical Limbs.

文献 4：Type Synthesis of 3-DOF Translational Parallel Manipulators Based on Screw Theory.

文献 5：Mobility and Singularity Analysis of a Class of 2-DOF Rotational Parallel Mechanisms Using a Visual Graphic Approach.

在此基础上，撰写一篇评述性论文，至少应包含以下内容：

1）该文献的主要贡献。

2）该文献解决的主要科学问题。

3）该文献采用的理论方法与技术路线。

4）用流程图描述该文献提出问题、分析问题以及解决问题的主要思路。

5）重点阐述该文献所讲的理论知识在解决实际科学问题时的作用。

6）简单描述一下该文献存在的局限性。

第 14 章 综合设计实例

本章导读

一个完整的机器人系统包括机器人结构本体（含驱动与传动系统）、末端执行器、内外部感测装置、控制器等部分，其中机器人结构本体设计是机器人系统设计的关键。

本章在给出机器人结构本体设计的一般流程的基础上，通过两个综合实例（并联机器人和柔性纳米定位平台），来介绍前面章节内容在机器人机构设计中的综合应用。

14.1 一般设计流程

一个完整的机器人系统包括机器人结构本体（含驱动与传动系统）、末端执行器、内外部感测装置、控制器等部分。因此，要完成机器人系统的整体设计，是一项复杂的工作。本章将重点放在机器人结构本体的设计（简称机构设计）上，它是机器人系统设计的重要环节。

图 14-1 所示为机器人系统机构设计的一般过程。

1. 明确设计目标与性能指标

设计的第一步就是根据应用背景或任务需求，提出功能需求，进而确定设计目标及性能指标。例如，对自由度（数目）的需求，工作空间、负载的大小，对工作速度、加速度的限制，以及对精度（含绝对精度、重复精度等）的要求等。

2. 功能分析与设计原理

对功能及性能指标进行分析、分解，进而给出与之相适应的设计原理。鉴于机器人结构设计通常是一个不断反复的过程，遵循特定的设计原理可以限定构型设计及优选的范畴，从而加快设计的进程，同时保证设计结果的有效性和实用性。尽管该阶段在设计过程中相当重要，但往往受到设计者的忽视。通常应遵循三项基本设计原则：①实用性原则；②经济性原则；③高能效原则。

3. 构型综合与优选

机器人本体设计的首要任务就是确定合适的构型，即构型设计。构型设计包括构型综合与优选，它是机器人结构设计过程中的重要一环，是实现原始创新的重要手段之一。有关这方面的详细内容可参考本书第 6 章。

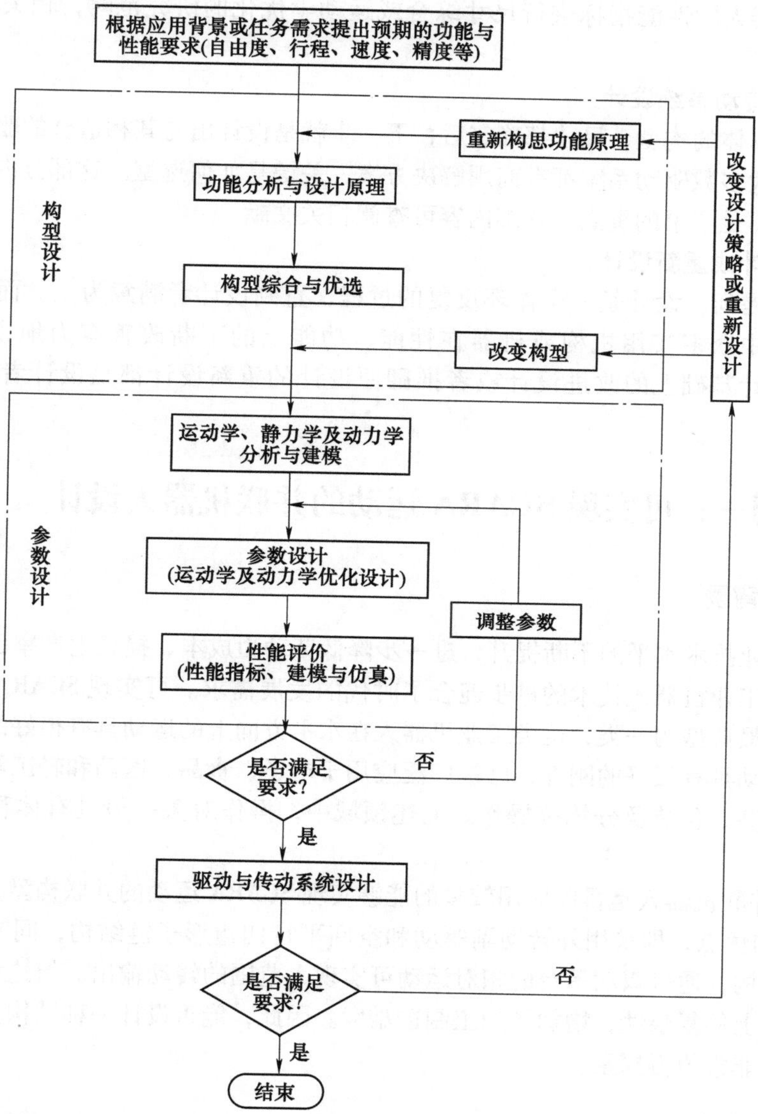

图 14-1

机器人系统机构设计的一般过程

4. 运动学、静力学及动力学分析与建模

对优选的机器人机构进行运动学分析与建模，这是实现运动学优化设计的基础。有时根据任务要求，还需要做必要的静力学甚至动力学分析与建模。其中，有关机器人运动学建模的内容可参考第 7 章，运动性能评价可参考第 8、第 9 章，机器人静力学（含刚度）建模可参考第 11 章，机器人动力学建模可参考第 12 章。

5. 运动性能评价与优化设计

在确定了机器人的构型之后，还需要确定机器人本体的结构参数（运动参数），即进行参数设计。为了保证机器人的运动学性能最优，有必要对结构参数进行运动学优化。这一过程属于根据机器人的性能指标进行尺寸综合或运动学优化的研究范畴，相关内容可参考第10章。

6. 驱动与传动系统设计

当机器人本体的构型、尺寸都确定后，下一步就是设计出与其相适合的驱动与传动系统方案。当前，大多数驱动系统都有商用解决方案，关键是如何选型。这部分内容在第4章有所涉及，但并不是本书的重点，详细内容可查阅相关文献。

7. 改进设计或重新设计

前面已经提到，设计是一个循环反复的过程，直到设计者满意为止。而这种满意度是相对的，现实中众多实用机构或机器在性能、功能上的不断改善有力地说明了这一点。这时，在原设计基础上的改进设计或者推翻原设计的重新设计都是设计者通常考虑的技术路线。

14.2 实例一：可实现SCARA运动的并联机器人设计

14.2.1 应用背景

随着制造业技术水平的不断提升，进一步降低劳动力成本、提高生产率已成为工业界的迫切需求，而工业机器人技术的进步迎合了时代的发展需求。可实现SCARA运动的工业机器人便是其中最典型的一类，这类工业机器人在水平方向上的运动具有很好的柔性，而在竖直方向上的运动具有很好的刚性，已被广泛应用于电子、食品、医药和轻工等行业，来高速完成插装、封装、包装及分拣等操作。上述领域中，操作对象一般具有体积小、质量小的特征。

H4高速并联机器人是目前应用较多的能够实现SCARA运动的并联构型，该构型继承了Delta机器人的优点，即采用外转动副驱动和空间平行四边形子链结构，同时独创性地采用了双动平台结构，通过双动平台的相对运动可实现大范围的转动输出。但这种双动平台结构也造成了结构上的复杂性，增加了加工制造难度。因此，能否设计一种结构更加简洁的新型高速操作手，非常值得探索。

14.2.2 构型设计

实现SCARA运动的机构自由度空间可由图14-2a所示的四维（三移一转）空间线图来

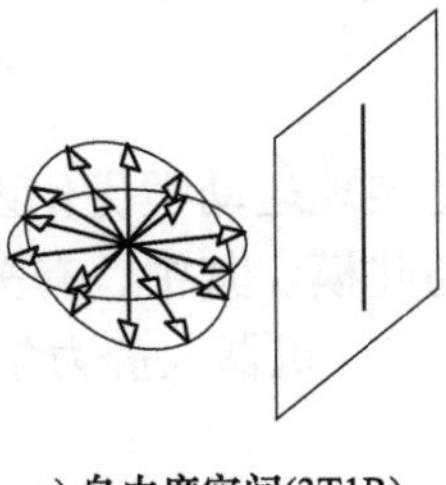

a) 自由度空间(3T1R)

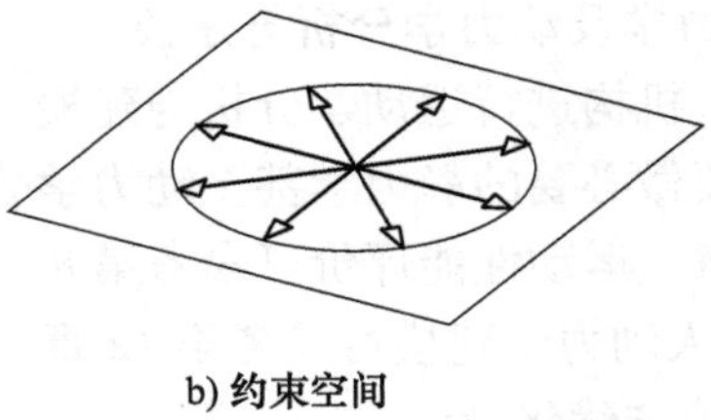

b) 约束空间

图 14-2

可实现SCARA运动的机构的空间线图

表示。利用广义 Blanding 法则，可获得图 14-2b 所示的对偶线图，该线图是一个相交于一点的平面力偶约束空间。显然，图 14-2b 所示的约束空间可直接分解为两个相互正交的一维约束力偶，如图 14-3a 和图 14-3b 所示。

由此可获得该机构各个支链的约束空间和自由度空间，见表 14-1。该机构共有四条支链，且每条支链被分配了一个图 14-3 所示的一维约束力偶。这样，该机构每条支链的自由度空间为一个五维线图。以第一条支链为例，其自由度空间可由图 14-4 所示的线图表示。根据该线图的物理意义，该支链是一个能够实现三维移动和二维转动的 5 自由度运动支链。对于这样一个支链，从运动学角度有很多种实现方式，如 PUU、RUU、PR(P_a)RR、UPU、RR(P_a) RR 等。

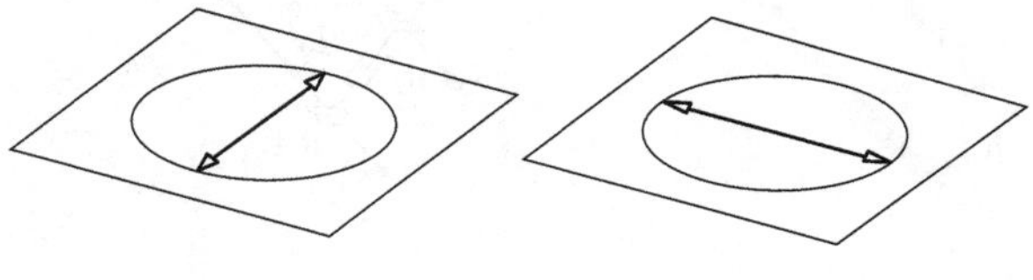

a) 力旋量$\$_{C1}$　　b) 力旋量$\$_{C2}$

图 14-3

两个相互正交的一维约束力偶线图

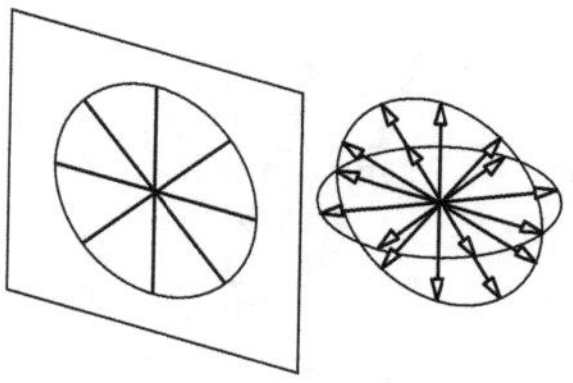

图 14-4

具有一个力偶约束的 5 自由度运动支链的自由度空间线图

表 14-1　四条支链的约束空间和自由度空间

支链	约束空间	自由度空间
支链 1	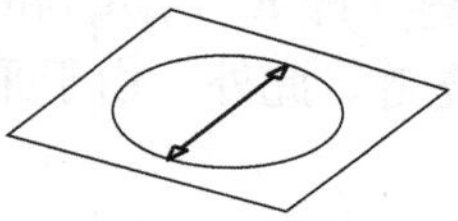	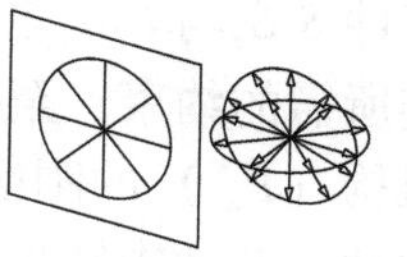
支链 2	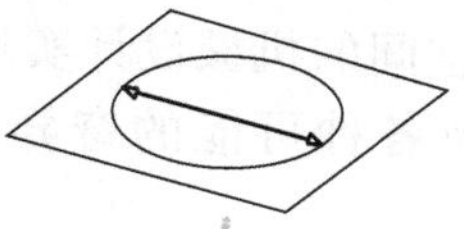	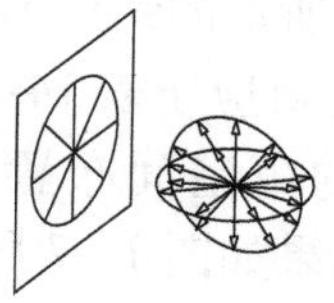
支链 3	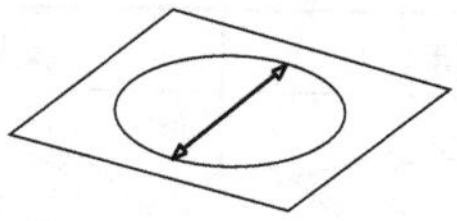	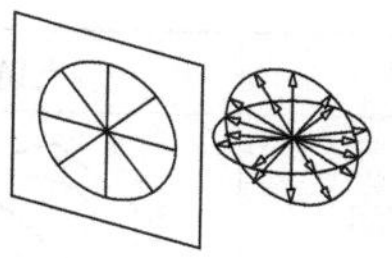
支链 4	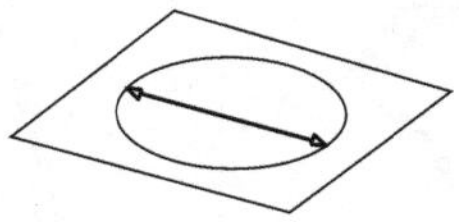	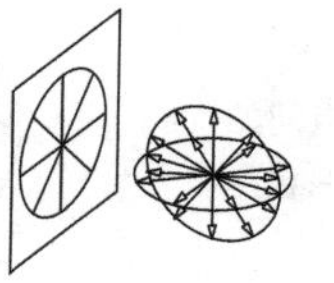

考虑到各条支链的刚度特性、方便装配以及高速机器人通常采用转动副作为主动驱动输入，在实际设计中采用了$\underline{R}(P_a^*)R$ 支链，其具体实现形式如图 14-5 所示。该支链通过主动驱动的转动副与定平台相连。在该支链中，(P_a^*）为复合式平行四边形机构，其 CAD 模型与运动学简图分别如图 14-6a 和图 14-6b 所示。

图 14-5

5 自由度运动支链 $\underline{R}(P_a^*)R$ 的 CAD 模型

a) CAD模型

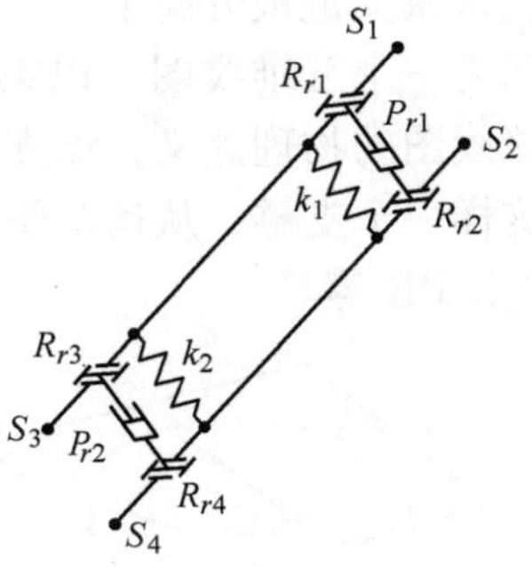

b) 运动学简图

图 14-6

改进的复合式平行四边形机构（P_a^*）

由图 14-5 和图 14-6 可知，与 Delta 和 H4 机器人中采用的平行四边形机构（P_a）类似，该复合式平行四边形机构（P_a^*）由四个球铰（S_1、S_2、S_3和 S_4）将四个杆件首尾顺次相连，同时含有两个弹性胀紧装置（k_1和 k_2）。该设计非常有利于装配。（P_a）和（P_a^*）的主要区别在于杆件 S_1S_3与 S_2S_4之间的 RPR 运动支链（即 $R_{r1}P_{r1}R_{r2}$和 $R_{r3}P_{r2}R_{r4}$）。实际上，为了实现该支链所需的约束，至少需要一个 RPR 支链。此外，由于采用了 RPR 支链，复合式平行四边形机构（P_a^*）的刚度得到了明显提升。

类似地，其他支链也可以通过同样的方式实现。值得注意的是，图 14-5 所示支链提供了图 14-3a 所示的约束力旋量$\boldsymbol{\$}_{C1}$，且该力旋量的轴线应垂直于主动驱动副 $\underline{R}$ 的轴线。基于此，可获得对应于表 14-1 所列出的各约束空间的机械设计实现形式，见表 14-2。注意：应严格按照约束空间布置各个支链，以避免各种可能的奇异出现（详细内容可参考文献[36]）。结果如图 14-7 所示。

表 14-2　四条支链的机械设计实现形式

支链	支链 1	支链 2	支链 3	支链 4
约束空间	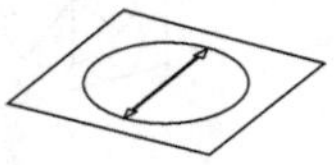	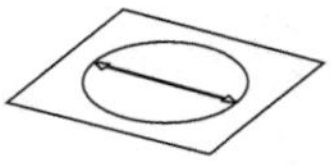	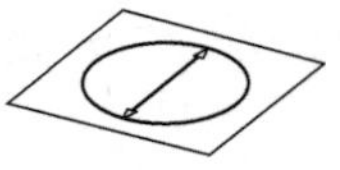	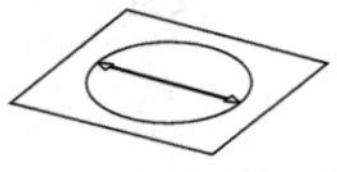
对应于约束空间的支链实现形式				

在此基础上，即可获得一个可实现 SCARA 运动的并联机构，该机构可表示为 4-R(P_a^*)R。其机械设计实现形式如图 14-8 所示，在此概念设计中，采用了四个完全相同的运动支链以及单一动平台的结构形式。通过四个转动副的主动输入运动，该机构的动平台可实现空间内的三维移动和绕竖直轴线的一维旋转运动（3T1R）。基于该机器人动平台与各支链的分布特征，将其命名为 X4。

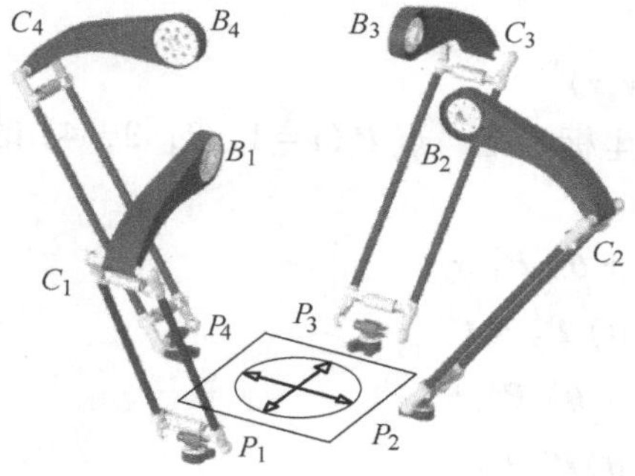

图 14-7

四条支链的布置形式

图 14-8

新型并联机器人的 CAD 模型

14.2.3 位移反解

并联机器人 X4 的运动学简图如图 14-9 所示。其中，o-xyz 为全局坐标系；平面 xoy 与位于水平面内的定平台重合；点 o' 为 P_1P_3 和 P_2P_4 的交点。由图可知，该机构具有五个几何参数：R_1、R_2、L_1、L_2 和 ξ。如果动平台的位置和姿态以 o'（x，y，z）和绕 z 轴的转角 θ 给出，则很容易获得输入角度 α_i（i=1，2，3，4）。

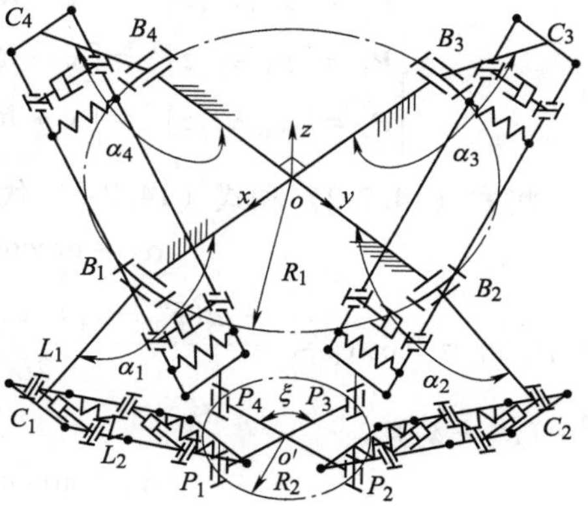

图 14-9

并联机器人 X4 的运动学简图

在全局坐标系下，点 B_i（i=1，2，3，4）的坐标可表示为

$$\boldsymbol{B}_1 = [R_1, 0, 0]^{\mathrm{T}}, \boldsymbol{B}_2 = [0, R_1, 0]^{\mathrm{T}},$$
$$\boldsymbol{B}_3 = [-R_1, 0, 0]^{\mathrm{T}}, \boldsymbol{B}_4 = [0, -R_1, 0]^{\mathrm{T}} \tag{14.2-1}$$

点 C_i(i = 1，2，3，4) 的坐标可表示为

$$\begin{cases} \boldsymbol{C}_1 = [R_1 - L_1\cos\alpha_1, 0, -L_1\sin\alpha_1]^{\mathrm{T}} \\ \boldsymbol{C}_2 = [0, R_1 - L_1\cos\alpha_2, -L_1\sin\alpha_2]^{\mathrm{T}} \\ \boldsymbol{C}_3 = [-R_1 + L_1\cos\alpha_3, 0, -L_1\sin\alpha_3]^{\mathrm{T}} \\ \boldsymbol{C}_4 = [0, -R_1 + L_1\cos\alpha_4, -L_1\sin\alpha_4]^{\mathrm{T}} \end{cases} \tag{14.2-2}$$

令

$$\varphi = \frac{\xi - 90°}{2} \tag{14.2-3}$$

且

$$\boldsymbol{P}_1' = [R_2, 0, 0]^{\mathrm{T}}, \boldsymbol{P}_2' = [0, R_2, 0]^{\mathrm{T}}, \boldsymbol{P}_3' = [-R_2, 0, 0]^{\mathrm{T}}, \boldsymbol{P}_4' = [0, -R_2, 0]^{\mathrm{T}} \tag{14.2-4}$$

而绕 z 轴的旋转矩阵为

$$\boldsymbol{R}_z(\theta) = \begin{pmatrix} \cos\theta & -\sin\theta & 0 \\ \sin\theta & \cos\theta & 0 \\ 0 & 0 & 1 \end{pmatrix} \tag{14.2-5}$$

且位移向量

$$\boldsymbol{t} = (x, y, z)^{\mathrm{T}} \tag{14.2-6}$$

结合式（14.2-3）~式（14.2-6），在全局坐标系下，点 $P_i(i=1, 2, 3, 4)$ 的坐标可表示为

$$\begin{cases} \boldsymbol{P}_1 = \boldsymbol{R}_z(-\varphi+\theta)\boldsymbol{P}_1' + \boldsymbol{t} \\ \boldsymbol{P}_2 = \boldsymbol{R}_z(\varphi+\theta)\boldsymbol{P}_2' + \boldsymbol{t} \\ \boldsymbol{P}_3 = \boldsymbol{R}_z(-\varphi+\theta)\boldsymbol{P}_3' + \boldsymbol{t} \\ \boldsymbol{P}_4 = \boldsymbol{R}_z(\varphi+\theta)\boldsymbol{P}_4' + \boldsymbol{t} \end{cases} \tag{14.2-7}$$

进一步整理为

$$\begin{cases} \boldsymbol{P}_1 = [x_1, y_1, z]^{\mathrm{T}} = [x + R_2\cos(-\varphi+\theta), y + R_2\sin(-\varphi+\theta), z]^{\mathrm{T}} \\ \boldsymbol{P}_2 = [x_2, y_2, z]^{\mathrm{T}} = [x - R_2\sin(\varphi+\theta), y + R_2\cos(\varphi+\theta), z]^{\mathrm{T}} \\ \boldsymbol{P}_3 = [x_3, y_3, z]^{\mathrm{T}} = [x - R_2\cos(-\varphi+\theta), y - R_2\sin(-\varphi+\theta), z]^{\mathrm{T}} \\ \boldsymbol{P}_4 = [x_4, y_4, z]^{\mathrm{T}} = [x + R_2\sin(\varphi+\theta), y - R_2\cos(\varphi+\theta), z]^{\mathrm{T}} \end{cases} \tag{14.2-8}$$

将式（14.2-2）和式（14.2-5）代入约束方程 $|C_iP_i| = L_2(i=1, 2, 3, 4)$，可得

$$\alpha_1 = \arccos v_1 \text{ 或 } \alpha_1 = 2\pi - \arccos v_1 \tag{14.2-9}$$

式中，$v_1 = \cos\alpha_1 = \dfrac{-m(R_1 - x_1) \pm\sqrt{4L_1^2z^2[z^2 + (R_1 - x_1)^2] - m^2z^2}}{2L_1[z^2 + (R_1 - x_1)^2]}$；$m = L_2^2 - L_1^2 - z^2 - y_1^2 - (R_1 - x_1)^2$。

$$\alpha_2 = \arccos v_2 \text{ 或 } \alpha_2 = 2\pi - \arccos v_2 \tag{14.2-10}$$

式中，$v_2 = \cos\alpha_2 = \dfrac{-p(R_1 - y_2) \pm\sqrt{4L_1^2z^2[z^2 + (R_1 - y_2)^2] - p^2z^2}}{2L_1[z^2 + (R_1 - y_2)^2]}$；$p = L_2^2 - L_1^2 - z^2 - x_2^2 - (R_1 - y_2)^2$。

$$\alpha_3 = \arccos v_3 \text{ 或 } \alpha_3 = 2\pi - \arccos v_3 \tag{14.2-11}$$

式中，$v_3 = \cos\alpha_3 = \dfrac{-n(R_1 + x_3) \pm\sqrt{4L_1^2z^2[z^2 + (R_1 + x_3)^2] - n^2z^2}}{2L_1[z^2 + (R_1 + x_3)^2]}$；$n = L_2^2 - L_1^2 - z^2 - y_3^2 - (R_1 + x_3)^2$。

$$\alpha_4 = \arccos v_4 \text{ 或 } \alpha_4 = 2\pi - \arccos v_4 \tag{14.2-12}$$

式中，$v_4 = \cos\alpha_4 = \dfrac{-q(R_1 + y_4) \pm\sqrt{4L_1^2z^2[z^2 + (R_1 + y_4)^2] - q^2z^2}}{2L_1[z^2 + (R_1 + y_4)^2]}$；$q = L_2^2 - L_1^2 - z^2 - x_4^2 - (R_1 + y_4)^2$。

由式（14.2-9）~式（14.2-12）可以发现，对于任意给定的输入均存在四组解，即共有 $4^4 = 256$ 组解。但在给定位形下只有一组解是正确的。因此，需要从这 256 组解中辨识出正确的解。为了消除在其他位形下获得的解，还需要考虑以下约束条件

$$
\begin{cases}
\dfrac{\pi}{2} - \arctan\dfrac{x_1 - R_1}{z} < \alpha_1 < \dfrac{3\pi}{2} - \arctan\dfrac{x_1 - R_1}{z} \\
\dfrac{\pi}{2} - \arctan\dfrac{y_2 - R_1}{z} < \alpha_2 < \dfrac{3\pi}{2} - \arctan\dfrac{y_2 - R_1}{z} \\
\dfrac{\pi}{2} + \arctan\dfrac{x_3 + R_1}{z} < \alpha_3 < \dfrac{3\pi}{2} + \arctan\dfrac{x_3 + R_1}{z} \\
\dfrac{\pi}{2} + \arctan\dfrac{y_4 + R_1}{z} < \alpha_4 < \dfrac{3\pi}{2} + \arctan\dfrac{y_4 + R_1}{z}
\end{cases}
\tag{14.2-13}
$$

经过约束条件［式（14.2-13）］的筛选后，仍存在 16 组解。事实上，其中还有 15 组解是在求解反三角函数时引入的错误的解。可通过以下约束方程进一步从中选出正确的解，即

$$
|C_iP_i| = L_2 \quad (i = 1,\ 2,\ 3,\ 4) \tag{14.2-14}
$$

总之，根据式（14.2-9）~式（14.2-12）以及约束条件［式（14.2-13）和式（14.2-14）］，可获得并联机器人 X4 的位移反解。

14.2.4 性能评价

众所周知，机器人工作在奇异位形处时，会造成严重的后果。因此，无奇异的工作空间是机器人优化设计的重要目标。并联机器人具有多闭环的结构特征，而对于具有单闭环结构的机构，研究显示，具有良好运动/力传递性能的机构通常在速度、精度及加速度特性等方面表现良好。因此，对于这里讨论的机构，其优化设计应对其运动/力的传递性能进行评价。

根据图 14-2 给出的约束空间，X4 机构的约束力旋量可表示为

$$
\$_{C1} = (0,0,0;1,0,0),\ \$_{C2} = (0,0,0;0,1,0) \tag{14.2-15}
$$

第 i 个支链的传递力旋量为

$$
\$_{Ti} = \left(\frac{\overrightarrow{C_iP_i}}{|\overrightarrow{C_iP_i}|};\frac{\overrightarrow{oP_i}\times\overrightarrow{C_iP_i}}{|\overrightarrow{C_iP_i}|}\right) \quad (i = 1,\ 2,\ 3,\ 4) \tag{14.2-16}
$$

四个主动输入的旋转运动可表示为

$$
\begin{aligned}
\$_{11} &= (0,1,0;0,0,1) \\
\$_{12} &= (-1,0,0;0,0,1) \\
\$_{13} &= (0,-1,0;0,0,1) \\
\$_{14} &= (1,0,0;0,0,1)
\end{aligned}
\tag{14.2-17}
$$

假设该机构的输出运动旋量可表示为

$$
\$_{Oi} = (\boldsymbol{s}_i;\boldsymbol{r}_i\times\boldsymbol{s}_i) = (L_i,M_i,N_i;P_i;Q_i,R_i) \quad (i = 1,2,3,4) \tag{14.2-18}
$$

式中，$\$_{Oi}$可由以下方程确定

$$
\begin{cases}
\$_{Oi}\circ\$_{Tj} = 0(i\neq j) \\
\$_{Oi}\circ\$_{Ck} = 0 \\
|\boldsymbol{s}| = 1
\end{cases}
\quad
\begin{pmatrix}
i,j = 1,2,3,4 \\
k = 1,2
\end{pmatrix}
\tag{14.2-19}
$$

这样，第 i 个支链的输入传递指标（ITI）可表示为

$$
\eta_i = \frac{|\$_{Ii}\circ\$_{Ti}|}{|\$_{Ii}\circ\$_{Ti}|_{\max}} \quad (i = 1,\ 2,\ 3,\ 4) \tag{14.2-20}
$$

式中，$\eta_i\in[0,\ 1]$。如果 $\eta_i=0$，将发生输入传递奇异；η_i的值越大，表示该位形越远离奇

异位形。

类似地，第 i 个支链的输出传递指标（OTI）可表示为

$$\sigma_i=\frac{|\boldsymbol{\$}_{\mathrm{T}i}\circ\boldsymbol{\$}_{\mathrm{O}i}|}{|\boldsymbol{\$}_{\mathrm{T}i}\circ\boldsymbol{\$}_{\mathrm{O}i}|_{\max}}\quad(i=1,2,3,4)\tag{14.2-21}$$

式中，$\sigma_i\in[0,1]$。$\sigma_i=0$ 意味着发生了输出传递奇异；σ_i 的值越大，表示该位形越远离奇异位形。

实际上，输入传递指标（ITI）可以用来评价并联机构的运动传递性能，输出传递指标可以用来评价相应的力传递性能。这里讨论的并联机器人的工况为高速、轻载，因此，运动传递性能的衡量标准（ITI 指标值）应该高于相应的力传递性能的衡量标准（OTI 指标值）。考虑到运动/力传递性能的评价及奇异特性，这里采用以下约束条件：$\eta_i\geqslant0.3$ 和 $\sigma_i\geqslant0.05$。在此前提下，对于任意给定的 $o'(x,\ y,\ z)$，可确定其转动输出范围 $\theta\in(\theta_{\min},\theta_{\max})$，其中 $\theta_{\min}<0<\theta_{\max}$。为了探究其对称转动能力，定义指标 θ_{ABS} 如下

$$\theta_{\mathrm{ABS}}=\min\{|\theta_{\min}|,\theta_{\max}\}\tag{14.2-22}$$

为了清晰地解释式（14.2-22）中的定义，并使得下文定义的其他指标更容易理解，这里以参数 $R_1=275\mathrm{mm}$，$R_2=100\mathrm{mm}$，$L_1=365\mathrm{mm}$，$L_2=805\mathrm{mm}$ 和 $\xi=120°$ 的机构为例，进行进一步阐述和说明。

对于该机构，当转动输出给定为 $-180°\leqslant\theta\leqslant180°$，且点 o' 的位置给定为 $x=300\mathrm{mm}$，$y=0$，$z=-550\mathrm{mm}$ 时，可以根据式（14.2-21）画出各个支链的 OTI 图谱，如图 14-10 所示。其中，C 与 D 之间的范围为可用转动工作空间（在点 C 和 D 处，$\sigma_i=0$，发生输出传递奇异）；区域 A 和 B 为无奇异工作空间（即 $\sigma_i\geqslant0.05$）；区域 A 为式（14.2-22）中指标 θ_{ABS} 所定义的工作空间。

对于同样的机构，通过限定 $\theta_{\mathrm{ABS}}\geqslant90°$，可在由 $x=r\cos\omega$，$y=r\sin\omega$，$z\in(-650\mathrm{mm},\ -440\mathrm{mm})$ 所定义的空间内获得一个不规则的空间区域，其中 $\omega\in[0,\ 2\pi]$。该区域的中截面如图 14-11 所示，该中截面由 $z\in(-650\mathrm{mm},\ -440\mathrm{mm})$，$r\in(-200\mathrm{mm},\ 200\mathrm{mm})$，$\omega=45°$ 确定。基于此，定义能够衡量在竖直方向上的工作空间指标为

$$z_{\mathrm{cap}}=z_{\max}-z_{\min}\tag{14.2-23}$$

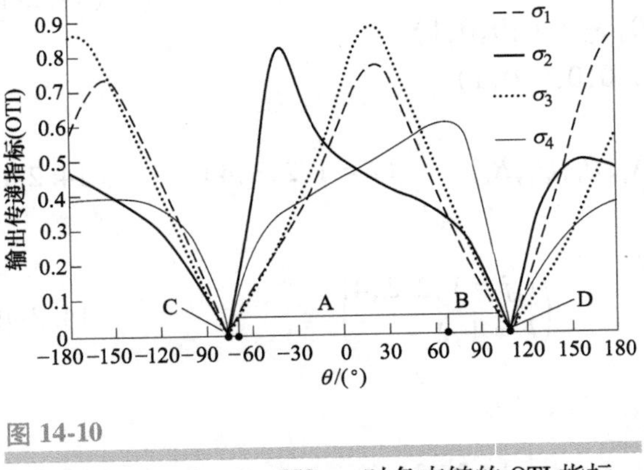

图 14-10

$x=300\mathrm{mm}$，$y=0$，$z=-550\mathrm{mm}$ 时各支链的 OTI 指标分布图谱

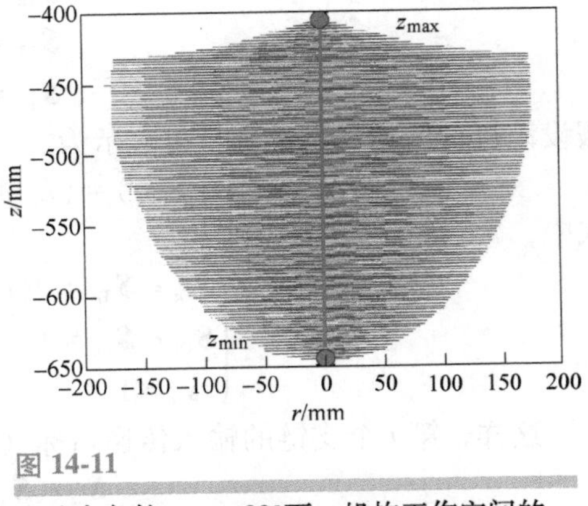

图 14-11

在约束条件 $\theta_{\mathrm{ABS}}\geqslant90°$ 下，机构工作空间的一个平面视图

为了评价在水平方向上的工作空间，对 $z=-550$mm 时 θ_{min} 和 θ_{max} 的分布进行了全面研究，结果如图 14-12a 和图 14-12b 所示。从图中可知，$|\theta_{min}|$ 和 θ_{max} 可以大于 90°。基于上述图谱，得到了 θ_{ABS} 的分布情况，如图 14-13 所示。在满足 $\theta_{ABS}\geqslant 90°$ 的区域内，可获得一个以 r_z 为半径的圆。这里，定义 r_z 为反映水平方向上工作空间的指标。

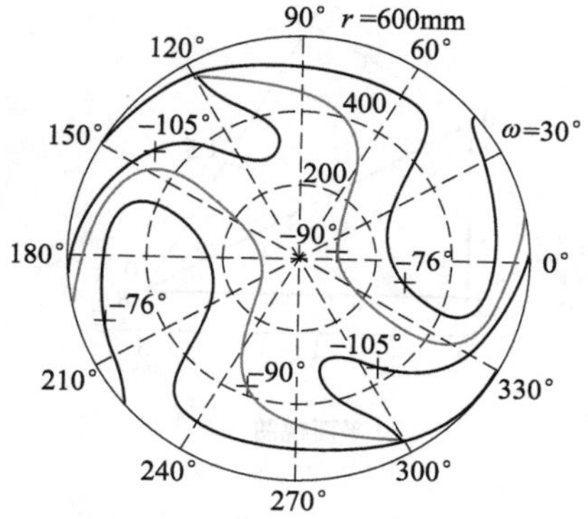

a) θ_{min} 的分布

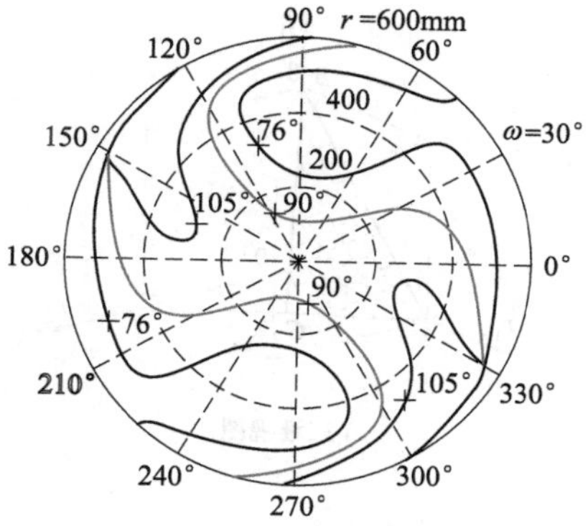

b) θ_{max} 的分布

图 14-12

$z=-550$mm 时的转动能力

14.2.5　基于性能图谱的尺度综合

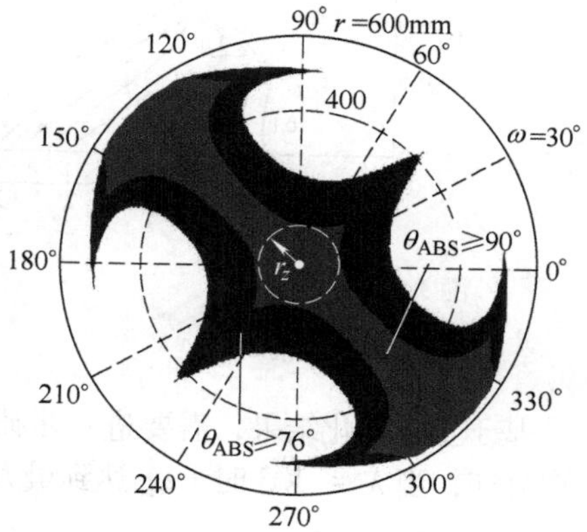

图 14-13

$z=-550$mm 时 θ_{ABS} 的分布情况

对于 X4 机构，取 $\xi=120°$。主要是考虑到 ξ 增大时，会增加四个支链相互干涉的可能性。假设 $L_2=\lambda L_1$，通常 λ 的取值范围为 $1.8\leqslant\lambda\leqslant 2.2$，该范围是通过很多广泛应用的机器人如 Delta 和 H4 获得的。初始值取为 $\lambda=2.2$，λ 的取值会在后续进一步优化。这样，对于该机构还有三个参数需要优化。令 $D=(R_1+R_2+L_1)/3$，则可得到 $r_1=R_1/D$，$r_2=R_2/D$，$l_1=L_1/D$。因此有

$$r_1+r_2+l_1=3 \tag{14.2-24}$$

对于图 14-9 所示的构型，有

$$0<r_1-r_2<(\lambda+1)l_1 \tag{14.2-25}$$

由式（14.2-24）和式（14.2-25），可获得图 14-14a 所示的由三角形 ABC 所定义的参数设计空间。$(s,\ t)$ 与 $(r_1,\ r_2,\ l_1)$ 之间的映射关系可表示成

$$\begin{cases} s=l_1 \\ t=\sqrt{3}-\dfrac{\sqrt{3}}{3}l_1-\dfrac{2\sqrt{3}}{3}r_2 \end{cases} \text{或} \begin{cases} l_1=s \\ r_1=\dfrac{3+\sqrt{3}t-s}{2} \\ r_2=\dfrac{3-\sqrt{3}t-s}{2} \end{cases} \tag{14.2-26}$$

在图 14-14b 给出的空间中，根据式（14.2-3）的定义，可获得图 14-15 所示的 z_{cap} 的分布图谱。类似地，r_z 的分布图谱如图 14-16 所示。在上述图谱中，以 $r_z \geqslant 0.5$ 和 $z_{cap} \geqslant 0.8$ 为甄选条件，可获得图 14-17 所示的优化区域。在该区域内，选择以下参数：$r_1 = 1.02$，$r_2 = 0.68$，$l_1 = 1.3$。此时，相应的指标值为 $z_{cap} = 0.98$ 和 $r_z = 0.6$。

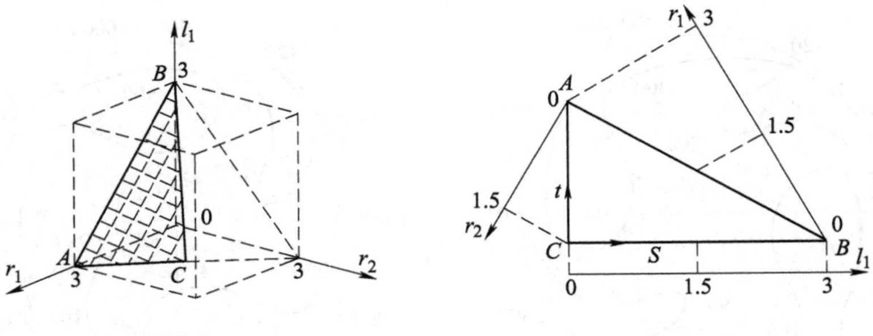

a) 三维视图　　b) 平面视图

图 14-14

机构的参数设计空间

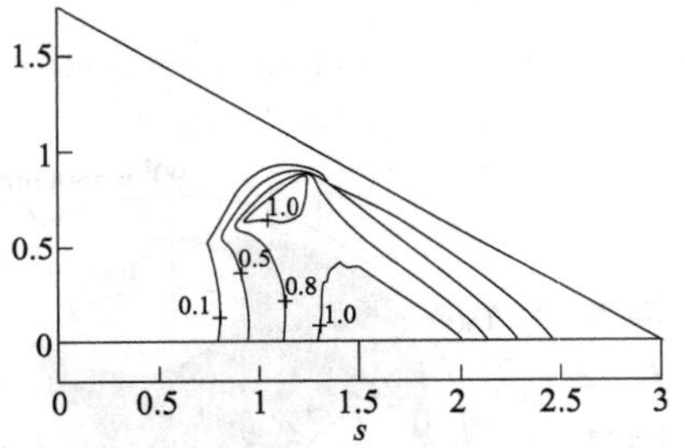

图 14-15

z_{cap} 的分布图谱

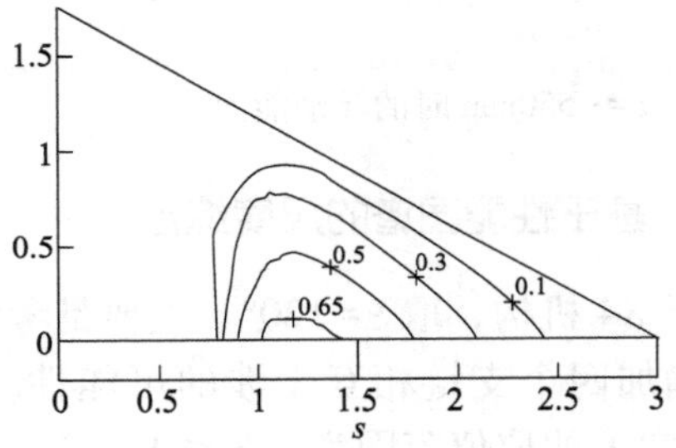

图 14-16

r_z 的分布图谱

基于上述优化结果，需要进一步研究参数 λ 的影响。图 14-18 所示为 λ 和 z_{cap} 之间的关系。由图可知，当 $\lambda = 1.3$ 时，z_{cap} 达到最大值，并且 z_{cap} 在区间 $\lambda \in (1.3, 2.5)$ 内逐渐减小。

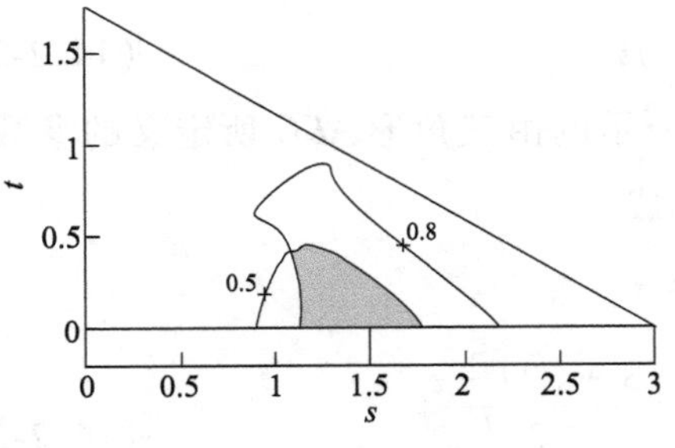

图 14-17

优化区域

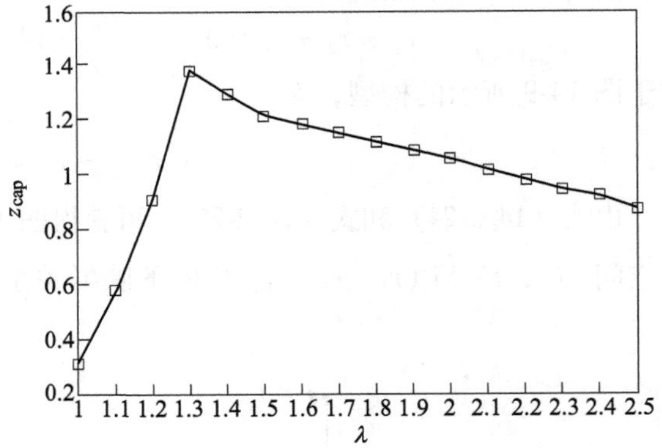

图 14-18

λ 和 z_{cap} 之间的关系

图 14-18 中的结果仅仅说明了 λ 对竖直方向上工作空间的影响。此外，还需要研究 λ 对水平方向上工作空间的影响，如图 14-19 所示。其中，r_{zmax} 表示在由 $z \in (z'_{min}, z'_{max})$（这里取 $z_{cap} = z'_{max} - z'_{min}$）定义的平面内 r_z 的最大值。从图 14-19 中可以看到，当 $\lambda = 1.8$ 或 1.9 时，r_{zmax} 达到最大值。同时考虑图 14-18 和图 14-19 所示的结果，这里选取 $\lambda = 1.8$，则 $l_2 = \lambda l_1 = 2.34$。此时，相应的性能指标值为 $z_{cap} = 1.12$ 和 $r_z = 0.64$。

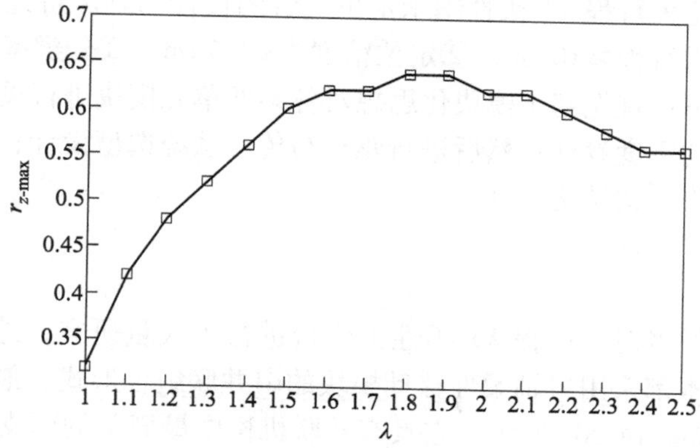

图 14-19

λ 和 r_{zmax} 之间的关系

14.2.6 样机开发与性能测试

基于以上工作，开发了一台可实现 SCARA 运动的高速并联机器人 X4 实验样机，并对其进行了功能与性能验证，效果良好，该高速并联机器人在电子、食品、医药和轻工等行业的分拣、包装生产线上具有广阔的应用前景。并联机器人 X4 的规格参数见表 14-3。

表 14-3　并联机器人 X4 的规格参数

性能指标	规格参数
轴数	4
马达功率/kW	1.0
减速比	14 : 1
载荷/kg	2（额定）；5（最大）
能实现±90°转动输出的工作空间/mm×mm×mm	630×202.5×135
最大速度/$(m \cdot s^{-1})$	8
最大加速度/$(m \cdot s^{-2})$	120
重复定位精度（单方向）/mm	±0.2

14.3 实例二：大行程 *XY* 柔性纳米定位平台的设计

14.3.1 应用背景及性能指标

XY 工作台是可以实现平面二维移动的精密定位系统，是并联机器人在精密工程中的典型应用。同时，结合柔性机构无摩擦、无磨损、无间隙、免润滑等特点，设计得到的 *XY* 柔

性纳米定位平台具有纳米级的定位精度。

在某些特殊场合，如电子探针纳米印刷技术、原子力显微镜、半导体封装、数据存储等应用中，要求 *XY* 柔性定位平台在满足所期望的刚度、行程、精度等要求的同时，还具有以下特性：①功能方向上具有较大的工作行程；②交叉轴的寄生运动几乎不存在；③输入位移和输出位移解耦；④较大的驱动刚度及带宽；⑤较强的温度和热补偿能力。

基于上述指标讨论大行程 *XY* 柔性纳米定位平台的设计问题。将光电子封装行业的应用指标作为设计目标：①行程≥10mm；②定位精度为±2. 5μm；③分辨率≤100nm。

整个设计过程如下：首先基于模块化思想对各柔性单元模块进行设计比较，完成构型设计；再进行基于参数的刚度设计；然后进行驱动与传动系统选型设计；最终完成一种 2 自由度运动解耦型纳米工作台的结构设计。

14. 3. 2 构型设计

最近十年，相关学者对大行程 *XY* 柔性工作台进行了大量研究，总结出现有 *XY* 柔性工作台的构型规律：基本都采用单轴柔性移动模块的串并联组合形式。最基本也最简单的并联构型是 2-PP 模型，如图 14-20a 所示，它具有并联机构中最简单的两支链形式，虽然其运动解耦，但系统刚度较低，而且由于是非对称结构，不能很好地约束掉面内（in-plane）旋转和寄生移动。4-PP 模型（图 14-20b）通过对称支链提供的冗余约束很好地解决了上述问题。为了提高面外（out-of-plane）约束刚度，在 4-PP 模型的基础上进一步添加冗余约束 E（平面约束单元），构建了图 14-20c 所示的 4-PP&1-E 模型。该机构在继承了 4-PP 机构运动解耦特性的同时，冗余约束单元 E 提高了面外运动刚度，而且不影响整体自由度类型。

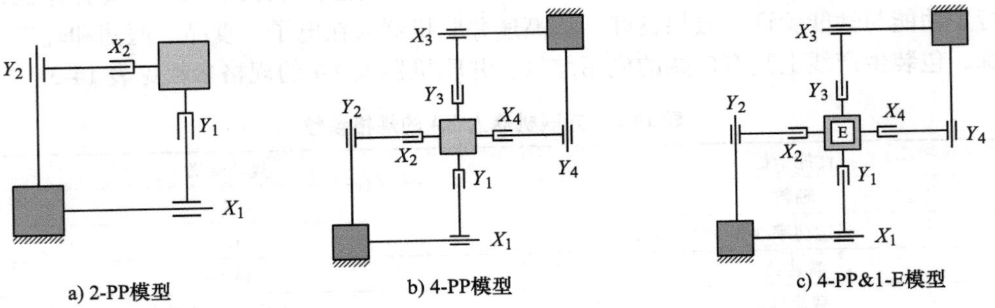

图 14-20

XY 平动机构的三种模型

1. 柔性模块的选型

单轴柔性移动模块可通过直线机构或直线导向机构构造实现。

在刚性机构中，直线机构及直线导向机构种类繁多，可以用柔性单元通过运动或约束等效替换其中相应的刚性铰链，以获得想要的柔性直线机构及直线导向机构。常用的直线机构有 Hoeken 机构、Chebyshev 机构、Roberts 机构和 Watt 机构等（图 14-21）。其中，Watt 机构的直线特征点在连杆中间且位于机构空间内侧，难以设计成柔性直线机构；Chebyshev 机构因存在杆件交叉而不能实现一体化柔性单元；由 Hoeken 机构和 Roberts 机构可衍生出柔性直线机构，如图 14-22 所示。

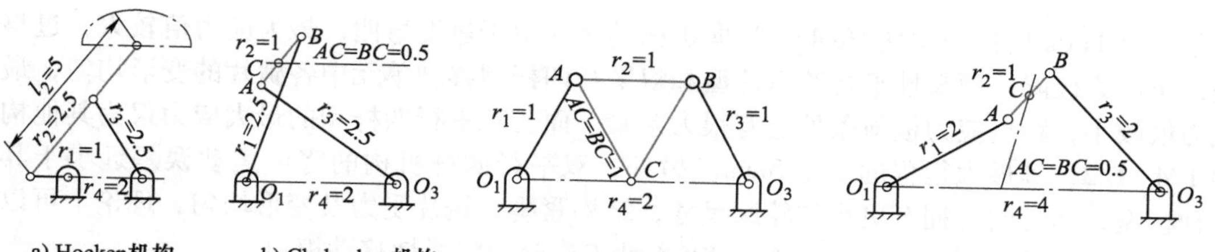

a) Hoeken机构　b) Chebyshev机构　c) Roberts机构　d) Watt机构

图 14-21

常用的刚性直线机构

将柔性直线单元通过简单并联可得到柔性直线导向单元，也可以通过串联后再并联获得行程更大的直线导向单元。图 14-23 所示为几种典型的由柔性直线单元组合后得到的大行程柔性直线导向机构。

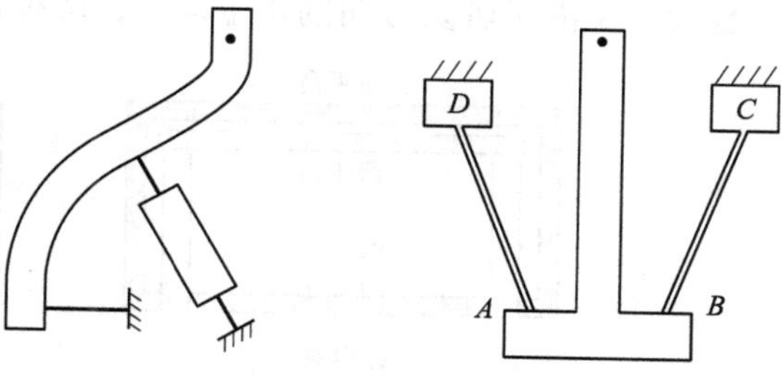

a) 柔性Hoeken机构　b) 大行程柔性Roberts机构

图 14-22

柔性直线机构

参考文献［45］对图 14-23 中部分大行程柔性直线导向机构的综合性能（包括功能方向上的最大行程、机构紧凑性、非功能方向上的寄生运动、最大工作应力等）做了分析比较。通过 ANSYS 有限元软件仿真比较了柔性平行双簧片型机构（图 14-23a）、柔性双平行四杆型机构（图 14-23b）、柔性 Hoeken 导向机构（图 14-23c），以及混联大行程柔性 Roberts 机构（图 14-23d），综合性能比较见表 14-4。

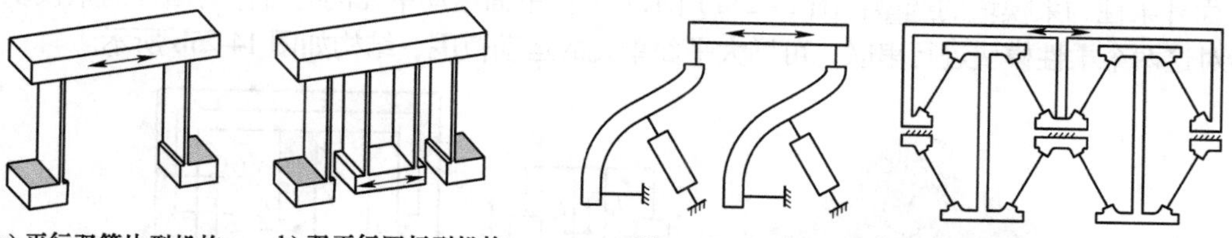

a) 平行双簧片型机构　b) 双平行四杆型机构　c) 柔性Hoeken导向机构　d) 混联大行程柔性Roberts机构

图 14-23

柔性直线导向机构

表 14-4　不同柔性直线导向机构的综合性能比较

柔性直线导向机构	行程/mm	最大应力/MPa	寄生运动 /μm	轮廓尺寸/（mm×mm）
平行双簧片型	8	155	656	60×40
双平行四杆型	8	74.9	0.186	60×40
混联大行程柔性 Roberts 机构	8	279	10.82	60×89
柔性 Hoeken 导向机构	8	263.9	11.53	64×105

从表 14-4 中的比较结果可以看出，在运动刚体输出相同行程位移的情况下，混联大行

程柔性 Roberts 机构和柔性 Hoeken 导向机构的簧片由于过度弯曲，最大应力值较大，过早地趋近于应力极限。而柔性平行双簧片型和双平行四杆型移动单元中各簧片的变形均匀，最大应力值较小，距离应力极限条件还有很大余量，而且双平行四杆型的最大应力仅为其他构型的 1/4~1/3，其最大行程远不止 8mm。另外，双平行四杆机构的寄生运动误差远小于其他三种构型，而且同时拥有更小的轮廓尺寸，结构紧凑，簧片受力及变形均匀，理论上可以完全抵消寄生误差。因此，可将其选作 *XY* 柔性工作台中的柔性移动模块。

具体而言，通过将两个平行双簧片型柔性模块反向串联，得到双平行四杆柔性模块Ⅰ，如图 14-24a 所示。通过在二级平台上施加作用力使簧片变形，从而实现一级、二级平台的同步运动。一级平台在平动过程中会产生 *Y* 轴负方向的寄生运动，同时二级平台相对于一级平台也会产生沿 *Y* 轴负方向的寄生运动，两种寄生运动可通过反向串联设计相互抵消。

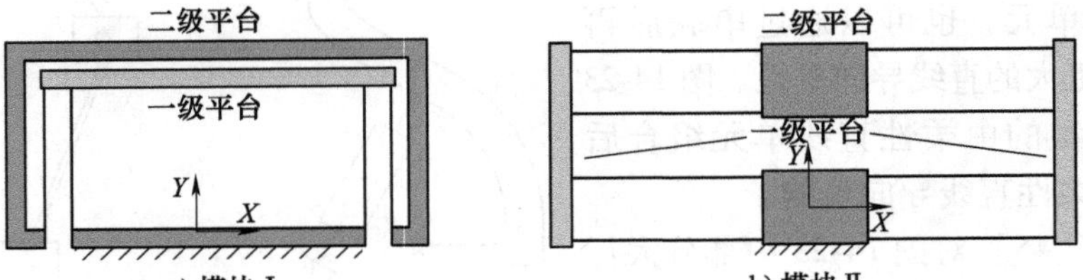

a) 模块Ⅰ　　b) 模块Ⅱ

图 14-24

双平行四杆柔性模块

另外一种改变平行双簧片型柔性模块拓扑结构的方法是采用串并混联的方式。首先将两个平行双簧片型柔性模块进行反向串联，然后通过镜像布置得到两个双平行四杆柔性模块，最后将两个分支并联，得到图 14-24b 所示的柔性模块Ⅱ。

面外柔性约束模块的选型：图 14-25a 所示的柔性平面运动单元同时可作为面外约束模块。进一步对这两个柔性模块进行串联，可增大平面单元的运动范围，结构如图 14-25b 所示。

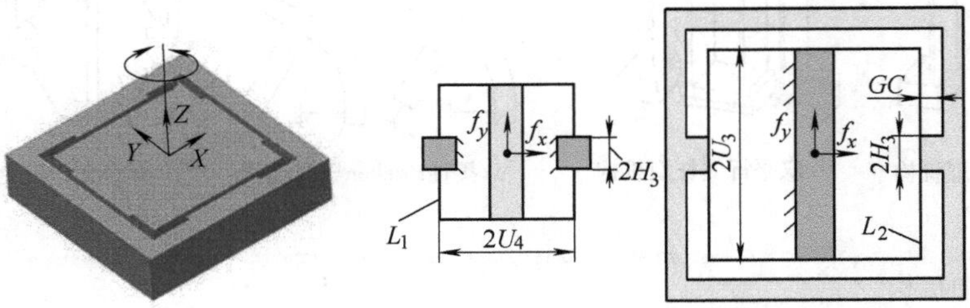

a) 平面运动单元　　b) 串联式平面E副

图 14-25

柔性平面 E 副

2. 柔性 *XY* 工作台的构型设计

典型的 4-PP 型柔性并联工作台的结构如图 14-26a 所示，即用双平行四杆柔性模块替换刚性 4-PP 模型中每条支链的移动副，从而得到 *XY* 工作台整体结构。为了提高工作台的系统刚度，增加冗余约束度，可以再增加四条冗余支链，得到图 14-26b 所示的 8-PP 型旋转对称结构。

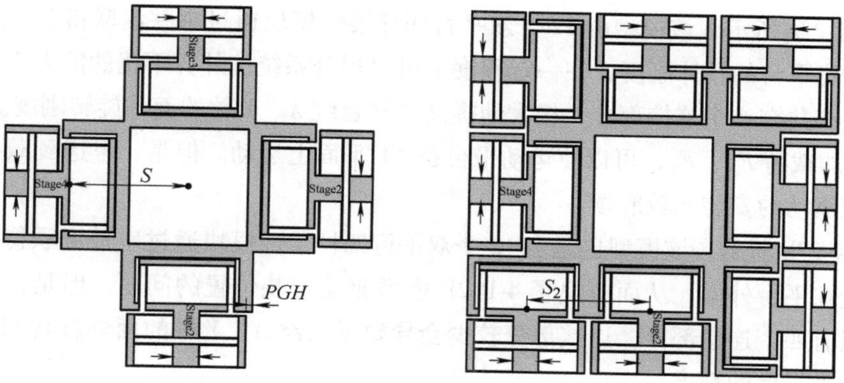

a) 4-PP型　b) 8-PP型

图 14-26

大行程柔性 *XY* 并联工作台

由 4-PP 模型还可以衍生出类 4-PP 模型，如 4-P-2P、4-2P-P（2P-P：两个移动副并联后再和一个移动副串联）和 16-P 模型，如图 14-27 所示。

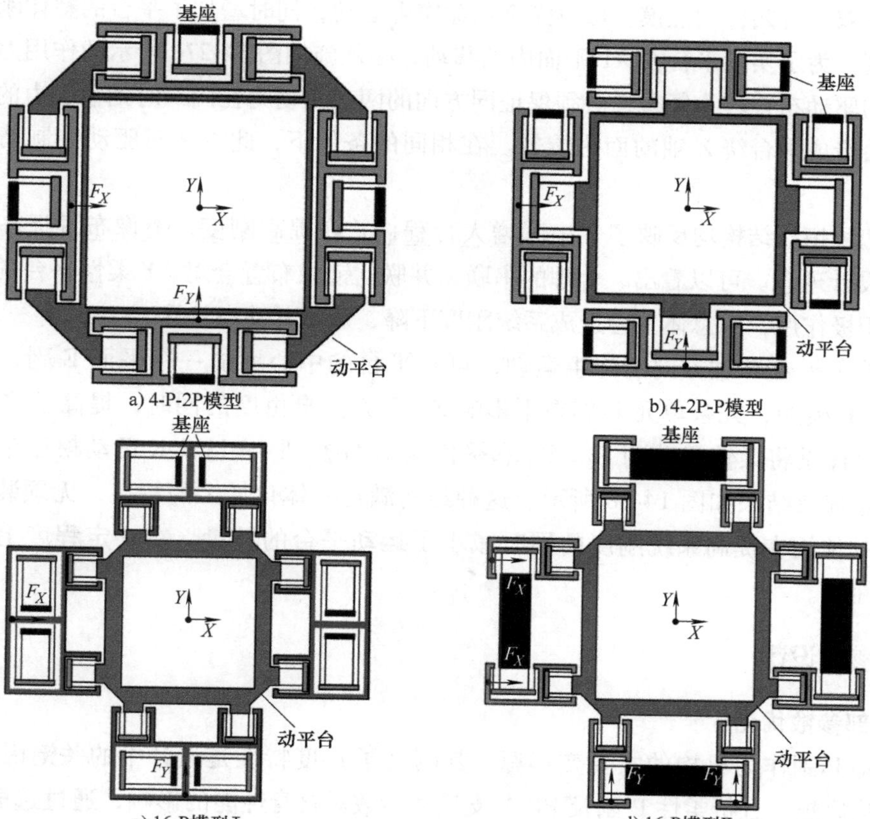

c) 16-P模型Ⅰ　d) 16-P模型Ⅱ

图 14-27

四种类 4-PP 工作台模型

如图 14-27a 所示，该模型由 12 个双平行四杆柔性模块通过串并混联得到。柔性模块的并联可以提高平台的整体刚度，在一定程度上可以提升系统抗外界干扰的能力。而且运动平台与四条支链共有八个连接部分，极大地提高了平台绕 X、Y 轴的面外旋转刚度。通过在 X、Y 向分别施加载荷 F_X、F_Y，可以使运动平台在 XY 平面上运动。但是，考虑到载荷分布的位置，此模型驱动的安装比较麻烦。

如图 14-27b 所示，该模型也是由 12 个双平行四杆柔性模块通过串并混联得到的。其驱动可以放置在平台外面，从而解决了 4-P-2P 模型驱动安装位置的问题。但是，运动平台和四条支链只有四个连接部分，连接部分较少会导致平台绕 X、Y 轴的面外旋转刚度较低，严重影响了运动平台的精度。

如图 14-27c 所示，该模型由 16 个双平行四杆柔性模块通过串并混联得到。采用更多的双平行四杆柔性模块的原因在于，可以通过串并混联完全消除柔性模块的寄生运动，而且可以提高平台的整体刚度，但对驱动功率的要求也相应提高了。不必要的提高刚度会导致驱动器过于笨重，而且过多的双平行四杆柔性模块会增加加工难度。

如图 14-27d 所示，该模型也是由 16 个双平行四杆柔性模块通过串并混联得到的。同样，更多的双平行四杆柔性模块可以完全消除寄生运动，同时增加了平台的整体刚度和结构的复杂程度。为了实现平台在 XY 平面内的移动，必须施加图 14-27d 所示的作用力，可以看出此模型的驱动布置较为复杂，必须保证同方向的两个驱动力在同一时刻输出力的值大小相同，否则会造成平台绕 Z 轴的面内旋转。在相同的条件下，此方案对驱动控制精确度的要求更高。

以上四种拓扑结构均反映了“串联增大行程，并联提高刚度，镜像布置提高面内旋转刚度”的设计理念。可以看出，合理的串联、并联、镜像布置会对 XY 柔性平台的静态工作特性起到积极作用，但总体上会造成系统刚度下降，影响其动态特性。

为了减少平台 Z 轴方向的寄生运动，可在平台的中心增加一个平面 E 副，从而构建出 4-PP&1-E 模型，冗余单元 E 副在不影响 X、Y 方向自由度的同时，提高了 Z 方向的运动刚度。具体是将柔性移动副 P_{I}、P_{II} 和平面副 E 替换到 4-PP&1-E 运动模型中，柔性平台的构建过程及结果如图 14-28 所示。这种结构满足一体化加工的特点，无须装配，同时平面副 E 的使用在提高系统刚度的同时减小了运动平台的质量，在一定程度上改善了系统的动态性能。

14.3.3 参数设计

1. 局部参数优化

考虑将 P 副作为机构的主要变形源，其刚（柔）度特性是设计中的关键因素。为此，运用参数化思想，分析柔性 P 副及 PP 分支尺寸参数对自身性能的影响，通过选取合适的参数达到性能的局部最优。

（1）**簧片尺寸的确定** 在确定簧片尺寸之前，需要选择制备柔性工作台的材料。具体选用 Al7075-T6，该材料具有屈服强度/弹性模量比较高、加工应力低和长期相稳定性等特

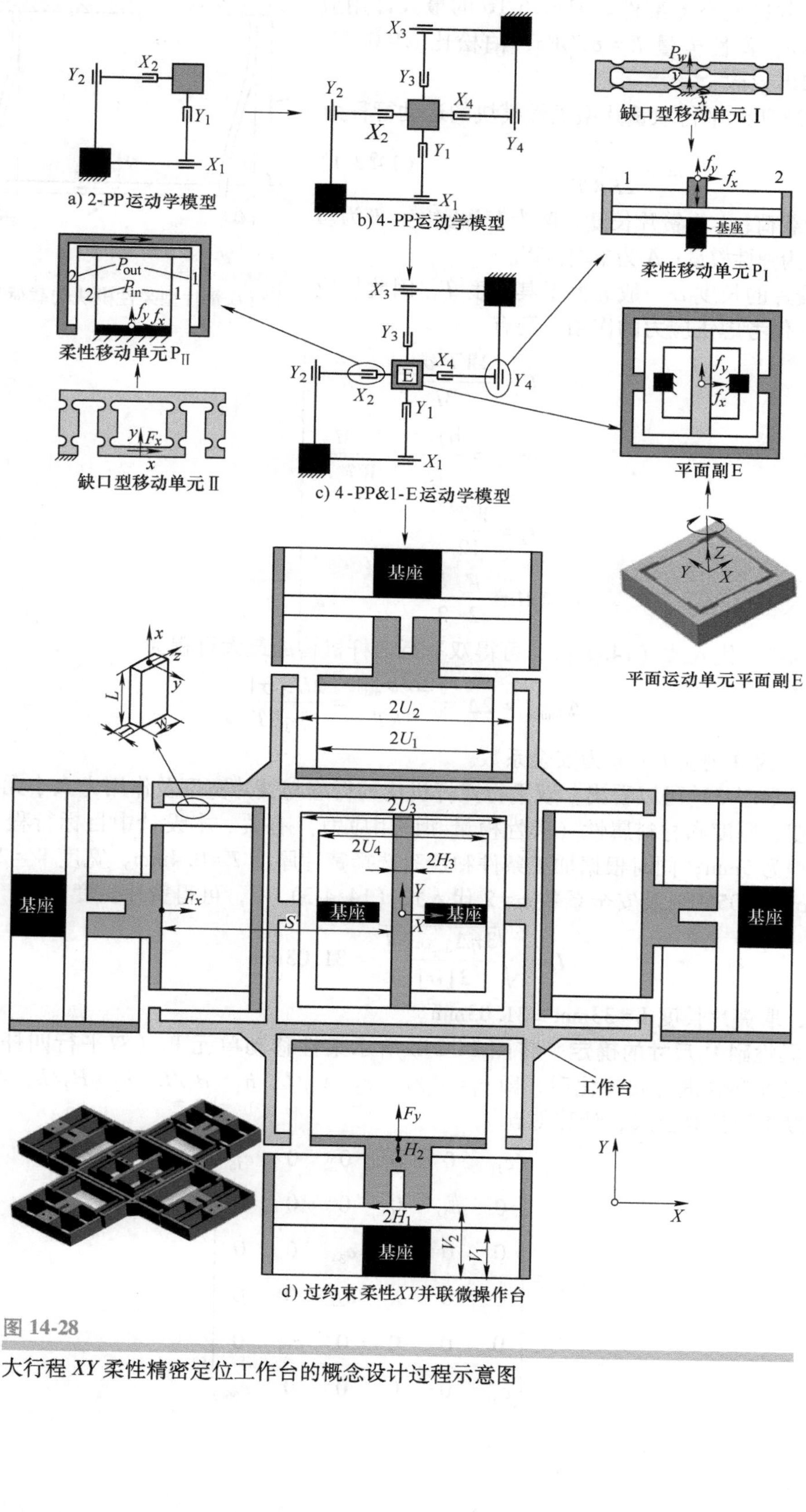

图 14-28

大行程 XY 柔性精密定位工作台的概念设计过程示意图

点，常用于制造航空零部件。Al7075-T6 的最大许用应力为 505MPa，弹性模量 $E=81\text{GPa}$，泊松比 $\mu=0.33$，密度 $\rho=2810\text{kg/m}^3$。

图 14-29 所示平行双簧片型柔性模块的运动行程为

$$\Delta=\frac{FL^3}{2EWT^3} \tag{14.3-1}$$

式中，F 为载荷；L 为簧片长度；W 为簧片宽度；T 为簧片厚度；E 为弹性模量；Δ 为单向行程。

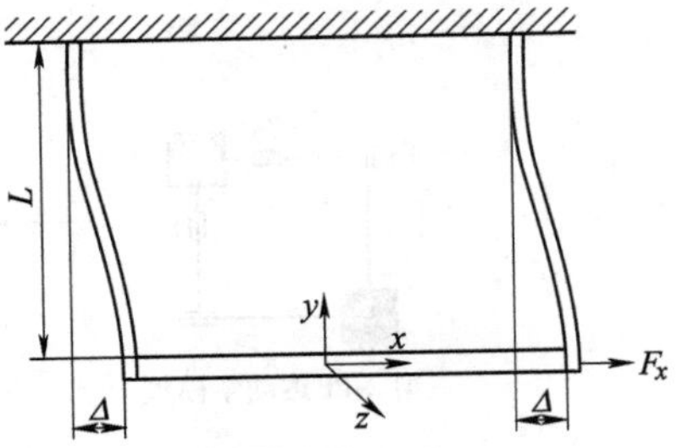

图 14-29 平行双簧片型柔性模块的载荷与变形

由于簧片的长度 L 一般远大于其厚度 T，因此切应力可忽略，仅考虑正应力的作用，则有

其中

$$\left.\begin{aligned}F&=\frac{2WT^2\sigma_{\max}}{3L}\\ \sigma_{\max}&=\frac{My_{\max}}{I_z}=\frac{M}{WT^2/6}\\ I_z&=\frac{WT^3}{12}\\ M&=\frac{F}{2}\frac{L}{2}\end{aligned}\right\} \tag{14.3-2}$$

将式（14.4-2）代入式（14.4-1），可得双平行四杆机构的最大行程为

$$\Delta_{\text{double}}=2\Delta=\frac{2L^2\sigma_{\max}}{3ET}=\frac{2L^2[\sigma]}{3\eta ET} \tag{14.3-3}$$

式中，$[\sigma]$ 为许用应力；η 为安全系数。

由式（14.4-3）可以看出，双平行四杆机构的行程与簧片宽度及作用力大小无关，而仅与簧片长度、厚度和材料属性（弹性模量和许用应力）有关。本设计中目标行程为 10mm，即单向行程为 5mm；同时根据加工条件和经验选择簧片厚度 $T=0.4\text{mm}$，宽度 $W=24\text{mm}$。

将 $[\sigma]=505\text{MPa}$ 及安全系数 $\eta=2$ 代入式（14.4-3）中，可得簧片长度 L 为

$$L=\sqrt{\frac{3\eta\Delta_{\text{double}}ET}{2[\sigma]}}=31.03\text{mm} \tag{14.3-4}$$

因此，取簧片长度 $L=33\text{mm}\geqslant 31.03\text{mm}$。

（2）**柔性副 $\mathbf{P}_{\mathbf{I}}$ 尺寸的确定** 将图 14-24b 所示柔性移动单元 P_I（双平行四杆柔性模块Ⅱ）中的尺寸参数进行归一化后，即 $v_1=V_1/L$，$v_2=V_2/L$，$h_1=H_1/L$，$h_2=H_2/L$，按第 11 章所给的柔度矩阵计算公式，计算得到

$$C_{\text{P}_\text{I}}=\begin{pmatrix}c_{11}&0&0&0&0&c_{16}\\0&c_{22}&0&0&0&0\\0&0&c_{33}&c_{34}&0&0\\0&0&c_{43}&c_{44}&0&0\\0&0&0&0&c_{55}&0\\c_{61}&0&0&0&0&c_{66}\end{pmatrix} \tag{14.3-5}$$

式中

$$c_{11} = \frac{l^2}{2\chi l^2 + 6\gamma v_1^2 + 2\chi\gamma l^2}$$

$$c_{22} = \frac{\chi l^4 + \gamma l^2(\chi l^2 + 3v_1^2 + 3v_2^2)}{2\gamma(4\chi l^4 + 12\chi h_1^2 l^2 + 36\gamma h_1^2 v_1^2 + 12\gamma l^2 v_1^2 + 3\gamma l^2 v_2^2 + 4\chi\gamma l^4 + 12\chi h_1 l^3 + 12\chi\gamma h_1 l^3 + 36\gamma h_1 l v_1^2 + 12\chi\gamma h_1^2 l^2)}$$

$$c_{33} = \frac{l^2 t^2}{8l^2 t^2 + 6l^2 v_1^2 + 12h_1 l t^2 + 6h_1 t^2}$$

$$c_{44} = \frac{t^2(12h_1^2 t^4 + 36h_1^2 t^2 v_1^2 + 36h_1^2 t^2 v_2^2 + 12h_1 l t^4 + 36h_1 l t^2 v_1^2 + 36h_1 l t^2 v_2^2 + 12h_2^2 l^2 t^2 + 36h_2^2 l^2 v_1^2 + 12h_2 l^2 t^2 v_1 + 12h_2 l^2 t^2 v_2 + 36h_2 l^2 v_1^3 + 36h_2 l^2 v_1^2 v_2 + 4l^2 t^4 + 18l^2 t^2 v_1^2 + 6l^2 t^2 v_1 v_2 + 15l^2 t^2 v_2^2 + 18l^2 v_1^4 + 18l^2 v_1^3 v_2 + 18l^2 v_1^2 v_2^2)}{24(t^2 + 3v_1^2)(12h_1^2 t^2 + 12h_1 l t^2 + 4l^2 t^2 + 3l^2 v_1^2)}$$

$$c_{55} = \frac{l^2}{24}$$

$$c_{66} = \frac{\chi l^4 + \gamma l^2(12h_2^2 + 12h_2 v_1 + 12h_2 v_2 + \chi l^2 + 6v_1^2 + 6v_1 v_2 + 6v_2^2)}{24\gamma(\chi l^2 + 3\gamma v_1^2 + \chi\gamma l^2)}$$

已知簧片尺寸为 $T = 0.4\text{mm}$，$L = 33\text{mm}$，$W = 24\text{mm}$，设计参数包括 V_1、V_2、H_1、H_2（或 v_1、v_2、h_1、h_2）。下面讨论这四个参数对柔性移动单元 P_{I} 功能柔度（c_{55}）的影响。为了方便各参数下不同功能柔度之间的比较，需要再对移动柔度（后三项）进行无量纲化（除以 L^2）。然后都除以功能方向柔度 c_{55}。其中功能方向柔度 c_{55} 仅与簧片长度和材料属性有关。

柔性移动单元 P_{I} 的结构由四个尺寸参数（v_1、v_2、h_1 和 h_2）确定。图 14-30a ~ d 所示分别为尺寸参数 v_1、v_2、h_1、h_2 对柔度各参数的影响。从图中可以看出，为了优化功能方向的柔度性能（即 c_{55}），应使参数 v_1 和 h_1 尽可能大，而参数 v_2 和 h_2 应尽可能小。

（3）**柔性移动单元 P_{II} 尺寸的确定**　将图 14-24a 所示柔性移动单元 P_{II}（双平行四杆柔性模块 I）中的尺寸参数进行归一化后，即 $u_1 = U_1/L$，$u_2 = U_2/L$，按第 11 章所给的柔度矩阵计算公式，计算得到

$$\boldsymbol{C}_{P_{\text{II}}} = \begin{pmatrix} c_{11} & 0 & 0 & 0 & 0 & c_{16} \\ 0 & c_{22} & 0 & 0 & 0 & 0 \\ 0 & 0 & c_{33} & c_{34} & 0 & 0 \\ 0 & 0 & c_{43} & c_{44} & 0 & 0 \\ 0 & 0 & 0 & 0 & c_{55} & 0 \\ c_{61} & 0 & 0 & 0 & 0 & c_{66} \end{pmatrix} \tag{14.3-6}$$

式中

$$c_{11} = 1/\gamma$$

$$c_{22} = \frac{l^2}{2\chi l^2 + 24\gamma u_1^2 + 2\chi\gamma l^2} + \frac{l^2}{2\chi l^2 + 24\gamma u_2^2 + 2\chi\gamma l^2}$$

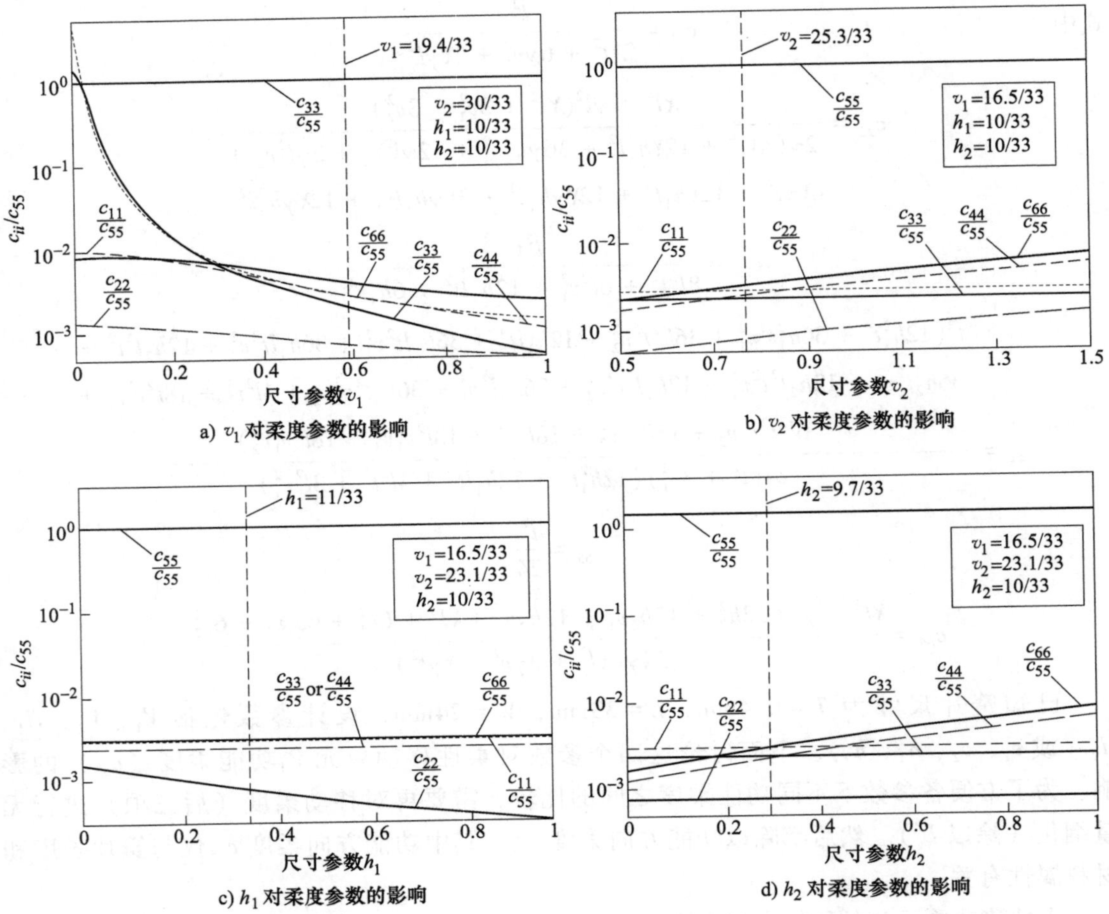

图 14-30

设计参数对 P_{I}柔度参数的影响

$$c_{33} = \frac{t^2}{2t^2 + 24u_1^2} + \frac{t^2}{2t^2 + 24u_2^2}$$

$$c_{44} = \frac{l^2}{3} - \frac{3l^2u_1^2}{2(t^2 + 12u_1^2)} - \frac{3l^2u_2^2}{2(t^2 + 12u_2^2)}$$

$$c_{55} = \frac{t^2}{12}$$

$$c_{66} = \frac{l^2}{3\gamma}$$

设计参数包括 U_1、U_2或 $u_1(u_1 = U_1/L)$、$u_2(u_2 = U_2/L)$。下面讨论这两个尺寸参数对柔性移动单元 P_{II} 功能柔度性能的影响。同样，为方便比较，需要再将移动柔度（后三项）进行无量纲化（除以 L^2）。

柔性移动单元 P_{II} 的结构由两个尺寸参数（u_1和 u_2）确定。图 14-31a、b 所示分别尺寸参数 u_1、u_2对柔度性能的影响。从图中可以看出，为了优化功能方向的柔度性能（即 c_{44}），在取值允许范围内，参数 u_1 应尽可能大，而参数 u_2 应尽可能小。

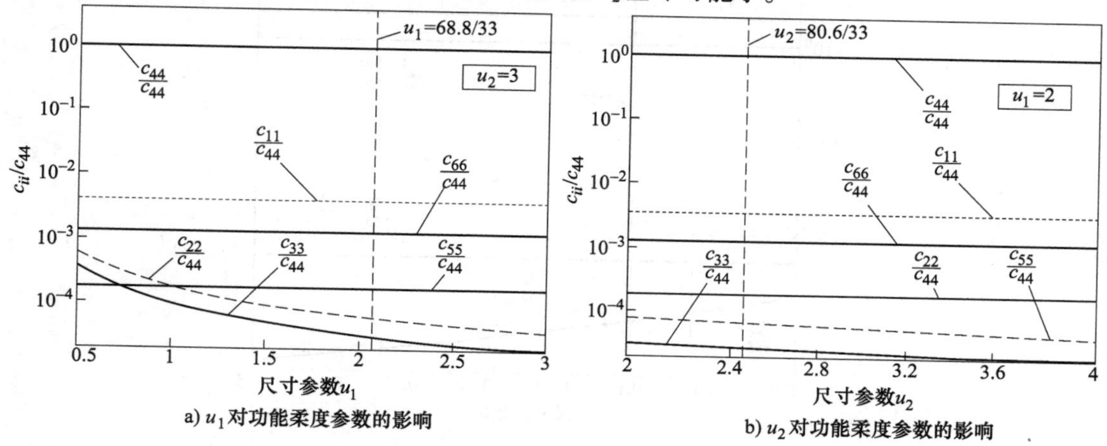

图 14-31

设计参数对 $P_{Ⅱ}$ 功能柔度参数的影响

（4）**柔性 PP 分支尺寸的确定**　柔性副 $P_{Ⅰ}$ 和 $P_{Ⅱ}$ 的尺寸确定后，将 $P_{Ⅰ}$ 和 $P_{Ⅱ}$ 串联得到 PP 分支。为了确定 PP 分支的尺寸参数，还需要引入设计变量 B 和其他结构常量，如图 14-32 所示。

考虑到平台整体尺寸的要求，设计变量 B 的取值限定在 0.08~0.15m 范围内。图 14-33 所示为尺寸参数 B 对 PP 分支功能方向柔度的影响。从图中可以看出，选取 $B=0.1\text{m}$ 时，非功能方向的柔度 c_{ii} 均小于功能方向柔度 c_{55} 的 1/100，可以忽略。

其他结构参数（常量）的取值见表 14-5，而结构变量按表 14-6 所列的参数表达式来计算。

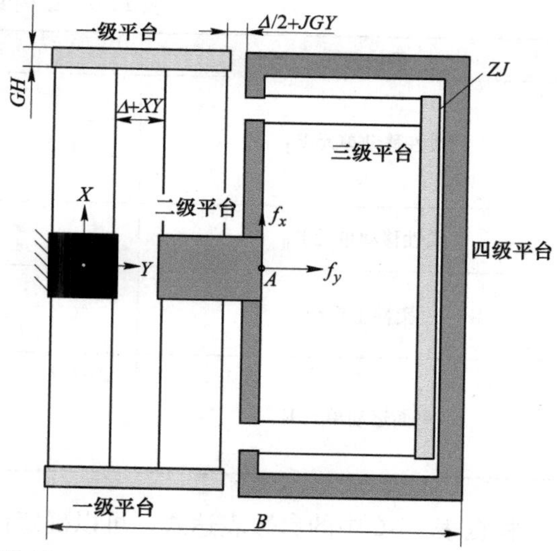

图 14-32

PP 分支结构示意图

表 14-5　结构参数（常量）

参数名称	参数值/mm
单向行程 Δ（图 14-32）	5
刚体厚度 GH（图 14-32）	6
平台刚体厚度 PGH（图 14-26）	5.5
指定间隙 ZJ（图 14-32）	0.4
刚体长度 GC（图 14-25）	4
行程余量 XY（图 14-32）	0.5
间接刚体余量 JGY（图 14-32）	1

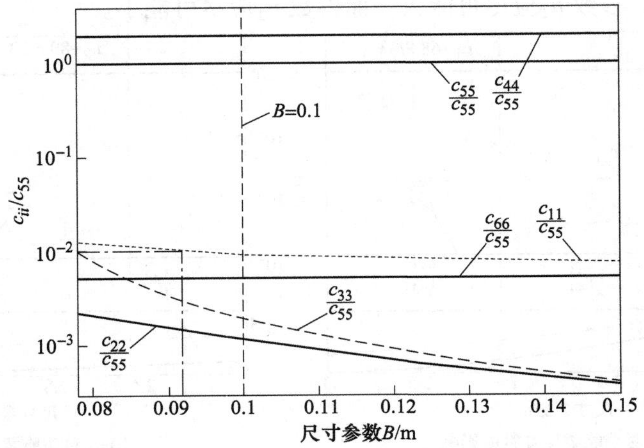

图 14-33

尺寸参数 B 对 PP 分支功能方向柔度的影响

表 14-6 结构变量参数表达式

模块单元	参数表达式
柔性移动单元 P_{I}	$U_2 = B/2 - T/2 - \Delta/2 - GH - JGY$ $U_1 = U_2 - T - XY - \Delta$ $H_1 = B/2 - GH - L$ $H_2 = GH + \Delta/2 + JGY + T/2$
柔性移动单元 P_{II}	$V_1 = (B - 2GH - ZJ - L - H_2 - \Delta - XY - 3T/2)/2$ $V_2 = V_1 + \Delta + XY + T$
柔性工作台	$S = B/2 + PGH + 2GH + ZJ + L$(图 14-28) $S_2 = B + PGH$(图 14-26)
平面运动单元 E	$H_3 = GH$ $U_3 = B/2 - T/2 - GC$(图 14-25b) $U_4 = U_3 - \Delta - JGY - T$(图 14-28)

根据表 14-6 中的参数表达式，可以确定出 PP 分支的其他尺寸参数：$V_1 = 19.4$mm，$V_2 = 29.3$mm，$H_1 = 11$mm，$H_2 = 9.7$mm，$U_1 = 34.4$mm，$U_2 = 40.3$mm。将柔性平台的所有尺寸参数综合在一起，见表 14-7。

表 14-7 柔性平台的尺寸参数

模块单元	参数变量	参数值/mm
柔性簧片	L	33
	T	0.4
	W	24
柔性 P 副 I	V_1	19.4
	V_2	25.3
	H_1	11
	H_2	9.7

（续）

模块单元	参数变量	参数值/mm
柔性 P 副 Ⅱ	U_1	34.4
	U_2	40.3
平面 E 副	U_3	45.8
	U_4	39.4
柔性工作台	S	100.9

2. 整体性能评价

在完成 PP 分支优化的基础上，对前面给出了三种 *XY* 柔性工作台构型（4-PP 型、8-PP 型、4-PP&1-E 型）进行整体柔度分析。通过比较它们的性能，从中找到更优的结构，再按第 11 章所给的柔度矩阵计算公式分别对其进行柔度建模。相关柔性单元的尺寸参数见表 14-8。

表 14-8　尺寸参数

模块单元	参数变量	参数值/mm	模块单元	参数变量	参数值/mm
柔性簧片	L	33	平面运动单元 E	U_3	49.8
	T	0.4		U_4	39.4
	W	24		H_3	6
柔性移动单元 P_{I}	V_1	19.4	柔性工作台	S	100.9
	V_2	25.3		S_2	105.5
	H_1	11			
	H_2	9.7			
柔性移动单元 P_{II}	U_1	34.4			
	U_2	40.3			

4-PP 型柔性工作台（图 14-26a）的动平台相对中心点处参考坐标系的柔度矩阵为

$$\boldsymbol{C}_{S\_4\text{-PP}}=\begin{pmatrix}2.4289 & 0.0000 & 0.0000 & 0.0000 & 0.0000 & 0.0000\\ 0.0000 & 2.4289 & 0.0000 & 0.0000 & 0.0000 & 0.0000\\ 0.0000 & 0.0000 & 6.3307 & 0.0000 & 0.0000 & 0.0000\\ 0.0000 & 0.0000 & 0.0000 & 4.8276 & 0.0000 & 0.0000\\ 0.0000 & 0.0000 & 0.0000 & 0.0000 & 4.8276 & 0.0000\\ 0.0000 & 0.0000 & 0.0000 & 0.0000 & 0.0000 & 0.0179\end{pmatrix}\times10^{-5}\mathrm{m/N}$$
$$=\mathrm{diag}(2.4289\quad 2.4289\quad 6.3307\quad 4.8276\quad 4.8276\quad 0.0179)\times10^{-5}\mathrm{m/N}\tag{14.4-7}$$

8-PP 型柔性工作台（图 14-26b）的动平台相对中心点处参考坐标系的柔度矩阵为

$$\boldsymbol{C}_{S\_8\text{-PP}}=\begin{pmatrix}0.8819 & 0.0000 & 0.0000 & 0.0000 & 0.0000 & 0.0000\\ 0.0000 & 0.8819 & 0.0000 & 0.0000 & 0.0000 & 0.0000\\ 0.0000 & 0.0000 & 3.1348 & 0.0000 & 0.0000 & 0.0000\\ 0.0000 & 0.0000 & 0.0000 & 2.4138 & 0.0000 & 0.0000\\ 0.0000 & 0.0000 & 0.0000 & 0.0000 & 2.4138 & 0.0000\\ 0.0000 & 0.0000 & 0.0000 & 0.0000 & 0.0000 & 0.0090\end{pmatrix}\times10^{-5}\mathrm{m/N}$$
$$=\mathrm{diag}(0.8819\quad 0.8819\quad 3.1348\quad 2.4138\quad 2.4138\quad 0.0090)\times10^{-5}\mathrm{m/N}\tag{14.4-8}$$

4-PP&1-E 型柔性工作台（图 14-28）的动平台相对中心点处参考坐标系的柔度矩阵为

$$C_{S\_4\text{-}PP\&1\text{-}E}=\begin{pmatrix}2.1846 & 0.0000 & 0.0000 & 0.0000 & 0.0000 & 0.0000\\0.0000 & 2.1846 & 0.0000 & 0.0000 & 0.0000 & 0.0000\\0.0000 & 0.0000 & 6.3260 & 0.0000 & 0.0000 & 0.0000\\0.0000 & 0.0000 & 0.0000 & 4.2004 & 0.0000 & 0.0000\\0.0000 & 0.0000 & 0.0000 & 0.0000 & 4.2004 & 0.0000\\0.0000 & 0.0000 & 0.0000 & 0.0000 & 0.0000 & 0.0119\end{pmatrix}\times 10^{-5}\mathrm{m/N}$$
$$=\mathrm{diag}(2.1846\quad 2.1846\quad 6.3260\quad 4.2004\quad 4.2004\quad 0.0119)\times 10^{-5}\mathrm{m/N}\tag{14.4-9}$$

为了方便比较转动柔度和移动柔度，对式（14.4-7）~式（14.4-9）进行无量纲化处理（将转动柔度除以 L/EI_y，移动柔度除以 L^3/EI_y），简化后得

$$C'_{S\_4\text{-}PP}\approx\mathrm{diag}(0\quad 0\quad 0\quad 1\quad 1\quad 0)\times 4.8276\times 10^{-5}\times\frac{EI_y}{L^3}\tag{14.4-10}$$

$$C'_{S\_8\text{-}PP}\approx\mathrm{diag}(0\quad 0\quad 0\quad 1\quad 1\quad 0)\times 2.4138\times 10^{-5}\times\frac{EI_y}{L^3}\tag{14.4-11}$$

$$C'_{S\_4\text{-}PP\&1\text{-}E}\approx\mathrm{diag}(0\quad 0\quad 0\quad 1\quad 1\quad 0)\times 4.2004\times 10^{-5}\times\frac{EI_y}{L^3}\tag{14.4-12}$$

可以看出，在上述三种柔度矩阵模型中，两个功能方向的移动柔度是其他柔度值的 100 倍以上，因此可将其他柔度值近似忽略。则三种柔性平台均只有 2 个移动自由度，为平台中心坐标系下的 X 轴移动和 Y 轴移动。同时，对比柔度矩阵的数值可以得到以下结论：

1）4-PP 型具有明显的 X 轴移动和 Y 轴移动自由度。

2）8-PP 型相对 4-PP 型在整体柔度上减小了一半，对三个旋转刚度都起到了提升作用，分别提高了 27.4%、27.4%和 1.0%。

3）4-PP&1-E 模型同样具有两个移动自由度及解耦特性，整体刚度提高了 9.0%。同时，对面外刚度起到了一定的提升作用，两个面外旋转和一个面外移动刚度分别提高了 10.1%、10.1%和 23.4%。

为了验证前面三种柔性平台理论建模的正确性，再采用有限元法分析平台的特性，并将仿真结果与理论数据进行对比。有限元仿真采用通用有限元分析软件 ANSYS 9.0，实体单元选择 SOLID186，网格单元最小尺寸为 0.2mm，分析类型为大变形静态分析，固定位移约束施加在基座上，X 向驱动载荷施加在二级平台上，Y 向驱动载荷施加在二级平台上。

首先进行**模态分析**，仿真分析结果见表 14-9。从仿真结果可以看出，三种构型的工作台一阶和二阶模态的固有频率相同，都在 20Hz 左右，且均明显低于更高阶次的模态频率，验证说明了柔性工作台在这两阶模态下更容易发生变形，工作台具有 2 个移动自由度。

表 14-9 *XY* 柔性工作台的固有频率对比

振型阶数	4-PP	8-PP	4-PP&1-E
1	23.945	26.386	25.124
2	23.945	26.386	25.158
3	98.520	98.480	73.335

（续）

振型阶数	4-PP	8-PP	4-PP&1-E
4	98.655	98.557	79.992
5	99.681	98.586	98.520
6	99.681	98.604	98.655

然后分析其他性能，包括功能柔度、交叉轴解耦、面内寄生转动等，并对有限元仿真结果和理论结果进行了对比。

图 14-34 所示为在“Y 轴方向驱动力 $F_y=0$，X 轴方向加载驱动力”条件下，驱动力-位移的理论计算与 FEA 仿真曲线。可以看出，驱动力-位移关系近似为直线，说明这三种柔性工作台在功能方向的柔度值波动很小，均可认为是常值柔度：4-PP 型的平均柔度为 50.48mm/kN；8-PP 型的平均柔度为 29.27mm/kN；而 4-PP&1-E 型的平均柔度为 44.99mm/kN。

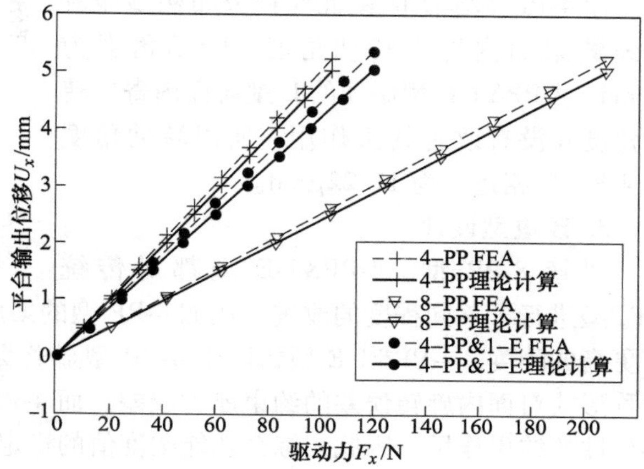

图 14-34

功能方向的柔度比较

驱动刚体沿 Y 轴方向输入恒定位移 $D_y=5$mm，沿 X 轴方向输入不同位移量 D_x（$D_x=0\sim5$mm）时，动平台沿 Y 轴的位移输出情况如图 14-35a 所示，X 轴的位移输出情况如图 14-35b 所示。理想情况下，动平台输出位移 U_x 的初值和 U_y 的波动量均应为 0。仿真结果反映了 X 轴和 Y 轴间的交叉耦合性能。可以看出，4-PP 型的动平台 U_x 初始值为 0.002489mm，U_y 的波动量为 0.1393mm，交叉轴解能耦性能明显优于 8-PP 型（U_x 初始值为 0.002445mm，U_y 的波动量为 0.305225mm），略好于 4-PP&1-E 型（U_x 初始值为 0.002528mm，U_y 的波动量为 0.16275mm）。

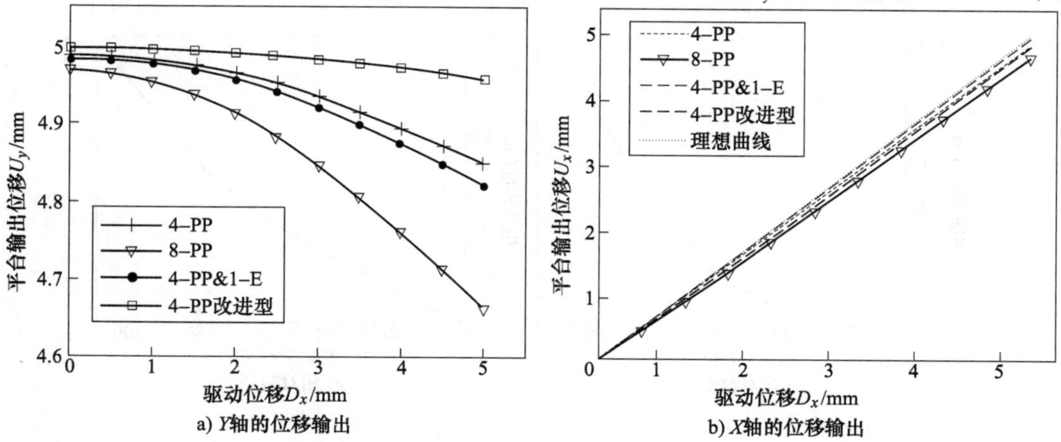

图 14-35

交叉轴解耦运动比较

图 14-36 所示为在两轴同时加载驱动力的情况下，动平台面内寄生转动角度随 X 轴输入位移的变化情况。从仿真结果可以看出，8-PP型具有最大的转动角度，为 29.5μrad。这一结果也说明，所采用的旋转对称构型并不能很好地约束面内旋转，与理论分析相一致。而 4-PP 基本型的镜像对称分布构型能较好地约束面内寄生转动角度，转动角度为 7μrad。4-PP&1-E 型添加的 E 副对面内寄生转动角度并没有改善约束作用，所以转动角度与 4-PP 型相近，为 11.22μrad。

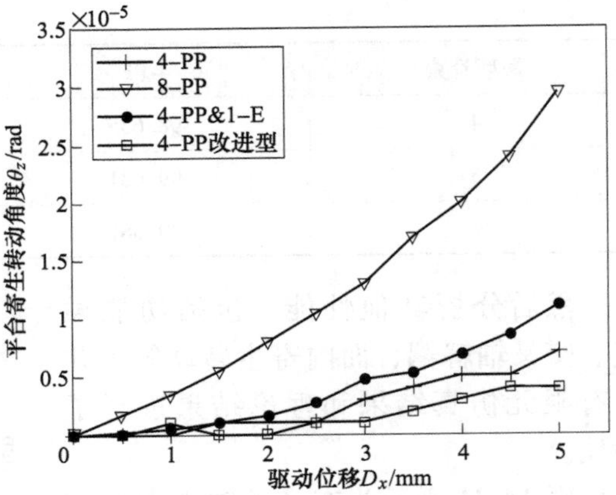

图 14-36
面内寄生转动角度比较

3. 改进型设计

尽管 8-PP 型、4-PP&1-E 型都对传统 4-PP型进行了不同程度的改进，比如 8-PP 型的柔度波动范围更小，通过并联冗余约束获得了更高的刚度；4-PP&1-E 型相比于 4-PP 型显著提高了面外刚度等。但是，8-PP 型的旋转对称形式对面内旋转误差的约束能力较差，而 4-PP&1-E 型对面内寄生转动误差也没有起到实质性的约束作用。因此，综合功能柔度值的稳定性、交叉轴运动解耦性及面内寄生转动等性能，4-PP 型反而具有更好的综合性能。

图 14-37a 和图 14-37b 所示分别为 4-PP 型 XY 工作台（图 14-26a）加载的驱动力 F_x、F_y 同时为 0~200N 时，刚体 1 和 3、2 和 4 的相对移动与相对转动情况。由于刚体 2 和 4、刚体 1 和 3 之间的相对运动完全相同（结构对称），图中仅显示了刚体 1 和 3 的相对运动情况。从仿真结果可以看出，在输入最大驱动力时，刚体 1 和 3 具有最大相对位移 0.2911mm 以及最大相对转角 136μrad。分析原因可知，这种相对运动是由平台柔性单元中的受力差异引起的。为了改善这种受力差异情况，可以将 1 和 3、2 和 4 分别进行刚性连接，限制它们之间的相对运动，以改善工作台的精度。改进后的 XY 柔性工作台模型如图 14-38 所示。

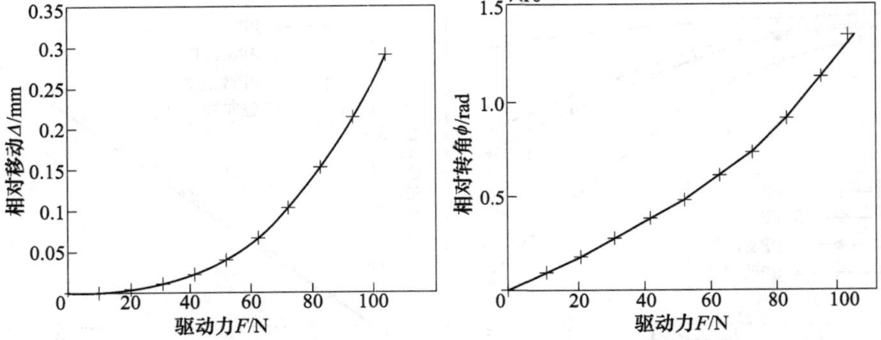

a) 相对移动　b) 相对转动

图 14-37
刚体的相对运动

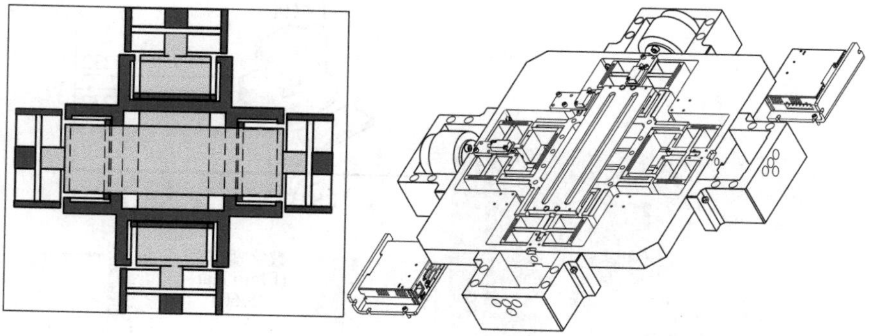

图 14-38
4-PP 改进型柔性工作台

4-PP 改进型柔性工作台的结构参数见表 14-10。

表 14-10　4-PP 改进型柔性工作台的结构参数　（单位：mm）

参数	柔性平台	XY 工作台
长度	311	492
宽度	311	492
高度	24	76
簧片长度	33	
簧片厚度	0.4	
X 向行程	10	
Y 向行程	10	

再针对 4-PP 改进型柔性工作台，对前面提到的几种性能做了分析比较，如图 14-35 和图 14-36 所示。结果表明，改进后柔性工作台的性能得到了明显改善。例如，4-PP 改进型动平台的 U_x 初始值为 0.000119mm，U_y 的初始值为 4.997mm，加载过程中 U_y 的的波动量为 0.03915mm，说明其交叉轴解耦性能明显优于其他三种构型。另外，4-PP 改进型动平台的面内寄生转动误差明显减小。

综上所述，4-PP 改进型工作台在交叉轴解耦性能、约束面内寄生转动误差性能上都明显优于之前的三种构型，整体精度更高；而且柔度波动范围更小，可以满足线性加载要求。

14.3.4　样机设计

在机械本体的基础上，进一步搭建机器人系统，包括选配驱动器、控制器及传感器等（图 14-39）。

柔性工作台系统中驱动元件的精度直接影响系统的整体精度，为了满足纳米精度的设计要求，必须选择高精度驱动方式，目前较常见的有压电陶瓷和音圈电动机。压电陶瓷可以达到纳米级的驱动精度，但可实现的最大行程通常为其长度的 1/1000，行程较小，需要配合位移放大器使用，导致系统结构复杂、成本增加。音圈电动机具有频响高、精度高、推力大、无滞后等特点，可实现高速往复运动，同时具有较大的运动行程（可达 50mm），采用

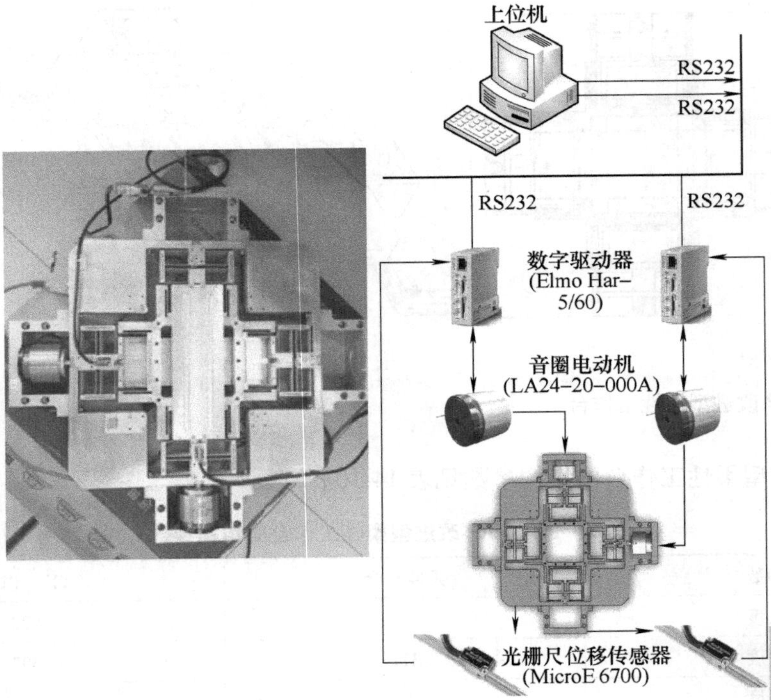

实物视频

图 14-39

柔性工作台实物样机及其组成

闭环控制模式也可以达到纳米级的精度。对这两种驱动方式进行对比，无论是在行程还是精度方面，音圈电动机都比较适合作为此大行程柔性平台的驱动。根据工作行程的要求，驱动电动机确定为直线型音圈电动机，该电动机具有 16mm 的行程及 111. 2N 的峰值输出力，可直接用于柔性平台驱动。

平台的精度还取决于传感器的测量精度。虽然电容式、电感式、电涡流式、应变式传感器均可以达到亚微米级精度，但由于不能满足大测量范围的要求而无法使用。而直线光栅及磁栅等位置传感器可同时满足精度和测量范围要求。最终选择了增量式光栅位移传感器，同时配备光栅尺，该传感器最高可实现 5nm 的分辨率，短行程定位精度为±20nm，测量行程为 30mm。

基于 LABVIEW 开发了上位机控制软件界面，通过控制界面可以实现工作台系统的单轴运动和两轴联动，完成多种轨迹功能操作，包括定点控制、直线轨迹、倾斜直线轨迹、正方形轨迹及圆形轨迹等。

以圆形轨迹为例，工作台 X 轴方向的驱动位移为 $\sin x$ 曲线（图 14-40a），Y 轴方向的驱动位移为 $\cos x$ 曲线，则动平台的运动轨迹为图 14-40b 所示的圆形轨迹，轨迹半径为 3. 5mm。其中白色为指令曲线，红色为实验曲线，可以看出两条曲线吻合得较好。

由图 14-41 所示的位移误差曲线可以看出，平台在 X 方向运动的误差在±20cnt 左右，光栅编码器的分辨率为 50nm/cnt，则 X 向误差为±1μm。相比于 X 向位移，位移跟随误差为行程的 0. 67%，满足设计要求。

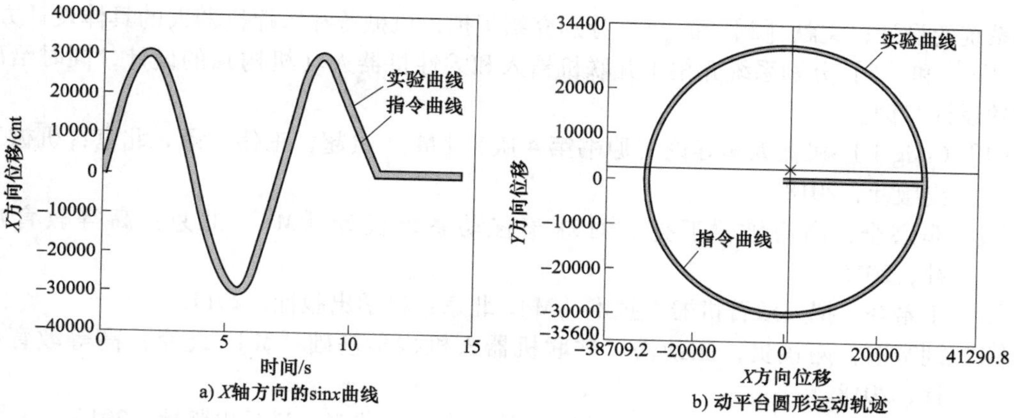

图 14-40
运动轨迹曲线

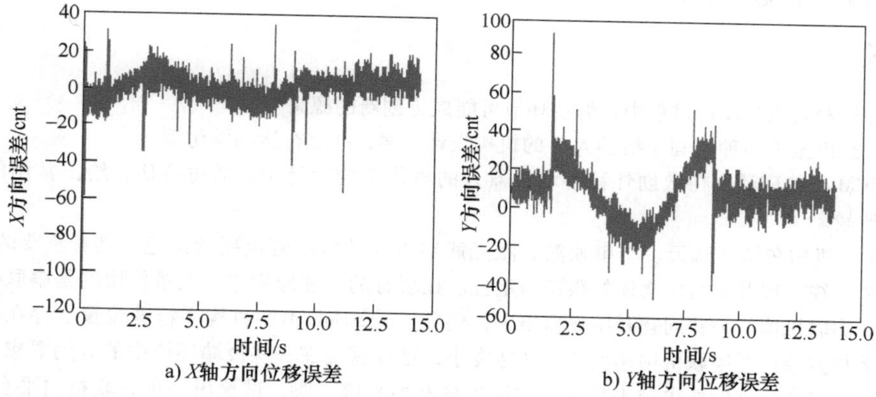

图 14-41
位移误差曲线

14.4　本章小结

1）机器人机构设计是机器人系统设计的关键环节之一。机器人机构设计的一般过程包括以下步骤：①明确设计目标与性能指标；②功能分析与设计原理；③构型综合与优选；④运动学、静力学及动力学分析与建模；⑤运动性能评价与优化设计；⑥驱动与传动系统设计；⑦改进设计或重新设计。

2）本章介绍了两个综合设计实例：可实现 SCARA 运动的并联机器人设计和大行程 *XY* 柔性纳米定位平台设计。设计实例将前述章节介绍的分析与设计方法有机地衔接在了一起。

扩展阅读文献

本章通过两个设计实例介绍了机器人系统结构本体设计的一般过程。除了本章的综合设计实例之外，读者还可阅读其他文献（见下述列表），以获得其他机器人系统的结构设计经验。例如，文献［1］介绍了一般性操作臂机构的设计考虑；文献［2］系统介绍了月球车移动系统的设计；文献［3］和［5］分别介绍了拟人机械臂和医疗机器人的具体设计方法；文献［4］和［6］分别系统介绍了并联机器人和柔性机器人（机构）的设计，同时给出了丰富的设计实例。

［1］Craig J J. 机器人学导论（原书第4版）［M］. 负超，王伟，译. 北京：机械工业出版社，2018.

［2］邓宗全，高海波，丁亮. 月球车移动系统设计［M］. 北京：高等教育出版社，2015.

［3］丁希仑. 拟人双臂机器人技术［M］. 北京：科学出版社，2011.

［4］刘辛军，谢福贵，汪劲松. 并联机器人机构学基础［M］. 北京：高等教育出版社，2018.

［5］王田苗，刘达，胡磊. 医疗外科机器人［M］. 北京：科学出版社，2013.

［6］于靖军，毕树生，裴旭，等. 柔性设计：柔性机构的分析与综合［M］. 北京：高等教育出版社，2018.

习题

14-1　在机器人机构设计过程中，哪些环节可能成为创新的源泉？

14-2　试给出至少两种"写字机器人"的机构设计方案，并进行运动学仿真。

14-3　RCM机构广泛用在微创外科手术机器人的本体结构设计中。通过调研，给出常用的类型及分类，并进行比较。

14-4　指向机构在航空航天、军事侦察、激光武器等领域扮演着重要的角色，具有重要的应用价值。在这些领域中，往往涉及对目标物体的跟踪与定位。在现有的上述应用中，大量使用的是串联机构。在其应用过程中，串联机构的一些问题开始显露出来，例如：①2-DoF串联机构在特殊位置上存在奇异点，使得控制系统更加复杂；②串联机构速度低、加速度小，难以满足在一些极端环境中的应用要求。随着某些特殊应用场合对指向精度的要求越来越高，并联机构开始崭露头脚。试给出一种并联指向平台设计方案，满足表14-11所列的技术指标。

表14-11　高精度并联指向平台技术指标

序号	参数	技术指标
1	运动自由度	⩾2
2	重复转角定位精度/μrad	⩽10
3	角位移行程/rad	$\theta_x \geqslant 1$，$\theta_y \geqslant 1$
4	运动分辨率/μrad	⩽2

14-5（背景同习题14-4）随着某些特殊应用场合（如光学平台的精密指向等）对指向精度的要求越来越高，柔性设计被引入其中。试给出一种柔性指向平台设计方案，满足表14-12所列的技术指标。

表14-12　柔性指向平台技术指标

序号	参数	技术指标
1	运动自由度	⩾2
2	重复转角定位精度/μrad	⩽1
3	角位移行程/mrad	$\theta_x \geqslant 2$，$\theta_y \geqslant 2$
4	运动分辨率/μrad	⩽0.5

14-6　从以下四篇学术文献（可通过图书馆文献系统检索全文）中选择一篇进行研读。

［1］ Gosselin C M, St-Pierre É. Development and experimentation of a fast 3-DoF camera-orienting device ［J］. The International Journal of Robotics Research, 1997, 16 (5): 619.

［2］ Xie F G, Liu X J. Design and development of a high-speed and high-rotation robot with four identical arms and a single platform ［J］. Journal of Mechanisms and Robotics, Transactions of the ASME, 2015, 7 (4): 041015.

［3］ Awtar S, Parmar G. Design of a large range XY nano-positioning system ［J］. Journal of Mechanisms and Robotics, Transactions of the ASME, 2013, 5 (2): 021008.

［4］ Yu J J, Yan X, Li Z G, et al. Design and experimental testing of an improved large-range decoupled XY compliant parallel micromanipulator ［J］. Journal of Mechanism and Robotics, Transactions of the ASME, 2015, 7 (4): 044503.

在研读基础上，撰写一篇评述性论文，至少应包含以下内容：

1）该文献的主要贡献。

2）用流程图描述该文献提出问题、分析问题以及解决问题的主要思路。

参考文献

[1] BALL R S. The Theory of Screws [M]. Cambridge: Cambridge University Press, 1998.

[2] BLANDING D L. Exact Constraint: Machine Design Using Kinematic Principle [M]. New York: ASME Press, 1999.

[3] BONEV I A. Geometric Analysis of Parallel Mechanisms [M]. Quebec: Laval University, 2002.

[4] CRAIG J. Introduction to Robotics: Mechanics and Control [M]. 4th ed. Upper Saddle River: Prentice-Hall, 2018.

[5] DAVIDSON J K, HUNT K H. Robots and Screw theory: Applications of Kinematics and Statics to Robotics [M]. Oxford: Oxford University Press, 2004.

[6] DING X, DAI J S. Characteristic equation-based dynamics analysis of vibratory bowl feeders with three spatial compliant legs [J]. IEEE Transactions on Automation Science and Engineering, 2008, 5 (1): 164-175.

[7] DUFFY J. Statics and Kinematics with Applications to Robotics [M]. Cambridge: Cambridge University Press, 1996.

[8] HAMID D T. Parallel Robots: Mechanisms and Control [M]. Oxford: Taylor & Francis Group, 2013.

[9] HARTENBERG R S, DENAVIT J. Kinematic Synthesis of Linkages [M]. New York: McGraw-Hill, 1964.

[10] HOWELL L L. Compliant Mechanisms [M]. New York: John Wiley & Sons, 2001.

[11] HUANG Z, LI Q C, Ding H F. Theory of Parallel Mechanisms [M]. Berlin: Springer-Verlag, 2013.

[12] HUNT K H. Kinematic Geometry of Mechanisms [M]. Oxford: Clarendon Press, 1978.

[13] JAZAR R N. Theory of Applied Robotics: Kinematics, Dynamics, and Control [M]. 2nd ed. Berlin: Springer-Verlag, 2010.

[14] KONG X W, GOSSELIN C. Type Synthesis of Parallel Mechanisms [M]. Berlin: Springer-Verlag, 2007.

[15] LI Q C, HERVÉ J M, YE W. Geometric Method for Type Synthesis of Parallel Manipulators [M]. Berlin: Springer-Verlag, 2019.

[16] LIU X J, WANG J S. Parallel Kinematics: Type, Kinematics and Optimal Design [M]. Berlin: Springer-Verlag, 2013.

[17] LYNCH K M, PARK F C. Modern Robotics: Mechanics, Planning, and Control [M]. Cambridge: Cambridge University Press, 2017.

[18] MERLET J P. Parallel Robots [M]. Netherlands: Springer, 2006.

[19] MERLET J P. Singular configurations of parallel manipulators and Grassmann geometry [J]. International Journal of Robotics Research, 1989, 8 (5): 45-56.

[20] MURRAY R, LI Z X, SASTRY S. A Mathematical Introduction to Robotic Manipulation [M]. Boca Raton: CRC Press, 1994.

[21] SICILIANO B, KHATIB O. Handbook of Robotics [M]. 2nd ed. Berlin: Springer-Verlag, 2016.

[22] SICILIANO B, SCIAVICCO L, VILLANI L, et al. Robotics: Modelling, Planning and Control [M]. Berlin: Springer-Verlag, 2009.

[23] SIEGWART R, NOURBAKHSH I R, SCARAMUZZA D. Introduction to Autonomous Mobile Robots [M]. Cambridge: MIT press, 2011.

[24] TSAI L W. Robot Analysis: the Mechanics of Serial and Parallel Manipulators [M]. Hoboken: Wiley, 1999.

[25] 松元明弘，横田和隆．机器人机构学 [M]. Ohmsha, 2018.

[26] 戴建生．机构学与机器人学的几何基础与旋量代数［M］．北京：高等教育出版社，2014.
[27] 邓宗全，高海波，丁亮．月球车移动系统设计［M］．北京：高等教育出版社，2015.
[28] 丁希仑．拟人双臂机器人技术［M］．北京：科学出版社，2011.
[29] 高峰，杨家伦，葛巧德．并联机器人型综合的 G_F 集理论［M］．北京：科学出版社，2010.
[30] 韩建友，杨通，于靖军．高等机构学［M］.2版．北京：机械工业出版社，2015.
[31] 黄真．空间机构学［M］．北京：机械工业出版社，1989.
[32] 黄真，孔令富，方跃法．并联机器人机构学理论及控制［M］．北京：机械工业出版社，1997.
[33] 黄真，赵永生，赵铁石．高等空间机构学［M］．北京：高等教育出版社，2006.
[34] 黄真，刘婧芳，李艳文．论机构自由度——寻找了150年的自由度通用公式［M］．北京：科学出版社，2011.
[35] 西格沃特，诺巴克什，斯卡拉穆扎自主移动机器人导论［M］．李人厚，宋青松，译．西安：西安交通大学出版社，2018.
[36] 刘辛军，谢福贵，汪劲松．并联机器人机构学基础［M］．北京：高等教育出版社，2018.
[37] 师忠秀．机械原理［M］．北京：机械工业出版社，2012.
[38] 熊有伦，丁汉，刘恩沧．机器人学［M］．北京：机械工业出版社，1993.
[39] 熊有伦，李文龙，陈文斌，等．机器人学：建模、控制与视觉［M］．武汉：华中科技大学出版社，2020.
[40] 摩雷，李泽湘，萨思特里．机器人操作的数学导论［M］．北京：机械工业出版社，1998.
[41] 杨廷力．机器人机构拓扑结构学［M］．北京：机械工业出版社，2004.
[42] 于靖军．机械原理［M］．北京：机械工业出版社，2013.
[43] 于靖军，裴旭，宗光华．机械装置的图谱化创新设计［M］．北京：科学出版社，2014.
[44] 于靖军，刘辛军，丁希仑．机器人机构学的数学基础［M］.2版．北京：机械工业出版社，2018.
[45] 于靖军，毕树生，裴旭，等．柔性设计：柔性机构的分析与综合［M］．北京：高等教育出版社，2018.
[46] BLANDING D L. 精密机械设计：运动学设计原理与实践［M］．于靖军，刘辛军，译．北京：机械工业出版社，2017.
[47] LYNCH K M，PARK F C. 现代机器人学：机构、规划与控制［M］．于靖军，贾振中，译．北京：机械工业出版社，2020.
[48] CRAIG J J. 机器人学导论：第4版［M］．负超，王伟，译．北京：机械工业出版社，2018.
[49] 战强．机器人学：机构、运动学、动力学及运动规划［M］．北京：清华大学出版社，2019.
[50] 张策．机械动力学［M］.2版．北京：科学出版社，2008.
[51] 张启先．空间机构的分析与综合：上册［M］．北京：机械工业出版社，1984.
[52] 张宪民．机器人技术及其应用［M］．北京：机械工业出版社，2017.
[53] 张玉茹，李继婷，李剑峰．机器人灵巧手：建模、规划与仿真［M］．北京：机械工业出版社，2007.
[54] JAZAR R N. 应用机器人学：运动学、动力学与控制技术：第2版［M］．周高峰，等译．北京：机械工业出版社，2018.
[55] 日本机器人学会．新版机器人技术手册［M］．宗光华，程君实，等译．北京：科学出版社，2008.